Win-Q 설비보전 산업기사 필기+실기

시대에듀

편·저·자·약·력

박창학

現 부산 폴리텍대학 초빙 교수
前 ㈜쿠로엔시스 연구소장

동아대학교 기계공학과 졸업
강원대학교 교육대학원 기계 전공(교육학 석사) 졸업

PREFACE

'시간을 덜 들이면서도 시험을 좀 더 효율적으로 대비하는 방법은 없을까?'
'짧은 시간 안에 시험을 준비할 수 있는 방법은 없을까?'

자격증 시험을 앞둔 수험생들이라면 누구나 한 번쯤 들었을 법한 생각이다. 실제로도 많은 자격증 관련 카페에서도 빈번하게 올라오는 질문이기도 하다. 이런 질문들에 대해 대체적으로 기출문제 분석 → 출제경향 파악 → 핵심이론 요약 → 관련 문제 반복 숙지의 과정을 거쳐 시험을 대비하라는 답변이 꾸준히 올라오고 있다.

윙크(Win-Q) 시리즈는 위와 같은 질문과 답변을 바탕으로 기획되어 발간된 도서이다.

윙크 시리즈는 PART 01 핵심이론 + 핵심예제와 PART 02 과년도 + 최근 기출복원문제로 구성되었다. PART 01은 과거에 치러 왔던 기출문제의 Keyword를 철저하게 분석하고, 반복 출제되는 문제를 추려낸 뒤 그에 따른 핵심예제를 수록하여 빈번하게 출제되는 문제는 반드시 맞힐 수 있게 하였고, PART 02에서는 9개년 기출문제 및 최근 기출복원문제를 수록하여 PART 01에서 놓칠 수 있는 최근에 출제되고 있는 새로운 유형의 문제에 대비할 수 있게 하였다. PART 03에서는 실기시험에 대비할 수 있도록 예상문제를 수록하였다.

설비보전산업기사는 산업활동에 쓰이는 각종 설비 및 기계에 의한 사고를 미연에 방지하고 원활한 기계가공을 위해 각종 기계설비를 점검, 분해, 보수, 정비하는 업무 및 생산설비를 유지 관리하는 지도적인 기능업무를 수행한다. 이러한 기계화 추세에 따라 기계정비 분야에서도 전문기능인력이 필요할 것으로 보이며, 특히 사업시설에 비해 인력이 부족하기 때문에 설비보전산업기사 자격증의 향후 전망은 밝다고 할 수 있다.

자격증 시험의 목적은 높은 점수를 받아 합격하는 것이라기보다는 합격 그 자체에 있다고 할 것이다. 즉, 평균 60점만 넘으면 어떤 시험이든 합격이 가능하다. 효과적인 자격증 대비서로서 기존의 부담스러웠던 수험서에서 과감하게 군살을 제거하여 꼭 필요한 공부만 할 수 있도록 한 윙크(Win-Q) 시리즈가 수험준비생들에게 '합격비법노트'로서 함께하는 수험서로 자리 잡길 바란다. 수험생 여러분들의 건승을 기원한다.

편저자 씀

자격증 · 공무원 · 금융/보험 · 면허증 · 언어/외국어 · 검정고시/독학사 · 기업체/취업
이 시대의 모든 합격! 시대에듀에서 합격하세요!
www.youtube.com → 시대에듀 → 구독

[설비보전산업기사] 필기+실기

시험안내

개 요
산업현장에서 사용되는 설비(장치)의 유지, 관리, 수리, 개선을 담당하는 중급 기술인력을 의미하며 설비 개선, 효율성 분석 등 관리업무를 포함하여 설비의 유지보수를 담당하는 역할을 수행한다.

진로 및 전망
각종 설비 및 기계 제작업체 또는 수리업체, 대규모 생산설비를 이용하여 공업제품을 양산하는 업체, 금속소재업체 등으로 진출 가능하다. 기계공업의 발달로 공장자동화설비가 확산됨에 따라 고정밀도, 고성능, 다기능을 갖춘 산업기계설비가 제조업 분야로 확대되고 있고, 향후 무인화 공장도 출현할 전망이다. 이러한 기계화 추세에 따라 기계정비 분야에서도 전문기능인력이 필요할 것으로 보이는데, 특히 사업시설에 비해 인력이 부족한 편이어서 자격 취득 시 전망이 밝아 보인다.

시험일정

구 분	필기원서접수 (인터넷)	필기시험	필기합격 (예정자)발표	실기원서접수	실기시험	최종 합격자 발표일
제1회	1월 중순	2월 초순	3월 중순	3월 하순	4월 중순	6월 초순
제2회	4월 중순	5월 초순	6월 중순	6월 하순	7월 중순	9월 초순
제3회	7월 하순	8월 초순	9월 초순	9월 하순	11월 초순	12월 초순

※ 상기 시험일정은 시행처의 사정에 따라 변경될 수 있으니, www.q-net.or.kr에서 확인하시기 바랍니다.

시험요강

❶ 시행처 : 한국산업인력공단
❷ 관련 학과 : 전문대학의 기계 관련 학과
❸ 시험과목
  ㉠ 필기 : 1. 공유압 및 자동제어 2. 설비진단 및 관리 3. 기계보전, 용접 및 안전
  ㉡ 실기 : 설비보전 응용 실무
❹ 검정방법
  ㉠ 필기 : 객관식 4지 택일형, 과목당 20문항(과목당 30분)
  ㉡ 실기 : 작업형(3시간 정도)
❺ 합격기준
  ㉠ 필기 : 100점을 만점으로 하여 과목당 40점 이상, 전 과목 평균 60점 이상
  ㉡ 실기 : 100점을 만점으로 하여 60점 이상

검정현황

필기시험

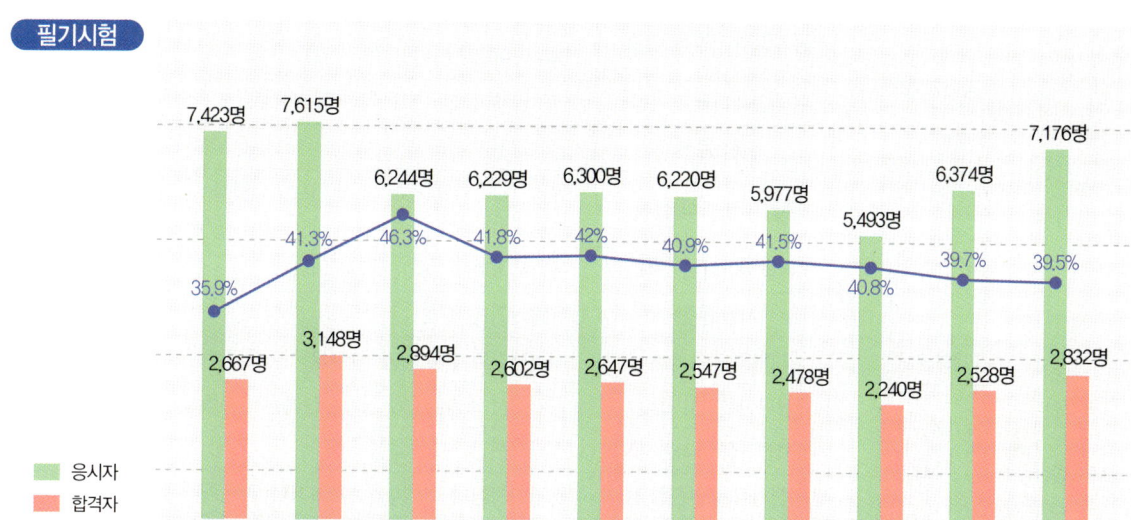

실기시험

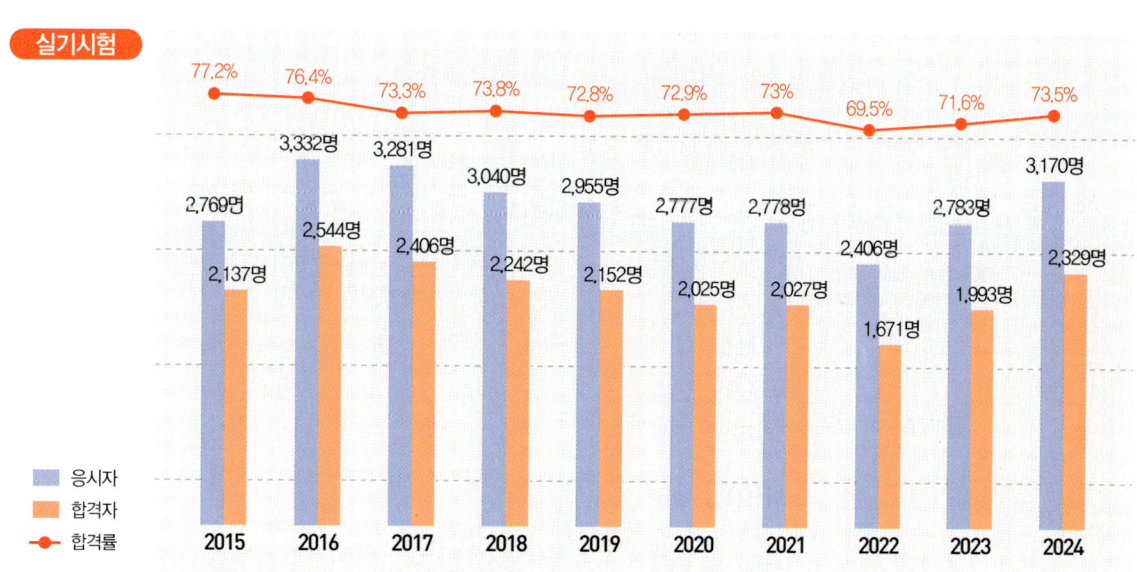

[설비보전산업기사] 필기+실기

시험안내

출제기준

필기과목명	주요항목	세부항목	세세항목
공유압 및 자동제어	공기압제어	공기압제어 방식 설계	공기압 기초 / 공기압제어 / 공기압축기 / 공기압 밸브 / 공기압 액추에이터 / 공기압 기타 기기
		공기압제어회로 구성	공기압제어회로 기호 / 공기압제어회로
		시험 운전	공기압기기 관리
	유압제어	유압제어 방식 설계	유압 기초 / 유압제어 / 유압펌프 / 유압밸브 / 유압 액추에이터 / 유압 기타 기기
		유압제어회로 구성	유압제어회로 기호 / 유압제어회로
		시험 운전	유압기기 관리
	제어 기초	제어의 기초 이론	자동제어의 기본 개념 / 제어계의 전달함수 / 주파수 응답
	전기전자장치 조립	전기전자장치 조립	전기전자 조립공구와 장비 / 전기전자 부품
		전기전자장치 기능검사	전류 · 전압 · 저항 측정
		전기전자장치 안전성 검사	전기전자장치 검사방법 / 계측기기 유지보수
	센서 활용 기술	센서 선정	센서의 종류와 특성
		센서회로 구성	신호 변환, 전송, 처리, 출력
		센서신호	센서신호 측정방법
		센서관리	센서관리
	모터 제어	제어 방식 설계	모터 구조와 특성
		제어회로 구성	모터 제어기
		시험 운전	제어기 간 상호 인터페이스
		유지보수	모터관리
설비진단 및 관리	설비진단	설비진단의 개요	설비진단기술의 기초 / 설비진단기법
		진동이론	진동의 기초 / 진동의 물리량
		진동 측정	진동 측정의 개요 / 진동 측정시스템 / 진동 측정용 센서
		소음이론과 측정	소음의 개요 / 소음의 물리적 성질 / 음의 발생과 특성
		진동소음 제어	기계진동 방지대책 / 공장소음 방지대책 / 공장소음과 진동 발생원
		회전기계의 진단	회전기계 진단의 개요 / 회전기계의 간이 진단 / 회전기계의 정밀진단
		윤활관리 진단	윤활의 개요 / 윤활의 종류와 특성 / 윤활제의 급유 · 급지법 / 윤활유의 열화와 관리기준

필기과목명	주요항목	세부항목	세세항목
설비진단 및 관리	설비관리	설비관리 개요	설비관리의 이해 / 설비의 범위와 분류 / 설비관리의 조직과 구성원
		설비계획	설비계획의 개요 / 설비배치 / 설비의 신뢰성 및 보전성 관리 / 설비의 경제성 평가 / 정비계획 수립방법
		설비보전의 계획과 관리	설비보전과 관리시스템 / 설비보전 조직과 표준 / 설비보전의 본질과 추진방법 / 설비의 예방보전 / 공사관리 / 보전용 자재관리와 보전비 관리 / 보전작업관리와 보전효과 측정
		TPM	TPM의 개요 / 설비효율 개선방법 / 만성손실 개선방법 / 제조부문의 자주보전활동 / 보전부문의 계획보전활동
기계보전, 용접 및 안전	기계장치 보전	기계요소 보전	체결용 기계요소 / 축 기계요소 / 전동용 기계요소 / 제어용 기계요소 / 관계 기계요소
		기계장치 보전	밸브의 점검 및 정비 / 펌프의 점검 및 정비 / 송풍기의 점검 및 정비 / 압축기의 점검 및 정비 / 감속기의 점검 및 정비 / 전동기의 점검 및 정비
	기본측정기 사용	기본측정기 사용	측정기 선정 / 기본측정기 사용
	탭 · 드릴 · 보링가공	탭 · 드릴 · 보링가공	탭 · 드릴 · 보링가공 작업 / 절삭공구의 특성과 종류 / 공구 수명 및 마모
	기계 부품 조립	기계 부품 조립	조립작업계획 / 도면 해독 / 공구 활용 / 조립 측정검사
	용접일반 이론	아크용접	용접의 총론 / 피복금속아크용접 / 서브머지드 아크용접 / 가스 · 텅스텐 아크용접 / 가스 · 금속 아크용접 / 플럭스 코어드 아크용접 / 기타 아크용접
	용접시공	용접시공 및 검사	용접이음과 결함의 종류 / 용접변형과 잔류응력 / 용섭설함의 생성과 특성 및 방지대책
	안전관리	작업 안전관리	기계작업 안전 / 용접 및 가스작업 안전 / 전기취급 안전 / 산업시설 안전 / 안전보호구 / 산업안전보건법령

구성 및 특징

핵심이론

필수적으로 학습해야 하는 중요한 이론들을 각 과목별로 분류하여 수록하였습니다. 시험과 관계없는 두꺼운 기본서의 복잡한 이론은 이제 그만! 시험에 꼭 나오는 이론을 중심으로 효과적으로 공부하십시오.

CHAPTER 01 공기압제어

KEYWORD 공기압력의 단위 계산, 파스칼의 원리 계산, 실린더의 종류별 특징, 압력·유량·방향제어밸브의 종류, 제어선도 개념 등은 자주 출제되므로 반드시 숙지해 두어야 한다.

제1절 공기압제어 방식의 설계

1-1. 공기압의 기초

| 핵심이론 01 | 압력 |

(1) 압력 단위

공기가 단위 면적에 작용하는 힘을 압력이라고 한다.

압력 $P = \dfrac{F}{A}$ [kgf/cm²]

[Pa]	9.80665×10^4	1.01325×10^5
[bar]	9.80665×10^{-1}	1.01325
[kgf/cm²]	1	1.03323
[atm]	9.67841×10^{-1}	1
[mmH₂O]	1×10^4	1.03323×10^4
[mmHg]	7.35559×10^2	7.60×10^2
[psi]	1.42234×10	1.46960×10

(2) 절대압력(Absolute Pressure)
완전 진공을 기준(0)으로 하여 나타낸다.

절대압력 = 대기압 ± 게이지압력

(3) 게이지압력(Gauge Pressure)
대기압을 기준(0)으로 하여 나타낸다.

(4) 진공압력(Vacuum Pressure)
① 게이지압력은 대기압 0으로 측정한다.
② 대기압보다 높은 압력을 (+)게이지압력이라 한다.
③ 대기압보다 낮은 압력을 (-)게이지압력(진공압)이라 한다.

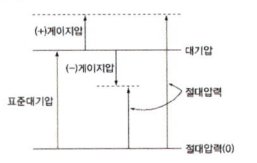

핵심예제

1-1. 1기압은 ...
의 수두는 얼...
① 0.76[m]
③ 7.6[m]

1-2. 다음 중
① 1[bar]
③ 10[kgf/...

1-3. 다음 중
① 진공도는
② 절대압력
③ 대기압보
④ 절대 진공

|해설|
1-1
1[atm] = 760
1-3
절대압력 = 게...

과년도 기출문제

지금까지 출제된 과년도 기출문제를 수록하였습니다. 각 문제에는 자세한 해설이 추가되어 핵심이론만으로는 아쉬운 내용을 보충 학습하고 출제경향의 변화를 확인할 수 있습니다.

2017년 제1회 과년도 기출문제

제1과목 공유압 및 자동화 시스템

01 다음 밸브 기호의 명칭은?

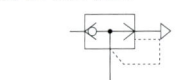

① 급속 배기밸브
② 고압 우선형밸브
③ 저압 우선형밸브
④ 파일럿 조작 체크밸브

|해설|

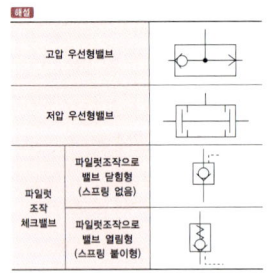

고압 우선형밸브	
저압 우선형밸브	
파일럿 조작 체크밸브	파일럿조작으로 밸브 닫힘형 (스프링 없음)
	파일럿조작으로 밸브 열림형 (스프링 붙이형)

02 그림에서 팽창측과 수축측의 부하가 같고, 로드측의 밸브 C를 닫았을 때, 압력 P_2[kgf/cm²]는?
(단, $D = 50$[mm], $d = 25$[mm], $P_1 = 30$[kgf/cm²] 이다)

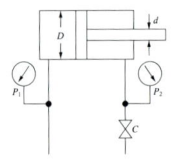

① 4 ② 40
③ 400 ④ 4,000

|해설|
압력 $P = \dfrac{F(\text{부하, 하중})}{A(\text{면적})}$ 에서, 부하 $F(F_1 = F_2) = P \times A$ 이다.
$P_1 = 30$[kgf/cm²] 이고,
팽창측 면적 $A_1 = \dfrac{1}{4} \times \pi \times 5^2 = 19.625$ [cm²]
수축측 면적 $A_2 = \dfrac{1}{4} \times \pi \times (D^2 - d^2) = 14.72$ [cm²]
부하 $F = P_1 \times A_1 = 30 \times 19.625 = 588.75$ [kgf]
수축측 압력 $P_2 = \dfrac{F}{A_2} = \dfrac{588.75}{14.72} = 39.97$ [kgf/cm²] 이다.

STRUCTURES

FORMULA OF PASS · SDEDU.CO.KR

최근 기출복원문제

최근에 출제된 기출문제를 복원하여 가장 최신의 출제경향을 파악하고 새롭게 출제된 문제의 유형을 익혀 처음 보는 문제들도 모두 맞힐 수 있도록 하였습니다.

2025년 제1회 최근 기출복원문제

제1과목 공유압 및 자동제어

01 다음 중 2차 측 압력을 일정하게 만들어 주는 밸브는?

① 릴리프 밸브　② 감압밸브
③ 시퀀스 밸브　④ 무부하밸브

해설
② 감압밸브 : 공급되는 압축공기의 압력(또는 유압)을 설정된 압력으로 낮추어 1차 측 압력보다 낮은 2차 측 압력을 시스템으로 공급하는 밸브이다.
① 릴리프 밸브 : 회로 내의 최고 압력을 설정하는 밸브이다.
③ 시퀀스 밸브 : 주회로의 압력을 일정하게 유지하면서 조작 순서를 제어할 때 사용하는 밸브이다.
④ 무부하밸브 : 작동압력이 규정압력 이상일 때 공기압에서는 배출하고, 유압에서는 탱크로 복귀시키는 밸브로 동력 절감과 압력 상승을 방지하는 역할을 한다.

03 200[V] 전위차로 10[A]의 전류가 1분간 흘렀을 때 전력량은?

① 2,000[W]　② 2,000[J]
③ 120,000[W]　④ 120,000[J]

해설
전력량[W]은 1[J]의 일을 1초 동안 해내는 힘으로, $W = P \times t$ 이다.
$P = E \times I$ 에서 $200[V] \times 10[A] = 2,000[W]$ 이므로, 전력량은 $2,000[W] \times 60[s] = 120,000[J]$

02 제어량을 어떤 일정한 목표값으로 유지하는 것을 목적으로 하는 정치제어가 아닌 것은?

① 주파수 제어
② 프로세스 제어
③ 발전기의 조속기
④ 자동전압조정장치

해설
프로세스 제어는 원료에 물리적 · 화학적 처리를 가하여 제품을 만들어 내는 과정으로, 제어 대상이 되는 제어량의 종류에 의한 분류에 해당한다.
정치제어 : 제어량을 일정 목표값에 유지시키는 것이 목적인 제어로, 제어과정이 비교적 단순하다. 주파수 제어, 발전기의 조속기, 자동전압조정장치 등이 있다.

04 관측된 ...
난 것은?
① 편 ...
③ 반복 ...

해설
게이지에 ...
재현성은 ...

정답 1 ② 2 ② 3 ④ 4

실기시험 예상문제

시험에 꼭 나오는 실기시험 예상문제를 수록하여 수험생들이 실기시험 문제를 미리 공부하여 시험에 합격할 수 있도록 하였습니다.

부록 실기시험 예상문제

제1절 공기압회로 구성

■ 제1과제 시험시간 : 50분

1. 요구사항
- 지급된 재료 및 시설을 사용하여 아래 작업을 완성하시오.
- 한 번 제출한 작품의 재작업은 허용하지 않습니다(기본 동작 검사 → 시스템 유지보수 검사).

2. 공기압회로도 구성

(1) 공기압회로도와 같이 기기를 선정하여 고정판에 배치하시오.
- 기기는 수평 또는 수직 방향으로 수험자가 임의로 배치한다.
- 리밋 스위치는 방향성을 고려하여 설치한다.

(2) 공기압 호스를 적절한 길이로 절단 및 사용하여 기기를 연결하시오.
- 공기압 호스가 시스템 동작에 영향을 주지 않도록 정리한다.
- 작업이 완료된 상태에서 압축공기를 공급했을 때 공기 누설이 발생하지 않도록 한다.

(3) 작업압력(서비스 유닛)을 0.5 ± 0.05[MPa]로 설정하시오.

3. 기본동작
PB1을 1회 ON-OFF하면 변위단계선도(타이머 포함)와 같이 1사이클 단속 동작되도록 전기회로도를 설계하여 시스템을 구성하고 시험감독위원에게 확인받으시오.
- 전기 배선은 (+)는 적색, (-)는 청색(흑색)으로 연결한다.
- 전선이 시스템 동작에 영향을 주지 않도록 정리한다.
- 지정되지 않은 누름버튼 스위치는 자동복귀형 스위치를 사용한다.

4. 시스템 유지보수
동작 확인 후 유지보수계획과 같이 시스템을 변경하고, 시험감독위원에게 확인받으시오.

5. 정리 · 정돈
평가 종료 후 작업한 자리의 부품 정리, 공기압 호스 정리, 전선 정리 등 모든 상태를 초기 상태로 정리하시오.

최신 기출문제 출제경향

[설비보전산업기사] 필기+실기

- 유압회로 설명, 밸브의 기능 및 용도, 유량 및 유속 계산문제, 핸들링 장치, 스테핑 모터의 사용, 자동화 시스템 보수관리 등 다양한 문제 출제
- 평균 이자법 공식, 설비관리 조직, 부하시간공식, 설비보전 표준, 윤활유 급유방식, 소음 용어, 진동주기, 소음기, 설비진단 방법 등 다양하고 깊이 있는 문제 출제
- 전동기 속도제어, 공진 주파수 공식, 논리식, 연산증폭기 특징, 검출용 기기, 반도체 스위치 소자 등 깊이 있는 문제 출제
- 체인 종류별 특징, 수격현상, 접착제 종류, 센터링 불량, 통풍기 종류, 전동기ㆍ송풍기 점검, 보스 수리법 등 점검사항이 많이 출제

- 액추에이터 종류별 원리 및 특징, 논리밸브의 구조 및 기호, 논리회로 해석, 제어 프로그램의 특징, 각종 센서의 특징
- 설비 배치 형태 및 면적 산정, 보전 조직, 진동 및 음의 단위, 윤활제 평가항목, 설비관리 기능, 재고관리
- 도너와 억셉터, 3상 유도전동기의 Y–Δ기동, 1차 지연 요소, 도체의 단면을 이동한 전하량, 자기평형성, 유접점 시퀀스 제어의 특징, 국제단위계(SI)의 기본단위, 반가산기, 자기유지회로, 와류식 유량계, 합성전압 계산, 연속 동작, 면적식 유량계의 설치요령
- 펌프 동력 계산, 배관용 공구 및 배관재료, 수격현상과 공동현상, 기계요소 및 부품 명칭, 송풍기 센터링 공구 및 점검

| 2018년 2회 | 2018년 3회 | 2019년 1회 | 2019년 2회 |

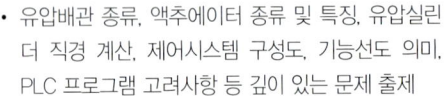

- 유압배관 종류, 액추에이터 종류 및 특징, 유압실린더 직경 계산, 제어시스템 구성도, 기능선도 의미, PLC 프로그램 고려사항 등 깊이 있는 문제 출제
- 음파의 종류, 언밸런스, 설비관리기능, 초기 고장기, 실횻값, 평가척도 개념, 주문점 계산식, TPM 개념, 설비진단기술 등 기본적인 문제 출제
- PLC 입력, 출력전압 계산식, 실횻값 계산, 감도식, 피드백제어시스템 특징, 유도전동기 슬립 계산, 논리회로 및 논리식 등 깊이 있는 문제 출제
- 전동기 점검, 원심형 통풍기 종류, 펌프축의 밀봉장치 및 전효율 계산식, 체인 종류 및 용어, 개스킷 종류, 키 종류 등 깊이 있는 문제 출제

- 각종 밸브들의 구조 및 기능, 실린더 구조, 속도 조절방법, 기능 다이어그램 해석, 온도센서 성분
- 윤활작용, 베어링의 진동, 설비진단기술, 설비진단기법, 신뢰성, 설비 가동률, 설비효율, 설비보전방식
- 피상전력 계산, 탄성식 압력계, P형 불순물 반도체의 불순물, 과도현상과 시정수의 관계, 직류전동기의 속도제어법, 프로세서 제어의 제어량, 노이즈 대책, 잔류편차가 발생하는 제어계, 용량성 리액턴스 계산, 시퀀스 회로를 논리식으로 표현, 트랜지스터의 접지방식
- 베어링 열박음, 주철관, 스패너 토크 계산, 관 이음, 송풍기 흡입방법, 기어 전동장치, 배관용 공구

TENDENCY OF QUESTIONS

- 밸브 연결구 표시, 유압장치 구성, 공압회로 해석, 액추에이터 종류 및 기호, PLC 구성요소, 작동유 관리
- 설비진단기법, 설비의 라이프 사이클, 설비보전 표준, 윤활유 급유 및 성상, 설비 분류 및 자재흐름분석
- 수동형 센서, 콘덴서에 축적되는 에너지 계산, 반전증폭회로를 사용하여 가산 연산을 수행하는 회로식, 안정도 판별법, 공통 컬렉터 증폭기 회로 특징, 도선의 전기저항, 피드백 제어계에서 제어요소, 차압식 유량계의 차압기구, 연산증폭기의 특징, 직류기의 3대 요소, 조작부의 구비조건, 다이오드의 양단에 걸리는 전압
- 풀림 방지, 공구 사용, 접착제 및 밸브의 용도, 펌프 및 송풍기 설치요령, 베어링 안지름, 송풍기

- 논리식 간략화, 고유 유량특선곡선의 종류, 16진수를 2진수로 변환, 콘덴서에 축적되는 에너지, 비례적분제어, 저항의 직렬접속회로, 전류의 최댓값과 실횻값의 관계, SI 기본단위, 시퀀스 회로, 3상 유도전동기의 회전 방향, 이상적인 연산증폭기, 연산증폭기의 출력전압, 저항의 병렬합성저항, 3상 농형 유도전동기의 기동방식, 전동기의 과부하 보호장치
- 플립플롭회로의 공압식, 기호표시 방법, 압축기의 특징, 기본적인 밸브의 특징, 제어시스템 구성, PLC 노이즈 대책
- 소음과 진동 대책, 윤활유의 작용 및 급유 대책, 회전기계 진동 측정, 제조원가의 직접비, 설비코드 부여 순서, 설비 배치 방식
- 축 정렬 확인사항, 펌프의 종류별 특징, 체크밸브 설치 및 역할, 축추력 제거방법, 열박음의 가열온도 계산식, 접착제 구비조건, 기본공구의 용도

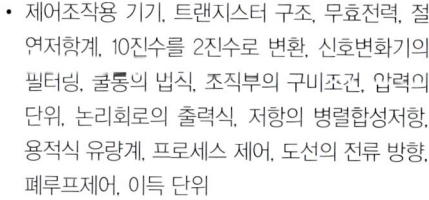

| 2019년 3회 | 2020년 1·2회 통합 | 2020년 3회 | CBT 최신 출제경향 |

- 제어조작용 기기, 트랜지스터 구조, 무효전력, 절연저항계, 10진수를 2진수로 변환, 신호변환기의 필터링, 쿨롱의 법칙, 조직부의 구비조건, 압력의 단위, 논리회로의 출력식, 저항의 병렬합성저항, 용적식 유량계, 프로세스 제어, 도선의 전류 방향, 폐루프제어, 이득 단위
- 실린더의 고정방법, 호칭, 추력 계산, 밸브기호, 제어계의 신호 흐름, 변환기 종류, 논리식, 플로차트
- 설비 위치 코드 부여, 보전 종류, 회전기계 이상 현상, 통과주파수와 고유진동수 계산식, 진동 방지 대책, 보전 표준의 종류
- 전동기 유도식, 송풍기 과열과 진동원인, 기본공구 사용, 기계요소 구성품의 특징, 밸브의 특징, 수격현상

- 모든 문제의 지문 및 보기들이 NCS 책자에 있는 용어들로 변경된 것 외에는 구(舊) 기계정비산업기사와 내용상 변하는 없음
- 기존 기출문제의 해설을 보면서 이해(외우면 안 됨)하는 것에 중점을 두어야 함
- 기호, 회로도 문제가 다수 출제됨
- 각종 밸브들의 구조와 기능은 구(舊) 기계정비산업기사 문제와 비슷하게 출제됨
- 센서에 대한 실무적인 내용의 문제가 다수 출제됨
- 공식 관련 내용의 계산 문제가 다수 출제됨(크게 변동된 내용은 없음)
- 용접 관련 문제가 6~7문제 출제되었고, 안전 관련 문제도 용접내용에서 출제됨
- 기계일반 내용의 문제가 다수 출제됨

[설비보전산업기사] 필기+실기

이 책의 목차

PART 01 | 핵심이론

제1과목	공유압 및 자동제어	002
제2과목	설비진단 및 관리	168
제3과목	기계보전, 용접 및 안전	238

PART 02 | 과년도 + 최근 기출복원문제

2017년	과년도 기출문제	362
2018년	과년도 기출문제	419
2019년	과년도 기출문제	475
2020년	과년도 기출문제	530
2021년	과년도 기출복원문제	567
2022년	과년도 기출복원문제	606
2023년	과년도 기출복원문제	644
2024년	과년도 기출복원문제	680
2025년	최근 기출복원문제	717

PART 03 | 부록

| 작업형 | 실기시험 예상문제 | 746 |

PART 01

핵심이론

#출제 포인트 분석   #자주 출제된 문제   #합격 보장 필수이론

제1과목	공유압 및 자동제어	회독 CHECK 1 2 3
제2과목	설비진단 및 관리	회독 CHECK 1 2 3
제3과목	기계보전, 용접 및 안전	회독 CHECK 1 2 3

CHAPTER 01	공기압제어	회독 CHECK 1 2 3
CHAPTER 02	유압제어	회독 CHECK 1 2 3
CHAPTER 03	제어 기초	회독 CHECK 1 2 3
CHAPTER 04	전기전자장치 조립	회독 CHECK 1 2 3
CHAPTER 05	센서의 활용 기술	회독 CHECK 1 2 3
CHAPTER 06	모터제어	회독 CHECK 1 2 3

제1과목
공유압 및 자동제어

CHAPTER 01 공기압제어

KEYWORD 공기압력의 단위 계산, 파스칼의 원리 계산, 실린더의 종류별 특징, 압력·유량·방향제어밸브의 종류, 제어선도 개념 등은 자주 출제되므로 반드시 숙지해 두어야 한다.

제1절 공기압제어 방식의 설계

1-1. 공기압의 기초

핵심이론 01 | 압 력

(1) 압력 단위

공기가 단위 면적에 작용하는 힘을 압력이라고 한다.

압력 $P = \dfrac{F}{A}$ [kgf/cm^2]

[Pa]	9.80665×10^4	1.01325×10^5
[bar]	9.80665×10^{-1}	1.01325
[kgf/cm^2]	1	1.03323
[atm]	9.67841×10^{-1}	1
[mmH$_2$O]	1×10^4	1.03323×10^4
[mmHg]	7.35559×10^2	7.60×10^2
[psi]	1.42234×10	1.46960×10

(2) 절대압력(Absolute Pressure)

완전 진공을 기준(0)으로 하여 나타낸다.

절대압력 = 대기압 ± 게이지압력

(3) 게이지압력(Gauge Pressure)

대기압을 기준(0)으로 하여 나타낸다.

(4) 진공압력(Vacuum Pressure)

① 게이지압력은 대기압을 0으로 측정한다.
② 대기압보다 높은 압력을 (+)게이지압력이라 한다.
③ 대기압보다 낮은 압력을 (-)게이지압력(진공압)이라 한다.

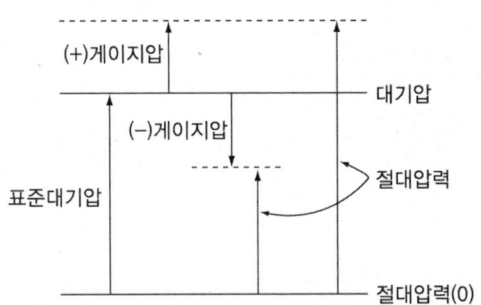

핵심예제

1-1. 1기압은 수은주 760[mmHg]이다. 상온의 물이라면 이것의 수두는 얼마인가?
① 0.76[m] ② 1.034[m]
③ 7.6[m] ④ 10.34[m]

1-2. 다음 중 압력의 크기가 다른 것은?
① 1[bar] ② 14.5[psi]
③ 10[kgf/cm^2] ④ 750[mmHg]

1-3. 다음 중 압력에 대한 설명으로 틀린 것은?
① 진공도는 항상 절대압력으로 나타낸다.
② 절대압력 = 계기압력 + 표준 대기압이다.
③ 대기압보다 높으면 정압, 낮으면 부압이라 한다.
④ 절대 진공도 = 표준 대기압 + 진공계 압력이다.

|해설|

1-1
1[atm] = 760[mmHg] = 1.03323×10^4 [mmH$_2$O]

1-3
절대압력 = 게이지압력 + 대기압

정답 1-1 ④ 1-2 ③ 1-3 ④

핵심이론 02 | 공기의 상태변화

(1) 보일의 법칙(Boyle's Law)

기체의 온도를 일정하게 유지하면서 압력 및 체적이 변화할 때 압력과 체적은 서로 반비례한다.

$P_1 V_1 = P_2 V_2 = \text{Constant}$

(2) 샤를의 법칙(Charles' Law)

기체의 압력을 일정하게 유지하면서 체적 및 온도가 변화할 때 체적과 온도는 서로 비례한다.

$\dfrac{T_1}{T_2} = \dfrac{V_1}{V_2}(\text{Constant})$

$V_2 = V_1 \dfrac{T_2}{T_1}$

(3) 보일-샤를의 법칙(압력, 체적, 온도와의 관계)

기체의 압력, 체적, 온도의 세 가지가 모두 변화할 때는 위의 두 법칙을 하나로 모은 것이 필요하다.

$PV = GRT$

여기서, G : 기체의 중량[kgf]

R : 기체상수[kgf·m/kgf·K]

공기의 경우 $R = 29.27$

(4) 연속의 법칙(Law of Continuity)

관 속을 유체가 가득 차서 흐른다면 단위 시간에 단면적 A_1을 통과하는 중량 유량 Q_1은 단면적 A_2를 통과하는 중량 유량 Q_2와 같다.

$Q = \gamma_1 A_1 V_1 = \gamma_2 A_2 V_2$

비압축성 유체일 경우 $\gamma_1 = \gamma_2$이므로

$Q = A_1 V_1 = A_2 V_2 = $ 일정

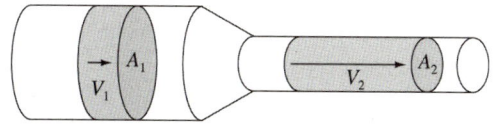

(5) 공기 중의 습도

① 절대습도 : 습공기 1[m³]당 건공기의 중량과 수증기의 중량비이다.

절대습도

$= \dfrac{\text{습공기 중의 수증기의 중량}[g/cm^3]}{\text{습공기 중의 건조공기의 중량}[g/cm^3]} \times 100[\%]$

② 상대습도 : 습공기 내에 있는 수증기의 양(또는 압력)과 포화상태에서의 수증기 양(또는 압력)에 대한 비이다.

상대습도

$= \dfrac{\text{현존하는 수증기량}[g/cm^3]}{\text{그 온도에서의 포화수증기량}[g/cm^3]} \times 100[\%]$

$= \dfrac{\text{현존하는 수증기분압}[kg/cm^3]}{\text{그 온도에서의 포화압력}[g/cm^3]} \times 100[\%]$

③ 노점(이슬점)온도 : 이슬점이 생기는 온도로 어느 습공기의 수증기 분압에 대한 증기의 포화온도이다.

④ 포화수증기 : 1[m³]의 공기 중의 수증기량을 [g]으로 표시한 것으로, 수증기가 응축되어 물방울이 되는 한계의 분압이다.

⑤ 포화량 : 공기 중에 포함할 수 있는 수분의 최대량으로, 공기의 온도에 따라 달라진다. 온도가 높아지면 포화량은 커지고, 온도가 낮아지면 포화량은 적어진다(이슬점 온도 곡선으로 표현).

핵심예제

2-1. 240[kgf/cm²]의 사용압력으로 50,000[kgf]의 힘을 내고, 0.5[m]의 행정거리를 0.01[m/s]의 속도로 움직이는 유압 프레스를 설계할 때 필요한 실린더 직경 및 펌프의 토출 유량은 약 얼마인가?

① 16.3[mm], 11[L/min]
② 163[mm], 11[L/min]
③ 17.3[mm], 12[L/min]
④ 273[mm], 12[L/min]

핵심예제

2-2. 양 끝의 지름이 다른 관이 수평으로 놓여 있다. 왼쪽에서 오른쪽으로 물이 정상류를 이루고, 매초 2.8[L]의 물이 흐른다. B 부분의 단면적이 20[cm²]라면 B 부분에서 물의 속도는 얼마가 되겠는가?

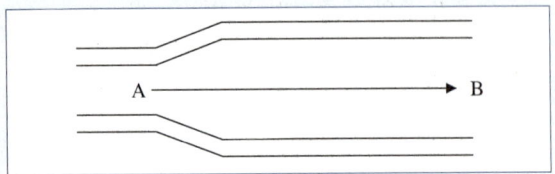

① 14[cm/s]　　　② 56[cm/s]
③ 140[cm/s]　　　④ 56[cm/s]

2-3. 연속의 법칙에 대한 설명으로 옳지 않은 것은?
① 질량보존의 법칙을 유체의 흐름에 적용한 것이다.
② 관 내의 유체는 도중에 생성되거나 손실되지 않는다는 것이다.
③ 점성이 없는 비압축성 유체의 에너지 보존의 법칙을 설명한 것이다.
④ 유량을 구하는 식에서 배관의 단면적이나 유체의 속도를 구할 수 있다.

|해설|

2-1

$P = \dfrac{F}{A}$ 에서 사용압력과 힘이 주어져 있다.

$\dfrac{\pi d^2}{4} = \dfrac{50,000}{240}$

∴ $d = 16.29$[cm]

$Q = A_1 V_1$ 에서 $Q = \dfrac{\pi 163^2}{4} \times 0.01$을 분당으로 변환(×60)

※ 저자의견 : 문제의 오류로 보이며, 산업기사 시험에서는 가장 근접한 답을 찾아야 한다.

2-2

$Q = A_1 V_1 = A_2 V_2 =$ 일정

$V = \dfrac{Q}{A} = \dfrac{2.8 \times 1,000 [\text{cm}^3/\text{s}]}{20 [\text{cm}^2]} = 140 [\text{cm/s}]$

2-3
연속의 법칙은 점성이 있는(비중량, 밀도 일정) 유체의 에너지 보존의 법칙을 설명한 것이다.

정답 2-1 ②　2-2 ③　2-3 ③

핵심이론 03 | 유체의 물성

(1) 힘
지구상의 모든 물질은 지구 중력의 영향(힘)을 받는데, 이 힘을 물체의 무게(중량)라고 한다.

$F = W[\text{kgf}]$
　$= m($물체의 질량, kg$) \times g($중력가속도 $9.8[\text{m/s}^2])$

(2) 밀도(Density)
물질의 단위 체적(V)이 갖는 유체의 질량(m)이다.
① 공기의 밀도(온도 t[℃], 대기압 H[mmHg]일 때)

$\rho = \dfrac{0.001293}{1 + 0.00367 t} \cdot \dfrac{H}{760} [\text{g/cm}^3]$

② p[mmHg] 압력, 수증기를 포함한 공기의 밀도

$\rho_v = \rho \dfrac{1 - 0.378 p}{H} [\text{g/cm}^3]$

(3) 비중량(Specific Weight)
단위 체적에 유체가 갖는 중량(무게, W)이다.

$\gamma = \dfrac{W}{V} [\text{kgf/m}^3, \text{gf/cm}^3]$

(4) 비체적(Specific Volume)
단위 중량이 같은 체적, 단위 질량당의 체적, 밀도의 역수이다.

$V_S = \dfrac{1}{\rho} = \dfrac{1}{\gamma} [\text{m}^3/\text{kgf}]$

(5) 비중(Specific Gravity)
물체의 밀도를 순수한 물의 밀도로 나눈 값으로, 무차원수이다. 물의 비중을 1로 보고 유체의 상대적 무게이다.

$S = \dfrac{\rho}{\rho_w} = \dfrac{\gamma}{\gamma_w}$

(6) 체적탄성계수(Bulk Modulus of Elasticity)

탄성 물질에 외력이 작용했을 때 그 탄성체에는 체적변형이 발생하는데, 이때 단위 면적당 외력의 세기와 체적의 변형비이다.

핵심예제

3-1. 유체의 성질에 대한 용어의 정의로 옳은 것은?
① 유체의 밀도는 단위 중량당 체적이다.
② 유체의 비중량은 단위 체적당 질량이다.
③ 유체의 비체적은 단위 체적당 중량이다.
④ 비중은 물체의 밀도를 순수한 물의 밀도로 나눈 것이다.

3-2. 단위 질량당 유체의 체적이란?
① 밀도   ② 비중
③ 비중량   ④ 비체적

|해설|

3-1
① 유체의 밀도는 단위 체적당 질량이다.
② 유체의 비중량은 단위 체적당 중량이다.
③ 유체의 비체적은 단위 질량당 체적이다.

3-2
① 밀도 : 물질의 단위 체적(V)이 갖는 유체의 질량(m)이다.
② 비중 : 물체의 밀도를 순수한 물의 밀도로 나눈 값으로, 무차원 수이다. 물의 비중을 1로 보고 유체의 상대적 무게이다.
③ 비중량 : 단위 체적에 유체가 갖는 중량(무게, W)이다.

정답 3-1 ④ 3-2 ④

핵심이론 04 │ 공기압의 특성

(1) 공기압의 장점
① 압력 조정으로 출력을 간단히 조정할 수 있다.
② 유압이나 전기에 비해 구동속도가 빠르다.
③ 액추에이터에 공급하는 공기의 유량 조정으로 속도제어가 용이하다.
④ 과부하가 발생하는 경우에 안정성이 우수하다.
⑤ 압축성에 의한 쿠션효과를 이용할 수 있다.
⑥ 압축공기의 에너지를 공기탱크에 축적할 수 있다.
⑦ 사용한 압축공기가 대기 중에 방출되어도 환경오염의 우려가 없다.
⑧ 순수 공기압장치는 화재나 폭발의 위험성에 대해 안전하다.
⑨ 비교적 사용압력이 낮으므로 유압기기에 비해 소형화할 수 있다.
⑩ 온도 등의 환경에 대한 영향이 작다.

(2) 공기압의 단점
① 공기는 압축성이므로 구동기기의 균일한 속도를 얻기 어렵고, 정확한 위치제어가 어렵다(저속에서 속도가 불안정하다 : 스틱-슬립현상 발생).
② 압축공기에서 발생하는 드레인을 제거해야 한다.
③ 배기 소음이 크다.
④ 무급유기기를 사용하거나 윤활장치가 필요하다.
⑤ 전기나 유압에 비하여 큰 힘을 얻을 수 없다.
⑥ 초기 에너지의 생산비용이 높다.
⑦ 압축성으로 인해 응답성이 떨어진다.

(3) 유체의 압축성
작동유는 $100[kgf/cm^2]$ 이하에서는 체적 변화가 매우 미소하나 그 이상 압력의 변화가 클 경우에는 무시할 수 없다. 유체에 가해지는 압력의 증가분에 대한 체적의 감소분을 압축률이라고 한다.

(4) 유체의 교축

유로의 단면적을 변화시키는 기구를 교축(Throttle)이라 하며, 오리피스와 초크가 있다.

① 오리피스(Orifice)
  ㉠ 길이가 단면 치수에 비해 짧은 교축이다.
  ㉡ 유체는 점도의 영향을 받지 않는다.
  ㉢ 연속의 법칙과 베르누이의 정리로서 성립된다.

② 초크(Choke)
  ㉠ 길이가 단면 치수에 비하여 긴 교축이다.
  ㉡ 유체의 압력 강하는 점도에 따라 크게 영향을 받는다.

핵심예제

4-1. 공압장치에서 압축공기의 설명으로 옳은 것은?
① 압축공기는 온도가 상승해도 팽창하지 않는다.
② 에너지 손실이 적어서 가격이 저렴하다.
③ 압축공기는 저장될 수 없다.
④ 압축공기를 배출할 때 소음이 발생한다.

4-2. 오리피스에 대한 설명으로 옳은 것은?
① 길이가 단면 치수에 비해 비교적 긴 교축이다.
② 유체의 압력 강하는 교축부를 통과하는 유체온도에 따라 크게 영향을 받는다.
③ 유체의 압력 강하는 교축부를 통과하는 유체 점도의 영향을 거의 받지 않는다.
④ 유체의 압력 강하는 교축부를 통과하는 유체 점도에 따라 크게 영향을 받는다.

4-3. 다음 중 공압장치의 장점이 아닌 것은?
① 인화의 위험성이 없다.
② 균일한 속도를 얻을 수 있다.
③ 제어방법 및 취급이 간단하다.
④ 압축공기의 에너지를 쉽게 얻을 수 있다.

4-4. 압축공기의 특성에 대한 설명으로 틀린 것은?
① 압축공기는 비압축성이다.
② 압축공기는 저장하기 편리하다.
③ 압축공기는 폭발 및 화재의 위험이 없다.
④ 압축공기는 온도 변화에 따른 특성 변화가 작다.

4-5. 공압이 유압에 비해 갖는 장점으로 옳은 것은?
① 유압보다 공기 중의 수분 영향을 덜 받는다.
② 유압에 비해 큰 압력을 이용하므로 큰 힘을 낼 수 있다.
③ 공기의 압축성을 이용하여 많은 에너지를 저장할 수 있다.
④ 저속(50[mm/s] 이하)에서 스틱-슬립현상이 발생하여 안정된 속도를 얻을 수 있다.

|해설|

4-1
압축공기 배출 시 소음이 발생하므로 소음기를 부착한다.

4-2
①, ②, ④는 초크에 대한 설명이다.

4-3
공기는 압축성이므로 구동기기의 균일한 속도를 얻기가 어렵고, 정확한 위치제어가 어렵다.

4-4
공기는 압축성 에너지, 유압의 작동유는 비압축성 에너지이다.

4-5
①, ②, ④는 공기압의 단점이다.

정답 4-1 ④ 4-2 ③ 4-3 ② 4-4 ① 4-5 ③

1-2. 공기압 제어

핵심이론 01 | 동력 공급의 요소

(1) 동력 공급의 요소

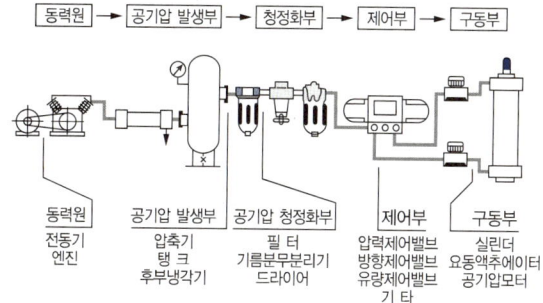

① 동력원 : 전동기, 엔진
② 공기압 발생부 : 압축기, 후부냉각기, 공기탱크
③ 청정화부 : 필터, 기름분무분리기, 드라이어
④ 제어부 : 압력·방향·유량제어밸브, 기타
⑤ 구동부 : 실린더, 요동 액추에이터, 공기압모터

(2) 동력 공급(공기압장치의 구성) 요소의 기능

구 분	구성요소	기 능
동력원	전동기, 엔진	공기압축기를 구동하기 위한 동력을 발생시킨다.
공기압 발생부	공기압축기	대기 중의 공기를 흡입하여 압축시킨다.
	후부냉각기	압축공기를 냉각하여 수분을 분리·제거한다.
	공기탱크	압축공기를 저장한다.
청정화 및 공급부	공기필터	공기 속의 먼지와 수분을 제거한다.
	압력조절기	압축공기의 공급압력을 조절한다.
	윤활기	윤활유를 분무하여 공기압기기의 마찰 부위를 윤활한다.
제어부	압력제어밸브	설정압력으로 유지하거나 감지하여 제어신호로 이용하는 등 압력을 제어하는 밸브이다.
	방향제어밸브	압축공기의 유동 방향을 제어하는 밸브이다.
	유량제어밸브	공기압기기에 공급 또는 배출되는 압축공기의 유량을 제어하는 밸브이다.
	센 서	입력신호를 감지하여 출력신호를 발생한다.
구동부	공압 실린더	직선운동으로 구동한다.
	공압모터	회전운동으로 구동한다.
	요동 액추에이터	회전 각도가 제한된 회전운동으로 구동한다.

핵심예제

1-1. 공기압 제어에서 발생부의 동력 공급 요소가 아닌 것은?
① 전동기 ② 압축기
③ 공기탱크 ④ 후부냉각기

1-2. 공기압 제어에서 구동부의 동력 공급 요소가 아닌 것은?
① 전동기 ② 실린더
③ 공기압모터 ④ 요동 액추에이터

1-3. 압축된 공기 속의 수분을 제거하여 압축공기의 온도를 낮추는 동력 공급의 요소는?
① 윤활기 ② 공기필터
③ 압력조절기 ④ 후부냉각기

1-4. 압축공기 중에 포함된 윤활유 찌꺼기 등 기름 성분을 제거하는 장치는?
① 윤활기 ② 건조기
③ 유수분리기 ④ 에어 서비스 유닛

1-5. 기계적 에너지를 공기의 압력에너지로 변환하는 동력 공급의 요소는?
① 공기압축기 ② 공기압모터
③ 공기압 실린더 ④ 요동 액추에이터

|해설|

1-1
전동기는 동력원의 요소이다.
공기압 발생부 : 압축기, 후부냉각기, 공기탱크

1-2
구동부 : 실린더, 요동 액추에이터, 공기압모터

1-3
① 윤활기 : 윤활유를 분무하여 공기압기기의 마찰 부위를 윤활한다.
② 공기필터 : 공기 속의 먼지와 수분을 제거한다.
③ 압력조절기 : 압축공기의 공급압력을 조절한다.

1-4
유수분리기에 대한 설명으로, 청정화 요소에 속한다.

정답 1-1 ① 1-2 ① 1-3 ④ 1-4 ③ 1-5 ①

핵심이론 02 | 공기건조기(Air Dryer)

압축공기 속에 포함되어 있는 수분을 제거하여 건조한 공기로 만드는 기기로 냉동식, 흡착식, 흡수식 공기건조기가 있다.

(1) 냉동식 에어 드라이어
① 이슬점 온도를 낮추는 원리를 이용한 것이다.
② 공기를 강제로 냉각시켜 수증기를 응축시켜 수분을 제거하는 방식이다.
③ 노점 0.5~38[℃] 사이에서 운전비, 유지비 등이 저렴하여 가장 경제적이어서 널리 사용된다.

(2) 흡착식 에어 드라이어
① 고체 흡착제 실리카겔, 활성 알루미나 등을 사용하는 물리적 과정의 방식이다.
② 건조된 압축공기를 제습제의 재생에 사용한다.
③ 가열기가 부착된 히트형과 건조공기의 일부를 사용하는 히틀리스형이 있다.
④ 3~5년에 1회씩 제습제를 교체하며, 최대 -70[℃]의 저노점을 얻을 수 있다.

(3) 흡수식 에어 드라이어
① 흡수액(염화리튬, 수용액, 폴리에틸렌)을 사용한 화학적 과정의 방식이다.
② 장비 설치가 간단하다.
③ 건조기에 움직이는 부분이 없어 기계적 마모가 적다.
④ 외부 에너지의 공급이 필요 없다.
⑤ 건조제는 연간 2~4회 정도 교환한다.
⑥ 재생방법
  ㉠ 히스테리형 : 압축공기를 사용한다.
  ㉡ 히트형 : 외부 또는 내부의 가열기를 사용한다.
  ㉢ 히트펌프형 : 히트펌프를 사용한다.

핵심예제

2-1. 공압에서 사용되는 기기 중 습기에 대하여 친화력을 갖는 실리카겔, 활성 알루미나 등의 고체 건조제를 두 개의 타워 속에 가득 채워 습기와 미립자를 제거하여 초건조공기를 토출하며, 최대 -70[℃] 정도까지의 저노점을 얻을 수 있는 냉각기는?

① 공랭식 냉각기
② 냉동식 건조기
③ 흡수식 건조기
④ 흡착식 건조기

2-2. 흡수식 에어 드라이어의 특징이 아닌 것은?

① 장비 설치가 간단하고, 기계적 마모가 적다.
② 건조제는 연간 2~4회 정도 교환한다.
③ 외부 에너지의 공급에 의한 수분을 제거한다.
④ 흡수액으로 염화리튬, 수용액, 폴리에틸렌 등을 사용한다.

2-3. 냉동식 공기건조기에 대한 설명으로 옳은 것은?

① 실리카겔의 고체 흡착제를 사용한다.
② 압축공기의 흡착과정은 물리적 방식이다.
③ 최대 -70[℃] 정도의 저노점을 얻을 수 있다.
④ 압축공기를 강제적으로 냉각하여 수분을 응축시켜 제거한다.

|해설|

2-1
흡착식 공기건조기는 물리적 과정의 방식이며, 가열기가 부착된 히트형과 건조공기의 일부를 사용하는 히틀리스형이 있다.

2-2
흡수식 에어 드라이어는 외부 에너지의 공급이 필요 없는 화학적 방법으로 수분을 제거한다.

2-3
①, ②, ③은 흡착식 공기건조기에 대한 설명이다.

정답 2-1 ④ 2-2 ③ 2-3 ④

핵심이론 03 | 공기탱크

(1) 공기탱크의 역할
① 공기 소모량이 많아도 압축공기의 공급을 안정화시킨다.
② 공기 소비 시 발생되는 압력 변화를 최소화시킨다.
③ 정전 시 짧은 시간 동안 운전이 가능하다.
④ 공기압력의 맥동현상을 없애는 역할을 한다.
⑤ 저장탱크 내 압축공기의 적정 온도를 유지한다(40~50[℃]).
⑥ 압축공기를 냉각시켜 압축공기 중의 수분을 드레인으로 배출시킨다.

(2) 공기탱크의 크기 선정 요소
① 압축기의 공급 체적
② 압축기의 압력비
③ 시간당 스위칭 수

(3) 공기탱크의 구조
① 안전밸브
② 압력 스위치
③ 압력계
④ 체크밸브
⑤ 차단밸브
⑥ 드레인 뽑기
⑦ 접속관

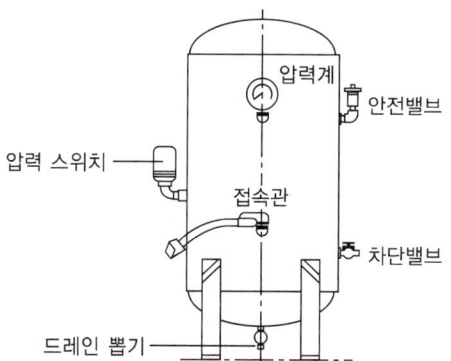

핵심예제

3-1. 공기 저장탱크의 기능으로 옳지 않은 것은?
① 저장기능이 있다.
② 냉각효과에 의한 수분을 공급한다.
③ 공기압력의 맥동을 없앤다.
④ 압력 변화를 최소화한다.

3-2. 공기 저장탱크의 기능이 아닌 것은?
① 압축기로부터 배출된 공기압력의 맥동현상을 없애는 역할을 한다.
② 다량의 공기가 소비되는 경우 급격한 압력 강하를 방지한다.
③ 주위의 외기에 의해 압축공기를 냉각시켜 수분을 응축시킨다.
④ 정전에 의해 압축기의 구동이 정지되면 공기를 차단한다.

3-3. 공기탱크의 크기를 결정하는 기준이 아닌 것은?
① 압축기의 압력비
② 시간당 스위칭 수
③ 압축기의 공급 체적
④ 압력제어밸브의 용량

3-4. 다음 중 압축공기 저장탱크에 부착되는 기기가 아닌 것은?
① 압력계
② 유량계
③ 차단밸브
④ 드레인 뽑기

| 해설 |

3-1
공기탱크는 압축공기를 냉각시켜 압축공기 중의 수분을 드레인으로 배출시키는 역할을 한다.

3-2
공기탱크는 정전 시에도 짧은 시간 동안 운전이 가능하다.

3-3
공기탱크의 크기 선정 요소
- 압축기의 공급 체적
- 압축기의 압력비
- 시간당 스위칭 수

3-4
공기탱크의 구조
- 안전밸브
- 압력 스위치
- 압력계
- 체크밸브
- 차단밸브
- 드레인 뽑기
- 접속관

정답 3-1 ② 3-2 ④ 3-3 ④ 3-4 ②

핵심이론 04 | 압축공기 조정 유닛(Air Service Unit)

압축공기를 사용하는 기기로, 압축공기를 공급할 때 고형 입자나 응축수 등을 제거하고, 압력을 조정하며 필요시 윤활유를 공급하기 위하여 최종적으로 사용된다.

(1) 구성요소
① 압축공기필터(Filter)
② 압축공기조절기(Pressure Regulator)
③ 압축공기윤활기(Lubricator)

(2) 에어 서비스 유닛의 선정
① 통과 유량(압축공기 소비량)
② 최대압력 조정범위(감압밸브)
③ 윤활유의 종류(윤활기 사용 시)
④ 관의 접속 구경과 질량

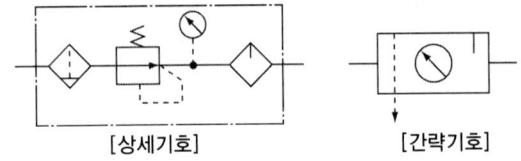

[상세기호]　　　　[간략기호]

핵심예제

4-1. 공기압 조정 유닛에 대한 설명 중 틀린 것은?
① 윤활기에 공급되는 기름은 스핀들 오일이 적당하다.
② 에어 서비스 유닛이라고도 한다.
③ 공압필터 → 압력조절밸브 → 윤활기 순서로 조립한다.
④ 기구는 가정용 중성세제로 세척한다.

4-2. 공기압 조정 유닛의 구성요소로 옳은 것은?
① 필터, 윤활기, 축압기
② 필터, 윤활기, 압력조절기
③ 필터, 냉각기, 압력조절기
④ 윤활기, 건조기, 압력조절기

|해설|

4-1
윤활기에 공급되는 기름은 터빈오일 1종(무첨가) ISO VG32 또는 터빈오일 2종(첨가) ISO VG32가 적합하다.

4-2
공기압 조정 유닛의 구성 : 필터, 윤활기, 압력조절기(감압밸브)

정답 4-1 ① 4-2 ②

핵심이론 05 | 공기필터(Air Filter) 및 윤활기(Lubricator)

(1) 사용목적
공기 중에는 수분, 먼지 등이 있으며 공기압 회로 중에 이러한 물질을 제거하기 위한 목적에 사용되며, 입구부에 필터를 설치한다.

(2) 압축공기 내의 오염물질

오염원	공압기기에 미치는 영향
수 분	• 코일의 절연 불량과 녹 유발 • 밸브 몸체의 스풀에 고착 및 수명 단축 • 동결의 원인
유 분	• 오염에 따른 기기의 수명 단축 • 작은 유로 단면적의 변화 • 고무계 밸브의 부풀음 및 스풀의 고착
카 본	• 실(Seal) 불량 • 누적으로 인한 화재 및 폭발 • 작은 유로 단면적의 변화 • 기기 수명의 단축 및 밸브의 고착
녹	• 실 불량 및 밸브 몸체에 고착 • 기기의 수명 단축 • 작은 유로 단면적의 변화 • 필터 엘리먼트의 눈메꿈 • 실 불량
먼지	• 필터 엘리먼트의 눈메꿈 • 실 불량 등

(3) 필터의 작동원리
원심분리 방식

(4) 공기 여과 방식
① 원심력을 이용하여 분리하는 방식
② 충돌판을 닿게 하여 분리하는 방식
③ 흡습제를 사용하여 분리하는 방식
④ 냉각하여 분리하는 방식

(5) 드레인 배출 형식
① 플로트식
② 파일럿식
③ 전동기 구동 방식
※ 드레인 : 공압기기 및 관로 내에서 유동 또는 침전 상태에 있는 물 또는 기름의 혼합 액체

(6) 윤활기
① 공압 실린더나 밸브 등의 작동을 원활하게 한다.
② 작동원리 : 벤투리 원리에 의해 작동한다.
③ 윤활기의 종류 : 고정식, 가변식, 입자 선별식

(7) 윤활유의 구비조건
① 열화의 정도가 적을 것
② 원활성이 있을 것
③ 윤활성이 좋을 것
④ 마찰계수가 작을 것
⑤ 마멸, 발열, 소착 등을 방지할 수 있을 것

(8) 윤활유 선정
① 터빈오일 1종(무첨가) ISO VG32
② 터빈오일 2종(첨가) ISO VG32
※ 윤활기의 세척은 중성세제를 사용한다.

핵심예제

5-1. 압축공기 내 오염물질의 영향 중 적합하지 않은 것은?
① 필터, 윤활기 등의 활성수지 파손
② 슬라이딩부 등의 흠집이나 부식 발생
③ 밸브의 고착, 마모, 실(Seal) 불량 발생
④ 실린더의 진동 발생

5-2. 압축기 흡입필터의 눈막힘 발생 시 나타나는 현상이 아닌 것은?
① 용적효율이 저하된다.
② 윤활유의 소비가 증가 된다.
③ 실린더와 피스톤이 마모된다.
④ 토출 라인의 드레인과 진동이 감소된다.

5-3. 윤활기의 사용목적이 아닌 것은?
① 부식 방지
② 기기의 윤활
③ 마모의 감소
④ 공기 사용량 절감

|해설|

5-1
압축공기 내의 오염물질에는 수분, 유분, 카본, 녹, 먼지 등이 있다.

5-2
압축기 흡입필터의 눈막힘 발생 시 토출 라인의 드레인과 진동이 증가된다.

5-3
윤활기는 액추에이터, 밸브 등에 필요한 윤활유를 공급하는 목적이 있다.

정답 5-1 ④ 5-2 ④ 5-3 ④

핵심이론 06 | 배 관

(1) 배관 사용 시 주의사항

① 수평 관로의 배관은 기울기는 1/100(1[%]) 정도 구배를 부과한다.
② 분기관은 주배관으로부터 일단 위쪽으로 한다.
③ 나사부 조립 시 테이프가 들어가지 않도록 1~2산을 남기고 감는다.
④ 흡입과 토출 맥동에 의한 공진이 생기지 않도록 배려한다.
⑤ 수직 관로는 고여 있는 윤활유가 고온 토출공기에 의해서 폭발하지 않도록 대비한다.
⑥ 땅속의 관로는 부식되기 쉽고, 관로 내의 청소가 힘들므로 가능한 한 피한다.

(2) 배관재료

① 강관 : 15[A] 이상의 고정 배관에 사용한다.
② 동관 및 황동관 : 내식성과 내열성, 강성 등이 요구되는 곳에 사용한다.
③ 스테인리스관 : 지름이 큰 경우나 직관부에 사용되지만 작업성이 나쁘다.
④ 나일론관 : 내열성은 나쁘나 내식성 및 강도가 우수하여 지름이 작은 공압 배관에 적합하며, 절단이 쉽고 작업성이 매우 좋다.
⑤ 폴리우레탄관 : 바깥지름이 6[mm] 이하인 경우에 사용한다.
⑥ 고무호스 : 탄성이 커서 공기 공구에 많이 사용되며 작업자가 마음대로 구부리면서 작업한다.

(3) 파이프 이음

① 나사 이음(관용 테이퍼나사) : 접속 시에는 누설을 방지하기 위하여 일반적으로 테프론 테이프를 사용하며, 콤파운드를 같이 사용한다.
② 플랜지 이음 : 플랜지를 파이프에 용접하여 플랜지를 볼트로 연결시키는 것으로, 50[A] 이상의 관 연결 시에 많이 사용한다.
③ 플레어 이음(Flare Fitting, 압축 이음) : 동관에 많이 사용한다. 관 끝의 모양을 접시 모양으로 넓혀서 사용한다. 플레어의 각도는 37°와 45°가 있으며, 공기용으로는 45°를 사용한다.
④ 플레어리스 이음 : 관 끝을 넓히지 않고 파이프와 슬리브의 맞물림 또는 마찰을 이용한다.
⑤ 고무호스 이음 : 고무호스를 끼운 후 밴드 등으로 고정한다.

(4) 강관에 의한 배관작업

① 나사 전용기를 사용하여 정확한 나사가공 후 내부 청소를 깨끗이 한다.
② 실링 테이프를 1~2산 정도 남기고 감는다.
③ 액체 실(Seal)을 사용할 경우 암나사부에는 바르지 않는다.
④ 기기의 점검 및 보수를 위하여 중간에 플랜지, 유니언 등으로 연결한다.

(5) 이음쇠에 의한 배관작업

① 수지 튜브나 연질 동관의 경우에는 부속기구를 사용한다.
② 수지 튜브 작업의 경우에 축 방향에 직각이 되도록 튜브 커터를 사용한다.
③ 원터치 니들 사용 시에 누설이 없도록 충분히 끼워 넣는다.
④ 공기압기기에 연결 배관할 경우 배관 전에 플러싱(Flushing)한다.

(6) 기타 부속기기

① 소음기 : 압축공기 배출 시 소음을 줄이기 위해 사용한다.
② 실(Seal) : 압축공기가 새거나 외부로부터 이물질이 들어오는 것을 방지하기 위해 사용한다.
  ㉠ 개스킷(Gasket) : 고정 부분에 사용되는 것
  ㉡ 패킹(Packing) : 운동 부분에 사용되는 것

핵심예제

6-1. 동관 이음을 할 때 관 끝의 모양을 접시 모양으로 넓혀서 이음하는 방식은?
① 플랜지(Flange) 이음
② 나사(Screw) 이음
③ 압축(Compressed) 이음
④ 플레어리스(Flareless) 이음

6-2. 공압 배관 연결작업이나 용접작업 시 발생하는 이물질이 공압시스템으로 유입되어 고장이 발생하는데, 이로 인한 고장으로 가장 거리가 먼 것은?
① 압력 스프링 손상으로 누설이 생긴다.
② 슬라이드 밸브의 고착현상이 생긴다.
③ 포핏밸브의 시트부에 융착되어 누설이 생긴다.
④ 유량제어밸브에 융착되어 속도제어를 방해한다.

6-3. 배관 설비 중 나사 이음부에 누설이 발생했을 때 정비의 내용으로 옳지 않은 것은?
① 나사 이음부의 누설이 발생했을 경우 그 상태로 밸브나 관을 더 죈다.
② 플랜지부터 순차적으로 누설 부위까지 분해하여 상태를 확인한다.
③ 누설 부위의 교체 여부를 판단한 후 교체가 불필요할 때는 실(Seal) 테이프를 감고 다시 조립한다.
④ 관의 분해·교체가 용이하도록 플랜지나 유니언 이음쇠가 적당히 배치되도록 한다.

|해설|

6-1
① 플랜지 이음 : 관의 끝부분에 플랜지를 나사 이음 용접 등으로 부착하고 볼트, 너트로 죄어서 관을 접합 또는 기기 용기 밸브류와 접속한다.
② 나사 이음 : 파이프 끝에 관용 나사를 절삭하고 적당한 이음쇠를 사용하여 결합한다.
④ 플레어리스 이음 : 관 끝을 넓히지 않고 파이프와 슬리브의 맞물림 또는 마찰을 이용한다.

6-2
스프링 손상과 누설 발생과는 거리가 멀다.

6-3
나사부에 누설이 생겼을 경우 그 상태로 밸브나 관을 더 죄면 반드시 반대 측의 나사부에 풀림이 생겨 누설 개소가 이동한다.

정답 6-1 ③ 6-2 ① 6-3 ①

1-3. 공기압축기

핵심이론 01 | 공기압축기의 분류

(1) 작동원리에 따른 분류
① 용적형
  ㉠ 왕복식 : 피스톤식, 다이어프램식
  ㉡ 회전식 : 나사식(스크루식), 베인식, 루트 블로어, 스크롤식
② 터보형
  ㉠ 원심식
  ㉡ 축류식

(2) 토출압력에 따른 분류
① 저압 : 1~8[kgf/cm^2]
② 중압 : 10~15[kgf/cm^2]
③ 고압 : 15[kgf/cm^2] 이상

(3) 출력에 따른 분류
① 소형 : 0.2~14[kW]
② 중형 : 15~75[kW]
③ 대형 : 75[kW] 이상
※ 공압 발생장치 중
  • 팬 : 0.1[kgf/cm^2] 미만
  • 송풍기 : 0.1~1[kgf/cm^2]
  • 공기압축기 : 1[kgf/cm^2] 이상

핵심예제

다음 중 왕복 피스톤 압축기에 해당하는 것은?
① 원심식   ② 다이어프램식
③ 스크루식 ④ 베인식

|해설|
왕복 피스톤 압축기에는 피스톤식과 다이어프램식 등이 있다.

정답 ②

핵심이론 02 | 공기압축기의 종류

(1) 왕복식 압축기
① 피스톤의 왕복운동으로 압력을 발생시킨다.
② 가장 일반적으로 사용된다.
③ **압력범위** : 1단 압축은 1.2[MPa], 2단 압축은 3[MPa], 3단 압축은 22[MPa]까지이다.
④ 냉각방법으로는 공랭식(소형 압축기)과 수랭식(중형 압축기)이 있다.
※ 격판압축기(다이어프램형)
  • 피스톤이 격판에 의해 흡입실로부터 분리되어 있어 청정한 공기를 얻을 수 있다.
  • 수명이 짧고, 높은 압력을 얻을 수 없다.
  • 식품, 의약품, 화학산업 등에 많이 사용한다.

(2) 회전식 압축기
① **베인형** : 편심로터가 흡입과 배출 구멍이 있는 실린더 형태의 하우징 내에서 회전하여 압축공기를 토출하는 형태이다.
  ㉠ 소음과 진동이 작다.
  ㉡ 공기를 안정되게 공급한다.
  ㉢ 크기는 소형이며, 공기압모터 등의 공급원으로 이용된다.
② **스그루형** : 나선형의 로터가 서로 반대로 회전하여 축방향으로 들어온 공기를 서로 맞물려 회전시켜 공기를 압축한다.
  ㉠ 고속 회전이 가능하며, 토출능력이 크다.
  ㉡ 소음과 진동이 작다.
  ㉢ 구조는 간단하고, 왕복식에 비해 섭동부가 적다.
  ㉣ 고속 기어에 의한 고속 회전이므로 고주파음이 생긴다.
  ㉤ 보수 사이클이 길지만, 오버홀이 필요하다.

③ 루트 블로어형 : 누에고치형 회전자를 서로 90° 위상 변위를 주고 회전자끼리 서로 반대 방향으로 회전하여 흡입된 공기는 회전자와 케이싱 사이에서 체적의 변화 없이 토출구 측으로 이동되어 토출된다.
  ㉠ 비접촉형이므로 무급유식이며 소형이고 고압으로 사용한다.
  ㉡ 토크의 변동이 크고, 소음도 크다.
④ 스크롤형 : 흡입, 압축, 토출 공정이 선회 스크롤 1회선으로 연속하여 이루어지므로, 토크 변동이 매우 작고 조용하게 작동한다.
  ㉠ 효율이 뛰어나고 저진동, 저소음, 저중량이다.
  ㉡ 최근 사용범위와 연구가 진행되고 있다.

(3) 터보형 압축기
① 공기의 유동원리를 이용한 것으로 터보를 고속으로 회전시키면서 공기를 압축한다.
② 각종 플랜트(Plant), 대형·대용량의 공기압원으로 이용한다.
③ 진동이 적고 고속 회전이 가능하며, 토출 공기압력의 맥동이 없다.
④ 무급유 시방이 가능하다.
⑤ 종류로는 축 방향형, 반경 방향형 등이 있다.

(4) 공기압축기의 설치조건
① 저온·저습 장소에 설치(드레인 발생 억제)한다.
② 유해물질이 적은 곳에 설치(빗물, 바람, 직사광선 등으로 보호)한다.
③ 압축기 운전 시 소음과 진동을 고려(방음·방진벽 설치)한다.
④ 수평 관로의 배관은 드레인 배출이 용이하도록 1/100의 구배 부과한다.
⑤ 예방 정비가 가능하도록 충분한 공간을 확보한다.
⑥ 건축물과는 벽면에 30[cm] 이상 떨어져 있어야 한다.

(5) 공기압축기의 기호

기호	기호 해설
	• 공기압(백색 정삼각형)이 나가는(삼각형의 정점 방향) 에너지 변환기기(대원)이므로 공기압축기 또는 송풍기의 기호이다. • 회전축(복선)에 표시한 곡선 화살표의 방향(축의 자유단에서 본 방향)이 우회전이므로 일방향 회전형(우회전)이다. • 위쪽 접속구(대원에 연결한 실선)가 공기압이 나가는 방향(정삼각형 정점 방향)이므로 위쪽이 송출구, 아래쪽이 흡입구이다. • 공기가 아래쪽에서 흡입되어 위쪽으로만 송출되므로 일방향 흐름형이다. • 에너지 변환기기(대원)에 사선 화살표가 없으므로 정용량형이다(사선 화살표가 있으면 가변 용량형이다).

왕복식	
베인형	
스크루형	(a) (b) (c) (d)
루트 블로어형	

스크롤형	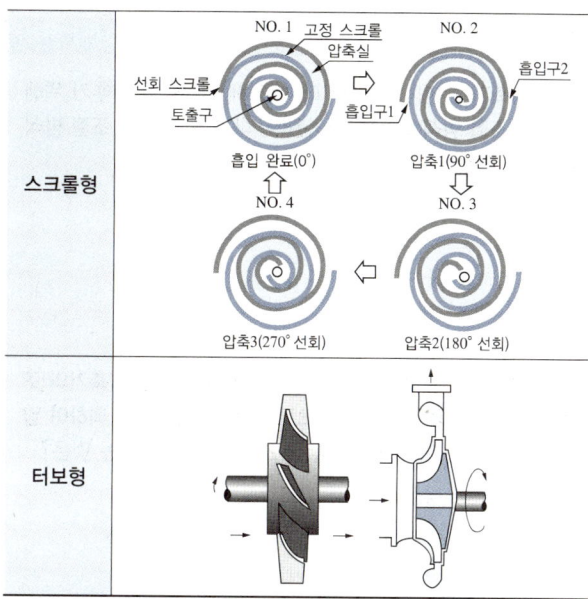
터보형	

핵심예제

2-1. 왕복형 공기압축기의 특징으로 옳은 것은?

① 진동이 적다.
② 고압에 적합하다.
③ 소음이 적다.
④ 맥동이 적다.

2-2. 공기압 발생장치의 원리가 다른 것은?

① 베인압축기
② 터보압축기
③ 나사형 압축기
④ 피스톤압축기

2-3. 공기압축기 설치조건으로 옳지 않은 것은?

① 고온, 다습한 장소에 설치한다.
② 지반이 견고한 장소에 설치한다.
③ 옥외 설치 시 직사광선을 피한다.
④ 고장 시 수리가 가능하도록 충분한 설치 공간을 확보한다.

2-4. 공압 루트 블로어(Root Blower)에 대한 설명으로 옳은 것은?

① 소음이 작다.
② 토크 변동이 작다.
③ 비접촉형으로 무급유식이다.
④ 대형이고, 고압 송풍을 할 수 없다.

2-5. 대용량 압축기의 흡입 배관에 설치되는 스트레이너의 용도는?

① 빗물이 압축기 내에 흡입되는 것을 방지한다.
② 고운 입자의 먼지가 압축기 내에 흡입되는 것을 방지한다.
③ 흡입 배관 내에 녹이 발생하는 것을 방지한다.
④ 종이, 나뭇잎 등의 이물질이 압축기 내에 흡입되는 것을 방지한다.

|해설|

2-1
①, ③, ④는 회전식 압축기의 특징이다.

2-2
①, ③은 용적형의 회전식 압축기이고, ④는 용적형의 왕복식 압축기이다.

2-3
공기압축기는 저온·저습 장소에 설치(드레인 발생 억제)한다.

2-4
루트 블로어형 압축기의 특징
- 비접촉형이므로 무급유식이다.
- 소형이고, 고압으로 사용한다.
- 토크의 변동이 크고, 소음도 크다.

2-5
스트레이너는 100~150[μm]의 철망을 사용하며, 필터 역할을 한다.

정답 2-1 ② 2-2 ② 2-3 ① 2-4 ③ 2-5 ④

핵심이론 03 | 공기압축기 압력 제어방법

(1) 무부하 조절방법

① 배기 조절 방식
  ㉠ 탱크 내의 압력이 설정된 압력에 도달하면 안전밸브가 열려서 압축공기를 대기 중으로 방출시켜 설정압력으로 조절하는 방법이다(가장 간단한 조절방법).
  ㉡ 7[kgf/cm^2] 이하의 연속 사용(스프레이건, 공기압 구동공구, 샌드 블라스트 등)

② 차단 조절 방식
  ㉠ 압축기의 흡입구를 차단하여 압력을 낮추는 방법이다(흡입구를 닫음으로써 대기압보다 낮은 진공 범위의 압력에서 계속적으로 운전).
  ㉡ 회전 피스톤 압축기와 왕복 피스톤 압축기에 많이 사용한다.

③ 그립-암(Grip-arm) 조절 방식
  ㉠ 피스톤 압축기에 이용되는 방식이다.
  ㉡ 압력이 상승하면 피스톤의 상승 시에도 흡입밸브가 그립-암에 의해 열려 있어 공기를 압축할 수 없으므로 압축공기를 생산할 수 없는 방법이다.

(2) On-off 제어방법

압축기의 운전과 정지를 반복하면서 조절하는 방식이다.

(3) 저속 조절방법

① 속도 조절 : 엔진의 속도조절장치에 의하여 회전 수를 조절하여 압축량을 조절하는 방식이다.
② 차단 조절 : 흡입공기의 입구를 줄임으로써 공기압축량을 줄이는 간단한 방법이다.

핵심예제

3-1. 압축기는 변동하는 공기의 수요에 공급량을 맞추기 위해 적절한 조절 방식에 의해 제어된다. 다음 중 무부하 조절 방식이 아닌 것은?

① 배기 조절 방식
② 흡입량 조절 방식
③ 차단 조절 방식
④ 그립-암 조절 방식

3-2. 변동하는 공기 수용에 공급량을 맞추기 위한 압축기의 조절 방식 중 가장 간단한 방식으로, 압력 안전밸브에 의하여 압축기의 압력을 제어하며 무부하 조절 방식에 속하는 것은?

① 차단 조절 방식
② 흡입량 조절 방식
③ 배기 조절 방식
④ 그립-암 조절 방식

|해설|

3-1
차단 조절 방식은 저속 조절방법이다.
무부하 조절 방식에는 배기 조절 방식, 차단 조절 방식, 그립-암 조절 방식 등이 있다.

3-2
• 무부하 조절 방식
  - 배기 조절 방식 : 가장 간단한 조절방법이다.
  - 차단(흡입량) 조절 방식 : 압축기의 흡입구를 차단하여 압력을 낮추는 방법이다.
  - 그립-암(Grip-arm) 조절 방식 : 피스톤 압축기에 이용되는 방식이다.
• On-off 제어 방식 : 압축기의 운전과 정지를 반복하면서 조절하는 방식이다.
• 저속(속도) 조절 방식 : 엔진의 속도조절장치에 의하여 회전수를 조절하여 압축량을 조절하는 방식이다.

정답 3-1 ② 3-2 ③

1-4. 공기압밸브

공기압장치에서의 밸브 선택은 기능에 따라 다음과 같이 분류한다.

- 공기압을 조절하여 힘의 세기를 조절하는 압력제어밸브(Pressure Control Valve)
- 공기압 회로 내의 유량을 조절하여 액추에이터의 속도를 조절하는 유량제어밸브(Flow Control Valve)
- 유체의 흐름 방향을 전환 및 단속하여 액추에이터의 구동 방향을 조정하는 방향제어밸브(Directional Control Valve)

핵심이론 01 | 압력제어밸브

압력제어밸브는 유체의 압력을 제어하는 밸브(힘)이다.

(1) 압력제어밸브의 종류

① 릴리프 밸브(Relief Valve)
  - ㉠ 회로 내의 최고 압력을 설정하는 밸브이다.
  - ㉡ 실린더 내의 힘이나 토크를 제한하여 과부하를 방지한다.
  - ㉢ 시스템의 안전용과 출력의 조정기능을 겸한다.
  - ㉣ 종 류
    - 직접 작동형 릴리프 밸브 : 포핏에 의해 공기를 차단하는데 조정 스프링에 의해서 조절된다.
    - 간접 작동형 릴리프 밸브 : 주밸브와 보조밸브로 구성되고, 설정압에 도달하면 주밸브의 미세한 구멍을 통하여 보조밸브의 포핏이 열려 균형이 무너져 주밸브가 개방되어 압축공기를 방출한다.

② 시퀀스 밸브(Sequence Valve)
  - ㉠ 주회로의 압력을 일정하게 유지하면서 조작 순서를 제어할 때 사용한다.
  - ㉡ 공압 시퀀스 제어 회로를 구성할 때 사용되는 스테퍼 모듈의 구성요소 : OR 밸브, 메모리 밸브, 3/2-way 밸브

③ 언로드 밸브(Unload Valve)

공기압축기에서 생산된 압축공기를 탱크에 저장하는 경우, 공기탱크의 압력이 설정압력에 도달하면 압축공기를 토출하지 않는 무부하 운전을 하게 된다.

④ 압력 스위치(Pressure Switch)
  - ㉠ 회로의 압력이 설정값에 도달하면 내부에 있는 마이크로 스위치가 작동하여 전기회로를 열거나 닫게 하는 기기이다.
  - ㉡ 종 류
    - 다이어프램형
    - 벨로스형
    - 부르동관형
    - 피스톤형

(2) 압력제어밸브의 특성

① 압력 조정 특성 : 압력제어밸브의 핸들을 돌렸을 때 회전각에 따라 공기압력이 원활하게 변화하는 특성이 있다.

② 유량 특성 : 2차 측 유로를 조여서 유량이 0인 상태에서 공기압력을 설정한 후에 2차 측 유량을 서서히 증기시켜 가면 2차 측 압력은 서서히 저하된다.

③ 압력 특성 : 1차 측 압력의 변동에 따라 2차 측 압력 변동이 변화하는 특성이다.

④ 재현(성) 특성 : 1차 측의 공기압력을 일정 공기압으로 설정하고, 2차 측을 조절할 때 설정압력의 변동 상태를 확인하는 것으로, 장시간 사용 후 변동 상태를 확인한다.

⑤ 히스테리시스 특성 : 압력제어밸브의 핸들을 조작하여 공기압력을 설정하고 압력을 변동시켰다가 다시 핸들을 조작하여 원래의 설정값에 복귀시켰을 때, 최초 설정값과의 오차이다(내부 마찰 등에 그 영향이 크다).

⑥ 릴리프 특성 : 2차 측 공기의 압력을 외부에서 상승시켰을 때 릴리프 구멍에서 배기되는 고압의 압력 특성으로, 감지하지 못하는 영역이 존재한다(릴리프 밸브의 탄성에 기인하며, 브리드식 구조에서는 불감대 영역을 개선할 수 있다).

(3) 압력조절밸브의 사용상 주의사항

① 선정용 검토항목을 참고하여 선정한다.
② 이물질 침입을 방지할 수 있도록 반드시 필터를 설치한다.
③ 2차 측 부하에 상응한 밸브를 선택하여 조절공기압력의 30~80[%] 범위 내에서 사용한다(공기압기기의 전 공기 소비량이 이 압력조절밸브의 2차 압력이 80[%] 이하로 내려가지 않도록 밸브 사이즈를 선정).
④ 압력, 유량, 히스테리시스 특성 및 재현성 등을 조사한다.
⑤ 사용목적에 맞는 규격의 밸브를 선정한다.
⑥ 회로 구성상 여러 개의 감압밸브가 설치되는 경우, 회로 전체의 정상 상태가 유지되도록 주의해야 한다.

핵심예제

1-1. 공기압축기에서 공급되는 공기압을 보다 낮은 일정의 적정한 압력으로 감압하여 안정된 공기압으로 하여 공압기기에 공급하는 기능을 하는 밸브는?

① 감압밸브
② 릴리프 밸브
③ 교축밸브
④ 시퀀스 밸브

1-2. 다음 중 압력제어밸브가 아닌 것은?

① 교축밸브
② 감압밸브
③ 시퀀스 밸브
④ 카운터 밸런스 밸브

1-3. 유압 구동기구의 제어밸브가 아닌 것은?

① 방향제어밸브
② 회로지시밸브
③ 유량제어밸브
④ 압력제어밸브

1-4. 다음 중 압력제어밸브의 특성이 아닌 것은?

① 크래킹 특성
② 압력 조정 특성
③ 유량 특성
④ 히스테리시스 특성

1-5. 압력제어밸브의 핸들을 돌렸을 때 회전각에 따라 공기압력이 원활하게 변화하는 특성은?

① 압력 조정 특성
② 유량 특성
③ 재현 특성
④ 릴리프 특성

|해설|

1-1
② 릴리프 밸브 : 회로의 최고 압력을 설정하는 밸브
③ 교축밸브 : 유량을 제어하는 밸브
④ 시퀀스 밸브 : 조작 순서를 제어할 때 사용하는 밸브

1-2
교축밸브는 유량제어밸브에 속한다.
압력제어밸브의 종류
• 릴리프 밸브
• 감압밸브
• 시퀀스 밸브
• 카운터 밸런스 밸브
• 무부하밸브
• 압력 스위치

1-3
공유압 제어밸브는 압력제어밸브와 유량제어밸브, 방향제어밸브로 분류한다.

1-5
② 유량 특성 : 2차 측 유로를 조여서 유량이 0인 상태에서 공기압력을 설정한 후에 2차 측 유량을 서서히 증가시켜 가면 2차 측 압력이 서서히 저하되는 특성
③ 재현 특성 : 1차 측의 공기압력을 일정 공기압으로 설정하고, 2차 측을 조절할 때 설정압력의 변동 상태를 확인하는 것(장시간 사용 후 변동 상태 확인)
④ 릴리프 특성 : 2차 측 공기의 압력을 외부에서 상승시켰을 때 릴리프 구멍에서 배기되는 고압의 압력 특성

정답 1-1 ① 1-2 ① 1-3 ② 1-4 ① 1-5 ①

핵심이론 02 | 유량제어밸브

공기압 회로의 유량을 일정하게 유지하려 할 때 사용하는 밸브로, 주로 액추에이터의 속도를 제어하는 데 사용된다. 교축밸브, 속도제어밸브, 배기교축밸브, 급속배기밸브 등이 있다.

(1) 교축밸브(Flow Metering Valves)

유로의 단면적을 교축하여 유량을 제어하는 밸브로 스톱밸브, 스로틀 밸브, 스로틀 체크밸브로 분류된다.
① 스톱밸브 : 미소 유량을 조정하기 어렵다.
② 스로틀 밸브 : 유압 구동에서 산업기계에 가장 많이 사용하며, 교축 전후의 압력차가 증가해도 미소 유량을 조절하기 용이하다.
③ 스로틀 체크밸브 : 한쪽 방향으로의 흐름은 제어하지만, 역방향의 흐름은 제어할 수 없다.

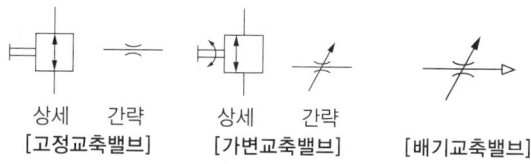

[고정교축밸브] [가변교축밸브] [배기교축밸브]

(2) 일방향 유량제어밸브(One-way Flow Control Valve)

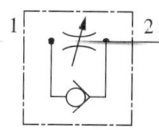

① 유량이 한 방향으로는 교축하고 반대 방향으로는 자유롭게 흘러 교축 릴리프 밸브, 스로틀 체크밸브라고도 한다.
② 액추에이터의 속도를 제어하기 위하여 사용하기 때문에 속도제어밸브(Speed Control Valve)라고도 한다.
③ 가능한 한 제어 대상과 가깝게 설치하여야 한다.

※ 속도제어 방식
- 미터-인 회로 : 액추에이터에 공급되는 유량을 제어한다.
- 미터-아웃 회로 : 액추에이터에서 배출되는 유량을 제어하며, 제어성이 우수하다(부하의 증감에 영향이 없고, 안정된 속도를 얻을 수 있다).

(3) 급속배기밸브(Quick Exhaust Valve)

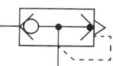

액추에이터의 속도를 증가시키거나 공기탱크의 압축공기를 급속히 방출할 필요가 있을 때 사용한다. 액추에이터에 직접 연결하거나 가능한 한 가깝게 설치하여야 한다.

(4) 유량제어밸브 사용 시 주의사항

① 유량이 교축되면 압력도 동시에 떨어진다. 출구압력을 입구압력의 1/2 이하로 하지 않는다(음속 발생).
② 가능한 한 제어 대상과 가깝게 설치한다(관로의 용적 변화에 따라 제어성이 떨어진다).
③ 유량 조절 후 고정용 나사로 고정하여 일정 유량이 제어되도록 한다.
④ 공기 청정화에 주의한다(먼지나 이물질이 틈새를 막히게 한다).
⑤ 밸브의 크기 선택에 주의한다(제어 흐름의 유량 특성, 자유 흐름의 유량 검토 필요).

핵심예제

2-1. 공압 실린더나 공기탱크 내의 공기를 급속히 방출할 필요가 있을 때나 공압 실린더 속도를 증가시킬 필요가 있을 때 사용되는 것으로 가장 적당한 밸브는?

① 2압 밸브
② 셔틀밸브
③ 급속배기밸브
④ 체크밸브

2-2. 유압회로 내의 압력 변화가 있어도 동일한 유량을 유지할 수 있게 만든 밸브는?

① 교축밸브
② 바이패스 유량제어밸브
③ 유량분류밸브
④ 압력보상 유량제어밸브

2-3. 공기압 실린더를 이용하여 무거운 물체를 움직일 경우 관성으로 인한 충격으로 실린더가 손상되는 것을 방지하기 위해 피스톤의 끝단에 쿠션 장치를 내장한 공기압 실린더를 사용한다. 이러한 실린더를 사용하는 경우 함께 사용하면 쿠션효과가 감소되는 요소는?

① 압력조절밸브
② 급속배기밸브
③ 교축 릴리프 밸브
④ 파일럿 체크밸브

|해설|

2-1
급속배기밸브는 공기압 라인을 단락시켜 공기를 방출하면 저항이 작아 공기의 방출(배기)이 매우 빠르게 이루어지므로 공기압 실린더의 속도를 증가시킬 수 있다.

2-2
압력보상 유량조절밸브는 유량조정부, 압력보상부, 체크밸브부를 내장하고 있다.

2-3
쿠션장치는 공기압을 서서히 빠져나가게 하는 반면, 급속배기밸브는 공기압을 급격하게 빠져나가게 하는 것으로 서로 상반되는 기능을 갖고 있다.

정답 2-1 ③ 2-2 ④ 2-3 ②

핵심이론 03 | 방향제어밸브(전환밸브)

전환밸브는 공기압의 흐름 방향을 제어하는 밸브로, 다음 분류 기준에 따라 분류한다.

분류 기준	분류
포트 수	• 주관로가 접속되는 밸브의 포트 수에 따라 2포트, 3포트, 4포트, 5포트 밸브 등이 있다.
제어 위치 수	• 압축공기의 흐름 형태를 결정하는 밸브의 제어 위치 수에 따라서 2위치, 3위치, 4위치, 5위치 밸브 등이 있으며, 주로 2위치 밸브와 3위치 밸브를 많이 사용한다.
중앙 위치의 흐름 형식	• 3위치 밸브(또는 4위치 밸브)의 중앙 위치의 흐름 형식(유로 형식)에 따라 중앙 위치 닫힘형, PAB 접속형, ABR 접속형 등이 있다.
조작 방식	• 전환밸브를 전환하는 데 필요한 조작력을 가하는 방식에 따라 인력 조작 방식, 기계 조작 방식, 전기 조작 방식, 파일럿 조작 방식 등으로 분류한다. • 인력 조작 방식은 버튼, 레버 등의 손 조작과 페달에 의한 발 조작 방식으로 나뉜다. • 기계 조작 방식은 플런저, 스프링, 롤러 등을 이용한다. • 전기 조작 방식에는 전자 조작과 전동기 조작이 있으며, 전자 조작 방식은 전자석으로 조작하는 방식으로 단동 솔레노이드, 복동 솔레노이드 조작 방식으로 나뉜다. 이 밸브를 전자전환밸브(솔레노이드 밸브)라고 한다. • 파일럿 조작 방식은 파일럿 밸브의 조작에 의해 공급되는 파일럿 공기압력으로 밸브를 전환하는 밸브로, 직접 파일럿 조작 방식과 간접 파일럿 조작 방식이 있다.
정상 위치의 흐름 상태	• 전환밸브에 조작력 또는 제어신호가 작용하지 않은 상태에서 밸브 몸체의 위치를 정상 위치라고 한다. • 정상 위치에서 압축공기 공급 포트(P포트)로 공급되는 압축공기가 흐를 수 있도록 열려 있으면 상시 개형(NO형) 밸브, 닫혀 있어서 압축공기가 차단된 상태이면 상시 폐형(NC형) 밸브라고 한다.
주밸브의 기본 구조	• 주밸브의 기본 구조에 따라 슬라이드 밸브(Slide Valve), 스풀밸브(Spool Valve), 포핏밸브(Poppet Valve) 등이 있다. • 포핏밸브는 밸브 몸체가 밸브 자리에서 수직 방향으로 이동하여 유로를 개폐하는 형식이다. • 스풀밸브는 밸브 몸체가 원통형 미끄럼 면에 내접하여 축 방향으로 이동하면서 유로를 개폐하는 형식이다.

분류 기준	분 류
밸브 몸체의 복귀 형식	• 전환밸브에 조작력 또는 제어신호를 제거했을 때 밸브 몸체의 복귀 방식에 따라 스프링 리턴, 공기압 리턴, 디텐트(Detent) 방식으로 분류한다. • 스프링 리턴 방식은 스프링력에 의해서, 공기압 리턴 방식은 공기압력에 의해서 밸브 몸체를 정상 위치로 복귀시키는 방식이다. • 디텐드 방식은 밸브의 조작력 또는 제어신호를 제거해도 복귀하지 않고 그 위치를 유지할 수 있도록 한 밸브이다.

(1) 조작 방식에 따른 분류

인력 조작식	
기계 조작식	
전자 조작식(직동식)	
공기압 방식 (파일럿 조작식)	(직접)　　(간접)

(2) 포트 및 제어 위치 수에 따른 분류

2포트 2위치 밸브		5포트 2위치 밸브	
3포트 2위치 밸브		4포트 3위치 밸브	
4포트 2위치 밸브		5포트 3위치 밸브	

※ 참고 사항
- 포트 수 : 2, 3, 4, 5포트(사각형 1개에 연결된 포트의 수)
- 제어 위치 수 : 2, 3, 4위치(사각형이 겹쳐 있는 수)
- 기호 판독 또는 기호에 표시되는 것으로 작동방법, 기능, 귀환방법이 있다.
- 방향전환밸브에서 밸브와 주관로(파일럿과 드레인 포트는 제외)와의 접속구 수를 포트 수 혹은 접속수라 한다. 포트 수는 유로 전환의 형을 한정한다.

(3) 밸브의 구조에 따른 분류

밸브구조는 특성을 좌우하는 중요한 요소가 된다.
- 포핏식(볼 시트 밸브, 디스크 시트 밸브)
- 스풀식
- 슬라이드식(세로 슬라이드 밸브, 세로 평슬라이드 밸브, 판슬라이드 밸브)

① 포핏밸브(Poppet Valves)
  ㉠ 밸브 몸통이 밸브 자리에서 직각 방향으로 이동하는 방식이다.
  ㉡ 구조가 간단하고 먼지나 이물질의 영향을 적게 받으므로 소형 밸브에서 대형 밸브까지 폭넓게 이용한다.
  ㉢ 밸브 연결구의 종류 : 볼 디스크, 평판, 원추
  ㉣ 포핏밸브의 특징
   • 구조가 간단하다(이물질의 영향을 받지 않음).
   • 짧은 거리에서 밸브를 개폐한다(개폐속도가 빠름).
   • 활동부가 없기 때문에 윤활이 필요 없고, 수명이 길다.
   • 소형 제어밸브나 솔레노이드 밸브의 파일럿 밸브 등에 많이 사용한다.
   • 공급압력이 밸브 몸통에 작용하므로 밸브를 열 때의 조작력이 유체압에 비례하여 커져야 하는 단점이 있다.

② 스풀밸브
  ㉠ 빗 모양의 스풀이 원통형 미끄럼면을 축 방향으로 이동하여 밸브를 개폐하는 구조로 되어 있다.
  ㉡ 메탈실 방식 : 미끄럼면에 미세한 틈이 생기고, 소량의 공기 누설이 있으며, 이물질은 밸브 고장의 원인이 되기 때문에 공기의 질이나 윤활유 관리가 필요하다.
  ㉢ 패킹식 방식 : 누설은 거의 염려되지 않으나 실재료의 종류에 따라 급유가 필요하다.

③ 슬라이드 밸브(Slide Valve, 미끄럼식)
  ㉠ 밸브 몸통과 밸브체가 미끄러져 개폐작용을 하는 형식으로, 스풀밸브를 평면적으로 한 구조이다.
  ㉡ 직선 이동식과 회전식이 있다.
  ㉢ 슬라이드 밸브의 특징
    • 압력에 따른 힘을 거의 받지 않아 작은 힘으로도 밸브를 변환할 수 있다.
    • 밸브의 섭동면은 랩 다듬질하여 실 부분을 스프링으로 누르기 때문에 누설량이 거의 없다.
    • 작동거리가 길고 섭동저항이 커서 조작력이 크므로 주로 수동 조작 밸브에 사용한다.

(4) 방향제어밸브의 취급상 주의사항

① 사용압력 : 제원에 표시된 압력범위 내에서 사용한다. 최저작동압력에 주의하고, 필요 이상의 고압 사용은 바람직하지 않다.
② 유량 : 같은 치수의 밸브라도 유효 단면적이 다른 경우에는 반드시 압력이나 유량조건에 맞는 크기를 선택한다.
③ 공기의 질 : 반드시 필터를 사용(보통 40[μm] 정도)하여 이물질이나 응축수를 제거하고, 메탈 실 방식은 5[μm] 이하의 여과도가 바람직하다.
④ 밸브의 설치 및 배관 : 정비를 고려하여 여유 공간을 확보하고 진동이 없는 장소에 설치한다.
⑤ 솔레노이드 밸브 : 조작 전압은 정격 전압의 ±10[%] 범위 내에 있어야 한다. 통전을 차단하면 서지전압이 발생하여 회로상 문제가 발생하므로 서지 업소버 등을 설치하여 밸브를 보호한다.

핵심예제

3-1. 포핏 방식 방향전환밸브의 장점이 아닌 것은?
① 누설이 거의 없다.
② 밸브 이동거리가 짧다.
③ 조작에 힘이 적게 든다.
④ 먼지, 이물질의 영향이 적다.

3-2. 방향전환밸브에서 공기 통로를 개폐하는 밸브의 형식이 아닌 것은?
① 포핏식
② 포트식
③ 스풀식
④ 회전판 미끄럼식

3-3. 유압 실린더나 유압모터의 작동 방향을 바꾸는 데 사용되는 밸브로, 회로 내의 유체 흐름의 통로를 조정하는 것은?
① 체크밸브
② 유량제어밸브
③ 방향제어밸브
④ 압력제어밸브

3-4. 다음 그림과 같은 방향제어밸브의 명칭은?

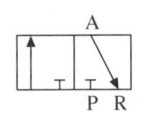

① 2포트 2위치 밸브
② 3포트 2위치 밸브
③ 4포트 2위치 밸브
④ 5포트 2위치 밸브

3-5. 스풀형 밸브에 대한 설명으로 옳지 않은 것은?
① 메탈실 방식과 패킹식 방식이 있다.
② 이물질이 섭동 부분에 눌러붙으면 고착현상이 일어난다.
③ 밸브의 개폐속도가 빠르므로 압력조절용에 적당하다.
④ 힘이 축 방향으로 이루기 때문에 공기압력에 따른 조작력의 변화가 작다.

| 해설 |

3-1
포핏밸브는 공급압력이 밸브 몸통에 작용하므로 밸브를 열 때의 조작력이 유체압에 비례하여 커져야 하는 단점이 있다.

3-2
밸브구조 형식에는 포핏식, 스풀식, 슬라이드식(회전판 미끄럼식)이 있다.

3-3
- 압력제어밸브 : 유체의 압력을 제어하는 밸브(힘)
- 유량제어밸브 : 유량의 흐름을 제어하는 밸브(속도)
- 방향제어밸브 : 유체의 흐름 방향을 제어하는 밸브(방향)

3-5
밸브의 개폐속도가 빨라 압력조절용에 적당한 것은 포핏밸브의 특징이다.

정답 3-1 ③ 3-2 ② 3-3 ③ 3-4 ② 3-5 ③

핵심이론 04 | 전환밸브의 도면기호

명 칭	기 호	도면기호 해설
2포트 2위치 전환밸브	(A↑ P)	• P포트는 압축공기 공급 포트, A포트는 작업 관로 포트이다. • 배관 연결구인 포트 수(접속구 수)가 2개(P포트, A포트)이므로, 2포트 밸브이다. • 밸브의 제어 위치 수(사각형 수)가 2개이므로, 2위치 밸브이다. • 접속구(사각형 변에 수직으로 표시한 짧은 실선)가 열려 있는(화살표) 위치에 연결되어 있으므로 정상 상태에서 열려 있는 밸브라는 의미로 상시 개형 또는 정상 상태 열림형(NO형)이라고 한다. • 정상 상태에서 P포트와 A포트는 연결되어 있으므로 P포트에 압축공기가 공급되면 A포트쪽으로 흐르다가 밸브를 조작하여 제어 위치를 전환하면 P포트와 A포트가 모두 닫혀서 압축공기의 흐름이 차단된다.
	(A↑ P)	• 접속구(P포트, A포트)가 닫혀 있는 위치에 연결되어 있으므로 상시 폐형 또는 정상 상태 닫힘형(NC형)이라고 한다.
3포트 2위치 전환밸브 (NO형)	(A↑ P R)	• 포트 수(접속구 수)가 3개(P포트, A포트, R포트), 밸브의 제어 위치 수(사각형 수)가 2개이므로 3포트 2위치 전환밸브이다. • 정상 상태에서 P포트와 A포트가 연결되어 열려 있으므로 상시 개형 또는 정상 상태 열림형(NO형)이라고 한다. • 정상 상태에서 P포트에 압축공기가 공급되면 A포트쪽으로 흐르다가 밸브를 조작하여 위치가 전환되면 P포트는 차단되고 A포트에 공급된 압축공기는 R포트로 배기된다.
3포트 2위치 전환밸브 (NC형)	(A↑ P R)	• 정상 상태에서 P포트는 차단되어 있고, A포트가 R포트와 연결되어 배기 상태에 있으므로 상시 폐형 또는 정상 상태 닫힘형(NC형)이라고 한다. • 밸브를 조작하여 제어 위치가 전환되면 P포트는 A포트에 연결되어 압축공기는 A포트로 공급되고, R포트는 차단된다.

명 칭	기 호	도면기호 해설
4포트 2위치 전환밸브		• A포트와 B포트는 작업 관로 포트이다. • 정상 상태에서 P포트의 압축공기는 A포트로 공급되고, B포트는 R포트로 연결되어 배기 상태이다. • 밸브를 조작하여 제어 위치가 전환되면 P포트는 B포트에 연결되어 압축공기는 B포트로 공급되고, A포트는 R포트에 연결되어 배기된다.
5포트 2위치 전환밸브		• S포트는 R포트와 같이 배기 포트이다. • 정상 상태에서 P포트의 압축공기는 A포트로 공급되고, B포트는 S포트로 연결되어 배기 상태이다. • 밸브를 조작하여 제어 위치가 전환되면 P포트는 B포트에 연결되어 압축공기는 B포트로 공급되고, A포트는 R포트에 연결되어 배기된다. • 2개의 배기포트(R포트와 S포트)가 있어서 A포트는 R포트로, B포트는 S포트로 배기되어 각각 다른 배기 포트를 사용한다는 점 이외의 밸브 기능은 4포트 밸브와 동일하다.
4포트 3위치 전환밸브 (PR 접속형 또는 AB포트 닫힘형)		• 포트 수가 4개, 제어 위치 수가 3개이므로 4포트 3위치 전환밸브이다. • 3개의 사각형 중에서 중앙에 있는 사각형 위치를 중앙 위치라고 한다. • 중앙 위치에서 P포트와 R포트가 접속되어 있고, A포트와 B포트는 닫혀 있으므로 PR접속형 또는 AB포트 닫힘형이라고 한다. • 정상 상태에서 중앙 위치로 전환되어 있으므로 P포트에 공급된 압축공기는 R포트로 배기되고, A, B포트는 차단되어 있다.
4포트 3위치 전환밸브 (ABR 접속형 또는 P포트 닫힘형)		• 중앙 위치에서 A, B, R포트가 접속되어 있고, P포트가 차단되어 있으므로 ABR 접속형 또는 P포트 닫힘형이라고 한다. • 정상 상태에서 중앙 위치로 전환되어 있으므로 P포트는 차단되어 압축공기는 공급되지 않고 A, B포트는 R포트로 배기되고 있다.
4포트 3위치 전환밸브 (중앙 위치 닫힘형)		• 정상 상태에서 중앙 위치에서 A, B, P, R포트가 모두 닫혀 있으므로, 정상 상태 중앙 위치 닫힘형이라고 한다.
5포트 3위치 전환밸브 (중앙 위치 닫힘형)		• 정상 상태에서 중앙 위치에서 A, B, P, R, S포트가 모두 닫혀 있으므로, 정상 상태 중앙 위치 닫힘형이라고 한다.

핵심예제

4-1. 다음의 그림은 4포트 3위치 방향제어밸브의 도면기호이다. 이 밸브의 중립 위치 형식은?

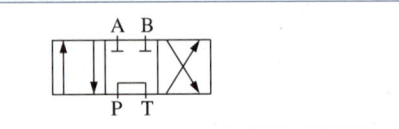

① 탠덤(Tendem) 센터형
② 올 오픈(All Open) 센터형
③ 올 클로즈(All Close) 센터형
④ 프레셔 포트블록(Block) 센터형

4-2. 다음 그림의 기호가 갖고 있는 기능에 대한 설명으로 틀린 것은?

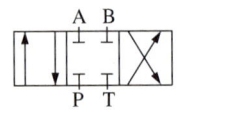

① 실린더 내의 압력을 제거할 수 있다.
② 실린더가 전진운동할 수 있다.
③ 실린더가 후진운동할 수 있다.
④ 모터가 정지할 수 있다.

|해설|

4-1

올 오픈 센터형	
올 클로즈 센터형	
프레셔 포트블록 센터형	

4-2
올 포트 블록형(Closed Center형)으로 중간 정지 시 실린더 내의 압력을 제거할 수 없다.

정답 4-1 ① 4-2 ①

핵심이론 05 | 그 밖의 전환밸브

(1) 체크밸브(Check Valve)
한쪽 방향의 유동은 허용하고 반대 방향의 흐름은 차단하는 밸브이다. 중간 정지회로에 파일럿 조작 체크밸브를 사용한다.

(2) 셔틀밸브(OR 밸브)
두 개 이상의 입구와 한 개의 출구를 갖춘 밸브이다. 둘 중 한 개 이상 압력이 작용할 때 출구에 출력신호가 발생(양체크밸브 또는 OR 밸브)하고, 양쪽 입구로 고압과 저압이 유입될 때 고압쪽이 출력(고압 우선 셔틀밸브)된다.

(3) 2압 밸브(AND 밸브)
두 개의 입구와 한 개의 출구를 갖춘 밸브로서, 두 개의 입구에 압력이 작용할 때만 출구에 출력이 작용한다. 연동제어, 안전제어, 검사기능, 논리 작동에 사용된다. 저압 우선 셔틀밸브 등이 이에 속한다.

(4) 차단밸브(Stop Valve, Shut Off Valve)
유체의 흐름을 차단하거나 흘려보내는 밸브로, 구조에 따라 글로브 밸브, 게이트 밸브, 콕 등이 있다.

(5) 감속밸브(Deceleration 밸브)
유압 작동기의 운동 위치에 따라 캠 조작으로 회로를 개폐시키는 밸브이다. 작동기의 움직임을 서서히 또는 가속하기 위해 유량제어밸브와 함께 사용한다.

핵심예제

5-1. 공기압 회로에서 압축공기의 역류를 방지하고자 하는 경우에 사용하는 밸브로서, 한쪽 방향으로만 흐르고 반대 방향으로는 흐르지 않는 밸브는?
① 체크밸브
② 셔틀밸브
③ 급속배기밸브
④ 시퀀스 밸브

5-2. 공기압 밸브에 대한 설명으로 옳지 않은 것은?
① 2압 밸브는 안전제어, 검사기능 등에 사용된다.
② 2개의 압력공기 중 압력이 높은 공기압 신호만 출력되는 밸브를 셔틀밸브라 한다.
③ 셔틀밸브에서 두 개의 공기압 신호가 동시에 입력되면 압력이 낮은 쪽이 먼저 출력된다.
④ 두 개의 공기압이 입력되어야만 출구로 압축공기가 흐르는 밸브를 2압 밸브라 한다.

|해설|

5-1
② 셔틀밸브(OR 밸브) : 두 개 이상의 입구와 한 개의 출구를 갖춘 밸브로, 둘 중 한 개 이상 압력이 작용할 때 출구에 출력신호가 발생한다.
③ 급속배기밸브 : 실린더의 속도를 증가시켜 급속히 작동시키고자 할 때 사용한다.
④ 시퀀스 밸브 : 공유압회로에서 순차적으로 작동할 때 작동순서를 회로의 압력에 의해 제어되는 밸브이다.

5-2
셔틀밸브에서 두 개의 공기압 신호가 동시에 입력되면 압력이 높은 쪽이 먼저 출력되므로 고압 우선 셔틀밸브라고도 한다.

정답 5-1 ① 5-2 ③

핵심이론 06 | 기타 제어밸브

(1) 시간지연밸브

① 입력이 주어지고 나서 일정 시간 후에 출력이 나타나는 On 시간지연작동밸브와 입력이 제거되면 일정 시간 후에 출력이 소멸되는 Off 시간지연작동밸브가 있다.

② 공압시간지연밸브의 구성
  ㉠ 공기저장탱크
  ㉡ 속도제어밸브
  ㉢ 3/2way 밸브

③ On Delay 타이머 : 전압이 가해지고 일정 시간이 경과한 후 접점이 닫히거나 열리고, 전압을 끊으면 순시에 접점이 열리거나 닫힌다(한시 동작 순시 복귀형).

④ Off Delay 타이머 : 전압이 가해지면 순시에 접점이 닫히거나 열리고, 전압을 끊으면 설정시간이 지나 접점이 열리거나 닫힌다(순시 동작 한시 복귀형).

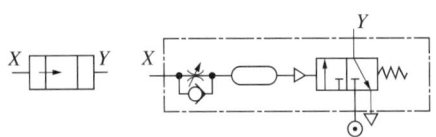

[한시 작동 상시 닫힘형]

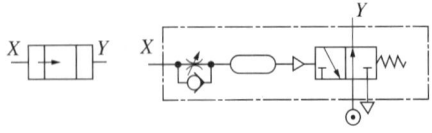

[한시 작동 상시 열림형]

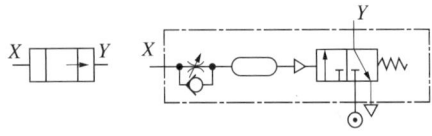

[순시 작동 상시 닫힘형]

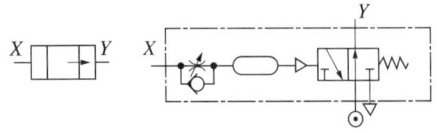

[순시 작동 상시 열림형]

(2) 전자밸브(Solenoide Valve)

① 전자(Solenoide) 조작으로 유로의 방향을 전환시키는 밸브이다.

② 전자밸브의 스풀 전환시간은 0.2초 정도이고, 스풀의 반응속도는 0.05초이다(전환 빈도는 매 1초 이하).

③ 전기 스위치와 조합해서 원격 조작을 할 수 있다.

④ 회로를 무부하할 수 있고, 시퀀스 작용을 자동으로 행할 수 있다.

⑤ 교류 솔레노이드 밸브의 특징
  ㉠ 응답성이 좋다.
  ㉡ 전원회로 구성품을 쉽게 구할 수 있다.
  ㉢ 소비 전력을 절감할 수 있다.
  ㉣ 소음이 직류에 비해 크다.

⑥ 직류 솔레노이드 밸브의 특징
  ㉠ 솔레노이드가 안정되어 소음이 없고 흡착력이 강하다.
  ㉡ 히스테리시스 및 와전류에 의한 손실이 없어 온도 상승이 작다.
  ㉢ 직류 전원으로 24[V]가 가장 많이 쓰이고 48[V], 12[V], 6[V]도 사용한다.

(3) 비례제어밸브

① 액추에이터의 동작 특성에 따라 입력신호가 계속 변하면 출력신호도 비례적으로 변하는 밸브이다.

② 히스테리시스나 반복 정확도가 떨어지지만, 가격이 저렴하다.

③ Open-loop에서 정밀도가 높은 전자비례밸브를 사용할 경우 Closed-loop의 결과치와 동일한 효과를 얻는다.

④ 비례압력제어밸브, 비례유량제어밸브 등이 있으나 비례방향제어밸브를 가장 많이 사용한다.

(4) 서보밸브(Servo Valve)

① 유체의 흐름 방향, 유량, 위치를 조절할 수 있다.
② 입력신호에 따라 비교적 높은 압력의 공급원으로부터 유체의 유량과 압력을 상당한 응답속도를 가지고 제어하는 밸브를 서보밸브라 하며, 서보기구에 사용된다.
③ 서보밸브는 일반적으로 토크모터, 유압 증폭부, 안내밸브로 구성되어 있다.

핵심예제

다음 중 공압시간지연밸브의 구성요소가 아닌 것은?
① 공기저장탱크
② 시퀀스 밸브
③ 속도제어밸브
④ 3포트 2위치 밸브

|해설|

공압시간지연밸브의 구성
- 3/2way 밸브(상시닫힘형, 상시열림형)
- 속도제어밸브
- 공압 소형 탱크(30초 이내)

정답 ②

1-5. 공기압 액추에이터

핵심이론 01 | 공기압 실린더의 분류

(1) 피스톤 형식에 따른 분류

① 피스톤 실린더 : 가장 일반적인 실린더로 단동, 복동, 차동형이 있다.
② 램형 실린더 : 피스톤 지름과 로드 지름차가 없는 수압 가동 부분을 갖는 것으로 좌굴 등 강성이 필요할 때 사용한다.
③ 다이어프램형 실린더 : 수압 가동 부분에 피스톤 대신 다이어프램을 사용한다. 스트로크는 작지만 큰 출력을 얻을 수 있다.
④ 벨로프램 실린더 : 피스톤 대신 벨로스를 사용한 실린더로 섭동부 마찰저항이 작고 내부 누출이 없다.
⑤ 격판 실린더 : 미끄럼 밀봉이 필요 없으며 단지 재료가 늘어나는 것에 따라 생기는 마찰이 있는 실린더로, 주로 클램핑에 이용된다(스트로크가 3~4[mm] 정도).

(2) 작동 방식에 따른 분류

① 단동 실린더 : 한쪽 방향만의 공기압에 의해 운동(자중 또는 스프링에 의해 복귀)하며, 행정거리를 100[mm] 미만으로 제한한다. 종류에는 피스톤 실린더, 격판 실린더, 롤링 격판 실린더, 벨로스 실린더 등이 있다.
② 복동 실린더 : 공기압을 피스톤 양쪽에 다 공급하여 피스톤의 왕복운동이 모두 공기압에 의해 행해지는 것으로서, 가장 일반적인 실린더이다.
③ 차압 작동 실린더 : 지름이 다른 두 개의 피스톤을 갖는 실린더로, 피스톤과 피스톤 단면적이 회로기능상 매우 중요하다.

(3) 복합 실린더

① 텔레스코프 실린더 : 긴 행정을 지탱할 수 있는 다단 튜브형 로드를 갖췄다. 튜브형의 실린더가 2개 이상 서로 맞물려 있는 것으로, 높이에 제한이 있는 경우에 사용한다.

② 탠덤 실린더 : 꼬치 모양으로 연결된 복수의 피스톤을 N개 연결시켜 N배의 출력을 얻을 수 있는 실린더이다.

③ 듀얼 스트로크 실린더 : 2개의 스트로크를 가진 실린더, 즉 다른 2개의 실린더를 직결로 조합한 것과 같은 기능을 갖고 있어 여러 방향의 위치를 결정한다.

(4) 피스톤 로드 형식에 따른 분류

① 편로드형 : 한쪽에만 피스톤 로드가 있다.

② 양로드형 : 양쪽에 모두 피스톤 로드가 있어 로드에 걸리는 횡하중에도 어느 정도 견딜 수 있다. 운동 부분에 리밋 스위치 등 검출용 기구를 설치할 수 없는 곳에서는 작업을 하지 않는 반대 측에 설치할 수 있고, 실린더가 전진 시와 후진 시 낼 수 있는 힘이 같다.

(5) 위치 결정 형식에 따른 분류

① 2위치형 : 전·후진 2위치의 일반 실린더이다.

② 다위치형 : 복수의 실린더를 직결하여 몇 군데의 위치를 결정하는 실린더이다.

③ 브레이크 붙이 : 브레이크로 임의의 위치에서 정지시킬 수 있다.

④ 포지셔너 : 임의의 입력신호에 대해 일정한 함수가 되도록 위치를 결정할 수 있다.

(6) 쿠션의 유무에 따른 분류

원리는 피스톤이 헤드 커버나 로드 커버에 닿기 전에 쿠션링이 공기의 배출 통로를 차단하면 공기는 교축된 좁은 통로를 통해 빠져 나가므로 배압이 형성되어 실린더의 속도가 끝단에서 감소한다.

① 쿠션 없음 : 쿠션장치가 없다.

② 한쪽 쿠션 : 한쪽에만 쿠션장치가 있다.

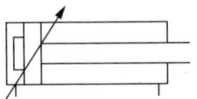

③ 양쪽 쿠션 : 양쪽에 모두 쿠션장치가 있다.

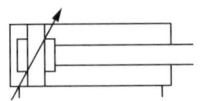

(7) 기 타

① 가변 스트로크 실린더 : 스트로크를 제한하는 가변 스토퍼가 있다.

② 임팩트형(충격) 실린더 : 급속 작동이 가능하며, 7.5~10[m/s]의 속도로 충격적인 힘을 이용하여 사용되는 실린더이다.

③ 플라스틱형 실린더 : 플라스틱 재료로 구성된 실린더이다.

④ 케이블 실린더 : 양쪽의 피스톤에 케이블 또는 로프가 부착되어 있는 복동 실린더로서, 문의 개폐, 작은 크기로 큰 행정거리가 요구되는 곳에 적합하다.

⑤ 플렉시블 튜브형 실린더(로드리스 실린더) : 실린더 튜브 대신 변형 가능한 튜브, 피스톤 대신 2개의 롤러를 사용한 실린더로, 제한된 공간상에서 긴 행정거리가 요구되는 곳에서 사용할 수 있다. 외부와 피스톤 사이에 강한 자력에 의해 운동을 전달하므로 내·외부의 실링효과가 우수하고 비접촉식 센서에 의해서 위치제어가 가능하다.

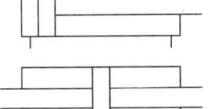
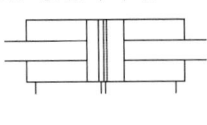
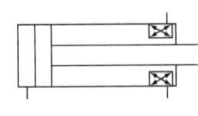

(8) 공압 실린더의 구조

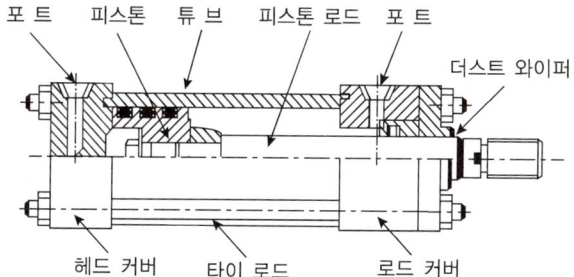

① 피스톤(Piston) : 공기압력을 받아 실린더 튜브 내를 미끄러져 피스톤 로드를 왕복운동시키는 역할을 한다.
② 피스톤 로드(Piston Rod) : 압축공기가 피스톤의 작용으로 얻어지는 힘을 외부로 전달한다. 압축, 인장, 굽힘, 진동 등의 하중에 견딜 수 있는 충분한 강도와 내마모성이 필요하다. 합금강, 특수강, 스테인리스강을 사용한다.
③ 실린더 튜브(Cylinder Tube) : 피스톤의 움직임을 안내한다. 내마모성, 내압성, 녹 방지, 패킹 마모 방지 등의 이유로 20[μm] 정도의 경질 크롬 도금하여 사용한다.
④ 커버(Cover) : 실린더 튜브의 양단(헤드 커버, 로드 커버)에 설치되어 피스톤의 행정거리가 제한되며, 충격을 완화하기 위한 쿠션기구가 내장되어 있다.
⑤ 티이 로드(Tie Rod) : 튜브와 커버를 체결하는 것으로, 충분한 강도가 있어야 한다.

핵심예제

1-1. 다음 중 공압 단동 실린더의 종류가 아닌 것은?
① 피스톤형
② 벨로스형
③ 다이어프램형
④ 탠덤형

1-2. 짧은 실린더 본체로 긴 행정거리를 필요로 하는 경우에 사용할 수 있는 다단 튜브형 로드를 가진 실린더는?
① 탠덤 실린더
② 충격 실린더
③ 로드리스 실린더
④ 텔레스코프 실린더

1-3. 충격 실린더(Impact Cylinder)의 특징이 아닌 것은?
① 매우 큰 충격에너지를 얻을 수 있다.
② 충격 실린더의 속도는 7.5~10[m/s]까지 얻을 수 있다.
③ 큰 위치 에너지를 얻기 위해 설계된 실린더이다.
④ 일반적으로 복동 실린더의 형태이다.

1-4. 제한된 공간상에서 긴 행정거리가 요구되는 곳에서 사용하며 외부와 피스톤 사이의 강한 자력에 의해 운동을 전달하므로, 내·외부의 실링효과가 우수하고 비(非)접촉식 센서에 의해서 위치제어가 가능한 실린더는?
① 텔레스코프 실린더
② 케이블 실린더
③ 로드리스 실린더
④ 충격 실린더

|해설|

1-1
탠덤 실린더는 두 개의 복동 실린더가 직렬로 연결되어 한 개의 피스톤으로 구성되어 있는 형태이다.

1-2
텔레스코프 실린더는 긴 행정을 지탱할 수 있는 다단 튜브형 로드를 갖췄으며, 튜브형의 실린더가 2개 이상 서로 맞물려 있는 것으로 높이에 제한이 있는 경우에 사용한다.

1-3
큰 위치 에너지를 얻기 위한 실린더는 다위치 실린더이다.

1-4
로드리스 실린더는 실린더 튜브 대신 변형 가능한 튜브, 피스톤 대신 2개의 롤러를 사용한 실린더이다.

정답 1-1 ④ 1-2 ④ 1-3 ③ 1-4 ③

핵심이론 02 | 공기압 실린더의 지지 형식

(1) 고정형

부하가 직선운동을 한다.

① 풋형 : 가장 일반적이며 간단한 설치방법으로, 경부하용이다.

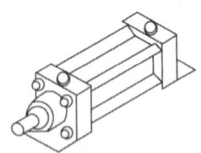
[축방향 풋형(LB)]

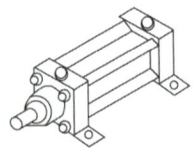
[축직각 풋형(LA)]

② 플랜지형 : 가장 견고한 설치방법으로, 부하의 운동 방향과 축심을 일치시켜야 한다.

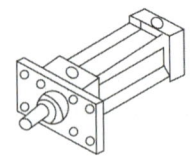
[로드쪽(FA)]

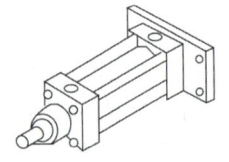
[헤드쪽(FB)]

(2) 요동형

부하가 평면 내에서 요동하거나 요동할 가능성이 있는 경우에 사용한다.

① 클레비스 : 피스톤 로드의 추력 방향이 실린더 축심 끝을 기준으로 원주상 일정 각도로 회전할 수 있다.

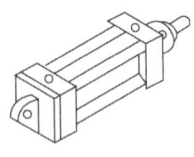
[1산(CA)]

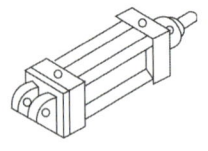
[2산(CB)]

② 트러니언형 : 로드 중심선에 대해서 직각으로 실린더의 양측으로 뻗은 원통산의 피벗으로 지탱하는 형식이다.

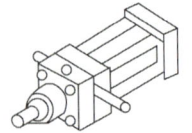
[로드쪽(TA)]

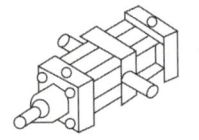
[중간(TC)]

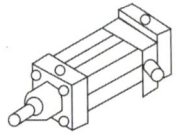
[헤드쪽(TB)]

핵심예제

2-1. 실린더의 지지 방식 중 로드 중심선에 대해서 직각으로 실린더의 양측으로 뻗은 원통상의 피봇으로 지탱하는 설치 형식은?

① 풋 형 ② 클레비스형
③ 플랜지형 ④ 트러니언형

2-2. 실린더 피스톤 로드의 추력 방향이 실린더 축심 끝을 기준으로 원주상 일정 각도로 회전할 수 있도록 하기 위한 설치형식은?

① 풋 형 ② 램 형
③ 플랜지형 ④ 클레비스형

|해설|

2-1
트러니언형에는 로드쪽(TA), 중간(TC), 헤드쪽(TB)이 있다.

정답 2-1 ④ 2-2 ④

핵심이론 03 | 실린더의 작동 특성 및 호칭

(1) 실린더의 작동 특성

① 사용 공기압력의 범위 : 1~7[kgf/cm²]로 규정한다.
② 주위 및 사용온도 : 5~60[℃] 정도로 규정한다.
③ 사용속도 : 50[mm/s] 이하로 하면 스틱-슬립현상이 발생하기 때문에 50~500[mm/s] 범위 내로 사용한다.
④ 행정거리 : 설치방법, 피스톤 로드 직경, 피스톤 로드 끝에 걸리는 부하의 종류, 가이드의 유무 및 부하의 운동 방향 조건 등에 의해 결정한다. 피스톤 로드 길이가 지름의 10배 이상이면 좌굴이 일어난다.
⑤ 완충장치 : 피스톤이 행정거리 끝에서 정지할 때 충격이 직접 커버에 전달되지 않도록 쿠션장치를 설치한다.
⑥ 실린더의 작동 방향이 추종하도록 설치하고, 로드 선단과 연결부에 자유도를 갖게 설치한다.
⑦ 압축성 작업매체를 이용하므로 균일한 속도를 얻을 수 없다.

(2) 공기압 실린더의 호칭방법

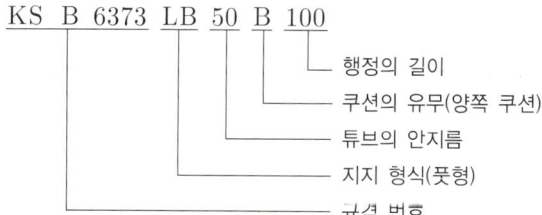

KS B 6373 LB 50 B 100
- 행정의 길이
- 쿠션의 유무(양쪽 쿠션)
- 튜브의 안지름
- 지지 형식(풋형)
- 규격 번호

(3) 실린더 힘의 계산

① 전진 시 : $F = P \cdot A \cdot Fu$
  (Fu : 전체 힘 F의 3~20[%] 고려)
② 후진 시 : $F = P(A - Ar)$
  (Ar : 실린더 로드의 단면적)

핵심예제

3-1. 공압 실린더의 고장을 예방하기 위한 방법이 아닌 것은?
① 실린더의 압력 강하를 방지하기 위해 가능한 한 최저 속도로 운전한다.
② 실링 교체 시 실린더의 내부를 깨끗이 청소한 후 새 윤활유를 주입한다.
③ 피스톤 로드는 먼지나 퇴적물로부터 손상을 받지 않도록 주기적으로 청소한다.
④ 급유형 실린더의 경우 윤활된 공기를 사용하고, 윤활량은 너무 과하지 않도록 한다.

3-2. 다음 공기압 실린더의 호칭방법에서 'LB'가 뜻하는 것은?

KS B 6373　LB　50　B　100

① 패킹의 재질
② 지지 형식
③ 쿠션의 형식
④ 규격 형태

3-3. 실린더의 이론 출력을 계산하기 위한 필요요소가 아닌 것은?
① 공기압력
② 실린더 행정거리
③ 실린더 튜브 내경
④ 피스톤 로드 내경

|해설|

3-1
공압 실린더의 고장을 예방하기 위해 사용속도는 50~500[mm/s] 범위 내로 한다(50[mm/s] 이하로 하면 스틱-슬립현상 발생).

3-2
풋형 지지 형식에는 축 방향 풋형(LB), 축 직각 풋형(LA) 등이 있다.

3-3
실린더 출력(힘) 계산에는 공기압 압력, 실린더 직경, 로드 직경, 마찰력 등이 필요하다.

정답 3-1 ①　3-2 ②　3-3 ②

핵심이론 04 | 공기압모터

공기압모터는 공압에너지를 연속 회전운동으로 변환하는 기기이다.

(1) 베인형 모터(회전날개형)
① 구조가 간단하며, 무게는 가볍다.
② 케이싱 안쪽으로 편심된 로터에 날개가 끼워져 있는 구조이다.
③ 고속의 저(低)토크형이며 공기압 공구류에 사용한다.

(2) 피스톤형
① 중·저속 회전의 고(高)토크형이다.
② 피스톤의 왕복운동을 기계적 회전운동으로 변환함으로써 회전력을 얻는다.
③ 각종 반송장치에 이용한다.

(3) 기어형
① 2개의 맞물린 기어에 압축공기를 공급하여 회전력을 얻는다.
② 고속 회전(10,000[rpm])의 고(高)토크형이다.
③ 출력이 커서 광산기계, 호이스트 등에 이용된다.

(4) 터빈형
① 초고속 회전 미소(微小)토크형이다.
② 터빈에 분출시켜 속도와 압력에너지를 회전운동으로 변환하여 회전력을 얻는다.
③ 치과 치료기, 공기압 공구 등에 이용된다.

(5) 공기압모터의 특징
① 장 점
　㉠ 전동기와 비교하여 관성 대 출력비로 결정하는 시정수가 작아 시동 정지가 원활하며 출력 대 중량비가 크다.
　㉡ 과부하 시 위험성이 없다.
　㉢ 속도제어와 정역 회전 변환이 간단하다(속도 가변 범위도 1:10 이상).
　㉣ 폭발의 위험성이 없어 안전하다.
　㉤ 에너지 축적으로 정전 시에도 작동이 가능하다.
　㉥ 주위 온도, 습도 등의 분위기에 대하여 다른 원동기만큼 큰 제한을 받지 않는다.
　㉦ 작업환경을 청결하게 할 수 있다.
　㉧ 공압모터의 자체 발열이 적다.
　㉨ 압축공기 이외에 질소가스, 탄산가스 등도 사용 가능하다.
② 단 점
　㉠ 에너지 변환효율이 낮다.
　㉡ 압축성 때문에 제어성이 나쁘다.
　㉢ 회전속도의 변동이 커서 고정도를 유지하기 힘들다.
　㉣ 소음이 크다.

(6) 공압모터 사용 시 주의사항
① 배관 및 밸브는 유효 단면적이 큰 것을 사용한다.
② 밸브는 공기압모터 가까이 설치한다.
③ 반드시 윤활기를 사용한다.
④ 고속 회전 및 저온에서 결빙에 주의하고 에어 드라이어를 사용한다.

핵심예제

4-1. 다음 중 공압모터의 장점이 아닌 것은?
① 회전수와 토크를 자유롭게 조정할 수 있다.
② 다른 원동기에 비해 온도, 습도의 영향이 적다.
③ 에너지 변환효율이 매우 높다.
④ 폭발의 위험성이 있는 곳에서도 안전하다.

4-2. 케이싱으로부터 편심된 회전자에 날개가 끼워져 있는 구조이며, 날개와 날개 사이에 발생하는 수압 면적차에 의해 토크를 발생시키는 공압모터는?
① 베인형 ② 피스톤형
③ 기어형 ④ 터빈형

4-3. 공기압모터의 사용상 주의점과 거리가 먼 것은?
① 고속 회전 및 저온에서의 사용 시 결빙에 주의한다.
② 배관 및 밸브는 될 수 있는 한 유효 단면적이 큰 것을 사용한다.
③ 모터의 진동·소음 문제로 밸브는 가급적 모터에서 먼 곳에 설치한다.
④ 윤활기를 반드시 사용하고, 윤활유 공급이 중단되어도 소손되지 않도록 한다.

4-4. 공기압모터의 특징이 아닌 것은?
① 배기음이 크다.
② 제어성이 우수하다.
③ 에너지 변환효율이 낮다.
④ 부하에 의해 회전수 변동이 크다.

|해설|

4-1
공압모터는 에너지 변환효율이 낮다(공압모터의 단점).

4-3
밸브는 가급적 액추에이터와 가까운 곳에 설치한다.

4-4
공기압모터는 압축성 때문에 제어성이 나쁘다.

정답 4-1 ③ 4-2 ① 4-3 ③ 4-4 ②

핵심이론 05 | **요동형 공기압 액추에이터**

요동형 공기압 액추에이터는 일정 회전각을 왕복·회전 운동하는 액추에이터이다.

(1) 특 징
① 한정된 각도 내에서 회전운동을 한다.
② 상업화된 회전범위는 45°, 90°, 180°, 290°, 720°까지이다.
③ 공압 실린더와 링크를 조합하여 만들 수 있다.

(2) 종 류
① 베인 요동형 액추에이터
  ㉠ 원통형의 케이싱과 케이싱의 내벽에 밀착되어 회전하는 베인으로 이루어져 있으며 한정된 각운동이 되도록 케이싱 내벽에 멈춤장치가 설치되어 있다.
  ㉡ 보통 싱글 베인형은 300° 이내, 더블 베인형은 90~120°까지이다.
② 피스톤 요동형 액추에이터
  ㉠ 래크와 피니언형 : 피스톤 로드의 직선 왕복운동이 래크와 피니언의 상대운동을 통하여 회전운동으로 변환되며, 회전범위는 45~720°까지이다.
  ㉡ 스크루형 : 피스톤의 왕복운동을 나사의 리드에 의하여 피스톤이 축 방향으로 일정 거리를 이동하면 나사의 직선 왕복운동이 각운동으로 변환되며, 회전범위는 100~370°까지이다.
  ㉢ 크랭크형 : 피스톤에 직결된 크랭크를 통하여 제한된 각도의 회전운동으로 변환된다. 회전범위는 구조적으로 110° 이내이다.
  ㉣ 요크형 : 피스톤의 직선 왕복운동을 피스톤 로드부의 중앙 위치에 요크를 통하여 제한된 각운동으로 변환된다.

(3) 요동형 액추에이터 사용 시 주의사항

① 속도 조정은 속도제어밸브를 미터 아웃 회로에 접속하여야 한다.
② 회전에너지가 기기의 허용에너지보다 크거나 요동 각도의 정밀도가 높아야 할 때에는 부하쪽의 지름의 큰 곳에 외부 완충장치(외부 스토퍼)를 설치한다.
③ 외부 완충기구는 부하쪽의 지름이 큰 곳에 설치하여 내구성의 향상과 정지 정밀도를 확보한다.
④ 축 방향의 하중인 경우 과대 부하를 직접 액추에이터 쪽에 부착시키면 축과 베어링에 과부하가 작용되므로, 이때 축에 부하가 작게 작용하는 방법으로 부하를 부착한다.

핵심예제

5-1. 다음 중 회전각도의 범위가 가장 큰 공압 액추에이터는?

① 스크루형
② 크랭크형
③ 베인형
④ 래크와 피니언형

5-2. 공압 베인형 요동 액추에이터의 종류 중 일반적으로 사용하지 않은 것은?

① 싱글 베인형
② 2중 베인형
③ 3중 베인형
④ 4중 베인형

|해설|

5-1
④ 래크와 피니언형의 회전범위는 45~720°까지이다.
① 스크루형의 회전범위는 100~370°이다.
② 크랭크형의 회전범위는 구조적으로 110° 이내이다.
③ 싱글 베인형은 300° 이내, 더블 베인형은 90~120°까지이다.

5-2
① 싱글 베인형의 요동 각도 : 270~300°
② 2중 베인형의 요동 각도 : 90~120°
③ 3중 베인형의 요동 각도 : 60° 이내

정답 5-1 ④ 5-2 ④

1-6. 공기압 기타 기기

핵심이론 01 | 공유압 조합기기

(1) 공유압 조합기기의 종류
① 에어 하이드로 실린더
② 공유압 변환기
③ 하이드롤릭 체크 유닛(Hydraulic Check Unit)
④ 증압기

(2) 에어 하이드로 실린더
① 공유압 변환기 등을 사용하여 작동에너지를 공기에서 오일의 에너지로 변환하여 기계적인 일을 시키는 실린더이다.
② 실린더 설치 시 공기 뽑기가 가능한 구조로 설치한다.

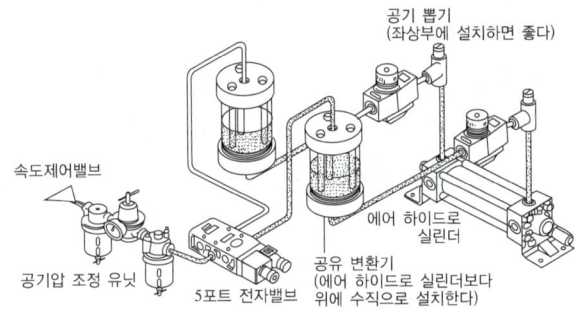

③ 에어 하이드로 실린더의 특징
  ㉠ 유압펌프를 사용하지 않고 저가로 유압의 장점을 이용한다.
  ㉡ 온도 상승이나 펌프의 맥동 같은 것이 없으므로 속도제어 특성이 좋다.
  ㉢ 중간 위치에 높은 정밀도로 정지된다.
  ㉣ 부하 변동 발생 시 작동속도를 일정하게 유지할 수 있다.
  ㉤ 증압기를 사용함으로써 고압을 이용할 수 있다.

(3) 공유압 변환기

① 공기압력을 동일 압력의 유압으로 변환하는 기기로 저압의 유압이 비교적 쉽게 얻어진다.
② 공기 출입구에 설치되어 있는 위 커버와 오일 출입구가 설치되어 있는 아래 커버 및 실린더로 구성된다.
③ 사용상 주의할 점
  ㉠ 수직으로 설치한다.
  ㉡ 액추에이터 및 배관 내의 공기를 제거한다(밀봉 유지).
  ㉢ 액추에이터보다 높은 위치에 설치한다.
  ㉣ 정기적으로 유량을 점검한다(부족 시 보충).
  ㉤ 열이 발생하는 곳에서 사용을 금지한다.

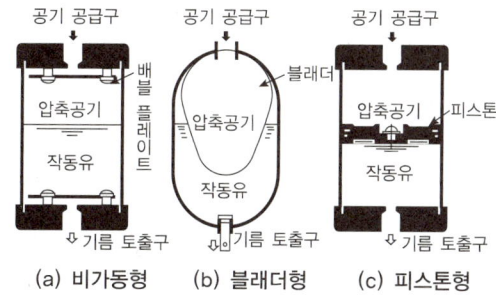

(a) 비가동형   (b) 블래더형   (c) 피스톤형

(4) 하이드롤릭 체크 유닛(Hydraulic Check Unit)

① 보통 공압 실린더와 결합하여 운동을 제어하는 액체를 봉입한 실린더이다.
② 내장된 스로틀 밸브를 조정하여 공압 실린더의 속도를 제어하는 데 사용한다.
③ 바이패스 밸브를 설치하면 중간 정지도 가능하다.
④ 자력에 의한 작동기능은 없으며, 외부로부터의 피스톤 로드를 전진시키려는 힘이 작용되었을 때에 작동한다.
⑤ 유압 실린더의 양쪽 체임버를 바이패스 관에 접속하고, 그 관로의 도중에 스로틀 밸브를 둔 구조이다.
⑥ 작동할 때 피스톤 로드의 움직임에 의한 내부 유량의 변화를 흡수하기 위해 인덕터라고 하는 일종의 축압기를 두고 있다.

(5) 증압기

① 공기압을 이용하여 오일로 증압기를 작동시켜 수십까지 유압으로 변환시키는 배력장치이다.
② 입구 측 압력을 그와 비례한 높은 출력 측 압력으로 변환하는 기기이다.
③ 직압식과 예압식의 두 종류가 있다.

핵심예제

1-1. 공유압 변환기 사용 시 주의점으로 옳은 것은?
① 수평 방향으로 설치한다.
② 실린더나 배관 내의 공기를 충분히 뺀다.
③ 반드시 액추에이터보다 낮게 설치한다.
④ 열원에 가까이 설치한다.

1-2. 공유압 변환기를 에어 하이드로 실린더와 조합하여 사용할 경우 주의사항으로 옳지 않은 것은?
① 에어 하이드로 실린더보다 높은 위치에 설치한다.
② 공유압 변환기는 수평 방향으로 설치한다.
③ 열원의 가까이에서 사용하지 않는다.
④ 작동유가 통하는 배관에 누설, 공기 흡입이 없도록 철저히 밀봉한다.

1-3. 증압기에 대한 설명으로 가장 옳은 것은?
① 유압을 공압으로 변환한다.
② 낮은 압력의 압축공기를 사용하여 소형 유압 실린더의 압력을 고압으로 변환한다.
③ 대형 유압 실린더를 이용하여 저압으로 변환한다.
④ 높은 유압압력을 낮은 공기압력으로 변환한다.

|해설|

1-1~1-2
공유압 변환기는 수직 방향으로 설치한다.

1-3
증압기
- 공기압을 이용하여 오일로 증압기를 작동시켜 수십까지 유압으로 변환시키는 배력장치
- 입구 측 압력을 그와 비례한 높은 출력 측 압력으로 변환하는 기기

정답 1-1 ② 1-2 ② 1-3 ②

핵심이론 02 | 공압 부속기기

(1) 공압센서
비접촉식 검출기로서 자유분사원리를 이용하며 배압형, 반사형, 와류형 등이 있다.

① 공기 베리어(Air Barrier)
  ㉠ 분사 노즐과 수신 노즐로 구성되어 있다.
  ㉡ 0.1~0.2[bar]의 공기가 공급되고, 소모량은 0.5~0.8[m^2/h]이다.
  ㉢ 감지거리는 100[mm]를 초과하면 안 된다.
  ㉣ 계수나 어떤 물체의 유무에 대한 검사 등에 사용한다.

② 반향 감지기(Reflex Sensor)
  ㉠ 배압원리(Back-pressure Principle)에 의해 작동한다.
  ㉡ 구조가 간단하다(분사 노즐과 수신 노즐이 합쳐져 있음).
  ㉢ 0.1~0.2[bar]의 공기가 공급되고, 노즐은 대기압보다 낮은 상태이다.
  ㉣ 감지거리는 1~6[mm] 정도이고, 특수형은 20[cm]까지 감지한다.
  ㉤ 먼지, 충격파, 어두움, 투명함 또는 내자성 물체의 영향을 받지 않는다(모든 산업체 이용).

③ 배압 감지기(Back Pressure Sensor)
  ㉠ 배압 감지기 작동원리에 의해 작동한다.
  ㉡ 가장 간단한 구조이다.
  ㉢ 감지거리 : 0~0.5[mm] 정도
  ㉣ 사용 공압 : 0.1~8[bar] 정도
  ㉤ 내부에 교축밸브가 내장되어 있다(공기 손실을 줄이기 위해).
  ㉥ 위치제어, 마지막 위치 감지에 응용한다.

④ 공압 근접 스위치(Pneumatic Proximity Switch)
  ㉠ 공기 베리어와 같은 원리로 작동한다.
  ㉡ 밸브 하우징 내에 리드 스위치가 내장되어 있다.
  ㉢ 압력증폭기를 사용한다.

(2) 공압센서의 특징
① 장 점
  ㉠ 물체의 재질이나 색에 영향을 받지 않고 검출한다.
  ㉡ 고온, 진동, 충격 및 습기가 많은 곳에서 사용한다.
  ㉢ 발열, 불꽃 발생이 없으므로 방폭이 필요로 하는 장소에 설치한다.
  ㉣ 물체의 유무, 치수, 방향, 요철, 구멍가공의 유무, 링 흡착 등의 검출 등 광범위한 검출이 가능하다.
  ㉤ 검출목적에 따른 센서 제작이 가능하다.

② 단 점
  ㉠ 검출 대상물에 공기류의 영향을 줄 수 있다.
  ㉡ 공기 소비량이 많다(항상 공기를 분출한다).
  ㉢ 센서 자체 응답속도는 비교적 빠르나 신호 전달이 지연되므로 응답 성능에 주의한다.

(3) 진공발생기
① 대기압보다 높은 압력, 즉 정압으로 사용되는 일반적인 공기압축기에 대하여 부압에서 사용되는 공기압기기이다.
② 진공펌프(베인식, 유회전식) : 장치가 크고, 진공밸브에 의한 제어가 필요한 결점이 있다.
③ 진공 발생부에 가동부가 없는 이젝트를 사용한다.

(4) 완충기(Shock Absorber)
완충기의 종류로는 마찰 완충기, 탄성변형 완충기, 소성변형 완충기, 점성저항 완충기, 동압저항 완충기 등이 있다.

(5) 가변 진동발생기

① 두 개의 속도제어밸브를 조정함에 따라 여러 가지 사이클 시간을 얻을 수 있다.
② 진동수는 압력과 하중에 따라 달라진다.
③ 실린더의 빠른 왕복운동이 요구될 때 사용한다.
④ 구성 : 3/2way NC형, 3/2way NO형, 속도제어밸브 2개

(6) 압력증폭기

공기 배리어, 방향 근접센서와 같이 신호압력이 낮기 때문에 증폭하여 사용한다.

(7) 소음기

유체적 소음에 대한 소음방지용으로 공기압축기의 흡·배기구에 장착되며, 흡·배기음을 감소시키는 기능이다.

① 소음기 구비조건
  ㉠ 배기음과 배기저항이 작을 것
  ㉡ 소음효과가 클 것
  ㉢ 장기간의 사용에 대해 배기저항 변화가 작을 것
  ㉣ 전자밸브 등에 장착하기 쉬운 콤팩트한 형상일 것
  ㉤ 배기의 충격이나 진동으로 변형이 생기지 않을 것

② 소음기의 종류
  ㉠ 흡음형
  ㉡ 리액턴스형 : 신장형, 공명형, 간섭형
  ㉢ 조합형 : 흡음·신장형
  ㉣ 다목적형 : 오일 미스트 세퍼레이터붙이, 스로틀밸브붙이

핵심예제

2-1. 분사 노즐과 수신 노즐이 같이 있으며 배압의 원리에 의하여 작동되는 공압센서는?

① 공압제어 블록
② 반향감지기
③ 공압 근접 스위치
④ 압력증폭기

2-2. 다음 중 공기압 센서의 종류가 아닌 것은?

① 광센서
② 공기압 배리어
③ 반향 감지기
④ 배압 감지기

2-3. 공기압 센서의 특징으로 옳지 않은 것은?

① 자장의 영향에 둔감하다.
② 높은 작동 힘이 요구되는 곳에 사용된다.
③ 폭발 방지를 필요로 하는 장소에서도 사용된다.
④ 물체의 재질이나 색에 영향을 받지 않고 검출할 수 있다.

|해설|

2-1
배압의 원리에 의해 작동되는 것은 반향 감지기이다.

2-2
공기압 센서는 비접촉식 검출기로서 공기 배리어, 반향 감지기, 배압 감지기, 공기압 근접 스위치 등이 있다.

정답 2-1 ② 2-2 ① 2-3 ②

제2절 공기압 제어회로의 구성

2-1. 공기압 제어회로의 기호

핵심이론 01 공유압 기호 요소

(1) 선의 용도
① 실선 : 주관로, 파일럿 밸브의 공급 관로, 전기신호선
② 파선 : 파일럿 조작 관로, 드레인 관, 필터, 밸브의 과도 위치
③ 1점쇄선 : 포위선(2개 이상의 기능을 갖는 유닛을 나타내는 포위선)
④ 복선 : 기계적 결합(회전축, 레버, 피스톤 로드 등)

(2) 원의 용도
① 대원 : 에너지 변환기(펌프, 압축기, 전동기 등)
② 중간원 : 계축기, 회전 이음
③ 소원 : 체크밸브, 링크, 롤러(중앙에 점을 찍는다)
④ 점 : 관로의 접속, 롤러의 축
⑤ 반원 : 회전각도가 제한을 받는 펌프 또는 액추에이터

(3) 정사각형의 용도
제어기기, 전동기 이외의 원동기, 유체조정기기, 실린더 내의 쿠션, 어큐뮬레이터 내의 추

(4) 조작 방식
인력 조작 방식, 기계 조작 방식, 전기 조작 방식, 파일럿 조작 방식, 압력을 빼내어 조작하는 방식 등이 있다.

① 인력 조작 방식

명 칭	기 호	비 고
인력 조작		• 조작방법을 지시 또는 조작 방향의 수를 특별히 지정하지 않는 경우의 일반 기호
푸시(누름) 버튼		• 1방향 조작
풀(당김) 버튼		• 1방향 조작
푸시풀 버튼		• 2방향 조작
레버		• 2방향 조작(회전운동 포함)
페달		• 1방향 조작(회전운동 포함)
2방향 페달		• 2방향 조작(회전운동 포함)

② 기계 조작 방식

명 칭	기 호	비 고
플런저		• 1방향 조작
가변 행정 제한 기구		• 2방향 조작
스프링		• 1방향 조작
롤러 레버식		• 2방향 조작
편측 작동 롤러		• 화살표는 유효 조작 방향을 나타낸다. 기입을 생략해도 좋다. • 1방향 조작

③ 전기 조작 방식

명 칭	기 호	비 고
직선형 전기 액추에이터	−	• 솔레노이드, 토크 모터 등
단동 솔레노이드		• 1방향 조작 • 사선은 우측으로 비스듬히 그려도 좋다.
복동 솔레노이드		• 2방향 조작 • 사선은 위로 넓어져도 좋다.
단동 가변식 전자 액추에이터		• 1방향 조작 • 비례식 솔레노이드, 포스모터 등
복동 가변식 전자 액추에이터		• 2방향 조작 • 토크모터
회전형 전기 액추에이터		• 2방향 조작 • 전동기

④ 직간접 파일럿 조작 방식

명 칭		기 호	비 고
직접 파일럿 조작			–
간접 파일럿 조작	공압 파일럿		• 압력을 가하여 조작하는 방식 • 내부 파일럿 • 1차 조작 없음
	유압 파일럿		• 외부 파일럿 • 1차 조작 없음
유압 2단 파일럿			• 내부 파일럿, 내부 드레인 • 1차 조작 없음
공압·유압 파일럿			• 외부 공압 파일럿, 내부 유압 파일럿, 외부 드레인 • 1차 조작 없음
전자·공압 파일럿			• 단동 솔레노이드에 의한 1차 조작 붙이 • 내부 파일럿
전자·유압 파일럿			• 단동 솔레노이드에 의한 1차 조작 붙이 • 외부 파일럿, 내부 드레인

⑤ 압력을 빼내어 조작하는 방식

명 칭	기 호	비 고
유압 파일럿		• 내부 파일럿, 내부 드레인 • 1차 조작 없음
유압 파일럿		• 내부 파일럿 • 원격 조작용 벤트포트 붙이
전자·유압 파일럿		• 단동 솔레노이드에 의한 1차 조작 붙이 • 외부 파일럿, 외부 드레인
파일럿 작동형 압력 제어		• 압력 조정용 스프링 붙이 • 외부 드레인 • 원격 조작용 벤트포트 붙이
파일럿 작동형 비례 전자식 압력제어밸브		• 단동 비례식 액추에이터 • 내부 드레인

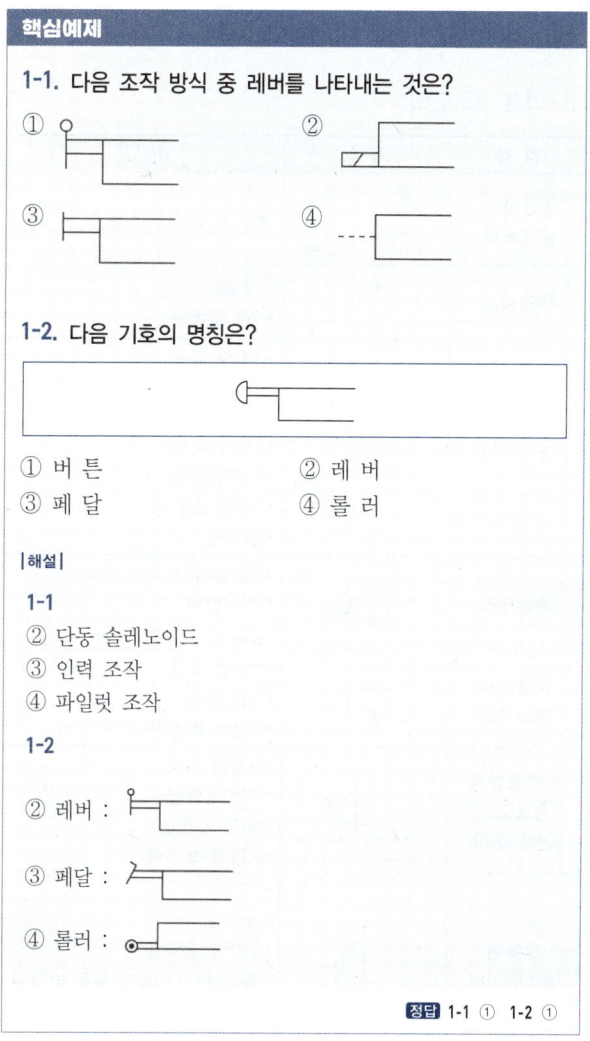

핵심예제

1-1. 다음 조작 방식 중 레버를 나타내는 것은?

1-2. 다음 기호의 명칭은?

① 버튼 ② 레버
③ 페달 ④ 롤러

|해설|

1-1
② 단동 솔레노이드
③ 인력 조작
④ 파일럿 조작

1-2
② 레버:
③ 페달:
④ 롤러:

정답 1-1 ① 1-2 ①

핵심이론 02 | 에너지 변환과 저장

(1) 펌프 및 모터

명 칭	기 호	비 고
유압펌프, 공압모터	유압펌프 / 공압모터	★공기 압축기 기호 :
유압펌프		• 압력비 1:2 • 2종 유체용
유압모터		• 1방향 유동 • 조작기구를 특별히 지정하지 않는 경우 • 외부 드레인 • 가변용량형 • 1방향 회전형 • 압축형
공압모터		• 2방향 유동 • 정용량형 • 2방향 회전형
정용량형 펌프모터		• 1방향 유동 • 정용량형 • 1방향 회전형
가변용량형 펌프모터 (인력 조작)		• 2방향 유동 • 가변용량형 • 외부 드레인 • 2방향 회전형
요동형 액추에이터		• 공 압 • 정각도 • 2방향 요동형 • 축의 회전 방향과 유동 방향과의 관계를 나타내는 화살표의 기입은 임의로 한다.
유압 전도장치		• 1방향 회전형 • 가변용량형 펌프 • 일체형
가변용량형 펌프 (압력보상제어)		• 1방향 유동 • 압력 조정 가능 • 외부 드레인
가변용량형 펌프모터 (파일럿 조작)		• 2방향 유동 • 2방향 회전형 • 스프링 힘에 의하여 중앙 위치(배제 용적 0)로 되돌아오는 방식 • 파일럿 조작 • 외부 드레인 • 신호 m은 M방향으로 변위를 발생시킴

(2) 실린더

명 칭	기 호	비 고
단동 실린더	상세기호 / 간략기호	• 공 압 • 압출형 • 편로드형 • 대기 중의 배기(유압의 경우는 드레인)
단동 실린더 (스프링 붙이)	(1) / (2)	• 유 압 • 편로드형 • 드레인측은 유압유 탱크에 개방 (1) 스프링 힘으로 로드 압출 (2) 스프링 힘으로 로드 흡인
복동 실린더	(1) / (2)	(1) • 편로드 • 공 압 (2) • 양로드 • 공 압
복동 실린더 (쿠션 붙이)	2:1 / 2:1	• 유 압 • 편로드형 • 양 쿠션, 조정형 • 피스톤 면적비 2:1
단동 텔레스코프형 실린더		• 공 압
복동 텔레스코프형 실린더		• 유 압

(3) 특수에너지 – 변환기기

명 칭	기 호	비 고
공기 유압변환기	단독형 / 연속형	–
증압기	단독형 / 연속형	• 압력비 1:2 • 2종 유체용

(4) 에너지 – 용기

명 칭	기 호	비 고
어큐뮬레이터	(일반)	• 일반 기호 • 항상 세로형으로 표시 • 부하의 종류를 지시하지 않는 경우
	기체식 / 중량식 / 스프링식	• 부하의 종류를 지시하는 경우
보조 가스용기	△	• 항상 세로형으로 표시 • 어큐뮬레이터와 조합하여 사용하는 보급용 가스용기
공기탱크	⎯⊂⎯⊃⎯	–

(5) 동력원

명 칭	기 호	비 고
유압(동력)원	▶	일반기호
공압(동력)원	▷	일반기호
전동기	Ⓜ=	–
원동기	M=	(전동기를 제외)

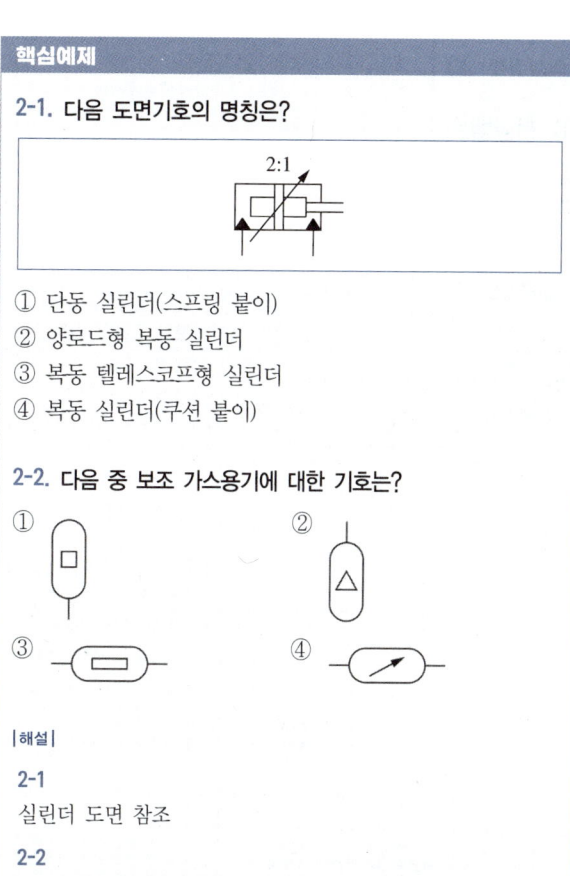

핵심예제

2-1. 다음 도면기호의 명칭은?

① 단동 실린더(스프링 붙이)
② 양로드형 복동 실린더
③ 복동 텔레스코프형 실린더
④ 복동 실린더(쿠션 붙이)

2-2. 다음 중 보조 가스용기에 대한 기호는?

|해설|

2-1
실린더 도면 참조

2-2
에너지–용기 도면 참조

정답 2-1 ④ 2-2 ②

핵심이론 03 | 에너지의 제어와 조정

(1) 전환밸브

명 칭	기 호	비 고
2포트 수동 전환밸브		• 2위치 • 폐지밸브 • 3포트 2위치 변환밸브
3포트 전자 전환밸브		• 2위치 • 1과도 위치 • 전자 조작 스프링 리턴
5포트 파일럿 전환밸브		• 2위치 • 2방향 파일럿 조작
4포트 전자 파일럿 전환밸브	상세기호 간략기호	• 주밸브, 3위치, 스프링 센터, 내부 파일럿 • 파일럿 밸브, 4포트, 3위치, 스프링 센터, 전자 조작(단동 솔레노이드) 수동 오버라이드 조작 붙이 외부 드레인
4포트 전자 파일럿 전환밸브	상세기호 간략기호	• 주밸브, 3위치, 프레셔 센터(스프링 센터 겸용) 파일럿압을 제거할 때 작동 위치로 전환된다. • 파일럿 밸브, 4포트 3위치, 스프링 센터, 전자 조작(복동 솔레노이드) 수동 오버라이드 조작 붙이, 외부 파일럿, 내부 드레인
4포트 교축 전환밸브	중앙 위치 언더랩 중앙 위치 오버랩	• 3위치 • 스프링 센터 • 무단계 중간 위치
서보밸브		• 대표 보기

(2) 체크밸브, 셔틀밸브, 배기밸브

명 칭	기 호	비 고
체크밸브	상세기호 간략기호 (1) (2)	(1) 스프링 없음 (2) 스프링 붙이
파일럿 조작 체크밸브	상세기호 간략기호 (1) (2)	(1) • 파일럿 조작에 의하여 밸브 폐쇄 • 스프링 없음 (2) • 파일럿 조작에 의하여 밸브 열림 • 스프링 붙이
고압 우선형 셔틀밸브	상세기호 간략기호	• 고압쪽의 입구가 출구에 접속되고, 저압쪽의 입구가 폐쇄된다.
저압 우선형 셔틀밸브	상세기호 간략기호	• 저압쪽의 입구가 저압 우선 출구에 접속되고, 고압쪽의 입구가 폐쇄된다.
급속 배기밸브	상세기호 간략기호	—

(3) 압력제어밸브

명 칭	기 호	비 고
릴리프 밸브		• 직동형 또는 일반기호
파일럿 작동형 릴리프 밸브	상세기호 간략기호	• 원격 조작용 벤트포트 붙이

명 칭	기 호	비 고
전자밸브 장착(파일럿 작동형) 릴리프 밸브		• 전자밸브의 조작에 의하여 벤트포트가 열려 무부하로 된다.
비례 전자식 릴리프 밸브(파일럿 작동형)		• 대표 보기
감압밸브		• 직동형 또는 일반 기호
파일럿 작동형 감압밸브		• 외부 드레인
릴리프 붙이 감압 밸브		• 공압용
비례전자식 릴리프 감압 밸브(파일럿 작동형)		• 유압용 • 대표 보기
일정 비율 감압밸브		• 감압비 : 1/3
시퀀스 밸브		• 직동형 또는 일반기호 • 외부 파일럿 • 외부 드레인
시퀀스 밸브(보조 조작 장착)		• 직동형 • 외부 드레인 • 내부 파일럿 또는 외부 파일럿 조작에 의하여 밸브가 작동됨 • 파일럿압의 수압 면적 비가 1:8인 경우
파일럿 작동형 시퀀스 밸브		• 내부 파일럿 • 외부 드레인
무부하밸브		• 직동형 또는 일반기호 • 내부 드레인

명 칭	기 호	비 고
카운터 밸런스 밸브		–
무부하 릴리프 밸브		–
양 방향 릴리프 밸브		• 직동형 • 외부 드레인
브레이크 밸브		• 대표 보기

(4) 유량제어밸브

명 칭	기 호	비 고
교축밸브, 가변 교축밸브	상세기호　간략기호	• 간략기호에서는 조작방법 및 밸브의 상태가 표시되어 있지 않음 • 통상 완전히 닫혀진 상태는 없음
오리피스		• 초크기호 :
스톱밸브		–
감압밸브 (기계 조작 가변 교축밸브)		• 롤러에 의한 기계 조작 • 스프링 부하
1방향 교축밸브, 속도제어 밸브(공압)		• 가변 교축 장착 • 1방향으로 자유 유동, 반대 방향으로는 제어 유동
유량 조정밸브, 직렬형 유량 조정밸브	상세기호　간략기호	• 간략기호에서 유로의 화살표는 압력의 보상을 나타낸다.

명 칭	기 호		비 고
직렬형 유량조정밸브 (온도보상 붙이)	상세기호	간략기호	• 간략기호에서 유로의 화살표는 압력보상을 나타낸다.
바이패스형 유량조정밸브	상세기호	간략기호	• 간략기호에서 유로의 화살표는 압력보상을 나타낸다.
체크밸브 붙이 유량조정밸브 (직렬형)	상세기호	간략기호	• 간략기호에서 유로의 화살표는 압력보상을 나타낸다.
분류밸브			• 화살표는 압력보상을 나타낸다.
집류밸브			• 화살표는 압력보상을 나타낸다.

핵심예제

다음 기호가 나타내는 공압 압력제어밸브는?

① 무부하밸브 ② 감압밸브
③ 시퀀스 밸브 ④ 릴리프 밸브

|해설|

무부하밸브	시퀀스 밸브	릴리프 밸브

정답 ②

핵심이론 04 | 유체의 저장과 조정

(1) 기름탱크

명 칭	기 호	비 고
기름탱크 (통기식)		• 관 끝을 액체 속에 넣지 않는 경우
		• 관 끝을 액체 속에 넣는 경우 • 통기용 필터가 있는 경우
		• 관 끝을 밑바닥에 접속하는 경우
		• 국소 표시 기호
기름탱크 (밀폐식)		• 3관로의 경우 • 가압 또는 밀폐된 것 • 각 관 끝을 액체 속에 집어넣는다. • 관로는 탱크의 긴 벽에 수직

(2) 유체 조정 기기

명 칭	기 호	비 고
필 터		일반기호
		자석 붙이
		눈막힘 표시기 붙이
드레인 배출기		수동 배출
		자동 배출
드레인 배출기 붙이 필터		수동 배출
		자동 배출
기름 분무 분리기		수동 배출
		자동 배출
에어 드라이어		–
루브리케이터		–

명 칭	기 호	비 고
공압 조정 유닛	상세기호 간략기호	수직 화살표는 배출기
열 교환기 냉각기		냉각액용 관로를 표시하지 않는 경우
		냉각액용 관로를 표시하는 경우
가열기		–
온도 조절기		가열 및 냉각

핵심예제

4-1. 다음 중 드레인 배출기 붙이 필터를 나타내는 기호는?

① 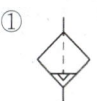 ②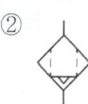

③   ④

4-2. 다음 기호의 명칭은?

① 릴리프 밸브   ② 필 터
③ 감압밸브   ④ 윤활기

|해설|

4-1
① 드레인 배출기 붙이 필터(자동 배출)
② 기름 분무 분리기(자동 배출)
③ 드레인 배출기(자동 배출)
④ 필터(일반 기호)

4-2
루브리케이터(윤활기) 기호이다.

정답 4-1 ① 4-2 ④

핵심이론 05 | 보조 기기

(1) 보조 기기

명 칭	기 호	비 고
압력 계측기 압력 표시기		계측은 되지 않고 단지 지시만 하는 표시기
압력계		–
차압계		–
유면계		평행선은 수평으로 표시
온도계		–
유량 계측기 검류기		–
유량계		–
적산 유량계		–
회전 속도계		–
토크계		–

(2) 기타 기기

명 칭	기 호	비 고
압력 스위치		–
리밋 스위치		–
아날로그 변환기		공 압
소음기		공 압
경음기		공압용
마그네트 세퍼레이터		–

핵심예제

5-1. 다음 기호가 뜻하는 것은?

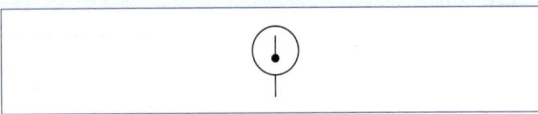

① 압력계　② 온도계
③ 유량계　④ 소음기

5-2. 다음 기호는 유량조정밸브이다. 이 밸브에 대한 설명으로 옳은 것은?

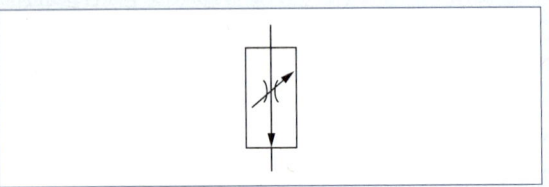

① 니들밸브와 유량조정밸브를 조합하여 유량을 자유롭게 흐르게 하는 밸브이다.
② 압력조절밸브와 온도의 변화에 대응하기 위한 밸브이다.
③ 온도 변화에 관계없이 관로 내에 설정된 값을 유지하는 밸브이다.
④ 압력보상밸브를 내부에 설치하여 부하의 변동에 관계없이 유량을 일정하게 하는 밸브이다.

|해설|
5-1

압력계	유량계	소음기

5-2
유량조정밸브 : 유압장치 내의 압력의 변화가 심할 때 액추에이터의 일정한 속도를 유지하기 위해 압력보상이 되는 유량제어밸브로 사용한다.

정답 5-1 ② 5-2 ④

2-2. 공기압 제어회로의 기호

핵심이론 01 제어회로 작성

(1) 논리기능 활용

① 논리 YES 활용 : YES는 입력이 있으면 출력이 발생하는 기능이다.

진리표	논리식	논리기호	공기압 회로	전기회로
I　O 0　　0 1　　1	$O=I$			DC 24[V]

② 논리 NOT 활용 : 논리 NOT은 YES의 부정이다. 입력이 없을 때 출력이 발생하고, 입력이 있으면 출력이 없어지는 논리이다.

진리표	논리식	논리기호	공기압 회로	전기회로
I　O 0　　1 1　　0	$O=\bar{I}$			DC 24[V]

③ 논리 AND 활용 : 논리 AND는 연결된 모든 입력에 신호가 있으면 출력이 발생하는 논리이다.

진리표	논리식	논리기호	공기압 회로	전기회로
X　Y　A 0　0　0 0　1　0 1　0　0 1　1　1	$A=X\cdot Y$	&		DC 24[V]

④ 논리 OR : 논리 OR은 연결된 모든 입력신호 중 하나의 입력이 1이 되면 출력이 발생하는 논리이다.

진리표	논리식	논리기호	공기압 회로	전기회로
X Y A 0 0 0 0 1 1 1 0 1 1 1 1	$A = X + Y$	≥1		DC 24[V]

(2) 릴레이 제어회로 기초

제어회로도의 구성에 있어서 반드시 필요한 기능 중 하나는 신호를 기억하는 것이다.

① 오프(Off) 우선 회로 : 오프 우선 회로는 오프신호가 온(On)신호보다 우선하다는 의미이다. 즉, 두 신호가 모두 작동하면 출력은 오프된다는 의미이다. 산업현장에서는 안전이 우선되어야 하므로 오프 우선 회로를 많이 사용하는 경향이 있다.

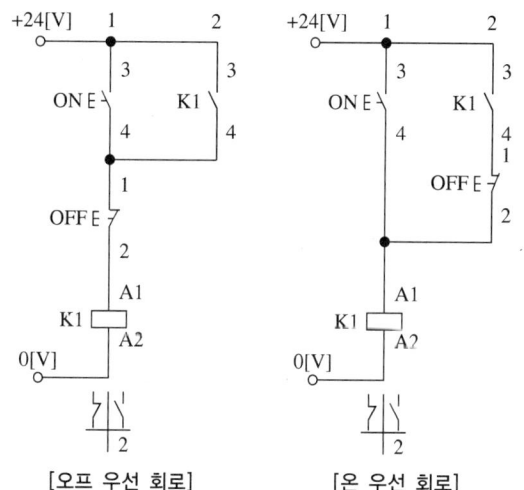

[오프 우선 회로]   [온 우선 회로]

② 온(On) 우선 회로 : 온 우선 회로는 오프신호보다 온신호가 우선하는 회로이다. 즉, 두 개의 신호가 모두 존재하면 신호를 기억하는 회로가 유효한 것이다.

(3) 타이머(Timer)

① 한시지연(On-delay) 타이머 : 신호가 있으면 그때부터 시간을 지연하는 기능을 가진 릴레이이다.

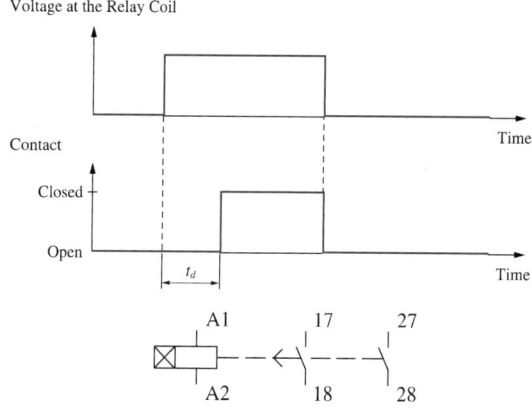

② 한시복귀(Off-delay) 타이머 : 한시복귀 타이머는 신호가 없어지면 그때부터 시간이 지연되는 타이머이다.

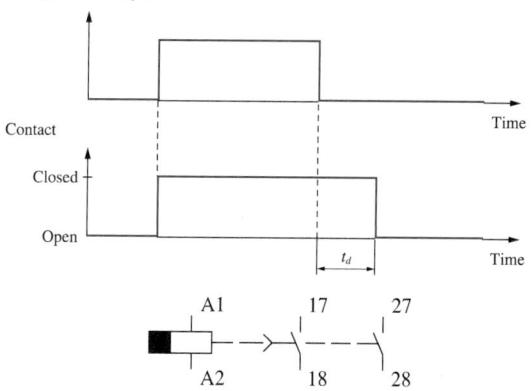

(4) 카운터

카운터는 정해진 수량을 계수하여 출력을 발생할 수 있는 장치이다.

① 증가카운터 : 값을 증가시키면서 계수하는 방법
② 감소카운터 : 값을 감소시키면서 계수하는 방법

핵심예제

1-1. 다음 회로에 대한 설명으로 옳은 것은?

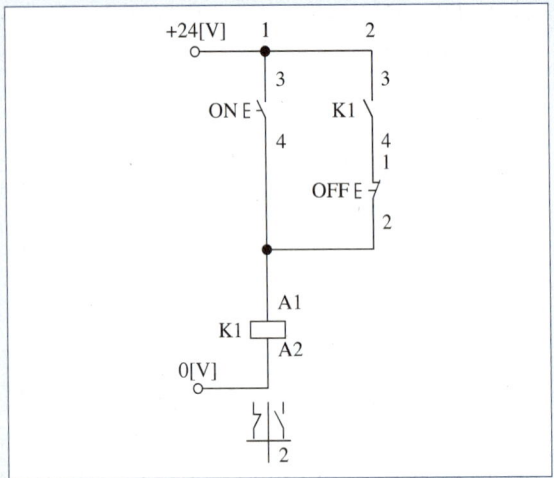

① 온 우선 회로
② 오프 우선 회로
③ 온 타이머 회로
④ 오프 타이머 회로

1-2. 다음 회로에 대한 설명으로 옳은 것은?

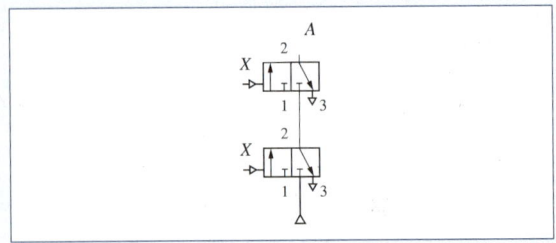

① 논리 AND
② 논리 NOT
③ 논리 YES
④ 논리 OR

1-3. 다음 그림의 논리회로에서 램프에 불이 들어 올수 있는 경우를 S_1, S_2의 순서로 표시한 것으로 옳은 것은?

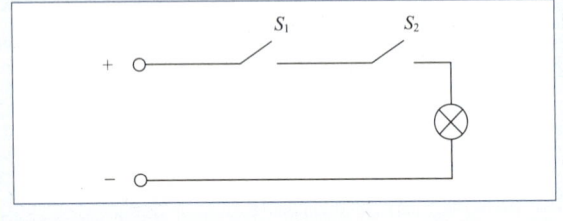

① 0, 0
② 0, 1
③ 1, 0
④ 1, 1

|해설|

1-1
릴레이 제어 회로 기초 참조

1-2
논리 기능 활용 참조

1-3
S_1과 S_2의 관계는 논리곱의 연산관계이다.

정답 1-1 ① 1-2 ① 1-3 ④

핵심이론 02 | 제어조건 표현방법

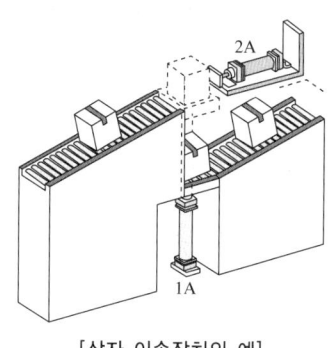

[상자 이송장치의 예]

(1) 운동선도 작성

① 서술식 표현법
  ㉠ 실린더 1A가 전진운동하여 상자를 들어 올린다.
  ㉡ 실린더 2A가 전진운동하여 상자를 컨베이어로 밀어낸다.
  ㉢ 실린더 1A가 후진운동하여 원래 위치로 돌아온다.
  ㉣ 실린더 2A가 후진운동하여 다시 작업을 시작할 수 있는 상태가 된다.

② 표 사용법(테이블 표현법)

작업 단계	실린더 1A	실린더 2A
1	전 진	–
2	–	전 진
3	후 진	–
4	–	후 진

③ 기호 표현법(간략적 표시법) : 전진운동은 +, 후진운동은 –의 기호를 사용한다(1A+ 2A+ 1A– 2A–).

(2) 작동선도 작성법(변위-단계선도, 시퀀스 차트)

① 액추에이터의 운동 순서와 조건을 모두 표현하며, 인지하기 쉬운 그림으로 표현한 방법이다.
② 스텝을 일정한 간격으로 등분하며, 전진은 1, 후진은 0으로 나타낸다.

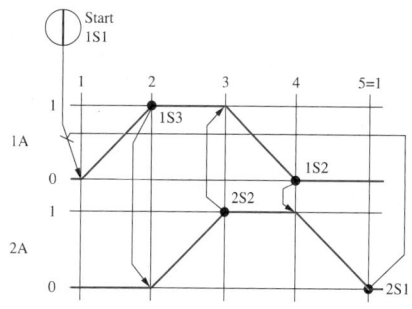

(3) 시간선도 작성법

① 각 액추에이터의 운동 상태를 시간에 기준해서 나타내는 선도이다.
② 시스템의 시간 동작 특성과 속도 변화 등을 자세히 파악할 수 있다.
③ 작업의 단계를 동작시간에 대응시켜 나타내야 한다.

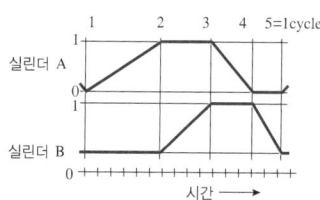

(4) 제어선도 작성법

① 액추에이터의 운동 변화에 따른 제어밸브 등의 동작 상태를 나타내는 선도이다.
② 신호 중복의 여부를 판단하는 데 유효한 선도이다(작동선도 밑에 연관시켜 그리며, 제어신호의 중복 여부를 판단하는 데 용이하다).

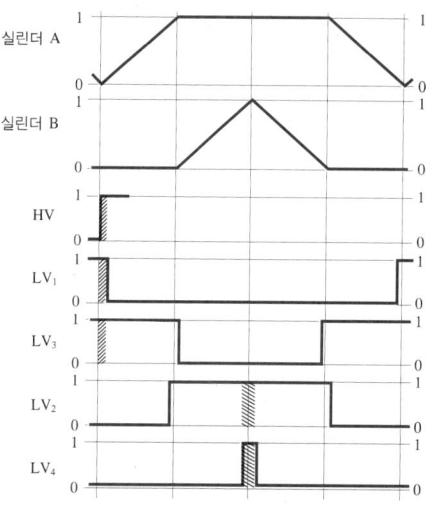

(5) 제어조건의 분석

각 단계별 출력에 대하여 입력조건을 논리식으로 표현할 수 있다.

작업 단계	실린더 작동내용	운동조건	논리식
1	1A+	Start 스위치의 누름과 2A 실린더의 후진운동 완료 확인	1S1 · 2S1
2	2A+	1A 실린더의 전진운동 완료 확인	1S3
3	1A-	2A 실린더의 전진운동 완료 확인	2S2
4	2A-	1A 실린더의 후진운동 완료 확인	1S2

핵심예제

2-1. 다음 중 운동선도 작성법이 아닌 것은?

① 간략적 표시법　　② 테이블 표현법
③ 시간별 표시법　　④ 서술적 표현법

2-2. 다음 그림의 변위단계선도와 같은 동작을 약부호 표현으로 나타낸 것은?(단, '+'는 전진, '-'는 후진)

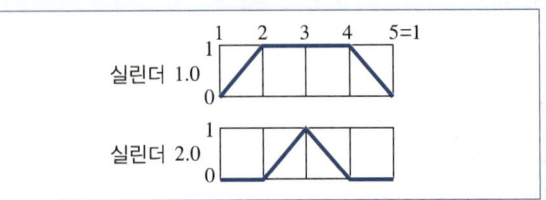

① A+ B+ B- A-　　② A+ A- B- B+
③ A+ B+ A- B-　　④ A+ A- B+ B-

2-3. 릴레이를 사용한 전기제어회로에서 릴레이 자신의 접점을 통해 전기신호를 자신의 릴레이 코일에 계속 흐르게 하여 릴레이 코일의 여자 상태를 유지하는 회로는?

① 동조회로　　② 인터로크 회로
③ 자기유지회로　　④ 오프 우선 회로

2-4. 신호 발생요소의 신호 영역을 On-off 표시 방식으로 표현하는 선도는?

① 변위-단계선도　　② 제어선도
③ 논리도　　④ PFC

|해설|

2-1
운동선도 작성법에는 서술적 표현법, 테이블 표현법, 간략적 표시법이 있다. 시간별 표시법은 작동선도 작성법 안의 한 요소이다.

2-2
기호에 의한 표시법은 정해진 기호에 의해 운동 상태를 나타내는 방법으로서, 실린더의 전진과 모터의 정회전을 '+'로, 실린더의 후진과 모터의 역회전은 '-'로 나타낸다.

2-4
제어선도는 작동선도 밑에 연관시켜 그리며, 제어신호의 중복 여부를 판단하는 데 용이하다.

정답 2-1 ③　2-2 ④　2-3 ③　2-4 ②

핵심이론 03 | 공기압 기본회로

(1) 실린더의 제어회로

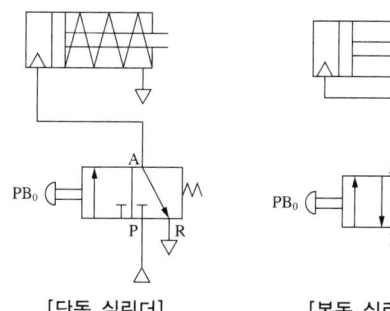

[단동 실린더]   [복동 실린더]

(2) 논리회로

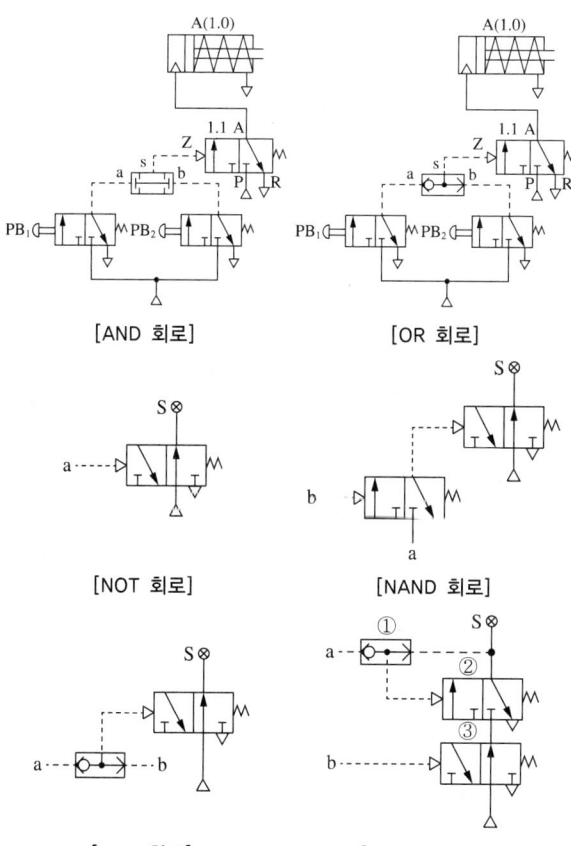

[AND 회로]   [OR 회로]

[NOT 회로]   [NAND 회로]

[NOR 회로]   [Flip-flop 회로]

(3) 속도제어회로

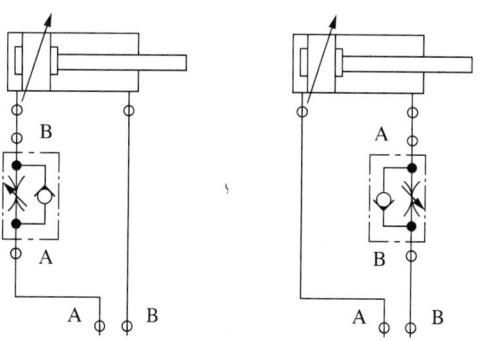

[실린더 전진속도 미터 인 제어]   [실린더 전진속도 미터 아웃 제어]

> **더 알아보기**
>
> 미터 아웃(배기 조절) 속도제어 방식의 특성
> - 실린더의 초기 운동에 약간의 동요가 생긴다.
> - 초기 상태를 제외하고는 안정감이 있다.
> - 부하의 방향에 크게 영향을 받지 않으므로 복동 실린더의 속도 조절에는 대부분 이 방법이 이용된다.

(4) 급속배기회로

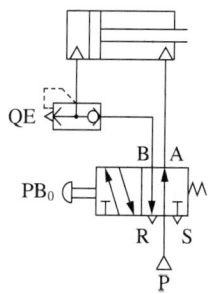

① PB_0를 누르면 압축공기는 급속배기밸브 QE를 통하여 실린더에 공급되어 실린더는 전진하고,

② PB_0를 놓으면 실린더가 후진하게 되는데, 이때 배기는 급속배기밸브의 R포트로 배기되므로 PB_0의 R포트로 배기되는 경우보다 배기저항이 감소하여 후진운동 속도가 증가한다.

(5) 시간지연회로

시간지연회로는 목적에 따라서 정상 상태 닫힘 시간지연밸브나 정상 상태 열림 시간지연밸브를 이용하여 구성한다.

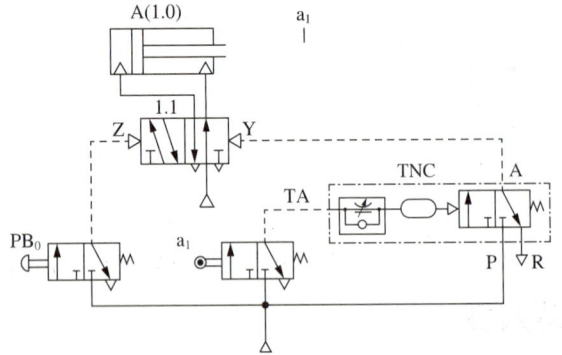

① 1점 쇄선으로 나타낸 포위선 내의 유닛을 정상 상태 닫힘 시간지연밸브라고 한다.
② 누름 버튼(PB_0)을 조작하면 Z포트에 신호가 입력되어 실린더는 전진하고, 전진운동을 완료하면 리밋 스위치 a_1을 작동하여 시간지연밸브의 TA포트에 신호가 입력된다. 이 입력신호는 속도제어밸브, 공기탱크를 통과하여 3포트 2위치 전환밸브의 파일럿 포트에 신호를 입력시킴으로써 실린더는 후진한다.
③ 시간 지연은 속도제어밸브에서 조절하며 조절된 유량으로 공기탱크를 채우는 데 소요되는 시간만큼 시간 지연이 발생한다.

(6) 시퀀스 제어회로

시퀀스 제어회로 동작 순서는 A+, B+, A-, B-이다.

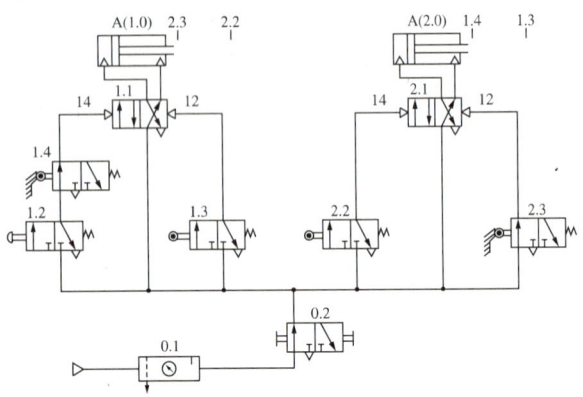

핵심예제

3-1. 다음 회로의 설명으로 옳은 것은?

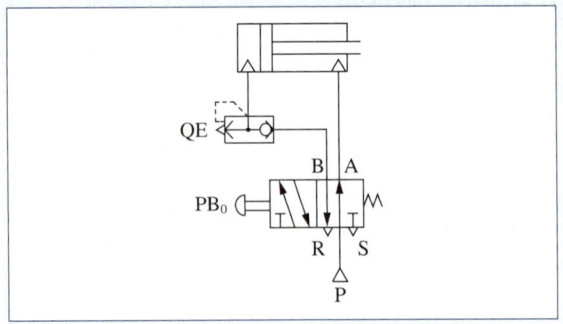

① 시간지연회로
② 급속배기회로
③ 후진속도 미터 인 회로
④ 전진속도 미터 아웃 회로

3-2. 다음 회로에 대한 설명으로 옳은 것은?

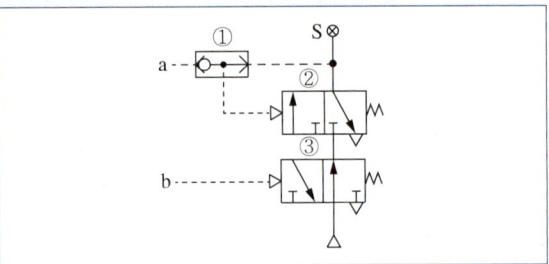

① NOR 회로
② AND 회로
③ NAND 회로
④ 플립-플롭 회로

|해설|

3-1
실린더 제어 회로 참조

3-2
실린더 제어 회로의 논리 회로 참조

정답 3-1 ② 3-2 ④

제3절 시험 운전

3-1. 공기압기기 관리

핵심이론 01 시퀀스 제어회로 설계

(1) 스테퍼(Stepper) 방식 회로 설계법

시퀀스 릴레이가 ON되는 조건식

① 양솔레노이드인 경우

$K_1 = [(시작\ S/W \cdot 조건\ Si) \cdot K_4 + K_1] \cdot \overline{K_2}$

$K_2 = [(조건\ Si) \cdot K_1 + K_2] \cdot \overline{K_3}$

$K_3 = [(조건\ Si) \cdot K_2 + K_3] \cdot \overline{K_4}$

$K_4 = [(조건\ Si) \cdot K_3 + K_4 + Reset\ S/W] \cdot \overline{K_1}$

② 편솔레노이드인 경우

$K_1 = [(시작\ S/W \cdot 조건\ Si) + K_1] \cdot \overline{K_4}$

$K_2 = [(조건\ Si) + K_2] \cdot K_1$

$K_3 = [(조건\ Si) + K_3] \cdot K_2$

$K_4 = [(조건\ Si) \cdot K_3]$

③ 양솔레노이드와 편솔레노이드가 혼재된 경우

$K_1 = [(시작\ S/W \cdot K_5) + K_1] \cdot \overline{K_4}$

$K_2 = [(조건\ Si) + K_2] \cdot K_1$

$K_3 = [(조건\ Si) + K_3] \cdot K_2$

$K_4 = [(조건\ Si) \cdot K_3] + (K_4 \cdot \overline{K_5})]$

$K_5 = [(조건\ Si)]$

(2) 캐스케이드(Cascade) 방식 회로 설계법

① 그룹이 두 개 이하인 경우 : 시퀀스 첫 릴레이가 ON되는 조건식

$K_1 = [(시작\ S/W \cdot 조건\ Si) + K_1] \cdot (전환조건\ Si)$

② 그룹이 세 개 이상인 경우

㉠ 시퀀스 첫 릴레이가 ON되는 조건식

$K_1 = [(시작\ S/W \cdot 조건\ Si \cdot K_{last}) + K_1] \cdot \overline{K_2}$

㉡ 시퀀스 중간 릴레이가 ON되는 조건식

$K_n = [(조건\ Si \cdot K_{n-1}) + K_n] \cdot \overline{K_{n+1}}$

㉢ 시퀀스 최종 릴레이가 ON되는 조건식

$K_{last} = [(조건\ Si \cdot K_{last-1}) + K_{last} + Reset\ S/W] \cdot \overline{K_1}$

핵심예제

1-1. 공기압 회로에 편솔레노이드로 설계되어 있으면 전기 시퀀스 회로 설계에서 첫 번째 릴레이가 ON되는 조건식으로 옳은 것은?

① $K_1 = [(시작\ S/W \cdot K_5) + K_1] \cdot \overline{K_4}$

② $K_1 = [(시작\ S/W \cdot 조건\ Si) + K_1] \cdot \overline{K_4}$

③ $K_1 = [(시작\ S/W \cdot 조건\ Si) \cdot K_4 + K_1] \cdot \overline{K_2}$

④ $K_1 = [(시작\ S/W \cdot 조건\ Si \cdot K_{last}) + K_1] \cdot \overline{K_2}$

1-2. 공기압 회로에 양솔레노이드로 설계되어 있고, 전기 시퀀스 회로 설계를 스테퍼 방식으로 설계한다면 마지막 릴레이(K_4)가 ON되는 조건식으로 옳은 것은?

① $K_4 = [(조건\ Si) \cdot K_3]$

② $K_4 = [(조건\ Si) \cdot K_2 + K_3] \cdot \overline{K_4}$

③ $K_4 = [(조건\ Si \cdot K_3) + (K_4 \cdot \overline{K_5})]$

④ $K_4 = [(조건\ Si) \cdot K_3 + K_4 + Reset\ S/W] \cdot \overline{K_1}$

|해설|

1-1~1-2

시퀀스 제어 회로 설계 참조

정답 1-1 ② 1-2 ④

핵심이론 02 | 공기압기기의 이상 유무 파악

(1) 압축공기의 이상에 따른 영향

압축공기의 이상	영 향
압력이 너무 높은 경우	• 누설의 위험이 증가한다. • 높은 압력으로 인한 충격의 발생이 커진다. • 액추에이터의 운동속도가 빨라진다.
압력이 너무 낮은 경우	• 솔레노이드 밸브가 정상 작동하지 않을 수 있다. • 실린더 등이 낼 수 있는 힘이 작아진다. • 액추에이터의 운동속도가 느려진다.
유량의 영향	• 유량이 많아지면 액추에이터의 운동속도가 빨라진다. • 유량이 적어지면 액추에이터의 운동속도가 느려진다.
누설의 발생	• 압력이 낮아진다. • 유량이 적어진다.

(2) 공기압기기의 점검항목

공기압기기	점검항목
액추에이터	누설, 운동속도, 힘, 고정 상태
방향제어밸브	누설, 수동 조작에 의한 정상 작동 여부, 배기 라인의 막힘, 솔레노이드의 정상 작동 여부, 정확한 배관의 연결
유량제어밸브	누설, 조절나사에 의한 유량 조절 상태, 체크밸브의 방향, 속도 조절 방향의 정확함
에어 서비스 유닛	누설, 필터의 응축수 필터의 상태, 필터의 설치, 압력 조정 여부, 윤활유 충진 여부
배관 등 기타	배관의 꺾임이나 막힘, 배관의 빠짐, 소음기의 막힘

(3) 전기 제어요소의 점검항목

전기 제어요소	점검항목
신호요소	리밋 스위치의 설치 상태, 배선의 연결 상태 및 정확함, 리밋 스위치 롤러의 정확한 작동 여부, 리밋 스위치 접점의 정확한 작동 여부
제어요소	릴레이 배선 연결 상태 및 정확성 여부, 릴레이의 정확한 작동 여부
출 력	출력 접점 연결 상태 및 정확성 여부
배선 등 기타	배선의 연결 상태

핵심예제

2-1. 시스템 운용 중 압축공기의 압력이 너무 낮은 경우 발생되는 현상이 아닌 것은?

① 누설의 위험이 증가한다.
② 액추에이터의 운동속도가 느려진다.
③ 액추에이터가 낼 수 있는 힘이 작아진다.
④ 솔레노이드 밸브가 정상 작동하지 않을 수 있다.

2-2. 액추에이터의 점검항목으로 옳지 않은 것은?

① 윤활유 충진 여부
② 원하는 운동속도
③ 압축공기 누설 여부
④ 액추에이터의 고정 상태

|해설|

2-1
압축공기의 압력이 너무 높을 경우에 누설의 위험이 증가한다.

2-2
윤활유 충진 여부는 에어 서비스 유닛의 점검항목이다.

정답 2-1 ① 2-2 ①

CHAPTER 02 유압제어

KEYWORD 파스칼의 원리, 연속의 법칙, 베르누이 정리, 유압펌프, 작동유, 유압회로 등은 자주 출제되므로 반드시 숙지해 두어야 한다.

제1절 유압제어 방식의 설계

1-1. 유압 기초

핵심이론 01 유압 기초의 이론

(1) 파스칼(Pascal)의 원리

밀폐된 용기 속에 정지 유체의 일부에 가해지는 압력은 유체의 모든 부분에 동일한 힘으로 동시에 전달한다.

① 경계를 이루고 있는 어떤 표면 위에 정지하고 있는 유체의 압력은 그 표면에 수직으로 작용한다.
② 정지 유체 내의 점에 작용하는 압력의 크기는 모든 방향으로 동일하게 작용한다.
③ 정지하고 있는 유체 중의 압력은 그 무게가 무시될 수 있으면 그 유체 내의 어디에서나 같다.

$$P = \frac{F}{A}, \quad P = \frac{F_1}{A_1} = \frac{F_2}{A_2}, \quad F_2 = F_1 \times \frac{A_2}{A_1}$$

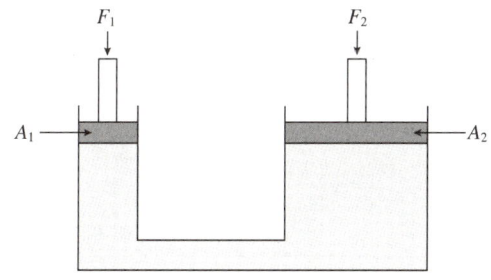

(2) 베르누이의 정리

관 속에서 에너지 손실이 없다고 가정하면, 즉 점성이 없는 비압축성의 액체는 에너지 보존 법칙으로 유도할 수 있다.

① 압력 수두 + 위치 수두 + 속도 수두 = 일정
② 수평 관로에서는 단면적이 작은 곳에서 압력이 낮다(압력에너지가 속도 에너지로 변환하기 때문).

$$\frac{P_1}{\gamma} + h_1 + \frac{1}{2} \times \frac{V_1^2}{g} = \frac{P_2}{\gamma} + h_2 + \frac{1}{2} \times \frac{V_2^2}{g}$$

여기서, P_1, P_2 : 압력, V_1, V_2 : 유속, γ : 액체의 비중량, g : 중력 가속도, h_1, h_2 : 위치 수두

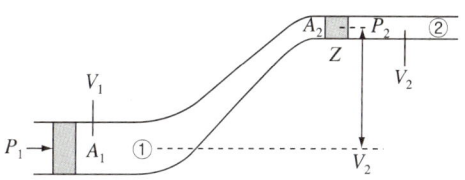

(3) 유체의 손실 수두(Loss Head)

관을 흐르는 유체는 레이놀즈 수 $\left(R_e = \dfrac{VD}{\nu} \right)$에 따라 층류와 난류로 구별된다. 레이놀즈 수가 작은 경우, 즉 상대적으로 유속과 지름이 작거나 점성계수가 큰 경우에는 층류가 되고, 레이놀즈 수가 큰 경우에는 난류가 된다. 그 경계값은 보통 $R_e = 2,320$ 정도이다.

$f = \dfrac{64}{R_e}$ (여기서, f : 관로의 마찰계수(층류일 때만))

층류 < R_e : 2,320 < 난류

① 층류의 특징
 ㉠ 레이놀즈 수가 작다.
 ㉡ 유체의 동점도가 크다.
 ㉢ 유속이 비교적 작다.
 ㉣ 가는 관이나 좁은 틈새를 통과할 때 발생한다.

② 난류의 특징
　㉠ 레이놀즈 수가 크다.
　㉡ 유체의 점도가 작다.
　㉢ 유속이 크고, 굵은 관을 통과할 때 발생한다.

(4) 점도

서로 인접하는 유체층 사이에 상대운동이 일어날 때 유속에 차이가 발생하면 유체 내부에 전단응력이 나타난다. 흐름이 층류라면 이 전단응력 τ는 속도의 기울기에 비례하며 뉴턴의 점성법칙으로 나타낼 수 있다.

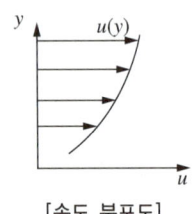

[속도 분포도]

$$\tau = \mu \frac{du}{dy}$$

여기서, μ : 점도

$\frac{du}{dy}$: y축 속도 기울기

점도는 유체의 종류에 따라 다르며 온도가 상승하면 감소하고 압력이 상승하면 증가한다.

1[P](poise : 푸아즈, CGS 단위) = 0.1[Pa·s](SI 단위)
1[kgf·s/m²](중력 단위) = 9.81[Pa·s]

(5) 동점도

점도(μ)를 밀도(ρ)로 나눈 값을 동점도(ν)라고 한다.

$$\nu = \frac{\mu}{\rho} [m^2/s] \text{ 또는 } [mm^2/s]$$

1cSt = 1 × 10⁻⁶[m²/s] = 1[mm²/s]

핵심예제

1-1. 수평 원관 속을 흐르는 유체에 대한 설명 중 옳은 것은? (단, 에너지 손실은 없다고 가정한다)

① 유체의 압력과 유체의 속도는 제곱특성에 비례한다.
② 유체의 속도는 압력과의 관계가 없다.
③ 유체의 속도는 압력에 비례한다.
④ 유체의 속도가 빠르면 압력이 낮아진다.

1-2. 파이프 관로 내의 유체를 층류와 난류로 구별되게 하는 이론적 경계값은?

① 레이놀즈 수 R_e = 1,220 정도
② 레이놀즈 수 R_e = 2,320 정도
③ 레이놀즈 수 R_e = 3,320 정도
④ 레이놀즈 수 R_e = 4,220 정도

1-3. 파스칼의 원리에 대한 설명으로 틀린 것은?

① 정지하고 있는 유체의 압력은 그 표면에 수직으로 작용한다.
② 정지하고 있는 유체의 압력은 그 유체 내의 어디에서나 같다.
③ 정지하고 있는 유체의 압력 세기는 모든 방향으로 동일하게 작용한다.
④ 정지하고 있는 유체의 체적은 압력에 반비례하고, 절대온도에 비례한다.

|해설|

1-1

압력 수두 + 위치 수두 + 속도 수두 = 일정

$$\frac{P_1}{\gamma} + h_1 + \frac{1}{2} \times \frac{V_1^2}{g} = \frac{P_2}{\gamma} + h_2 + \frac{1}{2} \times \frac{V_2^2}{g}$$

수평 관로에서는 압력에너지가 속도에너지로 변환되기 때문에 단면적이 작은 곳에서는 압력이 낮다.

1-2

층류 < R_e : 2,320 < 난류

정답 1-1 ④　1-2 ②　1-3 ④

핵심이론 02 | 유압의 특성

(1) 유압의 장점
① 제어가 쉽고, 조작이 간편하다.
② 과부하 시 안전장치가 간단하다.
③ 입력에 대한 출력의 응답이 빠르다.
④ 동력 전달방법 및 기구가 간단하다.
⑤ 소형 장치로 큰 출력을 얻을 수 있다.
⑥ 무단 변속이 가능하고 원격제어가 된다.
⑦ 전기, 전자의 조합으로 자동제어가 가능하다.

(2) 유압의 단점
① 인화의 위험이 있다.
② 고압에 의한 기름 누설의 우려가 있다.
③ 작동유에 기포가 섞여 작동이 불량할 수 있다.
④ 장치마다 동력원(펌프와 기름탱크)이 필요하다.
⑤ 유온의 변화에 액추에이터의 속도가 변화할 수 있다.
⑥ 고압 사용으로 인한 위험성이 있고, 배관이 까다롭다.

(3) 관로 내의 압력손실
관로 내에서 유체가 이동할 때 관 벽과의 마찰에 의한 손실뿐만이 아니라 단면적의 변화와 흐름의 방향이 변화하는 곳에서도 압력손실이 발생한다.

① 관로의 마찰손실(압력손실 수도) : 밀도 ρ의 유체가 내경 d의 일정한 수평 관을 평균속도 v로 흐를 때 관 길이 l에 해당하는 마찰에 의한 압력손실을 Δp, 손실 헤드를 h, 관로의 마찰계수를 λ라 하면,

$$h = \frac{\Delta p}{\rho g} = \lambda \frac{l}{d} \cdot \frac{v^2}{2g} \text{ (달시-바이스바하 방정식)}$$

② 마찰손실 이외의 손실 : 마찰손실 이외의 손실 헤드를 h_s라 하면,

$$h_s = K(v^2/2g)$$

여기서, K : 손실계수(실험에 의해 결정)

(4) 관로 내의 현상
작동유의 기포 혼입, 작동유의 열화, 점도 변화 등은 유압장치에 부작용을 일으키고 설비의 효율을 떨어뜨리는 원인이 된다.

① 기포 발생 : 기포는 일정 이상 모이면 기기의 원활한 운동을 방해하므로 주기적으로 관로 내의 기포를 제거하는 것이 바람직하다.
  ㉠ 오일탱크의 액면으로부터의 혼입
  ㉡ 배관의 이음 부분(피팅 연결 부분)의 혼입
  ㉢ 운동부 패킹 마모나 파손 부위에서의 혼입

② 캐비테이션(Cavitation) : 유동 액체의 속도가 변하면 압력 변화가 생기며 저압부에는 공동이 생겨 압력이 포화증기압보다 낮아지면 액체 내에 증기(기포)가 발생한다. 기포는 고압 부분에서 파괴되며 심한 충격을 동반하고 소음과 진동을 일으킨다. 캐비테이션은 펌프성능 및 응답성 저하를 초래하고, 체적탄성계수 저하의 원인이 된다.

③ 서지압력(Surge Pressure) : 유압회로 내의 어떤 특정 구역에서 짧은 시간 동안 갑작스럽게 증가하는 압력의 최대치이다.
  ㉠ 압력이 상승하거나 하강할 때
  ㉡ 릴리프 밸브의 작동이 지연될 때
  ㉢ 방향전환밸브의 급격한 개폐 시(흐름이 급변)
  ㉣ 펌프의 기동이나 급정지 시

평균 유속 v로 흐르는 액체가 밸브에 의해 순간적으로 막힐 경우 액체의 운동에너지가 압력에너지로 변환되며, 그 압력 Δp는

$$\Delta p = \rho a v$$

여기서, ρ : 밀도, a : 음속

이러한 압력 변동은 액체에 혼입된 공기나 액체의 점도 등에도 영향을 받을 수 있으므로 공기 혼입 방지와 액체의 점도관리가 필요하다.

핵심예제

2-1. 유압의 장점으로 옳은 것은?
① 외부 누설과 관계없다.
② 공압보다 작동속도가 빠르다.
③ 입력에 대한 출력의 응답이 빠르다.
④ 전기회로에 비해 구성작업이 용이하다.

2-2. 유압의 특징으로 옳지 않은 것은?
① 온도와 점도에 영향을 받지 않는다.
② 공기압에 비해 큰 힘을 낼 수 있다.
③ 작동체의 속도를 무단 변속할 수 있다.
④ 방청과 윤활이 자동적으로 이루어진다.

2-3. 공유압시스템의 특징으로 옳은 것은?
① 무단 변속제어가 가능하다.
② 순간역전운동이 불가능하다.
③ 유지 보수나 작동이 복잡하다.
④ 과부하에 대한 안전장치가 반드시 필요하다.

2-4. 곧고 긴 유압 배관의 유동에 의한 압력손실 수두를 계산하는 식은?
① 연속 방정식
② 파스칼 방정식
③ 베르누이 방정식
④ 달시-바이스바하식

|해설|

2-2
유압시스템의 작동유는 온도와 점도에 큰 영향을 받는다.

2-3
공유압시스템은 제어의 용이성, 순간역전운동의 단순성, 과부하에 대한 자동 보호, 무단 변속제어의 특징 등이 있다.

정답 2-1 ③ 2-2 ① 2-3 ① 2-4 ④

1-2. 유압 제어

핵심이론 01 | 유압 동력 발생 장치

유압시스템은 사용 분야에 따라 다음과 같이 구분한다.
- 고정식 유압시스템 : 공작기계 분야
- 이동식 유압시스템 : 굴삭기 등 건설기계 분야
- 항공기 유압시스템

(1) 유압시스템의 구조

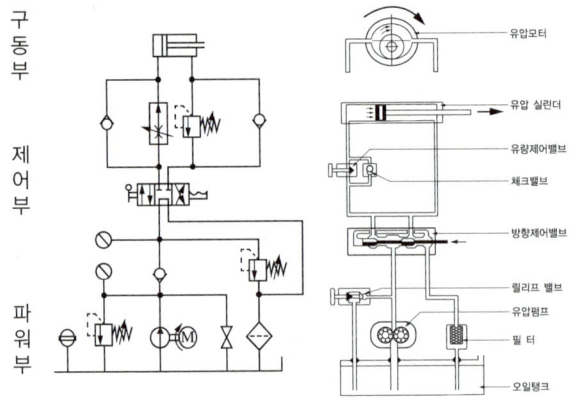

(2) 유압시스템 구성요소의 기능

① 파워부
  ㉠ 오일탱크 : 유압작동유의 저장기능과 펌프, 모터, 쿨러, 히터, 필터 등의 설치 공간을 제공한다.
  ㉡ 펌프와 모터 : 작동유에 압력을 발생시키는 장치이다.
  ㉢ 필터 : 작동유에 혼입된 오염물질을 걸러낸다.
  ㉣ 쿨러 : 적절한 온도 이하로 작동유의 온도를 유지한다.
  ㉤ 히터 : 겨울이나 혹한 지역에서 장비 가동 전에 작동유의 온도를 올린 후 작업한다.
  ㉥ 기타 : 유압계, 유면계, 압력조절밸브 등

② 제어부
  ㉠ 방향제어밸브 : 구동부로 공급되는 유압유의 흐름 방향을 바꾸어 구동부를 동작한다.

ⓒ 유량제어밸브 : 구동부로 공급되는 유압유의 유량을 조절하여 동작속도를 조절한다.
ⓒ 압력제어밸브 : 구동부로 공급되는 유압유의 압력을 조절하여 원하는 힘을 얻는다.
ⓔ 유압서보밸브 : 전기 또는 기계적 신호에 의해 압력 또는 유량을 제어하는 밸브로, 아주 작은 전기신호로 큰 유압 출력을 고속 응답으로 제어할 수 있다.

③ 구동부
ⓒ 유압 실린더 : 유압유의 에너지를 직선 방향의 운동이나 힘으로 변환시키는 장치이다.
ⓒ 유압모터 : 유압유의 에너지를 연속 회전운동으로 변환시키는 장치이다.
ⓒ 요동형 유압모터(로터리 실린더) : 유압유의 에너지를 한정된 각도의 정·역 회전운동으로 변환시키는 장치이다.

④ 기 타
ⓒ 배관 : 유압유의 압력이 높기 때문에 유압용 탄소강관, 스테인리스 강관 및 유압용 피팅을 사용하고, 움직이는 부분에는 유압용 플렉시블 호스를 사용한다.
ⓒ 축압기 : 용기 내에 유압유를 고압으로 압입하여 에너지를 축적하였다가 필요시에 축적된 압력유를 방출하여 유압장치의 기능을 유지시키는 역할을 한다.
ⓒ 실(Seal) : 유압유가 새거나 외부로부터 이물질이 들어오는 것을 방지하기 위해 사용되는 것으로, 고정 부분에 사용되는 것을 개스킷(Gasket), 운동 부분에 사용되는 것을 패킹(Packing)이라고 한다.

핵심예제

작동유에 압력을 발생시키는 장치는?
① 오일탱크   ② 펌프
③ 쿨러   ④ 히터

정답 ②

| 핵심이론 02 | 오일탱크 |

(1) 오일탱크의 구조

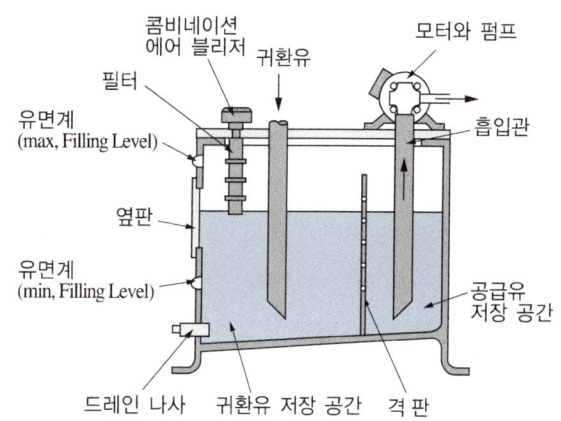

(2) 저장탱크의 기능
① 유압유 저장
② 열의 발산
③ 공기의 제거
④ 오염물질의 침전
⑤ 응축수 제거
⑥ 유압 부품의 설치 공간 확보

(3) 오일탱크 설계 시 고려해야 할 조건
① 유압펌프의 토출량
② 최대 허용 유압유의 온도와 작업 시 발생하는 열
③ 액추에이터에 전달되는 유압유의 공급 유무에 따른 최대 체적의 차이
④ 유압시스템의 적용 장소(고정식 유압, 이동식 유압, 항공기 유압 등)
⑤ 유압유의 순환시간

(4) 오일탱크의 크기
① 분당 펌프 토출량의 3~5배가 적당하다.
② 시스템의 모든 유압유를 탱크 안에 저장해도 넘치지 않을 정도의 충분한 크기이어야 한다.

(5) 오일탱크의 구비조건

① 주유구에 여과망과 캡 또는 뚜껑을 부착한다.
② 공기빼기(Air Bleeder) 구멍에는 공기청정기를 부착한다(소형은 에어 블리더와 주유구 공용).
③ 탱크의 용량은 운전 중지 시 복귀량에 지장이 없어야 하고, 작동 중에도 유면을 적당히 유지해야 한다.
④ 탱크 내 격판을 설치하여 기포 방출이나 냉각을 보존하고, 먼지는 침전하게 한다.
⑤ 탱크 바닥면은 바닥에서 최소 15[cm]를 유지한다.
⑥ 탱크 상부 벽에 유면계를 설치한다.
⑦ 탱크를 세척 및 작동유를 방출할 수 있는 구조이며 적당한 기울기와 드레인 배출구를 설치한다.
⑧ 스트레이너를 삽입·분리할 수 있는 출입구를 설치한다.
⑨ 스트레이너의 유량은 토출량의 2배 이상이어야 한다.
⑩ 내면은 양질의 내유성 도료로 도장·도금한다.
⑪ Upsetting 운반용으로 훅을 설치한다.
⑫ 복귀관 끝단은 45°로 절단하고, 측면을 향하게 한다.

(6) 스트레이너의 특징

비교적 큰 먼지를 제거할 목적으로 사용되는 기기로, 유압회로에서 펌프의 흡입관로에 사용되는 필터이다.

① 펌프의 흡입쪽에 설치한다.
② 펌프 토출량의 2배인 여과량을 설치한다.
③ 기름 표면 및 기름탱크 바닥에서 각각 50[mm] 떨어져서 설치한다.
④ 100~150[μm]의 철망을 사용한다.

핵심예제

2-1. 스트레이너를 설치하는 위치는?

① 유압 실린더와 방향제어밸브 사이
② 방향제어밸브의 복귀 포트
③ 유압펌프의 흡입관
④ 유압모터와 방향제어밸브 사이

2-2. 유압장치에 사용되는 오일탱크에 대한 설명으로 옳지 않은 것은?

① 오일을 저장할 뿐만 아니라 오일을 깨끗하게 한다.
② 주유구에는 여과망과 캡 또는 뚜껑을 부착하여 먼지, 절삭분 등의 이물질이 오일탱크에 혼입되지 않게 한다.
③ 공기청정기의 통기 용량은 유압펌프 토출량의 2배 이상으로 하고, 오일탱크의 바닥면은 바닥에서 최소 15[cm]를 유지하는 것이 좋다.
④ 오일탱크의 용량은 장치 내의 작동유를 모두 저장하지 않아도 되므로 사용압력, 냉각장치의 유무에 관계없이 가능한 한 작은 것을 사용한다.

|해설|

2-1
스트레이너는 유압펌프 흡입측에 설치하여 기름탱크에서 펌프나 유압회로에 불순물이 들어오지 않도록 여과작용을 하는 것이다.

2-2
오일탱크의 용량은 운전 중지 시 복귀량에 지장이 없어야 하고, 작동 중에도 유면을 적당히 유지하여야 하며, 오일탱크의 크기는 펌프 토출량의 3배 이상이 좋다.

정답 2-1 ③ 2-2 ④

핵심이론 03 | 축압기

축압기(어큐뮬레이터, Accumulator)는 용기 내에 오일을 고압으로 압입하는 압유 저장용 용기이다.

(1) 축압기의 용도
① 에너지 축적용
② 펌프의 맥동 흡수용
③ 충격압력의 완충용
④ 유체 이송용
⑤ 2차 회로의 구동(기계의 조정, 보수 준비작업 등으로 인해 주회로가 정지하여도 2차 회로를 동작시키고자 할 때 사용)
⑥ 압력보상(유압회로 중 오일 누설에 의한 압력 강하나 폐회로에 있어서의 유온 변화에 수반하는 오일의 팽창·수축에 의하여 생기는 유량의 변화 보상)

(2) 축압기의 종류

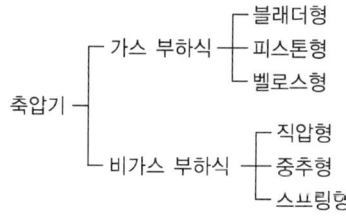

① 블래더형 : 소형이면서 용량이 크고, 블래더의 응답성이 좋아 가장 많이 사용된다.
② 피스톤형
  ㉠ 넓은 온도범위에서 사용 가능하며 특수작용유에 대응하기 쉽다.
  ㉡ 구조상 충격 압축의 흡수는 미흡하다.
  ㉢ 형상이 간단하고 구성품이 적다.
  ㉣ 대형도 제작이 용이하다.
  ㉤ 축유량을 크게 잡을 수 있다.
  ㉥ 유실에 가스 침입의 염려가 있다.
③ 벨로스형
  ㉠ 가스 투과가 없고, 온도범위가 넓다.
  ㉡ 특수유체와 고온용으로 적당하다.
④ 직압형
  ㉠ 용량, 형상을 자유로이 제작할 수 있어 대용량의 축적에 사용된다.
  ㉡ 구조는 간단하지만 기체가 기름에 혼입되거나 기름 유출의 문제가 있다.
⑤ 중추형
  ㉠ 투출압력을 일정하게 할 수 있어서 저압, 대용량에 적합하다.
  ㉡ 일반적으로 크고 무거워 외부 누설 방지가 곤란하다.
⑥ 스프링형 : 넓은 온도범위에서 사용할 수 있다. 저압, 소용량에 적합하고, 비교적 저렴하다.
⑦ 다이어프램형
  ㉠ 유실에 가스 침입의 염려가 없다.
  ㉡ 구형각의 용기를 사용하므로 소형, 고압용에 적당하다.

(3) 축압기 설치 시 주의사항
① 축압기와 펌프 사이에는 역류방지밸브를 설치한다.
② 축압기와 관로 사이에 스톱밸브를 넣어 토출압력이 봉입가스의 압력보다 낮을 때는 차단한 후 가스를 넣어야 한다.
③ 펌프 맥동 방지용은 펌프 토출 측에 설치한다.
④ 가스 봉입 형식은 미리 소량의 작동유(10[%])를 넣은 후 가스를 소정의 압력(최저 유량의 60~70[%])으로 봉입한다.
⑤ 봉입가스는 질소가스 등으로 불활성 가스 또는 공기압(저압용)을 사용하며, 산소 등의 폭발성 기체를 사용하면 안 된다.
⑥ 축압기에 부속쇠 등을 용접하거나 가공, 구멍 뚫기 등을 하면 안 된다.

⑦ 운반, 결합, 분리 등의 경우에는 반드시 봉입가스를 빼고, 그때의 취급에는 특히 주의한다.
⑧ 봉입가스의 압력은 6개월마다 점검하고, 항상 소정의 압력을 예압시킨다.
⑨ 충격 완충용은 가급적 충격이 발생하는 곳에 가까이 설치한다.

핵심예제

3-1. 어큐뮬레이터의 용도에 대한 설명으로 옳지 않은 것은?
① 에너지 축적용
② 펌프 맥동 흡수용
③ 압력 증대용
④ 충격압력의 완충용

3-2. 어큐뮬레이터 취급 시 주의사항으로 옳지 않은 것은?
① 봉입가스는 불활성 가스 또는 공기압(저압용)을 사용한다.
② 충격 완충용은 가급적 충격이 발생하는 곳에서 멀리 설치한다.
③ 어큐뮬레이터에 부속쇠 등을 용접하거나 가공, 구멍 뚫기 등을 하지 않는다.
④ 펌프와 어큐뮬레이터 사이에 유압유가 펌프로 역류하지 않도록 체크밸브를 설치한다.

3-3. 압력을 축적하는 용기로 구조가 간단하고, 용도는 광범위하여 유압장치에 많이 활용되는 것은?
① 냉각기
② 여과기
③ 오일탱크
④ 어큐뮬레이터

|해설|

3-1
어큐뮬레이터는 유체를 에너지원으로 사용하기 위하여 가압 상태로 저축하는 용기이다.

3-2
충격 완충용은 가급적 충격이 발생하는 곳에서 가깝게 설치한다.

3-3
유압에너지를 축적할 수 있는 유압기기는 어큐뮬레이터이다.

정답 3-1 ③　3-2 ②　3-3 ④

핵심이론 04 | 유압작동유

(1) 작동유(유압유)의 역할
① 압력에너지의 이송
② 마찰 부분의 윤활과 부식의 방지
③ 열에너지의 발산 및 냉각
④ 마모 입자의 제거와 신호의 전달

(2) 작동유의 구비조건
① 비압축성이어야 한다(동력 전달의 확실성 요구 때문).
② 장시간 사용할 수 있어야 한다(노화현상).
③ 열을 방출시킬 수 있어야 한다(방열성).
④ 적절한 점도가 유지되어야 한다(동력손실 방지, 운동부의 마모 방지, 누유 방지).
⑤ 녹이나 부식 발생 등이 방지되어야 한다(산화 안정성).
⑥ 기름 중의 공기를 분리시킬 수 있어야 한다(공기 침입 시 실린더가 불규칙적으로 작동).

(3) 작동유의 종류
① 석유계 유압작동유
　㉠ 파라핀계 원유를 증류·분리하여 정제한 후 산화 방지, 방청 등의 첨가제를 첨가하여 제조한다.
　㉡ 값이 싸고, 일반 산업용의 유압유로 많이 사용한다.
　㉢ 사용 온도가 100[℃] 이상의 발화 위험이 있는 곳에 사용하지 않는다.
　㉣ 종류별 특징
　　• 순광유(무첨가)형 : 산화 안정성과 방청성 등이 결여되어 있다.
　　• R(방청제) & O(산화방지제)형 : 수명이 길고, 방청성이 뛰어나며 황유화성도 우수하다.
　　• 내마모형 : 내마모제가 첨가되어 있고, 값이 싸고 사용하기 용이하다.
　　• 고VI형 : 점도지수 향상제 첨가되어 있고, 가격이 비싸다.

② 난연성 작동유
　㉠ 난연성(내화성)이 우수한 작동유를 총칭한다.
　㉡ 가열로 주변의 유압장치, 열간압연, 단조·주조 설비의 유압장치, 용접기의 유압장치, 항공기용 유압작동유로 사용한다.
　㉢ 가연성은 있으나 인화점이 높고, 인화된 후에도 불꽃이 번지지 않는 특징이 있다.
　㉣ 종류별 특징
　　• 수중유형 : 95[%] 정도의 물에 혼합하여 사용한다.
　　• 유중수형 : 35~45[%] 정도의 물에 혼합하여 사용하고, 사용온도는 35~50[℃]이다.
　　• 물-글리콜형 : 40[%]의 물과 방청제, 내마모제, 윤활제를 배합하여 사용하고, 사용온도는 20~60[℃]이다. 비중이 크므로 흡입저항이 증가하고, 캐비테이션이 발생하기 쉽다.
　　• 인산 에스테르형 : 내마모성이 우수하여 저압에서 고압까지의 사용할 수 있다. 점도지수가 낮고 비중이 크며, 고가이다.

(4) 작동유의 산화원인
① 작동유의 성분, 원유의 종류, 정제법, 첨가제의 유무에 따라 작동유가 산화된다.
② 운전온도
　㉠ 유압장치의 최적 온도는 45~55[℃]이다.
　㉡ 60[℃] 이하에서는 작동유의 산화속도가 비교적 완만하다.
　㉢ 60[℃]를 넘으면 산화속도가 크다.
　㉣ 0.5[℃] 상승할 때마다 수명이 반감하므로 펌프 흡입쪽 온도는 55[℃]를 넘기면 안 된다.
③ 운전압력
④ 외부로부터 이물질 침입

(5) 작동유의 오염원인
① 기기의 부식과 녹
② 유압작동유의 산화
③ 외부로부터 침입하는 고형 이물질

핵심예제

4-1. 다음 중 유압작동유의 점도가 너무 낮을 경우 발생되는 현상이 아닌 것은?
① 내부 누설 및 외부 누설
② 마찰 부분의 마모 증대
③ 정밀한 조절과 제어 곤란
④ 작동유의 응답성 저하

4-2. 유압작동유의 구비조건으로 옳은 것은?
① 압축성이 클수록 좋다.
② 산화가 많이 일어날수록 좋다.
③ 거품이 많이 발생할수록 좋다.
④ 공기를 속히 분리시킬 수 있는 것이 좋다.

4-3. 유압작동유의 역할이 아닌 것은?
① 비압축성 유체의 성질을 이용한 수분 분리작용의 역할
② 유압기기에서 발생되는 열을 제거하는 냉각작용의 역할
③ 유압기기 틈새로부터 누설을 방지하는 실링작용의 역할
④ 유압 유닛에 의하여 부여된 압력을 액추에이터로 전달하는 역할

|해설|

4-1
점도가 너무 크면 제어밸브나 실린더의 응답성이 저하되어 작동이 활발하지 않게 된다.

4-2
① 비압축성이어야 한다(동력 전달의 확실성 요구 때문).
② 녹이나 부식 발생 등이 방지되어야 한다(산화 안정성).

4-3
유압작동유의 주역할은 동력전달 매체이고, 부수적으로 윤활, 방청, 방식, 냉각, 실링 등의 작용을 한다.

정답 4-1 ④　4-2 ④　4-3 ①

| 핵심이론 05 | 유압작동유의 점도

점도란 액체의 내부 마찰에 기인하는 점성의 정도이다.

(1) 작동유의 점도지수(VI ; Viscosity Index, 단위 : 푸아즈)

① 유압유는 온도가 변하면 점도도 변하므로 온도 변화에 대한 점도 변화의 비율을 나타내기 위하여 점도지수를 사용한다.
② 점도지수의 값이 큰 작동유는 온도 변화에 대한 점도 변화가 작다.
③ 점도지수가 높은 기름일수록 넓은 온도범위에서 사용할 수 있다.
④ 일반 광유계 유압유의 VI는 90 이상이다.
⑤ 고점도지수 유압유의 VI는 130~225 정도이다.
  $VI \leq 100$인 경우 다음 식을 적용한다.
  $$VI = \frac{L-U}{L-H} \times 100$$
  여기서, L : $VI=0$인 기준유의 100[°F]에서의 점도
  H : $VI=100$인 기준유의 100[°F]에서의 점도
  U : $VI=$구하고자 하는 기름의 100[°F]에서의 점도

※ 보통 유압유의 VI 값은 90~120 정도가 좋으며, VI가 높을수록 유온에 대한 점도 변화가 작다.

(2) 작동유의 점도가 너무 높은 경우

① 마찰손실에 의한 동력손실이 크다(장치 전체의 효율 저하).
② 장치(밸브, 관 등)의 관 내 저항에 의한 압력손실이 크다(기계효율 저하).
③ 마찰에 의한 열이 많이 발생한다(캐비테이션 발생).
④ 응답성이 저하된다(작동유의 비활성).

(3) 작동유의 점도가 너무 낮은 경우

① 각 부품에서 누설(내·외부)손실이 커진다(용적효율 저하).
② 마찰 부분의 마모가 증대(기계수명 저하)한다.
③ 펌프효율 저하에 따른 온도가 상승(누설에 따른 원인)한다.
④ 정밀한 조절과 제어가 곤란하다.

핵심예제

5-1. 유압회로에서 유압의 점도가 높을 때 일어나는 현상이 아닌 것은?

① 관 내 저항에 의한 압력이 저하된다.
② 동력손실이 커진다.
③ 열 발생의 원인이 된다.
④ 응답성이 저하된다.

5-2. 유압 작동유의 점도지수에 관한 설명으로 옳은 것은?

① 점도지수가 크면 유압장치의 효율을 증대시킨다.
② 점도지수가 작은 경우 정상 운전 시 누유량이 감소된다.
③ 점도지수가 작은 경우 정상 운전 시 온도 조절범위가 넓어진다.
④ 점도지수가 크면 온도 변화에 대한 유압 작동유의 점도 변화가 크다.

|해설|

5-1
점도가 너무 높은 경우
- 마찰손실에 의한 동력손실이 크다(장치 전체의 효율 저하).
- 장치(밸브, 관 등)의 관 내 저항에 의한 압력손실이 크다(기계효율 저하).
- 마찰에 의한 열이 많이 발생한다(캐비테이션 발생).
- 응답성이 저하된다(작동유의 비활성).

5-2
작동유의 점도지수(VI ; Viscosity Index, 단위 : 푸아즈)
- 유압유는 온도가 변하면 점도도 변하므로 온도 변화에 대한 점도 변화의 비율을 나타내기 위하여 점도지수를 사용한다.
- 점도지수의 값이 큰 작동유는 온도 변화에 대한 점도 변화가 작다.
- 점도지수가 높은 기름일수록 넓은 온도범위에서 사용할 수 있다.
- 일반 광유계 유압유의 VI는 90 이상이다.
- 고점도지수 유압유의 VI는 130~225 정도이다.

정답 5-1 ① 5-2 ①

핵심이론 06 | 유압작동유의 물리적 성질

(1) 비중과 밀도
① 석유계 유압유는 원유의 종류에 따라 다르며, 보통 0.85~0.95이다.
② 비중이 작아야 점도가 좋다.

(2) 인화점과 연소점
가연성의 정도를 나타내며, 작동유의 인화점은 보통 170~220℃이다.

(3) 압축성
작동유는 중압에서 비압축성으로 취급하여 문제가 없으나 고압, 대형의 유압장치에서 압축성은 큰 문제가 된다.

(4) 유동점
동계 운전에서 유동점을 고려해야 하며, 작동유의 적정온도 기준범위는 30~55[℃]이다(유압시스템의 최적온도는 45~55[℃]이다).

(5) 중화수
작동유의 산성을 나타내는 척도로, 양질의 작동유는 낮은 중화수를 갖는다.

(6) 산화 안정성
공기 중의 산소와 반응하여 물리적·화학적으로 변질되는 것을 저항하는 성질이다.

(7) 항유화성
수분이 침입하면 잘 정제된 작동유는 속히 수분을 침전 분리시키거나 산화 안정성이 나쁜 작동유에서 작동유를 유화유로 만든다.

(8) 소포성
용적비율로 5~10[%]의 공기가 용해되어 있다. 용해량은 압력 증가에 따라 증가한다. 고속 분출 또는 압력 저하가 생기면 공기가 분리되어 물거품이 발생한다.

(9) 방청·방식성
부식은 작동유의 산화에 의하여 생성된 유기물, 외부로부터 침입한 수분, 기타 이물질에 의하여 일어난다. 첨가제를 첨가시켜 금속 표면에 막을 생성시켜 공기나 수분 등의 접촉을 막아 방청·방식작용을 한다.

(10) 작동유의 첨가제
① 산화 방지제 : 유황 화합물, 인산 화합물, 아민 및 페놀 화합물
② 방청제 : 유기산 에스테르, 지방산염, 유기인 화합물
③ 소포제 : 실리콘유, 실리콘의 유기 화합물
④ 점도지수 향상제 : 고분자 중합체의 탄화수소
⑤ 유성 향상제 : 유기 화합물이나 유기 에스테르와 같은 극성 화합물

(11) 작동유의 열화를 촉진하는 원인
① 유온이 너무 높은 경우
② 기포가 혼입된 경우
③ 플러싱 불량에 의한 열화된 기름이 잔존한 경우

(12) 작동유(유압유)에 수분이 혼입될 시 영향
① 작동유의 윤활성이 저하된다.
② 작동유의 방청성이 저하된다.
③ 캐비테이션이 발생한다.
④ 작동유의 산화·열화가 촉진된다.
⑤ 금속 촉매작용의 활성화 등이 있다. 작동유에 수분이 침입하면 유화유로 만든다. 작동유의 유화는 유압장치의 기능을 저하시킴과 동시에 작동유의 수명을 현저히 단축시킨다.

(13) 기포의 영향

① 압축성이 증가하여 기기의 응답성이 저하된다.
② 기포의 압축으로 에너지가 소비되어 동력손실이 발생한다.
③ 기포의 단열압축에 기인하는 작동유의 흑화현상이 발생한다.

(14) 액온관리

① 유체 점도는 온도가 상승함에 따라 저하하고, 저온이 될수록 높아진다.
② 고온 사용 시 : 작동유체의 점도 저하, 내부 누설, 용적효율 저하, 국부적 발열 등으로 습동 부분이 붙기도 한다.
③ 고점도 : 응답시간이 지연되고, 작동이 불량해진다.
④ 저점도 : 압력 불안정 현상, 내부 누설, 위치 설정 불안정, 에너지 손실 등이 발생한다.
⑤ 운전온도
　㉠ 유압장치의 최적온도는 45~55[℃]이다.
　㉡ 60[℃]를 넘으면 산화속도가 빠르다.
　㉢ 0.5[℃] 상승 시 수명이 반감된다.
　㉣ 펌프 흡입 측 온도는 55[℃]를 넘으면 안 된다.

핵심예제

6-1. 작동유의 유온이 적정 온도 이상으로 상승할 때 일어날 수 있는 현상이 아닌 것은?
① 윤활 상태의 향상
② 기름의 누설
③ 마찰 부분의 마모 증대
④ 펌프효율 저하에 따른 온도 상승

6-2. 유압유의 첨가제 중 거품성 기포의 발생 억제 및 기포의 분리가 잘되도록 하는 것은?
① 점도지수 향상제
② 유동점 강하제
③ 내마모제
④ 소포제

6-3. 유압작동유에 관한 특성 중 일반적으로 가장 중요한 것은?
① 점 도
② 효 율
③ 온 도
④ 산화 안정성

6-4. 유압작동유에서 오일과 물의 분리하기 쉬운 정도를 나타내는 것은?
① 소포성
② 방청성
③ 항유화성
④ 산화 안정성

|해설|

6-1
작동유가 고온인 상태에서 사용하면 작동유체의 점도 저하, 내부 누설, 용적효율 저하, 국부적으로 발열(온도 상승)하여 습동 부분이 붙기도 한다.

6-2
소포제로 실리콘유, 실리콘의 유기 화합물 등을 사용한다.

6-3
액체의 내부 마찰에 기인하는 점성의 정도를 점도라 하고, 유압유는 온도가 변하면 점도도 변하므로 온도 변화에 대한 점도 변화의 비율을 나타내기 위하여 점도지수를 사용한다.

6-4
항유화성 : 수분이 침입하면 잘 정제된 작동유는 속히 수분을 침전 분리시키거나 산화 안정성이 나쁜 작동유에서 작동유를 유화유로 만든다.

정답 6-1 ① 6-2 ④ 6-3 ① 6-4 ③

1-3. 유압펌프

핵심이론 01 | 유압펌프의 종류

유압펌프는 원동기로부터 공급받은 회전에너지로 압력을 가진 유체에너지로 변환하는 기기(유압 공급원)이다. 양질의 유압펌프는 토출압력이 변화해도 토출량의 변화가 작고, 토출량의 맥동이 적다.

(1) 유압펌프의 종류

① 용량형(용량형, 체적형) 펌프(강제식 펌프)

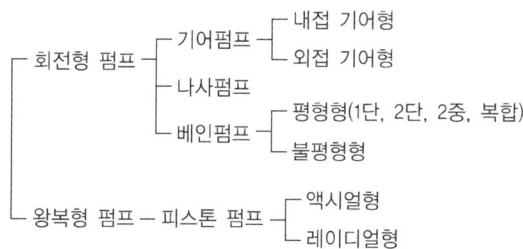

② 비용량형 펌프

```
          ┌ 원심형 펌프 ┬ 터빈펌프
          │            └ 벌류트 펌프
          ├ 축류형 펌프
          └ 혼유형 펌프
```

(2) 강제식 펌프의 장점

① 소형이며, 체적효율이 높다.
② 작동조건 변화에 효율의 변화가 작다.
③ 높은 압력을 낼 수 있다.
④ 압력 및 유량의 변화에도 원활히 작동한다.
※ 강제식 펌프는 펌프가 작동할 때 밀실의 용적이 변화되므로 용적형(체적형) 펌프라고도 한다.

(3) 유압펌프의 규격

① 전동기의 사용 동력[kW]
② 토출유량량[m^3, L]
③ 최고사용압력[kgf/cm^2]
④ 회전수[rpm]
⑤ 작동유체의 온도, 주변 온도
⑥ 작동유체의 점도
⑦ 펌프의 종류
⑧ 정용량, 가변 용량
⑨ 접속구 구경 치수 및 나사 규격

(3) 유압펌프 선정 시 검토사항

① 유압펌프의 구조 및 특성을 파악한다.
② 전체 구동기기 작동에 필요한 유량을 구한다.

㉠ $Q_A = \dfrac{\text{전체 액추에이터 단면적} \times \text{행정}}{\text{작동시간}}$
$+ \text{전체 배관 용적} + \alpha$

(여기서, α : 여유분 - 밸브 누유, 릴리프 밸브의 드레인, 효율 감소 등 고려)

㉡ Q_P = 펌프 1회전당 토출유량 × 전동기 회전수 (분당)

핵심예제

1-1. 유압펌프에서 강제식 펌프의 장점이 아닌 것은?
① 비(非)강제식에 비해 크기가 대형이며, 체적효율이 좋다.
② 높은 압력(70[bar] 이상)을 낼 수 있다.
③ 작동조건의 변화에도 효율의 변화가 작다.
④ 압력 및 유량의 변화에도 원활하게 작동한다.

1-2. 용량형(용적식) 유압펌프가 아닌 것은?
① 기어펌프   ② 나사펌프
③ 베인펌프   ④ 터빈펌프

|해설|

1-1
강제식 펌프는 소형이며 체적효율이 높다.

1-2
터빈펌프는 비용량형 펌프 중 원심형 펌프에 속한다.

정답 1-1 ① 1-2 ④

핵심이론 02 | 기어펌프(Gear Pump)

(1) 원리
한 쌍의 기어가 밀폐된 용적을 갖는 밀실 속에서 회전할 때 기어의 물림에 의한 운동으로 진공 부분에서 흡입한 후에 기어의 계속적인 회전에 의해 토출구를 통해 유체를 토출한다.

(2) 종류
① 외접 기어펌프
② 내접 기어펌프
③ 로브펌프
④ 트로코이드 펌프
⑤ 스크루 펌프

> **더 알아보기**
>
> 나사펌프(Screw Pump)
> 두 개의 정밀하게 제작된 나사가 하우징(Housing) 내에서 밀폐되어 회전하며, 매우 조용하고 효율적으로 유체를 토출한다. 내측의 스크루가 회전해야 외측 로터가 같이 회전하며 유체를 토출한다.
>
>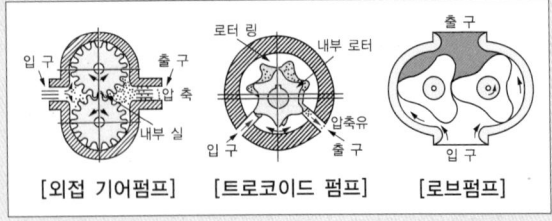
>
> [외접 기어펌프]   [트로코이드 펌프]   [로브펌프]

(3) 특징
① 구조가 간단하고, 가격이 저렴하다.
② 신뢰도가 높고, 운전 보수가 용이하다.
③ 입구·출구의 밸브가 없고, 왕복펌프에 비해 고속 운전이 가능하다.

(4) 기어펌프의 송출량과 유동력
① 이론적 토출유량

$$Q_r = \frac{\pi}{4}(D_1^2 - D_2^2)LN[\mathrm{m^3/min}]$$

여기서, D_1 : 이끝원 지름, D_2 : 이뿌리원 지름,
　　　　L : 기어의 너비, N : 분당 회전수

② 체적효율

$$\eta = \frac{\pi}{4} \times 100[\%]$$

③ 송출량(인벌류트 치형인 경우)

$$Q = 2\pi m^2 ZLN[\mathrm{m^3/min}]$$

여기서, m : 모듈, Z : 기어 잇수

(5) 기어펌프의 폐입현상
① 토출 측까지 운반된 오일의 일부가 기어의 맞물림에 의해 두 기어의 틈새가 폐쇄되어 다시 원래의 흡입 측으로 되돌려지는 현상이다.
② 폐입현상을 방치할 경우 발생하는 현상
　㉠ 오일의 압축·팽창이 반복된다.
　㉡ 고압의 발생으로 베어링 하중이 증대한다.
　㉢ 기어의 소음 및 진동 등이 발생한다.

(6) 캐비테이션(Cavitation)의 발생원인
① 흡입 관로, 스트레이너 저항 등의 압력손실이 발생했을 때(흡입저항이 크면 발생)
② 기어 이 사이의 불충분한 오일이 유입되었을 때
③ 이의 물림이 끝나는 부분에 진공이 나타났을 때
④ 기어가 편심되어 압력 분포가 불일치할 때
⑤ 펌프를 규정속도 이상으로 고속 회전시켰을 때
⑥ 패킹부에 공기가 흡입되었을 때
⑦ 과부하이거나 급격히 유로를 차단했을 때(흡입관의 굵기가 본체 연결구보다 작으면 발생)

(7) 기어펌프 소음의 원인

① 캐비테이션
② 흡입 관로 도중의 공기 흡입
③ 폐입현상
④ 기어의 정도 불량
⑤ 토출압력의 맥동

핵심예제

2-1. 다음 중 기어펌프의 특징에 대한 설명으로 옳은 것은?

① 토출압력에 대한 맥동이 적고, 소음이 작다.
② 기밀이 유지되어 압력 저하가 일어나지 않는다.
③ 가변 용량형으로 제작이 가능하다.
④ 구조가 간단하고, 가격이 저렴하다.

2-2. 펌프의 캐비테이션에 대한 설명으로 옳지 않은 것은?

① 캐비테이션은 펌프의 흡입저항이 크면 발생하기 쉽다.
② 캐비테이션의 방지를 위하여 흡입관의 굵기는 펌프 본체 연결구의 크기보다 작은 것을 사용한다.
③ 캐비테이션의 방지를 위하여 펌프 흡입 라인을 가능한 한 짧게 한다.
④ 캐비테이션의 방지를 위하여 펌프의 운전속도는 규정속도 이상으로 해서는 안 된다.

2-3. 일반적으로 구조가 간단하고 값이 저렴해서 차량, 건설기계, 운반기계 등에 널리 사용되며, 그 종류에는 외접, 내접, 로브, 트로코이드, 스크루 펌프가 있는 것은?

① 기어펌프　　② 베인펌프
③ 피스톤 펌프　④ 플런저 펌프

|해설|

2-1
기어펌프의 특징
- 구조가 간단하고, 가격이 저렴하다.
- 신뢰도가 높고, 운전 보수가 용이하다.
- 입구·출구의 밸브가 없고 왕복펌프에 비해 고속 운전이 가능하다.

2-2
캐비테이션은 흡입 관로, 스트레이너 저항 등의 압력손실에 의해 발생하므로 연결구의 관로를 크게 하여야 한다.

정답 2-1 ④　2-2 ②　2-3 ①

핵심이론 03 | 베인펌프(Vane Pump)

로터의 베인이 반지름 방향으로 홈 속에 끼여 있어서 캠링의 내면과 접하여 로터와 함께 회전하면서 오일을 토출한다.

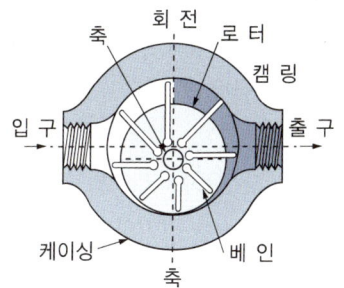

(1) 베인펌프의 특징

① 토출압력의 맥동이 적다.
② 베인 마모에 의한 압력 저하가 작다(수명이 길다).
③ 카트리지 방식과 함께 호환성이 양호하고, 보수가 용이하다(카트리지 교체로 정비 가능).
④ 소음이 작다(맥동이 적으므로).
⑤ 동일한 마력 및 토출량에서 형상 치수가 최소이다.
⑥ 급속 시동이 가능하다.

(2) 정용량형 베인펌프

① 단단 베인펌프(Single Type Vane Pump)
　㉠ 베인펌프의 기본형이다(확실한 유압 평형 유지).
　㉡ 최고 토출압력은 35~70[kg/cm^2], 최고 토출유량은 300[L/min]으로 규정된다.
　㉢ 토출량을 바꿀 수 없는 단점이 있다.
　㉣ 축 및 베어링에 편심하중이 걸리지 않으므로 수명이 길다.

② 2중(2연) 베인펌프(Double Type Vane Pump)
　㉠ 2개의 카트리지가 병렬로 연결된다.
　㉡ 1개의 펌프 유닛으로 2개의 유압원을 얻고자 할 때 사용한다.
　㉢ 설비비가 매우 경제적이다.

③ 2단 베인펌프(Two Stage Vane Pump)
  ㉠ 2개의 카트리지를 직렬로 연결한다(2배의 압력).
  ㉡ 최고 압력은 140~210[kg/cm^2]이다.
  ㉢ 소음이 있다는 단점이 있다.
④ 복합펌프(Combination Vane Pumps)
  ㉠ 고압 소용량 펌프이다(저압 대용량 펌프와 릴리프 밸브, 무부하밸브, 체크밸브를 한 개의 본체에 조합).
  ㉡ 압력제어를 자유로이 조작할 수 있다.
  ㉢ 오일의 온도 상승을 방지하는 효율적인 펌프이다(온도 상승의 주원인인 릴리프의 양을 줄임).
  ㉣ 가격이 고가이며 체적이 크다는 단점이 있다.

(3) 베인펌프의 결점
① 베인, 로터, 캠링 등이 접촉해서 활동하므로 공작 정도 높게 함과 동시에 양질의 재료를 선택할 필요가 있다.
② 사용유의 점도 청정도 등에 세심한 주의를 요한다.
③ 부품수가 많은 편이다.

핵심예제

3-1. 유압펌프인 가변 용량 베인펌프의 토출량을 변화시키는 가장 바람직한 방법은?
① 로터의 회전 중심을 움직이거나 캠링을 움직여서 한다.
② 로터의 회전 중심만 움직이고, 캠링은 고정한다.
③ 로터의 중심과 캠링을 고정하고 작동시키면 된다.
④ 로터의 회전 중심을 고정하고 캠링을 움직여야 한다.

3-2. 고압 소용량 펌프 및 저압 대용량 펌프와 릴리프 밸브, 무부하밸브, 체크밸브를 한 개의 본체에 조합시킨 펌프로 오일의 온도 상승을 방지하는 효율적인 펌프이나 가격이 고가이고, 체적이 큰 단점이 있는 펌프는?
① 다단펌프 ② 다련펌프
③ 기어펌프 ④ 복합펌프

|해설|

3-1
가변 용량형 베인펌프는 로터와 링의 편심량을 바꿈으로써 토출량을 변화시킬 수 있다.

3-2
복합펌프는 압력제어를 자유로이 조작할 수 있다는 특징이 있다.

정답 3-1 ① 3-2 ④

핵심이론 04 | 피스톤 펌프(Piston Pump)

피스톤의 왕복운동에 의한 용적 변화를 이용하여 펌프 작용을 하며, 효율은 80~90[%]이다.

(1) 특 징
① 고속·고압(210~600[kgf/cm²])의 유압장치에 적합하다.
② 다른 유압펌프에 비해 효율(80~90[%])이 가장 좋다.
③ 가변 용량형 펌프로 많이 사용된다.
④ 구조가 복잡하고 가격이 고가이다.
⑤ 흡입능력이 가장 낮다.

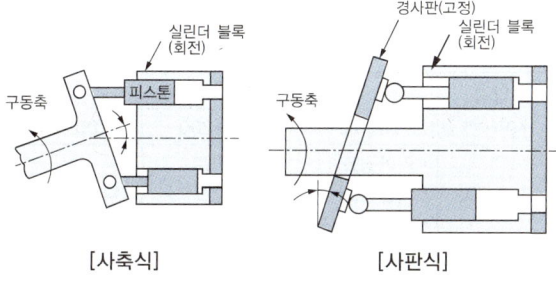

[사축식]   [사판식]

(2) 사축식 액셜 피스톤 펌프
① 구동축을 회전시키면서 유니버설 링크를 이용하여 실린더 블록 내의 피스톤이 구동축에 지지되어 구동축과 함께 회전하면 실린더 구멍에 대하여 상대적으로 왕복운동을 한다.
② 정용량형과 가변 용량형(경사각 20~30°)이 있다.

(3) 사판식 액셜 피스톤 펌프
① 실린더 블록은 구동축과 스플라인으로 결합되어 구동축의 회전에 따라 실린더 내의 피스톤이 사판과 함께 회전한다.
② 사축식과의 차이점
 ㉠ 구조가 간단하다.
 ㉡ 부품수가 적어 소형, 경량이다.
 ㉢ 가격이 저렴하다.
 ㉣ 고속 회전에 적합하다.
 ㉤ 설치 면적이 좁은 곳에 많이 사용된다.

(4) 가변 용량형의 제어방법
① 레버 제어 방식 : 회전 중심축을 레버로 작동하는 방식이다.
② 핸들 제어 방식 : 회전 중심축에 웜 기어를 부착하고, 핸들을 돌려 토출량을 증감하는 제어 방식이다.
③ 서보 제어 방식 : 기계적인 서보밸브를 이용한 제어 방식이다.

핵심예제

4-1. 유압펌프 중 가장 효율이 높으며, 고압에서도 사용할 수 있는 것은?
① 피스톤 펌프 ② 나사펌프
③ 기어펌프   ④ 베인펌프

4-2. 다음 중 고속에서 효율이 가장 좋은 펌프는?
① 피스톤 펌프 ② 나사펌프
③ 기어펌프   ④ 베인펌프

4-3. 피스톤 펌프에서 구동축과 실린더 블록의 축을 동일 축선상에 놓고 그 축선상에 대해 기울어져 고정 경사판이 부착되어 있는 방식은?
① 사축식   ② 사판식
③ 회전식   ④ 레버식

|해설|

4-1
피스톤 펌프는 가변 용량형 펌프로 많이 사용되며, 구조가 복잡하고 가격이 고가라는 단점이 있다.

4-2
피스톤 펌프는 다른 유압펌프에 비해 효율(80~90[%])이 가장 좋다.

정답 4-1 ① 4-2 ① 4-3 ②

핵심이론 05 | 유압펌프의 동력과 효율

(1) 펌프 동력(L_p)

펌프에서 기름에 전달되는 동력이다.

$$L_p = \frac{PQ}{10,200}[\text{kW}], \quad L_p = \frac{PQ}{7,500}[\text{PS}]$$

여기서, P : 펌프 토출압력[kgf/cm²]
Q : 토출량[cm²/s]

(2) 축 동력(L_s)

원동기로부터 펌프 축에 전달되는 동력이다.

$$L_s = \frac{TN}{974}[\text{kW}], \quad L_s = \frac{TN}{716}[\text{PS}]$$

여기서, T : 펌프를 회전시키는 데 필요한 회전력[N·m]
N : 펌프의 회전수[rpm]

$$L_s = \frac{PQ}{10,200\eta}[\text{kW}], \quad L_s = \frac{PQ}{7,500\eta}[\text{PS}]$$

(3) 기계효율(η_m)

기계에 부여한 에너지 중 유효한 일이 되는 비율로, 펌프 회전 부분의 마찰(베어링, 부품 간의 마찰)로 인한 동력손실이다.

$$\eta_m = \frac{L_{th}}{L_s} \times 100[\%], \quad \eta_m = \frac{L_s - L_m}{L_s} \times 100[\%]$$

여기서, L_m : 기계손실

(4) 체적효율(η_v)

펌프가 이론적인 유량과 실제 배출한 유량의 비율이다.

$$\eta_v = \frac{Q}{Q_{th}} \times 100[\%], \quad \eta_v = \frac{L_P}{L_{th}} \times 100[\%]$$

(5) 압력효율(η_p)

$$\eta_p = \frac{P}{P_0}$$

(6) 전효율(η)

펌프의 모든 에너지 손실을 고려한 전체 효율이다.

① $\eta = \dfrac{L_P}{L_{th}} \times \dfrac{L_{th}}{L_s} \times 100[\%]$

② $\eta = \eta_v \times \eta_p \times \eta_m$

(7) 기타 관련 식

① 펌프 토출량 : $Q = \dfrac{\pi d^2}{4} \times l$ (로드 길이)

② 이론토크 : $T = \dfrac{PV}{2\pi}$

③ 이론 회전수 : $N_{th} = \dfrac{Q}{V}$

※ 유압펌프의 특성에서 따른 사용 구분

압력 [kgf/cm²]	토출량[L/min]		
	0~20	20~200	200 이상
0~20	• 기어펌프 • 베인펌프 • 피스톤 펌프	• 베인펌프 • 나사펌프 • 기어펌프	• 나사펌프
20~70	• 기어펌프 • 베인펌프 • 피스톤 펌프	• 베인펌프 • 피스톤 펌프 • 기어펌프	• 베인펌프 • 나사펌프 • 왕복동 펌프
70~140	• 베인 2단 펌프 • 피스톤 펌프	• 베인 2단 펌프 • 피스톤 펌프	• 피스톤 펌프 • 왕복동 펌프 • 베인 2단 펌프
140 이상	• 피스톤 펌프	• 피스톤 펌프	• 피스톤 펌프

핵심예제

5-1. 12[kW]의 전동기로 구동되는 유압펌프의 토출압이 70[kgf/cm²], 토출량은 80[L/min], 회전수가 1,200[rpm]일 때, 전효율은 약 몇 [%]인가?

① 59[%]   ② 68[%]
③ 76[%]   ④ 87[%]

5-2. 내경 32[mm]의 실린더가 10[mm/s]의 속도로 움직이려 할 때 필요한 최소 펌프 토출량은 약 몇 [L/min]인가?

① 0.48   ② 1.04
③ 1.52   ④ 2.17

5-3. 가변 토출량형 유압 피스톤 펌프 토출 라인에 릴리프 밸브를 설치한 이유는?

① 원격제어
② 무부하회로
③ 회로 내 최대 압력 설정
④ 회로 내 압력 증압 및 감압 압력 설정

|해설|

5-1

$$L_p = \frac{PQ}{10,200} = \frac{70 \times 80 \times 10^3}{10,200 \times 60} = 9.15[\text{kW}]$$

$$\therefore \eta = \frac{9.15}{12} \times 100 = 76.25[\%]$$

5-2

펌프 토출량

$$Q = \frac{\pi d^2}{4} \times l \text{ (로드 길이)}$$

$$= \frac{3.14 \times 32^2 \times 10}{4} \times 60$$

$$= 482,304[\text{mm}^3/\text{min}]$$

$$\fallingdotseq 0.48[\text{L/min}]$$

5-3

펌프 토출 라인에 릴리프 밸브를 설치하는 것은 릴리프 밸브 이후 라인의 최대 압력을 설정하기 위해서이다.

정답 5-1 ③   5-2 ①   5-3 ③

핵심이론 06 | 펌프 취급상 주의사항

(1) 펌프에서 작동유가 나오지 않는 경우
① 펌프의 회전 방향과 원동기의 회전 방향이 다른 경우
② 작동유가 탱크 내에서 유면이 기준 이하로 내려가 있는 경우
③ 흡입관이 막히거나 공기가 흡입되고 있는 경우
④ 펌프의 회전수가 너무 작은 경우
⑤ 작동유의 점도가 너무 큰 경우
⑥ 여과기가 막혀 있는 경우

(2) 압력이 형성되지 않는 경우
① 릴리프 밸브의 설정압이 잘못되었거나 작동 불량인 경우
② 유압회로 중 실린더 및 밸브에서 누설이 되고 있는 경우
③ 펌프 내부의 고장에 의해 압력이 새고 있는 경우

(3) 펌프가 소음을 내는 경우
① 펌프의 회전이 너무 빠른 경우
② 작동유의 점도가 너무 큰 경우
③ 여과기가 너무 작은 경우
④ 흡입관이 막혀 있는 경우
⑤ 기름 중에 기포가 있는 경우
⑥ 흡입관의 접합부에서 공기를 빨아들이는 경우
⑦ 펌프축과 원동기축의 중심이 맞지 않는 경우

(4) 펌프 외부로 작동유가 새는 경우
① 실(Seal)과 패킹의 마모 또는 파손된 경우
② 펌프 접합부의 볼트가 풀린 경우

(5) 펌프 운전 시 주의(매일 점검)
① 배관 연결부를 확인한다(누유와 공기 흡입 방지).

② 작동유의 온도는 유온계에 의해 점검한다.
※ 일반 광유계에서는 유온이 10[℃] 이하일 때는 주의해서 펌프를 가동한다. 무부하 운전을 20분 이상으로 하여 적정 온도(35~55[℃])가 된 후 부하 운전을 하도록 하며, 0[℃] 이하에서의 운전 조작은 위험하므로 피한다.
③ 유면계를 통하여 탱크 유량을 점검한다.
④ 오일탱크 속에 이물질이 있는가를 확인한다.

(6) 유압펌프를 처음으로 시동할 경우
① 차가운 펌프에 뜨거운 작동유를 사용하여 시동하면 안 된다.
② 신품인 베인펌프는 압력을 걸어 시동하고, 최초 5분 정도는 간헐적으로 작동시켜 길들여야 한다.
③ 시동 전에 회전 상태를 검사하여 플렉시블 캠링의 회전 방향과 설치 위치를 정확히 해 둔다.
④ 필요한 곳에 주유되어 있는가를 확인한다.

(7) 내화성 작동유를 사용할 경우
① 노의 주변, 온도가 높은 곳에서의 유압장치를 사용한 경우에는 내화성 작동유를 사용한다.
② 오일의 누설이나 파손에 의한 화재가 발생하지 않도록 주의한다.
③ 고압 유관로의 파손으로 인한 석유계 작동유는 쉽게 퍼지게 되므로 폭발 위험성이 높다.

(8) 유압펌프의 흡입구에서 캐비테이션 예방
① 오일탱크의 오일 점도는 800[cSt](400,00SSU)를 넘지 않도록 한다.
② 흡입구의 양정을 1[m] 이하로 한다.
③ 흡인관의 굵기는 유압펌프 본체의 연결구의 크기와 같은 것을 사용한다(흡입 관로가 길어질 경우에는 보다 굵게 한다).
④ 펌프의 운전속도를 규정 이상으로 해서는 안 된다.

핵심예제

6-1. 펌프가 포함된 유압 유닛에서 펌프 출구의 압력이 상승하지 않는다. 그 원인으로 적당하지 않은 것은?
① 릴리프 밸브의 고장
② 속도제어밸브의 고장
③ 부하가 걸리지 않음
④ 언로드 밸브의 고장

6-2. 유압펌프에서 소음이 발생되는 원인으로 옳지 않은 것은?
① 작동유의 점도가 너무 큰 경우
② 기름 중에 기포가 있는 경우
③ 펌프축과 원동기축의 중심이 맞지 않는 경우
④ 유압회로 중 실린더 및 밸브에서 누설이 발생하는 경우

6-3. 유압펌프가 기름을 토출하지 못하고 있다. 이때 점검할 항목이 아닌 것은?
① 오일탱크에 규정량의 오일이 있는지 확인한다.
② 흡입 측 스트레이너 막힘 상태를 확인한다.
③ 유압 오일의 점도를 확인한다.
④ 릴리프 밸브의 압력 설정을 확인한다.

6-4. 펌프장치에서 발생하는 현상이 아닌 것은?
① 공동현상   ② 수격현상
③ 맥동현상   ④ 채터링 현상

|해설|

6-1
속도제어밸브의 고장과는 상관없다.

6-2
회로 중에 누설이 발생되는 것과 소음은 무관하다.

6-3
릴리프 밸브의 압력 설정은 펌프 다음 단계로, 펌프에서 작동유가 나오지 않는 것과는 관련이 없다.

6-4
채터링 현상은 릴리프 밸브 등에서 높은 음을 발생시키는 일종의 자격진동현상이다.

정답 6-1 ②   6-2 ④   6-3 ④   6-4 ④

1-4. 유압밸브

유압시스템에서 유체의 압력 제어, 흐름의 방향 전환, 액추에이터의 속도를 제어하기 위해 유량을 제어하는 등의 역할을 하는 요소를 유압제어밸브라고 한다.

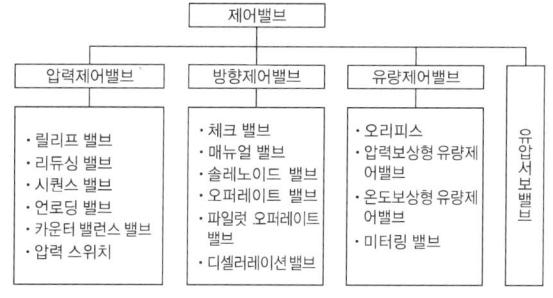

핵심이론 01 | 압력제어밸브

압력제어밸브는 감압을 목적으로 사용하며, 유체의 압력(힘)을 제어하는 밸브이다.

(1) 릴리프 밸브(Relief Valve)

압력을 설정값 내로 일정하게 유지(안전밸브로 사용)하는 밸브이다.

① **직동형 릴리프 밸브** : 피스톤을 스프링 힘으로 조정한다.

② **평형 피스톤형 릴리프 밸브** : 피스톤을 파일럿 밸브의 압력으로 조정한다(압력 오버라이드가 적고, 채터링이 거의 일어나지 않는다).

> **더 알아보기**
> - Reliefing : 작동유가 배출구를 거쳐 탱크로 귀환(이때 압축에너지가 열에너지로 변하므로 고열 발생)
> - Craking 압력 : 배출구로부터 기름이 돌아올 때의 압력
> - Chattering : 밸브의 피스톤이 유압에 의하여 심한 진동과 소음이 발생하는 현상
> - Pressure Over Ride
>   - 전유량 압력과 크래킹 압력의 차압(전유량 압력 – 크래킹 압력)이다.
>   - 직동형 릴리프 밸브는 압력 오버라이드가 비교적 크다.
>   - 압력 오버라이드를 작게 하기 위하여 평형 피스톤형 릴리프를 사용한다.

(2) 감압밸브(Reducing Valve)

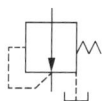

유압회로에서 주회로의 압력보다 저압으로 사용하고자 할 때 사용하며 출구 측(2차 측) 압력을 일정하게 유지시킨다.

① 직동형 감압밸브는 조정 스프링에 의해서 조절되며 그 힘이 스템(Stem)으로 전달되어 1차 측 압력이 2차 측으로 흐른다. 이 압력이 다이어프램(Diaphragm)에 작용하면 조절 스프링과의 평행 상태로 조절되는 밸브이다.

  ㉠ 릴리프형 : 설정 유체압력 이상으로 될 때 유체압력을 대기로 방출한다.

  ㉡ 논 릴리프형 : 1차 측 유입체를 차단하여 조절한다.

  ㉢ 블리드형 : 저유량용으로 2차 측 유체를 방출한다.

② 내부 파일럿형 감압밸브는 내부에 파일럿 기구를 조합한 것으로, 2차 측 유체압력의 변화에 대응하여 고정도 압력제어를 하기 위해 사용된다.

③ 외부 파일럿형 감압밸브는 조정 스프링 대신 외부 파일럿압으로 압력을 조절한다.

(3) 시퀀스 밸브(Sequence Valve)

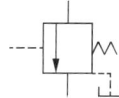

주회로의 압력을 일정하게 유지하면서 조작의 순서를 제어할 때 사용한다. 공압 시퀀스 제어회로를 구성할 때 사용되는 스테퍼 모듈의 구성요소에는 OR 밸브, 메모리 밸브, 3/2-way 밸브가 있다.

(4) 카운터 밸런스 밸브(Counter Balance Valve)

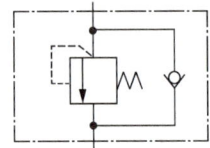

회로의 일부에 배압을 발생시키고자 할 때 사용한다. 부하가 급격히 제거되었을 때 그 자중이나 관성력 때문에 소정의 제어를 못하게 되거나 램의 자유낙하를 방지하기 위하여 귀환유의 유량에 관계없이 일정한 배압을 걸어주는 역할(주로 배압 제어용으로 사용)을 한다.

(5) 무부하밸브(Unloading Valve)

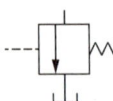

작동압이 규정압력 이상으로 달했을 때 무부하 운전을 하여 배출하고, 이하가 되면 밸브는 닫히고 다시 작동하게 된다(동력의 절감과 유압의 상승을 방지하는 역할, 즉 유압장치의 과열을 방지).

(6) 압력 스위치(Pressure Switch)

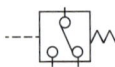

① 회로의 압력이 설정값에 도달하면 내부에 있는 마이크로 스위치가 작동하여 전기회로를 열거나 닫게 하는 기기이다.
② 종 류
  ㉠ 다이어프램형   ㉡ 벨로스형
  ㉢ 부르동관형   ㉣ 피스톤형

(7) 유체 퓨즈(Fluid Fuse)

회로압이 설정압을 넘으면 막이 유체압에 의해 파열되어 압유를 탱크로 귀환시킴과 동시에 압력 상승을 막아 기기를 보호하는 역할을 한다.

핵심예제

1-1. 하역 운반 기계 회로 중 회로압이 설정압을 초과하면 유체압에 의해 파열되어 압유를 탱크로 귀환시키고, 동시에 압력의 상승을 막아 기기를 보호하는 역할을 하는 유압기기는?
① 압력 스위치(Pressure Switch)
② 유체 퓨즈(Fluid Fuse)
③ 체크밸브(Check Valve)
④ 릴리프 밸브(Relief Valve)

1-2. 공기압축기에서 공급되는 공기압을 보다 낮은 일정의 적정한 압력으로 감압하여 안정된 공기압으로 하여 공압기기에 공급하는 기능을 하는 밸브는?
① 감압밸브   ② 릴리프 밸브
③ 교축밸브   ④ 시퀀스 밸브

1-3. 감압밸브와 릴리프 밸브에 대한 설명으로 틀린 것은?
① 감압밸브는 평상시 열려 있고, 릴리프 밸브는 평상시 닫혀 있다.
② 감압밸브는 출구 측 압력에 의해 제어되고, 릴리프 밸브는 입구 측 압력에 의해 제어된다.
③ 릴리프 밸브는 출구 측에서 입구 측으로의 역방향 흐름이 가능하고, 감압밸브는 불가능하다.
④ 릴리프 밸브는 압력계가 입구 측에 설치되어 있고, 감압밸브는 압력계가 출구 측에 설치되어 있다.

|해설|
1-1
유체 퓨즈는 압력 상승을 막아 기기를 보호한다.
1-2
② 릴리프 밸브 : 회로의 최고 압력을 설정하는 밸브이다.
③ 교축밸브 : 유량을 제어하는 밸브이다.
④ 시퀀스 밸브 : 조작의 순서를 제어할 때 사용한다.
1-3
감압밸브는 출구 측에서 입구 측으로의 역방향 흐름이 가능하고, 릴리프 밸브는 불가능하다.

정답 1-1 ② 1-2 ① 1-3 ③

핵심이론 02 | 유량제어밸브

유압장치의 제어부로서 작동유의 유량을 조절하는 밸브로, 액추에이터의 속도를 제어하는 데 사용된다.

(1) 교축밸브(Flow Metering Valves)
유로의 단면적을 교축하여 유량을 제어하는 밸브로 스톱밸브, 스로틀 밸브, 스로틀 체크밸브로 분류된다.
① 스톱밸브 : 작동유의 흐름을 완전히 멈추게 하거나 흐르게 하는 것을 목적으로 사용한다.
② 스로틀 밸브 : 유압 구동에서 산업기계에 가장 많이 사용하며, 교축 전후의 압력차가 증가해도 미소 유량을 조절하기 용이하다.
③ 스로틀 체크밸브 : 한쪽 방향으로의 흐름은 제어하고, 역방향의 흐름은 제어가 불가능하다.

(2) 유량조절밸브(Pressure Compensated Valve)
압력보상기구(유량조정부, 압력보상부, 체크밸브부)를 내장하고 있으므로 압력의 변동에 의하여 유량이 변동되지 않도록 회로에 흐르는 유량을 항상 일정하게 유지한다.

(3) 바이패스(By Pass) 유량제어밸브
전유량을 한 가지 기능을 위해 사용하는 경우 또는 선유량을 흘려보내야 하는 경우 등에 사용한다.

(4) 유량분류밸브

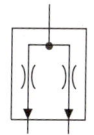

유량을 제어하고 분배하는 기능으로 유량순위분류밸브, 유량조정순위밸브, 유량비례분류밸브로 구분한다. 분배비율은 1 : 1~9 : 1이다.

핵심예제

2-1. 공압 실린더나 공기탱크 내의 공기를 급속히 방출할 필요가 있을 때나 공압 실린더의 속도를 증가시킬 필요가 있을 때 사용하기 가장 적당한 밸브는?
① 2압 밸브
② 셔틀밸브
③ 급속배기밸브
④ 체크밸브

2-2. 유압회로 내에 압력 변화가 있어도 동일한 유량을 유지할 수 있게 만든 밸브는?
① 교축밸브
② 바이패스 유량제어밸브
③ 유량분류밸브
④ 압력보상 유량제어밸브

|해설|

2-1
급속배기밸브는 공기압 라인을 단락시켜 공기를 방출하면 저항이 작아 공기의 방출(배기)이 매우 빠르게 이루어지므로 공기압 실린더의 속도를 증가시킬 수 있다.

2-2
압력보상 유량조절밸브는 유량조정부, 압력보상부, 체크밸브부를 내장하고 있다.

정답 2-1 ③　2-2 ④

핵심이론 03 | 방향제어밸브

(1) 방향전환밸브의 형식

① 포핏 형식
- ㉠ 고압용 유압방향전환밸브로서는 널리 사용되지 않는다.
- ㉡ 내부 누설이 적고 조작이 확실하다(공기압용으로 사용).

② 로터리 형식
- ㉠ 회전축에 직각되는 방향으로 측압이 걸리고, 본체가 대형이나 고압, 대용량에는 불리하다.
- ㉡ 구조가 간단하고, 조작이 쉬우면서 확실하다.
- ㉢ 유량이 적고 압력이 낮은 원격제어용 파일럿 밸브로 사용한다.

③ 스풀 형식
- ㉠ 전환밸브로 가장 널리 사용한다.
- ㉡ 스풀 축 방향의 정적 추력 평형을 얻게 된다.
- ㉢ 측압 평형을 쉽게 얻을 수 있다.
- ㉣ 각종 유압 흐름의 형식을 쉽게 설계할 수 있다.
- ㉤ 각종 조작 방식을 쉽게 적용시킬 수 있다.
- ㉥ 약간의 누유가 발생한다.

(2) 3위치 4방향 밸브

직동 스풀밸브로서 스풀의 전환 위치가 3개이나 중립 위치에서 밸브 특유의 유로를 형성한다.

① Open Center Type(올포트 오픈형)

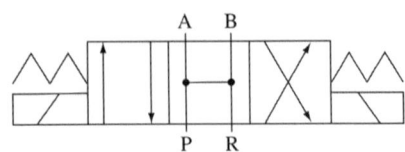

- ㉠ 중립 위치에서 모든 포트가 서로 통한다(무부하 운전 가능).
- ㉡ 전환 시 충격이 적고 성능이 좋으나, 정확히 정지시킬 수 없다.

② Semi Open Center Type
- ㉠ 오픈 센터형 밸브 전환 시 충격을 완충시킬 목적으로 Spool Land를 교축시킨 밸브이다.
- ㉡ 대용량의 경우 완충용으로 사용한다.

③ Closed Center Type(올포트 블록형)

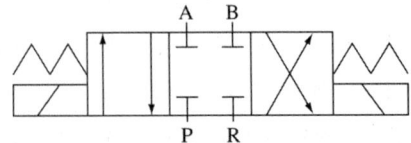

- ㉠ 중립 위치에서 모든 포트가 차단된 형식이다.
- ㉡ 액추에이터를 임의의 위치에 확실히 고정한다.
- ㉢ 급격한 밸브 전환 시 서지압이 발생한다.

④ Pump Closed Center Type(프레셔포트 블록형)

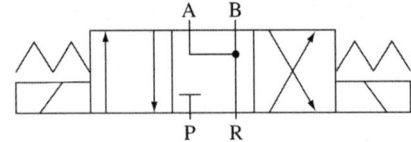

- ㉠ 중립 위치에서 P포트가 막히고 다른 포트들은 서로 통한다.
- ㉡ 저속, 경부하에서 관성에 의한 자주의 위험이 적을 때 사용한다.
- ㉢ 펌프 압유를 다른 액추에이터에 사용한다.

⑤ Tandem Center Type

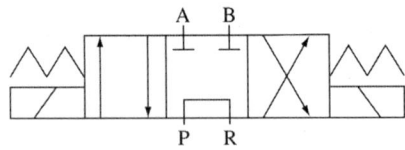

- ㉠ 센터 바이 패스형이다.
- ㉡ 중립 위치에서 A, B포트가 모두 닫혀 임의의 위치에서 확실히 고정한다.
- ㉢ 펌프를 무부하 운전 시 사용한다.

⑥ Tank Closed Center Type(탱크 포트 블록형)

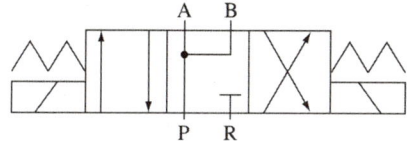

㉠ 중립 위치에서 P, A, B포트가 접속한다.
㉡ 전진 행정은 차동회로에 의한 증속이 가능하다.

⑦ 실린더 포트 블록형

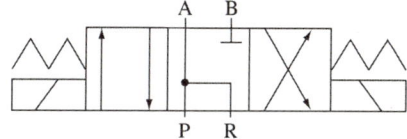

㉠ 중립 위치에서 P, A, R포트가 접속한다.
㉡ 펌프 언로드가 요구되면서 부하에 의한 자주를 방지할 때 사용한다.

⑧ 사이드 포트 블록형

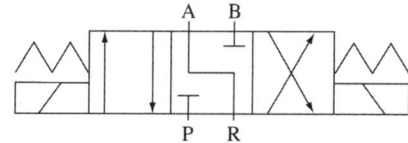

㉠ 중립 위치에서 A, R포트가 접속한다.
㉡ 펌프의 압류를 다른 액추에이터에 사용 가능하다.

(3) 체크밸브(Check Valves)

① 한쪽 방향의 유동은 허용하고, 반대 방향의 흐름은 차단하는 밸브이다.
② 차단방법 : 원추, 볼, 판, 격판 등을 사용한다.
③ 용도 : 압력 저하에 따른 위험 방지나 역류 방지용으로 이용한다.
④ 형식 : 흡입형, 스프링 부하형, 유량 제한형, 파일럿 조작형 등

(4) 감속밸브(Deceleration Valves)

① 유압작동기의 운동 위치에 따라 캠 조작으로 회로를 개폐시키는 밸브이다.
② 작동기의 움직임을 서서히 가속하기 위해 유량제어밸브와 함께 사용한다.

(5) 셔틀밸브(Shuttle Valves)

2개의 입구와 1개의 출구를 갖는 밸브이다.

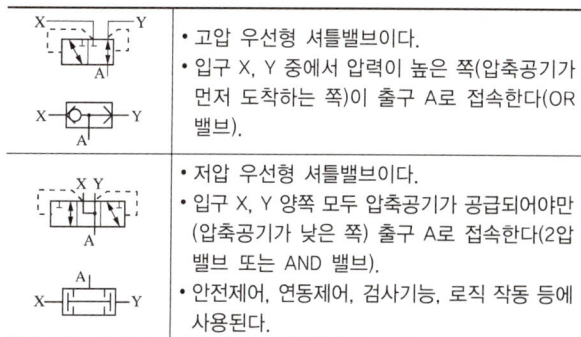

	• 고압 우선형 셔틀밸브이다. • 입구 X, Y 중에서 압력이 높은 쪽(압축공기가 먼저 도착하는 쪽)이 출구 A로 접속한다(OR 밸브).
	• 저압 우선형 셔틀밸브이다. • 입구 X, Y 양쪽 모두 압축공기가 공급되어야만 (압축공기가 낮은 쪽) 출구 A로 접속한다(2압 밸브 또는 AND 밸브).
	• 안전제어, 연동제어, 검사기능, 로직 작동 등에 사용된다.

핵심예제

3-1. 유압의 방향제어밸브 중 스풀형 밸브의 설명으로 틀린 것은?

① 힘이 축 방향으로 작용하기 때문에 공기압력에 따른 조작력의 변화가 적다.
② 각종 조작 방식을 쉽게 적용시킬 수 있다.
③ 이물질이 섭동 부분에 눌러 붙으면 고착현상이 발생한다.
④ 유량이 적고 압력이 낮은 원격제어용 파일럿 밸브로 사용된다.

3-2. 다음은 3위치 4포트 밸브 중 클로즈센터형 밸브에 대한 설명으로 옳지 않은 것은?

① 실린더를 임의의 위치에서 고정시킬 수 있다.
② 중립 위치에서 펌프를 무부하시킬 수 있다.
③ 1개의 펌프로 2개 이상의 실린더를 작동시킬 수 있다.
④ 급격한 밸브 전환 시 서지압이 발생된다.

핵심예제

3-3. 중립 위치에서 모든 포트가 막힌 형식은?
① 세미 오픈 센터형 ② 클로즈드 센터형
③ 펌프 클로즈드 센터형 ④ 탠덤 센터형

3-4. 다음 중 밸브의 사용목적이 옳지 않은 것은?
① 시퀀스 밸브는 다수의 액추에이터의 동작 순서를 결정한다.
② 셔틀밸브는 안전장치나 검사기능, 연동제어에 사용된다.
③ 감압밸브는 2차 측 압력을 일정하게 유지한다.
④ 압력 스위치는 압력신호를 전기적 신호로 변환시킨다.

|해설|

3-1
④는 로터리 형식에 대한 설명이다.

3-2
②는 올포트 오픈형에 대한 설명이다.

3-3
Closed Center Type(올포트 블록형)에 대한 설명이다.

3-4
• 셔틀밸브는 고압 우선 밸브이며 OR 밸브라고도 한다.
• 2압 밸브(AND 밸브)는 안전제어, 연동제어, 검사기능, 로직 작동 등에 사용된다.

정답 3-1 ④ 3-2 ② 3-3 ② 3-4 ②

핵심이론 04 | 기타 밸브

(1) 비례제어밸브
① 변화되는 입력신호에 대한 출력신호도 비례적으로 변하는 밸브이다.
② Open-loop에서 정밀도가 높은 전자비례밸브를 사용할 경우 Closed-loop 시스템의 결과치와 동일한 효과를 얻는다.
③ 종류에는 비례 압력제어밸브, 비례 유량제어밸브, 비례 방향제어밸브가 있다.

(2) 서보밸브(Servo Valve)
① 입력신호에 따라 비교적 높은 압력의 공급원으로부터의 유체의 유량과 압력을 상당한 응답속도를 가지고 제어하는 밸브이다.
② 일반적으로 토크모터, 유압 증폭부, 안내밸브로 구성된다.

(3) 카트리지 밸브
요구되는 기능을 수행할 수 있도록 매니폴드 블록의 공간에 단일 밸브 또는 다른 카트리지 밸브와 유압 부품이 함께 조립된 밸브이다.

(4) 로직밸브
여러 가지 제어기능을 하나의 밸브에 복합적으로 집약화하고 다시 회로를 하나의 블록으로 집약시킨 밸브이다.

핵심예제

서보유압밸브의 특징이 아닌 것은?
① 소형으로서 대(大)출력을 얻을 수 있다.
② 빠른 응답성을 가지고 있다.
③ 작동기와 부하장치를 보호하는 효과가 있다.
④ 소형으로서 가격이 저렴하다.

|해설|
서보유압밸브는 가격이 비싸다.

정답 ④

1-5. 유압 액추에이터

핵심이론 01 | 유압 실린더

유압 실린더는 유압유의 에너지를 직선 방향의 운동이나 힘으로 변환시키는 장치이다.

(1) 단동 실린더
① 피스톤측에 압력이 작용하여 한쪽 방향으로 유용한 일을 하고, 귀환은 중력이나 스프링에 의하여 복귀한다.
② 프레스, 리프팅 장치 등에 사용된다.

(2) 램형 실린더
① 피스톤 없이 로드 자체가 피스톤의 역할을 한다.
② 로드가 굵어 부하에 의한 힘이 없다.
③ 패킹이 실린더 내부에 없어 공기 구멍이 필요하지 않다.

(3) 복동 실린더
① 피스톤 측과 로드 측에 유압이 작용하여 전·후진 시 유용한 일을 한다.
② 로드형과 양측 로드형으로 분류된다.
③ 전진운동 시
  ㉠ 힘 $F[\text{kgf}]$ = 압력 $P[\text{kgf/cm}^2]$ × 피스톤 면적 $AP[\text{cm}^2]$
  ㉡ 속도 $V[\text{m/s}]$ = 유량 $Q[\text{m}^3/\text{s}]/P[\text{m}^2]$
④ 후진운동 시
  ㉠ $F = P \times (AP - 로드 면적\ Ar)$
  ㉡ $V = Q/(AP - Ar)$
⑤ 실린더 작동에 필요한 동력
  $L[\text{PS}] = F \cdot V/75[\text{kgf} \cdot \text{m/s}]$

(4) 유압 실린더의 내부 구조

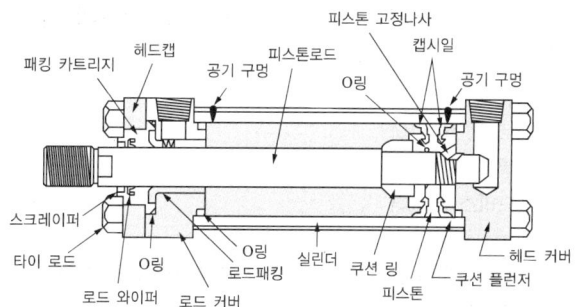

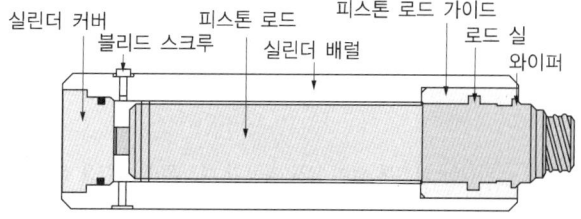

(5) 유압 실린더의 호칭법
규격 명칭(규격 번호), 구조 형식, 지지 형식의 기호, 실린더 안지름, 로드지름 기호, 최고사용압력, 쿠션의 구분, 행정거리, 외부 누출의 구분 및 패킹의 종류에 따른다.

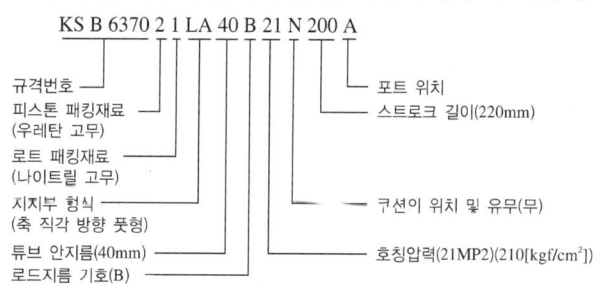

(6) 유압 실린더의 선정법
① '유압 실린더 성능 계산 도표'를 사용하여 필요한 추력(부하의 크기), 속도, 사용압력 및 실린더의 안지름을 구한다.
② 유압 실린더의 최대 스트로크, 피스톤 로드, 선단 붙임쇠, 쿠션의 유무 등을 결정한다.

핵심예제

1-1. 다음 중 피스톤이 없이 로드 자체가 피스톤 역할을 하는 실린더는?
① 탠덤 실린더
② 양로드형 실린더
③ 램형 실린더
④ 로드리스 실린더

1-2. 유압 실린더를 선정함에 있어서 유의해야 할 사항으로 옳지 않은 것은?
① 부하의 크기　② 속 도
③ 스트로크　　④ 설치방법

|해설|

1-1
램형 실린더는 피스톤 없이 로드 자체가 피스톤의 역할을 한다.

1-2
유압 실린더의 선정법
- '유압 실린더 성능 계산 도표'를 사용하여 필요한 추력(부하의 크기), 속도, 사용압력 및 실린더의 안지름을 구한다.
- 유압 실린더의 최대 스트로크, 피스톤 로드, 선단 붙임쇠, 쿠션의 유무 등을 결정한다.

정답 1-1 ③　1-2 ④

핵심이론 02 | 유압모터

작동유의 유체에너지를 축의 연속 회전운동을 하는 기계적인 에너지로 변환시켜 주는 액추에이터로, 유압모터의 토크는 압력으로 제어하고, 회전속도는 유량으로 제어한다.

(1) 기어모터
① 구조면에서 가장 간단하며, 출력토크도 일정하다.
② 저속 회전이 가능하고, 소형으로 큰 토크를 낼 수 있다.
③ 이물질의 영향을 적게 받으며, 운전조건이 양호하다.
④ 누설량이 많고, 토크 변동이 크다.
⑤ 토크효율은 약 75~85[%], 용적효율은 94[%] 이하이다.
⑥ 최저 속도는 150~500[rpm] 정도이며, 정밀한 서보기구에는 적합하지 않다.

(2) 베인모터
① 구조면에서 베인펌프와 동일하다.
② 공급압력이 일정할 때 출력토크가 일정하고 역전, 무단 변속, 가혹한 운전이 가능하다.
③ 최고사용압력은 70[kgf/cm^2], 회전수는 200~1,800[rpm]이고, 축 마력당 다른 모터에 비해 크기가 소형이다.
④ 구성 부품수가 적고, 구조가 간단하여 고장이 적다.

(3) 회전 피스톤 모터
① 액시얼형과 레이디얼형으로 구분되고, 각각 정용량형과 가변 용량형이 있다.
② 고압, 고속 및 대출력을 발생한다.
③ 구조가 복잡하고, 고가이다.
④ 보통 3,000[rpm]과 350[kg/cm^2]의 압력을 얻는다.
⑤ 세 종류의 유압모터 중 효율이 가장 좋다.

(4) 요동모터(로터리 실린더)

한정된 각도 내에서 회전요동운동으로 변환하며, 회전각도는 보통 360° + 50° 이내이다.

① 피스톤형 요동모터
　㉠ 단피스톤형과 이중 피스톤형이 있다.
　㉡ 오일 누출이 매우 적다.
　㉢ 출력토크가 일정하고, 360° 이상의 회전을 한다.

② 베인형 요동모터
　㉠ 구조가 간단(소형이고, 설치 면적이 작아 많이 사용한다)하다.
　㉡ 오랜 시간 동안 정지시키기 어렵다(브레이크 장치 사용 시 가능).
　㉢ 요동베인이 1~3장, 베인 개수에 따라 60~280°
　㉣ 단일 베인형의 요동각 : 280° 이하
　㉤ 이중 베인형의 요동각 : 100° 이하
　㉥ 삼중 베인형의 요동각 : 60° 이하

(5) 유압모터의 특징

① 유압모터의 장점
　㉠ 소형·경량으로서 큰 출력을 낼 수 있고, 고속 차종에 적당하다.
　㉡ 속도나 방향의 제어가 용이하여 릴리프 밸브를 달면 기구적 손상을 주지 않고 급속 정지를 시킬 수 있고, 시정수는 2~6[m·s] 정도이다.
　㉢ 2개의 배관만을 사용해도 되므로 내폭성이 우수하다.
　㉣ 최대 토크를 제한하려는 기계의 구동에 사용하면 편리하다.
　㉤ 시동, 정지, 역전, 변속 등은 미터링 밸브 또는 가변·토출펌프에 의해서 간단히 제어할 수 있다.

② 유압모터의 단점
　㉠ 작동유 내에 먼지나 공기가 침입하지 않도록 주의해야 한다.
　㉡ 작동유가 인화되기 쉬우므로 화재 염려가 있는 곳에서의 사용은 매우 위험하다.
　㉢ 작동유의 점도 변화에 의해 유압모터의 사용에 제한을 받는다. 일반적인 사용 온도범위는 20~80[℃]이다.
　㉣ 동력 전달효율이 낮고 소음이 발생되며, 저속일 경우의 내부 누유로 인하여 정밀한 운전이 어렵다.

(6) 유압모터의 출력

① 유압모터의 토크
$T = P \cdot V [\text{kgf} \cdot \text{cm}]$
여기서, P : 모터 입구와 출구의 압력차[kgf/cm^2],
　　　　V : 배제 용적[cm^3]

② 필요 유량
$Q = \dfrac{nV}{1,000} [\text{L/min}]$
여기서, n : 회전속도[rpm], V : 배제 용적[cm^3]

핵심예제

2-1. 다음 중 유압모터의 장점이 아닌 것은?

① 소형, 경량으로 큰 힘을 낼 수 있다.
② 작동유의 점도 변화의 영향을 받지 않아 사용 온도범위가 넓다.
③ 속도나 방향의 제어가 용이하다.
④ 릴리프 밸브를 이용하여 기구 손상 없이 급속 정지가 가능하다.

2-2. 유압모터 중 가장 간단하며 출력토크가 일정하고 정·역 회전이 가능하며 토크효율이 약 75~85[%], 전효율은 약 80[%] 정도, 최저 회전수는 150[rpm]으로 정밀 서보기구에는 부적절한 모터는?

① 베인모터
② 기어모터
③ 액시얼 피스톤 모터
④ 레이디얼 피스톤 모터

|해설|

2-1
유압모터는 작동유의 점도 변화에 의해서 사용에 제약을 받는다. 사용 온도범위는 20~80[℃]이다.
유압모터의 장점
- 토크제어의 기계에 사용하면 편리하다.
- 최대 토크를 제한하려는 기계의 구동에 편리하다.
- 2개의 배관만 사용해도 되므로 내폭성이 우수하다.
- 시동, 정지, 역전, 변속 등은 미터링 밸브 또는 가변·토출펌프에 의해 간단히 제어할 수 있다.

2-2
기어모터는 이물질의 영향을 적게 받으며 운전조건이 양호하고, 누설량이 많으며 토크 변동이 크다. 또한 회전속도는 150~500 [rpm] 정도이다.

정답 2-1 ② 2-2 ②

제2절 유압제어회로의 구성

2-1. 유압제어회로의 기호

KS B 0054 유압·공기압 도면기호를 근거로 가장 일반적인 유압회로도의 기호를 설명한다.

핵심이론 01 유압기호의 요소

(1) 동력원(전동기와 원동기)

기 호	도면기호 해설
Ⓜ= [전동기]	• 에너지 변환기기(대원) 속에 원동기(M)를 표기하여 전동기를 의미한다. • 회전축이 연결된 전동기를 나타낸다. • 전기에너지를 기계적 에너지(회전)로 변환하는 에너지 변환기기이다.
M= [원동기 (전동기 제외)]	• 전동기 이외(정사각형)의 원동기(M)이다. • 회전축이 연결된 전동기 이외의 원동기이다.

(2) 유압펌프 및 유압모터의 기호와 기능

기 호	도면기호 해설
[유압펌프]	• 1방향 유동, 1방향 회전, 정용량형이다. • 회전축이 연결된 전동기를 나타낸다. • 전기에너지를 기계적 에너지(회전)로 변환하는 에너지 변환기기이다.
[유압모터]	• 1방향 유동, 1방향 회전, 가변 용량형이다. • 회전축이 연결된 전동기 이외의 원동기이다. • 전기에너지를 기계적 에너지(회전)로 변환하는 에너지 변환기기이다.

(3) 유압 실린더의 도면기호

기 호	도면기호 해설
[단동 실린더]	• 스프링 붙이 단동 실린더의 상세기호이다. • 흑색 삼각형이므로 유압이고, 삼각형의 정점이 유압유의 흐름 방향을 의미하므로 실린더에 유압유가 공급되면 실린더는 후진한다. • 스프링 힘으로 로드는 압출된다. • 실린더가 후진할 때만 부하에 대해 일을 할 수 있고, 전진할 때는 일을 할 수 없다. • 피스톤 로드가 한쪽에만 있으므로 편로드형이다.
[단동 실린더]	• 스프링 힘으로 로드는 흡인된다. • 실린더가 전진할 때만 부하에 대해 일을 할 수 있고, 후진할 때는 일을 할 수 없다. • 다른 기능은 스프링 힘으로 압출되는 실린더와 같다.
[복동 실린더]	• 유압 복동 실린더(편로드형)의 상세기호이다. • 실린더 양쪽의 접속구에 유압유가 공급될 수 있고(흑색 삼각형 방향) 한쪽에 공급되면 다른 한쪽은 유압탱크로 복귀된다는 의미이다. • 유압유에 의해 실린더의 전진과 후진운동을 하므로 전진과 후진과정 모두 부하에 대해 일을 할 수 있다. • 피스톤 로드가 한쪽에만 있으므로 편로드형이다.
[양로드 실린더]	• 유압 복동 실린더(양로드형)의 상세기호이다. • 피스톤 로드가 양쪽에 있으므로 양쪽 위치에서 동시에 일을 할 수 있다. • 다른 기능은 유압 복동 실린더(편로드형)의 상세기호와 같다.

핵심예제

다음 기호의 설명으로 틀린 것은?

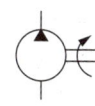

① 유압펌프의 기호이다.
② 1방향 회전, 가변 용량형이다.
③ 회전축이 연결된 전동기를 나타낸다.
④ 전기에너지를 기계적 에너지(회전)로 변환하는 에너지 변환기기이다.

|해설|

문제의 기호는 유압펌프기호로 1방향 유동, 1방향 회전, 정용량형이다.

정답 ②

2-2. 유압제어회로

핵심이론 01 | 유압 기본 회로

(1) 유압회로도

① 유압장치를 조립하거나 그 움직임을 이해하는 경우 등에 내부구조와 오일의 유로를 표시하고 기구의 위치를 가르쳐 주는 것이다.
② 유압회로도의 종류 : 단면회로도, 총식회로도, 기호회로도

(2) 압력설정회로

압력 릴리프 밸브에 의하여 회로압력을 설정압력으로 조정하는 회로로, 안전장치용으로서 과부하방지에 반드시 필요한 회로이다.

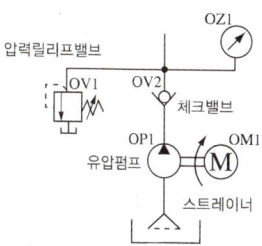

(3) 무부하회로

반복 작동 중 유압을 필요로 하지 않을 때 펌프 토출량을 저압으로 기름탱크에 되돌려 보내고 유압펌프를 무부하 운전시키는 회로(유온 상승 방지 및 펌프의 동력 절감)이다.
① PR 접속변환밸브(탠덤센터형 밸브)에 의한 회로

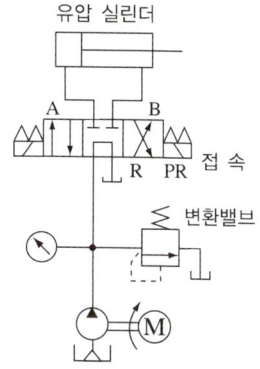

② 2포트 변환밸브에 의한 회로

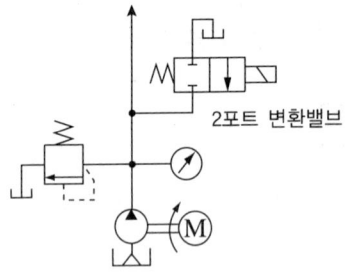

③ 축압기, 압력 스위치를 사용한 회로

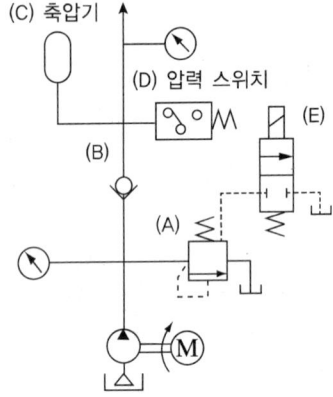

④ Hi-Lo 회로 : 언로드 밸브를 이용한 Hi-Lo에 의한 무부하회로이다. 실린더의 피스톤을 급격히 전진시키려면 저압 대용량이, 큰 힘을 얻고자 할 때에는 고압 소용량의 펌프를 필요로 하므로, 저압 대용량과 고압 소용량의 2연 펌프를 사용한 회로이다.

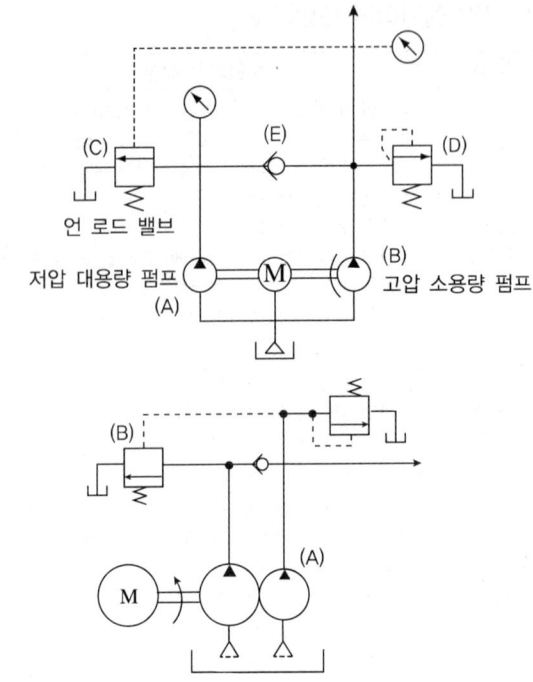

⑤ 축압기, 압력 스위치를 사용한 무부하 회로 : 릴리프 밸브를 이용한 무부하회로로 펌프 송출 전량을 탱크로 귀환시키는 회로이다.

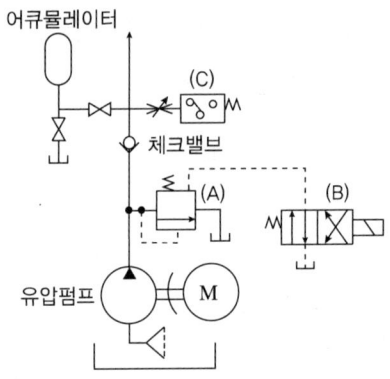

핵심예제

1-1. 불필요한 오일을 탱크로 방출시켜 펌프에 부하가 걸리지 않도록 하여 동력을 절감할 수 있는 회로는?

① 감압회로　　　　② 시퀀스 회로
③ 카운터 밸런스 회로　④ 무부하회로

1-2. 다음 중 유압회로도의 종류가 아닌 것은?

① 단면회로도　　　② 총식회로도
③ 기호회로도　　　④ 상세회로도

1-3. 도면에서 (B)로 표시한 밸브의 명칭은?

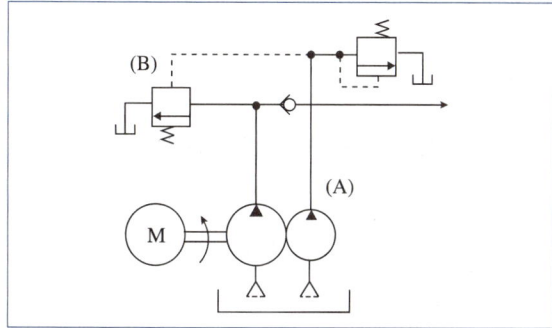

① 시퀀스 밸브　　② 릴리프 밸브
③ 언로드 밸브　　④ 유량조절밸브

|해설|

1-1
① 감압회로 : 감압밸브를 사용하여 저압을 요구하는 실린더에 압유를 공급해 주는 회로
② 시퀀스 회로 : 유압으로 구동되고 있는 기계의 조작을 순서에 따라 자동적으로 행하게 하는 회로
③ 카운터 밸런스 회로 : 실린더의 부하가 급히 감소하더라도 피스톤이 급진하는 것을 방지하거나 자중 낙하하는 것을 방지하기 위해 실린더 기름탱크의 귀환쪽에 일정한 배압을 유지하는 회로

1-2
유압회로도의 종류에는 단면회로도, 총식회로도, 기호회로도가 있으며, 일반적으로 기호회로도를 많이 사용한다.

1-3
Hi-Lo에 의한 무부하회로로 언로드 밸브가 사용된다.

정답 1-1 ④　1-2 ④　1-3 ③

핵심이론 02 | 압력제어회로

(1) 압력조절회로

주로 릴리프 밸브를 사용하여 회로의 압력을 설정한 값으로 조정하는 회로이다.

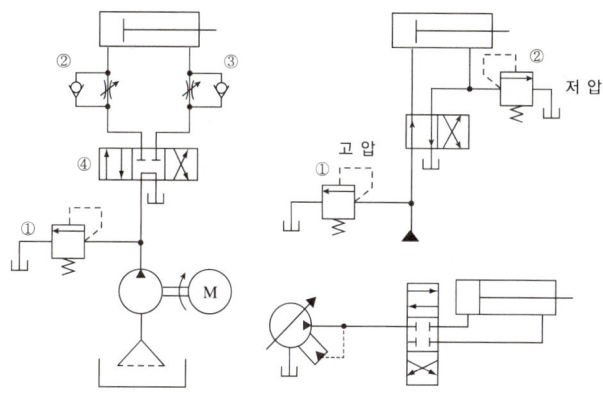

(2) 감압회로

감압밸브를 사용하여 저압을 요구하는 실린더에 압유를 공급해 주는 회로이다.

(3) 축압기 회로(어큐뮬레이터 회로)

회로 내에 축압기를 사용하여 압력을 유지한다. 서지압의 흡수 또는 유압의 에너지를 축적하여 동력을 절약하고 회로를 안전하게 하고 보조 동력원으로 사용하는 회로이다.

① 압력유지회로(클램프 회로) : 피스톤에서 유압 누설이 유압기에 의하여 보상되는 회로이다.
② 압력완충회로 : 클로즈드 센터형 4포트 변환밸브의 변환 시 발생하는 서지압을 축압기로 흡수시켜 충격을 완화하는 회로이다.
③ 사이클 시간단축회로 : 축압기에 축적된 유압에너지를 이용하여 사이클 시간을 단축하는 회로이다. 두 개의 유압펌프를 사용한 프레스 회로에 축압기를 장착하고 램의 속도를 빠르게 하는 역할을 한다.

(4) 시퀀스 회로

유압으로 구동되는 기계의 조작을 순서에 따라 자동적으로 행하게 하는 회로이다.

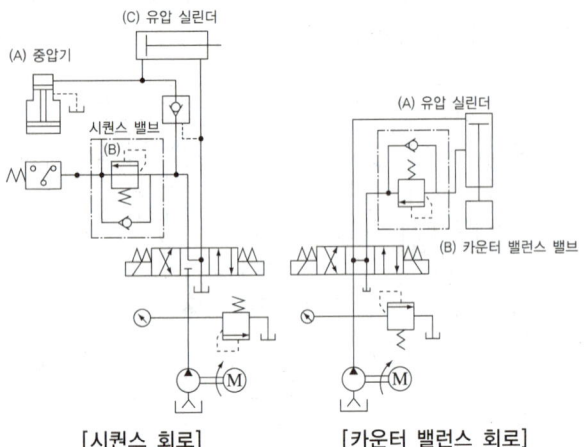

[시퀀스 회로]   [카운터 밸런스 회로]

(5) 카운터 밸런스 회로

실린더의 부하가 급히 감소하더라도 피스톤이 급진하는 것을 방지하거나 자중 낙하하는 것을 방지하기 위해 실린더 기름탱크의 귀환쪽에 일정한 배압을 유지하는 회로이다. 필요한 피스톤의 힘은 릴리프 밸브로 제어한다.

(6) 증압회로

조작 사이클의 일부에 있어서 짧은 행정 또는 순간적으로 고압을 필요로 할 경우 보통 증압기를 사용하며, 공기압을 유압으로 변환하여 큰 힘을 얻고자 할 때도 사용한다. 프레스와 잭에 사용된다.

(7) 제동회로

시동 시 서지압력 방지나 정지 시 유압으로 제동을 걸어 주는 회로이다.

(8) 증강회로

탠덤 실린더를 사용하여 실린더의 램을 전진시켜 높지 않은 압력으로 강력한 압축력을 얻을 수 있는 회로이다. 유효 면적이 다른 두 개의 탠덤 실린더를 사용하거나 실린더를 탠덤으로 접속하여 병렬회로를 구성한 것이다.

핵심예제

2-1. 두 개 이상의 분기회로에서 실린더나 모터의 작동 순서를 순차적으로 제어해 주는 회로는?

① 시퀀스 회로
② 감압회로
③ 파일럿 회로
④ 무부하회로

2-2. 카운터 밸런스 회로에 대한 설명으로 옳은 것은?

① 실린더 입구 측의 불필요한 압유를 배출시켜 작동효율을 증진시킨 회로
② 펌프 용량을 변화시켜 실린더의 속도를 제어하는 회로
③ 피스톤의 수압 면적차에 의하여 피스톤을 전진시키는 회로
④ 일정한 배압을 만들어 중력에 의한 자중낙하를 방지하는 회로

2-3. 다음 회로의 명칭은?

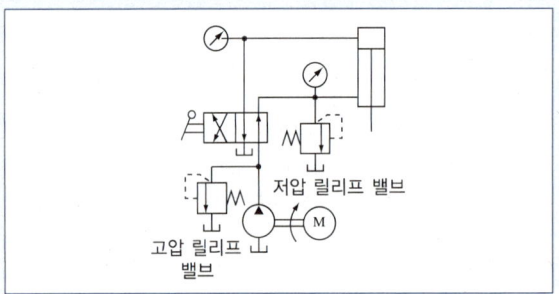

① 최대 압력제한회로
② 블리드 오프 회로
③ 무부하회로
④ 증압회로

핵심예제

2-4. 다음 유압회로의 명칭은?

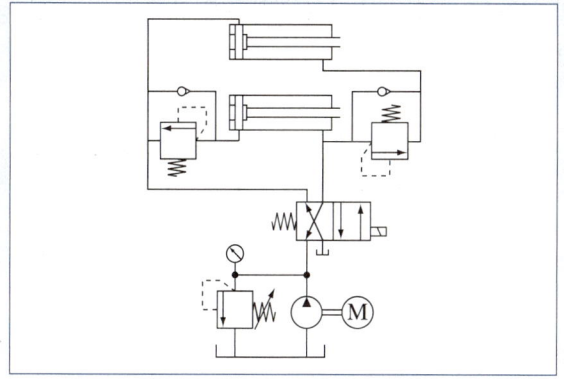

① 시퀀스 회로 ② 차압회로
③ 감압회로   ④ 재생회로

|해설|

2-1
- 감압회로 : 감압밸브를 사용하여 저압을 요구하는 실린더에 압유를 공급해 주는 회로
- 무부하회로 : 반복 작동 중 유압을 필요로 하지 않을 때 펌프 토출량을 저압으로 기름탱크에 되돌려 보내고 유압펌프를 무부하 운전시키는 회로

2-2
카운터 밸런스 회로 : 실린더의 부하가 급히 감소하더라도 피스톤이 급진하는 것을 방지하거나 자중 낙하하는 것을 방지하기 위해 실린더 기름탱크의 귀환 쪽에 일정한 배압을 유지하는 회로

2-3
최대 압력제한회로 : 프레스에 응용하는 회로로 고압과 저압 두 종의 릴리프 밸브를 사용한다. 실제로 일을 하는 하강 행정에서는 고압용 릴리프 밸브로 회로입력을 제어하고, 상승 행성에서는 저압용 릴리프 밸브로 회로압력을 제어하는 회로이다.

2-4
시퀀스 회로는 유압으로 구동되고 있는 기계의 조작을 순서에 따라 자동적으로 행하게 하는 회로이다.

정답 2-1 ③ 2-2 ④ 2-3 ① 2-4 ①

핵심이론 03 | 유량제어회로

(1) 속도제어회로

미터 인 회로	미터 아웃 회로	블리드 오프 회로

① 미터 인 회로(Meter In Circuit)
  ㉠ 유량제어밸브가 압력보상형이면, 실린더 속도는 펌프 송출량에 무관하고 일정하다.
  ㉡ 펌프 송출압은 릴리프 밸브로 정해지고, 릴리프 밸브를 통하여 탱크로 방유되므로 동력손실이 크다.
  ㉢ 피스톤 로드에 릴리프 밸브 설정압보다 큰 압력이 작용 시 피스톤이 자주(自走)할 염려가 있다.

② 미터 아웃 회로(Meter Out Circuit)
  ㉠ 펌프의 송출압력은 유량제어밸브에 의한 배압과 부하저항에 따라 정해진다.
  ㉡ 미터 인 회로와 마찬가지로 동력손실이 크다.
  ㉢ 실린더에 배압이 걸리므로 끌어당기는 하중이 작용하더라도 자주(自走)할 염려가 없다.
  ㉣ 이 회로는 밀링머신, 보링머신 등에 사용된다.

③ 블리드 오프 회로(Bleed Off Circuit)
  ㉠ 실린더와 병렬로 유량제어밸브를 설치하여 실린더에 유입되는 유량을 제어하는 방식이다.
  ㉡ 여분의 기름이 릴리프 밸브를 통하지 않고 유량밸브를 통하여 흐르므로 동력손실이 적고 효율이 높다.
  ㉢ 실린더의 부하 변동이 심한 경우에는 정확한 유량 제어가 곤란하다.
  ㉣ 실린더 입구의 분기회로에 설치한다.
  ㉤ 부하 변동이 적은 브로치반이나 연마기 등에 응용된다.

(2) 동기회로(동조회로, 싱크로나이징)

두 개 또는 그 이상의 유압 실린더를 동기운동, 즉 완전히 동일한 속도나 위치로 작동시키고자 할 때 사용한다.

① **유량 조정기 밸브를 이용한 회로** : 두 개의 유량조정밸브를 실린더 배출쪽에 장치하고 양 실린더의 유출량을 조정하여 동기운동을 하는 회로이다.

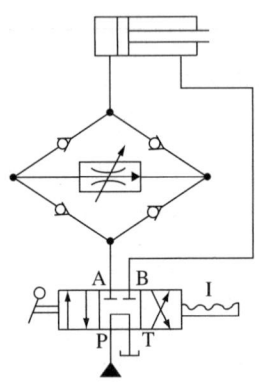

이 회로는 Graetz 회로로, 압력보상형 유량조절밸브를 이용하여 동조할 수 있는 회로이다.

② **유압모터를 이용한 회로** : 동일한 형식의 같은 용량의 유압모터를 실린더의 개수만큼 사용하여 각 모터를 기계적으로 동일하게 회전시켜 유량을 동등하게 분배하는 역할을 하는 회로이다.

③ **유압 실린더의 직렬회로** : 동일한 치수의 단로드형 복동 실린더를 직렬로 배치하여 동기시키는 회로이다.

(3) 감속회로

유압 실린더의 피스톤이 고속으로 작동하고 있을 때 행정 말단에서 서서히 감속하여 원활하게 정지시키고자 할 경우 사용한다.

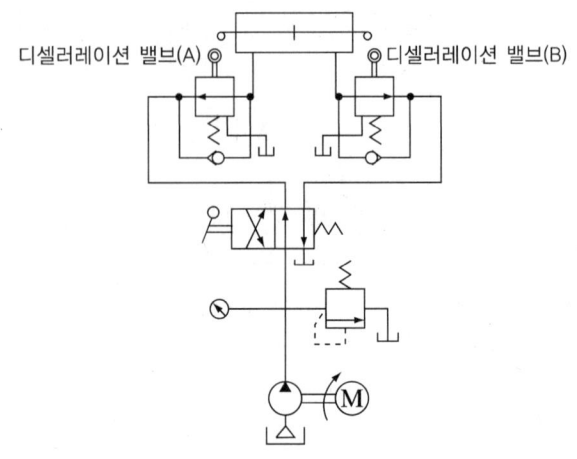

(4) 급속이송회로

대형 유압 프레스의 램의 급속 이송을 위한 회로이다.

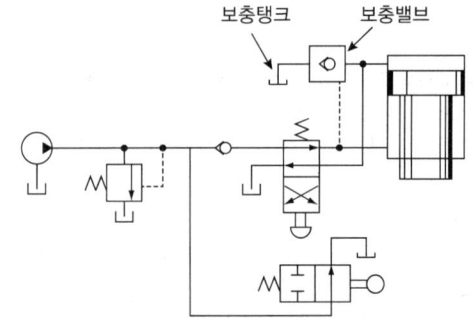

핵심예제

3-1. 다음 그림에 해당되는 제어방법으로 옳은 것은?

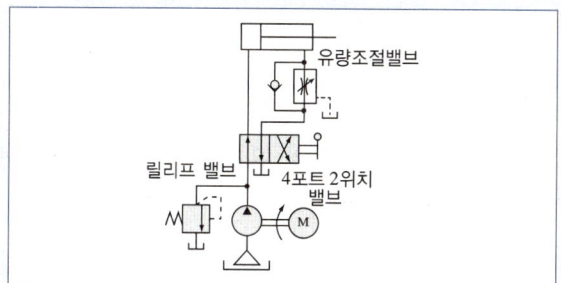

① 미터 인 방식의 전진 행정 제어회로
② 미터 인 방식의 후진 행정 제어회로
③ 미터 아웃 방식의 전진 행정 제어회로
④ 미터 아웃 방식의 후진 행정 제어회로

3-2. 탠덤 실린더를 사용하여 실린더의 램을 전진시켜 높지 않은 압력으로 강력한 압축력을 얻을 수 있는 회로는?

① 시퀀스 회로
② 무부하회로
③ 증강회로
④ 블리드 오프 회로

3-3. 다음과 같은 유압회로에 대한 설명 중 틀린 것은?

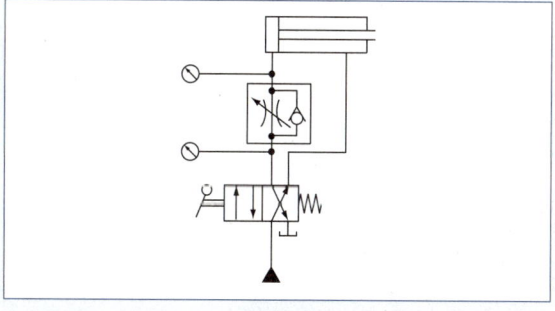

① 실린더의 전진운동 시 항상 일정한 힘을 유지할 수 있는 회로이다.
② 실린더에 인장하중의 작용 시 카운터 밸런스 회로를 필요로 한다.
③ 전진운동 시 실린더에 작용하는 부하변동에 따라 속도가 달라진다.
④ 시스템에 형성되는 모든 압력은 항상 설정된 최대 압력 이내이다.

|해설|

3-1
유량조절밸브의 설치 위치를 보면 체크밸브의 위치가 미터 아웃 방식이며, 전진속도를 제어하는 회로이다.

3-2
① 시퀀스 회로 : 유압으로 구동되고 있는 기계의 조작을 순서에 따라 자동적으로 행하게 하는 회로
② 무부하회로 : 반복 작동 중 유압을 필요로 하지 않을 때 펌프 토출량을 저압으로 기름탱크에 되돌려 보내고 유압펌프를 무부하 운전시키는 회로
④ 블리드 오프 회로 : 공급쪽 관로에 바이패스 관로를 설치하여 바이패스로의 흐름을 제어함으로써 속도(힘)를 제어하는 회로

3-3
로드쪽에 걸리는 부하에 따라 압력이 변하여 일정하다고 할 수 없다.

정답 3-1 ③ 3-2 ③ 3-3 ①

핵심이론 04 | 방향제어회로

(1) 로킹회로
① 실린더의 피스톤 위치를 임의 위치에서 고정시키는 회로 또는 피스톤의 이동을 방지하는 회로이다.
② 액추에이터 작동 중에 임의의 위치나 행정 도중에 정지 또는 최종단에 로크시켜 놓은 회로이다.
③ 공작기계 드릴 프레스 회로에서 릴리프 밸브 설정압력과 실린더 작동압력의 중간값을 설정하는 회로이다.
④ 종 류
  ㉠ 탠덤센터 3위치 4방향 밸브를 사용한 로크회로이다(내부 누유 때문에 완전 로크가 어렵다).
  ㉡ 체크밸브를 이용한 로크회로(자중에 의해 하강 방지용과 압력 스위치를 사용한 과부하 압력장치용)
  ㉢ 파일럿 조작 체크밸브를 사용한 완전 로크회로(단조기계나 압연기계 등과 같이 큰 외력에 대항해서 정지 위치를 확실히 유지하고, 고압에 대하여 확실히 정지)

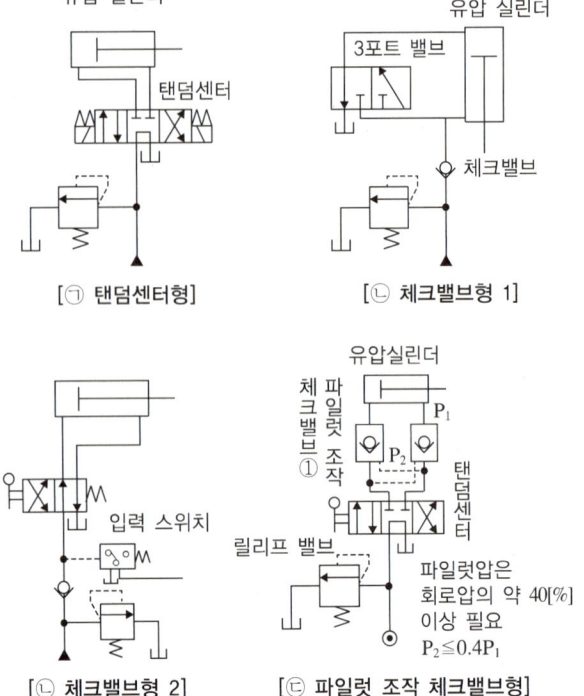

(2) 자동운전회로
유압 작동 변환밸브를 사용하여 원격 조작이나 자동 운전 조작을 하는 회로이다.

(3) 안전장치회로
정전이나 사고가 생길 경우, 운전자와 기계를 안전하게 보호하기 위한 회로이다.

핵심예제

4-1. 실린더 행정 중 임의의 위치에 실린더를 고정하고자 할 때 사용하는 회로는?
① 로킹회로　　　② 무부하회로
③ 동조회로　　　④ 릴리프 회로

4-2. 유압 실린더를 그림과 같은 회로를 이용하여 단조기계와 같이 큰 외력에 대항하여 행정의 중간 위치에서 정지시키고자 할 때 점선 안에 들어갈 적합한 밸브는?

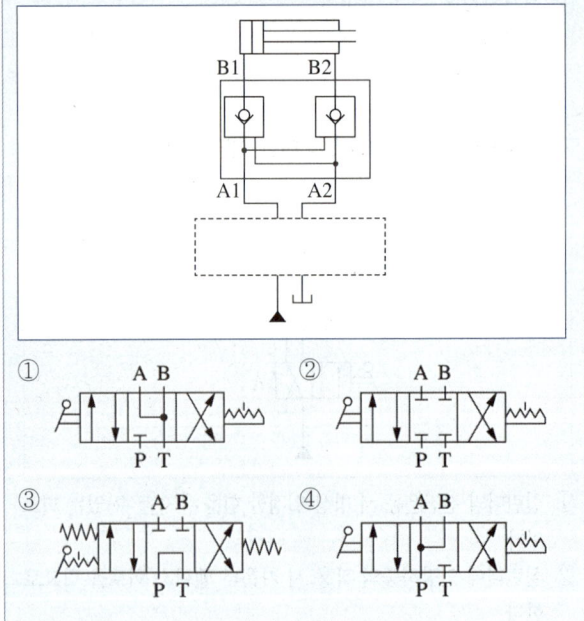

| 해설 |

4-1

② 무부하회로 : 반복 작동 중 유압을 필요로 하지 않을 때 펌프 토출량을 저압으로 기름탱크에 되돌려 보내고 유압펌프를 무부하 운전시키는 회로
③ 동기회로(동조회로, 싱크로나이징) : 두 개 또는 그 이상의 유압 실린더를 동기운동, 즉 완전히 동일한 속도나 위치로 작동시키고자 할 때 사용하는 회로
④ 릴리프 밸브 : 주로 안전밸브로 사용되며 시스템 내의 압력이 최대허용압력을 초과하는 것을 방지해 주는 밸브

4-2

완전 로크회로로 파일럿 조작 체크밸브를 사용하여 고압에 대하여 확실히 정지시킬 수 있어야 하며, 무부하 운전이 가능한 탠덤센터형 밸브를 사용하면 된다.

※ 저자의견 : 확정답안은 ①번으로 발표가 되었으나 시스템을 정확하게 구현하기 위해서는 ③번이 더 적절해 보인다.

정답 4-1 ① 4-2 ①

핵심이론 05 | 유압모터 제어회로

(1) 정토크 구동회로

정용량형 유압펌프를 써서 정용량형 유압모터를 구동시키는 회로로서, 모터의 속도를 제어한다.

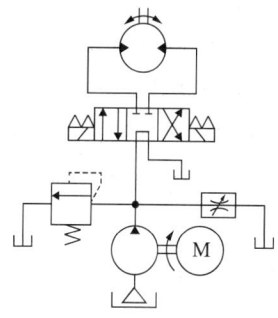

(2) 정마력 구동회로

정용량형 유압모터를 일정 압력, 일정 유량하에서 운전하여 가변 용량형 유압모터를 구동시키는 회로이다.

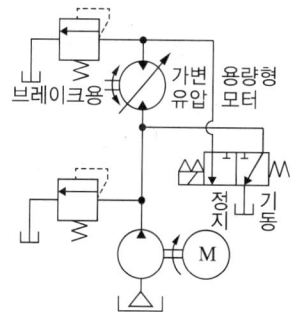

(3) 병렬배치회로

유압모터를 병렬로 배치하여 하나의 유압원에 의하여 조작하는 회로이다. 부하에 차이가 있으면 가벼운 쪽으로 압유가 흐르므로 압력보상 붙이 유량조정밸브가 필요하다.

(4) 직렬배치회로

유압모터를 직렬로 배치하고 두 대 또는 여러 대를 동시에 회전시키는 회로로, 고속·저토크의 부하에 적합하다.

(5) 빗형 배치회로

유압모터를 PR 접속형 전위밸브로 직렬로 접속한 회로로, 단독으로 정회전, 역회전, 정지가 된다.

(6) 브레이크 회로

유압모터의 급정지 또는 회전 방향을 전환할 때 유압펌프에서 유압모터의 압유의 흐름은 닫히는데, 유압모터는 자신의 특성이나 부하의 특성 때문에 그대로 회전을 계속하려 한다. 이때 유압모터가 펌프 역할을 하므로 공기 흡입의 방지 및 브레이크 장치로서의 보상회로가 필요하다. 이때의 회로가 브레이크 회로이다.

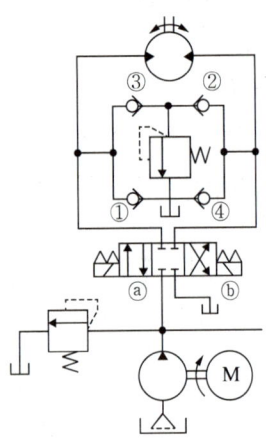

핵심예제

다음과 같은 회로는 어떤 회로인가?

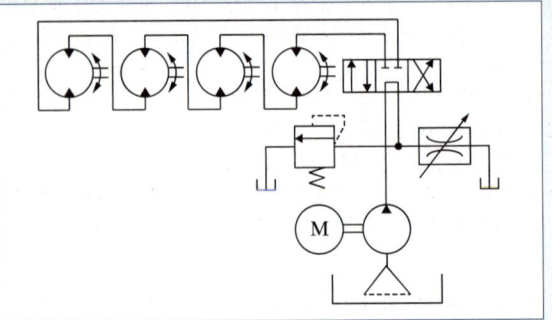

① 정토크 구동회로
② 정마력 구동회로
③ 병렬배치회로
④ 직렬배치회로

|해설|

액추에이터인 유압모터 4개가 직렬 형태로 배치되어 있다.

정답 ④

제3절 시험 운전

3-1. 유압기기의 관리

핵심이론 01 유압회로의 점검

(1) 유압장치의 고장원인

① 부품의 마모는 기능 장애, 작동유의 누설, 부품의 파손을 초래할 수 있다.
② 배관은 내·외부 환경요인에 의하여 막히거나 갈라지거나 구부러질 수 있다.
③ 부정확한 스위칭은 누설에 의한 압력 강하 또는 공급 압력의 맥동현상으로도 일어날 수 있다. 필터가 막혀서 충분한 압력을 공급하지 못할 때에도 부정확한 스위칭이 발생할 수 있다.

(2) 유압장치의 예방방법

① 큰 부하나 측면 부하가 걸리는 곳에서는 적절한 부착·지지 형식을 선택하고, 견고한 실린더를 사용한다.
② 가속력이 큰 경우에는 완충장치(Shock Absorber)를 달아 작동력을 흡수하도록 한다.
③ 신호의 지연을 방지하기 위하여 배관을 가능한 한 짧게 한다.

(3) 유압시스템의 점검

유압시스템 점검은 점검 전, 유압시스템 작동 전, 유압시스템의 정기점검으로 분류할 수 있다.

① 점검 전 준수사항
  ㉠ 압력이 걸려 있는 상태에서는 절대로 부품 및 배관을 풀지 않는다.
  ㉡ 유압 부품은 부하가 제거된 상태, 펌프의 스위치가 Off된 상태, 어큐뮬레이터가 해제된 상태에서 교체가 이루어져야 한다.
  ㉢ 유압유의 보충은 항상 필터를 통하여 주입한다.

② 작동 전 점검사항
  ㉠ 유압 파이프, 호스의 손상 여부를 검사하고 누유 여부를 검사한다.
  ㉡ 필터를 검사하고 오염되었으면 필터를 교체한다. 이때 유압유의 오염도 함께 검사한다.
  ㉢ 유압시스템의 시동 전에 방향제어밸브가 초기 위치에 있는지 검사한다.

③ 유압시스템의 정기 점검항목
  ㉠ 기름탱크의 점검
  - 유면, 유온, 누유 : 매일 점검사항
  - 유압유의 시료검사 : 6개월 또는 1년 단위
  - 유압유의 교환 : 6개월 또는 1년 단위
  ㉡ 필터 점검
  - 오염 정도의 점검 : 매일 점검사항
  - 필터 청소 또는 교환 및 공기필터 청소 : 1~6개월 단위
  ㉢ 구동원 점검
  - 전동기와 펌프 사이의 커플링, 소음 상태 : 6개월~1년 단위
  ㉣ 밸브류 점검
  - 압력 및 유량제어밸브의 점검 : 1개월~1년 단위
  ㉤ 신호요소 점검
  - 압력 스위치의 설정 상태 및 리밋 스위치 위치 : 1개월~1년 단위
  ㉥ 실린더(액추에이터) 점검
  - 실린더·피스톤 로드의 육안 검사 : 1개월~1년 단위

핵심예제

1-1. 유압유의 시료 검사주기로 옳은 것은?
① 매일 검사 ② 주간 단위 검사
③ 월간 단위 검사 ④ 6개월마다 검사

1-2. 유압시스템 작동 전 점검사항으로 옳지 않은 것은?
① 유압 파이프, 호스의 손상 여부를 검사하고, 누유 여부를 검사한다.
② 유압시스템의 시동 전에 방향제어밸브가 초기 위치에 있는지 검사한다.
③ 필터를 검사하고 오염되었으면 필터를 교체한다.
④ 유압 부품의 교체는 부하가 걸린 상태에서 교체가 이루어져야 한다.

|해설|

1-1
유압유의 시료는 6개월 또는 1년 단위로 검사를 한다.

1-2
유압 부품은 부하가 제거된 상태, 펌프의 스위치가 Off된 상태, 어큐뮬레이터가 해제된 상태에서 교체가 이루어져야 한다.

정답 1-1 ④ 1-2 ④

핵심이론 02 | 유압장치의 점검

(1) 유압펌프 유닛을 점검한다
① 무부하 상태에서 청진기를 이용하여 펌프의 맥동 및 이상음을 점검한다.
② 베어링부에 청진기를 사용하여 이상음을 점검한다.
③ 2시간 연속 운전 후 검온기나 씨오라벨을 이용하여 펌프의 이상 발열을 점검한다.
④ 펌프 정지 시 배관 접속부를 청소하면서 배관 접속부의 누유 여부를 촉수 점검한다.
⑤ 펌프와 모터의 레벨 조정 상태를 점검하고, 공통 베이스의 x축 방향으로 y축 방향의 2개소에 레벨계를 설치하여 점검한다.
⑥ 커플링 커버와 체인을 벗겨낸 후 다이얼게이지를 이용하여 펌프와 모터의 축 흔들림을 측정하여 점검한다.

(2) 유압탱크를 점검한다
① 유면계의 파손 여부, 유량 상태를 점검한다.
② 급유필터의 유무를 점검한 후 급유 필터가 있을 때 필터를 벗겨 상태를 점검한다.
③ 청소하면서 캡, 에어 브리더의 상태를 점검한다.
④ 탱크의 상판을 벗겨 장애판의 설치 위치, 높이, 손상 여부를 점검한다.

(3) 유압 액추에이터를 점검한다
① 실린더를 청소하면서 헤드·로드 커버에서의 누유를 촉감 점검한다.
② 청소하면서 볼트를 움직여 실린더의 취부볼트의 더 조임을 점검한다.
③ 피스톤 로드와 가공 접속부의 느슨함 상태를 점검한다.
④ 피스톤을 완전히 전진시킨 후 목시·촉수로 피스톤 로드의 구부러짐·홈·마모·녹을 점검한다.
⑤ 피스톤을 전진·후퇴시키면서 작동 상태를 점검한다.

(4) 압력제어밸브를 점검한다

① 펌프의 가동을 중지한 후 압력계의 접속부 상태, 바늘의 상태, 관리 표시에 대해 점검한다.
② 로크너트를 풀어 압력을 올리고 내리면서 압력계를 보고 점검한다. 점검 후 정규압력으로 조정하여 로크너트를 고정한다.
③ 배관 접속부를 기름걸레로 청소하면서 접속부의 누유 여부를 촉각 점검한다.

(5) 유량제어밸브를 점검한다

① 청진기를 이용하여 이상음을 점검한다.
② 유량 조정 핸들을 회전시켜보면서 점검한다. 점검이 끝나면 규정 유량으로 세팅하여 관리를 위한 매칭 마크를 한다.

(6) 방향제어밸브를 점검한다

① 검온기를 이용하여 온도를 측정하여 이상 발열 상태를 점검한다.
② 청진기를 이용하여 소리를 들어보고 방향제어밸브의 이상음을 점검한다.
③ 매뉴얼로 작동유의 흐름을 전진, 중립, 후퇴 방향으로 각각 바꾸어 보면서 작동 상태를 점검한다.

핵심예제

유압유의 장치 점검 중 압력제어밸브의 점검내용으로 옳지 않은 것은?

① 펌프의 가동을 중지한 후 압력계의 접속부 상태, 바늘의 상태, 관리 표시에 대해 점검한다.
② 로크너트를 풀어 압력을 올리고 내리면서 압력계를 보고 점검한다.
③ 로크너트를 풀어 점검 후 최고 압력으로 조정하여 로크너트를 고정한다.
④ 배관 접속부를 기름걸레로 청소하면서 접속부의 누유 여부를 촉각 점검한다.

|해설|

점검 후 정규 압력으로 조정하여 로크너트를 고정한다.

정답 ③

CHAPTER 03 제어 기초

KEYWORD 시퀀스 제어, 피드백 제어, 전기전자 부품, 전류전압저항 계산, 전달함수, 주파수 응답 개념 등 폭넓게 출제되므로 숙지해 두어야 한다.

제1절 제어의 기초 이론

1-1. 자동제어의 기본 개념

핵심이론 01 | 제어와 자동제어

(1) 자동화 5대 요소
① Sensor
② Processor
③ Actuator
④ Software
⑤ Network

(2) 자동화의 목적
① 생산성 향상
② 원가 절감
③ 이익의 극대화
④ 제품 품질의 균일화

(3) 자동화의 효과
① 생산성 향상
② 품질 향상
③ 인건비 절감
④ 신뢰성 향상
⑤ 설비의 수명 연장
⑥ 유연성 증대

(4) 자동화의 단점
① 시설 투자비 및 운영비로 자동화 비용이 많이 든다.
② 설계, 설치, 운영 및 유지 보수 등에 높은 기술 수준이 요구된다.
③ 한 기계가 범용성을 잃고 전문성을 갖게 되는 것이므로 생산 탄력성이 결여된다.

(5) 제 어
① 어떤 목적에 적합하도록 되어 있는 대상에 필요한 조작을 가하는 것이다.
② 시스템 내의 하나 또는 여러 개의 입력 변수가 약속된 법칙에 의하여 출력 변수에 영향을 미치는 공정이다.
③ 개회로 제어시스템의 특징을 갖는다.
  ※ 개회로 제어시스템을 선택할 경우
   • 외란 변수에 의한 영향이 무시할 수 있을 정도로 작을 때
   • 특징과 영향을 확실히 알고 있는 하나의 외란 변수만 존재할 때
   • 외란 변수의 변화가 아주 작을 때

(6) 자동제어
① 제어하고자 하는 하나의 변수가 계속 측정되어서 다른 변수, 즉 지령치와 비교되며 그 결과가 첫 번째의 변수를 지령치에 맞추도록 수정을 가하는 것이다.
② 폐회로 제어시스템의 특징을 갖는다.
  ※ 폐회로 제어시스템을 선택할 경우
   • 여러 개의 외란 변수가 존재할 때
   • 외란 변수들의 특징과 값이 변화할 때

핵심예제

1-1. 자동제어에 대한 설명으로 옳지 않은 것은?
① 외란에 의한 출력값 변동을 입력 변수로 활용한다.
② 제어하고자 하는 변수가 계속 측정된다.
③ 개회로 제어(Open Loop)시스템을 말한다.
④ 피드백(Feedback) 신호를 필요로 한다.

1-2. 액추에이터(Actuator)가 작동하는 것을 확인하여 제어회로에 피드백(Feedback)하는 회로는?
① 출력회로
② 입력회로
③ 검출회로
④ 제어회로

1-3. 어떤 목적에 적합하도록 되어 있는 대상에 필요한 조작을 가하는 것을 무엇이라 하는가?
① 제 어
② 시스템
③ 자동화
④ 신호 처리

|해설|

1-1
개회로 제어(Open Loop)시스템은 제어에 대한 개념이다.

1-2
검출회로는 되먹임 요소(Feedback Element)에 의해 제어 대상으로부터 나오는 출력을 기준 입력과 비교될 수 있게 해 주는 장치로서, 감지기 등의 측정장치가 이에 해당한다.

정답 1-1 ③ 1-2 ③ 1-3 ①

핵심이론 02 | 제어계의 분류

(1) 제어 정보 표시 형태에 의한 분류

① 아날로그 제어계
 ㉠ 연속적인 물리량으로 표시되며 아날로그 신호로 처리되는 시스템이다.
 ㉡ 온도, 습도, 길이, 조도, 질량 등

② 디지털 제어계
 ㉠ 시간과 정보의 크기를 모두 불연속적으로 표현한 제어이다.
 ㉡ 카운터, 레지스터, 메모리 등의 디지털 신호를 제공하는 기구

③ 2진 제어계
 ㉠ 하나의 제어 변수에 두 가지의 가능한 값, 신호의 유무, On/Off, I/O 등과 같이 2진 신호를 이용해 제어하는 시스템이다.
 ㉡ 실린더의 전진과 후진, 모터의 기동과 정지 등에 이용하며 자동화에 가장 많이 적용된다.

(2) 제어 시점에 의한 분류

① 시한제어 : 제어 순서와 그 제어 명령의 실행시간이 기억되어 있어 제어의 각 동작이 정해진 시간의 경과에 의해 행해지는 제어이다.

② 순서제어 : 단지 제이의 순서만 기억되며 제어의 각 동작은 전 단계의 동작이 완료되었다는 감지장치의 신호에 의해 행해지는 제어로 가장 많이 사용된다.

③ 조건제어 : 순서 제어가 확정된 제어로 검출 결과를 종합하여 제어 명령의 실행을 결정하는 제어이다.

(3) 신호처리 방식에 의한 분류

① 동기제어계 : 실제의 시간과 관계된 신호에 의하여 제어가 이루어진다.

② 비동기제어계 : 시간과 관계없이 입력신호의 변화에 의해서만 제어가 행해진다.

③ 논리제어계 : 입력조건이 만족되면 출력이 되는 시스템이다.
④ 시퀀스 제어계 : 제어프로그램에 의해 미리 결정된 순서대로 제어신호가 출력되어 순차적인 제어를 행하는 시스템으로, 메모리 기능이 없고 여러 개의 입출력 사용 시 불 대수를 이용한다.
　㉠ 시간 종속 시퀀스 제어계 : 순차적인 제어가 시간의 변화에 따라서 행해지는 제어시스템이다(프로그램 벨트, 캠축을 모터로 회전 등).
　㉡ 위치 종속 시퀀스 제어계 : 순차적인 작업이 전 단계 작업의 완료 여부를 확인하여 수행하는 제어시스템이다.

(4) 제어 대상이 되는 제어량의 종류에 의한 분류

① 프로세스 제어 : 원료에 물리적·화학적 처리를 가하여 제품을 만들어 내는 과정(온도·압력·유량·액위·조성·점도 등 프로세스량을 제어)으로서, 철강업·화학공장·발전소와 같은 제조 공정용 플랜트에 활용된다.
② 서보기구제어 : 물체의 위치, 방위, 자세의 기계적 변위를 제어량으로 해서 목표값의 임의 변화에 추종하도록 구성된 제어계이다. 공작기계, 선박의 방향제어, 산업용 로봇, 비행기, 미사일 제어, 추적용 레이더 등이 이에 속한다.
③ 자동조정 : 전압, 전류, 주파수, 회전속도 등 전기적 또는 기계적인 양을 제어하는 것으로서, 응답속도가 매우 빨라야 한다. 정전압 장치 발전기의 조속기 등이 이에 속한다.

(5) 제어과정에 따른 분류

① 파일럿 제어 : 입력조건이 만족되면 출력신호가 발생되는 형태(입력과 출력이 1 : 1 대응관계)이다. 메모리 기능은 없고, 불(Boolean) 논리 방정식을 이용한다.

② 메모리 제어 : 입력신호가 없어져도 그때의 출력 상태를 유지하는 제어방법이다.
③ 시간에 따른 제어 : 제어가 시간의 변화에 따라서 이루어지는 형태로, 전 단계와 다음 단계의 작업 사이에는 상관이 없다.
④ 조합제어 : 목표치가 캠축, 프로그램 벨트, 프로그래머 등에 의하여 주어지나 그에 상응하는 출력변수는 제어계의 작동요소에 의하여 영향을 받는다.
⑤ 시퀀스 제어 : 전 단계의 작업 완료 여부를 리밋 스위치나 센서를 이용하여 확인한 후 다음 단계의 작업을 수행하는 것이다.

(6) 제어계의 종류

① 개루프 제어시스템
　㉠ 가장 간단한 장치이다.
　㉡ 제어 동작이 출력과 관계없이 신호의 통로가 열려 있는 제어이다.

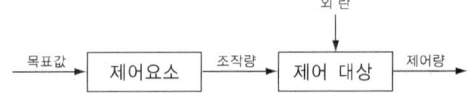

② 폐루프(피드백) 제어시스템
　㉠ 출력값을 피드백시켜 목표값과 비교한다.
　㉡ 개루프 제어에 비하여 정확성이 증가한다.
　㉢ 시스템이 특성 변화에 대한 입력 대 출력비의 감도가 감소한다.

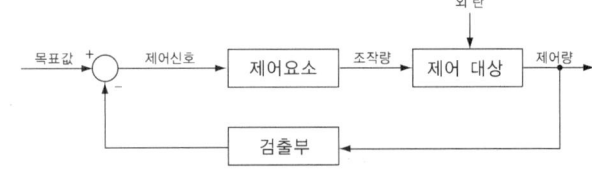

핵심예제

2-1. 메모리 기능이 없고, 여러 입출력 요소가 있을 때는 논리적인 해결을 위해 불 대수가 이용되므로 논리제어라고도 하는 것은?

① 조합제어 ② 파일럿 제어
③ 시퀀스 제어 ④ 메모리 제어

2-2. 서보기구의 제어량은?

① 위치, 방향, 자세 ② 온도, 유량, 압력
③ 조성, 품질, 효율 ④ 각도, 농도, 속도

2-3. 요구되는 입력조건이 충족되면 그에 상응하는 출력신호가 나타나는 제어는?

① 동기제어 ② 논리제어
③ 비동기제어 ④ 시퀀스 제어

|해설|

2-1
입력과 출력이 1:1 대응관계에 있는 파일럿 제어에 대한 설명이다.

2-2
서보기구제어는 물체의 위치, 방위, 자세의 기계적 변위를 제어량으로 해서 목표값의 임의 변화에 추종하도록 구성된 제어계이다.

2-3
① 동기제어 : 실제의 시간과 관계된 신호에 의하여 제어가 이루어지는 제어시스템이다.
③ 비동기제어 : 시간과 관계없이 입력신호의 변화에 의해서만 제어가 행해지는 제어시스템이다.
④ 시퀀스 제어 : 제이프로그램에 의해 미리 결정된 순서대로 제어신호가 출력되어 순차적인 제어를 행하는 제어시스템이다.

정답 2-1 ② 2-2 ① 2-3 ②

핵심이론 03 | 시퀀스 제어

(1) 시퀀스 제어계의 구성

명령 처리부, 조작부, 제어 대상, 표시 경보부, 검출부 등으로 구성되어 있으며, 블록은 시퀀스 제어계의 각 구성 요소를 표시하고 화살표는 진행 방향을 나타낸다.

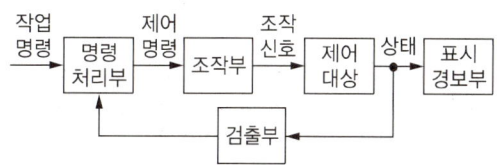

① 작업 명령 : 제어계의 외부에서 주어지는 명령신호이다.
② 명령 처리부 : 작업 명령, 검출신호 등을 이용하여 제어 명령을 발생시키는 부분이다.
③ 제어 명령 : 제어 대상을 제어하기 위한 신호이다.
④ 조작부 : 제어 명령을 제어 대상의 신호 체제에 맞게 조정한다.
⑤ 조작신호 : 제어 대상을 조작하는 신호이다.
⑥ 제어 대상 : 제어 대상의 현재 상태를 나타내거나 경보신호를 발생한다.
⑦ 표시 경보부 : 제어 대상의 현재 상태를 나타내거나 경보신호를 발생한다.
⑧ 검출부 : 제어량이 현재 상태를 나타내는 신호를 발생한다.
⑨ 검출신호 : 검출부에서 명령 처리부로 보내는 신호이다.

(2) 시퀀스 제어의 요소

① 입력기구 : 수동 스위치, 검출 스위치 및 센서
② 출력기구 : 전자 개폐기(MC), 전자 밸브(SV), 솔레노이드(Sol), 표시 램프, 경보기(부저, 벨)
③ 보조기구 : 보조 릴레이, 논리 소자, 타이머 소자, 입출력 소자, PLC 장치 등
④ 접점기구 : 회로를 개폐하여 시퀀스 회로의 상태를 결정하는 기구

핵심예제

3-1. 미리 정해 놓은 순서에 따라 제어의 각 단계를 차례차례 진행시키는 제어는?
① 피드백 제어
② 추종 제어
③ 최적 제어
④ 시퀀스 제어

3-2. 전 단계 작업의 완료 여부를 리밋 스위치 또는 센서를 이용하여 확인한 후 다음 단계의 작업을 수행하는 것으로서 공장 자동화에 가장 많이 이용되는 제어방법은?
① 메모리 제어
② 시퀀스 제어
③ 파일럿 제어
④ 시간에 따른 제어

3-3. 개회로 제어에 대한 설명으로 옳은 것은?
① 오차를 자동적으로 대처해 나간다.
② 오차에 적절히 대처하는 능력이 있다.
③ 피드백 신호를 통해 목표값에 도달한다.
④ 외란에 의해서 발생되는 오차에 대한 대처 능력이 없다.

|해설|

3-1
① 피드백 제어 : 출력신호의 일부가 시스템에 보내어져 오차를 수정하는 제어
② 추종제어 : 임의 시간적 변화를 하는 목표값에 제어량을 변화시키는 것을 목적으로 하는 제어
③ 최적제어 : 제어 대상 상태를 자동적으로 필요한 최적 상태에 이르도록 하는 제어

3-2
시퀀스 제어는 순서대로 제어신호가 출력되어 순차적인 제어를 행한다.

정답 3-1 ④ 3-2 ② 3-3 ④

핵심이론 04 | 되먹임 제어

(1) 되먹임 제어계의 구성

되먹임 제어계(Feedback Control System)는 제어량을 발생시키는 제어 대상과 동작 신호를 제어 대상의 조작량으로 바꾸어 주는 제어요소와 목표값과 출력값을 비교하는 조절부 등으로 구성되어 있다.

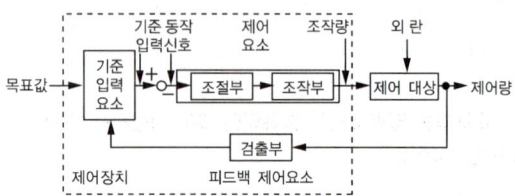

① 목표값 : 외부에서 제어계에 주어지는 값이다(제어계의 출력이 목표값과 같아지도록 제어하는 것이 목적).
② 기준 입력요소 : 목표값에 비례하는 기준 입력신호를 발생하도록 하는 기준 입력요소가 필요하다(전압, 전류 등의 전기적인 값).
③ 기준 입력 : 기준 입력요소의 출력으로서 실제 되먹임 제어계에 입력이며, 목표값과 비교될 수 있는 전압이나 전류량으로 나온다.
④ 비교부 : 기준 입력과 주되먹임 신호의 차이를 구해 주는 장치이다.
⑤ 주되먹임량 : 제어량(출력)을 기준 입력과 비교할 수 있게 되먹임 요소를 이용해 변환한 신호이다.
⑥ 동작신호 : 기준 입력과 주되먹임 신호의 차에 해당하는 값으로, 제어오차라고도 한다. 제어오차가 0이 될 때까지 제어를 행한다.
⑦ 제어요소 : 동작신호를 조작량으로 변환하는 요소로서, 조절부(제어기)와 조작부(구동기)로 나뉜다. 전동기 속도제어시스템의 서보증폭기가 이에 해당한다.
⑧ 조작량 : 제어 대상을 직접 구동할 수 있는 양으로 제어요소에서 받는다.
⑨ 제어 대상 : 제어량을 발생시키는 장치로서, 제어계에서 직접 제어를 받는 장치이다.

⑩ 외란 : 목표값과 다르게 제어량을 변화시키는 요소로서 외부로부터 주어지는 바람직하지 않은 신호이다.
⑪ 제어량 : 제어 대상의 출력으로, 제어계의 목적은 제어량이 목표값과 같아지게 하는 것이다.
⑫ 되먹임 요소 : 제어 대상으로부터 나오는 출력을 기준입력과 비교될 수 있게 해 주는 장치로서, 감지기 등의 측정장치가 이에 해당한다.

(2) 되먹임 제어의 특징
① 정확성이 증가한다.
② 계의 특성 변화에 대한 입력 대 출력비의 강도가 감소한다.
③ 비선형과 외형에 대한 효과가 감소한다.
④ 대역폭이 증가한다.
⑤ 구조가 복잡하고, 설치비가 비싸다.

핵심예제

4-1. 어떤 시스템에서 목표값과 비교할 수 있는 장치가 있어 외부 조건 변화에 수정 동작을 할 수 있는 제어계는?
① 폐회로 제어계
② 개회로 제어계
③ 시퀀스 제어계
④ 정성적 제어계

4-2. 되먹임 제어계(Feedback Control System)의 특징이 아닌 것은?
① 전체 제어계는 항상 안정하다.
② 목표값에 정확히 도달할 수 있다.
③ 제어계의 특성을 향상시킬 수 있다.
④ 외부 조건 변화에 대한 영향을 줄일 수 있다.

|해설|
4-1
폐회로 제어계는 출력의 일부를 입력 방향으로 피드백시켜 목표값과 비교되도록 폐루프를 형성하는 제어시스템으로 피드백 제어시스템이라고도 한다.

정답 4-1 ① 4-2 ①

핵심이론 05 | PLC와 릴레이의 비교

(1) PLC의 특징
① 소프트웨어에 의해 제어되는 소프트 로직이다.
② 제어기능이 고기능, 대규모의 제어를 소형으로 실현한다.
③ 무접점(고신뢰성, 긴 수명, 고속 제어)이다.
④ 프로그램 변경만으로 내용 변경이 가능하다.
⑤ 기계적인 접촉이 없어 신뢰성이 높다.
⑥ 스템의 확장이 용이하고, 시스템이 소형이다.

(2) 릴레이의 특징
① 부품 간의 배선에 의한 하드 로직이다.
② 유접점(한정된 수명, 저속제어)이다.
③ 부품 간의 배선 변경으로 내용 변경이 가능하다.
④ 보수 및 수리 공사 시 장기간 소요된다.
⑤ 접촉 불량으로 신뢰성이 낮다.
⑥ 소형화가 곤란하다.

(3) PLC에서 반도체 소자를 사용하는 이유
① 처리속도가 빠르다.
② 양산성이 높아 가격이 싸다.
③ 소형화할 수 있다.
④ 기억장치와 외부 회로의 호환성이 높다.

(4) 주기억장치(Memory의 종류)
① ROM(Read Only Memory)
　㉠ 읽기 전용의 기억장치이다.
　㉡ 비휘발성 메모리이다.
　㉢ 저장되는 내용[BIOS, Font, 자가 진단 프로그램(POST) 등]
　㉣ Firmware라고도 한다.

ⓓ 종 류
- Mask ROM : 제조회사에서 내용이 미리 기록되어 나온다.
- PROM(Programmable Rom) : 사용자가 1회에 한하여 기록 가능하다.
- EPROM(Erasable PROM) : 자외선을 이용해 여러 번 지우고 기록할 수 있다.
- EEPROM(Electrically EPROM) : 전기를 이용해 여러 번 지우고 기록할 수 있다.

② RAM(Random Access Memory)
ⓐ 자료의 읽고 쓰기가 자유롭다.
ⓑ 휘발성 메모리이다.
ⓒ 주기억 장치 = 램(RAM)
ⓓ 주소 개념을 사용한다.
ⓔ 종 류
- DRAM(동적 램) : Refresh(재충전)가 필요하며, SRAM에 비해 느리다. 주로 주기억장치로 사용된다.
- DRAM 개발 순서 : FPMRAM → EDORAM → SDRAM → DRDRAM
- SRAM(정적 램) : Refresh가 필요 없으며, DRAM보다 빠르다. 캐시 메모리로 사용된다.

| 핵심예제 |

휘발성 메모리의 일종으로 데이터 보존을 위한 리프레시(Refresh) 신호가 계속 공급되어야 하는 것은?
① ROM
② DRAM
③ SRAM
④ EPROM

|해설|
DRAM(동적 램)은 Refresh(재충전)가 필요하며, SRAM에 비해 느리고, 주로 주기억장치로 사용된다.

정답 ②

핵심이론 06 입출력부 및 프로그래밍

(1) 입력부 : 카드나 모듈 형태로 구성되어 있다.
① 외부 입력 기기 : 제어시스템의 신호를 CPU에 제공한다.
② I/O 모듈 단자 : 외부 기기와 PLC 제어시스템 사이를 연결한다.
③ 입력신호 변화 : 외부 기기의 신호를 PLC의 CPU에 맞는 낮은 전위값으로 변환한다.
④ 모듈 상태 표시 회로 : 입력 모듈의 기능 상태를 가시적으로 표시하는 회로이다.
⑤ 전기적 절연회로 : 외부 신호와 CPU 간의 전기적 절연을 시킨다.
  ※ 절연방법은 빛(옵토-절연), 트랜스포머, 리드 릴레이에 의한 방법 등으로 구성할 수 있다.
⑥ 인터페이스 / 멀티플렉스 회로 : 입력기기의 상태를 CPU에 전달해 주는 장치이다.

(2) 출력부
내부 연산 결과를 외부 출력 기기에 맞는 신호로 변환하여 출력시키는 신호 부분이다[릴레이 출력, 트랜지스터 출력, SSR(Solid State Relay) 출력 등]. 출력 모듈로는 아날로그 출력(D/A) 모듈, 위치 결정 모듈 등이 있다.
① 인터페이스 멀티플렉스 회로 : CPU에서 나오는 신호를 받아 해석하여 출력점에 할당한다.
② 래치회로 : 인터페이스 / 멀티플렉스 회로로부터 신호를 받아들여 다음 단계가 수행될 때까지 신호를 저장한다.
③ 출력신호 변환회로 : 절연회로에서 나오는 신호를 이용하여 외부 기기를 동작시킬 수 있는 전륫값으로 변환하는 역할을 한다.
  ※ 출력부의 출력신호변환기로 파워 트랜지스터, 트라이액 등을 사용한다.

(3) 프로그래밍

① 래더 다이어그램(Ladder Diagram) 방식
  ㉠ a접점, b접점, 릴레이 등의 래더기호를 사용하여 회로도를 그려 작성하는 방식이다(회로도 자체가 명령어가 된다).
  ㉡ 시퀀스 전개 접속도와 비슷한 구조를 가지고 있다.
  ㉢ 구성방법은 래더 다이어그램 방식의 프로그래밍 장치의 각종 기호 및 직렬(AND), 병렬(OR), 부정(NOT) 접속방법을 이용하여 작성한다.

② 니모닉(Mnemonic) 방식
  ㉠ 릴레이의 접속 상태나 접점 등을 약식의 언어를 사용하여 나타낸 것이다(타이머, 카운터, 시프트 레지스터, 사칙연산, 비교 등 각종 응용 명령어가 독자적으로 사용).
  ㉡ 제어내용을 논리에 치중한 명령어로 표시하기 위하여 명령어의 순서 자체가 PLC에 대한 처리 순서를 표시하는 형태로 되어 있다.

③ 논리도 방식 : 논리기호를 사용하여 프로그램을 구성하는 방식으로, 기명식(사각형 박스 내에 AND, OR, NOT 등의 명령을 기입하여 구성하는 방식)과 MIL방식(시퀀스 모듈에서 사용되고 있는 논리도)를 모두 사용한다.

④ 불 대수식 방식 : 수학적인 표현인 불 대수식 기호를 명령어로 구성하여 프로그램하는 방식으로 직렬(논리합,+), 병렬(논리곱,·), 출력(=), 부정(−)의 기호를 사용하여 구성한다.

⑤ 프로차트 방식 : 제어내용의 동작을 흐름으로 구성하여 작성하는 방식으로, 세부적인 동작 상황보다는 전체적인 흐름의 알고리즘 작성에 적합한 방식이다.

(4) 프로그램의 구성과 처리방법

① 사이클릭 처리 방식
  시퀀스 프로그램을 실행할 때에는 프로그램 맨 앞부터 어드레스의 순번에 따라 행하고 최후의 명령을 실행하면 다시 선두 스텝으로 되돌아가 몇 번이고 반복하여 실행하는 것이다.
  ※ 스캔(사이클) 타임 : 사이클릭 처리 중 1사이클을 실행하는 데 소요되는 시간
  스캔 타임 = 스텝 수 × 처리속도

② 인터럽터 우선처리 : 어느 특정의 입력이 들어갔을 때 즉시 응답이 되는 제어 동작을 요구하는 경우에 사용하는 방식이다.

③ 병행처리 방식 : 상호 간에 관련이 작은 복수의 제어 동작을 동시에 처리하는 방식이다.

(5) 카운터

카운터는 입상펄스가 입력될 때마다 현재치를 가산·감산해서 설정값을 만족하면 출력을 On한다. 카운터를 리셋하기 위해서는 리셋 입력을 On하여야 한다.

(6) 코딩(Coding)

프로그램이 완성되면 어느 프로그램을 메모리의 어느 어드레스에 기억시키는지를 알 수 있도록 프로그램을 PLC의 메모리에 저장하는 것이다.

(7) 로딩(Loading)

주변용 장치를 사용하여 프로그램을 메모리에 기억시키는 것이다.

(8) 스캐닝

입력신호가 만족되면 해당 출력신호를 발생하기 위해 연속적으로 프로그램을 진행하는 과정이다.

(9) 디버깅

PLC를 이용하여 시스템을 제어하는 과정에서 프로그램 에러를 찾아내어 수정하는 작업이다.

핵심예제

6-1. PLC 프로그램의 최초 단계인 0 스텝에서 최후 스텝까지 걸리는 시간을 스캔 타임이라 한다. 6[μs]의 처리 속도를 가진 PLC가 1,000스텝을 처리하는 데 걸리는 스캔 타임은?

① 6×10^{-3}[s]　　② 6×10^{-4}[s]
③ 6×10^{-5}[s]　　④ 6×10^{-6}[s]

6-2. PLC 설치 시 전기적 잡음의 대책으로 접지를 할 때의 방법으로 옳은 것은?

① PLC를 접지하지 않을 때는 제어반 접지는 확실하게 해야 한다.
② 접지점은 될 수 있는 대로 PLC 본체와 멀리 설정해야 한다.
③ 접지용 전선은 2[mm^2] 이하의 선을 사용한다.
④ 전용 접지를 할 수 없는 경우에는 공통 접지를 사용할 수 없다.

6-3. 다음 중 PLC의 출력 인터페이스에 사용할 수 없는 것은?

① 램프
② 릴레이
③ 리밋 스위치
④ 솔레노이드 밸브

|해설|

6-1
스캔 타임 = 스텝 수 × 처리속도
　　　　= $6 \times 10^{-6} \times 1,000$
　　　　= 6×10^{-3}

6-2
PLC 접지는 가능하면 전용 접지를 하고, 전용 접지가 곤란하면 공통 접지를 하여야 한다. 접지 전선은 1.25[mm^2] 이상의 것을 사용하고 제3종 접지(접지저항값은 100[Ω] 이하)로 하여야 한다.

6-3
리밋 스위치는 입력요소이다.

정답 6-1 ① 6-2 ① 6-3 ③

핵심이론 07 | 제어신호의 요소

(1) 전자계전기(Electro Maganetic Relay) : 릴레이

① 전기적 입력 유무 또는 대소 등의 형태를 식별하여 다른 전기회로를 열고 닫는 제어를 하는 기기이다.
② 철심에 감겨진 코일에 전류가 흐르면 전자력에 의해 접점을 개폐하는 기능을 가지며 한시형 계전기와 플런저형 계전기로 구분한다.
③ 전자계전기의 기능 : 증폭기능, 변환기능, 전달기능, 연산기능, 조정 및 경보기능, 다회로 동시 제어기능 등

(2) 전자계폐기(Electromaganetic Contact)

① 전자계전기의 동작원리와 동일하다(전자석에 의한 흡인력을 이용하여 접촉부를 동작시키며, 주로 주회로 전류와 같이 대전류의 개폐나 전동기의 빈번한 시동, 정지, 제어 등에 사용).
② 전자식에 의해 접점을 개폐하는 전자접촉기와 부하의 과전류에 의해 동작하는 과부하 계전기가 조합되어 철재 상자 안에 넣은 것으로 외부의 조작 스위치에 의해 동작하는 개폐기이다.

(3) 한시계전기(Timer)

전기적 또는 기계적 입력을 부여하면 정해진 시한이 경과한 후에 그 접점이 폐로 또는 개로하는 것이다(모터식 타이머, 전자식 타이머, 공기식 타이머, 오일식 타이머, 전자 IC 타이머 등).

종 류	a접점	b접점
한시 동작 타이머 (On Delay Timer)	─○△○─	─○△○─
한시 복귀 타이머 (Off Delay Timer)	─○▽○─	─○▽○─

(4) 서멀 릴레이(THR ; THermal Relay)

① 열동계전기 또는 과부하 계전기라고도 하며, 주로 과부하 보호에 사용한다.
② 정격 전류 이상의 전류(과부하 전류)가 흐르면 내부에서 발생된 열에 의해 바이메탈이 동작하며 접점이 차단되고 전자접촉기의 회로를 차단하여 부하와 전선의 과열을 방지하는 데 사용한다.

(5) 카운터(Counter)

① 입력신호의 여부에 따라 수를 계수하는 기기로 공작기계나 자동화기기 등의 일감의 생산 수량 및 기계의 동작 횟수를 계수하는 데 사용한다.
② 작동원리에 따라 전자식과 프리셋식이 있다.

(6) 불 대수 법칙

논리식	접점 회로(좌편)	접점 회로(우변)
$A+B=B+A$		
$A \cdot B = B \cdot A$		
$(A+B)+C$ $=A+(B+C)$		
$A+A=A$		
$A \cdot A = A$		
$A+\overline{A}=1$		
$A+0=\overline{A}$		
$A \cdot 1 = A$		
$A+1=1$		
$A \cdot 0 = 0$		
$A+A \cdot B = A$		
$A \cdot (A+B) = A$		

핵심예제

7-1. 다음 논리식 중 틀린 것은?
① $A \cdot 0 = 0$
② $A \cdot \overline{A} = 0$
③ $A + 1 = 1$
④ $A + \overline{A} = 0$

7-2. 논리방정식 $X + XY$를 간략하게 하면 어떠한 논리로 대체할 수 있는가?
① 0
② 1
③ X
④ Y

7-3. 흐르는 전류를 검출하여 전동기를 보호하는 것은?
① 전자릴레이
② 전자개폐기
③ 과부하 계전기
④ 누전차단기

|해설|

7-1
$A + \overline{A} = 1$

7-2
흡수법칙 : $A + A \cdot B = A$에서 $X + X \cdot Y = X(1+Y) = X \cdot 1 = X$

7-3
과부하 계전기는 서멀 릴레이(THR), 열동계전기라고도 하며, 정격 전류 이상의 전류(과부하 전류)가 흐르면 내부에서 발생된 열에 의해 바이메탈이 동작하며 접점이 차단된다.

정답 7-1 ④ 7-2 ③ 7-3 ③

1-2. 제어계의 전달함수

핵심이론 01 | 라플라스 변환(Laplace Transform)

(1) 라플라스 함수

어느 시간 t에 대한 함수 $f(t)$가 주어졌을 때 $f(t)$에 감쇠함수 e^{-st}를 곱하고, 이를 시간에 대해서 0에서부터 ∞까지 적분하면 그 결과를 $f(t)$의 라플라스 변환이라고 한다. 시간함수 $f(t)\, t \geq 0$에서 정의한 시간함수 $f(t)$에 관한 적분을 라플라스 함수라 한다. 즉,

$$f(t) = e^{-3t}\, F(s) = \int_0^\infty f(t)e^{-st}dt$$

(2) 라플라스 변환식

복소수 s의 함수 $F(s)$를 시간 t의 함수 $f(t)$의 라플라스 변환식이라 한다.

함수명	$f(t)$	$F(s)$
단위 임펄스 함수	$\delta(t)$	1
단위 계단함수	$u(t)$	$\dfrac{1}{s}$
단위 램프함수	t	$\dfrac{1}{s^2}$
포물선 함수	t^2	$\dfrac{2}{s^3}$
n차 램프함수	t^n	$\dfrac{n!}{s^{n+1}}$
지수감쇠함수	e^{-at}	$\dfrac{1}{s+a}$
지수감쇠램프함수	te^{-at}	$\dfrac{1}{(s+a)^2}$
정현파 함수	$\sin\omega t$	$\dfrac{\omega}{s^2+\omega^2}$
여현파 함수	$\cos\omega t$	$\dfrac{s}{s^2+\omega^2}$

(3) 라플라스 역변환

$F(s)$로부터 $f(t)$를 구하는 것으로,
$\mathcal{L}^{-1}\{F(s)\} = f(t)$

핵심예제

1-1. $f(t) = e^{-3t}$를 라플라스 변환식으로 나타내면?

① $s+3$ ② $s-3$
③ $\dfrac{1}{s+3}$ ④ $\dfrac{1}{s-3}$

1-2. 함수 $f(t)$의 라플라스 변환식은?

① $\displaystyle\int_\infty^\infty f(t)e^{-st}dt$ ② $\displaystyle\int_0^\infty f(t)e^{-st}dt$
③ $\displaystyle\int_0^\infty f(t)e^{st}dt$ ④ $\displaystyle\int_\infty^\infty f(t)e^{st}dt$

|해설|

1-1
$$F(s) = \int_0^\infty e^{-3t}e^{-st}dt = \int_0^\infty e^{-(s+3)t}dt$$
$$= -\frac{1}{s+3}e^{-(s+3)t}\Big|_0^\infty = \frac{1}{s+3}$$

정답 1-1 ③   1-2 ②

핵심이론 02 | 전달함수(Transfer Function)

(1) 전달함수의 정의

제어계(요소)의 입력 변수와 출력 변수의 관계를 수식적으로 표현한 것으로, 라플라스 변환에 의해서 정의된다. 입력신호 $r(t)$, 출력신호 $c(t)$의 초깃값을 0으로 하여 라플라스 변환을 $R(s)$, $C(s)$로 하고, 입출력신호의 비 $G(s)$를 전달함수라 한다.

$$G(s) = \frac{C(s)}{R(s)} = \frac{\text{출력의 라플라스 변환}}{\text{입력의 라플라스 변환}}$$

입력 $\dfrac{r(t)}{R(s)}$ → [전달함수] → $\dfrac{c(t)}{C(s)}$ 출력

(2) 전달함수의 성질

① 전달함수는 선형 제어계에서만 정의된다.
② 전달함수는 임펄스 응답의 라플라스 변환으로 정의되며, 제어계의 입력 및 출력함수의 라플라스 변환에 대한 비가 된다.
③ 전달함수를 구할 때 제어계의 모든 초기조건을 0으로 하므로 정상 상태의 주파수 응답을 나타내며 과도 응답 특성은 알 수 없다.
④ 전달함수는 제어계의 입력과는 관계없다.

(3) 제어계 요소의 전달함수

① 비례요소 : 지렛대에서 왼쪽을 x만큼 입력의 변화를 주면 오른쪽에서는 y만큼의 출력 변위가 발생되며 관계식은

$$y(t) = \frac{l_1}{l_2}x(t) = Kx(t)$$

전달함수는 위 식을 라플라스 변환하여 $\dfrac{\text{출력}}{\text{입력}}$으로 나타내면,

$$Y(s) = KX(s), \quad G(s) = \frac{Y(s)}{X(s)} = \frac{KX(s)}{X(s)} = K$$

② 미분요소 : 태코 발전기 회전자의 각속도를 ω, 각 변위를 θ, 출력 전압을 e, 비례상수를 K라고 하면 각 변위의 변화량에 따른 출력 전압은

$$\omega = \frac{d\theta(t)}{dt}, \quad e = K \cdot \omega = K\frac{d\theta(t)}{dt}$$

전달함수는 위 식을 라플라스 변환하여 $\dfrac{\text{전압}}{\text{변위}}$으로 나타내면,

$$E(s) = K \cdot s\theta(s),$$
$$G(s) = \frac{E(s)}{\theta(s)} = \frac{K \cdot s\theta(s)}{\theta(s)} = Ks$$

③ 적분요소 : 물탱크의 물의 유입량을 $q[\text{m}^3/\text{s}]$, 물의 양을 $V[\text{m}^3]$, 물통의 밑면적을 $A[\text{m}^2]$, 수위를 $h[\text{m}]$라고 하면 물의 유입량에 따른 수위 관계식은

$$V(t) = \int q(t)dt, \quad h(t) = \frac{V(t)}{A} = \frac{1}{A}\int q(t)dt$$

전달함수는 라플라스 변환하여 나타내면,

$$H(s) = \frac{1}{As}q(s)$$

$$G(s) = \frac{h(t)}{Q(t)} = \frac{\frac{1}{As}Q(s)}{Q(s)} = \frac{1}{As}$$

④ 1차 지연요소

$$H(s) = \frac{K_2}{s + K_1K_2}Q(s)$$

$$G(s) = \frac{H(s)}{Q(s)} = \frac{K_2}{s + K_1K_2}$$

여기서, $K = \dfrac{1}{K_1}$, $T = \dfrac{K_2}{K_1K_2}$로 놓으면

$$G(s) = \frac{K}{1 + Ts}$$

핵심예제

2-1. 전달함수의 정의로 옳은 것은?
① 입력만을 고려한다.
② 출력만을 고려한다.
③ 모든 초깃값을 0으로 한다.
④ 주파수 특성만을 고려한다.

2-2. 제어계에서 입력이 $x(t)$, 출력이 $y(t)$일 경우 이 제어계의 전달함수는?
① $G(t) = \dfrac{Y(t)}{X(t)}$
② $G(t) = \dfrac{X(t)}{Y(t)}$
③ $G(t) = \dfrac{1}{X(t)\,Y(t)}$
④ $G(t) = X(t) \cdot Y(t)$

2-3. 전달함수에 대한 설명으로 옳지 않은 것은?
① 비례요소의 전달함수는 K이다.
② 미분요소의 전달함수는 Ks이다.
③ 적분요소의 전달함수는 $\dfrac{1}{As}$이다.
④ 1차 지연요소의 전달함수는 $\dfrac{T}{Ks+1}$이다.

|해설|

2-1
전달함수 : 입력신호 $r(t)$, 출력신호 $c(t)$의 초깃값을 0으로 하여 라플라스 변환을 $R(s)$, $C(s)$로 하고, 입출력신호의 비 $G(s)$를 전달함수라 한다.

2-2
제어계의 입력신호와 출력신호의 라플라스 변환비를 전달함수라 한다.
전달함수 $G(t) = \dfrac{Y(t)}{X(t)}$

2-3
1차 지연요소의 전달함수는 $\dfrac{K}{Ts+1}$이다.

정답 2-1 ③ 2-2 ① 2-3 ④

핵심이론 03 | 블록선도(Block Function)

(1) 블록선도

자동제어계 중에 포함되어 있는 각 요소의 신호가 어떠한 모양으로 전달되는가를 블록으로 표시하고, 신호 흐름을 선으로 표시한 선도이다.

① 장점 : 시스템의 구성과 동작 및 특성을 쉽게 이해할 수 있다.
② 단점 : 전달요소가 어떠한 물리적 구성을 하고 있는지 파악할 수 없다.

(2) 블록선도의 구성요소

① 블록선도 : 입출력 간의 전달특성을 표시하는 신호 전달요소를 사각형 블록으로 나타낸 것으로, 입출력을 표시하는 화살표의 선을 갖는다.
② 가합점(가산점) : 신호의 보호에 따라서 가산을 행한다. 신호의 차원은 일치하지 않으면 안 된다.
③ 인출점 : 하나의 신호를 둘 이상의 계통으로 신호의 분기를 나타낸다.

블록선도	입 력 → G → 출 력
가합점	A →(+) → A−B, B →(−)
인출점	A → • → A, → A

(3) 블록선도의 등가변환

① 직렬 결합

기본선도	등가 변환
$R(s) \to \boxed{G_1(s)} \xrightarrow{B(s)} \boxed{G_2(s)} \to C(s)$	$R(s) \to \boxed{G_1(s) \cdot G_2(s)} \to C(s)$

$$C(s) = (G_1(s) \cdot G_2(s)) \cdot R(s)$$

② 병렬 결합

기본선도	등가 변환
$R(s) \to \boxed{G_1(s)+G_2(s)} \to C(s)$	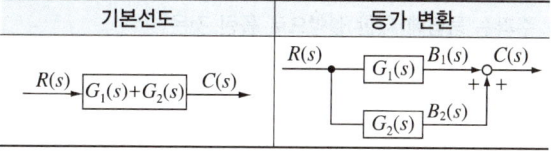

$$C(s) = (G_1(s) + G_2(s)) \cdot R(s)$$

③ 피드백 결합

기본선도	등가 변환
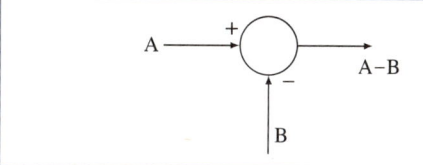	$R(s) \to \boxed{1+G(s)H(s)} \to C(s)$

$$G_f(s) = \frac{G(s)}{1 + G(s)H(s)}$$

핵심예제

3-1. 다음 기호의 설명으로 옳은 것은?

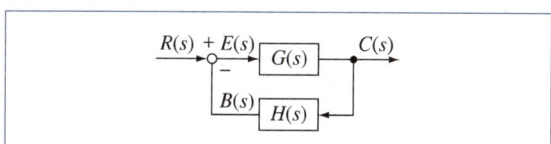

① 인출점 ② 출력점
③ 가산점 ④ 전달요소

3-2. 다음 블록선도에서 전체 폐루프 전달함수를 구하면?

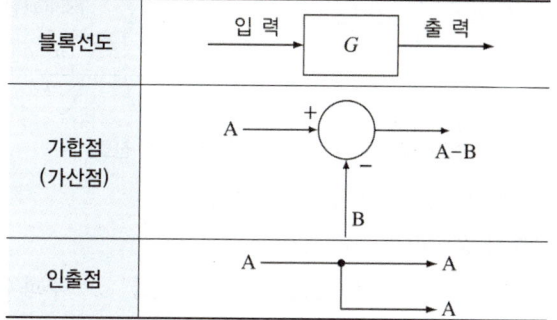

① $\dfrac{G(s)}{1+G(s)H(s)}$ ② $\dfrac{G(s)}{1-G(s)H(s)}$

③ $\dfrac{1+G(s)H(s)}{G(s)}$ ④ $G(s)[R(s)-H(s)]$

3-3. 제어계에서 입력이 $V_i(s)$, 출력이 $V_o(s)$일 경우 전달함수는?

① $V_i(s)\,V_o(s)$ ② $\dfrac{V_i(s)}{V_o(s)}$

③ $\dfrac{V_o(s)}{V_i(s)}$ ④ $\dfrac{1}{V_i(s)\,V_o(s)}$

|해설|

3-1

블록선도	입력 → G → 출력
가합점 (가산점)	$A \xrightarrow{+} \bigcirc \xrightarrow{} A-B$, $B \xrightarrow{-}$
인출점	$A \to \bullet \to A$, $\to A$

3-2

$[R(s) - C(s)H(s)]G(s) = C(s)$
$R(s)G(s) = C(s) + C(s)G(s)H(s)$
$\qquad = [1+G(s)H(s)]$
$\dfrac{C(s)}{R(s)} = \dfrac{G(s)}{1+G(s)H(s)}$

3-3
제어계의 입력신호와 출력신호의 비를 전달함수라 한다.

정답 3-1 ③ 3-2 ① 3-3 ③

1-3. 주파수 응답

핵심이론 01 | 주파수 응답(Frequency Response)

(1) 주파수 응답법

① 제어계의 주파수 응답은 정현파 입력신호에 대하여 제어계의 정상 상태 응답으로 정의한다.

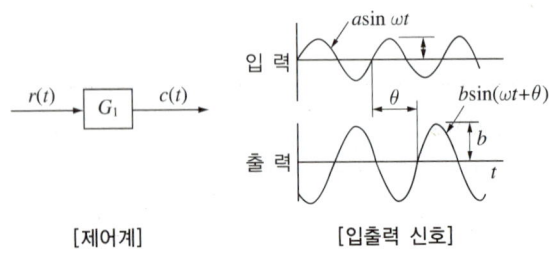

[제어계]   [입출력 신호]

② 입력 정현파 : $r(t) = a\sin\omega t$

③ 출력 정현파 : $c(t) = b\sin(\omega t + \theta)$

(여기서, a : 입력 진폭, b : 출력 진폭, ω : 주파수, θ : 위상차)

④ 진폭비 $= \dfrac{출력의\ 진폭}{입력의\ 진폭} = \dfrac{b}{a}$, 위상차 $= \theta$

⑤ 각 주파수 ω에 대한 진폭비와 위상차의 변화를 구하면 제어계의 주파수 응답을 얻을 수 있다.

(2) 주파수 전달함수

전달함수가 $G(s)$인 제어계에 정현파 함수 $r(t) = a\sin\omega t$를 입력으로 가했을 때의 주파수 응답은 주파수 전달함수 $G(j\omega)$의 복소 벡터의 절댓값이 진폭비가 되고, 복소 벡터의 편각이 위상차와 같으므로 주파수 전달함수에 의해 주파수 특성을 간단히 구할 수 있다.

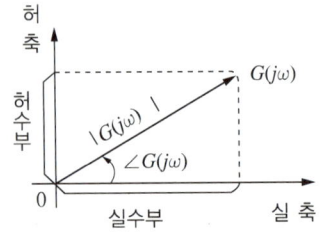

① 벡터의 크기 : $|G(j\omega)|$ = 진폭비

② 벡터의 편각 : $\angle G(j\omega)$ = 위상차

③ 진폭비 : $\sqrt{(실수부)^2 + (허수부)^2}$

④ 위상차 : $\tan^{-1}\dfrac{허수부}{실수부}$

핵심예제

주파수 응답에 대한 설명으로 틀린 것은?

① 정현파 입력신호에 대하여 제어계의 정상 상태 응답으로 정의한다.
② 입력 정현파는 $r(t) = a\sin\omega t$로 표현된다.
③ 출력 정현파는 $c(t) = b\sin(\omega t + \theta)$로 표현된다.
④ 진폭비는 $\sqrt{(실수부)^2 + (허수부)^2}$로 표현된다.

|해설|

진폭비 : $\dfrac{출력의\ 진폭}{입력의\ 진폭} = \dfrac{b}{a}$

정답 ④

핵심이론 02 | 주파수 응답의 도시법

(1) 벡터 궤적

주파수 전달함수 $G(j\omega)$의 복소 벡터에 대해서는 벡터의 크기와 벡터의 편각으로 표시한다.

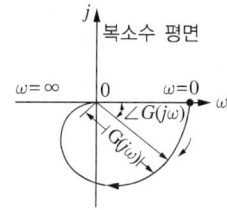

- 벡터의 크기 $= |G(j\omega)|$
- 벡터의 편각 $= \angle G(j\omega)$

① 비례요소

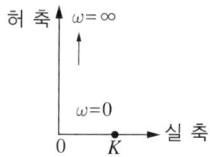

㉠ $G(s) = K$, $G(j\omega) = K + j0$

㉡ 비례요소의 벡터 궤적은 실축상 K의 위치에 단 하나의 점으로 나타난다.

② 미분요소

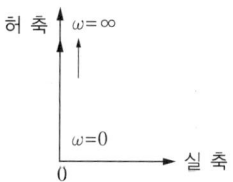

㉠ $G(s) = s$, $G(j\omega) = j\omega$

㉡ 미분요소의 벡터 궤적은 ω가 증가함에 따라 허축상에서 위로 올라가는 직선이 된다.

③ 적분요소

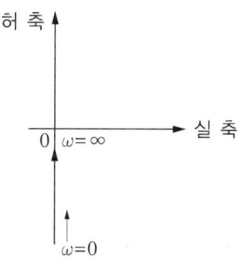

㉠ $G(s) = \dfrac{1}{s}$, $G(j\omega) = \dfrac{1}{j\omega} = -j\dfrac{1}{\omega}$

㉡ 적분요소의 벡터 궤적은 ω가 증가함에 따라 허축상에서 $-\infty$에서 0으로 올라가는 직선이 된다.

④ 비례미분요소

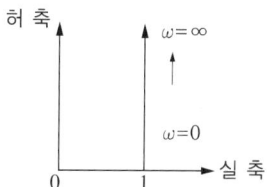

㉠ $G(s) = 1 + Ts$, $G(j\omega) = 1 + j\omega T$

㉡ 비례미분요소의 벡터 궤적은 실수부는 1로 항상 일정하며 허수부만 증가하므로 점에서 위로 올라가는 수직선이 된다.

(2) 보드선도

보드선도는 자동제어계의 안정·불안정에 관한 정보 및 안정 개선방법 등에 관하여 도식화한 것으로 널리 사용되고 있다. 보드선도의 도시법은 이득특성곡선과 위상특성곡선 등 2개의 선도를 갖고 있다.

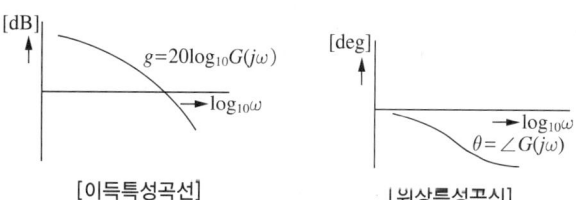

[이득특성곡선]   [위상특성곡선]

① 이득특성곡선 : 주파수의 변화를 대수 눈금으로 $\log_{10}\omega$ 횡축으로 하고, 주파수 전달함수의 이득을 종축으로 표시하면,

$g = 20\log_{10}|진폭비| = 20\log_{10}|G(j\omega)|\,[\text{dB}]$

② 위상특성곡선 : 주파수의 변화를 대수 눈금으로 $\log_{10}\omega$ 횡축으로 하고, 주파수 전달함수의 이득을 종축으로 표시하면,

$\theta = \angle G(j\omega)\,[\text{deg}]$

③ 이득 위상도 : 균등 눈금에서 위상각 θ를 횡축에, 이득 g를 종축에, 각 주파수 ω의 증가에 따른 이득과 위상각의 변화를 나타낸 것이다.

$G(j\omega) = \dfrac{1}{1+j\omega T}$의 1차 지연 소의 주파수 응답에서는

㉠ $\omega T \ll 1$일 때 $g=0$, $\theta=0°$
㉡ $\omega T = 1$일 때 $g=-3$, $\theta=45°$
㉢ $\omega T \gg 1$일 때 $g=-20\log\omega T$, $\theta=90°$

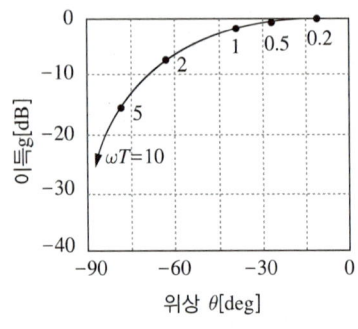

[이득 위상도]

핵심예제

2-1. 보드선도의 Y축에 대한 설명으로 옳은 것은?
① 이득-균등 눈금
② 이득-대수 눈금
③ 주파수-균등 눈금
④ 주파수-대수 눈금

2-2. 주파수 응답에 필요한 입력은?
① 램프 입력
② 계단 입력
③ 정현파 입력
④ 임펄스 입력

2-3. 다음 중 비례요소의 주파수 전달함수는?
① $G(j\omega) = j\omega$
② $G(j\omega) = K + j0$
③ $G(j\omega) = -j\dfrac{1}{\omega}$
④ $G(j\omega) = 1 + j\omega T$

|해설|

2-1
보드선도의 도시법은 이득특성곡선과 위상특성곡선 등 2개의 선도를 갖고 있으며 종축(Y축)이 이득을 표시한다.

2-2
제어계의 주파수 응답은 정현파 입력신호에 대하여 제어계의 정상 상태 응답으로 정의한다.

2-3
① $G(j\omega) = j\omega$: 미분요소
③ $G(j\omega) = -j\dfrac{1}{\omega}$: 적분요소
④ $G(j\omega) = 1 + j\omega T$: 비례미분요소

정답 2-1 ① 2-2 ③ 2-3 ②

CHAPTER 04 전기전자장치 조립

KEYWORD 시퀀스 제어, 피드백 제어, 전기전자 부품, 전류전압저항 계산, 전달함수, 주파수 응답 개념 등 폭넓게 출제되므로 숙지해 두어야 한다.

제1절 전기전자장치 조립

핵심이론 01 전기전자 조립공구와 장비

(1) 전기전자 조립공구

① 전동 드릴 : 금속, 목재 등에 구멍을 뚫는 용도로 쓰이는 공구로, 충전용과 전원용이 있다. 진동 드릴, 드릴, 드라이버의 세 가지 기능과 정·역 변환기능, 자동 속도 조절 기능이 있다.

② 니퍼 : 전선이나 부품의 리드선을 절단하거나 전선의 피복을 벗길 때 사용한다.

③ 롱 노즈 플라이어 : 니퍼와 같이 사용하며, 전선의 피복을 벗기거나 원하는 형태로 부품의 리드를 구부리는 공구이다. 작은 나사를 잡거나 너트를 조이거나 풀 때도 유용하게 사용된다.

④ 드라이버 : 나사 또는 볼트 등을 조이거나 푸는 데 사용한다. 십자(+)형과 일자(-)형이 있으며, 나사 또는 볼트의 크기에 맞추어 사용한다.

⑤ 래칫 렌치 : 연장 한쪽 끝에 2개의 박스 렌치 타입이 다른 규격으로 구성되어 있고, 8-10-12-13-14-17-19-21[mm] 볼트/너트용이 있다.

(2) 전기전자 조립 부품

① 조립 베이스 : 조립 베이스는 알루미늄 플레이트를 필요 사이즈별 사용한다.

② 인덱스 테이블 : 회전 테이블을 일정 각도로 회전시켜 다양한 공정이 순차적으로 수행되도록 하는 장치이다. 모터·유압·공압 등으로 구동되며, 많은 산업군에서 다양하게 적용되는 어플리케이션이다.

③ 스테핑 모터 : 인덱스 모듈은 PLC에서 펄스(Pulse)신호를 입력받아 정해진 각도만큼 회전하는 스테핑 모터에 의해 회전하는데, 스테핑 모터는 회전 각도와 속도의 제어가 용이하여 자동화의 다양한 분야에서 사용된다.

④ 스테핑 모터 드라이버 : 스테핑 모터 구동을 위한 전용 구동기기로 스테핑 모터의 종류(2상, 5상 등)에 따른 상(Phase) 순서에 맞게 모터 전력을 공급해 주는 기능이 있다. 1펄스당 회전 각도를 DIL 스위치 설정을 통하여 Full Step부터 20분할까지 설정이 가능하다.

MS1	MS2	MS3	분해능	스텝각
ON	ON	ON	Full Step	1.8°
ON	ON	OFF	2분할	0.9°
ON	OFF	ON	4분할	0.45°
ON	OFF	OFF	5분할	0.36°
OFF	ON	ON	8분할	0.225°
OFF	ON	OFF	10분할	0.18°
OFF	OFF	ON	16분할	0.1125
OFF	OFF	OFF	20분할	0.09°

⑤ 컨베이어 : 일정한 거리를 자동적·연속적으로 재료나 물품을 운반하는 기계장치이다. 이동 작업대로 사용하며 대량 생산 방식의 기반이 되었다.

⑥ 진공발생기(이젝터, Ejector) : 공급 포트에 압축공기가 진공발생기의 큰 공간으로 공급되면 압력은 높아지고 유체의 속도는 느려진다. 작은 단면적의 배기 포트의 입구를 지나면서 압력은 대기압보다 낮아지고 속도가 빨라지면서 부압이 발생되고, 진공 포트로 압력 평형을 이루기 위해 대기가 유입되어 진공이 발생한다. 진공을 나타내는 단위는 일반적인 압력 단위인 bar에 -를 붙여 나타내기도 하고, 진공 전용 단위인 토르(Torr, 1[Torr] = 1[mmHg] = 1.333[hPa] = 1.333[mbar])를 사용하여 진공의 세기를 표현한다.

※ 진공펌프의 압력범위 및 용도

구 분	압력범위[Torr]	용 도
저진공	760~25	자동화 핸들링, 식품처리
중진공	25~1×10⁻³	전자공학, 진공 야금
고진공	1×10⁻³~1×10⁻⁹	반도체, 레이저 광학
초고진공	1×10⁻⁹~1×10⁻¹²	반도체, 우주과학, 표면과학
극고진공	<1×10⁻¹²	핵융합, 소립자 연구

⑦ 솔레노이드 밸브 터미널 : 밸브 터미널은 모든 솔레노이드 밸브에 공통적으로 공급되는 라인(1공급, 3·5 배기)을 서브 베이스의 공압 연결구와 배기 포트를 통해 연결하여 많은 수의 솔레노이드 밸브를 사용하는 경우 효율적인 공압 배선을 구성할 수 있다.

핵심예제

1-1. 자동화 핸들링, 식품처리 공정에 사용되는 저진공의 압력 범위는?

① 760~25[Torr]
② 25~1×10⁻³[Torr]
③ 1×10⁻³~1×10⁻⁹[Torr]
④ 1×10⁻⁹~1×10⁻¹²[Torr]

1-2. 1펄스당 회전 각도 1.8°로 DIL 스위치 설정을 통하여 Full Step하였다면 20분할 시 스텝각은?

① 1.8° ② 0.9°
③ 0.18° ④ 0.09°

1-3. 760[Torr] 이하의 압력으로 사용되는 공압기기는?

① 소음기
② 이젝터
③ 밸브 터미널
④ 공유 변환기

|해설|

1-1
② 중진공(전자공학, 진공 야금)
③ 고진공(반도체, 레이저 광학)
④ 초고진공(반도체, 우주과학, 표면과학)

1-3
진공발생기(이젝터, Ejector) : 공급 포트에 압축공기가 진공발생기의 큰 공간으로 공급되면 압력은 높아지고 유체의 속도는 느려진다. 작은 단면적의 배기 포트의 입구를 지나면서 압력은 대기압보다 낮아지고 속도가 빨라지면서 부압이 발생되고, 진공 포트로 압력 평형을 이루기 위해 대기가 유입되어 진공이 발생한다. 진공을 나타내는 단위는 일반적인 압력 단위인 bar에 −를 붙여 나타내기도 하고, 진공 전용 단위인 토르[Torr]를 사용하여 진공의 세기를 표현한다.

정답 1-1 ① 1-2 ④ 1-3 ②

핵심이론 02 | 전기전자 부품

(1) 저항기
① 회로 내에서 전류의 흐름을 제한하는 소자이다.
② 고정저항기, 반고정저항기, 어레이 저항기로 구분하여 용도에 맞게 사용한다.
③ 어레이 저항기(네트워크 저항기)라고도 하며 여러 개의 같은 값을 가진 저항이 일체형으로 만들어져 있다.
④ 단위는 옴(ohm, [Ω])을 사용한다.
⑤ 고정저항기의 저항값은 색 띠(대)로 표기하는데 색의 약속 숫자와 승수, 오차범위로 표기된다.

(2) 커패시터(콘덴서)
① 전기를 축적하는 기능을 가진 소자이다.
② 단위는 패럿(farad, [F])을 사용하며 사용 전압에 따라 정격값을 사용해야 한다.
③ 축적되는 전하 용량은 매우 작기 때문에 $[\mu F](10^{-6}[F])$, $[pF](10^{-12}[F])$의 단위가 사용된다.
④ 가변 커패시터와 고정 커패시터로 구분하며, 고정 커패시터의 종류로는 재질에 따라 종이, 전해, 세라믹, 마일러, 탄탈 등이 있다.
  ㉠ 전해 커패시터(유극성 커패시터)
   • 전해 커패시터는 ±의 극성을 구별(선극을 바꾸어 접속하면 폭발의 위험)하여 사용하며, 비교적 용량이 크다$(0.1 \sim 15,000[\mu F])$.
   • 부품의 겉면에 용량값과 사용 전압을 숫자로 표시한다.
  ㉡ 탄탈 커패시터
   • 전해 커패시터에 비하여 주파수 특성이 좋다(DC~수십[MHz]).
   • 두 개의 리드선 중 긴 쪽이 플러스(+)로 되어 있다.
   • 특별히 빨간색으로 표시하여 역접속을 방지하기도 한다.
  ㉢ 세라믹 커패시터
   • 극성이 없고 온도에 대한 안정성이 좋아 온도 보상용으로서 온도계수가 관리되는 것이 있다.
   • 적용 주파수 대역이 넓어(수[kHz]~수[GHz]) 고주파 대역에서 사용하기 적합하기 때문에 고주파용 바이패스, 동조용 고주파 필터로 사용된다.

(3) 인덕터(Inductor)
① 동선과 같은 선재를 나선 모양으로 감은 것으로, 코일 또는 인덕턴스라고 한다.
② 주파수에 따라 저주파 코일, 고주파 코일로 구분하고, 용도에 따라 동조 코일, 초크 코일, 발진 코일, 전원 트랜스 등으로 분류한다.
③ 단위로 헨리(Henry, [H])를 사용하며, 전기회로에서 사용하는 코일은 마이크로 헨리$[\mu H]$부터 헨리[H]까지 폭넓다.

(4) 릴레이(Relay, 계전기)
① 코일에 전류를 흘리면 자석이 되는 성질을 이용한다.
② 전원을 단속하는 일종의 전자석 스위치로 전장회로의 부하에 전원을 단속(On, Off)하도록 하는 구성 부품으로 접점의 접촉 상태에 따라 전기적 종류를 구분한다.
③ 전기적으로 독립된 회로를 연동시킬 수 있다. DC 5[V]와 같은 저전압계로 구성된 회로의 동작에 의하여 AC 100[V]계의 회로를 On/Off시키거나 대전류의 회로를 On/Off시킬 수 있다.
④ 릴레이는 기계적으로 접점을 닫거나 열기 때문에 일반적으로 고속 동작은 할 수 없다.
⑤ 릴레이의 기능으로 분기기능, 증폭기능, 변환기능, 메모리 기능, 연산기능, 조정·검출·경보기능 등이 있다.

(5) 전자회로도 기호

회로도 기호	부품 명칭	회로도 기호	부품 명칭
	저항기		다이오드
	반고정저항기		제너 다이오드
	가변저항기		발광 다이오드
	무극성 커패시터		트랜지스터
	유극성 커패시터		인덕터

핵심예제

2-1. 전류를 한쪽 방향으로만 흘리는 반도체 부품으로 교류 전류를 직류 전류로 바꾸는 정류기의 용도로 사용되는 부품은?

① 탄탈 커패시터   ② 트랜지스터
③ 집적회로   ④ 다이오드

2-2. 다음 중 릴레이의 대표적인 기능이 아닌 것은?

① 분기기능   ② 증폭기능
③ 정보기능   ④ 메모리 기능

2-3. 다음의 회로도 기호의 부품명은?

① 제너 다이오드   ② 발광 다이오드
③ 트랜지스터   ④ 인덕터

|해설|

2-2
릴레이의 기능 : 분기기능, 증폭기능, 변환기능, 메모리 기능, 연산기능, 조정·검출·경보기능 등

2-3
② 발광 다이오드 :

③ 트랜지스터 :

④ 인덕터 :

정답 2-1 ④ 2-2 ③ 2-3 ①

제2절 전기전자장치 기능검사 및 안전성 검사

2-1. 전류·전압·저항의 측정

핵심이론 01 기능 측정 및 동작 상태 확인

(1) 전기전자장치 기능의 측정
① 기능시험은 장치 내에서 수행되는 각각의 기능의 동작 수행 상태를 확인하는 것이다.
② 기능시험을 하고자 하는 기능의 요구사항이나 설정값은 설계규격서 안에 표현한다.
③ 요구사항과 설계규격서 내에 있는 기능 목록을 기준으로 시험기준을 정한다.
④ 기능시험은 통합시험(Integration Test)과 인수시험(Acceptance Test)으로 구분된다.
⑤ 주로 기능의 정확성 또는 신뢰성 등을 시험한다.

(2) 전기전자장치의 기능시험에서 발견되는 오류
① 부정확한 기능
② 누락된 기능
③ 인터페이스 오류
④ 성능상의 오류
⑤ 초기화나 종료 시에 발생되는 오류
⑥ 자료구조상의 오류

(3) 전기전자장치의 기능적 요구사항
① 하드웨어 시스템의 기능적 요구사항은 시스템이 할 일을 기술한다.
② 기능적 시스템의 요구사항은 시스템의 기능을 입출력과 예외 상황과 함께 기술한다.
③ 시스템의 기능적 요구사항의 명세서는 완전하고 일관성이 있어야 한다.
④ 완전성은 사용자에 의해서 요구되는 모든 항목이 정의되어야 한다.
⑤ 일관성은 요구사항이 모순되는 정의를 가지지 말아야 한다는 것을 나타낸다.

(4) 전기전자장치의 비기능적 요구사항
① 시스템에 의해서 제공되는 특정 기능과는 관련이 없는 요구사항이다.
② 시스템, 성능, 보안성, 가용성 등을 규정한다.
③ 실제로 맞추지 못하는 시스템의 기능을 가지고 적절한 방법을 찾는다.
④ 시스템 개발 시에 품질과 제약조건은 적용되어야 하고, 리스크는 제거하거나 완화하여 시스템이 설계·구현되어야 한다.
⑤ 시스템 개발에 사용될 프로세서에 제한을 가한다.

핵심예제

1-1. 전기전자장치의 기능시험에서 발견되는 오류의 종류가 아닌 것은?
① 정확한 기능
② 누락된 기능
③ 성능상의 오류
④ 인터페이스 오류

1-2. 전기전자장치의 기능적 요구사항으로 틀린 것은?
① 시스템, 성능, 보안성, 가용성 등을 규정한다.
② 하드웨어 시스템의 기능적 요구사항은 시스템이 할 일을 기술한다.
③ 시스템의 기능적 요구사항의 명세서는 완전하고 일관성이 있어야 한다.
④ 기능적 시스템의 요구사항은 시스템의 기능을 입출력과 예외 상황과 함께 기술한다.

|해설|

1-1
전기전자장치의 기능시험에서 발견되는 오류 종류
• 부정확한 기능
• 누락된 기능
• 인터페이스 오류
• 성능상의 오류
• 초기화나 종료 시에 발생되는 오류
• 자료구조상의 오류

1-2
①은 비기능적 요구사항이다.

정답 1-1 ① 1-2 ①

| 핵심이론 02 | 기능검사의 데이터 관리

(1) 기능검사 측정기

① 오실로스코프
  ㉠ 전기신호의 그래프를 그리는 장치로, 신호가 시간에 따라 어떻게 변화하는지를 표시한다.
  ㉡ 세로축을 전압, 가로축을 시간으로 설정하여 전기신호의 파형을 표시하는 계측기로, 아날로그-디지털 변환기(A-D 변환기)와 메모리를 이용한다.
  ㉢ 검출한 전기신호를 모두 표시하는 것이 아니기 때문에 갑자기 발생하는 이상신호를 놓칠 위험성이 있다.

② 스펙트럼 애널라이저
  ㉠ 세로축을 전력 또는 전압, 가로축을 주파수로 설정하여 전기신호를 표시한다.
  ㉡ 검출한 전기신호는 화면의 왼쪽에서 오른쪽을 향해서 주기적으로 스위프되는 점으로 표시된다.
  ㉢ 모든 대역의 전기신호를 일괄해서 표시하는 디지털 샘플링 방식(실시간 방식)으로도 표시된다.
  ㉣ 전기장 강도 측정(EMC ; Electromagnetic Compatibility, 전자파 양립성) 관련 잡음 레벨의 측정 시 사용된다.

③ 로직 애널라이저
  ㉠ 디지털 회로 또는 디지털 시스템으로부터 입력되는 여러 개의 디지털 신호를 수집하여 저장하고 원하는 시점에 표시장치에 표시한다.
  ㉡ 전기신호를 '하이(High)'와 '로(Low)' 두 종류의 값으로 표시한다.
  ㉢ 버스 인터페이스를 측정하기 위해서 16~64 등 많은 입력 채널을 갖추고 있다.
  ㉣ 버스 인터페이스의 프로토콜로 디코드해서 표시하거나 타이밍 차트로 표시한다.

④ 네트워크 애널라이저
  ㉠ 고주파 회로나 마이크로파 회로, 고주파 디바이스 등의 고주파 특성을 측정한다.
  ㉡ 고주파 신호를 입력하고 반사 전력과 통과 전력을 측정하는 것으로 고주파 특성을 파악한다.
  ㉢ 스미스 차트를 화면에 직접 표시하는 것으로, 고주파 / 마이크로파 회로나 안테나의 임피던스 정합을 확보하는 작업을 시각적으로 실행할 수 있다.

(2) 기능검사의 데이터 분석

① 기능검사 데이터 분석을 위해서는 측정시스템(MSA ; Measurement System Analysis)을 평가를 통하여 프로세스의 산포 중 측정시스템에 의한 오차를 수치화해야 한다.
② 서로 다른 기능 장비를 통하여 측정된 데이터를 비교 분석하고 측정오차로 인해 불량 제품이 출하되거나 SPC 오류가 나오지 않도록 해야 한다.
③ 가지고 있는 데이터와 수집된 데이터는 신뢰할 수 있도록 데이터 변동 유형 및 원인 분석을 통하여 관리되어야 한다.

(3) 데이터 변동의 유형

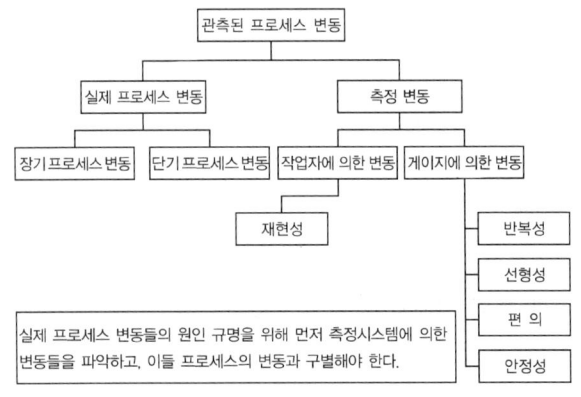

[데이터 변동의 종류]

① 편의(Bias)
  ㉠ 기준값과 관측된 측정값의 평균 간 차이로, 정확성이라고도 한다.

ⓒ 발생원인
　　• 기준값 마스터의 오차
　　• 계측기의 노화
　　• 눈금이 잘못된 계측기
　　• 잘못된 특성값의 측정
　　• 교정을 잘못했을 경우
　　• 작업자가 계측기를 올바르게 사용하지 못한 경우

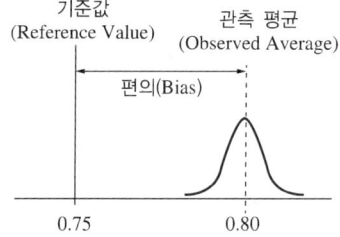

② 안정성(Stability)
　㉠ 같은 기준 시료 또는 같은 시료의 한 특성에 대하여 장기간 측정할 때 얻어지는 측정값의 총변동이다.
　ⓒ 발생원인 : 계측기의 물성과 관계가 있다(예 온도에 의한 영향).

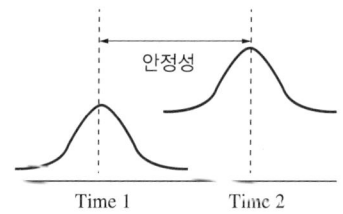

③ 선형성(Linearity)
　㉠ 계측기의 측정 가능한 범위의 모든 영역에서 편의 값의 차이다.
　ⓒ 발생원인
　　• 계측기가 작동범위 내의 낮은 쪽과 높은 쪽에서 적절히 교정되지 않는다.
　　• 최소 또는 최대 마스터의 오차이다.
　　• 도구의 노화 – 측정도구의 내부 설계 특성

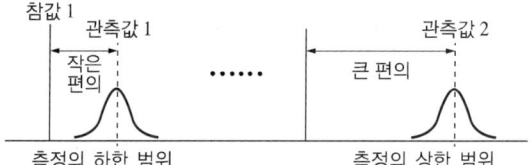

④ 반복성(Repeatability)
　㉠ 같은 시료의 동일한 특성을 같은 계측기를 이용하여 한 명의 평가자가 여러 번 측정하여 구한 측정값의 변동이다.
　ⓒ 발생원인
　　• 노후된 계측기를 사용한 경우
　　• 설계적인 오류로 인한 계측기 내재적인 도구 산포
　　• 도구의 위치에 따른 산포
　　• 환경적 요인 : 조명, 소음
　　• 신체적 요인

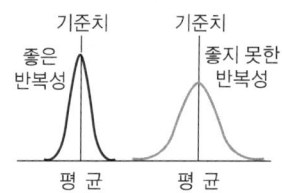

⑤ 재현성(Reproducibility)
　㉠ 같은 시료의 동일한 특성을 같은 계측기를 이용하여 다른 평가자들에 의해 구해진 측정값 평균의 변동이다.
　ⓒ 발생원인
　　• 작업자들의 측정방법, 테크닉의 차이
　　• 작업자가 게이지의 사용법 및 읽는 법을 올바르게 배우지 못한 경우
　　• 측정절차 및 방법이 명확하지 않은 경우
　　• 작업자들의 일관성을 돕기 위한 JIG가 필요하다.

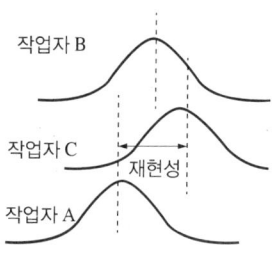

핵심예제

2-1. 전기신호의 그래프를 그리는 장치로, 신호가 시간에 따라 어떻게 변화하는지를 표시하고, 세로축을 전압, 가로축을 시간으로 설정하여 전기신호의 파형을 표시하는 계측기로, A-D 변환기와 메모리를 이용하는 기능 검사 측정기는?

① 오실로스코프 ② 스펙트럼 애널라이저
③ 로직 애널라이저 ④ 네크워크 애널라이저

2-2. 관측된 프로세스 변동 중 게이지에 의한 변동이 아닌 것은?

① 재현성 ② 반복성
③ 선형성 ④ 안정성

2-3. 같은 기준 시료 또는 같은 시료의 한 특성에 대하여 장기간 측정할 때 얻어지는 측정값의 총변동은?

① 재현성 ② 반복성
③ 선형성 ④ 안정성

|해설|

2-1

② 스펙트럼 애널라이저 : 세로축을 전력 또는 전압, 가로축을 주파수로 설정하여 전기신호를 표시한다. 검출한 전기신호는 화면의 왼쪽에서 오른쪽을 향해서 주기적으로 스위프되는 점으로 표시되고, 모든 대역의 전기신호를 일괄해서 표시하는 디지털 샘플링 방식(실시간 방식)으로도 표시된다.

③ 로직 애널라이저 : 디지털 회로 또는 디지털 시스템으로부터 입력되는 여러 개의 디지털 신호를 수집하여 저장하고 원하는 시점에 표시장치에 표시한다.

④ 네크워크 애널라이저 : 고주파 회로나 마이크로파 회로, 고주파 디바이스 등의 고주파 특성을 측정한다. 고주파 신호를 입력하고 반사 전력과 통과 전력을 측정하는 것으로 고주파 특성을 파악한다.

2-2

재현성은 작업자에 의한 변동이다.

2-3

① 재현성 : 같은 시료의 동일한 특성을 같은 계측기를 이용하여 다른 평가자들에 의해 구해진 측정값 평균의 변동
② 반복성 : 같은 시료의 동일한 특성을 같은 계측기를 이용하여 한 명의 평가자가 여러 번 측정하여 구한 측정값의 변동
③ 선형성 : 계측기의 측정 가능한 범위의 모든 영역에서 편의값의 차

정답 2-1 ① 2-2 ① 2-3 ④

핵심이론 03 | 전류 · 전압 · 저항 측정

(1) 전류

단위[s] 동안에 도체의 단면을 이동한 전하량(전기량)으로 나타내며 $t[s]$ 동안에 $Q[C]$의 전하가 이동하였다면,

$$I = \frac{Q}{t}[A], \quad I = \frac{Q}{t}[C/s], \quad Q = I \cdot t[C]$$

$$Q = N \cdot e[C]$$

여기서, N : 이동한 전자의 수, e : 전기량(1.602×10^{-19})

(2) 전압

전류는 전위가 높은 곳에서 낮은 곳으로 흐르는데 이때 전위의 차를 전위차 또는 전압이라 한다. 어떤 도체에 $Q[C]$의 전기량이 이동하여 $W[J]$의 일을 했을 때 이때의 전압(전위차, $V[V]$)이다.

$$V = \frac{W}{Q}[V], \quad V = \frac{W}{Q}[J/C], \quad W = VQ[J]$$

(3) 저항

전압과 전류와의 비로, 전류의 흐름을 방해하는 전기적 양이다.

$$R = \frac{V}{I}[\Omega]$$

(4) 컨덕턴스

저항의 역수로, 전류의 흐르기 쉬운 정도를 나타낸다.

$$G = \frac{1}{R}[\mho], \quad G = \frac{I}{V}[\mho]$$

G의 단위로는 지멘스(Siemens, [S]) 또는 모(Mho, [$\mho$] [Ω^{-1}])를 사용한다.

(5) 옴의 법칙(Ohm's Law)

도체에 흐르는 전류 I는 전압 V에 비례하고, 저항 R에 반비례한다.

$$I = \frac{V}{R}[A], \quad V = I \cdot R[V], \quad R = \frac{V}{I}[\Omega]$$

(6) 저항의 직렬접속

직렬회로에서 전류 I는 저항의 크기에 관계없이 일정하고, 전압 V는 저항의 크기에 비례한다.

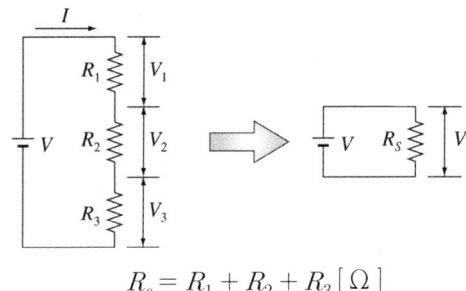

$$R_s = R_1 + R_2 + R_3 [\Omega]$$

① 직렬회로의 합성저항 R_s는 각각의 저항의 합과 같다.
$$R_s = R_1 + R_2 + R_3 \cdots\cdots [\Omega], \quad R_s = \sum R_m [\Omega]$$

② 같은 값의 저항을 직렬 접속한 회로의 합성저항
$$R_s = nR_1 [\Omega]$$

③ 각 저항의 전압 강하(V_1, V_2, V_3)
$$V_1 = I \cdot R_1 [V], \quad V_2 = I \cdot R_2 [V], \quad V_3 = I \cdot R_3 [V]$$

④ 각 저항에 강하된 전압의 합은 전원전압과 같다.
$$V = V_1 + V_2 + V_3 [V]$$

⑤ 전원전압 V는 각각의 저항의 크기에 비례하여 분배된다.
$$V_1 = I \cdot R_1 = \frac{V}{R_s} \cdot R_1 [V]$$
$$V_2 = I \cdot R_2 = \frac{V}{R_s} \cdot R_2 [V]$$
$$V_3 = I \cdot R_3 = \frac{V}{R_s} \cdot R_3 [V]$$

(7) 병렬접속(Parallel Connection)

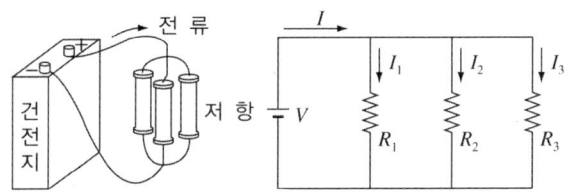

① 병렬합성저항 R_p는 각 저항의 역수의 합과 같다.
$$\frac{1}{R_p} = \frac{1}{R_1} + \frac{1}{R_2} + \frac{1}{R_3} [\Omega]$$
$$R_p = \frac{1}{\frac{1}{R_1} + \frac{1}{R_2} + \frac{1}{R_3}} [\Omega]$$
$$R_p = \frac{R_1 \cdot R_2 \cdot R_3}{R_1 R_2 + R_2 R_3 + R_3 R_1} [\Omega]$$

② 크기가 같은 저항 n개가 병렬접속되었다면 합성저항 R_p는 $R_p = \dfrac{R_1}{n} [\Omega]$이다.

※ 저항을 병렬접속하면 합성저항은 회로 내의 가장 작은 저항값보다 더 작다.

③ 전체의 전류 I는 각 분로 전류의 합과 같다.
$$I = I_1 + I_2 + I_3 [A]$$

④ 병렬회로의 분로 전류는 각 분로의 저항 크기에 반비례한다.
$$I_1 = \frac{R_p}{R_1} \cdot I [A], \quad I_2 = \frac{R_p}{R_2} \cdot I [A],$$
$$I_3 = \frac{R_p}{R_3} \cdot I [A]$$

(8) 직병렬접속

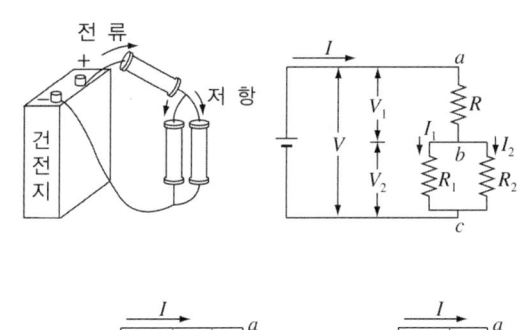

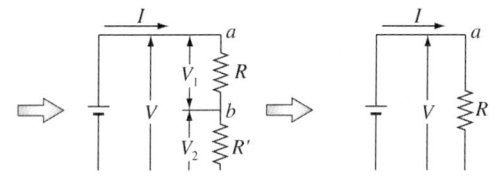

① 단자 $b-c$ 사이의 합성저항

$$R' = \frac{1}{\frac{1}{R_1}+\frac{1}{R_2}} = \frac{1}{\frac{R_2}{R_1R_2}+\frac{R_1}{R_1R_2}} = \frac{R_1 \cdot R_2}{R_1+R_2}[\Omega]$$

② R과 R'는 직렬회로이므로 합성저항이다.

$$R_T = R + \frac{R_1 \cdot R_2}{R_1+R_2}[\Omega]$$

③ 각 분로 전류 I_1, I_2

$$I_1 = \frac{R'}{R_1} \cdot I = \frac{\frac{R_1 \cdot R_2}{R_1+R_2}}{R_1} = \frac{R_2}{R_1+R_2} \cdot I \,[\text{A}]$$

$$I_2 = \frac{R'}{R_2} \cdot I = \frac{R_1}{R_1+R_2} \cdot I \,[\text{A}]$$

핵심예제

3-1. 100[V]의 전위차로 2[A]의 전류가 3분간 흘렀다고 한다. 이때 이 전기가 한 일은 얼마인가?

① 3,600[J]
② 6,000[J]
③ 3,200[J]
④ 36,000[J]

3-2. 다음 그림과 같은 회로에서 $V=100$[V], $R_1 = R_2 = R_3 = 10$[kΩ]인 회로에서 V_2는 약 몇 [V]인가?

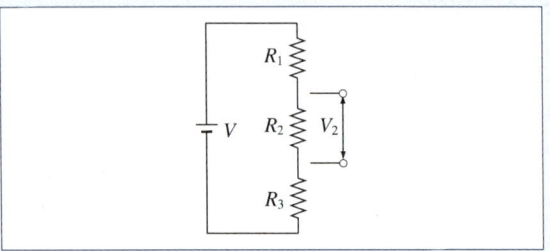

① 10
② 33.3
③ 50.5
④ 300

3-3. 그림과 같은 직병렬 회로에서 두 점 a, b 사이의 합성저항은 몇 [Ω]이 되겠는가?

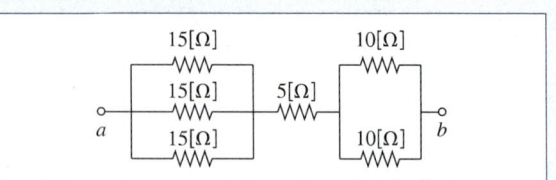

① 5[Ω]
② 10[Ω]
③ 15[Ω]
④ 75[Ω]

|해설|

3-1

전기가 한 일 $W = V \cdot Q = V \cdot I \cdot t$[J], 3분=180초
∴ $W = 100 \times 2 \times 180 = 36,000$[J]

3-2

$R_1 = R_2 = R_3$이므로 각 저항 양단의 전압은 기전력 V의 $\frac{1}{3}$이 된다.

∴ $V_2 = \frac{100}{3} ≒ 33.3$[V]가 된다.

3-3

위의 회로를 고쳐 그리면 다음과 같다.

a ——$\frac{15}{3}$[Ω]—— 5[Ω] —— $\frac{10}{2}$[Ω]—— b

∴ 합성저항 $R_T = 5 + 5 + 5 = 15$[Ω]

정답 3-1 ④ 3-2 ② 3-3 ③

2-2. 전기전자장치 검사방법

핵심이론 01 | 안전성 검사항목 선정 및 검사 실시

(1) 전기전자장치의 안전검사 항목

① 내전압 테스트 : 제품의 회로와 접지 사이에 고압을 인가해서 제품이 고압에 견디는 능력을 측정한다.
② 절연저항 테스트 : 제품에 사용된 전기 절연 특성을 측정한다.
③ 누설전류 테스트 : AC 전원과 접지 사이에 흐르는 전류가 안전규격을 넘지 않는지를 점검한다.
④ 접지 연속성 테스트 : 제품 표면에 노출된 전도성 금속 부분과 파워시스템(Power System) 접지 사이의 경로를 점검한다.

(2) 전기적 쇼크와 그에 따른 피해요인

① 전압이 AC 및 DC인가?
② 접촉 부위의 전도성 정도(젖은 부위, 또는 마른 부위)
③ 신체의 크기와 특질(신체의 임피던스)
④ 접촉 지속시간
⑤ 접촉면의 넓이

(3) 안전성 검사 측정기

① 내전압시험기
  ㉠ 충전부(전기 인입선)와 비충전부(접지될 수 있거나 사람의 손이 닿는 외부 금속체) 사이에 얼마만한 전압이 인가되어도 견딜 수 있는가를 시험한다.
  ㉡ 절연의 완벽성 여부, 파손 위험 여부, 이물질 개입 또는 비정상적인 근접 부위가 있는지를 미리 알아보아 제품의 전기적 안전성, 품질을 가늠해 보기 위한 시험이다.

② 절연·내압시험기
  ㉠ 절연저항시험기와 내압시험기를 일체화한 시험기이다.
  ㉡ 전기기기나 전기 부품의 절연시험과 내압시험을 연속으로 하여 보다 간단하고 효율적으로 시험한다.

③ 내통전시험기
  ㉠ 전기기기의 회로가 끊어진 곳이나 접속이 불량한 곳이 있는지 알아보기 위한 시험이다.
  ㉡ 회로시험기를 사용하여 통전시험을 할 때는 먼저 회로시험기의 전환 스위치를 저항측정범위(OHM) 중 낮은 범위로 놓은 후 시험하려는 전기회로나 전기기구 플러그의 두 단자에 시험 막대를 대고 저항값을 읽는다.
  ㉢ 통전시험 결과 전기기구에 따라 고유의 저항값을 가리키면 통전(정상) 상태이고, 지침이 움직이지 않으면(∞[Ω]) 단선 또는 접속 불량 상태이다. 지침이 0[Ω]이나 너무 작은 값을 가리키면 단락(합선) 상태이다.

④ 절연저항시험기
  ㉠ 전류가 흐르는 도체는 전압에 대응한 절연물로 도체를 싸거나 도체를 애자로 지지하여 전류가 도체에서 대지로 누설되지 않도록 전로를 대지에서 절연시킨다.
  ㉡ 전기기계·기구는 공기 절연, 진공밸브 절연, 가스(SF6) 절연 및 절연유 등으로 절연시킨다.
  ㉢ 절연물이 파괴되면 누전에 의한 화재, 감전에 의한 재해 또는 고압 설비의 경우 파급사고 등 큰 사고로 연결될 우려가 있다. 이와 같은 사고를 미연에 방지하기 위해 전로의 절연저항 측정은 중요한 시험항목이다.

⑤ 누설전류시험기
  ㉠ AC 전원을 사용하는 모든 제품에는 전원이 들어와 동작 중일 때 약간의 누설전류가 흐른다.
  ㉡ AC 전원부로부터 제품의 접지경로를 통해 전원 코드의 접지단자가 연결된 대지 접지(Earth Ground)로 흐른다.

ⓒ 접지단자가 없는 제품이나 접지가 제대로 연결되지 않은 제품의 경우에는 제품의 금속 부분에 전위가 형성된다.
ⓔ 전원 코드에 접지단자를 사용하지 않는 제품은 최대 누설전류가 0.5[mA]를 넘지 않도록 규제되고 있는 것이다.
ⓜ 누설전류가 규제치를 넘는 제품은 대지로 누설전류를 흘려보낼 수 있도록 전원 코드에 접지단자가 있다.

핵심예제

1-1. 전기전자장치의 안전검사 항목으로 옳지 않은 것은?
① 내통전 테스트
② 절연저항 시험기
③ 내전압 테스트
④ 접지 연속성 테스트

1-2. 접지단자를 사용하지 않는 제품은 최대 누설전류가 얼마를 넘지 않도록 규제되고 있는가?
① 0.5[mA]
② 1[mA]
③ 1.5[mA]
④ 2.5[mA]

1-3. 전기기기의 회로가 끊어진 곳이나 접속이 불량한 곳이 있는지 알아보기 위한 시험기는?
① 내통전시험기
② 누설전류시험기
③ 절연・내압시험기
④ 내전압시험기

|해설|

1-1
전기전자장치의 안전검사 항목
• 내전압 테스트   • 절연저항 테스트
• 누설전류 테스트 • 접지 연속성 테스트

1-2
전원 코드에 접지단자를 사용하지 않는 제품은 최대 누설전류가 0.5[mA]를 넘지 않도록 규제하고 있다.

1-3
② 누설전류시험기 : AC 전원부로부터 제품의 접지경로를 통해 전원 코드의 접지단자가 연결된 대지 접지로 흐른다.
③ 절연・내압시험기 : 절연저항시험기와 내압시험기를 일체화한 시험기로, 전기기기나 전기 부품의 절연시험과 내압시험을 연속으로 하여 보다 간단하고 효율적으로 시험한다.
④ 내전압시험기 : 충전부(전기 입입선)와 비충전부(접지될 수 있거나 사람의 손이 닿는 외부 금속체) 사이에 얼마만한 전압이 인가되어도 견딜 수 있는가를 시험한다.

정답 1-1 ① 1-2 ① 1-3 ①

핵심이론 02 | 안전성 검사 인증 테스트

(1) 내전압 테스트

① 내전압을 WV(Withstanding Voltage) 또는 HPV(High Potential Voltage)라고 한다.
② 피측정체(DUT ; Device Under Test)의 절연 성분에 고압을 가하는 테스트이다.
③ 정상 동작 전압보다 매우 높은 전압을 인가하는데, 통상 정상 동작 전압의 두 배에 1,000[V]를 더한 전압을 사용한다.
④ 120[V]나 240[V]에 동작되는 제품의 경우, 테스트 전압은 보통 1,250~1,500[VAC]에 이른다.
⑤ 내전압 테스트는 전기적으로 위험한 부분과 위험하지 않은 부분 사이의 내전압 또는 절연 장벽의 적합성 여부를 판단하는 것이다.
⑥ 내전압(절연) 장벽은 위험한 회로와 사용자가 접촉할 수 있는 부분(또는 제품 표면) 사이에 형성된다.
⑦ 내전압(절연) 장벽은 잠재하는 전기적 위험으로의 노출로부터 사용자를 보호한다.
⑧ 내전압 테스트의 가장 일반적인 테스트 부분은 AC 1차 회로와 사용자가 접촉할 수 있는 도체 부분(접지) 사이뿐만 아니라, AC 1차 회로와 2차 저전압 회로 사이이다.
⑨ 내전압 장벽을 확인함으로써 정상적인 동작 상태에서와 한 선(AC 전원의 라인과 내추럴 중 하나)이 끊어진 상태에서 전기적 쇼크 위험으로부터의 보호가 가능한지를 검사한다.

(2) 내절연저항 테스트

① 절연저항 측정은 일반적으로 두 테스트 포인트 사이의 실제저항을 알아내기 위해 실시한다.
② 절연저항 테스트는 누설 전륫값 대신 저항값을 읽는다는 것 외에는 DC 내전압 테스트와 흡사하다.

③ 절연저항 테스트는 전기적으로 절연되어 있는 어느 두 지점 사이의 절연저항을 측정하는 것이다.
④ 전류의 흐름을 방해하기 위한 전기적 절연이 얼마나 효과적으로 되어 있는가를 판정한다.
⑤ 절연저항 테스트는 제품이 생산된 직후뿐만 아니라 일정 기간 사용한 후 절연의 상태를 검사하는 데 유용하다.
⑥ 정기적으로 절연저항 테스트를 실시하면 절연 파괴가 일어나기 전에 절연 불량을 판별해 낼 수 있어서 절연 파괴에 의한 사용자 안전사고나 비용이 많이 드는 고장 발생을 예방할 수 있다.
⑦ 절연저항 테스트는 충전, 유지, 측정, 방전의 4단계를 거친다.

(3) 누설전류 테스트
① AC 전원을 사용하는 모든 제품에는 전원이 들어와 동작 중일 때 약간의 누설전류가 흐른다.
② 보통 AC 전원부로부터 제품의 접지경로를 통해 전원 코드의 접지단자가 연결된 대지 접지로 흐른다.
③ 접지단자가 없는 제품이나 접지가 제대로 연결되지 않은 제품은 제품의 금속 부분에 전위가 형성된다.
④ 사람이 그 부분을 접촉하게 되면, 그 사람의 몸이 접지 경로가 되며 얼마만큼의 누설전류가 사람의 몸을 통해 흐른다.
⑤ 만약 누설전류가 매우 적다면(일반적으로 0.5[mA] 미만) 그 사람은 자신이 전류가 흐르는 접지경로가 되었다는 것을 인식하지 못한다.
⑥ 전원 코드에 접지단자를 사용하지 않는 제품은 최대 누설전류가 0.5[mA]를 넘지 않도록 규제되고 있는 것이다.
⑦ 제품의 금속 부분에 접촉한 사용자를 보호하기 위해 누설전류가 규제치를 넘는 제품은 대지로 누설전류를 흘려보낼 수 있도록 전원코드에 접지단자가 있다.
⑧ 의료장비의 경우 이런 누설전류의 제한치는 매우 낮다.

(4) 접지 연속성 테스트
① 접지 연속성 테스트는 표면에 노출된 전도성 금속 부분과 전원부 접지 사이의 접지경로를 검사한다.
② 접지경로는 사용자를 전기 쇼크로부터 보호하는 가장 기본적인 수단이다.
③ 만약 제품에 문제가 발생해 사용자가 접촉할 수도 있는 표면에 전원이 그대로 연결되었다면, 매우 높은 전류가 접지경로를 통해 전원부 접지로 흐르게 됨에 따라 차단기가 동작하거나 퓨즈가 끊어져 사용자를 쇼크로부터 보호한다.
④ 낮은 DC 전류(1[Amp] 미만)를 흘려 전원 코드의 접지 단자와 제품의 노출된 금속 부분 사이(접지경로)의 낮은 저항 성분을 검사한다.

(5) 극성 테스트
① 극성 테스트는 제품의 전원 플러그(세 단자 또는 뉴트럴(Neutral) 단자가 조금 더 큰 2단자 플러그)가 제대로 연결되었는지를 검사한다.
② 육안검사를 하거나 결선의 도통 상태를 검사함으로써 수행된다.
③ 라인(Line)단자와 뉴트럴 단자가 서로 바뀌지 않았는지를 검사하는 것이다.

(6) 접지도통 테스트
① 접지도통 경로를 검사하는 데 25~30[A]의 높은 전류와 낮은 전압을 이용한다.
② 실제로 제품에 문제가 발생했을 때 어떻게 될 것인가를 검사하는 것으로 접지 연속성 테스트와 비슷하다.
③ 제품에 문제가 발생하면 전류는 접지회로를 통해 흐른다.

④ 전류를 흘려보낼 수 있는 한계가 충분히 높고 경로의 내부저항이 충분히 낮다면, 보호회로가 완벽하게 작동할 것이고 사용자는 쇼크로부터 보호된다.
⑤ 접지회로가 충분히 높은 전류를 흘려보낼 수 없거나 내부저항이 매우 높다면 회로차단기가 동작하지 않고 퓨즈는 끊어지지 않을 것이다.
⑥ 접지회로 대신 사람의 몸을 통해 전류가 흐를 수도 있다.
⑦ 접지 도통 테스트는 접지회로의 저항을 측정하여 연결의 완벽함 여부를 검사한다.

(7) 생산라인 테스트
① 제품 전체의 품질을 보증하기 위해 생산라인 테스트를 한다.
② 어떤 제품이 인증마크를 계속 유지한다면 제품이 장기간에 걸친 시험기관의 요구사항에 부합하는지를 확실히 하기 위해 생산라인 테스트를 요구한다.
③ 미국의 시험기관은 대체로 내전압과 접지 연속성 테스트를 요구한다.
④ 유럽의 시험기관은 보통 내전압과 접지 연속성에 더해 접지도통 테스트를 요구한다.
⑤ 인증기관은 자신들의 규격에 맞도록 생산라인 테스트 장비의 주기적인 교정을 요구한다.
⑥ 인증기관에서는 제품과 제품 테스트 절차를 확인하기 위해 정기적으로 사후검사를 실시한다.
⑦ 생산자는 보통 교정인증서와 검사서류를 항시 비치하도록 요구받는다.

핵심예제

2-1. 120[V]나 240[V]에 동작되는 제품에 대하여 내전압 테스트를 실시할 경우 부여되는 테스트 전압은??
① 120~240[VAC]
② 240~480[VAC]
③ 1,120~1,240[VAC]
④ 1,250~1,500[VAC]

2-2. 내절연저항 테스트에 대한 설명으로 옳지 않은 것은?
① 절연저항 측정은 일반적으로 두 테스트 포인트 사이의 실제 저항을 알아내기 위해 실시한다.
② 절연저항 테스트는 전기적으로 절연되어 있는 어느 두 지점 사이의 절연저항을 측정하는 것이다.
③ 전류의 흐름을 방해하기 위한 전기적 절연이 얼마나 효과적으로 되어 있는가를 판정한다.
④ 낮은 DC전류(1[Amp] 미만)를 흘려 전원 코드의 접지단자와 제품의 노출된 금속 부분 사이의 낮은 저항 성분을 검사한다.

2-3. 제품 전체의 품질을 보증하기 위한 것으로, 인증기관은 자신들의 규격에 맞도록 장비의 주기적인 교정을 요구하는 테스트는?
① 생산라인 테스트
② 접지도통 테스트
③ 누설전류 테스트
④ 접지 연속성 테스트

|해설|

2-1
120[V]나 240[V]에 동작되는 제품의 경우, 테스트 전압은 보통 1,250~1,500[VAC]에 이른다.

2-2
④는 접지 연속성 테스트 내용이다.

정답 2-1 ④ 2-2 ④ 2-3 ①

CHAPTER 05 센서의 활용 기술

KEYWORD 센서의 종류별 특성, 신호 변환 및 처리, 센서관리 등에 대한 내용을 숙지해 두어야 한다.

제1절 센서의 선정 및 회로 구성

1-1. 센서의 종류와 특성

핵심이론 01 전기전자 조립공구와 장비

(1) 자동화 5대 요소
① 액추에이터(Actuator) : 외부의 에너지를 공급받아 일을 하는 부분이다.
② 센서(Sensor) : 액추에이터의 작업 완료 여부 및 상태를 감지하여 제어기에 제어 정보를 공급해 주는 부분이다.
③ 처리장치(Processor) : 센서로 부터 입력되는 제어 정보를 분석 처리하여 필요한 제어명령을 내려 주는 부분이다.
④ 네트워크(Network) : 각 시스템을 구성해 주는 부분이다.
⑤ 소프트웨어(Software)

(2) 자동화 시스템에서 센서의 사용목적
① 자동화 시스템의 고장을 진단하기 위해
② 고장 발생 개소를 진단하기 위해
③ 노화된 공구를 검출하기 위해
④ 생산 공정의 최적화에 요구되는 측정값을 제공하기 위해
⑤ 품질 향상을 위한 정보를 수집하기 위해
⑥ 자재관리 및 물류과정을 감시하기 위해
⑦ 유연 자동화에서 제품을 판별하기 위해

(3) 센서의 기본 요건
① 고안정성
② 고신뢰성
③ 긴 수명
④ 고내구성

(4) 센서의 사용목적
① 정보의 수집
② 정보의 변환
③ 제어 정보의 취급

(5) 센서의 기본적 분류

분류 기준	센 서
구 성	기본센서, 조립센서, 응용센서
기 구	기구형(또는 구조형), 물성형, 기구/물성 혼합형
출력 형식	아날로그 센서, 디지털 센서, 주파수형 센서, 2진형 센서
감지 대상	물리량, 역학량, 화학량
에너지 변환	에너지 변환형 센서, 에너지 제어형 센서
동작 방식	수동형, 능동형
재 료	세라믹, 반도체, 금속, 고분자, 효소, 미생물
용 도	계측용, 감시용, 검사용, 제어용
응용 분야	산업용, 민생용, 의료용, 화학실험용, 우주용, 군사용

① 기구에 따른 분류
  ㉠ 기구형(구조형) 센서(장의 법칙 이용)
    • 구조나 치수로 특성이 결정되는 센서이다.
    • 고감도이고 안정한 특성을 갖는 센서를 실현하기 쉽고 대상이나 용도에 최적인 설계가 가능하도록 한 센서이다.
    • 정전용량의 변화를 이용한 변위센서이다.
    • 전자유도현상을 이용한 센서이다.

ⓒ 물성형 센서(물성의 법칙 이용)
- 실리콘의 pn접합의 광기전력을 이용한 광센서이다.
- 황화카드뮴의 가시광영역의 광전도 효과를 이용한 광센서이다.
- 물성에 특성이 지배되는 센서(재료로 특성이 거의 결정)이다.
- 반도체 미세가공 기술을 사용하면 초소형 센서를 저비용으로 대량 생산할 수 있는 특성이 있다(가전용, 자동차용).

② 감지 대상에 따른 분류

분류	감지 대상	센 서
역학센서	변위/길이	차동 트랜스, 스트레인 게이지, 콘덴서 변위계
	속도/가속도	회전형 속도계, 가속도계(동전형, 압전형)
	회전수/진동	인코더, 리졸버, 스트로보스코프, 압전형 검출기
	압 력	다이어프램, 로드 셀, 수정 압력계
	힘/토크	저울, 천칭, 토션바
물리센서	온 도	열전쌍, 서미스터, 온도계
	빛/색	광도전, 이미지 센서, 포토다이오드
	자 기	홀(Hall) 소자, 자기저항 소자
	전 류	분류기, 변류기
	자외선/방사선	조도계, 광량계, GM계수기
화학센서	습 도	세라믹 센서, 결로센서, 고분자막 센서
	가 스	매연센서, 반도체 가스센서, 산소센서
	이 온	pH 전극센서, 이온 선택 전극센서

③ 에너지 변환에 따른 분류
ⓐ 에너지 변화형 센서
- 열전대(온도 센서)가 부하에 접속되면 전류가 흐르는 데 열기전력과 출력전류와의 곱은 입력한 열의 세기가 변환된 것이다.
- 포토다이오드와 태양전지를 광센서로서 사용했을 때 출력되는 전력은 센서에 작용하는 빛 에너지의 일부이다.

ⓑ 에너지 제어형 센서
- 온도나 빛 등의 입력신호는 외부 전원에서의 출력(에너지)의 흐름을 제어한다(서미스터 온도센서, 황화 카드뮴을 사용한 광센서).
- 출력신호의 에너지(전력)가 검출 대상으로부터 얻어진 것인지, 검출 대상과는 관계가 없는 외부 전원에서 얻어졌는지에 따라 센서의 신호 변환 방식을 대변한다.

④ 동작 방식에 따른 분류
ⓐ 수동형 센서
- 감지 대상에서 얻는 에너지의 일부를 감지 및 변환에 활용하는 방식이다.
- 에너지 변환형 센서에서는 출력에너지의 세기가 입력보다 클 수 없으므로 수동형 센서라고 한다.
- 검출소자인 센서에 별도로 전원을 공급하지 않아도 되는 태양전지(Solar Cell), 열전대(Thermo-couple), 피에조(Piezo) 센서가 수동형 센서이다.

ⓑ 능동형 센서
- 감지 대상과 별도의 에너지원으로부터 에너지를 공급받아 대상의 반응에 의해 정보를 얻는 방식이다.
- 레이더와 같이 대상에 전파를 보내 대상으로부터의 반사파를 잡아 대상까지의 거리나 대상의 속도를 측정하는 센서이다.
- 포토트랜지스터, 서미스터, 레이저 센서나 광센서처럼 검출 소자에 전원을 공급해 주어야만 동작 특성을 나타내는 것이 능동형 센서이다.

(6) 센서에 요구되는 특성

항 목	특 성
입력조건	입력 레벨(Level), 입력 형태, 검출범위
출력조건	출력 레벨(Level), 출력 형태, S/N비
응답성	감도 또는 분해능, 응답속도
확도와 정도	교정과 검정, 선형성, 히스테리시스 특성, 드리프트, 노이즈 보상, 온도 보상
신뢰성	온도 리사이클 내성, 내충격성, EMC(전자 정합성)
안정성	내약품성, 호환성, 방폭성
내환경성	사용온도와 습도의 범위, 실제 장치와 취급성
수 명	자유로운 정비성, 조립성, 기타

핵심예제

1-1. 다음 중 화학센서에 해당하는 것은?
① 가속도 센서   ② 자기센서
③ 가스센서   ④ 변위센서

1-2. 센서가 갖추어야 할 기본 요건이 아닌 것은?
① 긴 수명   ② 고신뢰성
③ 고안정성   ④ 정보의 수집

1-3. 센서의 기본적 분류에서 출력 형식에 따른 분류에 속하지 않는 것은?
① 2진형 센서   ② 디지털 센서
③ 주파수형 센서   ④ 에너지 제어형 센서

1-4. 센서에 요구되는 특성 중 응답성에 해당하지 않는 것은?
① 감 도   ② 분해능
③ 선형성   ④ 응답속도

| 해설 |

1-1
①, ④ 역학센서
② 물리센서

1-2
④는 센서의 사용목적에 대한 내용이다.

1-3
④는 에너지 변환에 따른 분류 방식의 센서이다.

1-4
③은 확도와 정도에 관한 특성이다.

정답 1-1 ③ 1-2 ④ 1-3 ④ 1-4 ③

핵심이론 02 | 센서 선정

(1) 센서 도입 전 고려 사항

센서를 도입하고자 할 때 다음 항목들을 기본으로 한다.
① 작업자 보호 및 안전
② 생산 원가 절감
③ 생산설비 자동화
④ 생산 공정 합리화
⑤ 생산 체제 유연성

(2) 센서 선정 시 고려해야 할 사항

① 센서의 특성 : 센서를 선정할 때 사용목적에 맞는 센서를 선정한다.
  ㉠ 검출 대상
  ㉡ 검출 대상물 크기
  ㉢ 검출범위
  ㉣ 응답속도
  ㉤ 검출한계
② 센서의 신뢰성 : 센서는 설치 후 장기간에 걸쳐 목적 성능을 유지해야 하므로, 선정 시 주변 환경 등을 고려하여 다음 항목들을 점검한다.
  ㉠ 수 명
  ㉡ 재현성
  ㉢ 히스테리시스
  ㉣ 직진성 및 감도
③ 센서의 생산성 : 고가의 센서를 설치할 경우 운전 및 유지보수에 대한 비용으로 경제성이 떨어지는 경우가 있다.
  ㉠ 제조 산출률
  ㉡ 제조 원가
  ㉢ 호 환

(3) 센서 선정 시 점검항목

항 목	선적 방향	점검항목
측정조건	시스템 특성을 검토하고, 센서의 필요성과 목적을 명확히 한다.	측정목적, 측정량, 측정범위, 입력신호, 요구 정도, 측정시간
특 성	요구 특성에 맞는 센서 특성을 선정한다.	정도, 안정성, 응답도, 직선성, 히스테리시스, 출력신호
사용조건	센서의 설치환경을 고려한다.	설치 장소, 접촉식·비접촉식, 외부신호, 표시법
구매 보전	측정 방식과 가격이 최적이며, 구입이 쉽고 보수가 용이하며, 내구성이 좋은 것으로 선정한다.	가격, 납기, 서비스, 보증기간, 표준 및 특수 사양

(4) 센서 관련 용어

① 교정 : 표준기나 표준신호를 사용하여 계측기가 나타내는 값과 참값의 관계를 구하는 것이다.

② 정확도 : 계측기가 나타내는 값 또는 측정 결과의 정확성과 정밀성을 포함한 총체적인 양호성으로, 전체 측정 범위의 백분율로 표시한다.

③ 정밀도 : 같은 조건에서 동일한 대상을 여러 번 측정한 실측치들의 상호 유사 정도로, 반복 정밀도와 같은 개념으로 전체 측정범위의 백분율로 표시한다.

④ 감도 : 측정기기의 출력신호를 감수하는 정도나 능력으로 계측기기를 표현할 수 있는 최소단위로, 통상 분해능과 비슷한 개념으로 사용된다.

⑤ 분해능 : 측정값의 변화에 감응하는 정도로서, 계기의 지시량을 얼마나 세밀하게 분리할 수 있는지를 나타내는 해상력으로 전체 측정범위의 백분율로 표시한다.

⑥ 오 차
 ㉠ 측정치에서 참값을 뺀 값으로, 오차의 참값에 대한 비율을 오차율이라고 한다.
 ㉡ 시스템 오차 : 센서의 오차를 포함한 제품의 제반 오차

⑦ 선형성 : 교정곡선에서 무부하 시 출력과 정격부하 출력을 잇는 직선과의 비율이다.

⑧ 주기 및 주파수 : 일정한 시간마다 되풀이해서 크기나 방향이 바뀌는 교류의 전압이나 전류에 있어서 1회의 변화가 완료하는, 즉 1사이클에 요하는 시간을 주기라고 한다. 1초 동안의 진동수를 주파수라고 한다.

⑨ 변형률 : 물체에 있어서 탄성을 보유하는 응력한계를 탄성한계라 하고, 가해진 외력을 제거할 때 없어지는 변형률을 탄성한계율이라고 한다. 변형량과 원래의 치수와의 비율로서, 즉 단위 길이에 대한 변형량으로 변형의 정도를 비교한 것을 변형률이라 한다. 단위는 율(Ratio) 개념으로 무차원수이지만 100을 곱하여 [%]로 나타낼 수 있다.

⑩ 선팽창계수 : 온도가 1[℃] 변화하는 데 따라 생기는 재료의 신축량과 처음 길이와의 비로, 열팽창계수라고도 한다.

⑪ 표점거리 : 변위나 스트레인(Strain)을 측정하기 위한 두 개의 측정점 사이의 거리이다.

⑫ 절연저항 : 절연체에 직류전압을 가하면 극히 작은 전류가 흐르며, 이 경우의 전압과 전류의 비율로서 저항값이 클수록 절연성능이 우수하며 전기적 잡음의 영향이 작다.

⑬ 내전압 : 기기, 부품 등이 어느 정도의 전압까지 견디는가를 나타내는 값이다. 사용전압의 수배 이상의 고전압이 가해질 수 있으므로 이러한 조건에서 견디는 능력을 평가 또는 보증하기 위한 시험이다.

⑭ 재현성 : 동일한 방법으로 동일한 측정 대상을 측정자와 장치, 측정 장소, 측정 시기의 전부 또는 어느 것을 다른 조건하에서 측정했을 경우의 개개의 측정치가 일치하는 성질 또는 정도이다.

⑮ 안정성 : 계측기 또는 그 요소의 특성이 시간의 경과 또는 측정량의 변화에 대하여 얼마나 변하지 않는가 하는 정도이다.

⑯ 신뢰성 : 압력, 온도, 습도, 충격, 시간 경과, 먼지나 녹 등 환경 변화에 영향을 적게 받는 정도로서, 시간적 안정성을 나타내는 성질이다.

⑰ 내구성 : 시스템을 운영할 때 시스템이 외부적인 충격이나 내부에서 발생하는 스트레스에 견딜 수 있는 능력이다. 여기에서 스트레스란 시스템의 수명에 영향을 주는 여러 가지 변수(온도, 압력, 전압, 충격)이다.

⑱ S/N비 : 신호(Signal)와 잡음(Noise)의 비로, 통상 그 비의 대수를 잡아 20배하여 데시벨[dB]이라는 단위로 표시한다. 센서소자 또는 센서시스템의 성능을 나타내는 지표의 하나로서 클수록 좋은 성능을 나타낸다.

⑲ 반복 정도 : 일정 조건하에서 대상 물체를 반복하여 인접시켰을 때의 검출거리의 오차로서, 단위는 거리 단위로 표시한다.

⑳ 응차거리(Hysteresis) : 최초로 센서의 출력이 On되는 지점과 Off되는 지점과의 거리의 차이다.

㉑ 응답시간 : 센서의 동작범위 내에 검출 대상이 들어가서 출력이 발생될 때까지의 시간이다.

핵심예제

2-1. 센서 선정 시 고려사항으로 옳지 않은 것은?
① 안정성 ② 신뢰성
③ 생산성 ④ 특 성

2-2. 센서의 신뢰성 고려 항목이 아닌 것은?
① 수 명 ② 응답속도
③ 히스테리시스 ④ 직진성 및 감도

2-3. 계기의 지시량을 얼마나 세밀하게 분리할 수 있는지를 나타내는 해상력으로, 전체 측정범위의 백분율로 표시하는 센서 관련 용어는?
① 내구성 ② 선형성
③ 재현성 ④ 분해능

2-4. 최초로 센서의 출력이 On되는 지점과 Off되는 지점과의 거리의 차는?
① 표점거리 ② S/N비
③ 응답시간 ④ 응차거리

|해설|

2-1

센서 선정 시 고려 사항
- 센서의 특성 : 센서 선정 시 사용목적에 맞는 센서를 선정한다.
- 센서의 신뢰성 : 센서는 설치 후 장기간에 걸쳐 목적 성능을 유지해야 하므로, 선정 시 주변 환경 등을 고려한다.
- 센서의 생산성 : 고가의 센서를 설치할 경우 운전 및 유지보수에 대한 비용으로 경제성이 떨어지는 경우가 있다.

2-2

센서의 신뢰성 : 센서는 설치 후 장기간에 걸쳐 목적 성능을 유지해야 하므로, 선정 시 주변 환경 등을 고려하여 다음 항목을 점검한다.
- 수 명
- 재현성
- 히스테리시스
- 직진성 및 감도

2-3

① 내구성 : 시스템을 운영할 때 시스템이 외부적인 충격이나 내부에서 발생하는 스트레스에 견딜 수 있는 능력이다. 여기에서 스트레스란 시스템의 수명에 영향을 주는 여러 가지 변수(온도, 압력, 전압, 충격)이다.
② 선형성 : 교정곡선에서 무부하 시 출력과 정격부하 출력을 잇는 직선과의 비율이다.
③ 재현성 : 동일한 방법으로 동일한 측정 대상을 측정자와 장치, 측정 장소, 측정 시기의 전부 또는 어느 것을 다른 조건하에서 측정했을 경우의 개개의 측정치가 일치하는 성질 또는 정도이다.

2-4

① 표점거리 : 변위나 스트레인(Strain)을 측정하기 위한 두 개의 측정점 사이의 거리이다.
② S/N비 : 신호(Signal)와 잡음(Noise)의 비로, 통상 그 비의 대수를 잡아 20배하여 데시벨[dB]이라는 단위로 표시한다.
③ 응답시간 : 센서의 동작범위 내에 검출 대상이 들어가서 출력이 발생될 때까지의 시간이다.

정답 2-1 ① 2-2 ② 2-3 ④ 2-4 ④

1-2. 센서 변환, 전송, 처리, 출력

핵심이론 01 | 신호 변환

(1) 디지털 데이터 표현

① 0~100[V] 아날로그 전압범위에 대하여 2개의 전압범위를 더 추가하여 세분화한 세분화 수는
조합의 개수 = $2n$ (n은 이진신호의 개수)
② 2개의 이진신호 사용 : 2^2 = 4개
③ 8개의 이진신호 사용 : 2^8 = 256개
④ 0~100[V] 아날로그 값의 최소범위는
100/256 = 0.39[V]이다.
⑤ 8개의 이진신호로 데이터가 전송될 때 8[bit] 데이터라 하고, 8[bit] 코드워드가 전송되기 위해서는 8개의 신호선이 필요하다.

(2) A/D 변환기의 중요한 특성

① A/D 변환기 : 입력 측에 공급되는 아날로그 전압값을 등가의 비트 조합값으로 변환하여 출력 측에 전달하는 전자회로이다.
② 변환속도 : 마이크로 초단위로 분석한다(분석주기).
③ 데이터 길이 : 비트 수이다(아날로그 신호의 정확한 표현).
④ 신호 증폭 : 출력신호를 증폭하여 사용한다.
⑤ 선형화 작업 : 비선형 출력신호를 선형적 신호로 전달한다.

핵심예제

0~100[V]의 신호를 8개의 2진 신호로 사용하고자 한다. 최소 신호는?

① 0.039[V]   ② 0.125[V]
③ 0.39[V]   ④ 12.5[V]

|해설|
0~100[V] 아날로그 값의 최소범위는 100/256 = 0.39[V]이다.

정답 ③

핵심이론 02 | 센싱을 위한 회로 구성

(1) 근접센서

센서의 검출면에 접근하는 물체의 유무를 전자계의 에너지(자력, 빛 등)를 이용하여 기계적 접촉 없이 검출하는 센서이다.

① 유도형(고주파 발진형) : 전자유도를 이용하여 검출한다.
② 정전용량형 : 정전용량의 변화를 검출한다.
③ 자기형 : 자석을 이용한다(리드 스위치).
④ 광전형 : 빛을 이용한다(광전 스위치, 광센서).
⑤ 초음파형 : 주파수를 이용한다(초음파센서).

(2) 근접센서의 동작원리

① 유도형 근접센서

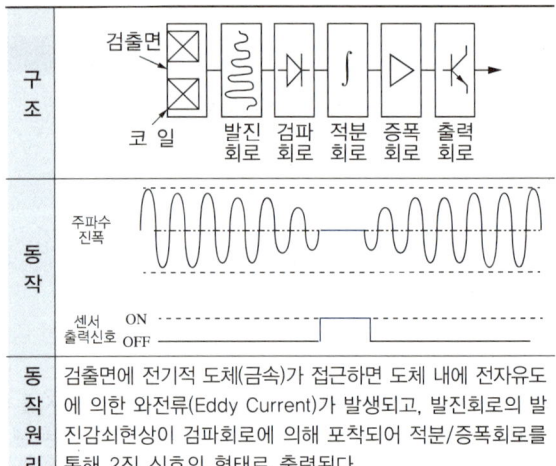

구조	검출면 - 코일 - 발진 회로 - 검파 회로 - 적분 회로 - 증폭 회로 - 출력 회로
동작	주파수 진폭 / 센서 출력신호 ON OFF
동작원리	검출면에 전기적 도체(금속)가 접근하면 도체 내에 전자유도에 의한 와전류(Eddy Current)가 발생되고, 발진회로의 발진감쇠현상이 검파회로에 의해 포착되어 적분/증폭회로를 통해 2진 신호의 형태로 출력된다.

② 정전용량형 근접센서

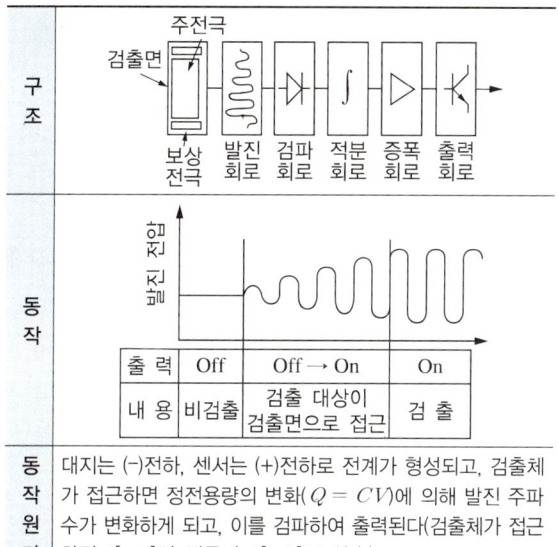

(3) 증폭기의 종류

① 연산증폭기 : 부궤환의 방법에 따라서 덧셈, 뺄셈, 미분, 적분 등의 연산기능을 갖게 할 수 있는 고이득의 직류증폭기이다.

② 차동증폭기 : 2개의 입력단자에 가해진 2개의 신호차를 증폭하여 출력으로 하는 회로이다.

(4) 연산증폭기(Operational Amplifier)

① 이상적인 연산증폭기의 특징
  ㉠ 이득이 무한대이다(Open Loop).
  ㉡ 입력 임피던스가 무한대이다(Open Loop).
  ㉢ 대역폭이 무한대이다.
  ㉣ 출력 임피던스가 0이다.
  ㉤ 전력 소비가 낮다.
  ㉥ 온도 및 전원 전압 변동에 따른 영향이 없다.
  ㉦ 오프셋(Off-set)이 0이다.
  ㉧ MRR이 무한대이다(차동증폭회로).

② 일반적인 연산증폭기의 특징
  ㉠ 증폭도가 매우 큰 직류 증폭회로(1만 배 이상의 증폭도를 가짐)이다.
  ㉡ 입력 임피던스가 매우 크고, 출력 임피던스가 매우 작다.
  ㉢ 차동증폭회로로 되어 있다.
    출력전압 $Vo = A(V_{+input} - V_{-input})$
    여기서, A : 증폭도

핵심예제

2-1. 검출속도가 빠르고 수명이 길며 전자장 내의 와전류 형성에 의해 금속 물체를 검출하는 것은?
① 리밋 스위치
② 마이크로 스위치
③ 유도형 근접 스위치
④ 광전 스위치

2-2. 자석에서 발생되는 자력에 의해 스위치 작동을 행하는 것은?
① 로드 셀
② 용량형 센서
③ 리드 스위치
④ 초음파 센서

2-3. 일반적인 연산증폭기의 특징이 아닌 것은?
① 출력 임피던스가 0이다.
② 차동증폭회로로 되어 있다.
③ 증폭도가 매우 큰 직류증폭회로이다.
④ 입력 임피던스가 매우 크고, 출력 임피던스가 매우 작다.

2-4. 2개의 입력단자에 가해진 2개의 신호차를 증폭하여 출력하는 회로를 갖는 증폭기는?
① 연산증폭기
② 전압증폭기
③ 차동증폭기
④ 전류증폭기

|해설|

2-1
유도형 근접 스위치는 발진 코일로부터 전자계의 영향을 받아 유도에 의한 와전류가 금속체 내부에 발생하여 에너지를 빼앗아 발진 진폭의 감쇄를 가져온다.

2-2
리드 스위치(Reed Switch)는 외부 자기장을 검출하는 자기형 근접 감지기이다.

2-3
①은 이상적인 연산증폭기의 특징이다.

정답 2-1 ③ 2-2 ③ 2-3 ① 2-4 ③

핵심이론 03 | 근접센서의 설치

(1) 검출 물체의 위치 설정
① 동작거리 : 검출 물체가 접근하여 근접센서가 동작할 때의 감지면과 검출 물체와의 거리이다.
② 설정거리 : 근접센서를 안정적으로 동작시키기 위한 거리로, 최대 동작거리의 70[%] 이하로 한다.

(2) 근접센서의 설치
① 매입형(Shielded Type)의 설치
  ㉠ 감지면을 금속 외장과 동일한 면에 설치한다.
  ㉡ 비감지 대상 물체와 근접센서의 감지면과의 이격거리는 센서 직경(d)의 3배 이상의 거리를 둔다.
② 돌출형(Non-shielded Type)의 설치
  ㉠ 금속 내에 둘러싸여 사용하지 못하고 외부로부터 자계의 영향을 받기 쉽다.
  ㉡ 매입형보다 긴 거리의 검출 성능을 가진다.
  ㉢ 비감지 대상 물체와 근접센서의 감지면과의 이격거리는 센서 직경의 3배 이상의 거리를 둔다.
③ 근접센서의 병렬 설치
  ㉠ 센서 상호간의 영향(상호간섭)을 받지 않도록 충분한 거리를 확보한다.
  ㉡ 매입형은 센서 직경의 3배 이상, 돌출형은 4배 이상의 거리를 둔다.
④ 근접센서 간의 이격거리
  ㉠ 감지면과 감지면을 마주 보게 설치한다.
  ㉡ 정격감지거리(Sn)의 6배 이상의 거리를 둔다.

(3) 근접센서의 케이블 배선
① 케이블 동력선은 고압선과는 다른 전선관을 사용한다.
② 동일 전선관 사용 시 0.3[mm²] 이상의 케이블을 사용한다.
③ 30[cm] 이상 연장 시 도체 저항 100[Ω/km] 이하 케이블을 사용한다.
④ 고속 응답 시 케이블을 길게 연장하면 출력파형이 찌그러질 경우가 발생할 수 있으므로 주의한다.

(4) 부하와의 접속
① 부하와 서지 업소바(Surge Absorber)는 병렬로 접속한다.
② 릴레이, 모터, 마그네트 등의 유도성 부하는 서지 흡수용 다이오드를 역방향으로 병렬로 접속한다.
③ 콘덴서 사용 시 전류제한저항(R)을 접속하여 사용한다(R은 피크전류를 센서의 부하전류 이내로 설정한다).

(5) 직류형 근접센서의 배선방법
① 2선식 배선
  ㉠ 부하 없이 전원을 공급하면 내부 소자가 파손되므로 반드시 부하를 접속한 후 전원을 공급해야 한다.

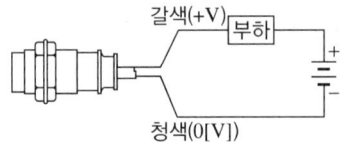

  ㉡ PLC 접속 시 극성이 바뀌지 않도록 주의한다.

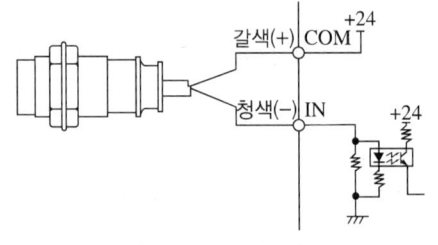

[NPN형 입력 모듈]

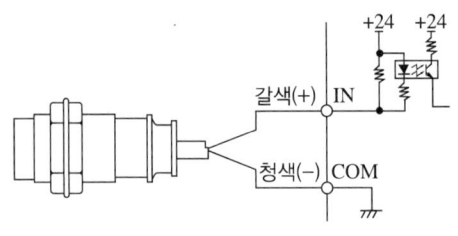

[PNP형 입력 모듈]

② 3선식 배선
　㉠ 출력 형식 : NPN 출력형과 PNP 출력형이 있다.
　㉡ 직접 파워 릴레이, 솔레노이드, 전자카운터, PLC 등의 직류구동부하를 개폐한다.

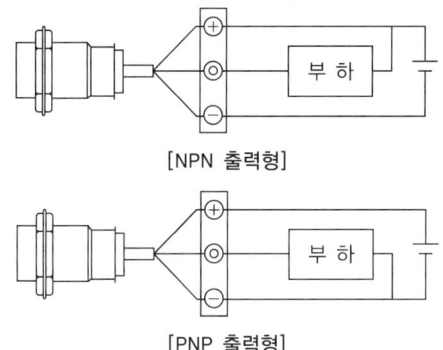

　㉢ PLC 접속할 경우

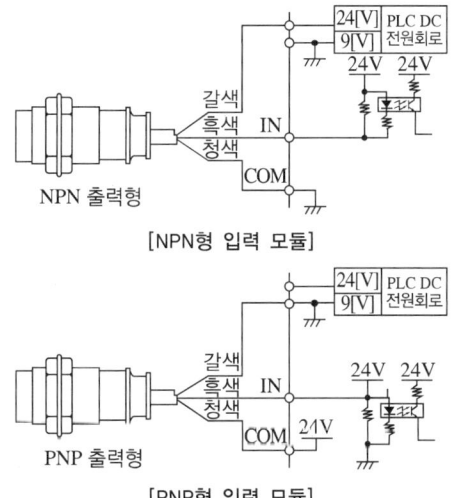

　㉣ 직렬(AND)접속할 경우
　　• 근접센서가 모두 동작해야 부하가 작동한다.
　　• 잔류 전압의 합이 동작 전압과 부하 구동 전압에 영향을 미치지 않을 정도까지 접속이 가능하다.
　　• NPN형과 PNP 출력형을 혼합해서 접속할 수 없다.

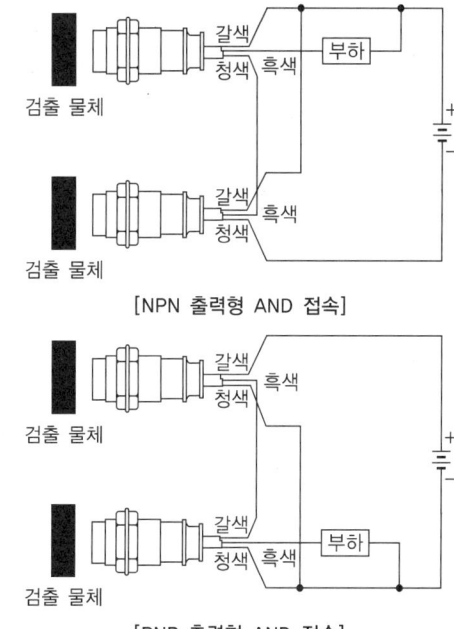

　㉤ 병렬(OR)접속할 경우
　　• 근접센서 중 한 개만 동작해도 부하가 작동한다.
　　• 누설전류의 합이 부하 복귀전류에 영향을 미치지 않는 정도까지 다수를 연결하여 사용한다.
　　• NPN형과 PNP 출력형을 혼합해서 접속할 수 없다.

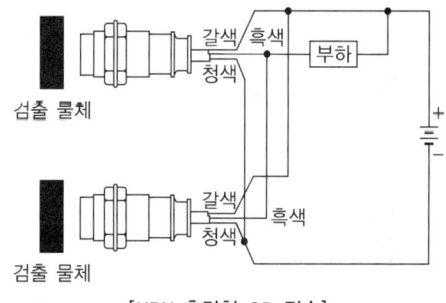

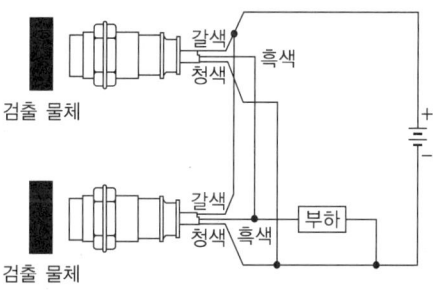

핵심예제

3-1. 다음 그림과 같이 유도형 근접센서 2개를 병렬로 설치하고 두 센서의 이격거리 작업을 하고자 한다. 이격거리(s)는?

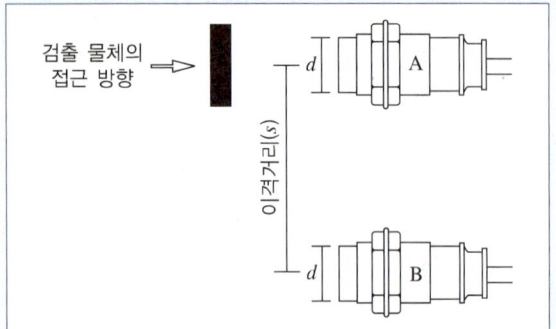

① $s = \dfrac{1}{2}d$ ② $s = d$
③ $s = 2d$ ④ $s = 4d$

3-2. 근접센서의 감지면과 감지면을 마주 보게 설치해야 될 경우의 이격거리는?
① 센서 직경(d)의 3배 이상의 거리를 둔다.
② 센서 직경(d)의 4배 이상의 거리를 둔다.
③ 정격감지거리(Sn)의 4배 이상의 거리를 둔다.
④ 정격감지거리(Sn)의 6배 이상의 거리를 둔다.

3-3. 다음은 3선식 근접센서를 PLC에 접속하는 그림이다. 그림에 대한 설명으로 옳은 것은?

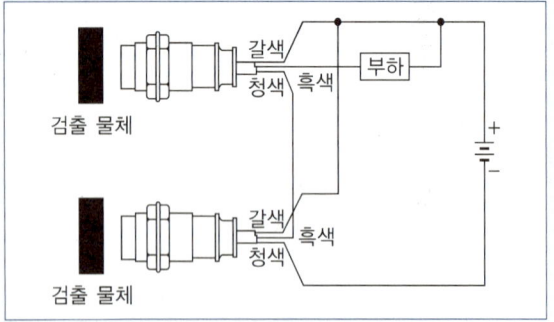

① NPN 출력형 AND 접속 배선을 하고 있다.
② NPN 출력형 OR 접속 배선을 하고 있다.
③ PNP 출력형 AND 접속 배선을 하고 있다.
④ PNP 출력형 OR 접속 배선을 하고 있다.

|해설|

3-1
센서 A와 센서 B의 이격거리(s)는 센서 직경(d)의 거리만큼 이격시켜 병렬 설치한다($s = d$).

3-3
3선식 근접센서의 PLC 결선 참조

정답 3-1 ② 3-2 ④ 3-3 ①

제2절 센서의 신호 및 관리

2-1. 센서 신호 측정방법

핵심이론 01 센서의 기본 특성

(1) 센서의 물리량
① 물리적인 정보 : 압력, 위치, 변위, 속도, 가속도, 온도, 질량
② 화학적인 정보 : 조성(기체, 액체, 고체)
③ 전자적인 정보 : 전하, 자기, 전류
④ 광학적인 정보 : 가시광, 자외선, 적외선, X선, 방사선

(2) 트랜스듀서(변환기)의 전기 변환 목적
① 전기전자 제어를 위한 피드백 신호로 사용하기 편리하다.
② 원하는 정보를 얻기 위하여 필터링, 미분, 저장 등 신호처리가 간단하다.
③ 원거리 정보 전송이 가능하다.

(3) 센서의 기본 특성
① 정특성(Static Characteristics) : 입력신호가 시간적으로 변하지 않고 일정할 때의 특성이다. 예로서 감도, 직선성, 히스테리시스 등이 있다.
② 동특성(Dynamic Characteristics) : 입력신호가 시간에 따라 변할 때의 특성으로 응답 특성을 의미한다. 예로서 응답시간, 주파수 특성 등이 있다.
③ 전달함수(Transfer Function) : 센서의 물리적 입력신호와 출력신호 사이의 변환함수의 관계이다. 방정식, 테이블, 그래프 등으로 나타낸다.
④ 동작범위(Operating Range) 또는 스팬(Span) : 센서 출력을 발생시킬 수 있는 최대 입력과 최소 입력 사이의 범위가 존재하는데 이를 동작범위라고 한다.
⑤ 정밀도-분해능(Resolution) : 검출할 수 있는 최소 입력증분이다.
⑥ 정확도(Accuracy) : 센서 출력이 참값에 얼마나 가까운가를 나타내는 척도로, 실제로는 부정확도로 나타낸다.
⑦ 오차 : 참값(xt)과 센서가 측정한 값(xm) 사이의 최대 편차이다. 센서의 확도(오차) 표시는 상대오차(백분율 오차) 또는 정격 출력(FSO)의 백분율로 표시한다.
⑧ 반복성(Precision) : 동일한 양을 동일한 조건(환경, 사람 등)하에서 동일한 방법으로 단기간에 연속 측정할 때 측정값들이 서로 얼마나 일치하는가를 나타낸다.
⑨ 재현성(Reproducibility) : 동일한 양을 같은 방법으로 장기간에 걸쳐 측정하거나, 다른 사람에 의해서 측정되거나, 다른 실험실에서 측정될 때 측정값 사이에 일치하는 정도이다. 센서를 정기적으로 검사, 교정, 보수해야 한다.

핵심예제

1-1. 센서의 기본 특성에서 검출할 수 있는 최소 입력증분이란?
① 스 팬   ② 분해능
③ 정확도 ④ 정특성

1-2. 센서의 기본 특성 중 정특성 요소가 아닌 것은?
① 감 도   ② 직선성
③ 응답시간 ④ 히스테리시스

1-3. 입력신호가 시간에 따라 변할 때의 특성으로 응답 특성을 의미하는 것은?
① 스 팬   ② 분해능
③ 동특성 ④ 정특성

|해설|

1-1~1-3
센서 기본 특성
- 스팬 : 센서 출력을 발생시킬 수 있는 최대 입력과 최소 입력 사이의 범위가 존재하며, 이를 동작범위라고 한다.
- 정밀도-분해능 : 검출할 수 있는 최소 입력증분이다.
- 정확도 : 센서 출력이 참값에 얼마나 가까운가를 나타내는 척도로, 실제로는 부정확도로 나타낸다.
- 정특성 : 입력신호가 시간적으로 변하지 않고 일정할 때의 특성이다. 예로서 감도, 직선성, 히스테리시스 등이 있다.

정답 1-1 ② 1-2 ③ 1-3 ③

핵심이론 02 | 접촉식 센서

(1) 마이크로 스위치

① 장 점
- ㉠ 소형이고, 대용량의 전력을 개폐할 수 있다.
- ㉡ 정밀스냅액션기구를 사용하여 반복 정밀도가 높다.
- ㉢ 응차의 움직임이 있어 진동과 충격에 강하다.
- ㉣ 액추에이터에 따른 기종이 다양하여 선택범위가 넓다.
- ㉤ 기능 대비 경제성이 높다.

② 단 점
- ㉠ 금속 접점을 사용하여 접점 바운스나 채터링이 있는 것도 있다.
- ㉡ 전자 부품과 같은 고체화 소자에 비해서 수명이 짧다.
- ㉢ 동작, 복귀 시 소음이 난다.
- ㉣ 전자회로와 같은 드라이 서킷회로에서는 개폐 능력에 한계가 있고, 구조적으로 완전 밀폐가 아니므로 사용환경에 제한이 있다.

(2) 전기 리밋 스위치

① 외부의 작용에 의해 전기적 접점이 변환되는 동작을 갖는다.
② 접점의 수명은 약 1,000만 회 정도에 이른다.
③ 접점부의 허용전류는 외관에 비해 상대적으로 큰 전력까지 스위칭이 가능하다.
④ 스냅동작기구에 의해 1~15[ms] 범위의 빠른 스위칭 타임을 갖는다.
⑤ 스위치의 보호구조가 사용 장소의 환경에 적합한지 확인하여야 한다.

(3) 접점 보호회로

유도작용을 이용한 장치에 공급 중이던 직류 전원을 차단하면 수배에서 수십 배에 해당하는 반대 극성의 유도전압(파괴전류), 즉 역기전력이 발생하며, 이를 방지하기 위해 아크억제회로를 삽입한다.

① DC 전원용 보호회로
- ㉠ 다이오드의 역극성을 이용한다.
- ㉡ 전원의 극성에 특히 유의하여 사용한다.

② DC/AC 전원용 보호회로
- ㉠ R과 C를 스위치와 직렬연결 : 직류와 교류 전원에 사용한다.
- ㉡ R과 C를 스위치와 병렬연결 : 교류 전원에 사용한다.
  - 코일(부하)의 임피던스가 R과 C의 임피던스보다 매우 적을 때 사용한다.
  - C소자는 접점 전류 1[A]에 대해 1~0.5[μF]를 사용하며, 200~300[V]의 내전압을 갖도록 한다.
  - R소자는 접점 전압 1[V]에 대해 1~0.5[Ω]의 저항으로 부하의 성질에 따라 결정한다.

(4) 공압 리밋 스위치

외력은 공압에너지에 의해 작동되므로 전기 접점의 스파크와 같은 현상은 일어나지 않는다.

핵심예제

2-1. 마이크로 스위치의 장점이 아닌 것은?
① 기능 대비 경제성이 높다.
② 소형이고, 대용량의 전력을 개폐할 수 있다.
③ 응차의 움직임이 있어 진동과 충격에 강하다.
④ 구조적으로 완전 밀폐가 아니므로 사용환경에 제한이 있다.

2-2. 전기 리밋 스위치에 대한 설명으로 옳지 않은 것은?
① 외부의 작용에 의해 전기적 접점이 변환되는 동작을 갖는다.
② 스냅동작기구에 의해 1~15[ms] 범위의 빠른 스위칭 타임을 갖는다.
③ 접점부의 허용전류는 외관에 비해 상대적으로 큰 전력까지 스위칭이 가능하다.
④ 외력은 공압에너지에 의해 작동되므로 전기 접점의 스파크와 같은 현상은 일어나지 않는다.

|해설|
2-1
④는 마이크로 스위치의 단점이다.
2-2
④는 공압 리밋 스위치에 대한 설명이다.

정답 2-1 ④ 2-2 ④

핵심이론 03 | 비접촉식 센서

(1) 근접센서의 장점
① 비접촉 감지 동작으로 마모의 염려가 없다.
② 비교적 수명이 길고, 신뢰성이 높다.
③ 접점부의 밀봉으로 내환경성(물, 기름, 먼지)이 우수하다.
④ 빠른 스위칭 주기를 갖는다.

(2) 전기 리드 스위치(Reed Switch)
① 응답속도가 빠르고, 유리에 봉입되어 접촉 신뢰성이 우수하다.
② 유리 튜브 내에 백금, 금, 루테늄, 로듐 등의 금속으로 접점 도금을 한 자성체 리드핀을 설치하고, 불활성 가스(질소와 수소 혼합가스)를 함께 봉입한 구조이다.
③ 접점부가 완전히 밀폐되어 가스, 액체, 고온·고습한 환경에서도 안정하게 동작된다.
④ 내전압 특성이 우수(10[kV] 이상)하다.
⑤ 소형, 경량이고 가격이 저렴하다.
⑥ 유리 튜브를 사용하기 때문에 강한 외부 응력을 피하고 과도한 충격을 가하지 않도록 해야 한다.

(3) 광센서
① 빛을 매개체로 하여 물체의 유무 검출, 색채 검출, 색 농도 검출, 이미지 검출 등에 사용되는 검출기이다.
② 빛을 내는 투광부와 반사, 투과, 흡수, 차광 등의 변화를 받는 수광부에서 On/Off 신호를 낸다.
③ 광전 스위치 : 전기에너지를 빛으로 변환시키는 발광소자(GaAs, CaAlAs, GaP 등의 PN 접합소자)를 사용하여 빛을 내는 발광부에 의해 검출 대상을 향해 빛을 조사하고, 검출 대상에 의해 변화된 빛을 수신하여 전기적 신호로 변환 및 증폭(포토다이오드, 포토트랜지스터 등의 소자)시키는 수광부를 갖춘 센서이다.

④ 광센서의 장점
　㉠ 비접촉으로 검출할 수 있다.
　㉡ 검출거리가 길다.
　㉢ 대부분의 대상물을 검출할 수 있다.
　㉣ 응답시간이 빠르다.
　㉤ 색의 판별이 가능하다.
　㉥ 수광의 넓이와 굵기를 자유로이 설정하기 쉽다.
　㉦ 고정도로 검출할 수 있다.

⑤ 광센서의 단점
　㉠ 렌즈면의 먼지나 유분에 의한 투·수광이 방해받는다.
　㉡ 외란 광에 주의하여야 한다. 보통 10만[lx] 정도까지는 문제되지 않는다.

⑥ 광전 스위치의 종류(광센서의 종류)
　㉠ 투과형
　　• 발광부와 수광부로 구성되어 있다.
　　• 광축이 일직선상에 마주 보도록 설치되어 있다.
　　• 검출 물체가 접근하여 빛을 차단하면 수광부에서 검출신호가 발생한다.
　　• 검출거리가 가장 길고, 검출 정도도 높으나 투명 물체의 검출은 곤란하다.
　㉡ 미러(Mirror) 반사형
　　• 발광부와 수광부가 하나의 케이스로 조립되어 있고, 반사경으로 미러를 사용한다.
　　• 발광부와 미러 사이에 반사율이 낮은 물체가 광을 차단하면 출력신호를 낸다.
　　• 광축 조정은 쉬우나 반사율이 높은 물체는 검출이 곤란하다.
　　• 편측 배선뿐이므로 설치 장소나 배선비용이 투과형에 비해 저렴하다.
　　• 직접 반사형보다 검출거리가 길다는 장점이 있다.
　㉢ 직접 반사형(확산 반사형)
　　• 미러 반사형처럼 발광부와 수광부가 하나의 케이스에 내장되어 있다.
　　• 발광부에서 나온 빛이 검출 물체에 직접 부딪혀 반사하고, 수광부는 그 반사광을 출력신호를 발생한다.
　　• 미러 반사형처럼 한쪽 배선만으로 배선이 절약된다.
　　• 설치 자유도가 크다는 장점과 광축 맞추기 등의 조정이 불필요하다.
　　• 투명체를 포함한 거의 모든 물체를 검출할 수 있다.
　　• 검출거리가 다른 형태에 비해 가장 짧다는 단점이 있다.

⑦ 광센서의 사양 비교

구 분	투과형	미러 반사형	직접 반사형
동작전압	10~30[V] DC, 20~250[V] AC		
검출거리	1~100[m]	10[m]까지	50[mm]~2[m]
검출 대상	투과율↑제외	반사율↑제외	흡수율↑제외
출력전류	100~500[mA] DC		
사용온도	0~60[℃] 또는 -25~80[℃]		
먼지 감도	민감하다.		
수 명	약 100,000시간		
주파수	20~10,000[hZ]	10~1,000[hZ]	10~2,000[hZ]
외 형	사각형, 원통형		
보호 등급	IP 67까지		

(4) 광파이버 케이블
① 유리, 플라스틱 재질을 사용한다.
② 빛의 통로를 곡선으로 유지시키거나 설치 공간을 확보하기 어려운 경우에 사용한다.
③ 굴절률이 높은 코어를 굴절률이 낮은 클래드가 감싸는 구조이다.
④ 광파이버의 형식 3가지
　㉠ 스텝 인덱스 싱글모드 : 굴절률 차이로 여러 방향으로 전파가 가능하고, 하나의 광만 통과한다.
　㉡ 스텝인덱스 멀티모드 : 굴절률 차이로 여러 방향으로 전파가 가능하고, 여러 광이 통과한다.
　㉢ 그래디언트 인덱스 멀티모드 : 굴절률이 연속적으로 변화하는 구조로, 여러 광이 통과한다.

⑤ 광파이버의 재질
　㉠ 플라스틱형 광파이버
　　• 아크릴계의 수지로 폴리에틸렌계의 피복으로 쌓여 있다.
　　• 가볍고 잘 부러지지 않으며, 저가로 많이 사용된다.
　　• 광투과율이 적고, 열에 약한 단점이 있다.
　㉡ 유리형 광파이버
　　• 글라스 파이버에 실리콘 고무, 스테인리스 피복으로 쌓여 있다.
　　• 0~50[μm] 섬유 상태의 광파이버 단선을 약 1~4[mm]로 결속하여 사용한다.
　　• 광투과율이 좋고, 높은 온도에서 사용 가능하지만 무겁고, 가격이 비싸다.

핵심예제

3-1. 자계를 감지하는 센서로 백금, 금, 루테늄 등으로 도금된 리드핀을 사용하는 센서는?
① 광스위치
② 전기 리드 스위치
③ 자기 트랜지스터
④ 전기 리밋 스위치

3-2. LED를 발광부, 포토다이오드를 수광부로 하는 센서는?
① 광센서
② 리드센서
③ 광파이브
④ 홀소자 센서

3-3. 투과형 광센서의 설명으로 틀린 것은?
① 발광부와 수광부로 구성되어 있다.
② 광축이 일직선상에 마주 보도록 설치한다.
③ 검출거리가 가장 길고, 투명 물체도 검출된다.
④ 검출 물체가 접근하여 빛을 차단하면 수광부에서 검출신호가 발생한다.

|해설|
3-3
투과형 광센서는 검출거리가 가장 길고, 검출 정도도 높으나 투명 물체의 검출은 곤란하다.

정답 3-1 ② 3-2 ① 3-3 ③

핵심이론 04 | 압력센서

(1) 다이어프램식 압력 스위치
① 스프링의 반발력에 의해 현 상태를 유지하다가 압력 변화에 의해 다이어프램 변형으로 스위치가 전환된다.
② 스위치 온 포인트는 조절나사를 조절함으로써 결정한다.

(2) 기계식 압력 스위치
① 마이크로 스위치나 밀봉된 리드 접점의 형태로 구성되어 있다.
② 직류와 교류를 모두 사용할 수 있다는 장점이 있지만, 접점의 바운싱 현상이 발생하는 단점이 있다.
　※ 바운싱 현상 : 천분의 일 초 단위에서 수회의 스위칭이 발생하는 현상
③ 스파크에 의한 접점 마모 방지를 위해 작은 유리관에 접점과 불활성 가스를 봉입한 구조이다.
④ 자장의 영향으로 스위칭 동작이 발생할 수도 있다.

(3) 전자식 압력 스위치
① 접점의 바운싱 현상을 제거한 명확한 스위칭 동작을 갖는다.
② 일정 크기의 전압과 직류 전원만으로 제한되는 것이 일반적이지만 교류 전원용 또는 겸용형으로 개발된 것도 있다.
③ 유도형, 정전용량형과 같은 전자적 근접센서가 사용된다.

(4) 스트레인 게이지(Strain Gage)
① 금속체를 잡아당기면 길이는 늘어나고 지름이 가늘어져 전기저항이 증가하며, 반대로 압축하면 저항이 감소한다는 원리를 적용한다.
② 피고정물이 받고 있는 응력, 압력, 힘, 변위 등의 피측정량을 게이지의 전기저항 변화로 변환하는 것을 목적으로 하는 소자이다.

(5) 로드 셀(중량센서)

① 수백[g]에서 수백[ton]까지 측정할 수 있다.
② 구조가 간단하다.
③ 높은 정밀도(1/5,000~1/1,000)의 측정이 가능하다.
④ 가동부가 없어 수명이 영구적이다.
⑤ 아날로그, 디지털의 표시가 자유롭다.

핵심예제

4-1. 압력이나 변형 등의 기계적인 양을 직접저항으로 바꾸는 압력센서는?
① 서미스터   ② 리니어 인코더
③ 스트레인 게이지   ④ 휘트스톤 브리지

4-2. 기계식 압력 스위치의 특징이 아닌 것은?
① 직류와 교류를 모두 사용할 수 있다.
② 마이크로 스위치나 밀봉된 리드 접점의 형태로 구성된다.
③ 접점의 바운싱 현상을 제거한 명확한 스위칭 동작을 갖는다.
④ 스파크에 의한 접점 마모 방지를 위해 작은 유리관에 접점과 불활성 가스를 봉입한 구조이다.

|해설|

4-1
스트레인 게이지(Strain Gage)는 피고정물이 받고 있는 응력, 압력, 힘, 변위 등의 피측정량을 게이지의 전기저항 변화로 변환하는 것을 목적으로 하는 소자이다.

4-2
③은 전자식 압력 스위치의 특징이다.

정답 4-1 ③ 4-2 ③

2-2. 센서관리

핵심이론 01 | 센서의 점검 및 관리

(1) 자동화 설비의 보전활동

① 계획보전 : 설비의 설계에서 폐기까지 생산성, 품질 등을 극대화시키고, 보전비용을 최소화시키는 것을 목표로 전개하는 보전활동이다.
② 예방보전 : 설비의 건강 상태를 유지하고 고장이 나지 않도록 열화를 방지하기 위한 일상보전이다. 열화를 측정하기 위한 정기검사 또한 설비보전 열화를 조기에 복원시키기 위한 정비 등을 하는 보전활동이다.
③ 사후보전 : 고장 정지 또는 유해한 성능 저하를 가져온 후에 수리하는 보전활동이다.
④ 개량보전 : 설비의 신뢰성, 보전성을 향상시키기 위한 개선이다. 특히 고장의 재발 방지, 수명 연장, 보전시간의 단축 및 기타 생산성 향상을 위한 개량 등 광범위한 설비 개선을 포함하는 것으로, 개선을 통해 열화와 고장을 줄이고 보전 불필요의 설비를 목표로 하는 보전활동이다.
⑤ 보전예방 : 고장이 잘 나지 않거나 고장이 나더라도 수리하기 쉽고 사용하기 편리한 설비를 만들기 위한 보전기술을 설계 부문에 피드백하여 보전 불필요의 설비를 만들기 위한 보전활동이다.

(2) 멀티미터의 사용

전류, 전압, 저항과 다른 전기량을 함께 측정할 수 있는 기구를 멀티미터라고 하며, 테스터(Tester) 혹은 VOM(Volt-Ohm-Milliampere)라고도 한다.

- 아날로그형 : 눈금판 위에 지침이 움직이는 것
- 디지털형 : 숫자로 전기량을 표시해 주는 것

① 교류 전압 측정 : 각종 전기설비 관련 기기, 콘센트 등에 몇 볼트의 전압이 오고 있는지를 확인하기 위해서 필요하다. 교류는 동력(480[V], 380[V] 등)과 일반 가정용(220[V])을 구분할 때 많이 사용한다.

② 직류 전압과 직류 전류의 측정 : 직류를 사용하는 곳은 건전지나 차량의 배터리 전압, 직류를 사용하는 자동 제어 관련 회로보호기와 센서 등을 측정할 때 사용한다. 직류 전류는 10[A]까지 측정할 수 있는 것도 있다.
③ 저항 측정 : 단선이 되었는지 알 수 있다. 벽 속에 매입된 오래된 전선의 전원을 차단하고 끝을 이은 후 반대편에서 저항을 재면 측정값이 나타난다. 이러한 방법으로 오래된 건물의 전선이나 인터폰 선 등의 배선 사용 가능 여부 등을 판별할 수 있다.
④ 기타 : 제품에 따라 다이오드, 트랜지스터 검침, 데시벨, 조도 등 별도의 측정기능이 있다.

핵심예제

오래된 건물의 전선이나 인터폰 선의 배선 사용 가능 여부를 판별하는 가장 쉬운 방법은?

① 저항 측정
② 직류 전압 측정
③ 교류 전압 측정
④ 직류 전류 측정

|해설|

저항 측정 : 단선이 되었는지 알 수 있다. 벽 속에 매입된 전선의 전원을 차단하고 끝을 이은 후 반대편에서 저항을 재면 측정값이 나타난다. 이러한 방법으로 오래된 건물의 전선이나 인터폰 선 등의 배선 사용 가능 여부 등을 판별할 수 있다.

정답 ①

(3) 전기 안전

① 인체의 접촉저항

저항값[Ω]	손은 건조한 상태, 안전화 착용	맨발에 젖은 손
손의 접촉저항	2,500	1,000
몸의 접촉저항	500	500
발의 접촉저항	100,000	500

※ 땀에 젖으면 1/12로 감소, 물속에서는 1/25로 감소

② 전류에 따른 인체의 영향

전룻값[mA]	영 향
1	이하 전기적 충격이나 저림을 느낀다.
5	아픔을 느끼고, 나른함을 느낀다.
10	견딜 수 없는 통증, 유입점에 외상이 남는다(근육 수축).
20	근육 수축, 경련, 자유롭지 못하다(근육 마비).
50	호흡 정지, 때로는 심장기능 정지(심장 마비)
70	심장에 큰 충격이 가해진다.

핵심이론 02 | 센서 점검

(1) 리밋 스위치의 점검지침

검검항목	처치방법	점검·복원·개선 필요성
레버, 롤러의 마모, 손상, 덜렁거림	교환	• 레버, 롤러의 덜렁거림 – 전기신호의 검출 불량 – 액추에이터 작동 불균형 – 가공점 이동의 불균형 – 품질 불량, 고장 정지
결선부의 더러움, 손상	분해 수리	• 결선부의 손상 – 절연 불량 발생 – 신호 에러 발생 – 액추에이터 오작동 – 가공점 이동의 불균형 – 품질 불량, 고장 정지
취부나사의 느슨함	취부나사 완전히 조이기	• 취부나사의 느슨함 – 전기신호의 검출 불량 발생 – 액추에이터 작동 불균형 – 가공점 이동의 불균형 – 품질 불량, 고장 정지

(2) 광전 스위치의 점검지침

검검항목	처치방법	점검·복원·개선 필요성
렌즈면의 더러움, 손상	이물질 제거, 교환	• 렌즈면의 손상 – 검출에 불균형 발생 – 액추에이터의 작동 불균형 – 가공점 이동의 불균형 – 품질 불량, 고장 정지
결선부의 더러움, 손상	분해 수리	• 결선부에 손상 발생 – 검출에 불균형 발생 – 액추에이터의 작동 불균형 – 가공점 이동의 불균형 – 품질 불량, 고장 정지
취부나사의 느슨함	취부나사 완전히 조이기	• 취부나사의 느슨함 – 검출에 불균형 발생 – 액추에이터의 작동 불균형 – 품질 불량, 고장 정지

(3) 센서 고장 시 점검 절차

센서가 출력신호를 발생하지 않는 경우 다음 사항을 점검한다.

① 배선은 잘되어 있는가?
② 접속부는 이상 없는가?
③ 전원, 전압은 이상 없는가?
④ 센서 조정에는 이상 없는가?
⑤ 광전센서인 경우, 수광부측의 외란광의 상호간섭(설정거리, 감도 조정, 광축)은 없는가?
⑥ 센서의 성능에 따른 검출조건, 검출 물체의 크기 관계(통과속도, 응답시간, 명도의 차)는 올바른가?

(4) 센서관리를 위한 올바른 사용방법

① 센서가 검출 물체나 다른 부품들과 부딪히거나 충격이 가지 않도록 한다.
② 케이블에 무리한 힘을 가하거나 당기지 않는다.
③ 센서에 필요 이상의 힘을 가해 취부하지 않는다.
④ 센서 배선 시 동력선, 고압선과는 분리한다(동일닥트 또는 동일 전선관을 사용하면 노이즈에 따른 오동작의 원인이 됨).
⑤ 동작의 신뢰성과 긴 수명을 유지를 위해 규정 외의 온도와 실외에서의 사용은 피한다.
⑥ 직접 물이나 수용성 절삭유 등이 묻지 않도록 덮개를 부착하여 사용한다(신뢰성과 수명을 유지시킬 수 있음).
⑦ 출력단자를 쇼트시키지 않는다(트랜지스터 및 SSR 등 반도체를 내장한 출력회로의 파손 유발).

핵심예제

센서관리를 위한 올바른 사용방법이 아닌 것은?

① 케이블에 무리한 힘을 가하거나 당기지 않는다.
② 센서에 필요 이상의 힘을 가해 취부하지 않는다.
③ 센서가 검출 물체나 다른 부품들과 부딪히거나 충격이 가지 않도록 한다.
④ 센서 배선 시 동력선, 고압선은 분리하되 동일 닥트 또는 동일 전선관을 사용하면 된다.

|해설|

센서 배선 시 동력선, 고압선과는 분리한다(동일 닥트 또는 동일 전선관을 사용하면 노이즈에 따른 오동작의 원인이 됨).

정답 ④

CHAPTER 06 모터제어

KEYWORD 모터의 종류별 특성, 모터제어기, 제어기 간 상호 인터페이스 기술, 모터관리 등을 숙지해 두어야 한다.

제1절 제어 방식의 설계

1-1. 모터의 구조와 특성

핵심이론 01 | 모터 선정 시 고려사항

(1) 연속 사용조건에 대한 고려

전달토크는 출력축에 작용하는 부하의 성질과 운전시간에 의해 결정된다.

$T[\mathrm{kgf-m}] = T_1(\text{부하토크}) \times S_f(\text{서비스 펙터})$

① 피동기계 부하의 분류표

부하	피동기계명
U	컨베이어(균일 부하), 공작기계(부기동), 송풍기, 크레인, 제철기계(냉간), 수처리기계(중(中)부하)
M	컨베이어(불균일 부하), 공작기계(주기동), 호이스트, 믹서, 펌프, 선별기, 압축기, 섬유·제지·제당기계, 수처리기계(중(重)부하)
H	식품·금속가공기계, 제철기계(열간), 엘리베이터, 공급기, 압출기, 팬

② 서비스 펙터(S_f)

운전시간/일	U	M	H
3시간 이하/일	1	1	1.5
3~10시간/일	1	1.25	1.75
10시간 이상/일	1.25	1.25	2

(2) 모터 보호 방식에 대한 고려

IP 뒤에 두 자리의 숫자로 표시한다(IEC 34-5).

① 첫째 자리 숫자 : 모터의 회전부·통전부에 사람, 이물질이 접촉되는 사고를 방지하기 위한 보호 등급(5종류)

숫 자	정 의
0	무보호 방식
1	ϕ50[mm] 이상의 고형체가 들어갈 수 없는 구조
2	ϕ12[mm] 이상의 고형체가 들어갈 수 없는 구조
4	ϕ1[mm] 이상의 고형체가 들어갈 수 없는 구조(외부 팬에 의한 공기의 입출구나 배수 구멍은 제외)
5	먼지가 들어갈 수 없는 구조(먼지의 완전 차폐는 아니고 정상 운전을 유지할 정도)

② 둘째 자리 숫자 : 수분(물)의 침투에 대한 보호 방식(9종류)

(3) 부하기계와의 연결 방식 고려

① 커플링에 의한 직결 방식과 벨트 걸이, 타이밍 벨트 구동, 체인 구동, 기어 구동 등이 있다.
② 설치 공간, 선달 효율을 고려하여 결정한다.

(4) 제동방법의 고려

① 관성에너지를 흡수시켜 제동하는 방법에는 기계적 제동과 전기적 제동으로 나눈다.
② 기계적 제동법 : 전자 브레이크를 사용한다(일반적).
③ 전기적 제동법
  ㉠ 유도형 모터 : 직류제동, 회생제동, 역상제동법
  ㉡ 직류형 모터 : 회생제동, 역상제동, 발전제동법

(5) 소음에 대한 고려

기계적 소음, 전자기적 소음, 통풍 소음 등이 있다.

(6) 냉각 방식에 대한 고려

IC 뒤에 한 자리의 문자와 두 자리의 숫자로 표시한다.

① 냉각매체의 기호

냉각매체의 종류	표시 문자	냉각매체의 종류	표시 문자
공 기	A	탄산가스	C
수 소	H	물	W
질 소	N	오 일	O

② 첫 번째 숫자 : 냉매회로의 설치방법을 표시한다.

③ 두 번째 숫자 : 냉매를 순환시키는 동력원을 표시한다.

핵심예제

모터의 연속 사용조건에 따른 전달토크 계산에서 1일 10시간 이상 사용 시 부하 H의 서비스 펙터(S_f)값은?

① 1　　　　② 1.25
③ 1.75　　　④ 2

|해설|

서비스 펙터(S_f)

운전시간/일	U	M	H
3시간 이하/일	1	1	1.5
3~10시간/일	1	1.25	1.75
10시간 이상/일	1.25	1.25	2

정답 ④

핵심이론 02 | 전동기의 분류

(1) 전동기의 개요

① 우리나라 총발전량의 1/3 이상을 전동기가 소비한다.

② 전동기는 플레밍(Fleming)의 왼손 법칙에 따라 전기에너지를 운동에너지로 변환시킨다.

③ 전기에너지의 종류와 동작 원리 및 구조, 기동 방식 등으로 구분하여 전동기의 종류를 나타낸다.

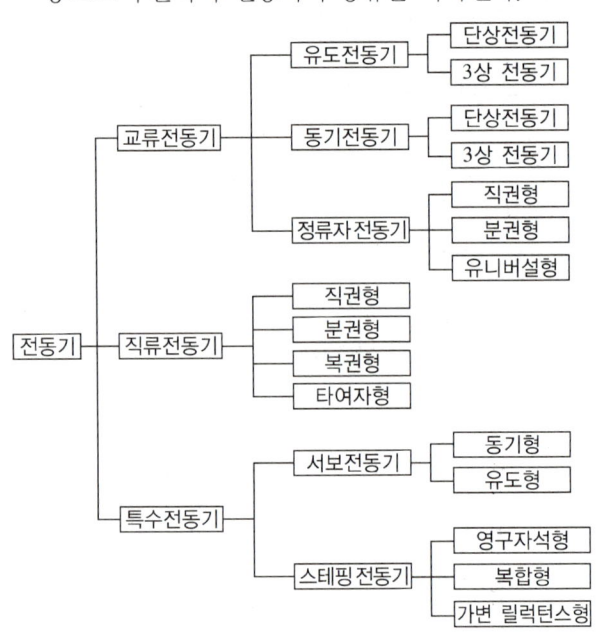

핵심예제

2-1. 다음 중 교류전동기의 종류가 아닌 것은?
① 유도전동기
② 동기전동기
③ 정류자 전동기
④ 타여자 전동기

2-2. 정류자 전동기가 아닌 것은?
① 직권형
② 분권형
③ 복권형
④ 유니버설형

2-3. 직류전동기의 분류로 틀린 것은?
① 직권형
② 분권형
③ 복권형
④ 유니버설형

|해설|

2-1
타여자전동기는 직류전동기이다.

2-2
복권형 전동기는 직류전동기이다.

2-3
유니버설형 교류전동기이다.

정답 2-1 ④ 2-2 ③ 2-3 ④

핵심이론 03 | 교류전동기

(1) 교류전동기의 개요
① 교류 전원을 사용으로 공급장치가 필요 없다.
② 고정자와 회전자로 구성되어 견고하다.
③ 공급 전원에 따라 단상과 3상으로 나눈다.
④ 회전자 형태에 따라 유도전동기와 동기전동기로 구분한다.

(2) 유도전동기
① 특 징
  ㉠ 가장 많이 사용된다(교류 전원을 사용한다).
  ㉡ 구조가 튼튼하고, 가격이 저렴하다.
  ㉢ 취급이 쉽다(다른 전동기에 비하여 편리하게 이용한다).
② 단상 유도전동기
  ㉠ 180°의 권선구조로 회전 자기장이 발생하지 않아 보조 권선을 사용하여 기동한다.
  ㉡ 기동하는 방법에 따라 분상 기동형, 콘덴서 기동형, 세이딩 코일형 등으로 유도전동기를 구분한다.
  ㉢ 3상 유도전동기에 비해 특성은 떨어지지만 냉장고, 세탁기, 식기세척기, 선풍기 등 소용량의 동력원으로 가장 많이 사용된다.
③ 3상 유도전동기
  ㉠ 120° 간격으로 3상 고정자 권선을 배치하여 회전 자기장을 얻고, 회전자를 회전시켜서 동력을 얻는 구조이다.
  ㉡ 3상 교류 전원으로 운전을 하며, 구조가 간단하고 견고하다.
  ㉢ 공장이나 큰 빌딩 등에서 대용량의 동력원으로 사용된다.

(3) 동기전동기의 특징

① 특 징
  ㉠ 영구자석을 회전자로 하여 회전시키면 회전자는 이동하는 자석의 흡인력으로 회전 자기장과 같은 속도로 회전한다.
  ㉡ 여자기를 필요로 하며, 값이 비싸지만 속도가 일정하고 역률 조정이 쉽기 때문에 정속도 대동력용으로 사용한다.

② 단상 동기전동기 : 180° 간격으로 고정자 권선을 배치하고 영구자석을 회전자로 하여 회전력을 얻는 방식이다.

③ 3상 동기전동기 : 120° 간격으로 3상 고정자 권선을 배치하고 영구자석인 회전자를 위치시켜 반대 극성끼리 흡인하는 자극의 성질을 이용하여 회전 동력을 얻는 장치이다.

핵심예제

다음 중 냉장고, 세탁기, 선풍기 등 소용량의 동력원으로 가장 많이 사용되는 것은?

① 동기전동기
② 3상 유도전동기
③ 단상 유도전동기
④ 타여자 직류전동기

|해설|

단상 유도전동기
- 180°의 권선구조로 회전 자기장이 발생하지 않아 보조 권선을 사용하여 기동한다.
- 기동하는 방법에 따라 분상 기동형, 콘덴서 기동형, 세이딩 코일형 등으로 유도전동기를 구분한다.
- 3상 유도전동기에 비해 특성은 떨어지지만 냉장고, 세탁기, 식기세척기, 선풍기 등 소용량의 동력원으로 가장 많이 사용된다.

정답 ③

핵심이론 04 | 직류전동기

(1) 직류전동기의 구성

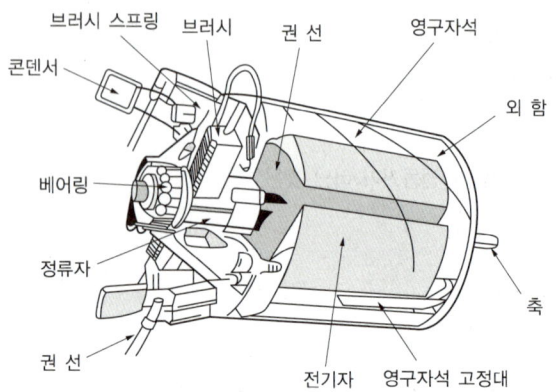

① 고정자(주프레임)
  ㉠ 외함, 브러시, 계자극
  ㉡ 계자권선이 감긴 철심이다.
  ㉢ 극수는 2극, 4극, 6극, 8극 등이 있다.
  ㉣ 소형 전동기는 영구자석을 자극으로 사용한다.

② 브러시
  ㉠ 회전하는 정류자에 전원을 공급하는 부분이다.
  ㉡ 전동기의 수명, 기계적 소음, 전기적인 소음에 직접적인 영향을 미치는 부품이다.
  ㉢ 정류자의 회전속도, 접촉압력, 마찰계수, 주변 온도 등의 영향을 받는다.

③ 회전자(전기자 장치)
  ㉠ 전기자, 정류자, 전기자 도체
  ㉡ 자계의 통로가 되고 코일이 받는 힘을 축으로 전달하며, 코일이 감길 수 있는 형상을 갖고 있다.

④ 정류자 : 브러시로부터 전달되는 전류의 흐름을 바꾸어 주는 역할을 한다.

⑤ 권 선
  ㉠ 전류를 통하게 하여 기자력을 얻는 코일로 구리선을 사용한다.
  ㉡ 온도조건에 맞는 피복 재질을 선정해야 한다.

⑥ 축
　㉠ 회전자의 운동을 연결된 물체에 전달한다.
　㉡ 끝단은 적당한 가공을 하여 사용하기도 한다.

> **더 알아보기**
>
> **직류전동기의 원리**
> 코일(권선)에 정류자를 접속시키고, 브러시를 통해서 직류 전압을 가해 주면 코일은 플레밍의 왼손 법칙에 따라 시계 방향으로 회전한다.

(2) 직류전동기의 종류

① 타여자 직류전동기
　㉠ 전기자권선과 계자권선을 별도의 전원에 접속하고, 계자제어와 전압제어가 모두 가능하다.
　㉡ 큰 출력이 요구되는 산업용 공작기계 등에 사용한다.
　㉢ 설비가 복잡하여 가격이 비싸고 유지보수가 어렵다.

② 직권 직류전동기
　㉠ 전기자권선과 계자권선이 전원에 직렬로 접속한다.
　㉡ 부하전류가 증가하면 속도가 감소하고 부하전류가 감소하면 급격히 속도가 상승하는 가변 특성으로 무부하 시 속도가 매우 높아져 위험하다.
　㉢ 직류와 교류의 양용이 가능하며 주로 진공청소기, 전기드릴, 믹서, 컷팅기, 그라인더, 크레인, 전동차 등에 사용한다.

③ 분권 직류전동기
　㉠ 계자권선과 전기자권선을 전원에 병렬로 접속한다.
　㉡ 여자전류가 일정하여 부하에 의한 속도 변동이 없다.
　㉢ 정밀한 속도제어가 요구되는 공작기계, 압연기 등에 사용된다.

④ 가동 복권 직류전동기
　㉠ 직권계자권선에 의하여 발생되는 자속과 분권계자권선에 의하여 발생되는 자속이 같은 방향으로 합성되어 자속이 증가하는 구조의 전동기이다.
　㉡ 토크가 크고, 무부하가 되어도 직권전동기와 같이 위험속도가 되지 않는다.
　㉢ 절단기, 엘리베이터, 공기압축기 등에 사용된다.

⑤ 차동 복권 직류전동기
　㉠ 분권계자권선과 직권계자권선의 자속이 서로 반대가 되어 상쇄하는 구조의 전동기이다.
　㉡ 부하전류의 증가로 인하여 자속의 방향이 반대가 되어 역회전하는 경우가 있다.
　㉢ 특수한 경우 외에는 사용하지 않는다.

> **핵심예제**
>
> 토크가 크고, 무부하가 되어도 직권전동기와 같이 위험속도가 되지 않아 절단기, 엘리베이터, 공기압축기 등에 사용되는 전동기는?
>
> ① 직권 직류전동기
> ② 분권 직류전동기
> ③ 타여자 직류전동기
> ④ 가동 복권 직류전동기
>
> |해설|
>
> ① 직권 직류전동기 ; 직류, 교류의 양용이 가능하며 주로 진공청소기, 전기드릴, 믹서, 컷팅기, 그라인더, 크레인, 진동차 등에 사용한다.
> ② 분권 직류전동기 : 정밀한 속도제어가 요구되는 공작기계, 압연기 등에 사용한다.
> ③ 타여자 직류전동기 : 큰 출력이 요구되는 산업용 공작기계 등에 사용한다.
>
> 정답 ④

핵심이론 05 | 특수전동기

(1) 서보모터

① 직류 서보모터
　㉠ 선형 제어계의 구성이 가능하여 비교적 간단한 회로로 안정된 제어계 설계가 가능하다.
　㉡ 반도체 스위칭 소자를 이용한 펄스폭 변조 구동 방식을 사용한다.
　㉢ 제어성이 좋다는 점과 제어장치의 경제성이 최대 장점이다.
　㉣ 브러시의 마모에 대한 유지보수가 필요하다.
　㉤ 정류에 의한 다량의 발열과 냉각의 문제, 정류 불꽃, 섬락 등으로 수명이 짧고 불안정하다.

② 교류 서보모터(브러시리스 서보모터)
　㉠ 정류자와 브러시 없이도 외부로부터 직접 전원을 공급받을 수 있는 구조이다.
　㉡ 교류 서보모터에는 동기형 서보모터와 유도형 서보모터가 있다.
　　• 동기형 서보모터
　　　- 일반 동기모터의 구조와 같다.
　　　- 고정자 측 구성은 원통형의 프레임과 고정자 철심이 있고, 철심에 전기자권선이 감겨져 있다.
　　　- 회전자는 축과 축 바깥지름에 자석이 부착되어 있고, 전기자권선은 고정자에 감겨 있다.
　　　- 전기자 전류와 토크의 관계가 선형이므로 제동이 용이하고, 비상 정지 시 다이내믹 브레이크가 작동한다.
　　　- 회전자에 영구자석을 사용하는 구조이므로 복잡하고, 제어 시 회전자 위치를 검출해야 할 필요가 있어 광학식 인코더나 리졸버를 회전속도검출기로 사용한다.
　　　- 전기자 전류에는 고주파 성분이 포함되어 있어서 토크 리플 및 진동의 원인이 되는 경우가 있다.
　　• 유도형 교류 서보모터
　　　- 일반 유도전동기의 구조와 같다.
　　　- 고정자 측은 프레임, 고정자 코어, 전기자권선, 리드선으로 구성되어 있고, 회전자는 축, 회전자 철심 그리고 철심 바깥지름에 도체가 조립되어 있다.
　　　- 회전자와 고정자의 상대적인 위치검출센서가 필요하지 않다.
　　　- 유도형은 회전자 구조가 매우 간단하다.
　　　- 정지 시에 여자전류를 계속 흘려야 하므로, 발열 손실과 비상 정지 시에 직류 서보전동기와 같이 전기자권선을 단락하여 다이내믹 브레이크를 걸어 주는 것이 불가능한 점 등의 결점이 있다.

(2) 스테핑 모터(스텝모터, 펄스모터)

① 값이 저렴하고, 회전축 위치를 검출하기 위한 피드백 없이 정해진 각도로 회전할 수 있으며, 매우 높은 정확도로 정지할 수 있다.
② 정지 시 매우 큰 정지토크가 있기 때문에 전자 브레이크 등의 위치유지기구가 필요하지 않으며 회전속도도 펄스비에 비례하므로 간편하게 제어할 수 있다.
③ 구동모터로서 그 사용량이 급증하고, 자동기기 장치의 주요 부품으로서 수요 확대가 빠르게 진행되고 있다.
④ 큰 힘이 필요한 대용량의 구동계에서는 사용하기 어렵다.
⑤ 피드백 장치가 없어 움직인 거리를 알아낼 수 없다.
⑥ 크고 무거우며, 크기에 비해 토크가 작고, 과부하에서 난조를 일으킨다. 고속 회전이 곤란하고, 저속 회전 시 진동이 발생한다.

⑦ 고정자와 회전자 이 사이의 공극은 체적이 작은 회전자가 높은 토크를 출력하고 고정밀도의 위치 결정을 하기 위해서 가능하면 작게 해 준다.
⑧ 스테핑 모터를 가속하기 위해서는 이 펄스의 주파수를 빠르게 한다.

핵심예제

5-1. 직류 서보모터의 특성으로 옳지 않은 것은?
① 선형 제어계의 구성이 가능하여 간단한 회로로 안정된 제어계 설계가 가능하다.
② 정류자와 브러시 없이도 외부로부터 직접 전원을 공급받을 수 있는 구조이다.
③ 제어성이 좋다는 점과 제어장치의 경제성이 최대 장점이다.
④ 브러시의 마모에 대한 유지보수가 필요하다.

5-2. 값이 저렴하고, 회전축 위치를 검출하기 위한 피드백 없이 정해진 각도로 회전할 수 있으며, 가속하기 위해서는 펄스의 주파수를 빠르게 하면 되는 전동기는?
① 동기전동기
② 스테핑 모터
③ 동기형 서보모터
④ 유도형 교류 서보모터

5-3. 서보모터 회전당 인코더 출력 펄스는 4개이고, 볼나사 피치는 8[mm]일 때 인코더 펄스에 의한 테이블 이동량은?
① 0.5[mm]
② 1[mm]
③ 2[mm]
④ 2.5[mm]

|해설|
5-1
②는 교류 서보모터의 구조에 대한 설명이다.
5-3
$\delta = \dfrac{P_B}{P_n} = \dfrac{8}{4} = 2$

정답 5-1 ② 5-2 ② 5-3 ③

핵심이론 06 | 모터의 선정 요점

(1) 전동기의 선정 순서
① 부하토크 및 속도 특성에 적합해야 한다.
② 운전 형식에 적당한 정격 및 냉각 방식이어야 한다.
③ 사용 장소, 상황에 맞는 보호 방식이어야 한다.
④ 고장이 적고 신뢰도가 높으며, 운전비가 저렴해야 한다.
⑤ 가급적 정격 출력인 기기를 선정한다.
⑥ 용도에 알맞은 기계적 형식의 것을 선정한다.

(2) 부하 특성
① 정토크 특성의 부하 : 속도의 변화에 관계없이 일정한 토크를 필요로 하는 특성을 가진 부하이다(컨베이어나 인쇄기 등).
② 정출력 특성의 부하 : 큰 토크가 필요할 때는 회전속도를 낮추어 운전하고, 회전속도가 빠를 때는 필요한 토크가 작아도 되는 특성의 부하이다(위치 구동모터나 공작기계 등).
③ 저감 토크 특성의 부하 : 토크가 거의 속도의 2승에 비례하여 증가하는 특성을 가진 부하이다(송풍기나 펌프 등).

(3) 속도 특성
① 정속도 모터 : 부하에 상관없이 일정한 속도로 운전하는 모터이다.
② 변속도 모터 : 단자 전압이나 주파수를 일정하게 해도 모터의 회전속도가 부하에 따라 현저하게 변화하는 모터이다.
③ 다단속도 모터 : 정속도 모터의 일종으로 회전속도를 몇 개의 단계로 변화시키는 모터이다.
④ 가감속도 모터 : 정속도 모터의 일종으로 회전속도를 광범위하게 가감속하는 모터이다.

(4) 속도제어 방식 결정 시 검토사항
속도제어 방식 결정 시 부하 특성, 속도제어 범위, 응답성, 기기효율, 조작성, 보전의 용이성, 경제성 등을 종합적으로 검토한다.

(5) 유도전동기의 속도제어
① 주파수 제어
  ㉠ 가변 주파수 전원을 이용한다(인버터).
  ㉡ 고효율 운전, 광범위한 속도제어가 가능하다.
② 극수 변환 제어
  ㉠ 1극수를 1 : 2로 전환(2단계의 속도)한다.
  ㉡ 2조의 극수가 다른 권선이다(3단계의 속도).
  ㉢ 단계적인 속도제어에 유리하다.
③ 1차 전압제어
  ㉠ 사이리스터 회로를 이용(슬립률을 변화)한다.
  ㉡ 장치가 간단하나 저속 시 효율이 나쁘다.
④ 2차 저항제어
  ㉠ 비례추이의 원리를 이용한다.
  ㉡ 권선형 유도전동기의 2차 측 외부 저항값을 조정한다.
  ㉢ 장치가 간단하나 저속 시 효율이 나쁘다.
⑤ 2차 여자제어
  ㉠ 2차 여자 전압을 제어하여 속도제어이다.
  ㉡ 효율이 좋으나 속도제어의 범위가 좁다.

(6) 직류전동기의 속도제어
① 전압제어
  ㉠ 단자 전압[V]을 변화시켜 속도제어를 하는 방법(사이리스터를 이용한 정지 레오나드 방식 사용)이다.
  ㉡ 광범위한 속도제어가 가능하고, 효율과 응답성이 좋다.
② 저항제어
  ㉠ 직렬로 저항 R을 삽입하고, 값을 변화로 속도를 제어한다.
  ㉡ 속도 변동이 크고, 효율이 좋지 않다.
③ 계자제어
  ㉠ 계자전류를 조정(자속 ϕ을 변화)하여 속도를 제어한다.
  ㉡ 정출력 특성이지만 속도제어 범위가 제한적이다.

(7) 사용 장소에 따른 종류 선정(선정 시 고려)
① 방수형 : 옥외용, 선박의 갑판용 전동기에 사용한다(축에 물이 들어가지 않는 구조, 수중 사용 가능).
② 수중형 : 수중 펌프용, 선박 내의 전동기에 사용한다.
③ 방식형 : 화학 공장 등 부식성 가스가 많은 곳에 사용한다.
④ 방폭형 : 탄광, 화학공장, 폭발성 물질이 있는 곳에 사용한다.
⑤ 방습형 : 습기가 많은 곳에 사용한다.
⑥ 방진형 : 먼지, 분진이 많은 장소에 사용한다(제분소, 사료 공장, 도정 공장 등).
⑦ 방적형 : 물방울이 떨어지는 장소에 사용한다(하우스, 양수장 등).

핵심예제

6-1. 직류전동기의 속도 제어방법이 아닌 것은?
① 전압제어
② 전류제어
③ 계자제어
④ 2차 여자제어

6-2. 큰 토크가 필요할 때는 회전속도를 낮추어 운전하고, 회전속도가 빠를 때는 필요한 토크가 작아도 되는 위치 구동모터나 공작기계에 사용되는 부하 특성은?
① 정토크 특성의 부하
② 정출력 특성의 부하
③ 정속도 특성의 부하
④ 저감토크 특성의 부하

|해설|

6-1
2차 여자제어는 유도전동기 속도 제어방법이다.

정답 6-1 ④ 6-2 ②

제2절 제어회로의 구성

핵심이론 01 모터제어기

(1) 배선용 차단기

① MCCB(Molded-Case Circuit Breaker)는 저압 배선의 보호를 목적으로 한 차단기이다.
② 재용성, 과전류에 대한 큰 차단 용량을 갖는다.

(2) 개폐기

① 전자접촉기
  ㉠ 전동기나 저항부하의 개폐에 널리 사용한다.
  ㉡ 주접촉부, 보조 접촉부, 조작 전자석부로 구성되어 있다.
  ㉢ 교류용과 직류용이 있다.

② 인버터
  ㉠ 유도전동기의 가변속 제어기술 필요에 의해 만들어졌다.
  ㉡ 직류 전력을 교류 전력으로 변환하는 전력변환기이다.
  ㉢ 원하는 크기의 전압 및 주파수를 갖는 교류를 발생시키는 장치로, 전동기의 속도를 고효율로 제어하는 제어기이다.
  ㉣ 인버터의 사용목적 : 에너지 절약, 제품 품질의 향상, 생산성 향상, 설비의 소형화, 승차감의 향상, 보수성의 향상 등

(3) 보호기

① 열동형 계전기
  ㉠ 전동기의 과부하로 인한 소손 방지 목적으로 사용한다.
  ㉡ 서멀 릴레이(Thermal Relay)라고도 한다.

② EOCR(Electronic Overload Relay)
  ㉠ 전자식 과부하 릴레이이다.
  ㉡ CT(변류계)가 이상 전류를 감지하면 릴레이를 여자시켜 회로를 차단하는 원리이다.
  ㉢ 반응속도가 빠르고, 접점 수명이 길며, 가볍고 미세한 전류의 변화에도 반응한다.

핵심예제

1-1. 원하는 크기의 전압 및 주파수를 갖는 교류를 발생시키는 장치로, 전동기의 속도를 효율적으로 제어하는 제어기기는?

① MCCB   ② 인버터
③ 전자접촉기 ④ EOCR

1-2. 변류계가 이상 전류를 감지하면 릴레이를 여자시켜 회로를 차단하는 원리로 동작되는 보호기는?

① MCCB   ② 인버터
③ 전자접촉기 ④ EOCR

1-3. 전동기의 과부하로 인한 소손 방지 목적으로 사용되는 보호기는?

① MCCB   ② EOCR
③ 전자접촉기 ④ 열동형 계전기

|해설|

1-1~1-3

- MCCB(Molded-Case Circuit Breaker) : 저압 배선의 보호를 목적으로 한 차단기이다.
- 인버터 : 직류 전력을 교류 전력으로 변환하는 전력변환기로, 원하는 크기의 전압 및 주파수를 갖는 교류를 발생시키는 장치이다.
- EOCR : 전자식 과부하 릴레이로, 반응속도가 빠르고 접점 수명이 길며, 가볍고 미세한 전류의 변화에도 반응한다.
- 열동형 계전기 : 전동기의 과부하로 인한 소손 방지 목적으로 사용하며 서멀 릴레이(Thermal Relay)라고도 한다.

정답 1-1 ② 1-2 ④ 1-3 ④

핵심이론 02 | 인버터(Inverter)

(1) 인버터의 구성과 원리
인버터의 원리는 외부의 상용 전원을 컨버터가 받아 직류 전원으로 변환하고, 평활회로부에서 리플을 제거한 후 다시 인버터부에서 교류로 변환하여 교류 전력인 전압과 주파수를 제어한다.

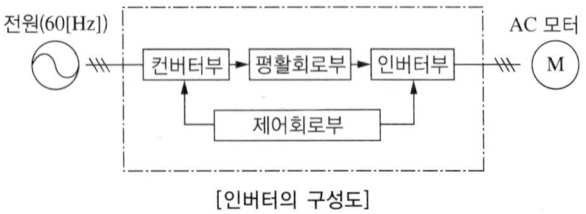

[인버터의 구성도]

(2) 인버터의 사용목적
① 에너지의 절약
② 제품 품질의 향상
③ 생산성 향상
④ 설비의 소형화
⑤ 승차감의 향상
⑥ 보수성의 향상

(3) 인버터 적용 시 얻을 수 있는 이점
① 가격이 저렴하고 보수가 용이한 유도전동기를 가변속 운전으로 사용할 수 있다.
② 유도전동기의 가변속제어로 DC 모터를 사용할 때 브러시나 슬립링 등이 필요 없어 보수성과 내환경성이 우수하다.
③ 연속적인 광범위 가감속 운전이 가능하다.
④ 시동 전류가 저하된다.
⑤ 시동과 정지가 소프트하게 이루어지므로 기계설비에 충격을 주지 않는다.
⑥ 회생제동이나 직류제동에 의한 전기적 제동이 용이하다.
⑦ 한 대의 인버터로 여러 대의 전동기를 운전하는 병렬 운전이 가능해진다.
⑧ 운전효율이 높아진다.

(4) 인버터 회로용 차단기의 선정
고주파 성분이 포함된 통전 전류는 인버터 입력 전류의 약 1.4배의 정격 전류로 차단기를 선정한다.

(5) 인버터의 종류
① 용도에 따라 : 범용 인버터, 전용 인버터, 고주파 인버터 등
② 전원에 따라 : 단상 입력형, 3상 입력형 등

(6) 인버터의 운전 제어방법
① 키패드(로더) 운전법
② 외부신호에 의한 운전법
③ 통신에 의한 운전법

(7) 인버터 용량의 선정
① 인버터 용량의 선정
  ㉠ 통상 모터의 용량과 일치하는 것이 원칙이다.
  ㉡ 병렬 운전 : 모터 정격전류 합계의 1.1배이다.
② 모터의 시동토크 : 큰 시동토크가 필요할 때는 모터와 인버터 용량을 모두 한 단계 높이는 것이 바람직하다.
③ 가·감속시간 : 가·감속시간을 짧게 하려면 모터 및 인버터 용량을 모두 높이는 것이 바람직하다.
④ 고빈도 시동, 정지 운전 : 온도 상승과 하강이 반복되어 열 스트레스에 의해 수명이 짧아지므로, 인버터의 용량을 크게 하여 전류에 대해 여유를 갖게 하는 것도 대책이 된다.
⑤ 과부하 계전기의 설치 : 다극모터를 운전하는 경우 전자 서멀은 0[A]로 설정하고, 열동형 서멀 릴레이의 설정은 모터 정격 명판의 전륫값에 선간 누설전류를 추가하여 설정한다.

⑥ 전선의 굵기와 배선거리
　㉠ 원격 조작의 경우의 제어선은 50[m] 이하로 한다.
　㉡ 트위스트 페어 실드선을 사용한다(피복 접지용 단자에 접속).

(8) 인버터 설치

모든 전기제어기는 수직 벽면에 직각으로 부착하는 것이 원칙이다.

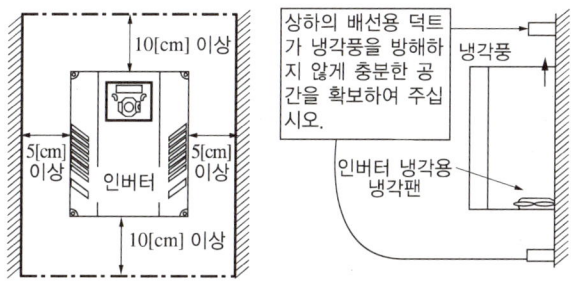

① 진동이 없고, 설치면에 수직으로 설치한다.
② 주위온도는 -10~50[℃]가 넘지 않도록 한다.
③ 강제 냉각방식을 채택한다.

(9) 인버터 배선 시 유의사항

① 인버터 전원이 꺼져 있는지 확인한 후 실시한다.
② 인버터 표시부가 꺼지고, 약 10분 후에 배선을 실시한다.
③ 인버터 내부에 전선 조각이 남지 않도록 주의한다.
④ 전체 배선의 길이는 200[m] 이내로 한다.
⑤ B1 단자와 B2 단자를 절대 합선시키지 않는다.
⑥ 출력 측에는 진상용 콘덴서, 서지 킬러, 라디오 노이즈 필터를 연결하지 않는다.
⑦ 200[V] 인버터는 접지저항 100[Ω] 이하의 3종 접지를 한다.
⑧ 400[V] 인버터는 접지저항 10[Ω] 이하의 특3종 접지를 한다.
⑨ 접지는 전용 접지단자에 하고, 덮개나 고정용 나사를 접지단자로 사용하지 않는다.

핵심예제

2-1. 인버터 적용 시 얻을 수 있는 이점이 아닌 것은?
① 시동전류가 저하된다.
② 연속적인 광범위 가·감속 운전이 가능하다.
③ 한 대의 인버터로 한 대의 전동기만 운전하므로 효율이 높아진다.
④ 가격이 싸고 보수가 용이한 유도전동기를 가변속 운전으로 사용할 수 있다.

2-2. 인버터 용량 선정으로 틀린 것은?
① 통상 모터의 용량과 일치하는 것이 원칙이다.
② 병렬 운전 시 모터 정격전류 합계의 1.1배로 한다.
③ 가·감속시간을 짧게 하려면 모터 및 인버터 용량을 모두 낮추는 것이 바람직하다.
④ 큰 시동토크가 필요할 때는 모터와 인버터 용량을 모두 한 단계 높이는 것이 바람직하다.

|해설|
2-1
한 대의 인버터로 여러 대의 전동기를 운전하는 병렬 운전이 가능하므로 운전효율이 높아진다.

2-2
가·감속시간을 짧게 하려면 모터 및 인버터 용량을 모두 높이는 것이 바람직하다.

정답 2-1 ③ 2-2 ③

제3절 시험 운전 및 유지보수

3-1. 제어기 간 상호 인터페이스

핵심이론 01 3상 유도전동기 제어회로

(1) 유도전동기 제어의 기본

전동기의 기본 제어회로 구성은 배선용 차단기, 부하 개폐기, 부하 보호기, 전동기 순서로 직렬 연결되어 전동기 결선회로로 된다.

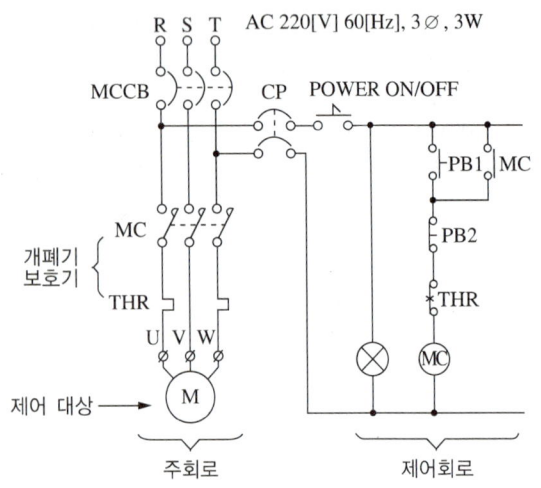

(2) 전동기의 현장, 원격제어회로

현장의 제어반과 통제실(중앙통제실, 감시실 등)에 이용되는 회로가 2개소 제어회로(현장·원방 조작회로, 근원방 제어회로)이다.

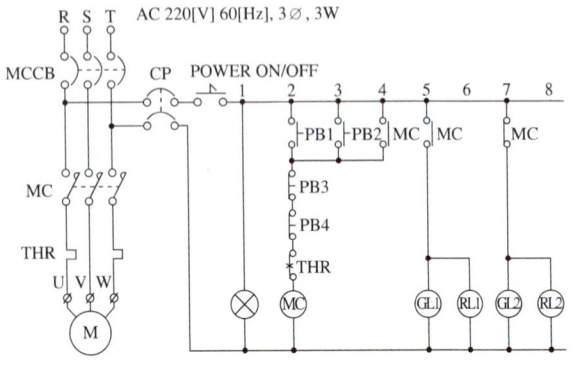

(3) 전동기의 미동운전(微動運轉-Inching)회로

기계설비의 미세 조정이나 청소를 목적으로 부분 이동을 위해 시동, 정지에 이용되는 회로를 미동운전 제어회로(Jog 회로, 촌동회로)라 한다. 미동 조작용 누름 버튼 스위치를 전동기 제어회로에 병렬로 연결한 것이다.

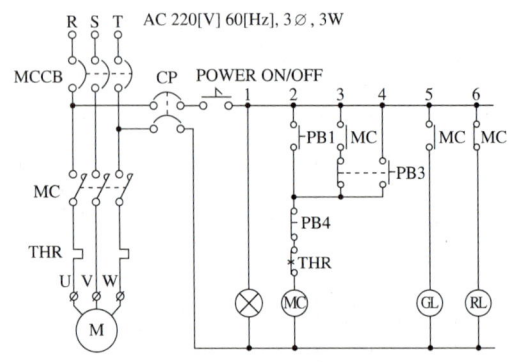

(4) 3상 유도전동기의 정·역 제어회로

전동기의 정·역회로가 이용되는데, 전동기의 역회전은 R, S, T 세 단자 중 두 단자의 접속을 바꾸면 가능하다. 전자접촉기 2개를 사용하여 전동기의 주회로 결선을 바꾸어 정·역회전을 변환시킨다.

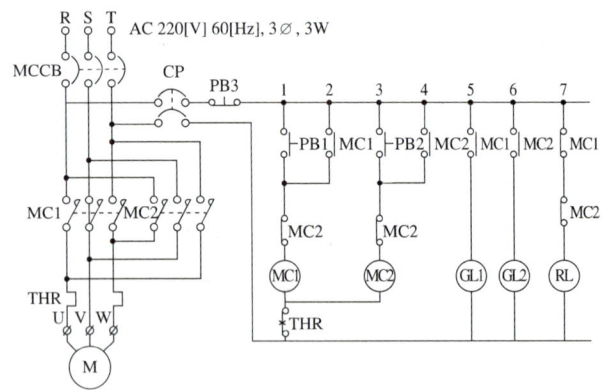

핵심예제

3상 유도전동기의 회전 방향을 바꾸려면?

① 전원의 극수를 바꾼다.
② 전원의 주파수를 바꾼다.
③ 기동 보상기를 이용한다.
④ 3상 전원 세 선 중 두 선의 접속을 바꾼다.

정답 ④

핵심이론 02 | 전동기의 기동운전회로

전동기의 기동운전회로는 크게 직입기동(전전압기동)법과 감압기동(저전압기동)법으로 나눈다.

(1) 직입기동법
① 전동기에 직접 정격전압·전류를 인가하여 곧바로 정격 운전으로 하는 것이다(소형 전동기에 적용).
② 전원 용량이 허용하는 한 가장 일반적으로 사용한다.
③ 가속토크 : 최대
④ 기동 시 쇼크 : 크다.
⑤ 가격이 저렴하다.

(2) 감압기동법
기동 전류를 줄이기 위한 저전압기동법 또는 감압시동법이라 하며, 전동기의 특성이나 제어소자에 따라 여러 방법이 있다.

① $Y-\Delta$ 기동법
  ㉠ 처음에는 $1/\sqrt{3}$ 만 인가(Y결선)하고, 가속되면 Δ 결선으로 정격 운전하는 방법이다.
  ㉡ 감압기동법 중에서 가장 경제적인 방법이다.
  ㉢ Open Transition 방식
     • 5[kW] 이상 무부하 및 경부하에 기동한다.
     • 감압기동 중 가장 저렴하다.
     • 공작기계, 펌프 등에 적용한다.
  ㉣ Closed Transition 방식
     • 5[kW] 이상 부하를 걸어 기동한다.
     • 소화펌프, 스프링클러 등에 적용한다.

② 리액터 기동회로
  ㉠ 1차 측 회로에 직렬로 시동 리액터를 삽입하여 전압을 낮추고, 속도가 상승되면 시동 리액터를 단락시켜 전전압이 전동기에 인가되게 하는 시동법이다.
  ㉡ 대용량 모터의 기동 방식에 사용한다(기동보상기기).
  ㉢ 블로어, 펌프 등의 2층 절감토크 부하, 방적용 기기 스타트용으로 적용한다.

③ 인버터 기동회로
  ㉠ 인버터를 사용한 유도전동기 제어에서 적절한 가감속 제어를 실현한다.
  ㉡ 에어컨, 공조기, 세탁기 모터 제어 등에 에너지 절감과 더불어 최적 제어를 실현한다.

핵심예제

2-1. 다음 중 농형 유도전동기의 기동법이 아닌 것은?
① $Y-\Delta$ 기동법
② 리액터 기동법
③ 2차 저항기동법
④ 기동보상기에 의한 기동법

2-2. 다음 중 3상 유도전동기의 제동법이 아닌 것은?
① 3상 제동   ② 발전 제동
③ 회생 제동   ④ 역상 제동

|해설|

2-1
2차 저항법은 권선형 유도전동기의 기동법에 속한다.

2-2
유도전동기의 제동법 : 발전 제동, 회생 제동, 역상 제동, 단상 제동

정답 2-1 ③ 2-2 ①

3-2. 모터관리

핵심이론 01 | 인버터 구동 시 이상조치

(1) 인버터의 보호기능

① 과전류 : 출력 전류가 과전류 보호 레벨 이상이 되면 출력을 차단하여 모터의 운전을 정지시킨다.

② 지락전류 : 출력 측에 지락 전류가 흐르면 출력을 차단한다.

③ 인버터 과부하 : 정격 전류의 150[%] 이상으로 1분 이상 연속적으로 흐르면 출력을 차단한다.

④ 과부하 트립 : 출력 전류가 전동기 정격 전류의 설정된 크기 이상 흐르면 출력을 차단한다.

⑤ 냉각핀 과열 : 주위의 온도가 규정치보다 높아져 냉각핀이 과열되면 출력을 차단한다.

⑥ 출력 결상 : 출력단자 U, V, W 중에 한 상 이상이 결상이 되면 출력을 차단하여 모터의 소손을 방지한다.

⑦ 과전압 : 직류 전압이 규정 전압 이상 (200[V]급은 400[V] DC, 400[V]급은 820[V] DC)으로 상승하면 출력을 차단한다(감속시간이 너무 짧거나 전압이 규정 이상일 때 발생).

⑧ 저전압 : 규정치 이하의 입력 전압은 내부 주회로의 직류 전압이 200[V]급은 180[V] DC, 400[V]급은 360[V] DC 이하로 내려가면 인버터 출력을 차단한다.

⑨ 전자 서멀 : 전동기 과부하 운전 시 전동기의 과열을 막기 위하여 반환 시 특성에 맞추어 출력을 차단한다.

⑩ 입력 결상 : 3상 입력 전원 중 1상이 결상되거나 평활용 콘덴서 교체 시기가 되면 인버터 출력을 차단한다.

핵심예제

인버터의 보호기능에 대한 설명으로 옳지 않은 것은?

① 출력 측에 지락 전류가 흐르면 출력을 차단한다.
② 정격 전류의 200[%] 이상으로 2분 이상 연속적으로 흐르면 출력을 차단한다.
③ 출력 전류가 과전류 보호 레벨 이상이 되면 출력을 차단하여 모터의 운전을 정지시킨다.
④ 출력단자 U, V, W 중에 한 상 이상이 결상이 되면 출력을 차단하여 모터의 소손을 방지한다.

|해설|

인버터는 정격 전류의 150[%] 이상으로 1분 이상 연속적으로 흐르면 출력을 차단한다.

정답 ②

| 핵심이론 02 | 고장 진단 및 대책

(1) 고장 진단

① 모터가 회전하지 않는 경우
  ㉠ 인버터 출력 U, V, W 전압이 출력되지 않는다.
    • 입력단자 R, S, T에 전원 공급, POWER 램프가 켜져 있는지 확인한다.
    • 운전 지령 RUN은 On되어 있는가?
    • 주파수 지령방법 설정을 잘못하지 않았는가?
    • 운전 지령방법 설정을 잘못하지 않았는가?
  ㉡ 인버터 출력 U, V, W 전압은 출력된다.
    • 모터가 구속되어 있지 않은가?
    • 부하가 무겁지 않은가?

② 모터 회전 방향이 역으로 되어 있는 경우
  ㉠ 출력단자 U, V, W 는 올바른가?
  ㉡ 모터 단독 상수는 U, V, W로 정방향인가?

③ 모터의 회전수가 올라가지 않는 경우
  ㉠ 부하가 무겁지 않은가?

④ 운전 중에 회전이 흔들리는 경우
  ㉠ 부하 변동이 크지 않은가?
  ㉡ 전원 전압이 변동하고 있지 않은가?
  ㉢ 특정 주파수에서 발생하고 있지 않은가?

⑤ 모터 회전이 맞지 않는 경우
  ㉠ 파라미터 설정은 올바른가?
  ㉡ 최고 주파수 설정은 바르게 되어 있는가?

(2) 고장 대책

① 과전류 이상
  ㉠ 부하의 관성 (GD2)에 비해 가·감속시간이 지나치게 빠르다.
    • 가·감속시간을 크게 설정한다.
  ㉡ 인버터의 부하가 정격보다 크다.
    • 용량이 큰 인버터로 교체한다.
  ㉢ 전동기가 프리 런(Free Run) 중에 인버터 출력이 공급되었다.
    • 전동기가 정지하고 나서 운전을 하거나 인버터 기능 그룹 2의 속도 서치 기능 (H22)을 사용한다.
  ㉣ 출력 합선 및 지락이 발생되었다.
    • 출력 배선을 확인한다.
  ㉤ 전동기의 기계 브레이크 동작이 빠르다.
    • 기계 브레이크를 확인한다.

② 지락전류
  ㉠ 인버터의 출력선이 지락되었다.
    • 인버터의 출력단자 배선을 조사하여 조치한다.
  ㉡ 전동기의 절연이 열화되었다.
    • 전동기를 교체한다.

③ 인버터의 과부하
  ㉠ 인버터의 부하가 정격보다 크다.
    • 전동기와 인버터의 용량을 크게 한다.
  ㉡ 토크 부스트의 양이 너무 크다.
    • 토크 부스트의 양을 줄인다.

④ 전자 서멀
  ㉠ 전동기가 과열되었다.
    • 부하 또는 운전 빈도를 줄인다.
  ㉡ 인버터의 부하가 정격보다 크다.
    • 인버터의 용량을 키운다.
  ㉢ 전자 서멀 레벨을 낮게 설정하였다.
    • 전자 서멀 레벨을 적절하게 설정한다.
  ㉣ 인버터 용량 설정이 잘못되었다.
    • 인버터 용량을 올바르게 설정한다.
  ㉤ 저속에서 장시간 운전하였다.
    • 전동기 냉각 팬의 전원을 별도로 공급할 수 있는 전동기로 교체한다.

⑤ 모터의 발열
  ㉠ 부하가 너무 크다.
    • 부하를 작게 한다.
    • 가·감속시간을 길게 한다.

- 모터 관련 파리미터를 확인하고 정확한 값을 설정한다.
- 부하량에 맞는 용량의 모터 및 인버터로 교체한다.
ⓒ 모터의 주위 온도가 높다.
- 모터의 주변 온도를 낮출 수 있는 환경으로 개선한다.
ⓒ 모터의 상간 내압이 부족하다.
- 모터 상간의 서지내압이 최대 서지전압보다 높은 모터를 사용한다.
- 400[V]급 인버터에는 인버터 전용모터를 사용한다.
- 인버터 출력 측에 AC 리액터를 연결한다.
② 모터의 팬이 정지하고 있거나 팬에 먼지 등이 채워져 있다.
- 모터의 팬을 확인하여 이물질을 제거한다.

핵심예제

모터에 과부하가 걸려 발열하고 있다. 이에 대한 대책으로 옳지 않은 것은?
① 부하를 작게 한다.
② 모터의 가속과 감속시간을 짧게 한다.
③ 부하량에 맞는 용량의 모터 및 인버터로 교체한다.
④ 모터 관련 파리미터를 확인하고 정확한 값을 설정한다.

|해설|
모터에 과부하가 걸릴 경우 모터의 가속과 감속시간을 길게 한다.

정답 ②

교육은 우리 자신의 무지를 점차 발견해 가는 과정이다.

— 윌 듀란트 —

CHAPTER 01	설비진단	회독 CHECK 1 2 3
CHAPTER 02	설비관리	회독 CHECK 1 2 3

제2과목
설비진단 및 관리

설비진단

KEYWORD 진동이론, 진동 측정용 센서, 소음이론, 진동 방지, 회전기계의 이상현상, 윤활유 등은 자주 출제되므로 반드시 숙지해 두어야 한다.

제1절 설비진단

1-1. 설비진단의 개요

핵심이론 01 | 설비진단 기술(CDT)

설비의 상태, 즉 설비에 걸리는 스트레스, 고장이나 열화, 강도 및 성능 등을 정량적으로 파악하여 신뢰성이나 성능을 진단·예측하고 이상이 있으면 그 원인, 위치, 위험도 등을 식별 및 평가하여 수정방법을 결정하는 기술이다.

(1) 진동법을 응용한 진단 기술
① 회전기계에 생기는 각종 이상(언밸런스·베어링 결함 등)의 검출, 평가 기술
② 송풍기, 팬 등의 밸런싱 진단·조절 기술
③ 유압밸브의 리크(Leak, 누설) 진단 기술
④ 진동 이외의 파라미터(온도, 압력 등)의 설비 이상 원인의 해석 기술

(2) 설비진단 기술의 일반적인 효과
① 진단기기를 사용하면 보다 정량화할 수 있으므로 쉽게 이상 측정이 가능하다.
② 경향관리를 통하여 설비의 수명 예측이 가능하다.
③ 중요 설비 부위를 상시 감시함에 따라 돌발사고를 미연에 방지할 수 있다.
④ 정밀진단을 실행함에 따라 설비의 열화 부위, 열화내용 정도를 알 수 있기 때문에 오버홀이 불필요하다.

(3) 설비진단기법
설비진단기법에는 진동 분석법, 오일 분석법, 응력법, 마모 입자 분석법, 열화상 분석법, 비파괴 분석법 등이 있다.
① 진동 분석법
  ㉠ 진동에서 설비상태에 관한 여러 가지 정보를 얻을 수 있으므로 현재의 진단 기술 중 가장 폭넓게 이용된다.
  ㉡ 진동 분석법을 응용한 진단 기술
    • 회전기계에 생기는 각종 이상(언밸런스·베어링 결함 등)의 검출, 평가 기술
    • 송풍기, 팬 등의 밸런싱 진단·조절 기술
    • 유압밸브의 리크진단 기술
    • 진동 이외의 파라미터(온도, 압력 등)의 설비 이상원인의 해석 기술
② 오일 분석법 : 베어링 등 금속과 금속이 습동하는 부분의 마모에 대한 진행 상황을 윤활유 중에 포함된 마모 금속의 양, 형태, 재질(성분) 등으로 판단하는 방법이다.
  ㉠ 페로그래피법 : 시료유를 용제로 희석하여 슬라이드에 흘려 자석에 의해 마모분 입자가 자력선 방향, 크기 순서에 따라 배열된 페로그램을 색 현미경(페로스코프)으로 마모 입자의 크기, 형상, 열처리한 재질 등을 관찰하여 이상 부위, 원인에 대한 규명을 실시하는 방법이다.
  ㉡ SOAP법 : 시료유를 연소시켜 금속 성분 특유의 발광 또는 흡광현상을 분석하는 방법으로, 원자흡광법, 회전전극법, ICP법 등이 있다.

③ 응력법 : 설비구조물에서 발생하는 균열(과대한 응력, 반복 응력에 의한 피로 축적 등)의 원인을 찾아내는 방법이다.
  ㉠ 각 부재에 실제응력을 측정한다.
  ㉡ 설비 내부에 실제응력의 분포를 해석한다.
  ㉢ 설비의 피로에 의한 수명을 해석한다.
※ 진단기능
  - 진동을 측정하는 타입
  - 이상 판정 논리를 가진 타입
  - 주파수 해석을 하는 타입 등
※ 설비의 노화를 나타내는 파라미터 : 진동, 소음, 충격, AE, 온도, 기름의 오염도 등

핵심예제

1-1. 설비의 진단 기술 중 진동진단 기술로 알 수 있는 것은?
① 펌프 축의 불평형
② 윤활유의 열화
③ 전력케이블의 절연 상태
④ 균열 및 부식진단

1-2. 설비진단 기법 중 금속 성분 특유의 발광 또는 흡광현상을 이용하는 기법은?
① 진동법
② 페로그래피법
③ SOAP법
④ 응력법

1-3. 회전기계에서 채취한 오일 샘플링에서 마모 입자를 자석으로 검출하여 크기, 형상 및 재질 등을 분석하여 이상원인을 규명하는 설비진단기법은?
① 응력법
② 회전전극법
③ 원자흡광법
④ 페로그래피법

|해설|

1-1
진동진단기술은 회전기계에 생기는 각종 이상의 검출, 평가 기술, 송풍기, 팬 등의 밸런싱 진단·조절 기술, 유압밸브의 리크진단 기술, 진동 이외의 파라미터(온도, 압력 등)의 설비 이상원인의 해석 기술로 이용된다.

정답 1-1 ① 1-2 ③ 1-3 ④

1-2. 진동이론

핵심이론 01 | 진동의 분류

(1) 자유진동과 강제진동
① 자유진동 : 외란이 가해진 후에 계가 스스로 진동(진자의 진동)한다.
② 강제진동 : 외력(가끔 반복적인 힘)을 받아 발생하는 진동이다.

(2) 비감쇠진동과 감쇠진동
① 비감쇠진동 : 마찰이나 다른 저항으로 에너지가 손실되지 않는 진동이다.
② 감쇠진동 : 마찰이나 다른 저항으로 에너지가 손실되는 진동이다.

(3) 선형진동과 비선형진동
① 선형진동 : 진동하는 계의 모든 기본요소(스프링, 질량, 감쇠기)가 선형 특성일 때 생기는 진동이다.
② 비선형진동 : 기본요소 중의 어느 하나가 비선형적일 때의 진동으로, 모든 진동계가 비성형적으로 운동한다.

(4) 규칙진동과 불규칙진동
① 규칙진동 : 가진(힘이나 운동)값이 규칙적으로 진동계에 작용하여 발생하는 진동이다.
② 불규칙진동 : 가진값이 불규칙적으로 진동계에 작용하여 발생하는 진동이다.
※ 에너지 관련 요소
  - 위치에너지를 저장하기 위한 요소 : 스프링 또는 탄성
  - 운동에너지를 저장하기 위한 요소 : 질량 또는 관성
  - 에너지를 점차 소멸시키는 요소 : 감쇠기

핵심예제

1-1. 외력이나 외부 토크가 연속적으로 가해짐으로써 생기는 진동을 무엇이라 하는가?
① 강제진동   ② 자유진동
③ 고유진동   ④ 공 진

1-2. 마찰이나 저항 등으로 인하여 진동에너지가 손실되는 진동은?
① 자유진동   ② 감쇠진동
③ 규칙진동   ④ 선형진동

1-3. 외란이 가해진 후에 계가 스스로 진동하고 있을 때의 진동은?
① 공 진   ② 고유진동
③ 강제진동   ④ 자유진동

1-4. 시스템을 외부 힘에 의해서 평형 위치로부터 움직였다가 그 외부 힘을 끊었을 때 시스템이 자유진동을 하는 진동수는?
① 공진수   ② 고유진동수
③ 강제진동수   ④ 자유진동수

|해설|

1-1~1~4
진동의 분류
- 자유진동 : 외란이 가해진 후에 계가 스스로 진동(진자의 진동) 한다.
- 강제진동 : 외력(가끔 반복적인 힘)을 받아 발생하는 진동이다.
- 비감쇠진동 : 마찰이나 다른 저항으로 에너지가 손실되지 않는 진동이다.
- 감쇠진동 : 마찰이나 다른 저항으로 에너지가 손실되는 진동이다.
- 선형진동 : 진동하는 계의 모든 기본요소(스프링, 질량, 감쇠기)가 선형 특성일 때 생기는 진동이다.
- 비선형진동 : 기본요소 중의 어느 하나가 비선형적일 때의 진동으로, 모든 진동계가 비성형적으로 운동한다.
- 규칙진동 : 가진(힘이나 운동)값이 규칙적으로 진동계에 작용하여 발생하는 진동이다.
- 불규칙진동 : 가진값이 불규칙적으로 진동계에 작용하여 발생하는 진동이다.

정답 1-1 ① 1-2 ② 1-3 ④ 1-4 ②

핵심이론 02 | 진동의 크기 – 정현파형

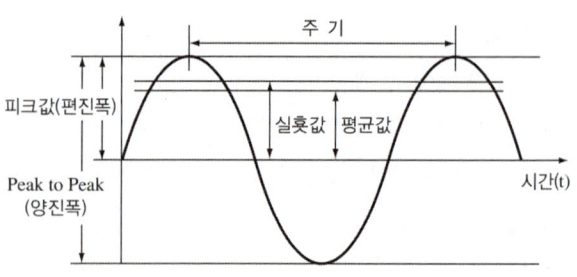

(1) 피크값(편진폭)
진동량의 최댓값

(2) 피크–피크(양진폭, 전진폭)
정측의 최댓값에서 부측의 최댓값까지의 값

(3) 실횻값
진동의 에너지 표현에 적합하고, 피크값의 $\dfrac{1}{\sqrt{2}}$

(4) 평균값
진동량을 평균한 값, 피크값의 $\dfrac{2}{\pi}$

(5) 정현파형 상호 비교

편진폭	양진폭	실횻값	평균값
V_p	$V_{p-p} = 2V_p$	$V_s = \dfrac{1}{\sqrt{2}} V_p$	$V_{AVE} = \dfrac{2}{\pi} V_p$

핵심예제

2-1. 실횻값은 피크값의 몇 배인가?
① $\frac{\sqrt{2}}{\pi}$
② $\frac{1}{\sqrt{2}}$
③ $\frac{\pi}{2}$
④ $\frac{2}{\sqrt{2}}$

2-2. 진동에너지를 표현하는 데 가장 적합한 것은?
① 피크값
② 평균값
③ 실횻값
④ 최댓값

2-3. 정현파의 경우 평균값은 피크값의 몇 배인가?
① π
② 2π
③ $\frac{2}{\pi}$
④ $\frac{\pi}{2}$

2-4. 진동의 크기를 표현하는 방법에 사용되는 용어에 대한 설명으로 옳지 않은 것은?
① 평균값 : 진동량을 평균한 값이다.
② 피크값 : 진동량 절댓값의 최댓값이다.
③ 실횻값 : 진동에너지를 표현하는 것으로 정현파의 경우는 피크값의 2배이다.
④ 양진폭 : 전진폭이라고도 하며, 양의 최댓값에서 부측의 최댓값까지의 값이다.

|해설|

2-1~2-2
실횻값은 진동의 에너지 표현에 적합하고, 피크값의 $\frac{1}{\sqrt{2}}$ 이다.

2-3
정현파형 상호 비교

편진폭	양진폭	실횻값	평균값
V_p	$V_{p-p} = 2V_p$	$V_s = \frac{1}{\sqrt{2}} V_p$	$V_{AVE} = \frac{2}{\pi} V_p$

2-4
실효값은 정현파의 경우 피크값의 $\frac{1}{\sqrt{2}}$ 배이다.

정답 2-1 ② 2-2 ③ 2-3 ③ 2-4 ③

핵심이론 03 | 진동수(Frequency)

기계의 진동은 진동수, 진폭(변위, 속도, 가속도), 위상차를 진동의 기본량이라 한다.

(1) 진동수(f)

단위 시간당 사이클의 횟수이다.

$$f = \frac{1}{T} = \frac{\omega}{2\pi} [\text{cycle/s, Hz}]$$

$$T = \frac{2\pi}{\omega} [\text{s/cycle}]$$

(T : 주기[s/cycle], ω : 각진동수 $= 2\pi f$ [rad/s])

(2) 주 기

진동의 완전한 1사이클에 걸린 총시간이다.

(3) 위 상

일정한 정점(부품)에 대하여 다른 정점의 순각적인 위치 및 시간의 지연이다.

(4) 고장에 따른 진동수의 특성

① 회전체가 불평형 시 그 물체의 회전속도와 동일한 진동수(1[rpm])를 유발시킨다.
② 기계 부품이 이완되었을 경우는 회전속도의 정수배와 동일한 진동수(2[rpm])를 형성한다.
③ 베어링이나 기어에 손상이 있을 경우는 베어링 회전당 또는 기어 잇수에 해당하는 고수파진동을 일으킨다.
④ 주파수, 진폭 및 위상이 같은 두 진동이 합성되면 주파수와 위상은 변동이 없고, 진폭만 두 배로 증가한다.
⑤ 진동주파수의 주기가 짧으면 주파수가 높다.

(5) 결함 주파수의 계산

① 1,800[rpm]으로 회전하는 모터가 불평형 시 결함 주파수는 얼마인가?

$$주파수(f) = \frac{1}{T} = \frac{모터의\ 회전수(분당)}{60} = \frac{1,800}{60}$$
$$= 30[Hz]$$

② 축의 회전 주파수가 60[Hz]이고 기어 잇수가 30개이면, 손상된 기어에서 나타나는 기어 결함 주파수는?
축 회전 주파수 × 기어 잇수 = 60 × 30 = 1,800[Hz]

③ 축이 1,800[rpm]으로 회전하는 모터에 설치되어 있는 베어링의 볼 결함 주파수는 얼마인가?(단, 베어링 볼 수는 8개이다)

$$주파수(f) = \frac{1}{T} = \frac{모터의\ 회전수(분당)}{60} = \frac{1,800}{60}$$
$$= 30[Hz]$$

결함 주파수 = 30[Hz] × 8 = 240[Hz]

핵심예제

3-1. 다음 중 진동주파수에 대한 설명으로 틀린 것은?
① 회전체가 불평형 시 그 물체의 회전주파수의 정수배와 동일한 진동수를 유발시킨다.
② 기계 부품 이완 시 축 회전주파수의 정수배와 동일한 진동수를 형성한다.
③ 베어링에 손상이 있는 경우 베어링 회전에 해당하는 고주파의 진동을 일으킨다.
④ 진동주파수는 단위 시간당 사이클의 횟수이다.

3-2. 주기(T), 주파수(f), 각진동수(ω)의 관계가 옳은 것은?
① $\omega = 2\pi f$ ② $\omega = 2\pi T$
③ $T = \dfrac{\omega}{\pi}$ ④ $f = \dfrac{2\pi}{\omega}$

3-3. 진동의 완전한 1사이클에 걸린 총시간은?
① 진동수
② 진동 주기
③ 각진동수
④ 진동 위상

3-4. 주파수에 관한 설명으로 옳지 않은 것은?
① 주파수의 단위는 [Hz]이다.
② 주파수는 60초 동안의 사이클 수이다.
③ 동일한 질량의 경우 강성이 클수록 주파수는 높다.
④ 한 주기 동안에 걸린 시간이 길수록 주파수는 낮다.

3-5. 다음 중 주파수의 단위는?
① [m/s] ② [m/s^2]
③ [rad/s] ④ [cycle/s]

|해설|

3-1
회전체가 불평형 시 그 물체의 회전속도와 동일한 진동수(1[rpm])를 유발시킨다.

3-4
주파수는 단위 초당 사이클 수를 나타낸다.

3-5
주파수는 1초당 사이클 수이므로 [cycle/s] 또는 [Hz]이다.

정답 3-1 ① 3-2 ① 3-3 ② 3-4 ② 3-5 ④

핵심이론 04 | 진폭(변위, 속도, 가속도)

진폭은 진동의 크기를 알아내는 데 중요하며 변위(거리), 속도, 가속도가 있다.

(1) **변위(Displacement)** : 1/1,000[mm(μm)]
① 계의 외력에 의한 휘는 양이다.
② 양진폭(Peak to Peak) : 상한과 하한의 거리
③ 편진폭(P) : 중립점에서 상한 또는 하한까지의 거리
④ 변위의 측정만으로 설비 노화를 진단할 수 없다.
⑤ 회전기기의 경우 언밸런스에 의한 진동을 평가할 때에는 변위로 표시하는 것이 알기 쉽다.
⑥ 낮은 주파수의 특성을 가진다.

(2) **속도(Velocity)** : [mm/sec], [cm/sec]
① 진동이 베어링 등을 통하여 전달하는 빠르기이다.
② 속도가 빠르면 빠른 만큼 설비의 열화가 진행되고 있음을 의미한다.
③ 속도는 변위와 회전수를 곱한 값이다.
④ 회전기기의 회전수가 명확하지 않아도 열화의 정도를 평가할 수 있다.
⑤ 간이 진단에 사용된다.
⑥ 중간주파수의 특성을 가진다.

(3) **가속도(Acceleration)** : g(1[g] = 9,806.5[mm/s^2])
① 높은 주파수의 특성을 가진다.
② 가속도는 변위×(진동수)^{2}에 비례한다.
③ 주파수가 높을수록 가속도의 검출감도가 높아진다.
④ 주로 베어링, 기어 등의 진동을 측정한다.
※ 변위가 같다면, 진동수가 높을수록 속도와 가속도의 값이 커진다.
※ 변위와 속도와의 관계식 : $V = 2\pi f D \times 10^{-3}$
※ 변위 피크값이 가속도의 피크값보다 더 늦은 시간에 발생한다(가속도 > 속도 > 변위).

핵심예제

4-1. 회전기계에서 발생하고 있는 진동을 측정할 때 변위, 속도, 가속도의 측정 변수 선정에 대한 설명 중 옳은 것은?
① 주파수가 높을수록 변위의 검출감도가 높아진다.
② 주파수가 낮을수록 가속도의 검출감도가 높아진다.
③ 주파수가 낮을수록 속도의 검출감도가 높아진다.
④ 주파수가 높을수록 가속도의 검출감도가 높아진다.

4-2. 진동의 상한과 하한의 거리를 무엇이라고 하는가?
① 변 위   ② 속 도
③ 가속도   ④ 진동수

4-3. 시간의 변화에 대한 진동 변위의 변화율을 나타내며, 기계 시스템의 피로 및 노후화와 관련이 있는 것은?
① 변 위   ② 속 도
③ 가속도   ④ 진동수

4-4. 진폭을 표시하는 파라미터와 가장 거리가 먼 것은?
① 변 위   ② 속 도
③ 질 량   ④ 가속도

|해설|

4-1
변위가 같다면 진동수가 높을수록 속도와 가속도의 값이 커진다.

4-2
변위(Displacement) : 계의 외력에 의한 휘는 양
• 양진폭 : 상한과 하한의 거리
• 편진폭 : 중립점에서 상한 또는 하한까지의 거리
※ 변위의 측정만으로 설비 노화를 진단할 수 없다. 회전기기의 경우 언밸런스에 의한 진동을 평가할 때에는 변위로 표시하는 것이 알기 쉽다.

4-4
진폭은 변위, 속도, 가속도의 3가지 파라미터로 표현한다.

정답 4-1 ④ 4-2 ① 4-3 ② 4-4 ③

핵심이론 05 | 기계진동

(1) 단순진동자

① 댐퍼 없이 질량과 스프링만으로 구성되어 있다.

② 운동방정식

$$m\frac{d^2X}{dt^2} + kX = 0$$

[여기서, X : 변위, k : 스프링 상수(계의 강성)]

$t=0$ 에서 $X=X_0$, 속도 $V=V_0$, 위 식을 풀면

$$X = A\cos(w_n t - \phi)$$

$$A = \sqrt{X_0^2 + \frac{V_0^2}{w_n^2}}$$

③ $V = \dfrac{dx}{dt} = Aw_n \sin(w_n t - \phi)$

④ $a = \dfrac{d^2x}{dt^2} = -Aw_n^2 \cos(w_n t - \phi)$

⑤ 기계진동의 주파수 분석은 주로 속도 혹은 가속도를 파라미터로 사용한다.

(2) 고유진동수

① 시스템을 외부 힘에 의해서 평형 위치로부터 움직였다가 그 외부 힘을 끊었을 때 시스템이 자유진동을 하는 진동수이다.

② 단순진동자의 고유진동수 : $w_n = \sqrt{\dfrac{k}{m}}$

  질량(m)을 그대로 두고 강성(k)을 증가시키면, 고유주파수는 증가한다.

③ 구조물의 정적처짐에 따른 고유진동수 :

$w_n \simeq \dfrac{10\pi}{\sqrt{X}}$ (여기서, X : 정적처짐[cm])

(3) 댐핑의 영향

① 실제의 진동체는 항상 어느 정도의 내부 마찰이나 댐핑에 의해서 그 진동에너지의 일부를 잃게 되어 진폭이 감소한다.

② 댐핑을 포함하는 진동시스템

$$m\frac{d^2x}{dt^2} + C\frac{dx}{dt} + kX = 0 \text{(여기서, } C : \text{댐핑계수)}$$

③ 댐핑시스템의 고유진동수 : $w_d = \sqrt{w_2^2 - \delta^2}$

④ 감쇄상수 : $\delta = \dfrac{C}{2m}$

※ C를 한계 댐핑이라 할 때의 댐핑비 : $D = \dfrac{C}{C_c}$

핵심예제

5-1. 구조물의 공진을 피하기 위하여 고유진동수를 낮추고자 할 때의 올바른 방법은?

① 구조물의 강성을 작게 하고 질량을 크게 한다.
② 구조물의 강성을 크게 하고 질량을 줄인다.
③ 구조물의 강성과 질량을 줄인다.
④ 구조물의 강성과 질량을 최대한 크게 한다.

5-2. 강철시스템의 고유진동수와 차단기의 정적 변위와의 관계가 옳은 것은?

① 고유진동수 $= \dfrac{10\pi}{\sqrt{\text{정적변위}}}$

② 고유진동수 $= \dfrac{10\pi}{\sqrt{\text{동적변위}}}$

③ 고유진동수 $= \dfrac{\sqrt{\text{동적변위}}}{10\pi}$

④ 고유진동수 $= \dfrac{\sqrt{\text{정적변위}}}{10\pi}$

5-3. 다음 중 진동계의 기본요소가 아닌 것은?

① 감 쇠   ② 질 량
③ 스프링(강성)   ④ 고유 진동수

|해설|

5-1

단순진동자의 고유진동수 : $w_n = \sqrt{\dfrac{k}{m}}$

5-2

고유진동수란 시스템을 외부 힘에 의해서 평형 위치로부터 움직였다가 그 외부 힘을 끊었을 때 시스템이 자유진동을 하는 진동수이다.

5-3

진동계의 기본요소 : 감쇠, 질량, 강성

정답 5-1 ① 5-2 ① 5-3 ④

1-3. 진동 측정

핵심이론 01 | 진동 측정용 센서

(1) 진동센서의 종류
① 접촉형
  ㉠ 가속도 검출형 : 압전형, 스트레인 게이지형, 서보형
  ㉡ 속도 검출형 : 동전형
② 비접촉형
  ㉠ 변위 검출형 : 와전류형, 용량형, 전자광학형, 홀소자형

(2) 변위센서
① 와전류식, 전자광학식, 정전용량식 등이 있다.
② 축의 운동(직선관계) 측정 시 고감도 오실레이터는 와전류형 변위센서가 사용된다.
③ 축과 마운트 사이에 발생되는 진동, 축 표면의 흠집, 표면거칠기 등의 측정에 용이하다.
④ 설치(베어링 하우징 부위) 시 기술이 요구된다.

(3) 속도센서
① 동전형 속도센서가 널리 사용된다.
② 측정주파수 범위는 보통 10~1,000[Hz]이다.
③ 동전형 속도센서의 측정 원리는 Faraday의 전자유도 법칙을 이용한다.
※ 발생기전력 $e \propto B \times V$
  (B : 자속 밀도, V : 도체의 속도)

(4) 가속도 센서
① 압전형 가속도 센서가 널리 사용된다.
② 주파수 범위의 광대역, 소형 경량화, 사용 온도 범위가 넓다.

※ 전치증폭기의 기능
• 센서로 탐지될 약한 신호의 증폭
• 센서와 두 증폭기 사이에서의 임피던스 결함
• 센서 → 전치증폭기 → 증폭, 분석 및 지시 부분
• 전하증폭기 : 시스템 연결 케이블 길이의 변화 및 용적 변화는 무시될 수 있어서 측정오차를 줄일 수 있다.
• 전압증폭기 : 케이블 용적 변화에 민감하고 압력저항이 저주파 성분 측정에 영향을 주지만, 구조가 간단하고, 가격이 싸고, 유지보수가 간편해 가동 신뢰도가 높은 장점이 있다.

핵심예제

1-1. 진동 측정용 센서 중 접촉형은?
① 압전형 ② 용량형
③ 와전류형 ④ 홀소자형

1-2. 다음 중 가속도 센서로 널리 사용되는 형식은?
① 광학형 ② 압전형
③ 용량형 ④ 와전류형

1-3. 다음 중 변위센서에 해당하는 것은?
① 기전력 센서 ② 동전형 센서
③ 압전형 센서 ④ 와전류형 센서

|해설|
1-1
• 접촉형 : 압전형, 스트레인 게이지형, 서보형
• 비접촉형 : 용량형, 와전류형, 홀소자형

1-2
가속도 센서
• 압전형 가속도 센서가 널리 사용된다.
• 주파수 범위의 광대역, 소형 경량화, 사용 온도 범위가 넓다.

1-3
변위센서에는 와전류식, 전자광학식, 정전용량식, 홀소자식 등이 있다.

정답 1-1 ① 1-2 ② 1-3 ④

| 핵심이론 02 | 진동센서의 선정 및 측정 방향

(1) 진동센서의 선정
① 변위센서
  ㉠ 축이 돌출되었을 때
  ㉡ 플렉시블 로터-베어링시스템(시간신호 해석)
② 속도센서, 가속도 센서
  ㉠ 축이 돌출되지 않을 경우(기어박스 내에 있는 내부 축 등)
  ㉡ 로터-베어링시스템이 강성일 때
  ㉢ 진동주파수가 10~1,000[Hz]
③ 가속도 센서 : 주요 진동이 1[kHz] 이상

(2) 진동센서의 측정 방향
① 축 방향 : 스러스트를 받는 베어링의 열화는 스러스트 방향으로 측정(감도가 좋다)한다.
② 수평 방향 : 상하에 경사진 면이 있는 경우에는 수직 방향보다 횡방향으로 측정한다.
③ 수직 방향

핵심예제

2-1. 진동을 측정할 때 축을 기준으로 진동센서를 부착하여 측정하려고 한다. 이때 사용되는 측정 방향이 아닌 것은?
① 축 방향   ② 수직 방향
③ 임의 방향   ④ 수평 방향

2-2. 베어링의 결함 유무를 측정하고자 할 때 사용되는 진동 측정용 센서는?
① 변위계   ② 속도계
③ 가속도계   ④ 레벨계

|해설|
2-1
진동센서의 측정방향에는 축 방향, 수평 방향, 수직 방향이 있다.
2-2
가속도(Acceleration) : 주로 베어링, 기어 등의 진동을 측정한다.
※ 기계의 진동은 진동수, 진폭(변위, 속도, 가속도) 위상차를 진동의 기본량이라 한다.

정답 2-1 ③ 2-2 ③

| 핵심이론 03 | 가속도 센서의 부착방법

(1) 나사 고정
① 사용할 수 있는 주파수 영역이 넓고 정확도 및 장기적 안정성이 좋다.
② 가속도계의 이동 및 고정시간이 길다.
③ 먼지, 습기, 온도의 영향이 작다.
④ 고정 시 구조물에 수정(탭)을 가해야 한다.

(2) 에폭시 시멘트 고정
① 영구적으로 기계에 설치한다.
② 고정이 빠르다.
③ 사용할 수 있는 주파수 영역이 넓고 정확도와 전기적 안정성이 좋다.
④ 먼지와 습기는 접착에 문제를 발생시킬 수 있다.
⑤ 에폭시를 사용할 경우 고온에서 문제가 발생할 수 있다.
⑥ 가속도계를 뗄 때 구조물에 에폭시가 남아 있다.

(3) 밀랍 고정
온도가 높아지면 밀랍이 부드러워지므로 사용범위를 40[℃] 이하로 제한한다.
① 가속도계의 고정 및 이동이 용이하다.
② 사용할 수 있는 주파수 영역이 적당하고 정확하다.
③ 장기적 안정성이 안 좋다.
④ 먼지, 습기, 고온은 접착에 문제를 발생시킨다.
⑤ 사용 후 구조물의 접착면을 깨끗이 할 수 있다.

(4) 마그네틱 고정
① 가속도계의 고정 및 이동이 용이하다.
② 사용 주파수 영역이 좁고 정확도가 떨어진다.
③ 작은 구조물에는 자석의 질량효과가 크다.
④ 습기는 문제가 없다.
⑤ 먼지와 고온은 접착력을 약화시킨다.
⑥ 측정구조물에 손상을 주지 않는다.

(5) 절연 고정

① 운모 와셔와 나사못 : 전기적으로 절연되어야 하는 곳에 사용한다.
② 접지 루프를 방지하는 역할을 한다.

(6) 손 고정

빠른 조사에 편리하나 손의 영향으로 전체적인 측정오차가 생길 수 있다.

(7) 진동 측정 시 주의사항

진동 측정 시 주의해야 할 가장 중요한 것은 항상 동일한 조건으로 측정하여야 한다.

① 진동센서 부착 시
  ㉠ 언제나 동일한 포인트로 부착할 것(장소, 방향)
  ㉡ 언제나 동일한 센서의 측정기를 사용할 것
  ※ 진동센서 부착위치 : 베어링 하우징 부위

② 측정 타이밍에 관하여
  ㉠ 항상 같은 회전수일 때 측정할 것
  ㉡ 항상 같은 부하일 때 측정할 것
  ㉢ 윤활조건을 항상 같게 유지할 것

※ 고정방법에 따른 주파수 응답함수 비교

고정방법	나 사	시멘트	밀 랍	마그네틱	절 연	손
사용주파수 [kHz]	31	29	28	7	28	2

핵심예제

3-1. 다음 중 가장 높은 주파수 응답범위를 얻을 수 있는 가속도계 설치방법은?

① 손 고정 ② 나사 고정
③ 접착제 고정 ④ 자석 고정

3-2. 다음 중 비접촉형 변위 검출용 센서의 종류가 아닌 것은?

① 서보형 ② 와전류형
③ 정전 용량형 ④ 전자광학형

3-3. 가속도 센서의 부착방법 중 영구적으로 기계에 설치하고자 할 때 드릴이나 탭 작업을 할 수 없을 경우 사용하는 방법은?

① 밀랍 고정 ② 나사 고정
③ 마그네틱 고정 ④ 에폭시 시멘트 고정

3-4. 압전형 가속도 센서에 대한 내용으로 옳지 않은 것은?

① 소형으로 가볍다.
② 사용 용도의 범위가 넓다.
③ 주파수 범위는 광대역이다.
④ 마운팅에 비해 저감도이므로 손으로 고정한다.

3-5. 와전류형 변위센서는 진동의 크기를 전기적으로 변환하여 나타낸다. 전기적 크기는 무엇으로 지시되는가?

① 저 항 ② 전 력
③ 전 압 ④ 자 력

|해설|

3-1
나사 고정은 사용할 수 있는 주파수 영역이 넓고 정확도 및 장기적 안정성이 좋다.

3-2
비접촉형 변위센서에는 와전류형, 용량형, 전자광학형, 홀소자형이 있다.

3-3
반영구적인 고정 방법은 에폭시 시멘트 고정방법이다.

3-4
압전형 가속도 센서는 고감도 센서이므로 손 고정방법을 사용할 수 없다.

3-5
진동센서에서 진동의 크기는 전압의 크기로 변환된다.

정답 3-1 ② 3-2 ① 3-3 ④ 3-4 ④ 3-5 ③

| 핵심이론 04 | FFT 분석의 특징

(1) 신호가 가지고 있는 다방면의 정보, 즉 성분이 되는 주파수나 크기 등을 디지털로 처리·정리해서 표시하는 것이다.

(2) 한 번 표준화하면 누구든지 회전기계의 상태를 점검·판단할 수 있다.

(3) FFT 연산

DFT 유한성과 불연속성에 의해 Aliasing, Time Window, Picket Fence 효과들의 결점이 나타난다.

① Aliasing 현상(주파수의 반환 현상) : 어떤 최고 입력주파수를 설정했을 때에 이보다도 높은 6성분을 가진 신호를 입력한 경우에 발생하는 현상이다.

② 기본적 3가지 종류의 Time Window 함수
  ㉠ 주기신호 : Flat Top Window
  ㉡ 랜덤신호 : Hanning Window
  ㉢ 트랜젠트 신호 : 구형 윈도우(Rectangular Window)

③ Picket Fence 효과 : 주파수 영역에서 스펙트럼을 분리하여 샘플링하기 때문에 생기는 현상

핵심예제

기어, 베어링 및 축 등으로부터의 검출된 시간영역의 여러 진동신호를 주파수 영역의 신호로 변환하는 분석기는?
① 디지털 신호분석기
② FFT 분석기
③ 소음분석기
④ 유분석기

|해설|

FFT 분석기는 신호가 가지고 있는 다방면의 정보, 즉 성분이 되는 주파수나 크기 등을 디지털로 처리·정리해서 표시하는 것으로 한 번 표준화하면 누구든지 회전기계의 상태를 점검·판단할 수 있다.

정답 ②

1-4. 소음이론과 측정

| 핵심이론 01 | 소음의 물리적 성질(Ⅰ)

(1) 파 동

매질 자체가 이동하는 것이 아니라 매질의 변형운동으로 이루어지는 에너지 전달이다.

(2) 파 면

파동의 위상이 같은 점들을 연결한 면이다.

(3) 음 선

음의 진행 방향을 나타내는 선으로, 파면에 수직이다.

(4) 음의 회절

장애물 뒤쪽으로 음이 전파되는 현상이다.

(5) 음의 굴절

① 음파가 한 매질에서 다른 매질로 통과할 때 구부러지는 현상이다.

② 입사각 θ_1, 굴절각 θ_2, 그때의 음속비 C_1 / C_2 일 때의 관계식은 다음과 같다.

$$\frac{C_1}{C_2} = \frac{\sin\theta_1}{\sin\theta_2} (\text{Snell법칙})$$

(6) 음 파

공기 등의 매질을 전파하는 압력파(소밀파)이다.

(7) 음의 간섭

서로 다른 파동 사이의 상호적으로 나타나는 현상이다.

① **중첩의 원리** : 둘 또는 그 이상의 같은 성질의 파동이 동시에 어느 한 점을 통과할 때 그 점에서의 진폭은 개개의 파동의 진폭을 합한 것과 같다.

② 보강간섭 : 여러 파동이 마루는 마루끼리, 골은 골끼리 만나면서 엇갈려 지나갈 때 그 합성파의 진폭은 개개의 어느 파의 진폭보다 작게 된다.
③ 소멸간섭 : 여러 파동 마루는 골과 골은 마루와 만나면서 엇갈려 지나갈 때 그 합성파의 순진폭은 개개의 어느 파의 진폭보다 작게 된다.
④ 맥놀이 : 다른 두 개의 음원으로부터 나오는 음은 보강간섭과 소멸간섭을 교대로 이루어 어느 순간에 큰 소리가 들리면 다음 순간에는 조용한 소리로 들리는 현상이다. 맥놀이 수는 두 음원의 주파수 차와 같다(Beat라고도 함).

핵심예제

1-1. 소리(음)가 서로 다른 매질을 통과할 때 구부러지는 현상은?
① 음의 반사
② 음의 간섭
③ 음의 굴절
④ 마스킹(Masking) 효과

1-2. 다음 중 음의 간섭현상에 속하지 않는 것은?
① 보강간섭
② 소멸간섭
③ 맥놀이
④ 굴절현상

|해설|

1-1
음의 굴절은 음파가 한 매질에서 다른 매질로 통과할 때 구부러지는 현상이다.

1-2
음의 간섭현상은 서로 다른 파동 사이의 상호적으로 나타나는 현상으로 중첩의 원리, 보강간섭, 소멸간섭, 맥놀이 등이 있다.

정답 1-1 ③ 1-2 ④

핵심이론 02 | 소음의 물리적 성질(Ⅱ)

(1) 음의 반사, 투과, 흡수

① 반사율
$$\alpha = \frac{\text{반사음의 세기}}{\text{입사음의 세기}}$$
다매질의 고유 음향 임피던스라 하며 이 임피던스 차가 크면 반사율도 커진다.

② 투과율
$$\tau = \frac{\text{투과음의 세기}}{\text{입사음의 세기}} = 1 - \alpha$$
투과손실 $TL = 10\log\frac{1}{\tau}$

③ 흡음률(흡수율)
$$\frac{\text{흡수음의 세기} + \text{투과율의 세기}}{\text{입사음의 세기}}$$
$$= \frac{\text{입사음의 세기} - \text{반사음의 세기}}{\text{입사음의 세기}}$$

(2) 호이겐스(Huyghens)의 원리

하나의 파면상의 모든 점이 파원이 되어 각각 2차원적인 구면파를 사출하여 그 파면들이 둘러싸는 면이 새로운 파면을 만드는 현상이다.

(3) 도플러(Doppler) 효과

발음원(또는 수음자)이 이동할 때 그 진행 방향쪽에서는 원래 발음원의 음보다 고음으로, 진행 반대쪽에서는 저음으로 되는 현상이다.

(4) 마스킹(Masking) 효과

크고 작은 두 소리를 동시에 들을 때 큰 소리만 듣고 작은 소리는 듣지 못하는 현상으로, 음파의 간섭에 의해 일어난다.
① 마스킹의 효과
  ㉠ 저음이 고음을 잘 마스킹한다.
  ㉡ 두 음의 주파수가 비슷할 때는 마스킹 효과가 매우 커진다.

ⓒ 두 음의 주파수가 거의 같을 때는 맥동이 생겨 마스킹 효과가 감소한다.
② 마스킹의 이용
　㉠ 작업장 안에서의 배경음악
　㉡ 자동차 안의 스테레오 음악 등

핵심예제

2-1. 다음 중 공장 소음에서 마스킹(Masking) 효과의 특징이 아닌 것은?
① 두 음의 주파수가 비슷할 때는 마스킹 효과가 매우 커진다.
② 두 음의 주파수가 거의 비슷할 때는 맥동이 생겨 효과가 감소한다.
③ 저음이 고음을 잘 마스킹한다.
④ 발음원이 이동할 때 그 진행 방향 쪽에서는 원래 발음원의 음보다 고음으로 나타난다.

2-2. 재료의 흡음률(a)을 나타내는 것은?
① $a = \dfrac{입사에너지}{흡수된 에너지}$
② $a = \dfrac{흡수된 에너지}{입사에너지}$
③ $a = \dfrac{흡수된 에너지}{투과에너지}$
④ $a = \dfrac{입사에너지}{투과에너지}$

|해설|
2-1
마스킹 효과란 크고 작은 두 소리를 동시에 들을 때 큰 소리만 듣고 작은 소리는 듣지 못하는 현상으로 음파의 간섭에 의해 일어난다.

정답 2-1 ④ 2-2 ②

핵심이론 03 | 음의 제량 및 단위

(1) 파장(Wavelength)
마루와 마루 간의 거리로, 위상의 차이가 360°가 되는 거리이다.

(2) 주파수
한 고정점을 1초 동안 통과하는 마루(산) 또는 골의 평균 수이다. 1초 동안의 사이클 수이다.
$$f = \frac{1}{T}[\text{Hz}] = \frac{c}{\lambda}[\text{Hz}] \quad (여기서, \lambda : 파장, c : 음속)$$

(3) 주 기
한 파장이 전파되는 데 소요되는 시간이다.
$$T = \frac{1}{f}$$

(4) 변 위
진동하는 입자(공기)의 어떤 순간에서의 위치와 그것의 평균 위치와의 거리이다.

(5) 진 폭
진동하는 입자에 의해 발생하는 최대 변위값이다.

(6) 고유 음향 임피던스
매질에서 입자속도에 대한 음압의 비이다.
$$Z[\text{pc}] = \frac{P}{V}[\text{rayls}]$$

(7) 음의 전파속도
① 음속은 음파가 1초 동안에 전파하는 거리이다.
② 기호는 c로 나타낸다.
③ 공기 중에서의 음속은 기압과 공기의 밀도에 따라 변한다.

(8) 음 압

음에너지에 의해 매질에는 미소한 압력 변화가 생기며 이 압력 변화 부분을 음압이라 하고, 단위는 [N/m² = Pa]이다.

(9) 음의 세기

음의 진행 방향에 수직하는 단위 면적을 단위시간에 통화하는 음의 에너지이다.

$$I = P \times v = \frac{P^2}{pc} [\text{W/m}^2]$$

(10) 음향 출력

음원으로부터 단위시간당 방출되는 총 음에너지이다.
$W = I \times S [\text{Watt}]$ (여기서, I : 음의 세기, S : 표면적[m²])

(11) 음의 발생

① 고체음 : 물체의 진동에 의한 기계적 원인으로 발생한다.
  ㉠ 일차 고체음 : 기계진동이 지반진동을 수반하여 발생하는 소리
  ㉡ 이차 고체음 : 기계 본체의 진동에 의한 소리
② 기류음 : 직접적인 공기의 압력 변화에 의한 유체역학적 원인에 의해 발생한다.
  ㉠ 난류음 : 선풍기, 송풍기 등의 소리
  ㉡ 맥동음 : 압축기, 진공펌프, 엔진의 배기음 등

(12) 공 명

2개의 진동체(말굽쇠 등)의 고유진동수가 같을 때 한쪽을 울리면, 다른 쪽도 울리는 현상이다. 공명음 주파수(기본음)를 구하는 식으로 진동체의 길이와 두께 등이 변화하면 그 주파수도 변화함을 알 수 있다.

핵심예제

3-1. 음에너지에 의해 매질에 미소한 압력 변화가 생기는 부분은?
① 음 장
② 음 원
③ 음의 세기
④ 음 압

3-2. 진동을 측정할 때 사용하는 단위는?
① 폰(phone)
② 와트(watt)
③ 칸델라(candela)
④ 데시벨(decibel)

3-3. 소음의 물리적 성질에 대한 설명으로 옳지 것은?
① 음의 진행 방향을 나타내는 음선은 파면에 수평이다.
② 파동의 위상이 같은 점들을 연결한 면을 파면이라 한다.
③ 음파는 매질 개개의 입자가 파동이 진행하는 방향의 앞뒤로 진동하는 종파이다.
④ 파동은 매질 자체가 이동하는 것이 아닌 매질의 변형운동으로 이루어지는 에너지 전달이다.

3-4. 음(Sound)에 대한 설명으로 옳지 않은 것은?
① 주기적인 현상이 매초 반복되는 횟수가 주파수이다.
② 장애물 뒤쪽으로 음이 전파되는 현상을 음의 굴절이라 한다.
③ 소리는 대기의 온도차에 의한 굴절로 온도가 낮은 쪽으로 굴절한다.
④ 음에너지에 의해 매질에는 압력 변화가 발생하는데 이를 음압이라 한다.

3-5. 음의 진행 방향에 수직하는 단위 면적을 단위 시간에 통과하는 음의 에너지는?
① 음 압
② 음의 세기
③ 음의 출력
④ 음의 지향성

|해설|

3-1
음압이란 음에너지에 의해 매질에 미소한 압력 변화가 생기는 것이다.

3-2
진동을 측정할 때 사용하는 단위는 [mm], [mm/s], [mm/s²], [dB] 등이다.

3-3
음선은 음의 진행 방향을 나타내는 선으로 파면에 수직이다.

3-4
장애물 뒤쪽으로 음이 전파되는 현상을 음의 회절이라 한다.

정답 3-1 ④ 3-2 ④ 3-3 ① 3-4 ② 3-5 ②

핵심이론 04 | 소음의 단위 및 제량

(1) 소음의 크기[dB]

$$1[\text{dB}] = 10\log\left(\frac{p}{p_0}\right)$$

① 가청 음의 세기 : $10^{-12} \sim 10[\text{W/m}^2]$
② 가청 주파수 : $20 \sim 20{,}000[\text{Hz}]$

(2) 음압도(SPL)

음향에서 [dB]은 Power 대신에 음의 세기 레벨(SPL)을 사용한다.

$$\text{SPL} = 10\log\left(\frac{P^2}{P_0^2}\right) = 20\log\left(\frac{P}{P_0}\right)$$

① 최저 가청 음압 : $20[\mu\text{Pa}](0[\text{dB}])$
② 통증을 느끼는 음압 : $200[\mu\text{Pa}](140[\text{dB}])$
③ 정상청력의 들을 수 있는 음의 한계 : $130[\text{dB}]$

(3) 음의 크기 레벨(LL ; Loudness Level)

① 감각적인 음의 크기를 나타내는 양으로, 단위는 [Phon] 이다.
② Phon(폰) : 1,000[Hz] 순음(단일 주파수로 된 소리)의 크기와 평균적으로 같은 크기로 느끼는 1,000[Hz] 순음을 음의 세기 레벨로 나타낸 것이다.

(4) 음의 크기(Loudness, S)

① 1,000[Hz] 순음의 음의 세기 레벨 40[dB]의 음의 크기를 1[sone]로 한다.
$S = 2^{(L_L - 40)/10}[\text{sone}]$
② S의 값이 2배, 3배 등으로 증가하면 감각량의 크기도 2배, 3배 등으로 증가한다.

(5) 소음 레벨(SL ; Sound Level, 소음도)

소음계의 청감보정회로 A, B, C 등을 통하여 측정한 값이다.

(6) 등청감곡선

사람이 귀로 듣는 같은 크기의 음압을 주파수별로 구하여 작성한 곡선이다. 음의 물리적 강약은 음압에 따라 변하지만 사람이 귀로 듣는 음의 감각적 강약은 음압뿐만 아니라 주파수에 따라서도 변한다.

핵심예제

4-1. 정상적인 사람이 들을 수 있는 가청 음압의 변화범위는 얼마인가?
① $20[\mu\text{Pa}] \sim 200[\text{Pa}]$
② $11[\mu\text{Pa}] \sim 15[\text{Pa}]$
③ $2[\mu\text{Pa}] \sim 10[\text{Pa}]$
④ $0.1[\mu\text{Pa}] \sim 1[\text{Pa}]$

4-2. 사람이 가청할 수 있는 최소 가청음의 세기[W/m²]는?(단, W/m² = 음향 출력/표면적)
① 10^{-12}
② 20^{-12}
③ 100^{-12}
④ 200^{-12}

4-3. 음압을 표시할 때 log 눈금을 주로 사용하는데 이러한 log 눈금상의 크기를 비교하여 표시하는 음압도(SPL) 산출공식은?(단, P : Power, P_0 : 기준 Power이다)
① $20\log\left(\dfrac{P}{P_0}\right)$
② $20\log\left(\dfrac{P_0}{P}\right)$
③ $10\log\left(\dfrac{P}{P_0}\right)$
④ $10\log\left(\dfrac{P_0}{P}\right)$

4-4. 음의 물리적 강약은 음압에 따라 변화하지만 사람이 귀로 듣는 음의 감각적 강약은 음압과 주파수에 따라 변한다. 같은 크기로 느끼는 순음을 주파수별로 구하여 나타낸 것은?
① 음압도
② 소음 레벨
③ 등청감곡선
④ 음향 파워 레벨

|해설|

4-1
- 가청 주파수 영역 : $20 \sim 20{,}000[\text{Hz}]$
- 최저 가청음압 : $20[\mu\text{Pa}](0[\text{dB}])$
- 통증을 느끼는 음압 : $200[\mu\text{Pa}](140[\text{dB}])$

정답 4-1 ① 4-2 ① 4-3 ① 4-4 ③

1-5. 진동 소음제어

핵심이론 01 | 공장 소음 방지대책

(1) 소음 방지방법의 기본적인 방법

① 흡음
② 차음
③ 진동 차단
④ 진동 댐핑
⑤ 소음기 설치(덕트 소음, 배가 소음을 방지)

※ 흡음률 : 부드럽고 다공성 표면을 갖는 재료는 높은 흡음률을 갖고, 흡음판에 입사한 음향에너지의 일부가 흡음재료 내부에서의 점성마찰로 열손실되고 다시 반사된다. 이때 흡음률은 같은 재료라도 주파수에 따라 다르다.

$$\alpha = \frac{\text{흡수된 에너지}}{\text{입사에너지}}$$

(2) 작업장의 소음

소음, 소음원, 반사소음이 있다.

① 소음은 소음원으로부터 거리가 2배 증가함에 따라 6[dB] 감소한다.
② 소음원으로 가까운 거리에서는 반사소음보다 직접 오는 소음이 압도된다.
③ 소음원으로 충분히 먼 거리에서는 반사음이 압도하게 된다.

(3) 흡음재

① 섬유성 재료(유리섬유와 암면 등)는 넓은 주파수 범위에서 좋은 흡음 특성을 갖는 장점이 있다.
② 부식과 훼손 등 내구성면에서 약한 단점이 있다.

※ 합성수지 필름으로 싸는 방법 : 고주파 소음의 흡음이 영향을 받는 경향은 있으나 저주파 흡음 특성이 오히려 개선된다.

③ 훼손의 가능성이 심한 경우 유공판으로 흡음재 앞면을 보호한다.
④ 유공판의 소음투과 특성을 결정하는 요소 : 재료에 관계없이 개공률과 구멍의 크기 및 배치방법이다.
⑤ 30[%] 정도의 개공률은 소음을 거의 완전히 통과시킨다.
⑥ 몇 개의 큰 구멍을 주는 것보다 많은 작은 구멍을 균일하게 분포시키는 것이 효과적이다.

(4) 백스페이스(Backspace)

유공관과 흡음재 사이에 일정한 공간인 백스페이스를 두고 설치하면 저주파 흡음 특성을 흡음재 본래의 그것보다 증가시킬 수 있다.

핵심예제

1-1. 공장에서 소음을 방지하기 위한 일반적인 방법이 아닌 것은?

① 흡음과 차음
② 완충물 시공
③ 소음원의 차단
④ 소음원의 제거 및 억제

1-2. 소음을 거의 완전하게 투과시키는 유공판의 개공률과 효과적인 구멍의 크기 및 배치방법은?

① 개공률 30[%], 많은 작은 구멍을 균일하게 분포
② 개공률 50[%], 많은 작은 구멍을 균일하게 분포
③ 개공률 30[%], 몇 개의 큰 구멍을 균일하게 분포
④ 개공률 50[%], 몇 개의 큰 구멍을 균일하게 분포

|해설|

1-1
소음 방지방법의 기본적인 방법에는 흡음, 차음, 진동 차단, 진동 댐핑, 소음기(덕트 소음, 배가 소음을 방지) 설치 등이 있다.

1-2
30[%] 정도의 개공률은 소음을 거의 완전히 통과시키고, 몇 개의 큰 구멍을 주는 것보다 많은 작은 구멍을 균일하게 분포시키는 것이 효과적이다.

정답 1-1 ④ 1-2 ①

핵심이론 02 | 소음투과손실을 결정하는 요소

(1) 차음벽 재료의 강성
① 저주파 소음의 투과손실을 결정한다.
② 강성을 2배 증가시키면 투과손실은 6[dB] 정도 증가한다.

(2) 차음벽의 무게
① 중간 이상 주파수 소음의 투과손실을 결정한다.
② 무게를 2배 증가시키면 투과손실은 6[dB] 증가(실제로 4~5[dB] 증가)한다.

(3) 내부 댐핑
① 차음벽 내부에 발생하는 진동파의 진폭을 억제한다.
② 고주파 성분에 효과가 크다.

(4) 공진현상
① 설비 및 구조물의 고유진동수와 외부 환경조건에 의한 강제진동수가 일치할 경우 설비 및 구조물에 진폭이 증가하면서 소음이 발생하는 현상이다.
② 공진주파수의 소음 성분은 거의 손실 없이 투과된다.
※ 공진 제거방법
 • 우발력을 없앤다.
 • 기계의 질량을 바꾸어 고유진동수를 변환시킨다.
 • 기계의 강성을 바꾸어 고유진동수를 변화시킨다.

(5) 소음의 주파수
① 차음벽의 무게나 내부 댐핑에 의한 차음효과는 주파수가 증가함에 따라서 증가한다.
② 공진현상은 고주파에서 더욱 크기 때문에 고주파 소음의 차단에 방해가 된다.

핵심예제

2-1. 공장 소음, 특히 저주파 소음을 방지할 수 있는 방법은?
① 소음 방지재료의 강성을 높인다.
② 소음 방지재료의 무게를 높인다.
③ 소음 방지재료의 내부 댐핑을 줄인다.
④ 소음 방지재료의 무게를 줄인다.

2-2. 차음벽의 무게는 중간 이상 주파수 소음의 투과손실을 결정한다. 무게를 2배 증가시킬 때 투과손실은 이론적으로 얼마나 증가하는가?
① 2[dB] ② 4[dB]
③ 5[dB] ④ 6[dB]

2-3. 정현파의 한 파장이 10[m]이고, 음속이 340[m/s]이다. 이 정현파의 진동수는 몇 [Hz]인가?
① 0.3 ② 34
③ 340 ④ 3,400

|해설|

2-1
차음벽 재료의 강성(저주파 소음의 투과손실을 결정)을 2배 증가시키면 투과손실은 6[dB] 정도 증가한다.

2-2
무게를 두 배 증가시키면 투과손실은 6[dB] 증가하나, 실제로는 4~5[dB] 증가한다.

2-3
주파수 $f = \frac{1}{T}[\text{Hz}] = \frac{c}{\lambda}[\text{Hz}]$ (λ : 파장, c : 음속)에서
$f = \frac{c}{\lambda} = \frac{340}{10}[\text{Hz}]$

정답 2-1 ① 2-2 ④ 2-3 ②

핵심이론 03 | 소음기

덕트 소음이나 배기 소음을 방지하기 위하여 사용되는 장치이다.

(1) 흡음식 소음기
섬유성 재료(Fiber Glass, 암면)의 흡음력을 이용한다.
① 장점
  ㉠ 공기의 성분이 비교적 깨끗하다.
  ㉡ 흐름이 완만한 경우에 효과적이다.
  ㉢ 넓은 주파수 폭을 갖는다.
② 단점 : 배기 소음과 집진시설의 송풍 소음의 경우에는 내부의 흡음재가 손상될 우려가 있기 때문에 사용하기 힘들다.

(2) 반사 소음기
팽창식 체임버 원리와 공명기 원리를 이용한다.
① 장점 : 덕트 소음제어에 효과적이다.
② 단점 : 좁은 주파수 폭의 소음에 효과적이다.

$$\text{팽창식 체임버의 면적비} = \frac{\text{팽창식 체임버의 단면적}}{\text{연결 덕트의 단면적}}$$

(3) 음의 지향지수(DI ; Directivity Index)
무지향성 점음원이라도 음원의 위치에 따라 지향성을 갖게 된다.
① 음원이 자유 공간에 있을 때 DI는 0[dB]이다.
② 빈 자유 공간(바닥 위)에 음원이 있을 때 DI는 +3[dB]이다.
③ 두 면이 접하는 구석에 음원이 있을 때 DI는 +6[dB]이다.
④ 세 면이 접하는 구석에 음원이 있을 때 DI는 +9[dB]이다.

핵심예제

3-1. 팽창식 체임버의 소음 흡수 능력을 결정하는 기본요소는?
① 진동비
② 체적비
③ 면적비
④ 소음비

3-2. 흡음식 소음기를 사용하기에 적당한 곳은?
① 냉난방 덕트
② 내연기관의 배기구
③ 집진시설의 송풍기
④ 헬름홀츠 공명기

3-3. 소음기의 내면에 파이버 글라스와 암면 등과 같은 섬유성 재료를 부착하여 소음을 감소시키는 장치는?
① 팽창형 소음기
② 간섭형 소음기
③ 공명형 소음기
④ 흡음형 소음기

3-4. 반사 소음기의 특징으로 적합하지 않은 것은?
① 팽창식 체임버를 흔히 사용한다.
② 덕트 소음제어에서 효과적으로 사용이 가능하다.
③ 넓은 주파수 폭의 소음에 대하여 높은 효과를 갖는다.
④ 체임버에 의해서 입사 소음 에너지를 반사하여 소멸시킨다.

|해설|

3-1
$$\text{팽창식 체임버의 면적비} = \frac{\text{팽창식 체임버의 단면적}}{\text{연결 덕트의 단면적}}$$

3-2
흡음식 소음기는 섬유성 재료(Fiber Glass, 암면)의 흡음력을 이용하며, 공기의 성분이 비교적 깨끗하고 흐름이 완만한 경우에 효과적이다.

3-4
반사 소음기는 좁은 주파수 폭의 소음에 효과적이다.

정답 3-1 ③ 3-2 ① 3-3 ④ 3-4 ③

| 핵심이론 04 | 진동 방지의 일반적인 방법

(1) 진동 방지의 일반적인 방법
① 진동차단기를 사용한다.
② 질량이 큰 경우 거더(Girder)를 이용한다.
③ 2단계 차단기 사용 : 고주파 진동제어에 효과적인 저주파 진동제어에 역효과를 줄 수 있다.
④ 기초(Base)의 진동을 제어하는 방법
※ 거더의 역할
  진동 보호 대상 물체를 스프링 차단기 위에 놓인 거더 위에 설치하는 경우, 블록의 질량은 차단기의 고유진동수를 낮추는 역할을 한다.

(2) 진동차단기
정상진동으로부터 시스템을 차단할 수 있는 탄성지지체이다[강철스프링, 천연고무, 네오프렌(Neoprene)과 같은 합성고무].

(3) 진동차단기의 기본 요구조건
① 강성이 충분히 작아서 차단능력이 있어야 한다.
② 강성은 걸어준 하중을 충분히 받칠 수 있어야 한다.
③ 온도, 습도, 화학적 변화 등에 견딜 수 있어야 한다.
④ 진동의 최저 주파수보다 작은 고유진동수를 가져야 한다.

(4) 진동차단기의 선택과 사용법
① 강철 스프링
② 천연고무(측면으로 미끄러지는 하중에 적합)
③ 실리콘 합성고무
  ㉠ -75~20[℃]까지 이용 가능하다.
  ㉡ 강성이 시간이 흐름에 따라 변한다.
④ 패드 : 스펀지, 파이버 글라스, 코르크 - 수분이나 석유제품에 잘 견딘다.

(5) 시스템의 고유진동 주파수
$f = \dfrac{10\pi}{\sqrt{\delta}}$ 에서 δ는 정적 처짐량으로 주파수 f가 2배로 증가하기 위해서는 δ에 1/4를 대입하면 된다.

(6) 고유진동수에 대한 진동차단기의 효과

$R = \dfrac{외부\ 진동주파수}{시스템\ 고유주파수}$	진동 차단효과
1.4 이하	증 폭
1.4~3	무시할 정도
3~6	낮 음
6~10	보 통
10 이상	높 음

핵심예제

4-1. 진동차단기로서 갖추어야 할 요건으로 옳은 것은?
① 화학적 변화에 따라 변형되어야 한다.
② 차단하려는 진동의 최저 주파수와 같은 고유진동수를 가져야 한다.
③ 온도, 습도에 견딜 수 있어야 한다.
④ 강성은 충분히 커야 하고 하중은 고려하지 않는다.

4-2. 진동차단효과는 고유진동수인 R값에 따라 다르다. 진동차단효과가 가장 큰 값은?(단, R = 외부 진동주파수/시스템 고유진동수)
① 1.4 이하 ② 3~6
③ 6~10   ④ 10 이상

|해설|
4-1
① 화학적 변화에 견딜 수 있어야 한다.
② 진동의 최저 주파수보다 작은 고유진동수를 가져야 한다.
④ 강성은 걸어준 하중을 충분히 받칠 수 있어야 한다.

정답 4-1 ③ 4-2 ④

1-6. 회전기계의 진단

핵심이론 01 | 회전기계에서 발생하는 이상현상

(1) 저주파 발생

① 언밸런스(Unbalance) : 로터의 축심 회전의 질량 분포의 부적정에 의한 것으로 통상 회전주파수가 발생한다.

② 미스얼라인먼트(Misalignment) : 커플링으로 연결되어 있는 2개의 회전축의 중심선이 엇갈려 있을 경우로서 통상 회전주파수 또는 고주파가 발생한다.

③ 풀림 : 기초 볼트 풀림이나 베어링 마모 등에 의하여 발생한다(통상 회전주파수의 고차 성분이 발생).

④ 오일 휩(Oil Whip) : 강제 급유되는 미끄럼 베어링을 갖는 로터에 발생한다(축의 고유진동수가 발생).

(2) 중간주파수 발생

① 압력 맥동 : 펌프, 블로어의 압력 발생기구에서 임펠러가 벌류트 케이싱부를 통과할 때에 발생하는 유체압력 변동, 압력 발생기구에 이상이 생기면 압력 맥동에 변화가 생긴다.

② 러너 블레이드 통과진동 : 축류식 혹은 원심식의 압축기, 터빈의 운전 중에 동정익 간의 간섭, 임펠러와 확산과의 간섭, 노즐과 임펠러 간섭에 의하여 발생하는 진동이다.

(3) 고주파 발생

① 공동(Cavitation) : 유체기계에서 국부적 압력 저하에 의하여 기포가 생기며 고압부에 도달하면 파괴하여 일반적으로 불규칙한 고주파 진동 음향이 발생한다.

② 유체음, 진동 : 유체기계에서 압력 발생기구의 이상, 실기구의 이상 등에 의하여 발생하는 와류의 일종으로, 불규칙성의 고주파진동 음향이 발생한다.

※ 회전기계 열화 시 발생되는 주파수 특성 중 언밸런스의 특징
- 언밸런스는 회전 벡터이다.
- 회전주파수의 $1f$ 성분의 탁월주파수가 나타난다.
- 언밸런스에 의한 진동은 수평·수직 방향에 최대의 진폭이 발생한다.
- 로터 축심 회전의 질량 분포의 부적정에 의한 것으로 통상 회전주파수가 발생한다.

핵심예제

1-1. 회전기계에서 나타나는 이상현상 중 발생하는 주파수가 고주파로 나타나는 이상현상은?

① 언밸런스(Unbalance)
② 미스얼라인먼트(Misalignment)
③ 기계적 풀림(Looseness)
④ 공동(Cavitation)

1-2. 회전기계장치에서 회전수와 동일한 주파수가 검출되었을 때 진동을 발생시키는 주원인은?

① 언밸런스
② 풀림
③ 오일 휩
④ 캐비테이션

|해설|

1-1
고주파로 나타나는 이상현상에는 공동현상, 유체음, 진동 등이 있다.

1-2
언밸런스(Unbalance) : 로터의 축심 회전의 질량 분포의 부적정에 의한 것으로 통상 회전주파수가 발생한다.

정답 1-1 ④ 1-2 ①

핵심이론 02 | 회전기계의 간이진단

(1) 간이진단의 기능
① 설비에 걸리는 스트레스의 경향을 관리한다.
② 설비의 열화나 고장의 경향을 관리하고, 이상을 조기에 발견한다.
③ 설비의 성능효율 등의 경향을 관리하고, 이상을 조기에 발견한다.

(2) 대상설비의 선정
① 생산에 직결되어 있는 설비
② 부대설비라도 고장이 발생하면 상당한 손해가 예측되는 설비
③ 고장이 발생하면 2차 피해가 예측되는 설비
④ 정비비가 높은 설비

(3) 측정방법
① 사람에 의하여 정기적으로 측정, 판정하는 방법
② 단자 박스를 이용하여 사람이 정기적으로 측정, 판정하는 방법(접근이 어려운 설비)
③ 상시 감시장치에 의한 자동 측정, 판정하는 방법

(4) 측정 변수의 선정
회전기계에서 발생하는 진동을 측정할 경우 변위, 속도, 가속도의 3종류의 측정방법이 있다.
① **변위** : 변위량 또는 움직임의 크기 그 자체가 문제가 되는 이상(공작기계의 떨림 현상, 회전축의 흔들림)
② **속도** : 진동에너지나 피로도가 문제가 되는 이상(회전기계의 진동)
③ **가속도** : 충격력 등과 같이 힘의 크기가 문제가 되는 이상(베어링의 흠 진동, 기어의 흠 진동)
  ※ 주파수가 높을수록 가속도의 검출감도가 높아진다.
※ 성능 저하의 종류에 따라 발생하는 진동의 방향이 다르기 때문에 저주파 진동의 관리인 경우 더욱 중요하다.
※ 고주파에서는 일반적으로 방향성이 다르기 때문에 통상 1방향으로 관리하는 경우가 많다.
  • 언밸런스 : 수평 방향
  • 미스얼라인먼트 : 축 방향
  • 풀림 : 수직 방향
※ 측정점은 항상 일정해야 한다. 고주파 진동의 경우에 문제가 되지만, 측정점이 몇 [mm] 틀려짐에 따라 측정값의 차가 6배에 달하는 경우가 있다.

(5) 판정기준의 결정
① **절대판정기준** : 동일한 부위(주로 베어링상)에서 측정한 값을 판정기준과 비교하여 양호/주의/위험을 판정한다.
② **상대판정기준** : 동일한 부위를 정기적으로 측정하여 시계열로 비교하여 정상적인 경우의 값을 초깃값으로 하여 그 몇 배로 되었는가를 보고 판정한다.
③ **상호판정기준** : 동일한 기종의 기계가 여러 대 있을 경우 그들을 각각 동일한 조건하에서 측정하여 상호 비교함으로써 판정한다.

핵심예제

2-1. 설비진단기술의 기본시스템 구성에서 간이진단 기술이란?
① 현장작업원이 사용하는 설비의 제1차 건강진단 기술
② 전문요원이 실시하는 스트레스 정량화 기술
③ 작업원이 실시하는 고장 검출 해석 기술
④ 전문요원이 실시하는 강도, 성능의 정량화 기술

2-2. 회전기계에 발생하는 언밸런스, 미스 얼라인먼트 등의 이상현상을 검출할 수 있는 설비진단기법은?
① 진동법 ② X선 투과법
③ 원자흡광법 ④ 페로그래피법

2-3. 회전기계 이상 진단방법 중 간이진단법의 판정기준이 아닌 것은?
① 상대판정기준 ② 상태판정기준
③ 상호판정기준 ④ 절대판정기준

2-4. 다음 판정기준 중 동일한 부위를 정기적으로 측정한 값을 시계열로 비교하여 정상인 경우의 값을 초깃값으로 하여 그 값의 몇 배로 되었는가를 보고 판정하는 방법은?
① 상대판정기준 ② 상태판정기준
③ 상호판정기준 ④ 절대판정기준

|해설|

2-1
간이진단 기술은 설비에 걸리는 스트레스, 열화나 고장, 성능효율 등의 경향관리와 이상을 조기에 발견하는 기술이다.

2-2
설비진단기법에는 진동법, 오일분석법, 응력법 등이 있다.

2-3
판정기준에는 절대판정기준, 상호판정기준, 상대판정기준이 있다.

정답 2-1 ① 2-2 ① 2-3 ② 2-4 ①

핵심이론 03 │ 회전기계의 정밀진단

(1) 회전기계 정밀진단 기술의 대상
① 축이나 로터로부터 발생하는 이상현상을 진단한다.
② 로터의 언밸런스, 축의 미스얼라인먼트, 굽힘, 풀림, 접촉, 각종 자려진동 등 주로 저주파 영역의 진동현상을 대상으로 한다.

(2) 회전기계의 열화 시 발생주파수의 특성
① 언밸런스(Unbalance)
  ㉠ 언밸런스는 회전 벡터이다(언밸런스량과 회전수가 증가할수록 진동 레벨이 높게 나타난다).
  ㉡ 회전주파수의 $1f$ 성분의 탁월 주파수가 나타난다.
  ㉢ 수평·수직 방향에서 최대의 진폭이 발생한다.
  ㉣ 로터 축심 회전의 질량 분포의 부적정에 의한 것으로 통상 회전주파수가 발생한다.
② 미스얼라인먼트(Misalignment)
  ㉠ 커플링 등 서로 회전 중심선(축심)이 어긋난 상태에서 발생(정비 후 많이 발생)한다.
  ㉡ 진동은 항상 회전 주파수의 $2f(3f)$의 특성으로 나타나며 높은 축 진동이 발생한다.
③ 기계적 풀림(Looseness)
  ㉠ 주로 부적절한 마운드나 베어링의 케이스에서 발생한다.
  ㉡ 많은 수의 하모닉 진동 스펙트럼이 나타난다.
  ㉢ 언밸런스와 같이 회전 결함이므로 진동이 안정되지 않고 충격적인 피크파형이 나타난다.
  ㉣ 1회전 중의 특정 방향으로 크게 변하므로 축의 회전주파수 $1f$와 그 고주파 성분($2f$, $3f$...) 또는 분수 주파수 성분($1/2f$, $1/3f$....)이 나타난다.
④ 편 심
  ㉠ 로터의 기하학적인 중심과 실체의 회전 중심이 일치하지 않을 경우에 발생한다.
  ㉡ 진동 특성은 언밸런스와 같다.

ⓒ 중심의 한쪽이 다른 쪽보다 무거워진다.
ⓓ 편심의 예(편심량은 기하학적 중심과 회전 중심의 차)
  • 베어링의 편심 교정
  • 기어의 편심 교정
  • 아마추어(Amateur)의 편심 교정

더 알아보기

오일 휠(Oil Whirl)의 특징
• 유막으로 인하여 발달 된 힘에 의해 축은 메탈을 따라 빙글빙글 돌아가는 결과가 되어 회전 중 감소되는 힘이 작용하지 않는 한 계속 돌아가는 현상이다.
• 강제 윤활을 하는 메탈에는 반드시 있는 트러블로, 고속 운전하는 기계에서 발생한다.
• 진동은 $1/2f$보다 약간 적은 (5~8[%]) 주파수로 검지된다.

⑤ 공진 제거방법
  ㉠ 우발력의 주파수를 기계의 고유진동수와 다르게 한다(회전수 변경).
  ㉡ 기계의 강성과 질량을 바꾸고 고유진동수를 변화시킨다(보강 등).
  ㉢ 우발력을 없앤다.

핵심예제

3-1. 언밸런스 진동 특성에 대한 설명으로 옳지 않은 것은?
① 수평·수직 방향에서 최대의 진폭이 발생한다.
② 회전 주파수 $1f$ 성분에서 탁월한 주파수가 나타난다.
③ 언밸런스의 양과 회전수가 증가할수록 진동값이 높게 나타난다.
④ 길게 돌출된 로터의 경우에는 축 방향 진폭은 발생하지 않는다.

3-2. 미스얼라인먼트 진동 특성에 대한 설명으로 옳지 않은 것은?
① 진동 파형이 항상 비주기성을 갖는다.
② 보통 회전주파수 $2f(3f)$의 특성으로 나타난다.
③ 축 방향에 센서를 설치하여 측정되므로 축 진동의 위상각은 180°가 된다.
④ 커플링 등으로 연결된 축의 회전 중심선(축심)이 어긋난 상태로서 일반적으로는 정비 후에 발생하는 경우가 많다.

3-3. 진동계의 강제진동에서 외력의 크기를 일정하게 하고 주파수를 변화시키면 계의 고유진동수 부근에서 진동값이 급격히 극대치로 되는 현상은?
① 공진현상
② 강제진동현상
③ 정상진동현상
④ 회전체의 불평형 진동현상

| 해설 |

3-1
언밸런스 진동은 로터 축심 회전의 질량 분포의 부적정에 의한 것으로 통상 회전주파수가 발생한다.

3-2
미스얼라인먼트는 진동 파형이 항상 주기성을 갖는다.

정답 3-1 ④ 3-2 ① 3-3 ①

핵심이론 04 | 베어링 진단

(1) 롤링(볼, 롤러) 베어링에서 발생하는 진동
① 구조에 기인하는 진동
② 다듬면의 굴곡에 의한 진동
③ 비선형성에 의하여 발생하는 진동
④ 손상에 의하여 발생하는 진동

(2) 측정 위치
① 하우징이 노출 : 베어링 케이스(측정점)
② 하우징이 내부 : 케이싱상의 강성이 높은 부문 또는 기초(측정점)

(3) 측정 방향
수평, 수직, 축 방향의 세 방향을 측정한다.

(4) 구름 베어링 결함의 파형
고주파 영역에서 비동기 성분의 피크값이 나타나고, 시간 파형에서 충격파형 형태로 관찰된다면 베어링에는 외륜 스폿(Spot) 홈이 있음을 진단결과로 알 수 있다. 외륜이 플레이킹(Flaking)을 일으키고 있는 것이다.

(5) 슬리브 베어링 진동의 원인
① 축과 특새의 과대(마모 등)
② 기계적 헐거움
③ 윤활유 관계의 문제

핵심예제

4-1. 롤링 베어링에 발생하는 진동이 아닌 것은?
① 다듬면의 굴곡에 의한 진동
② 베어링 구조에 기인하는 진동
③ 베어링의 손상에 의한 진동
④ 베어링 선형성에 의한 진동

4-2. 구름 베어링은 기하학적 구조로 인하여 베어링 특성주파수를 계산할 수 있다. 다음 중 특성주파수에 해당하지 않는 것은 어느 것인가?
① 내륜 결함 주파수
② 외륜 결함 주파수
③ 케이지 결함 주파수
④ 케이스 결함 주파수

|해설|

4-1
롤링 베어링에서 발생하는 진동은 베어링의 비선형성에 의하여 발생한다.

4-2
진동 분석에서 케이스는 대상이 아니다.

정답 4-1 ④ 4-2 ④

1-7. 윤활관리 진단

윤활(Lubrication)은 움직이는 물체들 사이에 윤활제(기체, 액체, 고체)를 공급하여 마찰저항을 줄여 움직임을 원활하게 하고, 기계적 마모를 줄이는 것이다. 윤활 상태는 유체윤활, 경계윤활, 극압윤활로 구분한다.

핵심이론 01　윤활의 상태

(1) 유체윤활
① 마찰제가 충분한 유막을 형성(마멸, 발열이 미소)한다.
② 가장 양호한 마찰 상태이다.
③ 완전윤활, 후막윤활이라고도 한다.
④ 마찰계수 : 0.01~0.05 정도

(2) 경계윤활
① 불완전윤활, 얇은 막이라 한다.
② 고하중, 저속 상태에서 발생한다.
③ 시동이나 정지 전후에 반드시 일어난다.
④ 마찰계수 : 0.1~0.01 정도

(3) 극압윤활
① 하중 증대, 마찰온도가 높아질 때 접촉 금속 부문에 융착과 소부(燒付)현상이 발생한다.
② 극압제[염소(Cl), 유황(S), 인(P)]인 유기 화합물을 첨가한다.
③ 금속 화합물 피막[염화철($FeCl_2$), 황화철(FeS), 인화철(Fe_2P)]을 만든다.

(4) 윤활유가 갖추어야 할 성질
① 사용 상태에서 충분한 점도를 가질 것
② 한계 윤활 상태에서 견딜 수 있는 유성이 있을 것
③ 산화나 열에 대한 안전성이 높고, 화학적으로 불활성이며 청정·균질할 것

핵심예제

1-1. 다음 중 윤활관리의 목적이 아닌 것은?
① 적 유　　　② 적 기
③ 적 량　　　④ 적 압

1-2. 윤활 상태 중 기름의 점도에 대하여 유체역학적으로 설명할 수 없는 유막의 성질, 즉 유성(Oilness)에 관계되며 시동이나 정지 전후에 반드시 일어나는 윤활상태는?
① 유체윤활　　　② 극압윤활
③ 경계윤활　　　④ 완전윤활

1-3. 극압윤활에 대한 설명으로 옳지 않은것은?
① 충격 하중이 있는 곳에 필요하다.
② 첨가제로 유황, 염소, 인 등이 사용된다.
③ 완전윤활 또는 후막윤활이라고도 한다.
④ 고하중으로 금속의 접촉이 일어나는 곳에 필요하다.

|해설|
1-1
윤활(Lubrication) : 움직이는 두 물체의 사이에 적당한 물질, 즉 윤활제(기체, 액체, 고체)를 적당한 방법으로 공급하여 마찰저항을 줄여 그 움직임을 원활하게 하는 동시에 기계적 마모를 줄이는 것이다.
윤활의 4대 원칙 : 적유, 적기, 적량, 적법
1-2
경계윤활은 불완전윤활, 얇은 막이라 한다.
1-3
③은 유체윤활에 대한 설명이다.

정답 1-1 ④　1-2 ③　1-3 ③

핵심이론 02 | 윤 활

(1) 윤활의 목적
① 윤활막 형성, 마모, 조기 피로 방지, 수명 연장
② 저소음, 저마찰, 부식 방지
③ 윤활유의 작용 : 이물질 침입 방지, 청정, 냉각(열화방지), 밀봉, 방청, 감마작용, 응력분산작용
  ㉠ 감마 : 마찰 감소, 마모와 소착을 방지한다(소음 방지).
  ㉡ 냉각 : 열을 외부로 끌어내어 냉각시킨다.
  ㉢ 밀봉 : 압력 누설 등을 방지한다.
  ㉣ 청정 : 이물질을 무해한 형태로 바꾸거나 외부로 배출시킨다.
  ㉤ 녹 방지(부식 방지) : 녹 발생 혹은 부식을 방지한다.
  ㉥ 방진 : 먼지 등의 유해 이물질 혼입을 방지한다.
  ㉦ 동력 전달 : 동력 전달체의 작용을 한다.
  ㉧ 응력분산작용 : 힘을 분산하고, 균일하게 작용하게 한다.

(2) 윤활의 4대 원칙
적유, 적기, 적량, 적법

(3) 윤활의 효과
생산성 향상으로 인한 가격 인하가 궁극적인 목적이다.
① 윤활사고 방지
② 윤활비의 절약
③ 기계 정도와 기능의 유지
④ 구매업무의 간소화
⑤ 제품 정도의 향상
⑥ 안전작업의 철저
⑦ 보수유지비의 절감
⑧ 동력비의 절감

핵심예제

2-1. 윤활유의 작용 중 감마작용에 대한 설명으로 옳은 것은?
① 마찰로 발생한 열을 흡수하여 역으로 방출하는 작용이다.
② 마찰을 감소하고 마모와 소착을 방지하는 작용이다.
③ 활동 부분에 작용하는 힘을 분산하여 균일하게 하는 작용이다.
④ 윤활 개소의 혼입 이물을 무해한 형태로 바꾸는 작용이다.

2-2. 윤활관리의 기본적인 4원칙이 아닌 것은?
① 적 유
② 적 기
③ 적 법
④ 적 온

2-3. 윤활제의 사용목적이 아닌 것은?
① 방청작용
② 응력분산작용
③ 기계의 강도 증가
④ 마찰저항을 작게 하는 작용

2-4. 내연기관의 피스톤과 실린더 벽 사이에 윤활유막이 존재함으로써 연소 가스가 새는 것을 방지해 주는 윤활제의 작용은?
① 마모작용
② 마찰작용
③ 방진작용
④ 밀봉작용

|해설|
2-1
③ 응력분산작용
④ 청정작용

2-2
윤활의 4대 원칙 : 적유, 적기, 적량, 적법

2-3
윤활제는 마찰저항을 줄여 기계적 마모를 줄이는 것이 목적이다. 기계의 강도를 증가시키지는 않는다.

정답 2-1 ② 2-2 ④ 2-3 ③ 2-4 ④

핵심이론 03 | 윤활제의 성질

(1) 비 중

$$\frac{t_1 \text{의 시료 기름 무게}}{t_2 \text{의 물 무게}} = \frac{t_1 \text{의 기름 밀도}}{t_2 \text{의 물 밀도}}$$

(여기서, $t_1 = 15℃$, $t_2 = 4℃$)

(2) 점 도

액체가 유동할 때 나타나는 내부 저항이다(윤활유의 기본이 되는 성질).

① 절대점도 : 푸아즈(Poise : g/cm·s)
② 운동점도 : 스토크(Stoke : cm^2/s)
  ㉠ 1St = 100cSt
  ㉡ 동점도 = $\frac{\text{절대점도}}{\text{밀 도}}$

(3) 유동점

윤활성을 잃기 직전의 온도이다(윤활의 급유와 관계가 깊음).

(4) 인화점

인화되는 최저의 온도이다(인화의 위험을 표시하는 척도).

(5) 중화가

석유 제품의 산성 또는 알칼리성을 나타내는 것이다.

(6) 잔류탄소

기름의 증발, 열분해 후에 생기는 탄화 잔류물이다.

(7) 동판 부식

유리유황 및 부식성 물질로 인한 금속의 부식 여부에 관한 시험이다.

(8) 황산 회분

윤활유 첨가제를 태워서 생긴 탄화 잔유물에 황산을 가하고 가열에 의해 황량으로 된 회분이다.

(9) 산화 안정도

내산화도를 평가하는 방법으로 윤활유를 일정조건(온도, 시간, 촉매)에서 산화시킨 후 신유와의 점도비, 전산가 증가, 래커 부착 여부를 비교 측정한다.

(10) 주 도

윤활유의 점도에 해당하는 것으로 그리스의 굳은 정도를 나타낸다. 이것은 규정된 원추를 그리스 표면에 떨어뜨려 일정시간(5초)에 들어간 깊이를 측정하여 그 깊이[mm]에 10을 곱한 수치로 나타낸다.

(11) 적하점

그리스를 가열했을 때 반고체 상태의 그리스가 액체 상태로 되어 떨어지는 최초의 온도이다. 내열성을 평가하는 기준이 되고 그리스 사용온도가 결정된다.

(12) 이유도

그리스를 장기간 저장할 경우 또는 사용 중에 그리스를 구성하고 있는 기름이 분리되는 현상이다.

(13) 혼화 안정도

그리스의 전단 안정성, 즉 기계적 안정성을 평가하는 방법으로 주도의 변화를 비교 측정한다.

핵심예제

3-1. 윤활유에 관한 설명으로 옳지 않은 것은?
① 윤활유의 비중은 성능과는 관계가 없고 물과 비교한 무게비이다.
② 절대점도는 동점도를 윤활유의 밀도로 나눈 값을 나타낸다.
③ 윤활유의 온도를 낮추게 되면 유동성이 없어지고 응고되며 유동성을 잃기 직전의 온도를 유동점이라고 한다.
④ 점도는 윤활유의 기본이 되는 성질이며 점도의 단위로는 절대점도와 동점도 단위를 사용한다.

3-2. 그리스를 가열했을 때 반고체 상태의 그리스가 액체 상태로 되어 떨어지는 최초의 온도로 그리스의 내열성을 평가하는 기준은?
① 이유도
② 침투점
③ 적하점
④ 산화 안정도

|해설|

3-1
절대점도
- 푸아즈(Poise : [g/cm·s])
- 점성의 크기를 나타내는 양
- 그 크기는 경계면의 면적 및 면에 수직 방향인 속도와 비례하며, 그 사이의 비례계수로서 정의한다.
- 온도에 따라 현저하게 변화한다.

3-2
① 이유도 : 그리스를 장기간 저장할 경우 또는 사용 중에 그리스를 구성하고 있는 기름이 분리되는 현상이다.
④ 산화 안정도 : 내산화도를 평가하는 방법으로 윤활유를 일정조건(온도, 시간, 촉매)에서 산화시킨 후 신유와의 점도비, 전산가 증가, 래커 부착 여부를 비교 측정한다.

정답 3-1 ② **3-2** ③

핵심이론 04 | 윤활유의 열화

(1) 내부 변화
① 윤활유 자신의 변질
② 산화, 탄화

(2) 외부 요인
① 타 물질의 침입
② 희석, 유화, 이물질 혼입

(3) 윤활유의 열화 판정법
① 직접 판정법
  ㉠ 신유의 성상을 사전에 명확히 파악한다.
  ㉡ 시료를 채취하여 성상을 조사한다.
  ㉢ 신유와 사용한 기름의 성상을 비교 검토한다.
② 간이 측정에 의한 열화 판정
  ㉠ 냄새를 맡는다.
  ㉡ 채취하여 선단부를 110[℃] 가열하여 수분의 존재를 확인한다.
  ㉢ 손으로 찍어 점도와 협잡물을 판단한다.
  ㉣ 2장의 유리판에 넣고 투시한다.
  ㉤ 시험관에 기름과 물을 넣고 교반 후 항유화성과 침전물을 조사한다.
  ㉥ 리트머스 시험지로 조사한다.
  ㉦ 스포트 시험으로 조사한다.
  ㉧ 간이식 점도계, 중화가 시험기, 비중계, 비색계 등으로 조사한다.

핵심예제

4-1. 윤활유에 연료 및 다량의 수분이 혼입되었을 경우에 일어나는 현상은?
① 산 화　　　② 탄 화
③ 희 석　　　④ 유 화

4-2. 윤활유를 선정할 때 가장 기본적으로 검토해야 할 사항은?
① 운전속도　　　② 관리방법
③ 적정 점도　　　④ 다양한 유종

|해설|

4-1
- 내부 변화(윤활유 자신의 변질) : 산화, 탄화
- 외부 요인(타 물질의 침입) : 희석, 유화, 이물질 혼입
① 산화 : 공기 중의 산소를 흡수하여 화학적 반응을 일으키는 것
② 탄화 : 윤활유가 가열 분해되어 기화된 것
④ 유화 : 수분과 혼합해서 유화액을 만드는 현상

4-2
윤활유에서 가장 중요한 것은 점도이다.

정답 4-1 ③　**4-2** ③

핵심이론 05 | 첨가제의 일반적 성질

(1) 첨가제의 일반적 성질
① 기유에 용해도가 좋아야 한다.
② 첨가제는 수용성 물질에 녹지 않아야 한다.
③ 색상이 깨끗해야 한다.
④ 증발이 적어야 한다.
⑤ 저장 중에 안정성이 좋아야 한다.
⑥ 다른 첨가제와 잘 조화되어야 한다.
⑦ 유연성이 있어 다목적으로 쓰여야 한다.
⑧ 냄새 및 활동이 제어되어야 한다.
⑨ 적용 온도에서 그 성능을 발휘해야 한다.

(2) 첨가제의 종류
① 표면 보호제
　㉠ 청정제, 분산제
　㉡ 부식방지제
　㉢ 방청제
　㉣ 극압성 첨가제
　㉤ 내마모성 첨가제
② 윤활유 보호제
　㉠ 산화방지제
　㉡ 기포방지제
③ 윤활성능 보강제
　㉠ 점도지수 향상제
　㉡ 유동점 강하제
※ 극압 첨가제 : S(황), Cl(염소), Pb(납), P(인) 등

핵심예제

5-1. 윤활유의 첨가제가 갖추어야 할 일반적인 성질이 아닌 것은?

① 증발이 많아야 한다.
② 기유에 용해가 좋아야 한다.
③ 유연성이 있어 다목적이어야 한다.
④ 색상이 깨끗하여야 한다.

5-2. 윤활유 사용 중에 거품이 발생하지 않도록 해 주는 첨가제는?

① 청정제
② 분산제
③ 소포제
④ 유동점 강하제

5-3. 한국산업표준에 따른 방청유로 구분되지 않는 것은?

① 수분 함유형
② 지문 제거형
③ 용제 희석형
④ 방청 페트롤레이텀

|해설|

5-1
윤활유 첨가제는 증발이 적어야 한다.

5-2
① 청정제 : 금속 표면에 붙어 있는 슬러지나 탄소 성분을 녹여 내부를 깨끗이 유지하는 역할을 한다.
② 분산제 : 금속 표면에 붙어 있는 슬러지나 탄소 성분을 분산시켜 내부를 깨끗하게 유지하는 역할을 한다.
④ 유동점 강하제 : 저온일 때 왁스분의 성장을 저지시켜 유동성을 높여 주는 첨가제이다.

5-3
방청유의 종류 : 지문 제거형, 용제 희석형, 방청 페트롤레이텀, 방청 윤활유, 방청 그리스, 기화성 방청제 등

정답 5-1 ① 5-2 ③ 5-3 ①

핵심이론 06 | 비순환 급유법

(1) 손 급유법

① 손으로 직접 급유하는 가장 간단한 방법이다.
② 마찰면의 미끄럼 속도가 낮고, 경하중에 사용한다.
③ 특 징
  ㉠ 점착성이 큰 기름을 사용한다.
  ㉡ 기름 소비량이 많다.
  ㉢ 급유가 불완전한 가장 불량한 방법이다.
  ㉣ 윤활장치를 사용할 수 없는 경우에 사용(방적기계, 인쇄기 등)한다.

(2) 적하 급유법(Drop-feed Oiling)

① 급유할 마찰면이 넓고 손 급유법이 불편한 경우에 사용한다.
② 기름 소비량이 많아 주로 기관차 등에 사용한다.
  ㉠ 산화방지제(부식방지제) : 산소에 의하여 산화되는 것을 방지하고 슬러지 생성을 억제한다.
  ㉡ 기포방지제(소포제) : 쉽게 분해되지 않는 거품 형성을 방지한다.
③ 적하 급유방법
  ㉠ 사이펀(Syphon) 급유법 : 베어링의 컵에 기름을 저축하는 기름탱크가 있어 그 속에 가는 털실 등을 감아 넣어 기름이 모세관 작용에 의하여 적하한다.
  ㉡ 바늘 급유법(Needle Oiling) : 바늘을 기름 속에 집어넣고 축의 회전에 따라 이동시키면 기름이 적하하고 회전이 중지되면 기름도 모세관 현상의 결과로 적하를 중지한다.
  ㉢ 가시적하 급유법(Sight Feed Oiling) : 니들밸브로 적하 구멍을 가감하여 급유량을 조절한다.
  ㉣ 실린더용 적하 급유법 : 실린더용 급유기에 의하여 급유한다.
  ㉤ 플런저식 압입 적하 급유법 : 가시적하 급유기를 사용하며, 압력이 걸려 있는 특별한 경우에 사용한다.

ⓑ 펌프 연결식 압입 적하 급유법 : 소형 오일탱크에 펌프와 유적가시(油滴可視) 유리를 구비한 주유기를 이용하는 방법이다.

(3) 가시부상 유적 급유법

① 유적을 물 또는 적당한 액체를 가득 채운 유리관 속을 서서히 떠올라 오게 하는 급유기를 사용한다.
② 급유 상태를 뚜렷이 볼 수 있는 장점이 있다.
③ 가시부상 유적 급유방법
  ㉠ 실린더용 가시부상 유적 급유법
  ㉡ 기계적 가시부상 유적 급유법

핵심예제

6-1. 물 또는 적당한 액체를 가득 채운 유리관 속에서 유적이 서서히 떠올라 오게 하는 급유기를 사용한 것으로, 급유 상태를 뚜렷이 볼 수 있는 이점이 있는 급유법은?
① 패드 급유법
② 유륜식 급유법
③ 강제 순환 급유법
④ 가시부상 유적 급유법

6-2. 순환 급유를 할 수 없는 곳에 사용하는 윤활유 급유법은?
① 체인 급유법   ② 칼라 급유법
③ 패드 급유법   ④ 사이펀 급유법

|해설|

6-1
① 패드 급유법 : 패킹을 가볍게 저널(Journal)에 접촉시켜 급유하는 방법(모세관 현상을 이용)이다.
② 유륜식 급유법 : 오일링이 축의 회전에 의하여 윤활작용하는 방법으로 모터, 발전기, 소형 터빈 등 고속회전의 베어링에 사용한다.
③ 강제 순환 급유법 : 고압·고속의 베어링에 윤활유를 기름 펌프에 의해 강제적으로 밀어 공급하는 방법이다.

6-2
①, ②, ③은 순환 급유법, ④는 비순환 급유법에 속한다.

정답 6-1 ④　**6-2** ④

핵심이론 07 | 순환 급유법

오일은 펌프에 의해 순환하여 오일통으로 되돌아오며, 발생열은 오일에 의해 제거된다.

(1) 패드 급유법
① 패킹을 가볍게 저널(Journal)에 접촉시켜 급유하는 방법(모세관 현상을 이용)이다.
② 털실이 직접 마찰면에 접촉된다.

(2) 체인 급유법
① 유륜식 급유법보다 점도가 높은 기름을 필요로 할 때 이용한다.
② 저속도의 큰 하중 베어링이 적당하다.

(3) 유륜식 급유법
① 오일링이 축의 회전에 의하여 윤활작용한다.
② 모터, 발전기, 소형 터빈 등 고속회전의 베어링에 사용한다.

(4) 칼라 급유법
① 유륜식 급유법과 비슷하다.
② 칼라가 축에 고정되어 기름 운반이 적극적이고(1/2 잠김), 점 조성에 의하여 급유가 방해되는 경우가 없다.

(5) 버킷 급유법
① 칼라 급유법과 비슷하다.
② 저속·고하중의 베어링에 있어 축 끝이 베어링 일단에서 끝나는 부분에 사용한다.

(6) 비말 급유법
① 기름의 미립자 또는 분무 상태로 기름단지에 떨어져 마찰면에 튕겨 급유하는 방법이다.
② 냉각효과가 좋으며 수 개의 다른 마찰면에 자동적으로 급유된다.

(7) 롤러 급유법

기름탱크에 있는 롤러를 설치하고 롤러에 부착되는 기름으로 윤활한다.

(8) 유욕 급유법

① 마찰면이 기름 속에 잠겨서 윤활한다.
② 직립형 수력 터빈의 추력 베어링, 방적기계의 스핀들, 감속기어 및 웜기어 등에 사용한다.
③ 롤링 베어링의 윤활에 많이 사용된다.

(9) 원심 급유법

① 원심력을 이용한 방법이다.
② 엔진 종류의 크랭크핀 급유에 사용된다.
③ 축의 회전이 중지되면 급유를 할 수 없다.

(10) 나사 급유법

① 나선상의 홈을 따라 기름이 올라가면서 축면에 급유된다.
② 저속에는 이용되지 않는다.

(11) 중력 순환 급유법

① 높은 곳에 있는 기름탱크에서 분배관을 통해 기름을 흘려보내는 방법이다.
② 점도가 낮은 기름을 사용한다.
③ 동력의 소비가 적다.

(12) 강제 순환 급유법

① 고압·고속의 베어링에 윤활유를 기름펌프에 의해 강제적으로 밀어 공급하는 방법이다.
② 급유법으로서는 가장 이상적이다.

(13) 분무 급유법

① 분무기에 의하여 마찰면을 적실 정도의 소량의 오일을 압축공기와 함께 보내서 윤활하는 방법이다.
② 공기압축기, 감압밸브, 공기여과기 분무장치로 구성된다.

핵심예제

7-1. 순환 급유법에 속하며 일종의 모세관 현상에 의하여 기름을 마찰면에 보내게 되는데 이때 털실이 직접 마찰면에 접촉하게 되는 급유법은?

① 패드 급유법 ② 칼라 급유법
③ 버킷 급유법 ④ 비말 급유법

7-2. 윤활제의 공급방식 중 순환 급유법으로만 짝지어진 것은?

① 패드 급유법, 사이펀 급유법
② 체인 급유법, 비말 급유법
③ 원심 급유법, 손 급유법
④ 바늘 급유법, 나사 급유법

7-3. 축면에 나선상의 홈을 만들고 축을 회전시키면 축의 회전에 따라 기름이 홈을 따라 올라가면서 축면에 급유되는 방식은?

① 나사 급유법 ② 원심 급유법
③ 롤러 급유법 ④ 칼라 급유법

|해설|

7-1

패드 급유법 : 패킹을 가볍게 저널(Journal)에 접촉시켜 급유하는 방법이다. 모세관 현상을 이용한 방법으로 털실이 직접 마찰면에 접촉한다.

7-2

① 사이펀 급유법은 적하 급유법으로 비순환 급유법이다.
③ 손 급유법은 비순환 급유법이다.
④ 바늘 급유법은 적하 급유법으로 비순환 급유법이다.

7-3

② 원심 급유법 : 원심력을 이용한 방법으로, 엔진 종류의 크랭크핀 급유에 사용된다.
③ 롤러 급유법 : 기름탱크에 있는 롤러를 설치하고 롤러에 부착되는 기름으로 윤활한다.
④ 칼라 급유법 : 칼라가 축에 고정되어 기름 운반이 적극적이고 (1/2 잠김), 점조성에 의하여 급유가 방해되는 경우가 없다.

정답 7-1 ① 7-2 ② 7-3 ①

핵심이론 08 | 그리스 급유법

그리스는 액상 윤활제(광유 및 합성유)에 증주제를 분산시킨 상온에서 반고체 또는 고체상의 윤활제이다.

(1) 장점
① 급유 간격이 길다.
② 누설이 적다.
③ 밀봉성과 먼지 등의 침입이 적다.

(2) 단점
① 냉각작용이 작다.
② 질의 균일성이 떨어진다.

(3) 종류
① 손 급유법
② 그리스 건(Gun) 급유법
③ 집중 그리스 급유법

(4) 베어링 그리스 윤활의 선정 시 고려 사항
① 적정 점도
② 운전속도
③ 하중
④ 운전온도
⑤ 급유방법
⑥ 주위환경

(5) 윤활유의 열화 방지법
① 고온은 가능한 피할 것
② 기름의 혼합 사용은 극력하게 피할 것
③ 신기계 도입 시는 충분히 세척한 후 사용할 것
④ 교환 시 열화유를 완전히 제거할 것
⑤ 협잡물 혼입 시 신속히 제거할 것
⑥ 연 1회 정도 세척하여 순환 계통을 청정하게 유지할 것
⑦ 사용유는 가능한 한 원심 분리기 백토처리 등의 재생법을 사용하여 재사용할 것
⑧ 경우에 따라서 적당한 첨가제를 사용할 것
⑨ 급유를 원활히 할 것

※ 그리스의 상태를 평가하는 항목
- 주도 : 그리스의 굳은 정도
- 적하점 : 그리스가 액체 상태로 되어 떨어지는 최초의 온도
- 이유도 : 그리스를 구성하고 있는 기름이 분리되는 현상
- 혼화 안정도 : 그리스의 전단 안정성, 주도의 변화를 비교 측정

핵심예제

8-1. 그리스 윤활이 유(Oil) 윤활과 비교하여 장점에 해당되는 것은?
① 냉각작용이 크다.
② 누설이 적다.
③ 급유가 용이하다.
④ 순환 급유가 용이하다.

8-2. 급유 간격이 길고 누설이 적으며 밀봉성과 먼지 침입이 적은 급유방법은?
① 버킷 급유
② 유욕 급유
③ 중력 순환 급유
④ 그리스 패킹

|해설|

8-1~8-2
그리스 급유법의 장점
- 급유 간격이 길다.
- 누설이 적다.
- 밀봉성과 먼지 등의 침입이 적다.

정답 8-1 ② 8-2 ④

CHAPTER 02 설비관리

KEYWORD   예방보전 개념, 설비배치 형태, 설비의 고장률과 열화 패턴, 설비보전 조직, 보전용 자재관리, TPM, 자주보전 등은 자주 출제되므로 반드시 숙지해 두어야 한다.

제1절 설비관리

1-1. 설비관리 개요

핵심이론 01 설비관리의 발달과정

(1) 사후보전(BM ; Breakdown Maintenance)
① 고장, 정지, 유해한 성능 저하를 가져온 후에 수리한다.
② 돌발 고장이 많고, 설비 가동률이 저하된다.
③ 1930년대까지의 보전형태이다.

(2) 예방보전(PM ; Preventive Maintenance)
① 고장, 정지, 유해한 성능 저하를 가져오는 상태를 발견하기 위한 설비의 주기적인 검사이다.
② 초기단계에서 유해요인을 제거하고, 복구시키기 위한 보전이다.
③ 제2차 세계대전을 전후하여 1950년대 미만까지의 보전형태이다.

(3) 생산보전(PM ; Productive Maintenance)
① 생산성을 높이기 위한 보전이다.
② 경제성을 강조하는 '최경제보전'이다.
③ 1954년 미국 GE사에서 제창하였다.

(4) 개량보전(CM ; Corrective Maintenance)
① 설비 자체의 체질 개선 : 고장 난 설비의 수리 시 단순히 원상태로 수리하는 것이 아니라 설비의 약점을 파악하여 고장이 일어나지 않도록 개량하거나 설비의 질을 개선하는 보전이다.
② 예방보전으로 고장이 없고, 보전하기 쉬운 설비로 개량한다.
③ 1957년부터 강조되었다.

(5) 보전예방(MP ; Maintenance Prevention)
① 신설비의 PM 설계 : 고장이 없고, 보전이 필요하지 않은 설비를 설계, 제작 또는 구입한다.
② 1960년 미국의 팩토리지에서 제창하였다.

(6) 종합적 생산보전(TPM ; Total Productivity Maintenance)
① 설비효율을 최고로 하는 것이 목표이다.
② 설비의 라이프 사이클을 대상으로 한 PM의 종합시스템을 확립하고 설비의 계획, 사용, 보전 부문 등 전 부문에 걸쳐 전 사원이 참가하여 동기부여를 관리한다.
③ 그룹별 자주관리 활동에 의하여 PM을 추진한다.
④ 1970년대 들어오면서 활성화되었다.
※ 자주보전 : 전원 참가하는 기본사고로 운전설비에 적용하여 운전자(생산 작업자) 스스로 전개하는 보전활동이다.

(7) 종합적 생산성 관리(Total Productivity Management)
① 생산시스템 효율화의 극한을 추구하는 기업 체질 조성이 목표이다.
② 공장을 중심으로 한 생산현장 개선의 수단으로 설비관리를 보전도 중심으로 하는 설비관리이다.
③ 현재의 설비보전체제이다.

핵심예제

1-1. 생산의 정지 혹은 유해한 성능 저하를 초래하는 상태를 발견하기 위한 설비의 정기적인 검사는?
① 개량보전 ② 사후보전
③ 예방보전 ④ 보전예방

1-2. 설비의 생산성을 높이는 가장 경제적인 보전방법은?
① 사후보전 ② 생산보전
③ 예방보전 ④ 자주보전

1-3. 설비관리의 변천에서 공장을 중심으로 한 생산현장 개선의 수단으로 설비관리를 보전도(Maintainability) 중심으로 하는 설비관리는?
① 예방보전 ② 종합적 생산보전(TPM)
③ 생산보전 ④ 종합적 생산성 관리

1-4. 보전 방식의 분류 중에서 설비의 주기적인 점검을 통해 고장, 정지 또는 유해한 성능 저하를 초기 단계에서 제거 또는 복구시키기 위한 방식은?
① 사후보전(Breakdown Maintenance)
② 예방보전(Preventive Maintenance)
③ 개량보전(Corrective Maintenance)
④ 보전예방(Maintenance Preventive)

1-5. 설비 가동 부문의 운전자들이 소그룹 활동을 중심으로 운전자 또는 작업자 스스로 전개하는 생산보전 활동은?
① 일상보전 ② 예방보전
③ 자주보전 ④ 개량보전

1-6. 설비나 부품의 고장결과를 다시 원상태로 회복시키기 위한 설비보전방법은?
① 사후보전 ② 예방보전
③ 자주보전 ④ 개량보전

1-7. 고장이 없고, 보전이 필요하지 않은 설비를 설계·제작하기 위한 설비보전방법은?
① 사후보전(BM) ② 생산보전(PM)
③ 개량보전(CM) ④ 보전예방(MP)

|해설|

1-1
예방보전(PM)은 초기단계에서 유해요인을 제거·복구시키기 위한 보전활동이다.

정답 1-1 ③ 1-2 ② 1-3 ④ 1-4 ② 1-5 ③ 1-6 ① 1-7 ④

핵심이론 02 | 설비관리의 필요성

설비의 성능 저하 및 돌발적인 고장으로 인한 손실을 줄인다.

(1) 고장으로 인한 손실의 유형
① 생산 정지시간의 감산에 의한 손실
② 돌발 고장에 의한 수리비 지출
③ 정지기간 중 작업자의 작업이 없어서 기다리는 시간
④ 가동 중 원재료의 손실
⑤ 제품 불량에 의한 손실
⑥ 품질 저하에 따른 손실
⑦ 고장 수리 후부터 평생 생산에 들어가기까지의 복구기간 중의 저능률 조업에 따른 복구 손실
⑧ 생산계획 착오로 인한 납기 연장, 신용의 저하 등에서 오는 유형, 무형의 손실

(2) 설비관리 시스템을 구성하는 기본적 요소
① 투입 : 원료
② 산출 : 제품
③ 처리기구 : 설비
④ 관리 : 운전 조작, 운전조건
⑤ 피드백 : 제품 특성의 측정치 등

(3) 설비의 라이프 사이클
① 설비투자계획 : 조사, 연구
② 건설 : 설계, 제작, 설치
③ 조업 : 운전, 보전, 폐기

(4) 설비관리의 3대 측면
① 기술적인 측면
  ㉠ 설계 기술 : 새로운 설비 설계 시 '생산효율을 극대화할 수 있는 설비'를 계획한다. 이때 설비생애비용(LCC)을 최소화하기 위한 설비의 설계를 MP 설계라 한다.

ⓒ 진단기술 : 설비의 고장 및 열화를 발견하는 기술로, 설비의 수명 신뢰성을 예측하여 필요한 대책을 세우기 위해 필요한 기술이다. 설비진단방법에는 진동법, 음향법, 온도법, 비파괴검사법 등이 있다.
ⓒ 대책 기술(재생-보수-마모 방지 등) : 재생보수 기술, 마모 방지 기술, 방청 및 방식 기술, 방음 기술, 윤활 기술, 표면처리 기술 등

② 경제적인 측면 : 설비 예산 편성과 관리, 보전비 관리 등이 있다. 설비의 생애관리의 목적은 생애비용의 최소화와 같은 경제적인 측면을 감안한 것이다.

③ 인간적인 측면 : 설비관리의 방침과 목표, 조직과 요원 등 설비를 관리하는 인간의 설비에 대한 기본 생각, 행동방법, 분업방법 등에 관한 측면이다.

핵심예제

2-1. 체계적인 설비관리를 함으로써 얻을 수 있는 효과가 아닌 것은?
① 생산계획이 달성되고 품질이 향상된다.
② 설비 고장 시 복구시간이 단축된다.
③ 작업능률이 증대하고, 생산성이 향상된다.
④ 돌발 고장이 증가하나 수리비가 감소한다.

2-2. 다음 중 설비관리의 목적으로 옳지 않은 것은?
① 품질 향상
② 비용 감소
③ 안전관리 저하
④ 납기 준수

2-3. 일반적으로 시스템을 구성하는 기본요소가 아닌 것은?
① 투 입
② 처리기구
③ 산 출
④ 품 질

|해설|

2-1
체계적으로 설비를 관리하면 돌발 고장이 감소하고 수리비가 감소한다.

2-2
설비관리의 목적
- 생산계획 달성
- 품질 향상
- 원가 절감
- 납기 준수
- 재해예방
- 환경 개선

2-3
설비관리 시스템을 구성하는 기본요소
- 투입 : 원료
- 산출 : 제품
- 처리기구 : 설비
- 관리 : 운전 조작, 운전조건
- 피드백 : 제품 특성의 측정치 등

정답 2-1 ④ 2-2 ③ 2-3 ④

핵심이론 03 | 설비의 범위와 분류

(1) 설비
다액의 자본을 투입한 유형 고정자산의 총칭이다.
① 토지 및 건물과 그 기초
② 건물 부대설비, 기타 유틸리티 설비
③ 생산설비
④ 운반기계설비
⑤ 사무용 설비

(2) 설비의 분류
① 생산설비 : 기계, 운반장치, 전기장치, 배관
② 유틸리티 설비 : 증기발생장치 및 그 배관설비, 발전설비, 공업용 원수·취수설비, 수처리시설, 냉각탑설비, 펌프스테이션 설비 및 주배분관설비, 냉동설비 및 주배분관설비, 질소발생설비, 연료 저장수송설비, 공기압축 및 건조설비 등
③ 연구개발설비 : 기초, 탐색, 응용연구를 중심으로 한 연구설비, 공업화 연구를 중심으로 한 연구설비, 기업 합리화를 중심으로 한 공장 연구설비 등
④ 수송설비 : 인입선설비, 도로·항만설비, 육상하역설비, 트럭, 디젤 기관차, 컨베이어 등 수입 저장설비
⑤ 판매설비 : 서비스 스테이션, 서비스 숍 등
⑥ 관리설비
  ㉠ 본사의 건물, 지점, 영업소의 건물
  ㉡ 공장의 관리설비(냉난방설비, 통신방송설비)
  ㉢ 공장의 보조설비(보전설비, 보전창고, 방화설비)
  ㉣ 복리후생설비

핵심예제

3-1. 설비의 목적에 따른 분류에서 부대설비로서 배관설비, 발전설비, 수처리시설 등과 같은 설비는?
① 생산설비 ② 관리설비
③ 유틸리티 설비 ④ 공장설비

3-2. 계속적 또는 반복적으로 사용되며, 고액의 자본을 투입한 유형 고정자산을 총칭하는 것은?
① 기 구 ② 범용 공작기계
③ 설 비 ④ 컴퓨터 제어기계

3-3. 설비를 목적별로 분류한 것 중 틀린 것은?
① 생산설비 : 기계, 운반장치, 전기장치, 배관
② 유틸리티 설비 : 증기발생장치, 발전설비, 수처리설비
③ 연구개발설비 : 기초 연구설비, 응용 연구설비, 공업화 연구설비
④ 관리설비 : 항만설비, 도로, 저장설비

|해설|

3-1
유틸리티 설비에는 증기발생장치 및 그 배관설비, 발전설비, 공업용 원수·취수설비, 수처리시설, 냉각탑설비, 펌프스테이션 설비 및 주배분관설비, 냉동설비 및 주배분관설비, 질소발생설비, 연료 저장수송설비, 공기압축 및 건조설비 등이 속한다.

3-2
설비란 다액의 자본을 투입한 유형 고정자산의 총칭으로 형태별 분류와 목적별 분류로 구분한다.

3-3
④는 수송설비에 대한 설명이다.
관리설비 : 본사의 건물, 지점, 영업소의 건물과 공장의 관리설비와 보조설비, 복리후생설비

정답 3-1 ③ 3-2 ③ 3-3 ④

핵심이론 04 | 설비관리의 조직과 요원

설비관리란 유형 고정자산의 총칭인 설비를 활용하여 기업이 목적으로 하는 수익성을 높이는 활동이다(설비관리의 목표는 기업의 생산성 향상이다).

(1) 설비관리의 기능
① 일반관리기능 : 직접기능을 수행하기 위한 계획, 통제, 조정 등과 같은 관리적인 기능이다.
　㉠ 보전정책 결정 및 보전시스템 수립
　㉡ 자산관리와 연동된 설비관리 시스템 수립
　㉢ 보전업무의 경제성 및 효율성 분석·측정
② 기술기능 : 보전업무에서 현 설비나 잠재적인 설계, 설계의 향상 및 설비 구매에 대한 의사결정의 기반이 되는 기능이다(설비 성능 분석, 고장 분석방법 개발 및 실시, 설비진단 기술 이전 및 개발).
③ 실시기능 및 지원기능
　㉠ 실시기능 : 주유, 조정 그리고 수리업무 등의 준비 및 실시
　㉡ 지원기능 : 보전인력관리 및 교육훈련, 보전자재 선정 및 구매, 포장·자재 취급·저장 및 수송

(2) 설비관리의 분업 방식
① 기능 분업
　㉠ 직접기능 : 설계, 건설, 수리 등을 직접 수행하는 기능
　㉡ 관리기능 : 직접기능을 수행하기 위한 계획, 통제, 조정 등과 같은 관리적인 기능
② 전문 기술 분업
　㉠ 기계, 전기, 계기장치, 토목건설 등
　㉡ 전문 기술의 향상에는 유리하지만 전문 기술 간의 수평적인 의사 전달에 차질이 생길 수 있는 결함이 있다.
③ 지역 분업(대상별 분업)
　㉠ 지역이나 제품, 공정 등에 따라서 설비를 분류하여 그 관리를 담당하는 방식
　㉡ 공장 내를 몇 개의 지구로 나누어서 각 지구마다 정비과를 두는 경우

(3) 설비관리 업무와 요원 대책
① 최고부하(Peak Load)를 없앤다.
② 긴급 돌발적인 것을 없앤다.
③ 작업자(Operator)와 협력하는 자세를 갖는다.
④ 보전관리 요원의 능력을 개발한다.
⑤ 외주업자를 이용한다.
⑥ IE(Industrial Engineering)적 연구 : IE법의 작용은 맨파워의 활용에 크게 이바지한다(요원을 1/3까지 감원).
※ 최고부하(Peak Load)를 없애는 방법
　• OSI(On Stream Inspection) : 기계장치 등의 운전 중에 실시되는 검사
　• OSR(On Stream Repair) : 기계장치 등의 운전 중에 실시되는 수리
　• 부분적 SD(Shut Down) : 부분적으로 설비를 정지시켜 수리
　• 유닛(Unit) 방식 : 예비 유닛을 갖춘 후 유닛을 교체하고, 교체한 유닛을 운전 중에 정비한다면 휴지 시의 작업량을 대폭으로 감소시킬 수 있다. 계측기류나 감변속기 등에 널리 사용된다.

(4) 설비관리 조직계획(설계)상 고려해야 할 사항
① **제품의 특성** : 원료, 반제품, 제품의 물리적·화학적·경제적 특성
② **생산형태** : 프로세스, 계속성
③ **설비의 특징** : 구조, 기능, 열화의 속도, 열화의 정도
④ **지리적 조건** : 입지, 분산의 비율, 환경
⑤ 기업의 크기 또는 공장의 규모

⑥ 인적 구성과 그의 역사적 배경 : 기술 수준, 관리 수준, 인간관계
⑦ 외주 이용도 : 외주 이용의 가능성, 경제성

핵심예제

4-1. 설비관리 요원이 가져야 할 업무 자세가 아닌 것은?
① 작업량의 변동이 크므로 최고부하를 없앤다.
② 다직종에 걸쳐 풍부한 경험과 기능을 필요로 한다.
③ 긴급 돌발을 없애고 작업자와 협력하는 자세를 가져야 한다.
④ 광범위한 전문기술을 필요로 하므로 다수의 요원이 독자적인 전문기술을 가지고 협력해야 한다.

4-2. 설비관리의 조직계획에서 지역이나 제품, 공정 등에 따라 설비를 분류하여 그 관리를 담당하는 방식은?
① 기능 분업 ② 지역 분업
③ 직접 분업 ④ 전문 기술 분업

4-3. 설비관리를 수행할 때 기능적으로 구분하면 일반관리기능, 기술기능, 실행기능 및 지원기능으로 구분할 수 있다. 이때 일반관리기능에 해당되지 않는 것은?
① 보전 정책 결정
② 공급망 관리
③ 보전업무의 계획, 일정계획 및 통제
④ 설비 성능 분석

|해설|

4-1
개개인 요원의 능력을 높이는 동시에 기동적인 운영이 될 수 있는 조직화를 이룩하는 것이 요원 대책의 최선의 방법이다.

4-2
지역 분업(대상별 분업)
• 지역이나 제품, 공정 등에 따라서 설비를 분류하여 그 관리를 담당하는 방식
• 공장 내를 몇 개의 지구로 나누어서 각 지구마다 정비과를 두는 경우

4-3
④는 기술기능에 해당한다.

정답 4-1 ④ 4-2 ② 4-3 ④

1-2. 설비계획

핵심이론 01 | 설비배치의 형태

(1) 기능별 배치(공정별 배치)
① 제품의 종류가 많고 수량이 적은 경우
② 주문생산과 표준화가 곤란한 다품종 소량 생산일 경우에 알맞은 배치형식
③ 동일 공정 또는 기계가 한 장소에 모인 형태(Gang System, Block System)
④ 생산효율을 극대화하기 위해 운반거리의 최소화가 주안점

(2) 제품별 배치(라인별 배치)
① 작업 흐름이 원활하고, 생산시간이 짧고 작업장 간 거리 축소로 재고 감소, 비용 감소 생산 통제가 용이하다.
② 하나 또는 소수의 표준화된 제품을 대량으로 반복 생산하는 라인공정에 적합하다.
③ 작업 흐름은 미리 정해진 패턴을 따라가며, 각 작업장은 고도로 전문화된 하나의 작업만을 수행한다.
④ 장 점
  ㉠ 작업의 흐름 판별이 용이하며 조기 발견, 예방, 회복 등을 하기 쉽다(공정관리의 철저).
  ㉡ 분업이 용이하고 작업을 단순화할 수 있어 전용 기계공구의 사용이 쉽다(분업 전문화).
  ㉢ 작업자의 간접작업이 적어지므로 실질적 가동률이 향상(간접작업의 제거)된다.
  ㉣ 정체시간이 짧기 때문에 재공품이 적다(정체 감소).
  ㉤ 공정이 단순화되고 직접 확인·관리를 할 수 있다(공정관리 사무의 간소화).
  ㉥ 공정이 확정되므로 검사 횟수가 적어도 되며 품질관리가 쉽다(품질관리의 철저).
  ㉦ 작업을 단순화할 수 있으므로 작업자의 훈련이 용이하다.

ⓗ 공정이나 설비가 집중되고 운반이나 소요 면적이 적어진다(작업 면적의 집중).
⑤ 단 점
  ㉠ 작업의 융통성이 적고 공정 계열이 다르면 배치를 바꾸어야 한다(융통성 감소).
  ㉡ 기계의 대수가 많아지고, 공구의 가동률이 저하 (가동률 저하)된다.
  ㉢ 설비 고장이나 품종의 감산 시 가동률이 저하(일괄 정지)된다.
  ㉣ 건물에 설비배치를 합리적으로 하기 부자유스럽다(설비배치의 제한).
  ㉤ 만능 숙련작업자나 직장이 되기 어렵다(만능 숙련자의 양성 곤란).

(3) 제품 고정형 배치
① 주재료와 부품이 고정된 장소에 있고 사람, 기계, 도구 및 기타 재료가 이동하여 작업을 진행한다.
② 주재료나 부품의 이동이 비용면에서 매우 높으며, 작업자의 기량을 신뢰할 수 있을 때 사용한다.

(4) 혼합형 배치
위의 세 가지 기능을 혼합한 경우이다.
※ 설비배치계획이 필요한 경우
  • 새 공장의 건설
  • 새 작업장의 증설
  • 작업장의 확장
  • 작업장의 축소
  • 작업장의 이동
  • 신제품의 제조
  • 설계 변경
  • 작업방법의 개선

핵심예제

1-1. 다품종 소량 생산에 적합한 설비 배치의 형태는?
① 제품별 배치
② 제품 고정형 배치
③ 라인별 배치
④ 기능별 배치

1-2. 제품별 배치 형태의 장점에 대한 설명으로 옳은 것은?
① 수요 변화가 있는 경우에 설비 변경이 어렵다.
② 단순 작업으로 인하여 작업자의 직무만족이 떨어진다.
③ 생산라인 중에서 한 부분이 고장 나거나 원자재가 부족한 경우 전체 공정에 영향을 준다.
④ 재공품(在工品) 재고의 수준은 낮고, 보관 면적이 적다.

1-3. 제품별 배치 형태의 특징으로 틀린 것은?
① 작업의 흐름 판별이 용이하여 조기 발견, 예방, 회복 등이 쉽다.
② 공정이 확정되므로 검사 횟수가 적어도 되며 품질관리가 쉽다.
③ 작업을 단순화할 수 있으므로 작업자의 훈련이 용이하다.
④ 정체시간이 길기 때문에 재공품(在工品)이 많다.

|해설|
1-1
기능별 배치는 소량 생산에 적합하며, 공정별 배치라고도 한다.

1-2
제품별 배치(라인별 배치)는 각 공정에 필요한 기계가 배치되는 형식으로 예정 생산에 이용한다. 생산량이 많고 표준화되고 작업의 균형이 유지되며, 재료의 흐름이 원활할 경우에 이용된다.
• 장점 : 공정관리의 철저, 분업 전문화, 간접작업의 제거, 정체 감소, 공정관리 사무의 간소화, 품질관리의 철저, 작업자 훈련 용이, 작업면적의 집중 등
• 단점 : 융통성 감소, 가동률 저하, 일괄 정지, 설비배치의 제한, 만능 숙련자의 양성 곤란

1-3
제품별 배치는 정체시간이 짧기 때문에 재공품이 적다(정체 감소).

정답 1-1 ④ 1-2 ④ 1-3 ④

핵심이론 02 | 총체적 설비배치계획

공장 입지 선정, 건물배치 계획, 부서배치 계획 및 설비배치 계획 단계로 실시되며, 주안점은 개략배치와 상세배치에 두고 있다.

(1) 설비배치의 분석기법
① **제품 수량(P-Q) 분석** : 설비배치 계획자가 설비배치의 기초자료 수집 및 유형을 선택하는 것을 돕기 위해 사용한다. 설비배치 계획 수립 시 최초로 해야 할 분석 기법이다.
② **자재 흐름 분석** : P-Q 분석에 의하여 A급, B급, C급의 부류가 결정되면 그 부류 내에 있는 제품들에 대하여 개별적인 분석을 행한다.
　㉠ A급 분류 : 제품의 종류는 적고 생산량이 많다. 단순 작업 및 조립공정표를 작성한다.
　㉡ B급 분류 : 제품의 종류는 중간이고 생산량도 중간이다. 다품종공정표를 작성한다.
　㉢ C급 분류 : 제품의 종류는 많고 생산량은 적다. 유입유출표를 작성한다.
③ 활동 상호관계 분석
④ 흐름활동 상호관계 분석
⑤ 면적 상호관계 분석

(2) 총체적 설비배치 계획
① **제품별 설비배치** : 제품의 종류에 비하여 생산량이 많은 경우, 즉 대량 생산 형태의 경우에는 제품이 완성될 때까지의 공정에 알맞도록 흐름 생산 형식으로 배치한다.
② **기능별 설비배치** : 생산량에 비하여 제품의 종류가 많은 다종 소량 생산의 경우에 기계의 종류별로 배치한다.
③ **GT 흐름 라인(Group Technology Layout)** : 제품의 종류와 생산량이 제품별과 기능별의 중간인 경우로, 유사한 부품을 그룹으로 모아서 하나의 로트로 가공하기 위해 효율적인 설비배치를 한다.

(3) 설비배치에서 소요 면적의 결정방법
① **계산법** : 설비 자체가 차지하는 면적, 작업이나 보전을 위한 면적, 재료나 제품을 두기 위한 면적(기계 한 대의 소요 면적을 계산하여 전체 면적을 산출하는 방식)
② **변환법** : 현재의 점유 면적을 조사하고 실제 필요한 면적으로 수정하여 소요 면적을 낸다. 마지막으로 소요 면적과 소요 가능 면적을 비교 조정하여 계획 면적이 결정된다.
　※ 변환법 적용의 경우
　　• 우선 면적을 결정해야 될 경우
　　• 자세한 계산이 필요치 않은 경우
　　• 계산법을 사용하는 것이 불합리한 경우
③ 표준면적법
④ 개략 레이아웃법
⑤ 비율경향법

핵심예제

2-1. 설비배치 계획자가 설비배치의 기초자료 수집 및 유형을 선택하는 것을 돕기 위해서 쓰이는 방법은?

① ABC 분석 ② P-Q 분석
③ 일정계획법 ④ 활동 관련 분석

2-2. 자재 흐름 분석의 P-Q 분석에 의하여 분류가 결정되면 그 분류 내에 있는 제품들에 대하여 개별적인 분석을 행할 때 그 분류와 내용이 옳은 것은?

① D급 분류 : 제품의 종류도 적고 생산량도 적다. 소품종 공정표를 작성한다.
② C급 분류 : 제품의 종류는 적고 생산량이 많다. 단순 작업 공정표 다음 조립공정표를 작성한다.
③ B급 분류 : 제품의 종류는 중간이고 생산량도 중간이다. 다품종 공정표를 작성한다.
④ A급 분류 : 제품의 종류는 많고 생산량은 적다. 유입유출표를 작성한다.

|해설|

2-1
제품-수량(P-Q) 분석 : 설비배치 계획자가 설비배치의 기초자료 수집 및 유형을 선택하는 것을 돕기 위해 사용한다.

2-2
자재 흐름 분석
P-Q 분석에 의하여 A급, B급, C급의 분류가 결정되면 그 부류 내에 있는 제품들에 대하여 개별적인 분석을 행한다.
- A급 분류 : 제품의 종류는 적고 생산량이 많다. 단순 작업 및 조립공정표를 작성한다.
- B급 분류 : 제품의 종류는 중간이고 생산량도 중간이다. 다품종 공정표를 작성한다.
- C급 분류 : 제품의 종류는 많고 생산량은 적다. 유입유출표를 작성한다.

정답 2-1 ② 2-2 ③

핵심이론 03 | PERT-CPM

(1) PERT-CPM

간트 차트와 다르게, 특히 비반복적인 대규모 공사의 계획, 관리기법에 가장 적합하다. 네트워크 계획기법(순수 작업기법) 중에서 다음이 대표적이다.

① PERT(Program Evaluation & Review Technique) : 일정 통제 중심
② CPM(Critical Path Method) : 일정 및 비용 통제 중심

(2) PERT-CPM의 기대되는 효과

① 업무수행에 따른 문제점의 사전 예측 가능
② 작업 배정 및 진도관리의 효율성 제고
③ 계획, 일정, 자원, 비용 등에 대한 간단명료한 의사소통
④ 최적의 계획안 선택 및 한정된 자원의 효율적 사용
⑤ 최저 비용으로 공기 단축 가능
⑥ 주공정에 관한 정보 제공으로 중점적인 일정관리 가능

(3) PERT 계산 절차

① PERT/cost, CPM : 1점 견적법
② PERT/time : 3개의 시간 추정치로부터 평균치를 계산하여 소요시간을 추정하는 3점 견적법을 채택한다(베타 분포).

핵심예제

3-1. 보전작업관리에 있어서 PERT-CPM 기법 도입에 따른 특징이 아닌 것은?

① 필요한 정도에 따라 얼마든지 프로젝트를 세분하여 표시할 수 있다.
② 장래 예측이 불가능하며, 후진적 관리 방식이다.
③ 시공일을 앞당겨야 할 경우 공기 단축을 위한 지침을 세울 수 있다.
④ 대체공법을 신속하게 평가할 수 있다.

3-2. 컴퓨터를 이용한 설비 배치기법이 아닌 것은?

① PERT-CPM   ② CRAFT
③ CORELAP   ④ ALDEP

|해설|

3-1
PERT-CPM은 업무수행에 따른 문제점의 사전 예측이 가능하다.

3-2
컴퓨터를 이용한 설비배치기법은 구성형과 개선형의 두 가지 형태로 분류된다.
- 구성형 : 완전히 빈 평면에서 시작하여 배치계획이 완성될 때까지 점진적으로 활동을 선택하여 배치를 구성해 가는 방법으로써 CORELAP, ALDEP, PLANET 등이 있다.
- 개선형 : 기존 배치계획을 점진적으로 개선해 가는 방법으로써 CRAFT, COFAD 등이 있다.

정답 3-1 ② 3-2 ①

핵심이론 04 | 설비의 신뢰성 및 보전성 관리

(1) 신뢰성의 의의

① 신뢰성은 '언제나 안심하고 사용할 수 있다', '고장이 없다', '신뢰할 수 있다'라는 것을 의미한다. 이것을 양적으로 표현한 것을 신뢰도라고 한다.
② 신뢰성이란 일정조건하에서 일정기간 동안 고장 없이 기능을 수행할 확률을 나타낸다.

(2) 신뢰성의 평가척도

① **고장률** : 일정기간 중에 발생하는 단위시간당 고장 횟수로 나타내며, 고장률은 1,000시간당의 백분율로 나타내는 것이 일반적이다.

$$고장률\ F(t) = \frac{고장\ 횟수}{총가동시간}$$

② **평균고장간격(MTBF)**
  ㉠ 전체 고장 수에 대한 전체 사용시간의 비이다(고장률의 역수).
  ㉡ 수리하는 시스템이나 기기에 이용한다.
  ㉢ 평균고장간격 = $\frac{1}{F(t)}$ (여기서, $F(t)$: 고장률)
  ㉣ 설비의 평균고장률 = 1/MTBF

③ **평균고장시간(MTTF)**
  ㉠ 대상물이 사용되어 처음 고장이 발생할 때까지의 평균시간이다.
  ㉡ 수리를 하지 않는 시스템이나 기기에 이용한다.

  $$평균고장시간 = \frac{장비의\ 총가동시간}{특정시간으로부터\ 발생한\ 총고장수}$$

핵심예제

4-1. 설비의 신뢰성 평가척도에 대한 설명으로 옳은 것은?
① 평균고장간격 : 신뢰성의 대상물이 사용되어 처음 고장이 발생할 때까지의 평균시간
② 평균고장시간 : 설비의 고장 수에 대한 전 사용시간의 비율
③ 고장률 : 일정기간 동안 발생하는 단위시간당 고장 횟수
④ 보전성 : 어느 특정 순간에 기능을 유지하고 있는 확률

4-2. 설비의 신뢰성을 나타내는 척도 중 MTBF가 의미하는 것은?
① 평균고장 수리시간
② 평균고장 간격시간
③ 고장률
④ 고장설비 수

|해설|

4-1

고장률 $F(t) = \dfrac{\text{고장 횟수}}{\text{총가동시간}}$

4-2

평균고장간격(MTBF)
- 전체 고장 수에 대한 전체 사용시간의 비이다(고장률의 역수).
- 수리를 하는 시스템이나 기기에 이용한다.
- 평균고장간격 = $\dfrac{1}{F(t)}$ (여기서, $F(t)$: 고장률)
- 설비의 평균고장률 = 1/MTBF

정답 4-1 ③ 4-2 ②

핵심이론 05 | 보전성과 유용성

(1) 보전성
① 보전에 대한 용이성을 나타내는 성질
② 보전도(양적) : 규정된 조건에서 보전이 실시될 때 규정시간 내에 보전이 종료되는 확률

(2) 유용성
① 신뢰도와 보전도를 종합한 평가척도
② 어느 특정 순간에 기능을 유지하고 있는 확률
③ 유용도 : 부하시간에서 설비가 실제로 얼마나 가동되는가를 나타내는 것으로 설비의 고유유용도라 한다.

유용도 함수(A) = $\dfrac{MTBF}{MTBF + MTTR}$

= $\dfrac{U(up-time)}{U(up-time) + D(down-time)}$

㉠ $MTTR$ = Mean Time To Repair
㉡ $MTBF$ = Mean Time Between Failure
㉢ $MTBM$ = Mean Time Between Maintenance
㉣ $MTFF$ = Mean Time to First Failure

(3) 설비 유효 가동률
설비 유효 가동률은 시간 가동률 × 속도 가동률

① 시간 가동률 = $\dfrac{U(up-time)}{U(up-time) + D(down-time)}$

② 속도 가동률 = $\dfrac{\text{표준가공시간}}{\text{실제가공시간}}$

(4) 조업시간
잔업을 포함한 실제가동시간이다.
① 부하시간 : 정미가동시간에 정지시간을 부가한 시간(단위운전시간)
② 무부하시간 : 기계가 정지하고 있는 시간
③ 기타 시간 : 조업시간 내에 전기, 압축기 등이 정지하여 작업 불능시간이나 조회, 건강진단 등의 시간

④ 정미가동시간 : 기계를 가동하여 직접 생산하는 시간
⑤ 정지시간 : 준비시간, 대기시간, 설비 수리시간, 불량 수정시간 등
⑥ 가동시간 : 부하시간에서 고장, 품목 변경에 의한 작업 준비, 금형 교체 그리고 예방보전 등의 시간을 뺀 실제 설비가 가동된 시간을 의미

(5) 설비보전에서 효과 측정을 위한 척도

① 설비 가동률 $= \dfrac{\text{정미가동시간}}{\text{부하시간}} \times 100 \rightarrow$ 유용성

② 고장 도수율(빈도율, 회수율)
$= \dfrac{\text{고장 횟수}}{\text{부하시간}} \times 100 \rightarrow$ 신뢰성

③ 고장강도율 $= \dfrac{\text{고장 정지시간}}{\text{부하시간}} \times 100 \rightarrow$ 보전성

④ 제품단위당 보전비 $= \dfrac{\text{보전비 총액}}{\text{생산량}} \rightarrow$ 경제성

⑤ 예방보전 수행률 $= \dfrac{\text{예방보전건수}}{\text{예방보전계획건수}} \times 100$

핵심예제

5-1. 조업시간을 옳게 표현한 것은?
① 부하시간 + 무부하시간 + 기타 시간
② 부하시간 + 정미가동시간 + 정지시간 + 기타 시간
③ 정미가동시간 + 무부하시간 + 기타 시간
④ 부하시간 + 정지시간 + 무부하시간 + 기타 시간

5-2. 신뢰성과 보전성을 함께 고려한 광의의 신뢰성의 척도로서 어느 특정 순간에 기능을 유지하고 있는 확률은?
① 보전성　　　　② 유용성
③ 생산성　　　　④ 신뢰성

5-3. 신뢰성의 평가척도에 관한 설명으로 옳지 않은 것은?
① 평균고장간격이란 전 고장수에 대한 전 사용시간의 비이다.
② 평균고장시간이란 사용시간에 대한 평균고장시간의 비율이다.
③ 평균고장간격은 고장률의 역수이다.
④ 고장률은 일정기간 중 발생하는 단위시간당 고장 횟수이다.

5-4. 보전효과 측정방법에서 항목에 따른 공식이 잘못된 것은?

① 설비 가동률 $= \dfrac{\text{정미가동시간}}{\text{부하시간}} \times 100$

② 고장강도율 $= \dfrac{\text{고장정지시간}}{\text{부하시간}} \times 100$

③ 고장 도수율 $= \dfrac{\text{고장건수}}{\text{부하시간}} \times 100$

④ 예방보전 수행률 $= \dfrac{\text{고장수리시간}}{\text{예방보전건수}} \times 100$

5-5. 설비보전에서 효과 측정을 위한 척도로서 널리 사용되는 지수 중 고장 도수율의 공식은?

① $\dfrac{\text{정미가동시간}}{\text{부하시간}} \times 100$　　② $\dfrac{\text{고장 횟수}}{\text{부하시간}} \times 100$

③ $\dfrac{\text{고장 정지시간}}{\text{부하시간}} \times 100$　　④ $\dfrac{\text{보전비 총액}}{\text{생산량}} \times 100$

|해설|

5-1
조업시간은 잔업을 포함한 실제가동시간이다.

5-2
유용성
- 신뢰도와 보전도를 종합한 평가 척도
- 어느 특정 순간에 기능을 유지하고 있는 확률

5-3
평균고장시간 $= \dfrac{\text{장비의 총가동시간}}{\text{특정시간으로부터 발생한 총고장수}}$

5-4
설비보전에서 효과 측정을 위한 척도
- 제품단위당 보전비 $= \dfrac{\text{보전비 총액}}{\text{생산량}} \times 100 \rightarrow$ 경제성
- 설비 가동률 $= \dfrac{\text{정미가동시간}}{\text{부하시간}} \times 100 \rightarrow$ 유용성
- 고장강도율 $= \dfrac{\text{고장 정지시간}}{\text{부하시간}} \times 100 \rightarrow$ 보전성
- 고장 도수율 $= \dfrac{\text{고장 횟수}}{\text{부하시간}} \times 100 \rightarrow$ 신뢰성

5-5
① 설비 가동률로 유용성을 나타낸다.
③ 고장 강도율로 보전성을 나타낸다.
④ 제품단위당 보전비로 경제성을 나타낸다.

정답 5-1 ①　5-2 ②　5-3 ②　5-4 ④　5-5 ②

핵심이론 06 | 신뢰성과 보전성의 설계

(1) 시스템 설계의 개요(기본요소)
① 투입 : 노력, 재료, 자금 등
② 산출 : 제품, 이익 등
③ 처리기구 : 공장(기계장치, 설비)
④ 관리 : 운영에 관한 방침, 조직, 계획
⑤ 피드백 : 판매와 제품 사용의 효과 등

(2) 신뢰성 설계 시 고려 사항
스트레스에 의한 고려, 통계적 여유, 부하의 경감, 과잉도, 안전에 의한 고려, 신뢰도의 배분, 결합의 신뢰도, 인간요소, 보전에 대한 고려, 경제성 등
※ 인간요소의 사용상 오조작 문제
- Fail Safe : 고장이 일어나면 안전 측에 표시하는 설계
- Fool Proof : 오조작하면 작동되지 않는 설계

(3) 보전성 설계의 결정요소
① 설계상의 판단 : 모듈의 크기, 시험과 점검, 예방보전기, 시스템 중 인간의 역할, 안전의 필요성
② 보전방침 : 수리의 단계, 보급
③ 안전요원에 대한 요구 : 선택, 훈련, 숙련의 타당성

핵심예제

설비관리의 시스템을 구성하는 기본적 요소 중 기계장치나 설비에 해당하는 것은?
① 투입
② 처리기구
③ 관리
④ 피드백

|해설|
① 노력, 재료, 자금 등
③ 운영에 관한 방침, 조직, 계획 등
④ 판매와 제품 사용의 효과 등

정답 ②

핵심이론 07 | 설비의 고장률과 열화 패턴

(1) Bath Tub 곡선(서양욕조곡선)
예방보전에 의한 사전 교체를 하지 않은 경우 인간의 사망률과 유사한 곡선을 얻을 수 있다(기계장치와 인간의 신체는 유사한 관계).
① 유아기 : 사망률이 높아진다.
② 성장기 : 사망률이 감소한다.
③ 청년기 : 사망률이 낮고 안정된다.
④ 노년기 : 사망률이 급상승한다.

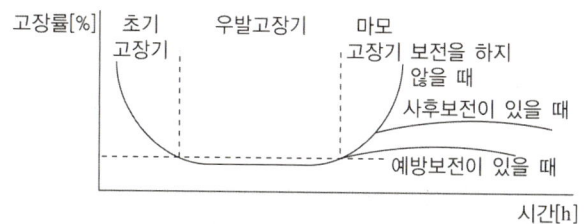

(2) 3단계 고장기
① 초기고장기
  ㉠ 시간의 경과와 함께 고장 발생이 감소한다.
  ㉡ 부품의 수명이 짧은 것, 설계 불량, 제작 불량에 의한 약점이 이 기간에 나타난다.
  ㉢ 예방보전은 불필요하며 보전원은 설비를 점검하고 불량 개소를 발견하면 개선·수리하여 불량 부품은 그때그때 대체한다.
② 우발고장기
  ㉠ 고장률이 거의 일정(예측할 수 없는 고장률 일정형)하다.
  ㉡ 이 기간을 유효수명이라 하고, 고장 정지시간을 감소시키는 것이 가장 중요하다.
  ㉢ 설비보전원의 고장 개소의 감지능력을 향상시키기 위한 교육훈련이 필요하다.
  ㉣ 일정한 고장률을 저하시키기 위해서는 개선·개량이 절대적으로 필요하다.
  ㉤ 예비품 관리가 중요하다.

③ 마모고장기
  ㉠ 부품의 마모나 열화에 의하여 고장이 증가(고장률 증가형)한다.
  ㉡ 사전에 미리 파악하고 일상점검 시 청소, 급유, 조정 등을 잘해 두면 열화속도는 현저히 떨어지고 부품의 수명은 길어진다.

핵심예제

7-1. 제품에 대한 전형적인 고장률 패턴은 욕조곡선으로 나타낼 수 있다. 우발고장기간에 발생될 수 있는 원인과 관계가 없는 것은?
① 안전계수가 낮은 경우
② 스트레스가 기대 이상인 경우
③ 사용자 과오가 발생한 경우
④ 부식 또는 산화에 의하였을 경우

7-2. 설비 고장률 곡선에서 유효 수명기간으로 설비보전원의 감지능력 향상을 위한 교육훈련이 필요한 시기는?
① 초기고장기   ② 보전고장기
③ 마모고장기   ④ 우발고장기

7-3. 다음 중 열화 고장에 대한 설명으로 옳은 것은?
① 초기고장기간과 마모고장기간 사이에 우발적으로 발생하는 고장이다.
② 다른 부품의 고장이 원인이 되어 생기는 고장이다.
③ 돌발적으로 발생하는 고장이다.
④ 사전의 검사 또는 감시에 의하여 예지되는 고장이다.

7-4. 펌프를 사용하던 중 축봉부에 누설이 생겨 목표한 양정으로 올리지 못하여 메커니컬실(Mechanical Seal)을 교체하여 계속 가동하였다. 다음 그림에서 어느 구역의 고장기에 해당하는가?

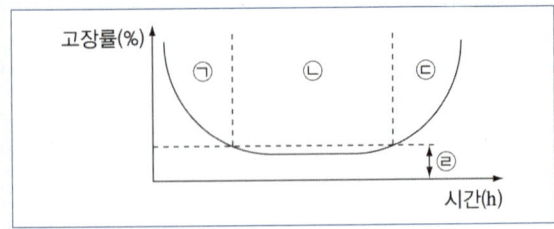

① ㉠ 구역   ② ㉡ 구역
③ ㉢ 구역   ④ ㉣ 구역

| 해설 |

7-1
④는 마모고장기에 대한 내용이다.

7-2
① 초기고장기 : 시간의 경과와 함께 고장 발생이 감소되는 고장률 감소형이다.
② 보전고장기 : 고장률 곡선에서 보전고장기는 없다.
③ 마모고장기 : 설비를 구성하고 있는 부품의 마모나 열화에 의하여 고장이 증가하는 고장률 증가형이다.

7-3
열화 고장은 사전에 미리 파악하고 일상점검 시 청소, 급유, 조정 등을 잘해 두면 열화속도는 현저히 떨어지고 부품의 수명은 길어진다.

7-4
문제의 Bath Tub 곡선(서양욕조곡선)에서 ㉠은 초기고장기, ㉡은 우발고장기, ㉢은 마모고장기를 나타낸다.

정답 7-1 ④ 7-2 ④ 7-3 ④ 7-4 ②

핵심이론 08 | 고장의 분석과 대책

(1) 신뢰성 향상의 착안점
① 초기고장, 우발고장, 마모고장으로 구분한다.
② 기능 정지형 고장, 기능 열화형 고장, 품질 열화형 고장으로 구분한다.
③ 열화 방지활동 : 일상보전(점검, 주유, 조정, 청소)
④ 열화 측정활동(예지 기술) : 설비 점검(불량 점검, 경향 점검)
⑤ 열화 회복활동 : 수리(예방 수리, 돌발 수리, 사후 수리)

(2) 신뢰성 향상을 위한 대책
① 점검·검사기준의 설정을 개정한다(점검 부위, 개소, 항목, 주기).
② 윤활관리, 급유 기준의 설비를 개정한다(주기, 기름의 열화).
③ 초기 조정, 청소의 철저 : 표준화
④ 예비품 관리 기준의 설정을 개정한다(발주점, 발주량).
⑤ 예지 기술을 향상시킨다.
⑥ 부품 수명을 연장시킨다.
⑦ 개량보전, 예방보전을 철저히 한다.

(3) 고장 분석의 필요성
설비관리의 궁극적인 목적은 최소의 정비비용으로 최대의 설비효율을 얻는 것이다.
① 설비의 고장을 없게 한다(신뢰성 향상).
② 고장에 의한 휴지시간을 단축한다(보전성 향상).
③ 가능한 한 비용을 절감한다(경제성 향상).

(4) 고장 분석의 순서로
① 데이터 수집
② 기초적 분석
③ 조사항목
④ 데이터 축적
⑤ 고장 분석
⑥ 대책을 세우는 방법

(5) 고장 분석의 방법
① 상황분석법
② 특성요인분석법
③ 행동개발법
④ 의사결정법
⑤ 변화기획법

※ 특성요인분석법
고장원인을 분석하기 위해 많이 쓰이는 방법으로 일명 생선뼈와 같다고 하여 생선뼈 그림이라고도 한다. 특정 문제나 그 상황의 원인을 규명하여 그림으로 보여 줌으로써 문제 해결을 위한 전반적인 흐름을 볼 수 있는 방법

핵심예제

8-1. 설비가 열화하여 성능 저하를 초래하는 상태를 조기 조치하기 위해 급유, 부품 교환, 청소 등이 이루어지는 정비는?
① 사후 정비
② 개량 정비
③ 일상 정비
④ 보전예방

8-2. 최소의 비용으로 최대의 설비효율을 얻기 위하여 고장 분석을 실시한다. 고장 분석을 행하는 이유가 아닌 것은?
① 설비의 고장을 없애고 신뢰성을 향상시키기 위하여
② 설비의 고장에 의한 휴지시간을 단축시켜 보전성을 향상시키기 위하여
③ 설비의 보수비용을 늘려 경제성을 향상시키기 위하여
④ 설비의 가동시간을 늘리고 열화 고장을 방지하기 위하여

|해설|
8-1
열화 방지활동으로 일상보전(점검, 주유, 조정, 청소)이 있다.
8-2
설비관리의 궁극적인 목적은 최소의 정비비용으로 최대의 설비효율을 얻는 것이다.

정답 8-1 ③ 8-2 ③

핵심이론 09 | 설비의 경제성 평가방법

(1) 비용 비교법
① 기계설비의 1년당 자본비용과 가동비의 합이다.
② 연간 비용을 평가척도로 하여 이의 대소에 의하여 설비투자정책을 결정하는 방법이다.
③ 비용면을 중시하며 기계설비에 의하여 얻는 수익면을 고려하지 않는 특징이 있다.
　㉠ 연평균 비교법 : 설비의 내구 사용기간 사이의 자본비용과 가동비의 합을 현재 가치로 환산하여 내구 사용기간 중의 연평균 비용을 비교하여 대체안을 결정하는 방법이다.
　㉡ 평균 이자법 : 연간 비용으로서 정액상액에 의한 상각비와 평균이자 및 가동비를 취한 방법으로, 회계상의 수속과 쉽게 대응되고, 사고방식이 쉽다는 특징이 있다.

(2) 자본 회수법
① 연평균 이윤(수입-지출)이 회수금액보다 크면 투자계획은 채택된다.
② 신설, 증설 등의 독립 투자에는 적응하기 쉬우나 교체 투자의 경우에는 신중을 요한다.

(3) MAPI 방식
매우 이론적이고 실용성에 다소 문제는 있으나 종래의 제 공식의 맹점을 지적한 것으로 주목된다.

(4) 설비투자의 경제성 계산
설비투자를 평가하기 위한 경제성 계산은 자금 회수기간법, 원가 비교법, 투자 이익률법(수익률 비교법)으로 나누어진다. 그리고 그 외에 각각 재무 회계법이나 경제성공학 EE법으로 구별된다.

① 자금 회수기간법 : 투자에 의해서 얻어지는 이익에서 자금 회수기간이 가장 적은 설비를 선택하는 방법
② 원가 비교법 : 신구 각 설비로 생산을 행할 경우 그 원가를 비교해서 원가가 적은 쪽을 유리하다고 선택하는 방법
③ 투자 이익률법 : 신구 각 설비의 투자액에 대한 연간의 이익률을 구해 높은 쪽이 유리하다고 판정하는 방법
④ EE법 : 투자에 대해 장래에 발생하는 수익이나 비용을 할인 계산해서 현재 가치로 환산하는 경우로 투자의 경제성 계산을 행하는 방법

※ 수익률 비교법
- 경제 대안을 수학적으로 비교하는 방법으로 어떤 투자활동의 수입의 현재(연간) 등가가 지출의 현재(연간) 등가와 똑같게 되는 이자율로 경제성을 평가하는 방법
- 자본 사용의 여러 가지 방법에 대하여 창출되는 수입 액수를 기준으로 평가하는 기법, 즉 미래의 모든 비용의 현재가치와 미래의 모든 수입의 현재 가치를 같게 하는 방법

※ 연차등가액법
설비투자의 경제성 평가에 있어서 미래의 모든 수입과 지출을 일정 동일 액으로 바꿔서 비교 평가하는 방법

핵심예제

설비투자의 합리적인 투자 결정에 필요한 경제성 평가방법이 아닌 것은?
① 자본 회수법　　② 비용 비교법
③ MAPI법　　　 ④ 처분 가치법

|해설|
설비의 경제성 평가방법에는 비용 비교법, 자본 회수법, MAPI 방식이 있다.

정답 ④

핵심이론 10 정비계획에 필요한 제 요소

(1) 점검과 정비계획
① 일상점검
  ㉠ 기계 운전 중에 행하는 것이다.
  ㉡ 고장을 미연에 방지하는 것을 주된 목적으로 한다.
② 정기점검
  ㉠ 기계 정지 후에 행하며 각종 계측기를 사용한다.
  ㉡ 설비의 정도 유지, 부품의 사전 교환을 목적으로 한다.
  ㉢ 정비원을 중심으로 행한다.

(2) 예비품 관리와 정비계획
① 부품 예비품
② 부분적 세트(Set) 예비품
③ 단일 기계 예비품 : 전 공장에 영향을 미치는 동력설비에서 많이 볼 수 있다.
④ 라인 예비품 : 특수한 고장을 제외하면 없다.

(3) 정비계획 수립방법
① 생산계획 : 생산계획이 증산체제에 있는가, 감산체제에 있는가를 파악한다.
② 설비능력 : 설비의 가동률과 실제가동률을 계산하여 설비능력을 파악한다.

실제가동률 =
$$\frac{월\ 가동일수 \times 일일\ 가동시간 - 1개월당\ 설비\ 휴지시간}{월\ 가동일수 \times 일일\ 가동시간}$$

③ 수리 형태 : 각 설비의 점검·수리 소요시간을 과거 경험에서 파악한다.
④ 수리요원 : 점검·수리요원은 최소한으로 운영하기 때문에 집중(Peak) 작업량을 억제해서 작업을 평균화하여 정비계획을 세운다.

(4) 정비(보전)계획 수립 전 검토조건(사항)
① 보전비용
② 수리시기
③ 수리시간
④ 수리요원
⑤ 생산 및 수리계획
⑥ 일상점검 및 주간, 월간, 연간 등의 정기 수리 중 선택

핵심예제

10-1. 정비계획 수립 시 고려할 사항이 아닌 것은?
① 생산계획 확인   ② 설비능력 파악
③ 제품 성분 분석   ④ 수리요원

10-2. 정비계획에 필요한 예비품의 종류 중 전 공장에 영향을 미치는 동력설비에서 많이 볼 수 있는 것은?
① 부분 예비품
② 라인 예비품
③ 단일 기계 예비품
④ 부분적 세트(Set) 예비품

10-3. 정비의 시기에 맞추어 필요한 예비품을 준비해 두어야 하는데 해당되는 예비품이 아닌 것은?
① 부품 예비품   ② 라인 예비품
③ 연료 예비품   ④ 부분적 세트(Set) 예비품

|해설|

10-1
정비계획 수립 시에는 생산계획, 설비능력, 수리 형태, 수리요원 등을 검토한다.

10-2~10-3
정비계획에 필요한 예비품의 종류에는 부품 예비품, 부분적 세트(Set) 예비품, 단일 기계 예비품, 라인 예비품이 있다. 동력설비에서 많이 볼 수 있는 것은 단일 기계 예비품이다.

정답 10-1 ③ 10-2 ③ 10-3 ③

1-3. 설비보전의 계획과 관리

핵심이론 01 | 설비보전 조직의 기능

(1) 직접기능
① 설비성능을 최경제적으로 유지하는 활동이다.
② 설비검사(점검), 설비보전(일상보전), 설비 수리(공작)의 세 가지로 대별된다.

(2) 관리기능
① 설비를 최대한 활용하여 기업의 생산성을 높이는 데 있다(관리 목적).
② 고도의 이론과 경험을 근거로 한 기술활동이다.
③ 설비보전의 관리기능에는 기술적 측면과 경제적 측면이 있다.
  ㉠ 기술적 측면
    • 설비 성능 분석 : 보전 기술 개선, 고장원인 분석
    • 보전표준 설정 : 검사표준, 정비표준, 수리표준
    • 보전 기록 : 검사 기록, 시운전 기록, 수리 이력
  ㉡ 경제적 측면
    • 보전방침 목표
    • 보전의 경제 계산
    • 보전효과 체크

(3) 설비보전 조직을 위한 고려사항(설비보전 조직 설계 시 고려사항)
① 제품의 특성
② 생산 형태
③ 설비의 특징
④ 지리적 조건
⑤ 공장의 규모
⑥ 인적 구성 및 역사적 배경
⑦ 외주 이용도

핵심예제

1-1. 설비관리기능은 일반관리기능, 기술기능, 실시기능 및 지원기능으로 분류할 때 보전업무에서 현 설비나 잠재적인 설계, 설계의 향상 및 설비구매에 대한 의사결정의 기반이 되는 기능으로써 이러한 기술기능에 해당하지 않는 것은?
① 설비 성능 분석
② 고장 분석방법 개발 및 실시
③ 설비진단 기술 이전 및 개발
④ 주유, 조정 그리고 수리업무 등의 준비 및 실시

1-2. 다음 중 설비보전의 직접적인 기능이 아닌 것은?
① 설비 정비   ② 설비검사
③ 설비배치 계획   ④ 설비 수리

1-3. 설비보전 조직을 위한 고려사항이 아닌 것은?
① 제품의 특성   ② 생산 형태
③ 설비의 특징   ④ 납 기

|해설|

1-1
주유, 조정, 수리업무 등의 준비 및 실시 등은 직접기능에 속한다.

1-2
직접기능은 설비성능을 최경제적으로 유지하는 활동으로 설비검사(점검), 설비보전(일상보전), 설비수리(공작)의 세 가지로 대별한다.

1-3
설비보전 조직을 위한 고려사항
• 제품의 특성
• 생산 형태
• 설비의 특징
• 지리적 조건
• 공장의 규모
• 인적 구성 및 역사적 배경
• 외주 이용도

정답 1-1 ④ 1-2 ③ 1-3 ④

핵심이론 02 | 설비보전 조직(Ⅰ)

(1) 집중보전
① 공장의 모든 보전요원을 한 사람의 관리자 밑에 조직한다(조직상 집중).
② 모든 보전을 집중관리하는 보전방식(배치상 집중)

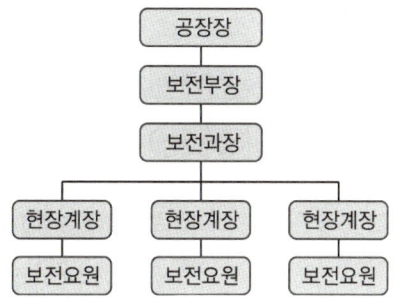

㉠ 장 점
- 충분한 인원 동원이 가능하다.
- 다른 기능을 가진 보전원을 배치(담당 정도의 유연성이 필요)한다.
- 긴급작업, 고장, 새로운 작업을 신속히 처리한다.
- 특수 기능자를 효과적으로 이용한다.
- 1인 보전에 관한 전 책임을 지고 있다.
- 자본과 새로운 일에 대하여 통제가 보다 확실하다.
- 보전원의 기능 향상을 위하여 훈련이 보다 잘 행해진다.

㉡ 단 점
- 보전요원이 공장 전체에서 작업을 하기 때문에 적절한 관리감독을 할 수 없다.
- 작업표준을 위한 시간손실이 많다.
- 일정 작성이 곤란하다.
- 작업 의뢰와 완성까지의 시간이 상당히 길다.
- 보전원이 각종 생산작업에 대하여 우선순위를 갖게 된다.

핵심예제

2-1. 집중보전의 장점에 대한 설명으로 옳지 않은 것은?
① 작업의 신속성
② 인원 배치의 유연성
③ 보전 책임의 명확성
④ 작업 일정 조정의 용이성

2-2. 설비보전 조직의 기본형에서 집중보전의 단점으로 옳지 않은 것은?
① 보전요원이 공장 전체에서 작업을 하기 때문에 적절한 관리감독을 할 수 없다.
② 작업표준을 위한 시간손실이 많다.
③ 일정 작성이 곤란하다.
④ 대수리작업처리가 어렵다.

2-3. 전 보전요원이 한 사람의 보전 책임자 밑에 조직되어 지휘감독을 받고, 배치상으로 집중되어 있는 설비보전 조직은?
① 지역보전
② 부문보전
③ 절충보전
④ 집중보전

|해설|
2-1
집중보전은 작업 일정의 작성이 곤란하다(단점).

2-2
④는 지역보전의 단점이다.

2-3
① 지역보전 : 공장의 특정지역에 보전요원이 배치되어 그 지역을 담당하는 보전 방식
② 부문보전 : 공장의 보전요원을 각 제조 부문의 감독자 밑에 배치하여 보전을 행하는 보전 방식
③ 절충보전 : 지역보전 또는 부문보전과 집중보전을 조합시켜 각각의 장점을 살리고 단점을 보완하는 방식

정답 2-1 ④ 2-2 ④ 2-3 ④

핵심이론 03 | 설비보전 조직(Ⅱ)

(1) 지역보전

① 특정 지역에 보전요원을 배치한다(조직상 집중).
② 배치 지역의 예방보전 검사, 급유, 수리 등을 담당한다(배치상 분산).

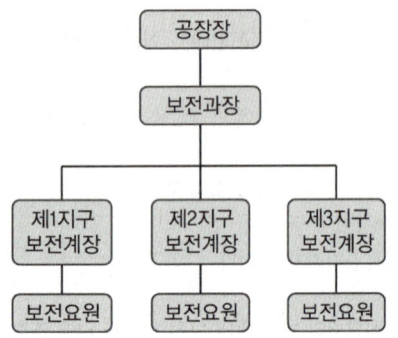

㉠ 장점
- 보전요원이 용이하게 제조부의 작업자에게 접근할 수 있다.
- 작업 지시에서 완성까지 시간적인 지체를 최소로 할 수 있다.
- 보전감독자와 보전요원이 해당 설비에 정통하고, 예비 부품의 요구에 신속히 대처할 수 있다.
- 생산라인의 공정 변경이 신속히 이루어진다.
- 근무시간의 교대가 유기적이다.
- 보전감독자나 보전요원은 생산계획, 생산의 문제점, 특별작업 등에 관하여 잘 알게 된다.

㉡ 단점
- 대수리작업의 처리가 어렵다.
- 지역별로 스태프를 여분으로 배치하는 경향이 있다.
- 배치 전환, 고용, 초과 근로에 대하여 인간적 문제나 제약이 많다.
- 전문가의 채용이 어렵다.

핵심예제

3-1. 다음 보전 조직은 무엇인가?

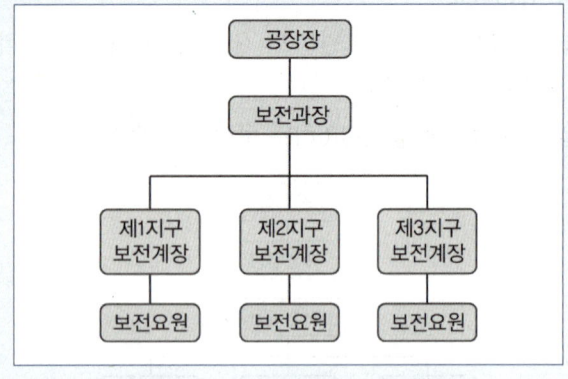

① 집중보전 조직
② 부분보전 조직
③ 지역보전 조직
④ 절충보전 조직

3-2. 다음 보전 조직에 대한 설명으로 옳은 것은?

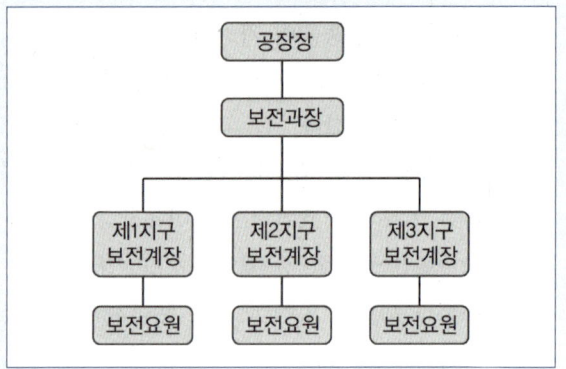

① 보전감독자와 보전요원이 해당 설비에 정통하다.
② 충분한 인원 동원이 가능하다.
③ 1인 보전에 관한 전 책임을 진다.
④ 보전요원이 각 제조 부분 감독자 밑에 배치되어 있다.

|해설|

3-1
지역보전 조직은 특정 지역에 보전요원이 배치(조직상 집중)되며, 배치 지역의 예방보전 검사, 급유, 수리 등을 담당(배치상 분산)한다.

3-2
②, ③은 집중보전, ④는 부분보전에 대한 설명이다.

정답 3-1 ③ 3-2 ①

핵심이론 04 | 설비보전 조직(Ⅲ)

(1) 부분보전

보전요원을 제조 부분의 감독자 밑에 배치하는 방식이다(조직상 분산).

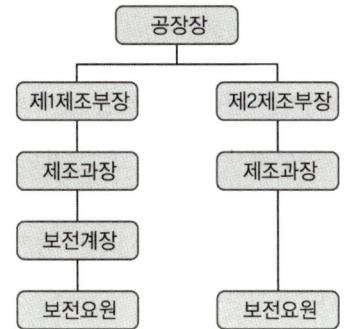

① 장 점
  ㉠ 지역보전의 장점과 유사하다.
  ㉡ 작업계획은 제조 부문 관리자에 의하여 수립된다.
② 단 점
  ㉠ 제조 부문의 감독자들은 보전업무의 지도를 할 자격이 없다.
  ㉡ 제조 부문의 감독자들은 생산계획을 만족시키기 위해서 보전작업을 무시하는 경우가 있다.
  ㉢ 공장의 보전책임이 분할된다.
  ㉣ 보전비를 획득하는 것도 어렵고, 관리하는 것도 곤란하다.
  ㉤ 인사문제는 지역보전의 경우보다 조금 양호한 편이다.

(2) 절충보전

지역보전 또는 부분보전과 집중보전을 조합시켜 각각의 장점을 살리고 단점을 보완하는 방식이다.

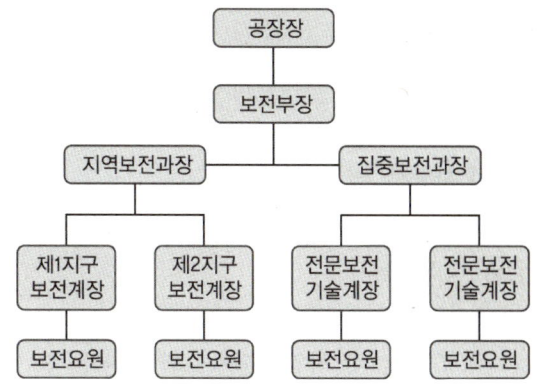

핵심예제

4-1. 부분보전의 단점에 대한 설명이 아닌 것은?
① 우선 생산에 의한 보전 경시
② 보전 기술 향상의 곤란
③ 보전 책임의 분할
④ 현장 왕복시간 증대

4-2. 공장의 보전요원을 각 제조 부문의 감독자 밑에 배치하여 보전을 행하는 보전방식은?
① 집중보전 ② 지역보전
③ 부분보전 ④ 절충보전

|해설|
4-1
부분보전은 시간적인 지체를 최소화할 수 있다(장점).

4-2
부분보전은 보전요원을 제조부분의 감독자 밑에 배치(조직상 분산)한다.

정답 4-1 ④ 4-2 ③

핵심이론 05 | 설비보전의 표준

(1) 설비관계의 제 표준
표준은 종업원이 이룩해야 할 작업기준이 되는 사항을 표시하는 것이다.
① 기술면의 표준
   ㉠ 준수하여야 할 표준 : 규격, 사양서(품질 규격, 설비 사양서 등)
   ㉡ 목표가 되는 표준 : 기준, 지도서(작성방법 등)
② 경영관리의 표준
   ㉠ 조직의 표준 : 조직 규정, MG(Management Guide)
      → 조직도, 각 직위의 직능, 책임 한계 등
   ㉡ 관리제도의 표준 : 관리 규정, CM(Control Manual)

(2) 설비보전 표준의 분류
설비검사, 정비, 수리의 세 가지로 대별할 수 있다.
① 설비점검(검사) 표준 : 설비검사에는 수입검사, 운전 중의 예방보전검사, 수리 후의 검수가 있다.
   ※ 일상보전 : 급유, 청소, 조정, 부품 교환 등 수공구로 하는 정도의 작업
   ㉠ 주기에 따른 구분
      • 일상점검(검사) : 매일, 매주에 해당(1개월 이내)
      • 정기점검(검사) : 3개월, 6개월
   ㉡ 검사항목에 따른 구분 : 성능검사, 정도검사 등
   ㉢ 대상설비에 따른 구분 : 기계설비, 배관, 전기설비, 계장설비 등
② 작업(정비) 표준 : 정비(일상보전)의 조건이나 방법의 표준을 정한 것으로, 정비작업의 종류에 따라 급유(주유) 표준, 청소 표준, 조정 표준 등이 정해진다.
③ 수리 표준 : 수리조건·방법에 대한 표준이며, 특정설비 또는 설비 부품에 대한 수리 표준을 작성하는 경우와 수리공작의 직능별로 수리 표준을 작성하는 경우가 있다.

(3) 설비보전 표준의 작성 절차
① 설비 프로세스 분석
② 설비 단위 분석
③ 검사주기 및 수리 한계 등의 결정

(4) 설비 계열의 표준
① 설비설계의 규격 : 설비에 대한 공통요소, 설비능력 계산방식의 기준 등을 표시하는 것이다.
② 설비 성능 표준(설비사양서) : 설비 성능의 표준이며, 용도, 주요 치수, 용량 및 능력, 정도, 성능, 주요 부분의 구조, 재질, 작동에 요하는 전력·증기량·수량 등을 표시하는 것이다.
③ 설비자재 구매 규격 : 설비용 재료, 부품 등과 같은 것에 대한 품질의 표준, 설비설계 표준, 설비 성능 표준에 따라 규정한다.
④ 설비자재 검사 표준 : 설비용 자재에 대해 표준에 일치하는지의 시험방법, 검사방법에 대한 표준이다.
⑤ 시운전 검수 표준 : 설비의 신설, 개조, 갱신, 수리 등의 공사 완성 후 정 시운전 검수를 하는 방법에 관한 표준이다.
⑥ 설비보전 표준 : 설비의 열화를 측정, 열화의 진행 방지 및 열화 회복을 위한 제 조건의 표준이다. 보전작업의 낭비를 제거하여 효율성을 증대시키기 위한 것으로 보전작업 측정, 검사 및 일정계획을 위해서 반드시 필요하다.
⑦ 보전작업 표준 : 검사, 정비, 수리 등의 보전작업 방법과 보전작업 시간의 표준, 보전요원이 실시한 수리 표준시간, 준비작업 표준시간 또는 분해검사 표준시간을 결정하는 보전 표준이다.

(5) 설비보전의 표준화의 직접적인 이점
① 설비보전 기술의 축적
② 설비 개량 또는 설계능력 향상
③ 생산 제품의 불량률 감소
④ 설비보전 작업의 효율성 증대

핵심예제

5-1. 설비보전 표준 설정의 직접기능에 속하지 않는 것은?
① 설비검사
② 설비 정비
③ 설비 수리
④ 설비 교체

5-2. 설비 열화의 측정, 열화의 진행 방지, 열화의 회복을 위한 제조건의 표준은?
① 설비성능 표준
② 설비보전 표준
③ 보전작업 표준
④ 시운전 검수 표준

5-3. 설비의 기술적 표준으로서 설비의 공통요소와 설비능력 계산방식의 기준 등을 표시하는 것은?
① 설비설계 규격
② 설비성능 표준
③ 설비보전 표준
④ 보전작업 표준

|해설|

5-1
설비보전 표준은 설비검사, 정비, 수리의 세 가지로 대별할 수 있다.

5-2
① 설비 성능 표준(설비사양서) : 설비가 운전 시에 발휘하는 성능의 표준
③ 보전작업 표준 : 검사, 정비, 수리 등의 보전작업 방법과 보전작업 시간의 표준
④ 시운전 검수 표준 : 설비의 신설, 개조, 갱신, 수리 등의 공사 완성 후 정해진 성능을 발휘할 수 있는지에 대해서 시운전 검수를 하는 방법에 관한 표준

5-3
② 설비 성능 표준(설비사양서) : 설비가 운전 시에 발휘하는 성능의 표준
③ 설비보전 표준 : 설비의 열화를 측정, 열화의 진행 방지 및 열화 회복을 위한 제 조건의 표준
④ 보전작업 표준 : 검사, 정비, 수리 등의 보전작업 방법과 보전작업 시간의 표준

정답 5-1 ④ 5-2 ② 5-3 ①

핵심이론 06 | 설비보전의 본질

(1) 설비보전의 효과
① 고장으로 인한 정지손실 감소
② 보전비 감소
③ 제작 불량 감소
④ 가동률 향상
⑤ 예비설비의 필요성이 감소되어 자본투자 감소
⑥ 예비품 관리가 좋아져서 재고품 감소
⑦ 제조원가 절감
⑧ 종업원의 안전, 설비의 유지가 잘되어 보상비나 보험료 감소
⑨ 고장으로 인한 납기 지연 감소

(2) 설비보전에 의한 설비의 유지관리
① 설비열화의 현상과 원인
　㉠ 사용에 의한 열화
　　• 운전조건, 조작방법 등
　　• 온도, 압력, 회전수, 설비기능과 재질의 마모, 부식, 충격, 피로, 원료의 부착, 진애 등
　㉡ 자연에 의한 열화
　　• 녹, 노후화 등
　　• 방치에 의한 녹 발생과 절연 저하 등의 재질 노후화
　㉢ 재해에 의한 열화 : 폭풍, 침수, 지진, 우레, 폭발에 의한 파괴 및 노후화 촉진
② 성능열화의 형시
　㉠ 성능 저하형(기능 저하형) : 설비 사용 중에 생산량, 수율(收率), 정도(精度) 등의 성능이나 전력, 증기 등의 효율이 점차 저하되는 형식(현상 : 공작기계, 압축기, 전해조 등)
　㉡ 돌발 고장형(기능 정지형) : 사용 중에 성능 저하는 별로 되지 않으나 부분적 파손, 기타에 의한 돌발적 고장에 의해 정지하고, 부분적 교환 교체에 의해 복구되는 형식(현상 : 기계의 축 절손, 전기회로의 단선, 내압용기의 파괴 등)

(3) 설비열화의 대책

① 열화 방지 : 설비의 성능 유지를 위하여 작업자는 급유, 교환, 조정, 청소 등의 일상점검에 힘쓴다.
② 열화 회복 : 예방수리와 사후수리를 통하여 설비를 원래의 성능으로 회복한다.
③ 열화 측정 : 양부검사, 경향검사 설비의 성능을 측정한다.

(4) 설비보전의 비용

보전비를 사용하여 설비를 만족한 상태로 유지함으로써 막을 수 있었던 생산성의 손실을 기회손실 혹은 기회원가(Opportunity)라고 하는데, 경제적인 관리는 불합리한 보전비의 삭감보다는 보전비와 설비의 열화에 따른 기회손실(염화 손실)의 합계를 최소한으로 줄이는 것이 효과적이다.

핵심예제

6-1. 설비보전의 효과로서 옳지 않은 것은?

① 설비 불량으로 인한 정지손실이 감소한다.
② 예비설비가 줄어들어 투자비용이 절감된다.
③ 고장으로 인한 납기 지연이 적어진다.
④ 가동률이 향상되나 보전비가 증가한다.

6-2. 설비의 열화 중 피로현상의 원인은?

① 사용에 의한 열화
② 자연적인 열화
③ 재해에 의한 열화
④ 비교적인 열화

|해설|

6-1
설비보전으로 보전비가 감소한다.

6-2
사용에 의한 열화(운전조건, 조작방법 등) : 온도, 압력, 회전수, 설비기능과 재질의 마모, 부식, 충격, 피로, 원료의 부착, 진애 등

정답 6-1 ④ 6-2 ①

핵심이론 07 | 설비의 최적보전계획

(1) 최적수리주기의 결정방법

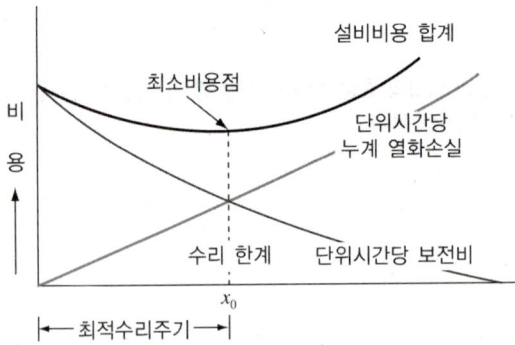

① 설비의 보전비와 열화손실비의 합계를 최소로 하는 것이 가장 경제적인 방법이다.
② 단위시간당의 열화손실비는 시간(처리량)의 증대와 더불어 증대된다.
③ 단위시간당의 보전비는 수리주기(시간 또는 처리량)를 길게 하면 할수록 감소한다.
④ 두 가지 비용곡선의 합계곡선이 최소비용점이다.
⑤ 최소비용점까지의 주기로 수리하는 것이 가장 경제적(설비의 최적수리주기)이다.

(2) 최적설비 검사(점검)주기의 결정방법

$$T \fallingdotseq \sqrt{\frac{2 \cdot A}{r \cdot B}} = \sqrt{\frac{2}{C \cdot r}}$$

여기서, T : 최적검사주기
A : 1회의 검사에 소요되는 비용
r : 단위기간당 장해 발생 도수
B : 장해 때문에 생기는 단위기간당 손실(단위기간 1일, 1월, 1년 등)
C : 손실계수 B/A

(3) 설비보전의 추진방법

① 보전작업의 계획적 시행
② 보전작업방법의 개선
③ 보전작업 측정의 실시
④ 보전요원의 교육훈련
⑤ 외주업자의 유효 활용
⑥ 보전자재 재고의 적정화
⑦ 설비예산과 보전비관리
⑧ 열화손실비의 최소화

핵심예제

7-1. 설비보전의 추진방법으로 옳지 않은 것은?

① 보전작업은 계획적으로 시행한다.
② 보전작업 방법을 개선한다.
③ 열화손실비용은 가급적 적게 한다.
④ 외주업자의 활용은 배제한다.

7-2. 다음 그림은 최적수리주기를 나타낸 것으로 ( ) 안에 들어갈 내용은?

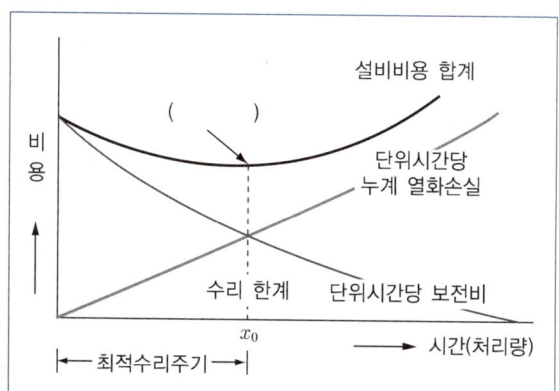

① 최소비용점
② 최소수리점
③ 적정비용점
④ 최고효율점

7-3. 설비보전비용의 분석에 대한 내용으로 옳지 않은 것은?

① 단위시간당 보전비는 시간이 길수록 직선으로 증가한다.
② 단위시간당 누계 열화손실은 시간이 길수록 직선으로 증가한다.
③ 최소설비비용 합계는 열화손실비용선과 단위시간당 보전비가 만나는 지점이다.
④ 최소비용점이 수리한계이다.

7-4. 열화손실이 직선으로 증가할 때 1회의 보전비가 100만원이고, 월간 보전비용이 50만원이라면 최적수리주기는?

① 1개월
② 2개월
③ 4개월
④ 10개월

|해설|

7-1
설비보전 추진 시 외주업자의 활용은 유효하다.

7-2
최적수리 주기의 결정방법
- 설비의 보전비와 열화손실비의 합계를 최소로 하는 것이 가장 경제적인 방법이다.
- 단위기간당의 열화손실비는 시간(처리량)의 증대와 더불어 증대한다.
- 단위기간당의 보전비는 수리주기(시간 또는 처리량)를 길게 하면 할수록 감소한다.
- 이 두 가지 비용곡선의 합계곡선으로부터 최소비용점을 구할 수 있다.
- 최소비용점까지의 주기로 수리하는 것이 가장 경제적이며, 이를 설비의 최적 수리주기라고 한다.

7-4

최적수리주기 $x_0 = \sqrt{\dfrac{2a}{m}}$ 에서

보전비 a = 100만원/회당
보전비용 m = 50만원/월

$\therefore \sqrt{\dfrac{2 \times 100}{50}} = 2$개월

정답 7-1 ④ 7-2 ① 7-3 ① 7-4 ②

핵심이론 08 | 보전용 자재관리

(1) 특 징
① 연간 사용 빈도(또는 창고로부터의 불출 횟수)와 소비 속도가 낮다.
② 자재 구입 품목, 수량, 시기계획을 수립하기 곤란하다.
③ 보전의 기술 수준 및 관리 수준이 보전 자재의 재고량을 좌우한다.
④ 불용 자재의 발생 가능성이 크다.
⑤ 소모·열화되어 폐기되는 것과 예비기기 및 부품과 같이 순환·사용되는 것이 있다.
⑥ 수리공사에 있어서는 재고 유지비와 수리기간 중의 정지손실비의 합계를 최소화시키는 형과 소재, 부품 기기 또는 완성품 중 어떤 형의 재고로 두는 것이 가장 경제적인가에 따라 결정한다.

(2) 상비품 발주방식
① 정량발주방식(주문점법)
  ㉠ 재고량이 있는 양(주문점)까지 내려가면 기계적으로 일정량만큼 보충 주문한다.
  ㉡ 계획된 최고, 최저의 사이에서 언제든지 재고를 보유해 가는 방식(복책법, 포장법)이다.
  ㉢ 발주량은 일정하고, 발주시기가 변한다.
  ㉣ 주문점의 계산식
    $$P = \overline{x} \times D + m = \overline{x} \times D + t \times \sigma_x \times \sqrt{2}$$
    여기서, $\overline{x}$: 월 평균사용량
    D : 기준 조달기간
    m : 예비 재고(최저 재고)
    t : 안전계수
    σ_x : 월간 사용량의 분균형(분포)

② 사용고발주방식(정량 유지, 정수형, 예비품 방식)
  ㉠ 최고재고량을 정해 놓고 사용할 때마다 사용량만큼 발주하는 방식이다.
  ㉡ 고가인 예비품 수로서 불출 빈도는 낮고 돌발 고장 대책으로 일정량을 재고한다.
  ㉢ 사용하면 사용한 양만큼 즉시 보충해 두는 것과 같은 경우에 널리 사용되는 방법이다.
  ㉣ 정량발주방식의 변형이다.

③ 정기발주방식
  ㉠ 발주시기가 일정하다.
  ㉡ 소비 실적 및 예상 변화에 따라 발주 수량을 그때마다 바꾸는 방식이다.

(3) 상비품의 요건
① 여러 공정의 부품에 공통적으로 사용될 것
② 사용량이 비교적 많으며 계속적으로 사용될 것
③ 단가가 낮을 것
④ 보관상 지장이 없을 것

핵심예제

8-1. 최고재고량을 일정량으로 정해 놓고, 사용할 때마다 사용량만큼 발주해서 언제든지 일정량을 유지하는 방식은?

① 정량발주방식　　② 정기발주방식
③ 사용고발주방식　④ 2궤법 방식

8-2. 설비보전용 자재의 관리상 특징이 아닌 것은?

① 감속기, 모터 등은 고장 시 교체하고 교체품은 수리하여 예비품으로 사용할 수 있다.
② 자재의 품목 및 수량의 구입계획을 수립하기가 쉽다.
③ 예비품이 사용되지 않고 폐기될 수도 있다.
④ 연간 사용 빈도가 낮다.

8-3. 연간 불출 횟수가 4회 이상인 정량 발주방식의 주문점 계산식으로 적당한 것은?(단, P : 주문점, $\bar{x}$: 월 평균 사용량, D : 기준조달기간, m : 예비재고이다)

① $P = \bar{x} \times D + m$
② $P = \bar{x} \times D - m$
③ $P = \bar{x} \times m + D$
④ $P = \bar{x} \times m - D$

|해설|

8-1
사용고발주방식(정량 유지, 정수형, 예비품방식)은 최고재고량을 정해 놓고 사용할 때마다 사용량만큼 발주하는 방식이다.

8-2
자재구입 품목, 수량, 시기 계획을 수립하기 곤란하다.

8-3
주문점의 계산식
$P = \bar{x} \times D + m = \bar{x} \times D + t \times \sigma_x \times \sqrt{2}$
여기서, P : 주문점
　　　　$\bar{x}$: 월 평균사용량
　　　　D : 기준 조달기간
　　　　m : 예비 재고(최저 재고)
　　　　t : 안전계수
　　　　σ_x : 월간 사용량의 분균형(분포)

정답 8-1 ③　8-2 ②　8-3 ①

핵심이론 09 | 보전작업관리와 보전효과

(1) 보전작업 표준 설정방법

① 경험법 : 경험자의 견적에 의하여 작업 표준을 설정하는 방법이다. 수리공사에 많이 사용되지만 주관적이며 불확실하다. 반복적인 작업에는 적정치 못하다.

② 실적자료법 : 실적 기록에 입각해서 작업의 표준시간을 결정한다.

③ 작업 연구법 : 작업 연구에 의해서 표준시간을 결정한다. 작업 순서나 시간이 모두 신뢰적인 방법이다. 많은 비용과 시간이 들어 소요시간이 전 작업에서 차지하는 비율이 많은 작업에 적용한다.

※ 계획 요소
- 노동효율
- 주단위로 계획하고 예측한 작업과 보전작업의 총공수와의 비
- 월당 긴급작업과 합계 공수의 비율
- 월당 초과 근무시간과 합계 공수와의 비율

핵심예제

보전작업 표준에서 표준시간의 결정방법에 해당하지 않는 것은?

① 경험법　　　② 실존법
③ 실적자료법　④ 작업연구법

정답 ②

1-4. 종합적 생산보전(TPM)

핵심이론 01 | 종합적 생산보전의 개요

(1) 종합적 생산보전(TPM)의 의의
① 설비효율을 최고로 높이기 위한 설비의 라이프 사이클을 대상으로 한 종합시스템을 확립한다.
② 설비의 계획, 사용, 보전 등 모든 부문에 걸쳐 전원이 참가하여 동기를 부여·관리한다.
③ 소집단의 자주활동에 의하여 생산보전을 추진해 나간다.

(2) TPM의 5가지 활동
① 설비의 효율화를 위한 개선활동
② 작업자의 자주보전체제의 확립
③ 계획보전체제의 확립
④ 기능교육의 확립
⑤ MP설계와 초기 유동관리체제의 확립

(3) TPM의 특징
'제로(0) 목표' 즉, '고장 제로', '불량 제로'의 달성

(4) TPM의 목표
① 맨, 머신, 시스템을 극한 상태까지 높인다. 설비의 상태를 항상 최고의 상태까지 높이고, 장시간에 걸쳐서 유지한다.
② 현장의 체질을 개선한다. 설비가 변하고, 사람이 변하고, 현장이 변하는 것이 TPM의 목표이다.

핵심예제

1-1. TPM(Total Productive Maintenance)의 활동이 아닌 것은?
① 설비의 효율화를 위한 개선활동
② 작업자의 자주보전체제의 확립
③ 계획보전체제의 확립
④ 사후보전(BM ; Breakdown Maintenance)설계와 초기 유동관리체제의 확립

1-2. 전통적인 관리시스템과 비교한 종합적 생산보전(TPM)의 특징이 아닌 것은?
① 원인 추구를 통한 원인 제거활동이다.
② 전사적 조직이 아닌 기능적 조직에 의하여 참여한다.
③ Top Down 목표 설정과 Bottom Up 활동이다.
④ 현장에서의 사실에 입각한 관리시스템이다.

1-3. TPM의 특징 및 목표가 아닌 것은?
① Output을 지향할 것
② 현장의 체질을 개선할 것
③ 맨·머신·시스템을 극한 상태까지 높일 것
④ 설비가 변하고, 사람이 변하고, 현장이 변하는 것

|해설|

1-1
TPM은 보전예방(MP)설계와 초기 유동관리체제를 확립한다.

1-2
TPM은 설비의 계획, 사용, 보전 등 모든 부문에 걸쳐 최고경영자부터 작업자까지 전원이 참가한다.

1-3
TPM은 '고장 제로', '불량 제로'의 달성을 의미하며 사전에 조치하는 것(정상 상태 유지, 이상을 조기 발견, 조기에 대처)으로, Output이 아닌 Input 개념을 지향한다.

정답 1-1 ④ 1-2 ② 1-3 ①

| 핵심이론 02 | 설비의 효율화 저해 로스

(1) 고장 로스
① 효율화를 저해하는 최대 요인이다.
② 고장 제로를 위한 7가지 대책
  ㉠ 강제열화를 방치하지 않는다.
  ㉡ 기본조건(청소, 급유, 조임)을 지킨다.
  ㉢ 바른 사용조건을 준수한다.
  ㉣ 보전요원의 보전 품질을 높인다.
  ㉤ 긴급처리만 끝내지 말고, 반드시 근본적인 조치를 취한다.
  ㉥ 설비의 약점을 개선한다.
  ㉦ 고장의 원인을 철저히 분석한다.

(2) 작업 준비·조정 로스
작업 준비, 품종 교체, 공구 교환에 의한 시간적 장치 로스이다.
① 오차의 누적에 의한 것
② 표준화의 미비에 의한 것

(3) 일시 정체 로스
① 작업물이 슈트에 막혀서 공전하는 경우
② 센서가 오작동하여 일시적으로 정지하는 경우
③ 작업물을 제거, 리셋하면 정상적으로 작동한다.
④ 3가지 대책
  ㉠ 현상을 잘 볼 것
  ㉡ 미세한 결함을 시정할 것
  ㉢ 최적조건을 파악할 것

(4) 속도 로스
설비의 설계속도와 실제 움직이는 속도와의 차이에서 생기는 로스이다.

(5) 불량·수정 로스
① 만성적으로 발생하는 불량은 원인 파악이 어려우므로 그대로 방치되는 경우가 많다.
② 불량 대책
  ㉠ 원인을 한 가지로 정하지 말고, 생각할 수 있는 요인에 대해 모든 대책을 세울 것
  ㉡ 현상의 관찰을 충분히 할 것
  ㉢ 요인계통을 재검토할 것
  ㉣ 요인 중에 숨은 결함의 체크방법을 재검토할 것

(6) 초기 수율 로스
① 생산 개시 시점부터 안정화될 때까지의 사이에 발생하는 로스이다.
② 가공조건의 불안정성, 지그·금형의 정비 불량, 작업자의 기능 등이 있다.
③ 대책은 불량 로스와 비슷하다.

핵심예제

설비의 효율화를 저해하는 가장 큰 로스(Loss)는?
① 고장 로스
② 조정 로스
③ 일시 정체 로스
④ 초기 수율 로스

|해설|

고장 로스는 효율화를 저해하는 최대 요인이다.

정답 ①

핵심이론 03 | 만성 로스의 개요

(1) 유형
① 돌발형 : 지그 마모, 축의 진동 발생으로 치수의 산포가 크게 되어 급격히 조건이 변함으로써 발생되는 형태이다.
② 만성형 : 원인이 하나인 경우가 적고 원인이 명확히 파악하기 어려워 혁신적인 대책이 요구된다.

(2) 특징
① 원인은 하나지만 원인이 될 수 있는 것이 수없이 많으며, 그때마다 바뀐다.
② 복합적인 원인으로 발생하며, 그 요인의 조합이 그때마다 달라진다.

(3) 대책
① 현상의 해석을 철저히 한다.
② 관리해야 할 요인계를 철저히 검토한다.
③ 요인 중에 숨어 있는 결함을 표면으로 끌어낸다.

핵심예제

만성 로스의 대책에 대한 내용으로 거리가 먼 것은?
① 로스의 발생량을 정확하게 측정한다.
② 관리해야 할 요인계를 철저히 검토한다.
③ 현상 해석을 철저히 한다.
④ 요인 중에 숨어 있는 결함을 표면으로 끌어낸다.

|해설|
만성 로스의 대책으로 현상의 해석을 철저히 하고, 관리해야 할 요인계를 철저히 검토하며, 요인 중에 숨어 있는 결함을 표면으로 끌어내어야 한다.

정답 ①

핵심이론 04 | 로스의 개선방법

(1) 시간 가동률

$$\text{시간 가동률} = \frac{\text{부하시간} - \text{정지시간}}{\text{부하시간}} = \frac{\text{기동시간}}{\text{정지시간}}$$

① 부하시간 : 1일(또는 월간)의 조업시간으로부터 생산계획상의 휴지시간, 계획보전의 휴지시간, 일상관리상의 조회시간 등의 휴지시간을 뺀 것
② 정지시간 : 고장, 준비, 바이트 교환 등으로 정지한 시간

(2) 성능 가동률
성능 가동률은 속도 가동률과 실질 가동률로 되어 있다.
① 속도 가동률 : 속도의 차이로서 설비가 본래 갖고 있는 능력에 대한 실제속도의 비율

$$\text{속도 가동률} = \frac{\text{기준사이클시간}}{\text{실제사이클시간}}$$

② 실질 가동률 : 단위시간 내에서 일정속도로 가동하고 있는지를 나타내는 비율

$$\text{실질 가동률} = \frac{\text{생산량} \times \text{실제 사이클시간}}{\text{부하시간} - \text{정지시간}}$$

③ 성능 가동률 = 속도 가동률 × 실질 가동률

(3) 종합효율
TPM에서는 설비의 가동 상태를 측정하여 설비의 유효성을 판정하는데, 유효성은 설비의 종합효율로 판단한다.
① 설비의 유효 가동률 = 시간 가동률 × 속도 가동률
② 종합효율 = 시간 가동률 × 성능 가동률 × 양품률
③ 양품률은 총생산량 중 재가공 또는 공정 불량에 의해 발생된 불량품의 비율이다. 일반적으로 이 지표로 계산하면 설비의 종합효율은 50~60[%]의 수준이 많다.
④ 복합적인 원인으로 발생하므로, 혁신적인 대책이 필요하다.

핵심예제

TPM의 로스에 대하여 설비의 종합이용효율을 계산하기 위하여 측정하지 않는 것은?

① 에너지 효율
② 시간 가동률
③ 성능 가동률
④ 양품률

|해설|

종합효율 = 시간 가동률 × 성능 가동률 × 양품률

정답 ①

핵심이론 05 | 자주보전

(1) 자주보전

① '자기설비는 자신이 지킨다.'는 것을 목적으로 점검, 급유, 부품 교환, 수리, 이상 발견, 정밀도 체크 등을 행하는 것이다.
② 설비 가동 부문의 운전자들이 소집단 활동을 중심으로 운전자 또는 작업자 스스로 전개하는 생산보전활동이다.

(2) 자주보전의 전개 7단계

① 제1단계 : 초기 청소
② 제2단계 : 발생원인·곤란 개소 대책
③ 제3단계 : 청소·급유 기준(임시)의 작성과 실시
④ 제4단계 : 총점검
⑤ 제5단계 : 자주점검
⑥ 제6단계 : 자주보전의 시스템화
⑦ 제7단계 : 철저한 자주관리

(3) 예지보전

진단기기를 사용하여 설비의 열화 정도를 측정하고, 이상을 진단하여 설비의 상태에 따라 보전하는 방법이다.

① **간이진단** : 간이진동계의 기기를 사용하여 측정한 후 이상으로 판별된 것은 수리한다. 현장 작업원이 사용하는 설비의 제1차 건강진단 기술이다.
② **정밀진단** : 정밀진동계 등을 시용하여 주파수 분석 등을 통한 이상 여부의 판별과 진동계의 원인계통을 파악한다.

※ 간이진단 대상 설비가 아닌 것
- 생산과 직접 관련된 설비
- 부대설비인 경우라도 고장이 발생하면 큰 손해가 예측되는 설비
- 고장 발생 시 2차 손실이 예측되는 설비

핵심예제

5-1. 설비진단기술의 기본 시스템 구성에서 간이진단 기술이란?
① 현장 작업원이 사용하는 설비의 제1차 건강진단 기술
② 전문요원이 실시하는 스트레스 정량화 기술
③ 작업원이 실시하는 고장 검출 해석 기술
④ 전문요원이 실시하는 강도, 성능의 정량화 기술

5-2. 자주보전활동 7단계에 대한 활동내용이 틀린 것은?
① 제1단계 - 초기 청소
② 제2단계 - 청소, 급유 기준 작성과 실시
③ 제4단계 - 총점검
④ 제5단계 - 자주점검

5-3. 자주보전의 7전개 단계 중 마지막 단계는?
① 자주관리의 철저
② 자주보전의 시스템화
③ 발생원인 · 곤란 개소 대책
④ 점검 · 급유 기준의 작성과 실시

|해설|

5-1
간이진단 : 간이진동계의 기기를 사용하여 측정한 후 이상으로 판별된 것은 수리한다. 현장 작업원이 사용하는 설비의 제1차 건강진단 기술이다.

5-2~5-3
자주보전의 전개 7단계
• 제1단계 : 초기 청소
• 제2단계 : 발생원인 · 곤란 개소 대책
• 제3단계 : 청소 · 급유 기준(임시)의 작성과 실시
• 제4단계 : 총점검
• 제5단계 : 자주점검
• 제6단계 : 자주보전의 시스템화
• 제7단계 : 철저한 자주관리

정답 5-1 ① 5-2 ② 5-3 ①

핵심이론 06 | 품질 개선활동

(1) 문제해결의 기본 단계
① 테마 선정
② 현상 파악 및 목표 선정
③ 활동계획 입안
④ 요인 분석
⑤ 대책 검토 및 실시
⑥ 효과 확인
⑦ 표준화 및 사후관리

(2) PM 분석
① P : Phenomena, Physical을 의미하며, 현상을 물리적으로 해석한다.
② M : Mechnism, 4M(사람, 설비, 재료, 방법)을 의미하며, 공정 및 설비의 Mechnism을 이해하고 현상의 Mechnism을 해석한다.
③ 분석 : 요인 해석의 분석적 시스템적 기법이다.
④ 만성화된 문제의 현상을 원리 · 원칙에 입각하여 물리적으로 해석하여 불량 요인을 근본적으로 제거하고, 이상적인 Mechanism을 밝혀내는 사고방법이다.
⑤ PM 분석 단계
　㉠ 제1단계 : 현상을 명확히 한다.
　㉡ 제2단계 : 현상을 물리적으로 해석한다.
　㉢ 제3단계 : 현상이 성립하는 조건을 모두 생각해 본다.
　㉣ 제4단계 : 각 요인의 목록을 작성한다.
　㉤ 제5단계 : 조사방법을 검토한다.
　㉥ 제6단계 : 이상 상태를 발견한다.
　㉦ 제7단계 : 개선안은 입안(立案)한다.

(3) FMECA(Failure Modes, Effects, and Criticality Analysis)

① 다양한 시스템 부분의 모든 가능성 있는 고장 유형이다.
② 이런 고장이 시스템에 미치는 영향성을 조사한다.
③ 고장을 피하는 방법, 시스템에서 고장 영향성을 줄이는 방법이다.
④ 고장 분석을 위한 체계적인 기술 중에 하나로 미국방성이 개발하였다. 시스템 개발 초기 상태에 모든 고장 유형을 확인하고 적절한 조치를 취하여 고장을 줄이도록 한다.

(4) 품질개선활동으로 사용하는 방법(QC 7가지 도구)

① **특성요인도**(Cause And Effect Diagram) : 결과(제품의 특성)에 원인(요인)이 어떻게 관계하고 있으며, 영향을 주고 있는지를 한눈에 알 수 있도록 작성한 그림이다. 품질 특성치가 어떤 요인에 의해 영향을 받고 있는가를 조사하여 이것을 하나의 도형으로 묶어 특성과 원인과의 관계를 나타낸 것이다.
② **파레토 차트**(Pareto Chart) : 항목별로 층별하고 불량, 결점, 고장 등의 발생건수(손실 금액) 등을 출연도수의 크기순으로 배열함과 동시에 누적의 합을 나타낸 차트이다. 크기를 막대그래프로 나타낸 것으로서 진정한 문제점이 뭔가를 찾아낼 수 있다. 특별한 문제나 상황의 원인을 탐구하고 규명하여 고장원인을 해결하는 방법으로, 생선뼈 그림이라고도 한다.
③ **체크시트** : 불량수, 결점수 등 셀 수 있는 데이터(계수치)가 분류 항목별의 어디에 집중하고 있는지를 알아보기 쉽게 나타낸 그림이나 표이다.
④ **층별** : 필요한 요인마다 데이터를 구분해서 잡는 것이다.
⑤ **산정도** : 두 개의 짝으로 된 데이터를 그래프용지 위에 점으로 나타낸 그림으로, 대응하는 두 개의 데이터가 있을 때 두 데이터가 상관관계가 있는지의 여부를 판단하는 현상 파악에 사용되는 방법이다.
⑥ **관리도**(프로세스 매핑, Control Chart) : 공정에 있어서 우연원인에 의한 산포와 이상원인에 의한 산포를 구분하여 공정을 관리 상태(안정 상태)로 유지하기 위해서 고안한 그래프이다.
⑦ **히스토그램** : 길이, 무게, 시간, 경도 등을 측정하는 데이터(계량치)가 어떠한 분포를 하고 있는가를 알아보기 쉽게 나타낸 그림으로, 품질 개선활동 시 사용하는 현상 파악방법 중 공정에서 취득한 계량치 데이터가 여러 개 있을 때 데이터가 어떤 값을 중심으로 어떤 모습으로 산포하고 있는가를 조사하는 데 사용하는 방법이다.

핵심예제

6-1. 문제해결 방식에 대한 순서로 ( ) 안에 내용으로 옳은 것은?

테마 선정 – (㉠) – 목표 설정 – 활동계획의 입안 – 요인 분석 – 대책 검토 및 실시 – (㉡) – 표준화 및 사후관리

① ㉠ 현상 파악, ㉡ 효과 파악
② ㉠ 현상 파악, ㉡ 개선활동
③ ㉠ 문제 분석, ㉡ 개선활동
④ ㉠ 문제 분석, ㉡ 데이터 정리

6-2. 품질 개선활동 시 사용하는 현상 파악방법 중 공정에서 취득한 계량치 데이터가 여러 개 있을 때 데이터가 어떤 값을 중심으로 어떤 모습으로 산포하고 있는가를 조사하는데 사용하는 방법은?

① 산정도
② 그래프
③ 파레토도
④ 히스토그램

6-3. PM(Phenomena Mechanism) 분석의 단계별 내용에 해당되지 않는 것은?

① 현상을 명확히 한다.
② 조사방법을 검토한다.
③ 이상한 점을 발견한다.
④ 최적 조건을 파악한다.

6-4. 대응하는 두 개의 데이터가 있을 때 두 데이터가 상관관계가 있는지 여부를 판단하는 현상 파악에 사용되는 방법은?

① 관리도
② 산정도
③ 체크 시트
④ 히스토그램

|해설|

6-2
① 산정도 : 두 개의 짝으로 된 데이터를 그래프용지 위에 점으로 나타낸 그림이다.
③ 파레토도 : 항목별로 나누어 불량, 결점, 고장 등의 발생건수(손실금액) 등을 출연도수의 크기순으로 배열함과 동시에 누적의 합을 나타낸 차트이다.

6-3
PM 분석 단계
• 제1단계 : 현상을 명확히 한다.
• 제2단계 : 현상을 물리적으로 해석한다.
• 제3단계 : 현상이 성립하는 조건을 모두 생각해 본다.
• 제4단계 : 각 요인의 목록을 작성한다.
• 제5단계 : 조사방법을 검토한다.
• 제6단계 : 이상 상태를 발견한다.
• 제7단계 : 개선안은 입안(立案)한다.

6-4
① 관리도 : 공정에 있어서 우연원인에 의한 산포와 이상원인에 의한 산포를 구분하여 공정을 관리 상태로 유지하기 위해서 고안한 그래프
③ 체크시트 : 불량수, 결점수 등 셀 수 있는 데이터가 분류 항목별의 어디에 집중하고 있는지를 알아보기 쉽게 나타낸 그림이나 표
④ 히스토그램 : 길이, 무게, 시간, 경도 등을 측정하는 데이터가 어떠한 분포를 하고 있는가를 알아보기 쉽게 나타낸 그림

정답 6-1 ① 6-2 ④ 6-3 ④ 6-4 ②

교육이란 사람이 학교에서 배운 것을 잊어버린 후에 남은 것을 말한다.

— 알버트 아인슈타인 —

CHAPTER 01	기계보전	회독 CHECK 1 2 3
CHAPTER 02	용접일반 이론	회독 CHECK 1 2 3
CHAPTER 03	안전관리	회독 CHECK 1 2 3

제3과목
기계보전, 용접 및 안전

CHAPTER 01 기계보전

KEYWORD 기계요소(체결용, 축용, 전동용, 제어용, 관계용)의 종류별 특징, 산업용 기계장치 점검 및 정비요령, 측정기 종류별 특징, 조립용 수공구 및 작업요령 등은 자주 출제되므로 반드시 숙지해야 한다.

제1절 기계요소 보전

1-1. 체결용 기계요소

핵심이론 01 | 나 사

(1) 나사(체결용, 거리조정용, 전동용 등)

① 피치와 리드
  ㉠ 피치 : 나사산 사이의 거리(단위 : [mm])
  ㉡ 리드(Lead) : 나사가 1회전하여 진행한 거리
    리드(L) = 줄수(n) × 피치(P) × 회전수

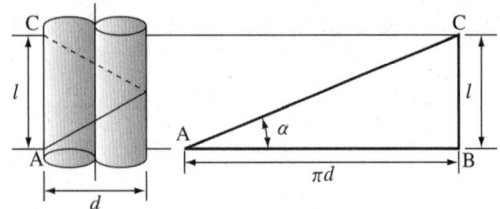

② 종 류
  ㉠ 나사산의 모양에 따라 : 삼각·사각·사다리꼴·톱니·둥근·볼나사
  ㉡ 사용목적에 따라 : 결합용 나사(미터·유니파이·관용), 운동용 나사(사각·사다리꼴·톱니·볼·둥근), 계측용 나사

(2) 운동용 나사

① 사각나사 : 나사산의 모양이 사각이며, 삼각나사에 비하여 풀어지기 쉬우나 저항이 작아 동력 전달용 잭, 나사프레스, 선반에 사용한다.
② 사다리꼴 나사 : 애크미 나사 또는 재형 나사라고도 하며, 사각나사보다 강력한 동력 전달용에 사용한다.
③ 톱니나사 : 축선의 한쪽에만 힘을 받는 곳에 사용(잭, 프레스, 바이스)한다. 힘을 받는 면은 축에 직각이고, 받지 않는 면은 30°로 경사진 나사이다.
④ 둥근나사(너클나사) : 나사산과 골이 둥글기 때문에 먼지, 모래가 끼기 쉬운 전구, 호스 연결부에 사용한다.
⑤ 볼나사 : 수나사와 암나사의 홈에 강구가 들어 있어 마찰계수가 작고 운동 전달이 가볍기 때문에 NC 공작기계나 자동차용 스테어링 장치에 사용한다. 백래시(Back Lash)가 현저하게 감소되는 나사이다.

핵심예제

1-1. 다음 중 백래시(Back Lash)가 현저하게 감소되는 나사는?

① 미터나사 ② 휘트워드 나사
③ 볼나사 ④ 톱니나사

1-2. 다음과 같은 기계 바이스 나사로 가장 적합한 것은?

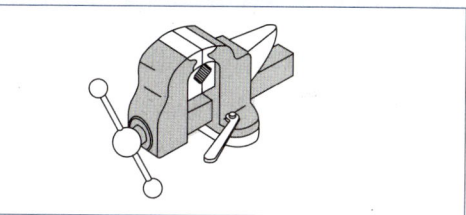

① 삼각나사 ② 볼나사
③ 톱니나사 ④ 둥근나사

1-3. 피치가 2[mm]인 세줄나사 스크루잭을 2회전시켰을 때 이동거리는 얼마인가?

① 2[mm] ② 4[mm]
③ 6[mm] ④ 12[mm]

|해설|

1-1
볼나사 : 수나사와 암나사의 홈에 강구가 들어 있어 마찰계수가 작고 운동 전달이 가볍기 때문에 NC 공작기계나 자동차용 스테어링 장치에 사용한다.

1-2
톱니나사 : 축선의 한쪽에만 힘을 받는 곳에 사용(잭, 프레스, 바이스)한다. 힘을 받는 면은 축에 직각이고, 받지 않는 면은 30°로 경사진 나사이다.

1-3
나사가 1회전하여 진행한 거리를 리드(Lead)라고 한다. 2줄나사인 경우 1리드는 피치의 2배가 된다.
리드(L) = 줄수(n) × 피치(P) × 회전수 = $3 \times 2 \times 2 = 12$[mm]

정답 1-1 ③ 1-2 ③ 1-3 ④

핵심이론 02 | 볼트·너트, 와셔

(1) 볼트

① 육각볼트 : 체결용
② 죔볼트 : 관통, 탭, 스터드, 양 너트볼트
③ 특수볼트 : 접시머리, 둥근머리 사각목, 아이, 나비, T, 리머, 테이퍼, 충격, 스테이, 기초볼트

(2) 볼트의 종류

① 관통볼트 : 맞뚫린 구멍에 볼트를 넣고 너트로 조이는 것으로 가장 널리 사용된다.
② 탭볼트 : 너트를 사용하지 않고 직접 암나사를 낸 구멍에 죄어 사용한다.
③ 스터드 볼트 : 환봉의 양끝에 나사를 낸 것으로, 기계 부품에 한쪽 끝을 영구 결합시키고 너트를 풀어 기계를 분해하는 데 사용한다.

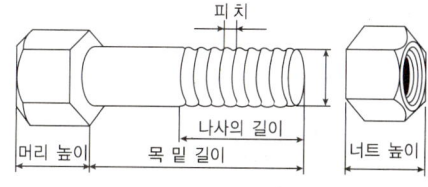

[육각볼트와 너트]

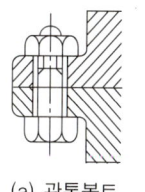 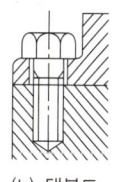 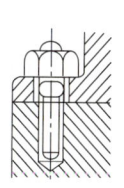

(a) 관통볼트   (b) 탭볼트   (c) 스터드 볼트

[보통볼트]

④ 스테이 볼트 : 부품의 간격을 유지하는 역할을 하며, 턱을 붙이거나 격리 파이프를 넣는다.
⑤ 기초볼트 : 기계 구조물을 설치할 때 쓰인다.
⑥ T볼트 : 공작기계 테이블의 T홈 등에 끼워서 공작물을 고정한다.
⑦ 아이볼트 : 부품을 들어 올리는 데 사용되는 링 모양이나 구멍이 뚫려 있는 볼트이다.

⑧ 충격볼트 : 볼트에 걸리는 충격하중에 견디게 만든 볼트이다.
⑨ 전단볼트 : 볼트에 걸리는 전단하중만 받을 수 있도록 되어 있다.
⑩ 리머볼트 : 리머 구멍에 끼워 사용하는 구멍과 볼트의 축부가 절삭에 의해서 반듯한 형상의 치수로 완성 가공된 완성 볼트이다.
⑪ 나비볼트 : 손으로 돌릴 수 있는 손잡이가 있는 볼트이다.

⑥ 홈붙이 너트 : 너트의 풀림을 막기 위하여 분할 핀을 꽂을 수 있게 홈이 6개 또는 10개 정도 있는 볼트이다.
⑦ T너트 : 공작기계 테이블의 T홈에 끼워지도록 모양이 T형이며, 공작물 고정용으로 쓰인다.
⑧ 나비너트 : 손으로 돌릴 수 있는 손잡이가 있다.
⑨ 턴버클 : 오른나사와 왼나사가 양끝에 달려 있어서 막대나 로프를 당겨서 조이는 데 쓰인다.
⑩ 플랜지 너트 : 볼트 구멍이 클 때, 접촉면이 거칠거나 큰 면압을 피하려 할 때 쓰인다.
⑪ 플레이트 너트 : 암나사를 깎을 수 없는 얇은 판에 리벳으로 설치하여 사용한다. 강판을 정형하여 만든 너트로서 혀 부분이 나사 밑에 파고들어 풀림을 방지한다.

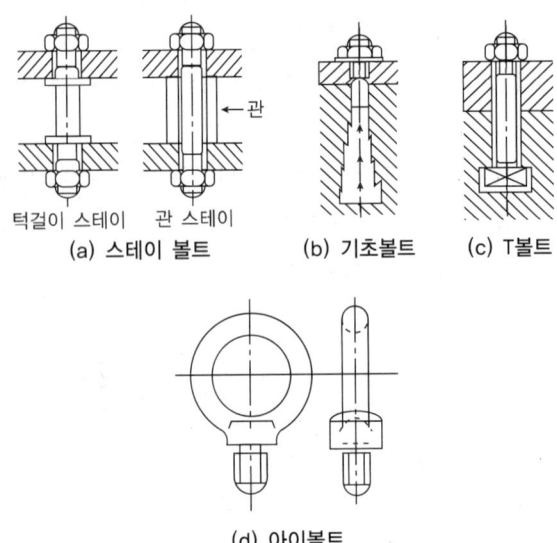

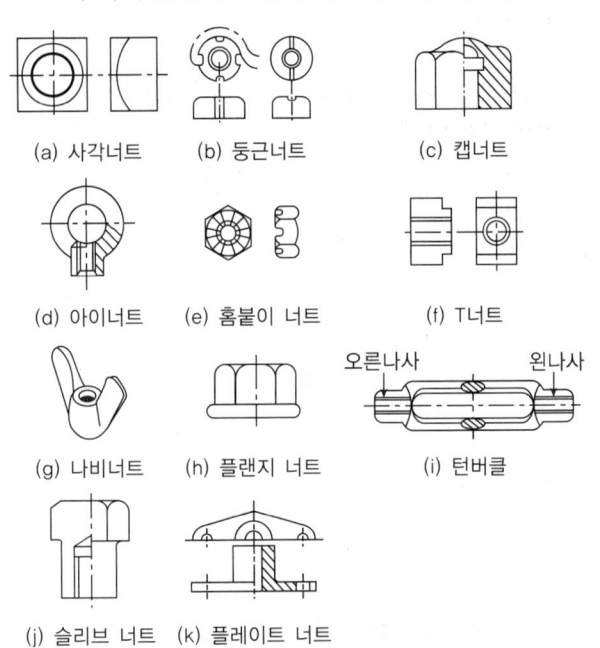

[너트의 종류]

(3) 너트의 종류
① 사각너트 : 외형이 사각이며, 주로 목재에 사용한다.
② 둥근너트 : 자리가 좁아서 육각너트를 사용하지 못하는 경우나 너트의 높이를 작게 했을 때 사용한다.
③ 모따기 너트 : 중심 위치를 정하기 쉽게 축선이 조절되어 있으며, 밑면인 경우는 볼트에 휨 작용을 주지 않는다.
④ 캡너트 : 유체의 누설을 막기 위하여 위가 막힌 볼트이다.
⑤ 아이너트 : 물건을 들어올리는 고리가 달려 있다.

(4) 와셔의 용도
① 구멍이 지름보다 클 때
② 자리면이 고르지 못할 때
③ 너트의 풀림을 방지할 때
④ 탄성 부족으로 죔 압력이 유지되지 못할 때

핵심예제

2-1. 와셔(Washer)의 용도가 아닌 것은?
① 볼트 구멍이 볼트 지름보다 너무 클 때
② 볼트와 너트의 자리면이 고르지 못할 때
③ 볼트 자리면 재료의 강도가 강할 때
④ 너트의 풀림을 방지하고자 할 때

2-2. 무거운 물체를 달아 올리기 위하여 훅(Hook)을 걸 수 있는 고리가 있는 볼트는?
① 아이 볼트
② 나비 볼트
③ 리머 볼트
④ 간격 유지 볼트

|해설|

2-1
와셔의 용도
• 구멍이 지름보다 클 때
• 자리면이 고르지 못할 때
• 너트의 풀림을 방지할 때
• 탄성 부족으로 죔 압력이 유지되지 못할 때

정답 2-1 ③ 2-2 ①

핵심이론 03 | 키(Key)

(1) 키

① 축에 풀리, 기어, 플라이 휠, 커플링 등의 회전체에 고정시켜 회전력을 전달한다. 재료는 양질의 강을 사용한다.
② 보통 키에는 테이퍼를 주고, 축과 보스에는 키 홈을 판다.
③ 종 류
  ㉠ 새들 키(안장키) : 보스에만 홈을 파서 주로 작은 동력 전달에 사용한다.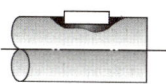
  ㉡ 평키(납작키) : 축을 키의 폭만큼 평평하게 깎아서 사용하므로 새들키보다 약간 큰 힘을 전달한다.

  ㉢ 둥근키(Pin Key) : 핸들과 같은 토크가 작은 곳에 사용한다.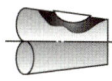
  ㉣ 반달키(Woodruff Key) : 자동조심작용하여 자동차, 공작기계 등의 ϕ60mm 이하의 작은 축과 테이퍼 축에 사용한다.
  ㉤ 성크키(Sunk Key) : 윗면에 1/100 정도의 기울기를 가진 경사키와 평행인 평행키가 있고, 조립방법에 따라 키를 때려 박는 드라이빙 키와 보스를 때려 맞추는 세트키가 있다.
  ㉥ 미끄럼키(Sliding Key, Feather Key, 안내키) : 보스가 축 방향으로 움직인다.
  ㉦ 접선키(Tangential Key) : 1/45~1/40 의 기울기를 가진 두 개의 키를 한 쌍으로 하여 축의 중심각에 120° 위치에 두 쌍을 설치하여 사용하므로, 주로 전달토크가 큰 축에 사용한다.

ⓒ 스플라인(Spline) : 사각형 단면, 일반적인 키보다 훨씬 큰 동력 전달에 사용한다(축쪽을 스플라인축, 보스쪽을 스플라인이라 한다).

ⓩ 세레이션 : 삼각형 단면, 지름이 작고 고정용, 자동차 핸들, 라디오 다이얼과 축의 조립에 이용한다.

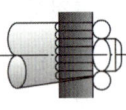

(2) 핀(Pin)
① 너트의 풀림방지나 핸들과 축의 고정, 맞추는 부분의 위치결정용으로서 힘이 약하다.
② 재료는 강재, 황동, 구리, 알루미늄 등이다.
③ 종류
  ㉠ 테이퍼 핀 : 1/50의 테이퍼져 있고, 호칭지름은 작은 쪽의 지름으로 표시한다(슬롯테이퍼 핀).
  ㉡ 평행 핀
    • 분해·조립을 하게 되는 부품의 맞춤면의 관계 위치를 항상 일정하게 유지하도록 안내하는 데 사용한다.
    • 호칭방법 : 규격번호 또는 명칭, 종류, 형식, 호칭지름×길이, 재료
  ㉢ 분할 핀
    • 두 갈래로 갈라지기 때문에 너트의 풀림 방지 등에 사용한다(호칭지름은 핀 구멍의 지름).
    • 호칭방법 : 규격번호 또는 명칭, 호칭지름×길이, 재료
  ㉣ 코터 핀 : 두 부품 결합용 핀으로 양끝의 분할용 핀의 구멍이 있다.
  ㉤ 스프링 핀 : 세로 방향으로 쪼개져 있어 구멍의 크기가 정확하지 않을 때 해머로 때려 박을 수 있다.

(3) 코터(소켓, 로드, 코터)
두께가 같고 폭이 구배 또는 테이퍼로 되어 있는 일종의 쐐기로, 주로 인장 또는 압축력이 축 방향으로 작용할 때 사용된다.

핵심예제

3-1. 분할 핀의 호칭방법에 포함되지 않는 것은?
① 규격번호　② 호칭지름×길이
③ 재료　④ 형식

3-2. 자동차의 핸들, 전동기의 축 등에 사용되며, 축과 보스에 작은 삼각형 단면을 만들어 축과 보스를 고정시키는 것은?
① 접선키　② 페더키
③ 세레이션　④ 스플라인

3-3. 성크키에 대한 설명으로 옳지 않은 것은?
① 기울기가 없는 평행 성크키도 있다.
② 머리 달린 경사키도 성크키의 일종이다.
③ 대개 윗면에 1/5 정도의 기울기를 가지고 있는 수가 많다.
④ 축과 보스의 양쪽에 모두 키홈을 파서 토크를 전달시킨다.

3-4. 키를 조립하였을 경우 축과 보스가 가볍게 이동할 수 있는 키는?
① 묻힘키　② 접선키
③ 반달키　④ 슬라이딩 키

|해설|

3-1
호칭방법 : 규격 번호 또는 명칭, 호칭지름×길이, 재료

3-2
① 접선키 : 1/45~1/40의 기울기를 가진 두 개의 키를 한 쌍으로 하여 축의 중심각에 120° 위치에 두 쌍을 설치하여 사용한다.
② 페더키 : 보스가 축 방향으로 움직인다.
④ 스플라인 : 사각형 단면, 일반적인 키보다 훨씬 큰 동력 전달에 사용한다.

3-3
경사키는 윗면에 1/100 정도의 기울기를 가진다.

3-4
미끄럼키(Sliding Key, Feather Key, 안내키)는 보스가 축 방향으로 움직인다.

정답 3-1 ④　3-2 ③　3-3 ③　3-4 ④

핵심이론 04 | 볼트·너트의 정비

(1) 볼트·너트 이완 방지
① 홈 달림 너트 분할 핀 고정방법
② 절삭너트에 의한 방법
③ 로크너트에 의한 방법
④ 특수너트에 의한 방법(플레이트 너트)

(2) 고착된 볼트·너트 빼는 방법
① 고착원인 : 틈새로 수분, 부식성 가스·액체가 침입하여 녹이 발생한다(체적 팽창).
② 고착 방지법 : 유성 또는 적색 페인트(산화연분을 기계유로 반죽한 적색 페인트를 칠한 후 죔)
③ 고착된 볼트 분해법
　㉠ 너트를 두드려 푸는 방법
　㉡ 너트를 잘라 넓히는 방법 : m20 이하 소형 해머를 사용한다.
　㉢ 비틀어 넣어 볼트 빼는 방법
　㉣ 부러진 볼트 빼는 방법 : 스크루 익스트랙터를 사용한다.

(3) 볼트·너트의 적정한 죔 방법
① 적당한 토크로 죄는 방법 : 죔 토크 = $l \times F$[kgf·m]
② 스패너에 의한 적절한 죔 방법
　㉠ m6 이하 : $l = 10$[cm], $F =$ 약 5[kgf]
　㉡ m10 이하 : $l = 12$[cm], $F =$ 약 20[kgf]
　㉢ m12~14 이하 : $l = 15$[cm], $F =$ 약 50[kgf]
　㉣ m20 이상 : $l = 20$[cm], $F =$ 약 100[kgf]

(4) 키의 정비(맞춤의 기본적인 주의사항)
① 치수, 재질, 형상 규격, 강도 등을 검토하여 규격품을 사용하고, 폭 치수의 마무리가 중요하다.
② 축과 보스의 끼워맞춤이 불량한 상태에서는 키 맞춤을 하지 않는다.
③ 축은 H7, 보스는 H8의 끼워맞춤 공차를 사용한다.
④ 키의 각모서리는 면 따기를 하고, 양단은 타격에 의한 밀림 방지를 위한 큰 면 따내기를 한다.

(5) 핀의 정비
① 핀과 핀 구멍은 m6, H6 정도의 끼워맞춤을 한다.
② 최근에는 구멍에 리머가공을 하지 않은 스프링 핀을 많이 사용한다.
③ 분할 핀은 빠짐 방지나 볼트, 너트의 풀림 방지용으로 쓰이며 큰 강도를 기대할 수 없다.

핵심예제

4-1. 두 개의 너트를 사용하여 최초의 너트로 조이고, 두 번째 너트를 조인 후 두 번째 너트를 잡고 최초의 너트를 약간 역회전시켜 볼트, 너트의 풀림을 방지하는 이완방지법은?
① 홈 달림 너트 분할 핀 고정에 의한 방법
② 절삭너트에 의한 방법
③ 로크너트에 의한 방법
④ 특수너트에 의한 방법

4-2. 부러진 볼트를 빼는 데 사용되는 공구는?
① 토크 렌치
② 짐 크로
③ 임팩트 렌치
④ 스크루 익스트랙터

4-3. 볼트·너트의 이완 방지방법이 아닌 것은?
① 홈 달림 너트 분할 핀 고정에 의한 방법
② 절삭너트에 의한 방법
③ 로크너트에 의한 방법
④ 볼트를 잘라 넓히는 방법

핵심예제

4-4. 다음 중 볼트·너트에 녹이 발생하는 고착원인이 아닌 것은?
① 수 분
② 부식성 가스
③ 부식성 액체
④ 첨가제

|해설|

4-1
① 홈 달림 너트 분할 핀 고정방법 : 홈과 분할 핀 구멍을 맞출 때 규격에 적합한 분할핀을 사용하고, 분할된 선단을 충분히 굽힐 것 등 확실한 시공을 하면 완벽하다.
② 절삭너트에 의한 방법 : 너트의 일부를 절삭하여 미리 안쪽으로 약간 변형시켜 두고 볼트에 비틀어 넣을 때 나사부가 꽉 압착되게 한 것
④ 특수너트에 의한 방법(자동 죔 너트에 의한 방법) : 플레이트 너트

4-2
① 토크 렌치 : 볼트, 너트를 규정값으로 조일 필요가 있을 때 사용하는 공구
② 짐 크로 : 구부러진 축을 수정작업할 때 사용하는 공구
③ 임팩트 렌치 : 압축공기에 의해서 볼트, 너트 등을 체결하는 공구

4-3
볼트·너트 이완 방지방법으로는 ①, ②, ③ 외에 특수너트에 의한 방법(플레이트 너트)이 있다.

4-4
볼트·너트가 고착하는 원인 : 틈새로 수분, 부식성 가스·액체 등이 침입하여 녹이 발생한다(체적 팽창).

정답 4-1 ④ 4-2 ④ 4-3 ④ 4-4 ④

1-2. 축 기계요소

핵심이론 01 축(Shaft)

축은 일반적으로 베어링에 지지되어 강도, 휨 그 밖의 기계적 필요조건을 구비하여 회전 및 왕복운동을 하는 기계요소이다. 긴 축이 필요할 때는 축이음(커플링)으로 축을 연결하며, 운동을 단속할 필요가 있을 때는 클러치를 사용한다.

(1) 하중에 의한 분류

① 차축(Axle) : 굽힘 모멘트를 받는 축으로, 회전축(철도 차축)과 정지축(자동차 차축)이 있다.
② 스핀들(Spindle)
  ㉠ 비틀림 모멘트를 받으며 직접 일을 하는 회전축이다.
  ㉡ 치수가 정밀하고 변형량이 작으며, 길이가 짧다.
  ㉢ 선반, 밀링머신 등 공작기계의 주축으로 사용한다.
③ 전동축 : 회전에 의해 동력을 전달하는 축으로 비틀림과 굽힘 모멘트를 동시에 받으며 동력을 전달시키는 회전축으로 일반 공장용 축이다.
  ㉠ 주축 : 원동기에서 직접 동력을 받는 축
  ㉡ 선축 : 주축에서 동력을 받아 동력을 분배하는 축
  ㉢ 중간축 : 선축에서 동력을 받아 각각의 기계에 동력을 전달하는 축

(2) 모양에 따른 분류

① 직선축(Straight Shaft) : 길이 방향으로 일직선 형태의 축으로, 동력 전달용으로 사용한다.
② 크랭크 축(Crank Shaft) : 왕복 운동기관에서 직선운동과 회전운동을 상호 변환시키는 축이다.

핵심예제

1-1. 전동축의 동력 전달 순서로 옳은 것은?
① 주축 → 중간축 → 선축
② 주축 → 선축 → 중간축
③ 주축 → 중간축 → 스핀들축
④ 주축 → 스핀들축 → 선축

1-2. 축의 고장 중 설계 불량에 의한 고장원인이 아닌 것은?
① 재질 불량
② 치수강도 부족
③ 급유 불량
④ 형상 구조 불량

|해설|

1-1
전동축 : 회전에 의해 동력을 전달하는 축으로 비틀림과 굽힘 모멘트를 동시에 받으며 동력을 전달시키는 회전축으로 일반 공장용 축이다.
- 주축 : 원동기에서 직접 동력을 받는 축
- 선축 : 주축에서 동력을 받아 동력을 분배하는 축
- 중간축 : 선축에서 동력을 받아 각각의 기계에 동력을 전달하는 축

1-2
설계 불량에는 재질 불량, 치수강도 부족, 형상 구조 불량 등이 있다.

정답 1-1 ② 1-2 ③

핵심이론 02 | 축 이음의 종류

(1) 고정 커플링(원통 커플링)

두 축을 하나로 결합하여 고정시킨 커플링이다.

① 머프 커플링 : 주철제 원통 속에서 두 축을 고정하며 구조가 가장 간단하지만, 인장력이 작용하는 축 이음에는 부적합하다.

② 반중첩 커플링 : 주철제 원통 속에 중첩시켜 공통의 키로 고정한다.

③ 마찰 원통 커플링 : 바깥 둘레가 1/30~1/20의 기울기를 가진 반원뿔형으로 고정된다. 연강제 링을 박아 죄어 맨 커플링이다.

④ 클램프(분할원통) 커플링 : 축지름 200mm까지 사용하며, 긴 전동축에 적당하다.

⑤ 셀러(테이퍼 슬리브) 커플링 : 머프 커플링을 개량한 것으로, 두 축에 페더키로 고정시킨다.

(2) 플랜지 커플링

① 두 축 끝에 플랜지를 끼워 키로 고정하고, 리머볼트로 결합한다.
② 두 축을 정확히 고정시키고, 확실한 동력을 전달한다.
③ 축지름 200[mm] 이상인 고속 정밀 회전축에 사용한다.

(3) 플렉시블 커플링

① 두 축의 중심선 일치가 어렵고, 충격과 진동을 완화시켜 줄 때 사용한다.
② 종류 : 플랜지, 그리드, 고무, 기어, 체인, 유체 커플링

(4) 올덤 커플링

① 두 축이 평행하고, 비교적 가까운 경우에 사용한다.
② 윤활이 어렵고, 원심력에 의하여 진동이 발생한다.

(5) 자재이음(유니버설 조인트 또는 훅 조인트)

두 축이 만나는 각이 수시로 변화하는 경우에 사용한다.

핵심예제

2-1. 플렉시블 커플링에 대한 설명으로 틀린 것은?
① 완충작용이 필요한 경우에 사용한다.
② 두 축이 일직선상에 일치하는 경우에 사용한다.
③ 고무커플링은 방진고무의 탄성을 이용한 커플링이다.
④ 그리드 플렉시블 커플링을 스틸 플렉시블 커플링이라고도 한다.

2-2. 두 축의 관계 위치에 따라 축이음 종류를 연결한 것 중 관련이 없는 것은?
① 스틸 플렉시블 커플링 - 경강선으로 된 그리드의 탄성을 이용한 것
② 올덤 커플링 축 이음 - 2개의 축이 평행인 것
③ 플렉시블 커플링 - 2개의 축이 서로 교차되는 것
④ 유니버설 조인트 이음 - 2개의 축이 어느 각도를 가지고 교차되는 것

2-3. 두 축을 정확하게 결합시킬 수 있고, 확실하게 동력을 전달시킬 수 있어 지름이 200mm 이상인 축과 고속 정밀 회전축의 축이음에 사용되는 것은?
① 올덤 커플링
② 플렉시블 커플링
③ 고무 커플링
④ 플랜지 커플링

|해설|

2-1~2-2
플렉시블 커플링은 두 축의 중심선 일치가 어렵고, 충격과 진동을 완화시켜 줄 때 사용한다.

2-3
① 올덤 커플링 : 두 축이 평행하고, 비교적 가까운 경우에 사용한다.
② 플렉시블 커플링 : 두 축의 중심선 일치가 어렵고, 충격과 진동을 완화시켜 줄 때 사용한다.
③ 고무 커플링 : 방진 고무의 탄성을 이용한 커플링이다.

정답 2-1 ② 2-2 ③ 2-3 ④

핵심이론 03 | 축의 고장 방지

(1) 축의 고장 원인과 대책

① 조립, 정비 불량
  ㉠ 풀리, 기어, 베어링 등 끼워맞춤 불량(끼워맞춤 부위에 미동 마모가 생겨 진동, 풀림 때문에 사용 불능, 축의 파단)
  ㉡ 관련 부품 맞춤 불량(끼워맞춤 부위에 미동 마모가 생겨 진동, 풀림 때문에 사용 불능, 축의 파단)
  ㉢ 축의 휨(진동과 소음이 심하고 기어, 베어링의 수명이 급격히 저하, 실 부위 누유)
  ㉣ 급유 불량(기어 마모 및 소음, 베어링 부위 발열)

② 설계 불량
  ㉠ 재질 불량(마모, 휨은 단기간에 피로파괴)
  ㉡ 치수강도 부족(마모, 휨은 단기간에 피로파괴)
  ㉢ 형상 구조 불량(노치 또는 응력집중에 의한 발열 파단)

③ 기타 : 자연 열화(끼워맞춤 부위 마모, 녹, 홈 변형, 휨)

(2) 축의 고장 방지

① 정확한 끼워맞춤 공차의 설정
② 강한 끼워맞춤에서 조립·분해
③ 정기적인 점검 및 정비

(3) 축과 보스의 수리법

① 끼워맞춤부 보스의 수리법(보스 마모) : 보스 내경을 깎아내고 부시(강한 끼워맞춤으로 때려 넣음, 300[℃] 열박음)를 넣게 한다.

② 축 끼워맞춤부의 수리법(축 마모)
  ㉠ 보스 내경과의 관계를 고려하여 그 수리방법을 결정한다.
    • 수리 후의 강도
    • 신뢰성
    • 비용과 시간

③ 축의 구부러짐 수리
  ㉠ 축 휨의 현장 수리 여부(경험치)
    • 500[rpm] 이하이며 베어링 간격의 긴 축의 휨
    • 경하중 기계에서 축 흔들림으로 진동이나 베어링의 발열 여부
    • 풀리 스프로킷이 흔들려 소리를 낼 때
  ㉡ 축 구부러짐의 수리방법
    • V블록(2개) 놓고 축을 올려놓음
    • 짐 크로(Jim Crow)를 대고 힘을 가하여 수정
    • 휨을 0.1~0.2[mm] 정도 수정

핵심예제

3-1. 길이가 긴 축의 구부러짐을 현장에서 수리하는 공구는?
① 스크루 익스트랙터　② 다이얼게이지
③ 스트레이트 에지　　④ 짐 크로

3-2. 일반 산업기계에서 축의 구부러짐으로 발생하는 현상이 아닌 것은?
① 베어링의 발열　　② 기어의 이상 마모
③ 축의 경도 저하　　④ 축의 진동 및 소음

3-3. 축 고장의 원인 중 조립 정비 불량에 속하지 않는 것은?
① 풀리, 기어, 베어링 등 끼워맞춤 불량
② 휜 축 사용
③ 재질 불량
④ 급유 불량

|해설|

3-1
축 구부러짐의 수리방법
• V블록(2개) 놓고 축을 올려놓음
• 짐 크로(Jim Crow)를 대고 힘을 가하여 수정
• 휨을 0.1~0.2[mm] 정도 수정

3-2
축의 경도 저하는 커플링, 풀리, 스프로킷 등 흔들림의 원인이 된다.

3-3
재질 불량은 설계 불량에 속한다.

정답 3-1 ④　3-2 ③　3-3 ③

핵심이론 04 | 센터링 법

(1) 센터링(Centering) 작업

① 기계를 운전 중에 가장 양호한 동심 상태를 유지하게 하기 위한 작업이다(진동·소음 방지, 수명 연장).

② **현장 정렬(Hot Alignment)** : 미리 계산에 의해 회전 중에 축심의 열 변화를 구해 두고 운전 중에 각 축이 바르게 동심이 되도록 고려하여 센터링하는 방법, 즉 정렬(Alignment)이라 한다(터빈, 열펌프 등에 쓰임).

③ **사용 공구** : 다이얼 게이지, 틈새 게이지, 테이퍼 게이지, 스크레이퍼, 직선자, 고무해머, 유압 잭, 기록지, 석필, Liner, 거울 등

④ 센터링 불량 시 현상
  ㉠ 진동이 크다.
  ㉡ 축의 손상(절손 우려)이 심하다.
  ㉢ 베어링부의 마모가 심하다.
  ㉣ 구동의 전달이 원활하지 못하다.
  ㉤ 기계 성능이 저하된다.

(2) 센터링 측정 시 면간 측정 기준

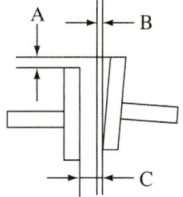

구 분	센터링 기준	
	1,800까지	3,600까지
A : 원주 간 방향	0.06mm	0.03mm
B : 면간 차	0.03mm	0.02mm
C : 면간	3~5mm	3~5mm

(3) 커플링의 분해 및 조립 시 허용오차

종 류	편각[°]	편심[mm]
그리드 커플링	2	2
기어 커플링	1.5	0.08
체인 커플링	1	체인피치의 2[%]
고무탄성 커플링	4	4.7
나일론 커플링	1	1.0

(4) 회전기계 정밀 진단 시 진동 방향 분석

① 언밸런스 : 수평 방향 불량
② 미스얼라인먼트 : 축 방향 불량(축 정렬 불량)
③ 풀림 : 수직 방향 불량

핵심예제

4-1. 기계가 운전 중에 가장 양호한 동심 상태를 유지하기 위한 작업은?

① 분해작업　　　② 센터링 작업
③ 끼워맞춤 작업　④ 열박음 작업

4-2. 축의 센터링 불량 시 발생하는 현상이 아닌 것은?

① 진동이 크다.
② 축의 손상(절손 우려)이 크다.
③ 베어링부의 마모가 심하다.
④ 기계 성능이 향상된다.

|해설|

4-1
센터링 작업은 기계가 운전 중에 가장 양호한 동심 상태를 유지하게 하기 위한 것이다(진동·소음 방지, 수명 연장 등).

4-2
축의 센터링 불량 시 기계 성능이 저하된다.

정답 4-1 ②　4-2 ④

핵심이론 05 | 베어링

(1) 베어링의 특징

① 축을 지지한다.
② 회전운동, 직선운동으로 동력과 변위를 전달한다.
③ 마찰 형식 : 미끄럼 베어링, 구름 베어링
④ 하중 방향 : 스러스트 베어링, 레이디얼 베어링

(2) 미끄럼 베어링(Sliding Bearing, 부시 베어링)

① 축을 지지하고, 회전체를 사용하지 않고 마찰저항을 줄이는 데 이용한다.
② 저널과 베어링의 직접 접촉을 방지하고, 마찰을 감소시키기 위해 윤활제를 주입한다.
③ 특 징

장 점	단 점
• 구조가 간단하고 가격이 싸다. • 베어링 수리가 용이하다. • 충격에 견디는 힘이 크다. • 작용하는 하중이 클 때 사용한다.	• 시동할 때 마찰저항이 크다. • 윤활유의 주유에 주의한다.

(3) 구름 베어링(Rolling Bearing)

① 미끄럼 베어링에 비하여 마찰이 작고, 기동저항과 발열이 작아 고속 운전을 할 수 있다.
② 기본 요소
　㉠ 회전체 : Ball, Roller
　㉡ 내륜과 외륜 : 회전체를 안내하며 통로 구실
　㉢ 리테이너(Retainer) : 회전체 사이에서 간격을 유지하여 마찰을 감소시켜 주는 것
③ 특 징

장 점	단 점
• 마찰저항이 작다. • 동력손실이 적다. • 윤활방법이 편리하다. • 밀봉장치의 교정이 쉽다. • 저널의 길이를 짧게 할 수 있다. • 과열의 위험이 적다. • 기계를 소형화할 수 있다. • 축심을 정확하게 유지한다.	• 가격이 비싸다. • 충격에 약하다. • 축 사이가 아주 짧은 곳에는 사용할 수 없다.

(4) 구름 베어링의 호칭법

| 형식번호 | 치수기호(너비와 지름 기호) | 안지름 번호 | 등급기호 |

예) 60 8 C2 P6
    ① ② ③   ④

- ① : 베어링 계열번호(단열 홈 베어링)
- ② : 안지름 번호(베어링 안지름 8[mm])
- ③ : 틈기호(C2의 틈)
- ④ : 등급기호(6급)

※ 안지름 번호
- 00 → 10[mm], 01 → 12[mm], 02 → 15[mm], 03 → 17[mm]
- 04부터는 '×5'를 한다.

(5) 베어링의 정비

① 베어링의 조립
  ㉠ 부착방법은 베어링의 종류, 하우징의 형상, 부하의 대소 등의 조건에 따라 부착한다.
  ㉡ 열 방향 때문에 축이나 하우징에 팽창, 수축이 일어났을 경우 베어링은 무리한 축 방향의 힘을 받아 발열, 소손, 파손의 원인이 될 수 있으므로 한쪽을 하우징 내에 좌우로 이동할 수 있는 여유를 둔다.
  ㉢ 일반적으로 내륜과 축은 단단한 끼워맞춤을, 외륜과 하우징은 헐거운 끼워맞춤을 사용한다.
  ㉣ 내륜과 축의 조립 시 축 단의 릴리프를 취한다.

② 베어링 장착방법
  ㉠ 열박음에 의한 방법
    - 가열 유조에 베어링을 가열·팽창시켜 축에 끼우는 방법이다.
    - 거의 100[℃]로 가열하면 충분하다.
    - 130[℃] 이상 가열하면 베어링 자체의 경도 저하가 발생한다.
  ㉡ 프레스 압입이나 해머로 때려 넣는 방법
  ㉢ 고주파 가열기에 의한 방법
  ㉣ 해머를 이용한 압입방법

※ 베어링용 어댑터 : 베어링을 적정한 틈새로 조립하기 위해 사용하는 것
※ 오일 인젝션 : 높은 유압을 이용하여 베어링 내륜을 빼내는 것

핵심예제

5-1. 미끄럼 베어링과 구름 베어링을 비교했을 때 구름 베어링에 대한 설명으로 옳지 않은 것은?
① 설치가 간편하다.
② 기동토크가 작다.
③ 표준형 양산품으로 호환성이 좋다.
④ 감쇠력이 우수하고, 충격 흡수력이 크다.

5-2. 베어링 열박음 시 몇 [℃] 이상 가열하면 경도 저하가 일어나는가?
① 100[℃]   ② 130[℃]
③ 160[℃]   ④ 200[℃]

5-3. 베어링을 축이나 하우징에 조립할 때 일반적인 끼워맞춤의 관계로 적합한 것은?
① 베어링 내륜과 축은 억지 끼워맞춤한다.
② 베어링 외륜과 하우징은 억지 끼워맞춤한다.
③ 베어링 내륜과 축은 헐거운 끼워맞춤한다.
④ 베어링 외륜과 축은 볼트로 끼워맞춤한다.

5-4. 다음 중 베어링 장착방법으로 옳지 않은 것은?
① 열박음에 의한 압입방법
② 프레스를 이용한 압입방법
③ 해머를 이용한 압입방법
④ 핀 펀치로 때려 넣는 방법

|해설|
5-1
④는 미끄럼 베어링의 특징이다.
5-2
130℃ 이상 가열하면 베어링 자체의 경도 저하가 일어난다.
5-3
일반적으로 내륜과 축은 억지 끼워맞춤을, 외륜과 하우징은 헐거운 끼워맞춤을 사용한다.
5-4
④는 고주파 가열기에 의한 방법이다.

정답 5-1 ④ 5-2 ② 5-3 ① 5-4 ④

핵심이론 06 | 열박음

(1) 재료의 열팽창
① 선팽창 계수 α : 1℃ 온도의 변화에 팽창하는 길이와 원래 길이와의 비율
② 죔새(변형량) δ = 지름(D) × 열팽창 계수(α) × 온도 변화량($T : t_2 - t_1$)

(2) 가열 끼워맞춤 작업
① 가열법 : 가열 시 골고루 서서히 200~250[℃] 이하로 가열한다.
　㉠ 가스 버너나 가스 토치로 가열하는 법
　㉡ 열박음 노(爐)에서 가열하는 법
　㉢ 수증기로 가열하는 법
　㉣ 기름으로 가열하는 법
　㉤ 전기로로 가열하는 법
② 가열작업
　㉠ 250[℃] 이상으로 가열하면 재질의 변화 및 변형이 발생한다.
　㉡ 가열 조립 후 냉각할 때는 급랭하지 않는다.
　㉢ 템프 스틱(Temperature-stick), 서모 클레이(Thermoclay)로 가열온도를 측정한다.
　㉣ 가열작업 시 필요한 공구 및 기계 : 풀러, 수평 프레스, 체인 블록, 서모 클레이, 해머

핵심예제

가열 끼워맞춤에서 가열온도를 250[℃] 이하로 하는 이유는?
① 재질의 변화 및 변형을 방지하기 위하여
② 가열 작업시간 단축을 위하여
③ 에너지 절감을 위하여
④ 조립 후 급랭을 위하여

|해설|
가열작업 시 250[℃] 이상으로 가열하면 재질의 변화 및 변형이 발생한다.

정답 ①

1-3. 전동용 기계요소

핵심이론 01 | 기 어

연속적 이의 물림에 의하여 일정한 속도비로 동력을 전달하는 기계요소이다.

> **더 알아보기**
>
> **기어전동장치의 특성**
> • 동력 전달이 확실하다(회전비가 정확하다).
> • 큰 동력을 전달할 수 있다.
> • 큰 감속비를 얻을 수 있다.
> • 축압력이 작으며, 전동효율이 높다.
> • 충격 흡수가 약해 소음과 진동이 발생한다.

(1) 기어의 종류
① 두 축이 평행한 경우 : 스퍼기어, 헬리컬 기어, 2중 헬리컬 기어, 래크, 내접기어

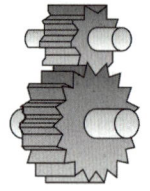
[스퍼기어]

[헬리컬 기어]
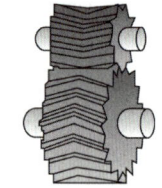
[2중 헬리컬 기어]

[래 크]
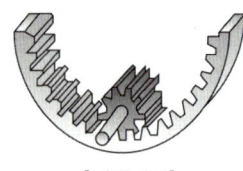
[내접기어]

② 두 축의 중심선이 만나는 경우 : 베벨기어, 크라운 기어

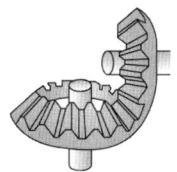
[직선 베벨기어]

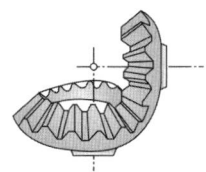
[스파이럴 베벨기어]

[헬리컬 베벨기어]

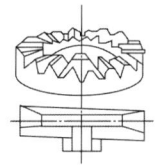
[크라운 기어]

③ 두 축이 평행하지도 만나지도 않는 경우 : 스큐기어, 하이포이드 기어, 웜기어

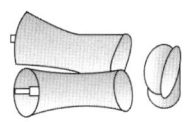
[스큐기어]

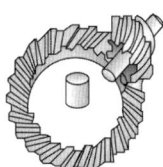
[하이포이드 기어]

[웜기어]

더 알아보기

웜기어이 특징
- 웜과 웜 기어를 한 쌍으로 사용하며, 역회전을 방지한다.
- 큰 감속비를 얻을 수 있으며, 소음이 작다.
- 원동차를 보통 웜으로 한다.
- 진동이 작다.
- 치면에서의 미끄럼이 커서 전동효율이 떨어진다.
- 호환성이 없으며 값이 비싸다는 단점이 있다.

(2) 기어 각부의 명칭

① **모듈(M)** : 피치원의 지름 D(mm)를 잇수 Z로 나눈 값

$$M = \frac{\text{피치원의 지름}}{\text{잇수}} = \frac{D}{Z}$$

② **지름피치($D \cdot P$)** : 잇수 Z를 피치원의 지름 D(inch)로 나눈 값

$$D \cdot P = \frac{\text{잇수}}{\text{피치원의 지름}} = \frac{Z}{D}$$

③ **원주피치(P)** : 피치원의 원주를 잇수로 나눈 것

$$P = \frac{\text{피치원의 원주}}{\text{잇수}} = \frac{\pi D}{Z}$$

(3) 백래시(Back Lash)

한 쌍의 기어를 맞물렸을 때 피치점에서의 틈새이다.

① 백래시를 측정하는 방법
  ㉠ 백래시의 2~3배 굵기의 납 퓨즈로 백래시와 이 닿기를 측정하는 방법
  ㉡ 피치 원주상의 백래시를 측정하는 방법
  ㉢ 500~1,000시간 운전 후 이의 폭 양 끝의 백래시 차이가 50[μm] 이내일 경우 정상

② 백래시가 필요한 이유
  ㉠ 기어의 제작오차에 대한 여유
  ㉡ 부하에 의한 기어 변형에 대한 여유
  ㉢ 베어링 박스의 제작오차에 대한 오차
  ㉣ 윤활유막 형성 등을 위해

(4) 치형의 간섭

① 이의 간섭현상 : 서로 맞물리고 있는 기어의 한쪽 이끝이 상대 기어의 이뿌리에 닿아 정상적인 회전을 방해하는 현상으로, 인벌류트 치형에서 일어난다. 이의 간섭을 방지하는 방법은 다음과 같다.
  ㉠ 이의 높이(어덴덤)를 줄인다.
  ㉡ 압력각을 20° 이상 크게 한다.
  ㉢ 치형의 이끝면을 깎아낸다.
  ㉣ 피니언의 반지름 방향의 이뿌리면을 파낸다.

② 언더컷 현상 : 이의 간섭으로 이 끝부분이 이뿌리 부분에 파고 들어갈 때 깎이는 현상이다. 언더컷을 방지하기 위한 한계 잇수는 압력각을 크게 하거나 이끝 높이를 표준기어보다 낮게 한다.

> **더 알아보기**
>
> 전위기어의 사용목적
> - 중심거리를 자유롭게 변화시키고자 할 때
> - 언더컷을 방지하고자 할 때
> - 이의 강도를 개선하고자 할 때

핵심예제

1-1. 두 축이 평행한 경우에 사용되는 기어가 아닌 것은?
① 스퍼기어 ② 헬리컬 기어
③ 내접기어 ④ 베벨기어

1-2. 웜기어(Worm Gear) 감속기의 특징으로 잘못된 것은?
① 치면에서의 미끄럼이 커서 전동효율이 떨어진다.
② 적은 용량으로 큰 감속비를 얻을 수 있다.
③ 역전을 방지할 수 있다.
④ 소음이 커서 정숙한 회전이 어렵다.

1-3. 기어의 백래시(Back Lash)를 주는 이유로 옳지 않은 것은?
① 백래시를 가능한 한 크게 주어 소음·진동을 줄이기 위해서이다.
② 치형오차, 피치오차, 편심가공오차 때문이다.
③ 중 하중, 고속 회전으로 발열되어 팽창되기 때문이다.
④ 윤활을 위한 잇면 사이의 유막 두께를 유지하기 위해서이다.

1-4. $D_o = m(Z+2)$의 공식은 기어의 무엇을 구하기 위한 것인가?(단, m = 모듈, Z = 잇수)
① 바깥지름 ② 피치원지름
③ 원주피치 ④ 중심거리

|해설|

1-1
베벨기어는 두 축의 중심선이 만나는 경우에 사용한다.

1-2
웜기어 감속기는 소음이 작아 정숙한 회전이 가능하다.

1-3
백래시를 크게 줄 경우 소음과 진동이 과도하게 발생한다.

1-4
중심거리
$$C = \frac{D_A + D_B}{2} = \frac{M(Z_A + Z_B)}{2} [\text{mm}]$$

정답 1-1 ④ 1-2 ④ 1-3 ① 1-4 ①

핵심이론 02 | 기어 손상

(1) 이면의 열화
① 마모 : 정상 마모, 습동 마모, 과부하 마모, 줄 흔적 마모
② 소성항복 : 압연항복(로징), 피이닝 항복, 파상항복
③ 용착 : 가벼운 스코어링, 심한 스코어링
④ 표면 피로 : 초기 피칭, 파괴적 피칭, 피칭(스폴링)
⑤ 이의 파손 : 과부하 절손, 피로 파손, 균열, 소손

(2) 기어가 손상되는 원인
① 피칭 : 이면의 조잡, 과하중
② 스폴링 : 기어재료의 연질, 충격, 과하중
③ 이의 절손 : 충격, 과부하 절손, 이물질 혼입, 반복피로
④ 어브레이전 : 기어 자체의 마모분, 외부로부터 먼지 혼입
⑤ 스코어링 : 급유량 부족, 윤활유 점도 부족, 내압 성능 부족

(3) 이면에 일어나는 주요 손상과 대책
① 피칭 : 표면에 가는 균열이 생겨 그 균열 속에 윤활유가 들어가면 유체 역학적인 고압이 발생하여 균열을 진행시켜 이의 면의 일부가 떨어져 나간다.
② 스코어링 : 운전 초기에 자주 발생하는 현상으로, 이뿌리면과 이 끝면의 맞물리는 시초와 끝부분에 많이 발생한다. 미끄럼으로 인하여 전진 균열을 발생시켜 차차 확대되어 피치선을 경계로 이뿌리면이 도려내져 치명적인 스코어링이 된다.

> **더 알아보기**
>
> 스코어링 방지책
> - 이의 면을 연삭 또는 쉐이빙(Shaving)할 때 치형 수정
> - 평행도 오차는 이의 면에 크라우닝
> - 극압 윤활유 또는 극압 첨가제 사용

③ 스폴링 : 피칭보다 더 넓은 부분이 어느 정도의 두께를 갖고 최종적으로는 박리되는 형태로, 이면의 경화 기어에 많다. 또한 이 끝이 금이 가는 것도 있고, 진행성 피칭의 구멍과 구멍이 연결되어 크게 박리되는 것도 있다.

핵심예제

2-1. 기어의 이 부분이 파손되는 주원인이 아닌 것은?

① 균 열 ② 마 모
③ 피로 파손 ④ 과부하 절손

2-2. 다음 이의 면 열화현상 중 표면 피로에 해당하는 현상은?

① 피이닝 항복 ② 초기 피칭
③ 스코어링 ④ 절 손

2-3. 기어가 회전할 때 이의 면에 반복되는 접촉압력에 의해 균열이 발생하고, 균열 속에 윤활유가 침투하여 이의 면의 일부가 떨어져 나가는 현상은?

① 플래팅 ② 리플링
③ 절 손 ④ 피 칭

2-4. 다음 중 기어의 치면 열화가 아닌 것은?

① 습동 마모 ② 소성항복
③ 표면 피로 ④ 과부하 절손

|해설|

2-1
마모현상에는 이면, 이봉우리, 이뿌리, 피치 마모가 있으며 원인으로 정상 마모, 이물질 혼입, 윤활유의 열화, 이 접촉 상태, 맞물림 불량 등이 있다.

2-2
이의 열화 중 표면 피로는 초기 피칭, 파괴적 피칭, 피칭(스폴링) 등이 있다.

2-3
피칭은 이면의 열화에 의한 표면 피로에 의해 발생된다.

2-4
이면의 열화
- 마 모
- 용 착
- 이의 파손
- 소성항복
- 표면 피로

정답 2-1 ② 2-2 ② 2-3 ④ 2-4 ④

핵심이론 03 | 벨트 및 체인

죽, 직물 또는 고무 등으로 만드는 벨트로 두 개의 바퀴를 감아 이들 사이의 마찰에 의하여 전동하는 장치

(1) 평 벨트의 종류

① 가죽 벨트 : 소가죽을 연하게 처리하여 두께 5~8[mm] 정도로 만든 벨트를 겹쳐 사용한다.
② 섬유 벨트 : 삼베, 무명, 모직 등으로 만든다. 이음 없이 제작하여 폭과 길이를 자유롭게 만들 수 있으나, 가죽에 비하여 연결하기 어렵다.
③ 고무 벨트 : 직물에 고무를 입힌 것으로 유연성이 좋으며, 미끄럼이 적고 수명이 길다. 습기나 먼지에 손상받지 않으나 기름에 약하다. 70[℃]의 온도에서도 사용 가능한 벨트이다.
④ 강 벨트 : 냉간압연하여 질 좋은 탄소강의 연판을 사용한다. 2축이 평행하며, 풀리의 형상이 정확해야 한다.

(2) 평 벨트의 동력 전달

① 바로걸기와 엇걸기 방법이 있으며, 엇걸기를 할 경우 접촉각이 바로걸기보다 크기 때문에 큰 동력을 전동할 수 있다.
② 벨트가 원동차에 들어가는 쪽을 인장쪽(Tension Side), 원동차로부터 풀리는 쪽을 이완쪽(Loose Side)이라고 한다.
※ 유효장력은 인장측(긴장측) 장력에서 이완측 장력을 뺀 값이다.

(3) 타이밍 벨트

① 미끄럼을 방지하기 위하여 안쪽 표면에 이가 있는 벨트이다.
② 정확한 속도가 요구되는 곳에 사용된다.
③ Slip과 Creep이 없고 속도 변화가 아주 작다.
④ 식품 제조기계, 섬유기계, 사무기계, 소형 자동기계, 자동차 엔진 전동에 사용된다.

(4) V벨트

① 단면이 사다리꼴(40° 각도를 기준)이고 이음매가 없는 고리 모양 벨트로서, V형의 홈이 패인 V풀리에 밀착시켜 마찰력을 증대시킨 벨트이다.

② 장점
  ㉠ 홈 양면에 쐐기작용에 의한 마찰력이 크며, 미끄럼이 작고 비교적 작은 인장력으로 큰 회전력을 전달한다.
  ㉡ 큰 속도비(최대 1 : 10)가 가능하며, 벨트의 벗겨짐이 없다. 벨트의 이음매 없이 제작하여 정숙하고 충격을 완화시킬 수 있다.
  ㉢ 설치 면적이 작고, 지름이 작은 경우에도 사용할 수 있으며, 접촉각이 120° 정도까지 사용된다.
  ㉣ 동력의 크기에 따라 벨트의 가닥 수를 가감할 수 있다.

③ 단점
  ㉠ 벨트의 길이를 조절할 수 없고, 같은 방향의 회전일 경우에만 사용 가능하다.
  ㉡ 베어링의 위치를 이동할 때는 설비가 필요하다.
  ㉢ V벨트의 안쪽이 풀리의 바닥에 접촉하지 않아야 한다.

④ V벨트의 종류 : M, A, B, C, D, E(M에서 E쪽으로 갈수록 단면이 커진다)

(5) 체인 전동장치

① 체인의 종류
  ㉠ 롤러 체인 : 가장 널리 사용되는 동력 전달용 체인으로, 저속회전에서 고속회전까지 넓은 범위에서 사용한다.
  ㉡ 사일런트 체인 : 가격이 비싸고 주로 고속용으로 사용한다. 롤러 체인보다 소음이 작다.
  ㉢ 부시 체인 : 롤러 체인에서 롤러를 없애고 롤러와 부시를 일체화하여 간단한 구조로 만든 체인으로, 경하중용으로 사용한다.
  ㉣ 오프셋 체인 : 전동 중에 충격을 흡수하여 중하중과 저속전동에 적합한 체인으로, 링크판이 오프셋 모양으로 구부러진 형태이다.
  ㉤ 리프 체인 : 저속용으로 사용되는 체인으로, 몇 개의 링크판과 핀으로 구성되어 있다(평형용, 운반 전달용, 내림용).
  ㉥ 더블피치 롤러 체인 : 롤러 체인의 피치를 2배로 하여 부하가 작게 걸리는 반송용 체인으로 사용한다.
  ㉦ 핀틀 체인 : 오프셋 링크와 이음 핀으로 연결되어 있으며, 오프셋 링크에서 링크판과 부시를 일체화시킨 체인이다. 저속, 중용량의 엘리베이터, 컨베이어용으로 사용한다.
  ㉧ 블록 체인 : 플레이트의 링크를 핀으로 연결한 체인으로, 저속인 4[m/s] 이하에 사용한다. 가격이 싸고, 마찰 부분이 많아 저속, 경하중용에 적합하여 견인용, 수송용 등으로 사용한다.

② 체인 전동의 특징
  ㉠ 유지 및 수리가 쉽다.
  ㉡ 내유성, 내열성, 내습성이 크다.
  ㉢ 어느 정도의 충격을 흡수할 수 있다.
  ㉣ 미끄럼이 없어 일정한 속도비를 얻을 수 있다.
  ㉤ 큰(대) 동력을 전달할 수 있고, 효율이 95[%] 이상이다.

핵심예제

3-1. 인터널 기어 대신 이에 해당하는 돌기를 지닌 고무 벨트로 만든 벨트는?

① 가죽 벨트
② 고무 벨트
③ 강 벨트
④ 타이밍 벨트

3-2. 체인(Chain) 전동장치 중 오프셋 링크에서 링크판과 부시를 일체화시킨 것으로, 오프셋 링크와 이음 핀으로 연결되어 있으며 저속, 중용량의 컨베이어, 엘리베이터에 사용하는 체인은?

① 롤러 체인(Roller Chain)
② 부시 체인(Bush Chain)
③ 핀틀 체인(Pintle Chain)
④ 사일런트 체인(Silent Chain)

3-3. 원형의 긴 끈으로 된 벨트로서, 전달력이 작은 소형 공작기계의 전동 벨트로 사용되는 것은?

① 보통 벨트   ② 링크 벨트
③ 레이스 벨트 ④ 타이밍 벨트

3-4. 미끄럼을 방지하기 위하여 접촉면에 치형을 붙여 맞물림에 의하여 전동하도록 조합한 벨트는?

① 가죽 벨트   ② 고무 벨트
③ 강 벨트   ④ 타이밍 벨트

3-5. 평 벨트에 비해 V벨트 전동의 특징이 아닌 것은?

① 미끄럼이 작고, 전동효율이 좋다.
② 축 사이의 거리가 평 벨트보다 짧다.
③ 축간거리를 마음대로 할 수 있다.
④ 운전이 정숙하고 충격을 완화한다.

3-6. 긴장측 장력 T_t가 이완측 장력 T_s의 2배인 경우 긴장측 장력을 160[kgf]라 할 때 유효 장력은 몇 [kgf]인가?(단, 원심력의 영향은 무시한다)

① 80[kgf]   ② 90[kgf]
③ 160[kgf]   ④ 320[kgf]

|해설|

3-1
타이밍 벨트는 정확한 속도가 요구되는 곳에 사용되며, Slip과 Creep이 없고 속도 변화가 매우 작다.

3-2
① 롤러 체인(Roller Chain) : 가장 널리 사용되는 동력 전달용 체인으로, 저속회전에서 고속회전까지 넓은 범위에서 사용한다.
② 부시 체인(Bush Chain) : 롤러 체인에서 롤러를 없애고 롤러와 부시를 일체화하여 간단한 구조로 만든 체인으로, 경하중용으로 사용한다.
④ 사일런트 체인(Silent Chain) : 가격이 비싸고 주로 고속용으로 사용한다. 롤러 체인보다 소음이 작다.

3-3
레이스 벨트는 전달력이 작은 소형 공작기계의 전동 벨트로 사용한다.

3-4
타이밍 벨트는 정확한 속도가 요구되는 곳에 사용되며 Slip과 Creep이 없고 속도 변화가 아주 작다.

3-5
V벨트는 벨트의 길이를 조절할 수 없고, 같은 방향의 회전일 경우에만 사용이 가능하다.

3-6
유효장력
$T_t - T_s = 160 - 80 = 80[\text{kgf}]$

정답 3-1 ④ 3-2 ② 3-3 ③ 3-4 ④ 3-5 ③ 3-6 ①

핵심이론 04 | 벨트 및 체인의 정비

(1) 평 벨트의 성능
① 기준 장력은 약 2[%] 정도 늘어남을 허용한다.
② 사용조건에 따라 1.5~2년 이상 수명을 유지할 수 있다.
③ 풀리의 평행도 및 벨트 중심을 확실히 해두지 않으면 벨트가 한편으로 치우치거나 빠져나오는 원인이 된다.

(2) V벨트의 정비
① 두 줄 이상을 건 벨트는 균등하게 처져 있어야 한다.
② 전동기의 슬라이드 베이스나 이동할 수 없는 축 사이에 장력 풀리를 쓴다.
③ 장력 풀리는 기본적으로 정 장력을 기본으로 하고, 반대 장력을 써도 수명에 큰 차이가 없다.
④ 풀리의 홈 상단과 벨트의 상면은 거의 일치되어 있다.

(3) 타이밍 벨트의 정비
① 늘어남이 적고 한 번 풀리에 장착하면 그 이후 조정은 거의 불필요하다.
② 구동축 풀리에 사이드 플랜지를 부착해 사용한다.
③ 축의 평행도는 제작 기준에서 오차 3부 이내로 지정한다(1,000[mm] 사이에 1[mm]의 오차).

(4) 체인의 사용상 주의점
① 용량에 맞는 체인을 사용하다.
② 무게중심을 맞추고, 모서리는 피한다.
③ 과부하는 피하고, 작업 전에 이상 유무를 확인한다.
④ 정격하중의 70~75[%], 충격하중은 4분의 1 이하로 사용한다.
⑤ 체인 블록을 두 개 사용 시 무게중심이 한곳으로 쏠리지 않도록 한다.
⑥ 물건을 장시간 걸어두지 않는다.
⑦ 비꼬임이나 비틀림이 없어야 한다.

(5) 체인의 검사
① 체인의 길이가 처음보다 5[%] 이상 늘어났을 때
② 링의 단면 직경이 10[%] 이상 감소했을 때
③ 균열이 발생했을 때

(6) 체인 윤활 및 거는 방법
① 체인과 스프로킷의 정비의 포인트는 중심내기와 윤활에 있다.
② 체인을 걸 때는 푸는 방법과 반대의 순서로 작업한다.
③ 느슨한 측을 손으로 눌러보고, 다음 그림과 같이 $S-S'$는 체인 폭의 2~4배 정도가 적당하다.

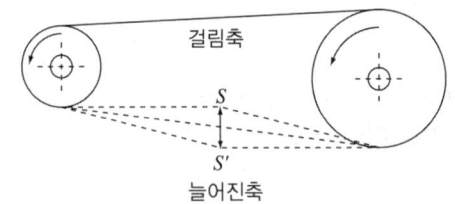

(7) 줄 걸이용 기기의 검사 기준
회전 횟수, 운반 중량 등에 따라 교체하는 것으로서, 주 1회 또는 월 몇 회로 정기검사를 하는 것이 필요하다.
① 마모의 정도
② 단선의 유무
③ 부식의 정도
④ 보유의 상태
⑤ 변형 상태, 비꼬임, 비틀림, 꼬임이 풀린 것, 소선의 절단, 끝부분의 이상 유무, 연결부의 이상 상태 등과 같은 조건을 정밀히 검사하여 이상 발견 시 수정하고, 불량 시 폐기시켜야 한다.

(8) 와이어로프의 검사 기준
① 와이어로프 1연(한 꼬임 간격)에 소선 수의 10% 이상이 절단되었을 때
② 직경의 감소가 공칭경의 7[%] 이상일 때

③ 비틀림이 생길 때

④ 심한 변형이 발생하면 절대로 사용해서는 안 된다.

핵심예제

4-1. 체인 검사 기준과 관련이 가장 적은 것은?

① 체인의 길이가 처음보다 5[%] 이상 늘어났을 때
② 링(Ring) 단면의 직경이 10[%] 이상 감소했을 때
③ 과부하가 걸렸을 때
④ 균열이 발생했을 때

4-2. V벨트의 정비에 관한 사항으로 가장 거리가 먼 것은?

① 두 줄 이상을 건 벨트는 균등하게 처져 있지 않아도 된다.
② 폴리의 홈 마모에 주의한다.
③ V벨트는 장기간 보관하면 열화되므로 구입 연월일을 확인한 후 사용하는 것이 좋다.
④ V벨트 전동기구는 설계 단계에서부터 벨트를 거는 구조로 되어 있다.

4-3. 줄걸이용 와이어로프는 이상 발생 시 폐기시키는데, 이때 와이어로프의 검사 기준으로 옳지 않은 것은?

① 와이어로프 1연에 소선 수의 10[%] 이상이 절단되었을 때
② 심한 변형이 발생되었을 때
③ 비틀림(Kink)이 생길 때
④ 와이어로프 직경의 감소가 공칭경의 5[%] 이상일 때

4-4. V벨트 정비에 관한 사항으로 옳지 않은 것은?

① 두 줄 이상을 건 벨트는 균등하게 처져 있어야 한다.
② 홈 상단과 벨트의 상면은 일치하지 않아도 된다.
③ 벨트 수명은 이론적으로 보면 정 장력이 옳다고 본다.
④ 베이스가 이동할 수 없는 축 사이에서는 장력 풀리를 쓴다.

|해설|

4-1
과부하는 체인의 검사 기준과 무관하다.

4-2
두 줄 이상을 건 벨트는 균등하게 처져 있어야 한다.

4-3
줄걸이용 와이어로프 직경의 감소가 공칭경의 7[%] 이상일 때 사용해서는 안 된다.

4-4
풀리의 홈 상단과 벨트의 상면은 거의 일치되어 있다.

정답 4-1 ③ 4-2 ① 4-3 ④ 4-4 ②

핵심이론 05 | 클러치

원동축과 종동축의 동력을 전달 및 해제에 이용되는 축이음이다.

(1) 클러치의 종류

① 맞물림 클러치
  ㉠ 턱을 가진 한 쌍의 플랜지로 구성된다.
  ㉡ 종동축의 플랜지를 축 방향으로 이동시켜 단속한다.
  ㉢ 턱 모양 : 사각형, 톱니형, 사다리꼴형 등

② 마찰 클러치
  ㉠ 마찰면을 서로 밀어 그 마찰력으로 회전을 전달한다.
  ㉡ 크게 축 방향 클러치와 원주 방향 클러치로 나눈다.
  ㉢ 마찰면의 모양에 따라 원판 클러치, 원뿔 클러치, 원통 클러치, 밴드 클러치 등으로 나눈다.

③ 유체 클러치 : 원동축의 회전에 따라 중간 매체인 유체가 회전하여 그 유압에 의하여 종동축이 회전한다.

④ 일방향 클러치
  ㉠ 원동축의 속도보다 늦을 경우 종동축이 자유공전한다.
  ㉡ 한 방향으로만 회전력을 전달하고, 반대 방향으로는 전달시키지 못하는 비역전 클러치이다(롤러 클러치, 래칫 클러치 등).

⑤ 전자력 클러치 : 내장된 전자 코일에 의해 발생된 전자력으로 회전력을 전달하는 클러치이다.

⑥ 밴드 클러치 : 띠(밴드)를 감은 레버를 잡아당겨 회전력을 전달하는 클러치이다.

(2) 클러치의 일상점검 요령

① 전자 클러치는 전류 계통을 확인한다.
② 클러치의 작동에 의한 회전축의 운동이 무리 없이 행해지고 있는지 확인한다.
③ 클러치가 유욕 급유이면 적정 유면이 유지되어 있는지 확인해야 한다.
④ 전자 클러치의 작동 상태가 최근 변하지 않았는가를 확인하는 것은 매우 중요하다.

핵심예제

5-1. 내장된 전자 코일에 의해 발생된 전자력으로 회전력을 전달하는 클러치는?
① 밴드 클러치
② 맞물림 클러치
③ 마찰 클러치
④ 전자력 클러치

5-2. 클러치의 일상점검 요령으로서 거리가 먼 것은?
① 전자 클러치는 전류 계통을 확인한다.
② 클러치의 작동에 의한 회전축의 운동이 무리 없이 행하여지고 있는지 확인하여야 한다.
③ 클러치가 유욕급유이면 적점 유면이 유지돼 있는지 확인해야 한다.
④ 전자 클러치의 작동 상태가 최근 변하지 않았는가를 확인하는 것은 크게 중요하지 않다.

|해설|

5-1
① 밴드 클러치 : 띠(밴드)를 감은 레버를 잡아당겨 회전력을 전달하는 클러치이다.
② 맞물림 클러치 : 턱을 가진 한 쌍의 플랜지로 구성되어 종동축의 플랜지를 축 방향으로 이동시켜 단속한다.
③ 마찰 클러치 : 마찰면을 서로 밀어 그 마찰력으로 회전을 전달한다.

5-2
전자 클러치의 작동 상태가 최근 변하지 않았는가를 확인하는 것은 중요한 점검사항이다.

정답 5-1 ④ 5-2 ④

1-4. 제어용 기계요소

핵심이론 01 | 스프링

(1) 스프링의 기능(용도)
① 진동(충격) 흡수 및 완화
② 에너지 저축 및 측정
③ 압력의 제한 및 힘의 측정
④ 기계 부품의 운동 제한 및 전달

(2) 스프링의 종류
① 재료에 의한 분류 : 금속, 비금속, 유체 스프링
② 하중에 의한 분류 : 인장, 압축, 토션바, 구부림을 받는 스프링
③ 용도에 의한 분류 : 완충, 가압, 측정용, 동력 스프링
④ 모양에 의한 분류 : 코일, 토션, 인벌류트, 판, 와이어, 접시, 태엽 스프링

(3) 스프링의 재료
스프링의 재료는 탄성계수가 크고, 탄성한계나 피로한도, 크리프 한도가 높아야 하며 내식성, 내열성, 비자성이나 비전도성이 좋아야 한다.
① 금속재료 : 스프링강, 피아노선, 인청동선, 황동선, 특수용으로 스테인리스강, 고속도강이 쓰인다.
② 비금속재료 : 고무, 공기, 기름 등이 완충 스프링에 쓰인다.

(4) 코일 스프링의 용어
① 지름 : 재료의 지름(소선의 지름: d), 코일의 평균 지름(D), 코일의 안지름(D_1), 코일의 바깥지름(D_2)
② 피치 : 서로 이웃하는 소선의 중심 간 거리(P)
③ 감김 수
  ㉠ 총감김 수 : 코일 끝에서 끝까지의 감김 수
  ㉡ 유효 감김 수 : 스프링의 기능을 가진 부분의 감김 수

ⓒ 자유 감김 수 : 무부하일 때 압축 코일 스프링의 소선이 서로 접하지 않는 부분의 감김 수

④ 스프링 종횡비 : 하중이 없을 때 스프링의 높이를 자유높이(H)라고 하는데, 스프링 종횡비는 그 자유높이와 코일의 평균지름의 비이다.

종횡비(λ) = $\dfrac{H}{D}$ (보통 0.8~4)

⑤ 스프링 지수 : 스프링 설계에 중요한 수로, 코일의 평균지름(D)과 재료의 지름의 비(d)이다.

스프링 지수(C) = $\dfrac{D}{d}$ (보통 4~10)

⑥ 스프링 상수 : 훅의 법칙에 의한 스프링의 비례상수(작용하중과 변위량의 비)로, 스프링의 세기를 나타내며 스프링 상수가 크면 잘 늘어나지 않는다.

스프링 상수(K) = $\dfrac{작용하중[\text{kgf}]}{변위량[\text{mm}]}$ = $\dfrac{W}{\delta}$ [kgf/mm]

㉠ 병렬의 경우(a, b)

$K = K_1 + K_2$

㉡ 직렬의 경우(c)

$\dfrac{1}{K} = \dfrac{1}{K_1} + \dfrac{1}{K_2}$

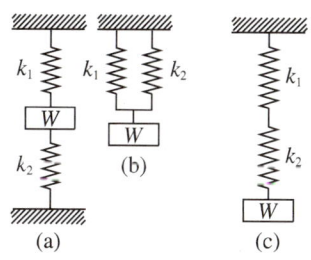

(a)　　(b)　　(c)

(5) 스프링의 휨과 하중

① 스프링 하중

$W = K\delta$ [kgf]

② 하중에 의해 발생하는 일

$U = \dfrac{1}{2}W\delta = \dfrac{1}{2}K\delta^2$ [kgf·m]

핵심예제

1-1. 다음 그림에서 스프링 상수 $K_1 = 0.4$[kgf/mm], $K_2 = 0.2$[kgf/mm]일 때 체의 스프링 상수는?

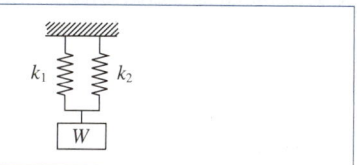

① 0.2[kgf/mm]　② 0.3[kgf/mm]
③ 0.4[kgf/mm]　④ 0.6[kgf/mm]

1-2. 에너지 축적용으로서 시계의 원동력, 계기류의 조정용으로 쓰이는 스프링은?
① 링 스프링
② 판 스프링
③ 코일 스프링
④ 스파이럴 스프링

|해설|

1-1
스프링을 병렬로 연결한 경우이므로
$K = K_1 + K_2 = 0.4 + 0.2 = 0.6$이다.

1-2
스파이럴 스프링 : 변형에너지를 축적하였다가 변형이 회복되면서 일을 하는 스프링으로 태엽 스프링에 해당한다.

정답 1-1 ④　1-2 ④

핵심이론 02 | 브레이크

기계운동 부분의 에너지를 흡수해서 속도를 낮추거나 정지시키는 장치(제동장치)이다.

(1) 브레이크의 역할
① 기계운동 부분의 에너지를 흡수한다.
② 기계운동 부분의 속도를 감소시킨다.
③ 기계운동 부분을 정지시킨다.
④ 기계운동 부분의 마찰을 증가시킨다.

(2) 동력원에 따른 분류
① 기계 브레이크
② 유압 브레이크
③ 전기 브레이크
④ 공기 브레이크

(3) 작동 부분의 구조에 따른 분류
① 블록(드럼) 브레이크 : 휠 실린더가 라이닝을 부착한 슈를 밀어 드럼과 압착되어 마찰을 발생시켜 제동한다. 작은 작동력을 사용하여 큰 제동력을 얻는 자기증폭현상이 나타난다.
② 디스크 브레이크 : 회전하는 디스크를 캘리퍼의 패드로 양쪽에서 압착하여 마찰을 발생시켜 제동한다. 방열과 열변형에 의한 제동력 저하가 적고, 좌우 제동력 편차에 따른 방향 안정성을 유지한다.
③ 밴드 브레이크 : 브레이크 드럼에 띠를 감은 후 브레이크 레버를 잡아당겨 띠를 죄는 브레이크이다.

(4) 작동 방향에 따른 분류
① 반지름 방향으로 밀어 붙이는 형식 : 블록 브레이크, 밴드 브레이크, 팽창 브레이크
② 축 방향으로 밀어 붙이는 형식 : 원판 브레이크, 원추 브레이크
③ 자동 브레이크 : 웜 브레이크, 나사 브레이크, 캠 브레이크, 원심력 브레이크

핵심예제

2-1. 브레이크(Brake)의 역할이 아닌 것은?
① 기계운동 부분의 에너지를 흡수한다.
② 기계운동 부분의 속도를 감소시킨다.
③ 기계운동 부분을 정지시킨다.
④ 기계운동 부분의 마찰을 감소시킨다.

2-2. 제동장치에서 작동 부분의 구조에 따라 분류하였을 때 해당되지 않는 것은?
① 밴드 브레이크
② 전자 브레이크
③ 블록 브레이크
④ 디스크 브레이크

|해설|

2-1
기계운동 부분의 에너지를 흡수해서 속도를 낮추거나 정지(마찰이 증가)시키는 장치를 제동장치라 한다.

정답 2-1 ④ 2-2 ②

1-5. 관계 기계요소

핵심이론 01 | 관 이음

(1) 관 이음

관과 관 또는 관과 다른 부속품을 접속시키는데 용접이나 납땜 등에 의한 영구 이음, 나사 이음, 관의 방향을 바꾸기 위한 휨 이음, 온도 변화를 조절하기 위한 신축 이음 등이 있다.

(2) 관 이음의 종류

① 영구 이음 : 용접, 납땜 등에 의한 용접관
  ㉠ 파이프의 이음부를 용접, 납땜하여 사용한다.
  ㉡ 고압관 이음과 같이 이음부를 적게 하여 누설이 발생되지 않도록 할 때 사용한다.
  ㉢ 설비비와 유지비가 적게 든다.
  ㉣ 수리에 편리하도록 플랜지 이음을 병용하는 것이 좋다.
  ㉤ 이음부는 V형 맞대기 용접으로, 안쪽에 이면 비드가 나오지 않도록 한다.
  ㉥ 종류 : 맞대기 용접, 웨드인서트법, 겹침용접, 꽂기용접

② 분리 가능 이음
  ㉠ 나사식 관 이음 : 관의 양 끝에 관용 나사를 절삭하여 체결하는 방법이다.
  ㉡ 패킹(생) 이음 : 파이프에 나사를 내지 않고 이음하는 방법(숙련이 불필요, 시간과 공정이 절약)이다.
  ㉢ 턱걸이 이음 : 파이프 한 끝을 크게 하여 다른 끝을 패킹을 넣고 끼우는 방법이다.
  ㉣ 플랜지 이음 : 관의 끝부분에 플랜지를 나사 이음, 용접 등으로 부착하여 내압이 크거나 관의 지름이 클 경우에 사용한다. 기밀을 유지하기 위하여 개스킷을 사용한다.
  ㉤ 고무 이음 : 진동 흡수용 이음으로 냉동기, 펌프의 배관에 사용한다.
  ㉥ 신축 이음 : 온도 변화(열응력 발생)에 따라 신축 작용을 할 때 이 신축량의 흡수를 조정할 목적으로 사용(파형관 이음, 미끄럼관 이음, 지웰 이음, 소켓관 이음 등)한다.

③ 신축 밴드 : 온도 변화에 따른 변형이 예상되는 곳으로 신축이음을 굳이 할 필요가 없을 때, 온도계 설치라인 등 관의 지름이 작은 곳 등에 사용하며, 관 자체에서 변형량을 흡수한다.

핵심예제

1-1. 다음 중 관 이음방법의 종류가 아닌 것은?
① 나사 이음　　② 올덤 이음
③ 용접 이음　　④ 플랜지 이음

1-2. 고온의 유체가 흐르는 관의 팽창·수축을 고려하여 축 방향으로 과도의 응력이 발생하지 않도록 한 관 이음방법은?
① 용접 이음　　② 나사형 이음
③ 신축 이음　　④ 플랜지 이음

|해설|

1-1
관 이음의 종류
- 영구관 이음 : 용접형, 납땜형 등에 의한 용접관
- 착탈관 이음 : 정기적으로 해체, 검사, 보수가 가능한 이음으로 나사식 관 이음, 플랜지식 관 이음, 턱걸이 관 이음 등이 있다.
- 신축 관 이음 : 온도 변화에 따른 신축 조정용 관 이음으로 파형 신축 이음, 슬라이딩 신축 이음, 밴드식 이음 등이 있다.

1-2
① 용접 이음 : 관과 다른 부속품을 용접으로 접속시키는 영구 이음이다.
② 나사형 이음 : 관용나사를 절삭하여 체결하는 방법이다.
④ 플랜지 이음 : 관 이음을 분해 조립할 필요가 있을 때 사용하면 편리하다.

정답 1-1 ②　1-2 ③

핵심이론 02 | 관 이음쇠

관과 관을 연결시키고 관과 부속 부품과의 연결에 사용되는 요소이다.

(1) 관 이음쇠의 기능
① 관로의 연장
② 관로의 곡절
③ 관로의 분기
④ 관의 상호 운동
⑤ 관 접속의 착탈

(2) 관 이음쇠의 종류
① 영구관 이음쇠 : 용접, 납땜에 의해 관을 연결하는 것으로, 고장 수리와 관 내의 청소가 필요 없는 경우에 사용한다.
② 착탈관 이음쇠 : 정기적으로 배관을 해체, 검사, 보수하는 곳에 사용되고, 가단주철제가 많이 사용된다. 대형관 또는 주철, 주강, 청동 등의 관이음에도 사용한다.

> **더 알아보기**
> **착탈관 이음쇠의 종류**
> 나사관 이음쇠, 플랜지관 이음쇠, 소켓관 이음쇠, 유니언 조인트관 이음쇠(유니언은 유니언 너트를 돌려서 자유로 착탈하는 이음쇠로 양측에 있는 유니언 나사와 유니언 플랜지 사이에 패킹(부싱)을 끼워서 기밀을 유지한다)

③ 주철관 이음쇠 : 지하 매설할 경우에 사용한다. 소켓이음은 대마사, 무명사 등의 패킹을 넣고 납, 시멘트로 밀폐한 이음이다. 신축성은 있으나 시공상 고도의 숙련을 필요로 하므로 거의 쓰이지 않는다.
④ 신축관 이음쇠 : 파이프에 고온의 증기가 통하여 관이 열팽창을 일으킬 때 발생되는 열응력을 흡수하는 관 이음쇠이다.

핵심예제

2-1. 배관 계통의 정비를 위하여 분해할 필요가 있는 곳에 사용하는 관 이음쇠로 적당한 것은?
① 엘 보 ② 유니언
③ 소 켓 ④ 밴 드

2-2. 파이프에 고온의 증기가 통하여 관이 열팽창을 일으킬 때 발생되는 열응력을 흡수하는 관 이음쇠는?
① 신축관 이음쇠
② 영구관 이음쇠
③ 나사관 이음쇠
④ 유니언 이음쇠

2-3. 나사 이음 또는 봉접 등의 방법으로 부착하고 관경이 비교적 클 경우, 내압이 높을 경우 등에 사용되는 관 이음쇠는?
① 주철 관 이음쇠
② 유니언 이음쇠
③ 플랜지 이음쇠
④ 신축 이음쇠

|해설|

2-1
유니언은 유니언 너트를 돌려서 자유로 착탈하는 이음쇠로 양측에 있는 유니언 나사와 유니언 플랜지 사이에 패킹(부싱)을 끼워서 기밀을 유지한다.

2-2
신축관 이음쇠 : 파이프에 고온의 증기가 통하여 관이 열팽창을 일으킬 때 발생되는 열응력을 흡수하는 관 이음쇠이다.

2-3
플랜지 이음은 관의 끝부분에 플랜지를 나사 이음 또는 용접 등으로 부착하며 내압이 크거나 관의 지름이 클 경우에 사용한다. 또한 기밀을 유지하기 위하여 개스킷을 사용한다.

정답 2-1 ② 2-2 ① 2-3 ③

핵심이론 03 | 배관 정비

(1) 배관 지지장치의 역할
① 관의 중량을 지지한다.
② 관의 수축・팽창을 흡수한다.
③ 외력에 의한 배관 이동을 제한한다.

(2) 배관 지지장치의 종류
① 고정식 : 상온의 물, 공기, 기름, 가스 등의 일반 배관에서 사용한다.
② 가동식 : 열팽창이나 수축을 고려해야 할 증기배관에서 사용한다.

(3) 나사이음부의 누설 시 배관 정비
① 누설 방지의 요점 : 증기, 물 등의 나사부에서 누설이 발생하면 관의 나사 부분을 부식시켜 강도 저하, 균열, 파단의 원인이 된다.
② 더 죄기로 인한 누설 방지 : 관에서 나사부 누설이 생겼을 경우 그 상태로 밸브나 관을 더 죄면 반드시 반대 측 나사부에 풀림이 생겨 단지 누설 개소가 이동한다. 따라서 순차적으로 누설 개소까지 빼내어서 교체 여부를 확인하고 교체가 불필요할 때는 실 테이프를 감고 순차적으로 다시 조립한다.

(4) 용접부의 누설 시 배관 정비
배관이나 이음쇠의 용접 부분은 기본적으로 믿을 수 있는 용접기술에 의해 용접하지 않으면 안심할 수 없으나 나사식보다 문제가 적다. 그러나 용접부의 일부에 균열이 생겨 누설이 진행되어서 파단에 이르기도 하므로 누설의 조기 발견에 의한 빠른 처치가 가장 중요하다.

(5) 누설의 발견과 방지 요점
1~2년에 한 번은 공장 휴일 시 공기압축기를 운전해 조용한 공장 내에서 공기 누설의 소리를 확인하고, 각 이음부에 비눗물 칠을 해서 거품 여부로 누설을 확인한다.
※ T, Y, X 형은 분기형 이음쇠이지만, U형은 흐름을 180°로 바꾸어주는 이음쇠이다.

핵심예제

3-1. 배관 설비 중 나사이음부에 누설이 발생했을 때 정비 내용으로 잘못된 것은?

① 나사이음부의 누설이 발생했을 경우 그 상태로 밸브나 관을 더 죈다.
② 플랜지부터 순차적으로 누설 부위까지 분해하여 상태를 확인한다.
③ 누설 부위의 교체 여부를 판단한 후 교체가 불필요할 때에는 실(Seal) 테이프를 감고 다시 조립한다.
④ 관의 분해, 교체가 용이하게 플랜지나 유니언 이음쇠가 적당히 배치되도록 한다.

3-2. 배관 지지장치의 역할이 아닌 것은?

① 관의 중량을 지지한다.
② 관의 수축・팽창을 흡수한다.
③ 외력에 의한 배관 이동을 제한한다.
④ 배관의 누설을 방지한다.

|해설|

3-1
나사부에 누설이 생겼을 경우 그 상태로 밸브나 관을 더 죄면 반드시 반대 측의 나사부에 풀림이 생겨 단지 누설 개소가 이동한다.

3-2
배관 누설(이음부에서 발생)과 배관 지지장치는 관련이 없다.

정답 3-1 ① 3-2 ④

제2절 기계장치 보전

2-1. 밸브의 점검 및 정비

핵심이론 01 밸브의 종류

밸브는 유체 흐름의 단속과 변경, 유량, 온도, 압력 등을 조절하기 위하여 유체 통로의 개폐를 행하는 것이다.

(1) Lift Valve(Stop Valve)
① 유체의 차단장치로 가장 널리 사용된다.
② 유체 흐름의 방향에 따라 Glove Valve(흐름 방향 동일)와 Angle Valve(흐름 방향 90°)로 나뉜다.
③ 관 이음 방식에 따라 나사식과 플랜지식으로 나뉜다.

(2) 게이트 밸브(Gate Valve)
① 밸브 봉을 회전시켜 밸브시트면과 직선적으로 미끄럼 운동을 한다.
② 흐름의 저항이 거의 없다(2분의 1만 열렸을 땐 와류로 진동 발생).
③ 시간이 걸리고 시트 접합이 어렵고 마멸이 쉬우며 수명이 짧다.

(3) 플랩밸브(Flap Valve)
① 관로에 설치한 힌지로 된 밸브판을 가진 밸브이다.
② 스톱밸브 또는 역지밸브로 사용된다.
③ 토출관이 짧은 저양정 펌프(전양정 약 10[m] 이하)에 사용한다.

(4) 나비밸브(Butterfly Valve)
① 원형 밸브판의 지름을 축으로 하여 밸브판을 회전함으로써 유량을 조절한다.
② 기밀을 완전하게 하는 것은 곤란하다.

(5) 다이어프램 밸브
① 내약품성과 내열 고무제의 격막판을 밸브시트로 사용한다.
② 저항이 작고 기밀 유지에 패킹이 필요 없으며, 부식의 염려가 없다.

(6) 체크밸브 및 자동밸브
① 유체를 한 방향으로만 흐르게 하고, 역류하지 않도록 하는 데 사용된다.
② 밸브의 무게와 양쪽에 걸리는 압력차에 의하여 자동적으로 작동된다.
③ 리프트 체크밸브 : 진행 방향의 유체에 대해서는 자동적으로 열려 흐름을 허락하고, 반대 방향에 대해서는 밸브체가 자중과 유체 압력에 의해 자동적으로 닫힌다(보일러 급수관로에 사용).
④ 스윙 체크밸브 : 리프트식과 마찬가지로 동작되며 밸브체는 힌지 핀에 의해 지지된다(보일러 출구 주관로에 설치 사용).
⑤ 수평관 이외에는 사용하지 못한다. 수직으로 설치할 경우에는 유체의 흐름 방향을 아래에서 위쪽으로 흐르도록 설치한다.
⑥ 흐름이 급격히 멎으면 수격이 발생한다.
⑦ 종 류
　㉠ 듀얼 플레이트 역류방지밸브
　㉡ 스윙형 역류방지밸브
　㉢ 리프트형 역류방지밸브
　㉣ 풋(Foot)형 역류방지밸브

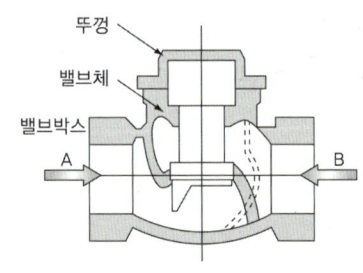

[리프트 체크밸브]

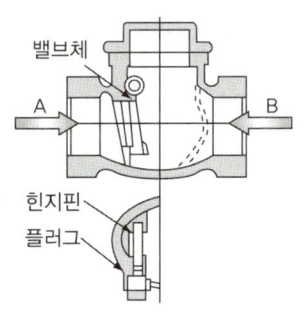

[스윙 체크밸브]

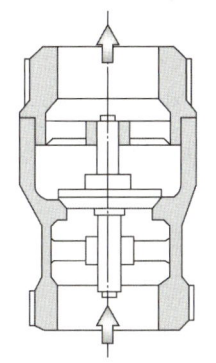

[수직형 리프트 체크밸브]

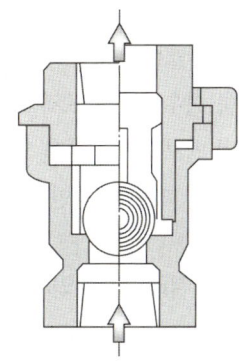

[수직식 볼 체크밸브]

(7) 콕(Cock)
① 구멍이 뚫려 있는 원통 또는 원뿔 모양의 플러그를 90° 회전시켜 유량을 조절하거나 개폐하는 데 사용한다.
② 플러그는 원뿔형이 많으며, 신속한 개폐 또는 유로 분배용으로 많이 사용된다.
③ 유로 방향수 : 이방 콕, 삼방 콕, 사방 콕
④ 접속 방법 : 나사식, 플랜지식

(8) 슬루스 밸브(Sluice Valve, 칸막이 밸브)
① 관 모양에 밸브가 흐름에 수직으로 개폐된다.
② 유체저항이 가장 작아 전개·전폐용으로 사용된다.
③ 개폐 시 다른 밸브보다 소요시간이 길다.
④ 펌프 흡입쪽에 설치하여 차단성이 좋고 전개 시 손실 수두가 가장 작다.
⑤ 밸브를 완전 개방 시 유체저항이 가장 작다.

(9) 글로브 밸브(Glove Valve)
① 박스가 구형으로 만들어져 있고 개도를 조절해서 교축기구로 사용된다.
② 구조상 유로가 S형이고, 유체의 저항이 커서 압력 강하가 큰 결점된다.
③ 개폐가 빠르고, 구조가 간단하며 가격이 저렴하다.
④ 나사형과 플랜지형이 있다.

(10) 앵글밸브(L형 밸브)
① 글로브 밸브의 일종, 관의 접속구가 직각으로 되어 있다.
② 나사형과 플랜지형이 있다.

(11) 감압밸브(Reducing Valve)
유체의 압력이 사용목적에 따라 너무 높은 경우에 고압의 증기, 공기, 가스 등을 사용 중 자동적으로 압력이 감소되어 감압한 후에도 압력을 일정하게 유지하도록 하중, 스프링, 다이어프램 등에 의해 제어되는 밸브이다.

(12) 안전밸브(Relief Valve)
① 유체가 제한된 최고 압력을 초과하였을 때 자동적으로 밸브가 열려서 유체를 외부로 방출하는 밸브이다.
② 배출이 끝난 후 압력이 정확하게 유지되어야 하며, 제한 압력보다 너무 내려가지 말아야 한다.

핵심예제

1-1. 유체의 흐름을 한 방향으로만 흐르게 하기 위한 밸브는?
① 스톱밸브 ② 체크밸브
③ 안전밸브 ④ 격막밸브

1-2. 글로브 밸브에 관한 설명으로 옳지 않은 것은?
① 개폐가 빠르다.
② 압력 강하가 작다.
③ 구조가 간단하다.
④ 유체저항이 크다.

핵심예제

1-3. 밸브 본체 내에서 디스크가 90° 회전하여 개폐하는 형식의 대표적인 밸브이고, 특히 밸브 구경 대비 밸브 노즐면 간의 길이가 매우 짧고 콤팩트화된 밸브는?

① 글로브 밸브　　② 버터플라이 밸브
③ 체크밸브　　　　④ 게이트 밸브

1-4. 다음 중 체크밸브의 종류가 아닌 것은?

① 스윙(Swing)형
② 글로브(Globe)형
③ 풋(Foot)형
④ 리프트(Lift)형

1-5. 게이트 밸브(슬루스 밸브)에 대한 설명으로 옳지 않은 것은?

① 펌프 흡입쪽에 설치하여 차단성이 좋다.
② 유체의 흐름에 대해 수직으로 개폐한다.
③ 주로 전개·전폐용으로 쓰인다.
④ 밸브 개폐 시 다른 밸브보다 소요시간이 짧다.

|해설|

1-1
체크밸브
- 유체를 한 방향으로만 흐르게 하고, 역류하지 않도록 하는 데 사용된다.
- 밸브의 무게와 양쪽에 걸리는 압력차에 의하여 자동적으로 작동된다.

1-2
글로브 밸브는 압력 강하가 큰 결점이다.

1-3
① 글로브 밸브 : 유체가 흐르는 방향에 입구와 출구가 일직선상에 있는 밸브로, 밸브시트에 대하여 수직 방향으로 운동하며 전개하였을 때에 흐름 방향에 대한 저항이 크다.
③ 체크밸브 : 유체를 한 방향으로만 흐르게 하고, 역류하지 않도록 하는 데 사용하는 밸브이다.
④ 게이트 밸브 : 밸브 봉을 회전시켜 밸브시트면과 직선적으로 미끄럼 운동하며 흐름의 저항이 거의 없다.

1-5
게이트 밸브는 개폐 시 다른 밸브보다 소요시간이 길다.

정답 1-1 ②　1-2 ②　1-3 ②　1-4 ②　1-5 ④

핵심이론 02 │ 밸브의 정비

(1) 배관밸브의 취급상 주의사항

① 그루브 밸브
　㉠ 지나치게 강한 교축으로 장기간 사용하면 밸브시트에 가는 세로 흠이 생겨 전폐 시 누설이 발생할 수 있다.
　㉡ 감압밸브를 사용하거나 관경을 가늘게 하는 등의 조치가 필요하다.
② 슬루스 밸브 : 보통 전개·전폐로 사용하지만, 유속이 빠를 경우에는 밸브체를 낮춰서 전폐에 가까운 상태가 되면 밸브체가 진동을 일으켜 밸브 사이트의 손상이나 유체의 맥동의 원인이 된다.

(2) 밸브 취급 시 주의사항(공통)

① 핸들의 회전 방향을 정확히 확인한다.
② 밸브는 천천히 연다.
③ 밸브의 전개를 천천히 하고 핸들 바퀴가 정지될 때까지 회전시키고, 그 다음 약 2분의 1회전을 '닫음' 방향으로 역전시켜 둔다.
④ 밸브를 닫을 때는 서서히 닫지만 밸브 누르개의 부분이 마모된 밸브는 전폐에 가까워져서 밸브체가 내부에서 진동을 일으킬 때는 오히려 빨리 닫게 한다.
⑤ 이종금속으로 이루어진 밸브는 열팽창에 주의한다.
※ 주철·주강밸브는 밸브시트에 스테인리스강, 청동, 황동 등이 이종금속이 쓰인다.

핵심예제

밸브의 취급방법으로 옳지 않은 것은?

① 밸브를 열 때는 기기의 이상 유무를 확인하면서 천천히 연다.
② 밸브를 전개할 때는 완전히 연 후 2분의 1 정도 역회전시켜 둔다.
③ 이종금속으로 된 밸브는 열팽창에 주의하여 취급한다.
④ 밸브를 열고 닫을 때는 누설을 방지하기 위해 빨리 조작한다.

|해설|

밸브를 열고 닫을 때는 서서히 조작한다.

정답 ④

2-2. 펌프의 점검과 정비

핵심이론 01 | 펌프의 분류

(1) 비용적형 펌프

① 원심펌프 : 벌류트 펌프, 터빈펌프
② 프로펠러 펌프 : 축류펌프, 혼류펌프
③ 정성펌프 : 캐스케이드 펌프

(2) 용적형 펌프

① 왕복펌프
  ㉠ 피스톤 펌프(수평펌프, 수직펌프)
  ㉡ 플런저 펌프 : 수평형, 수직형
  ㉢ 다이어프램 펌프
  ㉣ 윙펌프
② 회전 펌프
  ㉠ 기어펌프 : 외치펌프, 내치펌프
  ㉡ 편심펌프 : 베인형, 롤러형, 로터리형, 플런저형
  ㉢ 나사펌프 : 싱글펌프, 투펌프, 쓰리펌프
③ 기 타
  ㉠ 분사펌프(제트펌프)
  ㉡ 기포펌프(에어 리프트)
  ㉢ 수격펌프(부동력 펌프 하이드로릭형)
  ㉣ 수중펌프

(3) 취급액에 의한 분류

① 청수용 펌프 : 얕은 우물용, 깊은 우물용
② 오수용(오물용) 펌프 : 수세식 정화조
③ 온수용, 냉수용 펌프 : 난방용 온수 순환펌프
④ 특수액용 펌프
⑤ 오일펌프
⑥ 유압펌프
⑦ 기름펌프

핵심예제

1-1. 다음 중 비용적형 펌프가 아닌 것은?
① 벌류트 펌프
② 터빈펌프
③ 기어펌프
④ 축류펌프

1-2. 다음 중 회전펌프의 종류가 아닌 것은?
① 기어펌프
② 편심펌프
③ 나사펌프
④ 피스톤 펌프

1-3. 취급액에 의한 펌프의 분류 중 얕은 우물용, 깊은 우물용이 해당되는 것은?
① 엔진펌프
② 오수용 펌프
③ 청수용 펌프
④ 워싱톤 펌프

|해설|
1-1
기어펌프는 용적형 펌프이다.
1-2
피스톤 펌프는 용적형 중 왕복펌프이다.

정답 1-1 ③   1-2 ④   1-3 ③

핵심이론 02 | 펌프의 종류 및 특징

① 벌류트 펌프 : 날개차와 맴돌이형 케이싱으로 구성, 실양정 30[m] 정도까지 사용한다.
② 터빈펌프 : 와류(원심) 펌프의 일종, 효율을 높이기 위하여 안내 날개를 가진 와류펌프이다.
③ 프로펠러 펌프 : 날개 3~4개를 가진 회전식 펌프, 저양정, 대용량의 배수 또는 흡수용으로 적합하다.
④ 캐스케이드 펌프 : 고속으로 회전하는 다수의 홈을 판 날개차와 유체의 마찰에 의해서 액체를 뿜어내는 펌프이다.
⑤ 피스톤 펌프 : 실린더 내의 피스톤의 왕복운동에 의하여 흡수·배수를 하는 펌프이다.
⑥ 플런저 펌프 : 왕복펌프의 일종으로, 실린더 속을 플런저가 왕복운동을 하면서 실린더 속의 액을 배제한 양만큼 송액하는 펌프이다.
⑦ 다이어프램 펌프 : 격막 펌프로, 펌프막의 상하운동에 의해서 액체의 흡상·배출작용을 하는 형식이다. 가솔린 기관의 연료펌프 등에 이용한다.
⑧ 윙펌프 : 부채꼴 날개를 전후로 요동시켜 양수하는 펌프이다.
⑨ 외치 기어펌프 : 한 쌍의 외접 기어가 그 바깥둘레와 옆면에 딱 들어맞는 케이싱 속에서 회전하는 펌프이다.
⑩ 내치 기어펌프 : 외접 기어와 내접 기어 각각 1개로 구성, 치형은 인벌류트 치형, 트로코이드 치형이 많이 사용된다.

더 알아보기

기어펌프의 특징
- 구조가 간단하고, 비교적 가격이 저렴하다.
- 신뢰도가 높고 운전 보수가 용이하다.
- 입출구의 밸브가 없고 왕복펌프에 비해 고속 운전이 가능하다.

⑪ 베인펌프 : 케이싱 내에 편심된 회전체(로터)가 회전하고 홈 속에 판 모양의 베인이 삽입되어 자유로이 출입하고, 대유량의 수송에 적당하다. 고장이 적고 보수가 용이하다.

⑫ 나사펌프 : 한 개의 나사 축(원동축)에 다른 나사 축(종동축)을 1개 또는 2개를 물리게 하여 케이싱 속에 봉하고 서로 반대 방향으로 회전시키므로 액체를 송출한다. 저압용(100[kgf/cm^2] 이하)이고, 소음과 맥동이 없다.

⑬ 다단펌프 : 임펠러 단단펌프로 양정이 부족할 때 다음 단의 임펠러 입구로 이송하고 다시 한번 임펠러로 에너지를 주면 양정이 높아진다. 단수를 겹칠수록 높은 양정을 만드는 펌프이다.

⑭ 수격펌프(무동력펌프) : 저낙차의 물을 긴 관으로 이끌어 그 관성작용을 이용하는 펌프이다. 일부분의 물을 원래의 높이보다 높은 곳으로 수송하는 양수기이다.

⑮ 마찰펌프 : 원주면에 홈이 있는 원판상 회전체를 케이싱 속에서 회전시켜 이것에 접촉하는 액체를 유체마찰에 의한 압력에너지를 주어 송출하는 펌프이다.

핵심예제

기어펌프의 특징으로 옳은 것은?

① 구조가 간단하고 가격이 저렴하다.
② 소음과 진동이 없다.
③ 기포가 발생되지 않는다.
④ 유압펌프로 사용할 수 없다.

|해설|

기어펌프의 특징
• 신뢰도가 높고 운전 보수가 용이하다.
• 입출구의 밸브가 없고 왕복펌프에 비해 고속 운전이 가능하다.
• 효율이 낮다.

정답 ①

핵심이론 03 | 펌프의 특성

(1) 펌프의 특성

① 한 개의 회전차를 형상과 운전 상태를 유지하면서 그의 크기를 변경시키면 단위 유량에서 단위 수두(양정)를 발생시킬 때 그 회전차에 주어져야 할 매분 회전수를 회전차의 비속도(Ns) 또는 비교 회전도라 한다.
  • Ns값의 범위 : 축류펌프(800~1,200) > 사류펌프(700~1,000) > 벌류트펌프(250~450) > 터빈(원심)펌프(80~120)

② 양흡입형 펌프인 경우 임펠러 한쪽 절반만 생각하는 것이므로 Q는 토출량의 2분의 1로 잡으며 다단 펌프의 경우 양정(H)은 1단당의 양정으로 잡는다.

③ 기어펌프의 송출량

$$Q_r = \frac{\pi}{4}(D_1^2 - D_2^2) \cdot LN$$

④ 인벌류트 표준 치형 기어펌프의 송출량(근사치)

$$Q = 2\pi m^2 ZLN [\text{m}^3/\text{min}]$$

(2) 펌프의 동력과 효율

효율을 구하는 데는 수동력과 축동력을 이용한다.

① 수동력 : 펌프에 의해서 펌프를 지나는 액체에 준 동력

$$L_w = \frac{pgQh}{1,000}[\text{kW}] = \frac{\gamma QH}{75}[\text{HP}]$$

여기서, L_w : 수동력[HP]
Q : 송출1 정비용 측정기구 유량[m^3/sec]
H : 양정[m]
γ : 액체의 비중량[kg/m^3]

② 축동력 : $L = \dfrac{L_m}{k}$

여기서, L : 축동력, 펌프를 운전하는 데 필요한 동력
L_m : 원동기의 출력
k : 경험계수(직결전동 : 1.10~1.2)

③ 효율 : $\eta = \dfrac{L_w}{L}$

여기서, η : 펌프의 전효율

㉠ 수력효율 : $\eta_h = \dfrac{H}{H_{th}} = \dfrac{H_{th} - hl}{H_{th}} = \dfrac{\text{실제양정}}{\text{이론양정}}$

㉡ 기계효율 : $\eta_m = \dfrac{L - L_m}{L} = \dfrac{\text{축 동력} - \text{기계손실}}{\text{축동력}}$

㉢ 체적효율 : $\eta_v = \dfrac{Q}{Q + q} = \dfrac{\text{압송유량}}{\text{압송유량} + \text{누설량}}$

㉣ 펌프 전 효율 : $\eta = \eta_h \times \eta_m \times \eta_V$

핵심예제

유량 180[L/min], 100[m] 높이로 물을 보내고자 한다. 펌프에 필요한 동력은 약 몇 [kW]인가?

① 1.8[kW] ② 2.9[kW]
③ 4.0[kW] ④ 176.5[kW]

|해설|

동력(kW) $= \dfrac{P \times Q}{102}$

$P =$ 물의 비중량 $\times$ 높이

$1,000[\text{kgf/m}^3] \times 100[\text{m}] = 10^5[\text{kgf/m}^2]$

$Q = 180[\text{L/min}]$은 $180 \times 0.001[\text{m}^3]/60[\text{s}] = 0.003[\text{m}^3/\text{s}]$

동력(kW) $= \dfrac{P \times Q}{102} = \dfrac{10^5 \times 3 \times 10^{-3}}{102} = 2.9[\text{kW}]$

정답 ②

핵심이론 04 | 펌프의 구조

원심펌프는 회전차, 케이싱, 패킹, 흡입구, 토출구, 주축 등으로 구성된다.

(1) 회전차

① 입구와 출구 : 원심 회전차는 축으로부터 받은 동력으로 유체에 선회속도를 갖게 함으로써 운동에너지를 증가시키며, 원심력에 의해 외주의 케이싱으로 유체를 배출한다.

② 일반적인 형태 : 수 매에서 십수 매의 완곡된 날개를 양측에서 2매의 원판으로 물려 한 방향의 원판에 흡입구를 붙인 구조이다. 원심 회전차의 종류는 다음과 같다.

㉠ 오픈(개방형) 회전차 : 측판이 없는 것

㉡ 클로즈드(밀폐형) 회전차 : 측판이 있는 것

㉢ 양 흡입형 회전차 : 두 개의 회전차를 등을 대고 합쳐 양측에 흡입구를 붙인 것

③ 축 스러스트의 조정법(단단펌프의 경우)

㉠ 평형 구멍(Balance Hole) : 평형 구멍을 뚫어 평형실의 압력을 회전차의 물이 들어오는 부분의 압력과 거의 같게 함으로써 축 스러스트를 저감한다. 이 방법은 체적효율을 저하시키고 주판에 접하는 패킹 상자에서 바깥 공기를 흡입하기 쉬운 결점이 있다. 소형·중형 원심펌프에 많이 이용된다.

㉡ 평형관(Balance Pipe) : 평형 구멍법과 같은 효과를 꾀하고 있으나 같은 결점이 있다. 대형 펌프에 많이 이용된다.

㉢ 이면 날개(Pump Outvane) : 주판에 방사상의 리브(이면 날개)를 설치하는 방법으로, 이것에 의해 주판의 배면에 작용하는 압력을 낮게 하여 축 스러스트를 감소시키려는 것이다. 단, 축 동력이 약간 증가한다.

ⓔ 양 흡입형 : 정상 운전에서 스러스트를 고려할 필요가 없으나 흡입조건이 비대칭인 경우나 순간적인 스러스트의 변동을 위해 스러스트 베어링이 사용된다.

(2) 디퓨저
유체 흐름의 감속 유로를 말하고, 속도수의 일부를 압력수로 변환하는 확대 유로로 유체기계의 고정 유로의 중요한 구성요소이다.

(3) 안내 날개
유체기계 내의 유체를 가능한 한 작은 손실로 희망하는 방향으로 흐름을 유도하기 위해 고정 유로 내에 여러 종류의 안내 날개를 설치한다.

(4) 벌류트 케이싱
원심 회전차의 출구에 벌류트를 설치하여 회전차에서의 유체를 모아서 디퓨저부에 흐름을 유도하기 위해 벌류트 케이싱을 설치한다.

(5) 축봉장치
유체기계 내의 유체가 외부로 누설되거나 내부가 부압인 경우 외기의 흡입을 방지하기 위해서 주축이 케이싱을 관통하는 곳에 축봉(Seal)장치를 설치한다. 종류는 다음과 같다.
① Gland 패킹
② Mechanical Seal
③ Oil Seal

핵심예제

4-1. 펌프 임펠러와 와류실 사이에 안내깃을 두고 임펠러에서 나온 물의 운동에너지를 압력으로 변환시키는 펌프는?
① 기어펌프
② 원심펌프
③ 편심펌프
④ 플런저 펌프

4-2. 원심펌프에서 임펠러의 양쪽에 작용하는 수압이 같지 않아 발생하는 추력을 줄여 주기 위한 방법으로 적합한 것은?
① 흡입양정을 적게 한다.
② 임펠러에 밸런스 홀(Hole)을 뚫는다.
③ 임펠러의 직경을 감소시킨다.
④ 임펠러의 직경을 증가시킨다.

|해설|

4-1
축으로부터 받은 동력으로 유체에 선회속도를 갖게 함으로써 운동에너지를 증가시키며, 원심력에 의해 외주의 케이싱으로 유체를 배출한다.

4-2
평형 구멍(Balance Hole) : 평형 구멍을 뚫어 평형실의 압력을 회전차의 물이 들어오는 부분의 압력과 거의 같게 함으로써 축 스러스트를 저감한다.

정답 4-1 ② 4-2 ②

핵심이론 05 | 캐비테이션

(1) 캐비테이션(Cavitation)
① 물은 100[℃](1기압)가 되면 끓지만, 압력을 낮추면 물은 그보다 낮은 온도에서도 끓는다. 압력이 물의 온도에 해당하는 포화증기압 이하로 내려가 물이 증발하여 기포가 발생하기 때문이다.
② 펌프의 내부에서도 흡입양정이 높거나 흐름속도가 국부적으로 빠른 부분은 압력이 저하되어 유체가 증발되는 현상이 발생한다.

(2) 캐비테이션이 발생할 경우 일어나는 현상
① 소음·진동이 생긴다.
② 펌프의 성능이 저하된다.
③ 더욱 압력이 저하하면 양수 불능이 된다.
④ 더욱 강한 캐비테이션이 되면 운전을 지속하는 것이 곤란하다.
⑤ 오랜 시간 사용하면 유로 표면에 여러 개의 구멍이 생겨서 재료를 손상시킨다(점 침식 : 캐비테이션에 따라 생긴 여러 기포가 터질 때 충격의 반복으로 발생된다).

(3) 캐비테이션의 방지책
① 펌프의 설치 위치를 낮게, 흡입양정을 작게 할 것
② 흡입관은 짧게, 흡입관은 크게 할 것
③ 흡입축에서 펌프의 토출량을 줄이지 말 것
④ 전 양정의 결정에는 캐비테이션을 고려하여 적합하게 제작할 것
⑤ 양정의 변화가 클 경우에도 캐비테이션이 생기지 않도록 할 것
⑥ 임펠러 재질을 캐비테이션 침식에 대하여 강한 고급 재질을 택할 것
⑦ 이미 캐비테이션이 생긴 펌프에 대해서는 소량의 공기를 흡입구에 넣어 소음과 진동을 줄일 것
⑧ 펌프의 회전수를 낮게 할 것
⑨ 양 흡입형 펌프로 고칠 것

핵심예제

5-1. 펌프 내부에서 흡입양정이 높거나 흐름속도가 국부적으로 빠른 부분 등은 압력이 저하되고, 유체가 증발되는 현상이 발생한다. 이와 같은 현상을 무엇이라 하는가?
① 와류현상
② 서 징
③ 캐비테이션
④ 수격현상

5-2. 다음 중 캐비테이션의 방지책이 아닌 것은?
① 펌프의 설치 위치를 되도록 낮게 할 것
② 흡입관을 가능한 한 짧게 할 것
③ 펌프의 회전 수를 낮게 할 것
④ 흡입양정을 크게 할 것

5-3. 압력이 포화 수증기압 이하로 낮아지면서 기포가 발생하는 현상은?
① 캐비테이션
② 수격현상
③ 채터링 현상
④ 교축현상

|해설|
5-1
② 서징현상 : 과도적으로 상승한 유량, 압력, 회전속도가 주기적으로 변동하여 기기에 진동을 일으키는 현상
④ 수격현상 : 관로에서 유속의 급격한 변화에 관 내 압력이 상승 또는 하강하는 현상

5-2
캐비테이션을 방지하기 위해 흡입양정을 작게 한다.

5-3
펌프의 내부에서도 흡입양정이 높거나 흐름속도가 국부적으로 빠른 부분은 압력이 저하되어 유체가 증발되는 캐비테이션 현상이 발생한다.

정답 5-1 ③ 5-2 ④ 5-3 ①

핵심이론 06 | 수격현상

(1) 수격현상
① 액체는 압축성이 작고 밀도가 크기 때문에 흐름을 급격히 정지시키면 일시적으로 큰 압력 상승이 일어나 관로의 파괴를 초래할 수 있다.
② 이와 같이 급격한 흐름의 변화에 수반하는 과도적인 압력 변화를 수격(Water Hammer)이라 한다.

(2) 수격현상 경감법
① 수격현상의 피해
  ㉠ 상승압에 따라 펌프, 밸브, 관로 등이 파손된다.
  ㉡ 압력 강하에 따라 관로가 파손된다.
  ㉢ 수주분리현상 후 다시 물로 채워질 때 충격압이 생겨 관이 파손된다.
  ㉣ 펌프 및 원동기에 역전 과속에 따른 사고가 발생한다.
② 수주 분리의 방지책
③ 압력 상승의 방지책

(3) 서징현상
펌프를 운전할 때 주기적으로 양정, 토출량이 규칙적으로 변동하는 현상이다.

핵심예제

관로에서 유속의 급격한 변화에 의해 관 내 압력이 상승 또는 하강하는 현상은?
① 캐비테이션 ② 수격작용
③ 서징현상   ④ 크래킹

|해설|
수격(Water Hammer)현상은 급격한 흐름의 변화에 수반하는 과도적인 압력 변화이다.

정답 ②

핵심이론 07 | 펌프 운전상 주의사항

(1) 소음
① 정상음의 확인 : 펌프가 정상음을 내는 경우에는 펌프의 각부에 문제가 없다고 판단한다.
② 이상음의 발생원인
  ㉠ 캐비테이션이 발생했을 경우
  ㉡ 임펠러가 이물로 막혔을 경우
  ㉢ 공기를 흡입하였을 경우
  ㉣ 임펠러가 맞닿을 경우
  ㉤ 메탈 베어링이 불량할 경우

(2) 동력
① 과부하의 발생원인
  ㉠ 계획보다 높은 양정에 사용될 경우
  ㉡ 파이프가 너무 길 경우
  ㉢ 계획보다 양수량이 초과되었을 경우
  ㉣ 글랜드 패킹의 과잉 체결로 기계적 손실이 클 경우
  ㉤ 펌프의 선정이 잘못되었을 경우
② 무부하의 발생원인
  ㉠ 임펠러가 막혔을 경우
  ㉡ 실(Seal)이 불량할 경우
  ㉢ 흡수 파이프가 가늘어 캐비테이션이 발생했을 경우
  ㉣ 흡수측에 밸브가 있거나 막혔을 경우
  ㉤ 공전하는 액체가 있을 경우
  ㉥ 풋 밸브가 고장 났을 경우
  ㉦ 역회전할 경우

(3) 베어링, 모터의 과열
① 정상적인 베어링의 온도 : 주위의 온도보다 40[℃] 정도 높으면 정상이며, 그 이상 높으면 이상 고온으로 판단한다.

② 이상 고온의 원인
  ㉠ 순환 계통의 불량
  ㉡ 급유 부족
  ㉢ 베어링 메탈과 축 중심의 어긋남(축 추력 발생)
  ㉣ 모터와 펌프의 무리한 직결 상태

(4) 압력, 진공, 전류계의 판독 시 주의사항
① 압력계가 정상이 아닌 경우
  ㉠ 압력계가 높은 경우
    • 밸브를 너무 막을 때
    • 파이프의 막힘
    • 압력 스위치의 고장
    • 안전밸브의 불량
    • 실양정이 설계 양정보다 클 때
    • 펌프 선정이 잘못되었을 때
  ㉡ 압력계가 낮은 경우
    • 회전수의 저하
    • 임펠러의 막힘
    • 흡수측의 막힘
    • 공회전
    • 실양정이 설계 양정보다 작을 때
    • 펌프 선정이 잘못되었을 때
  ㉢ 지침이 흔들리는 경우
    • 캐비테이션의 발생
    • 흡수측으로부터의 공기 흡입
② 진공계가 정상이 아닌 경우
  ㉠ 진공계가 높은 경우
    • 수위 저하 이상
    • 흡수축의 막힘(흡수관 Loss의 증가)
    • 점도액의 점도 변화
  ㉡ 진공계가 낮은 경우
    • 수위 상승
    • 임펠러, 마우스 링의 마모
    • 기어의 마모

• 실(Seal) 불량
• 패킹의 파열
• 흡수 파이프의 분공(雰孔) 등에 의한 공기 흡수

핵심예제

7-1. 펌프축에 설치된 베어링의 이상현상이 아닌 것은?
① 윤활유의 부족
② 축 중심의 일치
③ 베어링 장치 불량
④ 축 추력의 발생

7-2. 진공계의 값이 높게 나타나는 이유가 아닌 것은?
① 수위 저하 이상
② 흡수축의 막힘
③ 점도액의 점도 변화
④ 임펠러, 마우스 링의 마모

7-3. 펌프 운전 시 압력계의 압력이 낮게 나타나는 원인이 아닌 것은?
① 임펠러의 막힘
② 흡입측의 막힘
③ 안전밸브의 불량
④ 공회전

|해설|

7-1
베어링 메탈과 축 중심이 어긋나면(축 추력 발생) 이상현상이 나타난다.

7-2
임펠러, 마우스 링의 마모로 인해 진공계의 값이 낮게 나타난다.

7-3
압력계의 압력이 낮은 원인
• 회전수의 저하
• 임펠러의 막힘
• 흡수측의 막힘
• 공전(空轉)
• 실양정이 설계 양정보다 작을 때
• 펌프 선정의 잘못되었을 때

정답 7-1 ② 7-2 ④ 7-3 ③

핵심이론 08 | 펌프의 정비

(1) 베어링의 사용 관리
① 베어링 온도는 정상 운전 상태에서 주위 온도보다 20~30[℃]를 초과해서는 안 된다.
② 베어링 하우징부에서 거친 소리나 두들기는 소리는 이물질이 있음을, 휘파람 소리는 윤활유가 부족함을 의미한다.
③ 오일 레벨을 매일 체크하여 오일이 부족하지 않도록 한다.

(2) 베어링의 과열현상
① 조립 설치 불량 : 축의 중심이 불일치하면 가소성이 큰 축 이음을 사용한다.
② 윤활유 또는 그리스 양 부적(不適)
  ㉠ 윤활유의 부족으로 발열
  ㉡ 그리스 양이 많으면 그리스 교반 때문에 발열(용량에 대해 1/3~1/2이 적정량)
③ 윤활유 질의 부적(不適) : 축 기름의 점도가 부적당하면 유막이 끊기거나 교반 손실되어 발열
④ 베어링 장치 불량 : 축과 베어링 박스와의 간섭으로 발열
⑤ 기타 원인 : 추력평형장치의 고장에 따른 이상 추력의 발생, 글랜드부의 조임을 가감하거나 공급 물량을 조절한다.

(3) 원심펌프 습동부 마모 사용 한계(교환시기)
① 임펠러 및 라이너 링 : 틈새가 3배 이상 되었을 때
② 슬리브 : 슬리브 면의 마모량은 (0.025~0.03) × 주축 지름
③ 구름 베어링 : 운전시간 49,000[h](연속 운전의 경우로 약 4년 6개월)
④ 메인축과 베어링 메탈 : 틈새의 값이 당초의 1.5배 이상이 되었을 때

핵심예제

8-1. 펌프의 부식을 촉진시키는 요인이 아닌 것은?
① 온도가 높을수록 부식되기 쉽다.
② 유속이 빠를수록 부식되기 쉽다.
③ 산소량이 적을수록 부식되기 쉽다.
④ 금속 표면이 거칠수록 부식되기 쉽다.

8-2. 펌프의 베어링 과열현상이 아닌 것은?
① 축의 중심 불일치
② 윤활유의 부족
③ 축과 베어링 박스와의 간섭 발생
④ 윤활유의 점도 적당

8-3. 펌프 운전 시 캐비테이션(Cavitation) 발생 없이 펌프가 안전하게 운전되고 있는가를 나타내는 척도는?
① 유효 흡입수두   ② 전양정
③ 토출수두   ④ 실양정

8-4. 펌프의 정기 점검항목 중 글랜드 패킹과 슬리브의 마모 상태의 점검주기로 옳은 것은?
① 매 일   ② 매 월
③ 6개월마다   ④ 1년마다

8-5. 다음 중 펌프는 기동하지만 물이 안 나오는 원인은?
① 공기가 흡입되고 있다.
② 마중물을 하지 않았다.
③ 웨어링이 마모되어 있다.
④ 토출양정이 높다.

8-6. 저양정펌프에서 토출량을 조절할 수 있는 밸브는?
① 콕 밸브
② 감압밸브
③ 체크밸브
④ 나비형 밸브

| 해설 |

8-1
부식을 촉진시키는 요인으로 산소량이 많을수록, 재료가 응력을 받을 때, 캐비테이션 발생 부위나 충격 흐름을 받는 부위, 돌기부 등이 있다.

8-2
윤활유의 점도가 부적합하면 유막이 끊기거나 교반이 손실되어 과열현상이 나타난다.

8-3
펌프 입구 기준면에서 전압과 포화증기압과의 차는 펌프의 캐비테이션 발생에 대한 여유를 나타낸다. 이 압력차의 수두 표시를 유효흡입수두(NPSH ; Net Positive Suction Head)라 하며 이것에 의해 펌프의 흡입성능이 평가된다.

8-4
- 6개월 주기 점검항목 : 펌프와 원동기 연결 상태, 윤활유 상태, 글랜드 패킹, 배관 지지 형태 등
- 1년 주기 점검항목 : 마모된 간극 측정과 계기류 점검

8-5
공기가 흡입되고, 웨어링이 마모되고, 토출양정이 높은 경우는 펌프가 기동은 하지만 규정 수량과 규정 양정이 안 나오는 원인이 된다.

8-6
사이펀 배관의 저양정펌프에서 토출량을 조절하지 않는 밸브도 나비형 밸브이다.

정답 8-1 ③ 8-2 ④ 8-3 ① 8-4 ④ 8-5 ② 8-6 ④

2-3. 송풍기의 점검 및 정비

핵심이론 01 | 송풍기

(1) 송풍기의 개요와 분류

① 송풍기는 형식, 용도, 사용조건 등에 따라서 다양한 종류가 있다.
② 주요 구성에는 케이싱, 임펠러, 축 베어링, 커플링, 베드 및 풍량 제어장치 등이 있다.

(2) 분 류

① 임펠러 흡입구에 의한 분류 : 평흡입형, 양흡입형, 양쪽 흐름 다단형
② 흡입방법에 의한 분류 : 실내 대기 흡입형, 흡입관 취부형, 풍로 흡입형
③ 단수에 의한 분류 : 단형, 다단형
④ 냉각방법에 의한 분류 : 공기 냉각형, 재킷 냉각형, 중간 냉각 다단형
⑤ 안내차의 의한 분류 : 안내차가 없는 형, 고정 안내차가 있는 형, 가동 안내차가 있는 형

(3) 축의 설치와 조정

① 임펠러가 붙여질 축을 설치한 후 전동기 축과 반전동기축의 수평부에 수준기를 놓고 수준기의 좌우의 구배차가 0.05[mm] 이하 또는 베어링 케이스의 축 관통부의 축과의 틈새차가 0.2[mm] 이하가 되도록 베드 밑쪽에 라이너로 조정한다.
② 송풍기 축은 운전 중에 축 방향으로 신장하려 한다. 이 때문에 전동기 측 베어링(고정 측)은 고정하고 반전동기 측(자유 측) 방향으로 신장되도록 되어 있다.

핵심예제

1-1. 송풍기의 주요 구성 부분이 아닌 것은?
① 케이싱 ② 압축성
③ 임펠러 ④ 축 베어링

1-2. 송풍기를 흡입방법에 의해 분류한 것으로 틀린 것은?
① 실내 대기 흡입형
② 흡입관 취부형
③ 풍로 흡입형
④ 송출관 취부형

1-3. 양쪽 지지형 송풍기의 축을 설치할 때 전동기축과 반전동기축의 좌·우측 구배의 차이는 몇 [mm] 이하인가?
① 0.05 ② 0.1
③ 0.15 ④ 0.2

1-4. 송풍기를 설치하기 전 기초 작업으로 확인해야 할 사항이 아닌 것은?
① 기초 치수
② 기초 볼트 위치
③ 조립 외형도에 의한 부품 배치
④ 베어링 조정

|해설|

1-1
송풍기는 형식, 용도, 사용 조건 등에 따라서 다양한 종류가 있다. 주요 구성에는 케이싱, 임펠러, 축 베어링, 커플링, 베드 및 풍량 제어 장치 등이 있다.

1-2
송풍기를 흡입방법에 의해 분류하면 실내 대기 흡입형, 흡입관 취부형, 풍로 흡입형이 있다.

1-3
수준기 좌우의 구배차가 0.05[mm] 이하 또는 베어링 케이스의 축 관통부의 축과의 틈새차가 0.2[mm] 이하가 되도록 베드 밑쪽에 라이너로 조정한다.

1-4
베어링 조정은 송풍기 설치 후 작업내용이다.

정답 1-1 ② 1-2 ④ 1-3 ① 1-4 ④

핵심이론 02 | 송풍기의 점검 및 정비

(1) 송풍기 베어링의 온도가 급상승하는 경우의 점검 사항
① 축 관통부와 축 틈새가 균일한가 확인한다.
② 윤활 유의 적정 여부를 점검한다.
③ 자유측의 커버가 베어링의 외륜을 누르고 있지 않나 점검한다.
④ 베어링은 궤도륜(외륜 및 내륜)이나 진동체(볼 또는 롤러)의 흠집 여부를 점검한다.
⑤ 오일 링의 회전이 정상인가 또는 베어링 메탈과 축과의 간섭이 정상인가 점검한다.

(2) 송풍기 설치 장소 선정 시 고려사항
① 소음 및 발생 열에 대한 환기 대책
② 보수작업에 필요한 공간
③ 습도 및 부식성 가스 대책(재질과 사양 고려)
④ 옥외 설치 시 방수 설비 및 소음 방지 대책

(3) 송풍기의 풍량이 부족한 원인
① 송풍기 또는 덕트에 먼지 등이 쌓여 있어 저항이 증대되었을 때
② 회전수가 저하되었을 때
③ V벨트의 장력이 너무 느슨할 때
④ 임펠러에 이물실이 끼었을 때

(4) 송풍기 운전 중 점검사항
① 베어링의 온도 : 40[℃] 이상 높으면 안 된다고 규정되어 있지만 70[℃] 이하이면 큰 지장은 없다.
② 베어링의 진동 및 윤활유 적정 여부를 점검한다.

핵심예제

2-1. 송풍기 축의 온도 상승에 의한 신장에 대한 대책은?
① 전동기 측 베어링이 신장되도록 한다.
② 반전동기 측(자유 측) 방향으로 신장되도록 한다.
③ 양쪽이 모두 신장되도록 한다.
④ 신장되지 못하도록 제한한다.

2-2. 송풍기의 풍량이 부족한 원인이 아닌 것은?
① 회전수가 저하되었을 때
② V벨트의 장력이 적당할 때
③ 임펠러에 이물질이 끼었을 때
④ 송풍기 또는 덕트에 먼지 등이 쌓여 있어 저항이 증대되었을 때

2-3. 송풍기에서 베어링의 온도가 급상승하는 경우 점검하여야 할 사항으로 거리가 먼 것은?
① 윤활유의 적정 여부를 점검한다.
② 송풍기의 회전 방향을 점검한다.
③ 미끄럼 베어링은 오일 링의 회전이 정상인가 점검한다.
④ 관통부에 펠트(Felt)가 쓰이는 경우 이것이 축에 강하게 접촉되어 있지 않은지 점검한다.

2-4. 송풍기 진동의 원인이 아닌 것은?
① 축의 굽음
② 모터의 회전수 저하
③ 임펠러의 마모나 부식
④ 임펠러에 더스트(Dust) 부착

|해설|

2-1
송풍기 축은 운전 중에 축 방향으로 신장하려 한다. 이 때문에 전동기 측 베어링(고정 측)은 고정하면 반전동기 측(자유 측)방향으로 신장되도록 되어 있다.

2-2
V벨트의 장력이 너무 느슨하면 송풍기 풍량이 부족해진다.

2-4
모터의 회전수 저하는 송풍기의 풍량이 부족한 원인이다.

정답 2-1 ② 2-2 ② 2-3 ② 2-4 ②

핵심이론 03 | 통풍기

(1) 압력에 의한 분류
① 통풍기(Fan) : $0.1[kgf/cm^2]$ 이하
② 송풍기(Blower) : $0.1 \sim 1[kgf/cm^2]$ 미만
③ 압축기(Compressor) : $1.0[kgf/cm^2]$ 이상

(2) 작동 방식에 의한 분류
① 원심식(다익, 레이디얼, 터보) : 외형실 내에서 임펠러가 회전하여 기체의 원심력이 주어진다.
② 왕복식 : 기통 내의 기체를 피스톤으로 압축한다(고압용 압축비 2 이상). 원심식에 비해 압력은 높으나 풍량이 적다.
③ 프로펠러 : 고속 회전에 적합하다.
④ 회전식(루트, 가동익, 나사) : 일정 체적 내에 흡입한 기체를 회전기구에 의해서 압송하며, 원심식에 비해 압력은 높으나 풍량이 적다.

(3) 통풍기의 정비
① Siroco Fan(전향 베인, 15~200[mmHg]) : 풍량 변화에 따른 풍압 변화가 적다. 풍량이 증가하면 동력이 증가한다.
② Plate Fan(경향 베인, 50~250[mmHg]) : 베인의 현상이 간단하다.
③ Turbo Fan(후향 베인, 350~500[mmHg]) : 효율이 가장 좋다.

(4) 냉각장치
① 압축압력이 $2[kgf/cm^2]$(0.2[MPa]) 이상일 때 온도 상승 방지 및 동력 절약 목적으로 냉각 장치가 필요하다.
② 냉각법에는 다음과 같은 것들이 있다.
　㉠ 케이싱 벽을 2중으로 하여 그 사이에 냉각수를 유동시키는 방법

ⓒ 별도의 냉각기를 설치하여 압축 도중에 냉각하는 방법(중간 냉각 : Inter Cooling)

(5) 원심형 통풍기의 정기검사 항목
① 후드 덕트의 마모, 부식, 움푹 패임, 기타의 손상 유무 및 그 정도
② 덕트 배풍기의 먼지 퇴적 상태
③ 통풍기의 주유 상태
④ 덕트 접촉부의 풀림
⑤ 통풍기 벨트의 작동
⑥ 흡기・배기의 능력
⑦ 여포식 제진장치에서는 여포의 파손 또는 풀림

핵심예제

3-1. 원심형 통풍기 중 고속도로 터널 환풍기에 사용되며 효율이 가장 좋은 통풍기는?
① 시로코 통풍기
② 플레이트 통풍기
③ 용적식 통풍기
④ 터보 통풍기

3-2. 시로코 통풍기의 베인 방향으로 옳은 것은?
① 전향 베인
② 경향 베인
③ 후향 베인
④ 수직 베인

|해설|

3-1
Turbo Fan은 후향 베인 타입으로, 350~500[mmHg]의 압력을 생성하며, 효율이 가장 좋은 통풍기이다.

3-2
Siroco Fan(전향 베인, 15~200[mmHg]) : 풍량 변화에 따른 풍압 변화가 적다. 풍량이 증가하면 동력이 증가한다.

정답 3-1 ④ 3-2 ①

2-4. 압축기의 점검 및 정비

| 핵심이론 01 | 압축기

(1) 압축기의 종류
① 터보형
  ㉠ 축류식 : 축류 압축기
  ㉡ 원심식 : 레이디얼 압축기, 터보압축기
② 용적형
  ㉠ 회전식 : 베인형 압축기, 나사식 압축기, 스크롤형 압축기, 루트 블로어
  ㉡ 왕복식 : 피스톤형 압축기, 다이어프램 압축기

(2) 왕복식 압축기의 장단점

장 점	단 점
고압 발생이 가능하다.	・설치 면적이 넓다. ・기초가 견고해야 한다. ・윤활이 어렵다. ・맥동압력이 있다. ・소용량이다.

(3) 원심식 압축기의 장단점

장 점	단 점
・설치 면적이 비교적 좁다. ・기초가 견고하지 않아도 된다. ・윤활이 쉽다. ・맥동압력이 없다. ・대용량이다.	고압 발생이 어렵다.

(4) 압축기의 설치 및 배관
① 기초 공사
  ㉠ 기초편은 모르타르의 두께는 라이너의 두께를 고려하여 마무리 작업보다 45[mm] 낮게 기초를 한다.
  ㉡ 기초의 표면에 기초가 완전히 굳지 않았을 때 기초 라이너를 배치한다.
  ㉢ 모르타르 다짐에 의한 베이스 라이너 설치는 시공 전에 충분히 계획하지 않으면 모르타르의 두께, 시공방법이 불완전하게 되므로 본 방식을 피해야 한다.

(5) 왕복식 압축기

① 크랭크축을 회전시켜 피스톤의 왕복운동으로 압력이 발생한다.
② 가장 널리 사용된다.
③ 사용압력 범위는 10~100[kgf/cm^2]로, 고압으로 압축할 때에는 다단식 압축기를 사용한다.
④ 냉각방법에 따라 공랭식(소형 압축기)과 수랭식(중형 압축기)으로 나뉜다.

(6) 격판식(다이어프램형) 압축기

① 피스톤이 격판(다이어프램)에 의해 흡입실로부터 분리된다(청정공기를 얻을 수 있다).
② 수명이 짧고, 높은 압력을 얻을 수 없다(단점).
③ 식품, 의약품, 화학산업 등에 많이 사용한다.

(7) 회전식 압축기

① 베인식 : 편심로터가 흡입과 배출 구멍이 있는 실린더 형태의 하우징 내에서 회전하여 압축공기를 토출하는 형태이다.
  ㉠ 소음과 진동이 작다.
  ㉡ 공기를 안정되게 공급한다.
  ㉢ 소형이며, 공기압 모터 등의 공급원으로 이용된다.
② 스크루식 : 나선형의 로터가 서로 반대 회전하여 축 방향으로 들어온 공기를 서로 맞물려 회전시켜 공기를 압축한다.
  ㉠ 고속회전이 가능하며 토출능력이 크다.
  ㉡ 소음, 진동이 작다.
  ㉢ 구조는 간단하고, 왕복식에 비해 섭동부가 작다.
  ㉣ 고속회전이므로 고주파음이 생긴다.
  ㉤ 보수 사이클이 길지만, 오버홀이 필요하다.

③ 루트 블로어 : 누에고치형 회전자를 서로 90° 위상 변위를 주고 회전자끼리 서로 반대 방향으로 회전하여 흡입된 공기는 회전자와 케이싱 사이에서 체적 변화 없이 토출구 측으로 이동하여 토출된다.
  ㉠ 비접촉형 무급유식이며 소형, 고압으로 사용된다.
  ㉡ 토크 변동이 크고, 소음이 크다.

(8) 터보압축기

공기의 유동원리를 이용한 것으로, 터보를 고속으로 회전(3~40,000회전/분)시키면서 공기를 압축한다(원심식).
① 각종 Plant, 대형, 대용량의 공기압원으로 이용된다.
② 진동이 적고 고속회전이 가능하며 토출공기 압력의 맥동이 없다.
③ 무급유 시방이 가능하다.
④ 종류 : 축 방향형, 반경 방향형 등

핵심예제

1-1. 왕복식 압축기가 원심식 압축기보다 좋은 점은?

① 고압 발생이 가능하다.
② 맥동압력이 없다.
③ 대용량이다.
④ 윤활이 쉽다.

1-2. 용적형 압축기 중 회전식 압축기가 아닌 것은?

① 피스톤형 압축기
② 베인형 압축기
③ 루트 블로어식 압축기
④ 나사식 압축기

1-3. 다음 중 가장 깨끗한 공기를 만들 수 있는 압축기는?

① 피스톤 압축기
② 다이어프램 압축기
③ 스크루 압축기
④ 축류식 압축기

핵심예제

1-4. 암수 두 개의 로터(Rotor)에 의해 압축하는 방식으로 압축 시에 강제적으로 기름을 주입하여 압축열을 냉각하고 로터의 윤활, 기밀작용과 함께 공기를 냉각하면서 압축하는 압축기는?

① 피스톤식 공기압축기
② 베인식 공기압축기
③ 스크루식 공기압축기
④ 원심식 공기압축기

|해설|

1-1
왕복식 압축기는 고압 발생이 가능하다.

1-2
왕복식 압축기의 종류에는 피스톤형 압축기, 다이어프램 압축기가 있다.

1-3
격판식(다이어프램형) 압축기
- 피스톤이 격판(다이어프램)에 의해 흡입실로부터 분리된다(청정공기를 얻을 수 있다).
- 수명이 짧고, 높은 압력을 얻을 수 없다.
- 식품, 의약품, 화학산업 등에 많이 사용된다.

1-4
① 피스톤식 공기압축기 : 크랭크축을 회전시켜 피스톤의 왕복운동으로 압력이 발생한다.
② 베인식 공기압축기 : 편심로터가 흡입과 배출 구멍이 있는 실린더 형태의 하우징 내에서 회전하여 압축공기를 토출하는 형태이다.
④ 원심식 공기압축기 : 회전체의 원심력에 의하여 압송한다.

정답 1-1 ① 1-2 ① 1-3 ② 1-4 ③

핵심이론 02 | 압축기 정비

(1) 압축기 부품의 취급(밸브의 취급)

① 정기 점검기간 : 1,000시간마다 실시
② 교환기간 : 4,000시간마다 실시
③ 밸브 플레이트, 밸브 스프링을 사용 한계의 기준치 내에서도 이상이 있으면 전부 교환한다.
④ 밸브의 취급
  ㉠ 흡입가스의 종류와 부식의 정도
  ㉡ 흡입가스의 수분과 먼지의 양
  ㉢ 흡입가스, 토출가스, 온도, 압력의 정도
  ㉣ 연속 운전인가, 간헐적 운전인가의 판단
  ㉤ 일상의 운전관리 및 손실 상태
⑤ 밸브 부품의 교환 요령 및 손실
  ㉠ 밸브 플레이트
   • 마모 한계에 도달하면 파손되지 않았어도 교환한다.
   • 교환시간이 되면 사용 한계의 기준치 내에서도 교환한다.
   • 마모된 플레이트는 뒤집어서 사용하면 안 된다.
   • 두께가 0.3[mm] 이상 마모되면 교환한다.
  ㉡ 밸브 스프링
   • 자유 상태에서 높이가 규정값 이하로 되었을 때는 교환한다.
   • 교환시간이 되면 탄성 마모가 없어도 교환한다.
   • 손으로 간단히 수정해서 사용하면 안 된다.
  ㉢ 밸브시트
   • 플레이트의 접촉면이 상처에 의한 편마모 시 플레이트와의 접촉이 좋지 않으면 래핑하여 맞춘다.
   • 시트면의 연마 래핑제는 #600~800을 사용하는 것이 좋으며, 밸브는 너무 강한 힘으로 조이지 않는다.

② 밸브의 취급 불량에 의한 고장
- 리프트의 과대
- 볼트의 조임 불량
- 시트의 조립 불량
- 스프링과 스프링 홈의 부적당

(2) 베어링의 사고와 원인

현 상	원 인
이상 온도의 상승	• 미터 간격의 조정이 불량함 • 측면 간격 스러스트 간격의 조정이 불량함
눌어붙음	• 앤드 플레이트의 조정이 불량함
이상음의 발생	• 이물질이 혼입됨 • 오일 냉각의 부족 • 윤활유 종류의 부적합 • 윤활유의 부족(Oil Hole의 막힘, 기름의 누설) • 기름의 노화 오염(기름 교체)

핵심예제

2-1. 다음 중 압축기 밸브 플레이트 교환 시 잘못된 것은?

① 마모된 플레이트는 뒤집어서 재사용한다.
② 교환시간이 되면 사용 한계의 기준치 내에서도 교환한다.
③ 마모 한계에 달하면 파손되지 않아도 교환한다.
④ 두께가 0.3[mm] 이상 마모되면 교환한다.

2-2. 압축기 밸브 부품 중 밸브 스프링 교환 시 잘못된 것은?

① 자유 상태에서 높이가 규정치 이하로 되었을 때 교환한다.
② 손으로 간단히 수정하여 사용해서는 안 된다.
③ 교환시간이 되면 기준치 내에서도 교환한다.
④ 교환시간이 되어도 탄성 마모가 없으면 교환하지 않는다.

|해설|

2-1
마모된 플레이트는 뒤집어서 사용하면 안 된다.

2-2
교환시간이 되면 탄성 마모가 없어도 교환한다.

정답 2-1 ① 2-2 ④

2-5. 감속기의 점검 및 정비

핵심이론 01 감속기의 종류 및 정비

(1) 기어 감속기의 종류
① 평행축형 감속기 : 스퍼기어, 헬리컬 기어, 더블 헬리컬 기어
② 교쇄축형 감속기 : 스트레이트 베벨기어, 스파이럴 베벨기어
③ 이물림축형 감속기 : 웜기어, 하이포이드 기어

(2) 기어 감속기의 정비
① 정확한 윤활을 유지한다(적정 유종, 유량, 유압, 유온, 성상의 파악과 유지).
② 이 면의 마모 상태를 파악한다(초기 마모에서 정상 마모로 무리 없이 이행하고 그 상태를 파악).
③ 이상을 조기에 발견한다.

(3) 유성기어 감속기
① 큰 감속비를 얻을 수 있다.
② 감속기 기어의 잇수 차이가 있다.
③ 입형은 펌프를 이용하여 윤활한다.
④ 대부분이 미끄럼 마찰이며 윤활은 정비의 큰 요점이다. 1[kW] 이하의 소형에는 그리스를 쓰고, 그 이상의 것은 유욕 윤활방법을 쓴다.

(4) 감속기의 점검항목과 점검방법
① 윤활유의 양 : 유면계의 위치 확인(상·하한선 사이에 위치할 것)
② 이상음, 진동, 발열 : 촉수, 청음봉 사용(진동, 이상음, 발열이 없을 것)
③ 입출력 원동 측과 부하 측의 중심 : 다이얼게이지, 직선자(어긋남이 없을 것)
④ 축이음 상태 : 입출력 축의 중심선(진동, 소음, 발열이 없을 것)

핵심예제

1-1. 다음 중 이물림 축형 감속기에 속하는 것은?

① 웜기어
② 스퍼기어
③ 헬리컬 기어
④ 스파이럴 베벨기어

1-2. 유성기어 감속기에 관한 설명으로 옳지 않은 것은?

① 큰 감속비를 얻을 수 있다.
② 감속기 기어의 잇수 차이가 있다.
③ 입형은 펌프를 이용하여 윤활한다.
④ 1[kW] 이하의 소형은 유욕 윤활을 한다.

1-3. 감속기의 점검항목과 점검방법 및 판단 기준으로 틀린 것은?

① 윤활유 양 – 유면계의 위치 확인 – 상·하한선 사이에 위치할 것
② 이상 음, 진동, 발열 – 촉수, 청음봉 사용 – 진동, 이상 음, 발열이 없을 것
③ 입출력 원동측과 부하측의 중심 – 다이얼게이지, 직선자 – 어긋남이 없을 것
④ 축이음 상태 – 입출력 축의 중심선 – 발열만 없으면 될 것

|해설|

1-1
② 평행축형 감속기
③ 평행축형 감속기
④ 교쇄축형 감속기

1-2
1[kW] 이하의 소형에는 그리스를 쓰고, 그 이상의 것은 유욕 윤활방법을 쓴다.

1-3
축 이음 상태 – 입출력 축의 중심선 – 진동, 소음, 발열이 없을 것

정답 1-1 ① 1-2 ④ 1-3 ④

핵심이론 02 | 변속기의 종류 및 정비

(1) 변속기의 개요

자동차 등의 원동기에서 출력축의 회전속도 및 회전력을 바꿔 주는 장치이다.

(2) 마찰 바퀴식 무단 변속기의 종류와 특징

① 가변 변속기 : 몇 장의 원추판과 그것에 대응하는 플랜지 디스크(원추 달림)가 있고, 플랜지 디스크는 페이스 캠과 스프링으로 눌러져 원추판을 변속 핸들에 의해 그 속으로 밀어 넣어 접촉 부분의 반경을 무단계로 바꾸어 변속시키는 것이다. 원추판은 3~8조가 배치되고, 대단히 많은 접촉점을 갖고 있다.

② 디스크 무단 변속 : 유성운동을 하는 원추판을 반경 방향으로 이동시켜 접시형 스프링을 가진 한 쌍의 태양플랜지와 접촉시켜 유성 원추판의 공전을 출력축으로 빼내는 구조이다. 접촉 양이 적으므로 소형, 0.4~3.7[kW] 정도가 보통이다.

③ 링 원추 무단 변속기 S형 : 원추판과 외주 림을 가진 링을 스프링 및 자동 조압 캠에 의해 누르고 원추판을 출력축에 대해 화살표 방향으로 이동시킴으로써 변속한다. 3.7[kW] 정도로 소형, 웜 기어 감속기와 일체화한 극히 저속 영역에서 사용된다.

④ 링 원추 무단 변속기 RC형 : 동일 테이퍼를 가진 원추축을 번갈아 설치하고 그 원주에 링을 접촉시켜 화살표 방향으로 이동시킴으로써 증·감속을 하는 무단 변속기이다.

⑤ 링 원추 무단 변속기 유성 원추형 : 입력축에 태양 콘을 비치하고 출력축에는 원주에 4개의 유성 콘을 부착하며 그 외주에 링이 접촉되어 유성 콘의 표면을 링이 축 방향으로 이동함으로써 유성 콘 홀더의 공전이 출력축에 무단계 변속으로서 나온다.

⑥ 컵 무단 변속기 : 입력축과 출력축에 드라이브 콘을 배치하고 그 바깥 가장자리에 강구를 접촉시켜 이 강구는 경사축에 의해 경사각을 변화시키면 입출력축의

드라이브 콘에 접촉하는 접촉 반경이 변화되어 무단계 변속을 하게 된다.

(3) 체인식 무단 변속기
PIV라고도 하며, 얕은 홈이 있는 베벨기어에 특수한 체인의 연결로 동력을 전달하는 것이다.

(4) 벨트식 무단 변속기
표준 V벨트와 전용의 광폭 V벨트를 사용한다. 벨트식은 기계식, 무단 변속기보다 변속범위와 정도가 낮고 가격이 싸므로 경기계용으로 쓰인다.

(5) 벨트식 무단 변속기 정비
① 벨트를 이동시킴에 있어서 무리가 발생할 수 있다.
② 벨트의 수명은 표준벨트를 표준적인 사용방법으로 운전할 때의 1/2~1/3 정도이다.
③ 가변피치 풀리의 습동부는 윤활 불량이 되기 쉽다.
④ 광폭벨트는 특수하므로 예비품 관리를 잘해 두어야 한다.

(6) 변속기를 분해할 때 유의사항
① 분해 전 취급설명서 등을 확인한다.
② 스프링은 분해 전용공구를 사용한다.
③ 무리한 힘을 가하지 않는다.

핵심예제

다음 중 입력축과 출력축에 드라이브 콘을 설치하고, 그 바깥 가장자리에 강구를 접촉시켜 변속하는 변속기는?
① 플랜지 디스크 가변 변속기
② 디스크 무단 변속기
③ 링 원추 무단 변속기
④ 컵 무단 변속기

|해설|
컵 무단 변속기는 경사각을 변화시키면 입출력축의 드라이브 콘에 접촉하는 접촉 반경이 변화되어 무단 변속을 하게 된다.

정답 ④

2-6. 전동기의 점검 및 정비

핵심이론 01 | 전동기 점검 및 정비

(1) 전동기의 일상점검 기준
① 유도 전동기에 소용돌이 이음을 붙인 것(VS 모터, AS 모터라고도 함)을 많이 사용한다.
② 구조가 간단하고 품질, 성능이 안정되어 있으므로 선택, 전원·회로·설치 등에 어려움이 없다면 고장은 일어나지 않는다.
③ 전동기의 베어링 그리스는 일반적으로 리튬 비누 성분이 있으며, 수명은 약 1만 시간에 이른다.
④ 3상 유도 전동기의 구조 : 회전자 철심, 고정자 철심, 고정자 권선, 축, 회전자 도체, 브래킷, 냉각날개(핀) 등

(2) 전동기 과열현상의 원인
① 3상 중 1상의 퓨즈가 용단으로 단상되어 과전류가 흐른다.
② 과부한 운전
③ 빈번한 기동
④ 냉각 불충분
⑤ 베어링부에서의 발열
   ㉠ 상기의 과열에 의한 윤활유 열화, 유출 등에서 오는 윤활 불량
   ㉡ 윤활제의 부적합, 과부족에 의한 윤활 불량
   ㉢ 베어링 조립 불량에 의한 것
   ㉣ 체인, 벨트 등의 지나친 팽팽함
   ㉤ 커플링의 중심내기 불량이나 적정 틈새가 없어 스러스트를 받음

(3) 전동기 코일부 소손의 원인
① 과열 진행에 의한 것
② 절연 계통의 선택 잘못
③ 코일 내부의 레어 쇼트

(4) 전동기의 이음 및 진동의 원인
① 베어링 손상
② 커플링, 풀리 등의 마모, 느슨해짐, 중심이 불량해짐
③ 로터와 스테이터의 접촉
④ 냉각팬 날개바퀴의 느슨해짐
⑤ 조립 볼트나 대좌 부착 볼트의 느슨해짐, 탈락
⑥ 공 진

(5) 전동기 이취현상의 원인
코일 절연물의 과열 소손

(6) 전동기 기동 불능현상의 원인
① 퓨즈 용단, 서머 릴레이, 노 퓨즈 브레이크 등의 작동
② 단선 : 코일 그 자체의 단선, 리드선, 배선 등의 단선을 체크한다.
③ 기계적 과부하 : 스위치를 넣으면, 커플링 체인, 벨트, 기어 등의 백래시만 움직이고 그 뒤 소리를 낼 경우에는 구동계에 고장이 있으므로 체크해서 배제한다. 브레이크와의 인터록이 개방되어 있지 않을 경우가 있으므로 회로를 체크한다.
④ 전기기기류의 고장 : 버튼 스위치, 마그넷 스위치, 타이머, 기타 제어 계기류의 작동 불량 등이 있으므로 체크해 조치한다.
⑤ 운전 조작 잘못
  ㉠ 전원 스위치를 잊고 안 넣었다.
  ㉡ 안전장치가 작동하고 있다.
  ㉢ 윤활펌프가 작동하지 않으나 소정의 압력, 양 위치에 도달하지 않았다.

(7) 전동기의 고르지 못한 회전의 원인
① 전원 전압의 변동
② 기계적 과부하
  ㉠ 회전체의 언밸런스
  ㉡ 브레이크의 끌기
  ㉢ 전동기 자체의 베어링 손상 등을 체크한다.

(8) 전동기 절연 불량의 원인
① 코일 절연물의 열화
② 리드선, 배선 및 저속부의 손상

핵심예제

1-1. 전동기 사용 시 베어링부 발열의 원인이 아닌 것은?
① 윤활 불량
② 베어링 조립 불량
③ 체인, 벨트 등이 지나치게 느슨함
④ 커플링의 중심내기 불량이나 적정 틈새가 없음

1-2. 일반 유도 전동기의 특징으로 틀린 것은?
① 구조가 간단하다.
② 품질, 성능이 안정되어 있다.
③ 회전수 조절이 자유롭다.
④ 전원 회로 설치가 용이하다.

1-3. 전동기 운전 시 진동현상의 원인으로 잘못된 것은?
① 베어링의 손상
② 커플링, 풀리 등의 마모
③ 로터와 스테이터의 접촉
④ 냉각 불충분

1-4. 전동기가 기동이 안 될 때 그 원인으로 옳지 않은 것은?
① 단 선
② 전원 전압의 변동
③ 전기기기류의 고장
④ 운전 조작 잘못

|해설|
1-1
체인, 벨트 등이 지나치게 팽팽하면 발열이 생긴다.
1-2
유도 전동기는 구조가 간단하고 품질, 성능이 안정되어 있으므로 선택, 전원, 회로, 설치 등에 어려움이 없다면 고장은 일어나지 않는다.
1-3
냉각이 충분하지 않으면 과열현상이 발생한다.
1-4
전원 전압의 변동이 있으면 고르지 못한 회전이 발생한다.

정답 1-1 ③ 1-2 ③ 1-3 ④ 1-4 ②

제3절 기본측정기 사용

3-1. 측정기 선정

핵심이론 01 측정기의 종류

(1) 구조형식에 따른 측정기

① 도기(Standard)
   - ⊙ 선도기(Line Standard) : 눈금 간격의 길이를 구체화한 것이다(줄자, 강철자, 눈금자 등).
   - ⓒ 단도기(End Standard) : 양 단면의 간격으로 길이를 구체화한 것이다(게이지블록, 갭게이지, 플러그게이지 등).

② 지시측정기 : 측정량에 따라 표점이 눈금에 따라 이동하는 측정기기이다(버니어 캘리퍼스, 마이크로미터, 높이게이지, 테스트 인디케이터, 지침측미기 등).

③ 시준기 : 기계적인 접촉 없이 광학적인 방법을 이용하여 길이를 측정하는 기기이다(투영기, 공구현미경, 오토콜리메이터 등).

④ 게이지(Gauge) : 측정을 위한 측정량이 정해진 측정기로, 움직이는 부분이 없다(R(Radius)게이지, 틈새게이지, 나사게이지, 피치게이지, 와이어게이지, 게이지블록, 링게이지 등).

(2) 치수 정밀도에 따른 길이측정기

제품의 치수 정밀도는 치수의 크기와 제품의 IT공차 등급에 따라 달라진다.

① 구멍의 지름이 40[mm], IT 7급의 경우
   - ⊙ 공작물의 제작공차 : 25[μm]
   - ⓒ 측정기의 정도 : 2.5[μm]
   - ⓒ 측정기 교정용 게이지블록의 정도 : 0.25[μm]
   - ⓔ 가공 정도에 따른 측정기 선정은 일반적으로 피측정물 정도의 1/10배이다.

② 0.01[mm] 범위의 치수 정밀도
   - ⊙ 디지털 버니어 캘리퍼스(0.01[mm])
   - ⓒ 마이크로미터(0.01[mm])
   - ⓒ 다이얼게이지(0.01[mm])
   - ⓔ 다이얼 테스트 인디케이터(0.01[mm])

③ 0.001[mm] 범위의 치수 정밀도
   - ⊙ 마이크로미터(0.002[mm])
   - ⓒ 공기 마이크로미터(0.001[mm])
   - ⓒ 다이얼게이지(0.001[mm])
   - ⓔ 다이얼 테스트 인디케이터(0.002[mm])
   - ⓜ 실린더(보어)게이지(0.001[mm])
   - ⓑ 2차원 측정기, 3차원 측정기, 만능측장기, 투영기, 공구현미경 등

④ 0.0001[mm](0.1[μm]) 범위의 치수 정밀도
   - ⊙ 전기 마이크로미터
   - ⓒ 광학식 3차원 측정기
   - ⓒ 옵티컬 플랫, 옵티컬 패러렐
   - ⓔ 게이지블록 콤퍼레이터
   - ⓜ 레이저 측정기
   - ⓑ 게이지블록

핵심예제

다음 도면에서 흔들림과 관계되는 적용 가능 측정기는?

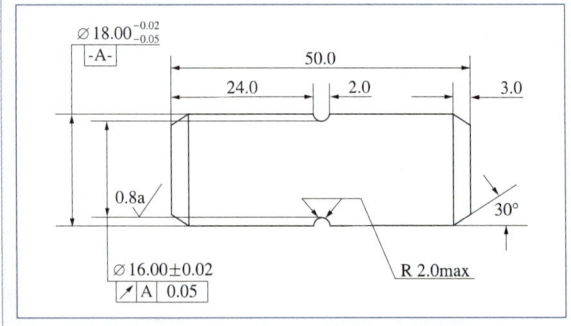

① 피치게이지   ② 각도게이지
③ 다이얼게이지   ④ 버니어 캘리퍼스

|해설|

도면에서 흔들림 관련 측정요소는 ⌀16.00±0.02 ∕A 0.05 이다. 측정범위와 공차를 고려하여 적용 가능한 측정기는 다이얼게이지(0.001[mm])와 테스트 인디케이터(0.001[mm])이다.

정답 ③

핵심이론 02 | 측정기 선정

(1) 측정기의 올바른 선정방법
① 측정 대상의 특성 파악(수량, 성질 등)
② 측정환경(온도, 습도, 진동, 소음 등)
③ 측정 정도(편측 허용차의 1/10의 최소 눈금자 크기)
④ 측정방법
　㉠ 길이 측정 : 편위법, 영위법
　㉡ 비교 측정 : 영위법, 보상법, 치환법 등
⑤ 측정 능률(측정의 자동화, 측정값의 통계처리 등)
⑥ 경제성(측정기의 가격, 유지비, 부대비용 등)

(2) 측정기 선정 시 주의사항
① **제품공차** : 제품공차의 1/10보다 높은 정도의 측정기를 선정한다.
② **제품의 수량** : 수량이 많은 경우 비교 측정 및 한계게이지로 측정하는 방법을 선정한다.
③ **측정 대상물의 재질** : 연질인 경우 비접촉식 측정기를 선정한다.
④ **측정기의 성능** : 측정범위, 정밀도, 감도, 내구성 등을 고려하여 선정한다.
⑤ **측정방법** : 원격 측정, 자동 측정, 기록 등의 방법을 선정한다.

핵심예제

측정기 선정 시 주의사항으로 옳지 않은 것은?
① 제품공차의 1/10보다 낮은 정도의 측정기를 선정한다.
② 수량이 많은 경우 비교 측정 및 한계게이지로 측정하는 방법을 선정한다.
③ 측정 대상물의 재질이 연질인 경우 비접촉식 측정기를 선정한다.
④ 측정기 성능으로 측정범위, 정밀도, 감도, 내구성 등을 고려하여 선정한다.

|해설|
측정기 선정 시 제품공차의 1/10보다 높은 정도의 측정기를 선정한다.

정답 ①

3-2. 기본측정기 사용

핵심이론 01 | 측정기 사용 준비

(1) 게이지블록 부속품의 종류와 용도
① **둥근형 조와 평행조** : 내측 및 외측을 측정할 때 홀더에 끼워 사용한다.
② **스크라이버 포인트** : 베이스블록과 함께 홀더에 끼워 정밀 금긋기 작업을 할 때 사용한다.
③ **홀더** : 게이지블록을 끼워 내측 및 외측을 측정하거나 실린더게이지, 버니어 캘리퍼스, 마이크로미터를 교정할 때 사용하며, 기타 부속품과 함께 쓰인다.
④ **센터 포인트** : 원을 그릴 때 중심을 지지하며, 끝이 60°로 되어 있어 나사산을 검사할 때 사용한다.
⑤ **베이스블록** : 금긋기 작업이나 높이 측정을 할 때 홀더와 센터 포인트, 스크라이버 포인트 등과 함께 사용한다.
⑥ **삼각 스트레이트 에지** : 측정하려는 면에 대고 반대쪽에서 새어 나오는 빛으로 틈새를 판단하여 면의 진직도와 평면도를 검사하는 데 사용한다.

(2) 측정물 설치
다음과 같은 도면과 검사표준서를 확보하여 측정요소를 확인한다.

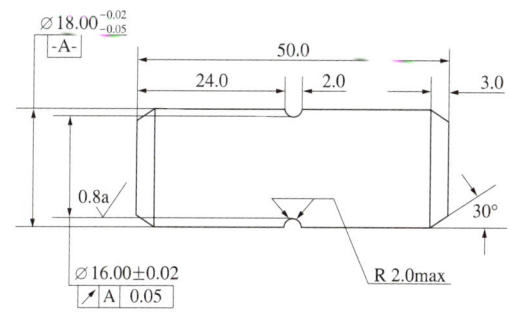

① 길이 측정을 위한 측정물 설치
　㉠ 정 반
　㉡ V-블록
　㉢ 인디케이터

② 하이트게이지
⑩ 외측 마이크로미터 0~25[mm]
② 흔들림 측정을 위한 측정물 설치
  ㉠ 정 반
  ㉡ V-블록
  ㉢ 다이얼게이지 또는 인디케이터
  ㉣ 하이트게이지
③ 형상 측정을 위한 측정물 설치
  ㉠ 형상측정기 또는 R게이지 세트
  ㉡ V-블록 또는 정밀 바이스
④ 표면거칠기 측정을 위한 측정물 설치
  ㉠ 표면거칠기 측정기 및 표준 시편
  ㉡ V-블록 또는 정밀 바이스
  ㉢ 표면거칠기 측정기 거치대(하이트게이지 또는 마그네틱 스탠드)
⑤ 경사도 측정을 위한 측정물 설치
  ㉠ 사인바
  ㉡ 사인센터
  ㉢ 블록게이지 세트
  ㉣ 다이얼게이지 또는 인디케이터
  ㉤ 사인바 또는 사인센터를 깨끗이 닦은 후 정반 위에 올려놓는다.
⑥ 테이퍼 측정을 위한 측정물 설치
  ㉠ 정 반
  ㉡ 롤러, 게이지블록
  ㉢ 마이크로미터
  ㉣ 사인센터

핵심예제

1-1. 측정하려는 면에 대고 반대쪽에서 새어 나오는 빛으로 틈새를 판단하여 면의 진직도와 평면도를 검사하는 데 사용하는 게이지블록 부속품은?

① 센터 포인트
② 평행조
③ 베이스블록
④ 삼각 스트레이트 에지

1-2. 게이지블록 부속품 중 내측 및 외측을 측정할 때 홀더에 끼워 사용하는 것은?

① 둥근형 조
② 센터 포인트
③ 스크라이버 포인트
④ 삼각 스트레이트 에지

|해설|

1-1
① 센터 포인트 : 원을 그릴 때 중심을 지지하며, 끝이 60°로 되어 있어 나사산을 검사할 때 사용한다.
② 평행조 : 내측 및 외측을 측정할 때 홀더에 끼워 사용한다.
③ 베이스블록 : 금긋기 작업이나 높이 측정을 할 때 홀더와 센터 포인트, 스크라이버 포인트 등과 함께 사용한다.

1-2
② 센터 포인트 : 원을 그릴 때 중심을 지지하며, 끝이 60°로 되어 있어 나사산을 검사할 때 사용한다.
③ 스크라이버 포인트 : 베이스블록과 함께 홀더에 끼워 정밀 금긋기 작업을 할 때 사용한다.
④ 삼각 스트레이트 에지 : 측정하려는 면에 대고 반대쪽에서 새어 나오는 빛으로 틈새를 판단하여 면의 진직도와 평면도를 검사하는 데 사용한다.

정답 1-1 ④ 1-2 ①

핵심이론 02 | 측정의 수행 및 측정 결과의 판단

- 오차 = 측정값 – 참값
- 보정값 = 참값 – 측정값

(1) 오차의 원인
① 측정기에 의한 오차
② 사람에 의한 오차
③ 환경에 의한 오차
④ 복잡한 요소가 중복된 오차

(2) 오차의 종류
① 개인오차
② 기기오차
③ 환경오차
④ 우연오차

더 알아보기

우연오차는 측정 횟수가 매우 많아지면 다음과 같은 특성이 나타난다.
- 작은 오차는 큰 오차보다 많이 나온다.
- 같은 크기의 음(−), 양(+)의 오차는 같은 횟수로 나온다.
- 매우 큰 오차는 나오지 않는다.

핵심예제

2-1. 측정 횟수가 매우 많아지면 작은 오차는 큰 오차보다 많이 나오고, 매우 큰 오차는 나오지 않는 특징을 가진 오차는?

① 개인오차　　　② 기기오차
③ 환경오차　　　④ 우연오차

2-2. 측정할 때 측정치와 참값과의 차를 오차라고 하는데 측정기에 의한 오차가 아닌 것은?

① 지시오차　　　② 되돌림 오차
③ 흔들림 오차　　④ 탄성변형오차

|해설|

2-1
우연오차는 측정 횟수가 매우 많아지면 다음과 같은 특성이 나타난다.
- 작은 오차는 큰 오차보다 많이 나온다.
- 같은 크기의 음(−), 양(+)의 오차는 같은 횟수로 나온다.
- 매우 큰 오차는 나오지 않는다.

2-2
탄성변형오차는 측정기 재질에 의한 오차이다.

정답 2-1 ④　2-2 ④

핵심이론 03 | 기본측정기의 종류와 특징

(1) 버니어 캘리퍼스
① 자와 캘리퍼스를 조합한 것으로 측정 조(Jaw)와 어미자, 아들자의 눈금에 의해 치수를 측정한다.
② 공작물의 바깥지름, 안지름, 깊이, 단차 등을 측정한다.
③ 측정 정도는 0.02~0.05[mm]까지 측정한다(디지털이나 다이얼 타입은 0.01[mm]까지도 측정).

(2) 마이크로미터
① 나사의 원리를 이용한 측정기이다(1회전할 때 나사축의 진행거리는 나사의 1피치만큼 이동).
② 앤빌은 프레임에 고정되어 있으며, 스핀들의 1피치는 0.5[mm]의 정밀 나사로, 심블에 고정되어 있다.
③ 크기의 간격은 25[mm]로 되어 있어 측정물의 크기에 따라 선정한다.
④ 종류에는 외측 마이크로미터, 내측 마이크로미터, 나사 마이크로미터, 깊이 마이크로미터, 기어 이 두께 마이크로미터, 포인트 마이크로미터, 그루브 마이크로미터 등이 있다.

(3) 다이얼게이지(Dial Gauge)
① 측정자의 직선 또는 원호운동을 기계적으로 확대하여 그 움직임을 지침의 회전 변위로 변환하여 눈금으로 읽을 수 있는 길이측정기이다.
② 특 징
   ㉠ 소형이고 가볍고 취급하기 쉬우며, 측정범위가 넓다.
   ㉡ 눈금과 지침으로 읽기 때문에 읽음오차가 작다.
   ㉢ 연속된 변위량을 측정할 수 있다.
   ㉣ 많은 개소의 측정을 동시에 할 수 있다.
   ㉤ 부속장치의 사용에 따라 광범위하게 측정할 수 있다.

③ 다이얼게이지의 응용범위
   ㉠ 외경, 높이, 두께 측정
   ㉡ 깊이 측정
   ㉢ 진원도 측정
   ㉣ 안지름(캠식 실린더게이지) 측정
   ㉤ 직각도 측정
   ㉥ 흔들림 측정
   ㉦ 공구 및 공작물 세팅

(4) 게이지블록(Gauge Block)
① 길이의 기준으로 사용되는 평행 단도기이다.
② 103개 이상의 게이지에 의해 1[mm]부터 201[mm]까지 0.01[mm] 간격으로 2만 개 정도의 많은 치수를 1개 또는 몇 개를 조합하여 얻을 수 있다.
③ 측정면이 래핑가공되어 밀착하여 사용해도 1[μm] 간격으로 조합할 수 있고, 정도가 매우 높고 쉽게 임의의 치수를 얻을 수 있다.
④ 밀착방법
   ㉠ 밀착하기 전에 깨끗한 천으로 방청유와 먼지를 깨끗이 닦아낸다.
   ㉡ 측정면의 중앙에서 서로 직교하도록 댄다.
   ㉢ 가볍게 누르면서 돌려 붙이면 밀착한다.
   ㉣ 두꺼운 것과 얇은 것과의 밀착은 얇은 것을 두꺼운 것의 한쪽에 대고 가볍게 누르면서 밀어 밀착한다.
   ㉤ 두꺼운 게이지블록은 먼저 밀착면을 직각으로 맞추고 가볍게 누르면서 90°로 회전시키면서 밀착한다.

(5) 하이트게이지(Height Gauge)
① 부품을 정반 위에 올려놓고 정반면을 기준으로 높이를 측정한다. 스크라이버 끝으로 금긋기 작업을 하는 데 사용한다.
② 기본구조는 스케일과 베이스 및 서피스게이지를 한데 묶은 것으로, 아베의 원리에 어긋나는 구조이다.

(6) 실린더게이지

① 치수의 변화량을 측정자로 캠에 전달하고, 캠의 전도자로 누름핀에 전달되어 다이얼게이지의 스핀들을 변화시켜 지침으로 표시한다.
② 내경 또는 홈의 폭을 측정하는 데 편리하다.
③ 고정된 측정자를 가동식으로 하면 측정범위가 넓어진다.
④ 측정 길이가 길면 휨이 생겨 오차의 원인이 된다.
⑤ 측정범위는 6~400[mm]까지로 되어 있다.

(7) 측장기

① 내부에 표준자 또는 기준편을 가지고 피측정물의 치수와 길이를 직접 구할 수 있는 길이측정기이다.
② 게이지류, 정밀 공구, 정밀 부품의 길이 측정에 사용한다.
③ 큰 치수의 것을 높은 정밀도로 측정하는 장치이다.

(8) 각도게이지

① 여러 종류의 각도를 갖는 게이지이다.
② 각도게이지의 조합으로 다양한 각도를 얻을 수 있는 게이지로, 요한슨식과 NPL식이 있다.
③ NPL식 각도게이지는 측정면이 요한슨식 각도게이지보다 크다. 몇 개의 블록을 조합하여 임의의 각도를 만들 수 있고, 그 위에 밀착이 가능하여 현상에서도 많이 쓰인다.

(9) 베벨각도기

① 2면 간의 각도를 간단하게 측정한다.
② 기계적 베벨각도기와 광학적 베벨각도기가 있다.
③ 각도를 5′ 또는 3′까지 읽을 수 있는 것이 있다.

(10) 투영기

나사, 게이지, 기계 부품 등의 측정물을 광학적으로 정확한 배율로 확대·투영하여 스크린에서 그 형상, 치수, 각도 등을 측정하는 장치이다.

(11) 형상측정기

공작물의 형상을 측정하는 방법은 다음과 같다.
① 게이지(Template)에 의한 방법
② 공구현미경에 의한 방법
③ 투영기에 의한 방법
④ 형상측정기

(12) 표면거칠기 측정기

① 절삭가공 방법이나 다듬질 방법에 따라 모양과 크기가 다르다.
② 표면구조는 실측 표면의 공칭 표면에 대한 변위로서 거칠기, 파상도, 결, 흠 등으로 이루어진다.

(13) 나사의 측정

① 나사의 검사방법에는 나사게이지에 의한 방법, 나사부의 각 요소를 측정하는 방법 등이 있다.
② 나사의 유효경 측정법에는 나사 마이크로미터, 삼침게이지, 투영기에 의한 방법이 널리 사용된다.
③ 수나사의 정도를 검사하려면 다음의 부분을 측정한다.
　㉠ 바깥지름(Outside Diameter)
　㉡ 골지름(Full Diameter)
　㉢ 유효지름(Effective Diameter)
　㉣ 피치(Pitch)
　㉤ 산의 각도

(14) 측정기 선정 시 고려사항

측정요소의 형상과 측정범위에 따라 적용할 수 있는 측정기는 다음 사항을 고려하여 선정한다.
① 측정 제품의 형상
② 측정 대상 제품의 품질 등급 또는 중요도
③ 측정 대상 제품의 수량
④ 경제성

핵심예제

3-1. 부품의 길이 측정에 쓰이는 측정기기 중 실제치수와 표준치수와의 차를 측정하는 측정기는?

① 측장기
② 한계게이지
③ 다이얼게이지
④ 버니어 캘리퍼스

3-2. 측정기 선정 시 고려사항으로 적합하지 않은 것은?

① 경제성
② 제작 회사
③ 제품 수량
④ 품질 등급

3-3. 다음 측정기 중 아베의 원리에 맞는 측정기는?

① 하이트게이지
② 버니어 캘리퍼스
③ 외경 마이크로미터
④ 캘리퍼형 내측 마이크로미터

3-4. 다음 중 각도측정용 게이지가 아닌 것은?

① 사인바
② 투영기
③ 측장기
④ 각도게이지

3-5. 회전축의 흔들림 점검, 공작물의 평행도 측정 및 표준과의 비교 측정에 이용되는 측정기기는?

① 스트레인 게이지   ② 다이얼게이지
③ 서피스게이지   ④ 게이지블록

3-6. 나사의 회전각과 심블(Thimble) 직경의 눈금으로 확대하여 측정하는 측정기는?

① 블록게이지   ② 다이얼게이지
③ 버니어 캘리퍼스   ④ 마이크로미터

3-7. 선반에서 나사 절삭 바이트의 설치 및 측정에 사용되며 게이지 위에 있는 스케일은 인치당 나사수를 정하는 데 사용되는 것은?

① 블록게이지   ② 틈새게이지
③ 센터게이지   ④ 스크루 피치게이지

|해설|

3-1
다이얼게이지는 실제치수와 표준치수와의 차이를 측정하는 내경 측정용 기구이다.

3-2
측정기는 제품의 형상, 제품의 품질 등급 또는 중요도, 제품의 수량, 경제성 등을 고려하여 선정한다.

3-3
아베의 원리 : 측정오차를 최소화하기 위하여 표준자와 피측정물은 동일한 축선상에 위치하여야 한다.

3-4
각도 측정용 게이지에는 사인바, 탄젠트바, 각도게이지, 투영기, 광학식 각도계, 오토콜리미터, 베벨각도기 등이 있다.

3-5
다이얼게이지는 래크와 기어의 운동을 이용하여 작은 길이가 확대 표시된다.

3-6
마이크로미터는 나사의 회전각과 심블의 직경에 의해서 확대한 것으로, 버니어 캘리퍼스보다 정밀 측정이 가능하다.

정답 3-1 ③ 3-2 ② 3-3 ④ 3-4 ③ 3-5 ② 3-6 ④ 3-7 ③

핵심이론 04 | 측정기구의 구분

(1) 직접 측정
① 직접 제품에 대고 실제 길이를 알아내는 방법
② 종류
  ㉠ 버니어 캘리퍼스
  ㉡ 마이크로미터
  ㉢ 높이 게이지
  ㉣ 측장기
  ㉤ 각도자
③ 장점
  ㉠ 측정 범위가 다른 측정 방법보다 넓다.
  ㉡ 측정물의 실제 치수를 직접 잴 수 있다.
  ㉢ 양이 적고 종류가 많은 제품 측정에 적합하다.

(2) 비교(간접) 측정
① 표준 치수의 게이지와 비교하여 그 차이를 읽는 것
② 종류
  ㉠ 다이얼게이지
  ㉡ 미니미터
  ㉢ 옵티미터
  ㉣ 실린더게이지
  ㉤ 공기 마이크로미터
  ㉥ 전기 마이크로미터
③ 장점
  ㉠ 측정기를 적당한 위치에 고정시키면 측정에 적합하고 높은 정도의 측정을 비교적 쉽게 할 수 있다.
  ㉡ 제품의 치수가 고르지 못한 것을 계산하지 않고 알 수 있다.
  ㉢ 길이뿐 아니라 면의 각종 모양 측정이나 공작 기계의 정도 검사 등 사용 범위가 넓다.
  ㉣ 치수의 편차를 기계에 관련시켜 먼 곳에서 조작할 수 있고 자동화에 도움을 줄 수 있다.

(3) 한계(기준) 측정
① 제품에 주어진 허용차를 두어 합격·불합격 판정
② 종류 : 블록 게이지, 한계 게이지
③ 특징 : 다량 제품 측정 가능, 조작이 간단하고 무경험 가능(실제 치수를 읽을 수 없음)

핵심예제

4-1. 다음 중 비교 측정에 속하는 것은?
① 버니어 캘리퍼스
② 다이얼게이지
③ 마이크로미터
④ 측장기

4-2. 제품에 주어진 허용차 중 최대 허용 치수와 최소 허용 치수의 두 허용 한계 치수를 정하여 통과와 정지의 두 가지만으로 합격·불합격을 판정하는 측정기는?
① 측장기
② 미니미터
③ 한계게이지
④ 앤빌 교환식 마이크로미터

|해설|

4-1
비교(간접) 측정기 : 다이얼게이지, 미니미터, 옵티미터, 실린더게이지, 공기 마이크로미터, 전기 마이크로미터 등

4-2
한계(기준) 측정은 제품에 주어진 허용차를 두어 합격·불합격으로 판정한다(블록 게이지, 한계 게이지 등).

정답 4-1 ② 4-2 ③

핵심이론 05 | 정비용 기구

(1) 체결용 공구
양구 스패너, 편구 스패너, 타격 스패너, 더블 오프셋 렌치, 조합 스패너, 훅 스패너(원주면 홈이 있는 부분), 박스 렌치(소켓 렌치와 핸들로 구성), 멍키 스패너(조절 렌치, 규격 : 전체의 길이, 체결토크 = 길이 × 좀력), L-렌치

(2) 분해용 공구
① 기어 풀러(Puller) : 기어, 풀리 분해 시 사용한다.
② 베어링 풀러 : 축에 고정된 베어링 분해 시 사용한다.
③ 스톱 링 플라이어 : 스냅 링, 리테이닝 링 부착·분해 시 사용한다.
  ㉠ 축용 : 손잡이를 쥐면 벌어지는 것($S-0$~8까지)
  ㉡ 구멍용 : 손잡이를 쥐면 닫힘($H-1$~8까지)

(3) 윤활용 기구
① 오일 건 : 윤활유 주입기
② 그리스 건 : 그리스 주입기
③ 핸드 버킷 펌프 : 수동식 펌프로 옥외에서 그리스 주입 시 사용

(4) 배관용 기구
① 파이프(Pipe) 렌치 : 파이프 조립·분해 시
② 파이프 커터 : 파이프 절단
③ 파이프 바이스 : 파이프 고정
④ 오스터(Oster) : 수동식 파이프 나사 절삭
⑤ 플레어링 툴 세트 : 파이프 끝을 플러링
⑥ 파이프 벤더 : 파이프를 구부리는 공구(180° 벤딩)
⑦ 유압 파이프 벤더 : 지름이 큰 파이프 굽힘(유압 작동을 이용한 기구)

(5) 정비용 측정기구
① 베어링 체커 : 베어링의 그리스 윤활 상태 측정
② 진동 측정기 : 진동 측정(머신 체커), 주파수 분석 필요 시 FFT 분석기 사용
③ 지시 소음계 : 소리의 크기 측정(40~140[dB])
④ 회전계 : 회전속도(접촉, 비접촉, 공용식)
⑤ 표면 온도계 : 열전대 이용 온도 측정

핵심예제

5-1. 정비용 공구 중에서 체결용 공구가 아닌 것은?
① L-렌치
② 훅 스패너
③ 기어 풀러
④ 더블 오프셋 렌치

5-2. 다음 중 정비용 측정 기구에 해당하는 것은?
① 파이프 렌치(Pipe Wrench)
② 오스터(Oster)
③ 베어링 체커(Bearing Checker)
④ 플레어링 툴 세트(Flaring Tool Set)

|해설|

5-1
기어 풀러는 기어나 풀리 등을 분해할 때 사용하는 분해용 공구이다.

5-2
베어링 체커는 베어링의 그리스 윤활 상태를 측정한다. ①, ②, ④는 배관용 기구이다.

정답 5-1 ③ 5-2 ③

제4절 탭 · 드릴 · 보링가공

4-1. 탭 · 드릴 · 보링가공 작업

핵심이론 01 탭 · 드릴 · 보링가공의 용어

드릴가공 작업은 드릴링 머신의 주축에 드릴을 고정해 회전시키면서 회전축 방향으로 이송을 주어 구멍을 뚫는 가공방법이다.

(1) 드릴링(Drilling)
주축에 드릴을 고정하고 회전시키면서 회전축 방향으로 이송을 주어 구멍을 가공하는 방법이다.

(2) 태핑(Tapping)
드릴로 뚫은 구멍에 탭을 이용하여 암나사를 내는 작업이다.

(3) 리밍(Reaming)
드릴작업된 구멍에 리머를 사용하여 다듬질 가공하는 작업으로, 정밀도를 높이기 위한 목적이 있다.

(4) 보링(Boring)
공작물의 가공된 구멍을 보링 공구를 사용하여 넓히는 작업이다.

(5) 카운터 보링(Counter-boring)
볼트나 작은 나사의 머리를 묻히게 할 목적으로 구멍을 가공하는 작업이다.

(6) 스폿 페이싱(Spot-facing)
볼트를 체결하기 위하여 평평하지 않은 주물면 등에 볼트 머리 자리 파기를 하는 가공으로 카운터 보링과 비슷하나 가공 깊이가 작다.

(7) 카운터 싱킹(Count-sinking)
접시형 구멍을 가공하여 접시머리 볼트를 묻히게 하는 작업이다.

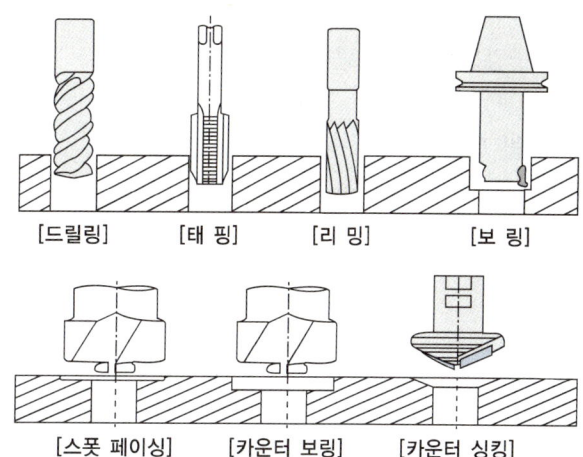

[드릴링] [태 핑] [리 밍] [보 링]

[스폿 페이싱] [카운터 보링] [카운터 싱킹]

핵심예제

1-1. 드릴로 뚫은 구멍에 암나사를 내는 가공작업은?
① 드릴링   ② 태 핑
③ 리 밍   ④ 보 링

1-2. 드릴로 뚫은 구멍의 내면을 매끈하고 정밀하게 다듬질하는 가공작업은?
① 드릴링   ② 태 핑
③ 리 밍   ④ 보 링

1-3. 주물품에서 볼트, 너트 등이 닿는 부분을 가공하여 자리를 만드는 작업은?
① 보링작업   ② 카운터 보링
③ 스폿 페이싱   ④ 카운터 싱킹

정답 1-1 ② 1-2 ③ 1-3 ③

핵심이론 02 | 드릴링 머신의 종류

(1) 탁상 드릴링 머신
작업대 위에 설치하여 비교적 작은 공작물에 13[mm] 이하의 구멍을 뚫는 데 편리하다.

(2) 직립 드릴링 머신
지름이 5[mm] 정도까지의 드릴가공을 할 수 있다. 직립 기둥은 스핀들 구동장치 및 슬리이브를 지지하며, 구동과 변속은 단차 또는 기어를 사용한다.

(3) 레이디얼 드릴링 머신
기둥을 중심으로 암이 수평으로 선회하며, 암에는 스핀들, 슬리이브, 구동변속장치 등이 장치되어 있다.

(4) 다축 드릴링 머신
한 대의 기계에 여러 개의 스핀들이 있어 같은 평면 안에 다수의 구멍을 동시에 드릴가공할 수 있다.

(5) 다두 드릴링 머신
여러 개의 스핀들이 나란히 있어 각 스핀들에 여러 가지 공구대를 꽂아 드릴링, 리밍, 태핑 등을 순서에 따라 연속 작업을 할 수 있다.

(6) 심공 드릴링 머신
각종 내연 기관의 크랭크축에 있는 오일 구멍과 같이 지름에 비해 비교적 깊은 구멍을 능률적으로 정확히 가공한다.

(7) 휴대용 드릴링 머신
전동 또는 공압 구동 드릴링 머신으로서 손으로 지지하면서 임의 장소 및 임의 방향에서 구멍을 뚫을 수 있고, 휴대할 수 있다.

핵심예제

2-1. 한 대의 드릴링 머신에 다수의 스핀들을 설치하고 한 개의 구동축으로 유니버설 조인트를 이용하여 여러 개의 드릴을 동시에 구동시키는 드릴링 머신은?

① 탁상 드릴링 머신
② 다두 드릴링 머신
③ 다축 드릴링 머신
④ 레이디얼 드릴링 머신

2-2. 드릴링 머신으로 할 수 없는 작업은?

① 탭가공　　　　② 평면가공
③ 카운터 싱킹　　④ 스폿 페이싱

|해설|

2-1
① 탁상 드릴링 머신 : 작업대 위에 설치하여 비교적 작은 공작물에 13[mm] 이하의 구멍을 뚫는 데 편리하다.
③ 다축 드릴링 머신 : 한 대의 기계에 여러 개의 스핀들이 있어 같은 평면 안에 다수의 구멍을 동시에 드릴가공할 수 있다.
④ 레이디얼 드릴링 머신 : 기둥을 중심으로 암이 수평으로 선회하며, 암에는 스핀들, 슬리이브, 구동변속장치 등이 장치되어 있다.

2-2
평면가공은 밀링머신, 셰이퍼, 플레이너 등으로 한다.

정답 2-1 ③　2-2 ②

4-2. 절삭공구의 특성과 종류

핵심이론 01 | 절삭공구의 종류

(1) 드릴

① 드릴의 분류
  ㉠ 재료에 따른 분류 : 합금강, 고속도강, 초경합금, 초경합금 팁, 코팅드릴 등이 있다.
  ㉡ 형태 및 사용목적에 따른 분류 : 평드릴, 트위스트 드릴, 특수드릴로 구분한다.

② 드릴의 구조

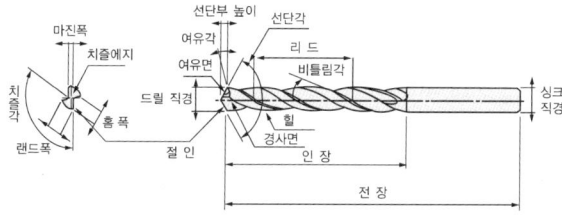

③ 드릴의 선단각
  ㉠ 단단한 재료 : 선단각이 크다.
  ㉡ 무른 재료 : 선단각이 작다.
  ㉢ 일반 재질 : 선단각은 118°이다.

④ 드릴의 자루 부분(드릴을 고정하는 부분)
  ㉠ 곧은 자루 : 일반적으로 $\phi 13[\text{mm}]$ 이하
  ㉡ 테이퍼 자루 : $\phi 13[\text{mm}]$ 이상(슬리브 등을 이용하여 축에 고정)

⑤ 표준 드릴(일반용 드릴)의 드릴각도는 118°, 여유각(경사각)은 12~15°, 비틀림각은 20~32°이다.

⑥ 일반적으로 118° 드릴의 경우 날 끝 높이 $h = D \times 0.3$(상수)으로 계산하여 가공한다.

(2) 카운터 보어(Counter Bore)

① 안내축과 절삭날 부분으로 구성되어 있다.
② 육각 소켓 볼트나 둥근머리 볼트를 공작물 표면에 돌출하지 않고 볼트의 머리를 공작물에 묻힌 작업을 하기 위해 자리파기 가공에 사용한다.

(3) 카운터 싱크

① 접시머리 볼트나 리벳의 자리파기에 사용하며, 공구의 경사각이 60°, 90°, 120° 등이 있다.
② 드릴 및 탭작업 시 금속이 밀려 위로 올라오기 때문에 탭가공 전에 반드시 카운터 싱크 작업을 해야 한다.

(4) 탭

① 나사 길이부, 섕크부로 나누며, 나사 길이부는 물림부(불완전 나사부)와 완전 나사부로 형성된다.

② 탭의 종류
  ㉠ 핸드 탭 : 수작업을 위한 탭으로서, 테이퍼 탭(1번), 플러그 탭(2번), 바터밍 탭(3번)의 3개가 1조로 구성된다.
    • 1번 탭(Taper Tap) : 제일 먼저 사용하는 탭으로, 9산이 테이퍼로 되어 있다.
    • 2번 탭(Plug Tap) : 중간 절삭용으로, 5산이 테이퍼로 되어 있다.
    • 3번 탭(Bottoming Tap) : 마무리 절삭용으로, 1.5산이 테이퍼로 되어 있다.
  ㉡ 스파이럴 탭 : 공작기계에 장착하여 고속으로 나사를 가공할 수 있다.
  ㉢ 포인트 탭 : 관통된 구멍에 사용하며, 가공 칩이 구멍 밑으로 배출되어 연속작업이 쉽다.
  ㉣ 전조 탭 : 탭이 가공 소재를 변형시켜 나사산을 성형하는 탭으로, 칩을 배출하지 않아 날 부위에 홈이 없다. 수명이 절삭 탭의 10배 이상 길다.
  ㉤ 파이프 탭 : 관용 테이퍼 나사 가공용 PT 탭과 관용 평행나사 가공용 PS 탭으로 구분한다.

핵심예제

1-1. 공작물에 M6, 피치 1[mm], 깊이 20[mm]의 암나사를 기계 탭을 이용하여 가공하려고 한다. 암나사를 내기 위한 드릴지름으로 가장 적합한 것은?

① 4.5[mm] ② 5.0[mm]
③ 5.5[mm] ④ 6.0[mm]

1-2. 수동 탭작업 시 탭이 부러지는 원인으로 틀린 것은?

① 막힌 구멍에 탭을 더 돌렸을 경우
② 탭이 구멍에 기울어져서 들어간 경우
③ 구멍이 너무 작거나 구부러져 있는 경우
④ 공작물의 재질이 탭보다 너무 무른 경우

1-3. 표준 드릴의 여유각은?

① 3~5°   ② 5~10°
③ 12~15° ④ 15~18°

|해설|

1-1
드릴지름은 나사지름에서 피치를 뺀 값이다.
6 − 1 = 5

1-2
공작물의 재질이 탭보다 단단한 경우(경도가 큰 경우)에는 작업 어렵거나 잘 부러진다.

1-3
표준 드릴(일반용 드릴)의 드릴 각도는 118°, 여유각(경사각)은 12~15°, 비틀림각은 20~32°이다.

정답 1-1 ② 1-2 ④ 1-3 ③

핵심이론 02 | 드릴의 절삭조건

(1) 절삭속도

가공 시 구멍의 깊이가 깊어지면 절삭 칩의 배출과 절삭유 공급이 원활하지 못하여 드릴이 부러지기 쉬우므로, 절삭속도와 이송을 줄여야 한다. 절삭속도와 이송은 드릴가공 깊이가 드릴지름의 3배 이상이면 10[%], 5배 이상이면 30[%] 정도 줄이는 것이 드릴 파손을 막는 일반적인 방법이다.

① 절삭속도

$$V = \frac{\pi D N}{1,000} [\text{m/min}]$$

여기서, π : 원주율
D : 커터(드릴)의 지름[mm]
N : 커터(드릴)의 1분간 회전수[rpm]

② 주축 회전수

$$N = \frac{1,000\, V}{\pi D}$$

③ 드릴의 이송속도

$$F = N \times f [\text{mm/min}]$$

여기서, f : 회전당 이송[mm/rev]

④ 구멍을 뚫는 데 소요되는 시간[min]

$$T = \frac{t+h}{NS} = \frac{\pi D(t+h)}{1,000\, V S}$$

여기서, S : 드릴 1회전당 이송거리[mm/rev]
h : 드릴 끝 원추의 높이[mm]
t : 구멍의 깊이[mm]

핵심예제

2-1. 구멍을 뚫을 때 구멍 깊이에 따라 절삭속도와 이송을 감소시켜야 하는데 구멍의 깊이가 구멍지름의 5배 정도가 되었을 때 처음에 비하여 몇 [%] 정도 감소시키는 것이 좋은가?

① 절삭속도 10[%] 감소, 이송 10[%] 감소
② 절삭속도 10[%] 감소, 이송 30[%] 감소
③ 절삭속도 30[%] 감소, 이송 10[%] 감소
④ 절삭속도 30[%] 감소, 이송 30[%] 감소

2-2. 드릴링 작업에서 드릴 직경이 6[cm]이고, 주축의 회전수가 1,000[rpm]으로 가공할 때 절삭속도는 약 얼마인가?

① 19[m/min]   ② 189[m/min]
③ 1,000[m/min]   ④ 1,885[m/min]

2-3. 드릴링 작업에서 드릴 직경이 80[mm]이고, 절삭속도가 180[m/min]으로 드릴링 작업을 한다면 축의 회전수는 얼마인가?

① 315[rpm]   ② 717[rpm]
③ 816[rpm]   ④ 4,568[rpm]

|해설|

2-1
절삭속도와 이송은 드릴가공의 깊이가 드릴지름의 3배 이상이면 10[%], 5배 이상이면 30[%] 정도 줄인다.

2-2
절삭속도
$$V = \frac{\pi D N}{1,000} = \frac{\pi \times 60 \times 1,000}{1,000} \fallingdotseq 189[\text{m/min}]$$

2-3
$$N = \frac{1,000\,V}{\pi D} = \frac{1,000 \times 180}{\pi \times 80} \fallingdotseq 717[\text{rpm}]$$

정답 2-1 ④ 2-2 ② 2-3 ②

4-3. 공구의 수명 및 마모

핵심이론 01 │ 공구 수명

(1) 공구 수명의 판정방법
① 절삭 동력(주축 모터 부하 또는 공구 동력계)
② 다듬질면 상태
③ 마모량
④ 공작물 치수 변화
⑤ 진 동
⑥ 공구 파손

(2) 테일러의 공구 수명식
조건이 같다면 절삭속도 증가에 따라 공구 수명은 급격하게 감소한다.

$$VT^n = C$$

여기서, V : 절삭속도[m/min]
T : 공구 수명[min]
n : 피삭재와 공구 재질 등에 따른 정수(일반적인 절삭에서 1/5~1/10 수준)
- 고속도강 : 0.05~0.2
- 초경합금 : 0.125~0.25
- 세라믹 : 0.4~0.55

C : 상수(가공물의 절삭조건에 따라 변화하는 값으로, 공구 수명을 1분으로 했을 때 절삭속도이다)

(3) 공구 수명에 영향을 미치는 요소
① 공구각
② 절삭공구의 재질
③ 절삭속도
④ 가공재료
⑤ 절삭유제

핵심예제

1-1. 공구 수명을 판정하는 방법으로 옳지 않은 것은?
① 절삭저항이 급격히 감소하였을 때
② 공구 날의 마모가 일정량에 도달하였을 때
③ 절삭가공 직후 가공 표면에 광택이 생길 때
④ 완성 가공된 치수의 변화가 일정량에 도달하였을 때

1-2. 공구 재질이 일정할 때 공구 수명에 가장 영향을 크게 미치는 것은?
① 이송량
② 절삭 깊이
③ 절삭속도
④ 공작기계의 성능

|해설|

1-1
절삭저항이 급격히 증가하면 공구 수명이 감소한다.

1-2
테일러의 공구 수명식($VT^n = C$)에서 조건이 같다면 절삭속도 증가에 따라 공구 수명은 급격하게 감소한다.

정답 1-1 ① 1-2 ③

핵심이론 02 | 공구 손상

(1) 공구 손상

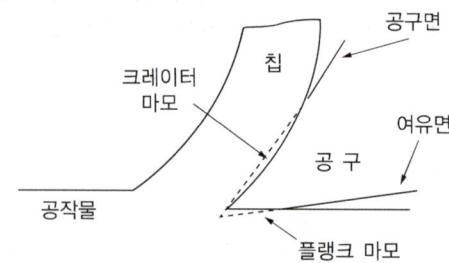

(2) 열적 · 화학적 작용으로 인한 마모의 구분

① 열 확산 : 고온으로 인한 열 진동 때문에 공구와 피삭재의 구성 성분이 서로 혼합되는 현상이다.
② 용착 : 피삭재가 재결정 온도 이상으로 가열되어 공구면에 응착되는 현상이다.
③ 압착 : 재결정 온도 이하의 피삭재가 절삭 시의 높은 압력으로 공구면에 응착되는 현상이다.
④ 화학적 반응에 의한 마모 : 고온에서 공구재, 피삭재, 절삭유제의 화학적 반응 산화, 염화유의 부식작용 등으로 마모되는 현상이다.
⑤ 전기화학적인 마모 : 고온에서 공구재, 피삭재 중의 불순물로 인해 발생한 기전력으로 화학반응이 촉진되어 마모속도가 증가하는 현상이다.
⑥ 기타 : 열 피로(Thermal Fatigue)와 열 균열(Thermal Crack)이 있다.

(3) 공구 마모의 형태별 구분

① 여유면 마모(Flank Wear)

㉠ 공구 여유면 랜드부에 생기는 마모이다.

- ⓛ 대표적인 정상 마모의 형태로, 육안으로 쉽게 관찰할 수 있어 일반적으로 공구 교환시기의 판단기준으로 사용된다.
- ⓒ 마모 폭이 정삭 시 (0.1~0.2)[mm], 황삭 시 (0.5~1.0)[mm] 정도면 교환해 주는 것이 좋다.
- ⓔ 여유각이 클수록(공구 날 끝이 날카로울수록) 여유면 마모속도를 줄일 수 있으나 날 끝 강도가 약해져 파손 위험이 증가한다.
- ⓜ 고경도 피삭재, 중절삭, 취성이 있는 고경도 공구 재료일 경우 작은 각으로 하고, 연한 피삭재, 경절삭, 인성이 우수한 공구 재료일 경우 큰 각으로(날카롭게) 하는 것이 좋다.
- ⓗ 스테인리스강 등 질긴 재질일 경우 표면거칠기 개선을 위해 여유각을 크게 한다.

② **경사면 마모(Crater Wear)**

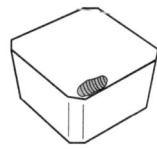

- ⓖ 절삭날 위 경사면에 생기는 분화구 형태의 마모이다.
- ⓛ 보통 피삭재가 크레이터 하단부에 용착되어 마모 상태를 파악하기 어려운 경우가 많다.
- ⓒ 불가피한 정상 마모의 형태로 볼 수 있으나 크레이터 성장속도가 너무 빠를 경우 절삭조건 등을 변경할 필요가 있다.

③ **치핑**

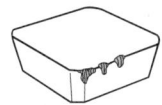

- ⓖ 기계적 충격으로 날 끝이 미세하게 이가 빠진 형태로 파손되는 경우이다.
- ⓛ 주로 취성이 있는 고경도 공구로 단속 절삭할 때 발생한다.
- ⓒ 치핑 방지를 위해서는 상면 경사각을 음의 값으로 하는 것이 유리하다.
- ⓔ 초경 엔드밀을 고속도강 엔드밀의 형상과 같이 상면 경사각을 양의 값으로 제작해 사용하면 고속가공 시 치핑이 발생하기 쉽다.
- ⓜ 상면 경사각은 공구인선을 예리하게 하면 절삭성이 좋아지고, 절삭저항이 낮아져 절삭열의 발생도 억제할 수 있다.
- ⓗ 초경합금은 경도, 내열성에서는 우수하지만, 인성이 낮아 고속가공 시 치핑이 발생하기 쉽다.

④ **결손** : 치핑보다 약간 큰 형태로 날 끝이 파손되는 경우이다.

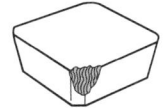

⑤ **파손** : 절삭날 전체의 파손이다.

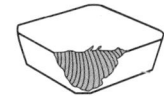

⑥ **박리 또는 분리** : 공구의 표피가 벗겨지는 형태로 떨어져 나가는 것이다.

⑦ **소성변형** : 절삭 때의 고온으로 날 끝이 소성변형을 일으키는 것이다.

⑧ **균열** : 열 충격 등으로 공구에 금이 가는 것이다.

⑨ **완전 손상** : 공구가 완전히 손상되는 것으로, 공작물이나 공구 홀더까지 같이 손상될 수 있으므로 가능한 발생하지 않도록 한다.

핵심예제

2-1. 피삭재가 재결정 온도 이상으로 가열되어 공구면에 응착되는 현상은?
① 압 착　　② 용 착
③ 열 확산　　④ 열 피로

2-2. 공구 여유면 랜드부에 생기는 마모로, 육안으로 쉽게 관찰할 수 있어 일반적으로 공구 교환시기의 판단기준으로 사용되는 공구마모 형태는?
① 여유면 마모　　② 경사면 마모
③ 치 핑　　④ 박리 또는 분리

|해설|

2-1
① 압착 : 재결정 온도 이하의 피삭재가 절삭 시의 높은 압력으로 공구면에 응착되는 현상이다.
③ 열 확산 : 고온으로 인한 열 진동 때문에 공구와 피삭재의 구성 성분이 서로 혼합되는 현상이다.

2-2
② 경사면 마모 : 절삭날 위 경사면에 생기는 분화구 형태의 마모로, 불가피한 정상 마모의 형태로 볼 수 있으나 크레이터 성장속도가 너무 빠를 경우 절삭조건 등을 변경할 필요가 있다.
③ 치핑 : 기계적 충격으로 날 끝이 미세하게 이가 빠진 형태로 파손되는 경우로, 주로 취성이 있는 고경도 공구로 단속 절삭할 때 발생한다.
④ 박리 또는 분리 : 공구의 표피가 벗겨지는 형태로 떨어져 나가는 것이다.

정답 2-1 ② 2-2 ①

제5절 기계 부품 조립

5-1. 조립작업 계획

핵심이론 01 조립방법

(1) 조립방법의 기본 형식

① 수동 조립(Manual Assembly) : 소량 생산에 경제적인 단순한 공구를 사용하며, 인간의 손으로 간단하게 수행할 수 있는 작업이다.
② 고속자동조립(High-speed Automated Assembly) : 조립용으로 특수 설계된 이송기구를 사용하며, 자동조립시스템과 자동조립기계가 있다.
③ 로봇 조립(Robot Assembly) : 각 작업장마다 한두 대의 범용로봇을 사용하거나 종합조립시스템에서 다수의 로봇을 사용하는 방식이 있다.

(2) 로봇의 종류

① 산업용 로봇 : 조립, 용접, 절단, 운반 등의 작업을 하는 로봇
② 서비스용 로봇 : 집안일이나 교육, 안내 등을 하는 로봇
③ 특수목적용 로봇 : 의료, 화재 진압, 군사, 우주 탐사 등의 특수 목적으로 사용되는 로봇

(3) 조립작업의 기본 형식

① 동기(Synchronous)시스템(분류시스템)
　㉠ 부품과 요소를 고정된 개별 작업장에 일정한 속도로 공급하고 조립한다.
　㉡ 이동속도는 조립품을 완성하는 데 가장 긴 시간이 걸리는 작업장을 기준으로 정해진다.
　㉢ 주로 소형 제품의 대량, 고속 조립에 사용된다.
　㉣ 이송시스템에는 회전 분류 방식과 일렬 분류 방식이 있다.
　㉤ 전자동 또는 반자동 모드로 작동된다.

ⓑ 한 작업장에 고장이 생기면 전체 조립작업을 멈추게 할 수 있다.
ⓢ 부품 공급기는 진동을 주는 방법 등으로 각 부품을 공급 슈트쪽으로 이동시키고, 독창적인 방법으로 부품이 적절한 방향을 가지며 공급되도록 한다.

② 비동기시스템(Nonsynchronous System)
ⓐ 각 작업장이 독립적으로 작업하며 남는 조립품은 작업장 사이의 저장소에 저장하는 방식이다.
ⓑ 저장소에 충분한 반제품이 있으면 해당 작업장은 작업할 필요가 없다.
ⓒ 한 작업장이 어떤 이유로 작업을 할 수 없더라도 조립라인은 저장소의 모든 부품을 사용할 때까지 작업을 계속한다.
ⓓ 조립할 부품이 많은 대형 제품의 조립에 적합하다.
ⓔ 가장 더딘 작업장에 의해 전체 작업속도가 결정된다.

③ 연속시스템(Continuous System)
ⓐ 제품이 팰릿이나 공작물 운반대에 얹혀서 일정한 속도로 움직이는 동안에 조립된다.
ⓑ 조립될 부품들은 제품의 일정한 이동에 맞추어 각종 동력장치에 의해 제품쪽으로 이동되어 공급된다.
ⓒ 병입 및 포장공장과 자동차, 기계공장의 대량 생산 라인에서 전형적으로 사용된다.

핵심예제

1-1. 기계 부품 조립방법의 기본 형식에서 동기시스템의 특징으로 옳지 않은 것은?
① 주로 소형 제품의 대량, 고속 조립에 사용된다.
② 부품과 요소를 고정된 개별 작업장에 일정한 속도로 공급하고 조립한다.
③ 한 작업장에 고장이 생기면, 전체 조립작업을 멈추게 할 수 있다.
④ 가장 더딘 작업장에 의해 전체 작업속도가 결정된다.

1-2. 기계 부품 조립방법의 기본 형식이 아닌 것은?
① 수동 조립   ② 로봇 조립
③ 연속 조립   ④ 고속자동조립

|해설|

1-1
④는 비동기시스템의 특징이다.

1-2
조립방법에는 수동 조립, 고속자동조립, 로봇 조립의 세 가지 기본 형식이 있다.

정답 1-1 ④ 1-2 ③

핵심이론 02 | 조립작업 계획

기계 조립계획은 기계요소 부품을 설계도에 따라 사람의 힘이나 동력을 이용하여 각 부품을 결합하기 위한 계획이다.

(1) 기계 부품 조립작업 계획 시 고려사항
① 제품 한 개에 필요한 부품의 수와 종류를 줄이고, 단일 부품이 다기능을 갖도록 하며 가급적 모듈로 관리될 수 있는 반조립품을 고려한다.
② 부품은 완전한 대칭성을 갖거나(원형이나 정사각형) 완전히 비대칭으로 설계하여(타원이나 직사각형) 작업자의 실수를 줄인다.
③ 부품이 부정확하게 설치될 수 없도록 하거나 위치, 정렬, 조정을 할 필요가 없도록 설계한다.
④ 부품 조립 시에 장애물이 없고 시야를 가리지 않도록 설계한다.
⑤ 설계는 가급적 볼트, 너트, 스크루 같은 체결구를 사용할 필요가 없도록 하고, 스냅인 체결구와 같은 다른 방법도 고려해야 한다.
⑥ 체결구를 사용해야 한다면, 종류를 최소화하고 공구가 방해받지 않고 사용되도록 위치와 간격이 정해져야 한다.
⑦ 부품 설계 시 크기, 모양, 무게, 유연성, 마모성, 다른 부품과의 걸림 같은 인자를 고려한다.
⑧ 조립품을 회전시키지 않도록 부품은 한 방향으로 삽입되도록 설계한다. 수직 방향으로 삽입되도록 설계하면 중력을 이용할 수 있다.
⑨ 조립과정에서 부품이 쉽게 움직이도록 제품을 설계하고, 기존 제품의 경우는 재설계한다.
⑩ 내·외부의 예리한 코너부는 모따기(Champer), 테이퍼, 라운딩으로 대체한다.

(2) 기계 부품 조립작업 계획 수립 시 유의사항
① 작업지시서 : 조립 매뉴얼로 표현하며 작업지시서에 따라 조립 절차, 조립방법, 검사방법 등의 내용을 검토한다. 불합리한 사항이 발견되면 현장 설치조건에 맞게 관련 부서 담당자와 협의하여 수정·보완할 수 있도록 검토하고, 특이사항이 없으면 작업지시서에 따라 조립계획을 수립한다.
② 기계조립도면 : 기계장치의 부분조립도와 전체조립도를 해석하여 우선순위의 조립 절차를 세우고, 부분 조립기계장치가 전체 기계장치 어느 부분에 조립되는지, 부분 기계장치의 중량은 얼마나 되는지를 파악하여 조립방법에 따라 조립기구장치 사용계획을 수립한다.
③ 전기·전자조립도면 : 기계장치의 원활한 작동과 오동작을 방지하기 위하여 전기·전자도면을 검토하여 센서 위치나 각종 전기 부품의 부착 위치를 파악하여 기계를 조립 및 설치할 때 파손 가능성을 검토하고 기계 작동 중에 손상 가능성 여부를 파악하여 적합한 조립계획을 수립한다.
④ 유·공압장치 관련 도면 : 기계장치, 전자·전기장치와 연동하여 유·공압장치가 기계의 간섭으로부터 오동작 발생 여부를 검토하고, 유·공압장치가 작동할 때 전기장치에 간섭을 초래하는지 않도록 적합한 조립계획을 수립한다.
⑤ 기계장치 리스트 : 기계장치 우선순위 조립 절차에 따라 기계장치 리스트를 확인하고, 조립 순서에 따라 기계장치 배열 순서를 계획하여 기계 조립작업이 최적의 조건을 가질 수 있도록 조립계획을 수립한다.

핵심예제

2-1. 기계 부품 조립작업 계획 시 고려사항으로 옳지 않은 것은?

① 설계는 가급적 볼트, 너트, 스크루 같은 체결구를 사용하도록 설계한다.
② 내·외부의 예리한 코너부는 모따기(Champer), 테이퍼, 라운딩으로 대체한다.
③ 부품 설계 시 크기, 모양, 무게, 유연성, 마모성, 다른 부품과의 걸림 같은 인자를 고려한다.
④ 체결구를 사용해야 한다면 종류를 최소화하고 공구가 방해받지 않고 사용되도록 위치와 간격이 정해져야 한다.

2-2. 기계 부품 조립작업 계획 수립 시 유의사항으로 조립 절차, 조립방법, 검사방법 등의 내용을 검토하는 것은?

① 작업지시서
② 기계조립도면
③ 기계장치 리스트
④ 유·공압장치 관련 도면

|해설|

2-1
설계는 가급적 볼트, 너트, 스크루 같은 체결구를 사용할 필요가 없도록 하고, 스냅인 체결구와 같은 다른 방법도 고려해야 한다.

2-2
② 기계조립도면 : 기계장치의 부분조립도와 전체조립도를 해석하여 우선순위의 조립 절차를 세우고, 부분 조립기계장치가 전체 기계장치 어느 부분에 조립되는지, 부분 기계장치의 중량은 얼마나 되는지를 파악하여 조립방법에 따라 조립기구장치 사용계획을 수립한다.
③ 기계장치 리스트 : 기계장치 우선순위 조립 절차에 따라 기계장치 리스트를 확인하고, 조립순서에 따라 기계장치 배열 순서를 계획하여 기계조립작업이 최적의 조건을 가질 수 있도록 조립계획을 수립한다.
④ 유·공압장치 관련 도면 : 기계장치, 전자·전기장치와 연동하여 유·공압장치가 기계의 간섭으로부터 오동작 발생 여부를 검토한다.

정답 2-1 ① 2-2 ①

5-2. 도면 해독

핵심이론 01 | 치수공차와 끼워맞춤

기계조립도면을 보고 설계의 목적과 기능을 파악하고, 조립도에 나타나 있는 형상과 크기 등을 고려하여 조립할 수 있는 장비와 공구를 선정하고, 작업방법과 공정을 해석할 수 있어야 한다.

(1) 기계조립 전용 기계요소

① 축과 축 이음
② 클러치
③ 베어링
④ 스프링, 완충장치 및 브레이크
⑤ 관계 기계요소
⑥ 동력전달장치 기계요소

(2) 치수공차

① 치수공차는 IT(International Tolerance) 기본공차를 적용한다.
② IT등급은 0[mm] 초과, 500[mm] 이하의 기준치수를 IT01, IT0, IT1~IT18까지 20개 등급으로 구분한다.
③ 용도별 IT공차 적용

용 도	게이지 제작	끼워맞춤	끼워맞춤 이외
제조 공정	특수가공, 입자가공	질삭가공	소성가공
축	IT1~IT4	IT5~IT9	IT10~IT18
구 멍	IT1~IT5	IT6~IT10	IT11~IT18

④ 게이지(Gauge) 제작에는 공차가 작은 정밀한 등급이 사용된다.
⑤ 구멍의 IT 등급은 축의 IT 등급보다 한 등급 위의 것을 적용한다.
⑥ 기준치수가 클수록 IT 등급이 높을수록 공차가 커진다.

(3) 끼워맞춤

구멍과 축이 조립되는 관계이며, 끼워지는 구멍과 축의 치수관계에 따라 다음과 같이 분류된다.

① 헐거운 끼워맞춤
  ㉠ 구멍의 최소허용치수가 축의 최대허용치수와 같거나 큰 경우로, 항상 틈새가 생기는 끼워맞춤이다.
  ㉡ 최대틈새 = 구멍의 최대치수 − 축의 최소치수
  ㉢ 최소틈새 = 구멍의 최소치수 − 축의 최대치수
  ㉣ 부품이 서로 상대운동을 하거나 분해하는 부품 조립에 적용한다.

② 억지 끼워맞춤
  ㉠ 구멍의 최대허용치수가 축의 최소허용치수보다 작은 상태의 끼워맞춤으로, 조립되었을 때 항상 죔새가 생긴다.
  ㉡ 최대죔새 = 축의 최대치수 − 구멍의 최소치수
  ㉢ 최소죔새 = 축의 최소치수 − 구멍의 최대치수
  ㉣ 영구 조립하는 경우나 동력 전달을 목적으로 조립하는 경우에 적용한다.

③ 중간 끼워맞춤
  ㉠ 구멍 치수가 축의 치수보다 클 수도 있고 작을 수도 있는 경우의 끼워맞춤이다.
  ㉡ 경우에 따라 틈새가 생기거나 죔새가 생기므로 필요한 관계(죔새 또는 틈새)를 얻기 위해 선택하여 조립해야 한다.
  ㉢ 베어링 조립 등 정밀한 죔새나 틈새를 얻는 경우에 적용한다.

④ 구멍(H)과 축(h) 관계

구멍	A B C D E F G ← 구멍이 점점 커짐	H (기준)	I J K L M N P R S T U X → 구멍이 점점 작아짐
축	a b c d e f g ← 축이 점점 작아짐	h (기준)	i j k l m n p r s t u x → 축이 점점 커짐

⑤ 끼워맞춤의 표기 : 50H7g6, 50H7/g6

핵심예제

1-1. 끼워맞춤 중 항상 죔새가 생기는 끼워맞춤은?
① 일반 끼워맞춤
② 억지 끼워맞춤
③ 중간 끼워맞춤
④ 헐거운 끼워맞춤

1-2. 기준치수가 20, 최대허용치수가 19.97이고, 최소허용치수가 19.95일 때 아래치수 허용치수는?
① +0.03   ② −0.03
③ +0.05   ④ −0.05

1-3. 죔새가 가장 크게 발생하는 끼워맞춤은?
① 60H7e6   ② 60H7h6
③ 60H7k6   ④ 60H7m6

|해설|
1-1
끼워맞춤
- 헐거운 끼워맞춤 : 구멍의 최소허용치수가 축의 최대허용치수와 같거나 큰 경우로, 항상 틈새가 생기는 끼워맞춤이다.
- 억지 끼워맞춤 : 구멍의 최대허용치수가 축의 최소허용치수보다 작은 상태의 끼워맞춤으로, 조립되었을 때 항상 죔새가 생긴다.
- 중간 끼워맞춤 : 구멍 치수가 축의 치수보다 클 수도 있고 작을 수도 있는 경우의 끼워맞춤이다.

1-2
아래치수 허용치수 = 최소허용치수 − 기준치수
= 19.95 − 20
= −0.05

1-3
대문자는 구멍의 치수로 알파벳의 처음이 큰 구멍이 된다. 축은 소문자를 사용해서 a보다는 x가 두꺼운 축이 된다. 구멍의 크기가 일정할 때 죔새가 가장 크려면 알파벳의 순서가 늦어야 되므로 m이 된다.

정답 1-1 ② 1-2 ④ 1-3 ④

핵심이론 02 | 표면거칠기

표면거칠기를 나타내는 방법에는 중심선 평균거칠기(R_a), 최대높이(R_{max}), 10점 평균거칠기(R_z)가 있으며 얻어진 값을 마이크로 미터 단위[μm]로 나타낸다.

(1) 중심선 평균거칠기(R_a)

거칠기 곡선에서 중심선의 방향으로 측정 길이를 정하고 그 중심선의 윗부분의 면적을 측정 길이로 나눌 때 얻게 되는 값을 [μm]로 나타낸 것이다.

(2) 최대높이(R_{max})

단면 곡선에서 기준 길이를 정하고, 그 부분의 가장 높은 부분과 가장 깊은 골과의 높이차를 단면 곡선의 세로 배율의 방향으로 측정하여 그 값을 [μm]로 나타낸 것이다.

(3) 10점 평균거칠기(R_z)

단면 곡선에서 기준 길이를 정하고, 이 부분 중 가장 높은 쪽에서 다섯 번째 봉우리까지의 표고 평균값과 깊은 쪽에서 다섯 번째 골 밑 표고 평균값의 차이를 [μm]로 나타낸 것이다.

(4) 다듬질 기호별 표면거칠기 적용의 예

다듬질 기호	표면거칠기			설명	적용 예
	R_a	R_{max}	R_z		
∀ ~	특별히 규정하지 않음			가공하지 않은 면	주조 부분
				아주 거친 곳만 약간 가공(버 제거)	스패너 자루, 핸들, 플라이 휠
w ∇	25a	100S	100Z	가공 흔적이 남은 정도	드릴 가공면, 축의 끝 단면

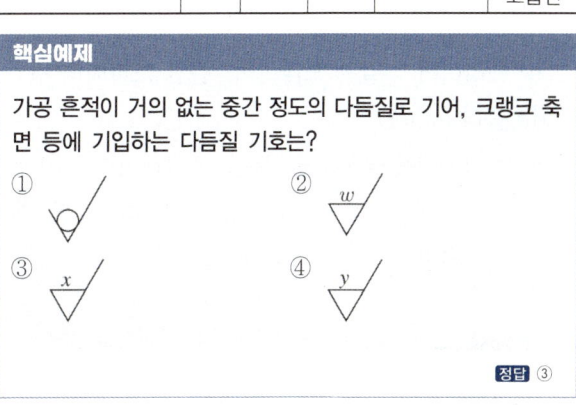

다듬질 기호	표면거칠기			설명	적용 예
	R_a	R_{max}	R_z		
x ∇∇	6.3a	25S	25Z	가공 흔적이 거의 없는 중간 정도 다듬질	기어, 크랭크 측면, 접촉하여 작동하지 않는 면
y ∇∇∇	1.6a	6.3S	6.3Z	가공 흔적이 전혀 없는 다듬질	게이지 측정면, 접촉되어 작동하는 면
z ∇∇∇∇	0.2a	0.8S	0.8Z	광택이 나는 고운 다듬질	특수 용도의 고급면

핵심예제

가공 흔적이 거의 없는 중간 정도의 다듬질로 기어, 크랭크 축면 등에 기입하는 다듬질 기호는?

① ∨
② w ∇
③ x ∇∇
④ y ∇∇∇

정답 ③

5-3. 공구 활용

핵심이론 01 | 기계 부품 조립용 공구, 요소 부품

(1) 조립용 공구
① 렌치(Wrench) : 육각 렌치, 육소켓(복스) 렌치, 래칫 렌치, 파이프 렌치, 토크 렌치(조임토크, 조임 파단토크)
② 스패너(Spanner) : 잉글리시 스패너, 멍키 스패너, 편구 스패너, 양구 스패너 등
③ 플라이어 : 콤비네이션 플라이어, 펜치, 니퍼, 바이스 플라이어, 롱 노즈 플라이어, 스냅링 플라이어 등
④ 드라이버 : 일반 드라이버, 검전 드라이버 등
⑤ 풀러(Puller)
※ 손 다듬질용 공구 : 줄, 펀치, 스크레이퍼, 바이스, 금긋기 바늘, 서피스게이지, 드릴, 리머, 탭, 톱, 끌, 해머 등

(2) 측정용 공구
① 버니어 캘리퍼스(Vernier Calipers) : M1형, M2형, CB형, CM형의 4종류로 규정한다.
② 마이크로미터(Micrometer) : 지시, 내측, 나사, V-앤빌, 깊이, 기어 이 두께, 포인트, 그루브 마이크로미터 등
③ 피치게이지(Pitch Gauge)
④ 틈새게이지(Feeler Gauge)
⑤ 수준기(Level Instrument) : 평형, 각형 등
⑥ 다이얼게이지(Dial Gauge)
⑦ 실린더게이지(Cylinder Gauge)

(3) 기계장치 요소 부품
① 동력원 요소 : 모터, 실린더 등
② 동력 전달요소 : 기어, 체인, 조인트 등
③ 체결(결합)요소 : 기계장치 부품 간의 결합에는 반드시 사용되는 체결·결합요소의 종류가 매우 다양하므로 체결·결합의 환경, 결합조건, 사용 공구, 재질 등을 고려하여 결합요소를 결정해야 한다.
④ 센서요소 : 근접센서, 마이크로 포토센서, 레이저 센서, 화상센서, 광전센서, 광파이버 센서, 초음파 센서, 리밋센서 등
⑤ 배관요소 : 공·유압 배관, 유체 배관을 구성하는 파이프, 고압호스, 공압용 호스, 단속밸브, 이음 부품, 피팅, 패킹 등이 있다.

(4) 조립 인원의 배치
조립에 대한 표준작업을 정하고, 작업 분량에 따라 조립 인원에 대한 계획을 세워야 한다. 표준작업의 3요소는 택 타임, 작업 순서, 표준 재공이다.
① 택 타임(Tack Time) : 기계장치 부품 한 개 또는 한 대분을 얼마의 시간에 만들어야 하는가의 시간이다.
② 작업 순서 : 작업 순서는 공정 순서와는 전혀 별개이다.
③ 표준 재공 : 작업 순서에 따라 반복해서 같은 수순으로 작업하기 위해 필요한 최소한의 공정이다.

핵심예제

작업 순서에 따라 반복해서 같은 수순으로 작업하기 위해 필요한 최소한의 공정은?
① 택 타임　　② 작업 순서
③ 공정 순서　　④ 표준 재공

|해설|

조립 인원의 배치
조립에 대한 표준작업을 정하고, 작업 분량에 따라 조립 인원에 대한 계획을 세워야 한다.
• 택 타임(Tack Time) : 기계장치 부품 한 개 또는 한 대분을 얼마의 시간에 만들어야 하는가의 시간이다.
• 작업 순서 : 작업 순서는 공정 순서와는 전혀 별개이다.
• 표준 재공 : 작업 순서에 따라 반복해서 같은 수순으로 작업하기 위해 필요한 최소한의 공정이다.

정답 ④

핵심이론 02 | 기계 조립 공간의 확보와 정리·정돈

(1) 기계 조립 공간의 확보
① 설치 장소
② 기초공사
③ 기계 운반
④ 전기장치

(2) 기계 조립 작업환경의 조성
① 조립 장소
　㉠ 기초공사
　㉡ 조립작업 동선관리
　㉢ 전기 박스
　㉣ 기계장치의 입고
　㉤ 산업안전
② 조립구조물
　㉠ 작업지시서 검토
　㉡ 기계조립도면의 확인
　㉢ 전기·전자 조립도면 확인
　㉣ 유·공압장치 도면 확인
　㉤ 기계장치의 리스트 확인

(3) 작업상의 정리·정돈
① 통로의 확보
② 작업장 바닥의 정비
③ 원자재와 반제품
④ 쓰레기, 먼지, 찌꺼기의 배출

(4) 전기설비의 정리·정돈
① 전기설비 주변의 정비
② 전기설비 내부의 불필요한 물건 제거
③ 전기설비와 수분의 분리
④ 공구 코드 정리

(5) 수공구의 정리·정돈
① 사용목적에 적합한 수공구
② 수공구 점검 정비
③ 수공구 사용 시 정리·정돈
④ 보 관

(6) 위험물의 정리·정돈
① 가스용기
② 유기용제
③ 약 품

> **더 알아보기**
>
> **VMI**
> - Vendor Management Inventory : 공급자 주도형 재고관리
> - 월마트와 같은 소매점의 재고관리를 월마트가 아니라 제품 공급자인 제조업체에서 하는 것이다.
> - 월마트에서는 제조업체에 별도로 발주를 할 필요가 없다.
> - 월마트에서 고객이 물건을 사는 즉시 재고현황이 실시간으로 제조업체에 통보되고 제조업체에서는 자체 판단에 따라 소매점에 물건을 납품한다.

(7) 기계 부품 조립 기초 수준의 업무 흐름도와 정보화의 범위(스마트 공장)
① 의사결정 : 영업 정보관리, 생산능력 분석, 생산계획 수립을 수작업으로 진행하며, 생산현장과 생산계획을 공유한다.
② 운 영
　㉠ 바코드 시스템을 활용하여 자재 흐름을 실시간으로 관리한다.
　㉡ 최종 공정 진행 시 생산 실적을 집계하고 생산관리는 수집된 데이터 기반으로 현장에 방문하여 운영현황을 모니터링한다.
③ 현장작업 : 자재 입고 단계부터 제품 출고까지의 전 공정에서 바코드를 이용한 생산 물류 추적이 가능하다.

(8) 스마트 공장 운영의 효과

① 생산성 측면 : 생산 정보 집계 분석의 시스템화에 의한 업무 생산성이 증가한다.
② 품질 측면 : 자재 Lot Tracking(작업지시별 자재 Lot) 능력 확보
③ 원가 측면 : Lot 관리, 생산 실적관리, 작업 교체 준비 등이 가능하며 원가의 흐름 파악이 용이하다.
④ 매출 측면 : 실시간으로 거래 정보를 제공하므로 고객사와 유대가 강화된다.

핵심예제

기계 조립 공간의 확보사항과 관계없는 것은?
① 설치 장소
② 기초공사
③ 기계 운반
④ 조립작업 동선관리

|해설|

기계 조립 공간 확보
- 설치 장소
- 기초공사
- 기계 운반
- 전기장치

정답 ④

5-4. 조립 측정검사

핵심이론 01 | 이상 발생의 원인과 대책

(1) 구동장치의 동력 운전 검사방법

① 동력 운전의 시작 : 무부하 상태에서 저속 운전으로 시작하여 서서히 정상 상태로 회전속도를 증가시킨다.
② 무부하 운전 중의 검사항목 : 이상음의 발생 여부, 갑작스러운 온도의 증가, 진동, 윤활제의 누설과 변색 등이다.
③ 부하 운전 중의 검사항목 : 구동 부위에 연결되는 모든 장치를 연결한 상태에서 1~2시간 정상 운전을 하면서 구동 상태를 검사한다. 검사항목으로 회전속도의 변동, 진동, 소음, 소모 전력의 변화, 토크의 변화, 윤활유의 누설 여부, 변색 등이 있다.
④ 온도 측정 요령 : 운전을 시작하여 서서히 회전속도를 증가시키고 1~2시간 이상 경과되어야 정상 상태의 온도가 된다. 온도 측정은 베어링이 조립된 몸체의 표면부터 측정하는 것이 일반적이지만 가능한 한 베어링의 오일 주입구를 통하여 베어링의 온도를 직접 측정하는 것이 정확도를 높일 수 있다.

(2) 이상음의 발생 원인과 대책

운전 상태	발생원인	대 책
높은 금속음	과도한 부하	축과 베어링, 몸체의 끼워맞춤 공차의 설계 개선, 베어링의 예압 수정, 몸체와 베어링 조립부의 위치 수정
	조립 불량	축과 몸체의 가공 정밀도 검토, 조립방법의 개선
	윤활제의 부족, 부적당	윤활제의 보충, 적합한 윤활제의 선택
	긁히는 소음	클리어런스의 과대로 발생하므로, 클리어런스를 적은 것으로 교체
	회전 부품끼리 접촉	회전 부품의 교체

운전 상태	발생원인	대 책
규칙음	베어링 궤도의 흠집, 녹	베어링 교체, 부품의 세척, 깨끗한 윤활제 사용
	브리넬링	베어링의 궤도 손상이며 베어링 교체, 취급방법 개선
	플레이킹	베어링이 파손되는 현상으로 베어링 교체
불규칙음	내부 클리어런스 과다	끼워맞춤 재설계, 예압량 조정
	이물질 침투	부품의 세척, 오일 실의 교체, 깨끗한 윤활제 사용, 베어링 교체
	볼의 긁힘, 플레이킹	베어링 교체

(3) 이상온도 상승의 원인과 대책

발생원인	대 책
윤활제의 과다	경질의 그리스 선택, 윤활제 감소
부적합한 윤활제, 윤활제 부족	윤활제 보충, 적합한 윤활제 선택
과도한 하중	끼워맞춤의 수정, 클리어런스 검토, 예압 조정, 축과 몸체의 베어링 접합부의 턱 치수 수정
조립 불량	축과 몸체의 베어링 조립부의 가공 정밀도 개선, 조립방법의 개선
끼워맞춤면의 클리프 현상, 오일 실의 과다 마찰	끼워맞춤 공차의 재설계, 오일 실의 개선

(4) 진동의 발생원인과 대책

발생원인	대 책
베어링 브리넬링	베어링의 교환, 운전방법 개신
베어링 플레이킹 현상	베어링 교환
조립 불량	축과 몸체의 직각도, 베어링 예압용 스페이서 측면의 직각도 수정
축의 설계 오류	축의 형상 공차(진원도, 원통도, 흔들림 정밀도) 설계 오류에 의한 밸런스 불균형에 의한 것으로 설계 변경
벨트 구동 문제	벨트 풀리의 손상, 벨트의 손상의 경우 교체
커플링 문제	연결 불량, 커플링 손상
이물질 침투	부품의 세척, 오일 실의 개성, 베어링의 교체

핵심예제

1-1. 구동장치의 구동에서 높은 금속음의 발생원인이 아닌 것은?

① 과도한 부하
② 조립 불량
③ 회전 부품끼리 접촉
④ 베어링 궤도의 흠집

1-2. 구동장치의 온도 측정요령으로 옳지 않은 것은?

① 운전을 시작하여 서서히 회전속도를 증가시킨다.
② 운전 후 1~2시간 이상 경과되어야 정상 상태의 온도가 된다.
③ 온도 측정은 베어링이 조립된 몸체의 표면부터 측정하는 것이 일반적이다.
④ 베어링의 오일 주입구를 통하여 베어링의 온도를 측정하면 정확도가 떨어진다.

|해설|

1-1
④는 규칙음의 발생 원인이다.

1-2
베어링의 오일 주입구를 통하여 베어링의 온도를 측정하면 정확도를 높일 수 있다.

정답 1-1 ④ 1-2 ④

CHAPTER 02 용접일반 이론

KEYWORD 용접기 종류별 원리 및 특징, 용접 결함의 종류, 피복아크용접 설비의 특징 등은 자주 출제되므로 반드시 숙지해야 한다.

제1절 아크용접

1-1. 용접의 총론

핵심이론 01 용접의 개요

(1) 용접(Welding)

접합하고자 하는 2개 이상의 금속재료의 접합 부분을 용융 또는 반용융 상태에서 용가재(용접봉)를 첨가하여 접합시키는 기술이다.

(2) 용접의 종류

① 융접 : 물체의 접합부를 가열·용융시키고, 여기에 용가재를 첨가하여 접합하는 방법이다.
② 압접 : 접합부를 냉간 또는 적당한 온도로 가열한 후 기계적 압력을 가하여 접합하는 방법이다.
③ 납땜 : 모재를 용융시키지 않고 용가재를 첨가하여 확산과 표면 장력에 의해 접합하는 방법이다.

(3) 용접의 특징

① 용접의 장점
 ㉠ 재료가 절약되고 중량이 가벼워진다.
 ㉡ 재료의 두께에 제한이 없다.
 ㉢ 작업 공정이 단축되며 경제적이다.
 ㉣ 기밀성, 수밀성, 유밀성이 우수하며 이음효율이 높다.
 ㉤ 제품의 성능과 수명이 향상되며 이종재료도 접합할 수 있다.
 ㉥ 보수와 수리가 용이하다.
 ㉦ 소음이 적어 실내에서 작업이 가능하며 복잡한 구조물 제작이 쉽다.
 ㉧ 용접 준비 및 작업이 간단하고 용접의 자동화가 용이하다.

② 용접의 단점
 ㉠ 저온취성(메짐) 파괴가 발생된다.
 ㉡ 재질의 변형 및 잔류응력이 발생한다.
 ㉢ 품질검사가 곤란하고 변형 및 수축이 생긴다.
 ㉣ 용접사의 기량에 따라 용접부의 품질이 좌우된다.

핵심예제

1-1. 용접의 종류가 아닌 것은?
① 융 접　　② 압 접
③ 합 접　　④ 납 땜

1-2. 용접의 장점이 아닌 것은?
① 사용재료가 많이 들어간다.
② 재료의 두께에 제한이 없다.
③ 작업 공정이 단축되며 경제적이다.
④ 기밀성, 수밀성, 유밀성을 좋게 할 수 있다.

1-3. 용접의 단점이 아닌 것은?
① 공정수 감소
② 재질의 변형
③ 품질검사 곤란
④ 응력집중현상 발생

1-4. 용접의 종류에서 모재의 접합부를 용융시키고, 여기에 용가재를 첨가하여 접합하는 방법은?
① 융접법　　② 압접법
③ 납땜법　　④ 전기접법

|해설|

1-1
용접의 종류
- 융접 : 물체의 접합부를 가열·용융시키고, 여기에 용가재를 첨가하여 접합하는 방법이다.
- 압접 : 접합부를 냉간 또는 적당한 온도로 가열한 후 기계적 압력을 가하여 접합하는 방법이다.
- 납땜 : 모재를 용융시키지 않고 용가재를 첨가하여 확산과 표면장력에 의해 접합하는 방법이다.

1-2
용접은 재료가 절약되고 중량이 가벼워진다.

1-3
공정수 감소는 용접의 장점이다.

정답 1-1 ③　1-2 ①　1-3 ①　1-4 ①

핵심이론 02 | 용접작업

(1) 용접자세

① **아래보기자세(F, Flat Position)** : 용접하려는 재료를 작업대 위에 수평으로 놓고, 용접봉을 아래로 향하여 용접하는 자세

② **수평자세(H, Horizontal Position)** : 모재가 수평면과 90° 또는 45° 이상의 경사를 가지며, 용접선이 수평이 되게 하는 용접자세

③ **수직자세(V, Vertical Position)** : 모재가 수평면과 90° 또는 45° 이상의 경사를 가지며, 용접선은 수직 또는 수직면에 대하여 45° 이하의 경사를 가지고 상진 또는 하진으로 용접하는 자세

④ **위보기자세(O, Overhead Position)** : 모재가 눈 위로 들려 있는 수평면의 아래쪽에서 용접봉을 위로 향하여 용접하는 자세

⑤ **전자세(AP, All Position)** : 위의 자세 중 두 개 이상을 조합하여 용접하거나 네 개를 모두 응용하는 자세

(2) 용접 이음의 종류

용접부를 형상이음으로 보면, 맞대기 용접, 필릿용접, 플러그 용접, 덧살올림 용접의 네 종류로 크게 분류되고 있다.

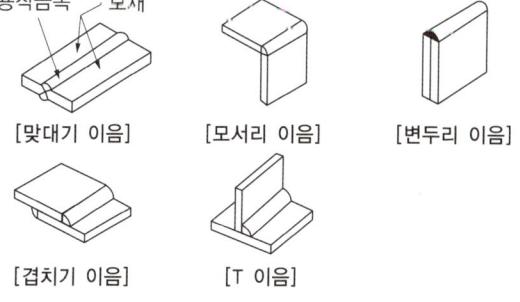

[맞대기 이음]　[모서리 이음]　[변두리 이음]
[겹치기 이음]　[T 이음]

① 맞대기 이음 : 두 개의 한쪽 끝이 서로 맞닿는 것으로, 모재끼리 겹치는 곳이 없이 용접하는 형상이다.

② 모서리 이음 : 이음부가 90°를 이루는 모서리 형상이다.

③ 변두리 이음 : 이음부가 동일 평면상에서 겹쳐지는 형상이다.
④ 겹치기 이음 : 이음부가 부분적으로 겹치며 동일 평면상에 있는 형상이다.
⑤ T이음 : 이음부가 90°를 이루는 모서리 형상이다.

(3) 용접재료
① 철강, 비철금속을 사용하며 모재의 재질에 따라 적당한 용접법과 용가재를 선택하여야 한다.
② 연강, 저합금강에는 모든 용접법이 적용되며 구리, 알루미늄 그 합금 등에는 불활성 가스 아크용접이 좋다.

(4) 용접 열원
① 가스에너지 : 가연성 가스와 지연성 가스를 혼합한 열을 이용하는 용접법으로, 주로 얇은 판이나 비철금속의 용접에 이용된다.
② 전기에너지 : 모재와 전극 사이에 아크열 또는 전기저항열을 이용하는 용접법으로, 대부분의 용접에 이용된다.
③ 기계적 에너지 : 압력, 마찰, 진동에 의한 열을 이용하는 용접법으로 마찰용접, 초음파 용접, 냉간 압접 등에 이용된다.
④ 전자파 에너지 : 고주파 및 저주파, 레이저 열을 이용하는 용접법으로 고주파 용접, 레이저 용접 등에 이용된다.
⑤ 화학적 에너지 : 테르밋제(산화철과 알루미늄의 미세한 분말)의 화학반응열(2,800~3,000[℃])을 이용하는 용접법이다.

핵심예제

2-1. 용접자세와 기호의 연결이 틀린 것은?
① 아래보기자세 – F
② 수평자세 – H
③ 위보기자세 – A
④ 전자세 – AP

2-2. 다음 용접이음의 종류는?

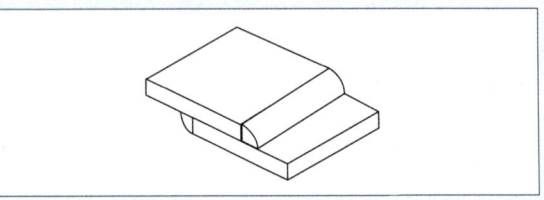

① 맞대기 이음　② 모서리 이음
③ 겹치기 이음　④ 변두리 이음

2-3. 마찰용접, 초음파 용접, 냉간 압접 등에 이용되는 용접 에너지는?
① 가스에너지
② 전기에너지
③ 기계적 에너지
④ 화학적 에너지

|해설|

2-1
위보기 자세는 Overhead Position으로 O이다.

2-3
기계적 에너지 : 압력, 마찰, 진동에 의한 열을 이용하는 용접법으로 마찰용접, 초음파 용접, 냉간 압접 등에 이용된다.

정답 2-1 ③　2-2 ②　2-3 ③

1-2. 피복금속아크용접

핵심이론 01 | 피복금속아크용접의 개요

(1) 피복금속아크용접 원리

모재와 피복제를 바른 용접봉 사이에 전류(10~500[A])를 통하면 최고 6,000[℃](실제 3,500~5,000[℃])의 아크열이 발생되며 이 아크열로 용접하는 방법이다.

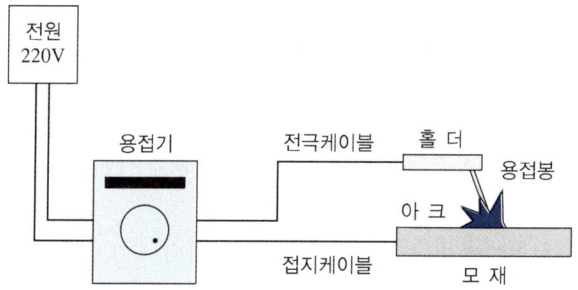

① 아크 : 기체 중에서 일어나는 일종의 방전(온도는 5,000~6,000[℃])
② 용적 : 용접봉이 녹아 모재로 이행되는 쇳물 방울
③ 용입 : 모재가 녹은 깊이
④ 용착 : 용접봉이 녹아 용융지에 들어가는 것
⑤ 용융지 : 아크열에 의해 모재가 녹아 있는 쇳물 부분
⑥ 슬래그 : 피복제가 녹아서 용접부를 덮고 있는 비금속 물질
⑦ 용착금속 : 모재와 용접봉이 녹아서 혼합된 금속

(2) 용접회로의 순서

용접기(전원) → 전극 케이블 → 용접봉 홀더 → 피복아크용접봉 → 아크 → 모재 → 접지 케이블 → 용접기(전원)

(3) 피복금속아크용접의 장단점

① 장 점
 ㉠ 직접 용접에 이용되는 열효율이 높다.
 ㉡ 열의 집중성이 좋아 효율적인 용접을 할 수 있다.
 ㉢ 가스용접에 비해 용접 변형이 작고, 기계적 강도가 양호하다.

② 단 점
 ㉠ 전격(감전)의 위험성이 있다.
 ㉡ 가스용접에 비해 유해 광선의 발생이 많다.

핵심예제

1-1. 아크의 강한 열에 의하여 용접봉이 녹아 물방울처럼 떨어지는 것은?
① 용 입   ② 용 적
③ 용융지   ④ 용착금속

1-2. 피복금속아크용접할 때 아크열에 의해 모재가 녹은 깊이는?
① 용 입   ② 용 적
③ 용융지   ④ 용착금속

1-3. 피복금속아크용접할 때 실제 아크불꽃의 온도는?
① 1,500~3,000[℃]
② 3,500~5,000[℃]
③ 5,000~7,000[℃]
④ 7,500~9,000[℃]

1-4. 피복금속아크용접 회로의 순서로 옳은 것은?
① 용접기 → 접지 케이블 → 용접봉 홀더 → 피복 아크용접봉 → 아크 → 모재 → 전극 케이블 → 용접기
② 용접기 → 전극 케이블 → 피복 아크용접봉 → 용접봉 홀더 → 아크 → 모재 → 접지 케이블 → 용접기
③ 용접기 → 접지 케이블 → 용접봉 홀더 → 피복 아크용접봉 → 모재 → 아크 → 전극 케이블 → 용접기
④ 용접기 → 전극 케이블 → 용접봉 홀더 → 피복 아크용접봉 → 아크 → 모재 → 접지 케이블 → 용접기

|해설|

1-1~1-2
· 용입 : 모재가 녹은 깊이
· 용적 : 용접봉이 녹아 모재로 이행되는 쇳물 방울
· 용융지 : 아크열에 의해 모재가 녹아 있는 쇳물 부분
· 용착금속 : 모재와 용접봉이 녹아서 혼합된 금속

1-3
피복금속아크용접 시 최고 6,000[℃](실제 3,500~5,000[℃])의 아크열이 발생한다.

정답 1-1 ② 1-2 ① 1-3 ② 1-4 ④

핵심이론 02 | 피복금속아크용접 특성

(1) 아크 특성
① 부저항 특성(부특성) : 전기는 옴의 법칙($V = I \times R$)에 따라 저항에 흐르는 전류는 전압에 비례하지만, 아크의 경우 전류가 커지면 저항이 작아져서 전압이 낮아지는 현상이다.
② 아크 길이 자기제어 특성 : 아크전류가 일정할 때 아크전압이 높아지면 용접봉의 용융속도가 늦어지고, 아크전압이 낮아지면 용융속도는 빨라지는 현상이다.

(2) 극성 특성

극성	용입 상태	열 분배	특징
정극성		• 용접봉(-) : 30[%] • 모재(+) : 70[%]	• 모재의 용입이 깊다. • 용접봉의 용융이 느리다. • 비드 폭이 좁다. • 일반적으로 많이 쓰인다.
역극성		• 모재(-) : 30[%] • 용접봉(+) : 70[%]	• 용입이 얕다. • 용접봉의 용융이 빠르다. • 비드 폭이 넓다.
교류		• 모재 : 50[%] • 용접봉 : 50[%]	• 박판, 주철, 고탄소강, 합금강, 비철금속의 용접에 쓰인다. • 직류 정극성과 직류 역극성의 중간 상태이다.

(3) 용접입열(Weld Heat Input)
① 용접부의 외부에서 주어지는 열량으로, 부족하면 용입 불량, 용착 불량 등의 결함이 발생한다.
② 단위 길이 1[cm]당 발생하는 전기에너지 H는
$$H = \frac{60EI}{V}[\text{Joule/cm}]$$
(여기서, E : 아크전압, I : 아크전류, V : 용접속도)

(4) 용융속도
단위시간당 소비되는 용접봉의 길이 또는 무게로 표시하며 아크전압과는 관계가 없다.
용융속도 = 아크전류 × 용접봉쪽 전압 강하

(5) 용적이행
용접봉에서 모재로 옮겨가는 상태로 단락이행, 분무이행, 입상이행 등이 있다.
① 단락이행(Short Circuit Transfer) : 용적이 용융지에 접촉되어 단락되고, 표면장력의 작용으로 모재에 옮겨가서 용착되는 현상으로, 비피복봉을 사용할 때 일어난다.
② 분무이행(Spray Transfer) : 피복제의 일부가 가스화하여 가스를 뿜어내면서 미세한 용적이 모재에 옮겨가서 용착되는 현상으로, 고산화타이타늄계 등에서 일어난다.
③ 입상이행(Globular Transfer) : 큰 용적이 단락되지 않고 모재에 옮겨가는 현상으로, 서브머지드 용접 등과 같은 대전류 사용 시 일어난다.

(6) 용접기 전류의 특성
① 수하 특성 : 부하전류(아크전류)가 증가하면 단자전압이 저하하는 특성이다.

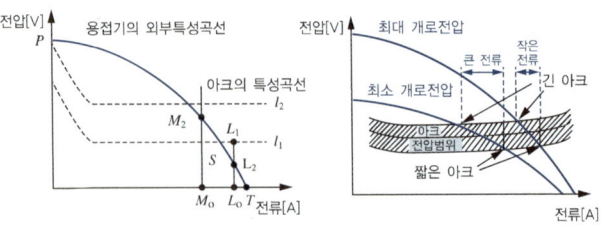

② 정전류 특성 : 아크 길이에 따라 전압이 변동해도 아크전류는 변하지 않는 특성이다.
③ 상승 특성 : 부하전류가 증가할 때 단자전압이 조금 높아지는 특성이다.
④ 정전압 특성 : 부하전압이 변해도 단자전압은 거의 변동하지 않는 특성이다.

(7) 용접기의 사용률과 역률, 효율

① 사용률 : 용접기가 아크를 발생하여 용접하는 시간과 발생하지 않는 휴지시간의 비이다.

$$\text{사용률} = \frac{\text{아크 발생시간}}{\text{아크 발생시간} + \text{휴지시간}} \times 100$$

② 허용사용률 : 실제 용접작업에서는 정격전류보다 낮은 전류로 용접하는 경우가 많은데, 이때의 사용률을 허용사용률이라 한다.

$$\text{허용사용률} = \frac{(\text{정격 2차 전류})^2}{(\text{실제 용접전류})^2} \times \text{정격사용률}$$

③ 역률 : 전원 입력에 대한 아크 입력과 2차 측의 내부 손실의 합인 소비 전력의 비율이다.

$$\text{역률}[\%] = \frac{\text{소비 전력}[kW]}{\text{전원 입력}[kVA]} \times 100$$

$$= \frac{\text{아크 출력} + \text{내부 손실}}{2\text{차 무부하전압} \times \text{정격전류}} \times 100$$

여기서, 전원 입력 = 2차 무부하전압 × 아크전류

아크 입력 = 아크전압 × 아크전류

④ 효율 : 소비 전력에 대한 순수 아크 출력의 비율이다.

$$\text{효율} = \frac{\text{아크 출력}[kW]}{\text{소비 전력}[kW]} \times 100$$

$$= \frac{\text{아크전압} \times \text{아크전류}}{\text{아크전압} \times \text{아크전류} + \text{내부 손실}} \times 100$$

핵심예제

2-1. 두 개의 전극에서 아크를 발생시켰을 때 음극(-)과 양극(+) 극간은?

① 아크기둥　　　② 아크쏠림
③ 아크 프레임　　④ 아크 스트립

2-2. 용접기의 아크 발생을 7분간하고, 3분간 쉬었다면 사용률은 몇 [%]인가?

① 20[%]　　　② 40[%]
③ 70[%]　　　④ 80[%]

2-3. 정격전류 200[A], 정격사용률 40[%]인 아크용접기로 실제 아크전압 30[V], 아크전류 140[A]로 용접을 수행한다고 가정할 때 허용사용률은 약 얼마인가?

① 62[%]　　　② 75[%]
③ 82[%]　　　④ 95[%]

2-4. 아크용접기의 사용률에서 아크시간과 휴식시간을 합한 전체 시간은 몇 분을 기준으로 하는가?

① 10분　　　② 30분
③ 60분　　　④ 100분

2-5. 정격 2차 전류가 300[A]이고, 정격사용률이 40[%]인 아크용접기로 실제 200[A] 용접전류를 사용하여 용접하는 경우, 전체 시간을 10분으로 하였을 때 용접시간과 휴식시간에 대한 설명으로 옳은 것은?

① 90분 용접 후 10분 휴식
② 9분 용접 후 1분 휴식
③ 54분 용접 후 6분 휴식
④ 50분 용접 후 10분 휴식

2-6. 전류가 작은 범위에서는 아크전류가 증가함에 따라 아크 저항이 작아져 결국 아크전압이 낮아지는 특성은?

① 수하 특성　　② 상승 특성
③ 정전압 특성　④ 부저항 특성

2-7. 용접기 전류 특성에서 아크전류가 증가하면 단자전압이 저하하는 특성은?

① 수하 특성　　② 상승 특성
③ 정전압 특성　④ 정전류 특성

2-8. 저항이 10[Ω]인 도체에 220[V]의 전원 접속하면 몇 [A]의 전류가 흐르는가?

① 10[A]　　　② 20[A]
③ 11[A]　　　④ 22[A]

2-9. 정전압 특성에 대한 설명으로 옳은 것은?

① 아크 길이에 따라 전압이 변동하여도 아크전류는 변하지 않는 특성
② 부하전류가 증가할 때 단자전압이 조금 높아지는 특성
③ 부하전압이 변해도 단자전압은 거의 변동하지 않는 특성
④ 부하전류(아크전류)가 증가하면 단자전압이 저하하는 특성

핵심예제

2-10. 직류 정극성의 특성으로 틀린 것은?
① 비드 폭이 좁다.
② 모재의 용입이 깊다.
③ 일반적으로 많이 쓰인다.
④ 박판, 비철금속용접에 적합하다.

2-11. 용접봉에서 모재로 용융금속이 옮겨가는 형식에서 맨 용접봉이나 비피복봉을 사용할 때 많이 나타나는 것은?
① 단락이행
② 분무이행
③ 입상이행
④ 핀치효과형

|해설|

2-1
아크는 불꽃 방전으로 생긴 불빛으로 색은 청백색을 띠며, 두 전극 사이의 아크 상태를 아크 기둥 또는 아크 플라스마라고 한다.

2-2
$$사용률 = \frac{아크\ 발생시간}{아크\ 발생시간 + 휴지시간} \times 100$$
$$= \frac{7}{7+3} \times 100 = 70[\%]$$

2-3
$$허용사용률 = \frac{(정격\ 2차\ 전류)^2}{(실제\ 용접전류)^2} \times 정격\ 사용률$$
$$= \frac{(200)^2}{(130)^2} \times 40 ≒ 95$$

2-4
일반적인 단위시간은 10분을 기준으로 계산한다.

2-5
$$허용사용률 = \frac{(정격\ 2차\ 전류)^2}{(실제\ 용접전류)^2} \times 정격\ 사용률$$
$$= \frac{(300)^2}{(200)^2} \times 40 = 90$$

2-6
부저항 특성(부특성) : 아크의 경우 전류가 커지면 저항이 작아져서 전압도 낮아지는 특성

2-7, 2-9
용접기 전류의 특성
- 정전압 특성 : 부하전압이 변해도 단자전압은 거의 변동하지 않는 특성이다.
- 수하 특성 : 부하전류(아크전류)가 증가하면 단자전압이 저하하는 특성이다.
- 정전류 특성 : 아크 길이에 따라 전압이 변동해도 아크전류는 변하지 않는 특성이다.
- 상승 특성 : 부하전류가 증가할 때 단자전압이 조금 높아지는 특성이다.

2-8
옴의 법칙
$$V = I \times R$$
$$I = \frac{V}{R} = \frac{220}{10} = 22$$

2-10
④는 교류의 특성이다.

정답 2-1 ① 2-2 ③ 2-3 ④ 2-4 ① 2-5 ② 2-6 ④ 2-7 ①
2-8 ④ 2-9 ③ 2-10 ④ 2-11 ①

핵심이론 03 | 피복금속아크용접 설비

(1) 피복아크용접기의 종류

피복아크용접기는 전류를 직류와 교류 중 어느 것을 사용하는지에 따라 구분할 수 있다.

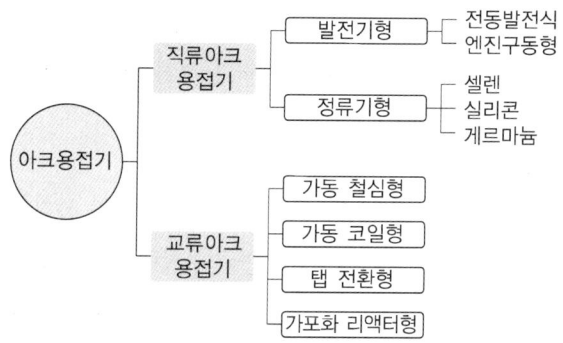

① 직류아크용접기의 종류별 특징

종류	특징
발전형 (엔진형, 모터형)	• 완전한 직류를 얻는다(엔진형, 모터형). • 옥외나 교류 전원이 없는 장소에서 사용한다(엔진형). • 회전하므로 고장 나기 쉽고, 소음이 있다(엔진형, 모터형). • 구동부, 발전기부로 구성되어 있어 가격이 비싸다(엔진형, 모터형). • 보수와 점검이 어렵다(엔진형, 모터형).
정류기형	• 취급이 간단하고, 가격이 저렴하다. • 소음이 없다. • 보수·점검이 간단하다. • 정류기 파손에 주의하여야 한다(셀렌 80℃, 실리콘 150℃ 이상에서 파손) • 교류를 정류하므로 완전한 직류를 얻지 못한다.

② 교류아크용접기의 종류별 특성

종류	특성
가동 철심형	• 가동 철심으로 누설자속을 가감하여 전류를 조정한다. • 광범위한 전류 조정이 어렵다. • 미세한 전류 조정이 어렵다. • 현재 가장 많이 사용한다. • 중간 이상 가동 철심을 빼내면 누설자속의 영향으로 아크가 불안정하게 되기 쉽다(가동 부분 마멸로 철심에 진동이 생긴다).
가동 코일형	• 1차, 2차 코일 중의 하나를 이동하여 누설자속을 변화하여 전류를 조정한다. • 아크 안정도가 높고, 소음이 없다. • 가격이 비싸며, 현재 거의 사용하지 않는다.
탭 전환형	• 코일의 감긴 수에 따라 전류를 조정한다. • 적은 전류 조정 시 무부하전압이 높아 전격의 위험이 크다. • 탭 전환부 소손이 심하다. • 넓은 범위는 전류 조정이 어렵다. • 주로 소형에 많다.
가포화 리액터형	• 가변저항의 변화로 용접전류를 조정한다. • 전기적 전류 조정으로 소음이 없고, 기계 수명이 길다. • 조작이 간단하고, 원격 제어가 된다.

③ 직류아크용접기와 교류아크용접기 비교

구분	직류아크용접기	교류아크용접기
아크의 안전성	우수하다.	약간 떨어진다.
비피복봉 사용	가능하다.	불가능하다.
극성 변화	가능하다.	불가능하다.
자기쏠림 방지	불가능하다.	가능하다.
무부하전압	약간 낮다(40~60V).	높다(70~80V).
전격의 위험	작다.	크다.
구조	복잡하다.	간단하다.
유지	약간 어렵다.	쉽다.
고장	회전기에 많다.	적다.
역률	매우 양호하다.	불량하다.
소음	회전기는 크고, 정류형은 조용하다.	조용하다.
가격	비싸다.	저렴하다.

(2) 용접기의 부속 장치

① 원격제어장치 : 용접기에서 떨어져 작업할 경우 작업 위치에서 전류를 조정할 수 있는 장치를 원격제어장치라 하고, 전동기 조작형과 가포화 리액터형이 있다.
  ㉠ 전동기 조작형 : 소형 모터로 용접기의 전류 조정 핸들을 움직여 용접기의 전류를 조정할 수 있도록 되어 있다.
  ㉡ 가포화 리액터형 : 가변저항의 성질을 활용하여 전륫값을 조절하며, 작업자가 원격으로 조절할 수 있다는 장점이 있다.

② 핫 스타트 장치
  ㉠ 용접 초기만 용접전류를 특별히 높이는 장치이다.
  ㉡ 장 점
    • 아크 발생을 쉽게 한다.
    • 비드 모양을 개선시킨다.
    • 기공(Blow Hole)을 방지한다.
    • 아크 발생 초기의 용입을 양호하게 한다.

③ 고주파 발생장치
  ㉠ 안정된 아크를 얻기 위해 사용되는 상용 주파의 아크 전류는 고전압(2,000~3,000[V])의 고주파(300~ 1,000[Kc] : 약전류)를 중첩시키는 방법이다.
  ㉡ 장 점
    • 아크손실이 적어 용접작업이 쉽다.
    • 무부하전압을 낮게 할 수 있다.
    • 전격 위험이 작다.
    • 용접봉이 모재에 접촉하지 않아도 아크가 발생된다.
    • 전원 입력을 작게 할 수 있어 용접기의 역률이 개선된다.

(3) 용접기의 구비조건

① 구조 및 취급방법이 간단하고, 조작이 용이해야 한다.
② 사용 중에 온도 상승이 작고, 역률 및 효율이 좋아야 한다.
③ 용접기는 완전 절연과 필요 이상으로 무부하전압이 높지 않아야 한다.
④ 전류가 일정하게 흐르고, 아크 발생 및 유지가 용이하며, 아크가 안정되어야 한다.
⑤ 아크 발생이 용이하도록 무부하전압이 유지되어야 한다(직류 50~60[V], 교류 70~80[V]).
⑥ 가격이 저렴하고, 사용 유지비가 적게 들어야 한다.

(4) 용접봉(용가재, 전극봉)

용접할 모재 사이의 틈을 메워 주며, 용접부의 품질을 좌우하는 소재로 피복용접봉과 비피복용접봉으로 구분한다. 피복용접봉의 심선지름은 1~10[mm], 길이는 350~900[mm], 한쪽 끝은 25[mm] 정도 피복을 입히지 않는다.

① 용접봉의 종류
  ㉠ 일미나이트계(E4301)
  ㉡ 고산화타이타늄계(E4313)
  ㉢ 수소계(E4316)

② 피복제의 역할
  ㉠ 아크를 안정시킨다.
  ㉡ 스패터(Spatter)의 발생을 적게 한다.
  ㉢ 용융점이 낮은 슬래그를 만든다.
  ㉣ 탈산·정련작용을 한다.
  ㉤ 중성 또는 환원성 분위기를 만들어 대기 중의 산소 및 질소의 침입을 방지함으로써 용융금속을 보호한다.
  ㉥ 비중이 작고 유동성이 적당한 스패터를 만들어 용착금속을 충분히 덮어 용착금속의 산화·질화작용을 방지한다.
  ㉦ 용착금속에 합금원소를 첨가한다.
  ㉧ 유동성을 크게 하여 슬래그를 제거하기 쉽게 하고 깨끗한 용접면을 만든다.
  ㉨ 용착금속의 냉각 및 응고속도를 늦추어 주고, 고착성을 증진시킨다.

ㅊ 모재 표면의 산화물을 용해 및 제거하고, 용접을 완전하게 한다.

(5) 용접 와이어

① 표시방법

② 용접 와이어의 종류
   ㉠ 스테인리스 와이어
   ㉡ 알루미늄 와이어

핵심예제

3-1. 옥외나 교류 전원이 없는 장소에 사용하는 용접기는?
① 엔진 구동형 ② 가동 철심형
③ 전동 발전형 ④ 정류기형

3-2. 교류아크용접기의 특징으로 옳지 않은 것은?
① 값이 저렴하고, 구조가 간단하다.
② 고장이 적고 유지보수가 쉽다.
③ 아크의 안정성이 약간 떨어진다.
④ 무부하전압이 낮아 전격의 위험이 적다.

3-3. 교류아크용접기를 사용할 때 피복용접봉을 사용하는 가장 적합한 이유는?
① 용접시간을 단축하기 위해
② 전력 소비량을 절약하기 위해
③ 용착금속의 질을 양호하게 하기 위해
④ 단락전류를 갖게 하여 용접기 수명을 연장하기 위해

3-4. 직류아크용접을 할 때 극성 선택에 고려되어야 할 사항이 아닌 것은?
① 용접지그 ② 피복제의 종류
③ 용접이음의 종류 ④ 용접봉 심선의 재질

3-5. 코일의 감긴 수에 따라 전류를 조정할 수 있고, 무부하전 압이 높아 전격의 위험이 큰 교류아크용접기는?
① 탭 전환형 ② 가동 철심형
③ 가동 코일형 ④ 가포화 리액터형

3-6. 가동 철심형 교류아크용접기에 관한 설명으로 옳지 않은 것은?
① 누설자속을 가감하여 전류를 조정한다.
② 현재 가장 많이 사용한다.
③ 광범위한 전류 조정이 가능하다.
④ 중간 이상 가동 철심을 빼내면 누설자속의 영향으로 아크가 불안정하게 되기 쉽다.

3-7. 교류아크용접기의 종류가 아닌 것은?
① 가동 코일형 ② 가동 철심형
③ 전동기 구동형 ④ 탭 전환형

3-8. 교류아크용접기 중 조작이 간단하고, 원격 조정이 가능한 것은?
① 가동 철심형 용접기
② 가동 코일형 용접기
③ 탭 전환형 용접기
④ 가포화 리액터형 용접기

3-9. 다음 중 피복제의 주된 역할이 아닌 것은?
① 스패터링을 많게 한다.
② 아크를 안정하게 하고, 전기 절연작용을 한다.
③ 슬래그 제거를 쉽게 하고, 파형이 고운 비드를 만든다.
④ 모재 표면의 산화물을 제거하고, 양호한 용접부를 만든다.

3-10. 다음 중 피복아크용접에서 용접성이 가장 우수한 용접재료는?
① 주 철 ② 니켈강
③ 고탄소강 ④ 저탄소강

|해설|

3-1
엔진형(발전형, 모터형) 직류아크용접기의 특징
• 완전한 직류를 얻는다(엔진형, 모터형).
• 옥외나 교류전원이 없는 장소에서 사용한다(엔진형).
• 회전하므로 고장 나기가 쉽고 소음이 있다(엔진형, 모터형).
• 구동부, 발전기부로 되어 가격이 비싸다(엔진형, 모터형).
• 보수와 점검이 어렵다(엔진형, 모터형).

| 해설 |

3-2
교류아크용접기의 특징
- 값이 저렴하고, 구조가 간단하다.
- 고장이 적고, 유지보수가 쉽다.
- 아크의 안정성이 약간 떨어진다.
- 무부하전압이 높아(70~80[V]) 전격의 위험이 많다.
- 극성의 변화가 불가능하며 자기쏠림 방지가 가능하다.

3-3
비피복용접봉보다 피복용접봉을 사용하는 가장 큰 이유는 용착금속의 질을 향상시키기 위해서이다.

3-4
용접지그는 용접작업을 돕는 도구이다.

3-5
탭 전환형 교류아크용접기의 특성
- 코일의 감긴 수에 따라 전류를 조정한다.
- 적은 전류 조정 시 무부하전압이 높아 전격의 위험이 크다.
- 탭 전환부 소손이 심하다.
- 넓은 범위는 전류 조정이 어렵다.
- 주로 소형에 많다.

3-6
가동 철심형 교류아크용접기는 광범위한 전류 조정이 어렵다.

3-7
교류아크용접기의 종류
- 가동 철심형
- 가동 코일형
- 탭 전환형
- 가포화 리액터형

3-8
가포화 리액터형 용접기의 특성
- 가변저항의 변화로 용접전류를 조정한다.
- 전기적 전류 조정으로 소음이 없고, 기계 수명이 길다.
- 조작이 간단하고 원격제어가 된다.

3-9
피복제는 스패터(Spatter)의 발생을 적게 한다.

3-10
탄소량이 많아지면 균열의 원인이 되므로 저탄소강이 가장 좋은 재료이다.

정답 3-1 ① 3-2 ④ 3-3 ③ 3-4 ① 3-5 ① 3-6 ③ 3-7 ③ 3-8 ④ 3-9 ① 3-10 ④

1-3. 서브머지드 아크용접

핵심이론 01 | 서브머지드 아크용접의 개요

(1) 서브머지드 아크용접의 원리

① 용접 이음부 표면에 입상의 물질인 용제를 덮고, 그 속에 모재와 용접봉 간에 아크를 일으켜 용접하는 방법이다.

② 자동용접으로 와이어 릴에 감긴 와이어를 송급 롤러를 통해 연속적으로 송급되어 콘택트 팁에서 전류를 받아 모재까지 공급된다.

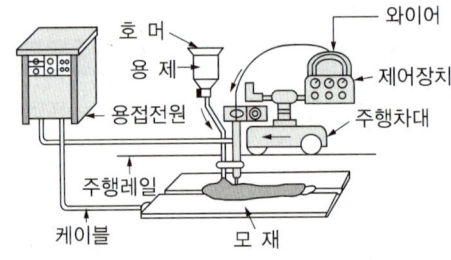

③ 와이어 송급장치, 제어장치 콘택트 팁, 용제 호퍼를 일괄하여 용접 헤드라고 한다.

④ 직류(DC)와 교류(AC) 중 어느 것이나 사용할 수 있으나 직류는 아크 발생이 편리하고 비드 형상이나 용입 깊이, 용접속도 등의 조절이 용이하다.

(2) 서브머지드 아크용접의 장단점

① 장 점
  ㉠ 와이어 중에서 저항열이 적게 발생되어 고전류 사용이 가능하다.
  ㉡ 용융속도 및 용착속도가 빠르다.
  ㉢ 용입이 깊다.
  ㉣ 작업능률이 수동용접에 비하여 판 두께 12[mm]에서 2~3배, 25[mm]에서 5~6배, 50[mm]에서 8~12배 정도 높다.
  ㉤ 개선각을 작게 하여 용접 패스의 수를 줄일 수 있다.
  ㉥ 기계적 성질(강도, 연신율, 충격치, 균일성 등)이 우수하다.

ⓢ 유해광선이나 흄(Fume) 등이 적게 발생되어 작업환경이 깨끗하다.
ⓞ 비드 외관이 아름답다.

② 단 점
  ㉠ 장비의 가격이 고가이다.
  ㉡ 용접선이 짧거나 복잡한 경우 수동에 비하여 비능률적이다.
  ㉢ 홈의 정밀도가 높아야 한다.
    • 루트 간격 : 0.8[mm] 이하(뒷받침이 없는 경우)
    • 홈각도의 오차 : ±5°
    • 루트면의 오차 : ±1[mm]
  ㉣ 아크가 보이지 않아 용접부의 상태를 확인할 수 없다.
  ㉤ 아래보기자세와 수평필렛자세만 한정된다.
  ㉥ 탄소강, 저합금강, 스테인리스강 등 한정된 재료의 용접에 사용한다.

핵심예제

1-1. 서브머지드 아크용접의 장점이 아닌 것은?
① 용입이 깊으므로 패스 수를 줄일 수 있다.
② 결함 발생을 용접 중 육안으로 확인할 수 있다.
③ 높은 전류에서 용접할 수 있으므로 고능률적이다.
④ 플럭스에 의해 불순물 제거 및 타 원소를 첨가할 수 있다.

1-2. 서브머지드 아크용접기의 용접 헤드에 해당하지 않는 것은?
① 정격방지장치
② 와이어 송급장치
③ 제어장치 콘택트 팁
④ 용제 호퍼

1-3. 서브머지드 아크용접장치에 대한 설명으로 옳지 않은 것은?
① 용접전류는 접촉팁에서 와이어에 송급된다.
② 직류 전원은 설비비가 적고, 자기불림이 없다.
③ 와이어 송급장치, 제어장치 콘택트 팁, 용제 호퍼 등을 용접 헤드라 한다.
④ 박판에서 약 400[A] 이하에서 직류 역극성으로 고속도 용접 시공을 하면 아름다운 비드를 얻을 수 있다.

1-4. 서브머지드 아크용접에 대한 설명으로 틀린 것은?
① 비드 외관이 아름답다.
② 용착금속의 기계적 성질이 우수하다.
③ 용융속도와 용착속도가 빠르며 용입이 깊다.
④ 가시용접으로 용접 시 용착부를 육안으로 식별이 가능하다.

|해설|

1-1
서브머지드 아크는 아크가 보이지 않아 용접부의 상태를 확인할 수 없다(단점).

1-2
와이어 송급장치, 제어장치 콘택트 팁, 용제 호퍼를 일괄하여 용접 헤드라고 한다.

1-3
직류는 아크 발생이 편리하고 비드 형상이나 용입 깊이, 용접속도 등의 조절이 용이하다.

1-4
서브머지드 아크는 용제 속에서 아크가 발생되므로 육안으로 식별이 불가능하다.

정답 1-1 ② 1-2 ① 1-3 ② 1-4 ④

핵심이론 02 | 서브머지드 아크용접의 설비

(1) 용접용 와이어

① 선택 시 고려사항
  ㉠ 와이어 선택의 기준은 모재의 재질, 제품의 형상, 용접기, 용접자세 등 사용목적에 따라 용접성과 작업성 및 경제성 등을 고려해야 한다.
  ㉡ 용착효율과 작업능률의 비중이 높지만 비드의 모양, 아크 발생의 용이성, 적정 전류의 폭, 흡습에 대한 안정성 등 작업성을 고려해야 한다.

② 용접 와이어 규격

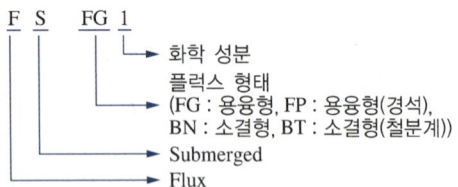

③ 와이어의 표면에 구리 도금(녹스는 것을 방지, 전류의 통전효과를 높이기 위해)이 되어 있으며, 지름은 12~127[mm]가 있으나 보통 24~79[mm] 정도를 많이 사용한다.

(2) 용제(Flux)

① 용제의 조건
  ㉠ 아크의 안전성이 있어야 한다.
  ㉡ 정련작용이 가능해야 한다.
  ㉢ 양호한 비드를 만들 수 있어야 한다.
  ㉣ 슬래그의 박리성이 좋아야 한다.
  ㉤ 알맞은 입도를 가져 아크 주변의 실드 성능이 좋아야 한다.

② 용제의 종류
  ㉠ 용융형 용제 : 재료를 용융시켜 응고시킨 후 분쇄하여 알맞은 입도로 만든 것으로 유리 모양의 광택이 있다.
  ㉡ 소결형 용제 : 철합금의 분말원료에 물유리나 규산칼륨과 같은 액상고착제(液狀固着劑)를 혼합하여 반죽한 후 젖은 상태에서 팔레트로 만들고, 이 팔레트를 소성로에서 700~1,000[℃]로 소결한 후 소정의 체를 이용하여 입도를 조절한 플럭스이다.

(3) 백킹재 종류의 특성

세라믹 백킹재, 구리 백킹재, 글라스 테이프, FAB(Flexible Asbestos Backing) 백킹재 등이 있으며 용접에서는 세라믹 제품이 가장 많이 사용된다.

핵심예제

2-1. 서브머지드 아크용접봉 와이어 표면에 구리 도금을 하는 이유로 옳지 않은 것은?
① 용착금속의 강도를 높인다.
② 와이어가 녹스는 것을 방지한다.
③ 송급 롤러와 접촉을 원활히 한다.
④ 접촉 팁과의 전기 접촉을 원활히 한다.

2-2. 서브머지드 아크용접에서 용제의 역할이 아닌 것은?
① 아크 안정
② 용락 방지
③ 아크 주변 보호
④ 정련작용과 합금 원소 첨가

|해설|

2-1
용착금속의 강도를 높이기 위해서는 용제 중에 필요한 원소를 첨가한다.

정답 2-1 ① 2-2 ②

1-4. 가스·텅스텐 아크용접

핵심이론 01 | 가스·텅스텐 아크용접의 개요

(1) 가스·텅스텐 아크용접(GTAW, TIG)의 원리

① 불활성가스(아르곤, 헬륨 등) 공간 속에서 텅스텐 전극과 모재 사이에 전류를 공급하고, 모재와 접촉하지 않아도 아크가 발생하도록 고주파발생장치를 사용하여 아크를 발생시켜 용접하는 방식이다.

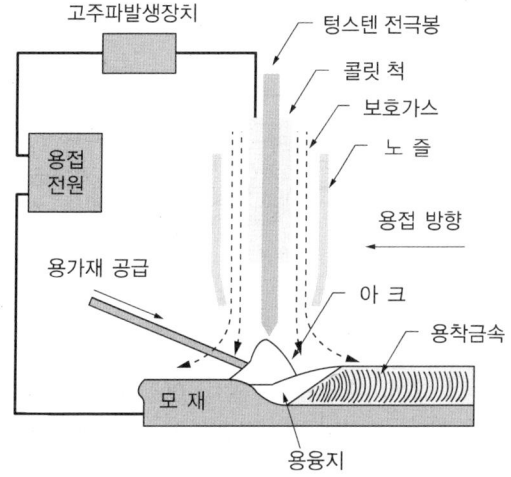

② 비소모성 텅스텐 용접봉과 모재 간의 아크 열에 의해 모재를 용접하는 방법이다.

③ 용융지, 텅스텐 용접봉, 용접부 주위를 불활성 가스 공급에 의해 대기로부터 오염을 방지하며, 모재 두께에 따라 용가재를 첨가하거나 하지 않을 수도 있다.

(2) 가스·텅스텐 아크용접의 특징

① 장점
  ㉠ 용접 시 불활성가스 사용으로 산화나 질화가 없는 우수한 용접 이음이 가능하다.
  ㉡ 용제가 필요 없다.
  ㉢ 가시아크이므로 용접사가 눈으로 직접 확인하면서 용접이 가능하다.
  ㉣ 가열범위가 좁아 용접 시 변형의 발생이 적다.
  ㉤ 우수한 용착금속을 얻을 수 있고, 전자세용접이 가능하다.
  ㉥ 열의 집중효과가 양호하다.
  ㉦ 저전류에서도 아크가 안정되어 박판용접에 유리하다.
  ㉧ 거의 모든 금속(철, 비철)의 용접이 가능하다.

② 단점
  ㉠ 후판용접에서는 소모성 전극 방식보다 능률이 떨어진다.
  ㉡ 용융점이 낮은 금속(Pb, Sn 등)의 용접이 곤란하다.
  ㉢ 옥외작업 시 방풍 대책이 필요하다.
  ㉣ 텅스텐 전극의 용융으로 용착금속 혼입에 의한 용접 결함이 발생할 우려가 있다.
  ㉤ 협소한 장소에서는 토치의 접근이 어려워 용접이 곤란하다.
  ㉥ 일반적인 용접보다 다소 비용이 많이 든다.

핵심예제

1-1. 가스·텅스텐 아크용접에 관한 설명으로 옳지 않은 것은?

① 용접봉이 전극이 된다.
② 아르곤(Ar) 가스를 사용한다.
③ 전원은 교류나 직류를 모두 사용할 수 있다.
④ 비소모식 불활성가스 아크용접법이라고도 한다.

1-2. 다음 중 가스·텅스텐 아크용접의 단점이 아닌 것은?

① 일반적인 용접보다 다소 비용이 많이 든다.
② 옥외작업 시 방풍 대책이 필요하다.
③ 후판용접에서는 소모성 전극 방식보다 능률이 떨어진다.
④ 모든 용접 자세가 불가능하며 박판용접에 비효율적이다.

1-3. 다음 중 가스·텅스텐 아크용접의 장점이 아닌 것은?

① 용제 사용으로 우수한 용접 이음이 가능하다.
② 가열범위가 좁아 용접 시 변형의 발생이 적다.
③ 가시아크이므로 용접사가 눈으로 직접 확인 용접이 가능하다.
④ 저전류에서도 아크가 안정되어 박판용접에 유리하다.

|해설|

1-1
텅스텐 홀더(콜릿 척)와 모재가 전극이 된다.

1-2
가스·텅스텐 아크용접은 우수한 용착금속을 얻을 수 있고, 전 자세용접이 가능하다.

1-3
가스·텅스텐 아크용접은 용제가 필요 없다.

정답 1-1 ① 1-2 ④ 1-3 ①

핵심이론 02 | 가스·텅스텐 아크용접의 설비

(1) 가스·텅스텐 아크용접기의 용접장치

① 전원을 공급하는 전원장치, 용접전류 등을 제어하는 제어장치, 보호가스를 공급·제어하는 가스공급장치, 고주파발생장치, 용접토치 등으로 구성된다.

② 부속기구로는 전원 케이블, 가스 호스, 원격 전류 조정기 및 가스 조정기 등으로 구성되어 있다.

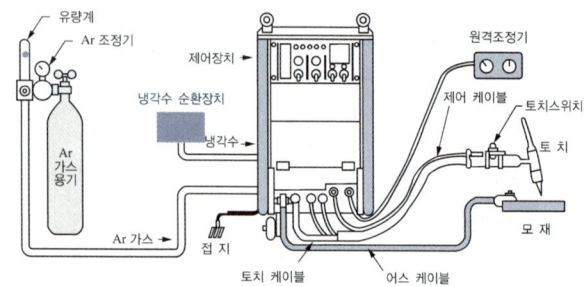

(2) 용접전원장치에 따른 용접기의 종류

직류(DC)용접기, 교류(AC)용접기, AC/DC 겸용 용접기, 인버터 용접기, 인버터 펄스용접기 등 사용 용도에 따라 다양한 종류의 용접기가 사용된다.

① **직류용접기** : 아크의 안정성이 좋아 주로 정밀용접에 사용되며, 모재의 재질이나 판재의 두께에 따라 전원 극성을 바꾸어 용접이음의 효율을 증대시키는 특징이 있다.

  ㉠ 발전형 : 발전기 구동
  ㉡ 정류기형 : 교류전류를 직류로 정류한다(셀렌 정류기, 실리콘 정류기, 게르마늄 정류기 등).

② **교류용접기** : 저주파를 이용한 교류용접기와 고주파를 이용한 교류용접기가 있으며, 교류용접기를 사용하면 청정효과가 발생하므로 청정효과가 필요한 금속의 용접에 이용된다.

③ **AC/DC 겸용 용접기** : 가스·텅스텐아크 직류용접, 가스·텅스텐아크 교류용접, 피복아크 직류용접, 피복아크 교류용접 등 다양하게 활용된다.

구 분	직류 전원		교류 전원
	정극성(DCSP)	역극성(DCRP)	고주파 교류 (ACHF)
용입 특성	⊖	⊕	
청정작용	없다.	있다.	있다.
열 분배	• 모재 : 70[%] • 전극봉 : 30[%]	• 모재 : 30[%] • 전극봉 : 70[%]	• 모재 : 50[%] • 전극봉 : 50[%]
용입 상태	깊고 좁다.	얕고 넓다.	중간 형태이다.
전극 용량	• 우수하다. • 3.18[mm] → 400[A]	• 나쁘다. • 6.35[mm] → 120[A]	• 양호하다. • 3.18[mm] → 225[A]
사용 재질	강, 스테인리스강 등	박판, 비철금속	알루미늄 등 경합금
주의사항	모재 청결 상태 유지	후판용접 금지	–

(3) 가스 · 텅스텐 아크용접기의 제어장치

① 고주파 발생장치 : 아크 발생을 쉽게 한다.
② 용접전류 제어장치 : 아크 발생 시점이나 크레이터 부분의 전류를 제어한다.
③ 냉각수 순환장치
④ 보호가스 제어장치 : 전극과 용융지를 보호하는 역할을 한다.

(4) 가스 · 텅스텐 아크용접의 토치

① 토치 보디, 노즐, 콜릿 척, 콜릿 보디, 캡, 보호기스 호스, 전원 케이블과 수랭식의 경우 냉각수 공급호스 등으로 구성되어 있다.
② 토치는 용접장치에 따라 수동식, 반자동식, 자동식이 있다.
③ 냉각 방식에 따라 수랭식과 공랭식으로 구분되며, 형태에 따라 직선형, 커브형, 플렉시블형 등 다양하다.

핵심예제

2-1. 가스 · 텅스텐 아크용접에서 중간 형태의 용입과 비드 폭을 얻을 수 있으며 청정효과가 있어 알루미늄이나 마그네슘 등의 용접에 사용되는 전원은?

① 직류 정극성　　② 직류 역극성
③ 고주파 교류　　④ 교류 전원

2-2. 가스 · 텅스텐 아크용접에서 직류 정극성에 관한 설명으로 옳은 것은?

① 모재 측에 (-)극, 용접봉 홀더 측에 (+)극을 연결한 것이다.
② 용입이 얕으며, 전극은 가열된다.
③ 용입이 깊으며, 전극은 크게 가열되지 않는다.
④ 모재의 용입이 얕고 넓으며, 전극은 가열되지 않는다.

2-3. 가스 · 텅스텐 아크용접 작업에서 청정작용이 발생하는 용접 방식은?

① 직류 정극성으로 작업한다.
② 직류 역극성으로 작업한다.
③ 극성에 관계없이 작업한다.
④ 어느 방식에서도 발생하지 않는다.

|해설|

2-1
고주파 중첩 교류 전원에 대한 설명이다.

2-2
①, ②는 직류 역극성의 특성이다.

2-3
청정효과는 직류 역극성이나 고주파 교류 사용 시 가스 이온이 모재 표면에 충돌하여 산화막을 제거한다.

정답 2-1 ③　2-2 ③　2-3 ②

1-5. 가스 · 금속 아크용접

핵심이론 01 | 가스 · 금속 아크용접의 개요

(1) 가스 · 금속 아크용접(GMAW, MIG)의 원리

① 연속적으로 공급되는 용가재와 모재 사이에서 발생하는 아크열(5,000~10,000[°C])을 이용하여 용접하는 방식이다.
② 소모성 전극과 모재 간의 아크열에 의하여 용접이 이루어지고 용접봉, 용융지, 아크, 모재의 인접한 부위는 토치를 통해서 공급하는 실드가스에 의해 공기의 오염을 막아 용접금속을 보호한다.
③ 용가재를 연속적으로 공급하여 아크를 발생시키므로 용극식 또는 소모식 불활성가스 아크용접이라고 한다.
④ 보호가스는 아크 중의 용착금속이 산화나 질화현상을 일으키지 않아 우수한 용착금속이 이루어진다.
⑤ 불활성가스는 주로 아르곤 가스와 헬륨가스를 사용하지만, 혼합가스를 사용하는 경우 용접 결함을 최소화할 수 있으며 작업능률을 향상하는 장점이 있다.
⑥ 알루미늄(Al), 마그네슘(Mg), 동합금, 스테인리스강, 저합금강, 고장력강 등 모든 금속에 적용되며 TIG용접의 2~3배의 용접능률을 얻을 수 있다.

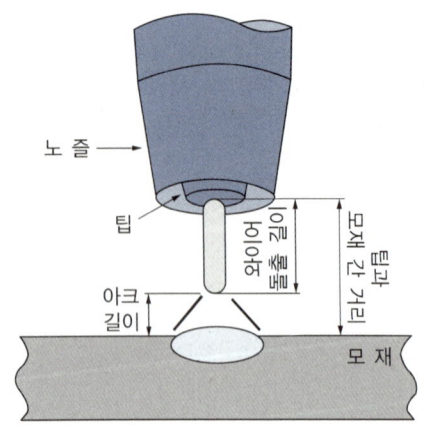

(2) 가스 · 금속 아크용접의 특징

① 장 점
  ㉠ 피복아크용접에 비해 용착효율이 높아 능률적이다.
  ㉡ TIG 용접에 비해 전류밀도가 높아 용융속도가 빠르다.
  ㉢ 후판용접에 적합하며, 비드가 아름답다.
  ㉣ CO_2 용접에 비해 스패터 발생이 적다.
  ㉤ 각종 금속용접에 다양하게 적용할 수 있어 응용범위가 넓다.

② 단 점
  ㉠ 보호가스의 가격이 비싸 연강용접에는 적합하지 않다.
  ㉡ 바람의 영향을 받기 쉬우므로 방풍 대책이 필요하다.
  ㉢ 박판(3[mm] 이하)에는 적용하기 곤란하다.

핵심예제

1-1. 가스·금속 아크용접에 관한 설명으로 옳지 않은 것은?
① 박판용접(3[mm] 이하)에 적합하다.
② 피복아크용접에 비해 용착효율이 높아 고능률적이다.
③ TIG 용접에 비해 전류밀도가 높아 용융속도가 빠르다.
④ CO_2용접에 비해 스패터 발생이 적어 비교적 아름답고 깨끗한 비드를 얻을 수 있다.

1-2. MIG 용접에 관한 설명으로 옳지 않은 것은?
① 아크가 극히 안정되고 스패터가 적다.
② 전자세 용접이 가능하고 열 집중이 좋다.
③ 청정작용에 의해 산화막이 강한 금속도 쉽게 용접할 수 있다.
④ 용접 후 슬래그 또는 잔류 용해를 제거하기 위한 처리가 필요하다.

1-3. 가스·금속 아크용접의 특성에 대한 설명으로 옳지 않은 것은?
① 아크의 자기제어 특성이 있다.
② 일반적으로 전원은 직류 역극성이 이용된다.
③ MIG 용접은 전극이 녹는 용극식 아크용접이다.
④ 일반적으로 굵은 와이어일수록 용융속도가 빠르다.

| 해설 |

1-1
가스·금속 아크용접은 박판(3[mm] 이하)에는 적용하기 곤란하다(단점).

1-2
MIG 용접은 후판용접에 적합하고, 슬래그가 없다. 용제를 사용하지 않아 잔류 용제 제거가 필요 없고, 용접부의 기계적 성질이 우수하다.

1-3
일반적으로 굵은 와이어일수록 용융속도가 느리다.

정답 1-1 ① 1-2 ④ 1-3 ④

핵심이론 02 | 가스·금속 아크용접의 설비

(1) 가스·금속 아크용접(GMAW, MIG)의 기기

① 전 원 : 정전압 특성을 갖춘 직류 역극성을 사용한다.
② 와이어 공급장치 : 와이어를 공급하는 방식에는 미는 방식과 당기는 방식, 밀고 당기는 방식이 있다.
③ 용접 토치 : 전원 케이블, 가스 공급 호스, 스위치 케이블로 구성되어 있다.
  ㉠ 공랭식 : 200[A] 이하의 전류에 사용하고, 높은 전류 사용 시 실드가스로 탄산가스를 사용한다.
  ㉡ 수랭식 : 200[A] 이상의 전류를 사용한다.
④ 실드가스
  ㉠ 아르곤(Ar) : 전류밀도가 크고 청정능력이 좋다.
  ㉡ 헬륨(He) : 용입이 얕고 비드 폭이 넓어진다. Al, Mg 등 비철금속 용접에 이용된다.
  ㉢ 아르곤 + 헬륨(25[%]) : 용입이 깊고, 아크 안전성이 우수하다. 후판에 사용하며, 모재 두께가 두꺼울수록 헬륨 함량을 증가시킨다.
  ㉣ 아르곤 + 탄산가스 : 아크가 안정되고 용융금속의 이행을 빨리 촉진시켜 스패터를 줄일 수 있다. 연강, 저합금강, 스테인리스강 용접에 이용된다.
  ㉤ 아르곤 + 헬륨(90[%]) + 탄산가스 : 단락이행형으로 오스테나이트계 스테인리스강 용접에 사용된다.
  ㉥ 아르곤 + 산소(1~5[%]) : 언더컷을 방지할 수 있다. 주로 스테인리스강 용접에 사용된다.

핵심예제

2-1. MIG 용접의 와이어 공급 방식이 아닌 것은?
① 풀 방식
② 푸시 방식
③ 푸시 풀 방식
④ 푸시 언더 방식

2-2. 가스·금속 아크용접에 사용되는 전원은?
① 교류
② 직류
③ 직류와 교류 병용
④ 상관없다.

2-3. MIG 용접의 용착률은 대략 얼마 정도인가?
① 50[%]
② 70[%]
③ 87[%]
④ 98[%]

2-4. MIG 용접의 전류밀도는 피복아크용접에 비해 약 몇 배 정도인가?
① 1~2배
② 2~4배
③ 4~6배
④ 6~8배

|해설|

2-1
와이어를 공급하는 방식에는 미는 방식과 당기는 방식, 밀고 당기는 방식이 있다.

2-2
가스·금속 아크용접에는 직류 역극성을 사용한다.

2-3
MIG 용접의 용착률은 98[%]로 높다.

2-4
MIG 용접의 전류 밀도는 TIG 용접의 2배, 피복아크용접의 6~8배 높다.

정답 2-1 ④ 2-2 ② 2-3 ④ 2-4 ④

1-6. 플럭스 코어드 아크용접

핵심이론 01 | 플럭스 코어드 아크용접의 개요

(1) 플럭스 코어드 아크용접의 원리
① 가스·금속 아크용접(MIG)과 같으나 근본적인 차이는 사용하는 용접봉이다.
② 플럭스 코어드 용접봉은 용접봉 중심부가 플럭스로 채워져 있다.
③ 용접방법에는 외부에서 보호가스를 공급(가스 보호 플럭스 코어드 아크용접)하는 방식과 자체 용접봉 플럭스의 연소가스를 보호(자체 보호 플럭스 코어드 아크용접)하는 방식으로 구분한다.

(2) 가스 보호 플럭스 코어드 아크용접의 특징
① 용착속도(9,000[g/H])가 높다.
② 용입이 깊어 용접봉 소모량과 용접시간을 줄일 수 있다.
③ 용접성이 양호하고 사용하기 쉬우며, 스패터 및 흄 가스 발생이 적고 슬래그 제거가 쉽다.
④ 전자세용접이 가능하다.
⑤ 모든 연강, 저합금강의 용접이 가능하다.
⑥ 다른 용접방법보다 가격이 저렴하다.

(3) 자체 보호 플럭스 코어드 아크용접의 특징
① 사용이 간편하고 적용성이 크며, 용접부 품질이 균일하다.
② 작업자가 용융지를 볼 수 있어 용접부 품질이 최대가 되도록 용융금속을 조정할 수 있다.
③ 전자세용접이 가능하다.
④ 보호가스가 바람에 날리지 않기 때문에 바람막이가 필요 없다.
⑤ 용접 토치가 가볍고 조작하기 쉬워 작업 능률이 향상된다.
⑥ 높은 전류를 사용하기 때문에 용착속도와 용접속도가 증가하여 용접비용이 절감된다.

⑦ 보수용접, 기계 제작, 조립용접, 조선, 저장탱크, 건물의 구조물 용접 등 광범위하게 이용된다.

(4) 용접봉 속의 플럭스(15~20[%]) 역할

① 탈산제 역할과 용접금속을 깨끗이 한다.
② 용접금속이 응고할 동안 용접금속 위에 슬래그를 형성하여 보호한다.
③ 아크를 안정시키고, 스패터를 감소시킨다.
④ 합금원소의 첨가로 강도를 증가시키고, 다른 원하는 용접부 성질을 얻을 수 있다.
⑤ 용접 중 플럭스가 연소하여 보호가스를 형성한다.

핵심예제

1-1. 가스 보호 플럭스 코어드 아크용접에 대한 설명으로 옳지 않은 것은?

① 용착속도가 낮다.
② 전자세용접이 가능하다.
③ 다른 용접방법보다 가격이 저렴하다.
④ 모든 연강, 저합금강의 용접이 가능하다.

1-2. 자체 보호 플럭스 코어드 아크용접에 대한 설명으로 옳지 않은 것은?

① 전자세용접이 가능하다.
② 용접 토치가 가볍고 조작하기 쉬워 작업 능률이 향상된다.
③ 보호가스가 바람에 날리기 때문에 별도 바람막이가 필요하다.
④ 작업자가 용융지를 볼 수 있어 용접부 품질이 최대가 되도록 용융금속을 조정할 수 있다.

|해설|

1-1
가스 보호 플럭스 코어드 아크용접은 용착속도(9,000[g/H])가 높다. 피복전기용접은 3,150~3,200[g/H], 솔리드 와이어는 4,500~5,200[g/H]이다.

1-2
자체 보호 플럭스 코어드 아크용접은 보호가스가 바람에 날리지 않기 때문에 바람막이가 필요 없다.

정답 1-1 ① 1-2 ③

1-7. 기타 아크용접

핵심이론 01 | 플라스마 아크용접

(1) 플라스마 아크용접의 원리

고온 플라스마(10,000~30,000[℃])를 좁은 틈으로 고속 분출시킴으로써 생기는 고온의 불꽃을 이용해서 절단, 용사, 용접하는 방법이다.

> **더 알아보기**
>
> **플라스마(Plasma)**
> 플라스마는 초고온의 기체로, 가스가 충분히 이온화되어 전류가 통할 수 있는 상태로 고체, 액체, 기체에 이어 제4의 물질 상태로 칭한다. 기체를 수천[℃]의 고온으로 가열된 아크 열원 안을 통과할 때 기체의 원자가 원자핵(+, 양이온)과 전자(-, 음이온)로 분해되는 상태로, 기체의 상당 부분이 이온화되면 고체, 액체, 기체와는 전혀 다른 성질을 띠는 것을 플라스마 상태라 한다. 용접에 관한 한 가장 중요한 플라스마의 성질은 전류를 잘 통하게 하는 자유전자를 가지고 있다는 점이다. 그러므로 아크용접에서 아크상에 전류가 흐르는 것은 아크가 플라스마 상태이기 때문이다.

(2) 플라스마 아크용접의 장점

① 열적, 자기적 핀치효과에 의해 전류밀도가 커서 용입이 깊고, 비드 폭이 좁다.
② I형 맞대기 이음 단층으로 용접되어 능률적이며, 용접속도가 빠르다.
③ 용접부의 금속학적·기계적 성질이 좋으며, 변형이 작다.
④ 각종 재료의 용접이 가능하며, 수동용접도 쉽게 할 수 있고 숙련을 요하지 않는다.

(3) 플라스마 아크용접의 단점

① 설비비가 많이 들고 무부하 전압이 높다.
② 용접속도가 커서 가스 보호가 불충분하며, 용접부에 경화현상이 일어나기 쉽다.
③ 모재 표면의 청결 상태에 따라 품질이 달라지기 때문에 화학용제로 깨끗하게 한다.

(4) 보호가스의 종류별 특징

① 아르곤(Ar) : 전극 보호 성능이 좋으며, 모든 금속의 용접에 사용되며, 열전도도가 낮아 불균일한 용접이 될 수 있다.
② 아르곤 + 수소 : 수소는 열전도율이 높고 가스 분출 속도를 증가시키는 기능이 있어 열적 핀치효과가 생기며 용접속도를 증진시킬 수 있다.
③ 헬륨 : 아르곤에 비해 25[%] 이상 용접입열을 증대시키므로 열전도도가 높은 구리, 알루미늄 합금, 후판 타이타늄 용접에 적합하다.
④ 아르곤 + 헬륨 : 주로 반응금속의 용접에 사용된다. 헬륨의 비율이 75[%] 이상이 되면 노즐이 과열될 위험이 크므로 낮은 범위의 부하 상태에서만 가능하다.

핵심예제

1-1. 기체가 고온이 되면서 기체 원자는 양이온과 음이온으로 혼합되어 도전성을 띤 기체로 변하는 성질을 이용한 용접법은?
① 전자 빔 용접법
② 플라스마 아크용접법
③ 탄산가스 아크용접법
④ 원자 수소 아크용접법

1-2. 플라스마 아크용접의 장점이 아닌 것은?
① 용접속도가 빠르다.
② 열에너지의 집중이 좋다.
③ 각종 재료의 용접이 가능하다.
④ 용접 홈은 H형이면 되고 용접봉의 소모가 적다.

1-3. 플라스마 아크용접의 단점이 아닌 것은?
① 설비비가 많이 든다.
② 무부하 전압이 높다.
③ 모재 표면의 청결 상태와 관계없이 고품질이 보장된다.
④ 용접속도가 커서 용접부에 경화현상이 일어나기 쉽다.

|해설|
1-2
열의 집중성이 좋아 I형 홈 용접이면 충분하고, 용접봉 소모도 적다.
1-3
모재 표면의 청결 상태에 따라 품질이 달라져 화학용제로 깨끗하게 한다.

정답 1-1 ② 1-2 ④ 1-3 ③

핵심이론 02 | 일렉트로 가스 아크용접

(1) 일렉트로 가스 아크용접의 원리

① 사용되는 열원이 아크이고, 일렉트로 슬래그 용접과 CO_2 가스 아크용접을 조합한 것으로 수직자동전용용접이다.
② 수랭 동판으로 용접 모재의 양측면을 둘러싸고 그 안에 CO_2를 불어넣어 보호가스에 복합 와이어를 공급하여 와이어 끝과 모재 간에 아크를 발생시켜 용접한다.

(2) 일렉트로 가스 아크용접의 장점

① 용접장치가 간단하고, 취급이 쉬워 고도의 숙련을 요하지 않는다.
② 용접 홈의 기계가공이 불필요하며 가스 절단 그대로 용접할 수 있다.
③ 판 두께에 관계없이 단층으로 상진용접하며, 판 두께가 두꺼울수록 경제적이다.
④ 수동용접에 비하여 약 4~6배의 용융속도를 가지며, 용착금속량은 10배 이상이 된다.
⑤ 용착효율이 95[%] 이상이 되어 용융금속의 낙하와 스패터 등의 손실을 고려할 필요가 없다.
⑥ 수직 상태에서 60~90° 횡경사 용접이 가능하며, 수평면에 대해 45~90° 경사 용접이 가능하다.

(3) 일렉트로 가스 아크용접의 단점

① 용융금속의 인성이 떨어진다.
② 스패터 및 가스의 발생량이 많다.
③ 정확한 조립이 요구되며, 이동용 냉각 동판에 급수장치가 필요하다.
④ 바람의 영향을 많이 받으므로 풍속 3[m/s] 이상 시 방풍막이 필요하다.
⑤ 용접 시작부 5~15[mm] 정도 용입 불량과 끝부분 10~20[mm] 정도 수축공이 생기므로 용접 후 교정해야 한다.

핵심예제

2-1. 일렉트로 가스 아크용접의 특징으로 틀린 것은?

① 용접장치가 복잡하고 취급이 어려우며 고도의 숙련을 요구한다.
② 정확한 조립이 요구되며 이동용 냉각 동판에 급수장치가 필요하다.
③ 용접 홈의 기계가공이 불필요하며 가스 절단 그대로 용접할 수 있다.
④ 판 두께에 관계없이 단층으로 상진용접하며 판 두께가 두꺼울수록 경제적이다.

2-2. 일렉트로 가스 아크용접의 전극 와이어가 공급되는 방식은?

① 가스로 공급된다.
② 수동으로 공급된다.
③ 자동으로 공급된다.
④ 반자동으로 공급된다.

|해설|

2-1
일렉트로 가스 아크용접은 용접장치가 간단하고, 취급이 쉬워 고도의 숙련을 요하지 않는다.

2-2
일렉트로 가스아크용접은 수직자동용접법으로 운용된다.

정답 2-1 ① 2-2 ③

핵심이론 03 | 기타 아크용접

(1) 탄산가스(CO_2) 아크용접

① 탄산가스 아크용접은 MIG 용접의 불활성 가스 대신에 CO_2 가스를 사용하는 것으로, 용접장치의 기능과 취급은 MIG 용접과 거의 동일하다.

② 탄산가스 아크용접의 특징
 ㉠ 전자세용접이 가능하다.
 ㉡ 가시아크이므로 시공이 편리하다.
 ㉢ 용제를 사용하지 않아 슬래그의 혼입이 없다.
 ㉣ 전류밀도가 높아 용입이 깊고, 용접속도가 빠르다.
 ㉤ 산화·질화가 없고, 수소 함유량이 적어 용착금속의 기계적 성질이 우수하다.
 ㉥ 솔리드 와이어 사용 시 용접 후의 처리가 간단하고, 단락이행에 의해 박판용접이 가능하다.
 ㉦ 비드 외관이 타 용접보다 약간 거칠다.
 ㉧ 적용되는 재질이 철 계통에 한정되어 있다.
 ㉨ 2[m/s] 이상의 풍속에서는 방풍장치가 필요하다.

③ 보호가스 설비 : 가스용기, 압력조정기 및 유량계, 호스 등으로 구성되어 있으며, 압력조정기는 히터장치와 조정기를 사용해야 되며, 낮은 전류에는 10~15[L/min], 높은 전류에는 20~25[L/min] 정도가 필요하다.

(2) 레이저 용접

① 레이저 빔이 모재에 조사되면 레이저의 초점부는 높은 에너지 밀도에 의해 표면이 순간적으로(1~20[ms]) 약 6,000~6,400[℃] 온도로 키 홀 내에서 용융·용착 후 냉각되어 용접이 된다.

② 레이저 용접의 특징
 ㉠ 장비가 고가이므로 초기 투자비용이 크다.
 ㉡ 대기 중에서 용접할 수 있어 진공실이 필요 없다.
 ㉢ 재질에 따라 고온 균열이 발생할 우려가 있다.
 ㉣ X선 방출이 없으며 자장의 영향을 받지 않는다.

ⓜ 입력에너지의 제어성이 좋아서 미세한 용접이 가능하다.
　　ⓗ 열전도성이 좋은 재료(Cu, Al 등)는 반사율이 높아 용접이 어렵다.
　　ⓢ 레이저 빔의 높은 에너지 밀도를 얻을 수 있어 용접 시 열영향부와 열 변형이 작다.
　　ⓞ 용접 중 모재 표면의 반사도, 모재 사이의 갭에 따라 크게 영향을 받는다.
　　ⓩ 아크용접에 비해 열에너지가 높아 용접속도가 빨라 고속용접과 자동화가 가능하다.
　　ⓒ 금속 증기 및 실드가스의 플라스마화에 의해 용입 깊이가 저하할 수 있다.

(3) 일렉트로 슬래그 용접

① 용융 슬래그와 용융금속이 용접부에서 흘러내리지 않도록 모재의 양측에 수랭식 구리판을 붙이고, 용융 슬래그 속에 전극 와이어를 연속적으로 공급하면 용융 슬래그의 전기저항열에 의해 와이어와 모재가 용융되어 용접된다.

② 일렉트로 슬래그 용접의 특징
　　㉠ 후판 강재의 용접에 적합하다.
　　㉡ 특별한 홈가공이 필요하지 않다.
　　㉢ 용접시간이 단축되기 때문에 능률적이고 경제적이다.
　　㉣ 노치부의 취성이 크게 발생되며, 기계적 성질이 나쁘다.
　　㉤ 냉각속도가 느려 기공 및 슬래그 섞임이 없고, 고온 균열도 발생하지 않는다.

(4) 냉간압접

① 두 개의 금속을 가까이 하면 자유전자가 공동화하여 결정격자 점의 금속 이온과 상호작용으로 금속원자를 결합시키는데 상온에서 단순히 가압 조작으로 금속 상호간의 확산을 일으켜 용접하는 방법이다.

② 냉간압접의 특징
　　㉠ 숙련이 필요하지 않다.
　　㉡ 용접부가 가공경화한다.
　　㉢ 철강재료의 접합은 부적당하다.
　　㉣ 겹치기 압접은 눌린 흔적이 남는다.
　　㉤ 접합부의 전기저항은 모재와 거의 같다.
　　㉥ 압접공구가 간단하고, 접합부에 열영향이 없다.
　　㉦ 도전재료인 알루미늄, 구리 등의 맞대기 또는 겹치기 접합에 널리 이용된다.

(5) 점(Spot) 용접

① 용접하려는 재료를 구리합금제 전극 사이에 두고 가압하면서 전류를 통하면 저항열(줄의 법칙)에 의하여 접합부를 가열·융합하는 용접이다. 용접부에는 너깃(Nugget)이 생긴다.

② 점 용접의 특징
　　㉠ 가압력에 의하여 조직이 치밀해진다.
　　㉡ 용접부 표면에 돌기가 발생하지 않는다.
　　㉢ 재료가 절약되고 작업의 공정수가 감소한다.
　　㉣ 작업속도가 빠르고 용접 변형이 비교적 적다.
　　㉤ 포터블 점 용접기를 이용하면 이동작업도 가능하다.

핵심예제

3-1. 탄산가스(CO_2) 아크용접의 특징으로 틀린 것은?
① 전자세용접이 가능하다.
② 아크가 눈에 보이지 않아 시공이 편리하다.
③ 용제를 사용하지 않아 슬래그의 혼입이 없다.
④ 전류밀도가 높아 용입이 깊고, 용접속도가 빠르다.

3-2. 냉간압접의 특징으로 틀린 것은?
① 숙련이 필요하지 않다.
② 용접부가 가공경화한다.
③ 겹치기 압접은 눌린 흔적이 없다.
④ 접합부의 전기저항은 모재와 거의 같다.

3-3. 겹치기 저항용접에 있어서 접합부에 나타나는 용융 응고된 금속 부분은?
① 마크(Mark)   ② 스폿(Spot)
③ 너깃(Nugget)   ④ 포인트(Point)

3-4. 레이저 용접의 특징으로 틀린 것은?
① 장비가 고가이므로 초기 투자비용이 크다.
② 대기 중에서 용접할 시 진공실이 반드시 필요하다.
③ 재질에 따라 고온 균열이 발생할 우려가 있다.
④ X선 방출이 없으며 자장의 영향을 받지 않는다.

3-5. 일렉트로 슬래그 용접의 장점이 아닌 것은?
① 최소한의 변형과 최단시간의 용접법이다.
② 용접 진행 중 용접부를 직접 관찰할 수 있다.
③ 다전극을 이용하면 더욱 능률을 높일 수 있다.
④ 용접 능률과 용접 품질이 우수하므로 후판용접 등에 적당하다.

|해설|

3-1
탄산가스(CO_2) 아크용접은 가시아크이므로 시공이 편리하다.

3-2
겹치기 압접은 눌린 흔적이 남는다.

3-3
너깃 : 점용접 시 용접부가 바둑알처럼 되는 부분

3-4
레이저 용접은 대기 중에서 용접할 수 있어 진공실이 필요 없다.

3-5
일렉트로 슬래그 용접은 아크가 눈에 보이지 않고, 아크 불꽃이 없다.

정답 3-1 ② 3-2 ③ 3-3 ③ 3-4 ② 3-5 ②

제2절 용접시공 및 검사

2-1. 용접 이음과 결함의 종류

핵심이론 01 | 용접 이음

(1) 용접 이음의 종류

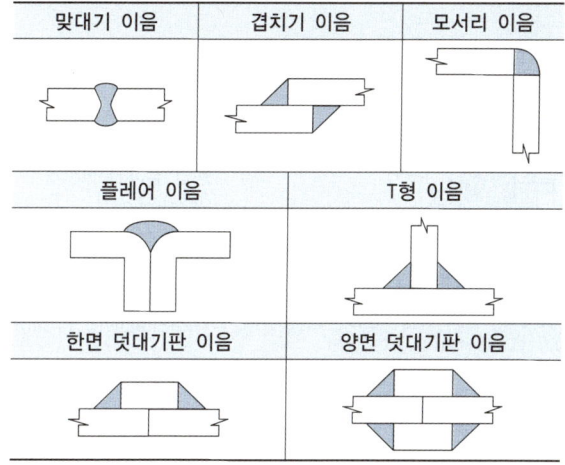

(2) 맞대기 용접이음의 모양 및 용접기호

명 칭	용접부의 모양	기 호
I형		||
V형		V
베벨형		V
J형		⊦
U형		Y
K형		K
H형		Ƴ
X형		X

비 고

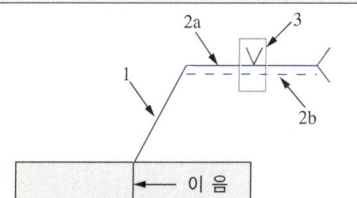

1 : 지시선
2 : 기준선(실선)
3 : 동일선(파선)
4 : 용접기호(용접 이음 기호)

(3) 맞대기 이음부의 홈 명칭

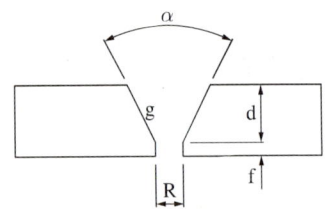

- R : 루트 간격(Root Gap)
- f : 루트면(Root Face)
- d : 개선 깊이(Depth of Groove)
- α : 개선 각도(Groove Angle)
- g : 용접면(Weld Face)

(4) 필릿 이음부의 명칭

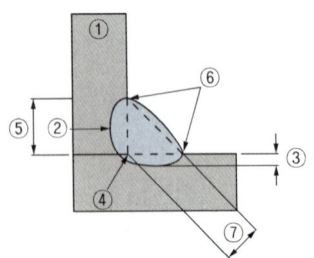

- ① : 모재(Base Metal)
- ② : 용융선(접합선)
- ③ : 용입 깊이(Depth of Penetration)
- ④ : 루트(Root)
- ⑤ : 각장(Leg Length)
- ⑥ : 토(Toe)
- ⑦ : 각목(Effective Throat)

(5) 용접 이음의 장점

① 이음효율이 100[%]로 매우 높다(리벳 이음 80[%]).
② 이음강도의 100[%]까지 누수가 없어 수밀, 유밀, 기밀을 얻기 쉽다(리벳 이음은 이음강도 40[%]에서 누수 발생).
③ 주강품이나 단조품보다 가볍게 할 수 있다.
④ 작업할 때 소음 발생이 적으며, 자동화가 용이하다.
⑤ 작업 공정을 적게 할 수 있으며, 설비도 단조품보다 간단해 빠르고 저렴하게 제품을 만들 수 있다.
⑥ 압연강재를 사용한 용접 구조물은 시공을 확실하게 하면 주조품보다 결함 없는 제품이 되며, 신뢰성이 높고 우수한 기계적 성질의 제품이 된다.

(6) 용접 이음의 단점

① 급열과 급랭에 따른 수축과 변형, 잔류응력이 발생한다.
② 노치부 균열이 발생하기 쉽고, 균열이 구조물 전체에 파급되는 경우가 있다.
③ 리벳구조에 비해 융통성이 없으므로 응력집중이 생긴다.
④ 열 영향으로 취성이 발생하기 쉬우므로 모재 선택에 주의를 요한다.

핵심예제

1-1. 다음 중 용접 이음의 종류가 아닌 것은?
① 겹치기 이음 ② 맞대기 이음
③ 라운드 이음 ④ 플레어 이음

1-2. 용접 이음의 특성 대한 설명으로 옳은 것은?
① 수밀, 유밀, 기밀성이 나쁘다.
② 복잡한 구조물의 제작이 어렵다.
③ 변형의 우려가 없어 시공이 용이하다.
④ 이음효율이 매우 높고 성능이 우수하다.

1-3. 다음 중 용접 이음의 단점이 아닌 것은?
① 급열과 급랭에 따른 잔류응력이 발생한다.
② 노치부 균열이 발생하기 쉬우나 노치부 주변에 한정된다.
③ 리벳구조에 비해 융통성이 없어 응력집중이 생긴다.
④ 열 영향으로 취성이 발생하기 쉬우므로 모재 선택에 주의를 요한다.

|해설|

1-1
용접 이음의 종류 : 맞대기 이음, 겹치기 이음, 모서리 이음, 플레어 이음, T형 이음, 한면 덧대기판 이음, 양면 덧대기판 이음 등

1-2
용접 이음의 장점
- 이음효율이 100[%]로 매우 높다.
- 이음강도의 100[%]까지 누수가 없어 수밀, 유밀, 기밀을 얻기 쉽다.
- 주강품이나 단조품보다 가볍게 할 수 있다.
- 작업할 때 소음 발생이 적으며, 자동화가 용이하다.
- 작업 공정을 적게 할 수 있으며, 설비도 단조품보다 간단해 빠르고 저렴하게 제품을 만들 수 있다.
- 압연강재를 사용한 용접 구조물은 시공을 확실하게 하면 주조품보다 결함이 없는 제품이 되며, 신뢰성이 높고 우수한 기계적 성질의 제품이 된다.

1-3
용접 이음은 노치부 균열이 발생하기 쉽고, 균열이 구조물 전체에 파급되는 경우가 있다.

정답 1-1 ③ 1-2 ④ 1-3 ②

핵심이론 02 | 용접 결함

(1) 용접 결함의 분류

구조상의 결함, 치수상의 결함, 성질상의 결함 등 세 가지로 분류된다.

① **구조상 결함** : 기공, 슬래그 섞임, 융합 불량, 용입 불량, 언더컷, 용접 균열, 표면 결함
② **치수상 결함** : 변형, 치수 불량, 형상 불량
③ **성질상 결함** : 기계적 결함, 화학적 결함, 물리적 결함

(2) 결함이 발생되는 원인

① **모재에 의한 영향** : 열팽창계수가 크고, 열전달계수가 클수록 용접 변형이 많이 발생한다.
② **용접 형상에 따른 영향** : V형 이음과 같이 한쪽 방향에서만 용접해야 하는 경우는 가로 굽힘 변형(각 변형)이 발생하므로, 되도록 X형 이음부를 선택하여 가로 굽힘 변형이 일어나지 않도록 한다. 상하 개선 비율은 5 : 5보다는 6 : 4 또는 7 : 3 정도로 하는 것이 가로 굽힘 변형을 적게 할 수 있다.
③ **용접속도의 영향** : 용접속도가 빠르면 용접부에 입열량을 줄일 수 있어 용접 변형이 적어진다.
④ **용접방법의 영향** : 맞대기 용접에서 용접부의 단면적이 같을 경우 첫 층을 용접할 경우는 용적을 적게 하여 가로 수축량을 최소화해야 하며, 이후 두 번째 층부터는 용적을 크게 할 수 있는 용접법을 선택하여 용접 전반에 걸친 용접 수축량을 줄여야 한다.
⑤ **용접사의 기량 수준 미달** : 용접사의 기량 수준에 따라 결함 여부가 달라지므로 용접 제품의 품질에 맞는 기술 수준의 용접사를 통하여 제품을 제작해야 한다.

핵심예제

2-1. 다음 중 용접 결함의 대분류가 아닌 것은?
① 구조상 결함
② 치수상 결함
③ 성질상 결함
④ 조직상 결함

2-2. 다음 중 결함 중 성질상 결함의 종류가 아닌 것은?
① 부 식
② 강도 부족
③ 선상조직
④ 충격치 부족

2-3. 다음 중 용접 결함의 분류에서 치수상 결함에 해당하는 것은?
① 변 형
② 기 공
③ 용입 불량
④ 표면 불량

|해설|

2-1
용접 결함의 분류 : 구조상 결함, 치수상 결함, 성질상 결함

2-2
성질상 결함 : 기계적 결함, 화학적 결함, 물리적 결함
① 화학적 결함
② 기계적 결함
④ 기계적 결함

2-3
치수상 결함 : 변형, 치수 불량, 형상 불량
②, ③, ④는 구조상 결함이다.

정답 2-1 ④ 2-2 ③ 2-3 ①

2-2. 용접 변형과 잔류응력

핵심이론 01 | 용접 변형과 잔류응력

(1) 용접 변형 발생의 원리
금속은 일반적으로 가열하면 열팽창이 생기고, 냉각하면 수축하는 성질이 있다. 특히, 용융 상태에서 응고하여 고체가 될 때 생기는 수축이 크다. 용접부는 용착금속의 응고, 수축, 용접열에 의한 모재의 팽창 및 수축으로 인하여 복잡한 변형이 생긴다.

(2) 용접 변형의 종류
용접할 때 고온에서의 소성변형과 냉각되면 저온에서의 소성변형이 잔류응력과 변형으로 남게 된다. 용접부의 변형은 근본적으로 용접과정에서 발생하는 용융금속의 수축으로 인장응력이 발생한다. 이 인장응력은 용착량, 용접방법, 용접속도 등의 용접조건에 따라 큰 차이를 보인다.

(3) 용접 변형의 원인
① 모재의 영향 : 모재의 열팽창계수가 크고, 열전달이 잘되는 재료일수록 용접부 변형이 발생하기 쉬운 경향이 있다.
② 용접 형상의 영향 : V형 이음에서는 각 변화가 한 방향에서만 일어나지만, X형 이음부에서는 뒷면 용접 시 발생하는 각 변화가 반대 방향이므로 앞면 용접의 각 변화와 상쇄되어 전체적인 각 변형이 작아진다.
③ 용접속도의 영향 : 용접 아크가 이음선을 따라 진행하면 그 용접 지점으로부터 열이 사방으로 확산하게 되고, 용접 지점보다 앞서 진행하게 되는 열은 아직 용접이 이루어지지 않은 부분에 변형을 초래한다.
④ 용접방법의 영향 : 고능률의 대입열 용접일수록 많은 용융금속이 발생하면서 응고 수축에 의한 응력이 크게 작용한다.

(4) 열응력에 따른 변형량
변형량 $\delta \ell = \ell \times \alpha \times \delta T$
(여기서, ℓ : 길이, α : 재료의 선팽창계수, δT : 온도 변화)

(5) 열응력
열응력 = 선팽창계수 × 세로 탄성계수 × 온도 변화량
$$\sigma_c = E \frac{\delta \ell}{\ell} = \alpha E(T_1 - T_2) = \alpha E \times \delta T$$
(여기서, E : 세로 탄성계수)

(6) 잔류응력의 영향
용접 이음에서의 잔류응력은 후판에는 항복점에 가까운 큰 값이 된다. 실제적으로 용접 구조물에서 문제가 되는 것은 박판에서는 용접 변형의 발생이고, 후판에서는 잔류응력이므로,
① 박판 구조에서는 국부좌굴을 촉진한다.
② 후판 구조에서는 취성파괴를 촉진한다.
③ 기계 부품에서는 사용 중에 서서히 변형이 생긴다.

(7) 잔류응력의 경감과 완화 대책
① 예열을 충분히 할 것
② 적당한 용착법과 용접 순서를 선정할 것
③ 가능한 한 용착금속의 양을 적게 할 것
④ 적당한 용접지그를 이용할 것

핵심예제

1-1. 다음 중 잔류응력에 영향을 받는 인자가 아닌 것은?

① 판 두께
② 용접입열
③ 이음현상
④ 용접봉의 종류

1-2. 다음 중 잔류응력에 의한 영향이 아닌 것은?

① 변형 촉진
② 국부좌굴 촉진
③ 취성파괴 촉진
④ 연성파괴 촉진

1-3. 잔류응력의 경감과 완화 대책이 아닌 것은?

① 예열을 충분히 할 것
② 적당한 용접지그를 이용할 것
③ 적당한 용착법과 용접 순서를 선정할 것
④ 용착금속의 양을 될 수 있는 대로 많게 할 것

|해설|

1-1

잔류응력 : 판 두께, 모재의 크기, 이음현상, 용접입열, 용착 순서, 외적 구속 등에 영향을 받는다.

1-2

잔류응력의 영향
• 박판 구조에서는 국부좌굴을 촉진한다.
• 후판 구조에서는 취성파괴를 촉진한다.
• 기계 부품에서는 사용 중에 서서히 변형이 생긴다.

1-3

잔류응력의 경감과 완화 대책
• 예열을 충분히 할 것
• 적당한 용착법과 용접 순서를 선정할 것
• 가능한 한 용착금속의 양을 적게 할 것
• 적당한 용접지그를 이용할 것

정답 1-1 ④ 1-2 ④ 1-3 ④

2-3. 용접 결함의 생성과 특성 및 방지 대책

핵심이론 01 용접 결함의 생성과 특성

(1) 용접 형상의 불량 확인

① 오버랩을 확인한다.

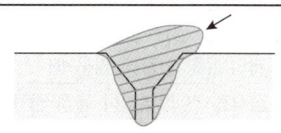

결함 원인	• 용접전류가 너무 낮을 때 • 운봉 및 봉의 유지 각도 불량 • 용접봉의 선택 불량
결함 대책	• 적정한 전륫값으로 용접작업을 진행한다. • 수평 필릿을 할 경우는 적정한 작업각과 진행각을 유지한다. • 적정한 봉을 선택한다.

② 언더컷을 확인한다.

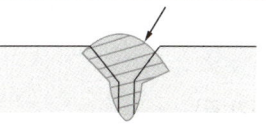

결함 원인	• 너무 높은 전륫값으로 용접작업을 할 때 • 긴 아크로 용접작업을 할 때 • 용접봉의 지름이 전륫값과 맞지 않을 때 • 용접속도가 적당하지 않을 때 • 용접재료에 맞지 않는 용접봉을 선택할 때
결함 대책	• 전륫값을 다소 낮게 유지한다. • 긴 아크보다 짧은 아크를 사용하여 용접한다. • 적정한 작업각과 진행각을 유지한다. • 용접속도에 있어서도 속도가 빠를 경우 언더컷이 발생하므로 용접속도를 다소 늦춘다. • 용접봉의 종류와 전륫값에 맞는 용접봉을 적정하게 선택한다.

③ 균열을 확인한다.

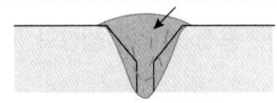

결함 원인	• 이음의 강성이 큰 경우 • 부적당한 용접봉을 사용한 경우 • 용접 모재에 탄소와 망간의 함량이 많을 때 • 과대 전류, 과대 속도 • 모재의 유황 함량이 많을 때
결함 대책	• 용접작업 전 예열이나 용접 중 피닝작업을 한다. • 적정한 봉을 선택한다. • 예열, 후열을 한다. • 적절한 속도로 운봉한다. • 저수소계 봉을 사용한다.

(2) 용접 중 결함 추정

① 기공 및 피트 결함을 방지한다.

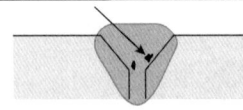 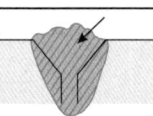

[기 공]   [피 트]

결함 원인	• 용접부에 습기, 녹, 먼지, 페인트, 이물질이 부착된 경우 • 용접봉의 건조가 불량할 때 • 고전류, 긴 아크를 사용할 때 • 용접속도의 과대
결함 대책	• 용접부의 습기, 녹, 먼지, 페인트, 이물질 부착이 없도록 깨끗이 한다. • 용접봉을 건조해서 사용한다. • 적정 전류와 아크 길이를 사용하여 용접 시공한다. • 용접속도를 적정하게 유지한다.

② 슬래그 혼입을 방지한다.

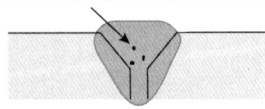

결함 원인	• 앞 층의 슬래그 제거가 불량한 경우 • 전류 과소, 부적절한 운봉 • 부적당한 용접봉의 각도 • 운봉속도 과소 • 부적당한 용접이음
결함 대책	• 각 층마다 슬래그를 깨끗이 제거한다. • 적정 전류와 운봉법을 사용한다. • 용접봉의 진행각과 작업각을 지킨다. • 운봉속도를 약간 빠르게 한다. • 루트 간격을 좀 더 넓게 한다.

③ 용입 불량을 방지한다.

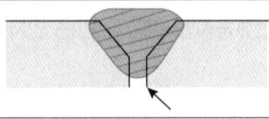

결함 원인	• 이음 설계가 불량할 때 • 용접속도가 너무 빠를 때 • 용접전류가 너무 낮을 때 • 용접봉의 선택이 불량할 때
결함 대책	• 루트 간격 및 홈 각도를 좀 더 크게 한다. • 용접속도를 조금 낮춘다. • 용접전류를 조금 높인다. • 적정한 굵기의 용접봉을 선택한다.

④ 스패터 부착을 방지한다.

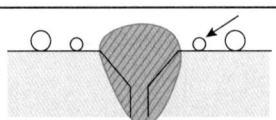

결함 원인	• 전류가 너무 높을 때 • 건조가 불량한 용접봉을 사용할 때 • 아크 길이가 너무 길 때 • 부적당한 운봉법 사용 시
결함 대책	• 전류를 조금 낮춘다. • 건조된 용접봉을 사용한다. • 아크 길이를 조금 짧게 한다. • 적정 운봉법을 사용한다.

핵심예제

1-1. 용접전류가 높을 때 일어나는 현상이 아닌 것은?

① 용입이 얕아진다.
② 언더컷이 생기기 쉽다.
③ 스패터링이 많이 생긴다.
④ 용접봉이 가열되기 쉽다.

1-2. 아크용접 중 오버랩 현상의 원인이 아닌 것은?

① 용접봉의 선택 불량
② 모재가 과열되었을 때
③ 용접전류가 너무 낮을 때
④ 운봉 및 봉의 유지 각도 불량

1-3. 언더컷 발생 방지 대책으로 가장 적절하지 않은 것은?

① 아크 길이를 길게 한다.
② 용접봉 선택을 잘 한다.
③ 용접전류를 약간 낮게 한다.
④ 용접속도를 약간 느리게 한다.

1-4. 용접부에 기공이 발생하는 원인이 아닌 것은?

① 용접속도의 과대
② 이음 설계의 불량
③ 용접봉의 건조 불량
④ 긴 아크 사용

1-5. 스패터의 발생원인이 아닌 것은?

① 전류가 너무 높을 때
② 건조가 불량한 용접봉을 사용할 때
③ 아크 길이가 너무 길 때
④ 모재의 온도가 너무 높을 때

|해설|

1-1
전류가 약해지면 오버랩, 용입 불량, 용착 불량이 생긴다.

1-3
언더컷 발생 시 아크 길이를 짧게 한다.

1-4
용접부 기공의 발생원인
- 용접부의 습기, 녹, 먼지, 페인트, 이물질 부착
- 용접봉의 건조가 불량할 때
- 고전류, 긴 아크를 사용할 때
- 용접속도의 과대

1-5
스패터의 발생원인
- 전류가 너무 높을 때
- 건조가 불량한 용접봉 사용
- 아크 길이가 너무 길 때
- 부적당한 운봉법 사용 시

정답 1-1 ① 1-2 ② 1-3 ① 1-4 ② 1-5 ④

CHAPTER 03 안전관리

KEYWORD 기계작업의 위험요인, 전기·가스용접의 안전, 화재의 종류, 수공구의 안전 기술, 보호구 등은 자주 출제되므로 반드시 숙지해야 한다.

제1절 작업 안전관리

1-1. 기계작업의 안전

핵심이론 01 기계의 위험요인

(1) 기계 설비의 위험점 종류

① 협착점
  ㉠ 왕복운동을 하는 동작 부분과 움직임이 없는 고정 부분 사이에 형성되는 위험점이다.
  ㉡ 프레스, 전단기 등

② 끼임점
  ㉠ 기계의 고정 부분과 회전 또는 직선운동 부분 사이에 형성되는 위험점이다.
  ㉡ 회전 풀리와 베드 사이, 연삭숫돌과 작업대, 교반기 날개와 하우스 등

③ 절단점
  ㉠ 회전하는 운동 부분 자체의 위험과 운동하는 기계 부분 자체의 위험에서 초래되는 위험점이다.
  ㉡ 밀링커터, 둥근 톱날, 목공용 띠톱 등

④ 물림점
  ㉠ 두 개의 회전체가 서로 반대 방향으로 맞물려 회전하여 위험성이 형성되는 위험점이다.
  ㉡ 기어 롤러 등

⑤ 접선물림점
  ㉠ 회전하는 부분의 접선 방향으로 물려 들어갈 위험이 존재하는 위험점이다.
  ㉡ 풀리와 벨트, 체인과 스프로킷 등

⑥ 회전말림점
  ㉠ 회전하는 물체의 길이, 굵기, 속도 등이 불규칙한 부위와 돌기 회전 부위에 작업복 등이 말려드는 위험이 존재하는 위험점이다.
  ㉡ 회전축, 드릴 등

(2) 기계 설비의 본질적 안전

① 본질 안전의 조건
  ㉠ 근로자가 동작상 과오나 실수가 있어도 재해가 일어나지 않도록 설계하는 기본적 개념이다.
  ㉡ 기계 설비에 이상이 발생해도 안전성이 확보되어 재해나 사고가 발생하지 않도록 설계하는 기본적 개념이다.

② 풀 프루프(Fool Proof)
  ㉠ 기계를 잘못 취급하여 불안전 행동이나 실수를 해도 안전기능이 작동되어 재해를 방지할 수 있는 기능이다.
  ㉡ 인터록 가드, 조절 가드, 고정 가드 등

③ 페일 세이프(Fail Safe)
  기계나 부품에 고장이나 기능 불량이 생겨도 항상 안전하게 작동하는 구조와 기능을 추구하는 본질적 안전 기능이다.

④ 인터록(Interlock) 장치 : 기계의 작동 부분이 정상으로 작동하기 위한 조건이 만족되지 않을 경우 자동적으로 그 기계를 작동할 수 없도록 하는 장치이다.

핵심예제

1-1. 회전하는 동작 부분과 고정 부분이 함께 만드는 위험점으로 주로 연삭숫돌과 작업대, 교반기의 교반 날개와 하우스 사이에서 형성되는 위험점은?

① 협착점　　② 끼임점
③ 절단점　　④ 물림점

1-2. 기계나 부품에 고장이나 기능 불량이 생겨도 항상 안전하게 작동하는 구조와 기능을 추구하는 본질적 안전 기능은?

① 본질 안전조건
② 풀 프루프(Fool Proof)
③ 페일 세이프(Fail Safe)
④ 인터록(Interlock) 장치

|해설|

1-1
① 협착점 : 왕복운동을 하는 동작 부분과 움직임이 없는 고정 부분 사이에 형성되는 위험점
③ 절단점 : 회전하는 운동 부분 자체의 위험과 운동하는 기계 부분 자체의 위험에서 초래되는 위험점
④ 물림점 : 두 개의 회전체가 서로 반대 방향으로 맞물려 회전하여 위험성이 형성되는 위험점

1-2
① 본질 안전조건
　• 근로자가 동작상 과오나 실수가 있어도 재해가 일어나지 않도록 설계하는 기본적 개념이다.
　• 기계설비에 이상이 발생되어도 안전성이 확보되어 재해나 사고가 발생하지 않도록 설계하는 기본적 개념이다.
② 풀 프루프(Fool Proof) : 기계를 잘못 취급하여 불안전 행동이나 실수를 해도 안전기능이 작동되어 재해를 방지할 수 있는 기능이다.
④ 인터록(Interlock) 장치 : 기계의 작동 부분이 정상으로 작동하기 위한 조건이 만족되지 않을 경우 자동적으로 그 기계를 작동할 수 없도록 하는 장치이다.

정답 1-1 ②　1-2 ③

핵심이론 02 | 기계작업 안전

(1) 선반의 안전장치 및 작업 시 안전대책

① 선반의 방호장치
　㉠ 칩 브레이크
　㉡ 브레이크
　㉢ 척 커버
　㉣ 덮 개

② 선반작업 시 안전대책
　㉠ 시동 전에 척 핸들은 빼둔다.
　㉡ 기계 운전 중 백기어 사용은 금지한다.
　㉢ 무게가 편중된 가공물은 균형추를 부착한다.
　㉣ 심압대 드릴척 장착 후 척 렌치를 반드시 뺀다.
　㉤ 절삭칩 제거는 반드시 브러시 등의 도구를 사용한다.
　㉥ 치수 측정, 주유, 청소 시에는 반드시 기계를 정지한다.
　㉦ 바이트에는 칩 브레이커를 설치하고, 보안경을 착용한다.
　㉧ 가공물 설치 시 전원 스위치를 끄고, 바이트를 충분히 멀리 위치시킨다.
　㉨ 작업 시 공구는 항상 정리 해 두고, 베드 위에는 공구를 올려놓지 않는다.
　㉩ 상의는 옷자락 안으로 넣고, 소맷자락을 묶을 때에는 끈을 사용하지 않는다.
　㉪ 바이트는 끝을 짧게 장착하고, 일감의 길이가 직경의 12배 이상일 때는 방진구를 사용한다.
　㉫ 적정 크기의 돌리개를 선택하고, 심압대 스핀들은 지나치게 길게 나오지 않도록 한다.
　㉬ 절삭 중 일감에 손을 대서는 안 되며, 손이 말려 들어갈 위험이 있는 장갑은 착용하지 않는다.
　㉭ 긴 물건 가공 시 주축대쪽으로 돌출된 회전가공물에는 덮개를 설치하고, 심압대로 지지하고 가공한다.

(2) 드릴머신 작업 시 안전대책

① 작업 시작 전에 반드시 척 렌치를 뺀다.
② 칩은 회전을 중지시킨 후 브러시로 제거하여야 한다.
③ 드릴작업 중 일감은 바이스나 클램프를 사용하여 고정한다.
④ 드릴을 장치에서 제거(교환) 시 회전이 완전히 멈춘 후 작업한다.
⑤ 구멍을 뚫을 때 관통된 것을 확인하기 위해 손가락을 집어넣지 않는다.
⑥ 큰 구멍을 뚫을 때에는 작은 구멍을 먼저 뚫고, 그 위에 큰 구멍 작업을 한다.
⑦ 장갑을 끼고 작업하지 않아야 하고, 회전하는 드릴에 걸레 등을 가까이 하지 않는다.
⑧ 균열이 심한 드릴은 사용할 수 없고, 가공 중 이상한 소리가 나면 즉시 드릴을 연마하거나 교환한다.

핵심예제

2-1. 선반작업 시 안전대책으로 가장 부적절한 행위는?
① 바이트의 끝은 짧게 장착한다.
② 장갑을 끼고 작업하지 않는다.
③ 절삭 칩 제거는 반드시 브러시를 사용한다.
④ 작업 중 주유나 측정은 반드시 저속 상태에서 실시한다.

2-2. 드릴작업의 안전사항으로 옳지 않은 것은?
① 작고, 긴 일감은 반드시 손으로 잡고 뚫는다.
② 옷소매가 길거나 찢어진 작업복은 입지 않는다.
③ 회전하는 드릴에 청소용 걸레를 가까이하지 않는다.
④ 스핀들에서 드릴을 교환할 때에는 드릴 아래에 손을 내밀지 않는다.

|해설|
2-1
작업 중 치수 측정, 주유, 청소 시에는 반드시 기계를 정지한다.
2-2
드릴작업 중 일감은 바이스나 클램프를 사용하여 고정시킨다.

정답 2-1 ④ 2-2 ①

1-2. 용접 및 가스작업 안전

핵심이론 01 | 용접 및 가스작업 안전

(1) 산소-아세틸렌 가스용접에 의해 발생되는 재해
① 화 재
② 폭 발
③ 화 상
④ 가스중독
⑤ 질 식

(2) 고압가스 용접작업 시 준수사항
① 호스 등을 용기 밸브에 걸어 두지 않는다.
② 아세틸렌, 프로판 등은 화기 주변에 배출해서는 안 된다.
③ 용접기 사용 전에 조절기와 호스가 단단히 연결되어 있는지 확인한다.
④ 용기 밸브 개폐 시 전용 T형 렌치나 키를 사용하고, 제자리에 보관한다.
⑤ 각종 압축가스 용기가 공병이라도 롤러용이나 받침 등으로 사용해서는 안 된다.
⑥ 아세틸렌이 누설되는 용기는 사용할 수 없고, 누설 시 화기가 없는 장소로 옮기고 감독자에게 보고한다.
⑦ 조절기나 화구를 다른 목적으로 사용해서는 안 된다.
⑧ 산소용접기 점화 시 화상에 주의하고, 점화봉을 사용한다.
⑨ 산소, 아세틸렌용기에 열이나 충격을 가해서는 안 된다. 통풍이 잘되고, 직사광선을 피하고, 온도는 40℃ 이하가 되는 곳에 저장한다.
⑩ 좁은 공간에서 점화 시 외부에서 점화하여야 한다.
⑪ 용접 호스의 불의의 파손을 방지하기 위해 필요한 예방조치를 취한다.
⑫ 아세틸렌은 15[℃] 이상으로 사용해서는 안 된다.
⑬ 산소조절기를 가연성 가스조절기로 사용하거나 가연성 가스조절기를 산소조절기로 사용해서는 안 된다.

⑭ 산소, 아세틸렌 용기와 작업지점 사이에는 장해물이 없어야 한다.
⑮ 가스용기, 조절기, 토치 및 기타 용접기는 원형을 조정·변경·개조하거나 다른 용도로 사용해서는 안 된다.
⑯ 아세틸렌 용기의 밸브는 한 바퀴 반 이상 돌려서는 안 되며 서서히 조금씩 연다.
⑰ 용접, 절단 및 화기를 사용하는 작업에는 어느 장소를 막론하고 소화기를 비치한 후 작업한다.
⑱ 용기를 수직으로 세워 둘 경우 넘어지지 않도록 체인 등으로 묶어 둔다.
⑲ 가열되거나 가스가 누설되고 있을 때 화구 이외에 점화된 토치를 사용해서는 안 된다.
⑳ 산소, 아세틸렌 용기는 활선 또는 전기기구의 접지선과 접촉을 방지한다.
㉑ 산소, 아세틸렌 용기는 전용 운반 수레를 사용하여 운반하며 체인블록, 기중기 등으로 운반해서는 안 된다.
㉒ 발생기에서 5[m] 이내 또는 발생기실에서 3[m] 이내의 장소에서는 흡연, 화기의 사용, 불꽃이 발생할 위험한 행위는 금지한다.
㉓ 일정 시간 이상 작업 중단 시 조절기 내 가스압력을 제거해야 하며 용접기 옆의 용기밸브를 잠그고, 조절기 및 호스는 조절기를 떼어 압력을 제거한다.

(3) 교류아크용접기의 재해 및 보호구

재해의 구분		보호구
눈	아크에 의한 장해	차광보호구(보호안경과 보호면)
피부	화상	가죽제품의 장갑, 앞치마, 각반, 안전화
용접 흄 및 가스에 의한 재해		방진·방독마스크, 송기마스크

핵심예제

1-1. 용접에 사용하는 가스용기를 취급할 때 주의사항으로 틀린 것은?

① 운반 시에는 캡을 벗길 것
② 밸브의 개폐는 서서히 할 것
③ 용기의 온도는 40[℃] 이하로 유지할 것
④ 통풍이나 환기가 불충분한 장소에 설치하지 말 것

1-2. 아세틸렌용접장치에 관한 설명으로 옳지 않은 것은?

① 아세틸렌은 15[℃] 이상으로 사용해서는 안 된다.
② 아세틸렌 용기는 뉘어서 안전하게 보관 및 사용한다.
③ 발생기실에는 관계자가 아닌 사람의 출입을 금지한다.
④ 발생기에서 5[m] 이내, 발생기실에서 3[m] 이내에는 흡연 및 화기 사용을 금지한다.

|해설|

1-1
가스용기를 운반할 경우에는 캡을 씌운다.

1-2
용해 아세틸렌 용기는 세워서 보관 및 사용한다.

정답 1-1 ① 1-2 ②

핵심이론 02 | 화재 및 가연성 가스

(1) 화재의 종류

① A급 화재(백색 표시) : 일반 화재
   가연물인 나무, 종이, 섬유류 등에 의한 화재로 고체연료화재이다.
② B급 화재(황색 표시) : 유류 화재
   석유 등 가연성 액체의 유증기가 타는 화재이다.
③ C급 화재(청색 표시) : 전기 화재
   전기가 통하고 있는 전기 시설물이 타는 화재이다.
④ D급 화재(표시 없음) : 금속 화재
   가연성 금속에 의한 화재로, 주수 소화를 금지한다.

(2) 가연성 가스

산소 또는 공기와 혼합하여 점화하면 빛과 열을 발해서 연소하는 가스로 수소, 메탄, 아세틸렌, 에틸린, 프로판, 부탄 등이 대표적인 가연성 가스이다.

(3) 가연성 가스 취급 시 유의사항

① 액화가스, 압축가스, 기타 가스의 누설 유무를 반드시 점검할 것
② 용기는 반드시 용기 증명서 및 검사필증이 있는 것만 사용할 것
③ 사용 후 반드시 밸브를 잠그고 보호 캡을 죄어 놓을 것
④ 용기는 일광 및 불의 직사로부터 피할 것
⑤ 용기를 떨어뜨리거나 충격을 주지 말 것
⑥ 충전된 용기는 항상 온도 40[℃] 이하로 유지할 것
⑦ 용기를 세워 놓을 때에는 넘어지지 않도록 로프나 체인으로 묶어 놓을 것
⑧ 용기는 지붕이 있고, 통풍이 잘되는 장소에 보관할 것
⑨ 빈 용기와 충전된 용기는 구별하여 각각의 위치에 놓을 것
⑩ 용기 중의 가스는 전부 사용하지 말고 약간 남기도록 할 것
⑪ 충전용기, 밸브, 배관 등을 데울 필요가 있을 때에는 따뜻한 물수건이나 온도 40[℃] 이하의 물을 사용할 것
⑫ 가스 누설을 검사할 때에는 비눗물 또는 전문적인 가스검지기를 사용할 것
⑬ 용기 저장소에 용적 300[m^3] 이상의 고압가스를 저장할 때는 반드시 각 저장소마다 그 신청서를 시장, 군수, 구청장에게 제출할 것(고압가스 안전관리법)
⑭ 용기 보관 장소에는 계량기 등 작업에 필요한 물건 외에는 두지 않을 것
⑮ 용기 보관 장소의 주위 2[m] 이내에는 화기 또는 인화성물질이나 발화성물질을 두지 않을 것

(4) 발화성 물질

공기 중에서 일정한 온도 이상이 되면 착화원이 없이도 스스로 연소되기 쉬운 물질이다.

(5) 발화점(착화점)

① 가연성 물질이 공기 중에서 점화원이 없이 스스로 연소를 개시할 수 있는 최저 온도이다.
② 착화점은 인화점보다 20~60[℃] 높다.
③ 산소와의 친화력이 큰 물질일수록 발화점이 낮다.

(6) 자연발화

① 정의 : 공기 중에서 가연성 물질이 점화원 없이 스스로 연소하는 것이다.
② 방지책
   ㉠ 통풍이나 저장법을 고려하여 열 축적을 방지한다.
   ㉡ 저장소 등의 온도를 낮춘다.
   ㉢ 습기가 많은 곳에는 저장하지 않는다.
   ㉣ 공기에 접촉되지 않도록 불활성 액체 중에 저장한다.

(7) 인화성 물질

① 액체 표면에서 증발된 가연성 증기와 혼합기체에 의해 폭발할 위험을 가지고 있는 물질이다.
② 인화성이 큰 물질은 1[L] 이상 취하지 않도록 규정되어 있다.

(8) 인화점

가연성 액체가 공기 중에서 인화하기에 충분한 가연성 증기를 발생할 수 있는 최저 온도로, 보통 가연성 위험성의 척도가 된다.

(9) 연소 위험과 인화점·착화점의 관계

① 인화점이 낮을수록 연소 위험이 크다.
② 착화점이 낮을수록 연소 위험이 크다.
③ 연소범위가 넓을수록 연소 위험이 크다.
④ 연소하한계가 낮을수록 연소 위험이 크다.
⑤ 산소농도가 클수록 연소 위험이 크다.

(10) 산화성 물질

단독으로 발화, 폭발할 위험성은 없으나 가연성 물질 또는 환원성 물질과 접촉했을 때 충격, 가열, 마찰에 의해 발화하거나 폭발할 위험성이 있는 물질이다.

핵심예제

2-1. 다음 중 가연성 물질이 아닌 것은?

① 아세틸렌　　② 프로판
③ 수 소　　　 ④ 산 소

2-2. 폭발한계농도의 하한값이 10[%] 이하 또는 상한값과 하한값의 차이가 20[%] 이상인 가스는?

① 가연성 가스
② 폭발성 가스
③ 인화성 가스
④ 산화성 가스

|해설|

2-1
수소, 메탄, 아세틸렌, 에틸렌, 프로판, 부탄 등이 대표적인 가연성 물질이다.

2-2
가연성 가스 : 산소 또는 공기와 혼합하여 점화하면 빛과 열을 발해서 연소하는 가스이다.

정답 2-1 ④　2-2 ①

1-3. 전기 취급 안전

핵심이론 01 | 전기 취급 시 안전

(1) 감전 재해의 정의
① 감전 : 인체의 일부 또는 전체에 전류가 흐르는 현상
② 전격 : 감전으로 인해 인체가 받는 충격

(2) 감전(전격)에 의한 재해
인체의 일부 또는 전체에 전류가 흘렀을 때 인체 내에서 일어나는 생리적인 현상으로 근육의 수축, 호흡곤란, 심실세동 등으로 부상·사망하거나 추락·전도 등의 2차적 재해가 일어난 것이다.

(3) 감전(전격)의 위험을 결정하는 주된 인자
① 통전전류의 크기(가장 근본적인 원인, 위험도에 가장 큰 영향을 미침)
② 통전시간
③ 통전경로
④ 전원의 종류(교류 또는 직류)
⑤ 주파수 및 파형
⑥ 전격 인가 위상
⑦ 인체저항과 전압의 크기

(4) 통전전류별 인체 반응

1mA	약간 느낄 정도
5mA	경련을 일으킴
10mA	불편해짐(통증)
15mA	격렬한 경련을 일으킴
50~100mA	심실세동으로 사망 위험

(5) 감전사고 방지대책
① 감전사고 방지의 일반대책
  ㉠ 전기설비의 점검을 철저히 한다.
  ㉡ 전기기기 및 설비를 정비한다.
  ㉢ 전기기기 및 설비의 위험부에 위험 표시를 한다.
  ㉣ 설비가 필요한 부분에 보호접지를 실시한다.
  ㉤ 충전부가 노출된 부분에는 절연방호구를 사용한다.
  ㉥ 고전압 선로 및 충전부에 근접하여 작업하는 작업자에게는 보호구를 착용시킨다.
  ㉦ 유자격자 이외는 전기기계 및 기구에 전기적인 접촉을 금지시킨다.
  ㉧ 관리감독자는 작업에 대한 안전교육을 시행한다.
  ㉨ 사고 발생 시의 처리 순서를 미리 작성해 둔다.
② 감전사고 시 응급조치
  ㉠ 전원을 차단하고 피재자를 위험지역에서 신속히 대피시킨다.
  ㉡ 피재자의 상태를 확인한다.
   • 의식, 호흡, 맥박의 상태를 확인한다.
   • 추락한 경우 : 출혈의 상태, 골절의 이상 유무를 확인한다.
   • 의식이 없거나 호흡 및 심장 정지 시 바로 응급조치를 실시한다.

(6) 전기 화재 및 예방대책
① 전기 화재의 원인
  ㉠ 단락(합선)
  ㉡ 누전(지락)
  ㉢ 과전류
  ㉣ 스파크(전기불꽃)
  ㉤ 접촉부 과열
  ㉥ 절연열화(탄화)에 의한 발열
  ㉦ 낙뢰
  ㉧ 정전기 스파크

(7) 정전기 재해의 방지대책
① 정전기 발생을 억제(방지)한다.
② 발생된 전하의 대전을 방지한다.
③ 대전·축전된 전하의 위험분위기하에서 방전이 방지되어야 한다.

핵심예제

1-1. 전기화재의 주요원인이 아닌 것은?
① 정전기 발생 ② 과전류 발생
③ 절연전선의 열화 ④ 절연저항값의 증가

1-2. 전기용접 작업의 안전사항으로 옳지 않은 것은?
① 피용접물은 코드로 완전히 접지시킨다.
② 작업 전에 소화기 및 방화사를 준비한다.
③ 장시간 작업할 경우 수시로 용접기를 점검한다.
④ 가스관 및 수도관 등의 배관은 이를 접지로 이용한다.

|해설|

1-1
전기 화재의 주요원인인 절연 불량은 절연저항값이 감소할 때 일어난다.

1-2
가스관 및 수도관에 접지를 해서는 안 된다.

정답 1-1 ④ 1-2 ④

1-4. 산업시설의 안전

핵심이론 01 | 작업별 안전 예방

(1) 작업장 공통

① 유해·위험요인
  ㉠ 작업장 조도가 미흡하여 점검작업 중 넘어질(전도) 위험
  ㉡ 동력으로 작동되는 문에 끼일(협착) 위험
  ㉢ 고소작업 시 작업 공간 미확보로 추락할 위험

② 작업장 공통 안전 예방기준
  ㉠ 작업 장소를 항상 청결하게 유지·관리해야 한다.
  ㉡ 작업장의 해당 작업에 적합한 조도를 유지해야 한다.
  ㉢ 작업장의 창문은 작업하거나 통행하는 데 방해가 되지 않도록 해야 한다.
  ㉣ 작업장 내부에 위험물질을 보관할 때는 일일 사용량(8시간 기준)을 초과하지 않아야 한다.
  ㉤ 추락할 위험이 있는 장소 또는 기계·설비 등에서 작업할 때는 비계를 조립하는 등의 작업발판을 설치해야 한다.
  ㉥ 작업발판 및 통로의 끝이나 개구부로서 근로자가 추락할 위험이 있는 장소에는 안전난간, 울타리, 덮개 등 방호조치를 충분한 강도를 가진 구조로 튼튼하게 설치해야 한다.

(2) 작업장 바닥

① 유해·위험요인 : 옥내·외 작업장 통행 중 제품, 부자재 등에 의한 넘어짐(전도) 재해 위험

② 작업장 바닥 안전 예방 기준
  ㉠ 옥내·외 작업장 바닥의 상태와 정리·정돈 상태를 확인한다.
  ㉡ 옥내·외 작업장의 바닥이 근로자가 넘어지거나 미끄러지는 등의 위험이 없도록 안전하고 청결한 상태를 잘 유지하고, 제품·자재·부재 등이 넘어지지 않도록 지지 등의 안전조치를 한다.

ⓒ 작업장 정리·정돈은 모든 생산활동에 있어 꼭 필요한 안전 조치사항이며, 품질과 생산성 향상에도 큰 영향을 주므로 근로자 스스로 작업장을 정리·정돈하고 이를 습관화하도록 해야 한다.

(3) 출입구(비상구 제외)의 설치조건(산업안전보건기준에 관한 규칙 제11조)

① 출입구의 위치, 수 및 크기가 작업장의 용도와 특성에 맞도록 한다.
② 출입구에 문을 설치하는 경우에는 근로자가 쉽게 열고 닫을 수 있도록 한다.
③ 주된 목적이 하역 운반기계용인 출입구에는 인접하여 보행자용 출입구를 따로 설치한다.
④ 하역 운반기계의 통로와 인접하여 있는 출입구에서 접촉에 의하여 근로자에게 위험을 미칠 우려가 있는 경우에는 비상등·비상벨 등 경보장치를 설치한다.
⑤ 계단이 출입구와 바로 연결된 경우에는 작업자의 안전한 통행을 위하여 그 사이에 1.2m 이상 거리를 두거나 안내표지 또는 비상벨 등을 설치한다. 다만, 출입구에 문을 설치하지 아니한 경우에는 그러하지 아니하다.

(4) 동력으로 작동되는 문의 설치조건(산업안전보건기준에 관한 규칙 제12조)

① 동력으로 작동되는 문에 근로자가 끼일 위험이 있는 2.5[m] 높이까지는 위급하거나 위험한 사태가 발생한 경우에 문의 작동을 정지시킬 수 있도록 비상정지장치 설치 등 필요한 조치를 한다. 다만, 위험구역에 사람이 없어야만 문이 작동되도록 안전장치가 설치되어 있거나 운전자가 특별히 지정되어 상시 조작하는 경우에는 그러하지 아니하다.
② 동력으로 작동되는 문의 비상정지장치는 근로자가 잘 알아볼 수 있고, 쉽게 조작할 수 있도록 한다.
③ 동력으로 작동되는 문의 동력이 끊어진 경우에는 즉시 정지되도록 한다. 다만, 방화문의 경우에는 그러하지 아니하다.
④ 수동으로 열고 닫을 수 있도록 한다.
⑤ 동력으로 작동되는 문을 수동으로 조작하는 경우에는 제어장치에 의하여 즉시 정지시킬 수 있는 구조로 한다.

핵심예제

1-1. 작업장 바닥의 유해·위험요인에 해당하는 것은?
① 동력으로 작동되는 문에 끼일(협착) 위험
② 고소작업 시 작업 공간 미확보로 추락할 위험
③ 과도한 동작으로 고소작업 시 추락, 충돌 등 사고 발생
④ 옥내·외 작업장 통행 중 제품, 부자재 등에 의한 넘어질(전도) 재해 위험

1-2. 동력으로 작동되는 문의 설치조건이 아닌 것은?
① 수동으로 열고 닫을 수 있도록 한다.
② 문의 동력이 끊어진 경우에는 방화문도 즉시 정지되도록 한다.
③ 문을 수동으로 조작하는 경우에는 제어장치에 의하여 즉시 정지시킬 수 있는 구조로 한다.
④ 문에 근로자가 끼일 위험이 있는 2.5m 높이까지는 문의 작동을 정지시킬 수 있도록 비상정지장치 설치 등 필요한 조치를 한다.

|해설|

1-2
동력으로 작동되는 문의 동력이 끊어진 경우에는 즉시 정지되도록 한다. 다만, 방화문의 경우에는 그러하지 아니하다.

정답 1-1 ④   1-2 ②

| **핵심이론 02** | 수공구 취급작업

(1) 수공구 취급작업

① 유해・위험요인
  ㉠ 수공구로 신체 부위를 가격하여 사고 발생
  ㉡ 수공구 및 재료 파편의 비래에 의한 사고 발생
  ㉢ 부적절한 수공구 및 과도한 동작으로 고소작업 시 추락, 충돌 등 사고 발생

② 안전 예방 기준
  ㉠ 수공구 사용 안전작업 수칙
    • 수공구를 용도 이외에는 사용하지 않는다.
    • 보안경 등 작업에 알맞은 보호구를 착용하고 작업한다.
    • 수공구는 통풍이 잘되는 보관 장소에 수공구별로 보관한다.
    • 수공구를 사용하기 전에 기름 등 이물질을 제거하고, 반드시 이상 유무를 확인한 후 사용한다.
    • 수공구를 가지고 사다리 등 높은 곳에 오를 때는 호주머니에 넣지 않고, 반드시 수공구 주머니에 공구를 넣어 몸에 장착하고 운반한다.
  ㉡ 타격용 공구 안전작업
    • 보안경이나 안면보호구를 착용한다.
    • 정을 갈 때 너무 큰 압력을 가하지 않는다.
    • 구부리거나 금이 가거나 이가 빠진 공구는 폐기한다.
    • 선단이나 절삭날을 원래 형태로 교정하고, 절삭날은 갈아 준다.
    • 정의 자루 위에 스펀지 고무로 된 보호물을 씌워야 손을 보호할 수 있다.
    • 전단과 깎기 작업을 위해 절삭날의 사면이 전단면에 대해 평평하게 도는 각도로 정을 잡는다.
  ㉢ 절단공구 안전작업
    • 작업에 적절한 절단기를 선택한다. 절단기는 자재의 특정 모양과 크기에 따라 설계되어 있다.
    • 절단조 주위를 마대자루, 천이나 넝마로 감싸서 튀는 금속으로 인한 부상을 방지한다(잘릴 때 금속이 튀고, 금속이 단단할수록 더 멀리 튄다).
    • 튀는 금속 조각으로 인한 부상을 피할 수 있도록 주위에 있는 사람들에게 예방조치를 취할 것을 경고한다.
    • 절단공구를 완벽한 정비 상태로 유지한다.
    • 자주 사용하는 절단날과 작동 부위를 매일 조정하고 기름을 친다.
    • 제조자의 지시서에 따라 조를 날카롭게 한다.
    • 적절하고 안전하게 사용할 수 있도록 훈련이 될 때까지 절단공구를 사용하지 않는다.
    • 절연 손잡이를 필요로 하는 작업에 완충용 스프링 손잡이를 사용하지 않는다(기본적으로 편안함을 위해서이며, 충격에 대한 보호가 되지 않는다).
    • 금이 가고 부러지거나 헐거운 절단기를 사용하지 않는다.
    • 공구의 권장 용량을 초과하지 않는다.
    • 비스듬하게 자르지 않는다.
    • 철사를 자를 때 절단기를 옆에서 옆으로 흔들지 않는다.
    • 질단 시 공구를 들어 올리거나 비틀지 않는다.
    • 잘리는 물질이 조의 질단 모서리와 직각을 유지하도록 한다.
    • 더 큰 절단력을 얻기 위해 절단공구를 망치로 두드리지 않는다.
  ㉣ 플라이어 사용 시 안전작업
    • 플라이어는 밀지 않고 당긴다.
    • 보안경이나 안면보호구를 착용한다.
    • 플라이어를 망치로 사용하면 안 된다.
    • 수직 각도로 자른다. 옆에서 옆으로 흔들거나 자르는 모서리 반대쪽 앞뒤로 철사를 구부리지 않는다.

③ 수공구 사용작업의 유해요인
  ㉠ 같은 자세, 같은 작업의 반복
  ㉡ 공구로부터 발생하는 진동과 소음
  ㉢ 추운 작업 공간이나 수공구에 의한 차가운 온도
  ㉣ 날카로운 수공구에 신체가 눌리는 접촉 스트레스
  ㉤ 손목을 비틀거나 굽히고 뒤로 젖히는 등의 부적절한 자세

(2) 이동식 전기기계·기구(전동공구) 작업
① 유해·위험요인
  ㉠ 누전되거나 충전부가 노출된 전기기기를 사용할 경우 감전사고 위험
  ㉡ 작업 시 비산물에 의한 시력 장해, 회전 부분에 말려드는 등의 위험
  ㉢ 가연성 가스, 인화성 물질 또는 가연성 분진 등을 취급하는 장소에서의 작업 시 화재·폭발의 위험

② 이동식 전기기계·기구(전동공구) 안전 예방 기준
  ㉠ 전동기기는 작업목적에 적합한 것을 사용한다.
  ㉡ 스위치, 플러그, 피복 손상, 접지선 등 작업 시작 전에 기기의 이상 유무를 점검한다.
  ㉢ 작업장의 조명, 작업 공간, 가연성 물질의 존재 유무 등 작업장의 환경조건에 대해 점검한다.
  ㉣ 감전방지용 누전차단기를 접속하고 동작 상태에 이상이 있는 누전차단기는 즉시 교체한다.
  ㉤ 전원 접속은 접지극이 포함된 3극의 꽂음 접속기(콘센트, 플러그)를 사용하고 옥외에서는 반드시 방수형을 사용한다.
  ㉥ 인입선의 절연 손상 방지를 위한 고무튜브 손상의 유무를 점검한다.
  ㉦ 가급적 이중 절연구조(명판의 표시확인)의 전동공구를 구매·사용한다.
  ㉧ 가스 또는 분진 폭발 위험 장소에서 전기기계·기구를 사용하는 경우에는 적합한 방폭성능을 가진 방폭구조 전기기계·기구를 사용해야 한다.

③ 꽂음 접속기 설치 사용 시 준수사항
  ㉠ 서로 다른 전압의 꽂음 접속기는 상호 접속되지 않을 것
  ㉡ 습윤한 장소에 사용되는 꽂음 접속기는 방수형을 사용할 것
  ㉢ 꽂음 접속기를 접속할 때는 젖은 손으로 취급하지 않을 것
  ㉣ 꽂음 접속기에 잠금장치가 있는 경우에는 접속 후 잠그고 사용할 것

④ 이동식 전기기기 사용 안전조치 사항
  ㉠ 도전성 공구·장비 등이 노출 충전부에 접촉하지 않도록 할 것
  ㉡ 사다리를 노출 충전부가 있는 곳에서 사용하는 경우에는 도전성 재질의 사다리를 사용하지 않도록 할 것
  ㉢ 젖은 손으로 전기기계·기구의 플러그를 꽂거나 제거하지 않도록 할 것
  ㉣ 전기회로를 개방, 변환 또는 투입하는 경우에 전기 차단용으로 특별히 설계된 스위치, 차단기 등을 사용할 것
  ㉤ 차단기 등의 과전류 차단장치에 의해 자동 차단된 후에는 전기회로 또는 전기기계·기구가 안전하다는 것이 입증되기 전까지는 과전류 차단장치를 재투입하지 않도록 할 것

핵심예제

2-1. 타격용 공구 안전작업으로 적절하지 않은 것은?
① 보안경이나 안면보호구를 착용한다.
② 정을 갈 때 너무 많은 압력을 가하지 않는다.
③ 구부리거나 금이 가거나 이가 빠진 공구는 수리 후 사용한다.
④ 정의 자루 위에 스펀지 고무로 된 보호물을 씌워야 손을 보호할 수 있다.

2-2. 플라이어 사용 시 안전작업으로 적절하지 않은 것은?
① 당기지 않고 밀면서 사용한다.
② 보안경이나 안면보호구를 착용한다.
③ 플라이어를 망치로 사용해서는 안 된다.
④ 옆에서 옆으로 흔들거나 자르는 모서리 반대쪽 앞뒤로 철사를 구부리지 않는다.

2-3. 이동식 전기기계 기구(전동공구) 안전 예방 기준으로 옳지 않은 것은?
① 전동기기는 작업목적에 적합한 것을 사용한다.
② 스위치, 플러그, 피복 손상, 접지선은 작업 후 기기의 이상 유무를 점검한다.
③ 작업장의 조명, 작업 공간, 가연성 물질의 존재 유무 등 작업장의 환경조건에 대해 점검한다.
④ 감전방지용 누전차단기를 접속하고 동작 상태에 이상이 있는 누전차단기는 즉시 교체한다.

|해설|

2-1
구부리거나 금이 가거나 이가 빠진 공구는 폐기한다.

2-2
플라이어는 밀지 않고 당긴다.

2-3
스위치, 플러그, 피복 손상, 접지선은 작업 시작 전에 기기의 이상 유무를 점검한다.

정답 2-1 ③ 2-2 ① 2-3 ②

1-5. 안전보호구

핵심이론 01 보호구의 중요성 및 관리

(1) 보호구의 이해

① 보호구
 ㉠ 작업자 개인이 신체에 직접 착용한다.
 ㉡ 각종 물리적·기계적·화학적 위험요소로부터 몸을 보호한다.

② 보호구의 구비조건
 ㉠ 마무리가 양호할 것
 ㉡ 착용하여 작업하기 쉬울 것
 ㉢ 외관이나 디자인이 양호할 것
 ㉣ 유해·위험물로부터 보호 성능이 충분할 것
 ㉤ 사용되는 재료는 작업자에게 해로운 영향을 주지 않을 것

(2) 보호구의 종류

보호구의 종류	구 분	적용작업 및 작업장
머리 보호구	안전모	물체의 낙하 또는 비례, 추락 및 감전에 의한 머리의 위험이 있는 작업장
발 보호구	안전화	물체의 낙하, 충격 또는 물·화학 약품 등으로부터 발 또는 발등에 위험이 있는 작업장
호흡용 보호구	방진마스크	분체작업, 연마작업, 광택작업, 배합작업
호흡용 보호구	방독마스크	유기용제, 유해가스, 미스트, 흄 발생 작업장
호흡용 보호구	송기마스크	저장조, 하수구 등 청소 및 산소 결핍 위험 작업장
호흡용 보호구	전동식 호흡 보호구	저장조, 하수구 등 청소 및 산소 결핍 위험 작업장
방음 보호구	귀마개, 귀덮개	소음 발생 작업장

보호구의 종류	구 분	적용작업 및 작업장
눈 및 안면 보호구	보안경	눈에 해로운 자외선, 적외선 또는 강렬한 가시광선이 노출되는 작업장
	보안면	유해한 자외선, 강렬한 가시광선 또는 적외선의 노출과 열에 의한 화상 또는 용접 파편에 의한 안면, 머리부 및 목 부분 등의 위험이 노출된 작업장
보호의	유기 화합용 보호복	액체 상태의 유기 화합물이 피부를 통해 인체에 흡수될 위험이 있는 사업장
	방열복	고열이 발생하는 작업장
손 보호구	안전장갑	전기에 따른 감전 위험이 있거나 액체 상태의 유기화합물이 피부를 통하여 인체에 흡수될 위험이 있는 작업장
추락 보호구	안전대	추락의 위험이 있는 고소작업장

① 머리 보호구(안전모)의 종류
  ㉠ 낙하 방지용(A) : 물체의 낙하 / 비래
  ㉡ 낙하·추락방지용(AB) : 물체의 낙하 / 비래, 추락
  ㉢ 낙하·감전방지용(AE) : 물체의 낙하 / 비래, 감전
  ㉣ 다목적용(ABE) : 물체의 낙하 / 비래, 추락, 감전

② 안전화의 종류
  ㉠ 가죽제 안전화 : 물체의 낙하, 충격 또는 날카로운 물체에 의한 찔림 위험으로부터 발을 보호하기 위한 것
  ㉡ 고무제 안전화 : 물체의 낙하, 충격 또는 날카로운 물체에 의한 찔림 위험으로부터 발을 보호하고 내수성 또는 내화학성을 겸한 것
  ㉢ 정전기 안전화 : 물체의 낙하, 충격 또는 날카로운 물체에 의한 찔림 위험으로부터 발을 보호하고 정전기의 인체 대전을 방지하기 위한 것
  ㉣ 발등 안전화 : 물체의 낙하, 충격 또는 날카로운 물체에 의한 찔림 위험으로부터 발 및 발등을 보호하기 위한 것

  ㉤ 절연화 : 물체의 낙하, 충격 또는 날카로운 물체에 의한 찔림 위험으로부터 발을 보호하고 전기에 의한 감전을 방지하기 위한 것
  ㉥ 절연 장화 : 고압에 의한 감전을 방지 및 방수를 겸한 것

③ 방음 보호구의 종류
  ㉠ 일회용 귀마개
  ㉡ 재사용 귀마개
  ㉢ 귀덮개

④ 눈 및 안면 보호구(보안경, 보안면)의 종류
  ㉠ 일반 보안경 : 비산물
  ㉡ 차광 보안경 : 유해광선(자외선용, 적외선용, 복합용, 용접용)
  ㉢ 용접 보안면 : 용접 시 유해광선 및 비산물
  ㉣ 일반 보안면 : 비산물

⑤ 안전인증 보호구의 표시

[안전인증 KSC 표시]

> **더 알아보기**
>
> **안전인증 대상 기계·기구**
> 프레스, 절단기 및 절곡기, 크레인, 리프트, 압력용기, 롤러기, 사출성형기, 고소작업대, 곤돌라 등

핵심예제

1-1. 다음 중 보호구에 대한 설명으로 옳은 것은?
① 유해물질이 발생하는 산소결핍지역에서는 필히 방독마스크를 착용한다.
② 선반작업과 같이 손에 재해가 많이 발생하는 작업장에서는 가죽장갑 착용을 의무화한다.
③ 차광용 보안경의 사용 구분에 따른 종류에는 자외선용, 적외선용, 복합용, 용접용이 있다.
④ 귀마개는 처음에는 저음만 차단하는 것을 사용하고, 일정기간이 지난 후 고음을 차단하는 순으로 사용한다.

1-2. 산업안전보건법령상 안전인증 대상 기계·기구 및 설비가 아닌 것은?
① 프레스   ② 연삭기
③ 절단기   ④ 절곡기

|해설|
1-1
① 유해물질이 발생하는 산소결핍지역에서는 반드시 송기마스크를 착용한다.
② 선반작업과 같이 손에 재해가 많이 발생하는 작업장에서는 장갑 착용을 금한다.
④ 귀마개는 고음을 차단하는 것을 우선으로 한다.

1-2
안전인증 대상 기계·기구
프레스, 절단기 및 절곡기, 크레인, 리프트, 압력용기, 롤러기, 사출성형기, 고소작업대, 곤돌라 등

정답 1-1 ③ 1-2 ②

제2절 산업안전 관련 법령

2-1. 산업안전보건법령

핵심이론 01 | 안전보전 관리

(1) 안전보건 서류 목록
① 산업 재해 발생 기록 및 보고
② 안전·보건 표지
③ 관리 감독자의 활동
④ 도급사업에 있어서의 안전보건 관리
⑤ 도급사업 작업장의 안전보건 총괄책임자
⑥ 안전보건교육
⑦ 유해 위험기계·기구 보유 및 관리 대장
⑧ 안전검사
⑨ 물질안전보건자료(MSDS)
⑩ 작업환경 측정결과 관리
⑪ 근로자의 건강 진단

(2) 산업재해 발생 기록 및 보고
① 사업주는 산업재해로 인한 사망재해가 발생하거나 3일 이상의 휴업이 필요한 부상을 입거나 질병에 걸린 사람이 발생한 경우 해당 산업재해가 발생한 날부터 1개월 이내에 산업재해조사표를 작성하여 관할 지방고용노동관서의 장에게 제출(전자문서로 제출하는 것을 포함)해야 한다(산업안전보건법 시행규칙 제73조).
② 사업주는 중대재해가 발생한 사실을 알게 된 경우에는 지체 없이 다음의 사항을 사업장 소재지를 관할하는 지방고용노동관서의 장에게 전화·팩스 또는 그 밖의 적절한 방법으로 보고해야 한다(산업안전보건법 시행규칙 제67조).
  ㉠ 발생 개요 및 피해 상황
  ㉡ 조치 및 전망
  ㉢ 그 밖의 중요한 사항

③ 사업주는 산업재해가 발생한 때에는 다음의 사항을 기록·보존해야 한다(산업안전보건법 시행규칙 제72조).
  ㉠ 사업장의 개요 및 근로자의 인적사항
  ㉡ 재해 발생의 일시 및 장소
  ㉢ 재해 발생의 원인 및 과정
  ㉣ 재해 재발방지계획

(3) 안전·보건 표지

① 조립·해체 작업장 입구 등에 출입금지 표지, 휘발유 저장탱크 등에 위험물 경고 표지, 낙하물 경고 표지, 기타 안전모 착용과 같은 지시 표지 등의 안전·보건 표지(규격품)를 사업장 내 유해·위험한 장소나 시설물 전반에 잘 보이도록 설치·부착한다.

② 안전·보건 표지는 위험 장소 또는 위험물질에 대한 경고, 비상시에 대처하기 위한 지시 또는 안내, 기타 근로자의 안전보건 의식을 고취하기 위한 사항 등을 그림·기호 및 글자 등으로 표시하여 근로자의 판단이나 행동의 착오로 인한 재해 발생 위험 작업장의 특정 장소·시설 또는 물체에 설치 또는 부착하는 표지이다.

③ 안전 표지는 사용목적에 따라 금지 표지, 경고 표지, 지시 표지, 안내 표지, 출입금지 표지 등 5가지의 종류로 나누어진다.

  ㉠ 금지 표지
    • 위험한 행동을 금지(8개)하는 데 사용한다.
    • 흰색 바탕에 기본 모형은 빨간색, 관련 부호 및 그림은 검은색으로 표기한다.

101 출입금지	102 보행금지	103 차량통행금지
104 사용금지	105 탑승금지	106 금연
107 화기금지	108 물체이동금지	-

  ㉡ 경고 표지
    • 직접 위험한 것 및 장소 또는 상태에 대한 경고(15개)를 나타낸다.
    • 노란색 바탕에 기본 모형, 관련 부호 및 그림은 검은색으로 표기한다.
    • 201~205의 경우 바탕은 무색, 기본 모형은 빨간색(검은색도 가능)으로 표기한다.

201 인화성 물질 경고	202 산화성 물질 경고	203 폭발성 물질 경고
204 급성독성물질 경고	205 부식성 물질 경고	206 방사성 물질 경고
207 고압전기 경고	208 매달린 물체 경고	209 낙하물 경고

210 고온 경고	211 저온 경고	212 몸 균형 상실 경고
213 레이저광선 경고	214 발암성·변이원성· 생식독성·전신독성 ·호흡기 과민성 물질 경고	215 위험 장소 경고

ⓒ 지시 표지
- 작업에 관한 지시(9개, 안전·보건 보호구의 착용에 사용)를 나타낸다.
- 파란색 바탕에 관련 그림은 흰색으로 표기한다.

301 보안경 착용	302 방독마스크 착용	303 방진마스크 착용
304 보안면 착용	305 안전모 착용	306 귀마개 착용
307 안전화 착용	308 안전장갑 착용	309 안전복 착용

ⓒ 안내 표지
- 구명, 구호, 피난의 방향 등을 분명히 하는 데 사용(8개)한다.
- 흰색 바탕에 기본 모형 및 관련 부호는 녹색 또는 녹색 바탕에 관련 부호 및 그림은 흰색으로 표기한다.

401 녹십자 표지	402 응급구호 표지	403 들것
404 세안장치	405 비상용 기구	406 비상구
407 좌측 비상구	408 우측 비상구	

ⓒ 출입금지 표지

501 허가 대상 물질 작업장	502 석면 취급/해체 작업장	503 금지 대상 물질의 취급 실험실 등
관계자 외 출입금지 (허가 물질 명칭) 제조/사용/보관 중 보호구/보호복 착용 흡연 및 음식물 섭취 금지	관계자 외 출입금지 석면 취급/해체 중 보호구/보호복 착용 흡연 및 음식물 섭취 금지	관계자 외 출입금지 발암물질 취급 중 보호구/보호복 착용 흡연 및 음식물 섭취 금지

(4) 응급처치의 구명 4단계
① 지혈한다.
② 기도를 유지한다(구강 내 이물질 제거).
③ 상처를 보호한다(오염 방지).
④ 쇼크 예방 및 치료를 실시한다(보온 유지).

(5) 안전보건교육의 목적
① 인간정신의 안전화
② 행동의 안전화
③ 작업환경의 안전화
④ 기계설비의 안전화

핵심예제

1-1. 다음 안내 표지가 나타내는 것은?

① 적십자 표지 ② 녹십자 표지
③ 응급구호 표지 ④ 비상용 기구

1-2. 산업재해가 발생한 때 사업주가 기록 보존해야 할 것이 아닌 것은?
① 재해 재발방지계획
② 재해 발생의 일시 및 장소
③ 휴먼에러에 대한 안전설계 계획
④ 사업장의 개요 및 근로자의 인적사항

1-3. 산업안전보건법령상 보안경 착용을 포함하는 안전·보건 표지는?
① 금지 표지 ② 경고 표지
③ 지시 표지 ④ 안내 표지

1-4. 사업주가 중대재해 발생 시 즉시 관할 고용노동부 지청에 보고해야 할 내용이 아닌 것은?
① 발생 개요 ② 피해 상황
③ 조치 및 전망 ④ 손실비용에 따른 처리 결과

|해설|

1-2
사업주는 산업재해가 발생한 때에는 다음의 사항을 기록 보존해야 한다.
- 사업장의 개요 및 근로자의 인적사항
- 재해 발생의 일시 및 장소
- 재해 발생의 원인 및 과정
- 재해 재발방지계획

1-3
지시 표지
- 작업에 관한 지시(9개, 안전·보건 보호구의 착용에 사용)
- 파란색 바탕에 관련 그림은 흰색으로 나타낸다.

1-4
사업주는 중대재해 발생 시 즉시 관할 고용노동부 지청에 발생 개요 및 피해 상황, 조치 및 전망 등을 포함한 사항을 보고해야 한다.

정답 1-1 ③ 1-2 ③ 1-3 ③ 1-4 ④

핵심이론 02 | 산업안전 관계 법규

(1) 산업안전보건법
산업재해예방을 위한 각종 제도를 설정하고 그 시행 근거를 확보하며, 정부의 산업재해예방정책 및 사업수행의 근거를 설정한 것으로, 175개 조문과 부칙으로 구성되어 있다.

(2) 산업안전보건법 시행령
법에서 위임된 사항, 즉 제도의 대상·범위·절차 등을 설정한 것이다.

(3) 산업안전보건법 시행규칙
법에 부속된 시행규칙과 산업안전보건기준에 관한 규칙, 유해·위험작업의 취업 제한에 관한 규칙 등의 규칙으로 구분되며, 법률과 시행령에서 위임된 사항을 규정하고 있다.

(4) 산업안전보건기준에 관한 규칙
산업안전보건법에서 위임한 산업안전보건기준에 관한 사항과 그 시행에 필요한 사항을 규정하고 있다. 안전보건규칙이라고도 한다.

핵심예제

법에서 위임된 사항, 즉 제도의 대상·범위·절차 등을 설정한 관계 법규는?
① 산업안전보건법
② 산업안전보건법 시행령
③ 산업안전보건법 시행규칙
④ 산업안전보건기준에 관한 규칙

정답 ②

PART 02

과년도 + 최근 기출복원문제

#기출유형 확인 #상세한 해설 #최종점검 테스트

2017~2020년	과년도 기출문제	회독 CHECK 1 2 3
2021~2023년	과년도 기출복원문제	회독 CHECK 1 2 3
2024년	최근 기출복원문제	회독 CHECK 1 2 3

2017년 제1회 과년도 기출문제

제1과목 공유압 및 자동화 시스템

01 다음 밸브 기호의 명칭은?

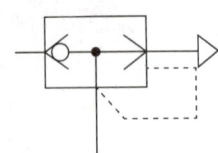

① 급속 배기밸브
② 고압 우선형밸브
③ 저압 우선형밸브
④ 파일럿 조작 체크밸브

해설

고압 우선형밸브	
저압 우선형밸브	
파일럿 조작 체크밸브	파일럿조작으로 밸브 닫힘형 (스프링 없음)
	파일럿조작으로 밸브 열림형 (스프링 붙이형)

02 그림에서 팽창측과 수축측의 부하가 같고, 로드측의 밸브 C를 닫았을 때, 압력 P_2[kgf/cm²]는? (단, D = 50[mm], d = 25[mm], P_1 = 30[kgf/cm²]이다)

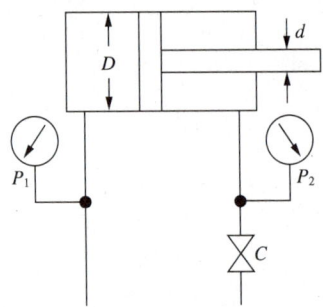

① 4
② 40
③ 400
④ 4,000

해설

압력 $P = \dfrac{F(부하, 하중)}{A(면적)}$ 에서, 부하 $F(F_1 = F_2) = P \times A$ 이다.

P_1 = 30[kgf/cm²]이고,

팽창측 면적 $A_1 = \dfrac{1}{4} \times \pi \times 5^2 = 19.625 [\text{cm}^2]$

수축측 면적 $A_2 = \dfrac{1}{4} \times \pi \times (D^2 - d^2) = 14.72 [\text{cm}^2]$

부하 $F = P_1 \times A_1 = 30 \times 19.625 = 588.75 [\text{kgf}]$

수축측 압력 $P_2 = \dfrac{F}{A_2} = \dfrac{588.75}{14.72} = 39.97 [\text{kgf/cm}^2]$ 이다.

03 파스칼 원리에 대한 설명으로 옳은 것은?

① 일정한 부피에서 압력은 온도에 비례한다.
② 일정한 온도에서 압력은 부피에 반비례한다.
③ 밀폐된 용기 내의 압력은 모든 방향에서 동일하다.
④ 유체의 운동속도가 빠를수록 배관의 압력은 낮아진다.

해설
파스칼(Pascal)의 원리
밀폐된 용기 속에 정지 유체의 일부에 가해지는 압력은 유체의 모든 부분에 동일한 힘으로 동시에 전달된다.
• 경계를 이루고 있는 어떤 표면 위에 정지하고 있는 유체의 압력은 그 표면에 수직으로 작용한다.
• 정지 유체 내의 점에 작용하는 압력의 크기는 모든 방향으로 같게 작용한다.
• 정지하고 있는 유체 중의 압력은 그 무게가 무시될 수 있으면, 그 유체 내의 어디에서나 같다.

04 어큐뮬레이터의 사용목적이 아닌 것은?

① 일정 압력 유지
② 충격 및 진동 흡수
③ 유압에너지의 저장
④ 실린더 추력의 증가

해설
어큐뮬레이터의 사용목적
• 에너지 축적용
• 펌프의 맥동 흡수용
• 충격 압력의 완충용
• 유체 이송용
• 2차 회로의 구동용
• 압력 보상용

05 공압모터의 사용 시 주의사항으로 적절하지 않은 것은?

① 저온에서의 사용 시 결빙에 주의한다.
② 모터의 진동 및 소음문제로 밸브는 모터에서 먼 곳에 설치한다.
③ 윤활기를 반드시 사용하고 윤활유 공급이 중단되어 소손되지 않도록 한다.
④ 모터의 성능이 충분히 확보되도록 배관 및 밸브는 가능한 유효단면적이 큰 것을 사용한다.

해설
밸브는 모터에서 가까운 곳에 설치한다.

06 다음 유압 회로의 명칭으로 옳은 것은?

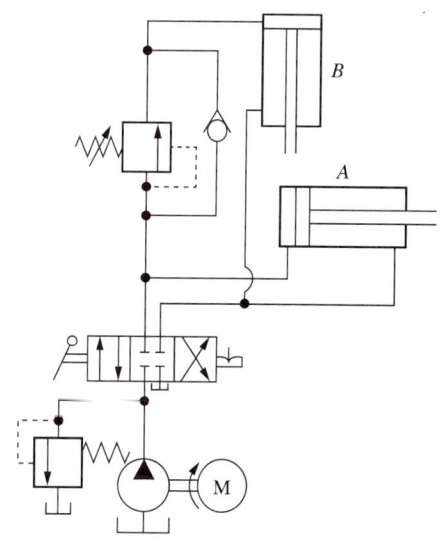

① 시퀀스 회로
② 미터아웃 회로
③ 블리드 오프 회로
④ 카운터 밸런스 회로

해설
시퀀스 회로
유압으로 구동되고 있는 기계의 조작을 순서에 따라 자동적으로 행하게 하는 회로

07 유압모터의 특징으로 틀린 것은?

① 점도 변화에 영향이 적다.
② 소형·경량으로서 큰 출력을 낼 수 있다.
③ 작동유 내에 먼지나 공기가 침입하지 않도록, 특히 보수에 주의하여야 한다.
④ 작동유는 인화하기 쉬우므로 화재 염려가 있는 곳에서의 사용은 곤란하다.

해설
유압모터의 특징

장점	• 소형·경량으로서 큰 출력을 낼 수 있고 고속 추종에 적당하다. • 속도나 방향의 제어가 용이하여 릴리프 밸브를 달면 기구적 손상을 주지 않고 급속 정지를 시킬 수 있다. • 시동, 정지, 역전, 변속 등은 미터링 밸브 또는 가변 토출 펌프에 의해서 간단히 제어할 수 있다. • 2개의 배관만을 사용해도 되므로 내폭성이 우수하다.
단점	• 작동유 내에 먼지나 공기가 침입하지 않도록 특히 보수에 주의하여야 한다. • 작동유는 인화하기 쉬우므로 화재 염려가 있는 곳에서의 사용은 매우 곤란하다. • 작동유의 점도 변화에 의해 유압모터의 사용에 제약을 받는다.

08 공기탱크와 공압회로 내의 공기압을 규정 이상으로 상승되지 않도록 하며 주로 안전밸브로 사용되는 밸브는?

① 감압밸브
② 교축밸브
③ 릴리프밸브
④ 시퀀스밸브

해설
① 감압밸브 : 고압의 압축유체를 감압시켜 사용조건이 변동되어도 설정공급압력을 일정하게 유지시키는 밸브
② 교축밸브 : 유로의 단면적을 교축하여 유량을 제어하는 밸브
④ 시퀀스밸브 : 공유압회로에서 순차적으로 작동할 때 작동순서를 회로의 압력에 의해 제어하는 밸브

09 토출되는 압축공기가 왕복 운동을 하는 피스톤과 직접 접촉하지 않아 주로 깨끗한 환경에 사용되는 압축기는?

① 격판 압축기
② 베인 압축기
③ 스크루 압축기
④ 피스톤 압축기

해설
• 베인 압축기 : 편심로터가 흡입과 배출구멍이 있는 실린더 형태의 하우징 내에서 회전하여 압축공기를 토출하는 압축기
• 스크루 압축기 : 나선형의 로터가 서로 반대 회전하여 축 방향으로 들어온 공기를 서로 맞물려 회전시켜 공기를 압축하는 압축기
• 왕복식 압축기 : 크랭크축을 회전시켜 피스톤의 왕복운동으로 압력을 발생시키는 압축기

10 4포트 3위치 밸브 중 중립 위치에서 펌프를 무부하시킬 수 있는 것은?

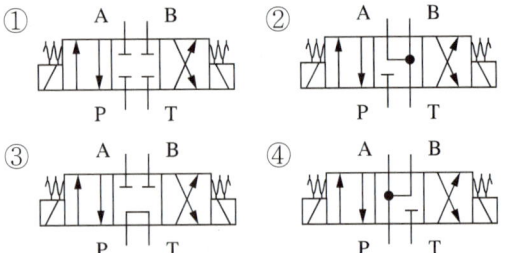

해설
센터 바이패스형(탠덤(Tandem) 센터형)
• 액추에이터를 확실히 정지시킨다.
• 펌프 언로드가 가능하다.

올 포트 블록	(A B / P T)	• 액추에이터를 확실히 정지시킨다. • 펌프 압유를 다른 액추에이터에 사용한다.
프레셔 포트 블록	(A B / P T)	• 경부하, 저속에서 관성에 의한 자주의 위험이 적을 때 사용한다. • 펌프 압유를 다른 액추에이터에 사용한다.
탱크 포트 블록	(A B / P T)	중립 위치에서 전진 행정은 차동 회로에 의해 증속이 가능하다.

11 시간의 변화에 대해 연속적 출력을 갖는 신호는?

① 디지털 신호
② 접점의 개폐
③ 아날로그 신호
④ ON-OFF 신호

12 A_1의 면적이 20[cm²]일 때 이곳에서 흐르는 물의 속도 V_1은 10[m/sec]이다. A_2의 면적이 5[cm²]라면, 이곳에 흐르는 물의 속도 V_2[m/sec]는?

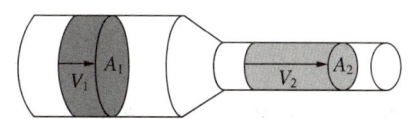

① 2
② 40
③ 100
④ 1,000

해설
연속의 법칙(Law of Continuity)
$Q = A_1 v_1 = A_2 v_2 = \text{constant}$ 에서,
유량 $Q = 0.2 \times 10 = 2[\text{m}^3/\text{sec}]$ 이다.
$v_2 = \dfrac{Q}{A_2} = \dfrac{2}{0.05} = 40 [\text{m/sec}]$

13 작업요소의 작업순서가 표시되고, 각 요소의 관계는 스텝별로 비교될 수 있는 것은?

① 논리도
② 제어선도
③ 파레토도
④ 변위-단계선도

해설
① 논리도 : 제어작업이 주로 논리제어의 형태로 이루어지는 경우 논리기호를 이용하여 표시하는 방법이다.
② 제어선도 : 실린더의 운동변화에 따른 제어밸브의 동작 상태를 나타내는 선도로, 신호 중복의 여부를 판단하는 데 유용한 선도이다.
③ 파레토도 : 현상 파악에 사용되는 수법, 문제해결 방법 등에 사용되는 수법으로 작업요소의 작업순서와는 관계가 없다.

14 두 개의 복동실린더가 직렬로 하나의 유닛에 조합되어 가압하면 약 2배의 추력을 얻을 수 있는 구조의 실린더는?

① 격판실린더
② 충격실린더
③ 탠덤실린더
④ 다위치 제어실린더

해설
① 격판실린더 : 미끄럼 밀봉이 필요 없으며 단지 재료가 늘어나는 것에 따라 생기는 마찰이 있을 뿐인 실린더로 주로 클램핑에 이용한다.
② 충격실린더 : 급속 작동이 가능하다. 속도 7.5~10[m/s]의 속도로 충격적인 힘을 이용하여 사용되는 실린더이다.
④ 다위치 제어실린더 : 2개 이상의 복동실린더를 동일 축선 상에 연결하고 각각의 실린더를 독립적으로 제어함에 따라 몇 개의 위치를 제어하는 것으로 위치 정밀도를 비교적 높게 제어할 수 있다.

15 스핀들 리드가 20[mm]이고, 회전각이 180°인 스텝모터의 이송거리[mm]는?

① 5 ② 10
③ 15 ④ 20

해설
1°일 때 이송거리 = $\dfrac{리드}{360°} = \dfrac{20}{360} = 0.0556$

회전각이 180°일 때는 10[mm]이다.

16 실제의 시간과 관계된 신호에 의해서 제어가 이루어지는 것은?

① 논리 제어
② 동기 제어
③ 비동기 제어
④ 시퀀스 제어

해설
신호처리방식에 의한 분류
- 동기 제어 : 실제 시간과 관계된 신호에 의해서 제어가 행해지는 것
- 비동기 제어 : 실제 시간과 관계없이 입력 신호의 변화에 의해서만 제어
- 논리 제어 : 요구되는 입력 조건이 만족되면 그에 상응한 신호가 출력
- 시퀀스 제어 : 프로그램에 의해 미리 정해진 순서대로 제어 신호가 출력

17 다음 회로에서 점선 안에 있는 제어기의 명칭은?

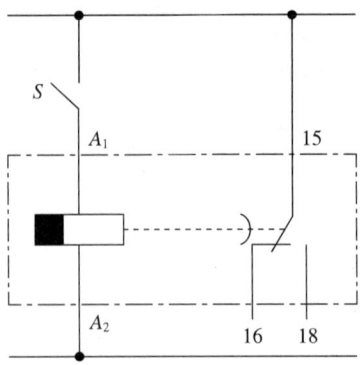

① 카운터
② 플리커 릴레이
③ ON 지연 타이머
④ OFF 지연 타이머

18 압력을 검출할 수 있는 센서는?

① 리졸버
② 유도형 센서
③ 용량형 센서
④ 스트레인 게이지

해설
리졸버는 위치검출용 센서이고 유도형 센서와 용량형 센서는 물체 검출용 센서이다.

19 펌프에서 소음이 나는 원인으로 적합하지 않은 것은?

① 공기의 침입
② 이물질의 침입
③ 작동유의 과열
④ 펌프의 흡입 불량

해설
펌프에서 소음이 나는 원인
- 펌프의 흡입 불량
- 임펠러에 이물이 막혔을 경우
- 공기를 흡입하였을 경우
- 임펠러가 맞닿을 경우
- 메탈 베어링이 불량할 경우
- 캐비테이션이 발생했을 경우

20 2[kbit]의 단위 변환이 옳은 것은?

① 1,024[bit]
② 2,000[bit]
③ 128[byte]
④ 256[byte]

제2과목 설비진단 및 관리

21 센서부착방법 중 일반적인 에폭시 시멘트 고정의 특징으로 틀린 것은?

① 고정이 빠르다.
② 먼지와 습기가 많아도 접착에는 문제가 없다.
③ 사용할 수 있는 주파수 영역이 넓고 정확도와 안정성이 좋다.
④ 에폭시를 사용할 경우 고온에서 문제가 발생할 수 있다.

해설
에폭시 시멘트 고정의 특징
- 고정이 빠르다.
- 가속도계를 뗄 때 구조물에 에폭시가 남아 있다.
- 먼지와 습기는 접착에 문제를 발생시킬 수 있다.
- 에폭시를 사용할 경우 고온에서 문제가 발생할 수도 있다.
- 사용할 수 있는 주파수 영역이 넓고 정확도와 안정성이 좋다.

22 설비열화현상 중 돌발고장현상이 아닌 것은?

① 기계 축 절단
② 전기회로 단선
③ 압축기 피스톤 링 마모
④ 과부하로 인한 모터 소손

해설
돌발고장현상
- 기계의 축 절손
- 전기회로의 단선
- 내압용기의 파괴

23 설비보전의 발전 순서가 올바르게 나열된 것은?

① 사후보전 → 예방보전 → 생산보전 → 개량보전 → 보전예방 → TPM
② 예방보전 → 생산보전 → 사후보전 → 개량보전 → TPM → 보전예방
③ 사후보전 → 예방보전 → 생산보전 → 개량보전 → TPM → 보전예방
④ 예방보전 → 생산보전 → 사후보전 → 개량보전 → 보전예방 → TPM

24 로스 계산방법 중 설비의 종합효율과 관계가 가장 적은 것은?

① 양품률　② 에너지 효율
③ 시간가동률　④ 성능가동률

해설
종합효율 = 시간가동률 × 성능가동률 × 양품률

25 품질 개선 활동 시 사용하는 현상파악방법 중 공정에서 취득한 계량치 데이터가 여러 개 있을 때 데이터가 어떤 값을 중심으로 어떤 모습으로 산포하고 있는가를 조사하는데 사용하는 방법은?

① 산정도　② 그래프
③ 파레토도　④ 히스토그램

해설
① 산정도 : 두 개의 짝으로 된 데이터를 그래프용지 위에 점으로 나타낸 그림
③ 파레토도 : 항목별로 나누어 불량, 결점, 고장 등의 발생건수(손실금액) 등을 출현도수의 크기순으로 배열함과 동시에 누적의 합을 나타낸 차트이다.

26 회전기계에서 발생하는 이상 현상 중 언밸런스 베어링 결함 등의 검출에 가장 널리 사용되는 설비진단기법은?

① 진동법
② 오일분석법
③ 응력해석법
④ 페로그래피법

해설
② 오일분석법 : 윤활유 중에 포함된 마모 금속의 양, 형태, 재질(성분) 등을 판단하는 방법
③ 응력해석법 : 설비구조물에서 발생하는 균열의 원인을 찾아내는 방법
④ 페로그래피법 : 페로그램을 페로스코프라 하는 색 현미경으로 마모입자의 크기, 형상, 열처리한 재질 등을 관찰하여 이상부위, 원인에 대한 규명을 실시하는 방법

27 공진(Resonance)에 관한 설명으로 옳은 것은?

① 진동 파형의 순간적인 위치 및 시간의 지연
② 수직과 수평 방향으로 동시에 발생하는 진동
③ 고유진동수와 강제진동수가 일치할 때 진폭이 증가하는 현상
④ 연결된 두 개의 축 중심이 일치하지 않을 때 발생하는 진동

해설
공진(Resonance)
설비 및 구조물의 고유진동수와 외부 환경조건에 의한 강제진동수가 일치할 경우 설비 및 구조물에 진폭이 증가하면서 소음이 발생하는 현상

28 설비보전조직에 있어서 지역보전의 특징이 아닌 것은?

① 근무시간의 교대가 유기적이다.
② 생산라인의 공정변경이 신속히 이루어진다.
③ 1인으로 보전에 관한 전 책임을 지고 있다.
④ 보전감독자나 보전작업원들은 생산계획, 생산성의 문제점, 특별작업 등에 관하여 잘 알게 된다.

해설
③ 집중보전의 특징이다.

29 기계진동의 발생에 따른 문제점으로 가장 관련성이 적은 것은?

① 기계의 수명 저하
② 고유진동수의 증가
③ 기계 가공 정밀도의 저하
④ 진동체에 의한 소음 발생

해설
기계 진동 발생에 따른 문제점
• 기계 수명 문제
• 기계 안전 자동 문제
• 기계 가공 정밀도 문제
• 진동체에 의한 소음 발산
• 환경 진동 측면의 문제, 인체의 영향, 구조물의 영향

30 윤활유를 사용하는 목적이 아닌 것은?

① 감마 작용
② 냉각 작용
③ 방청 작용
④ 응력집중 작용

해설
윤활유의 사용 목적
• 이물질 침입 방지 작용
• 청정 작용
• 냉각 작용(열화 방지)
• 밀봉 작용
• 방청 작용
• 감마 작용
• 응력분산 작용

31 정비계획을 수립할 때 주어진 조건을 조합하여 최적 보수비용, 최적 수리시기 등을 결정한다. 이때 주어진 조건이 아닌 것은?

① 계측관리
② 생산계획
③ 설비능력
④ 수리형태

해설
정비계획은 주어진 조건(생산계획, 설비능력, 수리형태, 수리요원 등)을 조합하여 1~2년간의 최적 보수비용, 최적 고장시기를 구한다.

정답 28 ③ 29 ② 30 ④ 31 ①

32 작업이 표준화되고 대량 생산에 적합한 설비배치로 일명 라인별 배치라고도 하는 것은?

① 기능별 설비배치
② 제품별 설비배치
③ 혼합형 설비배치
④ 제품 고정형 설비배치

해설
설비배치의 형태
- 기능별 배치(공정별 배치)
- 제품별 배치(라인별 배치)
- 제품 고정형 배치
- 혼합형 배치

33 설비보전 자재관리의 활동영역과 거리가 먼 것은?

① 보전자재 범위 결정
② 보전자재 재고 관리
③ 설비 손실(Loss) 관리
④ 구매 또는 제작에 관한 의사결정

해설
설비보전 자재관리 활동영역
- 보전자재 범위 결정
- 보전자재 재고 관리
- 구매 또는 제작에 관한 의사결정 등

34 보전표준의 종류 중 진단(Diagnosis)방법, 항목, 부위, 주기 등에 대한 것이 표준화 대상인 것은?

① 수리표준
② 작업표준
③ 설비점검표준
④ 일상점검표준

해설
설비보전표준의 분류는 설비점검(검사)표준, 정비(작업)표준, 수리표준의 세 가지로 대별할 수 있다.
- 설비점검(검사)표준 : 설비검사에는 수입검사, 운전 중의 예방보전 검사, 수리 후의 검수가 있다.
- 수리표준 : 수리조건·방법에 대한 표준이다.
- 작업(정비)표준 : 작업(일상보전)의 조건이나 방법의 표준이다.

35 설비배치 계획이 필요한 경우가 아닌 것은?

① 시제품 제조
② 작업장 축소
③ 새 공장 건설
④ 작업방법 개선

해설
설비배치 계획이 필요한 경우
- 새 공장의 건설
- 새 작업장의 증설
- 작업장의 확장
- 작업장의 축소
- 작업장의 이동
- 신제품의 제조
- 설계변경
- 작업방법의 개선

36 제품에 대한 전형적인 고장률 패턴인 욕조곡선 중 우발고장기간에 발생될 수 있는 원인이 아닌 것은?

① 안전계수가 낮은 경우
② 사용자 과오가 발생한 경우
③ 스트레스가 기대 이상인 경우
④ 디버깅 중에 발견되었던 고장이 발생한 경우

해설
④ 초기 고장기간에 발생될 수 있는 원인이다.
디버깅: 설비를 사용하는 초기에 일어나기 쉬운 고장으로 설계 실수, 공정의 결함 등에 의해서 발생한다.

37 기계의 공진을 제거하는 방법으로 맞지 않은 것은?

① 우발력을 증대시킨다.
② 기계의 강성을 보강한다.
③ 기계의 질량을 바꾸어 고유진동수를 변화시킨다.
④ 우발력의 주파수를 기계의 고유진동수와 다르게 한다.

해설
공진제거방법
• 우발력을 없앤다.
• 기계의 질량을 바꾸어 고유진동수를 변화시킨다.
• 기계의 강성을 바꾸어 고유진동수를 변화시킨다.

38 주기(T), 주파수(f), 각진동수(ω)의 관계가 옳은 것은?

① $\omega = 2\pi T$
② $\omega = 2\pi f$
③ $\omega = \pi T$
④ $\omega = \pi f$

해설
• 주기(T) = $\frac{2\pi}{\omega}$[s/cycle]
• 각진동수(ω) = $2\pi f$[rad/s]
• 주파수(f) = $\frac{1}{T}$ = $\frac{\omega}{2\pi}$[cycle/s, Hz]

39 공압밸브에서 나오는 배기소음을 줄이기 위하여 사용되는 소음방지장치로 가장 적당한 것은?

① 차음벽
② 진동차단기
③ 댐퍼(Damper)
④ 소음기(Silencer)

40 설비보전 관리시스템의 지속적인 개선을 위한 사이클로 옳은 것은?

① P(계획) – D(실시) – A(재실시) – C(분석)
② P(계획) – D(실시) – C(분석) – A(재실시)
③ P(계획) – A(재실시) – C(분석) – D(실시)
④ P(계획) – A(재실시) – D(실시) – C(분석)

해설
설비보전의 추진은 P-D-C-A 4단계의 사이클로 지속적인 개선을 추진한다.
P(Plan) – D(Do) – C(Check) – A(Action)

제3과목 공업계측 및 전기전자제어

41 40[Ω]의 저항에 5[A]의 전류가 흐르면 전압은 몇 [V]인가?

① 8
② 100
③ 200
④ 400

해설
$V = IR = 40 \times 5 = 200[V]$

42 그림과 같은 반전 증폭기의 입력전압과 출력전압의 비, 즉 전압이득을 옳게 표현한 식은?

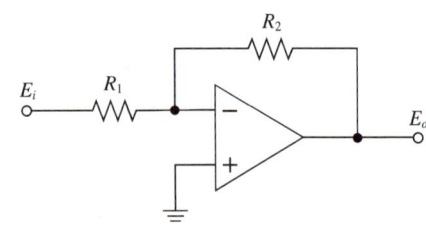

① $\dfrac{R_2}{R_1}$
② $-\dfrac{R_2}{R_1}$
③ $1 + \dfrac{R_2}{R_1}$
④ $1 - \dfrac{R_2}{R_1}$

해설
반전(역상) 연산증폭기의 입력 전압 E_i는 역상 입력 단자에 가하고 출력 E_o가 R_2를 통하여 역상 입력 단자에 접속되므로 음되먹임 증폭 회로가 구성된다. 입력과 역상의 출력 전압이 얻어지는 증폭 회로이며 증폭도 $A = \dfrac{E_o}{E_i} = -\dfrac{R_2}{R_1}$ 이다.

43 최대눈금의 1[%] 확도를 갖는 0~300[V] 전압계를 사용해서 측정한 전압이 120[V]일 때 제한 오차를 백분율로 계산하면 약 몇 [%]인가?

① 1.0
② 1.5
③ 2.0
④ 2.5

해설
제한오차의 크기는 $0.01 \times 300[V] = 3[V]$
120[V]에서 제한오차는 $\dfrac{3}{120} \times 100 = 2.5[\%]$ 이다.

44 액위 측정장치로서 원리와 구조가 간단하며 고온 및 고압에도 사용할 수 있어 공업용으로 많이 쓰이는 직접식 액위계는?

① 압력식 액위계
② 기포식 액위계
③ 초음파식 액위계
④ 플로트식 액위계

해설
플로트식 액위계
- 액면 위에 떠있는 플로트의 움직이는 거리를 직접 회전각으로 이용하는 것과 플로트의 동작을 추와 코일스프링 등에 의하여 반응을 변화시키는 것 등이 있다.
- 원리와 구조가 간단하며 고온 및 고압의 밀폐탱크에서도 사용할 수 있어 공업용으로 많이 쓰이고 있다.

정답 41 ③ 42 ② 43 ④ 44 ④

45 단상 교류 전력 측정법과 가장 관계가 없는 것은?

① 2전력계법
② 3전압계법
③ 3전류계법
④ 단상 전력계법

해설
2전력계법은 3상 교류 전력 측정법이다.
단상 교류 전력 측정법
- 3전압계법
- 3전류계법
- 단상 전력계법

46 인덕턴스 회로의 설명으로 틀린 것은?

① 전압은 전류보다 위상이 90° 앞선다.
② 전압과 전류는 동일 주파수의 정현파이다.
③ 코일은 일반적으로 순수한 L 값만을 가진다.
④ 전압과 전류의 실효치의 비는 $X_L = wL$ 과 같다.

해설
인덕턴스 회로
- 전압과 전류는 동일 주파수의 정현파이다.
- 전압은 전류보다 위상이 90° 앞선다.
- 전압과 전류의 최대치 또는 실효치의 비는 $X_L = wL$이다.

47 직류 직권 전동기의 벨트운전을 금하는 이유는?

① 출력이 감소하므로
② 손실이 많이 발생하므로
③ 과대 전압이 유기되므로
④ 벨트가 벗겨지면 무구속 속도가 되므로

해설
직권 전동기
- 계자권선 직렬접속, 빈번한 운전과 큰 기동 토크를 필요로 하는 전차의 구동 및 크레인 등의 부하에 적용한다.
- 부하가 감소하여 무부하가 되면, 회전속도가 급격히 상승한다.
- 무부하 상태에서의 운전은 속도가 증가하여 회전자가 원심력에 의해 이탈될 수도 있으므로, 무부하 운전이나 벨트 등을 연결한 운전은 하지 말아야 한다.

48 온도가 변화함에 따라 저항값이 변화하는 특성을 이용하여 온도를 검출하는 데 사용되는 반도체는?

① 발광 다이오드
② CdS(황화카드뮴)
③ 배리스터(Varistor)
④ 서미스터(Thermistor)

해설
④ 서미스터 : 서미스터는 금속산화물을 소결하여 만들며 온도에 따라 저항값이 변하는 특성을 이용한 것이다.
① 발광 다이오드 : 순방향으로 전압을 가했을 때 발광하는 반도체 소자이다.
② CdS(황화카드뮴) : 빛이 많이 들어오면 저항이 작아지고 적게 들어오면 저항이 커지는 성질을 이용하여 빛의 유무를 파악하는 광도전소자이다.
③ 배리스터 : 인가전압에 의하여 저항이 크게 변화하는 소자, 회로보호용으로 사용한다.

49 블록선도에서 블록을 잇는 선은 무엇을 표시하는가?

① 변수의 흐름
② 대상의 흐름
③ 공정의 흐름
④ 신호의 흐름

> **해설**
> 블록선도(Block Diagram)는 제어계의 신호 전달방식 등을 블록과 화살표로 그려놓은 도면의 표현법으로 블록을 잇는 선은 신호의 흐름이다.

50 $5[kgf/cm^2]$와 같은 압력은?

① 50[mHg]
② 3.68[mAq]
③ 61.1[psi]
④ 490[kPa]

> **해설**
> $1[mmAq(mm-aqua)] = 1[kgf/m^2] = 9.8[Pa]$이므로, $5[kgf/cm^2]$은 $490[kPa]$이다.

51 3상 유도전동기의 정·역 운전회로에서 정·역 동시 투입에 의한 단락사고를 방지하기 위하여 사용하는 회로는?

① 인터로크 회로
② 자기유지 회로
③ 플러깅 회로
④ 시한동작 회로

> **해설**
> 3상 전동기에 입력되는 3상 중에서 두 개의 상을 바꾸어 주면 회전력은 반대 방향이 되므로 역회전의 운전을 할 수 있다. 이 경우에는 정회전과 역회전 동작이 동시에 일어나게 되면 주회로가 단락되어 위험한 상태가 되므로 정·역회전 동작이 동시에 발생하지 않도록 인터로크 회로를 반드시 넣어 주어야 한다.

52 연산증폭기(Op-amp)의 입력단과 출력단의 구성은?

① 1개의 입력과 1개의 출력
② 1개의 입력과 2개의 출력
③ 2개의 입력과 1개의 출력
④ 2개의 입력과 2개의 출력

> **해설**
> 연산증폭기는 2개의 입력단자와 1개의 출력단자를 갖는다.

53 직류기의 3대 요소는?

① 계자, 전기자, 보주
② 전기자, 보주, 정류자
③ 계자, 전기자, 정류자
④ 전기자, 정류자, 보상권선

> **해설**
> 직류기의 주요 3대 요소는 전기자(Armature), 계자(Field Magnet), 정류자(Commutator)이다.

54. 미리 정해진 공정에 따라 제어를 진행하는 것은?

① 정치제어 ② 추종제어
③ 비율제어 ④ 프로그램제어

[해설]
④ 프로그램 제어 : 목표값이 미리 정한 프로그램에 따라서 시간과 더불어 변화하는 제어
① 정치제어 : 목표값의 시간 변화에 의한 분류로써 목표값이 시간적으로 변화하지 않는 일정한 제어
② 추종제어 : 목표값의 변화가 시간적으로 임의로 변하는 제어
③ 비율제어 : 목표치가 있는 다른 양과 일정한 비율관계를 가지고 변화시키는 것을 목적으로 하는 수치제어

55. 논리식 $Y = A \cdot \overline{A} + B$ 를 간단히 한 식은?

① $Y = A$
② $Y = B$
③ $Y = \overline{A} + B$
④ $Y = 1 + B$

[해설]
불 대수식 $A \cdot \overline{A} = 0$, $0 + B = B$이므로
$Y = A \cdot \overline{A} + B = 0 + B = B$이다.

56. 잔류편차를 제거하기 위해 사용하는 제어기는?

① 비례제어
② ON·OFF제어
③ 비례적분제어
④ 비례미분제어

[해설]
제어 시스템은 P제어(비례제어), I제어(적분제어) 및 D제어(미분제어) 방식을 활용한 비례제어방식인 P제어기, 비례제어의 단점인 잔류편차(미세한 오차)를 없애기 위해 이용되는 PI제어기, 응답속도에서의 문제 해결을 위한 PID 제어기 등이 있다.

57. 불 대수의 법칙으로 틀린 것은?

① $A + 1 = 1$
② $A \cdot 1 = A$
③ $A + \overline{A} = A$
④ $A \cdot \overline{A} = 0$

[해설]
불 대수의 법칙 $A + \overline{A} = 1$이다.

58. 유접점 방식의 시퀀스제어에 사용되는 것은?

① 다이오드
② 트랜지스터
③ 사이리스터
④ 전자개폐기

[해설]
전자개폐기는 전자접촉기와 과부하계전기가 일체화된 것으로, 전자접촉기에 의한 부하의 ON, OFF 조작과 열동계전기에 의한 과부하 보호 기능을 함께 갖는 기구이다. 유접점 방식은 시퀀스 제어에 사용된다.

정답 54 ④ 55 ② 56 ③ 57 ③ 58 ④

59 다음의 특성방정식을 갖는 시스템의 안정도는?

$$s^3 + 4s^2 + 20s + 100 = 0$$

① 안정하다.
② 불안정하다.
③ 고주파 영역에서만 안정하다.
④ 안정, 불안정 여부를 파악할 수 없다.

해설
Routh의 안정도 판별법의 배열은 다음과 같다.

S^3	1	20
S^2	4	100
S^1	$\frac{(4 \times 20) - (1 \times 100)}{4} = -5$	0
S^0	$\frac{(-5 \times 100) - (4 \times 0)}{-5} = 100$	

제1열의 부호 변화가 2번 있으므로 특성방정식의 근 가운데 두 개가 우반평면에 존재함을 뜻하며, 불안정한 계이다.

60 이상적인 연산증폭기의 특징이 아닌 것은?

① CMRR = ∞
② 전압이득 = 0
③ 출력 임피던스 = 0
④ 입력 임피던스 = ∞

해설
이상적인 연산증폭기의 특성
• 입력저항 무한대($R_i = \infty$)
• 출력저항 0($R_0 = 0$)
• 전압이득 무한대($A_v = \infty$)
• 대역폭 무한대($B_W = \infty$)
• 오프셋(Off-set) 0

제4과목 기계정비일반

61 열박음 가열작업 시 주의사항으로 틀린 것은?

① 조립 후 냉각할 때는 급랭해서는 안 된다.
② 중심에서 둘레로 서서히 균일하게 가열한다.
③ 대형 부품을 열박음할 때는 기중기를 사용한다.
④ 250[℃] 이상으로 가열하면 재질의 변화와 변형이 발생한다.

해설
열박음 가열작업 시 주의사항
• 250[℃] 이상으로 가열하면 재질의 변화 및 변형이 발생한다.
• 가열 도중 구멍 내경을 수시로 측정하여 팽창량을 점검한다.
• 요구하는 팽창량을 얻었을 때 신속하고 정확하게 조립해야 한다.
• 대형 부품을 열박음할 때는 기중기를 사용한다.
• 둘레에서 중심으로 서서히 균일하게 가열한다.
• 조립 후 냉각할 때는 급랭해서는 안 된다.

62 임펠러(Impeller)의 진동원인으로 가장 거리가 먼 것은?

① 임펠러(Impeller)의 부식마모
② 임펠러(Impeller)의 낮은 회전수
③ 임펠러(Impeller)의 질량 불평형
④ 임펠러(Impeller)에 더스트(Dust) 부착

해설
임펠러의 진동원인
• 축의 굽음
• 축의 질량 불평형
• 임펠러의 마모나 부식
• 임펠러에 더스트 부착

63 압축기에 부착된 밸브의 조립에 관한 사항으로 틀린 것은?

① 밸브 홀더 볼트는 각각 서로 다른 토크로 잠근다.
② 밸브 컴플릿(Complete)을 실린더 밸브 홀에 부착한다.
③ 실린더 밸브 홈의 시트 패킹의 오물을 청소한 후 조립한다.
④ 시트 패킹을 물고 있지는 않은가 밸브를 좌우로 회전시켜 확인한다.

해설
밸브 홀더 볼트는 같은 토크로 잠근다. 과도하게 잠그면 밸브 시트 홀더의 파손 원인이 된다.

64 왕복 펌프의 종류가 아닌 것은?

① 기어 펌프
② 피스톤 펌프
③ 플런저 펌프
④ 다이어프램 펌프

해설
① 회전 펌프의 종류에 속한다.
왕복 펌프의 종류
• 피스톤 펌프
• 플런저 펌프
• 다이어프램 펌프
• 윙 펌프

65 소음과 진동이 적고 역전을 방지하는 기능을 가지고 있으며 효율이 낮고 호환성이 없는 기어는?

① 웜기어
② 스퍼기어
③ 베벨기어
④ 하이포이드기어

해설
웜기어의 특징
• 웜과 웜기어를 한 쌍으로 사용하며, 역회전을 방지한다.
• 큰 감속비를 얻을 수 있다.
• 원동차를 보통 웜으로 한다.
• 소음과 진동이 적다.
• 효율이 낮고 호환성이 없으며 값이 비싼 단점이 있다.

66 효율이 높은 터보팬의 베인 방향으로 맞는 것은?

① 사류 베인
② 횡류 베인
③ 후향 베인
④ 가변익 베인

해설
베인 방향에 따른 특징
• 전향 베인 : 풍량 변화에 대한 풍압 변화가 적다. 풍량이 증가하면 동력은 증가한다.
• 경향 베인 : 베인의 형상이 간단하다.
• 후향 베인 : 효율이 가장 좋다.

67 프로펠러의 양력으로 액체의 흐름을 임펠러에 대해 축 방향으로 평행하게 흡입, 토출하는 것으로 대구경, 대용량이며 비교적 낮은 양정(1~5m)이 필요한 곳에 사용되는 펌프는?

① 기어펌프
② 수격펌프
③ 원심펌프
④ 축류펌프

정답 63 ① 64 ① 65 ① 66 ③ 67 ④

68 기어의 표면피로에 의한 손상으로 가장 적합한 것은?

① 습동 마모
② 피닝 항복
③ 파괴적 피칭
④ 심한 스코어링

해설
표면 피로에 의한 손상 원인
- 초기 피칭
- 파괴적 피칭
- 피칭(스포링) 등

69 직접측정기가 아닌 것은?

① 측장기
② 마이크로미터
③ 다이얼게이지
④ 버니어캘리퍼스

해설
③ 간접측정기에 속한다.

70 운전 중에 두 축을 결합시키거나 떼어 놓을 수 있도록 한 축이음은?

① 클러치(Clutch)
② 스플라인(Spline)
③ 커플링(Coupling)
④ 자재이음(Universal Joint)

71 배관계통의 정비를 위하여 분해할 필요가 있는 곳에 사용하는 관 이음쇠로 맞는 것은?

① 니 플
② 엘 보
③ 리듀서
④ 유니언

해설
배관계통의 정비를 위하여 분해할 필요가 있는 기기 용기, 밸브 등의 가까이 유니언을 설치한다.

72 체인을 걸 때 이음링크를 관통시켜 임시 고정시키고 체인의 느슨한 측을 손으로 눌러보고 조정해야 하는데 다음 그림에서 $S-S'$가 어느 정도일 때 가장 적당한가?

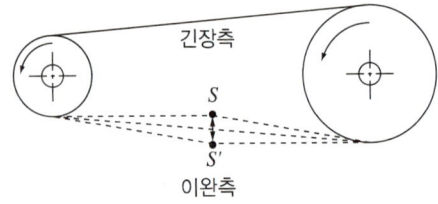

① 체인 폭의 1~2배
② 체인 폭의 2~4배
③ 체인 피치의 1~2배
④ 체인 피치의 2~4배

73 용적형 펌프의 종류가 아닌 것은?

① 기어 펌프
② 베인 펌프
③ 나사 펌프
④ 터빈 펌프

해설
④ 비용적형 펌프의 원심 펌프에 속한다.
용적형 펌프
- 왕복 펌프 : 피스톤 펌프, 플런저 펌프, 다이어프램 펌프, 윙 펌프 등
- 회전 펌프 : 기어 펌프, 편심 펌프(베인 펌프), 나사 펌프 등

74 다음 V벨트의 종류 중 단면이 가장 작은 것은?

① A형　　② B형
③ E형　　④ M형

해설
V벨트의 종류에는 M, A, B, C, D, E의 여섯 가지 있으며, M에서 E쪽으로 가면 단면(허용장력)이 커진다.

75 나사의 피치가 2[mm]이고, 2줄 나사일 때 리드는 몇 [mm]인가?

① 1　　② 2
③ 3　　④ 4

해설
리드(Lead) : 나사가 1회전하여 진행한 거리
리드(l) = 줄수(n) × 피치(p) × 회전수

76 글로브 밸브의 일종으로 L형 밸브라고도 하며 관의 접속구가 직각으로 되어 있는 밸브는?

① 체크 밸브
② 앵글 밸브
③ 게이트 밸브
④ 버터플라이 밸브

해설
① 체크 밸브 : 유체를 한 방향으로만 흐르게 하고, 역류하지 않도록 하는 데 사용한다.
③ 게이트 밸브 : 밸브 봉을 회전시켜 밸브 시트면과 직선적으로 미끄럼 운동하며, 흐름의 저항이 거의 없다.
④ 버터플라이 밸브 : 원형 밸브판의 지름을 축소하여 밸브 판을 회전시킴으로서 유량을 조정할 수 있다.

77 센터링 불량으로 인한 현상이 아닌 것은?

① 기계성능이 저하된다.
② 축의 진동이 증가한다.
③ 동력의 전달이 원활하다.
④ 베어링부의 마모가 심하다.

해설
센터링 불량 시 현상
- 진동이 크다.
- 기계성능이 저하된다.
- 베어링부의 마모가 심하다.
- 축의 손상(절손 우려)이 심하다.
- 구동의 전달이 원활하지 못하다.

78 스패너를 사용하여 볼트를 체결할 때 힘이 작용하는 점까지의 스패너 길이를 L, 볼트에 작용하는 토크를 T라 하면 가하는 힘 F는?

① $F = \dfrac{T}{L}$ ② $F = \dfrac{L}{T}$

③ $F = L^2 \times T$ ④ $F = \dfrac{T}{L^2}$

해설
죔 토크 $T = L(길이) \times F(힘)[\text{kgf} \cdot \text{m}]$

79 펌프를 정격유량 이하의 부분유량으로 운전 시 발생되는 현상이 아닌 것은?

① 임펠러에 작용하는 추력의 증가
② 차단점 부근에서 펌프 과열현상 발생
③ 고양정 펌프는 차단점 부근에서 수온저하 발생
④ 특성곡선의 변곡점 부근에서 소음 및 진동 발생

해설
펌프를 정격유량 이하의 부분유량으로 운전 시 발생되는 현상
• 차단점 부근의 과열 현상 발생
• 임펠러에 작용하는 반경방향 및 추력의 증가
• 특성곡선의 변곡점 부근에서 소음 및 진동 발생

80 송풍기 축의 설치와 조정방법으로 가장 적당한 것은?

① 베어링 케이스와 축 관통부 축과의 틈새의 차가 0.5[mm] 이하이어야 한다.
② 베어링 케이스와 축 관통부 축과의 틈새의 차가 0.5[mm] 이상이어야 한다.
③ 전동기 축과 반 전동기 축의 수평부에 수준기를 놓고 수준기의 좌우의 구배의 차가 0.2[mm] 이하이어야 한다.
④ 전동기 축과 반 전동기 축의 수평부에 수준기를 놓고 수준기의 좌우의 구배의 차가 0.05[mm] 이하이어야 한다.

해설
축의 설치와 조정방법
• 전동기 축과 반 전동기 축의 수평부에 수준기를 놓고 수준기의 좌우의 구배의 차가 0.05[mm] 이하이어야 한다.
• 베어링 케이스의 축 관통부의 축과의 틈새의 차가 0.2[mm] 이하로 되도록 베드 밑쪽에 라이너로 조정한다.

2017년 제2회 과년도 기출문제

제1과목 공유압 및 자동화 시스템

01 톱니바퀴처럼 생긴 한 쌍의 로터가 케이싱 내에서 맞물려 회전하며 유압유를 흡입 및 토출시키는 원리의 유압펌프가 아닌 것은?

① 기어 펌프
② 로브 펌프
③ 터빈 펌프
④ 트로코이드 펌프

해설
터빈 펌프는 와류(원심) 펌프의 일종으로 효율을 높이기 위하여 안내 날개를 가진 와류 펌프이다.

02 피스톤에 공기 압력을 급격하게 작용시켜 피스톤을 고속으로 움직이며, 이때의 속도 에너지를 이용한 실린더는?

① 충격 실린더
② 로드리스 실린더
③ 다위치제어 실린더
④ 텔레스코프 실린더

해설
② 로드리스 실린더 : 피스톤 로드에 의한 출력방식과는 달리 피스톤의 움직임을 요크나 마그넷, 체인 등을 통하여 행정길이 범위 내에서 테이블을 직선운동시켜 일을 하는 것
③ 다위치형 실린더 : 2개 이상의 복동 실린더를 동일 축 선상에 연결하고 각각의 실린더를 독립적으로 제어함에 따라 몇 개의 위치를 제어하는 것
④ 텔레스코프 실린더 : 짧은 실린더 본체로 긴 행정거리를 낼 수 있는 다단 튜브형 로드가 있으며 작은 공간에 실린더를 장착하여 긴 행정거리를 필요로 할 경우 사용

03 공유압회로 작성방법 중 2개 이상의 기능을 갖는 유닛을 포위하는 선으로 맞는 것은?

① 실 선
② 파 선
③ 1점 쇄선
④ 2점 쇄선

해설
공압회로 작성방법 중 선의 용도
• 실선 : 주관로, 파일럿 밸브의 공급 관로, 전기 신호선
• 파선 : 파일럿 조작 관로, 드레인 관, 필터, 밸브의 과도 위치
• 1점 쇄선 : 포위선(2개 이상의 기능을 갖는 유닛을 나타내는 포위선)
• 복선 : 기계적 결합(회전축, 레버, 피스톤 로드 등)

04 절대압력을 올바르게 표현한 것은?

① 절대입력은 게이지압력을 말한다.
② 절대압력은 표준 대기압력보다 항상 높다.
③ 절대압력은 대기압을 '0'으로 하여 측정한 압력이다.
④ 절대압력은 완전한 진공을 '0'으로 하여 측정한 압력이다.

해설
• 절대압력(Absolute Pressure) : 완전 진공을 기준으로 하여 나타낸다.
  절대압력 = 대기압 + 게이지압력
• 게이지압력(Gauge Pressure) : 대기압을 기준으로 하여 나타낸다.

정답 1 ③ 2 ① 3 ③ 4 ④

05 공기 압축기의 용량 제어방식이 아닌 것은?

① 고속 제어
② 배기 제어
③ 차단 제어
④ ON-OFF 제어

해설
공기 압축기 압력 제어방법
- 무부하 조절 : 배기 제어, 차단 제어, 그립-암(Grip Arm) 제어
- ON-OFF 제어
- 저속 제어 : 속도 제어, 차단 제어

06 방향제어밸브의 연결구 표시방법 중 'R'이 의미하는 것은?

① 배출구
② 작업라인
③ 제어라인
④ 에너지 공급구

해설
방향제어밸브의 연결구 표시방법

접속구 표시법	ISO 1219	ISO 5599
공급 포트	P	1
작업 포트	A, B, C	2, 4.....
배기 포트	R, S, T	3, 5.....
제어 포트	X, Y, Z	10, 12, 14.....
누출 포트	L	–

07 다음 회로의 속도제어방식으로 옳은 것은?

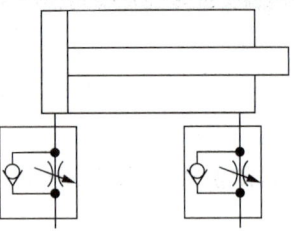

① 전진 시 미터인, 후진 시 미터인 제어회로
② 전진 시 미터인, 후진 시 미터아웃 제어회로
③ 전진 시 미터아웃, 후진 시 미터인 제어회로
④ 전진 시 미터아웃, 후진 시 미터아웃 제어회로

해설

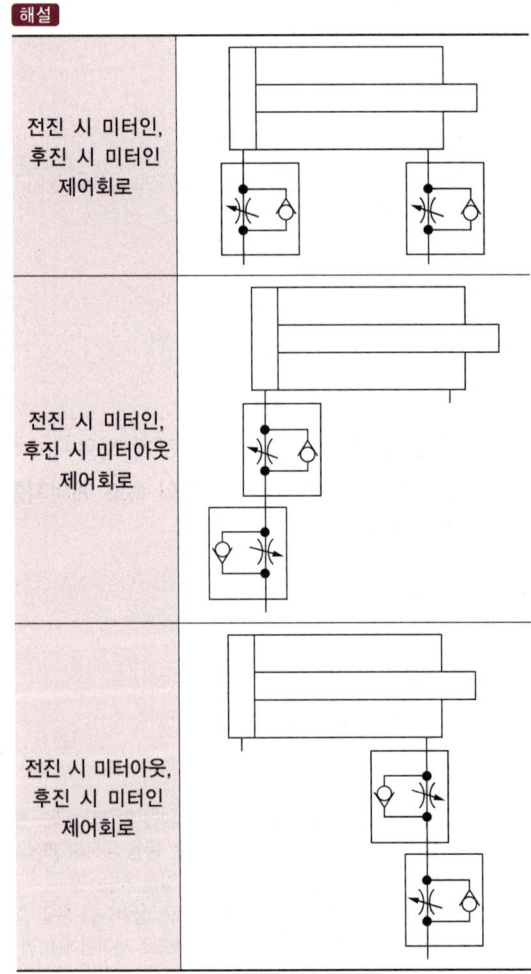

정답 5 ① 6 ① 7 ④

08 내경 10[cm], 추력 3,140[kgf], 피스톤 속도 40[m/min]인 유압 실린더에서 필요로 하는 유압은 최소 몇 [kgf/cm²]인가?

① 40
② 60
③ 80
④ 160

해설
실린더 힘의 계산
$F = P \cdot A$에서,
$$P = \frac{F}{A} = \frac{F}{\frac{1}{4} \times \pi \times d^2} = \frac{3,140}{\frac{1}{4} \times 3.14 \times 10^2} = 40[\text{kgf/cm}^2]$$

09 두 개의 실린더를 동조시키는 데 사용되며, 정확도가 크게 요구되지 않는 경우에 사용되는 밸브는?

① 감속 밸브
② 감압 밸브
③ 체크 밸브
④ 분류 및 집류 밸브

해설
① 감속 밸브 : 작동기의 운동 위치에 따라 캠 조작으로 회로를 개폐시키는 밸브
② 감압 밸브 : 고압의 압축유체를 감압시켜 사용조건이 변동되어도 설정공급압력을 일정하게 유지시키는 밸브
③ 체크 밸브 : 한쪽 방향의 유동은 허용하고 반대 방향의 흐름은 차단하는 밸브

10 유압에너지를 직선왕복운동으로 변환하는 기계요소는?

① 실린더
② 축압기
③ 회전모터
④ 스트레이너

해설
② 축압기 : 용기 내에 오일을 고압으로 압입하여 저장하는 압유저장용 용기
③ 회전모터 : 유체에너지를 기계적인 연속회전운동으로 변환하는 기기
④ 스트레이너 : 비교적 큰 먼지를 제거할 목적으로 사용되는 기기로, 유압회로에서 펌프의 흡입관로에 사용되는 필터

11 설비의 평균 고장률을 나타내는 것은?

① MTBF
② MTTR
③ $\frac{1}{\text{MTBF}}$
④ $\frac{1}{\text{MTTR}}$

해설
- MTBF : 평균 고장간격
- MTTR : 평균 고장수리시간

12 다음 그림과 같은 타이밍 차트(Timing Chart)에서 입력이 A와 B이며, 출력은 Y일 때 이 타이밍 차트는 어떤 회로인가?(단, 입출력 모두 양논리로 동작한다)

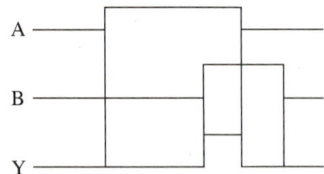

① OR 회로 ② AND 회로
③ NOT 회로 ④ NAND 회로

> **해설**
> AND 회로
> A와 B가 모두 성립할 때 Y가 성립하며, Y는 A와 B의 논리곱이라고 한다. 즉, Y가 1이 되기 위해서는 A가 1이고 B가 1이 되어야 한다.

13 짧은 실린더 본체로 긴 행정거리를 낼 수 있는 다단 튜브형 로드로 구성되어 있는 실린더는?

① 충격 실린더
② 로드리스 실린더
③ 텔레스코프 실린더
④ 다위치 제어 실린더

> **해설**
> ① 충격 실린더 : 보통 실린더를 성형작업에 사용하기에는 추력이 제한을 받게 되므로 운동에너지를 얻기 위해 설계된 것
> ② 로드리스 실린더 : 피스톤 로드에 의한 출력방식과는 달리 피스톤의 움직임을 요크나 마그넷, 체인 등을 통하여 행정길이 범위 내에서 테이블을 직선운동시켜 일을 하는 것
> ④ 다위치 제어 실린더 : 2개 이상의 복동 실린더를 동일 축 선상에 연결하고 각각의 실린더를 독립적으로 제어함에 따라 몇 개의 위치를 제어하는 것

14 직류 전동기의 구성 요소로 토크를 발생하여 회전력을 전달하는 요소는?

① 계 자 ② 브러시
③ 전기자 ④ 정류자

> **해설**
> ① 계자 : 자속을 얻기 위한 자장을 만들어 주는 부분으로 자극, 계자 권선, 계철로 되어 있다.
> ② 브러시 : 회전하는 정류자 표면에 접촉하면서 전기자 권선과 외부 회로를 연결하여 주는 부분이다.
> ④ 정류자 : 전기자 권선에 발생한 교류 전류를 직류로 바꾸어 주는 부분이다.

15 자동화시스템을 구성하는 각 단위기기를 하드웨어 및 소프트웨어적으로 연결하는 방법을 의미하는 것은?

① 네트워크(Network)
② 프로세서(Processor)
③ 액추에이터(Actuator)
④ 메커니즘(Mechanism)

> **해설**
> **자동화의 5대 요소**
> • 액추에이터 : 외부의 에너지를 공급받아 일을 하는 출력 요소를 말한다. 사람에 비유하면 팔과 다리 역할을 하는 것으로 실린더, 램프, 모터, 부저 등이 있다.
> • 센서 : 사람에 비유하면 오감과 같은 역할을 한다. 액추에이터 및 외부의 상태를 감지하여 측정량을 전기적 신호로 변환시켜 제어기에 공급하여 주는 입력 요소이다.
> • 제어기 : 프로세서라고도 하며, 센서로부터 입력되는 제어 정보를 분석 · 처리하여 액추에이터에 필요한 제어 명령을 내려 주는 장치로 PLC, 마이크로프로세서 등이 있다.
> • 소프트웨어 기술 : 제어기를 동작시키기 위하여 사용되는 언어 프로그래밍 기술이다. PLC는 그의 전용 언어 프로그램이 있으며, 마이크로프로세서는 주로 C언어 프로그램이 사용된다.
> • 네트워크 기술 : 센서, 제어기 및 액추에이터 상호 간에 정보를 정확하게 주고받을 수 있도록 망을 구성해 주는 기술이다.

16 회전량을 펄스수로 변환하는 데 사용되며 기계적인 아날로그 변화량을 디지털량으로 변환하는 것은?

① 서보 모터
② 포토 센서
③ 매트 스위치
④ 로터리 인코더

17 되먹임 제어계(Feedback Control System)의 특징이 아닌 것은?

① 전체 제어계는 항상 안정하다.
② 목표값에 정확히 도달할 수 있다.
③ 제어계의 특성을 향상시킬 수 있다.
④ 외부 조건 변화에 대한 영향을 줄일 수 있다.

해설
되먹임 제어의 특징
• 정확성 증가
• 계의 특성 변화에 대한 입력 대 출력비의 강도 감소
• 비선형과 외형에 대한 효과의 감소
• 대역폭 증가
• 구조가 복잡하고 설치비가 비쌈

18 공압 시스템에 있어서 윤활유 등과 섞여 에멀션(Emulsion) 상태나 수지 상태가 되어 밸브의 동작을 가로막을 우려가 있는 고장은?

① 수분으로 인한 고장
② 이물질로 인한 고장
③ 공급 유량 부족으로 인한 고장
④ 배관 불량에 의한 공기의 유출로 인한 고장

19 PLC 프로그램의 최초 단계인 0스텝에서 최후 스텝까지 진행하는 데 걸리는 시간은?

① 리드 타임(Read Time)
② 스캔 타임(Scan Time)
③ 스텝 타임(Step Time)
④ 딜레이 타임(Delay Time)

해설
사이클릭 처리 중 1사이클을 실행하는 데 소요되는 시간을 스캔 타임 또는 사이클 타임이라 한다.
스캔 타임 = 스텝 수 × 처리 속도

20 열팽창 계수가 다른 두 개의 금속판을 접합시켜 온도 변화에 따른 변형 또는 내부 응력을 이용한 센서는?

① 홀 센서
② 바이메탈
③ 서미스터
④ 측온 저항체

해설
① 홀 센서 : 홀 효과를 이용하여 자기장의 방향과 크기를 알아내며, 이때 발생된 전압은 전류차가 발생하는 효과를 이용하는 센서이다.
③ 서미스터 : 온도 변화에 따라 저항 변화를 측정하여 온도를 산출하는 방법으로 전류 변화를 계측하여 환산 표시한다.
④ 측온 저항체 : 접촉식 온도 센서로서, 온도 변화에 따른 저항 변화를 알면 그 전류치를 측정함으로써 온도를 알 수 있다.

제2과목 설비진단 및 관리

21 설비종합효율을 산출하기 위한 공식으로 옳은 것은?

① 설비종합효율 = 공정효율 × 수율 × 양품률
② 설비종합효율 = 공정효율 × 시간가동률 × 양품률
③ 설비종합효율 = 시간가동률 × 성능가동률 × 양품률
④ 설비종합효율 = 시간가동률 × 수율 × 양품률

해설
설비종합효율
TPM에서는 설비의 가동상태를 측정하여 설비의 유효성을 판정한다. 즉, 유효성은 설비의 종합효율로 판단한다.

22 윤활관리의 효과에 대한 설명으로 틀린 것은?

① 동력비의 증가
② 제품 정도의 향상
③ 보수·유지비의 절감
④ 기계 정도와 기능의 유지

해설
윤활관리의 효과
• 윤활사고 방지
• 윤활비의 절약
• 기계 정도와 기능의 유지
• 구매업무의 간소화
• 제품 정도의 향상
• 안전작업의 철저
• 보수·유지비의 절감
• 안전작업의 철저
• 동력비의 절감

23 진동을 측정할 때 회전하는 축을 기준으로 진동 센서를 부착하여 측정하려고 한다. 진동 측정 방향이 아닌 것은?

① 축 방향
② 수직 방향
③ 경사 방향
④ 수평 방향

해설
진동 센서의 측정 방향
• 축 방향
• 수평 방향
• 수직 방향

24 진동 차단기의 재료로 합성고무를 사용했을 때 강철 코일스프링보다 유리한 점은 무엇인가?

① 정적변위가 크다.
② 주파수 폭이 넓다.
③ 고온강도에 강하다.
④ 측면으로 미끄러지는 하중에 강하다.

해설
천연고무 및 합성고무 절연재의 특징
• 천연고무 : 측면으로 미끄러지는 하중에 적합하다.
• 실리콘 합성고무 : −75~20[℃]까지 이용이 가능하며, 강성이 시간의 흐름에 따라 변한다.

25 직접적인 공기의 압력변화에 의한 유체역학적 원인에 의해 난류음을 발생시키는 것은?

① 압축기
② 송풍기
③ 진공펌프
④ 엔진 배기음

해설
압축기, 진공펌프, 엔진의 배기음 등은 맥동음을 발생시킨다.

정답 21 ③ 22 ① 23 ③ 24 ④ 25 ②

26 고유 진동수와 강제 진동수가 일치할 경우, 진동이 크게 발생하는 현상을 무엇이라 하는가?

① 울 림
② 공 진
③ 외 란
④ 상호 간섭

27 진동센서를 설비에 설치하는 경우, 정확도와 장기적 안정성이 가장 좋은 설치방법은?

① 자석 고정
② 밀랍 고정
③ 나사 고정
④ 에폭시 고정

해설
① 자석 고정 : 측정지침이 평탄한 자성체일 때 쓰이는 간단한 부착방법이다.
② 밀랍 고정 : 온도가 높아지면 밀랍이 부드러워지므로 사용범위를 40[℃] 이하로 제한한다.
④ 에폭시 고정 : 영구적으로 기계에 설치하며 고정이 빠르다.

28 정현파 진동에서 진동의 상한과 하한의 거리를 무엇이라고 하는가?

① 변 위
② 속 도
③ 가속도
④ 진동수

29 다음 그림은 설비관리 조직 중에서 어떤 형태의 조직인가?

① 제품중심 조직
② 기능중심 조직
③ 설계보증 조직
④ 제품중심 매트릭스 조직

해설
① 제품중심 조직 : 제품에 따라서 설비를 분류하여 그 관리를 담당하는 방식으로 공장 내를 몇 개의 지구로 나누어서 각 지구마다 기술팀들을 둔다.

30 효율적인 설비보전 활동을 위하여 설비의 열화나 고장, 성능 및 강도 등을 정량적으로 계측하여 설비의 상태를 예측할 수 있는 기술은?

① 신뢰성 기술
② 정량화 기술
③ 설비 진단 기술
④ 트러블슈팅 기술

31 설비투자의 합리적인 투자결정에 필요한 경제성 평가방법이 아닌 것은?

① MAPI법
② 자본 회수법
③ 비용 비교법
④ 처분 가치법

> **해설**
> 설비의 경제성 평가방법
> • 비용 비교법 : 연간비용을 평가척도로 하여 이의 대소에 의하여 설비투자정책을 결정하는 방법이다.
> • 자본 회수법 : 연평균 이윤(수입-지출)이 회수금액보다 크면 투자 계획은 채택된다.
> • MAPI 방식 : 매우 이론적이고 실용성에 다소 문제가 있으나 종래의 제 공식의 맹점을 지적한 것으로 주목되었다.

32 보전작업표준을 설정하고자 할 때 사용하지 않는 방법은?

① 경험법
② 공정 실험법
③ 작업 연구법
④ 실적 자료법

> **해설**
> 보전작업표준 설정방법
> • 경험법 : 경험자의 견적에 의하여 작업표준을 설정
> • 실적 자료법 : 실적기록에 입각해서 작업의 표준시간을 결정
> • 작업 연구법 : 작업연구에 의해서 표준시간을 결정

33 속도 센서로 널리 사용되는 동전형 속도 센서의 측정원리로 옳은 것은?

① 압전의 법칙
② 렌츠의 법칙
③ 오른나사의 법칙
④ 패러데이의 전자유도법칙

> **해설**
> 속도 센서
> • 측정 주파수의 범위는 보통 10~1,000[Hz]이다.
> • 측정 원리는 패러데이의 전자유도법칙이다.
> • 기전력 e는 $e \propto B \times V$ (B : 자속 밀도, V : 도체의 속도)

34 만성로스의 대책으로 틀린 것은?

① 현상의 해설을 철저히 한다.
② 관리해야 할 요인계를 철저히 검토한다.
③ 원인이 명확하므로 표면적인 요인만 해결한다.
④ 요인 중에 숨어 있는 결함을 표면으로 끌어낸다.

> **해설**
> 만성로스의 대책
> • 현상의 해석을 철저히 한다.
> • 관리해야 할 요인계를 철저히 검토한다.
> • 요인 중에 숨어 있는 결함을 표면으로 끌어낸다.
> • 복합적인 원인에 의하여 발생하므로 혁신적인 대책이 필요하다.

31 ④ 32 ② 33 ④ 34 ③

35 설비보전에서 효과 측정을 위한 척도로서 널리 사용되는 지수 중 고장도수율의 공식은?

① (정미가동시간/부하시간)×100
② (고장횟수/부하시간)×100
③ (고장정지시간/부하시간)×100
④ (보전비 총액/생산량)×100

해설
설비보전에서 효과 측정을 위한 척도
- 설비가동률 = $\dfrac{정미가동시간}{부하시간} \times 100$
- 고장도수율(빈도율, 회수율) = $\dfrac{고장횟수}{부하시간} \times 100$
- 고장강도율 = $\dfrac{고장정지시간}{부하시간} \times 100$
- 제품 단위당 보전비 = $\dfrac{보전비 총액}{생산량}$
- 예방보전수행률 = $\dfrac{예방보전건수}{예방보전계획건수} \times 100$

36 물 또는 적당한 액체를 가득 채운 유리관 속에서 유적이 서서히 떠올라오게 하는 급유기를 사용한 것으로서 급유상태를 뚜렷이 볼 수 있는 이점이 있는 급유법은?

① 패드 급유법
② 유륜식 급유법
③ 강제 순환 급유법
④ 가시 부상 유적 급유법

해설
① 패드 급유법 : 패킹을 가볍게 저널에 접촉시켜 급유하는 방법이다. 또한 모세관 현상을 이용한 방법으로 털실이 직접 마찰면에 접촉한다.
② 유륜식 급유법 : 오일링이 축의 회전에 의하여 마찰면에 기름을 운반하며 윤활 작용을 하는 방법이다.
③ 강제 순환 급유법 : 윤활유를 기름 펌프에 의해 강제적으로 밀어 공급하는 방법으로 급유법으로서는 가장 이상적이다.

37 디지털 신호처리에서 일반적으로 데이터의 경향을 제거하는 방법으로 옳은 것은?

① 최소 자승법
② 최대 자승법
③ 이산적 신호법
④ 데이터 주밍법

38 다음 중 보전용 자재의 특징으로 옳은 것은?

① 연간 사용빈도가 많고 소비속도가 빠르다.
② 베어링, 글랜드 패킹 등은 교체 후 재활용할 수 있다.
③ 설비개선, 설비변경 등으로 불용자재가 발생하지 않는다.
④ 자재구입의 품목, 수량, 시기에 관한 계획을 수립하기 곤란하다.

해설
보전용 자재의 관리상 특징
- 연간 사용 빈도(또는 창고로부터의 불출 횟수)와 소비속도가 낮다.
- 자재구입의 품목, 수량, 시기에 관한 계획을 수립하기 곤란하다.
- 보전의 기술 수준 및 관리 수준이 보전 자재의 재고량을 좌우한다.
- 불용자재의 발생 가능성이 크다.
- 소모, 열화되어 폐기되는 것과 예비기기 및 부품이 같이 순환하며 사용되는 것이 있다.

정답 35 ② 36 ④ 37 ① 38 ④

39 윤활유 사용 중에 거품이 발생하지 않도록 해 주는 첨가제는?

① 청정제
② 소포제
③ 분산제
④ 유동점 강하제

해설
① 청정제 : 금속 표면에 붙어 있는 슬러지나 탄소 성분을 녹여 내부를 깨끗이 유지하는 역할
③ 분산제 : 금속 표면에 붙어 있는 슬러지나 탄소 성분을 분산시켜 내부를 깨끗이 유지하는 역할
④ 유동점 강하제 : 저온일 때 왁스분의 성장을 저지시켜 유동성을 높여 주는 첨가제

40 고장이 없고, 보전이 필요치 않은 설비를 설계, 제작하기 위한 설비보전방법은?

① 사후보전(BM)
② 생산보전(PM)
③ 개량보전(CM)
④ 보전예방(MP)

해설
① 사후보전(BM) : 고장, 정지 또는 유해한 성능 저하를 가져온 후에 수리를 행하는 것
② 생산보전(PM) : 생산성을 높이기 위한 보전(경제성의 강조)
③ 개량보전(CM) : 설비 자체의 체질 개선(예방보전으로 고장이 없고, 보전하기 쉬운 설비로 개량)

제3과목 공업계측 및 전기전자제어

41 도수법으로 60°인 각도를 호도법(rad)으로 환산하면?

① $\dfrac{\pi}{4}$ ② $\dfrac{\pi}{3}$
③ $\dfrac{\pi}{2}$ ④ π

해설
• 도수법 : 원의 1회전 한 각도를 360°로 표시
• 호도법 : 원의 1회전한 각도를 2π[rad]으로 표시

• 각도를 호도로 변환하는 법 : $\dfrac{\pi}{180} \times$ 각도
• 호도를 각도로 변환하는 법 : $\dfrac{180}{\pi} \times$ 호도

즉, 도수법으로 60°인 각도를 호도법으로 변환하면 $\dfrac{\pi}{180} \times 60 = \dfrac{\pi}{3}$ 이다.

42 과전류 계전기가 트립된다면 그 원인은?

① 과부하
② 퓨즈용단
③ 시동스위치 불량
④ 배선용 차단기 불량

해설
과전류 계전기(Over Current Relay)
정정치 이상의 전류가 일정시간 동안 흐르면 계전기가 동작하여 차단기를 트립시킨다. 트립 회로는 DC전원이며 단락고장보호, 교류기기의 과부하보호에 적합하다.

43 국제단위계(SI)에서 사용되는 기본 단위가 아닌 것은?

① 시 간   ② 부 피
③ 질 량   ④ 광 도

해설
국제단위계(SI)의 기본량과 기본 단위

기본량	SI 기본 단위	
	명 칭	기 호
길 이	미 터	m
질 량	킬로그램	kg
시 간	초	s
전 류	암페어	A
열역학적 온도	켈 빈	K
물질량	몰	mol
광 도	칸델라	cd

44 전자가 자유로이 이동할 수 있는 에너지 준위대를 무엇이라 하는가?

① 금지대   ② 충만대
③ 일함수   ④ 전도대

해설
④ 전도대 : 자유 전자들의 에너지대
① 금지대 : 충만대 혹은 가전자대와 전도대 사이의 전자가 존재할 수 없는 에너지대
② 충만대(가전자대) : 최외각 궤도 전자들의 에너지대
③ 일함수 : 물질 내에 있는 전자 하나를 밖으로 끌어내는 데 필요한 최소의 일 또는 에너지

45 다음 중 공업량의 계측에 필요한 비접촉방식의 온도계는?

① 저항 온도계
② 열전 온도계
③ 방사 온도계
④ 서미스터 온도계

해설
접촉식은 측정 대상물과의 접촉을 통해 온도를 측정하는 방식으로 열팽창 이용 온도계, 금속(백금)저항 온도 센서, 서미스터, 열전대, 바이메탈 등 대부분의 센서가 이에 해당하고 비접촉식에는 방사 온도계, 광고 온도계가 있다.

46 논리회로의 불 대수 $(A+B) \cdot (A+\overline{B})$를 간략화한 것은?

① $\overline{B}$ ② $\overline{A}$
③ B ④ A

해설
$(A+B) \cdot (A+\overline{B})$
$= AA + A\overline{B} + AB + B\overline{B}$ → 분배법칙에 의해
$= A + A\overline{B} + AB$ → $AA = A$, $B\overline{B} = 0$
$= A + A(\overline{B}+B)$ → $\overline{B}+B = 1$
$= A + A$ → $A + A = A$
$= A$

정답 43 ② 44 ④ 45 ③ 46 ④

47 오리피스 유량계는 어떤 정리를 이용한 것인가?

① 플랑크의 정리
② 토리첼리의 정리
③ 베르누이의 정리
④ 보일-샤를의 정리

해설
오리피스(Orifice)
- 유량의 조절·측정 등에 사용되며, 가공하기 쉬워 보통 원형으로 만든다.
- 유관 도중에 오리피스를 삽입하면, 그 직후에서 유속이 변화하여 압력이 떨어진다(베르누이의 정리).
- 오리피스의 바로 앞과 직후에서의 유체의 압력차를 검출함으로써 유량을 구할 수 있고, 그것을 모니터로 하여 유량을 조절할 수도 있다.

48 회로에 가해진 전기에너지를 정전에너지로 변환하여 축적하는 소자는?

① 저항
② 콘덴서
③ 인덕터
④ 변압기

해설
② 콘덴서 : 회로에 가해진 전기에너지를 정전에너지로 변환하여 축적하는 소자
① 저항 : 전류의 흐름을 방해하는 것
③ 인덕터 : 에너지를 충전, 방전함으로써 소자를 통과하는 전류의 변화를 억제하는 소자
④ 변압기 : 교류의 전압이나 전류의 값을 변화시키는 장치

49 다음 중 밸브에 포지셔너를 사용하게 된 이유로 볼 수 없는 것은?

① 조절계 신호와 구동부 신호가 다른 경우
② 제어밸브의 특성을 개선할 필요가 있는 경우
③ 하나의 신호로 2대 이상의 제어밸브를 동작시킬 경우
④ 글랜드 패킹의 마찰이 작고 유체의 영향을 받기 어려운 경우

해설
포지셔너(Positioner)
- Controller의 제어신호에 따라 밸브 트림의 위치를 조정하여 정확한 위치에 놓이게 하는 장치
- 밸브의 작동속도와 정확성을 높이고자 할 때
- Large Size 밸브를 사용할 때(일반적으로 4 이상)
- Controller와 밸브 사이의 거리가 멀 때(40[m] 이상 떨어진 경우)
- 밸브의 차압이 심하여 진동이 심할 때
- 넓은 범위에서 정확한 밸브 Opening이 요구될 때
- 고온, 고압 유체를 제어하기 위해 사용될 때
- 고점도, 침전물 등이 포함된 유체를 사용할 때
- 포지셔너는 컨트롤 밸브 액세서리 중 가장 기본적인 아이템으로, 외부로부터 신호를 입력받아 이에 비례하도록 밸브의 개도를 조절해주는 기능을 담당하며, 밸브의 동특성 및 정특성에 큰 영향을 미친다.

50 유도전동기의 기동에서 기동전류가 정격전류의 4~6배가 되는 기동법은?

① Y-△ 기동
② 전전압 기동
③ 2차 저항기동
④ 기동 보상기를 사용한 기동

해설
3상 유도전동기의 기동방법
- Y-△ 기동 : 결선으로 운전하는 전동기를 기동할 때만 Y결선으로 하여 기동전류, 토크와 함께 직입의 1/3로 감소하며 10~15[kW] 중용량에 사용
- 전전압 기동 : 6[kW] 이하 소용량에 쓰이며, 전동기에 최초로부터 전전압을 인가하여 기동하며, 전전압 기동은 정격전류의 4~6배의 기동전류가 흐르기 때문에 큰 전압 강하가 발생
- 리액터 기동 : 동기의 1차측에 리액터(일종의 교류저항)를 넣어서 기동 시에 전동기의 전압을 리액터 전압강하분만큼 낮추어서 기동하며, 중·대용량에서 사용
- 기동 보상기법 : 15[kW] 이상의 전동기에 사용

51 절연저항을 측정하는 계기는?

① 메 거
② 전력계
③ 계기용 변류기
④ 계기용 변압기

해설
① 메거 : 절연저항을 측정하는 계기
② 전력계 : 직류 또는 교류의 전기회로를 측정하는 계기
③ 계기용 변류기 : 교류 전류계의 측정 범위를 확대하기 위해 사용
④ 계기용 변압기 : 고전압을 측정하기 위해 사용하는 전압 변성기

52 원자 구조를 평면적으로 보면 원자 번호와 같은 수의 전자가 정해진 궤도상을 정해진 개수만큼 원자핵을 중심으로 돌고 있다. M각 궤도에 들어갈 수 있는 최대 전자의 수는 얼마인가?

① 2
② 8
③ 18
④ 32

해설
원자의 처음 4개의 전자 에너지 준위
- Ⅰ준위 : K궤도(2개)
- Ⅱ준위 : L궤도(8개)
- Ⅲ준위 : M궤도(18개)
- Ⅳ준위 : N궤도(32개)

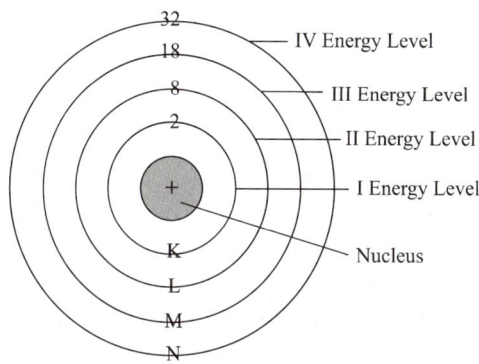

53 제어량에 따른 분류에서 프로세스 제어라고 볼 수 없는 것은?

① 온 도
② 압 력
③ 방 향
④ 유 량

해설
프로세스 제어에서 제어량은 프로세스, 환경조건에서는 온도, 압력, 액위, 습도, pH, 농도 등, 물질 및 에너지의 양에서는 전력, 유량, 중량률 등, 종점 제어(Endpoint Control)에는 pH, 밀도, 전도도, 점도, 농도 등이 있다.

54 다음 논리회로의 출력 X는?

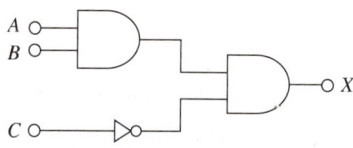

① $A \cdot B + \overline{C}$
② $A + B + \overline{C}$
③ $(A+B) \cdot \overline{C}$
④ $A \cdot B \cdot \overline{C}$

해설

게이트	논리기호	논리식
AND	A, B → F	$F = AB$
NOT	A → F	$F = \overline{A}$

그러므로 출력 $X = A \cdot B \cdot \overline{C}$이다.

55 자동제어의 분류 중 미사일의 유도제어는 어디에 속하는가?

① 자동조정
② 서보기구
③ 시퀀스 제어
④ 프로세스 제어

해설
자동제어의 분류
- 자동조정 : 전압, 속도, 주파수 등 전기적, 기계적인 양을 제어량으로 하는 제어계로서 응답속도가 빨라야 한다(자동전압조정기(AVR), 발전기의 조속기 제어).
- 서보기구(GPS, 추종 제어) : 물체의 위치, 자세, 방위 등의 기계적 변위를 제어량으로 하는 제어계(대공포의 포신 제어, 미사일의 유도 제어)
- 시퀀스 제어 : 미리 정해진 순서에 따라 제어의 각 단계를 점차 진행해 나가는 제어(세탁기, 냉장고, 자동판매기)
- 프로세스 제어(공정 제어, 정치 제어) : 압력, 온도, 유량, 액위, 농도 등의 공업 프로세스의 상태량을 제어(온도제어장치, 압력제어장치, 유량제어장치)

56 어떤 코일에 흐르는 전류가 0.1초 사이에 50[A]에서 10[A]로 변할 때 40[V]의 유도 기전력이 발생한다면 이때 코일의 자기 인덕턴스는 몇 [mH]인가?

① 100
② 200
③ 300
④ 400

해설
$e = L\dfrac{di}{dt}$ 이므로

$L = e\dfrac{dt}{di} = 40 \times \dfrac{0.1}{50-10} = 0.1[\text{H}] = 100[\text{mH}]$

57 100[μF]의 콘덴서에 1,000[V]의 직류 전압을 인가하면 충전되는 전하량(C)은 얼마인가?

① 1
② 10
③ 0.1
④ 0.01

해설
$Q = CV = (100 \times 10^{-6}) \times 1,000 = 0.1[\text{C}]$

58 직류전동기를 급정지 또는 역전시키는 전기적 제동법은?

① 역상 제동
② 회생 제동
③ 발전 제동
④ 단상 제동

해설
역상 제동(역전 제동, 플러깅 제동)
1차 권선(전원측) 3단자 중 2단자의 접속을 바꾸면 역방향의 토크가 발생되어 제동하는 방법으로 급정지시키고자 하는 경우에 사용되며, 이 상태를 유지하면 역회전을 하게 된다.

정답 55 ② 56 ① 57 ③ 58 ①

59 블록선도의 구성요소에서 다음 그림과 같은 블록선도를 무엇이라 하는가?

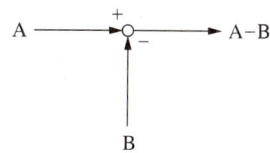

① 블 록   ② 가산점
③ 인출점   ④ 직렬결합

해설
블록선도란 자동제어계 중에 포함되어 있는 각 요소의 신호가 어떠한 모양으로 전달되고 있는가를 나타낸 선도를 말한다.
① 블록 : 소단위 시스템
② 가산점 : 두 가지 이상의 신호가 있을 때 이들 신호의 합과 차를 만드는 요소
③ 인출점 : 하나의 신호 $R(s)$를 2개 이상의 요소에 동시에 가하는 데 쓰이는 신호분기 요소
④ 직렬결합 : 두 개 이상의 부시스템이 직렬로 결합한 경우

60 실리콘 정류 소자(SCR)에 관한 설명으로 틀린 것은?

① PNPN 소자이다.
② 스위칭 소자이다.
③ 쌍방향성 사이리스터이다.
④ 직류, 교류 전력제어에 사용된다.

해설
실리콘 정류 소자(SCR)
• 직류, 교류 전력제어에 사용된다.
• 스위칭 소자이다.
• PNPN 소자이다.
• 3단자 단방향성 소자이다.

제4과목 기계정비일반

61 원심펌프의 이상 현상 원인이 아닌 것은?

① 스터핑 박스로 공기 침입
② 펌프의 회전방향이 틀릴 때
③ 패킹과 주축 간의 과도한 틈새
④ 펌프 내 공기빼기를 하였을 때

해설
펌프의 이상 현상 원인
• 펌프 내 공기를 빼지 않았을 때
• 펌프 및 흡입관의 만수 불완전 시
• 흡입 양정이 너무 클 때
• 여분의 공기 또는 가스량 과대 시
• 흡입관에 공기주머니가 있을 경우
• 흡입관 도중에서 갑작스런 공기 침입
• 스터핑 박스로 공기 침입
• 흡입관 끝이 충분히 액체에 잠겨 있지 않을 경우
• 흡입 밸브 폐쇄나 부분적인 개방
• 흡입관의 필터나 스트레이너에 이물질 침입 시

62 원심형 통풍기 중 고속도로 터널 환풍기에 사용되며 효율이 가장 좋은 통풍기는?

① 터보 통풍기
② 시로코 통풍기
③ 용적식 통풍기
④ 플레이트 통풍기

해설
② 시로코 통풍기 : 전향 베인, 풍량 변화에 대한 풍압 변화가 적고 풍량이 증가하면 동력은 증가한다.
④ 플레이트 통풍기 : 경향 베인, 베인의 형상이 간단하다.

63 펌프의 비속도(Specific Speed, Ns) 특성을 설명한 것 중 옳은 것은?

① 양정과 토출량은 비속도와 관계가 없다.
② 양정이 낮고 토출량이 큰 펌프는 비속도가 낮아진다.
③ 양정이 높고 토출량이 적은 펌프는 비속도가 낮아진다.
④ 토출량이 일정하고 회전수가 큰 펌프는 비속도가 낮아진다.

해설
비속도의 특성
양정이 높고 토출량이 적은 펌프는 비속도가 낮아지고, 토출량이 크고 양정이 낮은 펌프는 비속도가 높아진다.

64 V벨트 전동장치에서 V벨트를 선정하려 할 때 고려하지 않아도 되는 것은?

① V벨트의 장력
② 소요벨트의 가닥수
③ V벨트의 종류 및 형식
④ V벨트 풀리의 형상과 지름

65 로크 너트는 무엇을 방지하기 위한 것인가?

① 부 식　　② 풀 림
③ 고 착　　④ 파 손

해설
볼트 너트 이완(풀림) 방지
• 홈 달림 너트 분할 핀 고정방법
• 절삭 너트에 의한 방법
• 로크 너트(더블 너트)에 의한 방법
• 특수 너트에 의한 방법(자동 죔 너트에 의한 방법)

66 압축기 부품 중 밸브의 분해조립에 대한 내용으로 틀린 것은?

① 밸브 볼트의 너트는 규정값으로 조인다.
② 밸브 볼트의 와셔는 분해 후 재사용한다.
③ 스프링의 내외주가 스프링 홈 벽과 잘 맞는지 확인한다.
④ 밸브 플레이트의 리프트는 규정값에 들어 있는가를 틈새로 확인한다.

해설
밸브 볼트의 와셔는 분해할 때마다 교환한다.

67 플렉시블 커플링(Flexible Coupling)을 사용하는 이유로 적합하지 않은 것은?

① 고속회전으로 인한 진동을 완화시킬 때
② 전달토크의 변동으로 축에 충격이 가해질 때
③ 두 축의 중심을 완전히 일치시키기 어려울 때
④ 축 방향으로 인장력이 작용하는 긴 전동축에 사용할 때

해설
플렉시블 커플링
두 축의 중심선 일치가 어렵고, 충격과 진동을 완화시켜 줄 때 사용한다. 고속회전으로 진동을 일으키는 경우에는 플랜지, 그리드, 고무, 기어, 체인, 유체 커플링을 사용하여 충격과 진동을 완화시켜 주는 커플링이다.

68 분해 중에 볼트가 부러졌을 때 부러진 볼트를 제거하는 방법은?

① 토크 미터를 이용하여 제거한다.
② 스크루 익스트랙터를 이용하여 제거한다.
③ 볼트 밑 부분을 정으로 잘라 넓힌 후 해머를 이용하여 제거한다.
④ 두 개의 해머를 이용하여 볼트 머리부의 대면을 두드려서 제거한다.

> 해설

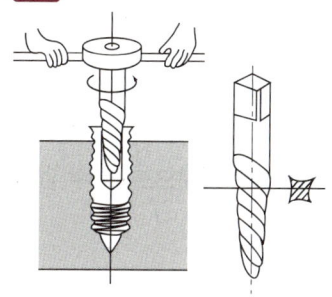

69 이의 맞물림이 원활하여 이의 변형과 진동, 소음이 작고 큰 동력의 전달과 고속운전에 적합한 기어는?

① 웜 기어(Worm Gear)
② 스퍼 기어(Spur Gear)
③ 헬리컬 기어(Helical Gear)
④ 크라운 기어(Crown Gear)

> 해설
> ① 웜 기어 : 웜과 웜 기어를 한 쌍으로 사용하고 역회전을 방지하며, 큰 감속비를 얻을 수 있다.
> ② 스퍼 기어 : 이 끝이 직선이며 축에 나란한 원통형 기어, 평 기어에 많이 사용된다.
> ④ 크라운 기어 : 피치면이 평면인 베벨 기어이다.

70 관로에 유속의 급격한 변화 및 정전에 의한 펌프의 동력이 급히 차단될 때 관 내 압력이 상승 또는 하강하는 현상은?

① 서징(Surging) 현상
② 수격(Water Hammer) 현상
③ 베이퍼로크(Vapor Lock) 현상
④ 캐비테이션(Cavitation) 현상

71 밸브에 대한 설명으로 옳은 것은?

① 글로브 밸브는 밸브 박스가 구형으로 되어 있고 밸브의 개도를 조절해서 교축기구로 쓰인다.
② 슬루스 밸브는 유체의 역류를 방지하기 위한 밸브이며 리프트식과 스윙식이 있다.
③ 체크 밸브는 전두부(핸들)를 90° 회전시킴으로써 유로의 개폐를 신속히 할 수 있다.
④ 콕(Cock)은 밸브 박스의 밸브 시트와 평행으로 작동하고 흐름에 대해 수직으로 개폐를 한다.

> 해설
> • 슬루스 밸브 : 밸브 박스의 밸브 시트와 평행으로 작동하고 흐름에 대해 수직으로 개폐를 한다.
> • 체크 밸브 : 유체의 역류를 방지하기 위한 밸브이며 리프트식과 스윙식이 있다.
> • 콕 : 전두부(핸들)를 90° 회전시킴으로써 유로의 개폐를 신속히 할 수 있다.

72 체인의 고속, 중하중 용에 적합한 급유방법은?

① 적하 급유
② 유욕 윤활
③ 강제 펌프 윤활
④ 회전판에 의한 윤활

해설
- 적하 급유법 : 급유할 마찰면이 넓고 손 급유법이 불편한 경우 사용되며 기름 보충에 주의만 하면 오랫동안 급유할 수 있어 상당히 널리 쓰인다.
- 유욕 급유법 : 마찰면이 기름 속에 잠겨서 윤활하는 방법이다.

73 다음 중 캐비테이션의 방지대책으로 틀린 것은?

① 흡입양정을 작게 한다.
② 펌프의 회전수를 높게 한다.
③ 펌프의 설치 위치를 낮게 한다.
④ 단흡입형 펌프이면 양흡입형 펌프로 고친다.

해설
캐비테이션의 방지대책
- 펌프의 설치 위치를 되도록 낮게 하고 흡입양정을 작게 할 것
- 흡입관은 짧게 하는 것이 좋으나 부득이 길게 할 경우에는 흡입관을 크게 하여 손실을 감소할 것
- 외적 조건으로 캐비테이션을 피할 수 없는 경우에는 임펠러 재질을 캐비테이션 침식에 대하여 강한 고급 재질로 택할 것
- 이미 캐비테이션이 생긴 펌프에 대해서는 소량의 공기를 흡입구에 넣어 소음과 진동을 줄일 것
- 펌프의 회전수를 낮게 할 것
- 단흡입이면 양흡입으로 고칠 것

74 다음 정비용 공구 중 체결용 공구가 아닌 것은?

① L-렌치
② 기어 풀러
③ 양구 스패너
④ 조합 스패너

해설
기어 풀러는 분해용 공구이다.

75 전동기의 운전 중 점검 항목으로 볼 수 없는 것은?

① 전압 상태
② 회전수 상태
③ 베어링 온도 상태
④ 브러시 습동 상태

76 관이음(Pipe Joint)의 종류가 아닌 것은?

① 나사이음
② 신축이음
③ 수막이음
④ 플랜지이음

해설
관 이음의 종류
- 나사식 관이음
- 패킹이음(생이음)
- 턱걸이이음
- 플랜지식 관이음
- 고무이음
- 신축 관이음

77 테이퍼 핀을 밑에서 때려서 뺄 수 없을 경우에 적합한 분해방법은?

① 테이퍼 핀을 정으로 잘라서 뺀다.
② 스크루 익스트랙터를 사용하여 뺀다.
③ 테이퍼 핀 머리부분에 용접을 하여 뺀다.
④ 테이퍼 핀 머리부분에 나사를 내어 너트를 걸어 뺀다.

78 생이음이라고도 하며, 파이프에 나사를 절삭하지 않고 이음하는 깃으로 숙련이 필요하지 않으며 시간과 공정이 절약되는 관이음은?

① 신축이음
② 고무이음
③ 패킹이음
④ 턱걸이이음

해설
① 신축이음 : 온도 변화에 따라 신축 작용을 할 때 이 신축량의 흡수를 조정할 목적으로 사용
② 고무이음 : 진동 흡수용 이음으로 냉동기, 펌프의 배관에 사용
④ 턱걸이이음 : 파이프의 한 끝을 크게 하여 다른 한 끝을 끼우고 그 사이에 대마, 목면 등의 패킹을 넣고 그 위에 납이나 시멘트를 유입한 다음 코킹하여 누설이 방지되도록 결합하는 것

79 다음 중 충격과 진동을 완화시켜 주는 플렉시블 커플링이 아닌 것은?

① 고무 커플링
② 체인 커플링
③ 기어 커플링
④ 플랜지 커플링

해설
플렉시블 커플링
두 축의 중심선 일치가 어렵고, 충격과 진동을 완화시켜 줄 때 사용한다. 고속회전으로 진동을 일으키는 경우에는 고무, 기어, 체인 커플링을 사용하여 충격과 진동을 완화시켜 준다.

80 송풍기의 회전수가 1,200[rpm]이고 풍량이 2,400 [m³/min]일 때, 회전수를 1,800[rpm]으로 변화시키면 풍량은 몇 [m³/min]인가?

① 3,000
② 3,200
③ 3,400
④ 3,600

2017년 제3회 과년도 기출문제

제1과목 공유압 및 자동화 시스템

01 유압 펌프가 기름을 토출하지 않고 있다. 다음 중 검사 방법이 적합하지 않은 것은?

① 펌프의 온도를 측정한다.
② 펌프의 흡입쪽을 검사한다.
③ 전동기의 상태를 검사한다.
④ 펌프의 회전 방향을 확인한다.

해설
펌프에서 작동유가 나오지 않는 경우
- 펌프의 회전 방향과 원동기의 회전 방향이 다른 경우
- 작동유의 유면이 탱크 내에서 기준 이하로 내려가 있는 경우
- 흡입관이 막히거나 공기가 흡입되고 있는 경우
- 펌프의 회전수가 너무 작은 경우
- 작동유의 점도가 너무 큰 경우
- 여과기가 막혀 있는 경우

02 입력을 A, B라 하고 출력을 C라 할 때, 다음 진리표를 충족시키는 회로는?

입력		출력
A	B	C
0	0	1
0	1	0
1	0	0
1	1	0

① OR 회로
② AND 회로
③ NOT 회로
④ NOR 회로

해설

[OR회로]

입력		출력
A	B	C
0	0	0
0	1	1
1	0	1
1	1	1

[AND회로]

입력		출력
A	B	C
0	0	0
0	1	0
1	0	0
1	1	1

[NOT회로]

입력	출력
A(B)	C
0	1
1	0

정답 1 ① 2 ④

03 유압기기 중 불필요한 오일을 탱크로 방출시켜 펌프에 부하가 걸리지 않도록 하는 밸브는?

① 감압 밸브
② 교축 밸브
③ 무부하 밸브
④ 카운터 밸런스 밸브

해설
① 감압 밸브 : 고압의 압축유체를 감압시켜 사용조건이 변동되어도 설정공급압력을 일정하게 유지시키는 밸브
② 교축(Throttle) 밸브 : 유로의 단면적을 교축하여 유량을 제어하는 밸브
④ 카운터 밸런스 밸브 : 부하가 급격히 제거되었을 때 그 자중이나 관성력 때문에 소정의 제어를 못하게 된다거나 램의 자유낙하를 방지하기 위하여 귀환유의 유량에 관계없이 일정한 배압을 걸어 주는 역할을 하는 밸브

04 밸브의 조작력 또는 제어신호가 걸리지 않을 때 밸브 몸체의 위치는?

① 초기위치
② 작동위치
③ 과도위치
④ 노멀위치

05 공압모터의 설치 및 유의사항에 대한 설명으로 틀린 것은?

① 윤활기를 반드시 설치하여야 한다.
② 저온에서 사용할 경우 빙결(氷結)에 주의한다.
③ 배관 및 밸브는 될 수 있는 한 유효 단면적이 큰 것을 사용한다.
④ 밸브는 될 수 있는 한 공압모터에서 멀리 떨어지도록 설치한다.

해설
공압모터의 설치 및 유의사항
• 윤활기를 반드시 설치한다.
• 고속회전이나 저온에서 사용할 경우 결빙에 주의한다.
• 배관 및 밸브는 될 수 있는 한 유효 단면적이 큰 것을 사용한다.
• 밸브는 공압 모터 가까이에 설치한다.

06 공기필터 또는 탱크의 응축수를 배출하는 기기는?

① 윤활기
② 압력조절기
③ 에어드라이어
④ 드레인 분리기

07 공·유압 도면의 기호요소에 대한 설명으로 옳은 것은?

① 기기장치의 상세한 기능을 명시하는 경우에 사용하는 기호
② 기기장치의 상세한 기능을 명시할 필요가 없을 때 사용하는 기호
③ 기기, 장치, 유로 등의 종류를 기호로 표시할 때 사용하는 기본적인 선 또는 도형
④ 기기, 장치의 특성, 작동 등을 기호로 표시할 때 사용하는 기본적인 선 또는 도형

08 피스톤의 직선왕복운동을 회전운동으로 변환하는 요동 액추에이터는?

① 충격 실린더
② 로드리스 실린더
③ 다위치제어 실린더
④ 래크와 피니언형 실린더

> **해설**
> **래크와 피니언형 실린더**
> 피스톤 로드의 직선왕복운동이 래크와 피니언의 상대 운동을 통하여 회전운동으로 변환하며, 회전 범위는 45~720°까지이다.

09 토출압력의 크기로 송풍기와 압축기를 구분할 때, 압축기에 해당하는 압력[kgf/cm^2]은?

① 0.01~0.3
② 0.3~0.5
③ 0.5~0.7
④ 1.0 이상

> **해설**
> **공압 발생장치의 토출압력**
> • 팬 : 0.1[kgf/cm^2] 미만
> • 송풍기 : 0.1~1[kgf/cm^2]
> • 공기 압축기 : 1[kgf/cm^2] 이상

10 유체의 성질에 대한 설명 중 옳은 것은?

① 유체의 속도는 단면적이 큰 곳에서는 빠르다.
② 유속이 느리고 가는 관을 통과할 때 난류가 발생한다.
③ 유속이 빠르고 굵은 관을 통과할 때 층류가 발생한다.
④ 점성이 없는 비압축성의 유체가 수평관을 흐를 때 압력, 위치, 속도에너지의 합은 일정하다.

> **해설**
> ① 유체의 속도는 단면적이 큰 곳에서는 느리다.
> ② 유속이 느리고 가는 관을 통과할 때 층류가 발생한다.
> ③ 유속이 빠르고 굵은 관을 통과할 때 난류가 발생한다.

11 역학센서에 해당되지 않는 것은?

① 변위센서
② 압력센서
③ 자기센서
④ 진동센서

> **해설**
> **물리센서** : 온도센서, 방사선센서, 광센서, 컬러센서, 전기센서, 자기센서

12 어떤 제어시스템에서 0~5[V]를 4개의 2진 신호만을 사용하여 간격을 나눌 때 표시되는 최소값은 약 얼마인가?

① 0.139[V]
② 0.313[V]
③ 0.625[V]
④ 1.250[V]

> **해설**
> 4개의 2진 신호로 입력되는 아날로그 신호를 표현하면 $2^4 = 16$개의 간격으로 나눌 수 있다.
> 0~5[V]의 아날로그값의 최소 범위는 $\frac{5}{16} = 0.313[V]$가 된다.

정답 8 ④ 9 ④ 10 ④ 11 ③ 12 ②

13 시스템의 고장을 사전에 방지하는 목적으로 점검, 검사, 시험, 재조정 등을 정기적으로 행하는 보전 방식은?

① 개량보전
② 보전예방
③ 사후보전
④ 예방보전

해설
① 개량보전(CM) : 설계 또는 부품의 일부를 공학적 또는 기술적인 방법으로 개조시키는 설비보전 활동
② 보전예방(MP) : 신설비의 PM설계로, 고장이 없고 보전이 필요치 않은 설비를 설계·제작하기 위한 설비보전
③ 사후보전(BM) : 고장, 정지 또는 유해한 성능저하를 가져온 후에 수리를 행하는 보전 활동

14 자동제어에 대한 설명으로 틀린 것은?

① 피드백(Feed Back)신호를 필요로 한다.
② 제어하고자 하는 변수가 계속 측정된다.
③ 출력이 제어 자체에 영향을 미치지 않는다.
④ 여러 개의 외란 변수가 존재할 때 사용한다.

해설
폐회로 제어 시스템의 특징을 갖는다.

15 다음 그림과 같이 두 개의 복동 실린더가 한 개의 실린더 형태로 조립되고 있고 실린더의 지름이 한정되고 큰 힘을 요하는 곳에 사용하는 실린더는?

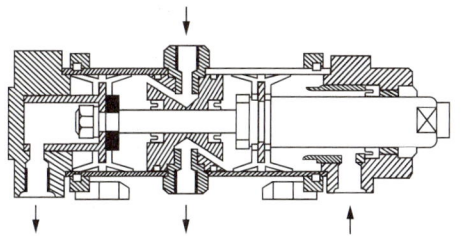

① 탠덤 실린더
② 양 로드형 실린더
③ 텔레스코프 실린더
④ 쿠션 내장형 실린더

해설
탠덤 실린더 : 두 개의 복동 실린더가 서로 나란히 연결된 복수의 피스톤을 갖는 실린더

16 변위 단계 선도(Displacement Step Diagram)에 대한 설명으로 옳은 것은?

① 단순한 논리 연결을 표현한다.
② 순차제어에서 시간에 대한 정보를 제공한다.
③ 스텝에 따른 작업요소의 작동 순서를 표현한다.
④ 플래그, 카운터, 타이머의 기능을 가지고 있다.

해설
변위 단계 선도
실린더의 작동 순서를 표시하며 실린더의 변위는 각 단계에 대해서 표시한다. 그리고 여러 개의 실린더로 구성된 장치에서는 각 실린더의 작동상태를 아래로 이어가면서 표시한다.

17 다음 회로와 같은 동작을 하는 논리회로는?

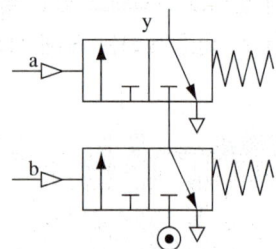

① OR ② AND
③ NOT ④ EX-OR

> **해설**
> AND 회로(논리곱 회로)
> 2개 이상의 입력단과 1개의 출력단을 가지며, 모든 입력단에 입력이 가해졌을 경우에만 출력단에 출력이 나타나는 회로

18 하나의 제어변수에 ON/OFF와 같이 두 가지 값으로 제어하는 제어계는?

① 2진 제어계
② 동기 제어계
③ 디지털 제어계
④ 아날로그 제어계

> **해설**
> ② 동기 제어계 : 실제 시간과 관계된 신호에 의해서 제어가 행해지는 것
> ③ 디지털 제어계 : 시간과 정보의 크기를 모두 불연속적으로 표현한 제어
> ④ 아날로그 제어계 : 연속적인 물리량으로 표시되며 아날로그 신호로 처리되는 시스템

19 메모리의 단위를 크기순으로 올바르게 나열한 것은?

① bit < kbyte < Mbyte < Gbyte
② kbyte < Mbyte < Gbyte < bit
③ Mbyte < Gbyte < byte < bit
④ Mbyte < bit < kbyte < Gbyte

20 피스톤형 공기압 모터에 대한 설명으로 틀린 것은?

① 요동형 액추에이터에 속한다.
② 시계 방향이나 반시계 방향의 회전이 가능하다.
③ 공기의 압력에너지를 회전운동으로 변환한다.
④ 공기 압력이나 피스톤의 수에 의해 출력이 결정된다.

> **해설**
> 피스톤형 공기압 모터
> • 피스톤의 왕복운동을 기계적 회전운동으로 변환함으로써 회전력을 얻는다.
> • 변환 방식은 크랭크를 이용한 것, 사판을 이용한 것, 캠의 반력을 이용한 것 등이 있다.
> • 특징으로 중저속회전 20~5,000[rpm], 고토크형이며, 출력은 1.5~20[kW]이다.

제2과목 설비진단 및 관리

21 정비의 시기에 맞추어 필요한 예비품을 준비해 두어야 하는데, 해당되는 예비품이 아닌 것은?

① 부품 예비품　② 연료 예비품
③ 라인 예비품　④ 부분적 세트 예비품

해설
예비품의 종류
- 부품 예비품
- 부분적 세트(Set) 예비품
- 단일 기계 예비품
- 라인 예비품

22 진폭을 나타내는 파라미터 중 거리로 표현하는 것은?

① 속 도　② 변 위
③ 가속도　④ 중 력

해설
① 속도(Velocity) : 일정거리를 몇 초에 지나가는가를 의미한다.
③ 가속도(Acceleration) : 단위시간당 속도의 증가(감소)를 말하며, 시간의 변화에 대한 진동속도의 변화율을 나타낸다.

23 설비보전 조직의 직접 기능이 아닌 것은?

① 일상보전　② 원가보전
③ 사후보전　④ 예방보전검사

해설
설비보전 조직의 직접 기능
설비가 열화하고 고장정지를 일으켜 유해한 성능저하를 가져오는 상태를 제거, 조정 또는 수복하여 설비성능을 최경제적으로 유지하는 활동으로 설비검사(점검), 설비보전(일상 보전), 설비수리(공작)의 세 가지로 대별한다.

24 다음 중 변위 센서로 사용되는 것은?

① 동전형 센서
② 압전형 센서
③ 기전력 센서
④ 와전류형 센서

해설
변위 센서
와전류식, 전자광학식, 정전 용량식 등이 있으며 축의 운동과 같이 직선 관계 측정 시 고감도 오실레이터는 와전류형 변위 센서가 사용된다.

25 진동 차단기가 갖추어야 할 요건으로 옳은 것은?

① 온도, 습도에 견딜 수 있어야 한다.
② 화학적 변화에 따라 변형되어야 한다.
③ 강성은 충분히 커야 하고 하중은 고려하지 않는다.
④ 차단하려는 진동의 최저 주파수와 같은 고유진동수를 가져야 한다.

해설
진동 차단기가 갖추어야 할 요건
- 강성이 충분히 작아서 차단능력이 있어야 한다.
- 강성은 걸어준 하중을 충분히 받칠 수 있어야 한다.
- 온도, 습도, 화학적 변화 등에 견딜 수 있어야 한다.
- 차단하려는 진동의 최저 주파수보다 작은 고유진동수를 가져야 한다.

정답 21 ② 22 ② 23 ② 24 ④ 25 ①

26 TPM의 목표인 "맨, 머신, 시스템(Man, Machine, System)을 극한 상태까지 높일 것"에서 머신이 고장, 일시정지를 발생시키지 않도록 하여 최대한 설비 가동률을 높이고자 할 때의 방법으로 틀린 것은?

① 현장의 체질개선
② 설비의 성능을 최고 상태로 유지
③ 설비의 성능을 최고로 하여 장기간 유지
④ 주기적인 오버홀(Over Haul)을 수행하여 생산량 증가

해설
TPM의 목표
- 맨, 머신, 시스템을 극한 상태까지 높일 것
  - 설비의 상태를 항상 최고의 상태까지 높일 것
  - 그 상태를 장시간에 걸쳐서 유지할 것
- 현장의 체질을 개선할 것
  - 설비가 변하고, 사람이 변하고, 현장이 변하는 것이 TPM의 목표

27 기계의 공진을 제거하는 방법으로 맞지 않는 것은?

① 우발력을 없앤다.
② 기계의 질량을 바꾸어 고유진동수를 변화시킨다.
③ 기계의 강성을 바꾸어 고유진동수를 변화시킨다.
④ 우발력의 주파수를 기계의 고유진동수와 같게 한다.

해설
우발력의 주파수와 기계의 고유진동수를 같게 한다면 공진이 더 발생한다.

28 예방보전의 효과가 가장 높게 나타나는 시기는?

① 새로운 원료를 투입할 때
② 설비를 새로 제작하여 시운전할 때
③ 설비가 유효 수명을 초과하여 가동 중일 때
④ 설비가 유효 수명 내에서 정상 가동 중일 때

29 제품별 설비배치에 대한 특징이 아닌 것은?

① 하나 또는 소수의 표준화된 제품을 대량으로 반복 생산하는 라인공정에 적합함
② 작업흐름은 미리 정해진 패턴을 따라가며, 각 작업장은 소품종 작업을 수행함
③ 하나의 기계 고장 시에도 유연하게 생산을 수행하며 고임금 기술자가 필요함
④ 작업흐름이 원활하고, 생산시간이 짧고, 작업장 간 거리축소로 재고감소, 비용감소, 생산통제가 용이함

해설
제품별 배치
라인별 배치라고도 하며 공정의 계열에 따라 각 공정에 필요한 기계가 배치되는 형식으로 예정생산에 이용되며, 생산량이 많고 표준화되고 작업의 균형이 유지되며, 재료의 흐름이 원활할 경우에 이용

30 측정된 진동값에 대해 정상값인지 이상값인지를 판정하는 기준의 종류가 아닌 것은?

① 절대판정기준
② 절충판정기준
③ 상대판정기준
④ 상호판정기준

31 일반적인 집중보전의 특징으로 옳은 것은?

① 일정 작성이 용이하다.
② 긴급작업을 신속히 처리할 수 있다.
③ 작업의뢰와 완성까지의 시간이 매우 짧다.
④ 자본과 새로운 일에 대하여 통제가 불확실하다.

해설
집중보전의 장점
- 기동성이 있다.
- 요원배치에 유연성이 있다.
- 노동력의 유효이용이 높다.
- 설비 공구의 유효이용이 높다.
- 보전책임이 명확히 된다.

32 설비보전의 효과가 아닌 것은?

① 가동률이 향상된다.
② 실비 보진비용이 감소한다.
③ 예비 설비의 필요성이 증가된다.
④ 설비고장으로 인한 정지 손실이 감소한다.

해설
설비 보전의 효과
- 고장으로 인한 정지 손실 감소
- 보전비가 감소
- 제작 불량이 감소
- 가동률이 향상
- 예비 설비의 필요성이 감소되어 자본 투자가 감소
- 예비품 관리가 좋아져서 재고품 감소
- 제조 원가 절감
- 종업원의 안전, 설비의 유지가 잘되어 보상비나 보험료가 감소
- 고장으로 인한 납기 지연이 감소

33 설비진단 기술의 목적으로 틀린 것은?

① 설비의 상태를 파악한다.
② 설비의 미래 상태를 예측한다.
③ 설비를 분해하여 열화를 찾는다.
④ 설비의 이상이나 고장의 원인을 파악한다.

해설
설비진단 기술의 일반적인 효과
- 진단기기를 사용하면 보다 정량화할 수 있으므로 쉽게 이상측정이 가능하다.
- 경향관리를 통하여 설비의 수명 예측이 가능하다.
- 중요 설비 부위를 상시 감시함에 따라 돌발사고를 미연에 방지할 수 있다.
- 정밀진단을 실행함에 따라 설비의 열화부위, 열화내용 정도를 알 수 있기 때문에 오버홀이 불필요해진다.

34 공장의 증설 및 신설, 휴지공사 등에 임시로 편성하는 설비관리 조직은?

① 정상 조직
② 기능별 조직
③ 경상적 조직
④ 프로젝트 조직

해설
프로젝트 조직
휴지공사나 신공장의 건설, 대증설과 같이 그 규모가 대단위로 되어 작업량이 집중적으로 많아질 때에 임시 편성된 조직

정답 31 ② 32 ③ 33 ③ 34 ④

35 자주보전을 설명한 것 중 틀린 것은?

① 작업자에게 가장 중요한 것은 "이상을 발견할 수 있는 능력"이다.
② 자주보전이란 "작업자 개개인이 자기설비는 자신이 지킨다."이다.
③ 자주보전을 하기 위해서는 "설비에 강한 작업자"가 되어야 한다.
④ 작업자는 단순한 운전 조직원의 구성원으로 "설비보전 업무는 설비요원"만 하도록 한다.

해설
자주보전
- "자기설비는 자신이 지킨다"는 것을 목적으로 점검, 급유, 부품교환, 수리, 이상발견, 정밀도 체크 등을 행하는 것
- 설비가동부문의 운전자들이 소집단 활동을 중심으로 운전자 또는 작업자 스스로 전개하는 생산보전 활동

36 설비의 제1차 진단 기술로 현장 작업원이 수행하는 기술은?

① 간이진단 기술
② 정밀진단 기술
③ 고장해석 기술
④ 응력해석 기술

해설
간이진단
간이진동계의 기기를 사용하여 측정한 후 이상으로 판별된 것은 수리하는 것으로 현장 작업원이 사용하는 설비의 제1차 건강진단기술이다.

37 조직상으로 집중보전과 같이 한 관리자 밑에 조직되어 있지만 배치상 각 지역에 분산된 보전조직은?

① 지역보전
② 절충보전
③ 설비보전
④ 절충형보전

해설
지역보전
조직상은 집중보전과 동일한 것이나 한 관리자 밑에 조직되어 있지만 배치상은 각 지역에 분산된 형으로 보전요원은 제품별, 공정별, 업종별로 분류되는 형이다.

38 설비의 경제성을 평가하기 위한 방법으로 가장 거리가 먼 것은?

① 자본회수 기간법
② 수익률 비교법
③ 미래 가치법
④ 원가 비교법

해설
설비투자의 경제성 평가방법
- 자금회수 기간법
- 원가 비교법
- 투자이익율법(수익률 비교법)

39 다음 중 설비진단기법이 아닌 것은?

① 응력법
② 진동법
③ 오일 분석법
④ 사각 탐상법

해설
설비진단기법
진동 분석법, 오일 분석법, 응력법, 마모입자 분석법, 열화상 분석법, 비파괴 분석법 등이 있다.

40 윤활유 급유법 중 순환 급유법에 해당되는 것은?

① 적하 급유법
② 유륜식 급유법
③ 사이펀 급유법
④ 가시 부상 유적 급유법

해설
순환 급유법
오일통 속의 오일을 펌프에 의해 마찰면에 보내어 윤활작용을 한 오일은 다시 오일통으로 돌아오며, 발생열은 오일에 의해서 제거된다. 종류에는 패드 급유법, 체인 급유법, 유륜식(링) 급유법, 칼라 급유법, 버킷 급유법, 비말 급유법, 롤러 급유법, 유욕 급유법, 원심 급유법, 나사 급유법, 중력 순환 급유법, 강제 순환(펌프) 급유법, 분무 급유법 등이 있다.

제3과목 공업계측 및 전기전자제어

41 측온 저항온도계에서 사용하는 금속 저항체가 아닌 것은?

① 백 금
② 니 켈
③ 구 리
④ 안티몬

해설
측온 저항온도계에서 사용하는 열전기쌍에는 백금-백금로듐, 크로멜-알루멜, 철-콘스탄탄, 구리-콘스탄탄 등의 조합이 사용된다.

42 다음의 반가산기의 회로도에서 입력이 $A=1$, $B=1$일 때, S와 C는?

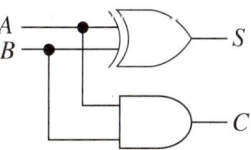

① $S=0$, $C=0$
② $S=0$, $C=1$
③ $S=1$, $C=0$
④ $S=1$, $C=1$

해설
반가산기이므로 입력 $A=1$, $B=1$일 때 출력 $S=A\oplus B=0$, $C=AB=1$이다.

43 다음에서 조작량에 해당되는 것은?

> 보일러의 온도를 80[℃]로 유지시키기 위하여 기름의 공급량을 변화시킨다.

① 온 도
② 80[℃]
③ 보일러
④ 기름의 공급량

해설
조작량 : 제어 요소가 제어 대상에 가하는 제어 신호로써 제어 요소의 출력 신호, 제어 대상의 입력 신호

44 측정하고자 하는 양과 일정한 관계가 있는 다른 종류의 양을 각각 직접 측정으로 구하여, 그 결과로부터 계산에 의해 측정량의 값을 결정하는 측정방법은?

① 일반측정
② 비교측정
③ 절대측정
④ 간접측정

해설
- 비교측정(Relative Measurement) : 기준이 되는 일정한 치수와 피 측정물을 비교하여 그 측정치의 차이를 읽는 방법(다이얼 게이지, 미니미터, 공기 마이크로미터, 전기 마이크로미터 등)
- 절대측정(Absolute Measurement) : 정의에 따라서 결정된 양을 실현시키고, 그것을 사용하여 실시하는 측정이다. U자관 압력계-수은주 높이, 밀도, 중력가속도를 측정해서 압력의 측정값을 결정하는 것을 말함
- 간접측정(Indirect Measurement) : 피측정물의 모양이 기하학적으로 간단하지 않는 경우 측정부의 치수를 수학적이나 기하학적인 관계에서 얻을 수 있는 경우에 이용(사인바에 의한 각도측정, 롤러와 블록 게이지에 의한 테이퍼 측정, 삼침법에 의한 나사의 유효지름 측정 등)
- 직접측정(Direct Measurement) : 일정한 길이나 각도로 표시되어 있는 측정기를 사용하여 피측정물에 직접 접촉하여 눈금을 읽는 방식

45 다음 논리회로에서 입력이 A, B일 때 출력 Y에 나타나는 논리식은?

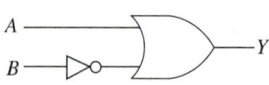

① $A + B$
② $A \times B$
③ $A \times \overline{B}$
④ $A + \overline{B}$

해설
논리식은 $Y = A + \overline{B}$이다.

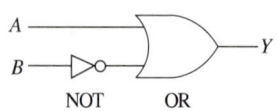

46 유도전동기에서 슬립링이 필요한 전동기는?

① 농형 유도전동기
② 단상 유도전동기
③ 권선형 유도전동기
④ 2중 농형 유도전동기

해설
권선형 유도전동기
- 회전자에도 3상의 권선을 감고 각각의 단자를 슬립링을 통해서 저항기에 연결하여 저항치를 가감하여 기동특성을 바꿀 수 있다.
- 회전자 권선으로 인하여 농형보다 구조가 복잡하다.
- 기동전류 및 토크가 전부하 전류의 100~150[%] 정도이므로, 적은 전원 용량에서 큰 기동 토크를 얻을 수 있다.
- 기동이 빈번하여 열적으로 부적합한 경우 및 대용량에 많이 사용한다.
- 속도의 제어가 용이하다.
- 취급이 약간 번잡하며, 가격이 높다.
- 슬립링에서 불꽃이 발생하여 화재위험이 있다.

47 신호 변환기에서 변위 센서로 많이 사용되며, 변위를 전압으로 변환하는 장치는?

① 벨로스
② 서미스터
③ 노즐 플래퍼
④ 차동 변압기

해설
④ 차동 변압기 : 전자기유도를 이용해서 직선변위를 전압으로 변환하는 검출기이다.
① 벨로스 : 탄성압력계의 일종으로 외주에 주름상자형의 금속박판 원통의 내부 또는 외부에 압력을 받으면 중심축 방향으로 팽창 및 수축을 일으키는 저압측정용 압력계이다.
② 서미스터 : 금속산화물을 소결하여 만들며 온도에 따라 저항치가 변하는 특성을 이용한 것이다.
③ 노즐 플래퍼 : 노즐과 플래퍼 극간의 변화를 출구압의 압력으로 변환할 수 있다.

48 이상적인 연산증폭기의 특성이 아닌 것은?

① 주파수대역폭 = ∞
② 개방전압이득 = ∞
③ 입력임피던스 = ∞
④ 출력임피던스 = ∞

해설
이상적인 연산증폭기의 특성
• 입력저항 무한대($R_i = \infty$)
• 출력저항 0($R_0 = 0$)
• 전압이득 무한대($A_v = \infty$)
• 대역폭 무한대($B_W = \infty$)
• 오프셋(Off-set) 0

49 전압과 주파수를 가변시켜 전동기의 속도를 고효율로 쉽게 제어하는 장치로 사용되는 것은?

① 인버터
② 카운터
③ 다이오드
④ 배선용 차단기

해설
유도전동기의 속도를 정밀하게 제어하려면 전압과 주파수 변환이 필요하다. 인버터는 직류 전력을 교류 전력으로 변환하는 장치로, 직류로부터 원하는 크기의 전압 및 주파수에 해당하는 교류를 얻을 수 있으므로 유도전동기의 속도제어는 물론이고 효율 제어, 역률 제어 등이 가능하다.

50 회전수 1,200[rpm]인 6극 교류발전기와 병렬 운전하는 8극 교류발전기의 회전수는 몇 [rpm]인가?

① 900
② 1,000
③ 1,100
④ 1,200

해설
$N_s = \dfrac{120f}{p}$ 에서 주파수를 구하면

$1,200 = \dfrac{120f}{6}$, $f = \dfrac{1,200 \times 6}{120} = 60[\text{Hz}]$

∴ $N_s = \dfrac{120 \times 60}{8} = 900[\text{rpm}]$

정답 47 ④ 48 ④ 49 ① 50 ①

51 10~15[kW] 정도의 3상 농형 유도전동기의 기동 방식으로 사용하는 것은?

① 반발 기동
② Y-△ 기동
③ 전전압 기동
④ 기동보상기를 사용한 기동

해설
3상 유도전동기의 기동방법
- Y-△기동 : △결선으로 운전하는 전동기를 기동할 때만 Y결선으로 하여 기동전류, 토크와 함께 직입의 1/3로 감소하며 10~15[kW] 중용량에 사용한다.
- 전전압 기동 : 6[kW] 이하 소용량에 쓰인다. 전동기에 최초로부터 전전압을 인가하여 기동하며, 전전압 기동은 정격 전류의 4~6배의 기동 전류가 흐르기 때문에 큰 전압 강하가 발생한다.
- 기동 보상기법 : 15[kW] 이상의 전동기에 사용한다.
- 리액터 기동 : 동기의 1차측에 리액터(일종의 교류저항)를 넣어서 기동 시에 전동기의 전압을 리액터 전압강하분만큼 낮추어서 기동하며 중·대용량에서 사용한다.

52 두 코일이 있다. 한 코일의 전류가 매초 20[A]의 비율로 변화할 때, 다른 코일에 10[V]의 기전력이 발생하였다면 두 코일의 상호 인덕턴스는 약 몇 [H]인가?

① 1.25
② 0.75
③ 0.5
④ 0.25

해설
$M = e\dfrac{dt}{di} = 10 \times \dfrac{1}{20} = 0.5$

53 공기식 조작기기의 장점으로 옳은 것은?

① 선형 특성이다.
② 간단하게 PID 동작이 된다.
③ 신호를 먼 곳까지 보낼 수 있다.
④ 다른 방식에 적용시키기 어렵다.

해설
공기식 조작기기
- PID 동작을 만들기 쉽다.
- 전송이 장거리가 되면 늦음이 크게 된다.
- 부피, 무게에 대한 출력은 크지 않다.
- 안전하다.

54 검출용 기기가 아닌 것은?

① 캠 스위치
② 리밋 스위치
③ 근접 스위치
④ 플로트 스위치

해설
검출용 스위치
- 제어대상의 상태나 변화를 검출하기 위한 것
- 어떤 물체의 위치나 액체의 높이, 압력, 빛, 온도, 전압, 자계 등을 검출하여 조작기기를 작동시키는 스위치
- 리밋 스위치, 마이크로 스위치, 근접 스위치, 광전 스위치, 온도 스위치, 압력 스위치, 플로트 스위치, 레벨 스위치, 플로트리스 스위치 등이 있다.

55 전기기계의 철심을 성층하는 이유와 가장 관계가 있는 것은?

① 와류손
② 기계손
③ 표유부하손
④ 히스테리시스손

해설
와류손 경감을 위해 철심을 성층하며, 히스테리시스손을 경감시키기 위해 규소 함유량을 3.5[%]로 한 규소 강판을 사용한다.

56 다음 전력 증폭기 중 효율이 가장 높은 것은?

① A급 전력증폭기
② B급 전력증폭기
③ C급 전력증폭기
④ AB급 전력증폭기

해설
③ C급 전력증폭기 : 입력주기에서 아주 작은 부분에서만 동작하는 증폭기의 형태로 가장 높은 효율을 얻을 수 있다.
① A급 전력증폭기 : 입력신호에 대해 증폭된 출력신호가 선형영역이 되도록 바이어스된 증폭기이다.
② B급 전력증폭기 : 입력주기의 180°에 대해 직선영역에서 동작되고 나머지 180°에서 차단되도록 바이어스된 형태
④ AB급 전력증폭기 : 180°보다 더 많은 영역에서 동작되는 특징을 가지고 있다.

57 소자상태에서 트랜지스터의 이미터와 컬렉터 사이의 이상적인 저항값[Ω]은?

① 0
② 20
③ 50
④ ∞

해설
트랜지스터(Transistor)는 전류나 전압흐름을 조절하여 증폭, 스위치 역할을 한다. 즉, 이미터와 컬렉터 사이의 저항은 Base에 아무 신호를 넣지 않았을 경우 저항값이 매우 높게(무한대) 측정된다.

58 되먹임 제어(Feed Back Control)에서 반드시 필요한 장치는?

① 구동기
② 조작기
③ 검출기
④ 비교기

해설
피드백 제어시스템이란 제어량의 값을 입력측으로 되돌려, 이것을 목표값과 비교하면서 제어량이 목표값과 일치하도록 정정 동작을 하는 제어이다.

59 3상 Y-Y 회로에서 a상의 전압 V_a가 220[V]이고 부하 한 상의 임피던스 Z는 8+j6[Ω]일 때 선전류 값은 몇 [A]인가?

① 10
② 11
③ 20
④ 22

해설
부하 임피던스 $\dot{Z}$가 저항과 리액턴스로 구성된 $\dot{Z}=R+jX$라고 하면, 임피던스의 크기는 $\dot{Z}=\sqrt{R^2+X^2}$ 이다.
임피던스 $Z=8+j6[\Omega]$로 구성된
$\dot{Z}=\sqrt{R^2+X^2}=\sqrt{8^2+6^2}=10$
$\therefore \dot{I}_a=\dfrac{\dot{V}_a}{\dot{Z}}=\dfrac{220}{10}=22[A]$

60 전자코일에 전원을 주어 형성된 자력을 이용하여 접점을 즉시 개폐하는 역할을 하는 것은?

① 카운터
② 릴레이
③ 열동형계전기
④ 셀렉터스위치

해설
전자계전기(Relay)는 전류가 흐르면 전기의 자기 작용에 의해 계전기에 있는 코일이 여자되어 접점을 이동하는 장치이다.

제4과목 기계정비일반

61 다음 중 원심식 압축기의 장점으로 틀린 것은?

① 대용량이다.
② 윤활이 쉽다.
③ 고압 발생이 쉽다.
④ 맥동 압력이 없다.

해설
원심식 압축기의 장단점

장 점	단 점
• 설치면적이 비교적 좁다. • 기초가 견고하지 않아도 된다. • 윤활이 쉽다. • 맥동 압력이 없다. • 대용량이다.	고압 발생이 어렵다.

62 전동기 고장현상 중 과열의 원인으로 틀린 것은?

① 과부하 운전
② 냉각팬에 의한 발열
③ 빈번한 기동 및 정지
④ 베어링부에서의 발열

해설
전동기의 과열 현상
• 3상 중 1상의 퓨즈가 용단으로 단상이 되어 과전류가 흐름
• 과부하 운전
• 빈번한 기동 및 정지
• 냉각 불충분
• 베어링부에서의 발열

63 송풍기의 압력 범위를 올바르게 표현한 것은?

① 0.1[kgf/cm^2] 이하
② 1.4[kgf/cm^2] 이상
③ 0.1~1.0[kgf/cm^2]
④ 1.0~1.4[kgf/cm^2]

해설
• 통풍기(Fan) : 0.1[kgf/cm^2] 이하
• 송풍기(Blower) : 0.1~1[kgf/cm^2]
• 압축기(Compressor) : 1.0[kgf/cm^2] 이상

64 관의 안지름 1.2[m], 평균유속 3[m/s]인 도수관 1개를 사용할 때 이 도수관에 흐르는 유량은 약 몇 [m^3/s]인가?

① 3.39
② 6.79
③ 33.93
④ 67.85

해설
$Q = A \times v$ 에서,
$Q = \dfrac{1}{4} \times \pi \times d^2 \times v = \dfrac{1}{4} \times 3.14 \times 1.2^2 \times 3 = 3.39$

정답 61 ③ 62 ② 63 ③ 64 ①

65 원심형 통풍기(Fan)의 정기 검사 항목이 아닌 것은?

① 덕트의 마모 상태
② 흡기, 배기의 능력
③ 통풍기의 주유 상태
④ 배기세정장치 수리

해설
원심형 통풍기의 정기 검사 항목
- 후드 덕트의 마모, 부식, 움푹 패임, 기타의 손상 유무 및 그 정도
- 덕트 배풍기의 먼지 퇴적 상태
- 통풍기의 주유 상태
- 덕트 접촉부의 풀림
- 통풍기 벨트의 작동
- 흡기, 배기의 능력
- 여포식 제진장치에서는 여포의 파손 또는 풀림

66 기계요소에 대한 설명 중 옳지 않은 것은?

① 분할핀은 풀림방지용으로 사용한다.
② 테이퍼핀은 위치결정용으로 사용한다.
③ V벨트는 평벨트보다 전동효율이 높다.
④ 크랭크 축은 연삭기 등의 주축에 사용한다.

해설
크랭크 축은 왕복 운동 기관 등에서 직선 운동과 회전 운동을 상호 변환시키는 축이다.

67 펌프 점검 관리 항목 중 일상 점검 항목이 아닌 것은?

① 누수량
② 토출 압력
③ 베어링 온도
④ 임펠러의 마모

해설
펌프의 일상(매일) 점검 항목
- 베어링 온도
- 흡입 토출 압력
- 습기(누수량)
- 윤활유 온도, 압력
- 토출 유량계
- 패킹상자에서의 누수
- 냉각수의 출입구 온도, 압력
- 원동기의 압력
- 오일링의 움직임

68 펌프의 부식에 관한 설명으로 옳은 것은?

① 유속이 느릴수록 부식되기 쉽다.
② 온도가 낮을수록 부식되기 쉽다.
③ 유체 내의 산소량이 적을수록 부식되기 쉽다.
④ 재료가 응력을 받고 있는 부분은 부식되기 쉽다.

해설
펌프의 부식 작용 요소
- 유속이 빠를수록 부식되기 쉽다.
- 금속 표면이 거칠수록 부식이 잘된다.
- 유체 내의 산소량이 많을수록 부식되기 쉽다.
- 온도가 높을수록 부식되기 쉬우며 pH값이 낮아진다.
- 재료가 응력을 받고 있는 부분은 부식이 생기기 쉽다.
- 금속 표면의 돌기부, 캐비테이션 발생부위, 충격흐름을 받는 부위는 부식되기 쉽다.

정답 65 ④ 66 ④ 67 ④ 68 ④

69 다음 변속기 중 유성 운동을 하는 원추 판을 반경방향으로 이동시켜 접시형 스프링을 가진 한 쌍의 태양플랜지와 접촉시켜 유성 원추 판의 공전을 출력축으로 빼내는 구조로 된 것은?

① 가변 변속기
② 컵 무단변속기
③ 디스크 무단변속기
④ 체인식 무단변속기

해설
① 가변 변속기 : 몇 장의 원추 판과 거기에 대등하는 플랜지 디스크가 있고 플랜지 디스크는 페이스 캠과 스프링으로 눌러져 원추 판을 변속핸들에 의해 그 속으로 밀어 넣어 접촉부분의 반경을 무단계로 바꾸어 변속시키는 것이다.
② 컵 무단변속기 : 입력축과 출력축에 드라이브 콘을 비치하고 그 바깥 가장자리에 강구를 접촉시키며, 이 강구가 경사축에 의해 경사각을 변화시키면 입출력축의 드라이브 콘에 접촉하는 접촉반경이 변화되어 무단계 변속을 하게 된다.
④ 체인식 무단변속기 : 얕은 홈이 있는 베벨기어에 특수한 체인의 연결로 동력을 전달하는 것이다.

70 다음 V벨트 호칭법에서 80은 무엇을 의미하는가?

일반용 V벨트 A80 또는 A2032

① 폭(mm)
② 호칭번호
③ 호칭지름(mm)
④ 인장강도(kg/cm^2)

71 체결용 기계요소 중 볼트 너트의 이완방지 방법이 아닌 것은?

① 절삭 너트에 의한 방법
② 로크 너트에 의한 방법
③ 테이퍼 핀에 의한 방법
④ 홈 달림 너트 분할핀에 의한 방법

해설
볼트 너트 이완(풀림)방지 방법
- 홈 달림 너트 분할핀 고정방법
- 절삭 너트에 의한 방법
- 로크 너트(더블 너트)에 의한 방법
- 특수 너트에 의한 방법(자동 죔 너트에 의한 방법)

72 V벨트나 풀리의 홈 크기에 대한 규격 중 단면의 면적이 가장 큰 것은?

① M형　② A형
③ E형　④ Y형

해설
V벨트의 종류에는 M, A, B, C, D, E의 여섯 가지가 있으며, M에서 E쪽으로 갈수록 단면(허용장력)이 커진다.

73 축의 고장원인과 가장 거리가 먼 것은?

① 윤활 불량
② 응력 분산
③ 키 홈 마모
④ 끼워 맞춤 불량

해설
축의 고장 원인
- 조립 및 정비 불량 : 끼워 맞춤 불량, 축의 휨, 윤활 불량 등
- 설계 불량 : 재질 불량, 치수 강도 불량, 형상 구조 불량 등
- 기타 : 자연 열화 등

정답 69 ③　70 ②　71 ③　72 ③　73 ②

74 측정방법 중 비교측정의 장점으로 가장 적합한 것은?

① 측정범위가 넓다.
② 측정물의 치수를 직접 잴 수 있다.
③ 소량 다종의 제품 측정에 적합하다.
④ 길이뿐 아니라 면의 모양 측정 등 사용범위가 넓다.

해설
비교측정의 장점
- 측정기를 적당한 위치에 고정시키면 측정에 적합하고 높은 정도의 측정을 비교적 쉽게 할 수 있다.
- 제품의 치수가 고르지 못한 것을 계산하지 않고 알 수 있다.
- 길이뿐 아니라 면의 각종 모양 측정이나 공작 기계의 정도 검사 등 사용범위가 넓다.
- 치수의 편차를 기계에 관련시켜 먼 곳에서 조작할 수 있고 자동화에 도움을 줄 수 있다.

75 압력이 포화 수증기압 이하로 낮아지면서 기포가 발생하는 현상을 무엇이라 하는가?

① 공동현상
② 교축현상
③ 수격현상
④ 채터링현상

76 왕복동 압축기의 피스톤 엔드 간극 측정에 대한 설명으로 옳은 것은?

① 하부 간극보다 상부 간극을 크게 한다.
② 수평게이지는 0.05[mm/m] 정도의 것을 사용한다.
③ 테이퍼 라이너를 사용하여 크로스 헤드를 조정한다.
④ 다이얼게이지를 사용하여 90° 간격으로 편차가 0.03[mm] 이하로 한다.

해설
피스톤 엔드 간극의 측정
- 피스톤 로드를 크로스 헤드에 돌려 넣은 다음에 손으로 회전시켜 상하좌우 시점의 간극에 연선을 삽입하여 측정한다.
- 간극 치수는 1.5~3.0[mm]의 범위로 하부 간극보다 상부 간극을 크게 한다.

77 축정렬 작업 시 사용하는 심플레이트(Shimplate)의 용도는?

① 축의 진직도를 측정하는 게이지이다.
② 양 커플링 사이에 삽입하여 축의 간격 조정에 사용한다.
③ 커플링 면간을 측정하는 틈새게이지의 일종이다.
④ 기초볼트에 삽입하여 기계 등의 높낮이 조정에 사용한다.

해설
축정렬 작업 시 조정이 필요할 때에는 산출근거에 의하여 심플레이트를 준비한다. 심을 조정하며 기초볼트에 삽입할 수 있도록 제작한다.

정답 74 ④ 75 ① 76 ① 77 ④

78 플렉시블 커플링에 대한 설명으로 틀린 것은?

① 완충작용이 필요한 경우에 사용한다.
② 두 축이 일직선상에 일치하는 경우에 사용한다.
③ 고무 커플링은 방진고무의 탄성을 이용한 커플링이다.
④ 그리드 플렉시블 커플링을 스틸 플렉시블 커플링이라고도 한다.

해설
플렉시블 커플링
두 축의 중심선 일치가 어렵고, 충격과 진동을 완화시켜 줄 때 사용하며, 고속회전으로 진동을 일으키는 경우에는 플랜지, 그리드, 고무, 기어, 체인, 유체 커플링을 사용하여 충격과 진동을 완화시켜주는 커플링

79 펌프 운전 중 발생되는 캐비테이션의 방지법으로 적합하지 않은 것은?

① 흡입구를 작게 한다.
② 흡입양정을 작게 한다.
③ 양흡입 펌프를 사용한다.
④ 펌프의 회전수를 낮게 한다.

해설
캐비테이션(공동현상)의 방지법
- 펌프의 설치 위치를 되도록 낮게 하고 흡입양정을 작게 할 것
- 흡입관은 짧게 하는 것이 좋으나 부득이 길게 할 경우에는 흡입관을 크게 하여 손실을 감소할 것
- 외적 조건으로 캐비테이션을 피할 수 없는 경우에는 임펠러 재질을 캐비테이션 침식에 대하여 강한 고급 재질로 택할 것
- 이미 캐비테이션이 생긴 펌프에 대해서는 소량의 공기를 흡입구에 넣어 소음과 진동을 줄일 것
- 펌프의 회전수를 낮게 할 것
- 단흡입이면 양흡입으로 고칠 것

80 가열 끼워 맞춤에서 가열온도를 250[℃] 이하로 하는 이유로 가장 적합한 것은?

① 에너지 절감을 위하여
② 끼워 맞춤 후 급랭을 위하여
③ 가열 작업시간 단축을 위하여
④ 재질의 변화 및 변형을 방지하기 위하여

2018년 제1회 과년도 기출문제

제1과목 공유압 및 자동화 시스템

01 릴리프 밸브를 이용한 유압 브레이크 회로에서 유압 모터를 정지시키고자 오일의 공급을 중단했을 때, 유압 모터의 현상은?(단, 모터축의 부하 관성이 크다)

① 바로 정지한다.
② 잠시 동안 고정된다.
③ 얼마간 회전을 지속하다가 정지한다.
④ 급정지했다가 관성에 의해 다시 회전한다.

해설
네 개의 체크 밸브와 한 개의 릴리프 밸브로 구성된 브레이크 회로는 정회전 중 중립위치로 변환하면 펌프에서의 유압은 끊기는데 유압 모터는 회전을 계속하려 하고, 체크 밸브를 지나 기름 탱크에서 기름을 흡입한다. 유압 모터로부터의 배출유는 체크 밸브, 릴리프 밸브를 경유하여 기름 탱크로 되돌아가는데, 이때 릴리프 밸브의 제동압에 의하여 브레이크 작동이 발생하고, 유압 모터는 정지한다.

02 직선왕복운동용 액추에이터가 아닌 것은?

① 다단 실린더
② 단동 실린더
③ 복동 실린더
④ 요동 실린더

해설
요동형 실린더(액추에이터) : 일정 회전각을 왕복·회전운동하는 액추에이터를 말한다.

03 내경 32[mm]의 실린더가 10[mm/sec]의 속도로 움직이려 할 때 필요한 최소 펌프 토출량은 약 몇 [L/min]인가?

① 0.48
② 1.04
③ 1.52
④ 2.17

해설
펌프 토출량
$$Q = \frac{\pi d^2}{4} \times l(로드 길이)$$
$$= \frac{3.14 \times 32^2 \times 10}{4} \times 60$$
$$= 482,304[mm^3/min] ≒ 0.48[L/min]$$

04 AND밸브라고도 불리며 연동제어, 안전제어에 사용되는 밸브는?

① 2압 밸브
② 셔틀 밸브
③ 차단 밸브
④ 체크 밸브

해설
2압 밸브(Two Pressure Valve, AND밸브, 고압 밸브)
- 두 개의 입구와 한 개의 출구를 갖춘 밸브로서 두 개의 입구에 압력이 작용할 때만 출구에 출력이 작용하며 AND밸브라고도 한다.
- 주로 안전제어, 연동제어, 검사기능, 로직 작동 등에 사용된다.
- 압력신호가 늦게 들어온 신호가 출구로 나간다.
- 작은 압력쪽의 신호가 출구로 출력되므로 저압우선형 셔틀 밸브라 한다.

05 유압펌프에서 압력이 상승하지 않는 경우, 점검사항이 아닌 것은?

① 언로드 회로의 점검
② 릴리프 밸브의 압력설정 점검
③ 유량조절밸브의 조절 상태 점검
④ 펌프 축 및 카트리지 등의 파손 점검

해설
압력이 상승하지 않는 경우 점검사항
- 펌프로부터 기름이 토출되고 있는지 검사
- 유압 회로를 점검(언로드 회로의 점검)
- 릴리프 밸브를 점검(압력 설정, 밸브 자체의 고장 여부 점검)
- 언로드 밸브(시퀀스 밸브, 전자 밸브 등을 언로드용으로 사용할 경우)의 점검

06 무부하 밸브(Unloading Valve)에 대한 설명으로 틀린 것은?

① 동력을 절감시키는 역할을 한다.
② 유압의 상승을 방지하는 역할을 한다.
③ 실린더의 부하를 감소시키는 역할을 한다.
④ 펌프 송출량을 탱크로 되돌리는 역할을 한다.

해설
무부하(Unloading) 밸브의 역할
- 불필요한 오일을 탱크로 방출시켜 펌프에 부하가 걸리지 않도록 하는 밸브
- 동력을 절감시키는 역할
- 유압의 상승을 방지하는 역할(유압장치의 과열방지)

07 일반적인 압축공기의 생산과 준비 단계가 옳은 것은?

① 압축기 → 건조기 → 서비스 유닛 → 애프터 쿨러 → 저장탱크
② 압축기 → 애프터 쿨러 → 저장탱크 → 건조기 → 서비스 유닛
③ 압축기 → 건조기 → 서비스 유닛 → 저장탱크 → 애프터 쿨러
④ 압축기 → 서비스 유닛 → 애프터 쿨러 → 건조기 → 저장탱크

08 제어시스템에서 신호발생요소의 작동 상태를 알 수 있으며 시퀀스상의 간섭 유무를 판별할 수 있는 것은?

① 논리도
② 제어선도
③ 내부결선도
④ 변위단계선도

해설
제어선도 : 실린더의 운동변화에 따른 제어밸브의 동작 상태(ON : 1, OFF : 0)를 나타내는 선도로 신호 중복의 여부를 판단하는 데 유용한 선도이다.

09 공학기압 1[atm]와 크기가 다른 것은?

① 10[bar]
② 10[mAq]
③ 1[kgf/cm^2]
④ 10,000[kgf/m^2]

해설

Pa(파스칼)	1.01325×10^5
bar(바)	1.01325
kgf/cm^2	1.03323
atm(표준대기압)	1
mmH$_2$O(수주)	1.03323×10^4
mmHg(수은주)	7.60×10^2
psi	1.46960×10

정답 5 ③ 6 ③ 7 ② 8 ② 9 ①

10 다음 유압밸브에서 알 수 없는 것은?

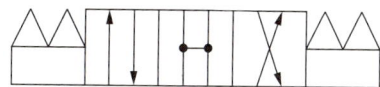

① 3위치
② 4포트
③ 개스킷
④ 오픈 센터

> **해설**
> 기호에서 알 수 있는 것은 3위치, 4포트, 오픈 센터형, 조작기호(스프링)가 있다.

11 큰 운동에너지를 얻기 위해 설계된 것으로 리베팅, 펀칭, 프레싱 작업 등에 사용하는 실린더는?

① 충격 실린더
② 양로드 실린더
③ 쿠션 내장형 실린더
④ 텔레스코프형 실린더

> **해설**
> ② 양로드형 : 피스톤 양쪽 모두에 피스톤 로드가 있음
> ③ 쿠션 내장형 실린더 : 피스톤 끝부분에 쿠션기구를 장착한 실린더
> ④ 텔레스코프 실린더 : 짧은 실린더 본체로 긴 행정거리를 낼 수 있는 다단 튜브형 로드가 있는 실린더

12 로터의 피치가 60°, 극수가 8, 회전자의 치수가 6인 4상 스테핑 모터의 스텝각은?

① 15° ② 24°
③ 32° ④ 48°

> **해설**
> 모터의 스텝각 = 로터의 피치각(60°) − 스테이터 피치각(45°)
> 스테이터 피치각은 360°/스테이터 수(극수 8)에서 45°이다.

13 다음 중 서보센서가 아닌 것은?

① 리졸버
② 인코더
③ 서미스터
④ 태코미터

> **해설**
> 서미스터(Thermistor) : 온도 변화에 따라 저항 변화를 측정하여 온도를 산출하는 온도감지 센서이다.

14 직류전동기가 과열하는 원인이 아닌 것은?

① 저전압
② 과부하
③ 핸들 이송 속도가 느림
④ 저항 요소 또는 접촉자의 단락

> **해설**
> **직류전동기가 과열하는 현상**
> • 전동기의 과부하
> • 핸들 이송 속도가 느림
> • 저항 요소 또는 접촉자의 단락

15 자동화 시스템 유지 보수에 관한 설명 중 틀린 것은?

① 유지 보수비 지출을 가능한 최소로 하는 것이 전체 생산 원가를 줄이는 방법이다.
② 설비의 상태를 관찰하여 필요한 시기에 필요한 보전을 하는 것을 개량보전(CM)이라 한다.
③ 예비 부품의 상시 확보 여부는 그 부품의 보관비용과 고장 빈도 또는 고장 1회당 설비 손실 금액을 고려하여 결정하여야 한다.
④ 설비가 고장을 일으키기 전에 정기적으로 예방 수리를 하여 돌발적인 고장을 줄이는 데 목적이 있는 설비 관리 기법이 예방보전(PM)이다.

해설
개량보전(CM)은 구입 또는 설치된 설비가 사용자의 환경변화나 요구를 효율적 및 경제적 측면으로 만족시켜 주지 못할 때, 설계 또는 부품의 일부를 공학적 또는 기술적인 방법으로 개조시키는 설비보전 활동이다.

16 미터-아웃 유량제어 방식의 특징으로 틀린 것은?

① 부하가 카운터 밸런스되어 있어 끄는 힘에 강하다.
② 교축 요소에 의하여 발생된 열은 탱크로 옮겨진다.
③ 낮은 속도 조절면에서 미터-인 방식보다 불리하다.
④ 유압유의 압축성 측면에서 미터-인 방식보다 유리하다.

17 제작회사에서 미리 ROM에 프로그램 내용을 기억시켜 스스로 판독하여 프로그램을 수행할 수 있도록 만든 것은?

① EPROM
② EEPROM
③ PROM
④ MASK ROM

해설
ROM 종류
- Mask ROM : 제조회사에서 미리 내용이 기록되어 나옴
- PROM(Programmable ROM) : 사용자가 1회에 한하여 기록 가능
- EPROM(Erasable PROM) : 자외선을 이용해 여러 번 지우고 기록할 수 있음
- EEPROM(Electrically EPROM) : 전기를 이용해 여러 번 지우고 기록할 수 있음

18 검출 물체가 센서의 작동 영역(감지거리 이내)에 들어올 때부터 센서의 출력 상태가 변화하는 순간까지의 시간 지연을 무엇이라 하는가?

① 동작주기
② 복귀시간
③ 응답시간
④ 초기지연

해설
③ 응답시간 : 검출체가 작동영역(감지거리 이내)에 진입하는 순간과 센서출력이 상태변화를 가져오는 순간과의 시간 지연
② 복귀시간 : 검출체가 작동영역을 나가는 순간과 센서출력이 상태변화를 가져오는 순간과의 시간 지연
④ 초기지연 : 전원 투입 후 완전히 작동상태에 이르기까지 센서에서 요구되는 지연 시간

19 다음 밸브 작동 방법 기호의 의미는?

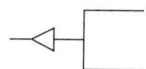

① 감압 작동
② 레버 작동
③ 압축 공기 작동
④ 롤러 레버 작동

해설

레버 작동	압축 공기 작동	롤러 레버 작동

20 메모리 제어의 설명으로 옳은 것은?

① 이전 단계 완료 여부를 센서를 이용하여 확인 후 다음 단계의 작업을 수행하는 제어
② 시스템 내의 하나 또는 여러 개의 입력변수가 약속된 법칙에 의하여 출력변수에 영향을 미치는 공정
③ 어떤 신호가 입력되어 출력신호가 발생한 후에는 입력신호가 없어져도 그때의 출력상태를 유지하는 제어
④ 제어하고자 하는 하나의 변수가 계속 측정되어 다른 변수, 즉 지령치와 비교되며 그 결과가 첫 번째의 변수를 지령치에 맞추도록 수정을 가하는 것

제2과목 설비진단 및 관리

21 보전자재 관리상의 특징으로 틀린 것은?

① 불용자재의 발생 가능성이 적다.
② 자재구입품목, 구입 수량, 구입 시기계획을 수립하기 곤란하다.
③ 보전 기술수준 및 관리수준이 보전자재의 재고량을 좌우하게 된다.
④ 보전자재는 연간 사용빈도가 낮으며, 소비 속도가 늦은 것이 많다.

해설
불용자재의 발생 가능성이 크다.

22 종합적 생산보전활동과 가장 거리가 먼 것은?

① 계획보전체제를 확립한다.
② 작업자를 보전 전문요원으로 활용한다.
③ 설비에 관계하는 사람은 빠짐없이 참여한다.
④ 설비의 효율화를 저해하는 로스(Loss)를 없앤다.

해설
TPM의 5가지 활동
• 효율화를 저해하는 6대 로스(Loss)를 없앤다.
• 작업자의 자주보전체제를 확립한다.
• 계획보전체제를 확립한다.
• 작업자의 기능 수준 향상을 도모한다.
• MP설계와 초기 유동관리 체제를 확립한다.

23 진동 센서 고정방법 중 주파수 영역이 넓고 진동 측정 정확도가 가장 좋은 것은?

① 손 고정
② 나사 고정
③ 밀랍 고정
④ 마그네틱 고정

해설
① 손 고정 : 꼭대기에 가속도계가 고정된 막대 탐촉자는 빠른 조사에 편리하나, 손의 영향으로 전체적인 측정 오차가 생길 수 있으므로 되풀이되는 결과는 기대할 수 없다.
③ 밀랍 고정 : 온도가 높아지면 밀랍이 부드러워지므로 사용범위를 40[℃] 이하로 제한한다.
④ 마그네틱 고정 : 영구자석은 측정지침이 평탄한 자성체일 때 쓰이는 간단한 부착방법이다.

24 PM(Phenomena Mechanism) 분석의 단계별 내용에 해당되지 않는 것은?

① 현상을 명확히 한다.
② 조사방법을 검토한다.
③ 이상한 점을 발견한다.
④ 최적 조건을 파악한다.

해설
PM 분석 단계
- 제1단계 : 현상을 명확히 한다.
- 제2단계 : 현상을 물리적으로 해석한다.
- 제3단계 : 현상이 성립하는 조건을 모두 생각해 본다.
- 제4단계 : 각 요인의 목록을 작성한다.
- 제5단계 : 조사방법을 검토한다.
- 제6단계 : 이상 상태를 발견한다.
- 제7단계 : 개선안을 입안(立案)한다.

25 음파가 서로 다른 매질을 통과할 때 구부러지는 현상을 무엇이라고 하는가?

① 음의 반사
② 음의 간섭
③ 음의 굴절
④ 마스킹(Masking) 효과

해설
① 음의 반사 : 음이 어떤 물체에 부딪쳤다가 다시 되돌아오는 현상
② 음의 간섭 : 서로 다른 파동 사이의 상호적으로 나타나는 현상
④ 마스킹(Masking) 효과 : 크고 작은 두 소리를 동시에 들을 때 큰 소리만 듣고 작은 소리는 듣지 못하는 현상으로 음파의 간섭에 의해 일어난다.

26 생산의 정지 혹은 유해한 성능 저하를 초래하는 상태를 발견하기 위한 설비의 정기적인 검사를 무엇이라 하는가?

① 개량보전
② 사후보전
③ 예방보전
④ 보전예방

해설
① 개량보전(CM) : 설계 또는 부품의 일부를 공학적 또는 기술적인 방법으로 개조시키는 설비보전 활동
② 사후보전(BM) : 고장, 정지 또는 유해한 성능 저하를 가져온 후에 수리를 행하는 것
④ 보전예방(MP) : 고장이 없고, 보전이 필요치 않은 설비를 설계, 제작하기 위한 설비보전

정답 23 ② 24 ④ 25 ③ 26 ③

27 유(Oil)윤활과 비교한 그리스 윤활의 장점으로 옳은 것은?

① 누설이 적다.
② 냉각작용이 크다.
③ 급유가 용이하다.
④ 이물질 혼입 시 제거가 용이하다.

해설
그리스 급유법 장단점

장 점	단 점
• 급유 간격이 길다. • 누설이 적다. • 밀봉성과 먼지 등의 침입이 적다.	• 냉각 작용이 적다. • 질의 균일성이 떨어진다.

28 정현파 신호에서 진동의 크기를 표현하는 방법으로 피크 값의 $2/\pi$인 값은?

① 편진폭
② 양진폭
③ 평균값
④ 실횻값

해설
① 편진폭 : 진동량의 최댓값
② 양진폭 : 정측의 최댓값에서 부측의 최댓값까지의 값
④ 실횻값 : 진동의 에너지 표현에 적합값, 피크값의 $1/\sqrt{2}$

29 다음 그림과 같은 설비관리의 조직형태는?

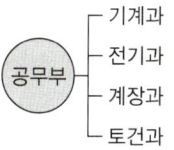

① 기능별 조직
② 대상별 조직
③ 전문기술별 조직
④ 매트릭스(Matrix) 조직

해설
전문기술별 조직
기계, 전기, 계기장치, 토목건설 등 전문기술별 분업으로 전문기술의 향상에는 유리하지만 전문기술 간의 수평적인 의사전달에 차질이 생길 수 있다는 결함이 있다.

30 고속으로 회전하는 기이 및 베어링 등에서 충격력 등과 같이 힐의 크기가 문제되는 이상의 진단 시 일반적으로 사용되는 측정변수는?

① 변 위   ② 속 도
③ 가속도   ④ 위상각

해설
측정 변수 선정
• 변위 : 변위량 또는 움직임의 크기가 문제되는 이상(공작기계의 떨림현상, 회전축의 흔들림)
• 속도 : 진동 에너지나 피로도가 문제되는 이상(회전기계의 진동)
• 가속도 : 충격력 등과 같이 힘의 크기가 문제되는 이상(베어링의 홈 진동, 기어의 홈 진동)

31 다음 중 설비보전 표준에서 검사, 정비, 수리 등의 보전작업 방법과 보전작업 시간의 표준을 말하는 것은?

① 설비 성능표준
② 일상 점검표준
③ 설비 점검표준
④ 보전 작업표준

해설
보전 작업표준
검사, 정비, 수리 등의 보전작업 방법과 보전작업 시간의 표준으로, 보전요원이 실시한 수리 표준시간, 준비작업 표준시간 또는 분해 검사 표준시간을 결정하는 보전표준을 말한다.

32 설비배치에서 설비의 소요 면적 결정방법이 아닌 것은?

① 변환법
② 계산법
③ 이분법
④ 비율경향법

해설
설비 배치에서 소요 면적 결정방법
• 계산법
• 변환법
• 표준면적법
• 개략 레이아웃법
• 비율경향법

33 다음 중 설비의 체질 개선을 위하여 실시하는 보전 활동은?

① 예방보전
② 생산보전
③ 개량보전
④ 고장보전

해설
개량보전(CM)
구입 또는 설치된 설비가 사용자의 환경변화나 요구를 효율적 및 경제적 측면으로 만족시켜 주지 못할 때 설계 또는 부품의 일부를 공학적 또는 기술적인 방법으로 개조시키는 설비보전 활동. 설비 자체의 체질개선(예방보전으로 고장이 없고, 보전하기 쉬운 설비로 개량) 1957년부터 강조

34 변위 센서의 종류가 아닌 것은?

① 압전형
② 와전류형
③ 전자광학형
④ 정전용량형

해설
변위 센서 : 와전류식, 전자광학식, 정전용량식 등이 있으며, 축의 운동과 같이 직선 관계 측정 시 고감도 오실레이터는 와전류형 변위센서가 사용된다.

35 팽창식 체임버(Chamber)의 소음기 면적비는?

① $\dfrac{\text{팽창식 체임버의 단면적}}{\text{연결 길이}}$

② $\dfrac{\text{연결 길이}}{\text{팽창식 체임버의 단면적}}$

③ $\dfrac{\text{연결 덕트의 단면적}}{\text{팽창식 체임버의 단면적}}$

④ $\dfrac{\text{팽창식 체임버의 단면적}}{\text{연결 덕트의 단면적}}$

해설
소음 흡수 능력을 결정하는 팽창식 체임버의 면적비
$\dfrac{\text{팽창식 체임버의 단면적}}{\text{연결 덕트의 단면적}}$

36 진동 차단기의 기본 요구조건 중 틀린 것은?

① 온도, 습도, 화학적 변화 등에 대해 견딜 수 있어야 한다.
② 차단하려는 진동의 최저 주파수보다 큰 고유 진동수를 가져야 한다.
③ 차단기의 강성은 그에 부착된 진동 보호 대상체의 구조적 강성보다 작아야 한다.
④ 강성은 충분히 작아 차단능력이 있되 작용하는 하중을 충분히 받칠 수 있어야 한다.

해설
진동 차단기의 기본 요구조건
• 강성이 충분히 작아서 차단능력이 있어야 한다.
• 강성은 걸어준 하중을 충분히 받칠 수 있어야 한다.
• 온도, 습도, 화학적 변화 등에 견딜 수 있어야 한다.
• 차단하려는 진동의 최저 주파수보다 작은 고유진동수를 가져야 한다.

37 다음 그림과 같은 보전 조직은?

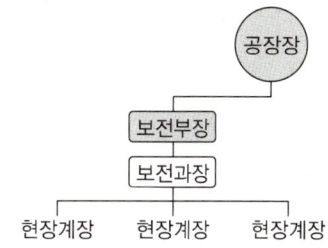

① 지역보전   ② 집중보전
③ 부문보전   ④ 절충보전

해설
집중보전 : 조직 및 배치면에서 보전요원이 집중되는 형으로, 전 보전이 1인의 보전 책임자하에 조직되어, 지도감독을 받는 형이다.

38 다음 중 회전기계의 진동 측정방법 중 변위를 측정해야 하는 경우로 가장 적합한 것은?

① 회전축의 흔들림
② 캐비테이션 진동
③ 베어링 홈 진동
④ 기어의 홈 진동

해설
측정 변수 선정
• 변위 : 변위량 또는 움직임의 크기가 문제로 되는 이상(공작기계의 떨림 현상, 회전축의 흔들림)
• 속도 : 진동 에너지나 피로도가 문제로 되는 이상(회전기계의 진동)
• 가속도 : 충격력 등과 같이 힘의 크기가 문제로 되는 이상(베어링의 홈 진동, 기어의 홈 진동)

정답 35 ④ 36 ② 37 ② 38 ①

39 설비관리의 조직계획에서 지역이나 제품 공정 등에 따라 설비를 분류하여 그 관리를 담당하는 방식은?

① 기능 분업
② 지역 분업
③ 직접 분업
④ 전문기술 분업

해설
① 기능 분업 : 설비관리의 기능으로서 직접 분업과 관리 분업으로 구분한다.
④ 전문기술 분업 : 기계, 전기, 계기장치, 토목건설 등 전문기술의 향상에는 유리하지만 전문기술 간의 수평적인 의사전달에 차질이 생길 수 있다는 결함이 있다.

40 제품의 크기, 무게 및 기타 특성 때문에 제품 이동이 곤란한 경우에 생기는 배치 형태로 자재, 공구, 장비 및 작업자가 제품이 있는 장소로 이동하여 작업을 수행하는 설비배치의 형태는?

① 공정별 배치
② 제품별 배치
③ 혼합형 배치
④ 제품 고정형 배치

해설
① 공정별 배치(기능별 배치) : 제품의 종류가 많고 수량이 적을 때의 배치 형식
② 제품별 배치(라인별 배치) : 공정의 계열에 따라 각 공정에 필요한 기계가 배치되는 형식
③ 혼합형 배치 : 공정별, 제품별, 제품 고정형 배치의 세 가지 기능을 혼합한 경우

제3과목 공업계측 및 전기전자제어

41 다음의 그림은 3상 유도전동기의 단자를 표시한 것이다. 이 전동기를 △ 결선하고자 한다면?

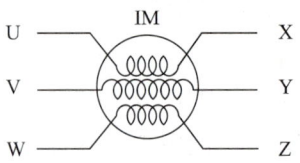

① X-Y-Z, U-V-W를 연결한다.
② U-W, Z-Y, V-X를 연결한다.
③ U-Y, V-W, X-Z를 연결한다.
④ U-Y, V-Z, W-X를 연결한다.

해설
U-Y(1, 6), V-Z(2, 4), W-X(3, 5)를 묶고 단자를 내면 델타 결선이 된다.

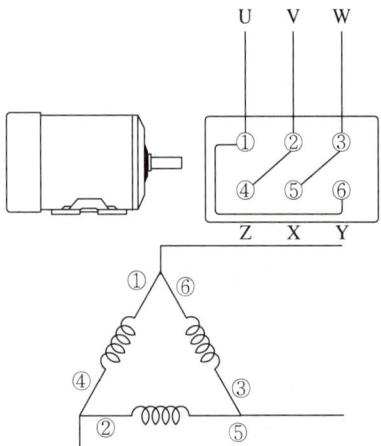

42 0.1[H]의 코일에 60[Hz], 200[V]인 교류전압을 인가하면 유도리액턴스는 약 몇 [Ω]인가?

① 12
③ 37.7
② 18.8
④ 125.6

해설
유도리액턴스 $X_L = 2\pi f L$ 이므로,
$X_L = 2 \times \pi \times 60 \times 0.1 = 37.7[\Omega]$ 이다.

43 옴의 법칙(Ohm's Law)에 관한 설명 중 옳은 것은?

① 전압은 전류에 비례한다.
② 전압은 저항에 반비례한다.
③ 전압은 전류에 반비례한다.
④ 전압은 전류의 2승에 비례한다.

해설
옴의 법칙 $V = IR$ 이므로 전류는 전압에 비례하고 저항에 반비례한다.

44 다음 그림과 같이 입력이 동시에 ON되었을 때에만 출력이 ON되는 회로를 무슨 회로라고 하는가?

① OR 회로
② AND 회로
③ NOR 회로
④ NAND 회로

해설

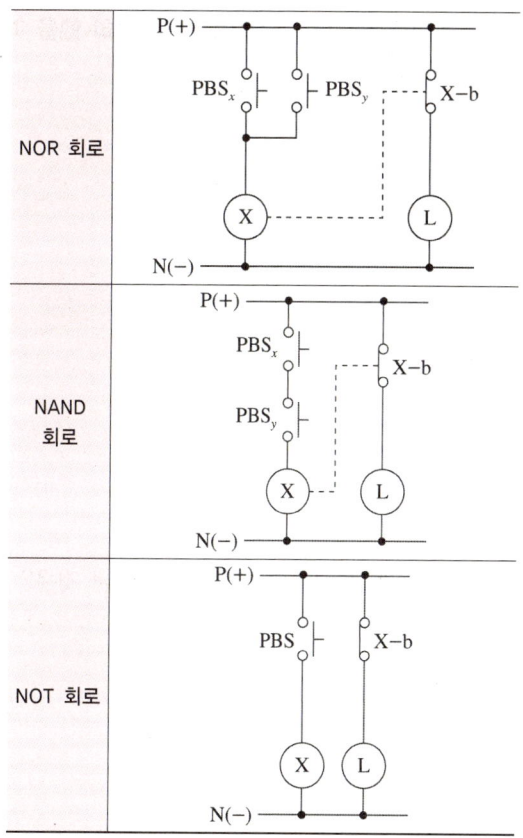

45 타여자 발전기의 용도로 적당하지 않은 것은?

① 고전압 발전기
② 승압기(Booster)
③ 저전압 대전류 발전기
④ 동기발전기의 주여자기

해설
승압기(Booster)로 사용되는 것은 직권 발전기의 용도이다.
타여자 발전기
• 외부의 직류 전원을 이용하여 계자를 여자시키는 방식이다.
• 계자에 잔류자기가 없어도 발전이 가능하다.
• 저전압 대전류용 전원, 실험실용 전원, 대형 직류기와 교류 발전기의 여자, 동기발전기의 주여자기 등에 사용된다.

정답 43 ① 44 ② 45 ②

46 논리식 $a \cdot 1(a \text{ AND } 1)$을 간략히 했을 때 옳은 것은?

① 1
② 0
③ a
④ $\bar{a}$

해설
불 대수식은 $a \cdot 1(a \text{ AND } 1) = a$이다.

47 기호 중 계전기의 b접점을 나타낸 것은?

① ② ③ ④

해설

분 류		기 호	
		가로 표기	세로 표기
압력신호(코일)	-	○	○
	비 고	계전기, 타이머, 전자 접촉기 등의 코일로 전원 인가	
출력신호	보통접점 a접점		
	보통접점 b접점		
	비 고	접점조작을 개로나 폐로를 손으로 넣고 끊는 것(유지형)	
	수동조작 자동복귀 a접점		
	수동조작 자동복귀 b접점		
	비 고	수동조작하면 폐로 또는 개로하지만 손을 떼면 스프링 등의 힘으로 복귀하는 접점(누름형, 당김형)	

분 류		기 호	
		가로 표기	세로 표기
출력신호	계전기 및 보조 계전기 a접점		
	계전기 및 보조 계전기 b접점		
	비 고	계전기나 전자접촉기의 보조 접점으로 전자코일에 전류가 흐르거나 그렇지 않음에 따라 개로 또는 폐로하는 접점(순시 접점)	
	한시동작 a접점		
	한시동작 b접점		
	비 고	타이머 등 한시계전기의 접점으로 접점이 개로 또는 폐로하는 데 시간이 걸리는 접점	
	전자접촉기 a접점		
	전자접촉기 b접점		
	비 고	전자접촉기의 주접점	
	수동복귀 a접점		-
	수동복귀 b접점		
	비 고	열동계전기 접점(인위적으로 복귀되는 것, 전자석으로 복귀되는 것도 포함)	

48 이미터 접지 증폭회로에서 트랜지스터의 h_{fe} = 100, h_{ie} = 10[kΩ], 부하저항이 5[kΩ]이면 이 회로의 전압증폭도는?

① -5
② -10
③ -50
④ -100

해설
전압증폭도
$$A_{ve} = \frac{v_o}{v_i} = -h_{fe}\frac{R_L}{h_{ie}} = -100 \times \frac{5 \times 10^3}{10 \times 10^3} = -50$$

49 연산증폭기의 심벌로 옳은 것은?

① 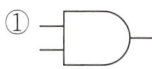   ②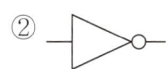

③ 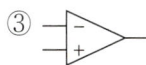   ④

해설

게이트	논리기호	논리식
AND	A, B → F	$F = AB$
OR	A, B → F	$F = A+B$
NOT	A → F	$F = \overline{A}$
NAND (Not AND)	A, B → F	$F = \overline{AB}$
NOR (Not OR)	A, B → F	$F = \overline{A+B}$
XOR (Exclusive OR)	A, B → F	$F = A \oplus B = \overline{A}B + A\overline{B}$
XNOR (Exclusive XOR)	A, B → F	$F = A \odot B = \overline{A}\,\overline{B} + AB$

50 구조는 간단하나 잔류편차가 생기는 제어요소는?

① 적분제어
② 미분제어
③ 비례제어
④ 온/오프제어

해설
제어 시스템은 P제어(비례제어), I제어(적분제어) 및 D제어(미분제어) 방식을 활용한 비례제어 방식인 P제어기, 비례제어의 단점인 잔류편차(미세한 오차)를 없애기 위해 이용되는 PI제어기, 응답속도에서의 문제 해결을 위한 PID 제어기 등이 있다.

51 다음 그림에서 검류계의 지침이 0을 지시하고 있다면 미지전압 E_x는 몇 [V]인가?

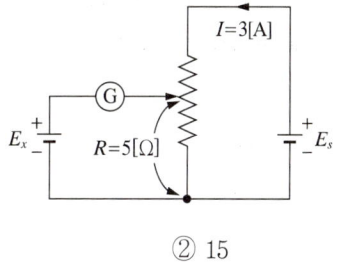

① 10   ② 15
③ 20   ④ 30

해설
검류계의 지침이 0일 때, $V = IR$이므로, 미지전압 $E_x = 15$이다.

52 PLC 제어반의 특징이 아닌 것은?

① 유닛 교환으로 수리를 할 수 있다.
② 복잡한 제어라도 설계가 용이하다.
③ 완성된 장치는 다른 곳에서 사용할 수 없다.
④ 프로그램으로 복잡한 제어기능도 할 수 있다.

해설
PLC 제어반의 특징
• 기능의 다양화
• 프로그램의 고기능성
• 유지보수의 편리성
• 고신뢰성
• 설치의 간편성

53
제어밸브는 프로세스의 요구에 따라 여러 종류의 형식이 있다. 다음 중 제어밸브를 조작 신호와 밸브 시트의 형식에 따라 분류할 때 조작 신호에 따른 분류에 속하는 것은?

① 격막밸브
② 글로브밸브
③ 게이트밸브
④ 자력식밸브

해설
제어밸브를 조작 신호에 따라 분류하면 전기식, 공기식, 유압식, 자력식밸브가 있다.

54
외부 압력에 대한 탄성체의 기계적 변위를 이용한 압력 검출기에 해당되지 않는 것은?

① 벨로스(Bellows)
② 다이어프램(Diaphragm)
③ 부르동관(Bourdon Tube)
④ 스트레인 게이지(Strain Gauge)

해설
탄성압력계
- 수압부에 대응된 변형량만을 측정함으로써 압력을 구하는 방식
- 부르동관형 압력계, 벨로스형 압력계, 다이어프램(격막)식 압력계

55
공기식 조작기로 옳은 것은?

① 전자밸브
② 전동밸브
③ 서보전동기
④ 다이어프램 밸브

해설
다이어프램 조작 밸브(Diaphragm Operated Valve)는 공기식 조작기이다.

56
도전성 유체의 유속 또는 유량 측정에 가장 적합한 것은?

① 전자유량계
② 차압식 유량계
③ 와류식 유량계
④ 초음파식 유량계

해설
전자유량계의 유량 측정 원리는 패러데이의 전자유도법칙을 응용한 것이다.

57 셰이딩 코일형 전동기의 특성이 아닌 것은?

① 구조가 간단하다.
② 효율이 좋지 않다.
③ 기동 토크가 매우 작다.
④ 회전 방향을 바꿀 수 있다.

해설
셰이딩 코일형 전동기는 회전방향을 바꿀 수 없고 기동 토크와 효율이 낮으나, 구조가 간단하여 전자밸브, 녹음기 및 가정용 전동기에 많이 사용한다.

58 직류발전기의 전기자 철심을 성층 철심으로 하는 이유는?

① 동손의 감소
② 철손의 감소
③ 풍손의 감소
④ 기계손의 감소

해설
자기력선속이 시간적으로 변화하는 경우에는 철손을 감소시키기 위해서 규소강판의 성층철심이 많이 사용된다.

59 프로세서 제어에 속하지 않는 것은?

① 압력
② 유량
③ 온도
④ 자세

해설
프로세스 제어에서의 제어량
프로세스 환경조건에서는 온도, 압력, 액위, 습도, pH, 농도 등, 물질 및 에너지의 양에서는 전력, 유량, 중량률 등, 종점제어(Endpoint Control)에는 pH, 밀도, 전도도, 점도, 농도 등이 있다.

60 접합 전계효과 트랜지스터(JFET)의 드레인-소스 간 전압을 0에서부터 증가시킬 때 드레인 전류가 일정하게 흐르기 시작할 때의 전압은?

① 차단 전압(Cut-off Voltage)
② 임계 전압(Threshold Voltage)
③ 항복 전압(Breakdown Voltage)
④ 핀치오프 전압(Pinch-off Voltage)

해설
핀치오프 전압
접합형 전계 효과 트랜지스터에서 드레인 전압을 점차 상승시킨 경우 드레인 전류가 포화 상태가 될 때의 드레인 전압과 게이트 전압의 합은 게이트 전압의 크기와 관계없이 일정하다. 이 값을 핀치오프 전압이라 한다.

제4과목 기계정비일반

61 베어링의 열박음 시 주의사항이 아닌 것은?

① 깨끗한 광유에 베어링을 넣고 90~120[℃]로 가열한다.
② 축과 베어링 사이에 틈새가 발생되면 널링 작업 후 억지 끼워맞춤을 한다.
③ 베어링 가열온도는 경도 저하 방지를 위해 120[℃]를 초과해서는 안 된다.
④ 베어링 냉각 시 틈이 있을 경우 지그를 사용하여 축 방향에 베어링을 밀어 고정한다.

해설
베어링의 열박음
가열유조에 베어링을 가열 팽창시켜 축을 끼우는 방법으로 거의 100[℃](90~120[℃])로 가열하고 120[℃] 이상 가열하면 베어링 자체의 경도저하의 염려가 있다.

62 V벨트에 관한 설명으로 옳은 것은?

① V벨트는 벨트 풀리와의 마찰이 없다.
② V벨트의 종류는 M, A, B, C, D, E 여섯 가지이다.
③ V벨트 풀리의 홈 모양의 크기는 V벨트 크기에 관계없이 일정하다.
④ V벨트의 형상은 V벨트 풀리와 밀착성을 높이기 위해 38°(도)의 마름모꼴 형상이다.

해설
V벨트와 V벨트 풀리
- 사다리꼴의 단면을 가지고, 이음매가 없는 고리모양 벨트이다.
- V형의 홈이 패어 있는 V풀리에 밀착시켜 마찰력을 증대시킨 벨트이다.
- V벨트의 형상은 V벨트 풀리와 밀착성을 높이기 위하여 사다리꼴($\theta° = 40±1.0°$)로 되어 있다.
- V벨트 풀리의 홈 모양의 크기는 V벨트의 종류와 마찬가지로 M, A, B, C, D, E의 여섯 가지 규격으로 규정하고 있다.
- 벨트의 길이는 조정할 수 없어 생산 시에 여러 가지 길이의 규격으로 제공한다.

63 원심펌프가 기동은 하지만 진동하는 원인으로 옳지 않은 것은?

① 축의 굽음
② 회전수 저하
③ 캐비테이션 발생
④ 볼 베어링의 손상

해설
펌프의 진동 원인
- 수압 맥동에 따른 진동
- 와류에 따른 진동
- 회전부의 불균형에 따른 진동
- 펌프 구성요소의 진동
- 고체 마찰에 따른 축의 진동
- 유막에 따른 진동

64 다음 중 축의 고장원인으로 볼 수 없는 것은?

① 축의 재질 불량
② 원동기의 회전 불량
③ 휘어진 축 사용으로 진동 발생
④ 풀리, 베어링 등의 끼워맞춤 불량

해설
축의 고장 원인
- 풀리, 기어 베어링 등 끼워 맞춤 불량
- 관련 부품 맞춤 불량
- 축의 휨
- 재질 불량
- 치수 강도 부족
- 형상 구조 불량
- 자연 열화

65 다음 그림은 기어 감속기에 부착된 명판이다. 이 감속기의 출력회전수는 약 얼마인가?

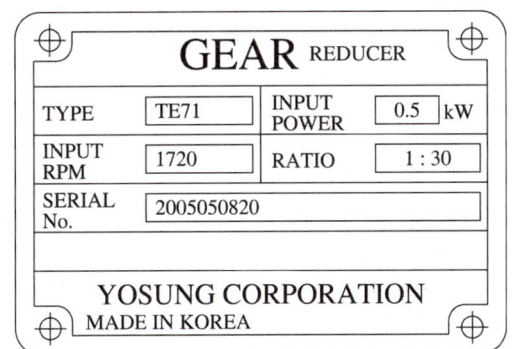

① 27.3[rpm]　② 57.3[rpm]
③ 516[rpm]　④ 860[rpm]

해설
출력회전수 계산
- 입력회전수(최대회전수) : 1,720[rpm]
- 감속비 1 : 30
- 출력회전수 : 1,720 × 1/30 = 57.3[rpm]

66 바셀린(Petrolatum) 방청유의 종류가 아닌 것은?

① KP-4
② KP-5
③ KP-6
④ KP-7

해설
윤활 방청유 : KP-7, 8, 9

67 축에 보스를 가열 끼움 시 가열온도로 가장 적당한 것은?

① 50~100[℃] 이하
② 100~150[℃] 이하
③ 200~250[℃] 이하
④ 300~350[℃] 이하

해설
가열 시 골고루 서서히 200~250[℃] 이하로 가열하고, 250[℃] 이상으로 가열하면 재질의 변화 및 변형이 발생한다.

68 유량 1[m³/min], 전양정 25[m]인 원심펌프의 축동력은 약 몇 [PS]인가?(단, 펌프 전효율은 0.78, 물의 비중량은 1,000[kgf/m³]이다)

① 5.5　② 6.5
③ 7.1　④ 8.2

해설
축동력 $L = \dfrac{L_w}{\eta}$ 에서 효율 η = 0.78이고, 수동력 $L_w = \dfrac{\gamma QH}{75}$ 에서 $\dfrac{1,000 \times 1 \times 25}{75 \times 60} = 5.55$ 이다.

그러므로, 축동력 $L = \dfrac{5.55}{0.78} = 7.12$ 이다.

69 코터의 빠짐을 방지하기 위한 방법으로 가장 적합한 것은?

① 코터를 용접한다.
② 코터에 나사를 만든다.
③ 코터에 분할핀을 조립한다.
④ 코터를 편구배로 가공한다.

해설
코터 핀 : 두 부품 결합용 핀으로 양 끝의 분할용 핀의 구멍이 있다.

70 축 마모부의 수리는 보스 내경과의 관계를 고려하여 그 수리방법을 결정해야 한다. 수리방법의 판단 기준으로 적합하지 않은 것은?

① 외 관
② 신뢰성
③ 비용과 시간
④ 수리 후의 강도

> **해설**
> 축마모부의 수리방법 판단 기준
> 수리 후의 강도, 신뢰성, 비용과 시간 등도 당연히 관련되므로 이것들도 하나하나 신중히 고려하여 제일 좋은 방법을 조합해서 수리방법을 결정해야 한다.

71 마이크로미터 나사의 피치가 p[mm], 나사의 회전각이 α[rad]일 때, 스핀들의 이동거리 x[mm]는?

① $p\dfrac{\alpha}{2\pi}$
② $\dfrac{\alpha}{2\pi p}$
③ $\dfrac{2\pi p}{\alpha}$
④ $p\dfrac{\alpha}{\pi}$

> **해설**
> 스핀들의 이동거리
> $x = p \times \dfrac{\alpha}{2\pi}$ (p : 나사의 피치, α : 회전각)

72 임펠러(Impeller) 흡입구에 의하여 송풍기를 분류한 것이 아닌 것은?

① 편 흡입형
② 양 흡입형
③ 구름체 흡입형
④ 양쪽 흐름 다단형

> **해설**
> 송풍기 분류
> • 임펠러 흡입구에 의한 분류 : 편 흡입형, 양 흡입형, 양쪽 흐름 다단형
> • 흡입 방법에 의한 분류 : 실내 대기 흡입형, 흡입관 취부형, 풍로 흡입형
> • 단수에 의한 분류 : 단형, 다단형

73 축의 급유 불량으로 나타나는 현상은?

① 조립 불량
② 축의 굽힘
③ 강도 부족
④ 기어 마모 및 소음

> **해설**
> 축의 급유 불량으로 나타나는 현상으로 기어 마모 및 소음, 베어링 부위 발열 등이 있다.

74 유로방향의 수로 분류한 콕의 종류가 아닌 것은?

① 이방 콕
② 삼방 콕
③ 사방 콕
④ 오방 콕

> **해설**
> • 콕의 유로 방향수로 분류 : 이방 콕, 삼방 콕, 사방 콕
> • 콕의 접속 방법으로 분류 : 나사식, 플랜지식

정답 70 ① 71 ① 72 ③ 73 ④ 74 ④

75 구부러진 축을 현장에서 수리하여 사용할 수 있는 일반적인 경우로 옳은 것은?

① 감속기가 고속회전축일 경우
② 중하중용이고 고속회전축일 경우
③ 단 달림부에서 급하게 휘어져 있는 경우
④ 500[rpm] 이하이며 베어링 간격이 길 경우

해설
축 휨 현장 수리 여부
- 500[rpm] 이하 긴 베어링 간격의 긴축이 휨
- 경하중 기계에서 축 흔들림으로 진동이나 발열
- 풀리 스프로킷이 흔들려 소리를 낼 때
- 짐 크로(Jim Crow), V 블록(2개)으로 휨을 0.1~0.2[mm] 수정 가능

76 수격현상에서 압력상승 방지책으로 사용되지 않는 것은?

① 흡수조
② 밸브제어
③ 안전밸브
④ 체크밸브

해설
압력 상승의 방지책
- 밸브제어법
- 안전밸브 사용
- 체크밸브 사용

77 펌프 축에 설치된 베어링에 이상 현상을 일으키는 원인이 아닌 것은?

① 윤활유의 부족
② 축 중심의 일치
③ 축 추력의 발생
④ 베어링 끼워맞춤 불량

해설
베어링의 이상 현상 원인
- 조립 설치 불량(축의 중심 불일치)
- 윤활유 또는 그리스의 양 부족
- 윤활유 질의 부적합(不適合)
- 기타 원인(추력 평형 장치의 고장에 따른 이상 추력의 발생 등)

78 헬리컬 기어에 관한 설명으로 틀린 것은?

① 축방향의 반력이 발생한다.
② 큰 동력의 전달과 고속운전에 적합하다.
③ 이의 맞물림이 원활하여 이의 변형과 진동 소음이 작다.
④ 이 끝이 직선이며 축에 나란한 원통형 기어로 감속비는 최고 1:6까지 가능하다.

정답 75 ④ 76 ① 77 ② 78 ④

79 전동기 베어링 부분에서 발열이 발생할 때 주요 원인이 아닌 것은?

① 벨트의 장력 과대
② 베어링의 조립 불량
③ 커플링 중심내기 불량
④ 전동기 입력전압의 변동

해설
전동기 베어링부에서의 발열 원인
- 윤활제의 부적, 과부족에 의한 윤활 불량
- 베어링 조립 불량에 의한 것
- 체인, 벨트 등의 지나친 팽팽함
- 커플링의 중심내기 불량이나 적정 틈새가 없어 스러스트(추력)를 받는다.

80 펌프의 캐비테이션 방지책으로 적합한 것은?

① 펌프의 흡입양정을 되도록 높게 한다.
② 펌프의 회전속도를 되도록 높게 한다.
③ 단흡입 펌프이면 양 흡입 펌프로 사용한다.
④ 유효흡입수두를 필요흡입수두보다 작게 한다.

해설
캐비테이션(공동현상) 방지책
- 펌프의 설치 위치를 되도록 낮게 하고 흡입양정을 작게 할 것
- 흡입관은 짧게 하는 것이 좋으나 부득이 길게 할 경우에는 흡입관을 크게 하여 손실을 감소할 것
- 외적 조건으로 캐비테이션을 피할 수 없는 경우에는 임펠러 재질을 캐비테이션 침식에 대하여 강한 고급 재질을 택할 것
- 이미 캐비테이션이 생긴 펌프에 대해서는 소량의 공기를 흡입구에 넣어 소음파 진동을 줄일 것
- 펌프의 회전수를 낮게 할 것
- 단흡입이면 양흡입으로 고칠 것

2018년 제2회 과년도 기출문제

제1과목 공유압 및 자동화 시스템

01 다음 유압밸브 중 주회로의 압력보다 저압으로 사용할 경우 쓰이는 밸브는?

① 감압밸브
② 릴리프 밸브
③ 무부하밸브
④ 시퀀스 밸브

해설
② 릴리프 밸브 : 회로 내의 유체압력이 설정값을 초과할 때 배기시켜 회로 내의 유체압력을 설정값 내로 일정하게 유지시키는 밸브
③ 무부하(Unloading) 밸브 : 불필요한 오일을 탱크로 방출시켜 펌프에 부하가 걸리지 않도록 하는 밸브
④ 시퀀스 밸브 : 작동순서를 회로의 압력에 의해 제어하는 밸브

02 공압모터의 단점에 대한 설명으로 틀린 것은?

① 배기음이 크다.
② 에너지 변환효율이 낮다.
③ 과부하 시 위험성이 크다.
④ 공기의 압축성으로 인해 제어성이 나쁘다.

해설
공압모터의 단점
• 소음이 크다.
• 에너지 변환효율이 낮다.
• 압축성 때문에 제어성이 나쁘다.
• 회전속도의 변동이 크다. 따라서 고정도를 유지하기 힘들다.

03 다음 중 전진과 후진 운동에서 같은 속도와 출력을 얻을 수 있는 실린더는?

① 탠덤 실린더
② 다위치 실린더
③ 차동형 실린더
④ 양로드 실린더

해설
① 탠덤 실린더 : 같은 크기의 복동 실린더에 의해 두 배의 힘을 낼 수 있다.
② 다위치 제어 실린더 : 정확한 위치를 제어할 수 있다.
③ 차동 실린더 : 피스톤의 면적과 피스톤 로드의 면적이 일정한 면적비로 구성되어 출력을 일정 비율로 조절하여 사용할 수 있는 실린더이다.

04 다음 유압기기 그림의 기호로 옳은 것은?

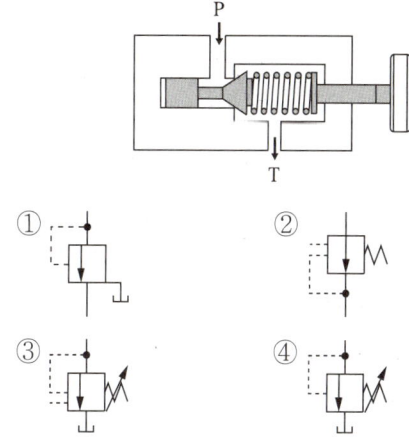

해설
직동형 릴리프 밸브는 조정스프링에 의해서 조절되며 유체압력이 다이어프램에 작용하여 조정스프링이 작동되고 밸브가 열려 유체는 외부로 배출된다.

정답 1 ① 2 ③ 3 ④ 4 ④

05 압력 릴리프 밸브의 용도에 따른 분류가 아닌 것은?

① 감압밸브
② 안전밸브
③ 압력 시퀀스 밸브
④ 카운터 밸런스 밸브

06 다음 회로의 명칭으로 옳은 것은?

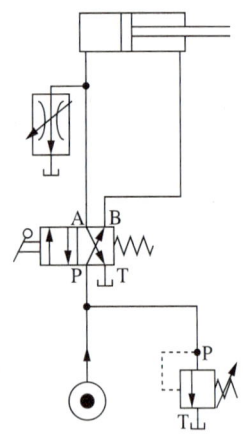

① 동조 회로
② 미터인 회로
③ 브레이크 회로
④ 블리드오프 회로

> **해설**
> 블리드오프 회로 : 공급쪽 관로에 바이패스관로를 설치하여 바이패스로의 흐름을 제어함으로써 속도(힘)를 제어하는 회로

07 A_1의 면적은 30[cm^2]이고 유속 V_1은 2[m/sec]이다. A_2의 면적이 10[cm^2]일 때 유속 V_2[m/sec]는 얼마인가?

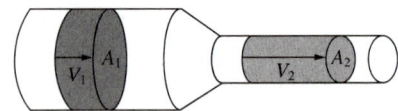

① 3 ② 6
③ 12 ④ 24

> **해설**
> 연속의 법칙(Law of Continuity)
> $Q = \gamma_1 A_1 V_1 = \gamma_2 A_2 V_2$ 에서, $30 \times 2 = 10 \times V_2$
> ∴ $V_2 = 6$

08 안지름이 60[mm]인 관내에 유체가 3[m/sec]로 흐르고 있을 때, 유량[m^3/sec]은 약 얼마인가?

① 4.24×10^{-2}
② 4.24×10^{-3}
③ 8.48×10^{-2}
④ 8.48×10^{-3}

> **해설**
> $Q = \gamma_1 A_1 v_1 = \gamma_2 A_2 v_2$ 에서,
> 유량 $Q = \dfrac{\pi \times 0.06^2}{4} \times 3 = 0.00848$

09 다음 중 밀도의 의미로 옳은 것은?

① 단위 용적당 면적
② 단위 면적당 체적
③ 단위 체적당 질량
④ 단위 질량당 점성 계수

10 소용량 펌프와 대용량 펌프를 동일 축선상에 조합시킨 펌프는?

① 2연 베인 펌프
② 3단 베인 펌프
③ 단단 베인 펌프
④ 복합 베인 펌프

해설
이중(2연) 베인 펌프는 2개의 카트리지를 1개의 본체 내에 병렬로 연결하여 1개의 원동기로 구동되는 펌프로 1개의 펌프 유닛을 가지고 2개의 유압원을 얻고자 할 때 사용된다.

11 로터리 인덱싱 핸들링 장치를 이용하여 작업하기에 적합한 것은?

① 연속된 동일 작업을 수행할 때
② 스트립 형태의 재질이 길이 방향으로 작업될 때
③ 하나의 가공물에 여러 가공 공정을 진행할 때
④ 전체의 길이에 걸쳐 부분적인 공정이 이루어질 때

12 유압펌프의 소음 발생 원인으로 적절하지 않은 것은?

① 이물질의 침입
② 펌프 흡입 불량
③ 작동유 점성 증가
④ 펌프의 저속 회전

해설
펌프가 소음을 내는 경우
• 펌프의 회전이 너무 빠른 경우
• 작동유의 점도가 너무 큰 경우
• 여과기가 너무 작은 경우
• 흡입관이 막혀 있는 경우
• 기름 중에 기포가 있는 경우
• 흡입관의 접합부에서 공기를 빨아들이는 경우
• 펌프축과 원동기축의 중심이 맞지 않는 경우

13 데이터 단위에 대한 설명으로 옳은 것은?

① 1byte는 2bit로 구성되고, 1kbyte는 1,012byte이다.
② 1byte는 2bit로 구성되고, 1kbyte는 1,024byte이다.
③ 1byte는 8bit로 구성되고, 1kbyte는 1,012byte이다.
④ 1byte는 8bit로 구성되고, 1kbyte는 1,024byte이다.

정답 10 ① 11 ③ 12 ④ 13 ④

14 변위, 길이 등을 감지 대상으로 하는 센서가 아닌 것은?

① 로드 셀
② 퍼텐쇼미터
③ 차동 트랜스
④ 콘덴서 변위계

해설
로드 셀(중량센서) : 외부로부터 로드 버튼에 하중이 가해지면 기왜체(탄성체)에 무게가 전해지고 그 중량에 비례한 변형이 기왜체에 부착된 스트레인 게이지에 변형을 일으키게 하여 가해진 중량을 알아내는 중량센서

15 자동화 시스템의 보수관리 목적으로 옳은 것은?

① 설비의 보전성을 감소시킨다.
② 평균 고장 수리시간(MTTR)을 짧게 한다.
③ 자동화 시스템을 최상의 상태로 유지한다.
④ 저비용의 시스템 운영으로 인력 수요를 창출한다.

해설
자동화 시스템의 보수관리의 목적
- 자동화 시스템을 항상 최상의 상태로 유지한다.
- 고장의 배제와 수리를 신속하고, 확실하게 한다.

16 스테핑 모터가 사용되는 곳이 아닌 것은?

① D/A변환기
② 디지털 X-Y플로터
③ 정확한 회전각이 요구되는 NC공작기계
④ 저속과 큰 힘을 필요로 하는 유압 프레스

17 2진 신호 8[bit]로 표현할 수 있는 신호의 최대 개수는?

① 4   ② 16
③ 128   ④ 256

해설
$2^8 = 256$

18 정성적 제어 방식으로 분류되는 것은?

① 비교 제어
② 되먹임 제어
③ 시퀀스 제어
④ 폐루프 제어

해설
자동제어 구분

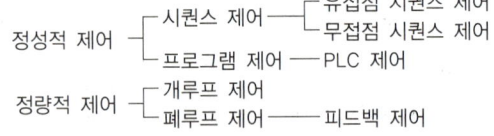

19 실린더의 부하 운동 방향이 고정형인 것은?

① 축방향 풋형
② 분납식 아이형
③ 로드측 트러니언형
④ 분납식 클레비스형

해설
공압 실린더 지지 형식
- 고정형 : 풋형, 플랜지형
- 요동형 : 피벗형(분납식 아이형, 분납식 클레비스형), 트러니언형(로드측, 중간, 헤드측)

20 다음 회로의 명칭은?

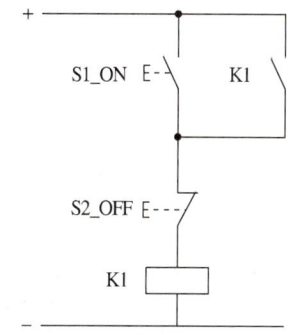

① ON반복회로
② ON우선회로
③ OFF반복회로
④ OFF우선회로

제2과목 설비진단 및 관리

21 설비 경제성 평가 방법 중 평균 이자법에서 연간 비용 산출식으로 옳은 것은?

① 연간비용 = 정액 상각비 + 세금 + 연평균가동비
② 연간비용 = 설비 구입비 + 평균이자 + 연평균가동비
③ 연간비용 = 정액 상각비 + 평균이자 + 연평균가동비
④ 연간비용 = 정액 상각비 + 평균이자 + 정지손실비

해설
평균 이자법 : 연간비용으로서 정액상액에 의한 상각비와 평균이자 및 가동비를 취한 방법

22 설비의 돌발고장을 방지하기 위한 조치로 적절하지 않은 것은?

① 고장에 대비하여 예비설비를 보유한다.
② 설비를 사용하기 전에 점검을 실시한다.
③ 충격, 피로의 원인을 없애고 규정된 취급방법을 지킨다.
④ 설비의 만성적인 부하요인을 제거한다.

23 다음 그림과 같은 설비관리 조직의 형태를 무엇이라고 하는가?

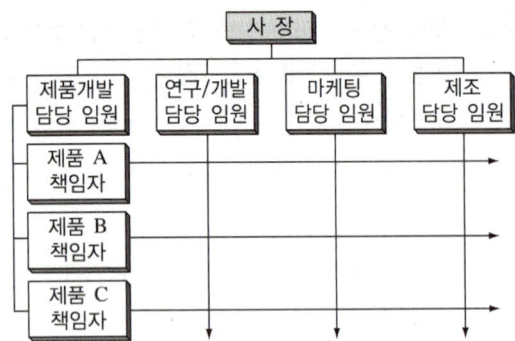

① 대상별 조직
② 전문기술별 조직
③ 기능중심 매트릭스(Matrix) 조직
④ 제품중심 매트릭스(Matrix) 조직

24 기초와 진동보호대상물체 사이에 스프링형 진동차단기를 설치하였더니 진동보호대상물체에 진동이 발생하여 그림과 같이 진동보호대상물체와 스프링 사이에 블록을 설치하였다. 블록을 설치한 이유로 옳은 것은?

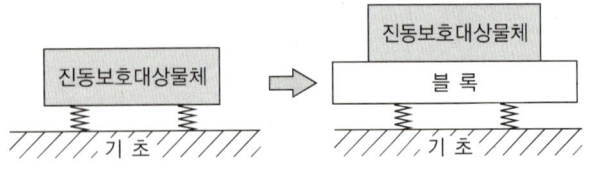

① 강성을 높이기 위해
② 진동을 차단하기 위해
③ 고유 진동수를 낮추기 위해
④ 고유 진동수를 높이기 위해

> **해설**
> 고유 진동수 $\omega_n = \sqrt{\dfrac{k}{m}}$ 에서 강성(k)을 그대로 두고 질량(m)을 증가시키면, 고유 주파수는 감소한다.

25 차음벽의 무게는 중간 이상 주파수 소음의 투과손실을 결정한다. 무게를 두 배 증가시킬 때 투과손실은 이론적으로 얼마나 증가하는가?

① 2[dB]   ② 6[dB]
③ 12[dB] ④ 24[dB]

> **해설**
> 차음벽의 무게는 중간 이상 주파수 소음의 투과손실을 결정하는데 무게를 두 배 증가시키면 투과손실은 6[dB] 증가한다.

26 미스얼라인먼트(Misalignment)의 주요 발생 원인이 아닌 것은?

① 윤활유 불량
② 축심의 어긋남
③ 휨축(Bent Shaft)
④ 베어링 설치 불량

> **해설**
> 미스얼라인먼트는 커플링으로 연결되어 있는 2개의 회전축의 중심선이 엇갈려 있을 경우로서 통상 회전 주파수 또는 고주파가 발생한다. 축심의 어긋남, 휨축, 베어링 설치 불량이 원인이다.

27 설비 상태를 정확히 알고 기술적 근거에 의해 수행하는 설비관리의 중요 업무에 해당되지 않는 것은?

① 예비품 발주 시기의 결정
② 보수나 교환의 시기 또는 범위 결정
③ 생산 원자재 수급 및 재고관리 결정
④ 수리 작업 또는 교환 작업의 신뢰성 확보

28 소음에서 마스킹(Masking)에 대한 설명으로 틀린 것은?

① 저음이 고음을 잘 마스킹한다.
② 두 음의 주파수가 비슷할 때는 마스킹 효과가 대단히 커진다.
③ 공장 내의 배경음악, 자동차의 스테레오 음악 등이 있다.
④ 발음원이 이동할 때 그 진행 방향 쪽에서는 원래 발음원의 음보다 고음으로 나타난다.

해설
발음원이 이동할 때 그 진행 방향쪽에서는 원래 발음원의 음보다 고음으로, 진행 반대쪽에서는 저음으로 되는 현상은 도플러(Doppler)효과이다.

29 다음 중 부하시간을 나타낸 것은?

① 부하시간 = 조업시간 + 정지시간
② 부하시간 = 정미 가동시간 – 무부하 시간
③ 부하시간 = 조업시간 + 무부하 시간
④ 부하시간 = 정미 가동시간 + 정지시간

해설
부하시간은 정미 가동시간에 정지시간을 부가한 시간이다.

30 설비보전표준의 분류와 가장 거리가 먼 것은?

① 설비검사 표준
② 설비 성능 표준
③ 정비 표준
④ 수리 표준

해설
설비보전표준의 분류
설비검사, 정비, 수리의 세 가지로 대별할 수 있다.

31 초기 고장기간에 발생할 수 있는 고장의 원인과 가장 거리가 먼 것은?

① 설비의 혹사
② 부적정한 설치
③ 설계상의 오류
④ 제작상의 오류

해설
초기 고장기간에는 시간의 경과와 함께 고장 발생이 감소되는 고장률 감소형으로, 부품의 수명이 짧은 것, 설계 불량, 제작 불량, 부적정한 설치에 의한 약점이 이 기간에 나타난다.

32 한 개의 진동 사이클에 걸린 총시간을 무엇이라고 하는가?

① 주 기
② 진 폭
③ 주파수
④ 진동수

해설
② 진폭 : 진동의 크기를 알아내는 데 중요하며 변위(거리), 속도, 가속도의 3종이 있다.
④ 진동수(f) : 단위 시간당(초, 분, 시간) 사이클의 횟수

정답 28 ④ 29 ④ 30 ② 31 ① 32 ①

33 흡음식 소음기를 사용하기에 가장 적합한 곳은?

① 헬름홀츠 공명기
② 실내 냉난방 덕트
③ 집진시설의 배출기
④ 내연기관의 송기구

해설
흡음식 소음기 : 소음기 내에 설치된 파이버 글라스(Fiber Glass)와 암면 등 섬유성 재료의 흡음력을 이용해서 소음을 감소시키는 장치이다.

34 패킹을 저널에 가볍게 접촉시켜 급유하는 방법으로 모세관 현상을 이용하여 윤활시키며, 윤활유를 순환시켜 사용하는 급유방법은?

① 손 급유법
② 패드 급유법
③ 적하 급유법
④ 가시 부상 유적 급유법

해설
① 손 급유법 : 사람의 손으로 직접 급유하는 가장 간단한 방법으로 마찰면의 미끄럼 속도가 낮고 경하중인 경우에 사용한다.
③ 적하 급유법(Drop-feed Oiling) : 급유할 마찰면이 넓고, 손 급유법이 불편한 경우에 사용되며, 기름 보충에 주의만 하면 오랫동안 급유할 수 있어 상당히 널리 쓰인다.
④ 가시 부상 유적 급유법 : 유적을 물 또는 적당한 액체를 가득 채운 유리관 속을 서서히 떠올라오게 하는 급유기를 사용한 것으로 급유 상태를 뚜렷이 볼 수 있는 장점이 있다.

35 다음 센서 중 가속도 센서로 사용되는 것은?

① 압전형
② 동전형
③ 와전류형
④ 전자광학형

36 설비배치의 분류 중 제품별 배치의 특징으로 틀린 것은?

① 기계 대수가 많아지고 공구의 가동률이 저하된다.
② 작업자의 보전 간접작업이 적어지므로 실질적 가동률이 향상된다.
③ 정체 시간이 길기 때문에 재공품이 많아지고 공정이 복잡해진다.
④ 작업의 흐름 판별이 용이하며 설비의 이상 상태 조기발견, 예방, 회복 등을 쉽게 할 수 있다.

해설
③ 정체 시간이 짧기 때문에 재공품이 적다(정체 감소).

37 대응하는 두 개의 데이터가 있을 때 두 데이터가 상관관계가 있는지 여부를 판단하는 현상 파악에 사용되는 방법은?

① 관리도
② 산정도
③ 체크 시트
④ 히스토그램

해설
① 관리도 : 공정에 있어서 우연 원인에 의한 산포와 이상 원인에 의한 산포를 구분하여 공정을 관리상태로 유지하기 위해서 고안한 그래프
③ 체크 시트 : 불량수, 결점수 등 셀 수 있는 데이터가 분류 항목별의 어디에 집중하고 있는지를 알아보기 쉽게 나타낸 그림이나 표
④ 히스토그램 : 길이, 무게, 시간, 경도 등을 측정하는 데이터가 어떠한 분포를 하고 있는가를 알아보기 쉽게 나타낸 그림

38 설비진단 방법 중 금속성분 특유의 발광 또는 흡광현상을 이용하는 방법은?

① 진동법
② 응력법
③ SOAP법
④ 페로그래피법

해설
① 진동법 : 진동에서 설비상태에 관한 여러 가지 정보를 얻을 수 있으므로 현재의 진단기술 중 가장 폭넓게 이용
② 응력법 : 설비구조물에서 발생하는 균열의 원인을 찾아내는 방법
④ 페로그래피(Ferrography)법 : 채취한 오일 샘플링을 페리스코프(Periscope)라 하는 색 현미경으로 마모입자의 크기, 형상, 간편히 열처리한 재질 등을 관찰하여 이상 부위, 원인에 대한 규명을 실시하는 방법

39 설비관리기능은 일반관리기능, 기술기능, 실시기능, 지원기능 등이 있다. 기술기능에 해당하지 않는 것은?

① 설비 성능 분석
② 설비진단기술 이전 및 개발
③ 고장 분석 방법 개발 및 실시
④ 주유, 조정, 수리업무 등의 준비 및 실시

해설
④ 실시기능 및 지원기능에 속한다.

40 설비 효율화를 저해하는 로스(Loss)에 해당하지 않는 것은?

① 고장 로스
② 속도 로스
③ 가동 로스
④ 작업준비 · 조정 로스

해설
설비의 효율화 저해 로스
• 고장 로스
• 작업준비 · 조정 로스
• 일시정체 로스
• 속도저하 로스
• 불량 · 수정 로스
• 초기 · 수율 로스

제3과목 공업계측 및 전기전자제어

41 직류전동기의 속도제어법에 해당하지 않는 것은?

① 계자제어
② 저항제어
③ 전압제어
④ 전류제어

해설
직류전동기의 속도 제어법에는 분권 및 타여자의 계자제어법과 전압제어법이 있고, 직권 및 복권에서는 계자제어법, 저항제어법, 초퍼 제어법 등이 있다.

42 유도전동기를 기동할 때 필요한 조건은?

① 기동 토크를 크게 할 것
② 기동 토크를 작게 할 것
③ 천천히 가속시키도록 할 것
④ 기동 전류가 많이 흐르도록 할 것

해설
유도전동기를 기동할 때에는 기동 토크를 크게 해야 한다.

43 전동밸브의 제어성을 양호하게 하기 위하여 사용되는 포지셔너(Positioner)는?

① 전기-전기식 포지셔너
② 전기-유압식 포지셔너
③ 전기-공기식 포지셔너
④ 공기-공기식 포지셔너

해설
전동밸브의 제어성을 양호하게 하기 위해서는 전기-전기식 포지셔너를 사용한다.

44 공진 주파수를 나타내는 공식은?(단, f : 공진 주파수[Hz], L : 인덕턴스[H], C : 커패시턴스[F]이다)

① $f = 2\pi f L$
② $f = \dfrac{1}{2\pi f C}$
③ $f = \dfrac{1}{2\pi \sqrt{C}}$
④ $f = \dfrac{1}{2\pi \sqrt{LC}}$

해설
공진 주파수
- 회로에 가장 센 전류가 흐를 때의 주파수
- 유도 리액턴스와 용량 리액턴스가 같을 때($XL = XC$) 임피던스는 최소($Z = R$)이고, 회로에는 가장 센 전류가 흐름
- $f = \dfrac{1}{2\pi \sqrt{LC}}$

45 표준압력계로서 다른 압력계의 교정용으로 사용되는 것은?

① 단관식 압력계
② 분동식 압력계
③ 피스톤식 압력계
④ 부르동관식 압력계

해설
② 분동식 압력계 : 표준 압력계로서 다른 압력계의 교정용, 검정용으로 많이 사용된다.
① 단관식 압력계 : 액주식(U자관형)의 변형으로 단관식이다.
③ 피스톤식 압력계 : 모든 압력계의 기준기로서 2차 압력의 교정 장치로 적합하다.
④ 부르동관식 압력계 : 압력에 따라 변위를 발생시키도록 한 것이다.

46 다음 논리식을 간단히 한 것은?

$$Y = \overline{A} \cdot B \cdot \overline{C} + A \cdot B \cdot \overline{C} + \overline{A} \cdot B \cdot C + A \cdot B \cdot C$$

① A ② $\overline{A}$
③ B ④ $\overline{B}$

해설

$Y = \overline{A} \cdot B \cdot \overline{C} + A \cdot B \cdot \overline{C} + \overline{A} \cdot B \cdot C + A \cdot B \cdot C$
$= B \cdot \overline{C}(\overline{A}+A) + B \cdot C(\overline{A}+A)$ → 분배법칙에 의해
$= B \cdot \overline{C} + B \cdot C$ → $A + A' = 1$에 의해
$= B \cdot (\overline{C} + C)$ → 분배법칙에 의해
$= B$ → $A + A' = 1$에 의해

47 두 종류의 금속을 접속하고 양접점에 온도차를 주어 단자 사이에 발생되는 기전력을 이용한 온도계는?

① 광 온도계
② 열전 온도계
③ 방사 온도계
④ 액정 온도계

해설

두 종류의 금속을 접속하고 양접점에 온도차를 주어 열기전력이 나오는 현상을 제베크 효과라고 하는데 열전 온도계는 제베크 효과를 이용한 것이다.

48 기준량을 준비하고 이것을 피측정량과 평행시켜 기준량의 크기로부터 피측정량을 간접적으로 알아내는 방법은?

① 편위법 ② 영위법
③ 치환법 ④ 보상법

해설

영위법이란 여러 가지 크기의 측정기준량을 갖추고, 그 어느 것과 측정량의 크기가 일치하도록 기준의 크기를 조정하면서 양자가 일치한 것을 검지(檢知)하여 그 때의 기준의 크기에서 측정값을 구하는 방법이며 정도(精度)가 높고, 전압계나 전류계의 눈금 교정 등에도 사용되는 전위차계가 측정방식으로 많이 사용된다.

49 연산증폭기의 특징이 아닌 것은?

① 2개의 입력단자를 가진 차동증폭기이다.
② 일반적으로 비반전 입력은 (−)로 표기한다.
③ 2개의 입력단자와 1개의 출력단자를 가지고 있다.
④ 일반적으로 연산증폭기는 2개의 전원단자(+, −)를 가지고 있다.

해설

연산증폭기의 특징
- 연산증폭기는 두 개의 입력단자와 한 개의 출력단자를 갖는다.
- 두 입력단자 전압 간의 차이를 증폭하는 증폭기이기에 입력단은 차동증폭기로 되어 있다.
- 연산증폭기를 사용하여 사칙연산이 가능한 회로 구성
- 연산증폭기가 필요로 하는 전원은 기본적으로는 두 개의 전원인 +Vcc 및 −Vcc가 필요하다.
- 일반적인 전원 전압은 ±15[V]가 된다.
- 비반전 입력은 (+)로 표시한다.
- 반전 입력은 (−)로 표시한다.

정답 46 ③ 47 ② 48 ② 49 ②

50 센서 선정 시 고려해야 할 기본사항으로 틀린 것은?

① 정밀도
② 응답속도
③ 검출범위
④ 폐기비용

해설
센서의 선정 기준
- 측정대상의 성질과 상태
- 정밀도와 응답속도
- 측정하는 현상과 범위
- 내환경성
- 내구성과 유지보수

51 미분시간 3분, 비례이득 10인 PD 동작의 전달함수는?

① $1+3s$
② $5+2s$
③ $10(1+2s)$
④ $10(1+3s)$

해설
비례제어 동작 $u(t)=k_p e(t)$ (k_p : 비례이득)
비례제어기 전달함수 $\dfrac{U(s)}{E(s)}=K_p$
비례-미분제어기(PD) 전달함수 $\dfrac{U(s)}{E(s)}=K_p(1+T_d s)$
(T_d : 미분시간(Derivative Time))
∴ 미분시간 3분, 비례이득 10인 PD 동작의 전달함수 = $10(1+3s)$이다.

52 검출용 기기가 아닌 것은?

① 리밋 스위치
② 근접 스위치
③ 광전 스위치
④ 푸시버튼 스위치

해설
검출용 스위치
- 제어대상의 상태나 변화를 검출하기 위한 것
- 어떤 물체의 위치나 액체의 높이, 압력, 빛, 온도, 전압, 자계 등을 검출하여 조작기기를 작동시키는 스위치
- 리밋 스위치, 마이크로 스위치, 근접 스위치, 광전 스위치, 온도 스위치, 압력 스위치, 플로트 스위치, 레벨 스위치, 플로트리스 스위치 등이 있다.

53 반가산기에서 자리올림 C(CARRY)의 값은?(단, A와 B는 입력이다)

① $A+B$
② $A \cdot B$
③ $A+\overline{B}$
④ $A \cdot \overline{B}$

해설
반가산기의 출력 $S=A\oplus B=0$, $C=AB=1$이다.

54 다음 ( ) 안에 알맞은 내용은?

교류의 전압, 전류의 크기를 나타낼 때 일반적으로 특별한 언급이 없을 경우에는 ( )을 가리킨다.

① 평균값
② 최댓값
③ 순시값
④ 실횻값

해설
교류의 전압, 전류의 크기는 일반적으로 실횻값을 쓴다(교류 전류계의 지시에 사용).

55 4층 이상의 PNPN구조로 이루어졌으며, 전류의 도통과 저지 상태를 가진 반도체 스위치 소자는?

① 저 항
② 다이오드
③ 사이리스터
④ 트랜지스터

해설
사이리스터(Thyristor)
- 제어단자(G)로부터 음극(K)에 전류를 흘리는 것이다.
- 양극(A)과 음극(K) 사이를 도통시킬 수 있는 3단자의 반도체 소자
- 실리콘제어정류기(SCR ; Silicon Controlled Rectifier)라고도 불린다.
- PNPN의 4중 구조를 하고 있다.

56 광 센서의 종류가 아닌 것은?

① 포토다이오드
② 광위치 검출기
③ 포토트랜지스터
④ 스트레인 게이지

해설
광 센서
- 빛의 양, 물체의 모양이나 상태, 움직임 등을 감지하는 센서
- 포토다이오드, 포토트랜지스터, 광위치 검출기

57 직류전동기의 회전방향을 바꾸는 방법으로 적합한 것은?

① 콘덴서의 극성을 바꾼다.
② 정류자의 접속을 바꾼다.
③ 브러시의 위치를 조정한다.
④ 전기자권선의 접속을 바꾼다.

해설
직류전동기의 회전방향을 역으로 하고 싶으면 전기자권선의 접속을 바꾸면 된다.

58 전류이득 $\beta = 25$, 베이스 전류 $I_B = 100[\mu A]$, 컬렉터 전류 $I_c = 3[mA]$인 BJT가 있다. $I_B = 125[\mu A]$일 때 $I_c[mA]$는?

① 3
② 3.125
③ 3.625
④ 3.9

59 직류전동기에서 정류자와 접촉하여 전기자권선과 외부 회로를 연결하여 주는 것은?

① 계 자
② 전기자
③ 브러시
④ 계자철심

해설
정류자 면에 접촉하여 전기자권선과 외부 회로를 연결해 주는 것은 브러시이다.

60 PLC의 특징이 아닌 것은?

① 제어반 설치 면적이 크다.
② 설비의 변경, 확장이 쉽다.
③ 신뢰성이 높고 수명이 길다.
④ 조작이 간편하고 유지보수가 쉽다.

해설
PLC의 특징
- 기능의 다양화
- 조작의 간편성
- 설치의 간편성
- 유지보수의 편리성
- 고신뢰성
- 프로그램의 고기능성(제어회로 설계가 용이)
- 유연성

제4과목 기계정비일반

61 삼각형 모양의 다리가 있는 특수한 형태의 강판을 여러 장 연결한 체인으로, 소음이 작아 고속 정숙 회전이 필요할 때 사용하는 체인은?

① 링크 체인(Link Chain)
② 오프셋 링크(Offset Link)
③ 사일런트 체인(Silent Chain)
④ 스프로킷 휠(Sprocket Wheel)

해설
사일런트 체인(Silent Chain)
- 삼각형 모양의 다리를 가지는 특수한 형태의 강판을 여러 장 연결한 체인
- 운전이 원활하고 전동 효율이 높음
- 소음이 작아 고속 정숙한 회전이 필요할 때 사용

62 수격현상의 피해를 설명한 것 중 적합하지 않은 것은?

① 압력 강하에 따라 관로가 파손된다.
② 펌프나 원동기에 역전 또는 과속에 따른 사고가 발생한다.
③ 워터해머 상승압에 따라 밸브 등이 파손된다.
④ 수주분리현상에 기인하여 펌프를 돌리는 전동기의 전압상승이 일어난다.

해설
수격현상의 피해 현상
- 워터해머 상승압에 따라 펌프밸브, 관로 등이 파손
- 압력 강하에 따라 관로가 파손
- 관 내의 물이 분리하여 공동부가 생긴다(수주분리현상). 이 공동부에 물이 채워질 때 충격압이 생겨 관이 파손
- 펌프 및 원동기에 역전 과속에 따른 사고가 발생

59 ③ 60 ① 61 ③ 62 ④

63 피치 2[mm]인 세 줄 나사를 1회전시켰을 때의 리드는?

① 2[mm]
② 3[mm]
③ 6[mm]
④ 12[mm]

해설
리드(Lead) : 나사가 1회전하여 진행한 거리
리드(l) = 줄수(n) × 피치(p) × 회전수 = 3 × 2 × 1 = 6[mm]

64 접착제의 종류 중 용매 또는 분산매의 증발에 의하여 경화되는 것은?

① 감압형 접착제
② 유화액형 접착제
③ 중합제형 접착제
④ 열 용융형 접착제

해설
① 감압형 접착제 : 상온에서 오랫동안 접착성을 유지하여 특수한 수단을 사용하지 않고 약간의 힘만 가해도 접착한다.
③ 중합제형 접착제 : 중합 축합 등의 화학반응에 의하여 경화되는 것이다.
④ 열 용융형 접착제 : 냉각에 의하여 경화되는 접착제이다.

65 정비용 측정 기구가 아닌 것은?

① 오스터
② 진동 측정기
③ 베어링 체커
④ 지시 소음계

해설
오스터 : 수동식 파이프 나사 절삭(정비용 공기구, 배관용 기구)

66 회전기계에서 센터링(Centering) 불량 시 나타나는 현상이 아닌 것은?

① 진동, 소음이 크다.
② 기계성능이 저하된다.
③ 구동의 전달이 원활하다.
④ 베어링부의 마모가 심하다.

해설
센터링 불량 시 현상
• 진동이 크다.
• 기계성능이 저하된다.
• 베어링부의 마모가 심하다.
• 축의 손상(절손우려)이 심하다.
• 구동의 전달이 원활하지 못하다.

67 다음 중 일반적인 밸브의 취급방법으로 틀린 것은?

① 이종 금속으로 된 밸브는 열팽창에 주의하여 취급한다.
② 밸브를 열 때는 기기의 이상 유무를 확인하면서 천천히 연다.
③ 손으로 돌리는 밸브는 회전방향을 정확히 확인한 후 핸들을 돌려 개폐한다.
④ 밸브를 열고 닫을 때는 누설을 방지하기 위해 빨리 조작한다.

해설
일반적인 밸브의 취급방법
• 이종 금속으로 된 밸브는 열팽창에 주의하여 취급한다.
• 밸브를 열 때는 기기의 이상 유무를 확인하면서 천천히 연다.
• 손으로 돌리는 밸브는 회전방향을 정확히 확인한 후 핸들을 돌려 개폐한다.
• 밸브를 전개할 때는 완전히 연 후 1/2회전 역회전시켜 둔다.
• 밸브를 열고 닫을 때는 누설을 방지하기 위해 천천히 조작한다.

정답 63 ③　64 ②　65 ①　66 ③　67 ④

68 축이 마모되어 수리할 때 보스에 부시를 넣어야 하는 경우의 작업방법으로 옳은 것은?

① 마모부분 다시 깎기
② 마모부에 금속 용사하기
③ 마모부에 덧살 붙임 용접하기
④ 마모부를 잘라 맞춰 용접하기

해설
끼워맞춤부 보스의 수리법(보스 마모)
원래 구멍 이상으로 할 수 없을 경우는 보스 내경을 상당량 깎아내고 부시(강한 끼워맞춤으로 때려 넣음, 300℃ 열박음)를 넣도록 한다.

69 원심형 통풍기 중 전향 베인으로 풍량 변화에 풍압 변화가 적고, 풍량이 증가하면 동력이 증가하는 통풍기는?

① 터보 통풍기
② 용적식 통풍기
③ 시로코 통풍기
④ 플레이트 통풍기

해설
① 터보 통풍기 : 후향 베인으로 효율이 가장 좋으며 고속도로 터널 환풍기에 사용한다.
④ 플레이트 통풍기 : 경향 베인으로 베인의 형상이 간단하다.

70 전동기의 과열 원인으로 가장 거리가 먼 것은?

① 과부하 운전
② 빈번한 기동
③ 전원 전압의 변동
④ 베어링부에서의 발열

해설
전동기의 과열 원인
• 3상 중 1상의 퓨즈가 용단으로 단상이 되어 과전류가 흐름
• 과부하 운전
• 빈번한 기동 및 정지
• 냉각 불충분
• 베어링부에서의 발열

71 배관정비에서 누설에 관한 설명으로 틀린 것은?

① 나사부의 정비 등으로 탈·부착을 반복함으로써 나타난 마모는 누설과 관계가 없다.
② 나사부에서 증기, 물 등의 누설은 관의 나사 부분을 부식시켜 강도 저하, 균열, 파단의 원인이 된다.
③ 배관 이음쇠 용접부의 일부에 균열이 생겨 누설이 진행되면 파단에 이르기도 하므로 조기 발견이 중요하다.
④ 비틀어 넣기부 배관의 나사부에서 누설 시 그 상태로 밸브나 관을 더 조이면 반드시 반대 측의 나사부에 풀림이 생겨 누설개소가 이동한다.

해설
나사이음부의 누설
• 증기, 물 등의 나사부에서 누설은 관의 나사 부분을 부식시켜 강도 저하, 균열, 파단의 원인이 된다.
• 사부에서 착·탈을 반복함으로써 나타난 마모는 생각지도 않은 사고를 유발한다.
• 나사부 누설이 생겼을 경우 그 상태로 밸브나 관을 더 죄면 반드시 반대 측의 나사부에 풀림이 생겨 단지 누설개소가 이동한다고 밖에 볼 수 없다.
• 배관 이음쇠 용접부의 일부에 균열이 생겨 누설이 진행되면 파단에 이르기도 하므로 조기 발견이 중요하다.
• 누설의 조기 발견과 그에 대한 적절한 처치는 비틀어 넣기식, 용접식을 불문하고 가장 중요한 것이다.

72 끼워맞춤부 보스의 수리법으로 틀린 것은?

① 편 마모된 부분은 최소한도로 깎아서 다듬질한다.
② 원래 구멍 이상으로 상당량 절삭할 경우는 부시를 삽입한다.
③ 보스의 외경이 작아서 강도가 부족할 시에는 링을 용접하여 사용한다.
④ 보스 내경에 부시를 압입할 경우는 중심내기 마무리를 한다.

해설
원래의 구멍 이상으로 할 수 없을 경우는 보스 내경을 상당량 깎아내고 부시를 넣도록 한다. 이 경우 보스의 강도가 허락하는 한 강한 끼워맞춤으로 때려 넣고 프레스 압입 또는 보스를 약 300℃ 정도로 가열해서 부시를 열박음으로 한다.

73 송풍기 기동 후 베어링의 온도가 급상승하는 경우 점검사항이 아닌 것은?

① 윤활유의 적정 여부
② 베어링 케이스의 볼트 조임 상태 여부
③ 미끄럼 베어링의 경우 오일링의 회전이 정상인지 여부
④ 관통부에 펠트(Felt)가 쓰인 경우, 축에 강하게 접촉되어 있는지 여부

해설
송풍기 베어링의 온도가 급상승하는 경우의 점검 사항
• 축 관통부와 축 틈새가 균일한가 확인한다.
• 윤활유의 적정 여부를 점검한다.
• 자유 측의 커버가 베어링의 외륜을 누르고 있나 점검한다.
• 베어링은 궤도량(외륜 및 내륜)이나 진동체(볼 또는 롤러)에 흠집 여부를 점검
• 오일 링의 회전이 정상인가 또는 베어링 메탈과 축과의 간섭이 정상인가 점검
• 미끄럼 베어링의 경우 오일링의 회전이 정상인지 여부 점검
• 관통부에 펠트(Felt)가 쓰인 경우, 축에 강하게 접촉되어 있는지 여부 점검

74 다음 정비용 공기구 중 크게 축용과 구멍용으로 구분되어 있으며, 스냅 링이나 리테이닝 링의 부착이나 분해용으로 사용되는 공구는?

① 조합 플라이어
② 스톱 링 플라이어
③ 롱 노즈 플라이어
④ 콤비네이션 바이스 플라이어

해설
스톱 링 플라이어 : 스냅 링, 리테이너 링 분해 시 사용
• 축용 : 스톱 링 플라이어는 손잡이를 쥐면 벌어지고 S-0에서 S-8까지의 종류가 있다.
• 구멍용 : 스톱 링 플라이어는 손잡이를 쥐면 닫히며 H-1에서 H-8까지의 종류가 있다.

75 체인의 검사 시기나 기준으로 적합하지 않은 것은?

① 과부하가 걸렸을 때
② 균열이 발생했을 때
③ 체인의 길이가 처음보다 5[%] 이상 늘어났을 때
④ 링(Ring) 단면의 직경이 10[%] 이상 감소했을 때

해설
체인의 검사 기준
• 체인의 길이가 처음보다 5[%] 이상 늘어났을 때
• Ring 단면의 직경이 10[%] 이상 감소했을 때
• 균열이 발생했을 때

76 일반적인 왕복식 압축기의 장점으로 옳은 것은?

① 윤활이 어렵다.
② 설치 면적이 넓다.
③ 맥동 압력이 있다.
④ 고압을 발생시킬 수 있다.

해설
왕복식 압축기의 장단점

장 점	단 점
고압 발생 가능	• 설치면적이 넓다. • 기초가 견고해야 한다. • 윤활이 어렵다. • 맥동 압력이 있다. • 소용량이다.

77 다음 밸브 중 밸브 박스가 구형으로 만들어져 있으며, 구조상 유로가 S형이고 유체의 저항이 크고 압력강하가 큰 결점은 있지만, 전개까지의 밸브 리프트가 적어 개폐가 빠르고 구조가 간단한 밸브는?

① 체크 밸브
② 글로브 밸브
③ 플러그 밸브
④ 버터플라이 밸브

해설
① 체크 밸브(Check Valve) : 유체를 한 방향으로만 흐르게 하고, 역류하지 않도록 하는 데 사용
③ 플러그 밸브(Plug Valve) : 윤활구조나 밸브 시트 사이의 마찰을 기계적으로 감소시킬 수 있는 구조를 가진 콕의 일종
④ 버터플라이 밸브(Butterfly Valve) : 원형의 밸브판의 지름을 축소하여 밸브판을 회전시킴으로써 유량을 조정할 수 있다.

78 가열 끼움에서 사용하는 가열법이 아닌 것은?

① 수증기로 가열하는 법
② 전기로로 가열하는 법
③ 가스토치로 가열하는 법
④ 자연광으로 가열하는 법

해설
가열 끼움에 사용하는 가열법
• 가스 버너나 가스 토치로 가열하는 법
• 열박음 노(爐)에서 가열하는 법
• 수증기로 가열하는 법
• 기름으로 가열하는 법
• 전기로도 가열하는 법

79 펌프의 흡입 양정이 높거나 흐름속도가 국부적으로 빠른 부분에서 압력 저하로 유체가 증발하는 현상은?

① 서징 현상
② 수격 현상
③ 압력상승 현상
④ 캐비테이션 현상

해설
① 서징 현상 : 과도적으로 상승한 유량, 압력, 회전속도가 주기적으로 변동하여 기기에 진동을 일으키는 현상
② 수격 현상 : 관로에 유속의 급격한 변화 및 정전에 의한 펌프의 동력이 급격히 차단될 때 관내 압력이 상승 또는 하강하는 현상

80 보통 금속과 고무로 되어 있고 회전축의 동적실로 사용되는 것으로 바깥쪽 부분은 하우징에 고정시키고 안쪽 부분은 회전축에 부착하여 스프링으로 두 실 부분을 단단히 지지하는 기밀요소는?

① 립 패킹
② 금속 실
③ 기계적 실
④ 플랜지 패킹

해설
① 립 패킹 : 저속 회전용
② 금속 실 : 아주 높은 온도 유지 장치의 Seal용, 동적 실로 사용되고 보통 강철로 되어 있다.
④ 플랜지 패킹 : 실린더 피스톤과 로드에 사용

2018년 제3회 과년도 기출문제

제1과목 공유압 및 자동화 시스템

01 다음 유압배관 중 내식성 또는 고온용으로 사용되며 열처리하여 관의 굽힘가공, 플레어가공에 가장 적합한 배관은?

① 동 관
② 합성고무관
③ 알루미늄관
④ 스테인리스 강관

해설
스테인리스 강관의 특징
- 지름이 큰 경우나 직관부에 사용되지만 작업성이 나쁘다.
- 중량을 절감시키고 싶은 경우에는 스테인리스 강관이 사용
- 풀림을 잘하면 굽히거나 플레어로 가공할 수 있다.

02 유압 모터를 급정지하고자 할 때, 관성으로 인한 과부하를 방지하는 회로는?

① 직렬 회로
② 브레이크 회로
③ 일정출력 회로
④ 일정토크 회로

해설
① 직렬 회로 : 유압 모터를 직렬로 배치하고 두 대 또는 여러 대를 동시에 회전시키는 회로
③ 일정출력 회로 : 정용량형 유압 모터를 일정 압력, 일정 유량하에서 운전하여 가변 용량형 유압 모터를 구동시키는 회로
④ 일정토크 회로 : 정용량형 유압 펌프를 써서 정용량형 유압 모터를 구동시키는 회로로서, 모터의 속도를 제어

03 밸브에 조작력이 작용하고 있을 때의 위치를 나타내는 용어는?

① 과도 위치
② 노멀 위치
③ 작동 위치
④ 초기 위치

해설
② 노멀 위치 : 밸브의 조작력 또는 제어 신호가 걸리지 않을 때 밸브 몸체의 위치
④ 초기 위치 : 조작력이 작용하기 전의 위치. 일반적으로 노멀 위치와 같다.

04 공압 요동 액추에이터에서 피스톤형 요동 액추에이터의 종류가 아닌 것은?

① 나사형
② 베인형
③ 크랭크형
④ 래크와 피니언형

해설
피스톤 요동형 액추에이터의 종류
- 래크와 피니언형
- 스크루형
- 크랭크형
- 요크형

정답 1 ④ 2 ② 3 ③ 4 ②

05 유압 제어밸브 중 회로의 최고압력을 제한하는 밸브는?

① 감압 밸브
② 릴리프 밸브
③ 시퀀스 밸브
④ 카운터 밸런스 밸브

해설
① 감압 밸브(Reducing Valve) : 고압의 압축유체를 감압시켜 사용조건이 변동되어도 설정공급압력을 일정하게 유지하는 밸브
③ 시퀀스 밸브 : 공유압 회로에서 순차적으로 작동할 때 작동순서를 회로의 압력에 의해 제어하는 밸브
④ 카운터 밸런스 밸브 : 부하가 급격히 제거되었을 때 그 자중이나 관성력 때문에 소정의 제어를 못하게 된다거나 램의 자유낙하를 방지하기 위하여 귀환유의 유량에 관계없이 일정한 배압을 걸어주는 역할을 하는 밸브

06 다음의 기호가 의미하는 기기는?

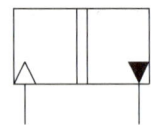

① 증압기
② 공기유압 변환기
③ 텔레스코프형 실린더
④ 고압우선형 셔틀밸브

해설
공기유압 변환기 : 공기 압력을 동일 압력의 유압으로 변환하는 것으로 비교적 저압의 유압이 쉽게 얻어진다.

07 압력의 크기가 다른 것은?

① 1[bar]
② 14.5[psi]
③ 10[kgf/cm^2]
④ 750[mmHg]

해설

Pa(파스칼)	1×10^5
bar(바)	1
kgf/cm^2	1.01972
atm(표준대기압)	9.86923×10^{-1}
mmH$_2$O(수주)	1.01972×10^4
mmHg(수은주)	7.50062×10^2
psi	1.45038×10

08 유압 프레스를 설계하려고 한다. 사용압력은 24[MPa]이고, 필요한 힘은 500[kN]일 경우 유압 실린더의 직경[cm]으로 가장 적합한 것은?

① 17   ② 27
③ 37   ④ 47

해설
$P = \dfrac{F}{A}$ 에서, 면적 $A = \dfrac{F}{P}$ 이다.
힘 500[kN]은 약 51,000[kgf]이고, 사용압력 24[MPa]은 약 240 [kgf/cm^2]이므로 면적 $A\left(=\dfrac{\pi d^2}{4}\right)$는 약 212.5[cm^2]이다. 그러므로 지름 d는 보기에서 17이 적합하다.

09 유압모터의 장점으로 틀린 것은?

① 기계식 모터에 비해 효율이 높다.
② 소형경량으로 큰 출력을 낼 수 있다.
③ 무단으로 회전속도를 조절할 수 있다.
④ 회전체의 관성이 작아 응답성이 빠르다.

해설
유압모터의 장점
- 소형경량으로서 큰 출력을 낼 수 있고 고속 추종에 적당하다.
- 속도나 방향의 제어가 용이하여 릴리프 밸브를 달면 기구적 손상을 주지 않고 급속 정지를 시킬 수 있고 시정수(時定數)는 2~6 [m·sec] 정도이다.
- 시동, 정지, 역전, 변속 등은 메터링 밸브 또는 가변토출 펌프에 의해서 간단히 제어할 수 있다.
- 2개의 배관만을 사용해도 되므로 내폭성이 우수하다.

10 공압기기 중 소음기에 대한 설명으로 옳은 것은?

① 흡입 속도를 빠르게 한다.
② 공압 기기의 수명이 길어진다.
③ 공압 작동부의 출력이 커진다.
④ 배기 속도를 줄일 수 있고, 효율이 나빠진다.

해설
소음기의 특징
- 배기 속도를 줄이며 배기음을 줄이기 위한 목적으로 사용한다.
- 공기의 흐름 저항이 부여되고 배압이 생겨 효율면에서 부정적이다.
- 팽창형, 흡수형, 간접형 등의 종류가 있다.

11 공압 단동 실린더의 특징으로 틀린 것은?

① 귀환장치를 내장한다.
② 행정거리의 제한을 받는다.
③ 압축공기를 한쪽에서만 공급한다.
④ 압축공기의 유량을 조절하여도 전·후진 속도가 동일하다.

해설
단동 실린더의 특징
- 한 방향의 운동에만 압축 공기를 사용(복귀는 스프링이나 피스톤 및 로드의 자중 또는 외력에 의해 복귀)
- 스프링 때문에 행정거리가 제한(보통 150[mm] 정도가 최대 행정 길이)
- 용도로는 클램핑, 프레싱, 이젝팅, 이송, 리프팅 등의 용도에 사용

12 다음 그림의 시스템 방식은?

① 서보 시스템(Servo System)
② 피드백 제어시스템(Feedback Control System)
③ 개회로 제어시스템(Open Loop Control System)
④ 폐회로 제어시스템(Closed Loop Control System)

해설
③ 개회로 제어시스템(Open Loop Control System)
   가장 간단한 장치로서 제어 동작이 출력과 관계없이 신호의 통로가 열려 있는 제어 계통을 의미한다.

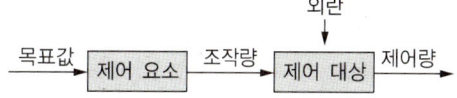

④ 폐회로 제어시스템(Closed Loop Control System)
   출력의 일부를 입력 방향으로 피드백시켜 목표값과 비교되도록 폐루프를 형성하는 제어 시스템으로 피드백 제어 시스템이라고도 한다.

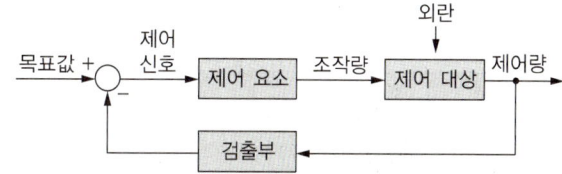

13 실린더의 피스톤 위치를 영구자석의 힘으로 검출하는 것은?

① 광센서
② 리드 스위치
③ 리밋 스위치
④ 정전 용량형 센서

해설
리드 스위치(Lead Switch)
• 마그네트에서 발생하는 외부 자기장을 검출하는 자기형 근접 감지기로 매우 간단한 유접점 구조를 가지고 있다. 큰 자기량의 유무를 검출할 때 사용
• 용도 : 레벨의 검출, 유·공압식 실린더의 피스톤 위치 검출 등
• 구조
  - 탄성을 갖는 자성재료의 리드편 2개(Fe-Ni 합금)
  - 봉입형 유리관(열팽창계수가 같은 불활성가스)
  - 접점부는 로듐이나 로테늄 등의 비금속으로 도금

14 다음 기능선도 기본기호의 의미로 옳은 것은?

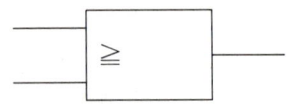

① OR
② AND
③ NOT
④ EX-OR

해설
기능 다이어그램

AND 요소	OR요소
I1 I2 — & — O1	I1 I2 — ≥1 — O
NOT요소	Turn-on 지연
I — ▷ — O	I — 30ns 0 — O

15 제어장치의 기능을 실행하고자 PLC 프로그램을 작성할 때 고려사항이 아닌 것은?

① 공진 주파수의 중역공진과 고역공진
② 릴레이와 PLC의 특성 및 사용 방법
③ 그림 기호, 기구 번호, 상태 등에 대한 약속(규칙)
④ 제어 목적, 운전 방법, 동작 등의 각종 전기적인 조건

16 자석의 회전에 의해 도체에 유도전류가 흐르고 이 유도전류와 자속의 상호작용에 의해 회전하는 현상을 이용한 전동기는?

① 복권 전동기
② 분권 전동기
③ 유도 전동기
④ 직권 전동기

해설
① 복권 전동기 : 기중기, 윈치, 분쇄기 등에 사용
② 분권 전동기 : 일정 속도 및 가변 속도를 다같이 필요로 하는 펌프, 송풍기, 선반 등에 적당하다.
④ 직권 전동기 : 토크의 변화에 비하면 출력의 변화가 적다. 전차, 전기 기관차, 기중기 등에 적당하다.

17 보수관리의 효과에 대한 설명으로 틀린 것은?

① 유지비가 높아 비경제적이다.
② 수리기간이 정기적이며 단축할 수 있다.
③ 수리를 위한 공장 휴지의 예고를 경영자, 생산 담당자가 알 수 있다.
④ 예기치 않는 기계의 고장, 파손이 생산 도중에 발생되는 것을 방지한다.

18 비접촉식 근접 센서의 특징이 아닌 것은?

① 빠른 스위칭 주기를 갖는다.
② 비교적 수명이 길고, 신뢰성이 높다.
③ 접점부의 개방으로 내환경성이 나쁘다.
④ 비접촉 감지 동작으로 마모의 염려가 없다.

19 AC 220[V], Δ결선 전동기를 Y결선으로 바꿀 때 전동기에 인가되는 선간 전압[V]은 약 얼마인가?

① 381   ② 441
③ 621   ④ 761

해설
Y결선의 선간 전압(V_l) = $\sqrt{3} \, V_p$ = $\sqrt{3} \times 220$ ≒ 381[V]

20 서보 전동기의 노이즈 대책이 아닌 것은?

① 접 지
② 서지 킬러
③ 실드선 처리
④ 인버터 사용

제2과목 설비진단 및 관리

21 음파의 종류 중 음원으로부터 거리가 멀어질수록 더욱 넓은 면적으로 퍼져 나가는 파는?

① 평면파
② 구면파
③ 진행파
④ 발산파

22 회전기계의 열화 시 발생되는 주파수 특성에서 언밸런스에 대한 설명으로 틀린 것은?

① 언밸런스는 회전 벡터이다.
② 회전 주파수의 1f 성분의 탁월 주파수가 나타난다.
③ 휨 축이거나 베어링의 설치가 잘못되었을 때 나타난다.
④ 언밸런스에 의한 진동은 수평·수직방향에 최대의 진폭이 발생한다.

해설
언밸런스는 로터 축심 회전의 질량 분포의 부적정에 의한 것으로 나타난다.

정답 18 ③ 19 ① 20 ④ 21 전항정답 22 ③

23 다음 보기에서 설비의 탄생에서 사멸까지의 라이프 사이클(Life Cycle) 4단계 순서를 바르게 나열한 것은?

┌─보기─────────────────────┐
│ ㉠ 설비의 개념 구성과 규격결정 │
│ ㉡ 제작 설치 │
│ ㉢ 설비의 설계 개발 │
│ ㉣ 설비의 운용 유지 │
└──────────────────────────┘

① ㉠ → ㉡ → ㉢ → ㉣
② ㉠ → ㉢ → ㉡ → ㉣
③ ㉡ → ㉠ → ㉢ → ㉣
④ ㉡ → ㉣ → ㉢ → ㉠

해설
설비의 라이프 사이클
- 설비투자계획 : 조사, 연구
- 건설 : 설계, 제작, 설치
- 조업 : 운전, 보전, 폐기

24 설비 표준의 종류에 속하지 않는 것은?

① 설비성능표준
② 시운전 검수표준
③ 설비보전원 표준
④ 설비자재 검사표준

해설
설비 표준의 종류
- 설비설계규격
- 설비성능표준(설비사양서)
- 설비자재 구매규격
- 설비자재 검사표준
- 시운전 검수표준
- 설비보전표준
- 보전작업표준

25 설비관리의 기능과 가장 거리가 먼 것은?

① 실행 기능
② 기술 기능
③ 개발 기능
④ 일반관리 기능

해설
설비관리 기능의 분류
- 일반관리 기능
- 기술 기능
- 실시(실행) 기능
- 지원 기능

26 설비의 고장률과 열화패턴에서 시간의 경과와 함께 고장발생이 감소되는 고장률 감소형의 기간으로 설계 불량, 제작 불량에 의한 약점 등이 나타나는 고장기는?

① 우발 고장기
② 초기 고장기
③ 마모 고장기
④ 혼합 고장기

해설
① 우발 고장기 : 고장률이 거의 일정하나 예측할 수 없는 고장률 일정형이다.
③ 마모 고장기 : 설비를 구성하고 있는 부품의 마모나 열화에 의하여 고장이 증가하는 고장률 증가형이다.

27 진동 에너지를 표현하는 값으로 정현파의 경우 피크값의 $\frac{1}{\sqrt{2}}$ 배에 해당되는 것은?

① 피크값
② 실횻값
③ 평균값
④ 피크 – 피크

해설
① 피크값(편진폭) : 진동량의 최댓값
③ 평균값 : 진동량을 평균한 값. 피크값의 $2/\pi$
④ 피크–피크(양진폭, 전진폭) : 정측의 최댓값에서 부측의 최댓값까지의 값

28 보전 계획을 수립할 때 검토하여야 할 사항으로 가장 거리가 먼 것은?

① 보전 비용
② 수리 시간
③ 운전원 역량
④ 생산 및 수리계획

해설
보전 계획을 수립할 때 검토하여야 할 사항
• 보전 비용
• 수리 시기
• 수리 시간
• 수리 요원
• 생산 및 수리계획
• 일상점검 및 주간, 월간, 연간 등의 정기수리 중 선택

29 설비보전 조직 설계 시 고려사항으로 가장 거리가 먼 것은?

① 생산 형태
② 설비의 특징
③ 생산제품의 특성
④ 기업 경영 방식

해설
설비보전 조직 설계 시 고려사항
• 제품의 특성
• 생산 형태
• 설비의 특징
• 지리적 조건
• 공장의 규모
• 인적 구성 및 역사적 배경
• 외주 이용도

30 신뢰도와 보전도를 종합한 평가 척도로 "설비가 어느 특정 순간에 기능을 유지하고 있는 확률"로 정의할 수 있는 용어는?

① 유용성
② 보전성
③ 경제성
④ 설비 가동률

해설
보전성 : 보전에 대한 용이성을 나타내는 성질로 양적으로 표현할 때 보전도라고 한다.

31 연간 불출 횟수가 4회 이상인 정량발주방식의 주문점 계산식으로 옳은 것은?(단, P : 주문점, $\bar{x}$: 월 평균사용량, D : 기준조달기간, m : 예비재고이다)

① $P = \bar{x} \times D + m$
② $P = \bar{x} \times D - m$
③ $P = \bar{x} \times m + D$
④ $P = \bar{x} \times m - D$

해설
정량발주방식의 주문점 계산식
$$P = \bar{x} \times D + m = \bar{x} \times D + t \times \sigma_x \times \sqrt{2}$$
여기서, t : 안전계수
σ_x : 월간 사용량의 분균형(분포)

정답 28 ③ 29 ④ 30 ① 31 ①

32 회전기계에서 발생하는 이상 현상 중 유체기계에서 국부적 압력 저하에 의하여 기포가 생기며 일반적으로 불규칙한 고주파 진동 음향이 발생하는 현상은?

① 공 동
② 풀 림
③ 언밸런스
④ 미스얼라인먼트

해설
② 풀림 : 기초 볼트 풀림이나 베어링 마모 등에 의하여 발생하는 것으로서 통상 회전 주파수의 고차 성분이 발생한다.
③ 언밸런스 : 로터 축심 회전의 질량 분포의 부적정에 의한 것으로 나타난다.
④ 미스얼라인먼트 : 커플링으로 연결되어 있는 2개의 회전축의 중심선이 엇갈려 있을 경우로서 통상 회전 주파수 또는 고주파가 발생한다.

33 보전 작업 표준에서 표준시간의 결정방법이 아닌 것은?

① 경험법
② 실적 자료법
③ 작업 연구법
④ 관적 자료법

해설
보전 작업 표준에서 표준시간의 결정방법
• 경험법 : 경험자의 견적에 의하여 작업표준을 설정
• 실적 자료법 : 실적기록에 입각해서 작업의 표준시간을 결정
• 작업 연구법 : 작업연구에 의해서 표준시간을 결정

34 종합적 생산보전(TPM)에 대한 설명 중 틀린 것은?

① 전원이 참가하여 동기부여 관리
② 작업자의 자주보전 체제의 확립
③ 설비효율을 최고로 높이기 위한 보전 활동
④ 생산설비의 라이프 사이클만 관리하는 활동

해설
종합적 생산보전(TPM)의 의의
• 설비 효율을 최고로 높이기 위한 보전 활동
• 최고경영자부터 작업자까지 전원이 참가하여 동기부여 관리
• 소집단(분임조)의 자주 활동에 의하여 생산보전을 추진해 나가는 것
• 자주보전을 통하여 설비 종합효율 향상을 추진하는 활동

35 설비의 돌발적인 고장으로 인한 손실이 아닌 것은?

① 생산정지로 인한 원료 절약
② 돌발고장으로 인한 수리비의 지출
③ 생산 정지시간의 감산에 의한 손실
④ 설비수리로 인한 저 능률 조업에 따른 복구 손실

해설
설비의 돌발적인 고장으로 인한 손실의 유형
• 생산 정지시간의 감산에 의한 손실
• 돌발고장의 수리비 지출
• 정지 기간 중 작업자의 작업이 없어서 기다리는 시간
• 가동 중 원재료의 손실
• 제품 불량에 의한 손실
• 품질 저하에 따른 손실
• 고장 수리 후부터 평생 생산에 들어가기까지의 복구 기간 중의 저능률 조업에 따른 복구손실
• 생산계획 착오로 인한 납기연장, 신용의 저하 등에서 오는 유형, 무형의 손실

36 설비의 노화를 나타내는 파라미터에 해당되지 않는 것은?

① 진 동
② 소 음
③ 가 격
④ 기름의 오염도

해설
설비의 노화를 나타내는 파라미터에는 진동, 소음, 충격, AE, 온도, 기름의 오염도 등이 있다.

37 윤활관리의 목적에 대한 설명과 가장 관련이 적은 것은?

① 기계에 대한 올바른 급유
② 고점도유 사용으로 누유방지
③ 정기적 점검을 통한 고장 감소
④ 시설관리비의 절감과 생산성 향상

해설
윤활관리의 궁극적 목적은 생산성 향상으로 인한 가격 인하에 있다.

38 다음 중 집중보전의 장점이 아닌 것은?

① 노동력의 유효이용
② 보전 책임의 명확성
③ 현장 감독의 용이성
④ 보전용 설비 공구의 유효이용

해설
집중보전 장점
• 기동성이 있다.
• 요원배치에 유연성이 있다.
• 노동력의 유효이용이 높다.
• 설비 공구의 유효이용이 높다.
• 보전책임이 명확히 된다.

39 패킹을 가볍게 저널에 접촉시켜 급유하는 방법으로, 일종의 모세관 현상에 의하여 기름을 마찰면에 보내게 되는데 이때 털실이 직접 마찰면에 접촉하게 되는 급유법은?

① 패드 급유법
② 칼라 급유법
③ 버킷 급유법
④ 비말 급유법

해설
② 칼라 급유법 : 칼라가 축에 고정되어 기름 운반이 적극적이고 점조성에 의하여 급유가 방해되는 일이 없다.
③ 버킷 급유법 : 저속 고하중의 베어링에 있어 축 끝이 베어링 일단에서 끝나는 부분에 사용된다.
④ 비말 급유법 : 기름의 미립자 또는 분무상태로 기름단지에 떨어져 마찰면에 튕겨 급유하는 방법이다.

40 다음 중 설비진단기술의 정의로 가장 적합한 것은?

① 설비를 교정하는 것
② 설비의 경제성을 평가하는 것
③ 설비를 투자할 것인지 결정하는 것
④ 설비의 상태를 정량적으로 관측하여 예측하는 것

해설
설비진단기술(CDT)
설비의 상태, 즉 설비에 걸리는 스트레스, 고장이나 열화, 강도 및 성능 등을 정량적으로 파악하여 신뢰성이나 성능을 진단 예측하고 이상이 있으면 그 원인, 위치, 위험도 등을 식별 및 평가하여 그 수정 방법을 결정하는 기술

정답 36 ③ 37 ② 38 ③ 39 ① 40 ④

제3과목 공업계측 및 전기전자제어

41 PLC의 구성 중 입력(Input) 측에 해당되지 않는 것은?

① 광센서
② 전자접촉기
③ 레벨스위치
④ 푸시버튼스위치

해설
외부에 접속된 전자접촉기나 솔레노이드는 내부 연산의 결과를 전달받아 구동시키는 부분으로 출력부에 해당한다.

42 직류전동기의 속도 제어법에 속하지 않는 것은?

① 계자제어법
② 저항제어법
③ 전압제어법
④ 주파수제어법

해설
직류전동기의 속도 제어법은 분권 및 타여자에는 계자제어법과 전압제어법이 있고, 직권 및 복권에서는 계자 제어법, 저항 제어법, 초퍼 제어법 등이 있다. 주파수 제어법은 유도 전동기의 속도 제어법이다.

43 일정한 환경 조건하에서 측정량이 일정함에도 불구하고 전기적인 증폭기를 갖는 계측기의 지시가 시간과 함께 계속적으로 느슨하게 변화하는 현상은?

① 비직선성
② 과도특성
③ 히스테리시스
④ 드리프트(Drift)

해설
드리프트(Drift) : 일정한 환경 조건하에서, 측정량이 일정함에도 불구하고 계측기의 지시가 시간과 함께 계속적으로 느슨하게 변화하는 현상이 전기적으로 증폭기를 갖는 계측계에서 많이 볼 수 있다. 자기 가열이나 재료의 크리프(Creep) 현상 등에 기인한다.

44 다음 그림의 출력전압은?

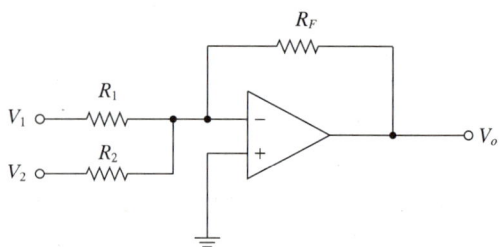

① $V_o = R_F\left(\dfrac{V_1}{R_1} + \dfrac{V_2}{R_2}\right)$

② $V_o = -R_F\left(\dfrac{V_1}{R_1} + \dfrac{V_2}{R_2}\right)$

③ $V_o = -R_F\left(\dfrac{V_1}{R_1} - \dfrac{V_2}{R_2}\right)$

④ $V_o = -R_F\left(\dfrac{V_2}{R_2} - \dfrac{V_1}{R_1}\right)$

해설
가산회로
- OP-amp의 반전 입력단에 여러 개의 입력 저항이 동시에 연결된 회로
- 출력전압은 각 입력 전압의 합
- $V_O = -R_F\left(\dfrac{V_1}{R_1} + \dfrac{V_2}{R_2}\right)$

45 교류의 최댓값이 100[A]인 경우 실횻값은 약 몇 [A]인가?

① 64
② 71
③ 80
④ 141

해설
실횻값 $V = \dfrac{V_m}{\sqrt{2}}$

$V = 0.707 V_m = 0.707 \times 100 = 70.7[V]$

46 2개의 합성 저항 R_1, R_2를 병렬로 접속하면 합성 저항 R은 어떻게 되는가?

① $R_1 + R_2$
② $\dfrac{R_1 + R_2}{2}$
③ $\dfrac{R_1 + R_2}{R_1 \cdot R_2}$
④ $\dfrac{R_1 \cdot R_2}{R_1 + R_2}$

해설
$\dfrac{1}{R} = \dfrac{1}{R_1} + \dfrac{1}{R_2}$ 에서 $\dfrac{1}{R} = \dfrac{R_1 + R_2}{R_1 \cdot R_2}$ 이므로, $R = \dfrac{R_1 \cdot R_2}{R_1 + R_2}$

47 1차 지연요소의 스텝응답이 시정수 γ를 경과했을 때, 그 값의 최종 도달 값에 대한 비율은 약 몇 [%]인가?

① 50
② 63
③ 90
④ 98

해설
스텝응답은 입력 신호가 어떤 일정한 값에서 다른 일정한 값으로 갑자기 변화하였을 때의 응답이며 정상치의 63.2[%]에 달할 때까지의 시간을 말한다.

48 절연저항 측정 시 가장 많이 사용되는 계기는?

① 메 거
② 켈빈더블
③ 휘트스톤 브리지
④ 콜라우시 브리지

해설
절연저항을 측정하는 계기는 메거이다.

49 감도를 나타내는 식으로 옳은 것은?

① $\dfrac{\text{지시량}}{\text{측정량}}$
② $\dfrac{\text{측정량}}{\text{지시량}}$
③ $\dfrac{\text{지시량의 변화}}{\text{측정량의 변화}}$
④ $\dfrac{\text{측정량의 변화}}{\text{지시량의 변화}}$

해설
감도(Sensitivity)
측정값이 변화되는 양에 대하여 측정기가 지시할 수 있는 지시량의 비

50 연산증폭기에 계단파 입력(Step Function)을 인가하였을 때 시간에 따른 출력전압의 최대 변화율은?

① 옵셋(Offset)
② 드리프트(Drift)
③ 슬루율(Slew Rate)
④ 대역폭(Bandwidth)

해설
연산증폭기에서 계단파 입력(Step Input)전압이 인가되었을 때 시간에 따른 출력전압의 최대 변화율이 슬루율(Slew Rate)이다. 이 슬루율은 연산증폭기 내부 증폭단에서의 고주파 응답에 의존한다.

정답 46 ④ 47 ② 48 ① 49 ③ 50 ③

51 방폭형이고 본질적으로 안정적이지만 전송거리가 먼 경우에는 적용하기 곤란한 조작부의 종류는?

① 공압식　② 전기식
③ 유압식　④ 전자식

해설
조작부
제어대상에 대하여 작용을 걸어오는 부분으로 조작 신호를 받아 이것을 조작량으로 바꾼다. 조작량이란 제어를 하기 위하여 제어대상에 가하는 양으로서 조작신호에 공기압, 전류, 유압 등이 사용된다. 방폭형이고 본질적으로 안정적이지만 전송거리가 먼 경우에는 적용하기 곤란한 조작부의 종류는 공압식이다.

52 피드백 제어시스템에서 반드시 필요한 장치는?

① 조작장치
② 안정도 향상장치
③ 속응성 향상장치
④ 입출력 비교장치

해설
피드백 제어시스템이란 제어량의 값을 입력 측으로 되돌려, 이것을 목표값과 비교하면서 제어량이 목표값과 일치하도록 정정 동작을 하는 제어이다.

53 60[Hz], 4극 유도전동기의 회전자 속도가 1,728[rpm]일 때, 슬립은 얼마인가?

① 0.04　② 0.05
③ 0.08　④ 0.10

해설
- 동기속도 : $N_s = \dfrac{120f}{P} = \dfrac{120 \times 60}{4} = 1,800[\text{rpm}]$
- 슬립 : $S = \dfrac{\text{동기속도} - \text{회전자속도}}{\text{동기속도}} \times 100$
  $= \dfrac{N_s - N}{N_s} = 1 - \dfrac{N}{N_s} = 1 - \dfrac{1,728}{1,800} = 0.04$

54 3상 유도전동기의 회전방향을 시계방향에서 반시계방향으로 변경하는 방법은?

① 3상 전원선 중 1선을 단락시킨다.
② 3상 전원선 중 2선을 단락시킨다.
③ 3상 전원선 모두를 바꾸어 접속한다.
④ 3상 전원선 중 임의의 2선의 접속을 바꾼다.

해설
3상 전동기에 입력되는 3상중에서 두개의 상을 바꾸어 주면 회전력이 반대 방향으로 되므로 역회전의 운전을 할 수 있다.

55 계측기가 미소한 측정량의 변화를 감지할 수 있는 최소 측정량의 크기를 무엇이라 하는가?

① 오 차
② 정밀도
③ 정확도
④ 분해능

해설
분해능 : 장치가 인식할 수 있는 최소 측정치의 증가단위를 나타낸다.
예 분해능이 0.1이라 함은 0.1단위로 증가함을 의미한다.

정답 51 ① 52 ④ 53 ① 54 ④ 55 ④

56 입력회로가 "0"이면 출력은 "1", 입력신호가 "1"이면 출력이 "0"이 되는 논리회로는?

① OR회로
② AND회로
③ NOT회로
④ NAND회로

해설
출력이 입력의 부정이 되는 회로는 NOT회로이다.

57 공업계측에서 측정량의 쉬운 변환과 확대, 증폭이나 전송에 편리한 기본신호가 아닌 것은?

① 변 위
② 전 압
③ 압 력
④ 주파수

해설
공업계측에서는 측정 결과를 변환과 확대 및 증폭하여 전송에 편리한 기본신호로 변위, 전압, 압력 등이 있다.

58 전원전압을 일정하게 유지하기 위해 사용되는 소자는?

① 제너 다이오드
② 터널 다이오드
③ 포토 다이오드
④ 쇼트기 다이오드

해설
전자 사태 항복 영역에서 역전압의 한정된 좁은 범위에서 역전류가 급격하게 증가할 때 제너 다이오드는 전압을 안정하게 유지한다.

59 직류전동기에서 자속을 감소시키면 회전수는?

① 증 가
② 감 소
③ 정 지
④ 불 변

해설
직류전동기의 원리는 플레밍의 왼손 법칙이다. 회전수는 자속에 반비례한다.

회전수(N) : $N = K_1 \dfrac{V - IR}{\phi}$[rpm]

여기서, K_1 : 전동기의 변하지 않는 상수
ϕ : 자속
V : 역기전력
I : 전동기에 흐르는 전류
R : 전동기 내부저항

60 다음 그림은 어떤 논리회로를 나타내는 것인가?

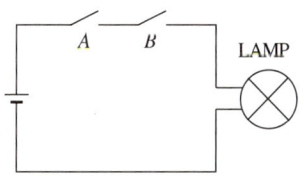

① OR회로
② AND회로
③ NOR회로
④ NAND회로

해설

게이트	논리기호	논리식	논리회로
AND	A─┐ B─┘⊃─ F	$F = AB$	A B ─●●─●●─Ⓜ F

정답 56 ③ 57 ④ 58 ① 59 ① 60 ②

제4과목 기계정비일반

61 수격현상에서 압력 상승 방지책으로 사용되는 밸브는?

① 안전 밸브
② 슬루스 밸브
③ 셔틀 밸브
④ 언로딩 밸브

해설
수격현상에서 압력 상승 방지책으로 사용되는 밸브
- 밸브 제어법
- 안전 밸브 : 상승압을 직접 도피시키는 것으로 사용된다.
- 체크 밸브

62 전동기 본체의 점검항목이 아닌 것은?

① 지침의 영점
② 본체의 진동
③ 베어링의 이음
④ 베어링부의 발열

해설
전동기 본체
- 점검 항목 : 베어링의 이음, 본체의 진동, 베어링부의 발열
- 점검 방법 : 베어링부, 프레임부에 손을 대 본다.

63 다이얼 게이지를 이용한 축의 센터링 측정준비 작업이 아닌 것은?

① 커플링의 외면을 세척한다.
② 면간을 센터게이지를 이용하여 측정한다.
③ 다이얼 게이지의 오차 및 편차를 구한다.
④ 커플링의 외면을 0°, 90°, 180°, 270°의 방향을 표시한다.

해설
센터링 측정 준비작업
- 커플링의 외면을 세척한다.
- 커플링의 외면을 0°, 90°, 180°, 270°의 방향을 표시한다.
- 다이얼 게이지의 오차 및 편차를 구한다.
- 커플링 볼트 1개를 체결한다.
- 다이얼 게이지와 마그네틱 베이스를 취부한다.
- 두 축을 회전시키면서 0°, 90°, 180°, 270° 각 지점의 1차 측정치(지침)를 보고 기록한다.
- 면간을 틈새 게이지 혹은 테이퍼 게이지로 측정 기록한다.

64 펌프 축의 밀봉장치로 봉수가 공급되는 것으로 맞는 것은?

① 밸런스 홀
② 스터핑 박스
③ 금속 개스킷
④ 케이싱 웨어링

해설
스터핑 박스 : 패킹 사이에 위치한 랜턴링(Lantern Ring)은 케이싱 내로 공기가 유입되는 것을 막기 위해 송출실로부터 내부통로나 외부관을 이용하여 봉수를 공급시켜 준다.

65 기어 감속기의 분류에서 평행 축형 감속기에 속하지 않는 기어는?

① 스퍼 기어
② 헬리컬 기어
③ 더블 헬리컬 기어
④ 웜 기어

해설
기어 감속기의 종류
- 평행축형 감속기 : 스퍼기어, 헬리컬기어, 더블헬리컬 기어
- 교쇄축형 감속기 : 스트레이트 베벨기어, 스파이럴 베벨기어
- 이물림축형 감속기 : 웜기어, 하이포이드 기어

66 원심형 통풍기의 종류 중 간단한 형상의 경향 베인을 사용하고 토출압력이 50~250[mmHg]인 것은?

① 축류 팬
② 터보 팬
③ 실로코 팬
④ 플레이트 팬

해설
원심형 통풍기의 종류별 특징

종류	베인(Vane) 방향	압력	특징
시로코 통풍기 (Siroco Fan)	전향 베인	15~200 [mmHg]	• 풍량변화에 풍압 변화가 적다. • 풍량이 증가하면 동력은 증가
플레이트 통풍기 (Plate Fan)	경향 베인	50~250 [mmHg]	베인의 형상이 간단하다.
터보 통풍기 (Turbo Fan)	후향 베인	350~500 [mmHg]	• 효율이 가장 좋다. • 고속도로 터널 환풍기에 사용

67 펌프의 흡입 쪽에 설치하여 흡입한 유체를 역류하지 않도록 하기 위한 밸브로 가장 적당한 것은?

① 감압 밸브
② 체크 밸브
③ 니들 밸브
④ 슬루스 밸브

68 열박음에서 가열끼움 방법이 아닌 것은?

① 수증기로 가열하는 법
② 기름으로 가열하는 법
③ 액화질소로 가열하는 법
④ 전기로로 가열하는 법

해설
가열법의 종류
- 가스 버너나 가스 토치로 가열하는 법
- 열박음 로(爐)에서 가열하는 법
- 수증기로 가열하는 법
- 기름으로 가열하는 법
- 전기로도 가열하는 법

69 하우징에 베어링을 설치할 때 한쪽 또는 양쪽을 좌우로 이동할 수 있게 하는 이유로 가장 적합한 것은?

① 베어링 마찰 감소
② 윤활유의 원활한 공급
③ 베어링의 끼워맞춤 용이
④ 열팽창에 의한 소손 방지

해설
열 영향 때문에 축이나 하우징에 팽창, 수축이 일어났을 경우 베어링은 무리한 축 방향의 힘을 받아 발열, 소손, 파손의 원인이 될 수 있으므로 한쪽을 하우징 내에 좌우로 이동할 수 있는 여유를 둔다.

70 분할핀의 사용방법 중 적합하지 않은 것은?

① 부착 후 양 끝은 충분히 넓혀 둔다.
② 볼트, 너트의 풀림방지용으로 사용한다.
③ 이음핀의 빠짐 방지용으로 사용한다.
④ 볼트 또는 기계부품의 위치결정용으로 사용한다.

해설
④ 결합이나 위치결정보다는 이음 핀의 빠짐 방지나 볼트 너트의 풀림 방지 등에 사용한다.

71 축이음에서 센터링이 불량할 때 나타나는 현상이 아닌 것은?

① 진동이 크다.
② 축의 손상이 심하다.
③ 구동의 전달이 원활하다.
④ 베어링부의 마모가 심하다.

해설
센터링 불량 시 현상
• 진동이 크다.
• 기계성능이 저하된다.
• 베어링부의 마모가 심하다.
• 축의 손상(절손우려)이 심하다.
• 구동의 전달이 원활하지 못하다.

72 다음 중 원심 펌프에 해당되는 것은?

① 기어 펌프
② 플런저 펌프
③ 벌류트 펌프
④ 다이어프램 펌프

해설
원심 펌프의 종류
• 벌류트 펌프(단단 벌류트 펌프, 다단 벌류트 펌프)
• 터빈 펌프(단단 터빈 펌프, 다단 터빈 펌프)

73 펌프의 전효율을 구하는 공식으로 맞는 것은?

① 파이프의 단면적×인장하중
② 압송유량×누설량
③ 축동력×기계손실
④ 수력효율×기계효율×체적효율

해설
펌프 전효율
$\eta = \eta_h \times \eta_m \times \eta_V$

74 롤러체인에 링크의 수가 홀수일 때 연결부로 사용되는 것은?

① 핀 링크
② 롤러 링크
③ 이음 링크
④ 오프셋 링크

해설
링크의 수는 짝수이어야 하고, 홀수인 경우에는 이음매의 한쪽은 롤러 링크, 다른 한쪽은 핀 링크이어서 이음 링크를 사용할 수 없으므로 오프셋 링크(Offset Link)를 사용한다.

75 송풍기를 흡입 방법에 의해 분류했을 때 속하지 않는 것은?

① 양 흡입형
② 풍로 흡입형
③ 흡입관 취부형
④ 실내 대기 흡입형

해설
임펠러 흡입구에 의한 분류 : 평 흡입형, 양 흡입형, 양쪽 흐름 다단형

76 합성 고무와 합성수지 및 금속 클로이드 등을 주성분으로 제조한 개스킷으로 상온에서 유동성이 있는 접착성 물질로써 접합면에 바르면 일정시간이 지난 후 건조되어 누설을 방지하는 개스킷은?

① 메탈 개스킷
② 고상 개스킷
③ 접착 개스킷
④ 액상 개스킷

77 구름 베어링을 구성하는 기본 요소가 아닌 것은?

① 저널
② 내륜
③ 전동체
④ 리테이너

해설
구름 베어링의 구성 : 전동체, 내륜, 외륜, 리테이너

78 공기를 압축할 때 압력 맥동이 발생하며 설치면적이 넓고 윤활이 어려운 압축기는?

① 왕복식 압축기
② 원심식 압축기
③ 축류식 압축기
④ 나사식 압축기

해설
왕복식 압축기의 장단점

장 점	단 점
고압 발생 가능	• 설치면적이 넓다. • 기초가 견고해야 한다. • 윤활이 어렵다. • 맥동 압력이 있다. • 소용량이다.

정답 75 ① 76 ④ 77 ① 78 ①

79 다음 중 기어 펌프의 특징으로 맞는 것은?

① 효율이 낮다.
② 소음과 진동이 적다.
③ 기름 속에 기포가 발생되지 않는다.
④ 점성이 큰 액체에서는 회전수를 크게 해야 한다.

해설
기어 펌프의 특징
- 효율이 낮다.
- 소음과 진동이 심하다.
- 기름 속에 기포가 발생한다.
- 점성이 큰 액체에서는 회전수를 적게 한다.

80 페더키(Feather Key)라고도 하며, 키를 조립하였을 경우 보스가 가볍게 이동할 수 있는 키는?

① 묻힘키
② 접선키
③ 반달키
④ 미끄럼키

해설
① 묻힘키(Sunk Key) : 축과 보스에 다같이 키홈을 파서 축을 고정하며 가장 많이 쓰는 종류
② 접선키 : 1/45~1/40의 기울기 가진 2개 키를 한 쌍으로 하여 축의 중심각에 120°로 위치에 두 쌍을 설치하여 사용하므로 전달토크가 큰 축에 주로 사용
③ 반달키 : 자동조심 작용하여 자동차, 공작 기계 등의 $\phi 60$[mm] 이하의 작은 축과 테이퍼축에 사용

2019년 제1회 과년도 기출문제

제1과목 공유압 및 자동화 시스템

01 가열기를 나타낸 공유압기호는?

①  ②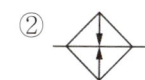

③ 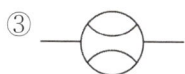 ④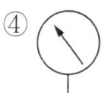

해설

냉각기	유량계	압력계

02 다음 실린더 중 전진운동과 후진운동의 속도와 힘을 같게 할 수 있는 것은?

① 탠덤 실린더
② 충격 실린더
③ 복동 양로드 실린더
④ 단동 텔레스코프 실린더

해설
① 탠덤 실린더 : 같은 크기의 복동 실린더에 비해 두 배의 힘을 낼 수 있다.
② 충격 실린더 : 빠른 속도(7.5~10m/s)를 얻을 때 사용된다.
④ 단동 텔레스코프 실린더 : 로드의 전장에 비해 긴 스트로크를 얻을 수 있다.

03 외부의 압력부하가 변하더라도 회로에 흐르는 유량을 항상 일정하게 유지시켜 주면서 유압모터의 회전이나 유압 실린더의 이동속도를 제어하는 밸브는?

① 분류밸브
② 단순 교축밸브
③ 압력보상형 유량조절밸브
④ 온도보상형 유량조절밸브

해설
① 분류밸브 : 압유가 입구로 유입되면 각각의 출구로 균등하게 분배되는 밸브
② 단순 교축밸브 : 유로의 단면적을 교축하여 유량을 제어하는 밸브
④ 온도보상형 유량조절밸브 : 온도가 변화하면 오일의 점도도 변화하여 유량이 변하게 되는데, 변화를 막기 위하여 열팽창률이 다른 금속봉을 이용하여 오리피스 개구의 넓이를 줄임으로써 유량의 변화를 보정하는 밸브이다.

04 용적형 공기압축기가 아닌 것은?

① 격판압축기
② 베인압축기
③ 터보압축기
④ 피스톤 압축기

해설

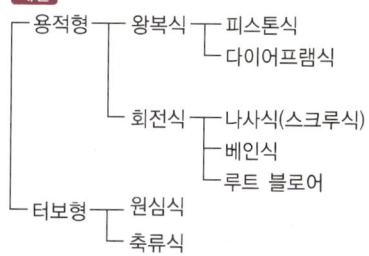

정답 1 ② 2 ③ 3 ③ 4 ③

05 압력이 설정압력 이상이 되면 작동유를 탱크로 귀환시키는 회로는?

① 단락회로
② 미터인회로
③ 압력설정회로
④ 미터아웃회로

해설
① 단락회로 : 펌프 송출량의 전량을 저압 그대로 탱크에 귀환시키는 회로
② 미터인회로 : 일방향 유량제어밸브를 실린더의 입구측에 설치한 회로
④ 미터아웃회로 : 일방향 유량제어밸브를 실린더의 출구측에 설치한 회로

06 유압모터 중 구조가 간단하며 출력토크가 일정하고 정·역회전이 가능하지만 정밀한 서보기구에는 적합하지 않은 모터는?

① 기어모터
② 베인모터
③ 레이디얼 피스톤 모터
④ 액시얼 피스톤 모터

해설
② 베인모터 : 9~13개 정도의 베인으로 구성되어 있고 출력토크의 맥동이 작다.
③ 레이디얼 피스톤 모터 : 몇 개 또는 10여 개의 피스톤이 축에 방사상으로 배열되어 반경 방향으로 왕복운동하면서 축을 회전시키는 모터
④ 액시얼 피스톤 모터 : 사축형과 사판형이 있고, 1회전당 배출유량이 고정된 것과 가변형이 있다.

07 공기의 체적과 온도의 관계를 표현한 것은?

① 보일의 법칙
② 샤를의 법칙
③ 베르누이 원리
④ 파스칼의 원리

해설
① 보일의 법칙 : 압력과 체적은 서로 반비례관계이다.
③ 베르누이 원리 : 점성이 없는 비압축성의 액체가 수평관을 흐를 경우, 에너지 보존의 법칙에 의해 성립되는 관계식의 특성을 말한다.
④ 파스칼의 원리 : 밀폐된 용기 속에 정지 유체의 일부에 가해지는 압력은 유체의 모든 부분에 동일한 힘으로, 동시에 전달된다.

08 다음 유압회로에서 실린더에 70[kgf/cm^2] 압력이 가해지고 있다. 이 실린더의 동작으로 옳은 것은? (단, 마찰저항은 무시한다)

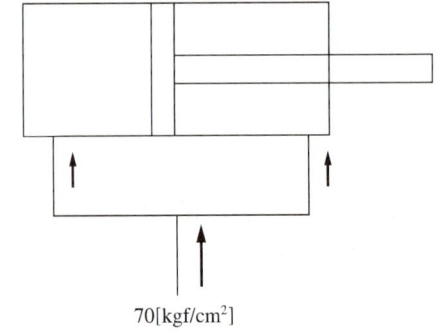

① 전진한다.
② 정지한다.
③ 후진한다.
④ 전진 후 후진한다.

해설
전진 시의 힘 $F = P \cdot A$와 후진 시의 힘 $F = P(A - Ar)$에서 Ar(실린더 로드의 단면적)만큼 빼므로 후진의 힘이 전진보다 작다. 따라서 전진한다.

09 어큐뮬레이터의 용도로 적합하지 않은 것은?

① 압력 증대용
② 에너지 축적용
③ 펌프 맥동 완화용
④ 충격압력의 완충용

해설
어큐뮬레이터(축압기)의 용도
- 에너지 축적용
- 펌프의 맥동 흡수용
- 충격압력의 완충용
- 유체 이송용
- 2차 회로의 구동
- 압력보상용

10 다음 조작방식의 명칭은?

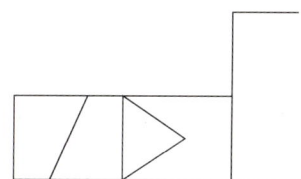

① 유압 2단 파일럿
② 전자·유압 파일럿
③ 전자·공기압 파일럿
④ 공기압·유압 파일럿

해설

유압 2단 파일럿	전자·유압 파일럿	공기압·유압 파일럿

11 프로그램에 의한 제어가 아닌 것은?

① 조합제어
② 시퀀스 제어
③ 파일럿 제어
④ 시간에 따른 제어

해설
제어과정에 따른 분류
- 파일럿 제어
- 메모리 제어
- 프로그램 제어

12 플라스틱, 유리, 도자기, 목재 등과 같은 절연물의 위치를 검출할 수 있는 센서는?

① 압력센서   ② 리드 스위치
③ 유도형 센서   ④ 용량형 센서

해설
① 압력센서 : 압력 변환을 역학적 양으로 변환하여 나타내는 센서
② 리드 스위치 : 자석을 감지하는 센서
③ 유도형 센서 : 금속체에만 반응하는 센서

13 유압시스템에서 펌프 구동 동력이 부족할 때 발생되는 현상은?

① 작동유가 과열된다.
② 토출 유량이 많아진다.
③ 실린더 추력이 감소된다.
④ 유압유의 점도가 높아진다.

해설
펌프의 구동 동력이 부족하다는 것은 펌핑이 잘되지 않는 경우(토출 유량이 부족)이므로, 액추에이터의 동작이 미흡(실린더 추력 감소)하다.

14 두 종류의 금속을 접합하여 폐회로를 만들고 두 접합점의 온도차를 다르게 유지했을 때 두 금속 사이에 기전력이 발생하여 전류가 흐르는 현상은?

① 제베크 효과
② 초전효과
③ 톰슨효과
④ 펠티어 효과

해설
② 초전효과 : 온도 변화에 따라 유전체 결정의 분극 크기가 변화하여 전압이 나타나는 현상
③ 톰슨효과 : 단일한 도체로 된 막대기의 양 끝에 전위차가 가해지면 이 도체의 양 끝에서 열의 흡수나 방출이 일어나는 현상
④ 펠티어 효과 : 어떤 물체의 양쪽에 전위차를 걸어 주면 전류와 함께 열이 흘러서 양쪽 끝에 온도차가 생기는 현상

15 다음 논리회로에서 출력이 1이 되기 위한 입력값으로 옳은 것은?

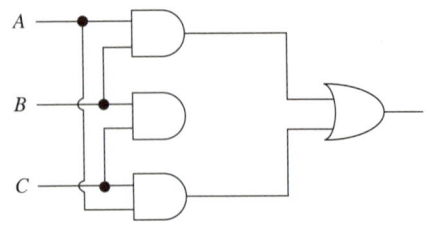

① $A = B = C = 0$
② $A = 1$, $B = C = 0$
③ $A = C = 0$, $B = 1$
④ $A = B = 1$, $C = 0$

해설
AND 논리회로의 출력이 1이 되는 것은 $A = 1$, $B = 1$뿐이다. 나머지 OR 논리회로는 한 곳에만 1이 들어오면 출력이 1이 된다.

16 자동화의 작업 순서를 제어하는 제어시스템(Control System)의 최종 작업목표가 아닌 것은?

① 공정 상태 확인
② 작업 공정의 계획 수립
③ 처리된 결과에 기초한 공정작업
④ 공정 상태에 따른 자료의 분석처리

17 스테핑 모터의 속도를 결정하는 요소는?

① 펄스의 방향
② 펄스의 전류
③ 펄스의 주파수
④ 펄스의 상승시간

해설
스테핑 모터의 회전속도는 펄스의 수(주파수)만큼 회전각을 가진다.

18 설비조건과 관리 차원에서 신뢰성을 활용한 경우의 특징이 아닌 것은?

① 제품 출고시간을 판단할 수 있다.
② 설비의 장래 가동 상황을 예측할 수 있다.
③ 사용시간과 고장 발생의 관계를 알 수 있다.
④ 운전 중인 설비의 장비 수리나 생산계획 수립에 도움이 된다.

해설
신뢰성 : 일정 조건하에서 일정 기간 동안 고장 없이 기능을 수행할 확률

19 다단형 피스톤 로드를 가진 형태로 실린더 길이에 비해 긴 행정거리를 얻을 수 있는 실린더는?

① 충격 실린더
② 탠덤 실린더
③ 텔레스코프 실린더
④ 복동 양 로드 실린더

해설
① 충격 실린더 : 빠른 속도(7.5~10m/s)를 얻을 때 사용된다.
② 탠덤 실린더 : 같은 크기의 복동 실린더에 비해 두 배의 힘을 낼 수 있다.
④ 복동 양 로드 실린더 : 전진운동과 후진운동 시 같은 속도와 힘을 가진 실린더이다.

20 양 제어밸브라고도 하며 다음 그림과 같이 압축공기가 입구 Y에 작용할 경우 볼에 의해 다른 입구 X를 차단하면서 공기의 통로를 Y에서 A로 개방하는 구조의 밸브는?

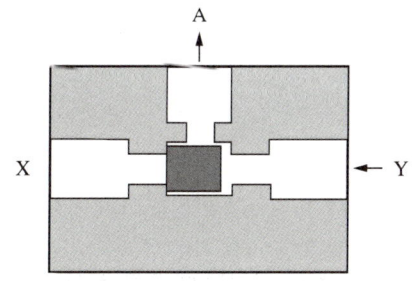

① 2압 밸브
② 셔틀밸브
③ 차단밸브
④ 체크밸브

해설
① 2압 밸브 : 두 개의 입구에 압력이 작용할 때만 출구에 출력이 작용하며 AND 밸브라고도 한다.
③ 차단밸브 : 공기의 흐름을 정지시키거나 흘려 보내는 밸브로서, 구조에 따라 글로브 밸브, 게이트 밸브, 콕 등이 있다.
④ 체크밸브 : 한쪽 방향의 유동은 허용하고 반대 방향의 흐름은 차단하는 밸브이다.

제2과목 설비진단 및 관리

21 TPM 관리와 전통적 관리의 차이점 중 TPM 관리에 속하지 않는 것은?

① 결과 측정
② 사전활동
③ 원인 추구 시스템
④ 전사적 조직과 전사원 참여

해설
결과 측정은 전통적 관리 개념이다.

22 설비 배치의 형태 중 제품별 배치 형태의 특징으로 틀린 것은?

① 기계 대수가 적어지고 공구의 가동률이 증가한다.
② 작업을 단순화할 수 있으므로 작업자의 훈련이 용이하다.
③ 공정이 확성되므로 검사 횟수가 적어도 되며 품질관리가 쉽다.
④ 작업의 융통성이 작고 공정계열이 다르면 배치를 바꾸어야 한다.

해설
제품별 배치의 단점
- 작업의 융통성이 작고 공정계열이 다르면 배치를 바꾸어야 한다(융통성 감소).
- 기계 대수가 많아지고 공구의 가동률이 저하된다(가동률 저하).
- 설비 고장이나 품종의 감산 시 가동률이 저하된다(일괄 정지).
- 건물에 설비 배치를 합리적으로 하기 부자유스럽다(설비 배치의 제한).
- 만능 숙련작업자나 직장이 되기 어렵다(만능 숙련자의 양성 곤란).

23 다음 중 설비진단기법이 아닌 것은?

① 진동법　　② 응력법
③ 회절법　　④ 오일분석법

> **해설**
> 설비진단기법의 종류에는 진동분석법, 오일분석법, 응력법, 마모입자분석법, 열화상분석법, 비파괴분석법 등이 있다.

24 설비를 배치할 때 필요한 소요 면적 산정법으로 기계 1대의 소요 면적을 계산하여 전체 면적을 산출하는 방식은?

① 변환법　　② 계산법
③ 표준 면적법　　④ 비율 경향법

> **해설**
> **계산법**
> 설비 자체가 차지하는 면적, 작업이나 보전을 위한 면적, 재료나 제품을 두기 위한 면적 등 기계 1대의 소요 면적을 계산하여 전체 면적을 산출하는 방식

25 설비의 열화 중 피로현상의 원인은?

① 자연적인 열화
② 비교적인 열화
③ 재해에 의한 열화
④ 사용에 의한 열화

> **해설**
> • 자연열화(녹, 노후화 등) : 방치에 의한 녹 발생과 절연 저하 등의 재질 노후화
> • 재해열화 : 폭풍, 침수, 지진, 우레, 폭발에 의한 파괴 및 노후화 촉진

26 다음 그림은 어떤 보전 조직을 나타낸 것인가?

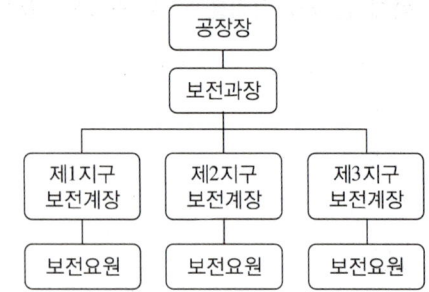

① 집중보전 조직
② 부분보전 조직
③ 절충보전 조직
④ 지역보전 조직

> **해설**
> **지역보전 조직**
> 조직상은 집중보전과 동일하여 한 관리자 밑에 조직되어 있지만 배치상은 각 지역에 분산된 형으로, 보전요원은 제품별, 공정별, 업종별로 분류된다.

27 진동 형상을 표현할 때 진폭 표시의 파라미터가 아닌 것은?

① 변위
② 속도
③ 위상
④ 가속도

> **해설**
> 진폭 표시의 파라미터에는 변위, 속도, 가속도가 있다.

28 사람이 가청할 수 있는 최대 가청음의 세기(W/m²)는?(단, [W] : 음향 출력, [m²] : 표면적)

① 10^{-12}
② 10
③ 10^{10}
④ 20^{10}

해설
가청음의 세기 : $10^{-12} \sim 10[W/m^2]$

29 여러 파동이 마루는 마루끼리, 골은 골끼리 서로 만나 엇갈려 지나갈 때 그 합성파의 진폭이 크게 나타나는 음의 현상은?

① 맥놀이
② 보강간섭
③ 소멸간섭
④ 마스킹 효과

해설
① 맥놀이 : 보강간섭과 소멸간섭이 교대로 이루어져 어느 순간에 큰소리가 들리면 다음 순간에는 조용한 소리로 들리는 현상
③ 소멸간섭 : 여러 파동이 마루는 골과 골은 마루와 만나면서 엇갈려 지나갈 때 그 합성파의 순진 폭은 개개의 어느 파의 진폭보다 작아진다.
④ 마스킹 효과 : 크고 작은 두 소리를 동시에 들을 때 큰 소리만 듣고 작은 소리는 듣지 못하는 현상

30 설비의 고장률에 관한 설명으로 옳은 것은?

① 설비의 도입 초기에는 고장이 없다.
② 마모 고장기에서 예방정비의 효과가 크다.
③ 설계 불량으로 인한 고장은 우발 고장기에 주로 발생한다.
④ 우발 고장기의 고장률 곡선은 고장률 증가형이다.

해설
예방보전의 효과는 마모 고장기에서 가장 높으며, 초기 고장기나 우발 고장기에는 큰 효과가 없다.
설비의 고장률 패턴
- 초기 고장기 : 시간의 경과와 함께 고장 발생이 감소되는 고장률 감소형(예방보전 불필요, 부품의 수명이 짧은 것, 설계 불량, 제작 불량으로 나타남)
- 우발 고장기 : 고장률이 거의 일정하나 예측할 수 없는 고장률 일정형
- 마모 고장기 : 부품의 마모나 열화에 의하여 고장이 증가하는 고장률 증가형(예방보전을 잘하면 수명이 길어진다)

31 윤활제 중 그리스의 상태를 평가하는 항목이 아닌 것은?

① 점 도
② 주 도
③ 이유도
④ 적하점

해설
② 주도 : 그리스의 굳은 정도
③ 이유도 : 그리스를 구성하고 있는 기름이 분리되는 현상
④ 적하점 : 그리스가 액체 상태로 되어 떨어지는 최초의 온도

32 설비진단기술의 기본시스템 구성에서 간이진단기술이란?

① 작업원이 실시하는 고장 검출 해석 기술
② 전문요원이 실시하는 스트레스 정량화 기술
③ 전문요원이 실시하는 강도, 성능의 정량화 기술
④ 현장작업원이 사용하는 설비의 제1차 건강진단 기술

33 직접 오는 소음은 소음원으로부터 거리가 2배 증가함에 따라 약 얼마나 감소하는가?

① 2[dB]
② 4[dB]
③ 6[dB]
④ 8[dB]

> [해설]
> 소음원으로 직접 오는 소음은 소음원으로부터 거리가 2배 증가함에 따라 6[dB] 감소한다. 소음원으로 가까운 거리에서는 반사 소음보다 직접 오는 소음이 압도하고, 반대로 소음원으로 충분히 먼 거리에서는 반사음이 압도하게 된다.

34 보전효과 측정방법에서 항목별 계산식이 틀린 것은?

① 설비 가동률 = $\frac{\text{부하시간}}{\text{가동시간}} \times 100$

② 고장 빈도율 = $\frac{\text{고장 건수}}{\text{부하시간}} \times 100$

③ 고장 강도율 = $\frac{\text{고장 정지시간}}{\text{부하시간}} \times 100$

④ 예방보전 수행률 = $\frac{\text{예방보전 건수}}{\text{예방보전계획 건수}} \times 100$

> [해설]
> 설비 가동률 = $\frac{\text{정미가동시간}}{\text{가동시간}} \times 100$

35 설비보전 표준의 종류가 아닌 것은?

① 개별 표준
② 설비성능 표준
③ 보전작업 표준
④ 시운전검수 표준

> [해설]
> **설비보전 표준의 종류**
> - 설비성능 표준(설비사양서)
> - 설비자재검사 표준
> - 시운전검수 표준
> - 설비보전 표준
> - 보전작업 표준

36 석유 제품의 산성 또는 알칼리성을 나타내는 것으로 산화조건하에서 사용되는 동안 기름 중에 일어난 변화를 알기 위한 척도로 사용되는 것은?

① 주 도
② 중화가
③ 산화 안정도
④ 혼화 안정도

> [해설]
> ① 주도 : 윤활유의 점도에 해당하는 것으로, 그리스의 굳은 정도
> ③ 산화 안정도 : 윤활유를 일정조건(온도, 시간, 촉매)에서 산화시킨 후 신유와의 점도비, 전산가 증가, 래커 부착 여부를 비교 측정
> ④ 혼화 안정도 : 기계적 안정성을 평가하는 방법으로, 주도의 변화를 비교 측정

37 설비관리기능을 일반 관리기능, 기술기능, 실시기능 및 지원기능으로 분류할 때 일반 관리기능이 아닌 것은?

① 보전업무 분석 및 검사 기준 개발
② 보전정책 결정 및 보전시스템 수립
③ 자산관리에 연동된 설비관리 시스템 수립
④ 보전업무의 경제성 및 효율성 분석·측정

해설
보전업무 분석 및 검사 기준 개발은 기술기능에 속한다.
일반 관리기능 : 직접 기능을 수행하기 위한 계획, 통제, 조정 등과 같은 관리적인 기능

38 최고 재고량을 일정량으로 정해 놓고, 사용할 때마다 사용량 만큼을 발주해서 언제든지 일정량을 유지하는 방식은?

① 2궤법 방식
② 정량발주방식
③ 정기발주방식
④ 사용고발주방식

해설
② 정량발주방식(주문점법) : 발주량은 일정하지만 발주의 시기를 변화시키는 방식
③ 정기발주방식 : 발주량이 변화하고, 발주의 시기는 일정한 방식

39 기계의 결함을 분석하기 위하여 사용되는 진동수의 단위는?

① [g]
② [Hz]
③ [mm/s]
④ [micron]

40 측정 반복성이 양호하고 사용 주파수의 영역이 넓으며, 먼지·습기·온도의 영향이 작아 장기적 안정성이 좋은 진동센서 설치방법은?

① 손 고정
② 밀랍 고정
③ 나사 고정
④ 영구자석 고정

해설
① 손 고정 : 꼭대기에 가속도계가 고정된 막대 탐촉자는 빠른 조사에 편리하나, 손의 영향으로 전체적인 측정 오차가 생길 수 있어 되풀이되는 결과는 기대할 수 없다.
② 밀랍 고정 : 온도가 높아지면 밀랍이 부드러워지므로 사용범위를 40[℃] 이하로 제한한다.
④ 영구자석 고정 : 측정지침이 평탄한 자성체일 때 쓰이는 간단한 부착방법이다.

정답 37 ① 38 ④ 39 ② 40 ③

제3과목 | 공업계측 및 전기전자제어

41 도너(Doner)와 억셉터(Acceptor)의 설명 중 틀린 것은?

① 반도체 결정에서 Ge이나 Si에 넣는 5가의 불순물을 도너라고 한다.
② N형 반도체의 불순물은 억셉터이고 P형 반도체의 불순물이 도너이다.
③ 반도체 결정에서 Ge이나 Si에 넣는 3가의 불순물에는 In, Ga, B 등이 있다.
④ Ge이나 Si에 도너 불순물을 넣어 결정하면 과잉 전자(Excess Electron)가 생긴다.

해설

구 분	첨가 불순물	명 칭	반송자	특 징
N형 반도체	5족 원소 : As(비소), Sb(안티몬), P(인), Bi(비스무트) 등	도너 (Doner)	과잉 전자	• 다수 반송자 : 전자, • 소수 반송자 : 정공
P형 반도체	3족 원소 : In(인듐), Ga(갈륨), B(붕소), Al(알루미늄) 등	억셉터 (Acceptor)	정공	• 다수 반송자 : 정공, • 소수 반송자 : 전자

42 다음 그림은 접점에 의한 논리회로를 표현한 것이다. 알맞은 논리회로는?

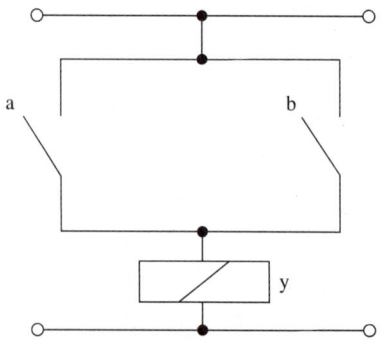

① OR 논리회로
② AND 논리회로
③ NOT 논리회로
④ X-OR 논리회로

해설

OR 논리회로는 입력 스위치나 접점이 모두 병렬로 연결되어 있으며, 둘 중에 한 개만 입력 스위치가 작동해도 출력이 동작하는 회로이다.

43 3상 유도전동기의 Y-△ 기동에 대한 설명 중 틀린 것은?

① 기동 시 선전류는 $\frac{1}{\sqrt{3}}$ 로 감소된다.
② 10~15[kW] 정도의 전동기에 적당하다.
③ 기동전류는 전부하 전류보다 매우 크다.
④ 기동 시는 고정자 권선은 Y결선하고 정상 운전 시 △결선하는 방법이다.

해설

3상 유도전동기의 Y-△ 기동
△결선으로 운전하는 전동기를 기동할 때만 Y결선으로 하여 기동전류, 토크와 함께 직입의 1/3로 감소하며 10~15[kW] 중용량에 사용

44 어떤 제어계의 응답이 지수함수적으로 증가하고 일정 값으로 되었다면, 이 제어계는 어떤 요소인가?

① 미분요소 ② 부동작요소
③ 1차 지연요소 ④ 2차 지연요소

해설
1차 지연요소
- 유입량을 일정량만큼 갑자기 증가시키면 수위는 증가하기 시작하나 유출량도 증가하여 어느 일정한 수위에서 안정된다.
- 전달함수 : $G(s) = \dfrac{K}{1+Ts}$

45 콘덴서에 대한 설명으로 옳은 것은?

① 단위로는 [F]가 사용된다.
② 발열작용을 하므로 전구로도 사용된다.
③ 자기작용을 하므로 전자석으로 사용된다.
④ 직렬연결은 가능하나 병렬연결은 할 수 없다.

해설
콘덴서
- 전하를 축적하기 위한 회로소자이다.
- 2매의 얇은 도체의 판 사이에 공기 또는 유전체라는 물질(폴리에틸렌, 운모 등)을 끼워 만든 것이다.
- 콘덴서 용량의 기본 단위는 [F](Farad)이다.
- 회로에 가해진 전기에너지를 정전에너지로 변환하여 축적하는 소자이다.

46 어떤 도체에 5[A]의 전류가 10분 동안 흐르면 이때 이동한 전기량은 몇 [C]인가?

① 500 ② 1,000
③ 2,000 ④ 3,000

해설
전류는 단위[sec] 동안에 도체의 단면을 이동한 전하량(전기량)으로 나타낸다. t[sec] 동안에 Q[C]의 전하가 이동하였다면
$I = \dfrac{Q}{t}$[A], $Q = I \cdot t = 5 \times 10 \times 60 = 3,000$[C]

47 조작량의 일정한 값에 대응하여 제어대상인 자신에 의해 제어량이 일정한 값에 도달하는 성질을 무엇이라고 하는가?

① 자기평형성
② 자동평형성
③ 프로세스 제어
④ 프로세스 특성

해설
조작량의 일정한 값에 대응하여 제어대상인 자신에 의해 제어량이 일정한 값으로 평형상태를 유지하는 성질을 자기평형성이라고 한다.

48 유접점 시퀀스 제어의 특징이 아닌 것은?

① 개폐부하의 용량이 크다.
② 제어반의 외형과 설치면적이 작다.
③ 온도 특성이 좋다.
④ 입출력이 분리된다.

해설
유접점 시퀀스
- 계전기 접점들의 기계적인 개폐에 의해 제어된다.
- 개폐부하의 용량이 크다.
- 온도 특성이 좋다.
- 전기적 잡음의 영향을 작게 받는다.
- 입출력이 분리된다.
- 접점수에 따라 많은 출력회로를 얻을 수 있다.
- 소비전력이 비교적 크다.
- 제어반의 외형과 설치면적이 크다.
- 접점의 동작이 느리다(스위칭 속도가 느리다).
- 진동이나 충격 등에 약하다.
- 수명이 짧다.

정답 44 ③ 45 ① 46 ④ 47 ① 48 ②

49 NOR 회로를 나타내는 논리기호는?

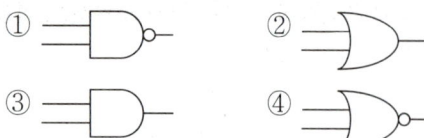

해설

게이트	논리기호	논리식
AND	$A,B \to F$	$F = AB$
OR	$A,B \to F$	$F = A+B$
NOT	$A \to F$	$F = \overline{A}$
NAND (Not AND)	$A,B \to F$	$F = \overline{AB}$
NOR (Not OR)	$A,B \to F$	$F = \overline{A+B}$
XOR (Exclusive OR)	$A,B \to F$	$F = A \oplus B$ $= \overline{A}B + A\overline{B}$
XNOR (Exclusive XOR)	$A,B \to F$	$F = A \odot B$ $= \overline{A}\overline{B} + AB$

50 국제단위계(SI)의 기본 단위가 아닌 것은?

① 길이 – 미터
② 전류 – 암페어
③ 질량 – 킬로그램
④ 면적 – 제곱미터

해설

기본량	SI 기본단위	
	명칭	기호
길 이	미 터	m
질 량	킬로그램	kg
시 간	초	s
전 류	암페어	A
열역학적 온도	켈 빈	K
물질량	몰	mol
광 도	칸델라	cd

51 물리적인 양을 전기적 신호로 변환하거나, 역으로 전기적 신호를 다른 물리적인 양으로 바꾸어 주는 장치는?

① 포지셔너
② 오리피스
③ 트랜스듀서
④ 액추에이터

해설
③ 트랜스듀서 : 입력신호를 다른 형태의 출력신호로 변환해 주는 변환장치
① 포지셔너 : 밸브 개도를 지시하는 장치
② 오리피스 : 유체를 분출시키는 구멍
④ 액추에이터 : 에너지를 사용하여 기계적인 일을 하는 장치

52 다음의 회로도에서 입력 $A=0$, $B=1$일 때 출력 C, S로 옳은 것은?(단, C : 자리올림(Carry), S : 합(Sum))

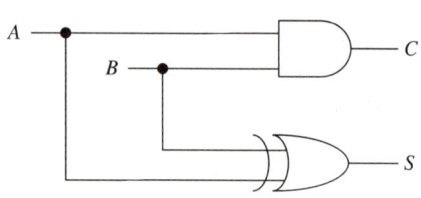

① $C=0$, $S=0$
② $C=0$, $S=1$
③ $C=1$, $S=0$
④ $C=1$, $S=1$

해설
반가산기이므로 입력 $A=0$, $B=1$일 때 출력 $C=0$, $S=1$이 된다.

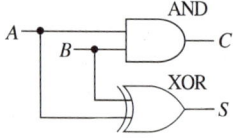

53 시퀀스 제어회로에서 입력에 의해 작동된 후 입력을 제거하여도 계속 작동되는 회로는?

① 인터로크 회로
② 타이머 회로
③ 자기유지회로
④ 수동 복귀회로

해설
자기유지회로 : 입력신호가 제거되어도 동작이 계속 유지되는 회로(회로 보호)

54 와류식 유량계는 유량에 비례한 주파수에 의해 체적유량을 측정할 수 있다. 안정한 와류를 발생시키는 조건은?(단, 와류의 간격을 L, 와류 사이의 거리를 l이라 한다)

① $\frac{L}{l} = 0.5$
② $\frac{L}{l} = 0.357$
③ $\frac{L}{l} = 0.281$
④ $\frac{L}{l} = 0.194$

해설
와류식 유량계는 유체 중에 놓인 와류 발생체의 하류측에 생기는 규칙 바른 와류의 수를 계측하여 유량을 측정하는 것이다. 와류의 간격 L과 와류 간의 거리 l의 관계가 $\frac{L}{l} = 0.281$ 일 때에만 안정한 와류가 발생한다.

55 전기자 도체에 전류는 전기자 도체가 브러시를 통과할 때마다 반대 방향으로 바뀐다. 이러한 전기자 권선의 교류 기전력을 직류 기전력으로 변환하는 것은 무엇이라고 하는가?

① 정 류
② 교 번
③ 점 호
④ 섬 락

해설
정류는 교류에서 직류를 빼내는 일로 교류 기전력을 직류 기전력으로 변환하는 것이다.

56 P형 반도체의 다수 반송자(Carrier)는?

① 전 자
② 정 공
③ 중성자
④ 억셉터

해설

구 분	반송자	특 징
N형 반도체	과잉 전자	• 다수 반송자 : 전자 • 소수 반송자 : 정공
P형 반도체	정 공	• 다수 반송자 : 정공 • 소수 반송자 : 전자

정답 53 ③ 54 ③ 55 ① 56 ②

57
E_1 = 80[V]인 전압과 E_1보다 위상이 90° 앞선 E_2 = 60[V]인 전압의 합성전압 E_0[V]는?

① 100
② 110
③ 120
④ 140

해설
두 전압의 위상차가 90°이므로,
합성전압 $E_o = \sqrt{E_1^2 + E_2^2} = \sqrt{80^2 + 60^2} = 100$[V]이다.

58
제베크 효과(Seebeck Effect)를 이용한 온도계는?

① 2색 온도계
② 열전온도계
③ 저항온도계
④ 방사온도계

해설
두 종류의 금속을 접속하고 양 접점에 온도차를 주어 열기전력이 나오는 현상을 제베크 효과(Seebeck Effect)라고 하는데, 열전온도계는 제베크 효과(Seebeck Effect)를 이용한 것이다.

59
제어요소의 동작 중 연속동작이 아닌 것은?

① 미분동작
② ON-OFF동작
③ 비례미분동작
④ 비례적분동작

해설
- 연속제어 : 비례제어(P제어), 적분제어(I제어), 미분제어(D제어), 비례·적분제어(PI제어), 비례·미분제어(PD제어), 비례·미분·적분제어(PID제어)
- 불연속제어 : 샘플링 제어(Sampling 제어), ON-OFF 제어(2위치 제어계)

60
면적식 유량계의 설치 요령으로 틀린 것은?

① 설치 시에 수직으로 설치한다.
② 하류측에서는 반드시 역지밸브를 설치하여야 한다.
③ 가로세로 방향으로 응력이 걸리도록 하여야 한다.
④ 유체의 유입 방향은 반드시 하부에서 상부 방향으로 한다.

해설
면적식 유량계의 설치요령
- 유체의 유입 방향은 하부에서 상부 방향으로 한다.
- 진동이 작은 장소, 테이퍼관의 중심축이 수직이 되도록 설치한다.
- 필요시 By-Pass 관로를 설정한다.
- 설치 시 가동부 또는 교환 및 청소에 필요한 공간을 확보한다.
- 역류 및 수축작용이 있을 때는 하류측의 밸브 후단에 역지밸브를 설치한다.
- 필요에 따라 상류측에 스트레이너를 설치한다.
- 유량계가 무거운 경우에는 배관이 구부러지지 않도록 유량계를 지지한다.

제4과목 기계정비일반

61 아주 높은 온도를 유지하는 장치의 실(Seal)로 사용되고 다른 실에 비해 유밀기능이 떨어져 와이퍼(Wiper)형 실로 많이 사용되는 것은?

① 금속 실(Metallic Seal)
② 플랜지 실(Flange Seal)
③ 스프링 실(Spring Seal)
④ 기계적 실(Mechanical Seal)

해설
② 플랜지 실(Flange Seal) : 경사면의 팽창으로 접촉면 사이의 유밀을 유지하는 데 사용한다.
③ 스프링 실(Spring Seal) : 고무 립 주위에 스프링을 넣어 실의 립이 반대편에 밀착하게 된다.
④ 기계적 실(Mechanical Seal) : 회전축의 동적 실로 사용하며, 보통 금속과 고무로 되어 있다.

62 배관용 파이프에서 나사를 가공하기 위하여 사용하는 공구는?

① 오스터(Oster)
② 파이프 벤더(Pipe Bender)
③ 파이프 렌치(Pipe Wrench)
④ 플레어링 툴 셋(Flaring Tool Set)

해설
② 파이프 벤더(Pipe Bender) : 파이프를 구부리는 공구로 180°까지 벤딩할 수 있다.
③ 파이프 렌치(Pipe Wrench) : 파이프 조립 분해 시 사용한다.
④ 플레어링 툴 셋(Flaring Tool Set) : 파이프 끝을 플러링(파이프 끝을 벌려지게 하는 작업)할 때 사용한다.

63 100[m] 높이에 유량 240[L/min]으로 물을 보내고자 할 때 사용되는 펌프의 필요 동력은 약 몇 [kW]인가?(단, 물의 비중량은 1,000[kg/m³]이다)

① 1.8
② 3.9
③ 4.8
④ 7.6

해설
축 동력[kW] = $\dfrac{\gamma Q H}{1,000 \times 60} = \dfrac{1,000 \times 2.4 \times 100}{1,000 \times 60} = 4$

64 버니어 캘리퍼스의 용도로 적합하지 않은 것은?

① 물체의 길이 측정
② 구멍의 내경 측정
③ 구멍의 깊이 측정
④ 나사의 유효 직경 측정

해설
버니어 캘리퍼스로 길이, 내경, 외경, 깊이를 측정한다.

65 일반적인 주철관의 특징으로 틀린 것은?

① 가격이 고가이다.
② 내식성이 우수하다.
③ 내구성이 우수하다.
④ 수도, 가스 등의 배설관으로 사용한다.

해설
주철관(Cast Iron Pipe)은 강관보다 무겁고 약하지만 내식성이 풍부하고, 내구성이 우수하다. 가격이 저렴하고, 수도·가스·배수 등의 배설관으로 널리 사용된다.

정답 61 ① 62 ① 63 ② 64 ④ 65 ①

66 주물체 사이의 거리를 일정하게 유지시키면서 결합하는 데 사용되는 볼트로 옳은 것은?

① 스터트 볼트(Stud Bolt)
② 스테이 볼트(Stay Bolt)
③ 리머볼트(Reamer Bolt)
④ 관통볼트(Through Bolt)

해설
② 스테이 볼트(Stay Bolt) : 환봉의 양끝에 나사를 낸 것
③ 리머볼트(Reamer Bolt) : 볼트에 걸리는 전단 하중만 받을 수 있도록 된 것
④ 관통볼트(Through Bolt) : 맞뚫린 구멍에 볼트를 넣고 너트로 조이는 것

67 펌프를 원리구조상에 따라 분류할 때 용적형 회전펌프의 종류에 해당되는 않는 것은?

① 기어펌프
② 나사펌프
③ 편심펌프
④ 프로펠러 펌프

해설
용적형 회전펌프의 종류
• 기어펌프 : 외치 기어펌프, 내치 기어펌프
• 편심펌프 : 베인펌프, 롤러펌프, 로터리 플런저 펌프
• 나사펌프 : 싱글 나사펌프, 투 나사펌프, 트리 나사펌프

68 수격현상에 의해 발생되는 피해현상이 아닌 것은?

① 압력 강하에 따른 관로의 파손 발생
② 펌프 및 원동기의 역회전 과속에 따른 사고 발생
③ 수격현상 상승압에 따라 펌프, 밸브, 관로 등의 파손 발생
④ 관로의 압력 상승에 의한 수주 분리로 낮은 충격압 발생

해설
수격현상의 피해현상
• 워터해머 상승압에 따라 펌프밸브, 관로 등이 파손
• 압력 강하에 따라 관로 파손
• 관 내의 수주분리현상으로 공동부에 물이 채워질 때 충격압이 생겨 관이 파손
• 펌프 및 원동기에 역전 과속에 따른 사고 발생

69 공동현상의 방지대책이 아닌 것은?

① 펌프 회전수를 낮게 한다.
② 양 흡인펌프를 사용한다.
③ 펌프의 설치 위치를 높게 한다.
④ 임펠러의 재질을 침식에 강한 것으로 택한다.

해설
캐비테이션(공동현상) 방지법
• 펌프의 설치 위치를 되도록 낮게 하고, 흡입양정을 작게 할 것
• 흡입관은 짧게 하는 것이 좋으나 부득이 길게 할 경우에는 흡입관을 크게 하여 손실을 감소할 것
• 외적 조건으로 캐비테이션을 피할 수 없는 경우에는 임펠러 재질을 캐비테이션 침식에 대하여 강한 고급 재질을 택할 것
• 이미 캐비테이션이 생긴 펌프에 대해서는 소량의 공기를 흡입구에 넣어 소음파 진동을 줄일 것
• 펌프의 회전수를 낮게 할 것
• 단 흡입이면 양 흡입으로 고칠 것

70 일반적인 기계 분해작업 시 주의사항으로 틀린 것은?

① 부착물들을 파악하고 확인한다.
② 분해 중 이상이 없는지 점검한다.
③ 표면이 손상되지 않도록 주의한다.
④ 볼트와 너트를 조일 때는 균일하게 조인다.

> **해설**
> 볼트와 너트를 조일 때는 균일하게 조인다. 실제의 죔에서는 죔면이나 나사부의 마찰저항 혹은 나사 형상에 의한 효율 등을 생각해서 볼트의 적정한 죔의 힘을 가해야 한다.

71 한쪽 또는 양쪽의 기울기를 갖는 평판 모양의 쐐기로 인장력이나 압축력을 받는 2개의 축을 연결하는 결합용 기계요소는?

① 키
② 핀
③ 코터
④ 리벳

72 펌프를 중심으로 하여 흡입 수면으로부터 송출 수면까지의 수직 높이를 무엇이라고 하는가?

① 전양정
② 실양정
③ 흡입양정
④ 토출양정

73 벨트 풀리와 벨트 사이의 접촉면에 치형의 돌기가 있어 미끄럼을 방지하고 맞물려 전동할 수 있는 벨트는?

① 평벨트
② V벨트
③ 타이밍 벨트
④ 체인벨트

74 압축기 벨트 플레이트 교환에 관한 내용으로 틀린 것은?

① 두께가 0.3[mm] 이상 마모되면 교체한다.
② 마모된 플레이트는 뒤집어서 재사용한다.
③ 교환시간이 되면 사용한계의 기준치 내에서도 교환한다.
④ 마모한계에 달하였을 때는 파손되지 않아도 교환한다.

> **해설**
> 마모된 플레이트를 뒤집어서 사용하면 안 된다.

정답 70 ④ 71 ③ 72 ② 73 ③ 74 ②

75 전동기의 고장현상과 원인의 연결이 틀린 것은?

① 기동 불능 – 공진
② 과열 – 과부하 운전
③ 진동 – 베어링 손상
④ 절연 불량 – 코일 절연물의 열화

해설
기동 불능 현상의 원인
- 퓨즈 용단, 서머릴레이, 노 퓨즈 브레이크 등의 작동
- 단선
- 기계적 과부하
- 전기기기류의 고장
- 운전 조작 잘못

76 송풍기의 중심 맞추기(Centering)에 일반적으로 사용되는 측정기는?

① 센터 게이지
② 게이지 블록
③ 높이 게이지
④ 다이얼 게이지

해설
센터링 작업 시 사용공구
다이얼 게이지, 틈새 게이지, 테이퍼 게이지, 스크레이퍼, 직선자, 고무해머, 유압 잭 등

77 일반적인 펌프성능곡선에 나타나지 않는 내용은?

① 효율
② 비교회전도
③ 축동력
④ 전양정

해설
비교회전도 : 한 개의 회전차를 형상과 운전 상태를 유지하면서 그의 크기를 변경시키면 단위 유량에서 단위 수두(양정)를 발생시킬 때, 그 회전차에 주어져야 할 매분 회전수를 회전차의 비속도 [Ns] 또는 비교회전도라고 한다.

78 M22 볼트를 스패너로 체결할 경우 가장 적절한 죔 방법은?

① 팔꿈치의 힘으로 돌린다.
② 손목의 힘만 사용하여 돌린다.
③ 팔의 힘을 충분히 써서 돌린다.
④ 발을 충분히 벌리고 체중을 실어서 돌린다.

79 볼트, 너트의 풀림을 방지하기 위해 사용하는 방법으로 틀린 것은?

① 캡너트에 의한 방법
② 로크너트에 의한 방법
③ 자동 죔너트에 의한 방법
④ 분할 핀 고정에 의한 방법

해설
볼트, 너트 이완(풀림) 방지
- 홈 달림 너트 분할 핀 고정방법
- 절삭너트에 의한 방법
- 로크너트(더블 너트)에 의한 방법
- 특수너트에 의한 방법

80 송풍기 운전 중 점검사항이 아닌 것은?

① 베어링의 온도
② 베어링의 진동
③ 임펠러의 부식 여부
④ 윤활유의 적정 여부

해설
송풍기 운전 중 점검사항
- 베어링의 온도(운전온도가 70[℃] 이하이면 큰 지장은 없다)
- 베어링의 진동
- 윤활유의 적정 여부

2019년 제2회 과년도 기출문제

제1과목 공유압 및 자동화 시스템

01 유압 실린더를 선정함에 있어서 유의할 사항이 아닌 것은?

① 행정 길이
② 설치형식
③ 실린더 색상
④ 튜브의 안지름

해설
실린더의 추력(부하의 크기), 속도, 사용압력, 안지름, 설치방법, 최대 스트로크, 피스톤 로드 선단 붙임쇠 쿠션의 유무 등을 고려하여야 한다.

02 공압모터의 특징으로 틀린 것은?

① 배기 소음이 크다.
② 모터 자체의 발열이 작다.
③ 에너지 변환효율이 높으며 제어성이 좋다.
④ 폭발의 위험성이 있는 환경에서도 안전하다.

해설
공압모터는 에너지 변환효율이 낮고, 압축성 때문에 제어성이 나쁘다.

03 점성계수의 단위로 옳은 것은?

① [kgf・m]
② [kgf/cm^2]
③ [kgf・s/m^2]
④ [kgf/s^2・m^4]

해설
점성계수(점도)의 공학 단위는 [N・s/m^2], 절대 단위는 푸아즈 [poise] = [dyne・s/cm^2]를 사용한다.

04 4포트 3위치 방향제어밸브 중 텐덤센터형에 대한 설명이 아닌 것은?

① 펌프를 무부하시킬 수 있다.
② 센터 바이패스형이라고도 한다.
③ 실린더를 임의의 위치에서 정지시킬 수 있다.
④ 중립 위치에서 액추에이터 배관에 압력이 걸리지 않는다.

해설
텐덤센터형 센터의 A와 B는 Closed, P와 T는 Open되어 있다.

05 다음 그림과 같은 구조의 밸브 명칭은?

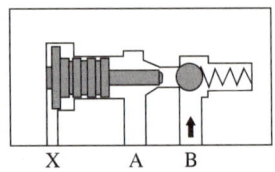

① 셔틀밸브
② 릴리프 밸브
③ 파일럿 조작 체크밸브
④ 압력보상형 유량조정밸브

해설
문제의 그림은 파일럿 조작 체크밸브로, A에서 B로는 통하지만 B에서 A로는 통하지 않는다. 그러나 X쪽에 신호가 들어와서 볼을 들어 주면 B에서 A로 통하게 된다.

06 유체의 관로 중 짧은 줄임 기구로 면적을 줄인 길이가 단면 치수에 비하여 비교적 짧은 것은?

① 초크
② 벤투리
③ 피토관
④ 오리피스

해설
유로의 단면적을 변화시키는 기구를 교축(Throttle)이라고 하며, 오리피스와 초크가 있다.
- 오리피스(Orifice)
  - 관로 면적을 줄인 통로 길이가 단면 치수에 비해 비교적 짧은 경우
  - 오리피스를 통하는 유체는 점도의 영향을 받지 않는다.
  - 연속의 법칙과 베르누이의 정리로서 성립
- 초크(Choke)
  - 관로 면적을 줄인 통로 길이가 단면치수에 비하여 긴 경우
  - 유체의 압력강하는 유체의 점도에 따라 크게 영향을 받는다.

07 공압회로에서 얻어지는 압력보다 큰 압력이 필요할 때 사용하는 것은?

① 증압기
② 공기배리어
③ 어큐뮬레이터
④ 하이드롤릭 체크유닛

해설
② 공기배리어 : 분사노즐과 수신노즐로 구성, 계수나 어떤 물체의 유무에 대한 검사 등에 사용
③ 어큐뮬레이터 : 용기 내에 오일을 고압으로 압입하여 저장하는 압유 저장용 용기
④ 하이드롤릭 체크유닛 : 스로틀 밸브를 조정하여 공압 실린더의 밸브를 조정하여 공압 실린더의 속도를 제어하는 데 사용

08 유압펌프 운전 시 점검사항에 대한 설명으로 틀린 것은?

① 작동유의 온도는 유온계로 점검한다.
② 오일탱크 속에 이물질이 있는지 확인한다.
③ 유면계를 이용하여 작동유의 점도를 점검한다.
④ 배관의 연결부가 완전히 연결되었는지 확인한다.

해설
유면계로 유량 및 상태를 점검한다.

09 다음 회로에서 실린더의 속도제어방식은?

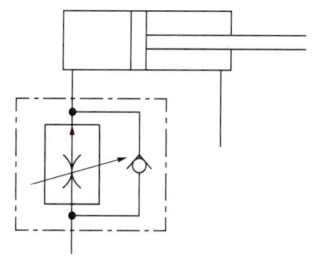

① 블리드 오프 방식
② 파일럿 오프 방식
③ 전진 시 미터 인 방식
④ 후진 시 미터 아웃 방식

해설

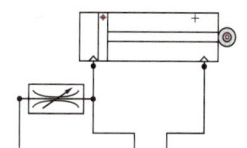 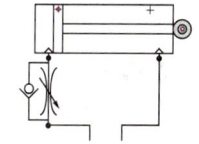

[블리드 오프 방식] [후진 시 미터 아웃 방식]

10 다음 공유압기호의 명칭은?

① 공압펌프
② 유압펌프
③ 유압모터
④ 요동모터

해설

유압모터	공압 요동모터(액추에이터)

11 로드 커버와 피스톤에 연결되어 피스톤 출력 및 변위를 외부에 전달하는 공압 실린더의 구성요소는?

① 로드 부싱
② 타이 로드
③ 실린더 튜브
④ 피스톤 로드

해설
① 로드 부싱 : 로드 커버에서 로드의 길 안내 및 밀폐작용
② 타이 로드 : 튜브와 커버 고정
③ 실린더 튜브 : 피스톤의 직선운동 안내

12 수요 변화에 따른 다양한 제품의 생산에 유연하게 대처하고 높은 생산성의 요구에 대응하는 생산시스템을 의미하는 용어는?

① FMS
② FTL
③ LCA
④ MRP

해설
② FTL : 유연한 기능을 가진 공작기계군을 고정 루트인 자동반송장치로 연결한 것
③ LCA : 간이 자동화(시설 투자비가 적게 들고, 운영 및 유지보수가 간단하고, 적당한 정도의 노력이 필요한 자동화)
④ MRP : 자재소요계획(자재의 흐름을 수량과 시간에 기초하여 계획·관리하는 생산재고관리시스템)

13 다음 중 능동센서가 아닌 것은?

① 서미스터
② 측온저항체
③ 포토다이오드
④ 스트레인 게이지

해설
능동형 센서 : 측정하고자 하는 대상물에 에너지를 제공하고 그 대상물에서 나오는 정보를 감지하거나 외부로부터 제공된 에너지가 특정 대상물에서 또 다른 에너지로 변환되고 그 변환된 에너지를 정보로 검출하는 기기

14 열전대에 사용하는 열전쌍의 조합이 틀린 것은?

① 구리 – 백금
② 철 – 콘스탄탄
③ 크로멜 – 알루멜
④ 크로멜 – 콘스탄탄

해설
열전대 재료
크로멜-알루멘, 구리-콘스탄탄, 크로멜-콘스탄탄, 철-콘스탄탄 등

10 ② 11 ④ 12 ① 13 ③ 14 ①

15 다음 블리드 오프 방식의 회로에서 점선 안에 들어갈 기호로 적절한 것은?

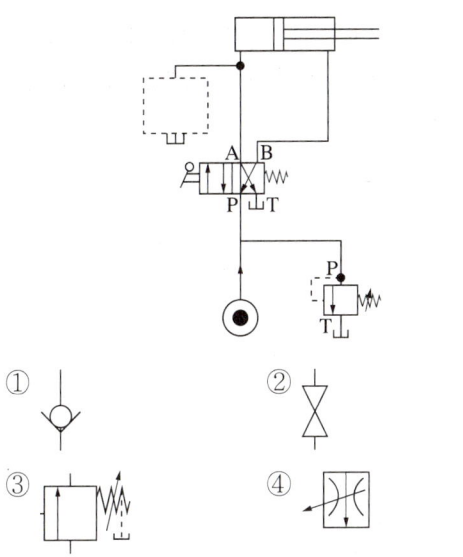

해설
점선 안에는 공급쪽의 바이패스 관로인 교축밸브가 들어간다. 후진 시 배기저항을 줄여 주어 후진속도를 빠르게 동작되게 한다.

16 다음 기능 다이어그램(Function Diagram)과 동작이 같은 것은?

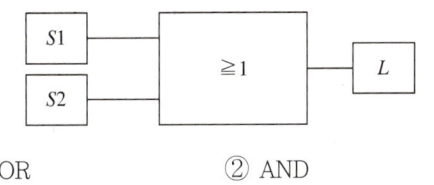

① OR   ② AND
③ NOT ④ EX − OR

해설
기능 다이어그램을 수식으로 나타내면 $L = S1 + S2$로 표현할 수 있는 OR 논리이다.

17 선형 스텝모터의 구성요소가 아닌 것은?

① 스핀들
② 인덕터
③ 고정자 코일
④ 회전자(영구자석)

해설
선형 스텝모터의 구성요소
스핀들, 고정자 코일, 나사, 회전자(영구자석) 등

18 유량제어밸브가 아닌 것은?

① 스로틀 밸브
② 시퀀스 밸브
③ 급속배기밸브
④ 속도제어밸브

해설
유량제어밸브의 종류
교축밸브, 속도제어밸브, 급속배기밸브, 배기교축 밸브, 쿠션밸브, 오리피스, 압력보상형 유량제어밸브, 온도보상형 유량제어밸브, 미터링 밸브 등

정답 15 ④ 16 ① 17 ② 18 ②

19 폐회로 자동제어시스템의 특징으로 옳은 것은?

① 외란 변수의 변화가 작다.
② 작은 에너지로 큰 에너지를 조절한다.
③ 외란 변수에 의한 영향을 제어할 수 없다.
④ 출력신호의 일부가 시스템에 보내져 오차를 수정하는 피드백 통로가 있다.

해설
폐회로 제어시스템은 출력의 일부를 입력 방향으로 피드백시켜 목표값과 비교되도록 폐회로를 형성하는 제어시스템으로, 피드백 제어시스템이라고도 한다.

20 설비의 효율화에 나쁜 영향을 미치는 로스(Loss) 중 속도로스에 속하는 것은?

① 고장정지로스
② 작업 준비/조정로스
③ 공전/순간정지로스
④ 초기 유동관리수율로스

해설
속도로스란 설비의 설계속도와 실제로 움직이는 속도와의 차이에서 생기는 로스이다.

제2과목 설비진단 및 관리

21 최소의 비용으로 최대의 설비효율을 얻기 위하여 고장 분석을 실시한다. 고장 분석을 행하는 이유가 아닌 것은?

① 설비의 고장을 없애고 신뢰성을 향상시키기 위하여
② 설비의 가동시간을 늘리고 열화 고장을 방지하기 위하여
③ 설비의 보수비용을 늘려 경제성을 향상시키기 위하여
④ 설비의 고장에 의한 휴지시간을 단축시켜 보전성을 향상시키기 위하여

해설
고장 분석의 필요성
- 설비의 고장을 없게 한다(신뢰성 향상).
- 고장에 의한 휴지시간을 단축한다(보전성 향상).
- 가능한 비용을 절감한다(경제성 향상).

22 다음 중 윤활유의 작용으로 틀린 것은?

① 감마작용 ② 방청작용
③ 냉각작용 ④ 마찰작용

해설
윤활유의 사용목적
- 이물질 침입 방지작용
- 청정작용
- 냉각작용(열화 방지)
- 밀봉작용
- 방청작용
- 감마작용
- 응력분산작용

23 보전비를 들여 설비를 만족한 상태로 유지하여 막을 수 있는 생산상의 손실을 무엇이라고 하는가?

① 단위 원가
② 열화 원가
③ 기회 원가
④ 수리한계 원가

24 롤링 베어링에서 발생하는 진동의 종류에 해당되지 않는 것은?

① 신품의 베어링에 의한 진동
② 다듬면의 굴곡에 의한 진동
③ 베어링 구조에 기인하는 진동
④ 베어링의 비선형성에 의해 발생하는 진동

> **해설**
> 롤링(볼, 롤러) 베어링에서 발생하는 진동
> • 구조에 기인하는 진동
> • 다듬면의 굴곡에 의한 진동
> • 비선형성에 의하여 발생하는 진동
> • 손상에 의하여 발생하는 진동

25 제품의 종류가 많고 수량이 적으며, 주문 생산과 표준화가 곤란한 다품종 소량 생산일 경우에 알맞은 설비 배치 형태는?

① 공정별 배치
② 제품별 배치
③ 라인별 배치
④ 제품 고정형 배치

> **해설**
> • 제품별 배치 : 라인별 배치라고도 하며 공정계열에 따라 각 공정에 필요한 기계가 배치되는 형식으로, 예정 생산에 이용되며 생산량이 많고 표준화되고 작업의 균형이 유지되며, 재료의 흐름이 원활할 경우에 이용한다.
> • 제품 고정형 배치 : 주재료와 부품이 고정된 장소에 있고 사람, 기계, 도구 및 기타 재료가 이동하여 작업을 진행한다.

26 윤활유를 선정할 때 가장 기본적으로 검토해야 할 사항은?

① 적정 점도
② 운전속도
③ 다양한 유종
④ 관리방법

27 설비의 효율화를 저해하는 가장 큰 로스(Loss)는?

① 고장로스
② 조정로스
③ 일시정체로스
④ 초기 수율로스

> **해설**
> ② 조정로스 : 작업 준비, 품종 교체, 공구 교환에 의한 시간적 장치로스로서 조정을 줄이기 위해서는 조정의 메커니즘을 연구하여 피할 수 있는 조정은 가능한 한 피해야 한다.
> ③ 일시정체로스 : 작업물이 슈트에 막혀서 공전하거나 품질 불량 때문에 센서가 작동하여 일시적으로 정지하는 로스로, 이들은 작업물을 제거하거나 리셋하면 설비가 정상적으로 작동하므로 설비 고장과는 다르다.
> ④ 초기 수율로스 : 생산 개시 시점부터 안정화될 때까지 그 사이에 발생하는 로스이다.

28 설비진단기술을 도입할 때 나타나는 일반적인 효과와 관련이 가장 적은 것은?

① 경향관리를 통하여 설비의 수명 예측이 가능하다.
② 열화가 심한 설비에 효과적이며 오감에 의한 진단이 일반적이다.
③ 중요 설비, 부위를 상시 감시함에 따라 돌발사고를 미연에 방지할 수 있다.
④ 점검원이 경험적인 기능과 진단기기를 사용하면 보다 정량화할 수 있으므로 쉽게 이상 측정이 가능하다.

해설
설비진단기술의 일반적인 효과
- 진단기기를 사용하면 좀 더 정량화할 수 있으므로 쉽게 이상 측정이 가능하다.
- 경향관리를 통하여 설비의 수명 예측이 가능하다.
- 중요 설비 부위를 상시 감시함에 따라 돌발사고를 미연에 방지할 수 있다.
- 정밀진단을 실행함에 따라 설비의 열화 부위, 열화내용의 정도를 알 수 있기 때문에 오버 홀이 불필요하다.

29 진동차단기의 기본 요구조건과 가장 거리가 먼 것은?

① 온도, 습도, 화학적 변화 등에 견딜 수 있어야 한다.
② 강성을 충분히 크게 하여 차단능력이 있어야 한다.
③ 차단기의 강성은 그에 부착된 진동 보호 대상체의 구조적 강성보다 작아야 한다.
④ 차단기의 강성은 차단하려는 진동의 최저 주파수보다 작은 고유 진동수를 가져야 한다.

해설
진동차단기의 기본 요구조건
- 강성이 충분히 작아서 차단능력이 있어야 한다.
- 강성은 걸어준 하중을 충분히 받칠 수 있어야 한다.
- 온도, 습도, 화학적 변화 등에 견딜 수 있어야 한다.
- 차단하려는 진동의 최저 주파수보다 작은 고유진동수를 가져야 한다.

30 다음 설비진단기법 중 응력법에 해당하지 않는 것은?

① SOAP
② 응력 측정
③ 응력분포 해석
④ 피로수명 예측

해설
SOAP는 오일분석법에 속한다.

31 음파가 한 매질에서 타 매질로 통과할 때 구부러지는 현상을 무엇이라고 하는가?

① 파 면   ② 음 선
③ 음의 굴절   ④ 음의 회절

해설
① 파면 : 파동의 위상이 같은 점들을 연결한 면
② 음선 : 음의 진행 방향을 나타내는 선으로 파면에 수직
④ 음의 회절 : 장애물 뒤쪽으로 음이 전파하는 현상

32 소음원으로부터 거리를 2배 증가시키면 음압도[dB]는 어떻게 변하는가?

① 2배 증가한다.
② 1/2로 감소한다.
③ 6[dB] 증가한다.
④ 6[dB] 감소한다.

해설
소음원으로 직접 오는 소음은 소음원으로부터 거리가 2배 증가함에 따라 6[dB] 감소한다. 소음원으로 가까운 거리에서는 반사소음보다 직접 오는 소음이 압도하고, 반대로 소음원으로 충분히 먼 거리에서는 반사음이 압도한다.

33 설비의 신뢰성 향상을 위한 대책으로 틀린 것은?

① 예방보전의 철저
② 예지기술의 향상
③ 폐기품관리 기준의 설정 개정
④ 윤활관리, 급유 기준의 설비 개정

해설
신뢰성 향상을 위한 대책
• 점검·검사 기준의 설정 개정(점검 부위, 개소, 항목, 주기)
• 윤활관리, 급유 기준의 설비 개정(주기, 기름의 열화)
• 초기 조정, 청소의 철저 : 표준화
• 예비품관리 기준의 설정 개정(발주점, 발주량)
• 예지기술의 향상
• 부품수명의 연장화
• 개량보전, 예방보전 철저

34 고속, 고하중 기어 이면의 유막이 파단되면 국부적인 금속접속마찰에 의한 용융으로 뜯겨 나가는 현상이 발생되는데 이러한 기어의 이면 손상은?

① 리징(Ridging)
② 긁힘(Scratching)
③ 스코어링(Scoring)
④ 정상 마모(Normal Wear)

해설
스코어링(Scoring, 뜯김) : 운전 초기에 자주 발생하는 현상으로 이뿌리 면과 이끝 면의 맞물리는 시초와 끝부분에 많이 발생한다.

35 설비의 유효 가동률을 나타낸 것은?

① 설비 유효 가동률 = $\dfrac{\text{시간 가동률}}{\text{속도 가동률}}$
② 설비 유효 가동률 = 시간 가동률 × 속도 가동률
③ 설비 유효 가동률 = 시간 가동률 + 속도 가동률
④ 설비 유효 가동률 = 시간 가동률 − 속도 가동률

36 계획공사의 견적공수와 현 보유표준능력을 비교하여 이월량이 거의 일정하게 되도록 공사 요구의 접수 조정, 예비공사 중간 차입 외주 발주량 조정 등을 하는 것은?

① 일정계획
② 휴지공사
③ 진도관리
④ 여력관리

해설
① 일정계획 : 공사 착수부터 완료까지의 세부적인 작업 예정은 물론, 필요에 따라서 현장작업에 직접 관련을 유지하며 다른 업무의 예정도 반영하는 것이 필요하다.
② 휴지공사 : 장치산업과 같은 연속 생산공장에서는 공장 전체 또는 일련의 장치를 휴지(운정정지)하여 한 번에 보전공사를 실시하는 방법이 채택되는데, 이것을 정기수리, 대수리 공사, SD(Shut Down) 공사라고 한다.
③ 진도관리 : 납기의 확정과 공사기일의 단축이 목적이며 납기관리, 일정관리라고도 한다.

37 설비효율을 저하시키는 손실 계산에 대한 설명으로 옳은 것은?

① 실질 가동률은 부하시간에 대한 가동시간의 비율이다.
② 성능 가동률은 속도 가동률에 시간 가동률을 곱한 수치이다.
③ 시간 가동률은 단위시간당 일정속도로 가동하고 있는 비율이다.
④ 속도 가동률은 설비가 본래 갖고 있는 능력에 대한 실제 속도의 비율이다.

해설
① 실질 가동률이란 단위시간 내에서 일정속도로 가동하고 있는지를 나타내는 비율이다.

실질 가동률 = $\dfrac{생산량 \times 실제\ 사이클시간}{부하시간 - 정지시간}$

② 성능 가동률 = 속도 가동률 × 실질 가동률
③ 시간 가동률 = $\dfrac{부하시간 - 정지시간}{부하시간} = \dfrac{가동시간}{정지시간}$

38 설비보전요원이 제조 부문의 감독자 밑에 배치되어 보전을 행하는 설비보전 방식은?

① 절충보전   ② 지역보전
③ 부분보전   ④ 집중보전

해설
① 절충보전 : 지역보전 또는 부분보전과 집중보전을 조합시켜 각각의 장점을 살리고 단점을 보완하는 방식
② 지역보전 : 공장의 특정 지역에 보전요원이 배치되어 그 지역의 예방보전, 검사, 급유, 수리 등을 담당하는 보전방식
④ 집중보전 : 공장의 모든 보전요원을 한사람의 관리자 밑에 조직하고, 모든 보전을 집중관리하는 보전방식

39 다음의 상황은 그림과 같은 그래프에서 어느 구역의 고장기에 해당하는가?

> 펌프를 사용하던 중 축봉부의 누설로 인해 목표 양정이 되지 않음을 발견하여 메커니컬실을 교체한 후 계속 정상 가동하였다.

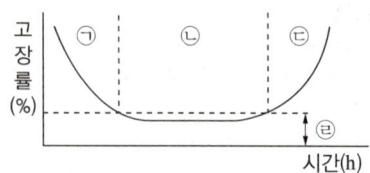

① ㉠ 구역   ② ㉡ 구역
③ ㉢ 구역   ④ ㉣ 구역

해설
㉡ 구역은 우발 고장기로 고장률이 거의 일정하나 예측할 수 없는 고장률 일정형이다.

우발 고장기
- 고장률이 거의 일정하나 예측할 수 없는 고장률 일정형이다.
- 이 기간을 유효수명이라 하고, 고장 정지시간을 감소시키는 것이 가장 중요하다.
- 설비 보전원의 고장개소의 감지 능력을 향상시키기 위한 교육훈련이 필요하다.
- 일정한 고장률을 저하시키기 위해서는 개선, 개량이 절대적으로 필요하다.
- 예비품 관리가 중요하다.

40 2대의 기계가 각각 90[dB]의 소음을 발생시킨다면 2대가 동시에 동작할 때의 소음도는 얼마인가?

① 90[dB]   ② 93[dB]
③ 135[dB]   ④ 180[dB]

해설
세기가 같은 두 개의 음파를 합하면 전체 음압도는 하나만의 음압도보다 3[dB] 증가한다. $I_1 + I_2$라고 하면, $I = I_1 + I_2 = 2I_1$이다.

따라서 $L_p = L_{p1} + L_{p2} = 10\log\left(\dfrac{2I_1}{I_0}\right) = 10\log\left(\dfrac{I_1}{I_0}\right) + 3[dB]$

제3과목 공업계측 및 전기전자제어

41 전기회로에서 일어나는 과도현상은 그 회로의 시정수와 관계가 있다. 과도현상과 시정수의 관계를 바르게 표현한 것은?

① 시정수는 과도현상의 지속시간에는 상관되지 않는다.
② 시정수가 클수록 과도현상은 빨라진다.
③ 회로의 시정수가 클수록 과도현상은 오래 지속된다.
④ 시정수의 역이 클수록 과도현상은 천천히 사라진다.

[해설]
회로의 시정수가 클수록 과도현상은 길어진다.

42 다음 중 트랜지스터의 접지방식이 아닌 것은?

① 게이트 접지
② 이미터 접지
③ 베이스 접지
④ 컬렉터 접지

[해설]
트랜지스터의 접지방식은 이미터 접지, 베이스 접지, 컬렉터 접지 방식이 있다.

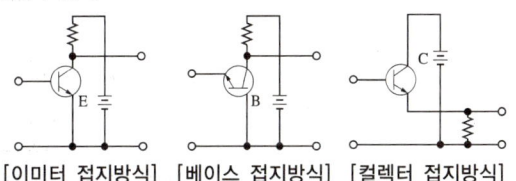

[이미터 접지방식] [베이스 접지방식] [컬렉터 접지방식]

43 제어밸브는 다음 중 어디에 속하는가?

① 변환기
② 조절기
③ 설정기
④ 조작기

[해설]
제어밸브는 유체의 흐름 형태를 변화시켜 압력과 유량을 제어하는 밸브의 총칭으로, 조작기(Actuator)에 속한다.

44 자기장의 에너지를 이용하여 검출 헤드에 접근하는 금속체를 기계적으로 접촉시키지 않고 검출하는 스위치는?

① 근접 스위치
② 플로트리스 스위치
③ 광전 스위치
④ 리밋 스위치

[해설]
근접 스위치는 기계적인 가동 부분이 없고, 스위치에 접촉하지 않더라도 물체를 가까이 접근시키기만 하면 그것을 전기적으로 검출하여 동작하는 스위치이다.

정답 41 ③ 42 ① 43 ④ 44 ①

45 국제단위계(SI)에서 기본단위로 옳은 것은?

① 길이, 질량, 시간, 전압, 열역학적 온도, 물질량, 광속
② 길이, 질량, 시간, 전류, 열역학적 온도, 물질량, 광도
③ 길이, 질량, 시간, 저항, 열역학적 온도, 물질량, 광도
④ 길이, 질량, 시간, 전압, 열역학적 온도, 물질량, 광도

해설
국제단위계(SI)의 기본량과 기본단위

기본량	SI 기본단위	
	명칭	기호
길 이	미 터	m
질 량	킬로그램	kg
시 간	초	s
전 류	암페어	A
열역학적 온도	켈 빈	K
물질량	몰	mol
광 도	칸델라	cd

46 2개의 입력을 가지는 경우에 두 입력이 서로 다를 때에는 출력이 '1'이 되고, 같을 때는 출력이 '0'이 되는 배타적 OR 회로의 논리식은?

① $Y = A \cdot B$
② $Y = A + B$
③ $Y = A \oplus B$
④ $Y = A \odot B$

해설
EX-OR(EXclusive-OR 배타적 논리합) 회로 : 두 개의 입력신호가 서로 다를 때(배타적일 때) 1이 되는 회로

논리 기호	논리식	진리표		
		X	Y	S
	$S = \overline{X}Y + X\overline{Y}$ $= X \oplus Y$	0	0	0
		0	1	1
		1	0	1
		1	1	0

47 3상 유도전동기의 회전속도제어와 관계없는 요소는?

① 전 압
② 극 수
③ 슬 립
④ 주파수

48 다음의 진리표가 나타내는 논리게이트는?

입력		출력
A	B	Y
0	0	1
0	1	0
1	0	0
1	1	0

① AND ② OR
③ NAND ④ NOR

해설
NOR 회로

$X = (A+B)'$

A	B	X
0	0	1
0	1	0
1	0	0
1	1	0

[기호] [논리함수] [진리표]

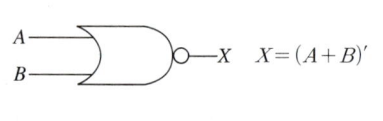

49 프로세스 제어의 제어량으로 틀린 것은?

① 속 도
② 온 도
③ 유 량
④ 압 력

해설
프로세스 제어 : 프로세스 제어에서 제어량은 프로세스 환경조건에서는 온도, 압력, 액위, 습도, pH, 농도 등이, 물질 및 에너지의 양에서는 전력, 유량, 중량률 등이, 종점제어(Endpoint Control)에는 pH, 밀도, 전도도, 점도, 농도 등이 있다.

50 P형 불순물 반도체의 불순물로 사용할 수 있는 것은?

① 인(P)
② 비소(As)
③ 갈륨(Ga)
④ 안티몬(Sb)

해설

구 분	첨가 불순물
P형 반도체	3족 원소 : In(인듐), Ga(갈륨), B(붕소), Al(알루미늄) 등
N형 반도체	5족 원소 : As(비소), Sb(안티몬), P(인), Bi(비스무트) 등

51 소비전력 100[kW], 역률 0.8인 부하의 피상전력 [kVA]은?

① 75
② 80
③ 100
④ 125

해설
역률 : 피상전력 중에서 유효전력으로 사용되는 비율

역률 $\cos\theta = \dfrac{유효전력}{피상전력}$ 이므로,

피상전력 $= \dfrac{100}{0.8} = 125[\text{kVA}]$

52 다음 압력계의 종류 중 탄성식 압력계는?

① 단관식 압력계
② 침종식 압력계
③ 저항선식 압력계
④ 벨로스식 압력계

해설
탄성식 압력계
- 수압부에 대응된 변형량만을 측정함으로써 압력을 구하는 방식
- 부르동관형 압력계, 벨로스식 압력계, 다이어프램(격막)식 압력계

53 100[μF]의 콘덴서에 200[V], 60[Hz]의 교류전압을 가할 때 용량성 리액턴스[Ω]는?

① 30.52
② 26.53
③ 24.63
④ 30.42

해설
용량성 리액턴스$(X_C) = \dfrac{1}{2\pi f C} = \dfrac{1}{2\times\pi\times 60\times 100\times 10^{-6}}$

$\fallingdotseq 26.53[\Omega]$

정답 49 ① 50 ③ 51 ④ 52 ④ 53 ②

54 $R_1 = 10[\Omega]$, $R_2 = 20[\Omega]$의 저항이 병렬로 연결된 회로에 전압을 인가하면 전체 전류가 6[A]이다. 저항 R_2에 흐르는 전류[A]는?

① 1 ② 2
③ 3 ④ 4

해설
R_2에 흐르는 전류는
$I_2 = I \times \dfrac{R_1}{R_1 + R_2} = 6 \times \dfrac{10}{10+20} = 2[A]$이다.

55 차동증폭기의 동상신호제거비에 대한 설명으로 틀린 것은?

① 증폭기의 잡음을 제거하는 능력을 말한다.
② 차동신호이득은 크고, 동상신호이득은 가능한 한 작아야 좋다.
③ CMRR(Common-Mode Rejection Ratio)로 표현된다.
④ 동상 입력 시 출력전압은 2배가 된다.

해설
동상 입력전압이 인가될 때 출력전압은 이상적으로 0이다.

56 다음 그림의 시퀀스 회로를 논리식으로 나타내면?

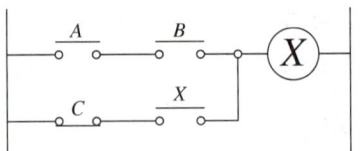

① $X = AB + \overline{C}X$
② $X = AB + CX$
③ $X = \overline{A}B + \overline{C}X$
④ $X = \overline{AB} + C\overline{X}$

해설
A와 B는 직렬로 연결(AND)되어 있으며, $\overline{C}$와 X는 병렬(OR)로 연결되어 있다. 따라서 논리식은 $X = (A \cdot B) + (\overline{C} \cdot X)$이다.

57 온도가 변화함에 따라 저항값이 변화하는 특성을 이용하여 온도를 검출하는 데 사용하는 반도체는?

① 발광 다이오드
② 황화 카드뮴(CdS)
③ 배리스터(Varistor)
④ 서미스터(Thermistor)

해설
서미스터는 금속산화물을 소결하여 만들며 온도에 따라 저항치가 변하는 특성을 이용한 것으로, 현재 온도센서로 가장 많이 사용된다.

58 다음 중 직류전동기의 속도제어법이 아닌 것은?

① 저항제어 ② 극수제어
③ 계자제어 ④ 전압제어

해설
직류전동기의 속도제어법
- 분권 및 타여자 : 계자제어법, 전압제어법
- 직권 및 복권 : 계자제어법, 저항제어법, 초퍼제어법

59 잔류편차가 발생하는 제어계는?

① 비례제어계
② 적분제어계
③ 비례적분제어계
④ 비례적분미분제어계

해설
제어시스템에는 P제어(비례제어), I제어(적분제어) 및 D제어(미분제어) 방식을 활용한 비례제어방식인 P제어기, 비례제어의 단점인 잔류편차(미세한 오차)를 없애기 위해 이용되는 PI제어기, 응답속도에서의 문제해결을 위한 PID제어기 등이 있다.

60 변환기에서 노이즈 대책이 아닌 것은?

① 실드의 사용
② 비접지
③ 접 지
④ 필터의 사용

해설
노이즈 대책
- 접지(Ground) : 가장 기초적인 중요한 역할
- 차폐(Shield) : 정전차폐, 전자유도차폐, 자기차폐
- 배선(Cabling) : 고주파 임피던스를 높게 하는 방법, 손실을 주는 방법, 분리절연하는 방법
- 필터(Filter) : 노이즈 필터 등

제4과목 기계정비일반

61 열박음을 하기 위해 베어링을 가열 유조에 넣고 가열할 때 적당한 온도는?

① 40[℃] 정도
② 100[℃] 정도
③ 150[℃] 정도
④ 190[℃] 정도

해설
열박음 가열 유조에 베어링을 가열 팽창시켜 축을 끼우는 방법으로 거의 100[℃](90~120[℃])로 가열하고 120[℃] 이상 가열하면 베어링 자체의 경도 저하의 염려가 있다.

62 송풍기(Blower)는 일반적으로 사용 공기압력이 몇 [kgf/cm^2]인가?

① 0.01 이하
② 0.1~1.0
③ 2.0~10
④ 20 이상

해설

구 분	압력[kgf/cm^2]
통풍기(Fan)	0.1 이하
송풍기(Blower)	0.1~1 미만
압축기(Compressor)	1.0 이상

63 다음 중 액상 개스킷의 사용법 중 잘못된 것은?

① 얇고 균일하게 칠한다.
② 바른 직후에 접합해서는 안 된다.
③ 접합면에 수분 등 오물을 제거한다.
④ 사용 온도범위는 대체로 40~400[℃]이다.

해설
액상 개스킷은 바른 직후 접합해도 관계없다.

64 시로코 통풍기의 베인 방향으로 옳은 것은?

① 경향 베인
② 수직 베인
③ 전향 베인
④ 후향 베인

해설

종 류	베인 방향
시로코 통풍기(Siroco Fan)	전향 베인
플레이트 통풍기(Plate Fan)	경향 베인
터보 통풍기(Turbo Fan)	후향 베인

65 무동력펌프라고도 하며, 비교적 저낙차의 물을 긴 관으로 이끌어 그 관성작용을 이용하여 일부분의 물을 원래의 높이보다 높은 곳으로 수송하는 양수기는?

① 마찰펌프
② 분류펌프
③ 기포펌프
④ 수격펌프

해설
① 마찰펌프 : 원주면에 홈이 있는 원판상 회전체를 케이싱 속에서 회전시켜 이것에 접촉하는 액체를 유체마찰에 의한 압력에너지를 주어 송출하는 펌프
② 분류펌프 : 노즐에서 높은 압력의 유체를 혼합실 속으로 분출시켜 혼합실로 보내진 다른 물에 압력이 증가되어 목적하는 곳에 수송되는 것을 이용한 것
③ 기포펌프 : 공기관에 의하여 압축공기를 양수관 속에 송입하면 양수관 속은 물보다 가벼운 공기와 물의 혼합체가 되므로 관 외부의 물에 의한 압력을 받아 물이 높은 곳으로 수송되는 것

66 수도, 가스, 배수관 등에 사용하는 주철관이 강관에 비하여 우수한 점은?

① 충격에 강하고 수명이 길다.
② 내약품성, 열전도성, 용접성이 좋다.
③ 비중이 작고 높은 내압에 잘 견딘다.
④ 내식성이 우수하고 가격이 저렴하다.

해설
주철관(Cast Iron Pipe)은 강관보다 무겁고 약하지만 내식성이 풍부하고, 내구성이 우수하다. 가격이 저렴하고, 수도·가스·배수 등의 배설관으로 널리 사용된다.

67 어떤 볼트를 조이기 위해 50[kgf·cm] 정도의 토크가 적당하다고 할 때 길이 10[cm]의 스패너를 사용한다면, 가해야 하는 힘은 약 얼마 정도가 적정한가?

① 5[kgf]
② 10[kgf]
③ 50[kgf]
④ 100[kgf]

해설
볼트, 너트의 적정한 죔방법
죔토크 $T = l(길이) \times F(힘)[kgf \cdot cm]$

68 기어 감속기 중 평행축형 감속기의 종류가 아닌 것은?

① 웜기어 감속기
② 스퍼기어 감속기
③ 헬리컬 기어 감속기
④ 더블 헬리컬 기어 감속기

해설
기어 감속기의 종류
• 평행축형 감속기 : 스퍼기어, 헬리컬 기어, 더블 헬리컬 기어
• 교쇄축형 감속기 : 스트레이트 베벨기어, 스파이럴 베벨기어
• 이물림축형 감속기 : 웜기어, 하이포이드 기어

69 관의 직경이 비교적 크고, 내압이 비교적 높은 경우에 사용되며, 분해 조립이 편리한 관 이음은?

① 나사 이음
② 용접 이음
③ 플랜지 이음
④ 턱걸이 이음

해설
① 나사 이음 : 관의 양끝에 관용나사를 절삭하여 체결하는 방법
② 용접 이음 : 용접, 납땜에 의하여 관을 연결하는 것
④ 턱걸이 이음 : 파이프의 한 끝을 크게 하여 다른 한 끝을 끼우고 그 사이에 대마, 목면 등의 패킹을 넣은 후 그 위에 납이나 시멘트를 유입한 다음 코킹하여 누설이 방지되도록 결합하는 것

70 감압밸브에 관한 설명으로 옳은 것은?

① 밸브의 양면에 작용하는 온도차에 의해 자동으로 작동한다.
② 피스톤의 왕복운동에 의한 유체의 역류를 자동으로 방지한다.
③ 내약품, 내열 고무제의 격막판을 밸브시트에 밀어 붙인 밸브이다.
④ 유체압력이 높을 경우에는 자동적으로 압력을 감소시키며 감소된 압력을 일정하게 유지한다.

해설
감압밸브(Reducing Valve)는 유체의 압력이 사용목적에 따라 너무 높은 경우에 고압의 증기, 공기, 가스 등을 사용 중 자동으로 압력이 감소되어 감압한 후에도 압력을 일정하게 유지하도록 하중, 스프링, 다이어프램 등에 의해 제어된다.

71 원심펌프 스터핑 박스의 봉수압력에 대한 설명으로 옳은 것은?(단, 단위는 [kgf/cm^2]이다)

① 흡입압력보다 0.5~1 정도 높게 한다.
② 토출압력보다 0.5~1.5 정도 낮게 한다.
③ 흡입압력보다 1.5~2 정도 높게 한다.
④ 토출압력보다 1~2 정도 낮게 한다.

해설
스터핑 박스
- 패킹 사이에 위치한 랜터링은 케이싱 내로 공기가 유입되는 것을 막기 위해 송출실로부터 내부 통로나 외부관을 이용하여 봉수를 공급한다.
- 총양정이 50[m]를 초과하면 공급관의 슬루스 밸브를 닫아서 봉수량을 조절한다.
- 스터핑 박스 내 위치한 축 부분은 축 보호 슬리브로 축을 보호하며 교환이 가능하다.
- 오염물질을 취급할 경우에는 외부로부터 깨끗한 봉수를 랜턴링에 공급하고, 이 경우 송출실로부터 봉수 공급은 플러그로 막아 준다.
- 봉수압력은 흡입압력보다 1.5~2[kgf/cm^2] 정도 높게 한다.

72 송풍기를 흡입방법에 따라 분류할 때 포함되지 않는 것은?

① 풍로 흡입형
② 토출관 취부형
③ 흡입관 취부형
④ 실내 대기 흡입형

해설
송풍기 분류
- 임펠러 흡입구에 의한 분류 : 편 흡입형, 양 흡입형, 양쪽 흐름 다단형
- 흡입방법에 의한 분류 : 실내 대기 흡입형, 흡입관 취부형, 풍로 흡입형
- 단수에 의한 분류 : 단형, 다단형
- 냉각방법에 의한 분류 : 공기냉각형, 재킷냉각형, 중간 냉각 다단형
- 안내차의 의한 분류 : 안내차가 없는 형, 고정 안내차가 있는 형, 가동 안내차가 있는 형

정답 69 ③ 70 ④ 71 ③ 72 ②

73 두 축의 중심을 정확히 일치시키기 어려울 때 사용되며, 고무·강선·가죽·스프링 등을 이용하여 충격과 진동을 완화시켜 주는 커플링은?

① 올덤 커플링
② 고정 커플링
③ 플랜지 커플링
④ 플렉시블 커플링

해설
① 올덤 커플링 : 두 축이 평행하고, 비교적 가까운 경우에 사용하지만 윤활이 어렵고 원심력에 의하여 진동이 발생한다.
② 고정 커플링 : 연결해야 할 두 축을 하나로 결합하여 고정시킨 커플링으로 원통 커플링이 가장 대표적이다.
③ 플랜지 커플링 : 확실한 동력 전달, 고속 정밀회전축, 축 지름 200[mm] 이상

74 다음 중 펌프의 부착계기가 아닌 것은?

① 리밋 스위치
② 압력 스위치
③ 플로트 스위치
④ 액면제어 스위치

해설
펌프의 부착계기
• 압력 스위치
• 플로트 스위치
• 액면제어 스위치
• 마그네틱 스위치
• 열등계전기
• 압력계, 진공계, 연성계
• 노 퓨즈 브레이커

75 기어의 이 부분이 파손되는 주원인이 아닌 것은?

① 균 열
② 마 모
③ 피로 파손
④ 과부하 절손

해설
기어 이 부분의 파손원인
• 과부하 절손
• 피로 파손
• 균 열
• 소 손

76 펌프를 구조상 분류할 때 왕복펌프의 종류가 아닌 것은?

① 피스톤 펌프
② 플런저 펌프
③ 다이어프램 펌프
④ 로터리 플런저 펌프

해설
왕복펌프의 종류
• 피스톤 펌프
• 플런저 펌프
• 다이어프램 펌프
• 윙펌프

77 기어 전동장치에 대한 설명으로 틀린 것은?

① 큰 동력을 일정한 속도비로 전달할 수 있다.
② 소형이면서 높은 효율로 큰 회전력을 전달할 수 있다.
③ 서로 맞물려 있는 한 쌍의 기어에서 잇수가 많은 것을 피니언이라고 한다.
④ 연속적인 이의 물림에 의하여 동력을 전달하는 기계요소를 기어라고 한다.

78 다음 배관용 공기구에서 파이프에 나사를 절삭하는 것은?

① 오스터
② 파이프커터
③ 파이프벤더
④ 플레어링 툴 세트

해설
② 파이프 커터 : 파이프 절단
③ 파이프 벤더(Pipe Bender) : 파이프를 구부리는 공구로 180°까지 벤딩할 수 있다.
④ 플레어링 툴 셋(Flaring Tool Set) : 파이프 끝을 플레어링(파이프 끝을 벌려지게 하는 작업)할 때 사용한다.

79 3상 유도 전동기의 구조에 속하지 않는 것은?

① 정류기
② 회전자 철심
③ 고정자 철심
④ 고정자 권선

해설
3상 유도 전동기의 구조
회전자 철심, 고정자 철심, 고정자 권선, 축, 회전자 도체, 브래킷, 냉각 날개(핀) 등

80 펌프의 배관을 90°로 방향을 바꾸고자 할 때 사용하는 배관용 이음쇠는?

① 크로스(Cross)
② 유니언(Union)
③ 엘보(Elbow)
④ 리듀셔(Reducer)

해설
엘보의 종류 : 45° 엘보, 90° 엘보, 180° 엘보

2019년 제3회 과년도 기출문제

제1과목 공유압 및 자동화 시스템

01 공압제어밸브의 연결구 표시방법이 틀린 것은?

① 압축공기 공급라인 : P 또는 1
② 작업라인 : A, B, C 또는 1, 2, 3
③ 배기라인 : R, S, T 또는 3, 5, 7
④ 제어라인 : X, Y, Z 또는 10, 12, 14

해설
방향제어밸브의 연결구 표시방법

접속구 표시법	ISO 1219	ISO 5599
공급 포트	P	1
작업 포트	A, B, C	2, 4, 6……
배기 포트	R, S, T	3, 5, 7……
제어 포트	X, Y, Z	10, 12, 14….
누출 포트	L	

02 유압장치의 구성요소와 해당 기기의 연결이 옳은 것은?

① 동력원 – 전동기, 엔진, 윤활기
② 동력장치 – 오일탱크, 유압모터
③ 구동부 – 실린더, 유압펌프, 요동 액추에이터
④ 제어부 – 압력제어밸브, 유량제어밸브, 방향제어밸브

해설
유압장치의 구성요소
• 동력장치 : 오일탱크, 펌프
• 제어부 : 압력제어밸브, 방향제어밸브, 유량제어밸브
• 액추에이터 : 실린더, 유압모터, 유압 요동형 액추에이터 등

03 공압회로에서 압축공기를 대기 중으로 방출할 경우 배기속도를 줄이고 배기음을 작게 하기 위하여 사용되는 것은?

① 소음기
② 완충기
③ 진공패드
④ 원터치 피팅

04 자중에 의한 낙하 등을 방지하기 위한 배압을 생기게 하고, 역방향의 흐름이 자유롭도록 체크밸브의 기능이 내장되어 있는 밸브는?

① 방향제어밸브
② 유압서보밸브
③ 유량제어밸브
④ 카운터 밸런스 밸브

05 절대압력이 일정할 때 절대온도와 체적과의 관계는?

① 공기의 체적은 절대온도에 비례한다.
② 공기의 체적은 절대온도에 반비례한다.
③ 공기의 체적은 절대온도의 제곱에 비례한다.
④ 공기의 체적은 절대온도의 제곱에 반비례한다.

해설
샤를의 법칙(Charles's Law)
기체의 압력을 일정하게 유지하면서 체적 및 온도 변화 시 체적과 온도는 서로 비례한다.

정답 1 ② 2 ④ 3 ① 4 ④ 5 ①

06 다음 회로와 동일한 동작의 논리는?(단, 입력은 X_1, X_2, 출력은 Y이다)

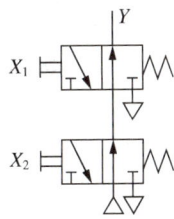

① OR 논리 ② AND 논리
③ NOR 논리 ④ NAND 논리

해설
초기 출력 Y에 신호가 있는데, X_1 또는 X_2에 신호가 있으면 출력 Y가 없는 경우이므로 NOR 논리 ($\overline{X_1 + X_2} = Y$)이다.

07 구조가 간단하고 값이 저렴하며 차량, 건설기계, 운반기계 등에 널리 사용되고 외접, 내접 등의 구조를 갖는 펌프는?

① 기어펌프
② 베인펌프
③ 피스톤 펌프
④ 플런저 펌프

해설
베인펌프의 특징
• 토출압력에 대한 맥동이 적고, 소음이 작다.
• 구조가 간단하고 형상이 소형이다.
• 비교적 고장이 적고 수리 및 관리가 용이하다.
피스톤(플런저) 펌프의 특징
• 고속, 고압의 유압장치에 적합하다.
• 다른 유압펌프에 비해 효율이 가장 좋다.
• 구조가 복잡하고 가격이 고가이다.

08 유압 실린더의 실린더 전진과 후진속도를 일정하게 하는 방법으로 옳은 것은?

① 양 로드 실린더를 사용한다.
② 브레이크 회로를 사용한다.
③ 블리드 오프 회로를 사용한다.
④ 카운터 밸런스 회로를 사용한다.

09 공압모터의 종류가 아닌 것은?

① 기어모터 ② 나사모터
③ 베인모터 ④ 피스톤 모터

해설
공압모터의 종류에는 회전 날개형, 피스톤형, 기어형, 터빈형 등이 있다.

10 다음 밸브기호의 명칭은?

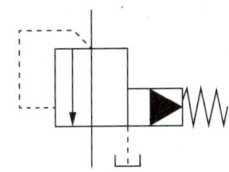

① 감압밸브
② 릴리프 밸브
③ 카운터 밸런스 밸브
④ 파일럿 작동형 시퀀스 밸브

해설

파일럿 작동형 감압 밸브	파일럿 작동형 릴리프 밸브	카운터 밸런스 밸브

11 측온저항체로 이용되기 위한 요구조건이 아닌 것은?

① 저항온도계수가 작을 것
② 소선의 가공이 용이할 것
③ 사용 온도범위가 넓을 것
④ 화학적, 기계적으로 안정될 것

해설
측온저항체로 이용되기 위한 요구조건
• 저항온도계수가 클 것
• 온도-저항 특성이 직선적일 것
• 사용 온도범위가 넓고 제작이 용이하며 저렴할 것
• 소선의 가공이 용이할 것
• 열적, 화학적, 기계적으로 안정되고, 저항값의 경시 변화가 작을 것

12 유압 작동유에 공기가 침입할 경우 발생하는 현상으로 적절한 것은?

① 작동유의 과열
② 토출유량의 증대
③ 비금속 실(Seal)의 파손
④ 실린더의 불규칙적인 작동

해설
유압 작동유의 구비조건
• 비압축성이어야 한다(동력 전달의 확실성 요구 때문).
• 장시간 사용할 수 있어야 한다(노화현상).
• 열을 방출시킬 수 있어야 한다(방열성).
• 적절한 점도가 유지되어야 한다(동력손실 방지, 운동부의 마모 방지, 누유 방지).
• 녹이나 부식 발생 등이 방지되어야 한다(산화 안정성).
• 기름 중의 공기를 분리시킬 수 있어야 한다(공기 침입 시 실린더가 불규칙적으로 작동).

13 다음 기호의 명칭으로 옳은 것은?

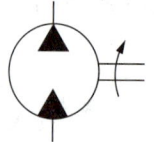

① 공기압 모터
② 요동형 액추에이터
③ 정용량형 펌프·모터
④ 가변용량형 펌프·모터

해설

공기압 모터	요동형 액추에이터	가변용량형 펌프·모터(인력식)

14 구조가 간단하고 무게가 가벼우며, 3~10개의 날개가 삽입되어 있는 구조로 대부분의 공압회로에 사용되는 모터는?

① 기어모터
② 베인모터
③ 터빈모터
④ 피스톤 모터

해설
① 기어형 모터 : 2개의 맞물린 기어에 압축공기를 공급하여 회전력을 얻는다.
③ 터빈형 모터 : 터빈에 공기를 내품어서 회전력을 얻는다.
④ 피스톤형 모터 : 피스톤의 왕복운동을 기계적 회전운동으로 변환함으로써 회전력을 얻는다.

15 제어시스템 분류 중 신호처리 방식에 의한 분류가 아닌 것은?

① 논리제어
② 비동기제어
③ 시퀀스 제어
④ 파일럿 제어

해설
신호처리 방식에 의한 분류
- 동기제어계
- 비동기제어계
- 논리제어계
- 시퀀스 제어계

16 설비 개선 사고법의 종류가 아닌 것은?

① 복 원
② 기능의 사고법
③ 미결함의 사고법
④ 미조정, 미조절화의 사고법

17 전자계전기를 사용할 때 주의사항이 아닌 것은?

① 계전기의 설치 높이를 확인한다.
② 정격전압 및 정격전류를 확인한다.
③ 본체 취부 시 확실히 고정하여야 한다.
④ 2개 이상의 계전기를 사용할 때 적당한 간격을 유지해야 한다.

18 단동 실린더가 아닌 것은?

① 탠덤 실린더
② 격판 실린더
③ 피스톤 실린더
④ 벨로스 실린더

해설
단동 실린더의 종류
- 단동 피스톤 실린더
- 격판 실린더
- 롤링 격판 스프링(행정거리가 50~80mm)
- 벨로스 실린더

정답 15 ④ 16 ④ 17 ① 18 ①

19 리드 스위치의 특징으로 틀린 것은?

① 반복 정밀도가 낮다.
② 회로 구성이 간단하다.
③ 사용 온도범위가 넓다.
④ 내전압 특성이 우수하다.

해설
리드 스위치의 특성
- 접점부가 완전히 밀폐되어 가스나 액체 중 고온, 고습한 환경에서 안정된 동작을 한다.
- 스위칭 시간이 짧다(1[m/s] 이내).
- 반복 정밀도가 높다(±0.2[mm]).
- 사용 온도범위가 넓다(-270~150[℃]).
- 내전압 특성이 우수하다(10[kW] 이상).
- 동작수명이 길다.
- 소형, 경량, 저가격이다.
- 회로 구성이 간단하다.

20 PLC에 사용되는 CPU 내부 구성요소에서 ALU의 역할은?

① 스파크 방지
② 데이터의 저장
③ 아날로그의 영상화
④ 산술이나 논리연산

해설
ALU(Arithmetic Logic Unit) : 산술이나 논리연산을 한다.

제2과목 설비진단 및 관리

21 윤활유를 사용하는 목적이 아닌 것은?

① 감마작용
② 냉각작용
③ 방청작용
④ 응력집중작용

해설
윤활유의 작용(사용목적)
- 이물질 침입 방지작용
- 청정작용
- 냉각작용(열화 방지)
- 밀봉작용
- 방청작용
- 감마작용
- 응력분산작용

22 설비를 구성하고 있는 부품의 피로, 노화현상 등에 의해서 시간의 경과와 함께 고장률이 증가하는 시기는?

① 초기 고장기
② 우발 고장기
③ 마모 고장기
④ 라이프 사이클

해설
① 초기 고장기 : 시간의 경과와 함께 고장 발생이 감소되는 고장률 감소형으로 부품의 수명이 짧은 것, 설계 불량, 제작 불량, 부적정한 설치에 의한 약점이 이 기간에 나타난다.
② 우발 고장기 : 고장률이 거의 일정하나 예측할 수 없는 고장률 일정형으로, 이 기간을 유효수명이라 하고 고장 정지시간을 감소시키는 것이 가장 중요하다.

23 다음 중 설비진단기법이 아닌 것은?

① 진동법
② 잔류법
③ SOAP법
④ 페로그래피법

> **해설**
> 설비진단기법에는 진동 분석법, 오일 분석법(페로그래피법, SOAP법), 응력법, 마모입자 분석법, 열화상 분석법, 비파괴 분석법 등이 있다.

24 진동차단기로 이용되는 패드의 재료로 부적합한 것은?

① 스프링
② 코르크
③ 스펀지 고무
④ 파이버 글라스

> **해설**
> **패드의 종류**
> 스펀지, 파이버 글라스, 코르크

25 내부에 형성되어 있는 하나 혹은 그 이상의 체임버(Chamber)에 의해서 입사소음에너지를 반사하여 소멸시키는 장치는?

① 반사 소음기
② 회전식 소음기
③ 흡음식 소음기
④ 흡진식 소음기

> **해설**
> 소음기는 기본적으로 흡음식 소음기와 반사 소음기로 나눈다.
> **흡음식 소음기** : 소음기 내에 설치된 파이버 글라스(Fiber Glass)와 암면 등 섬유성 재료의 흡음력을 이용해서 소음을 감소시키는 장치이다.

26 설비보전 표준 설정의 직접 기능에 속하지 않는 것은?

① 설비검사
② 설비정비
③ 설비수리
④ 설비교체

> **해설**
> 직접 기능은 설비성능을 최경제적으로 유지하는 활동으로 설비검사(점검), 설비보전(일상 보전), 설비수리(공작)의 세 가지로 대별한다.

27 설비관리기능 중 지원기능과 가장 거리가 먼 것은?

① 부품 대체(교체) 분석
② 보전자재 선정 및 구매
③ 보전인력관리 및 교육훈련
④ 포장, 자재 취급, 저장 및 수송

> **해설**
> **지원기능** : 보전인력관리 및 교육훈련, 보전자재 선정 및 구매, 포장·자재 취급·저장 및 수송

정답 23 ② 24 ① 25 ① 26 ④ 27 ①

28 윤활제의 공급방식에서 비순환 급유법에 속하는 것은?

① 원심 급유법
② 패드 급유법
③ 유륜식 급유법
④ 사이펀 급유법

해설
비순환 급유법의 종류
- 손 급유법
- 적하 급유법(사이펀 급유법, 바늘 급유법, 가시적하 급유법, 실린더용 적하 급유법, 플런저식 압입적하 급유법, 펌프 연결식 압입 적하 급유법 등)
- 가시부상 유적 급유법

29 센서 부착방법 중 일반적인 밀랍 고정의 특징으로 틀린 것은?

① 장기적 안정성이 안 좋다.
② 고정 및 이동이 용이하다.
③ 사용 후 구조물의 접착면을 깨끗이 할 수 있다.
④ 먼지, 습기, 고온의 영향을 받지 않는다.

해설
밀랍 고정의 특징
- 가속도계의 고정 및 이동이 용이하다.
- 사용 주파수 영역이 적당하고 정확하다.
- 장기적 안정성이 안 좋다.
- 먼지, 습기, 고온은 접착에 문제를 발생시킨다.
- 사용 후 구조물의 접착면을 깨끗이 할 수 있다.

30 그리스를 가열했을 때 반고체 상태의 그리스가 액체 상태로 되어 떨어지는 최초의 온도로 그리스의 내열성을 평가하는 기준이 되는 것은?

① 이유도
② 적하점
③ 침투점
④ 산화 안정도

해설
① 이유도 : 그리스를 장기간 저장할 경우 또는 사용 중에 그리스를 구성하고 있는 기름이 분리되는 현상이다.
④ 산화 안정도 : 내산화도를 평가하는 방법으로 윤활유를 일정조건에서 산화시킨 후 신유와의 점도비, 전산가 증가, 래커 부착 여부를 비교 측정한다.

31 설비의 라이프 사이클 중 설비투자계획 과정에 속하는 것은?

① 설계, 제작
② 설치, 운전
③ 조사, 연구
④ 보전, 폐기

해설
설비의 라이프 사이클
- 설비투자계획 : 조사, 연구 → 설비의 개념 구성과 규격 결정
- 건설 : 설계, 제작, 설치 → 설비의 설계 개발 → 제작 설치
- 조업 : 운전, 보전, 폐기 → 설비의 운용 유지

정답 28 ④ 29 ④ 30 ② 31 ③

32 자재흐름분석 P-Q분석에 의하여 분류가 결정되면 그 분류 내에 있는 제품들에 대하여 개별적인 분석을 행할 때 그 분류와 내용이 옳은 것은?

① A급 분류 : 제품의 종류는 많고 생산량은 적다. 유입유출표를 작성한다.
② B급 분류 : 제품의 종류는 중간이고 생산량도 중간이다. 다품종 공정표를 작성한다.
③ C급 분류 : 제품의 종류는 적고 생산량이 많다. 단순작업 동정표 다음 조립공정표를 작성한다.
④ D급 분류 : 제품의 종류도 적고 생산량도 적다. 소품종 공정표를 작성한다.

해설
자재흐름분석
- A급 분류 : 제품의 종류는 적고 생산량이 많다. 단순작업 및 조립 공정표를 작성한다.
- B급 분류 : 제품의 종류는 중간이고 생산량도 중간이다. 다품종 공정표를 작성한다.
- C급 분류 : 제품의 종류는 많고 생산량은 적다. 유입유출표를 작성한다.

33 설비의 분류가 바르게 연결된 것은?

① 관리설비 : 인입선설비, 도로·항만설비, 육상 하역설비, 저장설비
② 유틸리티 설비 : 기계·운반장치, 전기장치, 배관, 조명, 냉난방설비
③ 판매설비 : 서비스 스테이션(Service Station), 서비스 숍(Service Shop)
④ 생산설비 : 건물, 공장관리설비 및 보조설비, 복리후생설비

해설
① 관리설비 : 본사, 지점, 영업소의 건물, 공장의 관리 및 보조설비, 복리후생설비 등
② 유틸리티 설비 : 증기 발생설비 및 그 배관설비, 발전설비·공업용수설비, 연료저장 수송설비, 배수 및 폐기물처리설비 등
④ 생산설비 : 직접 생산행위를 행하여 기계 및 운반장치, 전기장치, 배관, 계기, 배선, 조명, 온도 등의 제설비와 그 설비에 직접 관계하는 건물, 구조물 등

34 설비관리 조직의 계획상 고려되어야 할 사항으로 가장 거리가 먼 것은?

① 제품의 품질
② 설비의 특징
③ 지리적 조건
④ 외주 이용도

해설
설비관리 조직계획(설계)상 고려해야 할 사항
- 제품의 특성 : 원료, 반제품, 제품의 물리적·화학적·경제적 특성
- 생산형태 : 프로세스, 계속성
- 설비의 특징 : 구조, 기능, 열화의 속도, 열화의 정도
- 지리적 조건 : 입지, 분산의 비율, 환경
- 기업의 크기 또는 공장의 규모
- 인적 구성과 그의 역사적 배경 : 기술 수준, 관리 수준, 인간관계
- 외주 이용도 : 외주 이용의 가능성, 경제성

35 기계진동의 가장 일반적인 원인으로서 진동 특성이 $1f$ 성분이 탁월한 회전기계 열화원인은?(단, f = 회전 주파수)

① 공 신
② 언밸런스
③ 기계적 풀림
④ 미스 얼라인먼트

해설
회전기계의 열화 시 발생되는 주파수 특성에서 언밸런스의 특징
- 언밸런스는 회전 벡터이다.
- 회전 주파수의 $1f$ 성분의 탁월 주파수가 나타난다.
- 언밸런스에 의한 진동은 수평·수직 방향에서 최대의 진폭이 발생한다.
- 로터 축심 회전의 질량 분포의 부적정에 의한 것으로 통상 회전 주파수 발생

36 다음 중 로스(Loss) 계산방법이 잘못된 것은?

① 속도 가동률 = $\dfrac{\text{기준 사이클시간}}{\text{실제 사이클시간}}$

② 시간 가동률 = $\dfrac{\text{부하시간} - \text{정지시간}}{\text{부하시간}}$

③ 실질 가동률 = $\dfrac{\text{생산량} \times \text{실제 사이클시간}}{\text{부하시간} - \text{정지시간}}$

④ 성능 가동률 = $\dfrac{\text{속도 가동률} \times \text{실질 가동률}}{\text{부하시간} - \text{정지시간}}$

해설
성능 가동률 = 속도 가동률 × 실질 가동률

37 만성 로스의 대책으로 가장 거리가 먼 것은?

① 현상 해석을 철저히 한다.
② 로스의 발생량을 정확하게 측정한다.
③ 관리해야 할 요인계를 철저히 검토한다.
④ 요인 중에 숨어 있는 결함을 표면으로 끌어낸다.

해설
만성 로스의 대책
- 현상의 해석을 철저히 한다.
- 관리해야 할 요인계를 철저히 검토한다.
- 요인 중에 숨어 있는 결함을 표면으로 끌어낸다.
- 복합 원인으로 발생하므로 혁신적인 대책이 필요하다.

38 작업이 표준화되고 대량 생산에 적합한 설비 배치로 일명 라인별 배치라고도 하는 것은?

① 기능별 설비 배치
② 혼합형 설비 배치
③ 제품별 설비 배치
④ 제품 고정형 설비 배치

해설
① 기능별 배치 : 일명 공정별 배치라고도 한다. 제품의 종류가 많고 수량이 적을 때의 배치 형식이다.
② 혼합형 배치 : 세 가지 기능을 혼합한 배치 형식이다.
④ 제품 고정형 배치 : 주재료와 부품이 고정된 장소에 있고, 사람·기계·도구 및 기타 재료가 이동하여 작업을 진행하는 배치 형식이다.

39 보전용 자재의 상비품 발주방식 중 발주량은 일정하고 발주의 시기가 변화되는 방식은?

① 정량 발주방식 ② 정기 발주방식
③ 적소 발주방식 ④ 비상 발주방식

해설
- 정기 발주방식 : 발주량이 변화하고, 발주의 시기는 일정한 방식
- 사용고 발주방식(정량 유지방식, 정수형, 예비품 방식) : 발주량과 발주시기가 같이 변화하는 방식

40 다음 중 전치증폭기의 기능은?

① 전류 증폭과 리액턴스 결합
② 전압 증폭과 리액턴스 결합
③ 신호 증폭과 임피던스 결합
④ 저항 증폭과 임피던스 결합

해설
전치증폭기의 기능
- 센서로 탐지될 약한 신호의 증폭
- 센서와 두 증폭기 사이에서의 임피던스 결합

제3과목 공업계측 및 전기전자제어

41 다음 중 수동형 센서(Passive Sensor)에 속하는 것은?

① 포토 커플러
② 포토 리플렉터
③ 레이저 센서
④ 적외선 센서

해설
수동형 센서는 그 자체가 에너지의 증폭작용을 하지 않는 센서로 적외선 센서, 적외선 촬상장치, 자외선 검출기, 광센서 등이 있다.

42 출력 파형이 다음 그림과 같다면 논리기호는?

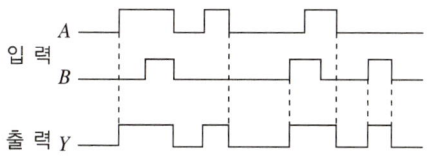

① OR
② AND
③ NOR
④ NAND

해설
A와 B 중 하나만 1이면 출력이 1인 회로는 OR 회로이다.

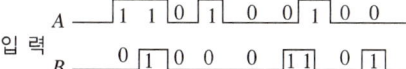

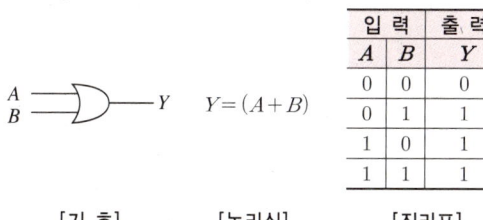

[기 호]   [논리식]   [진리표]

43 다음 중 제어밸브를 밸브시트의 형태에 따라 분류한 것으로 틀린 것은?

① 앵글밸브
② 공기압식 제어밸브
③ 게이트 밸브
④ 글로브 밸브

해설

분류	종류
조작신호별	공기압식, 전기식, 유압식, 수압식, 자력식 제어밸브
밸브시트 형태별	글로브 밸브, 앵글, 버터플라이, 격막밸브, 볼, 게이트 밸브 등

44 0.2[μF]의 콘덴서에 1,000[V]의 전압을 가할 때 축적되는 에너지[J]는?

① 0.1
② 1
③ 10
④ 100

해설
$W = \dfrac{1}{2}QV = \dfrac{1}{2}CV^2 = \dfrac{0.2 \times 10^{-6} \times 1{,}000^2}{2} = 0.1[J]$

45
다음 그림의 회로에서 출력전압(V_0)은?(단, $R_1 = R_2 = R_3 = R_F$)

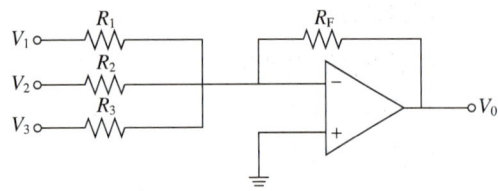

① $-(V_1 + V_2 + V_3)$
② $V_1 + V_2 + V_3$
③ $\dfrac{V_1 + V_2 + V_3}{R_1 + R_2 + R_3} \times V_1$
④ $\dfrac{R_1 + R_2 + R_3}{V_1 + V_2 + V_3} \times V_1$

해설
반전가산기는 반전 증폭회로를 사용하여 가산 연산을 수행하는 회로이다.
$R_1 = R_2 = R_3 = R_F$이므로,
$V_{out} = -\left(V_1 \dfrac{R_f}{R_1} + V_2 \dfrac{R_f}{R_2} + V_3 \dfrac{R_f}{R_3}\right) = -(V_1 + V_2 + V_3)$이다.

46
다음의 열전대 조합에서 가장 높은 온도까지 측정할 수 있는 것은?

① 백금로듐 – 백금
② 크로멜 – 알루멜
③ 철 – 콘스탄탄
④ 구리 – 콘스탄탄

해설
- R 열전대(백금로듐–백금) : 1,600[℃]
- K 열전대(크로멜–알루멜) : 850[℃]
- J 열전대(철–콘스탄탄) : 500[℃]
- T 열전대(구리–콘스탄탄) : 250[℃]

47
다음 중 제어시스템의 안정도 판별법이 아닌 것은?

① 루스-허위츠(Routh-Hurwitz) 판별법
② 나이퀴스트(Nyquist) 판별법
③ 디지털제어 판별법
④ 보드선도 판별법

해설
제어시스템의 안정도 판별법
- 루스-허위츠 판별법(Routh-Hurwitz) : 간단한 연산을 사용하여 구성되는 표를 써서 특성방정식의 근 가운데 불안정한 근의 개수를 찾아 내는 것이다.
- 나이퀴스트(Nyquist) 판별법 : 개로시스템에 대한 나이퀴스트 선도를 그려서 이 그래프로부터 폐로시스템의 안정성을 판별하는 방법이다.
- 보드(Bode)선도 판별법 : 루프전달함수의 주파수 응답에서 폐루프 제어시스템의 안정도를 추정할 수 있는 유용한 안정도 판별법이다.

48
다음 그림기호 중 한시동작형 a접점은?

해설

	a접점		타이머 등 한시계전기의 접점으로 접점이 개로 또는 폐로하는데 시간이 걸리는 접점
한시 동작			
	b접점		

49 8개의 비트(bit)로 표현 가능한 정보의 최대 가지 수는?

① 211
② 256
③ 285
④ 512

해설
8개의 비트로 표현 가능한 정보는 최대 $2^8 = 256$가지를 나타낼 수 있다.

50 트랜지스터 증폭회로 중 입력과 출력전압이 동위상이고 큰 입력저항과 작은 출력을 가지며 전압 이득이 1에 가까워 임피던스 매칭용 버퍼로 사용되는 회로는?

① 공통 이미터 증폭기 회로
② 공통 베이스 증폭기 회로
③ 공통 컬렉터 증폭기 회로
④ 공통 소스 증폭기 회로

해설
공통 컬렉터 증폭기 회로의 특징
• 큰 전압 이득과 큰 전류 이득을 갖는다.
• 전압 이득은 거의 1이다.
• 입력 임피던스가 크다.
• 작은 부하저항을 갖는 부하회로를 구동시킬 때 유용하다.
• 입출력 전압 간에 동위상, 파형이 일치한다.

51 도선의 전기저항에 관한 설명으로 옳은 것은?

① 도선의 길이에 비례한다.
② 도선의 길이에 반비례한다.
③ 도선의 길이의 제곱에 비례한다.
④ 도선의 길이의 제곱에 반비례한다.

해설
도선의 전기저항은 도선의 길이에 비례한다.

전기저항 $(R) \propto \dfrac{\text{도선의 길이}(l)}{\text{도선의 단면적}(S)}$

52 피드백 제어계에서 제어요소는?

① 검출부와 조작부
② 조절부와 조작부
③ 검출부와 조절부
④ 비교부와 검출부

해설
제어요소는 동작신호를 조작량으로 변화를 주는 요소이며, 조절부와 조작부로 구성되어 있다.

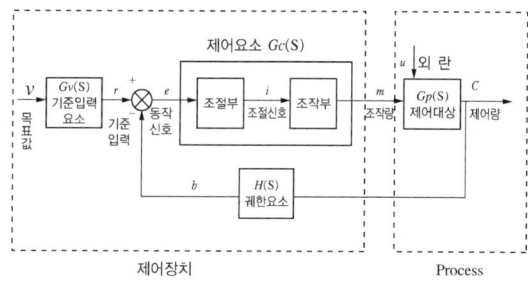

53 다음 중 단상 유도전동기의 기동방법으로 틀린 것은?

① 분상 기동형
② 직권 기동형
③ 셰이딩 코일형
④ 콘덴서 기동형

해설
단상 유도전동기를 기동방법에 따라 셰이딩 코일형, 분상 기동형, 콘덴서 기동형, 콘덴서 기동 – 콘덴서 운전형, 반발 기동형 등으로 분류할 수 있다.

54 차압식 유량계의 차압기구에 해당되지 않는 것은?

① 회전자   ② 오리피스
③ 벤투리관   ④ 피토관

해설
- 차압식 유량계 : 유체의 차압을 측정하여 배관에 흐르는 유체의 유량을 측정
- 차압기구 : 오리피스, 노즐, 벤투리관, 피토관

55 다음 소자 중 검출용 기기는?

① 누름 버튼 스위치   ② 캠 스위치
③ 토글 스위치   ④ 리밋 스위치

해설
검출용 기기
- 제어 대상의 상태나 변화를 검출하기 위한 것이다.
- 어떤 물체의 위치나 액체의 높이, 압력, 빛, 온도, 전압, 자계 등을 검출하여 조작기기를 작동시키는 스위치이다.
- 리밋 스위치, 마이크로 스위치, 근접 스위치, 광전 스위치, 온도 스위치, 압력 스위치, 플로트 스위치, 레벨 스위치, 플로트리스 스위치 등이 있다.

56 연산증폭기(Op Amp)의 특징으로 틀린 것은?(단, 연산증폭기는 이상적인 연산 증폭기이다)

① 전압 이득이 무한대이다.
② 단위 이득 대역폭은 0이다.
③ 입력저항이 무한대이다.
④ 출력저항이 0이다.

해설
이상적인 연산증폭기의 특성
- 입력저항 무한대($R_i = \infty$)
- 출력저항 0($R_0 = 0$)
- 전압 이득 무한대($A_v = \infty$)
- 대역폭 무한대($B_W = \infty$)
- 오프셋(Off-set) 0

57 직류기의 3대 요소는?

① 계자, 전기자, 보주
② 전기자, 보주, 정류자
③ 계자, 전기자, 정류자
④ 전기자, 정류자, 보상권선

해설
직류기의 주요 3대 요소는 전기자(Armature), 계자(Field Magnet), 정류자(Commutator)이다.

58 다음 그림과 같이 정전 용량 C_1, C_2를 병렬로 접속하였을 때의 합성 정전용량은?

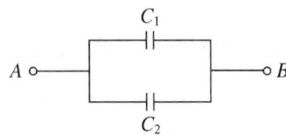

① $C_1 + C_2$ ② $\dfrac{1}{C_1 + C_2}$

③ $\dfrac{C_1 \times C_2}{C_1 + C_2}$ ④ $C_1 \times C_2$

해설
콘덴서의 병렬연결의 합성 용량 : $C_1 + C_2$

59 계장 제어시스템의 제어밸브 조작부의 구비조건으로 틀린 것은?

① 제어신호에 정확하게 동작할 것
② 히스테리시스 현상이 클 것
③ 현장의 환경조건에 충분히 견딜 것
④ 보수점검이 용이할 것

> **해설**
> 조작부(Final Control Element)의 구비조건
> • 제어신호에 정확히 동작할 것
> • 주위환경과 사용조건에 충분히 견딜 것
> • 보수 점검이 용이할 것
> • 가격이 저렴할 것

제4과목 기계정비일반

61 합성고무와 합성수지 및 금속 클로이드 등을 주성분으로 제조된 액상 개스킷의 특징이 아닌 것은?

① 접합면에 바르면 일정시간 후 건조된다.
② 상온에서 유동성이 있는 접착성 물질이다.
③ 사용 온도범위는 보통 5~35[℃] 정도이다.
④ 누유 및 누수를 방지하고 내압기능을 가지고 있다.

> **해설**
> 액상 개스킷의 특징
> • 상온에서 유동성이 있는 접착성 물질이다.
> • 접합면에 바르면 일정 시간 후 건조 또는 균일하게 안정된다.
> • 표면을 보호하고 누수 및 누유를 방지하고 내압 기능을 가지고 있다.
> • 기기 성능 향상, 기능의 수명 연장, 단가 저하를 가져오는 이점이 있다.
> ※ 사용 온도범위는 용도에 따라 다르지만 40~400[℃]까지이다.

60 다음 회로의 다이오드의 양단에 걸리는 전압[V]은?(단, 다이오느는 이싱직인 다이오드다)

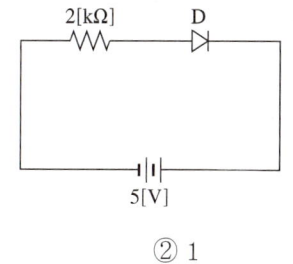

① 0   ② 1
③ 3   ④ 5

> **해설**
> 이 회로에서는 다이오드가 역방향이므로 다이오드 양단에 걸리는 전압은 공급전압인 5[V]에 모두 걸린다.

62 관 이음쇠의 기능이 아닌 것은?

① 관로의 연장
② 관로의 곡절
③ 관로의 분기
④ 관의 피스톤 운동

> **해설**
> 관 이음쇠의 기능에는 관로의 연장, 관로의 곡절, 관로의 분기, 관의 상호운동, 관 접속의 착탈기능이 있다.

63 500[rpm] 이하로 사용되던 길이 2[m]의 축이 구부러져 수정하고자 할 때 사용하는 공구는?

① 짐 크로(Jim Crow)
② 토크 렌치(Torque Wrench)
③ 임팩트 렌치(Impact Wrench)
④ 스크루 익스트랙터(Screw Extractor)

해설
짐 크로(Jim Crow) : 나사를 사용하여 형강(形鋼), 축, 레일 등의 굽혀진 부분을 바로 잡는 도구로, V블록(2개)으로 휨을 0.1~0.2[mm] 수정 가능하다.

64 다음 기어 중 두 축이 평행하지도 않고 만나지도 않는 것은?

① 래크
② 스퍼 기어
③ 웜 기어
④ 헬리컬 기어

해설
두 축이 평행하지도 만나지도 않는 경우 : 스큐기어, 하이포이드 기어, 웜 기어

65 볼트, 너트의 풀림 방지에 주로 사용되는 핀은?

① 평행 핀
② 분할 핀
③ 스프링 핀
④ 테이퍼 핀

66 혐기성 접착제에 대한 설명으로 틀린 것은?

① 경화가 느리고 경화한 후 무게가 증가한다.
② 가스, 액체가 누설되는 것을 막을 때 사용한다.
③ 진동이 있는 차량, 항공기, 동력기 등의 체결용 요소 등의 풀림을 막기 위해 사용한다.
④ 일단 경화되면 유류, 소금물, 유기용제에 대하여 내성이 우수하고 반영구적으로 노화되지 않는다.

해설
혐기성 접착제는 침투성이 좋고 경화 후 무게 감량이 없다.

67 펌프 운전 시 캐비테이션 발생 없이 펌프가 안전하게 운전되고 있는가를 나타내는 척도로 사용되는 것은?

① 전수두
② 실수두
③ 토출수두
④ 유효 흡입수두

해설
유효 흡입수두(NPSH)
회전차의 입구 부근의 압력이 낮아지면 펌프 내에 캐비테이션이 발생한다. 펌프 입구 기준면에서 전압과 포화 증기압의 차는 펌프의 캐비테이션 발생에 대한 여유를 나타낸다. 이 압력차의 수두 표시를 유효 흡입수두(NPSH ; Net Positive Suction Head)라고 하며, 이것에 의해 펌프의 흡입성능이 평가된다.

68 밸브에 대한 설명을 옳은 것은?

① 슬루스 밸브는 유체의 역류를 방지하기 위한 밸브이며 리프트식과 스윙식이 있다.
② 글로브 밸브는 밸브 박스가 구형으로 되어 있고 밸브의 개도를 조절해서 교축기구로 쓰인다.
③ 체크밸브는 전두부(핸들)를 90° 회전시킴으로써 유로의 개폐를 신속히 할 수 있다.
④ 콕(Cock)은 밸브 박스의 밸브 시트와 평행으로 작동하고 흐름에 대해 수직으로 개폐를 한다.

해설
① 체크밸브
③ 콕밸브
④ 슬루스 밸브

69 펌프에 흡입관을 설치할 때 적절한 방법이 아닌 것은?

① 관의 길이는 짧고 곡관의 수는 적게 한다.
② 흡입관에서 편류나 와류를 발생시킨다.
③ 흡입관 끝에 스트레이니 또는 풋밸브를 사용한다.
④ 관 내 압력은 대기압 이하로 공기 누설이 없는 관 이음으로 한다.

해설
흡입관의 설치 조건
- 흡입관에서 편류나 선회류(와류)가 발생되지 않게 한다.
- 관의 길이는 짧고 곡관의 수는 적게 한다.
- 배관은 공기가 발생되지 않도록 펌프를 향해 1/50 올림 구배로 한다.
- 관 내 압력은 보통 대기압 이하이므로 공기 유입이 없는 관이음이 필요하다.
- 흡입관 끝에 스트레이너 또는 풋밸브를 장착한다.

70 죔새가 있는 베어링을 축에 설치할 경우 베어링의 적정 가열온도는?

① 90~120[℃]
② 130~150[℃]
③ 160~180[℃]
④ 190~210[℃]

해설
가열 유조에 베어링을 가열 팽창시켜 축을 끼우는 방법으로 거의 100[℃](90~120[℃])로 가열하고 120[℃] 이상 가열하면 베어링 자체의 경도가 저하될 염려가 있다.

71 송풍기를 설치할 때 기초판 위에 넣어 높이를 조정할 수 있도록 하는 기계요소는?

① 코 터
② 평행핀
③ 구배키
④ 구배 라이너

해설
기초판 또는 위에는 구배(1/15~1/10) 라이너 또는 평행 라이너를 넣어 조정한다.

72 벌류트 펌프(Volute Pump) 시운전 시 체크하여야 할 항목으로 옳지 않은 것은?

① 토출밸브를 열어 둔다.
② 각종 게이지를 확인 후 기록해 둔다.
③ 공기빼기콕을 열고 마중물을 넣는다.
④ 펌프를 손으로 돌려 회전 상태를 확인한다.

해설
벌류트 펌프는 반드시 토출밸브를 닫아 두어야 한다(터빈펌프, 축류펌프, 왕복펌프는 전개로 해 둔다).

73 펌프의 부식을 촉진시키는 요인으로 옳지 않은 것은?

① 온도가 높을수록 부식되기 쉽다.
② 유속이 빠를수록 부식되기 쉽다.
③ 금속 표면이 거칠수록 부식되기 쉽다.
④ 유체 내의 산소량이 적을수록 부식되기 쉽다.

해설
펌프의 부식작용 요소
- 액의 종류 성분 농도 pH값 : 14(알칼리) ← 7(중성) → 3(산)
- 온도가 높을수록 부식되기 쉬우며 pH값이 낮다.
- 유체 내의 산소량이 많을수록 부식되기 쉽다.
- 유속이 빠를수록 부식되기 쉽다.
- 금속 표면이 거칠수록 부식이 잘된다.
- 재료가 응력을 받고 있는 부분은 부식이 생기기 쉽다.
- 금속 표면의 돌기부, 캐비테이션 발생 부위, 충격 흐름을 받는 부위는 부식되기 쉽다.

74 펌프를 원리구조상으로 분류할 때 회전펌프에 속하지 않는 것은?

① 베인펌프
② 나사펌프
③ 플런저 펌프
④ 외접 기어펌프

해설
회전펌프의 종류
- 기어펌프 : 외치 기어펌프, 내치 기어펌프
- 편심펌프 : 베인펌프, 롤러펌프, 로터리 플런저 펌프
- 나사펌프 : 싱글 나사펌프, 투 나사펌프, 트리 나사펌프

75 공기의 유량과 압력을 이용한 장치를 압력에 의해 분류할 때 0.1~1.0[kgf/cm^2] 압력으로 분류되는 장치는?

① 압축기
② 통풍기
③ 송풍기
④ 공기여과기

해설

구 분	압력[kgf/cm^2]
통풍기(Fan)	0.1 이하
송풍기(Blower)	0.1~1 미만
압축기(Compressor)	1.0 이상

76 깊은 홈 볼 베어링의 규격이 6200일 때 안지름은 얼마인가?

① 10[mm]
② 12[mm]
③ 15[mm]
④ 20[mm]

해설
베어링 안지름은 번호에 따라
00 → 10[mm], 01 → 12[mm], 02 → 15[mm], 03 → 17[mm], 04부터는 ×5를 해 주면 된다.

정답 73 ④ 74 ③ 75 ③ 76 ①

77 송풍기의 주요 구성품이 아닌 것은?

① 임펠러
② 케이싱
③ 이송장치
④ 풍량 제어장치

해설
송풍기의 주요 구성 부분은 케이싱, 임펠러, 축 베어링, 커플링, 베드 및 풍량 제어장치 등으로 되어 있다.

78 압축기에 부착된 밸브의 조립에 관한 사항으로 틀린 것은?

① 밸브 홀더 볼트는 각각 서로 다른 토크로 잠근다.
② 밸브 컴플리트(Complete)는 실린더 밸브 홀에 부착한다.
③ 실린더 밸브 홈의 시트 패킹의 오물을 청소한 후 조립한다.
④ 시트 패킹을 물고 있지는 않은가 밸브를 좌우로 회전시켜 확인한다.

해설
밸브 홀더 볼트는 같은 토크로 잠근다. 과도하게 잠그면 밸브 시트 홀더의 파손원인이 된다.

79 다음 중 전동기 기동 불능의 원인이 아닌 것은?

① 전선의 단선
② 정전압 발생
③ 기계적 과부하
④ 과부하 계전기의 작동

해설
전동기 기동 불능현상
• 퓨즈용단, 서머릴레이, 노 퓨즈 브레이크 등의 작동
• 단선
• 기계적 과부하
• 전기기기류의 고장
• 운전 조작의 잘못

80 베어링의 그리스 윤활 상태를 측정하는 측정기구는?

① 회전계
② 진동계
③ 소음계
④ 베어링 체커

해설
정비용 측정기구
• 베어링 체커 : 베어링의 그리스 윤활 상태 측정
• 진동측정기 : 진동 측정(머신 체커), 주파수 분석 필요시 FFT 분석기 사용
• 지시소음계 : 소리의 크기 측정(40~140[dB])
• 회전계 : 회전속도(접촉, 비접촉, 공용식)
• 표면온도계 : 열전대 이용 온도 측정

2020년 제 1·2회 통합 과년도 기출문제

제1과목 공유압 및 자동화 시스템

01 공기압 실린더의 고정방법 중 가장 강력한 부착이 가능한 설치형식은?

① 풋 형
② 피벗형
③ 플랜지형
④ 트러니언형

해설
③ 플랜지형 : 가장 견고한 설치방법으로, 부하의 운동 방향과 축심이 일치한다.
① 풋형 : 가장 일반적이고 간단한 설치방법으로, 경부하용이다.
② 피벗형 : 요동형으로 분납식 아이형과 분납식 클레비스형이 있다.
④ 트러니언형 : 로드 중심선에 대해서 직각으로 실린더의 양측으로 뻗은 원통산의 피벗으로 지탱하는 형식이다.

02 유압 실린더의 호칭을 표시할 때 포함되지 않는 정보는?

① 규격 명칭
② 로드 무게
③ 쿠션 구분
④ 실린더 안지름

해설
유압 실린더의 호칭은 규격 명칭 또는 규격번호, 구조형식, 지지형식의 기호, 실린더 내경, 로드경 기호, 최고 사용압력, 쿠션 구분, 행정 길이, 외부 누출의 구분 및 패킹 종류에 따른다.

03 시간지연밸브의 구성요소가 아닌 것은?

① 압력증폭기
② 3/2 way 밸브
③ 속도조절밸브
④ 공기저장탱크

해설
시간지연밸브는 공압작동 3포트 2위치 밸브와 유량조절밸브(속도조절밸브) 및 공기탱크로 구성되어 있다.

04 실린더에 인장하중이 걸리거나 부하의 관성에 의한 인장하중효과가 발생되면 피스톤 로드가 끌리게 되는데, 이를 방지하기 위하여 구성하는 회로는?

① 감압회로
② 언로딩회로
③ 압력시퀀스회로
④ 카운터밸런스회로

해설
• 감압회로 : 감압밸브를 사용하여 저압을 요구하는 실린더에 압유를 공급해 주는 회로
• 언로딩회로 : 유압을 필요로 하지 않을 때 펌프 토출량을 저압으로 하여 기름탱크에 되돌려 보내고 유압펌프를 무부하운전시키는 회로
• 시퀀스회로 : 유압으로 구동되고 있는 기계의 조작을 순서에 따라 자동으로 행하게 하는 회로

05 사축식과 사판식으로 분류되며 고압출력에 적합한 유압펌프는?

① 기어펌프
② 나사펌프
③ 베인형 펌프
④ 피스톤펌프

해설
① 기어펌프 : 구동 기어와 종동 기어가 하우징(Housing) 내에서 서로 맞물려 회전하고 잇 사이로 흡입한 오일이 기어의 둘레를 돌아 압송되는 펌프
② 나사펌프 : 정밀하게 제작된 2개의 나사가 하우징 내에서 밀폐되어 회전하며, 매우 조용하고 효율적으로 유체를 토출하는 펌프
③ 베인형 펌프 : 로터의 베인이 반지름 방향으로 홈 속에 끼여 있어서 캠링의 내면과 접하여 로터와 함께 회전하면서 오일을 토출하는 펌프

06 실린더에 적용된 사양이 다음과 같을 때 실린더의 전진추력[N]은 얼마인가?(단, 배압은 작용하지 않는다)

|사양|
- 피스톤 지경 : 10[cm]
- 공급압력 : 1,000[kPa]
- 로드 지경 : 2[cm]

① 250π
② 500π
③ $2,500\pi$
④ $5,000\pi$

해설
복동 실린더 전진 시의 힘(추력)
$F = P \cdot A$ (여기서, A : 피스톤 사이드 단면적으로 $\frac{\pi D^2}{4}$)
※ $1[Pa] = 1[N/m^2]$로 단위 통일시킴

07 다음 그림과 같은 밸브를 사용하는 목적으로 옳은 것은?

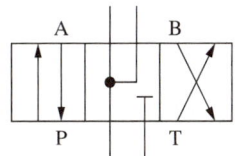

① 중립 위치에서 펌프의 부하를 줄이기 위해 사용된다.
② 중립 위치에서 실린더의 힘을 증대시키기 위해 사용된다.
③ 중립 위치에서 실린더의 후진속도를 제어하기 위해 사용된다.
④ 중립 위치에서 실린더의 전진속도를 빠르게 하기 위해 사용된다.

해설
문제의 밸브는 탱크 포트 블록형(PAB 접속형, Tank Closed Center)으로 중립 위치에서 전진행정은 차동회로에 의해 증속이 가능하다.

08 공압시스템의 특징으로 틀린 것은?

① 과부하에 대하여 안전하다.
② 에너지로서 저장성이 있다.
③ 사용에너지를 쉽게 구할 수 있다.
④ 방청과 윤활이 자동으로 이뤄진다.

해설
공압시스템은 윤활성이 없어 윤활이 필요한 경우에는 급유가 필요하다(단점).

09 서비스 유닛의 구성요소에 포함되지 않은 것은?

① 필터
② 소음기
③ 압력조절기
④ 드레인 배출기

> **해설**
> 압축공기 조정 유닛(Air Service Unit)의 구성요소
> • 압축공기 필터(Filter)
> • 압축공기 조절기(Pressure Regulator)
> • 압축공기 윤활기(Lubricator)

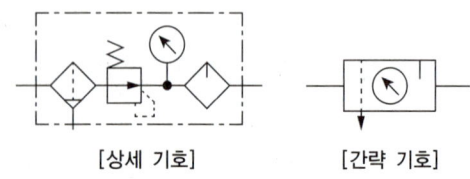

[상세 기호]   [간략 기호]

10 압력의 조정을 통해 실린더를 순서대로 작동시키기 위해 사용하는 밸브는?

① 시퀀스밸브
② 카운터밸런스밸브
③ 파일럿 작동체크밸브
④ 일 방향 유량제어밸브

> **해설**
> ② 카운터밸런스밸브 : 자유낙하를 방지하기 위하여 일정한 배압을 걸어 주는 역할을 하는 밸브
> ③ 파일럿 작동체크밸브 : 주밸브에 부착한 파일럿 밸브로 조작되는 체크밸브
> ④ 일 방향 유량제어밸브 : 유량을 교축하는 동시에 흐름의 방향을 제어하는 밸브로, 교축밸브에 체크밸브를 붙인 것

11 저투자성 자동화(LCA ; Low Cost Automation)의 특징이 아닌 것은?

① 단계적 자동화 구축
② 원리가 간단하고 확실
③ 기존의 장비 이용 가능
④ 다양한 제품에 유연하게 대응 가능

> **해설**
> 저투자성 자동화(LCA ; Low Cost Automation)의 특징
> • 간단하고 스스로 자동화 장치를 설계할 수 있어야 한다.
> • 기존의 장비를 이용하여 간단히 자동화를 수행한다.
> • 단계별 자동화를 구축한다.
> • 자신이 직접 자동화를 한다.

12 공기압 요동형 액추에이터에 관한 설명으로 틀린 것은?

① 속도 조정은 속도제어밸브를 미터인 방식으로 접속한다.
② 부하의 운동에너지가 기기의 허용 운동에너지보다 큰 경우에는 외부 완충기구를 설치한다.
③ 외부 완충기구는 부하쪽의 지름이 큰 곳에 설치하여 내구성의 향상과 정지 정밀도를 확보할 수 있게 한다.
④ 축과 베어링에 과부하가 작용되지 않도록 과대부하를 직접 액추에이터 축에 부착하지 않고, 축에 부하가 작게 작용하도록 부착한다.

> **해설**
> 요동형 액추에이터 사용상의 주의
> • 속도 조정은 속도제어밸브를 미터아웃회로에 접속하여야 한다.
> • 회전에너지가 기기의 허용에너지보다 크거나 요동 각도의 정밀도가 높아야 할 때에는 부하쪽 지름의 큰 곳에 외부 완충장치(외부 스토퍼)를 설치한다.
> • 외부 완충기구는 부하쪽 지름이 큰 곳에 설치하여 내구성의 향상과 정지 정밀도를 확보할 수 있도록 한다.
> • 축 방향의 하중인 경우 과대 부하를 직접 액추에이터쪽에 부착시키면 축과 베어링에 과부하가 작용하므로, 축에 부하가 작게 작용하는 방법으로 부하를 부착한다.

13 입력요소 S_1, S_2가 동시에 작동되거나 S_3이 작동되지 않는 상태에서 S_4가 작동되었을 때 출력이 발생되는 제어기의 논리식으로 옳은 것은?

① $Z = S_1 + S_2 + \overline{S_3} + S_4$
② $Z = S_1 \cdot S_2 \cdot \overline{S_3} + S_4$
③ $Z = S_1 \cdot S_2 + \overline{S_3} \cdot S_4$
④ $Z = (S_1 + S_2) \cdot (\overline{S_3} + S_4)$

14 측정값이 참값에 얼마나 가까운가를 나타내는 것은?

① 감 도
② 오 차
③ 정 도
④ 확 도

해설
확도 : 계기 등에서 측정의 정확성을 양적으로 나타내는 것으로, 측정값의 평균과 참값의 차이다.

15 직류 전동기의 주요 구성요소가 아닌 것은?

① 계 자
② 격 자
③ 전기자
④ 정류자

해설
직류 전동기의 구성요소에는 계자, 브러시, 정류자, 전기자 등이 있다.

16 피드백 제어계에서 신호 흐름의 순서가 바르게 나열된 것은?

> ㄱ. 프로세서가 제어프로그램을 처리
> ㄴ. 센서의 신호 상태를 확인
> ㄷ. 액추에이터 작동
> ㄹ. 제어대상이 상태값과 목표값을 비교

① ㄱ → ㄴ → ㄷ → ㄹ
② ㄴ → ㄹ → ㄱ → ㄷ
③ ㄷ → ㄱ → ㄹ → ㄴ
④ ㄹ → ㄷ → ㄴ → ㄱ

해설

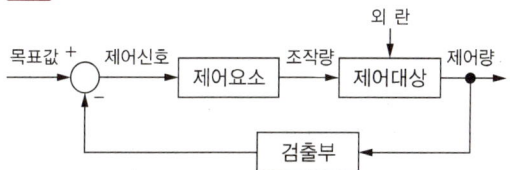

17 온도센서에서 측정된 값을 PLC에서 제어하고자 한다. 이때 적용되는 변환기는?

① A/D 변환기
② D/A 변환기
③ F/V 변환기
④ U/D 변환기

해설
온도센서에서 측정된 값을 PLC에서 제어하려면 아날로그신호를 디지털신호로 변환시키는 기기가 필요하다.

18 설비의 신뢰성을 나타내는 척도가 아닌 것은?

① 고장률
② 폐입률
③ 평균고장간격시간
④ 평균고장수리시간

해설
신뢰성의 평가척도
- 고장률
- 평균고장간격(MTBF)
- 평균고장시간(MTTF)

19 다음 플로차트(Flow Chart) 기호의 의미는?

① 분지(Branch)
② 전이점(Move Point)
③ 서브루틴(Subroutines)
④ 일반적인 작업(General Work)

해설

분 지	전이점	일반적인 작업
◇	○	□

20 실린더가 전진할 때 이론 출력을 구하는 식으로 옳은 것은?(단, D : 실린더 내경, P : 사용공기압력, d : 로드 직경, 마찰력은 무시하고 로드측 압력은 대기압이다)

① $\dfrac{\pi D^2}{4} \times P$

② $\dfrac{\pi}{4} \times (D^2 - d^2) \times P$

③ $\dfrac{\pi}{4} \times (D^2 - d^2) \times P^2$

④ $\dfrac{\pi}{4 \times (D-d)} \times P^2$

해설
실린더 전진 시 출력
$F = P \cdot A \cdot Fu$
(여기서 P : 사용공기압력, A : 피스톤 사이드 단면적으로 $\dfrac{\pi D^2}{4}$, Fu : 실린더 내의 저항 및 마찰력으로 전체 힘 F의 3~20% 고려)

제2과목 설비진단 및 관리

21 설비 표준화를 위한 설비 위치 코드 부여 순서가 바르게 나열된 것은?

> ㄱ. 공장 ㄴ. 부서
> ㄷ. 작업장 ㄹ. 생산라인

① ㄱ → ㄷ → ㄴ → ㄹ
② ㄴ → ㄷ → ㄹ → ㄱ
③ ㄹ → ㄴ → ㄷ → ㄱ
④ ㄹ → ㄷ → ㄱ → ㄴ

22 사용 중인 설비의 고장 정지 또는 유해한 성능 저하를 가져오는 상태를 발견하기 위한 보전은?

① 개량보전
② 보전예방
③ 사후보전
④ 예방보전

해설
① 개량보전(CM) : 설비 자체의 체질 개선(예방보전으로 고장이 없고, 보전하기 쉬운 설비로 개량)
② 보전예방(MP) : 고장이 없고, 보전이 필요치 않은 설비를 설계, 제작하기 위한 설비보전
③ 사후보전(BM) : 고장, 정지 또는 유해한 성능 저하를 가져온 후에 수리를 행하는 것

23 MAPI(Machinery & Allied Products Institute) 방식에 관한 설명으로 옳은 것은?

① 긴급도의 산출방식이다.
② 연간 생산량의 결정방식이다.
③ 설비 교체의 경제분석방법이다.
④ 인플레이션을 고려하여 분석한다.

해설
MAPI(Machinery & Allied Products Institute)의 조사부장 터보(G. Terborgh)가 1949년에 발표한 설비 교체의 경제분석방법으로, 1959년에는 신MAPI 방식이 제시되었다.

24 기계를 가동하여 직접 생산하는 시간을 무엇이라고 하는가?

① 실제 생산시간
② 실제 작업시간
③ 정미 가동시간
④ 직접 조업시간

해설
- 정미 가동시간 : 기계를 가동하여 직접 생산하는 시간
- 부하시간 : 정미 가동시간에 정지시간을 부가한 시간(단위운전시간)
- 무부하시간 : 기계가 정지하고 있는 시간
- 정지시간 : 준비시간, 대기시간, 설비수리시간, 불량 수정시간 등
- 조업시간 : 잔업을 포함한 실제 가동시간
- 기타 시간 : 조업시간 내에 전기, 압축기 등이 정지하여 작업 불능시간이나 조회, 건강진단 등의 시간

정답 21 ① 22 ④ 23 ③ 24 ③

25 회전기계에서 발생하는 이상현상의 설명이 틀린 것은?

① 언밸런스 : 로터 축심 회전의 질량 분포 부적정에 의한 것으로, 통상 회전 주파수 발생
② 미스 얼라인먼트 : 커플링으로 연결된 2개의 회전축 중심선이 엇갈려 있는 경우로, 통상 회전 주파수 발생
③ 풀림 : 기초 볼트의 풀림이나 베어링 마모 등에 의하여 발생하는 것으로, 통상 회전 주파수의 고차 성분 발생
④ 캐비테이션 : 유체기계에서 국부적 압력 저하에 의하여 기포가 발생하고 고압부에서 파괴될 때 규칙적인 저주파 발생

해설
캐비테이션 : 유체기계에서 국부적 압력 저하에 의하여 기포가 생기며, 고압부에 도달하면 파괴되어 일반적으로 불규칙한 고주파 진동 음향이 발생한다.

26 기계의 공진을 제거하는 방법으로 적절하지 않은 것은?

① 우발력을 없앤다.
② 기계의 질량을 바꾸어 고유 진동수를 변화시킨다.
③ 기계의 강성을 바꾸어 고유 진동수를 변화시킨다.
④ 우발력의 주파수를 기계의 고유 진동수와 같게 한다.

해설
우발력의 주파수를 기계의 고유 진동수와 같게 하면 설비 및 구조물에 진폭이 증가하면서 소음이 발생한다. 이는 공진을 유발하는 원인으로 작용한다.

27 운전 중에 실시되는 수리작업을 무엇이라고 하는가?

① SD(Shut Down)
② 유닛(Unit)방식
③ OSR(On Stream Repair)
④ OSI(On Stream Inspection)

해설
① SD(Shut Down) : 부분적으로 설비를 정지시켜 수리하는 작업
② 유닛(Unit) 방식 : 예비 유닛을 갖춘 후 유닛을 교체하고, 교체한 유닛을 운전 중에 정비하는 작업
④ OSI(On Stream Inspection) : 기계장치 등의 운전 중에 실시되는 검사

28 7개의 깃을 가진 축류펌프가 2,400[rpm]으로 회전하고 있을 때 깃 통과 주파수는?

① 40[Hz]   ② 80[Hz]
③ 280[Hz]   ④ 310[Hz]

해설
주파수$(f) = \dfrac{1}{T} = \dfrac{모터의\ 회전수(분당)}{60} = \dfrac{2,400}{60} = 40[Hz]$
∴ 통과 주파수 = 40[Hz] × 7 = 280[Hz]

29 동점도를 나타내는 단위는?

① $[cm^2/s]$ ② $[m/s^2]$
③ $[s/cm^2]$ ④ $[s/m]$

해설
동점도
스토크(Stoke : cm^2/s) → 1St(스토크) = 100cSt(센티스토크)

25 ④ 26 ④ 27 ③ 28 ③ 29 ①

30 설비의 이상진단방법 중 정밀진단에 해당하는 것은?

① 상대판정법
② 상호판정법
③ 절대판정법
④ 주파수분석법

해설
정밀진단기술
설비의 정밀해설기술로서 전문 스태프 부서에서 실시한다. 정밀진동계 등을 사용하여 주파수 분석 등을 통한 이상 여부의 판별과 진동계의 원인 계통을 파악한다.

31 진동차단기의 변위가 걸리는 힘에 비례할 때 시스템의 고유 진동수(ω)와 정적변위(δ)의 관계식으로 옳은 것은?

① $\omega = 5\pi\delta$
② $\omega = \dfrac{5\pi}{\delta}$
③ $\omega = \dfrac{10\pi}{\delta}$
④ $\omega = \dfrac{10\pi}{\sqrt{\delta}}$

해설
시스템의 고유 진동수
$\omega = \dfrac{10\pi}{\sqrt{\delta}}$

32 보전작업의 낭비를 제거하여 효율성을 증대시키기 위한 것으로 보전작업 측정, 검사 및 일정계획을 위해서 반드시 필요한 것은?

① 설비보전 표준
② 설비효율 측정
③ 로스(Loss)관리
④ 설비 경제성 평가

해설
설비보전 표준
설비의 열화 측정, 열화의 진행 방지 및 열화 회복을 위한 제 조건의 표준으로서, 보전 직능마다 각기 설비검사표준, 정비표준, 수리표준으로 구분하여 명시한다.

33 보전작업 표준을 설정하고자 할 때 사용하지 않는 방법은?

① 경험법
② 공정실험법
③ 실적자료법
④ 작업연구법

해설
보전작업 표준 설정방법
- 경험법 : 경험자의 견적에 의하여 작업 표준 설정
- 실적자료법 : 실적기록에 입각해서 작업의 표준시간 결정
- 작업연구법 : 작업연구에 의해서 표준시간 결정

정답 30 ④ 31 ④ 32 ① 33 ②

34 가공 및 조립설비에서 부품 막힘, 센서의 오작동에 의한 일시적인 설비 정지 또는 설비만 공회전함으로써 발생되는 로스에 해당하는 것은?

① 고장로스
② 속도저하로스
③ 수율저하로스
④ 순간정지로스

해설
① 고장로스 : 고장으로 발생하는 로스로, 효율화를 저해하는 최대 요인이다.
② 속도저하로스 : 설비의 설계속도와 실제로 움직이는 속도의 차이에서 생기는 로스이다.
③ 수율저하로스 : 생산 개시 시점부터 안정화될 때까지의 사이에 발생하는 로스이다.

35 진동과 소음에 관한 설명으로 옳은 것은?

① 소음은 진동과 전혀 상관없다.
② 공진은 고유 진동수와 상관없다.
③ 투과손실은 반사값만 계산한다.
④ 이론상으로 차음벽 무게를 2배 증가시키면 투과손실은 6[dB] 정도 증가한다.

해설
차음벽의 무게 : 무게를 2배 증가시키면 이론상으로 투과손실은 6[dB] 정도 증가하지만, 실제로는 4~5[dB] 증가한다.

36 마찰이나 저항 등으로 인하여 진동에너지가 손실되는 진동은?

① 감쇠진동
② 규칙진동
③ 선형진동
④ 자유진동

해설
② 규칙진동 : 진동계에 작용하는 가진(힘이나 운동) 값이 항상 일정하게 발생하는 진동
③ 선형진동 : 진동계의 기본요소(스프링, 질량, 감쇠기)가 선형 특성일 때 생기는 진동
④ 자유진동 : 외란이 가해진 후에 계가 스스로 진동

37 특수한 고장 이외에는 사용하지 않는 예비품은?

① 부품 예비품
② 라인 예비품
③ 단일기계 예비품
④ 부분적 세트(Set) 예비품

38 진동 방지대책으로 스프링 차단기 위에 놓아 고유 진동수를 낮추는 역할을 하는 것은?

① 거 더
② 고 무
③ 패 드
④ 파이버글라스

해설
거더의 역할
스프링 차단기 위에 놓인 거더 위에 진동보호대상물체를 설치하는 경우, 블록의 질량은 차단기의 고유 진동수를 낮추는 역할을 한다.

39 보전 표준의 종류 중 진단(Diagnosis)방법, 항목, 부위, 주기 등에 대한 것이 표준화 대상인 것은?

① 수리 표준
② 작업 표준
③ 설비점검 표준
④ 일상점검 표준

해설
① 수리 표준 : 수리조건·방법에 대한 표준을 정한 것
② 작업(정비) 표준 : 정비(일상보전)의 조건이나 방법의 표준을 정한 것
④ 일상점검(검사) 표준 : 일, 매주에 해당하는 표준을 정한 것

40 전기 스위치나 퓨즈(Fuse) 등을 수리하지 않고 고장이 나면 교체하는 부품의 신뢰성 평가척도는?

① 고장률
② 유용성
③ 평균고장간격
④ 평균고장시간

해설
평균고장시간(MTTF)
• 대상물이 사용되어 처음 고장이 발생할 때까지의 평균시간
• 수리를 하지 않는 시스템이나 기기에 이용

$$평균고장시간 = \frac{장비의\ 총가동시간}{특정\ 시간으로부터\ 발생한\ 총고장수}$$

제3과목 공업계측 및 전기전자제어

41 프로세스 제어에 속하는 것은?

① 장 력
② 압 력
③ 전 압
④ 주파수

해설
프로세스 제어에서의 제어량
• 프로세스 환경조건 : 온도, 압력, 액위, 습도, pH, 농도 등
• 물질 및 에너지의 양 : 전력, 유량, 중량률 등
• 종점제어(Endpoint Control) : pH, 밀도, 전도도, 점도, 농도 등

42 이득을 나타내는 단위는?

① [A]
② [C]
③ [dB]
④ [kW]

43 교류의 정현파에서 주파수가 1[kHz]일 때 주기는?

① 1[ms]
② 1[μs]
③ 1[ns]
④ 1[ps]

해설
주기 $T = \frac{1}{f}$[sec]이므로, $T = \frac{1}{1,000}$[sec] = 1[ms]이다.

정답 39 ③ 40 ④ 41 ② 42 ③ 43 ①

44 전류가 흐르는 두 평행 도선 간에 반발력이 작용했다면, 두 도선의 전류 방향은?

① 같은 방향이다.
② 반대 방향이다.
③ 서로 수직 방향이다.
④ 전류 방향과는 관계없다.

해설
평행 도선 사이에 작용하는 전류 방향이 같으면 흡입력이, 반대 방향이면 반발력이 작용한다.

45 열전대는 어느 현상을 이용하여 온도를 측정하는 것인가?

① 온도에 의한 열팽창을 이용한 것
② 온도에 의한 저항 변화를 이용한 것
③ 온도에 의한 화학적 변화를 이용한 것
④ 온도에 의한 열기전력의 발생을 이용한 것

해설
열전대(열전쌍) : 두 종류 금속선의 접합점 양단에서 발생하는 기전력 변화를 이용한 것

46 다음의 압력의 크기 중에서 값이 다른 것은?

① 1[psi]
② 0.71[lb/ft²]
③ 0.0703[kg/cm²]
④ 51.715[mmHg]

해설
①, ③, ④는 압력 단위이고 [lb/ft²]은 무게 단위이다.

47 쿨롱의 법칙을 설명한 것 중 틀린 것은?

① 서로 다른 부호인 경우 두 자극은 끌어당긴다.
② 그 힘의 방향은 두 자극을 이은 직선 위에 있다.
③ 두 자극 사이에 작용하는 힘의 크기는 두 자극 세기의 곱에 비례한다.
④ 두 자극 사이에 작용하는 힘의 크기는 두 전하 사이의 거리의 제곱에 비례한다.

해설
쿨롱의 법칙
• 두 점 전하 사이에 작용하는 정전기력의 크기는 두 전하(전기량)의 곱에 비례하고, 전하 사이 거리의 제곱에 반비례한다.
• $F = \dfrac{1}{4\pi\varepsilon_0} \times \dfrac{Q_1 Q_2}{r^2}$ [N]

48 자동제어의 분류 중 폐루프제어에 해당되는 내용으로 적합한 것은?

① 시퀀스 제어시스템이다.
② 피드백(Feed Back)신호가 요구된다.
③ 출력이 제어에 영향을 주지 않는다.
④ 외란에 대한 영향을 고려할 필요가 없다.

해설
폐루프제어
• 제어량을 측정하여서 제어기에 의해 제어신호를 결정하는 제어시스템이다.
• 피드백(Feed Back)신호가 요구된다.
• 외란에 의해서도 우수한 성능을 갖는다.

정답 44 ② 45 ④ 46 ② 47 ④ 48 ②

49 PD 미터라고도 부르며 오발기어식과 루트미터식이 대표적인 유량계는?

① 면적식 유량계 ② 용적식 유량계
③ 차압식 유량계 ④ 터빈식 유량계

해설
PD Meter(용적식 유량계)는 기본적으로 전기 등의 외부 에너지가 필요하지 않고, 유체의 에너지를 이용하여 운동자를 동작시켜 측정한다. 대표적인 것으로 오발(OVAL)기어형(액, 기체용) 등이 있다.

50 100[Ω]과 400[Ω]인 두 개의 저항을 병렬로 연결하였을 때 합성저항은 몇 [Ω]인가?

① 80 ② 250
③ 400 ④ 500

해설
병렬합성저항 $R = \dfrac{R_1 \times R_2}{R_1 + R_2} = \dfrac{100 \times 400}{100 + 400} = 80[\Omega]$

51 대칭 3상 교류에 대한 설명으로 옳은 것은?

① 각 상의 기전력과 전류의 크기가 같고 위상이 120°인 3상 교류
② 각 상의 기전력과 전류의 크기가 같고 위상이 240°인 3상 교류
③ 각 상의 기전력과 전류의 크기가 다르고 위상이 120°인 3상 교류
④ 각 상의 기전력과 전류의 크기가 다르고 위상이 240°인 3상 교류

해설
같은 구조를 갖는 3개의 권선을 공간적으로 2π/3의 간격으로 전기자에 감았고, 전기자가 평등자계 내에서 일정속도로 회전하면, 각 권선의 양단자 간에는 크기와 주파수가 같고 위상은 각각 2π/3씩의 위상차(120°)가 나는 정현파 전압이 유기된다.

52 다음 논리회로도의 출력식은?

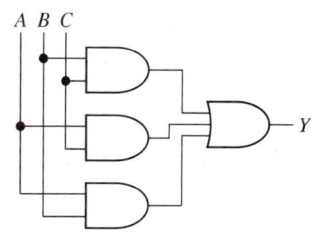

① $Y = ABC$
② $Y = A + B + C$
③ $Y = \overline{A} + \overline{B} + \overline{C}$
④ $Y = AB + BC + AC$

해설
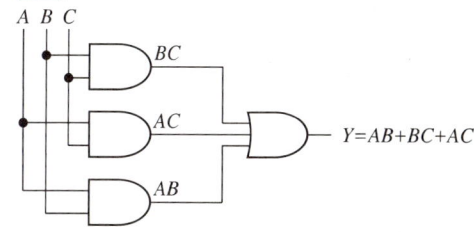

53 절연저항계에 대한 설명으로 적합하지 않은 것은?

① 발전기식과 전지식이 있다.
② 영구자석과 교차코일로 구성되어 있다.
③ 메거(Megger)는 절연저항계의 일종이다.
④ 발전기식의 경우 핸들의 분당 회전수는 60을 표준으로 하고 있다.

해설
절연저항계
• 직류 절연저항을 측정하는 계측기이다.
• 메거라고도 한다.
• 전지식과 내부에 발전기를 갖춘 수동식이 있다.
• 영구자석과 교차코일로 구성되어 있다.

정답 49 ② 50 ① 51 ① 52 ④ 53 ④

54 신호변환기에서 필터링에 대한 설명으로 옳은 것은?

① 트랜스를 이용한다.
② 포토커플러를 이용한다.
③ 검출신호의 비선형성을 선형화한다.
④ 잡음에 의한 수신계의 오동작을 방지한다.

55 시퀀스제어에 사용되는 조작용 기기에 속하지 않는 것은?

① 캠스위치
② 압력스위치
③ 토글스위치
④ 선택스위치

해설
제어조작용 기기에는 푸시버튼스위치, 토글스위치, 실렉터스위치, 캠스위치, 로터리스위치, 키보드스위치, 텀블러스위치 등이 있다.

56 프로세스 제어시스템에서 조작부의 구비조건으로 틀린 것은?

① 보수 점검이 용이할 것
② 제어신호에 정확히 동작할 것
③ 응답성이 좋고 히스테리시스가 클 것
④ 주위환경과 사용조건에 충분히 견딜 것

해설
조작부(Final Control Element)의 구비조건
• 제어신호에 정확히 동작해야 한다.
• 주위 환경과 사용조건에 충분히 견뎌야 한다.
• 보수 점검이 용이해야 한다.
• 가격이 저렴해야 한다.
• 조작부에는 제어밸브, 포지셔너 등이 있다.

57 10진수 25를 2진수로 변환하면?

① 10011
② 11010
③ 11001
④ 11100

해설

```
2 | 25
2 | 12  -1 ↑
2 |  6  -0
2 |  3  -0
     1  -1
```
이므로, $11001_{(2)}$이다.

58 역률 80[%]인 부하의 전력이 400[kW]라면 무효전력은 몇 [kVar]인가?

① 200
② 300
③ 400
④ 500

해설
• 역률 = $\dfrac{유효전력}{피상전력}$

• 피상전력 = $\dfrac{유효전력}{역률} = \dfrac{400[kW]}{0.8} = 500[kW]$

• 무효전력 = $\sqrt{(피상전력)^2 - (유효전력)^2}$
            = $\sqrt{500^2 - 400^2} = 300[kVar]$

정답 54 ④ 55 ② 56 ③ 57 ③ 58 ②

59 다음 그림의 트랜지스터 기호에서 A가 표시하는 것은?

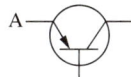

① 게이트   ② 베이스
③ 컬렉터   ④ 이미터

해설
트랜지스터의 구조

- 이미터(E) : 전류의 반송자를 주입
- 컬렉터(C) : 반송자를 모으는 전극
- 베이스(B) : 주입된 반송자를 제어전류 공급

60 다음 중 1[eV]에 해당하는 것은?

① 1.602×10^{-19}[J]
② 1.602×10^{-19}[C·W]
③ 1.602×10^{-19}[V·m]
④ 1.602×10^{-19}[C·kg]

제4과목 기계정비일반

61 유도전동기에서 회전수(N_S), 극수(P) 및 주파수(F)의 관계식이 옳은 것은?

① $N_S = \dfrac{120F}{P}$ ② $N_S = \dfrac{120P}{F}$

③ $N_S = \dfrac{120}{PF}$ ④ $N_S = \dfrac{PF}{120}$

62 전동기의 고장현상 중 기동 불능의 원인으로 가장 거리가 먼 것은?

① 퓨즈 단락
② 베어링의 손상
③ 서멀 릴레이 작동
④ 노 퓨즈 브레이크 작동

해설
- 퓨즈 : 정격전류가 일정 시간 이상 흘렀을 때 용단되며, 주로 회로를 보호하는 역할을 한다.
- 서멀 릴레이, 노 퓨즈 브레이커 : 정격전류에 의한 저항열이 축적돼 일정 온도 이상되면 작동한다. 주로 기기의 보호에 쓰인다.

63 송풍기의 회전수를 변화시키는 방법이 아닌 것은?

① 가변 풀리에 의한 조절
② 정류자 전동기에 의한 조절
③ 극수 변환 전동기에 의한 조절
④ 열동 과전류 계전기에 의한 조절

해설
열동 과전류 계전기(Thermal Relay ; Over Current Relay)
부하의 이상(異常)으로 설정된 전류값 이상(以上)의 전류가 부하에 흘러 온도가 상승하면 바이메탈에 의해 주접점을 열어(트립) 부하를 보호하며, 이상 전류에 의한 화재를 방지한다.

64 송풍기의 베어링 과열의 원인이 아닌 것은?

① 베어링의 마모
② 베어링 조립 불량
③ 임펠러(Impeller)의 부식
④ 그리스(Grease)의 과충전

해설
베어링의 온도가 급상승하는 경우의 점검사항
- 축 관통부와 축 틈새가 균일한가를 확인한다.
- 윤활유의 적정 여부를 점검한다.
- 자유측의 커버가 베어링의 외륜을 누르고 있지 않나 점검한다.
- 베어링의 궤도량(외륜 및 내륜)이나 진동체(볼 또는 롤러)의 흠집 여부를 점검한다.
- 오일 링의 회전이 정상인가 또는 베어링 메탈과 축의 간섭이 정상인가를 점검한다.
- 미끄럼 베어링의 경우 오일링의 회전이 정상인지의 여부를 점검한다.
- 관통부에 펠트(Felt)가 쓰인 경우, 축에 강하게 접촉되어 있는지의 여부를 점검한다.

65 다음 중 고무벨트의 특징이 아닌 것은?

① 유연하고 밀착성이 좋아 미끄럼이 작다.
② 열과 기름에 약하여 장시간 연속 운전에 손상되기 쉽다.
③ 내습성이 좋아 습기가 많은 곳에 사용하기 알맞다.
④ 다른 벨트에 비해 수명이 길고 연신율이 작아고 정밀도의 큰 동력을 전달한다.

해설
④번은 강철벨트에 대한 설명이다.

66 펌프에서 발생하는 이상현상 중 수격현상에 관한 설명으로 옳은 것은?

① 관로의 유체가 비중이 낮아 흐름속도가 빨라지는 현상이다.
② 펌프 내부에서 흡입양정이 높아 유체가 증발하여 기포가 생기는 현상이다.
③ 배관을 흐르는 유체에 불순물이 섞여 관로에서 충격파를 발생시키는 현상이다.
④ 배관에 흐르는 유체의 속도가 급격한 변화에 의해 관 내 압력이 상승 또는 하강하는 현상이다.

해설
일반적으로 액체는 기체에 비하면 압축성이 작고 밀도가 크기 때문에, 급격히 흐름을 정지시키면 일시적으로 큰 압력 상승이 생기고, 파동이 되어 관로 내에 전파되므로 기기 및 관로의 파괴를 초래할 수가 있다. 이와 같이 급격한 흐름의 변화에 수반하는 과도적인 압력 변화를 수격(Water Hammer)이라고 한다.

67 송풍기 진동의 원인으로 가장 거리가 먼 것은?

① 축의 굽음
② 임펠러의 마모
③ 모터의 용량 증가
④ 임펠러에 더스트(Dust) 부착

해설
송풍기(임펠러) 진동의 원인
- 축의 굽음
- 축의 질량 불평형
- 임펠러의 마모나 부식
- 임펠러에 더스트 부착

68 육각 홈이 있는 둥근 머리 볼트를 체결할 때 사용하는 공구는?

① 훅 스패너
② 육각 L-렌치
③ 조합 스패너
④ 더블 오프셋 렌치

해설
① 훅 스패너 : 둥근 너트 등 원주면에 홈이 파인 부분을 체결할 때 사용하는 공구이다.
③ 조합 스패너 : 한쪽은 편구 스패너, 또 다른 한쪽은 오프셋 렌치로 되어 있는 스패너이다.
④ 더블 오프셋 렌치 : 스패너와 달리 볼트나 너트의 육각면을 감싸 안 듯 돌릴 수 있어 볼트가 마모될 염려가 작고, 스패너보다 몸체가 길기 때문에 큰 힘을 걸 수 있다. 좁은 간격에서 작업이 용이하도록 제작되었다.

69 펌프의 부식작용 요소로 맞지 않는 것은?

① 온도가 높을수록 부식되기 쉽다.
② 금속 표면이 거칠수록 부식되기 쉽다.
③ 유체 내의 산소량이 적을수록 부식되기 쉽다.
④ 재료가 응력을 받고 있는 부분은 부식되기 쉽다.

해설
펌프의 부식작용 요소
• 액의 종류 성분 농도 pH값에 따라 부식이 잘된다.
• 온도가 높을수록 부식되기 쉬우며 pH값이 낮다.
• 유체 내의 산소량이 많을수록 부식되기 쉽다.
• 유속이 빠를수록 부식되기 쉽다.
• 금속 표면이 거칠수록 부식이 잘된다.
• 재료가 응력을 받고 있는 부분은 부식이 생기기 쉽다.
• 금속 표면의 돌기부, 캐비테이션 발생 부위, 충격 흐름을 받는 부위는 부식되기 쉽다.

70 접선키에서 120°의 각도로 두 곳에 한 쌍의 키를 사용하는 가장 큰 이유는?

① 큰 회전력을 전달하기 위하여
② 축에서 보스를 이동하기 위하여
③ 축의 강도 저하를 방지하기 위하여
④ 정, 역회전을 가능하게 하기 위하여

해설
접선키
1/45~1/40의 기울기를 가진 2개의 키를 한 쌍으로 하여 키의 압축력을 높이고, 회전 방향이 양방향일 때 사용하도록 중심각이 120°가 되는 위치에 두 쌍을 설치한다. 주로 전달토크가 큰 축에 사용한다.

71 두 기어 사이에 있는 기어로 속도비에 관계없이 회전 방향만 변하는 기어는?

① 웜 기어
② 아이들 기어
③ 구동 기어
④ 헬리컬 기어

해설
• 웜 기어(Worm Gear) : 웜과 웜 기어를 한 쌍으로 사용하며, 역회전을 방지한다.
• 헬리컬 기어 : 이 끝이 나선형인 원통형 기어로 맞물림이 원활하다.

정답 68 ② 69 ③ 70 ④ 71 ②

72 키 맞춤을 위해 보스의 구멍 지름, 홈의 깊이 등을 측정할 때 가장 적합한 측정기는?

① 강철자
② 틈새게이지
③ 마이크로미터
④ 버니어 캘리퍼스

해설
- 틈새게이지 : 강재의 얇은 편으로 된 것으로, 작은 홈의 간극을 점검 및 측정한다.
- 마이크로미터 : 버니어캘리퍼스보다 정밀하게 길이 및 두께를 측정한다.

73 다음 중 직접 측정의 장점이 아닌 것은?

① 제품의 치수가 고르지 못한 것을 계산하지 않고 알 수 있다.
② 양이 적고 종류가 많은 제품을 측정하기에 적합하다.
③ 측정물의 실제 치수를 직접 잴 수 있다.
④ 측정범위가 다른 측정방법보다 넓다.

해설
①번은 비교 측정의 장점이다.

74 합성고무와 합성수지 및 금속 콜로이드 등을 주성분으로 한 액상 개스킷의 사용방법으로 옳지 않은 것은?

① 얇고 균일하게 칠한다.
② 바른 직후 접합해도 관계없다.
③ 사용 온도범위는 0~30[℃]까지이다.
④ 접합면의 수분, 기름, 기타 오물을 제거한다.

해설
사용 온도의 범위는 용도에 따라 다르지만, 40~400[℃]까지의 범위이다.

75 펌프 흡입관 배관 시 주의 사항으로 맞지 않는 것은?

① 흡입관 끝에 스트레이너를 설치한다.
② 관의 길이는 짧고 곡관의 수는 적게 한다.
③ 배관은 펌프를 향해 1/100 내림 구배한다.
④ 흡입관에서 편류나 와류가 발생하지 못하게 한다.

해설
배관은 공기가 발생되지 않도록 펌프를 향해 1/50 올림 구배한다.

76 다음 중 주철관에 대한 설명으로 틀린 것은?

① 내식성이 풍부하다.
② 내구성이 우수하다.
③ 강관보다 가볍고 강하다.
④ 수도, 가스, 배수 등의 배설관으로 사용된다.

해설
주철관(Cast Iron Pipe)은 강관보다 무겁고 약하다.

정답 72 ④ 73 ① 74 ③ 75 ③ 76 ③

77 핀(Pin)에 대한 설명 중 잘못된 것은?

① 핀은 줄 인장력이나 압축력으로 파괴된다.
② 종류에는 평행 핀, 스프링 핀, 분할 핀 등이 있다.
③ 분할 핀은 코터이음 및 너트의 풀림 방지용으로 사용된다.
④ 경하중의 기계 부품을 결합하거나 위치결정용에도 사용된다.

해설
핀은 작은 핸들을 축에 고정할 때 힘이 너무 많이 걸리지 않는 부품을 설치하거나 분해 조립을 하는 부품의 위치결정 등에 널리 사용한다.

78 다음 중 유체의 역류를 방지하는 밸브로 가장 적합한 것은?

① 체크밸브
② 앵글밸브
③ 니들밸브
④ 슬루스밸브

해설
② 앵글밸브(Angle Valve) : 유체가 흐르는 방향에 입구와 출구가 수직으로 되어 있어, 밸브의 아래쪽에서 유체가 진입하여 직각 방향으로 흐른다.
③ 니들밸브 : 지름이 작은 파이프에서 유량을 미세하게 조정하기 적합한 밸브이다.
④ 슬루스밸브(Sluice Valve) : 관 모양에 밸브가 흐름에 직각 방향으로 미끄러져 유로를 개방하는 밸브이다.

79 체결 후 장기간 방치한 볼트와 너트가 고착되는 가장 주된 원인은?

① 조임 시 적절한 체결용 공구를 사용하지 않았을 때
② 너트 조임 시 수용성 절삭유를 사용하지 않고 조임했을 때
③ 볼트와 너트 가공 시 재질이 고르지 않고 표면거칠기가 클 때
④ 틈새로 수분, 부식성 가스가 침입하거나 가열 시 산화철이 발생했을 때

해설
고착의 원인 : 틈새로 수분, 부식성 가스, 액체가 침입하여 녹이 발생(체적 팽창)한 경우

80 수격현상에서 압력 상승 방지책으로 사용되지 않는 것은?

① 밸브의 제어
② 흡수조의 사용
③ 안전밸브의 사용
④ 체크밸브의 사용

해설
압력 상승의 방지책
• 밸브 제어법
• 안전밸브의 사용
• 체크밸브의 사용

정답 77 ① 78 ① 79 ④ 80 ②

제1과목 공유압 및 자동화 시스템

01 실린더 튜브와 커버를 체결하는 것으로, 공기압력이나 피스톤 왕복운동 시 충격력을 흡수할 수 있는 충분한 강도를 가져야 하는 부품은?

① 쿠션 링　　② 타이 로드
③ 피스톤 로드　④ 피스톤 패킹

해설

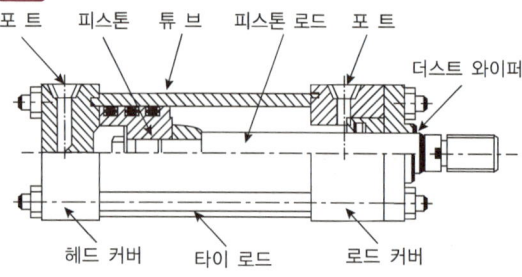

02 다음 회로의 명칭은?(단, A와 B는 입력이다)

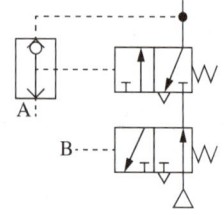

① NAND 회로
② FLIP-FLOP 회로
③ CHECK VALVE 회로
④ EXCLUSIVE OR 회로

해설
플립플롭 회로 : 2개의 안정된 출력 상태를 가지며, 입력의 유무에도 불구하고 직전에 가해진 입력 상태를 출력 상태로 유지하는 회로

03 기호의 표시방법과 해석에 관한 설명으로 틀린 것은?

① 포트는 관로나 기호요소의 접점으로 나타낸다.
② 기호는 기기의 실제 구조를 나타내는 것이 아니다.
③ 기호는 기능, 조작방법 및 외부 접속구를 표시한다.
④ 기호는 압력, 유량 등의 수치 또는 기기의 설정값을 표시한 것이다.

해설
기호는 압력, 유량 등의 수치 또는 기기의 설정값을 표시하는 것이 아니다.

04 유체의 흐름은 층류와 난류가 있다. 배관 내에서 유체 흐름의 형태를 결정짓는 것은?

① 레이놀즈수
② 베르누이 정리
③ 파스칼의 원리
④ 토리첼리의 정리

해설
관을 흐르는 유체는 레이놀즈수 $\left(Re = \dfrac{VD}{\nu}\right)$에 따라 층류와 난류로 구별된다. 레이놀즈수가 작은 경우, 즉 상대적으로 유속과 지름이 작거나 점성계수가 큰 경우에는 층류가 되고, 레이놀즈수가 큰 경우에는 난류가 된다. 그 경계값은 보통 $Re = 2,320$ 정도이다.

05 베인형 압축기의 특징이 아닌 것은?

① 소음과 진동이 작다.
② 압력을 일정하게 공급한다.
③ 소형으로 제작이 가능하다.
④ 압축기 벽면에 냉각 핀을 부착해야 한다.

해설
압축기 벽면에 냉각 핀을 부착해야 하는 것은 왕복식 압축기의 특징이다.

06 유압신호를 전기신호로 전환시키는 기기는?

① 압력스위치
② 유압실린더
③ 방향제어밸브
④ 압력제어밸브

해설
압력스위치 : 회로의 압력이 설정값에 도달하면 내부에 있는 마이크로 스위치가 작동하여 전기회로를 열거나 닫게 하는 기기이다.

07 공기압시스템에 부착된 압력게이지의 눈금이 0.5 [MPa]을 나타낼 때 절대압력은 몇 [MPa]인가?

① 0.3
② 0.4
③ 0.5
④ 0.6

해설
절대압력(Absolute Pressure) : 완전 진공을 기준으로 하여 나타낸다. 절대압력 = 대기압 + 게이지압력이므로, 절대압력은 게이지 압력보다 큰 값이 된다. 표준 대기압은 약 0.1[MPa](1.01325 × 10^5)이다.

08 유압 실린더 피스톤 로드의 추력 방향이 실린더 축심 끝을 기준으로 원주상 일정 각도로 회전할 수 있도록 하기 위한 실린더 설치형식은?

① 풋 형
② 램 형
③ 플랜지형
④ 클레비스형

해설

고정형	
풋 형	플랜지형
축 방향(외향)(LB)	로드측(FA)

요동형	
클레비스형	트러니언형
싱글(CA)	로드쪽(TA)

09 한쪽 방향으로의 흐름은 제어하지만 역방향의 흐름은 제어가 불가능한 밸브는?

① 감속밸브
② 니들밸브
③ 셔틀밸브
④ 체크밸브

해설
① 감속밸브 : 유압작동기의 운동 위치에 따라 캠 조작으로 회로를 개폐시키는 밸브
② 니들밸브 : 지름이 작은 파이프에서 유량을 미세하게 조정하기 적합한 밸브
③ 셔틀밸브 : 두 개 이상의 입구와 한 개의 출구를 갖춘 밸브로서 양 체크밸브 또는 OR 밸브라고도 한다.

정답 5 ④ 6 ① 7 ④ 8 ④ 9 ④

10 회로압이 설정압을 초과하면 유체압에 의하여 파열되어 압유를 탱크로 귀환시키고 동시에 압력 상승을 막아 기기를 보호하는 역할을 하는 유압기기는?

① 유체퓨즈
② 체크밸브
③ 압력스위치
④ 릴리프밸브

해설
② 체크밸브 : 한쪽 방향의 유동은 허용하고 반대 방향의 흐름은 차단하는 밸브
③ 압력스위치 : 회로의 압력이 설정값에 도달하면 내부에 있는 마이크로스위치가 작동하여 전기회로를 열거나 닫게 하는 기기
④ 릴리프밸브 : 회로 내의 유체압력이 설정값을 초과할 때 배기시켜 회로 내의 유체압력을 설정값 내로 일정하게 유지시키는 밸브

11 제어(Control)의 의미로 옳은 것은?

① 측정장치, 제어장치 등을 정비하는 것
② 입력신호보다 높은 레벨의 출력신호를 주는 것
③ 어떤 목적에 적합하도록 대상이 되어 있는 것에 필요한 조작을 가하는 것
④ 어떤 양을 기준으로 하여 사용하는 양과 비교하여 수치나 부호로 표시하는 것

해설
제어 : 어떤 목적의 상태 또는 결과를 얻기 위해 대상에 필요한 조작을 가하는 것

12 설비의 신뢰성 정도를 측정하는 기준이 아닌 것은?

① 고장률
② 관리도
③ 평균고장간격시간
④ 평균고장수리시간

해설
신뢰성의 평가 척도
• 고장률
• 평균고장간격(MTBF)
• 평균고장시간(MTTF)

13 고정 결선에 의한 제어시스템 구성 순서가 바르게 나열된 것은?

ㄱ. 시운전 ㄴ. 기술 선정
ㄷ. 시스템 구성 ㄹ. 회로도 작성

① ㄴ → ㄷ → ㄹ → ㄱ
② ㄴ → ㄹ → ㄷ → ㄱ
③ ㄹ → ㄷ → ㄱ → ㄴ
④ ㄹ → ㄷ → ㄴ → ㄱ

해설
고정 결선에 의한 시스템 구성 순서
문제 설정 → 기술의 선정 → 회로도 작성 → 회로도(시스템) 구성 → 회로도 체크 → 시운전

14 이미 정의된 위치 데이터를 수동키(Key) 조작에 의해 직접 입력하는 방식은?

① AGV
② MDI
③ PTP
④ TPB

해설
• 무인 반송차(AGV ; Automatic Guided Vehicle)
• 로봇 제어 PTP(Point To Point)

15 자계의 세기나 자극을 판단할 수 있는 반도체 소자는?

① 홀 소자
② 포토커플러
③ 포토다이오드
④ 포토트랜지스터

> **해설**
> **홀 소자** : 전류가 흐르는 도체에 자기장을 걸어 주면 전류와 자기장에 수직 방향으로 전압이 발생하는 홀효과를 이용하여 자기장의 방향과 크기를 알아낸다.

16 전진 및 후진 완료 위치에서 가해지는 충격을 방지하기 위한 유압 실린더는?

① 충격 실린더
② 탠덤 실린더
③ 양 로드 실린더
④ 쿠션 내장형 실린더

> **해설**
> ① 충격 실린더 : 피스톤에 공기압력을 급격하게 작용시켜 피스톤을 고속으로 움직이며, 이때의 속도에너지를 이용한 실린더이다.
> ② 탠덤 실린더 : 꼬치 모양으로 연결된 복수의 피스톤을 n개 연결시켜 n배의 출력을 얻을 수 있도록 한 실린더이다.
> ③ 양 로드 실린더 : 피스톤 로드가 양쪽에 있는 양 로드형 실린더로, 피스톤 로드를 잡아 주는 베어링이 양쪽에 있어 왕복운동이 원활하며, 로드에 걸리는 횡하중에도 어느 정도 견딜 수 있다.

17 다음 그림에서 입력신호가 증폭되어 출력신호가 될 때 증폭은 몇 배인가?

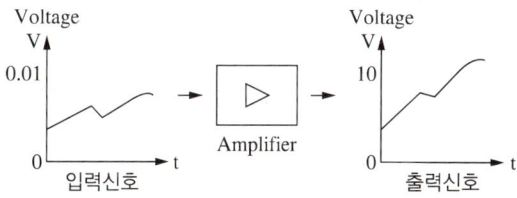

① 10배
② 100배
③ 1,000배
④ 10,000배

> **해설**
> 문제의 그림은 증폭기를 통하여 입력신호 0.01[V]를 1,000배 증폭시킨 출력신호 10[V]를 나타내고 있다.

18 스텝 전동기를 여자 상태로 하여 출력축을 외부에서 회전시키려고 했을 때 이 힘에 대항하여 발생하는 최대 토크는?

① 탈출토크(Pull Out Torque)
② 홀딩토크(Holding Torque)
③ 풀인토크(Pull In Torque)
④ 디턴트토크(Detent Torque)

> **해설**
> ① 탈출토크(Pull Out Torque) : 슬루잉(Slewing) 특성이라고도 하며 한계 펄스비와 부하토크값의 관계를 나타낸 특성
> ③ 풀인토크(Pull In Torque) : 인입토크 특성으로 축에 부하토크를 가하여 임의의 구동 펄스를 인가하거나 멈추게 하여 전동기를 기동 정지시켰을 때, 그 전동기를 오동작 없이 회전시킬 수 있는 한계의 부하토크
> ④ 디턴트토크(Detent Torque) : 무여자 상태에서 외부에서 출력측으로 토크를 가했을 때 발생하는 최대 토크

정답 15 ① 16 ④ 17 ③ 18 ②

19 기기에서 발생하는 노이즈를 제거하기 위하여 전원 접지와 구분하여 PLC 기기에 별도로 접지하는 방식은?

① 공용접지
② 라인접지
③ 절연접지
④ 프레임접지

해설
PLC는 2개의 접지 단자가 마련되어 있다.
- FG(Frame Ground) : PLC의 섀시에 접속되며 전격 방지를 위한 접지단자로서 상시 접지시켜야 한다.
- LG(Line Ground) : PLC 내부의 노이즈 필터 중성점에 접속되며 전원 노이즈로 오동작되는 경우에 접지하는 단자이다.

20 다음 프로그램 플로차트(Flow Chart) 기호 중 입력 또는 출력을 나타내는 기호는?

①   ②
③    ④

해설
① 전이점
② 시작 또는 끝
④ 서브루틴

제2과목 설비진단 및 관리

21 덕트(Duct) 소음이나 배기 소음을 방지하기 위해서 사용되는 장치로 맞는 것은?

① 소음기
② 유공판
③ 공명판
④ 진동차단기

22 설비관리의 조직계획상 고려할 사항이 옳게 연결된 것은?

① 제품의 특성 – 프로세스, 계속성
② 설비의 특징 – 입지, 분산의 비율, 환경
③ 외주 이용도 – 구조, 기능, 열화의 속도 및 정도
④ 인적 구성과 그의 역사적 배경 – 기술 수준, 관리 수준, 인간관계

해설
설비관리 조직계획(설계)상 고려해야 할 사항
- 제품의 특성 : 원료, 반제품, 제품의 물리적 · 화학적 · 경제적 특성
- 생산 형태 : 프로세스, 계속성
- 설비의 특징 : 구조, 기능, 열화의 속도, 열화의 정도
- 지리적 조건 : 입지, 분산의 비율, 환경
- 기업의 크기 또는 공장의 규모
- 인적 구성과 그의 역사적 배경 : 기술 수준, 관리 수준, 인간관계
- 외주 이용도 : 외주 이용의 가능성, 경제성

23 제품의 물리적 특성이 기계와 사람을 제품으로 가져오도록 강요하는 설비 배치방식은?

① 제품별 배치(Product Layout)
② 공정별 배치(Process Layout)
③ 정지제품 배치(Static Product Layout)
④ 혼합방식 배치(Mixed Model Layout)

해설
- 제품별 배치 : 라인별 배치라고도 하며, 공정의 계열에 따라 각 공정에 필요한 기계가 배치되는 형식
- 기능별 배치(Process Layout) : 공정별 배치라고도 하며, 동일 공정 또는 기계가 한 장소에 모인 형식
- 혼합형 배치 : 제품별 배치, 공정별 배치, 정지제품 배치의 3가지 기능을 혼합한 형식

24 설비보전 표준의 분류에 포함되지 않는 것은?

① 수리 표준
② 정비 표준
③ 설비검사 표준
④ 설비성능 표준

해설
설비보전 표준 : 설비의 열화를 측정하고, 열화의 진행 방지 및 열화 회복을 위한 제 조건의 표준으로서, 보전 직능마다 각기 설비검사 표준, 정비 표준, 수리 표준으로 구분하여 명시한다. 보전작업의 낭비를 제거하여 효율성을 증대시키기 위한 것으로, 보전작업 측정과 검사 및 일정계획을 위해서 반드시 필요하다.

25 기계 진동 방지대책으로 거더(Girder)를 이용하는 주된 이유는?

① 강성을 높인다.
② 균형을 맞춘다.
③ 설치 면적을 넓힌다.
④ 고유 진동수를 낮춘다.

해설
스프링차단기 위에 놓인 거더 위에 진동보호대상물체를 설치하는 경우, 블록의 질량은 차단기의 고유진동수를 낮추는 역할을 한다.

26 일반적으로 사람이 들을 수 있는 가청주파수의 범위는?

① 0.2~30,000[Hz]
② 0.1~10,000[Hz]
③ 10~30,000[Hz]
④ 20~20,000[Hz]

해설
- 가청음의 세기 : 10^{-12}~10[W/m^2](음향 출력/표면적)
- 최저 가청압력 : 2×10^{-5}[N/m^2]
- 가청 주파수 : 20~20,000[Hz]

27 고장 분석에서 설비관리의 목적인 최소 비용으로 최대 효율을 얻기 위해 계획, 진행하는 것과 관계없는 것은?

① 유용성의 향상 : 설비의 가동률을 높인다.
② 경제성의 향상 : 가능한 한 비용을 절감한다.
③ 신뢰성의 향상 : 설비의 고장을 없게 한다.
④ 보전성의 향상 : 고장에 의한 휴지시간을 단축한다.

해설
설비관리 특성
- 설비의 고장률을 없앤다(신뢰성 향상).
- 고장에 의한 휴지시간을 단축한다(보전성 향상).
- 될 수 있는 한 비용을 들이지 않게 한다(경제성 향상).

정답 23 ③ 24 ④ 25 ④ 26 ④ 27 ①

28 측면에 나선상의 홈을 만들고 축을 회전시키면 축의 회전에 따라 기름이 홈을 따라 올라가 축면에 급유되는 방식은?

① 나사 급유법
② 원심 급유법
③ 유욕 급유법
④ 롤러 급유법

해설
② 원심 급유법 : 원심력을 이용한 방법으로, 엔진 종류의 크랭크 핀 급유에 사용된다.
③ 유욕 급유법 : 마찰면이 기름 속에 잠겨서 윤활하는 방법으로, 비말 급유법에 비하여 적극적으로 윤활시키기 때문에 냉각작용도 크다.
④ 롤러 급유법 : 기름탱크에 있는 롤러를 설치하고 롤러에 부착되는 기름으로 윤활하는 급유법이다.

29 차음벽 재료의 강성을 두 배로 증가시킬 때 투과손실은?

① 3[dB] 증가한다.
② 3[dB] 감소한다.
③ 6[dB] 증가한다.
④ 6[dB] 감소한다.

해설
• 차음벽 재료의 강성 : 저주파 소음의 투과손실을 결정하는 요소로 강성을 두 배 증가시키면 투과손실은 6[dB] 정도 증가한다.
• 차음벽의 무게 : 중간 이상 주파수 소음의 투과손실을 결정하는 요소로, 무게를 두 배 증가시키면 이론상 투과손실은 6[dB] 증가하나, 실제로 4~5[dB] 증가한다.

30 다음 중 회전기계에서 발생하는 진동을 측정하는 경우, 측정변수를 선정하는 내용에 대한 설명으로 맞는 것은?

① 주파수가 높을수록 변위의 검출감도가 높아진다.
② 진동에너지나 피로도가 문제되는 경우 측정변수는 속도로 한다.
③ 회전축의 흔들림이나 공작기계의 떨림현상이 문제되는 경우 측정변수로 가속도를 이용한다.
④ 낮은 주파수에서는 가속도, 중간 주파수에서는 속도, 높은 주파수에서는 변위를 측정변수로 한다.

해설
회전기계의 측정변수 선정
• 변위 : 변위량 또는 움직임의 크기가 문제되는 이상(공작기계의 떨림현상, 회전축의 흔들림)
• 속도 : 진동에너지나 피로도가 문제되는 이상(회전기계의 진동)
• 가속도 : 충격력 등과 같이 힘의 크기가 문제되는 이상(베어링의 홈 진동, 기어의 홈 진동)

31 제조원가는 크게 직접비와 간접비로 구분된다. 직접비에 포함되지 않는 비용은 무엇인가?

① 제품 재료비
② 기술 지원 인건비
③ 제품 생산 인건비
④ 외주 및 임가공 비용

해설
제조원가
• 직접비 : 특정 제품과 관련하여 인식할 수 있는 여부를 구분하여 해당 제품에만 들어가는 것
• 간접비 : 여러 제품을 생산하는 데 공통적으로 들어가는 것

32 외란(Disturbance)이 가해진 후에 계가 스스로 진동하고 반복되며 외부 힘이 이 계에 작용하지 않는 진동은?

① 감쇠진동　② 강제진동
③ 선형진동　④ 자유진동

[해설]
① 감쇠진동 : 진동하는 동안 마찰이나 다른 저항으로 에너지가 손실되는 진동
② 강제진동 : 계가 외력(가끔 반복적인 힘)을 받고 있다면, 이때 발생하는 진동
③ 선형진동 : 진동하는 계의 모든 기본요소(스프링, 질량, 감쇠기)가 선형 특성일 때 생기는 진동

33 여러 대의 공작기계를 1대의 컴퓨터에 결합시켜 제어하는 생산설비시스템으로, 머시닝 센터의 기초가 된 생산설비를 무엇이라고 하는가?

① 수치제어기계(Numerical Control Machine)
② 유연기술시스템(Flexible Technological System)
③ 직접제어기계(DNC : Direct Numerical Control machine)
④ 컴퓨터수치제어(CNC : Computerized Numerical Control machine)

34 다음 중 윤활유의 작용이 아닌 것은?

① 감마작용　② 냉각작용
③ 방독작용　④ 응력분산작용

[해설]
윤활유의 작용(사용목적)
• 이물질 침입 방지작용
• 청정작용
• 냉각작용(열화 방지)
• 밀봉작용
• 방청작용
• 감마작용
• 응력분산작용

35 설비 표준화를 위한 설비 코드의 부여 순서로 옳은 것은?

① 계정 분류 → 기종 분류 → 특성 분류 → 규격 분류 → 일련번호
② 기종 분류 → 특성 분류 → 계정 분류 → 규격 분류 → 일련번호
③ 계정 분류 → 특성 분류 → 기종 분류 → 규격 분류 → 일련번호
④ 기종 분류 → 계정 분류 → 특성 분류 → 규격 분류 → 일련번호

36 다음 중 흡음에 대한 설명으로 옳은 것은?

① 흡음재의 종류가 같을 경우 흡음률은 항상 일정하다.
② 흡음관에서 일부의 음향에너지는 열로 손실된다.
③ 부드럽고 다공성 표면을 갖는 재질일수록 흡음률은 낮다.
④ 흡음률은 손실에너지에 대한 전체 음향에너지의 비이다.

[해설]
흡 음
부드럽고 다공성 표면을 갖는 재료는 높은 흡음률을 갖고 흡음판에 입사한 음향에너지의 일부가 흡음재료 내부에서의 점성마찰에 의해서 열로 손실되고 다시 반사된다. 이때 흡음률은 같은 재료라도 주파수에 따라 다르다.

정답 32 ④　33 ③　34 ③　35 ③　36 ②

37 유틸리티 설비와 관계없는 것은?

① 급수설비
② 하역설비
③ 수처리시설
④ 증기발생장치

해설
유틸리티 설비에는 증기발생장치 및 그 배관설비, 발전설비, 공업용 원수·취수설비, 수처리시설, 냉각탑설비, 펌프 스테이션 설비 및 주배분관설비, 냉동설비 및 주배분관설비, 질소발생설비, 연료저장수송설비, 공기압축 및 건조설비 등이 있다.

38 정비계획 수립 시 고려할 사항이 아닌 것은?

① 수리요원
② 제품성분 분석
③ 생산계획 확인
④ 설비능력 파악

해설
정비계획 수립방법(고려사항)
정비계획은 주어진 조건(생산계획, 설비능력, 수리형태, 수리요원 등)을 조합해서 최적 보수 비용, 최적 고장시기를 1~2년간에 대해서 구한다.

39 제품별 배치(Product Layout)의 장점이 아닌 것은?

① 정체시간이 짧기 때문에 재공품이 적다.
② 공정이나 설비가 집중되고 소요 면적이 작아진다.
③ 작업자의 간접작업이 적어지므로 실질적 가동률이 향상된다.
④ 작업의 융통성이 작고 공정계열이 다르면 배치를 바꾸어야 한다.

해설
제품별 배치는 작업의 융통성이 작고 공정계열이 다르면 배치를 바꾸어야 한다는 단점이 있다.

40 다음 가속도계 센서 부착방법 중 사용 주파수 영역이 가장 좁은 방법은?

① 손 고정
② 밀랍 고정
③ 자석 고정
④ 나사 고정

해설
고정방법에 따른 주파수 응답 함수 비교

고정방법	나 사	밀 랍	마그네틱	손
사용 주파수	31[kHz]	28[kHz]	7[kHz]	2[kHz]

정답 37 ② 38 ② 39 ④ 40 ①

제3과목 공업계측 및 전기전자제어

41 논리적 $Y = \overline{A} \cdot B \cdot \overline{C} + \overline{A} \cdot B \cdot C + A \cdot B \cdot \overline{C}$ 를 간략화한 식은?

① $Y = A \cdot B + B \cdot C$
② $Y = A \cdot \overline{B} + B \cdot C$
③ $Y = A \cdot \overline{B} + B \cdot \overline{C}$
④ $Y = \overline{A} \cdot B + B \cdot \overline{C}$

해설

$Y = \overline{A}B\overline{C} + \overline{A}BC + AB\overline{C}$
$= \overline{A}B\overline{C} + \overline{A}BC + AB\overline{C} + \overline{A}B\overline{C}$
$= \overline{A}B(\overline{C} + C) + B\overline{C}(A + \overline{A})$
$= \overline{A}B + B\overline{C}$

42 다음 그림은 제어밸브 고유 유량 특성에 대한 것이다. ㉠번 곡선에 해당되는 특성은?

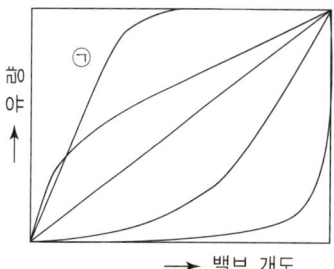

① 리니어
② 이퀄 퍼센트
③ 퀵 오픈
④ 하이퍼 볼릭

해설

고유 유량 특성 곡선의 종류

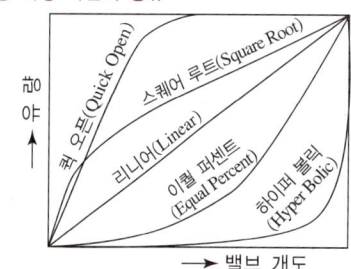

- Quick Opening(접시형) : 낮은 개도에서 최대 유량 변화를 제공, 최대 유량을 신속하게 얻어야 할 때 사용(예 On-off 제어)
- Linear
  - 느린 공정에 적용(예 레벨 제어)
  - 밸브의 압력손실이 계통 압력손실의 40[%] 초과 시 사용
- Equal %
  - 거의 지수적으로 증가(예 압력 제어)
  - 차압이 심하게 변화하는 곳에 사용
  - 빠른 공정, 조절범위가 클 때, 생산속도의 증가보다 더 큰 가열, 냉각매체의 증가가 요구될 때 적용

43 16진수 A6을 2진수로 나타낸 것은?

① 10010110
② 01101001
③ 10100110
④ 01101010

해설

16진수 한자리를 2진수 4자리로 표현하면,
 A   6
1010 0110
16진수 A6 은 2진수 $10100110_{(2)}$ 이다.

44 $C_1 = 3[\mu F]$, $C_2 = 6[\mu F]$의 콘덴서를 병렬로 접속해서 1[kV]의 전압을 인가하였다. 전체 콘덴서 C에 축적되는 에너지[J]는?

① 1
② 2
③ 3.5
④ 4.5

해설
$C_1 = 3[\mu F]$, $C_2 = 6[\mu F]$의 콘덴서를 병렬로 접속하면 $C = 3[\mu F] + 6[\mu F] = 9[\mu F]$ 이므로,
$W = \frac{1}{2}QV = \frac{1}{2}CV^2 = \frac{9 \times 10^{-6} \times 1,000^2}{2} = 4.5[J]$ 이다.

45 잔류편차를 제거하기 위해 사용하는 제어기는?

① 비례제어
② ON-OFF제어
③ 비례적분제어
④ 비례미분제어

해설
제어시스템에는 P제어(비례제어), I제어(적분제어) 및 D제어(미분제어)방식을 활용한 비례제어방식인 P제어기, 비례제어의 단점인 잔류편차(미세한 오차)를 없애기 위해 이용되는 PI제어기, 응답속도의 문제 해결을 위한 PID제어기 등이 있다.

46 온도 검출에 적합한 소자는?

① 포토다이오드
② 서미스터
③ 바리스터
④ 제너다이오드

해설
온도에 따라 저항값이 변화하는 소자는 서미스터이다.

47 저항의 직렬접속회로에 대한 설명 중 틀린 것은?

① 직렬회로의 전체 저항값은 각 저항의 총합계와 같다.
② 직렬회로 내에서 각 저항에는 같은 크기의 전류가 흐른다.
③ 직렬회로 내에서 각 저항에 걸리는 전압 강하의 합은 전원전압과 같다.
④ 직렬회로 내에서 각 저항에 걸리는 전압의 크기는 각 저항의 크기와 무관하다.

해설
저항의 직렬접속회로
- 전류 I는 저항의 크기에 관계없이 일정하고, 전압 V는 저항의 크기에 비례한다.
- 직렬접속의 합성저항은 여러 개의 저항을 하나로 합한 값이다.
- 등가저항이라고 한다.
- 각 저항에서 전압 강하의 합은 전압과 같다. 전압은 $V = IR[V]$ 이다.

48 전류의 최댓값을 I_m이라고 할 때 사인파 교류의 실횻값 I와 I_m의 관계는?

① $I = I_m$
② $I = \frac{I_m}{\sqrt{2}}$
③ $I = \frac{2}{\pi}I_m$
④ $I = \sqrt{2}I_m$

해설
실횻값은 $I = \frac{I_m}{\sqrt{2}}$ 이다.

49 조절밸브(제어요소)가 프로세스(제어대상)에 주는 신호는?

① 조작량
② 제어량
③ 기준입력
④ 동작신호

해설
조작량
- 제어요소가 제어대상에 가하는 제어신호
- 제어요소의 출력신호, 제어대상의 입력신호

50 SI 기본단위계가 아닌 것은?

① m
② K
③ cd
④ rad

해설

기본량	SI 기본단위	
	명칭	기호
길이	미터	m
질량	킬로그램	kg
시간	초	s
전류	암페어	A
열역학적 온도	켈빈	K
물질량	몰	mol
광도	칸델라	cd

51 다음 시퀀스 회로를 논리식으로 나타낸 것은?

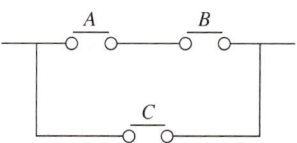

① $A \cdot B \cdot C$
② $(A \cdot B) + C$
③ $A \cdot (B + C)$
④ $(A + B) \cdot C$

해설
A와 B는 직렬 연결(AND)로 연결되어 있으며, C와 병렬(OR)로 연결되어 있으므로 논리식은 $(A \cdot B) + C$이다.

52 3상 유도 전동기의 회전 방향은 전동기에서 발생되는 회전자계의 회전 방향과 어떤 관계에 있는가?

① 부하조건에 따라 회전 방향이 변화한다.
② 특별한 관계가 없다.
③ 회전자계의 회전 방향으로 회전한다.
④ 회전자계의 반대 방향으로 회전한다.

해설
3상 유도전동기의 회전 방향은 전동기에서 발생되는 회전자계의 회전 방향으로 회전한다.

정답 49 ① 50 ④ 51 ② 52 ③

53 이상적인 연산증폭기의 특성이 아닌 것은?

① 입력저항은 무한대이다.
② 전압이득은 무한대이다.
③ 대역폭은 0이다.
④ 출력저항은 0이다.

해설
이상적인 연산증폭기의 특성
- 입력저항은 무한대($R_i = \infty$)
- 출력저항은 0($R_0 = 0$)
- 전압이득은 무한대($A_v = \infty$)
- 대역폭은 무한대($B_W = \infty$)
- 오프셋(Off-set)은 0

54 다음 그림과 같은 연산증폭기의 출력전압 V_o는 다음 중 어느 것인가?

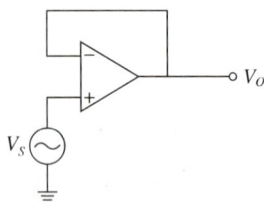

① $V_o = 1$ ② $V_o = V_S$
③ $V_o = 0$ ④ $V_o = -V_S$

해설
DC 전압 플로어는 입력의 2단자가 단락되어 있으므로 $A = V_o/V_i = 1$이 되어서 출력전압이 입력전압을 그대로 따라서 변한다. 입력 임피던스가 높고, 출력 임피던스는 낮다. 구동회로의 부하효과를 막는 완충증폭회로(Buffer)로 적합하다.

55 15[Ω]의 저항 3개를 병렬로 접속하면 합성저항[Ω]은?

① 45 ② 10
③ 20 ④ 5

해설
$\frac{1}{R} = \frac{1}{15} + \frac{1}{15} + \frac{1}{15} = \frac{3}{15}$ 이므로, $R = 5$이다.

56 측정의 기본방법 중 눈금자를 직접 제품에 대고 실제 길이를 알아내는 것은?

① 직접 측정
② 간접 측정
③ 절대 측정
④ 비교 측정

해설
① 직접 측정(Direct Measurement) : 일정한 길이나 각도가 표시되어 있는 측정기를 사용하여 피측정물에 직접 접촉하여 눈금을 읽는 방식이다.
② 간접 측정(Indirect Measurement) : 피측정물의 모양이 기하학적으로 간단하지 않아 측정부의 치수를 수학적이나 기하학적인 관계에서 얻을 수 있는 경우에 이용되며, 사인바에 의한 각도 측정, 롤러와 블록게이지에 의한 테이퍼 측정, 삼침법에 의한 나사의 유효지름 측정 등이 있다.
③ 절대 측정(Absolute Measurement) : 정의에 따라서 결정된 양을 실현시키고, 그것을 사용하여 실시하는 측정이다. U자관 압력계-수은주 높이, 밀도, 중력 가속도를 측정해서 압력의 측정값을 결정한다.
④ 비교 측정(Relative Measurement) : 기준이 되는 일정한 치수와 피측정물을 비교하여 그 측정치의 차이를 읽는 방법으로, 다이얼게이지, 미니미터, 공기 마이크로미터, 전기 마이크로미터 등이 있다.

57 10~15[kW] 정도의 3상 농형 유도전동기의 기동 방식으로 사용하는 것은?

① 반발 기동
② Y-Δ기동
③ 전전압 기동
④ 기동보상기를 사용한 기동

해설
3상 유도전동기의 기동방법
- Y-Δ 기동 : 결선으로 운전하는 전동기를 기동할 때만 Y결선으로 하여 기동전류, 토크와 함께 직입의 1/3로 감소하며 10~15[kW] 중용량에 사용한다.
- 전전압 기동 : 6[kW] 이하 소용량에 쓰이며, 전동기에 최초로부터 전전압을 인가하여 기동하며, 전전압 기동은 정격전류의 4배에서 6배의 기동전류가 흐르기 때문에 큰 전압 강하가 발생한다.
- 기동보상기법 : 15[kW] 이상의 전동기에 사용한다.
- 리액터 기동 : 동기의 1차측에 리액터(일종의 교류저항)를 넣어서 기동 시에 전동기의 전압을 리액터 전압 강하분만큼 낮추어서 기동하며, 중·대용량에서 사용한다.

58 전동식 구동부를 가진 제어밸브의 특징이 아닌 것은?

① 신호 전달의 지연이 없다.
② 동력원 획득이 용이하다.
③ 큰 조작력을 얻을 수 있다.
④ 공기압 구동부에 비해 구조가 복잡하지 않고 비용이 적게 든다.

해설
전동식 구동부를 가진 제어밸브의 특징
- 신호 전달의 지연이 없을 것
- 동력원 획득이 용이할 것
- 큰 조작력를 얻을 수 있을 것
- 제어신호에 정확히 동작할 것
- 주위 환경과 사용조건에 충분히 견딜 것
- 보수 점검이 용이할 것

59 다음 중 트랜지스터의 최대 정격으로 사용하지 않는 것은?

① 접합온도
② 최고 사용 주파수
③ 컬렉터 전류
④ 컬렉터-베이스 전압

해설
트랜지스터를 안전하게 사용하기 위해서는 전류, 전압, 전력, 온도 등이 정해진 최대 정격값을 넘으면 안 된다.

60 전동기의 과부하 보호장치로 사용되는 계전기는?

① 지락계전기(GR)
② 열동계전기(THR)
③ 부족전압계전기(UVR)
④ 레칭릴레이(LR)

해설
열동계전기(THR ; Thermal Relay)
과부하 계전기 또는 서멀릴레이라고도 하며, 주로 과부하 보호에 사용된다.

제4과목 기계정비일반

61 프로펠러의 양력으로 액체의 흐름을 임펠러에 대해 축 방향으로 평행하게 흡입, 토출하는 것으로 대구경, 대용량이며, 비교적 낮은 양정(1~5[m] 정도)이 필요한 곳에 사용되는 펌프는?

① 기어펌프
② 수격펌프
③ 원심펌프
④ 축류펌프

해설
① 기어펌프 : 기어펌프의 종류에는 외접, 내접, 로브, 트로코이드, 스크루 펌프 등이 있다.
② 수격펌프(무동력펌프) : 저낙차의 물을 긴 관으로 이끌어 그 관성 작용을 이용하여 일부분의 물을 원래의 높이보다 높은 곳으로 수송하는 양수기이다.
③ 원심펌프 : 단단펌프와 다단펌프가 있다.

62 다음 중 축에 고정된 기어, 커플링, 풀리 등을 분해하려고 할 때 가장 적절한 방법은?

① 기어풀러를 이용한다.
② 황동 망치로 가볍게 두드린다.
③ 쇠붙이를 대고 쇠망치로 두드린다.
④ 가열하여 팽창되었을 때 충격을 주어 빼낸다.

해설
기어풀러(Gear Puller) : 기어, 풀리 분해 시 사용하는 공구

63 축이나 커플링이 진원에서 얼마나 편차되었는가를 확인하는 축 정렬 준비사항은?

① 봉의 변형량(Sag)의 측정
② 흔들림 공차(Ren Out)의 측정
③ 커플링 면 갭(Face Gap)의 측정
④ 소프트 풋(Soft Foot) 상태의 측정

64 통풍기의 압력범위는?

① 0.1[kgf/cm²] 이하
② 0.1~10[kgf/cm²]
③ 10[kgf/cm²] 이상
④ 20[kgf/cm²] 이상

해설
• 통풍기(Fan) : 0.1[kgf/cm²] 이하
• 송풍기(Blower) : 0.1~1[kgf/cm²] 미만
• 압축기(Compressor) : 1.0[kgf/cm²] 이상

65 소형 원심펌프에서 전양정이 몇 [m] 이상일 때 체크밸브를 설치하는가?

① 10[m]
② 20[m]
③ 50[m]
④ 100[m]

해설
역류방지밸브 설치
• 토출관이 짧은 저양정펌프 : 전양정이 약 10[m] 이하일 때
• 소형 원심펌프 : 전양정이 100[m] 이상일 때
• 중형, 대형 원심펌프 : 전양정이 100[m] 이하일 때

정답 61 ④ 62 ① 63 ② 64 ① 65 ④

66 기계 조립작업 시 주의사항으로 적절하지 않은 것은?

① 볼트와 너트는 균일하게 체결할 것
② 무리한 힘을 가하여 조립하지 말 것
③ 정밀기계는 장갑을 착용하고 작업할 것
④ 접합면에 이물질이 들어가지 않도록 할 것

해설
기계 조립작업 시 주의사항
- 이물질 제거 등 청소를 깨끗이 한 후 조립한다.
- 베어링부는 녹 발생이 없도록 한다.
- 각 부품이 도면과 같이 조립되어 있는지 확인한다.
- 무리한 힘을 가하여 조립하지 않는다.
- 접합면에 이물질이 들어가지 않도록 한다.
- 볼트와 너트는 균일하게 체결한다.

67 펌프의 축 추력을 제거할 수 있는 방법으로 적절한 것은?

① 다단펌프를 사용한다.
② 고양정펌프를 사용한다.
③ 고유량펌프를 사용한다.
④ 양 흡입펌프를 사용한다.

해설
축 추력 제거방식(단단펌프의 경우)
- 평형 구멍(Balance Hole)
- 평형관(Balance Pipe)
- 이면 날개(Pump Outvane)
- 양 흡입형

68 압축기 설치 장소로 적절하지 않은 곳은?

① 습기가 적은 곳
② 지반이 견고한 곳
③ 유해물질이 적은 곳
④ 우수, 염풍, 일광이 있는 곳

해설
압축기 설치 장소
- 저온, 저습 장소에 설치하여 드레인 발생을 억제시킨다.
- 유해물질이 적은 곳에 설치(빗물, 바람, 직사광선 등에 보호)한다.
- 압축기 운전 시 소음, 진동을 고려(방음, 방진벽 설치)한다.
- 수평관로의 배관은 드레인 배출이 용이하게 1/100의 구배를 부과한다.
- 예방정비가 가능하도록 충분한 공간을 확보한다.
- 건축물과는 벽면에 30[cm] 이상 떨어져 있어야 한다.

69 원심형 통풍기의 정기검사 시 기록해야 할 사항이 아닌 것은?

① 검사비
② 검사자
③ 검사 개소
④ 검사방법

해설
통풍기 정기검사 시 기록사항
- 검사 연월일
- 검사방법
- 검사 개소
- 검사결과
- 검사자명
- 검사결과를 바탕으로 한 보수내용

정답 66 ③ 67 ④ 68 ④ 69 ①

70 롤러 체인을 스프로킷 휠이 부착된 평행축에 평행 걸기를 할 때 거는 방법으로 적절한 것은?

① 긴장측에 긴장 풀리를 사용하여 건다.
② 이완측에 이완 풀리를 사용하여 건다.
③ 긴장측은 위로, 이완측은 아래로 하여 건다.
④ 긴장측은 아래로, 이완측은 위로 하여 건다.

해설

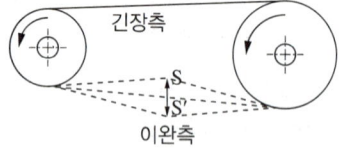

71 볼트의 밑 부분이 부러졌을 때 빼내기 위해 사용하는 공구는?

① 탭
② 드릴
③ 스크루 바이스
④ 스크루 익스트랙터

해설

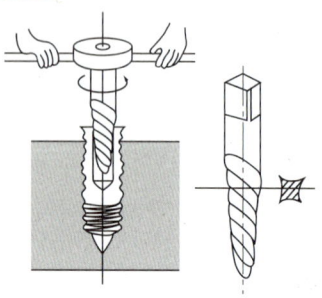

72 밸브의 무게와 양면에 작용하는 압력차로 작동하여 유체의 역류를 방지하는 밸브는?

① 감압밸브
② 체크밸브
③ 게이트밸브
④ 다이어프램밸브

해설
체크밸브(Check Valve)는 유체를 한 방향으로만 흐르게 하고, 역류하지 않도록 하는 데 사용한다. 밸브의 무게와 양쪽에 걸리는 압력차에 의하여 자동으로 작동하도록 되어 있다.

73 너트의 풀림 방지용으로 사용되는 와셔로 적절하지 않은 것은?

① 사각 와셔
② 스프링 와셔
③ 이붙이 와셔
④ 혀붙이 와셔

해설
특수 와셔에는 혀붙이 와셔, 갈퀴붙이 와셔, 구면 와셔, 스프링 와셔, 이붙이 와셔, 접시 스프링 와셔, 기울기붙이 와셔 등이 있으며, 풀림 방지용 등으로 사용된다.

정답 70 ③ 71 ④ 72 ② 73 ①

74 접착제의 구비조건으로 적절하지 않은 것은?

① 액체성일 것
② 접착제가 파괴되지 않는 저분자일 것
③ 고체 표면의 좁은 틈새에 침투하여 모세관 작용을 할 것
④ 도포 직후 화학반응에 의하여 고체화되고 일정한 강도를 가질 것

> **해설**
> **접착제의 구비조건**
> • 액체성일 것
> • 모세관 작용을 할 것(고체 표면의 좁은 틈새에 잘 침투할 것)
> • 고체화하여 일정한 강도를 가질 것

75 펌프에서 캐비테이션(Cavitation)이 발생했을 때 그 영향으로 적절하지 않은 것은?

① 소음과 진동이 생긴다.
② 펌프의 성능에는 변화가 없다.
③ 압력이 저하되면 양수가 불가능해진다.
④ 펌프 내부에 침식이 생겨 펌프를 손상시킨다.

> **해설**
> **캐비테이션(Cavitation) 영향**
> • 소음, 진동이 생긴다.
> • 펌프의 성능이 저하된다.
> • 압력이 더욱 저하되면 양수 불능이 된다.
> • 더욱 강한 캐비테이션이 되면 운전을 지속하는 것이 곤란하다.
> • 캐비테이션 상태로 오랜 시간 사용하면 발생부 근처의 점 침식이 발생된다.

76 베어링을 축 방향으로 이동을 방지하기 위하여 스냅 링을 보스나 축에 장착하는데, 이를 조립하거나 분해할 때 쓰이는 공구로 적절한 것은?

① 조합 플라이어(Combination Plier)
② 스톱 링 플라이어(Stop Ring Plier)
③ 롱 노즈 플라이어(Long Nose Plier)
④ 워터 노즈 플라이어(Water Nose Plier)

> **해설**
> **스톱 링 플라이어** : 스냅 링, 리테이너 링 분해 시 사용
> • 축용 : 스톱 링 플라이어는 손잡이를 쥐면 벌어지고 S-0에서 S-8까지의 종류가 있다.
> • 구멍용 : 스톱 링 플라이어는 손잡이를 쥐면 닫히며 H-1에서 H-8까지의 종류가 있다.

77 열 박음에서 끼워맞춤 가열온도를 구하는 식으로 옳은 것은?(단, T : 가열온도, Δd : 죔새(축지름-구멍지름), α : 열팽창계수, D : 구멍지름)

① $T = \dfrac{\Delta d}{D}$ ② $T = \dfrac{\alpha \times D}{\Delta d}$

③ $T = \dfrac{\Delta d}{\alpha \times D}$ ④ $T = \dfrac{D}{\Delta d}$

> **해설**
> **죔새(변형량)**
> δ = 지름(D) × 열팽창계수(α) × 온도 변화량($T : t_2 - t_1$)

정답 74 ② 75 ② 76 ② 77 ③

78 원심펌프의 이상원인 중 시동 후 송출이 되지 않는 원인으로 적절하지 않은 것은?

① 회전 방향이 다를 때
② 펌프 내 공기가 없을 때
③ 임펠러가 손상되었을 때
④ 임펠러에 이물질이 걸렸을 때

> **해설**
> 여분의 공기 또는 가스량 과대 시, 흡입관에 공기주머니가 있을 경우 등이 시동 후 송출이 되지 않는 원인이다.

79 두 축의 중심선이 일치하지 않거나 토크의 변동으로 충격하중이 발생하거나 진동이 많은 곳에 주로 사용하는 축이음은?

① 머프 커플링
② 셀러 커플링
③ 올덤 커플링
④ 플렉시블 커플링

> **해설**
> ① 머프 커플링 : 주철제 원통 속에 두 축을 맞대어 끼워 키로 고정한 축이음이다.
> ② 셀러 커플링 : 머프 커플링 개량, 두 축에 페더키로 고정시킨다.
> ③ 올덤 커플링 : 두 축이 평행, 비교적 가까운 경우 사용하고 윤활이 어렵고 원심력에 의하여 진동이 발생한다.

80 공기압축기의 흡입 관로에 설치하는 스트레이너(Strainer)의 설치목적으로 옳은 것은?

① 배관의 맥동으로 소음이 발생하는 것을 방지해 준다.
② 빗물이 스며들어 압축기에 들어가지 않도록 차단해 준다.
③ 나뭇잎 등의 이물질이 압축기에 들어가지 않도록 차단해 준다.
④ 공기 중의 수분이 응축되어 압축기에 들어가지 않도록 제거해 준다.

> **해설**
> **스트레이너 설치목적** : 펌프 흡입구에 스트레이너를 부착시켜 이물질 흡입을 방지한다.

2021년 제1회 과년도 기출복원문제

※ 2021년부터는 CBT(컴퓨터 기반 시험)로 진행되어 수험자의 기억에 의해 문제를 복원하였습니다. 실제 시행문제와 일부 상이할 수 있음을 알려드립니다.

제1과목 공유압 및 자동화 시스템

01 다음 회로의 명칭으로 적합한 것은?

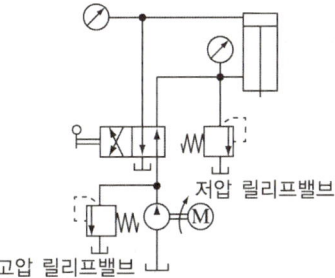

저압 릴리프밸브
고압 릴리프밸브

① 최대 압력제한회로 ② 블리드오프회로
③ 무부하회로   ④ 증압회로

해설
고압과 저압의 2종의 릴리프밸브를 사용(하강 행정에서는 고압용 릴리프밸브로 회로압력을 제어하고, 상승 행정에서는 저압 릴리프밸브로회로 압력을 제어)

02 유압모터 중 가장 간단하며 출력토크가 일정하고 정·역회전이 가능하며 토크효율이 약 75~85[%], 전 효율은 약 80[%] 정도이고, 최저 회전수는 150[rpm]으로 정밀 서보기구에는 부적절한 모터는?

① 베인모터   ② 기어모터
③ 액시얼 피스톤모터 ④ 레디얼 피스톤모터

해설
• 베인모터 : 보통 9~13개 정도의 베인으로 구성되어 있고 출력토크의 맥동이 작다.
• 피스톤모터 : 액시얼형과 레이디얼형으로 분류된다. 고압, 고속 및 대출력이 발생한다.

03 공기저장탱크의 기능 중 잘못된 것은?

① 저장기능
② 냉각효과에 의한 수분 공급
③ 공기압력의 맥동을 없앰
④ 압력 변화를 최소화

해설
탱크의 역할
• 공기 소모량이 많아도 압축공기의 공급을 안정화
• 공기 소비 시 발생되는 압력 변화를 최소화
• 정전 시 짧은 시간 동안 운전 가능
• 공기압력의 맥동현상을 없애는 역할
• 압축공기를 냉각시켜 압축공기 중의 수분을 드레인으로 배출

04 제어와 자동제어의 선택조건에서 제어시스템의 선택조건에 해당되지 않는 것은?

① 외란 변수에 의한 영향이 무시할 정도로 작을 때
② 특징과 영향을 확실히 알고 있는 하나의 외란 변수만 존재할 때
③ 외란 변수의 변화가 아주 작을 때
④ 여러 개의 외란 변수가 존재할 때

해설
자동제어시스템을 선택할 경우
• 여러 개의 외란 변수가 존재할 때
• 외란 변수들의 특징과 값이 변화할 때

정답 1 ① 2 ② 3 ② 4 ④

05 전동기 구동 동력이 부족할 때 발생하는 현상은?

① 실린더 추력이 감소한다.
② 작동유가 과열된다.
③ 토출 유량이 많아진다.
④ 유압유의 점도가 높아진다.

해설
압력 저하(실린더의 추력 감소)의 원인
• 릴리프밸브의 작동 불량 또는 조절 불량
• 각종 밸브의 작동, 조절 불량
• 내·외부 누설의 증가
• 펌프의 흡입 불량
• 펌프의 고장 또는 성능 저하
• 전동기 구동 동력의 부족

06 출력측의 한쪽을 부하와 연결하고 다른 쪽 단자(공통 단자)를 0[V]에 접지시키는 센서는?(단, 센서 작동 시 (+)전압 출력됨)

① NP형
② PN형
③ NPN형
④ PNP형

해설
센서의 출력 형식
• PNP 출력(Positive Switching) : 양의 전원을 출력, COM은 0 [V] 연결
• NPN 출력(Negative Switching) : 음의 전원을 출력, COM은 (+)[V] 연결

07 자동제어시스템의 피드백(Feedback)에 대한 설명으로 틀린 것은?

① 목표값과 실제값을 비교한다.
② 피드백 제어는 정성적 제어이다.
③ 설계가 복잡하고 제작비용이 비싸진다.
④ 피드백을 하면 외란이나 잡음신호의 영향을 줄일 수 있다.

해설
피드백 제어는 정량적 제어이다. 정성적 제어에는 시퀀스 제어와 프로그램 제어가 있다.

08 다음 중 공압모터의 장점이 아닌 것은?

① 회전수와 토크를 자유롭게 조정할 수 있다.
② 다른 원동기에 비해 온도, 습도의 영향이 작다.
③ 에너지 변환효율이 매우 높다.
④ 폭발의 위험성이 있는 곳에서도 안전하다.

해설
공압모터는 에너지 변환효율이 낮다.

09 유압펌프의 종류가 아닌 것은?

① 기어펌프
② 베인펌프
③ 피스톤 펌프
④ 마찰펌프

해설
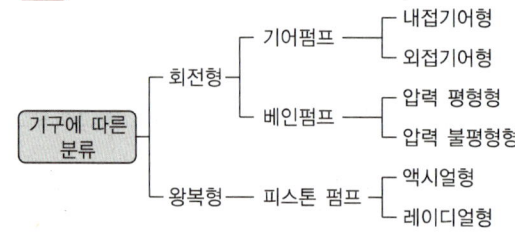

10 일반적으로 구조가 간단하고 값이 저렴해서 차량, 건설기계, 운반기계 등에 널리 사용되고 있으며 외접, 내접, 로브, 트로코이드, 스크루 펌프의 종류가 있는 펌프를 무엇이라고 하는가?

① 기어펌프
② 베인펌프
③ 피스톤 펌프
④ 플런저 펌프

해설
② 베인펌프(Vane Pump) : 로터의 베인이 반지름 방향으로 홈 속에 끼여 있어서 캠링의 내면과 접하여 로터와 함께 회전하면서 오일을 토출한다.
③ 피스톤(플런저) 펌프(Piston Pump) : 실린더 내부에서는 피스톤의 왕복운동에 의한 용적 변화를 이용하여 펌프작용을 한다.

11 유압시스템의 파워 유닛에 속하지 않는 것은?

① 릴리프밸브
② 유량제어밸브
③ 펌 프
④ 오일탱크

해설
유량제어밸브 : 유량의 흐름을 제어하는 밸브로, 주로 실린더의 속도를 제어하는 데 사용된다.

12 다음 그림과 같이 선형 스텝모터에서 스핀들 리드를 0.36[cm]라 하고, 회전각을 1°라 했을 때 이송거리는 몇 [mm]인가?

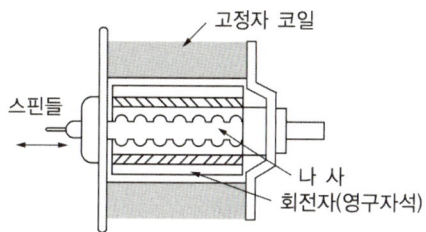

① 0.01
② 0.02
③ 0.03
④ 0.04

해설
1°일 때 이송거리 = $\dfrac{리드}{360°}$ = $\dfrac{3.6}{360}$

13 단단 베인펌프 2개를 1개의 본체 내에 직렬로 연결시킨 펌프로 고압의 대출력이 요구되는 액추에이터의 구동에 적합한 펌프는?

① 2단 베인펌프
② 단단 베인펌프
③ 2연 베인펌프
④ 복합 베인펌프

해설
2단 베인펌프(Two-stage Vane Pump) : 2개의 카트리지를 1개의 본체 안에 직렬로 연결하여 2배의 압력을 낼 수 있는 펌프로, 최고압력은 140~210[kg/cm²]이다. 부하분배밸브(Load Dividing Valve)가 부착되어 있다.

14 설비의 신뢰성을 나타내는 척도 중 MTBF가 의미하는 것은?

① 평균고장수리시간
② 평균고장간격시간
③ 고장률
④ 고장 설비수

해설
② 평균고장간격시간(MTBF) : 전체 고장수에 대한 전체 사용시간의 비(고장률의 역수)
① 평균고장시간(MTTF) : 대상물이 사용되어 처음 고장이 발생할 때까지의 평균시간
③ 고장률 : 일정기간 중에 발생하는 단위시간당 고장 횟수로 나타내며, 고장률은 1,000시간당의 백분율로 나타내는 것이 보통임

15 유압 카운터 밸런스 회로의 특징이 아닌 것은?

① 부하가 급격히 감소되더라도 피스톤이 급발진되지 않는다.
② 일정한 배압을 유지시켜 램의 중력에 의해서 자연 낙하하는 것을 방지한다.
③ 같은 치수의 복동실린더 두 개를 배관하여 두 실린더의 전·후진 속도를 같도록 한 회로이다.
④ 카운터 밸런스밸브는 릴리프밸브와 체크밸브로 구성되어 있다.

해설
③ 동기(동조, 싱크로나이징)회로에 대한 설명이다.

16 유압회로의 최고 압력을 제한하여 회로 내의 과부하를 방지하며, 유압모터의 토크나 실린더의 출력을 조절하는 밸브는?

① 릴리프밸브
② 시퀀스밸브
③ 언로딩밸브
④ 스로틀밸브

해설
② 시퀀스밸브 : 작동 순서를 회로의 압력에 의해 제어하는 밸브
③ 무부하(Unloading)밸브 : 작동압이 규정압력 이상으로 달했을 때 무부하운전을 하여 배출하고 이하가 되면 밸브는 닫히고 다시 작동하는 밸브
④ 교축(Throttle)밸브 : 유로의 단면적을 교축하여 유량을 제어하는 밸브

17 회전형 에너지 변환기기의 표시법에 대한 설명으로 틀린 것은?

① 축의 회전 방향은 동력의 입력점으로부터 출력점을 향해서 주기호와 동심으로 그린 원호형 화살표로 표시한다.
② 펌프의 회전 방향은 입력축으로부터 송출관로를 향해서 그린 동심 원호형 화살표로 표시한다.
③ 모터의 회전 방향은 유압유의 유입관로부터 출력축을 향해서 그린 직선형 화살표로 표시한다.
④ 2방향 회전형 기기에 관해서는 어느 한 방향의 회전 방향만을 표시한다.

해설
모터의 회전 방향은 유압유의 유입관로부터 출력축을 향해서 그린 동심 원호형 화살표로 표시한다.

18 다음 그림은 체크밸브 붙이 유량조정밸브의 간략 기호이다. 상세기호는?

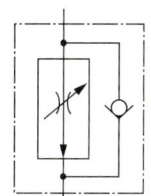

①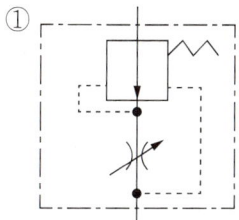

②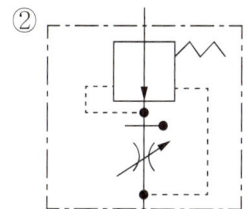

③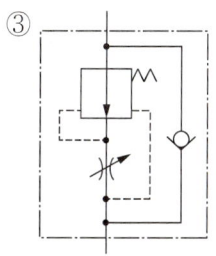

④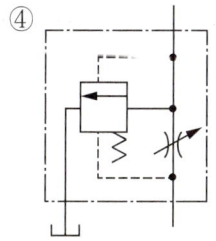

해설
① 유량조정밸브(직렬조정밸브)
② 직렬형 유량조정밸브(직렬형 유량조정밸브 : 온도보상 붙이)
④ 바이패스형 유량조정밸브

19 실린더의 동작에 영향을 주는 요인이 아닌 것은?

① 실린더 흡기측에 압력을 공급하는 능력
② 실린더 배기측의 압력을 배기하는 능력
③ 실린더 피스톤에 가해지는 부하
④ 실린더 쿠션 피스톤의 유무

해설
실린더 쿠션 피스톤의 유무는 충격과 관계가 있으며, 가동 부분의 질량이 동작에 영향을 준다.

20 10[bar] 미만의 저압 공유압회로에 많이 사용되며 작동유가 가득한 용기에 압축공기를 직접 작동시켜 유면을 가압하여 동력을 전달하는 공유압 변환기는?

① 비가동형
② 블래더형
③ 피스톤형
④ 증압기형

해설
② 블래더형 : 다이어프램 등에 의해 작동유와 압축공기가 분리되어 있고 압축공기가 팽창하여 작동유를 가압하여 동력을 전달한다.
③ 피스톤형 : 고압인 공유압회로에 사용되며, 피스톤에 의해 압축공기와 작동유가 분리되어 있는 구조이다.
④ 증압기형 : 입구측 압력(공압)을 비례한 높은 출구측 압력(유압)으로 변환하는 기기이다.

정답 18 ③ 19 ④ 20 ①

제2과목 설비진단 및 관리

21 보전작업계획은 연간, 월간, 주간, 개별 설비보전계획을 수립한다. 이 중 연간 보전계획 항목이 아닌 것은?

① 조업계획, 설비능력 및 가동시간 계획
② 보전작업 및 설비표준의 개량
③ 분해 검사 및 외주계획
④ 작업량에 의한 설비 가동시간 계획

22 제품에 대한 전형적인 고장률 패턴은 욕조곡선으로 나타낼 수 있다. 욕조곡선은 크게 초기고장기간, 우발고장기간 그리고 마모고장기간으로 구분된다. 다음 중 우발고장기간에 발생될 수 있는 원인과 관계가 없는 것은?

① 안전계수가 낮은 경우
② 스트레스가 기대 이상인 경우
③ 사용자 과오가 발생한 경우
④ 디버깅 중에 발견된 고장이 발생된 경우

[해설]
우발고장기
- 고장률이 거의 일정하나 예측할 수 없는 고장률 일정형이다.
- 이 기간을 유효수명이라 하고, 고장 정지시간을 감소시키는 것이 가장 중요하다.
- 설비 보전원의 고장 개소의 감지능력을 향상시키기 위한 교육훈련이 필요하다.
- 일정한 고장률을 저하시키기 위해서는 개선, 개량이 절대적으로 필요하다.
- 예비품 관리가 중요하다.

23 설비관리기능은 일반관리기능, 기술기능, 실시기능 및 지원기능으로 분류할 때 보전업무에서 현 설비나 잠재적인 설계, 설계의 향상 및 설비 구매에 대한 의사결정의 기반이 되는 기능으로서 이러한 기술기능에 해당되지 않는 것은?

① 설비 성능 분석
② 고장 분석방법 개발 및 실시
③ 설비진단기술 이전 및 개발
④ 주유, 조정 그리고 수리업무 등의 준비 및 실시

[해설]
주유, 조정 그리고 수리업무 등의 준비 및 실시는 실시기능에 속한다.
기술적 측면
- 설비 성능 분석 : 보전기술 개선, 고장원인 분석
- 보전 표준 설정 : 검사 표준, 정비 표준, 수리 표준
- 보전 기록 : 검사 기록, 시운전 기록, 수리 이력

24 주파수, 진폭 및 위상이 같은 두 진동이 합성되면 어떠한 진동 형태로 되는가?

① 주파수와 진폭은 변하지 않고 위상이 변한다.
② 진폭과 위상은 변동 없고 주파수만 두 배로 증가한다.
③ 주파수, 진폭 및 위상이 두 배로 증가한다.
④ 주파수와 위상은 변동 없고 진폭만 두 배로 증가한다.

[해설]
중첩의 원리 : 둘 또는 그 이상의 같은 성질의 파동이 동시에 어느 한 점을 통과할 때 그 점에서의 진폭은 개개의 파동의 진폭을 합한 것과 같다.

25. 제품별 배치 형태의 장점을 설명한 것은?

① 수요 변화가 있는 경우에 설비 변경이 어렵다.
② 단순작업으로 인하여 작업자의 직무만족이 떨어진다.
③ 생산라인 중에서 한 부분이 고장 나거나 원자재가 부족한 경우 전체 공정에 영향을 준다.
④ 재공품 재고의 수준은 낮고, 보관 면적이 작다.

해설
제품별 배치(라인별 배치)의 장점
- 작업의 흐름 판별이 용이하며 조기 발견, 예방, 회복 등을 하기 쉽다(공정관리의 철저).
- 분업이 용이하고 작업을 단순화할 수 있어 전용 기계공구의 사용이 쉽다(분업 전문화).
- 작업자의 간접작업이 적어지므로 실질적 가동률이 향상(간접작업의 제거)된다.
- 정체시간이 짧기 때문에 재공품이 적다(정체 감소).
- 공정이 단순화되고 직접 확인 관리를 할 수 있다(공정관리 사무의 간소화).
- 공정이 확정되므로 검사 횟수가 적어도 되며 품질관리가 쉽다(품질관리의 철저).
- 작업을 단순화할 수 있으므로 작업자의 훈련이 용이하다.
- 공정이나 설비가 집중되고 운반이나 소요 면적이 적어진다(작업 면적의 집중).

26. 품질보전의 전개에 있어서 요인해석의 방법에 해당하지 않는 것은?

① 특성요인도
② 경제성 분석
③ FMECA 분석
④ PM 분석

27. 체계적인 설비관리를 함으로써 얻을 수 있는 효과가 아닌 것은?

① 생산계획이 달성되고 품질이 향상된다.
② 설비 고장 시 복구시간이 단축된다.
③ 작업능률이 증대하고 생산성이 향상된다.
④ 돌발고장이 증가하나 수리비가 감소한다.

해설
설비관리의 필요성은 설비의 성능 저하 및 돌발적인 고장으로 인한 손실을 줄인다.
설비의 돌발적인 고장으로 인한 손실의 유형
- 생산 정지시간의 감산에 의한 손실
- 돌발 고장의 수리비 지출
- 정지기간 중 작업자의 작업이 없어서 기다리는 시간
- 가동 중 원재료의 손실
- 제품 불량에 의한 손실
- 품질 저하에 따른 손실
- 고장 수리 후부터 평생 생산에 들어가기까지의 복구기간 중의 저능률 조업에 따른 복구 손실
- 생산계획 착오로 인한 납기 연장, 신용 저하 등에서 오는 유형, 무형의 손실
- 환경 개선 등으로 기업의 생산성 향상

28. 생산의 정지 혹은 유해한 성능 저하를 초래하는 상태를 발견하기 위한 설비의 정기적인 감시를 무엇이라고 하는가?

① 개량보전
② 사후보전
③ 예방보전
④ 보전예방

해설
① 개량보전(CM) : 설비 자체의 체질 개선(예방보전으로 고장이 없고, 보전하기 쉬운 설비로 개량)
② 사후보전(BM) : 고장, 정지 또는 유해한 성능 저하를 가져온 후에 수리를 행하는 것(돌발 고장이 많고, 설비 가동률이 저하)
④ 보전예방(MP) : 신설비의 PM설계(고장이 없고, 보전이 필요하지 않은 설비를 설계, 제작 또는 구입)

정답 25 ④ 26 ② 27 ④ 28 ③

29 설비종합효율은 개별설비의 종합적 이용효율이다. TPM에서의 종합효율을 측정하는 지수가 아닌 것은?

① 에너지 효율
② 시간가동률
③ 성능가동률
④ 양품률

해설
TPM에서는 설비의 가동 상태를 측정하여 설비의 유효성을 판정한다. 즉, 유효성은 설비의 종합효율로 판단한다.
• 설비의 유효가동률 = 시간가동률 × 속도가동률
• 종합효율 = 시간가동률 × 성능가동률 × 양품률

30 진동 측정 시 주의해야 할 점이 아닌 것은?

① 진동계를 바꿔 가면서 측정한다.
② 항상 동일한 장소를 측정한다.
③ 항상 동일한 방향으로 측정한다.
④ 언제나 같은 센서를 사용한다.

해설
진동 측정 시 주의해야 할 가장 중요한 것은 항상 동일한 조건으로 측정하여야 한다.
• 진동센서 부착 시
  - 언제나 동일한 포인트로 부착할 것(장소, 방향)
  - 언제나 동일한 센서의 측정기로 사용할 것
• 측정 타이밍에 관하여
  - 항상 같은 회전수일 때에 측정할 것
  - 항상 같은 부하일 때에 측정할 것
  - 윤활조건을 항상 같게 유지할 것

31 모세관 현상을 이용하여 윤활시키며 윤활유를 순환시켜 사용하는 급유방법은?

① 손 급유법
② 가시 부상 유적 급유법
③ 패드 급유법
④ 적하 급유법

해설
③ 패드 급유법 : 패킹을 가볍게 저널(Journal)에 접촉시켜 급유하는 방법이다. 모세관 현상을 이용한 방법으로, 털실이 직접 마찰면에 접촉한다.
① 손 급유법 : 사람의 손으로 직접 급유하는 가장 간단한 방법으로, 마찰면의 미끄럼 속도가 낮고 경하중인 경우 사용한다.
② 가시 부상 유적 급유법(可視 浮上 油滴 給油法) : 유적을 물 또는 적당한 액체를 가득 채운 유리관 속을 서서히 떠올라오게 하는 급유기를 사용하는 방법이다. 급유 상태를 뚜렷이 볼 수 있는 장점이 있다.
④ 적하 급유법(Drop-feed Oiling) : 급유할 마찰면이 넓고 손 급유법이 불편한 경우 사용되며, 기름 보충에 주의만 하면 오랫동안 급유할 수 있어 상당히 널리 쓰인다. 기름 소비량이 많아 주로 기관차 등에 사용한다.

32 진동현상의 특징 중 저주파에서 발생하는 주요한 이상현상이 아닌 것은?

① 언밸런스(Unbalance)
② 캐비테이션(Cavitation)
③ 미스얼라인먼트(Misalignment)
④ 기계적 풀림(Looseness)

해설
캐비테이션, 유체음, 진동 등은 고주파에서 발생하는 현상이다.

33 다음 중 로스(Loss) 계산방법이 잘못된 것은?

① 시간가동률 = $\dfrac{\text{부하시간} - \text{정지시간}}{\text{부하시간}}$

② 속도가동률 = $\dfrac{\text{기준 사이클시간}}{\text{실제 사이클시간}}$

③ 실질가동률 = $\dfrac{\text{생산량} \times \text{실제 사이클시간}}{\text{부하시간} - \text{정지시간}}$

④ 성능가동률 = $\dfrac{\text{속도가동률} \times \text{실질가동률}}{\text{부하시간} - \text{정지시간}}$

해설
성능가동률 = 속도가동률 × 실질가동률

34 덕트(Duct)소음이나 배기소음을 방지하기 위해서 사용되는 장치는?

① 소음기
② 진동차단기
③ 유공판
④ 공명판

해설
진동차단기 : 정상 진동으로부터 시스템을 차단할 수 있는 탄성 지지체(강철스프링, 천연고무, 네오프렌(Neoprene)과 같은 합성 고무)

35 다음 그림과 같은 설비관리조직의 형태를 무엇이라고 하는가?

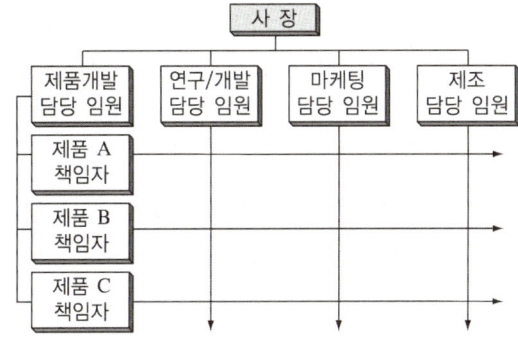

① 기능중심 매트릭스(Matrix)조직
② 제품중심 매트릭스(Matrix)조직
③ 대상별 조직
④ 전문기술별 조직

해설
제품 고정형 배치 : 주재료와 부품이 고정된 장소에 있고 사람, 기계, 도구 및 기타 재료가 이동하여 작업이 행해진다.

36 일반적으로 가공 및 조립형 산업에서 설비의 효율을 저해하는 6대 로스(Loss)와 가장 거리가 먼 것은?

① 시가동로스
② 고장로스
③ 일시정체로스
④ 속도저하로스

해설
6대 로스
• 고장로스
• 작업 준비 · 조정로스
• 일시정체로스
• 속도저하로스
• 불량 · 수정로스
• 초기 · 수율로스

37 공구관리에 대한 설명으로 틀린 것은?

① 공구의 사용방법에 의한 분류에는 단순공구와 기계적 공구로 구분한다.
② 공구대장의 종류에는 공구취급대장, 대출대장, 공구실 대장, 공구실 재고대장, 고장자산 공구대장 등이 있다.
③ 툴링이란 공구 준비를 철저히 하여 생산을 안정적으로 신속 용이하게 진행하는 것이며 계측과 함께 생산의 기초가 되는 것이다.
④ 공구관리의 목적은 생산에 필요한 공구를 선택하고 표준화하여 그 필요량을 정비·보고하여 생산 현장의 요구에 지체 없이 출납하는 것이다.

해설
공구의 종류
- 기구상의 분류 : 단순공구와 기계적 공구
- 작업 종류별에 의한 분류 : 일반공구와 특수공구
- 재산 가치에 의한 분류 : 소모공구와 고정자산공구
- 사용방법에 의한 분류 : 단일공구와 조합된 공구
- 조달방법에 의한 분류 : 일반공구와 주문제작공구
- 사용목적에 의한 분류 : 절삭일반공구, 연삭공구, 형, 수작업공구, 치구, 측정공구, 부착기구

38 설비관리에 있어 설비의 폐기, 개선, 갱신, 전용 등의 계획 자료가 되는 것은?

① 설비대장
② 설비배치도
③ 설비이력부
④ 설비의 설명서 도면류

해설
설비를 구입하면 기계명, 부속품명, 정리번호, 성능, 제조회사명, 제조 연월일, 납입 연월일, 구입 가격 및 설치비용 등을 설비대장에 기재해야 한다. 이러한 설비대장은 설비의 폐기, 개선, 갱신, 전용 등의 계획 자료가 된다.

39 설비투자를 평가하기 위한 경제성 계산법의 설명으로 틀린 것은?

① 자금회수기간법은 투자에 의해서 얻어지는 이익에서 자금회수기간이 가장 적은 설비를 선택하는 방법이다.
② 원가비교법은 신구 각 설비로 생산을 행할 경우 그 원가를 비교해서 원가가 적은 쪽을 유리하다고 선택하는 방법이다.
③ 투자이익률법은 신구 각 설비의 투자액에 대한 연간의 이익률을 구해 높은 쪽이 유리하다고 판정하는 방법이다.
④ 수익률비교법은 투자에 대해 장래에 발생하는 수익이나 비용을 할인 계산해서 현재 가치로 환산하는 경우이다.

해설
- 수익률비교법 : 경제대안을 수학적으로 비교하는 방법으로, 어떤 투자활동의 수입의 현재(연간)등가가 지출의 현재(연간)등가와 똑같게 되는 이자율로 경제성을 평가한다.
- ETE법 : 투자에 대해 장래에 발생하는 수익이나 비용을 할인 계산해서 현재 가치로 환산하는 경우로 투자의 경제성 계산을 행하는 방법이다.

40 손실의 평가에서 잔업, 휴일 출근의 노무비 및 공정 변경에 의한 증분비용, 페널티의 지불, 신용의 실추 등이 포함되는 손실은?

① 생산 감소로 인한 손실
② 품질 저하 손실
③ 원가 증가 손실
④ 납기 지연 손실

해설
① 생산 감소로 인한 손실 : 가장 명확한 손실이며, 한계이익 × 감산 수량으로 평가
② 품질 저하 손실 : 격이 떨어지는 손실이며, 판매단가의 차 × 수량으로 평가
③ 원가 증가 손실 : 제단위의 증가에 의한 원가 상승의 것으로 원단위 손실

제3과목 공업계측 및 전기전자제어

41 30[V]의 기전력으로 300[C]의 전기량이 이동할 때 몇 [J]의 일을 하게 되는가?

① 10[J]
② 600[J]
③ 9,000[J]
④ 15,000[J]

해설
$W = VQ[J] = 30 \times 300 = 9,000[J]$

42 잔류편차가 발생하는 제어계는?

① 비례제어계
② 적분제어계
③ 비례적분제어계
④ 비례적분미분제어계

해설
제어시스템은 P제어(비례제어), I제어(적분제어) 및 D제어(미분제어) 방식을 활용한 비례제어방식인 P제어기, 비례제어의 단점인 잔류편차(미세한 오차)를 없애기 위해 이용되는 PI제어기, 응답속도에서의 문제해결을 위한 PID제어기 등이 있다.

43 다이오드에 역방향 전류를 흘려 사용하고 그 양단에서 일정한 전압을 얻는 것은?

① 발광다이오드
② 제너다이오드
③ 터널다이오드
④ 가변용량다이오드

해설
제너다이오드(Zener Diode)는 일반적인 다이오드의 특성과는 달리 역방향으로 어느 일정값 이상의 항복전압이 가해졌을 때 역방향으로 전류가 흐르는 다이오드의 일종이다.

44 전자코일에 전원을 주어 형성된 자력을 이용하여 접점을 즉시 개폐하는 역할을 하는 것은?

① 카운터
② 셀렉터 스위치
③ 릴레이
④ 열동형계전기

해설
전자계전기(Relay)는 전류가 흐르면 전기의 자기작용의 의해 계전기에 있는 코일이 여자되어 접점을 이동하는 장치이다.

45 논리식 $A(A+B)$를 간단히 하면?

① A
② B
③ $A \cdot B$
④ $A + B$

해설
흡수법칙에 의해 $A \cdot (A+B) = A$

정답 41 ③ 42 ① 43 ② 44 ③ 45 ①

46 다음 중 직류발전기의 주요 3요소라고 할 수 있는 것은?

① 전기자, 계자, 브러시
② 브러시, 계자, 정류자
③ 전기자, 브러시, 정류자
④ 전기자, 계자, 정류자

해설
직류발전기의 주요 3요소는 전기자(Armature), 계자(Field Magnet), 정류자(Commutator)이다. 전기자는 원동기로 회전시켜서 자속을 끊어 기전력을 유도하며, 계자는 전기자를 통과하는 자속을 만드는 부분이다. 정류자는 브러시와 접촉하여 유도기전력을 정류하여 직류로 변환한다.

47 적분요소의 전달함수는?

① T_S
② $\dfrac{1}{T_S}$
③ $\dfrac{K}{1+T_S}$
④ K

해설
- 비례요소 전달함수 : K
- 미분요소 전달함수 : T_S
- 적분요소 전달함수 : $\dfrac{1}{T_S}$
- 1차 지연요소 전달함수 : $\dfrac{K}{T_S+1}$

48 데이터를 한 장치에서 다른 장치로 전송할 때 또는 다른 장치로부터 전송되어 온 데이터를 받아들일 때 일시적으로 기억되는 직렬기억소자로 사용하는 것은?

① 디코더
② 멀티플렉서
③ 레지스터
④ 단안정 멀티바이브레이터

해설
프로그램을 실행하면 메모리에 상주된 후 실행에 필요한 정보들이 CPU에 들어가게 된다. 이때 CPU에서는 명령어 내용과 명령에 필요한 데이터 등을 임시로 저장할 공간이 필요하게 되는데, 이런 CPU 내의 저장 공간을 레지스터라고 한다.

49 다음 중 공기식 조작기는?

① 다이어프램 밸브
② 전자밸브
③ 전동밸브
④ 서보전동기

해설
다이어프램 조작밸브(Diaphragm Operated Valve)는 공기식 조작기이다.

정답 46 ④ 47 ② 48 ③ 49 ①

50 이상적인 연산증폭기가 갖추어야 할 조건 중 틀린 것은?

① 입력저항은 무한대이다.
② 출력저항은 0이다.
③ 전압 이득은 무한대이다.
④ 동위상 신호제거비는 0이다.

> **해설**
> 이상적인 연산증폭기 특성 : 입력저항 무한대($R_i = \infty$), 출력저항 0($R_0 = 0$), 전압이득 무한대($A_v = \infty$), 대역폭 무한대($B_W = \infty$), 오프셋(Off-set) 0, 온도 및 전원 전압 변동에 따른 무영향(Zero Drift), CMRR(동위상 신호제거비)이 무한대이다(차동증폭회로).

51 논리식 $X = \overline{A}\,\overline{B}C + A\overline{B}C + \overline{A}BC + ABC$ 를 간략화하면?

① $\overline{C}$
② A
③ $\overline{B}$
④ $\overline{AB}$

> **해설**
> $X = \overline{A}\,\overline{B}C + A\overline{B}C + \overline{A}BC + ABC$
> $= \overline{B}C(\overline{A}+A) + B\overline{C}(\overline{A}+A) = \overline{B}C + B\overline{C}$
> $= \overline{C}(\overline{B}+B) = \overline{C}$

52 피드백 제어시스템에서 반드시 필요한 장치는?

① 안정도 향상장치
② 속응성 향상장치
③ 입출력 비교장치
④ 조작장치

> **해설**
> 피드백 제어시스템 : 제어량의 값을 입력측으로 되돌려, 이것을 목표값과 비교하면서 제어량이 목표값과 일치하도록 정정 동작을 하는 제어이다.

53 다음 그림은 접점에 의한 논리회로를 표현한 것이다. 알맞은 논리회로는?

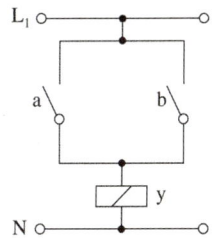

① OR 논리회로
② AND 논리회로
③ NOT 논리회로
④ X-OR 논리회로

> **해설**
> OR 회로 : 입력 스위치나 접점이 모두 병렬로 연결되어 있으며, 둘 중에 한 개만 입력 스위치가 작동해도 출력이 동작하는 회로이다.

54 대전현상에 의해서 물체가 가지는 전기량을 무엇이라고 하는가?

① 전 류
② 저 항
③ 전 하
④ 전 압

> **해설**
> 대전현상 : 어떤 물체가 전기를 띠는 현상으로, 대전체가 가지는 전기량을 전하라고 한다.

정답 50 ④　51 ①　52 ③　53 ①　54 ③

55 열전 온도계에 이용하는 현상은?

① 펠티에 효과
② 제베크 효과
③ 줄 효과
④ 피에조 효과

해설
도선 양단의 온도가 서로 다를 경우 그 도선 안에 전하의 이동이 발생하여 전위차가 생기는데 이때 발생되는 전위차는 도선의 재질에 따라 달라지며, 이를 제베크 효과(Seebeck Effects)라고 한다. 제베크는 이 현상을 발견한 독일 과학자의 이름이다.

56 시퀀스제어에 관한 설명 중 틀린 것은?

① 논리조합회로가 이루어진다.
② 전체 시스템을 순차적으로 작동시킬 수 없다.
③ 릴레이회로가 사용된다.
④ 시간지연 요소가 이용된다.

해설
시퀀스제어는 미리 설정된 프로그램대로 조작하는 제어방식이다. 즉, 기기나 장치의 동작 순서를 결정하는 것은 제어용 릴레이나 타이머 또는 리밋 스위치 등 그 입력과 출력신호의 순서에 의해 행해진다.

57 3상 유도전동기의 정·역 운전회로에서 정·역 동시 투입에 의한 단락사고를 방지하기 위하여 사용하는 회로는?

① 인터로크회로
② 자기유지회로
③ 역상회로
④ 시한동작회로

해설
3상 전동기에 입력되는 3상 중에서 2개의 상을 바꾸어 주면 회전력이 반대 방향으로 되므로 역회전 운전을 할 수 있다. 이 경우에는 정회전과 역회전 동작이 동시에 일어나게 되면 주회로가 단락되어 위험한 상태가 되므로 정·역회전 동작이 동시에 발생하지 않도록 인터로크회로를 반드시 넣어 주어야 한다.

58 면적식 유량계의 설치요령에 대한 설명으로 틀린 것은?

① 유체의 유입 방향은 반드시 하부에서 상부 방향으로 한다.
② 설치 시 수준기 또는 중추를 써서 수평으로 설치한다.
③ 유량계의 분리가 편리하도록 계수 또는 플랜지를 사용하여 배관한다.
④ 하류측에는 반드시 역지밸브를 설치하여 역류에 의한 부자 손상을 방지한다.

해설
면적식 유량계의 설치요령
- 유체의 유입 방향은 반드시 하부에서 상부 방향으로 한다.
- 설치 시 수준기 또는 중추를 써서 수직으로 설치한다.
- 유량계의 분리가 편리하도록 계수 또는 플랜지를 사용하여 배관한다.
- 하류측에는 반드시 역지밸브를 설치하여 유체의 역류에 의한 부자 손상을 방지한다.
- 설치할 때 유량계 자체에 세로·가로 방향으로 응력이 걸리지 않도록 매우 주의해야 한다.

55 ② 56 ② 57 ① 58 ②

59 계측계에서 일정한 환경조건하에서 측정량이 일정함에도 불구하고 계측기의 지시가 시간과 함께 계속적으로 느슨하게 변화하는 현상은?

① 크리프 현상
② 드리프트 현상
③ 센스티브 현상
④ 히스테리시스 현상

60 신호 전송의 노이즈 대책 중 정전유도의 제거에 효과가 있는 것은?

① 연선 사용
② 필터 사용
③ 정류자 사용
④ 실드선 사용

[해설]
실드선은 외부 노이즈로부터 보호하기 위해 신호선의 주변을 실드 도체로 감싸 주는 구조의 케이블로, 정전유도의 제거에 효과가 있다.

제4과목 기계정비일반

61 송풍기의 압력범위를 올바르게 표현한 것은?

① 0.1[kgf/cm^2] 이하
② 0.1~1.0[kgf/cm^2]
③ 1.0~1.4[kgf/cm^2]
④ 1.4[kgf/cm^2] 이상

[해설]
- 통풍기(Fan) : 0.1[kgf/cm^2] 이하
- 압축기(Compressor) : 1.0[kgf/cm^2] 이상

62 펌프의 공동현상(Cavitation) 방지책으로 적당하지 않은 것은?

① 비교회전도(NS)가 작은 펌프를 채택한다.
② 흡입 배관은 가능한 한 굵고 짧게 한다.
③ 펌프의 설치 위치를 가능한 한 높게 하여 흡입양정을 길게 한다.
④ 손실수두를 작게 한다.

[해설]
펌프의 공동현상(Cavitation) 방지책
- 펌프의 설치 위치를 되도록 낮게 하고 흡입양정을 작게 할 것
- 흡입관은 짧게 하는 것이 좋으나 부득이 길게 할 경우에는 흡입관을 크게 하여 손실을 감소할 것
- 외적 조건으로 캐비테이션을 피할 수 없는 경우에는 임펠러 재질을 캐비테이션 침식에 대하여 강한 고급 재질을 택할 것
- 이미 캐비테이션이 생긴 펌프에 대해서는 소량의 공기를 흡입구에 넣어 소음과 진동을 줄일 것
- 펌프의 회전수를 낮게 할 것
- 단흡입이면 양흡입으로 고칠 것

정답 59 ② 60 ④ 61 ② 62 ③

63 평행축형 감속기에 사용하지 않는 기어는?

① 스퍼기어
② 헬리컬기어
③ 더블 헬리컬기어
④ 웜기어

해설
기어 감속기의 종류
- 평행축형 감속기 : 스퍼기어, 헬리컬기어, 더블 헬리컬기어
- 교쇄축형 감속기 : 스트레이트 베벨기어, 스파이럴 베벨기어
- 이물림축형 감속기 : 웜기어, 하이포이드 기어

64 높은 토출 양정을 위해 사용하는 펌프는?

① 단단펌프
② 다단펌프
③ 양흡입펌프
④ 추력펌프

해설
다단펌프 : 임펠러 단단펌프로 양정이 부족할 때 다음 단의 임펠러 입구로 이송하고 다시 한번 임펠러로 에너지를 주면 양정이 높아진다. 단수를 겹칠수록 높은 양정을 만드는 펌프이다.

65 베어링 외의 기계 부품을 가열끼움작업을 할 때 가열온도로 적합한 것은?

① 100~150[℃]
② 200~250[℃]
③ 400~450[℃]
④ 500~600[℃]

해설
가열끼워맞춤작업 : 가열 시 골고루 서서히 200~250[℃] 이하로 가열한다. 250[℃] 이상으로 가열하면 재질의 변화 및 변형이 발생한다.

66 3상 유도 전동기의 구조에 속하지 않는 것은?

① 회전자 철심
② 고정자 철심
③ 고정자 권선
④ 정류기

해설
정류기 : 교류전력에서 직류전력을 얻기 위해 정류작용에 중점을 두고 만들어진 전기적인 회로소자 또는 장치로, 한 방향으로만 전류를 통과시키는 기능이 있다.

67 플렉시블 커플링을 사용하는 이유로 적당하지 않는 것은?

① 두 축의 중심을 완전히 일치시키기 어려울 때
② 전달토크의 변동으로 축에 충격이 가해질 때
③ 고속회전으로 인한 진동을 완화시킬 때
④ 두 축의 동력을 일시적으로 멈추고자 할 때

해설
플렉시블 커플링은 두 축의 중심선 일치가 어렵고, 충격과 진동을 완화시켜 줄 때 사용한다. 고속회전으로 진동을 일으키는 경우에는 플랜지, 그리드, 고무, 기어, 체인, 유체 커플링을 사용하여 충격과 진동을 완화시킨다.

정답 63 ④ 64 ② 65 ② 66 ④ 67 ④

68 로크 너트는 무엇을 방지하기 위한 것인가?

① 부식
② 풀림
③ 고착
④ 파손

[해설]
볼트 너트 이완(풀림) 방지 방법
- 홈 달림 너트 분할핀 고정 방법
- 절삭너트에 의한 방법
- 로크너트에 의한 방법
- 특수 너트에 의한 방법(플레이트 너트)

69 펌프의 수격현상의 방지책으로 옳지 않은 것은?

① 플라이휠 장치 사용
② 서지탱크 설치
③ 관로의 부하 발생점에 공기밸브 설치
④ 관로의 지름을 작게 하여 관 내 유속을 증가시킴

[해설]
수격현상 경감법
- 플라이휠 장치로 회전속도가 갑자기 감속되는 것을 방지하여 제 급격한 압력 강하를 완화시킨다.
- 관로에서 펌프 급정지 후에 압력이 강하는 장소에 서지탱크를 설치하여 물을 관로에서 보급해 주는 방법이다.
- 서지탱크와 관로의 연결부 배관에 체크밸브를 만들어 관로의 탱크 수면보다 낮아졌을 때 관로에 물을 보급할 수 있으나 반대로는 물이 흐를 수 없는 구조이다. 물이 넘칠 우려가 없으므로 탱크의 높이를 낮게 할 수 있어 서지탱크에 비해 경제적으로 제작할 수 있다.
- 관로의 지름을 크게 해서 관 내 유속을 감속하면 관로 내 유수의 관성력이 작아지므로 압력 강하가 작아진다.

70 베어링의 열박음에 적당한 온도는?

① 50[℃] 정도
② 100[℃] 정도
③ 200[℃] 정도
④ 400[℃] 정도

[해설]
베어링의 열박음이란 가열유조에 베어링을 가열팽창시켜 축을 끼우는 방법으로, 거의 100[℃]로 가열한다. 130[℃] 이상 가열하면 베어링 자체의 경도 저하가 일어난다.

71 유체가 일직선으로 흐르고 유체저항이 가장 작고 유체 흐름에 대해 수직으로 개폐하는 밸브는?

① 앵글밸브(Angle Valve)
② 글로브밸브(Globe Valve)
③ 슬루스밸브(Sluice Valve)
④ 스윙체크밸브(Swing Check Valve)

[해설]
① 앵글밸브(Angle Valve) : 유체가 흐르는 방향에 입구와 출구가 수직으로 되어 있어 밸브의 아래쪽에서 유체가 진입하여 직각 방향으로 흐른다.
② 글로브밸브(Globe Valve) : 유체가 흐르는 방향에 입구와 출구가 일직선상에 있는 밸브로 밸브 시트에 대하여 수직 방향으로 운동하며 전개하였을 때에 흐름 방향에 대한 저항이 크다.
③ 슬루스밸브(Sluice Valve) : 관 모양에 밸브가 흐름에 직각 방향으로 미끄러져 유로를 개방한다.

72 펌프운전 시 소음 발생의 원인이 아닌 것은?

① 캐비테이션 발생
② 흡입측에 공기 유입
③ 글랜드 패킹의 누수
④ 베어링 불량

해설
펌프 운전 시 이상음 발생의 원인
• 캐비테이션이 발생했을 경우
• 임펠러에 이물이 막혔을 경우
• 공기를 흡입하였을 경우
• 임펠러가 맞닿을 경우
• 메탈 베어링이 불량할 경우

73 전동기의 과열 원인으로 거리가 먼 것은?

① 과부하 운전
② 빈번한 기동
③ 베어링부에서의 발열
④ 전원 전압의 변동

해설
전동기 과열의 원인
• 3상 중 1상의 퓨즈가 용단으로 단상되어 과전류가 흐름
• 과부한 운전
• 빈번한 기동
• 냉각 불충분
• 베어링부에서의 발열

74 죔새가 있는 베어링을 축에 설치할 경우 베어링의 적정 가열온도는?

① 90~120[℃]
② 120~150[℃]
③ 150~180[℃]
④ 180~210[℃]

해설
120[℃] 이상 가열하면 베어링 자체의 경도 저하가 발생한다.

75 베어링 온도는 정상 운전 상태에서 주위 온도보다 얼마를 초과하지 말아야 하는가?

① 5~10[℃]
② 20~30[℃]
③ 40~50[℃]
④ 60~70[℃]

해설
베어링의 사용관리에 있어 베어링 하우징 외부 면에서 측정되는 베어링의 온도는 정상 운전 상태에서 주위 온도보다 20~30[℃]를 초과해서는 안 된다.

76 펌프 내부에서 흡입양정이 높거나 흐름속도가 국부적으로 빠른 부분에서 압력 저하로 유체가 증발하여 소음과 진동을 수반하는 현상은?

① 수격현상
② 공동현상
③ 점 침식현상
④ 서지현상

해설
① 수격(Water Hammer)현상 : 일반적으로 액체는 기체에 비하면 압축성이 작고 밀도가 크기 때문에 흐름을 급격히 정지시키면 일시적으로 큰 압력 상승이 일어난다. 이와 같이 급격한 흐름의 변화에 수반하는 과도적인 압력 변화를 수격이라고 한다.
③ 점 침식현상 : 캐비테이션이 발생하고 있는 상태로 오랜 시간 사용하면 발생부 근처의 유로 표면에 여러 개의 구멍이 생겨서 재료를 손상시킨다. 이것을 점 침식이라고 한다.
④ 서지현상 : 과도적으로 상승한 압력의 최댓값을 서지압이라고 한다. 서지현상은 가변 오리피스를 갑자기 닫거나 변환밸브의 유로를 갑자기 변환 등 유체의 흐름을 급격히 막으면 발생한다.

77 펌프의 검사 간격 및 항목에서 연간 점검항목이 아닌 것은?

① 계기류의 점검
② 전 분해(Overhaul)
③ 마모 간극(Clearance) 측정
④ 윤활유의 양과 변질의 유무

해설
윤활유의 양과 변질의 유무는 계절 점검항목이다.

78 펌프 분해 조립 시 주의사항으로 틀린 것은?

① 케이싱 링 사이의 틈새를 반드시 점검하고 회전차 웨어링과 케이싱 링 사이의 틈새가 커지면 케이싱 링을 교환하여야 한다.
② 축 보호 슬리브를 조립하기 전에 마모되는 면의 상태를 검사하고 미모되거나 거칠어져 있으면 새것으로 교체해야 한다.
③ 조립 시 새로운 O링을 사용해야 하며, O링은 비뚤어지지 않도록 반드시 기구를 사용하여 끼운다.
④ 축 너트를 체결하기 전에 축 나사부에 록타이트(Loctite)를 몇 방울 떨어뜨린다.

해설
O링은 원칙적으로 분해 조립 시 새로운 O링을 사용해야 하며 축 보호 슬리브를 조합한 후 축너트를 조일 때 비뚤어지지 않도록 축 보호 슬리블 홈에 O링을 꼭 맞게 조립한다. O링은 다른 기구를 사용하지 않고 반드시 손으로 끼운다.

79 펌프 베어링의 과열원인과 조치사항으로 틀린 것은?

① 축 중심이 일치하지 않을 때 발열량이 증가한다. 축 중심을 일치시키고, 열팽창에 따른 기어 커플링 같은 신축성 있는 축 이음을 사용한다.
② 윤활유가 부족하여 유막이 떨어져 발열하는 경우가 있다. 방 용량의 1/3~1/2이 적정량이며 이보다 많으면 냉각효과가 좋다.
③ 축의 속도에 따른 기름의 정도가 부적당하면 유막이 끊기거나 교반 손실이 되어 발열되므로 사용조건에 따른 윤활유를 사용한다.
④ 베어링 내의 불순물 침입을 막기 위한 패킹부에 공급하는 봉수는 동시에 냉각작용도 겸한다. 글랜드부에서 계속 물이 약간씩 외부로 나오도록 글랜드의 조임·가감 및 공급물량을 조절한다.

해설
베어링 박스 내에 그리스 양이 많으면 그리스 교반 때문에 발열이 생긴다. 구름 베어링이 들어 있는 방 용량의 1/3~1/2이 적정량이며 이보다 많을 때에는 감소시켜야 한다.

80 전동기의 운전 중 점검항목이 아닌 것은?

① 전 압
② 회전수
③ 베어링 온도 상승
④ 브러시 습동 상태

해설
브러시 습동 상태는 전동기를 정지시키고 점검한다.

2021년 제2회 과년도 기출복원문제

제1과목 공유압 및 자동화 시스템

01 다음 보기의 공기압 실린더 호칭방법에서 LB가 뜻하는 것은?

> KS B 6373 LB 50 B 100

① 패킹의 재질
② 지지형식
③ 쿠션의 형식
④ 규격형태

해설
공기압 실린더의 호칭방법

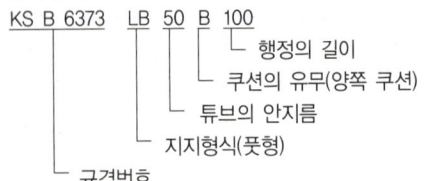

02 작은 지름의 파이프에서 유량을 미세하게 조정하기에 적합한 밸브는?

① 니들밸브
② 체크밸브
③ 셔틀밸브
④ 소켓밸브

해설
② 체크밸브 : 한쪽 방향의 유동은 허용하고 반대 방향의 흐름은 차단하는 밸브이다.
③ 셔틀밸브 : 두 개 이상의 입구와 한 개의 출구를 갖춘 밸브로서 양 체크밸브 또는 OR밸브라고 한다.

03 공압 실린더 취급 시 주의사항으로 잘못된 것은?

① 로드 선단과 연결부에 자유도가 없도록 한다.
② 작업환경의 주위 온도는 5~60[℃]가 적당하다.
③ 피스톤 로드는 가로 하중과 굽힘 모멘트가 걸리지 않도록 고려한다.
④ 부하의 운동방식과 실린더 위 작동 방향이 추종하도록 한다.

해설
실린더 작동의 특성
• 사용 공기압력의 범위 : 1~7[kgf/cm^2]로 규정
• 주위 및 사용온도 : 5~60[℃] 정도로 규정
• 사용속도 : 50~500[mm/s] 범위 내로 사용
• 실린더 행정거리 : 설치방법, 피스톤 로드 직경, 피스톤 로드 끝에 걸리는 부하의 종류, 가이드의 유무 및 부하의 운동 방향 조건 등에 의해 결정. 피스톤 로드 길이가 지름의 10배 이상이면 좌굴이 일어남
• 완충장치
• 실린더의 작동 방향이 추종하도록 설치, 로드 선단과 연결부에 자유도를 갖도록 설치

정답 1 ② 2 ① 3 ①

04 다음 그림의 아라고(Arago)의 회전 원판 실험과 같이 비자성체인 알루미늄 혹은 구리로 만들어진 원판 위에서 영구자석을 회전시키면 원판도 자석의 방향으로 함께 회전하는 원리를 이용한 전동기는?

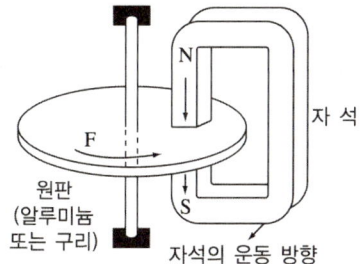

① 유도전동기
② 직류전동기
③ 스테핑전동기
④ 선형전동기

해설
② 직류전동기 : 도체가 평등자계 내에서 플래밍의 오른손법칙으로 힘을 받는 원리
③ 스테핑전동기 : 펄스신호를 줄 때마다 일정한 각도씩 회전하는 모터
④ 선형전동기 : 일반전동기와 원리는 같으나 회전력보다 추력(직선운동)을 주로 함(전기철도, 컨베이어시스템, 항공모함 항공기 이륙 시 사용 등)

05 공압 액추에이터 중 회전각도의 범위가 가장 큰 것은?

① 스크루형
② 크랭크형
③ 베인형
④ 래크와 피니언형

해설
④ 래크와 피니언형 : 회전범위는 45°~720°
① 스크루형 : 회전범위는 100°~370°
② 크랭크형 : 회전범위는 110° 이내
③ 베인형 : 싱글 베인형은 300° 이내, 더블 베인형은 90°~120°

06 다음의 메모리 중에서 사용자가 한 번에 한하여 써 넣을 수(Write) 있는 것은?

① EAROM
② PROM
③ EPROM
④ EEROM

해설
① EAROM(Electrically Alterable ROM) : 공급 전원이 차단되었을 때 그 내용이 지워지지 않는 메모리
③ EPROM(Erasable PROM) : 자외선에 의해 지워짐(다시 프로그램 가능)
④ EEROM(Electrically Erasable ROM) : 전기적으로 지워짐(다시 프로그램 가능)

07 공장 자동화가 확장됨에 따라 릴레이제어(유접점)에서 전자제어(무접점)로 전환되어 가는 주된 이유는?

① 작업환경의 개선
② 품질의 고급화
③ 부품 수명과 동작시간
④ 노동력의 감소

해설
전자제어의 장점은 양산성이 우수하고, 소형화·집적화가 가능해 대형화가 쉬우며, 처리속도가 빠르고, 무엇보다 기계적인 접촉 부분이 없어 고장이 나지 않아(수명이 길고) 신뢰성이 높다는 것이다.

08 실린더의 부하가 급격히 감소하더라도 피스톤이 급속히 전진하는 것을 방지하기 위하여 귀환쪽에 일정한 배압을 걸어 주기 위한 회로를 구성하고자 한다. 이때 가장 적합하게 사용할 수 있는 밸브는?

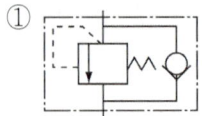

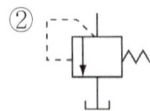

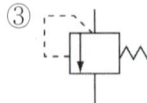

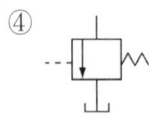

해설
② 릴리프밸브
③ 시퀀스밸브
④ 무부하밸브

09 제어신호가 입력된 후 일정한 시간이 경과된 다음에 작동되는 시간지연밸브의 구성요소가 아닌 것은?

① 속도조절밸브　② 3/2way 밸브
③ 압력증폭기　　④ 공기저장탱크

해설

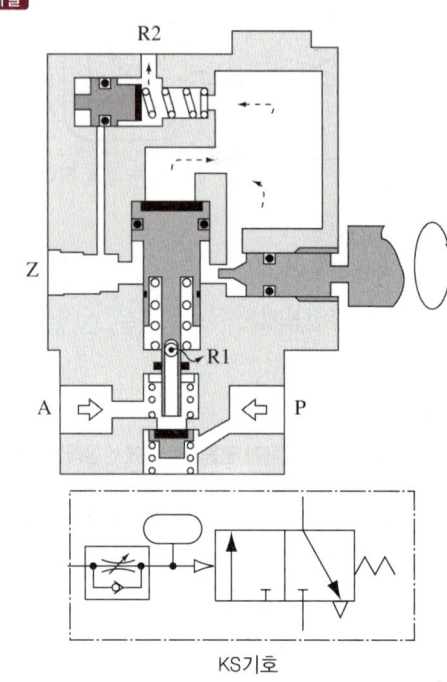

KS기호

시간지연밸브(공압타이머)는 속도조절밸브, 공기저장탱크, 3/2way밸브로 구성되어 있다.

10 설비의 6대 로스(Loss)에 해당하지 않는 것은?

① 생산률 감소로스
② 초기 유동관리수율로스
③ 순간정지로스
④ 속도저하로스

해설
설비의 효율화에 악영향을 미치는 6대 저해 로스
- 고장로스
- 작업준비·조정로스
- 일시정체 로스
- 속도로스
- 불량·수정로스
- 초기·수율로스

11 하드 와이어드한 제어(릴레이 제어)와 소프트 와이어드한 제어(PLC 제어)의 차이점 설명 중 틀린 것은?

① 릴레이제어의 경우 회로도는 배선도이다.
② 릴레이제어가 PLC제어의 경우보다 배선이 간단하다.
③ 제어내용의 변경이 용이한 것은 PLC제어이다.
④ 소프트웨어와 하드웨어 구성을 동시에 할 수 있는 것이 PLC제어이다.

해설

구 분	PLC (프로그램 제어기)	릴레이 (계전기 제어반)
제어요소	무접점(높은 신뢰성, 긴 수명, 고속 제어)	유접점(한정된 수명, 저속제어)
제어내용 변경	프로그램의 변경만으로 가능	기구 부품 간의 배선 변경
공사기간	사양 결정과 하드웨어의 공정 독립 검사, 시운전 기간의 단축	사양 결정 후 제어반 제작 검사, 시운전 기간의 장기화
보전성	고신뢰성, 긴 수명으로 보수 및 수리 공사가 드묾	보수 및 수리 공사 시 장기간 소요
신뢰성	기계적인 접촉이 없어 신뢰성이 높음	접촉 불량으로 신뢰성이 낮음
시스템 특징	시스템의 확장 용이 • 컴퓨터와 연결 가능	독립된 제어 장치
크 기	소형화 가능	소형화 곤란

12 온도계나 컬러 TV의 색 차이 방지용 온도보상에 사용되는 것으로 열팽창계수 차이가 있는 두 금속을 접합한 것은?

① 바이메탈   ② 세라믹
③ 도전성고무   ④ 자기저항 소자

해설
바이메탈은 열팽창계수가 다른 두 종류의 얇은 금속판을 포개어 붙여 한 장으로 만든 막대형태의 부품으로, 열을 가했을 때 휘는 성질을 이용하여 기기를 온도에 따라 제어하는 역할을 한다.

13 다음 기호가 나타내는 것은?

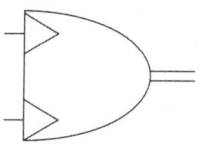

① 요동형 공기압펌프
② 요동형 공기압모터
③ 요동형 공기압 압축기
④ 요동형 공기압 실린더

해설
요동형 공기압 실린더는 일정 회전각을 왕복・회전운동하는 액추에이터이다.

14 실린더의 행정 중 임의의 위치에서 피스톤의 이동을 방지하는 회로는?

① 압력설정회로
② 미터 인 회로
③ 로킹회로
④ 압력유지회로

해설
① 압력조절(설정)회로 : 릴리프밸브를 사용하여 회로의 압력을 설정한 값으로 조정하는 회로
② 미터 인 회로 : 유량제어밸브를 실린더 입구 측에 설치한 회로
④ 압력유지회로(클램프회로) : 피스톤에서 유압의 누설이 유압기에 의하여 보상되는 회로

15 두 개의 공압 복동 실린더가 한 개의 실린더 형태로 조립되어 실린더의 출력이 거의 2배의 큰 힘을 얻는 것은?

① 양 로드형 실린더
② 탠덤 실린더
③ 다위치 제어 실린더
④ 충격 실린더

해설
① 양 로드 실린더 : 피스톤 로드가 양쪽에 있는 양 로드형 실린더이다. 전진과 후진 시 낼 수 있는 힘이 같다.
③ 다위치형 실린더 : 2개 이상의 복동 실린더를 동일 축 선상에 연결하고 각각의 실린더를 독립적으로 제어함에 따라 몇 개의 위치를 제어하는 것으로 위치 정밀도를 비교적 높게 제어할 수 있다.
④ 충격 실린더 : 보통 실린더를 성형작업에 사용하기에는 추력이 제한을 받게 되므로 운동에너지를 얻기 위해 설계된 것이다.

16 유압 프레스를 설계하려고 한다. 사용압력은 24[MPa], 필요한 힘은 500[kN]이며, 행정거리는 0.8[m]이다. 또한 실린더의 속도는 0.01[m/s]라고 가정할 경우 실린더의 직경은 약 얼마인가?

① 113[mm]
② 123[mm]
③ 153[mm]
④ 163[mm]

해설
실린더 출력 공식
$F = \frac{\pi}{4} \times D^2 \times \mu$ 에서 실린더 추력계수를 무시하고 실린더 지름을 구한다.

17 다음 그림은 방향전환밸브의 상세기호이다. 간략 기호로 옳은 것은?

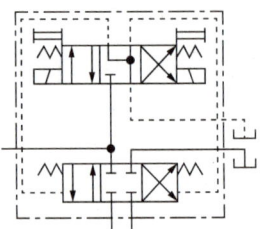

①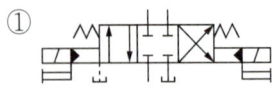

②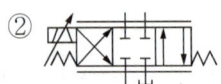

③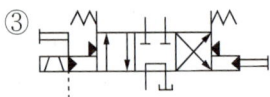

④

해설
파일럿 밸브, 4포트 3위치 스프링 센터형, 전자 조작(복동 솔레노이드) 수동 오버라이드 조작붙이 외부 드레인형 밸브이다.

18 평형형 베인펌프가 아닌 것은?

① 단단 베인펌프
② 2중 베인펌프
③ 2연 베인펌프
④ 가변 베인펌프

해설
• 평형형 베인펌프 : 1단 펌프, 2단 펌프, 2중 펌프, 복합 펌프(2압 펌프, 2연 펌프)
• 불평형형 베인펌프 : 정형 베인펌프, 가변 베인펌프

19. 다음 기호의 명칭은?

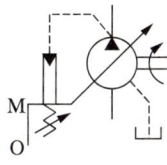

① 유압모터
② 유압펌프
③ 가변용량형 펌프
④ 가변용량형 모터

해설
가변용량형 펌프로 압력보상제어가 가능하다.

20. 스테핑모터가 유용하게 사용되는 것으로 부적절한 것은?

① D/A 변환기
② NC 공작기계
③ 디지털 X-Y 플로터
④ 큰 힘이 필요한 프레스기

해설
스테핑모터는 정확한 회전각을 요구하는 곳에 사용된다.

제2과목 설비진단 및 관리

21. 조업시간을 올바르게 표현한 것은?

① 부하시간 + 무부하시간 + 기타시간
② 부하시간 + 정미가동시간 + 정지시간 + 기타시간
③ 정미가동시간 + 무부하시간 + 기타시간
④ 부하시간 + 정지시간 + 무부하시간 + 기타시간

해설
조업시간이란 잔업을 포함한 실제 가동시간이다.
• 부하시간 : 정미가동시간에 정지시간을 부가한 시간(단위운전시간)
• 무부하시간 : 기계가 정지하고 있는 시간
• 기타시간 : 조업시간 내에 전기, 압축기 등이 정지하여 작업불능 시간이나 조회, 건강진단 등의 시간
• 정미가동시간 : 기계를 가동하여 직접 생산하는 시간
• 정지시간 : 준비시간, 대기시간, 설비수리시간, 불량수정시간 등

22. 소리(음)가 서로 다른 매질을 통과할 때 구부러지는 현상은?

① 음의 반사
② 음의 간섭
③ 음의 굴절
④ 마스킹(Masking) 효과

해설
② 음의 간섭 : 서로 다른 파동 사이의 상호적으로 나타나는 현상이다.
④ 마스킹(Masking) 효과 : 크고 작은 두 소리를 동시에 들을 때 큰 소리만 듣고 작은 소리는 듣지 못하는 현상으로, 음파의 간섭에 의해 일어난다.

23 TPM(Total Productive Maintenance)의 활동으로 볼 수 없는 것은?

① 설비의 효율화를 위한 개선활동
② 작업자의 자주보전체제의 확립
③ 계획보전체제의 확립
④ 사후보전(BM ; Breakdown Maintenance)설계와 초기유동관리체제의 확립

해설
TPM의 활동
- 설비의 효율화를 위한 개선활동
- 작업자의 자주보전체제의 확립
- 계획보전체제의 확립
- 기능교육의 확립
- MP설계와 초기유동관리체제의 확립

24 진동측정기기의 검출단 설치방법 중 주파수 특성이 가장 넓은 것은?

① 접착제
② 비왁스(Bee Wax)
③ 마그네틱(Magnetic)
④ 손 고정

해설
에폭시 시멘트 고정 : 영구적으로 기계에 설치
- 고정이 빠르다.
- 사용할 수 있는 주파수 영역이 넓고 정확도와 전기적 안정성이 좋다.
- 먼지와 습기는 접착에 문제를 발생시킬 수 있다.
- 에폭시를 사용할 경우 고온에서 문제가 발생할 수도 있다.
- 가속도계를 뗄 때 구조물에 에폭시가 남아 있다.

25 질량 m에 의해 인장스프링의 길이가 δ 만큼 늘어날 때 δ가 인장스프링에 작용하는 힘에 비례한다면 질량(m)과 늘어난 길이(δ), 고유진동수(ω_n)의 관계가 올바르게 설명된 것은?

① 질량 m이 클수록 고유진동수가 필요하다.
② 늘어난 길이 δ가 작을수록 고유진동수가 낮아진다.
③ 늘어난 길이 δ가 클수록 고유진동수가 높아진다.
④ 늘어난 길이 δ가 클수록 고유진동수가 낮아진다.

해설
구조물의 정적 처짐에 따른 고유진동수
$$\omega_n \simeq \frac{10\pi}{\sqrt{정적처짐[cm]}}$$

26 보전작업 표준화의 목적은 보전작업의 낭비를 제거하여 효율성을 증대시키기 위한 것이다. 다음 중 보전표준의 종류가 아닌 것은?

① 작업표준
② 수리표준
③ 일상점검표준
④ 자재표준

해설
설비보전표준의 분류는 설비검사, 정비, 수리의 3가지로 대별할 수 있다.
- 설비점검(검사)표준 : 설비검사에는 수입검사, 운전 중의 예방보전검사, 수리 후의 검수가 있다.
  - 주기에 따른 구분
    ⓐ 일상점검(검사) : 매일, 매주에 해당
    ⓑ 정기점검(검사) : 3개월, 6개월
  - 검사항목에 따른 구분 : 검사항목에 따라 성능검사, 정도검사 등으로 구분
  - 대상설비에 따른 구분 : 검사 대상이 되는 설비에 따라 기계설비, 배관, 전기설비, 계장설비 등으로 분류
- 정비표준 : 정비의 조건이나 방법의 표준
- 수리표준 : 수리조건·방법에 대한 표준

27 설비진단기술의 기본시스템 구성에서 간이진단기술이란?

① 현장 작업원이 사용하는 설비의 제1차 건강진단 기술
② 전문요원이 실시하는 스트레스 정량화 기술
③ 작업원이 실시하는 고장검출해석기술
④ 전문요원이 실시하는 강도, 성능의 정량화 기술

해설
간이진단의 기능
- 설비에 걸리는 스트레스의 경향관리
- 설비의 열화나 고장의 경향관리와 이상의 조기 발견
- 설비의 성능, 효율 등의 경향관리와 이상의 조기 발견

28 정현파 신호의 진동 파형에서 중심으로부터 제일 높은 부분의 최댓값의 진동 크기를 나타내는 것은?

① 편진폭
② 양진폭
③ 실횻값
④ 평균값

해설
진동의 크기를 표현하는 방법
- 피크값(편진폭) : 진동량의 최댓값
- 피크 – 피크(양진폭, 전진폭) : 정측의 최댓값에서 부측의 최댓값까지의 값
- 실횻값 : 진동의 에너지 표현에 적합한 값, 피크값의 $1/\sqrt{2}$
- 평균값 : 진동량을 평균한 값, 피크값의 $2/\pi$

29 새 펌프를 구입하여 설치 후 시험 가동 중에 축봉부에 누설이 생겨 목표한 양정으로 올리지 못하여 메커니컬실(Mechanical Seal)을 교체하여 가동하였다. 다음 그림에서 어느 구역의 고장기에 해당하는가?

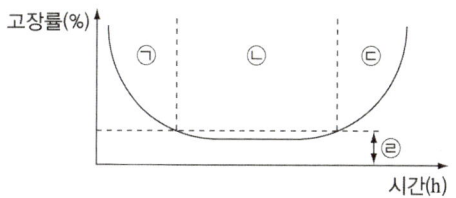

① ㉠ 구역
② ㉡ 구역
③ ㉢ 구역
④ ㉣ 구역

해설
초기 고장기 : 시간의 경과와 함께 고장 발생이 감소되는 고장률 감소형(부품의 수명이 짧은 것, 설계 불량, 제작 불량에 의한 약점) 초기 고장기에 예방보전은 불필요하며 보전원은 설비를 점검하고 불량 개소를 발견하면 개선 수리하여 불량부품은 그때그때 대체한다.

30 집중보전의 장점에 대한 설명 중 거리가 먼 것은?

① 대수리가 필요할 때 충분한 인원을 동원할 수 있다.
② 자본과 새로운 일에 대하여 통제보다 확실하다.
③ 작업표준을 위한 시간손실이 작다.
④ 보전요원의 기능 향상을 위해 훈련이 보다 잘 행하여진다.

해설
- 집중보전의 단점
  공장의 모든 보전요원을 한사람의 관리자 밑에 조직하고, 모든 보전을 집중관리하는 보전방식으로 작업표준을 위한 시간손실이 많은 단점이 있다.
- 집중보전의 장점
  충분한 인원 동원 가능, 각각 다른 기능을 가진 보전원 배치(담당 정도의 유연성 필요), 긴급작업, 고장, 새로운 작업을 신속히 처리, 특수기능자를 효과적으로 이용, 1인 보전에 관한 전 책임, 자본과 새로운 일에 대하여 통제가 보다 확실, 보전원의 기능 향상을 위하여 훈련이 보다 잘 행해진다는 점이 장점이다.

정답 27 ① 28 ① 29 ① 30 ③

31 구입 또는 설치된 설비가 사용자의 환경 변화 또는 요구를 효율적 및 경제적 측면으로 만족시켜 주지 못할 때 설계 또는 부품의 일부를 공학적 또는 기술적인 방법으로 개조시키는 설비보전활동은?

① 개량보전
② 사후보전
③ 예방보전
④ 보전예방

해설
② 사후보전(BM) : 고장, 정지 또는 유해한 성능 저하를 가져 온 후에 수리를 행하는 것
③ 예방보전(PM) : 고장, 정지 또는 유해한 성능 저하를 가져 오는 상태를 발견하기 위한 설비의 주기적인 검사로 초기단계에서 이러한 상태를 제거 또는 복구시키기 위한 보전
④ 보전예방(MP) : 신설비의 PM설계(고장이 없고, 보전이 필요하지 않은 설비를 설계, 제작 또는 구입)

32 설비의 유효가동률을 나타낸 것은?

① 시간가동률 × 속도가동률
② $\dfrac{\text{시간가동률}}{\text{속도가동률}}$
③ 시간가동률 − 속도가동률
④ 시간가동률 + 속도가동률

33 설비를 분류하고 기호를 명백히 하였을 때의 장점이 아닌 것은?

① 설비대상이 명백히 파악된다.
② 설비계획을 수립하기 쉬워진다.
③ 사무적인 처리는 어려워지나 착오가 작다.
④ 통계적인 각종 데이터를 얻기가 쉽다.

해설
설비 분류의 목표
• 설비투자를 합리적으로 할 수 있다.
• 설비원가의 파악이 잘된다.
• 예산화, 예산 통제 및 고정자산관리가 편리하다.

34 공정별 배치(Process Layout)에 대한 설명으로 틀린 것은?

① 같은 종류의 기계들이 한 작업장에 같은 기능별로 배치되어 있다.
② 다품종 소량 생산에 적합한 배치방법이다.
③ 생산효율을 높이기 위해서는 운반거리의 최소화가 주안점이다.
④ 로트 생산을 하기 때문에 재공 재고가 적다.

해설
공정별 배치(기능별 배치)의 특징
• 제품의 종류가 많고 수량이 적음
• 주문생산과 표준화가 곤란한 다품종 소량 생산일 경우에 알맞은 배치형식
• 동일 공정 또는 기계가 한 장소에 모여진 형(Gang System, Block System)
• 생산효율을 극대화하기 위해 운반거리의 최소화가 주안점임

35 속도센서로 널리 사용되는 동전형 속도센서의 측정원리로 맞는 것은?

① 압전의 법칙
② 패러데이의 전자유도법칙
③ 렌츠의 법칙
④ 오른나사의 법칙

해설
속도센서
- 동전형 속도센서의 측정 원리는 Faraday's의 전자유도법칙이다.
- 발생기전력 $(e) \propto B \times V$
  여기서, B : 자속 밀도, V : 도체의 속도
- 측정 주파수 범위 : 10~1,000[Hz]

---

36 단위시간당 사이클의 횟수를 나타내는 것은?

① 진 폭 ② 주 기
③ 변 위 ④ 주파수

해설
- 진동수(f) : 단위시간당 사이클의 횟수(주파수)

  진동수 $f = \dfrac{1}{T} = \dfrac{\omega}{2\pi}(\text{cycle/s, Hz})$

  여기서, T : 주기(s/cycle)
  ω : 각진동수 $= 2\pi f (\text{rad/s})$
- 변위 : 상한과 하한의 거리 혹은 중립점에서 상한 또는 하한까지의 거리
- 진폭 : 진동의 크기를 알아내는 데 중요하며 변위, 속도, 가속도의 3종이 있음

---

37 공구관리방식에 대한 설명으로 틀린 것은?

① 체크대출방식은 작업자 각자가 표준적인 공구를 보관시켜 사용하는 방식이다.
② 장기대출방식은 작업자가 상시 필요한 공구를 대출해서 적용되는 방식이다.
③ 집중공구관리방식은 제작도면, 작업표준서 등과 같이 대출하여 작업 종료 후 즉시 반납시켜 전 공장 내의 공구를 집중적으로 관리하는 방식이다.
④ 각개보관방식은 대출, 반납에 관한 공구실측의 부담을 줄이는 효과는 있으나, 장기대출이 되기 쉽고 공구의 사장 등을 초래할 수 있다.

해설
체크대출방식은 단기대출의 공구에 사용되는 방식이다. 작업자 각자가 표준적인 공구를 보관시켜 사용하는 방식은 각개보관방식에 속한다.

---

38 설비관리의 자료에서 검사, 수리에 대한 계획 수립과 통계자료를 얻기 위한 자료는?

① 설비대장
② 설비배치도
③ 설비이력부
④ 설비의 설명서 도면류

해설
설비의 신설 이후 사용시간의 경과에 따라 정도, 능률, 수리비 등의 변화를 표시한 자료를 설비이력부에 정리해 두어야 한다. 이것은 다음의 검사, 수리에 대한 계획을 수립하거나 통계자료를 얻기 위한 것이다. 특히, 수리에 장기일을 요하는 것에 대해서는 설비이력부에 의해서 준비계획을 행한다.

39 어떤 투자활동의 수입의 현재 등가가 지출의 현재 등가와 똑같게 되는 이자율로 경제성을 평가하는 방법은?

① 자금회수기간법
② 원가비교법
③ 투자이익률법
④ 수익률 비교법

해설
① 자금회수기간법 : 투자에 의해서 얻어지는 이익에서 자금회수 기간이 가장 적은 설비를 선택하는 방법
② 원가비교법 : 신구 각 설비로 생산을 행할 경우 그 원가를 비교해서 원가가 적은 쪽이 유리하다고 선택하는 방법
③ 투자이익률법 : 신구 각 설비의 투자액에 대한 연간의 이익률을 구해 높은 쪽이 유리하다고 판정하는 방법

40 손실 평가에서 금전적으로 계산하는 것은 곤란하지만, 공해 발생에 의한 사회 불만이나 사회적 책임 등으로 발생되는 손실은?

① 납기 지연 손실
② 품질 저하 손실
③ 생산 감소로 인한 손실
④ 안전 및 사기 저하에 의한 손실

해설
안전 및 사기 저하에 의한 손실 : 금전적으로 계산하는 것은 곤란하지만 설비 불량, 잦은 고장이 종업원의 안전을 위협해 근로 의욕 저하의 원인이 되며, 공해 발생에 의한 사회 불만이나 사회적 책임 등 중요한 손실을 가져다 주는 것도 고려할 필요가 있다.

제3과목 공업계측 및 전기전자제어

41 4[μF]와 6[μF]의 콘덴서를 직렬로 접속했을 때 합성정전용량[μF]은 얼마인가?

① 2
② 2.4
③ 10
④ 24

해설
콘덴서의 직렬접속 합성정전용량 = $\frac{4 \times 6}{4+6} = \frac{24}{10} = 2.4$

42 입력회로가 '0'이면 출력은 '1', 입력신호가 '1'이면 출력이 '0'이 되는 논리회로는?

① AND 회로
② NOT 회로
③ OR 회로
④ NAND 회로

해설
출력이 입력의 부정이 되는 회로는 NOT 회로이다.

43 2개의 합성저항 R_1, R_2를 병렬로 접속하면 합성저항 R은 어떻게 되는가?

① $\frac{R_1 + R_2}{2}$
② $\frac{R_1 + R_2}{R_1 \cdot R_2}$
③ $R_1 + R_2$
④ $\frac{R_1 \cdot R_2}{R_1 + R_2}$

해설
$\frac{1}{R} = \frac{1}{R_1} + \frac{1}{R_2}$ 에서 $\frac{1}{R} = \frac{R_1 + R_2}{R_1 \cdot R_2}$, $R = \frac{R_1 \cdot R_2}{R_1 + R_2}$

정답 39 ④ 40 ④ 41 ② 42 ② 43 ④

44 다음 그림과 같은 반전 증폭기의 압력전압과 출력전압의 비, 즉 전압이득을 바르게 표현한 식은?

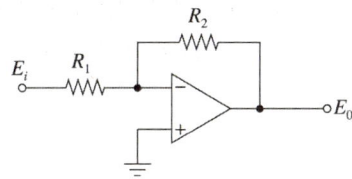

① $\dfrac{R_2}{R_1}$ ② $-\dfrac{R_2}{R_1}$

③ $1+\dfrac{R_2}{R_1}$ ④ $1-\dfrac{R_2}{R_1}$

해설
반전 증폭기의 전압이득은 $-\dfrac{R_2}{R_1}$ 이다.

45 다음 중 직류발전기의 주요 3요소는?

① 전기자, 계자, 브러시
② 브러시, 계자, 정류자
③ 전기자, 브러시, 정류자
④ 전기자, 계자, 정류자

해설
직류발전기의 주요 3요소는 전기자(Armature), 계자(Field Magnet), 정류자(Commutator)이다. 전기자는 원동기로 회전시켜서 자속을 끊어 기전력을 유도하며, 계자는 전기자를 통과하는 자속을 만드는 부분이다. 정류자는 브러시와 접촉하여 유도기전력을 정류하여 직류로 변환한다.

46 교류의 최댓값이 100[A]인 경우 실횻값은 약 몇 [A]인가?

① 141   ② 80
③ 70.7   ④ 63.7

해설
실횻값 $I=\dfrac{I_m}{\sqrt{2}}$, $I \approx 0.707 I_m = 0.707 \times 100 = 70.7[A]$

47 계측기가 미소한 측정량의 변화를 감지할 수 있는 최소 측정량의 크기는?

① 정밀도   ② 정확도
③ 오 차   ④ 분해능

해설
분해능은 장치가 인식할 수 있는 최소 측정치의 증가단위를 나타낸다. 예를 들어, 분해능이 0.1이라고 하면 0.1 단위로 증가함을 의미한다.

48 변위를 전압으로 변환하는 장치는?

① 서미스터
② 노즐 플래퍼
③ 차동변압기
④ 벨로스관

해설
③ 차동변압기 : 전자기유도를 이용해서 직선변위를 전압으로 변환하는 검출기이다.
① 서미스터 : 금속산화물을 소결하여 만들며 온도에 따라 저항치가 변하는 특성을 이용한 것이다.
② 노즐 플래퍼 : 노즐과 플래퍼 극간의 변화를 출구압의 압력으로 변환할 수 있다.
④ 벨로스관 : 탄성압력계의 일종으로 외주에 주름상자형의 금속 박판 원통의 내부 또는 외부에 압력을 받으면 중심축 방향으로 팽창 및 수축을 일으키는 저압측정용 압력계이다.

49 일반적인 회로시험기(Multi-tester)로 직접 측정할 수 없는 것은?

① 교류전압
② 직류전압
③ 직류전력
④ 직류전류

해설
회로시험기는 직류 전압(DCV), 직류 전류(DCmA), 교류 전압(ACV), 저항[Ω] 등을 측정하는 기기로, 교류전류와 직류전력은 직접 측정할 수 없다.

50 교류 기전력과 전류의 크기를 나타내는 값이 아닌 것은?

① 순시값
② 최댓값
③ 파고값
④ 실횻값

해설
③ 파고값이라는 것은 없다. 파고율 = $\dfrac{최댓값}{실횻값}$
① 순시값 : 순간순간 변화하는 전압의 값
② 최댓값 : 순시값 중에서 가장 큰 값
④ 실횻값 : 저항 $R[\Omega]$에 직류를 가했을 때와 교류를 가했을 때 발생하는 열량이 같을 때의 교류값

51 다이오드에 역방향 바이어스를 걸어줄 때 어느 한도 이상의 역방향 바이어스를 넘어서면 전류가 급속히 증가하고 전압이 일정하게 된다. 이러한 특성으로 인해 정전압회로에 매우 중요한 다이오드는?

① 제너다이오드
② 쇼트키다이오드
③ 가변용량다이오드
④ 터널다이오드

해설
제너다이오드(Zener Diode) : 다이오드에 역방향 전압을 가했을 때 전류가 거의 흐르지 않다가 어느 정도 이상의 고전압을 가하면 접합면에서 제너 항복이 일어나 갑자기 전류가 흐르게 되는 지점이 발생하게 된다. 이 지점 이상에서는 다이오드에 걸리는 전압은 증가하지 않고, 전류만 증가하게 되는데 이러한 특성을 이용하여 정전압을 만들 수 있다. 그래서 정전압 다이오드라고도 한다.

52 피드백 제어계에서 제어요소를 나타낸 것으로 가장 알맞은 것은?

① 검출부와 조작부
② 조절부와 조작부
③ 검출부와 조절부
④ 비교부와 검출부

해설
피드백 제어계에서 제어요소는 조절부와 조작부이다. 조절부는 기준입력과 검출부 출력의 합이 되는 신호를 받아서 제어계가 정해진 작용을 하는 데 필요한 신호를 만들어 조작부에 보내는 부분으로 제어기의 중심 부분으로서 제어대상 플랜트가 원하는 동작을 할 수 있도록 증폭기, PID조절기, 레버 등으로 조절하는 부분이다. 조작부는 조절부로부터 받은 신호를 조작량으로 바꾸어 제어대상(플랜트)에 보내 주는 역할을 한다. 검출부는 제어대상 플랜트의 실제적인 움직임을 변환기를 이용하여 직접 검출하는 부분이다.

53 PLC 제어반의 특징이 아닌 것은?

① 프로그램으로 복잡한 제어기능도 할 수 있다.
② 유닛 교환으로 수리를 할 수 있다.
③ 복잡한 제어라도 설계가 용이하다.
④ 완성된 장치는 다른 곳에서 사용할 수 없다.

해설
PLC 제어반의 특징
- 기능의 다양화
- 프로그램의 고기능성
- 유지보수의 편리성
- 고신뢰성
- 설치의 간편성

54 단위계단함수 $u(t)$의 라플라스 변환은?

① e
② $\dfrac{1}{s}e$
③ $\dfrac{1}{e}$
④ $\dfrac{1}{s}$

해설
$u(t)$는 단위계단함수로서, $u(t)=1(t \geq 0)$, $0(t<0)$으로 정의되며 함수 형태가 계단모양이다. 따라서 라플라스 변환은 $\dfrac{1}{s}$이다.

55 다음 시퀀스회로를 논리식으로 나타낸 것은?

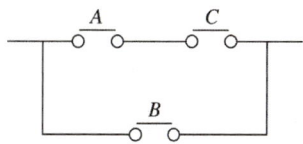

① $A+B+C$
② $(A \cdot C)+B$
③ $A \cdot (B+C)$
④ $(A+B) \cdot C$

해설
A와 C는 직렬(AND)로 연결되어 있으며 B와 병렬(OR)로 연결되어 있으므로 논리식은 $(A \cdot C)+B$이다.

56 다음 논리회로도의 출력식은?

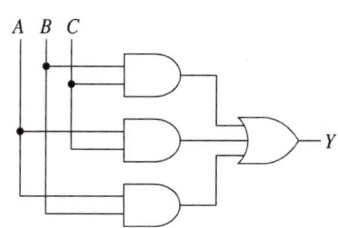

① $Y=ABC$
② $Y=A+B+C$
③ $Y=\overline{A}+\overline{B}+\overline{C}$
④ $Y=AB+BC+AC$

해설
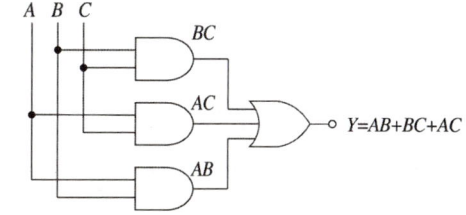

57 다음 중 이상적인 연산증폭기의 특성이 아닌 것은?

① 입력 임피던스는 무한대이다.
② 전압이득은 0이다.
③ 대역폭은 무한대이다.
④ 출력 임피던스는 0이다.

해설
이상적인 연산증폭기의 특성 : 입력저항 무한대($R_i = \infty$), 출력저항 0($R_0 = 0$), 전압이득 무한대($A_v = \infty$), 대역폭 무한대($B_W = \infty$), 오프셋(off-set) 0

58 면적식 유량계의 설치요령에 대한 설명으로 틀린 것은?

① 유체의 유입 방향은 반드시 상부에서 하부 방향으로 한다.
② 설치 시 수준기 또는 중추를 써서 수직으로 설치한다.
③ 유량계의 분리가 편리하도록 계수 또는 플랜지를 사용하여 배관한다.
④ 하류측에는 반드시 역지 밸브를 설치하여 역류에 의한 부자 손상을 방지한다.

해설
면적식 유량계의 설치요령
• 유체의 유입 방향은 반드시 하부에서 상부 방향으로 한다.
• 설치 시 수준기 또는 중추를 써서 수직으로 설치한다.
• 유량계의 분리가 편리하도록 계수 또는 플랜지를 사용하여 배관한다.
• 하류측에는 반드시 역지밸브를 설치하여 유체의 역류에 의한 부자 손상을 방지한다.
• 설치할 때 유량계 자체에 세로·가로 방향으로 응력이 걸리지 않도록 매우 주의해야 한다.

59 전기적 증폭기를 갖는 계측계에 많이 일어나는 드리프트 현상의 원인은?

① 감도 특성
② 비직선성
③ 히스테리시스 오차
④ 자기가열이나 재료의 크리프 현상

해설
드리프트 현상은 자기가열이나 재료의 크리프 현상 등에 기인한다.

60 전압계의 측정범위를 넓히기 위해 전압계에 저항을 직렬로 접속하는 저항은?

① 초 퍼
② 배율기
③ 분류기
④ 증폭기

해설
내부저항이 r, 허용전압이 V인 전압계의 측정범위를 n배로 하려고 할 때 전압계의 직렬로 연결하는 큰 저항 R을 배율기라 하고, 전류계에 병렬로 연결하는 작은 저항 R을 분류기라고 한다.

정답 57 ② 58 ① 59 ④ 60 ②

제4과목 기계정비일반

61 두 축이 평행한 경우에 사용되는 기어가 아닌 것은?

① 스퍼기어
② 헬리컬기어
③ 내접기어
④ 베벨기어

해설
- 두 축이 평행한 경우 : 스퍼 기어, 헬리컬기어, 이중 헬리컬기어, 래크와 작은 기어, 내접기어
- 두 축이 직교한 경우 : 베벨기어

62 열박음을 위해 베어링은 가열 유조에 넣고 가열할 때 몇 [℃] 이상에서 베어링의 경도가 저하되는가?

① 130[℃]
② 150[℃]
③ 180[℃]
④ 200[℃]

해설
베어링 장착방법 중 열박음에 의한 방법은 가열유조에 베어링을 가열 팽창시켜 축을 끼우는 방법으로, 거의 100[℃]로 가열한다. 130[℃] 이상 가열하면 베어링 자체 경도 저하의 염려가 있다.

63 송풍기의 베어링 과열원인이 아닌 것은?

① 베어링의 마모
② 임펠러(Impeller)의 부식
③ 베어링 조립 불량
④ 그리스(Grease)의 과충전

해설
임펠러가 부식 마모되면 불균형이 생기기 쉬우며 이상 진동의 원인이 된다.

64 용적형 펌프의 종류가 아닌 것은?

① 기어펌프
② 베인펌프
③ 나사펌프
④ 마찰펌프

해설
용적형 펌프
- 왕복펌프
  - 피스톤펌프 : 수평 피스톤펌프, 수직 피스톤펌프
  - 플런저펌프 : 수평형(1연 펌프, 2연 펌프, 3연 펌프), 수직형(1연 펌프, 2연 펌프, 3연 펌프)
  - 다이어프램펌프
  - 윙펌프
- 회전펌프
  - 기어펌프 : 외치기어펌프, 내치기어펌프
  - 편심펌프 : 베인펌프, 롤러펌프, 로터리 플런저 펌프
  - 나사펌프 : 싱글나사펌프, 투나사펌프, 트리나사펌프

65 관 속을 충만하게 흐르고 있는 액체의 속도를 급격히 변화시킬 경우 나타나는 현상은?

① 공동현상
② 서징현상
③ 수격현상
④ 펌프효율상승현상

해설
① 공동현상(Cavitation) : 유체가 포화증기압 이하로 내려가면 증발하여 기포가 발생되는 현상
② 서징현상 : 가변 오리피스를 갑자기 닫거나, 변환밸브의 유로를 갑자기 변환 등 유체의 흐름을 급격히 막으면 발생(계통 내의 유체 압력의 과도적인 변동)하는 현상

정답 61 ④ 62 ① 63 ② 64 ④ 65 ③

66 다음 그림은 기어 감속기에 부착된 명판이다. 감속기의 출력 회전수는 약 얼마인가?

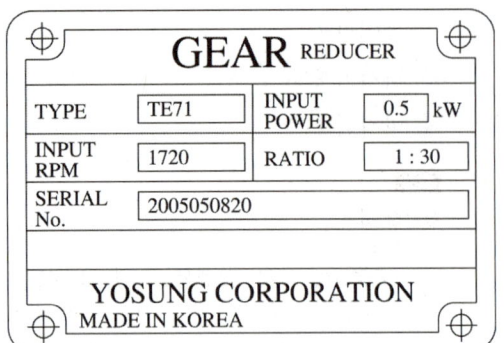

① 30[RPM] ② 60[RPM]
③ 100[RPM] ④ 200[RPM]

해설
최대 회전수가 1,720[rpm]이고, 감속비가 1 : 30일 경우 1,720 × 1/30 ≒ 60[rpm]

67 펌프에 관한 설명 중 올바른 것은?

① 다단펌프는 유량을 증가시킨다.
② 양흡입펌프는 양정을 증가시킨다.
③ 양흡입펌프는 축추력이 발생되지 않는다.
④ 축 방향으로 유체를 흡입하고 반경 방향으로 토출시키는 펌프는 축류식 펌프이다.

해설
① 다단펌프는 양정을 증가시킨다.
② 양흡입펌프는 유량을 증가시킨다.
④ 축 방향으로 유체를 흡입하고 축 방향으로 토출시키는 펌프는 축류식 펌프이다.

68 펌프의 원리 구조상 분류 시 용적형 회전펌프가 아닌 것은?

① 기어펌프
② 베인펌프
③ 터빈펌프
④ 나사펌프

해설
터빈펌프는 비용적형 펌프로서 원심펌프에 속한다.

69 압력이 포화수증기압 이하로 낮아지면서 기포가 발생하는 현상은?

① 캐비테이션
② 수격현상
③ 채터링현상
④ 교축현상

해설
물은 100[℃]가 되면 끓으나 이는 1기압의 압력하에서이며, 압력이 낮아지면 물의 비등점은 100[℃]보다 낮아지고 압력이 더욱 저하하면 나중에는 상온에서도 끓는 현상이 나타난다. 이것은 압력이 그때 물의 온도에 해당하는 포화증기압 이하로 내려가 물이 증발하여 기포가 생기기 때문이다. 펌프의 내부에서도 흡입 양정이 높거나 흐름속도가 국부적으로 빠른 부분 등은 압력이 저하, 유체가 증발되는 현상이 발생하게 되며 이와 같은 현상을 캐비테이션이라 한다.

70 기어전동장치에서 두 축이 직각이며, 교차하지 않는 경우에 큰 감속비를 얻을 수 있으나 전동효율이 매우 나쁜 기어는?

① 스큐기어(Skeu Gear)
② 웜기어(Worm Gear)
③ 베벨기어(Beval Gear)
④ 헬리컬기어(Helical Gear)

해설
① 스큐기어 : 교차하지도 않고 평행하지도 않은 두 축 간에 운동을 전달하는 기어를 총칭
③ 베벨기어 : 교차되는 두 축 간에 운동을 전달하는 원뿔형의 기어를 총칭
④ 헬리컬기어 : 이 끝이 나선형인 원통형 기어

71 다음 그림과 같은 육각 홈이 있는 둥근머리 볼트를 조이거나 풀 때 사용하는 공구는?

① 드라이버
② 소켓렌치
③ 훅 스패너
④ L-렌치

해설
체결용 공구 : 양구, 편구, 타격 스패너, 더블오프셋 렌치, 조합 스패너, 훅 스패너(원주면 홈이 있는 부분), 박스렌치(소켓렌치와 핸들로 구성), 멍키 스패너(조절렌치, 규격 : 전체의 길이), L-렌치

72 흐르는 전류를 검출하여 전동기를 보호하는 것은?

① 전자릴레이
② 과부하계전기
③ 전자개폐기
④ 누전차단기

해설
• 전자계전기(Relay) : 철심에 코일을 감고 전류를 흘려주면 전자기력에 의하여 접점을 개폐하는 기능을 가진 제어장치
• 전자개폐기 : 설정값 이상의 과전류가 부하에 흐르게 되면 검출하여 전자접촉기 주접점을 열어 부하를 정지시키는 장치

73 펌프의 흡입관 배관에 대한 설명으로 틀린 것은?

① 흡입관에서 편류나 와류가 발생하지 못하게 한다.
② 관의 길이는 길게 하고 곡관의 수는 적게 한다.
③ 흡입관 끝에 스트레이너를 사용한다.
④ 배관은 공기가 발생하지 않도록 펌프를 향해 1/50 올림구배를 한다.

해설
관의 길이는 짧게 하고 곡관의 수는 적게 한다.

74 다음 중 기어 이의 열화현상이 아닌 것은?

① 과부하로 인한 파손
② 표면의 피로
③ 이면의 간섭
④ 습동 마모

해설
①은 이의 파손현상이다. 기어 이면의 열화에 의한 현상에는 습동 마모, 소성항복, 용착, 표면의 피로, 이면의 간섭 등이 있다.

75 다음 측정기 중 비교 측정에 사용되는 것은?

① 버니어 캘리퍼스
② 마이크로미터
③ 측장기
④ 전기마이크로미터

해설
- 직접 측정 : 강철자, 버니어 캘리퍼스, 마이크로미터, 높이 게이지, 측장기, 각도자 등
- 간접 측정 : 다이얼게이지, 미니미터, 옵티미터, 틈새 게이지, 실린더 게이지, 공기마이크로미터, 전기마이크로미터

76 관로에 유속의 급격한 변화 및 정전에 의한 펌프의 동력이 급히 차단될 때 관 내 압력이 상승 또는 하강하는 현상은?

① 수격(Water Hammer)현상
② 베이퍼로크(Vapor Lock) 현상
③ 캐비테이션(Cavitation) 현상
④ 서징(Surging)현상

해설
② 베이퍼로크 현상 : 브레이크 유체에 기포가 형성(마찰열 때문에)되어 브레이크 작동 시 스펀지처럼 푹 빠지는 현상으로 브레이크가 제대로 작동되지 않는 현상
③ 캐비테이션 현상 : 펌프의 흡입 양정이 높거나 흐름속도가 국부적으로 빠른 부분에서 압력 저하로 유체가 증발하는 현상
④ 서징현상 : 과도적으로 상승한 압력의 최댓값을 서지압력이라 하고, 계통 내의 유체압력의 과도적인 변동을 서징이라고 함

77 펌프의 검사 간격 및 항목에서 계절 점검항목이 아닌 것은?

① 축 슬리브
② 배관 지지 상태
③ 전 분해(Overhaul)
④ 윤활유의 양과 변질의 유무

해설
전 분해(Overhaul)는 연간 점검항목이다.

78 펌프 분해 조립 시 주의사항으로 틀린 것은?

① 상부 케이싱을 조립하기 전에 패킹 누르개와 랜톤 링을 정확히 조립한다.
② 축 보호 슬리브를 조립하기 전에 마모되는 면의 상태를 검사하고 마모되거나 거칠어져 있으면 수리한 후 조립한다.
③ 조립 시 새로운 O링을 사용해야 하며, O링은 비뚤어지지 않도록 다른 기구를 사용하지 않고 반드시 손으로 끼운다.
④ 케이싱 링 사이의 틈새를 필히 점검하고 회전차 웨어링과 케이싱 링 사이의 틈새가 커지면 케이싱 링을 교환하여야 한다.

해설
축 보호 슬리브를 조립하기 전에 마모되는 면의 상태를 검사하고 마모되거나 거칠어져 있으면 새것으로 교체해야 한다.

79 펌프 베어링의 과열원인과 조치사항으로 틀린 것은?

① 베어링 내의 패킹부를 통한 봉수 발생은 부식 및 고착의 원인이므로 새 패킹으로 교환한다.
② 축의 속도에 따른 기름의 정도가 부적당하면 유막이 끊기거나 교반 손실이 되어 발열되므로 사용조건에 따른 윤활유를 사용한다.
③ 윤활유가 부족하여 유막이 떨어져 발열할 때가 있다. 윤활량에 대해 1/3~1/2이 적정량이며 이보다 많으면 감소시켜야 한다.
④ 축 중심이 일치하지 않을 때 발열량이 증가한다. 축 중심을 일치시키고, 열팽창에 따른 기어커플링 같은 신축성 있는 축 이음을 사용한다.

해설
추력평형장치의 고장에 따른 이상 추력의 발생, 베어링 내의 불순물 침입을 막기 위한 패킹부에 공급하는 봉수는 동시에 냉각작용도 겸하며 이것이 부족 시 펌프 내 공기 침입이 발생함과 동시에 패킹 상자가 방열한다. 이를 방지하기 위해 글랜드부에서 계속 물이 약간씩 외부로 나오도록 글랜드의 조임·가감 및 공급물량을 조절한다.

80 냉간 인발로 제작된 이음매 없는 관으로 값이 비싸고 고온 강도가 약한 단점이 있으나, 내식성, 굴곡성이 우수하고 전기 및 열전도성이 좋아 열교환용, 압력계용 배관, 급유관 등으로 널리 사용되는 관은?

① 주철관
② 강 관
③ 가스관
④ 동 관

해설
① 주철관 : 강관보다 무겁고 약하나 내식성이 풍부하고, 내구성이 우수하고 가격이 저렴하다. 수도, 가스, 배수 등의 배설관으로 널리 사용한다.
② 강관 : 이음매가 있는 강관과 없는 강관으로 구별하고, 내식성을 증가시키기 위해 아연 도금, 모르타르, 고무, 플라스틱 등으로 라이닝한다.

2022년 제1회 과년도 기출복원문제

제1과목 공유압 및 자동화 시스템

01 절대압력을 올바르게 표현한 것은?

① 절대압력은 게이지압력을 말한다.
② 절대압력은 표준 대기압력보다 항상 높다.
③ 절대압력은 대기압을 '0'으로 하여 측정한 압력이다.
④ 절대압력은 완전한 진공을 '0'으로 하여 측정한 압력이다.

해설
- 절대압력(Absolute Pressure) : 완전 진공을 기준으로 하여 나타낸다.
  절대압력 = 대기압 + 게이지압력
- 게이지압력(Gauge Pressure) : 대기압을 기준으로 하여 나타낸다.

02 온도가 일정할 때 절대압력과 체적과의 관계로 맞는 것은?

① 공기의 체적은 절대압력에 비례한다.
② 공기의 체적은 절대압력에 반비례한다.
③ 공기의 체적은 절대압력의 제곱에 비례한다.
④ 공기의 체적은 절대 압력의 제곱에 반비례한다.

해설
보일의 법칙 : 기체의 온도를 일정하게 유지하면서 압력 및 체적이 변화 시 압력과 체적은 서로 반비례한다.
$P_1 V_1 = P_2 V_2 =$ Constant

03 토출되는 압축공기가 왕복운동을 하는 피스톤과 직접 접촉하지 않아 주로 깨끗한 환경에 사용되는 압축기는?

① 격판 압축기
② 베인 압축기
③ 스크루 압축기
④ 피스톤 압축기

해설
- 베인 압축기 : 편심로터가 흡입과 배출 구멍이 있는 실린더 형태의 하우징 내에서 회전하여 압축공기를 토출하는 압축기
- 스크루 압축기 : 나선형의 로터가 서로 반대 회전하여 축 방향으로 들어온 공기를 서로 맞물려 회전시켜 공기를 압축하는 압축기
- 왕복식 압축기 : 크랭크축을 회전시켜 피스톤의 왕복운동으로 압력을 발생시키는 압축기

04 공기저장탱크의 기능 중 잘못된 것은?

① 저장기능
② 냉각효과에 의한 수분 공급
③ 공기압력의 맥동 제거
④ 압력 변화를 최소화

해설
공기탱크의 기능
- 공기 소모량이 많아도 압축공기의 공급을 안정화시킨다.
- 공기 소비 시 발생되는 압력 변화를 최소화시킨다.
- 정전 시 짧은 시간 동안 운전이 가능하다.
- 공기압력의 맥동현상을 없애는 역할을 한다.
- 압축공기를 냉각시켜 압축공기 중의 수분을 드레인으로 배출시킨다.

정답 1 ④ 2 ② 3 ① 4 ②

05 일반적인 공압 단동 실린더의 최대 행정거리는 얼마인가?

① 10[mm]
② 50[mm]
③ 100[mm]
④ 200[mm]

해설
단동 실린더는 복귀운동용 스프링 때문에 행정거리가 제한되는데 일반적으로 100[mm] 정도가 최대 행정 길이다. 클램핑, 프레싱, 이젝팅, 이송, 리프팅 등의 용도에 사용된다.

06 다음과 같은 유압회로에 대한 설명 중 틀린 것은?

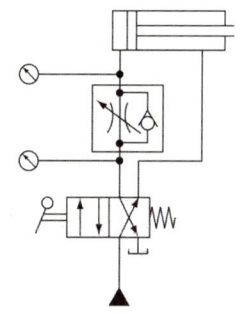

① 실린더의 속도를 항상 정확하게 제어할 수 있다.
② 실린더에 인장하중의 작용 시 카운터 밸런스 회로를 필요로 한다.
③ 전진운동 시 실린더에 작용하는 부하변동에 따라 속도가 달라진다.
④ 시스템에 형성되는 모든 압력은 항상 설정된 최대압력 이내이다.

해설
① 전진속도만 정확하게 제어되며, 후진속도는 제어되지 않는다.

07 유압모터 중 가장 간단하며 출력토크가 일정하고 정·역 회전이 가능하며 토크효율이 약 75~85[%], 전 효율은 약 80[%] 정도이고 최저 회전수는 150[rpm]으로 정밀한 서보기구에는 적합하지 않은 모터는?

① 베인모터
② 액시얼 피스톤 모터
③ 기어모터
④ 레디얼 피스톤 모터

해설
기어모터의 특징
• 가장 간단하고, 값이 저렴하다.
• 저속회전이 가능하고, 소형으로 출력토크가 일정하다.
• 운전조건이 양호하고, 정회전과 역회전이 가능하다.
• 누설량이 많고, 토크변동이 크다.
• 토크효율은 약 75~85[%], 용적효율은 94[%] 이하이다.
• 최저속도는 150~500[rpm] 정도이고, 정밀한 서보기구에는 적합하지 않다.

08 자동화시스템 유지 보수에 관한 설명 중 틀린 것은?

① 설비가 고장을 일으키기 전에 정기적으로 예방 수리를 하여 돌발적인 고장을 줄이는 데 목적이 있는 설비 관리 기법이 PM이다.
② 유지 보수비 지출을 가능한 한 최소로 하는 것이 전체 생산 원가를 줄이는 방법이다.
③ 예비 부품의 상시 확보 여부는 그 부품의 보관비용과 고장 빈도 또는 고장 1회당 설비 손실 금액을 고려하여 결정하여야 한다.
④ 설비의 상태를 관찰하여 필요한 시기에 필요한 보전을 하는 것을 CM이라 한다.

해설
CM(Corrective Maintenance) : 개량보전으로 설비 자체의 체질 개선(예방보전으로 고장이 없고, 보전하기 쉬운 설비로 개량)

09 래더 다이어그램(Ladder Diagram)의 회로 구성에 사용되지 않는 논리조건은?

① AND ② OR
③ NOT ④ STC

해설
래더 다이어그램은 릴레이 회로도를 표현한 것으로, 논리 기능으로는 AND, OR, NOT이 있다.

10 다음 설명 중 시퀀스제어의 정의로 맞는 것은?

① 이전 단계 완료 여부를 센서를 이용하여 확인 후 다음 단계의 작업을 수행하는 제어
② 어떤 신호가 입력되어 출력신호가 발생한 후에는 입력신호가 없어져도 그때의 출력 상태를 유지하는 제어
③ 시스템 내의 하나 또는 여러 개의 입력변수가 약속된 법칙에 의하여 출력변수에 영향을 미치는 공정
④ 제어하고자 하는 하나의 변수가 계속 측정되어서 다른 변수, 즉 지령치와 비교되며 그 결과가 첫 번째의 변수를 지령치에 맞추도록 수정을 가하는 것

해설
① 위치종속 시퀀스제어계
② 메모리제어(Memory Control)
③ 제어(Control)
④ 자동제어(Automatic Control)

11 유압장치에서 유압유의 점성이 지나치게 큰 경우에 나타날 수 있는 현상은?

① 각 부품 사이에서 누출 손실이 커진다.
② 부품 사이의 윤활작용을 하지 못하므로 마멸이 심해진다.
③ 유동의 저항이 급격히 감소한다.
④ 밸브나 파이프를 통과할 때 압력손실이 커진다.

해설
점성이 지나치게 큰 경우
• 마찰손실에 의한 동력손실이 큼(장치 전체의 효율 저하)
• 장치(밸브, 관 등)의 관 내 저항에 의한 압력손실이 큼(기계효율 저하)
• 마찰에 의한 열이 많이 발생(캐비테이션 발생)

12 압력 릴리프 밸브에서 압력 오버라이드는 어떻게 표현되는가?

① 전유량 압력 – 크래킹 압력
② 크래킹 압력 – 전유량 압력
③ 크래킹 압력 ÷ 전유량 압력
④ 전유량 압력 × 크래킹 압력

해설
압력 오버라이드(Pressure Over Ride)
• 전유량 압력과 크래킹 압력과의 차압(전유량 압력-크랭킹 압력)이다.
• 직동형 릴리프 밸브는 압력 오버라이드가 비교적 크다.
• 압력 오버라이드를 적게 하기 위하여 평형 피스톤형 릴리프를 사용한다.

13 로킹회로는 액추에이터 작동 중에 임의의 위치에 정지 또는 최종 단계에 로크(Lock)시켜 놓은 회로이다. 다음 그림의 로킹을 위하여 사용한 밸브는?

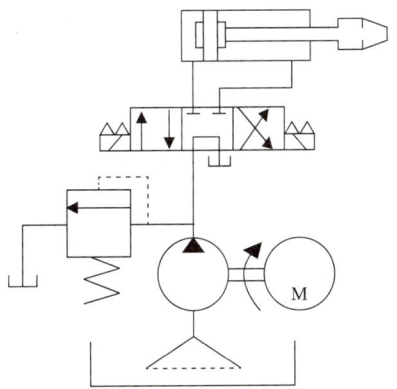

① 올 포트 블록형 변환밸브
② 탠덤 센터형 변환밸브
③ PB 포트 블록형 변환밸브
④ 파일럿 조작 체크밸브

> **해설**
> 센터 바이패스형(Tandem Center Type)
> • 액추에이터를 확실히 정지시킨다.
> • 펌프 언로드가 가능하다.

14 다음 그림과 같은 타이밍 차트(Timing Chart)에서 입력은 A와 B이며, 출력은 Y일 때 이 타이밍 차트는 어떤 회로인가?(단, 입출력 모두 양논리로 동작한다)

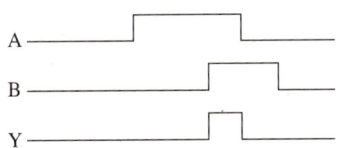

① AND 회로　　② OR 회로
③ NOT 회로　　④ NAND 회로

> **해설**
> AND 회로의 진리값과 동일
>
> | A | 0 | 1 | 1 | 0 | 0 |
> |---|---|---|---|---|---|
> | B | 0 | 0 | 1 | 1 | 0 |
> | Y | 0 | 0 | 1 | 0 | 0 |

15 다음 그림과 같은 논리회로의 연산결과를 불식으로 나타낸 것은?

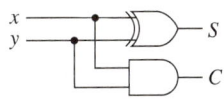

① $S = x + y,\ C = x \cdot y$
② $S = x + y,\ C = x - y$
③ $S = \overline{x} \cdot y + x,\ C = x + y$
④ $S = x \cdot \overline{y} + \overline{x} \cdot y,\ C = x \cdot y$

16 공압장치의 구성 중 공압 청정부에 속하는 것은?

① 압축기
② 에어탱크
③ 에어드라이어
④ 애프터쿨러

> **해설**
> 공압장치의 구성
> • 동력원 : 엔진, 전동기
> • 공압 발생부 : 압축기, 탱크, 애프터쿨러
> • 공압 청정부 : 필터, 에어드라이어
> • 제어부 : 압력제어, 유량제어, 방향제어
> • 작동부 : 실린더, 모터, 회전작동기

정답 13 ②　14 ①　15 ④　16 ③

17 상대습도에 대한 설명으로 틀린 것은?

① 상대습도는 습공기 내에 있는 수증기의 양과 포화 상태에서의 수증기 양에 대한 비이다.

② 상대습도 = $\dfrac{\text{현존하는 수증기량}[g/m^3]}{\text{그 온도에서의 포화 수증기량}[g/m^3]} \times 100[\%]$

③ 상대습도 = $\dfrac{\text{현존하는 수증기 분압}[kg/cm^3]}{\text{그 온도에서의 포화압력}[kg/cm^3]} \times 100[\%]$

④ 상대습도 = $\dfrac{\text{습공기 중의 증기의 중량}[g]}{\text{습공기 중의 건공기의 중량}[g]} \times 100[\%]$

해설

절대습도 = $\dfrac{\text{습공기 중의 증기의 중량}(g)}{\text{습공기 중의 건공기의 중량}(g)} \times 100[\%]$

18 무급유식 공기압축기의 특징이 아닌 것은?

① 급유식에 비하여 비싸다.
② 고급 내부 윤활유가 필요하다.
③ 급유식에 비하여 수명이 짧다.
④ 비교적 청정한 압축공기가 얻어진다.

해설

무급유식 공기압축기의 특징
- 토출공기 속에 기름이 함유되어 있지 않아 비교적 청정한 압축공기가 얻어진다.
- 고급 내부 윤활유가 필요 없다.
- 드레인에는 수분뿐이므로 자동배수밸브가 막히는 경우가 별로 없다.
- 급유식에 비하여 비싸다.
- 급유식에 비하여 수명이 짧다.

19 수랭식 냉각기 사용 시 주의사항으로 틀린 것은?

① 단수 시 경보를 낼 수 있는 장치가 있어야 한다.
② 청소 시 기계적인 방법이나 적당한 세정제를 사용하여야 한다.
③ 공기압축기와 가까운 곳에 설치하여 보수 점검이 쉽도록 하여야 한다.
④ 반드시 방진용 필터를 설치하여야 하며 정기적인 청소가 이루어져야 한다.

해설

수랭식 냉각기 사용 시 주의사항
- 공기압축기와 가까운 곳에 설치하여 보수 점검이 쉽도록 하여야 한다.
- 입구관로에 100[μm] 정도의 여과도를 가진 필터를 설치하여 관 속에 물때가 생기는 것을 방지함으로써 냉각성능을 보장할 수 있다.
- 단수 시 경보를 낼 수 있는 장치가 있어야 한다.
- 청소 시 기계적인 방법이나 적당한 세정제를 사용하여야 한다.

20 튜브형의 실린더가 2개 이상 서로 맞물려 있는 것으로서, 높이에 제한이 있는 경우에 사용하는 실린더는?

① 탠덤 실린더
② 차동 실린더
③ 텔레스코프 실린더
④ 듀얼 스트로크 실린더

해설

① 탠덤 실린더 : 꼬치 모양으로 연결된 복수의 피스톤을 n개 연결시켜 n배의 출력을 얻을 수 있도록 한 것이다.
② 차동 실린더 : 피스톤의 면적과 피스톤 로드의 면적이 일정한 면적비로 구성되어 출력을 일정 비율로 조절하여 사용할 수 있는 실린더이다.
④ 듀얼 스트로크 실린더 : 2개의 스트로크를 가진 실린더, 즉 다른 2개의 실린더를 직결로 조합한 것과 같은 기능을 갖고 있어 여러 방향의 위치를 결정한다.

제2과목 설비진단 및 관리

21. 회전기계에서 발생하는 이상현상 중 언밸런스 베어링 결함 등의 검출에 가장 널리 사용되는 설비진단기법은?

① 진동법
② 오일분석법
③ 응력해석법
④ 페로그래피법

해설
② 오일분석법 : 윤활유 중에 포함된 마모 금속의 양, 형태, 재질(성분) 등을 판단하는 방법
③ 응력해석법 : 설비구조물에서 발생하는 균열의 원인을 찾아내는 방법
④ 페로그래피법 : 페로그램을 페로스코프라고 하는 색 현미경으로 마모입자의 크기, 형상, 열처리한 재질 등을 관찰하여 이상 부위, 원인에 대한 규명을 실시하는 방법

22. 회전기계에서 채취한 오일 샘플링에서 마모입자를 자석으로 검출하여 크기, 형상 및 재질 등을 분석하여 이상 원인을 규명하는 설비진단기법은?

① 원자흡광법
② 회전전극법
③ 페로그래피법
④ 응력법

해설
오일 분석법에는 페로그래피법과 SOAP법이 있다.
• SOAP법 : 채취한 시료유를 연소하여 그때 생긴 금속성분 특유의 발광 또는 흡광현상을 분석하는 방법으로, 원자흡광법(금속성분의 흡수 스펙트럼을 측정), 회전전극법과 ICP법(금속성분의 발광 스펙트럼을 측정)이 있다.
• 응력법 : 설비구조물에서 발생하는 균열(과대한 응력, 반복 응력에 의한 피로 축적 등)의 원인을 찾아내는 방법으로, 각 부재에 실제 응력을 측정, 설비 내부에 실제 응력의 분포를 해석, 설비의 피로에 의한 수명을 해석한다.

23. 진동하는 동안 마찰이나 다른 저항으로 에너지가 손실되지 않은 진동은?

① 자유진동
② 강제진동
③ 비감쇠진동
④ 선형진동

해설
① 자유진동 : 외란이 가해진 후에 계가 스스로 진동
② 강제진동 : 계가 외력(가끔 반복적인 힘)에 의해 발생하는 진동
④ 선형진동 : 진동하는 계의 모든 기본요소(스프링, 질량, 감쇠기)가 선형 특성일 때 생기는 진동

24. 정현파 진동에서 진동의 상한과 하한의 거리를 무엇이라고 하는가?

① 변 위
② 속 도
③ 가속도
④ 진동수

25. 속도센서로 널리 사용되는 동전형 속도센서의 측정원리로 옳은 것은?

① 압전의 법칙
② 렌츠의 법칙
③ 오른나사의 법칙
④ 패러데이의 전자유도법칙

해설
속도센서
• 측정 주파수의 범위는 일반적으로 10~1,000[Hz]이다.
• 측정원리는 패러데이의 전자유도법칙이다.
• 기전력 e는 $e \propto B \times V$ (B : 자속 밀도, V : 도체의 속도)

26 진동 측정 시 주의해야 할 사항으로 틀린 것은?

① 항상 동일한 장소를 측정한다.
② 진동계를 바꿔가면서 측정한다.
③ 항상 동일한 방향으로 측정한다.
④ 언제나 같은 센서의 측정기를 사용한다.

해설
진동 측정 시 주의사항
- 항상 동일한 조건으로 측정할 것
- 언제나 동일 포인트로 부착할 것(장소, 방향)
- 언제나 동일한 센서의 측정기를 사용할 것
- 항상 같은 회전수일 때 측정할 것
- 항상 같은 부하일 때 측정할 것
- 윤활조건을 항상 같게 유지할 것

27 음의 전파 중 장애물 뒤쪽으로 음이 전파되는 현상은?

① 음의 간섭　　② 음의 굴절
③ 음의 확산　　④ 음의 회절

해설
- 음의 간섭 : 서로 다른 파동 사이의 상호적으로 나타나는 현상
- 음의 굴절 : 음파가 한 매질에서 다른 매질로 통과할 때 구부러지는 현상
- 음의 반사 : 음이 어떤 물체에 부딪쳤다가 다시 되돌아오는 현상

28 기름을 회전체에 떨어뜨려 미립자 또는 분무 상태로 만들어 급유하는 밀폐부의 급유법은?

① 링 급유법　　② 나사 급유법
③ 중력 급유법　④ 비말 급유법

해설
① 링 급유법 : 오일링이 축의 회전에 의하여 마찰면에 기름을 운반 윤활작용을 하는 방법이다.
② 나사 급유법 : 측면에 나선상의 홈을 만들고 축을 회전시키면 축의 회전에 따라 기름이 홈을 따라 올라가 축면에 급유되는 방법이다. 저속에는 이용되지 않는다.
③ 중력 급유법 : 높은 곳에 있는 기름탱크에서 분배관을 통해 기름을 흘려보내는 방법으로, 점도가 낮은 기름을 사용한다. 동력 소비가 작은 것이 장점이다.

29 일반적으로 시스템을 구성하는 기본적 요소에 속하지 않는 것은?

① 투 입　　② 처리기구
③ 산 출　　④ 품 질

해설
설비관리 시스템을 구성하는 기본적 요소
- 투입 : 원료
- 산출 : 제품
- 처리기구 : 설비
- 관리 : 운전 조작, 운전조건
- 피드백 : 제품 특성의 측정치 등

30 원자재의 양, 질, 비용, 납기 등의 확보가 곤란할 경우 원자재를 자사생산(自社生産)으로 바꾸어 기업 방위를 도모하는 투자는?

① 제품 투자
② 합리적 투자
③ 방위적 투자
④ 공격적 투자

해설
① 제품 투자 : 현재 제품에 대한 개량 투자와 신제품 개발 투자로 구분한다.
② 합리적 투자 : 설비의 갱신이나 개조에 의한 경비 절감을 목적으로 하는 프로젝트이다.
④ 공격적 투자 : 적극적으로 기술 혁신을 도모하여 타 회사보다 늦지 않도록 하기 위한 투자이다.

31 제품별 설비배치에 대한 특징과 거리가 먼 것은?

① 작업 흐름이 원활하고, 생산시간이 짧고 작업장 간 거리 축소로 재고 감소, 비용 감소, 생산 통제가 용이하다.
② 하나 또는 소수의 표준화된 제품을 대량으로 반복 생산하는 라인공정에 적합하다.
③ 하나의 기계 고장 시에도 유연하게 생산을 수행하며 고임금 기술자가 필요하다.
④ 작업 흐름은 미리 정해진 패턴을 따라가며, 각 작업장은 고도로 전문화된 하나의 작업만을 수행한다.

해설
설비 고장이나 품종의 감산 시 가동률이 저하된다(일괄 정지).

32 신뢰성의 평가척도에 관한 설명으로 잘못된 것은?

① 평균고장간격이란 전 고장수에 대한 전 사용시간의 비이다.
② 평균고장시간이란 사용시간에 대한 평균고장시간의 비율이다.
③ 평균고장간격은 고장률의 역수이다.
④ 고장률은 일정기간 중 발생하는 단위시간당 고장 횟수이다.

해설
평균고장시간 : 대상물이 사용되어 처음 고장이 발생할 때까지의 평균시간

평균고장시간 = $\dfrac{\text{장비의 총가동시간}}{\text{특정시간으로부터 발생한 총고장수}}$

33 부하시간에서 고장, 품목 변경에 의한 작업 준비, 금형 교체 그리고 예방보전 등의 시간을 뺀 실제 설비가 가동된 시간을 의미하는 것은?

① 가동시간　② 휴지시간
③ 조업시간　④ 캘린더시간

해설
조업시간 : 잔업을 포함한 실제 가동시간이다.

34 경제 대안의 평가를 위한 방법으로 자본 사용의 여러 가지 방법에 대하여 창출되는 수입액수를 기준으로 평가하는 기법이다. 즉, 미래의 모든 비용의 현재 가치와 미래의 모든 수입의 현재 가치를 같게 하는 방법은?

① 현가액법　② 연차등가액법
③ 회수기간법　④ 수익률법

해설
수익률비교법 : 경제 대안을 수학적으로 비교하는 방법으로, 어떤 투자활동의 수입의 현재(연간)등가가 지출의 현재(연간)등가와 똑같게 되는 이자율로 경제성을 평가하는 방법

정답 31 ③　32 ②　33 ①　34 ④

35 진동 주파수에 대한 설명으로 옳은 것은?

① 주기가 길면 주파수가 높다.
② 주기가 짧으면 주파수가 높다.
③ 회전수를 높이면 주파수는 낮아진다.
④ 회전수를 낮추면 주파수는 높아진다.

해설
주기와 주파수는 반비례 관계이다.

36 축이 1,800[rpm]으로 회전하는 모터에 설치되어 있는 베어링의 볼 결함 주파수는 얼마인가?(단, 베어링 볼 수는 10개이다)

① 180[Hz] ② 200[Hz]
③ 280[Hz] ④ 300[Hz]

해설
주파수(f) = $\dfrac{1}{T}$ = $\dfrac{\text{모터의 회전수(분당)}}{60}$ = $\dfrac{1,800}{60}$ = 30[Hz]
결함 주파수 = 30[Hz] × 10 = 300[Hz]

37 주파수의 변환현상으로, 어떤 최고 입력 주파수를 설정했을 때 이보다도 높은 주파수 성분을 가진 신호를 입력한 경우에 생기는 문제를 뜻하는 현상은?

① 샘플링(Sampling) 현상
② 에일리어싱(Aliasing) 현상
③ 피켓 펜스(Picket Fence) 현상
④ 시간 윈도(Time Window) 현상

해설
- 피켓 펜스(Picket Fence) 효과 : 주파수 영역에서 스펙트럼을 분리하여 샘플링하기 때문에 생기는 현상
- 시간 윈도(Time Window) : FFT 분석에 있어 무한정된 길이의 데이터에 대하여 불연속성을 없애기 위하여 기록의 양끝에서의 함수값과 기울기가 0인 다른 윈도함수를 사용하는 것

38 발음원이 이동할 때 그 진행 방향쪽에서는 발음원의 음보다 고음으로, 진행 반대쪽에서는 저음으로 되는 현상은?

① 맥놀이 현상
② 마스킹 현상
③ 도플러 현상
④ 호이겐스 현상

해설
① 맥놀이 현상 : 주파가 다른 두 개의 음원으로부터 나오는 음은 보강간섭과 소멸간섭을 교대로 이루어 어느 순간에 큰 소리가 들리면 다음 순간에는 조용한 소리로 들리는 현상
② 마스킹 현상 : 크고 작은 두 소리를 동시에 들을 때 큰 소리만 듣고 작은 소리는 듣지 못하는 현상
④ 호이겐스 현상 : 하나의 파면상의 모든 점이 파원이 되어 각각 2차원적인 구면파를 사출하여 그 파면들이 둘러싸는 면이 새로운 파면을 만드는 현상

39 총체적 공장배치계획 절차의 순서로 옳은 것은?

① 제품 수량(P-Q) 분석 – 자재 흐름 분석 – 활동 상호관계 분석 – 흐름활동 상호관계 분석 – 면적 상호관계 분석
② 제품 수량(P-Q) 분석 – 활동 상호관계 분석 – 자재 흐름 분석 – 면적 상호관계 분석 – 흐름활동 상호관계 분석
③ 제품 수량(P-Q) 분석 – 자재 흐름 분석 – 흐름활동 상호관계 분석 – 활동 상호관계 분석 – 면적 상호관계 분석
④ 제품 수량(P-Q) 분석 – 흐름활동 상호관계 분석 – 면적 상호관계 분석 – 자재 흐름 분석 – 활동 상호관계 분석

40 설비보전활동 중에서 필요한 수리, 정비, 개수 등을 위한 제 기능을 수행하여 설비에 투입되는 비용을 최소화하는 데 목적을 두고 있는 것은?

① 일정관리
② 외주관리
③ 부하관리
④ 공사관리

> **해설**
> 공사관리 : 요구조건에 맞게 요구일까지 경제적으로 공사 수행의 일시계획을 세우고, 이에 따라 통제·감독·조정하여 가장 경제적인 공사를 실시하는 보전활동

제3과목 공업계측 및 전기전자제어

41 트랜지스터가 증폭을 하기 위해 동작점은 어느 동작영역에 있어야 하는가?

① 차단영역
② 활성영역
③ 포화영역
④ 항복영역

> **해설**
> 트랜지스터를 증폭기로 동작시키려면 트랜지스터 동작영역을 활성영역에 위치하도록 바이어스되어야 한다.

42 논리식 $\overline{A+B}$ 와 같은 의미를 나타내는 논리식은?

① $\overline{A \cdot B}$
② $A \cdot B$
③ $\overline{A}+\overline{B}$
④ $\overline{A} \cdot \overline{B}$

> **해설**
> 드모르간의 법칙
> $\overline{(A \cdot B)} = \overline{A}+\overline{B}$, $\overline{(A+B)} = \overline{A}+\overline{B}$ 에 의하여
> $\overline{A+B} = \overline{A} \cdot \overline{B}$ 이다.

43 타여자 발전기의 전기자 저항 0.1[Ω]에 50[A]의 부하전류를 공급하여 단자전압 200[V]를 얻었다. 발전기의 유도 기전력은 몇 [V]인가?

① 200
② 450
③ 195
④ 205

> **해설**
> 타여자 발전기의 유도 기전력
> $E = V + I_a \times R_a = 200 + 50 \times 0.1 = 205[V]$
> (V : 단자전압, I_a : 전기자 전류, R_a : 전기자 저항)

44 실리콘 정류소자(SCR)에 관한 설명으로 적당하지 않은 것은?

① 직류, 교류 전력제어에 사용된다.
② 스위칭 소자이다.
③ 쌍방향성 사이리스터이다.
④ PNPN 소자이다.

해설
실리콘제어 정류소자(SCR)는 3단자 단방향성 소자이다.

45 유도 전동기의 Y-Δ 기동과 관계가 없는 것은?

① 전동기의 기동전류를 제한한다.
② 정격전압을 직접 전동기에 가해 기동한다.
③ 기동 시 전동기의 고정자 권선을 Y결선한다.
④ 기동 전류가 감소하면 Δ로 전환한다.

해설
Y-Δ 기동 : 전동기의 기동전류를 제한하며 기동시 전동기의 고정자 권선을 Y결선하고 기동전류가 감소하면 Δ로 전환한다.

46 1차 지연요소에서 시정수의 응답을 바르게 설명한 것은?

① 시정수가 크면 응답시간이 길어진다.
② 시정수가 크면 응답시간이 짧아진다.
③ 시정수는 응답시간과 무관하다.
④ 시정수가 작으면 응답시간이 길어진다.

해설
1차 지연요소에서 시정수의 응답
- 1차 지연요소의 전달함수는 $\dfrac{K}{Ts+1}$ 이다(K : 이득 상수, T : 시상수).
- 전류가 정상값의 63.2[%]에 이르기까지의 시간 시상수(시정수)이다. 일반적으로 시상수가 클수록 정상값에 이르기까지의 시간이 길어진다.

47 다음 중 3상 유도전동기의 속도제어법이 아닌 것은?

① 슬립제어
② 극수제어
③ 주파수제어
④ 계자제어

해설
3상 유도전동기의 속도제어법
- 주파수제어법 : 공급전원에 주파수를 변화시켜 동기속도를 바꾸는 방법
- 1차 전압제어 : 전압의 2승에 비례하여 토크가 변하는 것을 이용해 속도 제어
- 극수 변환에 의한 속도제어 : 고정자 권선의 접속을 바꾸어 극수를 바꿔 속도제어
- 2차 저항제어(슬립제어) : 비례 추이를 이용하여 외부저항을 삽입하여 속도제어
- 2차 여자제어 : 반대의 전압을 가형 전압 강하가 일어나도록 한 것

44 ③ 45 ② 46 ① 47 ④

48 다음 그림은 제어밸브 고유 유량특성에 대한 것이다. ㉠ 곡선에 해당되는 특성은?

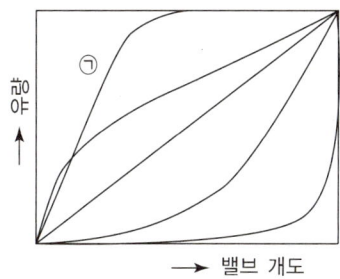

① 리니어
② 이퀄 퍼센트
③ 퀵 오픈
④ 하이퍼 볼릭

> **해설**
> 고유 유량특성 곡선의 종류

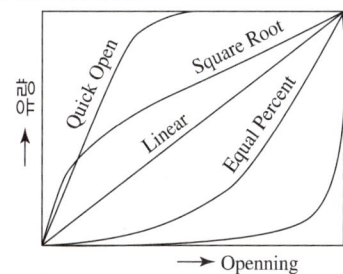

- Quick Open(접시형)
  낮은 개도에서 최대유량 변화를 제공, 최대유량을 신속하게 얻어야 할 때 사용(예 On-off 제어)
- Linear
  – 느린 공정에 적용(예 레벨제어)
  – 밸브의 압력손실이 계통압력손실의 40[%] 초과 시 사용
- Equal Percent
  – 거의 지수적으로 증가(예 압력제어)
  – 차압이 심하게 변화하는 곳에 사용
  – 빠른 공정, 조절범위가 클 때, 생산속도의 증가보다 더 큰 가열, 냉각매체의 증가가 요구될 때 적용

49 어떤 도체에 5[A]의 전류가 10분 동안 흐르면, 이때 이동한 전기량은 몇 [C]인가?

① 500
② 1,000
③ 2,000
④ 3,000

> **해설**
> 전류는 단위 시간[sec] 동안에 도체의 단면을 이동한 전하량(전기량)으로 나타내며 t[sec] 동안에 Q[C]의 전하가 이동하였다면
> $I = \dfrac{Q}{t}$[A], $Q = I \cdot t = 5 \times 10 \times 60 = 3{,}000$[C]

50 그림과 같은 논리 입력에 대한 출력은?(단, $R \neq 0$)

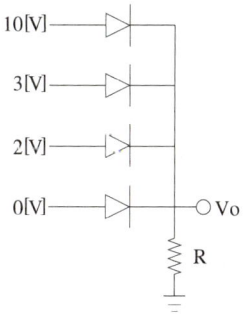

① 15[V]   ② 10[V]
③ 5[V]   ④ 0[V]

> **해설**
> OR Gate에서는 Diode 3[V] 입력, 2[V] 입력, 0[V] 입력이 역방향 Bias이므로 Diode가 전류를 차단하여 전류가 흐르지 못하여 3[V]와 2[V], 0[V] 입력은 아무런 영향을 주지 못하므로 10[V]의 Diode를 도통하여 전류를 흘릴 수 있다.

51 정전용량 1[μF]의 콘덴서가 60[Hz]인 전원에 대한 용량 리액턴스[Ω]의 값은 약 얼마인가?

① 2,500 ② 2,600
③ 2,653 ④ 2,753

해설
$$Z_C = \frac{1}{wC}$$
$$= \frac{1}{2\pi fC}$$
$$= \frac{1}{2 \times 3.14 \times 60 \times 1 \times 10^{-6}}$$
$$= 2,653[\Omega]$$

52 다음과 같은 블록선도에서 전달함수로 알맞은 것은?

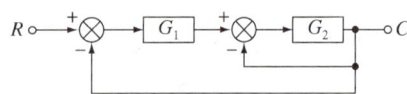

① $\dfrac{G_1 G_2}{1+G_1 G_2}$

② $\dfrac{G_1 G_2}{1+G_1+G_2}$

③ $\dfrac{G_1 G_2}{1+G_1+G_1 G_2}$

④ $\dfrac{G_1 G_2}{1+G_2+G_1 G_2}$

해설
$$\frac{C}{R} = \frac{\frac{G_1 G_2}{1+G_2}}{1+\frac{G_1 G_2}{1+G_2}} = \frac{\frac{G_1 G_2}{1+G_2}}{\frac{1+G_2+G_1 G_2}{1+G_2}} = \frac{G_1 G_2}{1+G_2+G_1 G_2}$$

53 PD미터라고도 하며 오발(OVAL)기어형과 루트(Roots)미터형을 주로 사용하는 유량계는?

① 전자 유량계 ② 와류식 유량계
③ 용적식 유량계 ④ 터빈식 유량계

해설
③ 용적식(PD) 유량계 : 회전자와 본체 사이의 일정 용적의 공간에 충만된 유체를 출구측으로 통과시켜 회전자의 회전수를 측정하여 통과량을 측정할 수 있는 유량계
① 전자 유량계 : 전자유도의 법칙을 이용하여 유체의 유량 측정
② 와류식 유량계 : 유체의 유속 변화에 따른 소용돌이 발생수를 직접 주파수 변화로 감지(유속 변화형), 힘의 변화를 주파수 변화로 감지(압력 변화형), 기체, 액체 측정 가능
④ 터빈식 유량계 : 유체의 흐름 속에 날개가 있는 회전자를 설치하여 유속에 비례하는 회전수 검출해 유량 측정

54 피드백 제어계에서 제어요소를 나타낸 것으로 가장 알맞은 것은?

① 검출부와 조작부
② 조절부와 조작부
③ 검출부와 조절부
④ 비교부와 검출부

해설
다음 그림은 자동제어계의 구성도이다. 제어요소는 동작신호를 조작량으로 변화를 주는 요소이며, 조절부와 조작부로 구성되어 있다.

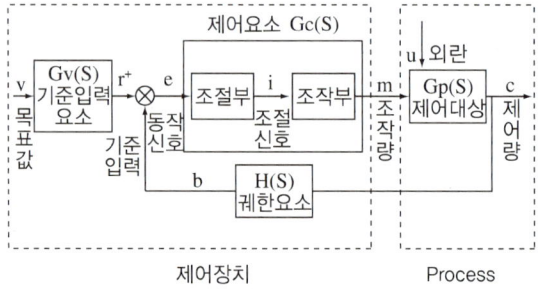

55. 연산증폭기에 계단파 입력(Step Function)을 인가하였을 때 시간에 따른 출력전압의 최대 변화율은?

① 드리프트(Drift)
② 옵셋(Offset)
③ 대역폭(Bandwidth)
④ 슬루율(Slew Rate)

해설
연산증폭기에서 계단파 입력(Step Input)전압이 인가되었을 때 시간에 따른 출력전압의 최대 변화율이 슬루율(Slew Rate)이다. 이 슬루율은 연산증폭기 내부 증폭단에서의 고주파 응답에 의존한다.

56. J-K 플립플롭에서 J = 1, K = 1이면 동작 상태는?

① 반 전
② set 상태
③ reset 상태
④ 변하지 않음

해설
J-K 플립플롭은 출력을 AND 게이트로 궤환을 걸어 J = 1, K = 1일 때 반전되게 한 회로이다. 기억장치, 카운터 등 디지털회로의 기본적인 회로에 널리 사용된다.

J-K 플립플롭 진리표

J	K	Q_{n+1}	동 작
0	0	Q_n	불 변
0	1	0	reset
1	0	1	set
1	1	Q_n'	반 전

57. 플립플롭 회로는 어느 회로에 해당하는가?

① 역안정 멀티바이브레이터
② 단안정 멀티바이브레이터
③ 비안정 멀티바이브레이터
④ 쌍안정 멀티바이브레이터

해설
플립플롭 회로는 쌍안정 멀티바이브레이터로 만들어졌으며, 1비트의 기억작용을 갖는 2차 소자로서 레지스터 카운터의 구성요소로 이루어진다.

58. 소음계로 소음 측정 시 주의사항으로 틀린 것은?

① 반사음 영향을 고려한다.
② 청감보정회로를 사용한다.
③ 암소음을 고려한 보정치를 고려한다.
④ 변동이 작은 소음은 Fast, 변동이 심한 소음은 Slow에 놓고 측정한다.

해설
소음계 사용 시 주의사항
- 반사음 영향을 고려한다.
- 청감보정회로를 사용한다.
- 암소음을 고려한 보정치를 고려한다.
- 측정소음 레벨이 유효 측정범위인지 확인한다.
- 측정감도 조정을 확인한다(시간 가중치 Fast는 소음 변화가 빠르게 반응하고, Slow는 느리게 반응한다)
- 절대압 의존성(고도)에 따라 기압이 다르므로 dB을 보정한다.

정답 55 ④ 56 ① 57 ④ 58 ④

59 푸리에 변환의 특징이 아닌 것은?

① FFT 분석에는 항상 양(Positive)부호의 주파수 성분이 나타난다.
② 충격신호와 같은 임펄스(Impulse)신호는 푸리에 변환이 불가능하다.
③ 시간 대역이나 주파수 대역에서 유한한 신호는 다른 대역에서 무한한 폭을 갖는다.
④ 어떤 대역에서 주기성을 갖는 규칙적인 신호라도 다른 대역에서는 불규칙한 신호로 나타낼 수 있다.

해설
푸리에 변환은 일반함수를 주파수함수로 분해하는 것으로, 임펄스 신호도 푸리에 변환이 가능하다.

60 계장 배선에서 MI 케이블의 특징이 아닌 것은?

① 내구성이 좋다.
② 고온에 적용할 수 있다.
③ 절연 불량 시 쉽게 수리할 수 있다.
④ 일반 케이블의 2배로 센 발열을 할 수 있다.

해설
MI 케이블은 절연 불량 시 전문가의 용접기술이 필요하기 때문에 수리하기 어렵다.

제4과목 기계정비일반

61 정비용 측정기구가 아닌 것은?

① 오스터(Oster)
② 진동계(Vibro-meter)
③ 소음계(Sound Level-meter)
④ 베어링 체커(Bearing Checker)

해설
오스터는 배관용 기구로, 수동식 파이프 나사 절삭용으로 사용된다.

62 다음 중 볼트의 호칭 길이를 나타내는 것은?

① 머리 부분에서 선단까지의 길이
② 선단에서 불완전 나사부까지의 길이
③ 머리부를 제외한 전체 길이
④ 선단에서 완전 나사부까지의 길이

해설
볼트의 호칭 길이 : 머리 부분 높이를 제외한 전체 길이(볼트의 길이)

63 페더키(Feather Key)라고도 하며, 키를 조립하였을 경우 보스가 가볍게 이동할 수 있는 키는?

① 묻힘키   ② 접선키
③ 반달키   ④ 미끄럼키

해설
① 묻힘키(Sunk Key) : 축과 보스에 다같이 키홈을 파서 축을 고정하는 키로, 가장 많이 쓰인다.
② 접선키 : 1/45~1/40의 기울기 가진 2개 키를 한 쌍으로 하여 축의 중심각에 120°로 위치에 두 쌍을 설치하여 사용하므로 전달토크가 큰 축에 주로 사용한다.
③ 반달키 : 자동조심작용하여 자동차, 공작 기계 등의 $\phi 60$[mm] 이하의 작은 축과 테이퍼축에 사용한다.

정답 59 ② 60 ③ 61 ① 62 ③ 63 ④

64 밸브의 정비에 관한 설명으로 옳은 것은?

① 밸브 시트 접촉면이 편마모되어 래핑하였다.
② 밸브 스프링의 탄성이 감소되어 손으로 수정하여 사용하였다.
③ 밸브 플레이트가 마모한계에 달하였으나 파손되지 않아 그대로 두었다.
④ 밸브 부품의 사용 수명기간이 초과하였으나 성능에는 이상이 없어 교환하지 않았다.

해설
② 손으로 간단히 수정하여 사용해서는 안 된다.
③ 마모한계에 달하였을 때는 파손되지 않았어도 교환한다.
④ 교환시간이 되었으면 사용한계의 기준치 내에서도 교환한다.

65 축이음의 종류에서 두 축의 관계 위치에 따라 종류를 연결한 것 중 관련이 없는 것은?

① 플렉시블 커플링 : 2개의 축이 서로 교차되는 것
② 그리드 플렉시블 커플링 : 경강선으로 된 그리드의 탄성을 이용한 것
③ 유니버설 조인트 이음 : 2개의 축이 어느 각도를 가지고 교차되는 것
④ 올덤 커플링 축이음 : 2개의 축이 평행이고, 축선이 어긋나 있는 것

해설
플렉시블 커플링 : 두 축의 중심선 일치가 어렵고, 충격과 진동을 완화시켜 줄 때 사용한다.

66 축 정렬(Centering)에 관한 설명으로 옳지 않은 것은?

① 가능한 한 심(Shim)의 개수를 최소화한다.
② 라이너(Liner)는 높은 쪽의 축 기초볼트에 삽입한다.
③ 심을 넣어 조정할 부위의 페인트나 녹은 반드시 제거한다.
④ 측정 시 커플링(Coupling)을 회전 방향과 같은 방향으로 돌린다.

해설
라이너(Liner)는 낮은 축의 기초볼트에 삽입한다.

67 축의 회전수가 1,600[rpm]일 때 센터링 기준값으로 적정한 것은?

① 원주 간 방향 0.03[mm], 면간 차 0.01[mm]
② 원주 간 방향 0.06[mm], 면간 차 0.03[mm]
③ 원주 간 방향 0.08[mm], 면간 차 0.05[mm]
④ 원주 간 방향 0.10[mm], 면간 차 0.08[mm]

해설

RPM	1,800까지	3,600까지
원주 간 방향	0.06[mm]	0.03[mm]
면간 차	0.03[mm]	0.02[mm]
면 간	3~5[mm]	3~5[mm]

정답 64 ① 65 ① 66 ② 67 ②

68 롤러 베어링을 축에 장착하는 방법으로 적당하지 않은 것은?

① 가열유조에 의한 방법
② 고주파 가열기에 의한 방법
③ 프레스 압입에 의한 방법
④ 펀치에 의한 타격방법

해설
베어링 장착방법
- 열박음에 의한 방법
- 프레시 압입이나 해머로 때려 넣기
- 고주파 가열기에 의한 방법

69 소음과 진동이 작고 역전을 방지하는 기능을 가지고 있으며 효율이 낮고 호환성이 없는 기어는?

① 웜기어
② 스퍼기어
③ 베벨기어
④ 하이포이드기어

해설
웜기어의 특징
- 웜과 웜기어를 한 쌍으로 사용하며, 역회전을 방지한다.
- 큰 감속비를 얻을 수 있다.
- 원동차를 보통 웜으로 한다.
- 소음과 진동이 작다.
- 효율이 낮고 호환성이 없으며 값이 비싸다(단점).

70 기어의 파손원인 중 윤활 문제로 발생하는 것은?

① 피 칭
② 스폴링
③ 피로파괴
④ 스코어링

해설
스코어링의 원인
- 급유량 부족
- 윤활유 점도 부족
- 내압성능 부족

71 펌프의 수격현상 방지책으로 틀린 것은?

① 서지탱크를 설치한다.
② 관로의 부하 발생점에 공기밸브를 설치한다.
③ 관로의 지름을 크게 하여 관 내 유속을 감소시킨다.
④ 플라이휠 장치를 사용하여 회전속도를 급감속시킨다.

해설
수주 분리(수격현상)의 방지책
- 플라이휠 장치로 회전속도가 갑자기 감속되는 것을 방지하여 제 급격한 압력 강하를 완화시킨다.
- 관로에서 펌프 급정지 후에 압력이 강하하는 장소에 서지탱크를 설치하여 물을 관로에서 보급해 주는 방법이다.
- 단방향 서지탱크(One Way Surge Tank) : 서지탱크와 관로의 연결부 배관에 체크밸브를 만들어 관로의 탱크 수면보다 낮아졌을 때 관로에 불을 보급할 수 있으나 반대로는 물이 흐를 수 없는 구조이다. 물이 넘칠 우려가 없으므로 탱크의 높이를 낮게 할 수 있어 서지탱크에 비해 경제적으로 제작할 수 있다.
- 관로의 지름을 크게 해서 관 내 유속을 감속하면 관로 내 수주의 관성력이 작아지므로 압력 강하가 작아진다.

72 펌프를 정격유량 이하에서 운전할 때, 즉 부분유량으로 운전 시 발생되는 현상이 아닌 것은?

① 차단점 부근에서 펌프 과열현상 발생
② 임펠러에 작용하는 추력 증가
③ 고양정펌프는 차단점 부근에서 수온 저하 발생
④ 특성곡선의 변곡점 부근에서 소음 및 진동 발생

해설
- 부분유량에서의 운전 상태
 양정이 높은 펌프는 수온이 올라가 캐비테이션을 발생하거나 웨어링부 혹은 밸런스 디스크, 드럼 등의 작은 틈을 통해서 저압측에 센 고온수가 기화하는 장애가 발생한다. 온도 상승의 허용치 이상으로 되지 않도록 과소 토출량이 되었을 때에 일부 물을 외부에 도피시키는 방식을 택할 수 있다.
- 펌프를 정격유량 이하의 부분유량으로 운전 시 문제점
 - 차단점 부근의 과열현상
 - 임펠러에 작용하는 반경 방향 및 추력의 증가
 - 특성곡선의 변곡점 부근에서 생기는 소음 및 진동

73 펌프에서 소음이 나는 원인으로 적합하지 않은 것은?

① 공기의 침입
② 이물질의 침입
③ 작동유의 과열
④ 펌프의 흡입 불량

해설
펌프에서 소음이 나는 원인
- 펌프의 흡입 불량
- 임펠러에 이물이 막혔을 경우
- 공기를 흡입하였을 경우
- 임펠러가 맞닿을 경우
- 메탈 베어링이 불량할 경우
- 캐비테이션이 발생했을 경우

74 스틸 플렉시블 커플링(Steel Flexible Coupling)이라고도 하며, 축 유동오차를 허용하여 동력을 전달시키는 커플링은?

① 체인 커플링
② 그리드 플렉시블 커플링
③ 기어 커플링
④ 플랜지 플렉시블 커플링

해설
그리드 플렉시블 커플링
- 경강선으로 된 그리드의 탄성을 이용한 커플링이다.
- 스틸 플렉시블 커플링이라고도 한다.
- 평행오차, 각도오차, 축 유동오차를 허용하여 동력을 전달하며 유연한 동력 전달이 가능하다.
- 메커니컬 실, 베어링 등 모든 부품을 보호하며, 수명을 연장시킬 수 있다.

75 다이얼 게이지를 이용한 축의 센터링 측정 준비작업이 아닌 것은?

① 커플링의 외면을 세척한다.
② 센터게이지를 이용하여 면간을 측정한다.
③ 다이얼 게이지의 오차 및 편차를 구한다.
④ 커플링의 외면을 0°, 90°, 180°, 270°의 방향을 표시한다.

해설
센터링 측정 준비작업
- 커플링의 외면을 세척한다.
- 커플링의 외면을 0°, 90°, 180°, 270°의 방향을 표시한다.
- 다이얼 게이지의 오차 및 편차를 구한다.
- 커플링 볼트 1개를 체결한다.
- 다이얼 게이지와 마그네틱 베이스를 취부한다.
- 두 축을 회전시키면서 0°, 90°, 180°, 270° 각 지점의 1차 측정치 (지침)를 보고 기록한다.
- 면간을 틈새 게이지 혹은 테이퍼 게이지로 측정 기록한다.

76 산업현장에서 고무 제품 등을 손쉽게 접착하는데 이용되는 순간접착제는?

① 감압형 접착제
② 중합제형 접착제
③ 유화액형 접착제
④ 열용융형 접착제

해설
① 감압형 접착제 : 약간의 힘만 가해도 접착되는 접착제
③ 유화액형 접착제 : 용매 또는 분산매의 증발에 의하여 경화되는 접착제
④ 열용융형 접착제 : 냉각에 의하여 경화되는 접착제

77 오른나사와 왼나사가 양끝에 달려 있어서 막대나 로프를 당겨서 조이는 데 사용되는 너트는?

① 턴버클
② T 너트
③ 홈붙이 너트
④ 플랜지 너트

해설
② T 너트 : 공작기계 테이블의 T 홈에 끼워지도록 모양이 T형인 너트
③ 홈붙이 너트 : 너트의 풀림을 막기 위하여 분할 핀을 꽂을 수 있게 홈이 6개 또는 10개 정도 있는 너트
④ 플랜지 너트 : 볼트 구멍이 클 때, 접촉면이 거칠거나 큰 면압을 피하려 할 때 사용하는 너트

78 하우징이 정지되어 있고 축이 회전하는 경우에 축이나 하우징에 레이디얼 베어링을 끼워맞춤 시 올바른 방법은?

① 내륜과 축의 중간 끼워맞춤
② 내륜과 축의 헐거운 끼워맞춤
③ 외륜과 하우징의 억지 끼워맞춤
④ 외륜과 하우징의 헐거운 끼워맞춤

해설
일반적으로 내륜과 축은 단단한 끼워맞춤을, 외륜과 하우징은 헐거운 끼워맞춤을 사용한다.

79 압축기 토출 배관작업에 관한 설명으로 틀린 것은?

① 곡선부는 가능하면 반경 밴드를 사용한다.
② 열팽창의 도피 드레인의 흐름이 용이하도록 경사를 고려한다.
③ 드라이 필터 등의 부속기기는 압축기와 탱크 사이에 설치한다.
④ 2대 이상의 압축기를 1개의 토출관으로 배관할 경우 체크밸브와 스톱밸브를 설치한다.

해설
압축기의 토출 배관작업
• 열팽창의 도피 드레인의 흐름이 용이하도록 경사를 고려한다.
• 곡선부는 가능하면 반경 밴드를 사용한다.
• 배관 중에 스톱밸브를 부착할 경우는 압축기와 스톱밸브 사이에 안전밸브를 부착한다.
• 2대 이상의 압축기를 1개의 토출관으로 배관할 경우 체크밸브와 스톱밸브를 설치한다.
• 드라이 필터 등의 부속기기는 압축기와 탱크 사이에 설치하지 않는다.
• 배관 길이는 맥동을 방지하기 위해 공진 길이를 피한다.

80 다음 중 펌프의 역류방지용 밸브가 아닌 것은?

① 체크밸브(Check Valve)
② 반전밸브(Reflex Valve)
③ 플랩밸브(Flap Valve)
④ 슬루스 밸브(Sluice Valve)

해설
슬루스 밸브는 차단용 밸브로 사용된다.

2022년 제3회 과년도 기출복원문제

제1과목 공유압 및 자동화 시스템

01 '기체는 압력을 일정하게 유지하면서 온도를 상승시키면 체적이 증가되는 것을 알 수 있으며, 체적증가는 온도 1[℃] 증가함에 따라 체적이 1/273.1씩 증가한다.' 이 법칙을 무엇이라 하는가?

① 보일의 법칙
② 샤를의 법칙
③ 연속의 정리
④ 베르누이 정리

해설
① 보일의 법칙(Boyle's Law) : 기체의 온도를 일정하게 유지하면서 압력 및 체적 변화 시 압력과 체적은 서로 반비례한다.
$P_1 V_1 = P_2 V_2 =$ Constant
③ 연속의 법칙(Law Of Continuity) : 관 속을 유체가 가득 차서 흐른다면 단위시간에 단면적 A_1을 통과하는 중량 유량 Q_1는 단면 A_2를 통과하는 중량 유량 Q_2와 같다.
$Q = \gamma_1 A_1 V_1 = \gamma_2 A_2 V_2$
④ 베르누이의 정리(Bernoulli's Theorem) : 점성이 없는 비압축성의 액체가 수평관을 흐를 경우, 에너지 보존의 법칙에 의해 성립되는 관계식의 특성을 말한다.
압력수두 + 위치수두 + 속도수두 = 일정
$\frac{P_1}{\gamma} + h_1 + \frac{1}{2} \cdot \frac{V_1^2}{g} = \frac{P_2}{\gamma} + h_2 + \frac{1}{2} \cdot \frac{V_2^2}{g}$

02 카운터 밸런스 밸브 및 시퀀스 밸브에 관한 설명으로 옳은 것은?

① 원격제어가 가능한 시퀀스 밸브는 내부 파일럿형이다.
② 카운터 밸런스 밸브는 압력 릴리프 밸브와 체크 밸브의 조합이다.
③ 카운터 밸런스 밸브는 무부하, 시퀀스 밸브는 배압 발생 밸브이다.
④ 카운터 밸러스 밸브는 압력제어밸브, 시퀀스 밸브는 방향제어밸브이다.

해설

카운터 밸런스 밸브	시퀀스 밸브
릴리프 밸브와 체크밸브의 조합이다.	내부 파일럿식과 외부 파일럿식이 있다.

03 압축기의 설치 장소에 관한 설명으로 옳지 않은 것은?

① 통풍이 양호한 장소에 설치한다.
② 옥외 설치 시 직사광선을 피한다.
③ 쿨링 타워 부근에 설치하여야 한다.
④ 건축물과는 벽면에 30[cm] 이상 떨어져 있어야 한다.

해설
압축기 설치조건
• 저온, 저습 장소에 설치하여 드레인 발생을 억제시킨다.
• 유해물질이 적은 곳에 설치한다(빗물, 바람, 직사광선 등에 보호).
• 압축기 운전 시 소음, 진동을 고려한다(방음, 방진벽 설치).
• 수평관로의 배관은 드레인 배출이 용이하게 1/100의 구배를 부과한다.
• 예방정비가 가능하도록 충분한 공간을 확보한다.

정답 1 ② 2 ② 3 ③

04 강관 배관 시 주의사항으로 옳지 않은 것은?

① 실링 테이프는 1~2산 정도 남기고 감는다.
② 액체 실(Seal)을 사용할 경우 암나사부에 바른다.
③ 나사전용기로 정확하게 나사를 가공하고 내부 청소를 깨끗이 한다.
④ 기기의 점검과 보수를 위하여 부분적으로 플랜지, 유니언 등을 사용한다.

해설
액체 실(Seal)을 사용할 경우 암나사부에는 바르지 않는다.

05 공기압축기로부터 애프터쿨러 또는 공기탱크까지 연결라인이며 고온·고압과 진동이 수반되는 부분은?

① 흡입 라인
② 이송 라인
③ 토출 라인
④ 제어 라인

해설
압축공기 분배 라인
- 흡입 라인 : 대기압의 공기를 공기압축기로 흡입하는 관로로, 압력은 낮으나 많은 유량을 흡입하므로 흡입저항을 줄이기 위하여 직경이 큰 것을 사용한다.
- 이송 라인 : 공기압축기에서 공기압 장치와 기기까지 압축공기를 이송시키는 역할을 한다. 주관로와 주관로에서 분리되어 각 공기압 기기로 분배되어 연결시키는 분기 관로이다.
- 제어 라인 : 공기압 제어밸브와 공기압 액추에이터를 조작하기 위하여 기기에 직접 연결되는 라인으로, 기기의 작동을 위한 압축공기의 공급이나 배기의 통로가 된다.
- 배기 라인 : 공기압 장치의 배기는 직접 대기로 방출하나 배기에 포함된 오일 미스터의 수집이나 소음을 줄이기 위한 목적으로 사용한다. 파이프의 직경보다 큰 것이 요구된다(배압 영향을 줄이기 위해).

06 피스톤 없이 로드 자체가 피스톤 역할을 하는 것으로, 로드가 굵기 때문에 좌굴하중을 받을 수 있고, 공기구멍을 두지 않아도 되는 유압 단동 실린더는?

① 램형 실린더(Ram Cylinder)
② 디지털 실린더(Digital Cylinder)
③ 양로드 실린더(Double Rod Cylinder)
④ 텔레스코프 실린더(Telescope Cylinder)

07 어떤 시스템에서 목표값과 비교할 수 있는 장치가 있어 외부 조건 변화에 수정 동작을 할 수 있는 제어계는?

① 폐회로 제어계
② 개회로 제어계
③ 시퀀스 제어계
④ 정성적 제어계

해설
폐회로 제어계는 출력의 일부를 입력 방향으로 피드백시켜 목표값과 비교되도록 폐루프를 형성하는 제어시스템으로 피드백 제어시스템이라고도 한다.

08 적당한 캠 기구로 스풀을 이동시켜 유량의 증감 또는 개폐작용을 하는 밸브로서 상시 개방형과 상시 폐쇄형이 있으며 귀환운동을 자유롭게 하기 위하여 체크밸브를 내장한 것도 있는 유압기기는?

① 스로틀 변환 밸브
② 감속(Deceleration)밸브
③ 파일럿 조작 체크밸브
④ 셔틀밸브

해설
① 교축(Throttle)밸브 : 유로의 단면적을 교축하여 유량을 제어하는 밸브로, 니들밸브를 밸브 시트에 대체 이동시켜 교축하는 구조이다.
③ 파일럿 조작 체크밸브 : 주밸브에 부착한 파일럿 밸브로 조작되는 체크밸브이다.
④ 셔틀밸브 : 두 개 이상의 입구와 한 개의 출구를 갖춘 밸브로, 양 체크밸브 또는 OR 밸브라고도 한다.

정답 4 ② 5 ③ 6 ① 7 ① 8 ②

09 다음 논리회로의 동작 설명으로 적합한 것은?

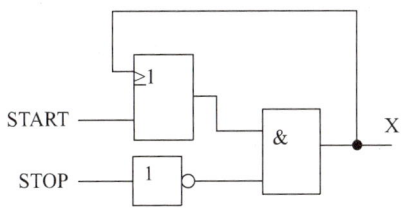

① STOP 버튼을 누를 때만 출력 X에 신호가 나온다.
② START 버튼을 누를 때만 출력 X에 신호가 나온다.
③ START 버튼을 한 번 누르면 출력 X에는 펄스신호가 발생한다.
④ START 버튼을 한 번 누르면 Stop 버튼을 누르기 전까지 출력 X에는 신호가 존재한다.

해설
리셋우선 논리회로로 START 신호가 들어오면, X출력이 나오며 STOP신호가 들어오기 전까지(자기유지에 의해 계속 X출력이 나옴) 계속 X출력신호가 나온다.

10 신호발생요소의 신호영역을 On-off 표시방법으로 표현함으로써 각 신호 발생요소의 작동 상태를 알 수 있는 회로선도는?

① 제어선도
② 래더 다이어그램
③ 기능선도
④ 논리도

해설
② 래더 다이어그램(Ladder Diagram) : 시퀀스에서 사용하는 a접점, b접점, 릴레이 등의 래더기호를 사용하여 회로도를 그려 작성하는 방식
④ 논리도 : 제어작업이 논리기호(AND, OR, NOT, 플립플롭 등)를 이용하여 표시하는 방법

11 압력이나 변형 등의 기계적인 양을 직접 저항으로 바꾸는 압력센서는?

① 서미스터
② 리니어 인코더
③ 스트레인 게이지
④ 휘스톤 브리지

해설
① 서미스터 : 온도 변화에 따라 저항 변화를 측정하여 온도를 산출하는 방법으로, 전류 변화를 계측하여 환산 표시한다.
② 리니어 인코더 : 직선 이동량을 센서가 감지하여 측정한다.
④ 휘스톤 브리지 : 저항값이 변하는 정도를 이용하여 그 출력값을 전류나 전압값으로 변환하고, 그 변화량을 이용하여 압력을 측정한다(4개의 저항 $R_1 \cdot R_3 = R_2 \cdot R_4$의 관계를 이용).

12 다음 그림은 논리를 전기적으로 표현한 것이다. 어떤 논리에 해당되는가?

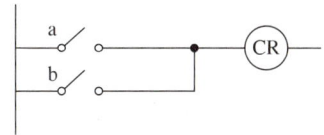

① AND논리
② OR논리
③ NOT논리
④ AND OR논리

해설
OR 논리 : OR 회로의 논리식은 입력의 합으로 출력에 나타난다. 논리합의 논리식은 $S = A + B$로 표시한다.

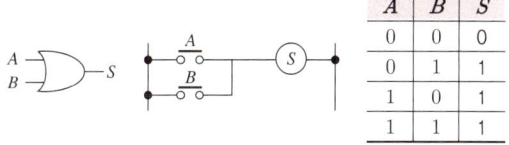

A	B	S
0	0	0
0	1	1
1	0	1
1	1	1

[논리합(OR) 연산]

13 다음 그림의 회로와 같이 필터를 설치하였을 때 특징으로 적합한 것은?

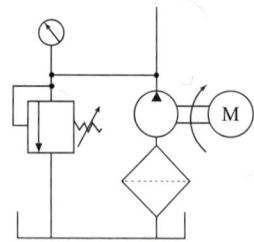

① 유압밸브 보호를 주목적으로 한다.
② 오염으로부터 펌프를 보호할 수 있다.
③ 복귀관 필터라고 하며 가격이 비싸다.
④ 필터 오염 시 캐비테이션이 발생하지 않는다.

해설
펌프의 흡입 관로에 펌프를 보호하기 위한 필터로 스트레이너가 사용된다.

14 다음 공압기호의 명칭은?

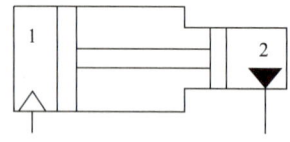

① 증압기
② 복동 실린더
③ 차동 실린더
④ 다이어프램형 실린더

해설
증압비가 1:2, 2종 유체용의 증압기 기호이다.

15 피스톤의 면적과 피스톤 로드의 면적이 일정한 면적비로 구성되어 출력을 일정 비율로 조절하여 사용할 수 있는 실린더는?

① 단동 실린더
② 복동 실린더
③ 차동 실린더
④ 탠덤 실린더

해설
① 단동 실린더 : 한쪽 포트만 공기압을 공급하여 운동하고, 나머지 방향은 자중 또는 스프링에 의해 복귀하는 실린더
② 복동 실린더 : 공기압을 양쪽 포트에 공급하고, 피스톤의 왕복운동이 가능한 일반적인 실린더
④ 탠덤 실린더 : 복수의 피스톤을 n개 연결시켜 n배의 출력을 얻을 수 있도록 한 실린더

16 게이지압력을 옳게 표현한 것은?

① 게이지압력은 절대압력이다.
② 게이지압력은 대기압의 압력을 '0'으로 한다.
③ 게이지압력은 대기압에 절대압력을 더한 값이다.
④ 게이지압력은 완전 진공을 기준으로 하여 나타낸다.

해설
압력을 나타내는 데는 그 기준(압력 0의 상태)의 설정방법에 따라 절대압력과 게이지압력으로 나누며, 통상적으로 게이지압력으로 나타낸다.
• 절대압력 : 완전 진공을 기준으로 하여 나타낸다.
• 게이지압력 : 대기압을 기준으로 하여 나타낸다.

17 노점온도에 대한 설명으로 옳은 것은?

① 기온을 측정할 때 온도계의 감온부를 건조 상태에서 측정한 온도이다.
② 감온부를 물을 적신 천으로 싸고 측정한 온도로, 증발의 냉각효과를 고려한 온도이다.
③ 이슬점이 생기는 온도로 어느 습공기의 수증기 분압에 대한 증기의 포화온도이다.
④ 1[m³]의 공기 중의 수증기량을 [g]으로 표시한 것으로 수증기가 응축되어 물방울이 되는 한계의 분압이다.

해설
① 기온을 측정할 때 온도계의 감온부를 건조 상태에서 측정한 온도는 건구온도이다.
② 감온부를 물을 적신 천으로 싸고 측정한 온도로, 증발의 냉각효과를 고려한 온도는 습구온도이다.
④ 1[m³]의 공기 중의 수증기량을 [g]으로 표시한 것으로 수증기가 응축되어 물방울이 되는 한계의 분압은 포화수증기이다.

18 공기압축기의 압력제어 방법 중에 무부하 조절방법이 아닌 것은?

① 배기 조절방법
② 차단 조절방법
③ ON-OFF 제어방법
④ 그립-암(Grip Arm) 조절방법

해설
• 무부하 조절 : 배기 조절, 차단 조절, 그립-암(Grip Arm) 조절
• ON-OFF 제어 : 압축기의 운전과 정지를 반복시키면서 조절하는 방식으로, 무부하 조절방식은 아니다.

19 공기탱크의 크기 선정 시 고려해야 할 요소가 아닌 것은?

① 압축기의 압력비
② 시간당 스위칭 수
③ 압축기의 공급 체적
④ 액추에이터 제어방식

해설
공기탱크의 크기 선정 요소
• 압축기의 공급 체적
• 압축기의 압력비
• 시간당 스위칭 수

20 관 끝을 넓히지 않고 파이프와 슬리브의 맞물림 또는 마찰을 이용하여 연결하는 관이음은?

① 나사 이음
② 플랜지 이음
③ 플레어 이음
④ 플레어리스 이음

해설
① 나사 이음 : 테프론 테이프를 사용하는 것이 보통이며, 콤파운드를 같이 사용하기도 한다.
② 플랜지 이음 : 플랜지를 볼트로 연결시키는 것으로, 50A 이상의 관 연결 시에 사용된다.
③ 플레어 이음 : 동관에 많이 사용하며, 관의 끝 모양을 접시 모양으로 넓혀서 사용한다.

정답 17 ③ 18 ③ 19 ④ 20 ④

제2과목 설비진단 및 관리

21 설비진단기법 중 진동 분석법으로 알 수 없는 것은?

① 송풍기의 언밸런스(Unbalance)
② 설비의 피로에 의한 수명 해석
③ 유압밸브의 누설(Leak) 진단
④ 베어링 결함

해설
진동 분석법을 응용한 진단기술
- 회전기계에 생기는 각종 이상(언밸런스 · 베어링 결함 등)의 검출, 평가 기술
- 송풍기, 팬 등의 밸런싱 진단 · 조절기술
- 유압밸브의 누설(Leak) 진단기술
- 진동 이외의 파라미터(온도, 압력 등)의 설비 이상 원인의 해석 기술

22 고속으로 회전하는 기어 및 베어링 등에서 충격력 등과 같이 힘의 크기가 문제로 되는 이상 진단 시 일반적으로 사용되는 측정변수는?

① 변 위   ② 속 도
③ 가속도   ④ 위상각

해설
① 변위 : 그 계의 외력에 의해 휘는 양
② 속도 : 진동이 베어링 등 통하여 전달하는 빠르기
④ 위상각 : 일정한 정점(부품)에 대하여 다른 정점의 순각적인 위치 및 시간의 지연

23 주기(T), 주파수(f), 각진동수(ω)의 관계가 올바른 것은?

① $\omega = 2\pi f$
② $\omega = 2\pi T$
③ $T = \dfrac{\omega}{\pi}$
④ $f = \dfrac{2\pi}{\omega}$

해설
진동수 $f = \dfrac{1}{T} = \dfrac{\omega}{2\pi}$ [cycle/s, Hz]

24 다음 중 변위센서에 해당하는 것은?

① 와전류형 센서
② 동전형 센서
③ 압전형 센서
④ 기전력 센서

해설
변위센서에는 와전류식, 전자광학식, 정전 용량식, 홀소자식 등이 있다.

25 가속도센서의 부착방법 중 마그네틱 고정방식의 특징이 아닌 것은?

① 습기에 문제가 없다.
② 먼지와 온도에 문제가 없다.
③ 가속도계의 고정 및 이동이 용이하다.
④ 작은 구조물에는 자석의 질량효과가 크다.

해설
마그네틱 고정방식의 특징
- 가속도계의 고정 및 이동이 용이하다.
- 사용 주파수 영역이 좁고 정확도가 떨어진다.
- 작은 구조물에는 자석의 질량효과가 크다.
- 습기는 문제가 없다.
- 먼지와 고온은 접착력을 약화시킨다.
- 측정구조물에 손상을 주지 않는다.

26 소음의 물리적인 성질에 대한 설명 중 올바른 것은?

① 음원에서 모든 방향으로 동일한 에너지를 방출할 때 발생하는 파는 정재파이다.
② 대기온도차에 의한 음의 굴절은 온도가 높은 쪽으로 굴절한다.
③ 음파가 한 매질에서 다른 매질로 통과할 때 구부러지는 현상을 음의 회절이라 한다.
④ 서로 다른 파동 사이의 상호작용은 음의 간섭이다.

해설
① 음원에서 모든 방향으로 동일한 에너지를 방출할 때 발생하는 파는 구면(형)파이다. 정재파는 둘 또는 그 이상의 음파의 구조적 간섭에 의해 시간적으로 일정하게 음압의 최고와 최저가 반복되는 패턴의 파이다.
② 대기온도차에 의한 음의 굴절은 온도가 낮은 쪽으로 굴절한다.
③ 음파가 한 매질에서 다른 매질로 통과할 때 구부러지는 현상을 음의 굴절이라 한다. 음의 회절은 장애물 뒤쪽으로 음이 전파하는 현상이다.

27 소음을 거의 완전하게 투과시키는 유공판의 개공률과 효과적인 구멍의 크기 및 배치방법은?

① 개공률 30[%], 많은 작은 구멍을 균일하게 분포
② 개공률 10[%], 많은 작은 구멍을 균일하게 분포
③ 개공률 30[%], 몇 개의 큰 구멍을 균일하게 분포
④ 개공률 50[%], 몇 개의 큰 구멍을 균일하게 분포

해설
유공판의 소음 투과 특성을 결정하는 요소
- 30[%] 정도의 개공율은 소음을 거의 완전히 통과시킨다.
- 큰 구멍보다는 작은 구멍을 균일하게 많이 분포시키는 것이 효과적이다.

28 윤활유 급유법 중 순환 급유법에 해당되는 것은?

① 적하 급유법
② 유륜식 급유법
③ 사이펀 급유법
④ 가시 부상 유적 급유법

해설
순환 급유법
오일통 속의 오일을 펌프에 의해 마찰면에 보내어 윤활작용을 한 오일은 다시 오일통으로 돌아오며, 발생열은 오일에 의해서 제거된다. 종류에는 패드 급유법, 체인 급유법, 유륜식(링) 급유법, 칼라 급유법, 버킷 급유법, 비말 급유법, 롤러 급유법, 유욕 급유법, 원심 급유법, 나사 급유법, 중력 순환 급유법, 강제 순환(펌프) 급유법, 분무 급유법 등이 있다.

29 설비관리의 분업방식으로 가장 거리가 먼 것은?

① 기능분업
② 절출분업
③ 전문기술분업
④ 지역분업

해설
설비관리의 분업방식에는 기능분업, 전문기술분업, 지역분업 등이 있다.

정답 25 ② 26 ④ 27 ① 28 ② 29 ②

30 설비배치계획이 필요한 경우가 아닌 것은?

① 시제품 제조
② 작업장 축소
③ 새 공장 건설
④ 작업방법 개선

해설
설비배치계획이 필요한 경우
- 새 공장의 건설
- 새 작업장의 증설
- 작업장의 확장
- 작업장의 축소
- 작업장의 이동
- 신제품의 제조
- 설계 변경
- 작업방법의 개선

31 다음 중 기능별 설비배치의 특징에 대한 설명으로 맞지 않는 것은?

① 다품종 소량 생산 형태로서 불규칙한 비율로 생산한다.
② 다품종 대량의 원자재 재고, 재고품이 발생한다.
③ 운반거리가 길고, 운반형식이 다양하다.
④ 공간 활용이 효과적이고 단위면적당 생산량이 높다.

해설
기능별 설비배치(공정별 배치)는 공정별 배치라고도 한다. 제품의 종류가 많고 수량이 적으며, 주문 생산과 표준화가 곤란한 다품종 소량 생산일 경우에 알맞은 배치형식이다. 동일 공정 또는 기계가 한 장소에 모여진 형(Gang System, Block System)으로. 생산효율을 극대화하기 위해 운반거리의 최소화가 주안점이다.

32 유용도는 부하시간에서 설비가 실제로 얼마나 가동되는가를 나타내는 것으로 설비의 고유유용도(Inherent Availability)라고 한다. 다음 중 유용도 함수(A)를 정확히 나타낸 수식은?(단, MTTR ; Mean Time To Repair, MTBF ; Mean Time Between Failure, MTBM ; Mean Time Between Maintenance, MTFF ; Mean Time to First Failure이다)

① $A = \dfrac{MTTR}{MTTR + MTBF}$

② $A = \dfrac{MTFF}{MTFF + MTTR}$

③ $A = \dfrac{MTBF}{MTBF + MTTR}$

④ $A = \dfrac{MTBM}{MTBM + MTTR}$

해설
유용성(Availability) : 신뢰도와 보전도를 종합한 평가척도로서 '어느 특정 순간에 기능을 유지하고 있는 확률'이다.

유용도 함수(A) $= \dfrac{MTBF}{MTBF + MTTR}$

$= \dfrac{U(up-time)}{U(up-time) + D(down-time)}$

33 설비 투자의 합리적인 투자결정에 필요한 경제성 평가방법이 아닌 것은?

① MAPI법
② 자본회수법
③ 비용비교법
④ 처분가치법

해설
설비의 경제성 평가방법
- 비용비교법 : 연간 비용을 평가척도로 하여 이의 대소에 의하여 설비투자정책을 결정하는 방법이다.
- 자본회수법 : 연평균 이윤(수입-지출)이 회수금액보다 크면 투자 계획은 채택된다.
- MAPI 방식 : 매우 이론적이고 실용성에 다소 문제가 있으나 종래의 제 공식의 맹점을 지적한 것으로 주목되었다.

30 ① 31 ④ 32 ③ 33 ④

34 원활한 보전을 위하여 보전용 자재의 일부를 상비품으로 준비하고자 한다. 상비품으로 고려할 사항이 아닌 것은?

① 여러 공정의 부품에 공통적으로 사용되는 부품
② 사용량이 많고 계속적으로 사용되는 부품
③ 단가가 비싼 부품
④ 보관상(중량, 변질 등) 지장이 없는 부품

해설
상비품의 요건
- 여러 공정의 부품에 공통적으로 사용될 것
- 사용량이 비교적 많으며 계속 사용될 것
- 단가가 낮을 것
- 보관상 지장이 없을 것

35 소음 투과율(r)를 옳게 나타낸 것은?

① $r = \dfrac{\text{입사음의 세기}}{\text{투과음의 세기}}$

② $r = \dfrac{\text{투과음의 세기}}{\text{입사음의 세기}}$

③ $r = \dfrac{\text{반사음의 세기}}{\text{투과음의 세기}}$

④ $r = \dfrac{\text{반사음의 세기}}{\text{입사음의 세기}}$

36 다음 중 진동 주파수에 대한 설명으로 틀린 것은?

① 진동 주파수는 단위시간당 사이클의 횟수이다.
② 기계 부품 이완 시 축 회전 주파수의 정수배와 동일한 진동수를 형성한다.
③ 베어링에 손상이 있는 경우 베어링 회전에 해당하는 고주파의 진동을 일으킨다.
④ 회전체가 불평형 시 그 물체의 회전 주파수의 정수배와 동일한 진동수를 유발시킨다.

해설
회전체가 불평형하면 그 물체의 회전 주파수와 동일한 진동수를 유발시킨다.

37 축의 회전 주파수가 60[Hz]이고 기어 잇수 40개이면, 손상된 기어에서 나타나는 기어 결함 주파수는?

① 1,200[Hz] ② 1,600[Hz]
③ 2,000[Hz] ④ 2,400[Hz]

해설
결함 주파수 = 축 회전 주파수 × 기어 잇수
= 60 × 40 = 2,400[Hz]

38 진동센서의 선정으로 틀린 것은?

① 플렉시블 로터-베어링 시스템에서 시간신호 해석 시에는 속도센서를 사용한다.
② 기어박스 내에 있는 내부 축 등은 속도센서나 가속도센서를 사용한다.
③ 주요 진동이 1[kHz] 이상의 주파수이면 가속도센서를 사용한다.
④ 주요 진동이 10 ~ 1,000[Hz]이면 속도센서나 가속도센서를 사용한다.

해설
진동센서의 선정
- 축이 돌출되었을 때 또는 플렉시블 로터-베어링 시스템에서 시간신호 해석 시에는 변위센서를 사용한다.
- 축이 돌출되지 않을 경우(기어박스 내에 있는 내부 축 등) 또는 로터-베어링 시스템이 강성일 때는 속도센서나 가속도센서를 사용한다.
- 주요 진동이 1[kHz] 이상의 주파수이면 가속도센서를 사용하고, 10~1,000[Hz]이면 속도센서나 가속도센서를 사용한다.

39 설비 표준화를 위한 설비 위치 코드 부여 순서로 맞는 것은?

① 작업장-공장-부서-생산라인
② 부서-작업장-생산라인-공장
③ 공장-작업장-부서-생산라인
④ 생산라인-작업장-부서-공장

40 전력 손실 중 직접 손실이 아닌 것은?

① 누전
② 기계의 공회전
③ 저능률 설비 사용
④ 품질 불량 관련 손실

해설
- 전력의 직접 손실 : 누전, 기계의 공회전, 저능률 설비 사용
- 전력의 간접 손실 : 공정관리, 품질 불량 및 관련 손실

제3과목 공업계측 및 전기전자제어

41 증폭기에서 잡음의 크기는 어떤 값으로 환산하여 표시하는가?

① 저항
② 온도
③ 전류
④ 전압

해설
증폭기에서 잡음의 크기는 전압으로 환산하여 표시한다.

42 입력신호가 어떤 정상 상태에서 다른 상태로 변화했을 때 출력신호가 정상 상태에 도달하기까지의 특성은?

① 임펄스 응답
② 과도 응답
③ 램프 응답
④ 스텝 응답

해설
② 과도 응답 : 입력이 임의의 시간적 변화를 가했을 때 정상 상태가 되기까지의 출력신호의 시간적 변화
① 임펄스 응답 : 입력신호가 충격적으로 변화했을 때의 응답
③ 램프 응답 : 입력이 어떤 시각부터 일정속도로 변화하고 있는 경우의 응답
④ 스텝 응답 : 입력값이 어느 값에서 다른 값으로 그 레벨을 계단형으로 변화했을 때 출력측에 생기는 응답

정답 38 ① 39 ③ 40 ④ 41 ④ 42 ②

43 다음 그림과 같은 회로의 특징은?

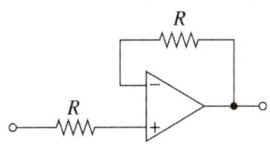

① 입력 임피던스를 낮게 잡을 수 있다.
② 출력 임피던스를 높게 잡을 수 있다.
③ 입력과 같은 극성의 출력을 얻을 수 있다.
④ 동상 입력전압의 범위에서 사용하므로 CMRR의 영향이 없다.

해설
비반전 연산증폭기로 입력과 동상의 출력전압이 얻어지는 증폭회로이다.

44 다음 그림에서와 같이 계측기의 측정량을 증가시킬 때와 감소시킬 때 동일 측정량에 대하여 지시값이 다른 경우가 있는데 이와 같이 생기는 오차로서 (   ) 안에 들어갈 내용으로 맞는 것은?

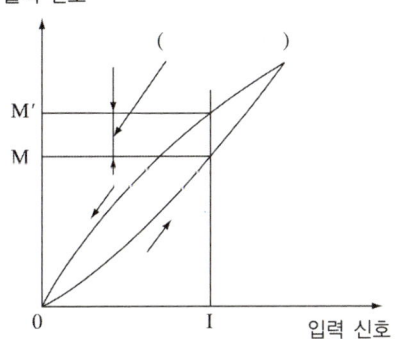

① 히스테리시스 오차
② 직선적 오차
③ 정특성오차
④ 감특성오차

해설
히스테리시스 오차란 같은 측정량에 대하여 측정의 전력에 의해서 생기는 계측기 지시의 차이다.

45 다음 그림의 회로에서는 SCR을 동작시키려면 X점의 전압을 몇 [V]로 하면 되는가?(단, 다이오드를 동작시키는 데 필요한 게이트 전류는 정상 상태에서 20[mA]이다)

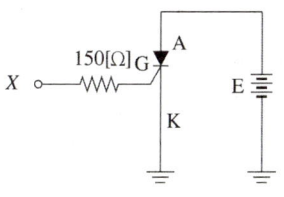

① 3.0   ② 3.6
③ 7.0   ④ 7.5

해설
SCR을 등가적으로 보면 PNP, NPN 두 개의 TR을 붙여 놓은 형태가 된다. 무신호 시 R_e에는 I_c의 전류가 흐르고 있고 베이스 이미터 간 전압은 약 0.6[V]로 거의 일정하기 때문에 $V_b = I_c \times R_e + 0.6$로 된다.
그러므로 $V = 20 \times 10^{-3} \times 150 + 0.6 = 3.6 [V]$이다.

46 전압과 주파수를 가변시켜 전동기의 속도를 고효율로 쉽게 제어하는 장치로 사용되는 것은?

① 인버터   ② 다이오드
③ 배선용 차단기   ④ 카운터

해설
유도전동기의 속도를 정밀하게 제어하려면 전압과 주파수 변환이 필요하다. 인버터는 직류 전력을 교류 전력으로 변환하는 장치로, 직류로부터 원하는 크기의 전압 및 주파수를 갖은 교류를 얻을 수 있으므로 유도전동기의 속도제어는 물론이고 효율제어, 역률제어 등이 가능하다.

47 다음 논리회로에서 입력이 A, B일 때 출력 Y에 나타나는 논리식은?

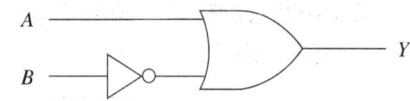

① $A+B$
② $A \times B$
③ $A \times \overline{B}$
④ $A + \overline{B}$

해설
$Y = A + \overline{B}$이다.

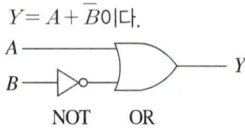

48 피드백 제어에서 가장 핵심적인 역할을 수행하는 장치는?

① 신호를 전송하는 장치
② 안정도를 증진하는 장치
③ 제어대상에 부가되는 장치
④ 목표치와 제어량을 비교하는 장치

해설
피드백 제어(Feedback Control) : 피드백에 의하여 제어량의 값을 목표치와 비교하고 그것들을 일치시키도록 정정동작을 하는 제어를 뜻한다.

49 셰이딩 코일형 전동기의 특성이 아닌 것은?

① 구조가 간단하다.
② 회전 방향을 바꿀 수 있다.
③ 효율이 좋지 않다.
④ 기동토크가 매우 작다.

해설
셰이딩 코일형 전동기(Shaded Pole Motor)는 모터를 제작할 때 코일의 방향이 고정되도록 설치하여 자계의 방향도 고정되어 발생하므로 회전 방향이 고정되어 있고, 단상교류를 사용하므로 회전 방향을 바꿀 수 없다. 기동토크와 효율이 낮으나 구조가 간단하여 전자밸브, 소형 Condensing Unit의 Fan, 소형 선풍기, Record Player 등에 쓰인다.

50 유체의 흐름 속에 회전자 날개를 설치하여 유량을 검출하는 유량계는?

① 초음파식 유량계
② 터빈식 유량계
③ 와류식 유량계
④ 용적식 유량계

해설
② 터빈식 유량계 : 유체의 흐름 속에 날개가 있는 회전자를 설치하여 유속에 비례하는 회전수를 검출해 유량 측정
① 초음파식 유량계 : 초음파 펄스의 흐름과 같은 방향과 반대 방향의 시간차에 의해 평균 유속을 구하는 싱 어라운드법으로, 도플러 효과를 측정원리로 사용
③ 와류식 유량계 : 유체의 유속 변화에 따른 소용돌이 발생수를 직접 주파수 변화로 감지하는 유속 변화형과 힘의 변화를 주파수 변화로 감지하는 압력 변화형이 있다.
④ 용적식 유량계 : 회전자와 본체 사이의 일정 용적의 공간에 충만된 유체를 출구측으로 통과시켜 회전자의 회전수를 측정하여 통과량을 측정할 수 있는 유량계

51 0.002[μF] 콘덴서 2개를 병렬로 연결하여 100[V] 전압을 가할 때 전 전하량[μC]은?

① 0.04
② 0.4
③ 0.2
④ 0.1

해설
전체 전하량
$Q = CV = (C_1 + C_2)V = (0.002 + 0.002) \times 100 = 0.4$

47 ④ 48 ④ 49 ② 50 ② 51 ②

52 온도가 변화하면 저항값이 매우 많이 변화하는 반도체는?

① 배리스터(Varistor)
② 서미스터(Thermistor)
③ CdS(황화 카드뮴)
④ 발광 다이오드

해설
② 서미스터 : 온도에 따라 저항값이 변화하는 소자
① 배리스터 : 인가 전압에 의하여 저항이 크게 변화하는 소자로, 회로보호용으로 사용
③ CdS(황화카드뮴) : 빛이 많이 들어오면 저항이 작아지고, 적게 들어오면 저항이 커지는 성질을 이용하여 빛의 유무를 파악하는 광도전소자
④ 발광 다이오드 : 순방향으로 전압을 가했을 때 발광하는 반도체 소자

53 계측된 신호를 전송할 때 발생하는 노이즈의 원인과 거리가 먼 것은?

① 전 도
② 정전유도
③ 중 첩
④ 온도 변화

해설
계측된 신호를 전송할 때 발생하는 노이즈의 원인
• 전도 노이즈 : 신호선이나 전원선을 통하여 발생
• 유도 노이즈 : 전자유도, 정전유도 등으로 발생
• 중첩 노이즈 : 인버터 및 모터 간의 배선으로부터 신호선을 통하여 발생
• 방사 노이즈 : 전자파 형태로 공중으로 발생

54 미리 설정된 조건 순서에 따라 행하여지는 제어방식은?

① 피드백제어
② 프로세스제어
③ 시퀀스제어
④ 추치제어

해설
시퀀스제어
• 미리 설정된 프로그램대로 조작하는 제어방식이다.
• 기기나 장치의 동작 순서를 결정하는 것은 제어용 릴레이나 타이머 또는 리밋 스위치 등 그 입력과 출력신호의 순서에 의해 행해진다.

55 반도체에 대한 설명 중 맞는 것은?

① N형 반도체에 혼입된 불순물을 억셉터라 한다.
② P형 반도체에 혼입된 불순물을 도너라 한다.
③ 불순물 반도체에는 P형과 N형이 있다.
④ 진성 반도체는 자유전자와 전공의 수가 다르다.

해설
N형, P형 반도체의 특징

구 분	첨가 불순물	명 칭	반송자	특 징
N형 반도체	5족 원소 : As(비소), Sb(안티몬), P(인), Bi(비스무트) 등	도너 (Doner)	과잉 전자	다수 반송자 : 전자, 소수 반송자 : 정공
P형 반도체	3족 원소 : In(인듐), Ga(갈륨), B(붕소), Al(알루미늄) 등	억셉터 (Accep-ter)	정 공	다수 반송자 : 정공, 소수 반송자 : 전자

56 시퀀스제어 기기에 사용되는 계전기의 기호 중 과전류계전기의 문자기호는?

① OSR
② OPR
③ OCR
④ OVR

해설
• OSR : 과속도계전기(Over Speed Relay)
• OPR : 결상계전기(Open Phase Relay)
• OVR : 과전압계전기(Over Voltage Relay)

정답 52 ② 53 ④ 54 ③ 55 ③ 56 ③

57 직류발전기에서 전기자 반작용을 방지하는 대책으로 틀린 것은?

① 보극을 설치한다.
② 정류자를 설치한다.
③ 보상권선을 설치한다.
④ 브러시 위치를 전기적 중성축을 회전 방향과 같은 방향으로 이동한다.

해설
직류발전기에서 전기자 반작용은 전기자 코일에 전류가 흘러들어 계자에 영향을 미치는 현상으로, 극당 자속이 감소하고 발전기의 기전력이 감소한다. 전기자 반작용에 대한 대책은 다음과 같다.
• 보극을 설치한다.
• 보상권선을 설치한다.
• 브러시 위치를 전기적 중성축을 회전 방향과 같은 방향으로 이동한다.

58 J-K 플립플롭에서 J = 1, K = 1이면 동작 상태는?

① 반 전
② set 상태
③ reset 상태
④ 변하지 않음

해설
J-K 플립플롭은 출력을 AND 게이트로 궤환을 걸어 J = 1, K = 1일 때 반전되게 한 회로이다. 기억장치, 카운터 등 디지털회로의 기본적인 회로에 널리 사용된다.
J-K 플립플롭 진리표

J	K	Q_{n+1}	동 작
0	0	Q_n	불 변
0	1	0	reset
1	0	1	set
1	1	Q_n'	반 전

59 4비트 D/A 변환기의 백분율 분해능은?

① 3.67[%]
② 6.67[%]
③ 9.67[%]
④ 12.67[%]

해설
• n비트의 분해능의 경우 : $\dfrac{1}{2^n - 1}$ 이다.
• 4비트의 분해능의 경우 : $\dfrac{1}{2^4 - 1} = \dfrac{1}{15} = 0.0667$, 백분율로 환산하면 6.67[%]이다.

60 초음파식 레벨계의 특성으로 틀린 것은?

① 가동부가 없고 점검 보수가 용이하다.
② 주행시간 방식과 공진기 방식으로 구분한다.
③ 비접촉식이며 설치부가 작고 운전이 간단하다.
④ 온도에 민감하지 않아 온도 보정을 필요로 하지 않는다.

해설
초음파식 레벨계의 특징
• 가동부가 없고 점검 보수가 용이하다.
• 주행시간 방식(초음파의 왕복시간 측정)과 공진기 방식(남은 공간에 발생하는 주파수로 측정)으로 구분한다.
• 비접촉식이며 설치부가 작고 운전이 간단하다.

제4과목 기계정비일반

61 정적 실(Seal)로 O-링을 사용할 경우 장점이 아닌 것은?

① 설치 공간이 작다.
② 실(Seal) 효과가 매우 크다.
③ 저압이 작용되는 곳에 좋다.
④ 접촉 면적이 작아 마찰이 적다.

해설
정적 실(Seal)인 O-링의 장점
- 고압이 작용되는 곳에 사용한다.
- 보강 링(Backup Ring)과 함께 사용하는 것이 일반적이다.
- 공간이 작고, 미끄럼 부분과의 접촉 면적이 작아 마찰이 적다.
- 실 효과가 매우 큰 것 등 여러 가지 이점이 있다.

62 축 방향에 인장 또는 압축력이 작용하는 두 축의 결합에 사용하는 기계요소는?

① 핀   ② 코터
③ 키   ④ 스플라인

해설
코터(소켓, 로드, 코터)
두께가 같고 폭이 구배 또는 테이퍼로 되어 있는 일종의 쐐기로, 주로 인장 또는 압축력이 축 방향으로 작용할 때 사용한다.

63 키(Key) 맞춤 시 기본적인 주의사항으로 틀린 것은?

① 키 홈은 축심과 평행되지 않게 가공한다.
② 충분한 강도를 검토하여 규격품을 사용한다.
③ 키는 측면에 힘이 작용하므로 폭, 치수의 마무리가 중요하다.
④ 키의 각 모서리는 면 따내기를 하고 양단은 큰 면 따내기를 한다.

해설
키(Key) 맞춤 시 기본적인 주의사항
- 키의 치수, 재질, 형상 규격 등을 참조하여 충분한 강도를 검토한 후 규격품을 사용한다.
- 축과 보스의 끼워맞춤이 불량한 상태에서는 키 맞춤을 할 가치가 없다.
- 키는 측면에 힘을 받으므로 폭, 치수의 마무리가 중요하다.
- 키 홈은 축 보스 모두 기계가공에 의해 축심과 완전히 평행으로 깎아내고 축의 홈 폭은 H7, 보스축의 홈 폭은 H8의 끼워맞춤 공차를 사용한다.
- 키의 각 모서리는 면 따내기를 하고 양단은 타격에 의한 밀림 방지를 위해 큰 면 따내기를 한다.

64 구부러진 축을 현상에서 수리하여 사용할 수 있는 일반적인 경우로 맞는 것은?

① 단 달림부에서 급하게 휘어져 있는 경우
② 감속기의 고속 회전축일 경우
③ 중하중용이고 고속 회전축일 경우
④ 500[rpm] 이하이며 베어링 간격이 길 경우

해설
축 휨의 현장 수리 여부(경험치)
- 500[rpm] 이하이며 베어링 간격이 긴 축의 휨
- 경하중 기계에서 축 흔들림으로 진동이나 발열 여부
- 풀리 스프로킷이 흔들려 소리를 낼 때

정답 61 ③ 62 ② 63 ① 64 ④

65 주철제 원통 속에 두 축을 맞대어 끼워 키로 고정한 축이음은?

① 머프 커플링
② 플랜지 커플링
③ 유체 커플링
④ 플렉시블 커플링

해설
② 플랜지 커플링 : 확실한 동력 전달, 고속 정밀 회전축, 축 지름 200[mm] 이상에 사용하는 커플링
③ 유체 커플링 : 원동축의 에너지를 받은 유체가 종동축을 회전시켜 동력을 전달하는 커플링
④ 플렉시블 커플링 : 두 축의 중심선 일치가 어렵고, 충격과 진동을 완화시켜 줄 때 사용하는 커플링

66 축 정렬작업 시 사용하는 심플레이트(Shimplate)의 용도는?

① 축의 진직도를 측정하는 게이지이다.
② 양 커플링 사이에 삽입하여 축의 간격 조정에 사용한다.
③ 커플링 면간을 측정하는 틈새게이지의 일종이다.
④ 기초볼트에 삽입하여 기계 등의 높낮이 조정에 사용한다.

해설
축 정렬작업 시 조정이 필요할 때에는 산출 근거에 의하여 심플레이트를 준비한다. 심을 조정하며 기초볼트에 삽입할 수 있도록 제작한다.

67 축이음의 종류에서 두 축의 관계 위치에 따라 종류를 연결한 것 중 관련이 없는 것은?

① 플렉시블 커플링 : 2개의 축이 서로 교차되는 것
② 그리드 플렉시블 커플링 : 경강선으로 된 그리드의 탄성을 이용한 것
③ 유니버설 조인트 이음 : 2개의 축이 어느 각도를 가지고 교차되는 것
④ 올덤 커플링 축이음 : 2개의 축이 평행이고, 축선이 어긋나 있는 것

해설
플렉시블 커플링 : 두 축의 중심선 일치가 어렵고, 충격과 진동을 완화시켜 줄 때 사용한다.

68 죔새 Δd, 기어의 열팽창계수 α, 가열온도 T일 때, 내경 D는?

① $D = \alpha \times \Delta d \times T$
② $D = \dfrac{T}{\alpha \times \Delta d}$
③ $D = \dfrac{\alpha \times \Delta d}{T}$
④ $D = \dfrac{\Delta d}{\alpha \times T}$

해설
죔새(변형량)
Δd = 지름(D) × 열팽창계수(α) × 온도 변화량($T : t_2 - t_1$)

69 기어의 언더컷 방지에 대한 설명으로 틀린 것은?

① 이 높이를 높게 제작한다.
② 압력각을 증가시킨다.
③ 한계 잇수 이상으로 제작한다.
④ 전위기어를 만들어 사용한다.

해설
언더컷(Under Cut) : 이의 간섭에 의하여 이 뿌리가 파여진 현상으로 잇수가 몹시 적은 경우나 잇수비가 매우 클 경우에 생기기 쉽다.
언더컷 방지(이의 간섭을 막는 법)
• 이의 높이를 줄인다.
• 압력각을 증가시킨다(20° 또는 그 이상으로 크게 한다).
• 한계 잇수 이상으로 제작한다.
• 전위기어를 만들어 사용한다.
• 피니언의 반경 방향의 이뿌리면을 파낸다.
• 치형의 이끝면을 깎아낸다.

71 다음 중 밸브 조립 불량에 의한 고장이 아닌 것은?

① 밸브 홀더 볼트의 체결이 불량할 때
② 밸브 조립 순서의 불량
③ 밸브 분해 순서의 불량
④ 밸브 홀더 볼트의 조립이 불량할 때

해설
밸브 조립 불량에 의한 고장
• 밸브 홀더 볼트의 체결이 불량할 때
• 밸브 조립 순서의 불량
• 밸브 홀더 볼트의 조립이 불량할 때

70 밸브의 정비에 관한 설명으로 옳은 것은?

① 밸브 시트 접촉면이 편마모되어 래핑하였다.
② 밸브 스프링의 탄성이 감소되어 손으로 수정하여 사용하였다.
③ 밸브 플레이트가 마모한계에 달하였으나 파손되지 않아 그대로 두었다.
④ 밸브 부품의 사용 수명기간이 초과하였으나 성능에는 이상이 없어 교환하지 않았다.

해설
② 손으로 간단히 수정하여 사용해서는 안 된다.
③ 마모한계에 달하였을 때는 파손되지 않았어도 교환한다.
④ 교환시간이 되었으면 사용한계의 기준치 내에서도 교환한다.

72 펌프의 축 추력을 제거할 수 있는 방식은?

① 양흡입펌프를 사용한다.
② 고유량펌프를 사용한다.
③ 다단펌프를 사용한다.
④ 고양정펌프를 사용한다.

해설
축 스러스트의 조정법
• 평형 구멍(Balance Hole) : 평형 구멍을 뚫어 평형실의 압력을 회전차의 물이 들어오는 부분의 압력과 거의 같게 함으로써 축 스러스트를 저감한다.
• 평형관(Balance Pipe) : 평형 구멍법과 같은 효과를 꾀하고 있으나 같은 결점이 있다. 대형 펌프에 많이 이용된다.
• 이면 날개(Pump Outvane) : 주판에 방사상의 리브(이면 날개)를 설치하는 방법으로, 이것에 의해 주판의 배면에 작용하는 압력을 낮게 하여 축 스러스트를 감소시키려는 것이다.
• 양흡입형 : 흡입조건이 비대칭인 경우나 순간적인 스러스트의 변동을 위해 스러스트 베어링이 사용된다.

정답 69 ① 70 ① 71 ③ 72 ①

73 고가(高架)탱크, 물탱크 등에 자동운전을 위하여 사용되며, 부력을 이용한 것은?

① 유체 퓨즈
② 플로트 스위치
③ 압력 스위치
④ 유량 제어 스위치

해설
플로트 스위치 : 고가(高架)탱크, 수조 등에 사용하는 자동운전을 위한 스위치이며 플로트의 부력을 이용 동작시키는 스위치로, 배수일 때는 급수일 때보다 접점 작동이 반대로 되나 동일 기구로 사용할 수 있도록 되어 있다.

74 펌프의 부식에 관한 설명으로 옳은 것은?

① 유속이 느릴수록 부식되기 쉽다.
② 온도가 낮을수록 부식되기 쉽다.
③ 유체 내의 산소량이 적을수록 부식되기 쉽다.
④ 재료가 응력을 받고 있는 부분은 부식되기 쉽다.

해설
펌프의 부식작용 요소
• 유속이 빠를수록 부식되기 쉽다.
• 금속 표면이 거칠수록 부식이 잘된다.
• 유체 내의 산소량이 많을수록 부식되기 쉽다.
• 온도가 높을수록 부식되기 쉬우며 pH값이 낮아진다.
• 재료가 응력을 받고 있는 부분은 부식이 생기기 쉽다.
• 금속 표면의 돌기부, 캐비테이션 발생 부위, 충격 흐름을 받는 부위는 부식되기 쉽다.

75 축이음 중 원활한 동력 전달이 되고 축의 연결이 용이하여 진동과 충격이 잘 흡수되는 장점이 있어 최근 자동차 및 선박 등 산업 분야에 널리 사용되는 것은?

① 유체 커플링
② 스프링 축이음
③ 플랜지형 축이음
④ 분할 원통형 커플링

해설
③ 플랜지형 커플링 : 확실한 동력 전달, 고속 정밀 회전축, 축 지름 200[mm] 이상에 사용
④ 분할 원통형 커플링(클램프 커플링) : 축지름 200[mm]까지 사용, 긴 전동축에 적당하다.

76 키(Key)의 설명으로 잘못된 것은?

① 축에 기어, 풀리 등을 조립할 때 사용한다.
② 축의 재료보다 약간 강한 재료를 사용한다.
③ 원활한 작동을 위해 원주 방향 이동 틈새를 둔다.
④ 보통 키에는 테이퍼를 주고, 축과 보스에는 키 홈을 판다.

해설
키(Key)
• 축에 풀리, 기어, 커플링 등의 회전에 고정시켜 회전력을 전달하는 기계요소이다.
• 재료는 축보다 단단한 양질의 강을 사용한다.
• 보통 키에는 테이퍼를 주고, 축과 보스에는 키 홈을 판다.

정답 73 ② 74 ④ 75 ① 76 ③

77 축의 고장 중 설계 불량에 의한 고장원인이 아닌 것은?

① 재질 불량
② 형상 구조 불량
③ 치수 강도 불량
④ 관련 부품 맞춤 불량

> **해설**
> 관련 부품 맞춤 불량의 원인은 조립, 정비 불량이다.

78 펌프 흡입쪽에 설치하여 차단성이 좋고 전개 시 손실수두가 가장 적은 밸브는?

① 감압밸브
② 앵글밸브
③ 슬루스밸브
④ 글로브밸브

> **해설**
> 펌프 흡입쪽에는 차단성이 좋고 전개 시 손실수두가 적은 수동 슬루스 밸브가 적합하다.

79 펌프축에 설치된 베어링의 이상 고온의 원인이 아닌 것은?

① 윤활유 순환계통의 불량
② 베어링 메탈과 축 중심의 어긋남
③ 모터와 펌프의 양호한 직결 상태
④ 축 추력의 발생

> **해설**
> **베어링의 이상 고온의 원인**
> • 순환계통의 불량
> • 급유 부족
> • 베어링 메탈과 축 중심의 어긋남(축 추력 발생)
> • 모터와 펌프의 무리한 직결(直結) 상태

80 원심형 통풍기의 정기검사 항목이 아닌 것은?

① 흡기, 배기의 능력
② 통풍기의 주유 상태
③ 덕트 접촉부의 풀림
④ 베어링의 진동 상태

> **해설**
> **원심형 통풍기의 정기검사 항목**
> • 흡기, 배기의 능력
> • 통풍기의 주유 상태
> • 덕트 접촉부의 풀림
> • 덕트 배풍기의 먼지 퇴적 상태
> • 통풍기 벨트의 작동 상태
> • 여포식 제진장치에서는 여포의 파손 또는 풀림
> • 우드 덕트의 마모, 부식, 움푹 패임, 기타 손상 유무 및 그 정도

정답 77 ④ 78 ③ 79 ③ 80 ④

2023년 제1회 과년도 기출복원문제

제1과목 공유압 및 자동화 시스템

01 다음 회로의 명칭은?(단, A와 B는 입력이다)

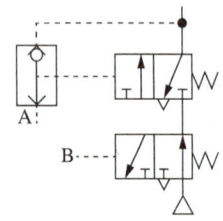

① NAND 회로
② FLIP-FLOP 회로
③ CHECK VALVE 회로
④ EXCLUSIVE OR 회로

해설
플립플롭 회로 : 2개의 안정된 출력 상태를 가지며, 입력의 유무에도 불구하고 직전에 가해진 입력 상태를 출력 상태로 유지하는 회로

02 공기압시스템에 부착된 압력게이지 눈금이 0.5[MPa]을 나타낼 때 절대압력은 몇 [MPa]인가?

① 0.3   ② 0.4
③ 0.5   ④ 0.6

해설
절대압력(Absolute Pressure) : 완전 진공을 기준으로 나타낸다. 절대압력 = 대기압 + 게이지압력이므로, 절대압력은 게이지 압력보다 큰 값이 된다. 표준 대기압은 약 0.1[MPa](1.01325×10^5)이다.

03 공기압 요동형 액추에이터에 관한 설명으로 옳지 않은 것은?

① 속도 조정은 속도제어밸브를 미터인 방식으로 접속한다.
② 부하의 운동에너지가 기기의 허용 운동에너지보다 큰 경우에는 외부 완충기구를 설치한다.
③ 외부 완충기구는 부하쪽의 지름이 큰 곳에 설치하여 내구성의 향상과 정지 정밀도를 확보한다.
④ 축과 베어링에 과부하가 작용하지 않도록 과대 부하를 직접 액추에이터 축에 부착하지 않고, 축에 부하가 작게 작용하도록 부착한다.

해설
요동형 액추에이터 사용상의 주의
• 속도 조정은 속도제어밸브를 미터아웃회로에 접속하여야 한다.
• 회전에너지가 기기의 허용에너지보다 크거나 요동 각도의 정밀도가 높아야 할 때에는 부하쪽 지름의 큰 곳에 외부 완충장치(외부 스토퍼)를 설치한다.
• 외부 완충기구는 부하쪽 지름이 큰 곳에 설치하여 내구성의 향상과 정지 정밀도를 확보한다.
• 축 방향의 하중인 경우 과대 부하를 직접 액추에이터쪽에 부착시키면 축과 베어링에 과부하가 작용하므로, 축에 부하가 작게 작용하는 방법으로 부하를 부착한다.

04 공기압 실린더의 고정방법 중 가장 강력한 부착이 가능한 설치형식은?

① 풋 형   ② 피벗형
③ 플랜지형   ④ 트러니언형

해설
③ 플랜지형 : 가장 견고한 설치방법으로, 부하의 운동 방향과 축심이 일치한다.
① 풋형 : 가장 일반적이고 간단한 설치방법으로, 경부하용이다.
② 피벗형 : 요동형으로 분납식 아이형과 분납식 클레비스형이 있다.
④ 트러니언형 : 로드 중심선에 대해서 직각으로 실린더의 양측으로 뻗은 원통산의 피벗으로 지탱하는 형식이다.

05 다음 밸브기호의 명칭은?

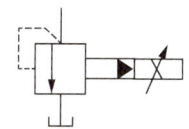

① 파일럿 작동형 시퀀스 밸브
② 파일럿 작동형 릴리프 밸브
③ 파일럿 작동형 감압밸브
④ 비례전자식 파일럿 작동형 릴리프 밸브

> 해설

파일럿 작동형 시퀀스 밸브	파일럿 작동형 릴리프 밸브	파일럿 작동형 감압밸브

06 양제어밸브라고도 하며 다음 그림과 같이 압축공기가 입구 Y에 작용할 경우 볼에 의해 다른 입구 X를 차단하면서 공기의 통로를 Y에서 A로 개방하는 구조의 밸브는?

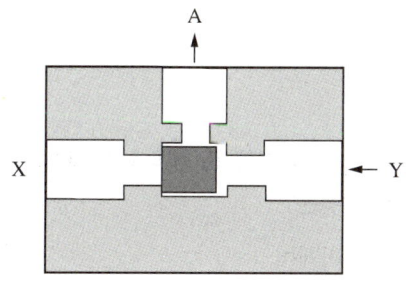

① 2압 밸브   ② 셔틀밸브
③ 차단밸브   ④ 체크밸브

> 해설
① 2압 밸브 : 두 개의 입구에 압력이 작용할 때만 출구에 출력이 작용한다. AND 밸브라고도 한다.
③ 차단밸브 : 공기의 흐름을 정지시키거나 흘려 보내는 밸브로서, 구조에 따라 글로브 밸브, 게이트 밸브, 콕 등이 있다.
④ 체크밸브 : 한쪽 방향의 유동은 허용하고, 반대 방향의 흐름은 차단하는 밸브이다.

07 공기의 체적과 온도의 관계를 표현한 것은?

① 보일의 법칙
② 샤를의 법칙
③ 베르누이 원리
④ 파스칼의 원리

> 해설
① 보일의 법칙 : 압력과 체적은 서로 반비례관계이다.
③ 베르누이 원리 : 점성이 없는 비압축성의 액체가 수평관을 흐를 경우, 에너지 보존의 법칙에 의해 성립되는 관계식의 특성을 말한다.
④ 파스칼의 원리 : 밀폐된 용기 속에 정지 유체의 일부에 가해지는 압력은 유체의 모든 부분에 동일한 힘으로, 동시에 전달된다.

08 다음 공압기호의 명칭은?

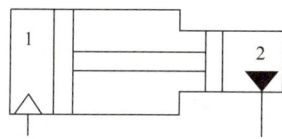

① 증압기
② 복동 실린더
③ 차동 실린더
④ 다이어프램형 실린더

> 해설
증압비가 1 : 2, 2종 유체용의 증압기 기호이다.

09 유압모터를 급정지하고자 할 때, 관성으로 인한 과부하를 방지하는 회로는?

① 직렬회로
② 브레이크 회로
③ 일정출력회로
④ 일정토크회로

해설
① 직렬회로 : 유압모터를 직렬로 배치하고 두 대 또는 여러 대를 동시에 회전시키는 회로이다.
③ 일정출력회로 : 정용량형 유압모터를 일정 압력, 일정 유량하에서 운전하여 가변 용량형 유압모터를 구동시키는 회로이다.
④ 일정토크회로 : 정용량형 유압펌프를 사용해서 정용량형 유압모터를 구동시키는 회로로서, 모터의 속도를 제어한다.

10 A_1의 면적은 30[cm²]이고, 유속 V_1은 2[m/sec]이다. A_2의 면적이 10[cm²]일 때 유속 V_2[m/sec]는 얼마인가?

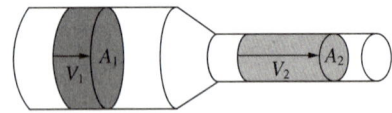

① 3
② 6
③ 12
④ 24

해설
연속의 법칙(Law of Continuity)
$Q = \gamma_1 A_1 V_1 = \gamma_2 A_2 V_2$ 에서 $30 \times 2 = 10 \times V_2$
∴ $V_2 = 6$

11 피드백 제어계에서 신호 흐름의 순서가 바르게 나열된 것은?

ㄱ. 프로세서가 제어프로그램을 처리한다.
ㄴ. 센서의 신호 상태를 확인한다.
ㄷ. 액추에이터가 작동한다.
ㄹ. 제어대상의 상태값과 목표값을 비교한다.

① ㄱ → ㄴ → ㄷ → ㄹ
② ㄴ → ㄹ → ㄱ → ㄷ
③ ㄷ → ㄱ → ㄹ → ㄴ
④ ㄹ → ㄷ → ㄴ → ㄱ

해설
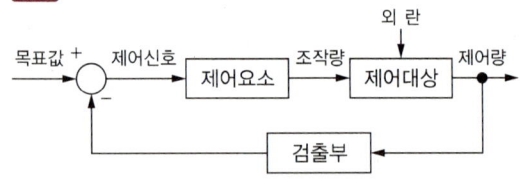

12 제어시스템 분류 중 신호처리 방식에 의한 분류가 아닌 것은?

① 논리제어
② 비동기제어
③ 시퀀스 제어
④ 파일럿 제어

해설
신호처리 방식에 의한 분류
• 동기제어계
• 비동기제어계
• 논리제어계
• 시퀀스 제어계

13 다음 블리드 오프 방식의 회로에서 점선 안에 들어갈 기호로 적절한 것은?

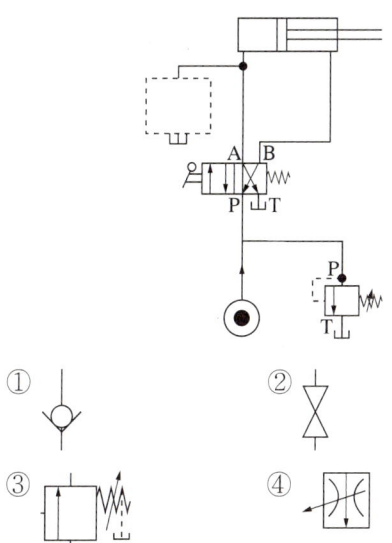

해설
점선 안에는 공급쪽의 바이패스 관로인 교축밸브가 들어간다. 후진 시 배기저항을 줄여 주어 후진속도를 빠르게 동작되게 한다.

14 다음 논리회로에서 출력이 1이 되기 위한 입력값으로 옳은 것은?

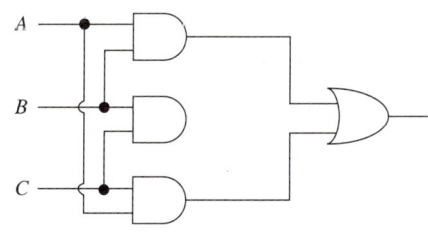

① $A = B = C = 0$
② $A = 1, B = C = 0$
③ $A = C = 0, B = 1$
④ $A = B = 1, C = 0$

해설
AND 논리회로의 출력이 1이 되는 것은 $A = 1, B = 1$뿐이다. 나머지 OR 논리회로는 한 곳에만 1이 들어오면 출력이 1이 된다.

15 AC 220[V], △결선 전동기를 Y결선으로 바꿀 때 전동기에 인가되는 선간 전압[V]은 약 얼마인가?

① 381
② 441
③ 621
④ 761

해설
Y결선의 선간 전압 $V_l = \sqrt{3} V_p = \sqrt{3} \times 220 ≒ 381[V]$

16 피스톤의 면적과 피스톤 로드의 면적이 일정한 면적비로 구성되어 출력을 일정 비율로 조절하여 사용할 수 있는 실린더는?

① 단동 실린더
② 복동 실린더
③ 차동 실린더
④ 탠덤 실린더

해설
① 단동 실린더 : 한쪽 포트만 공기압을 공급하여 운동하고, 나머지 방향은 자중 또는 스프링에 의해 복귀하는 실린더
② 복동 실린더 : 공기압을 양쪽 포트에 공급하고, 피스톤의 왕복 운동이 가능한 일반적인 실린더
④ 탠덤 실린더 : 복수의 피스톤을 n개 연결시켜 n배의 출력을 얻을 수 있도록 한 실린더

정답 13 ④ 14 ④ 15 ① 16 ③

17 PLC 프로그래밍 방식 중 연산 회로도 방식이 아닌 것은?

① 명령어 방식
② 플로차트 방식
③ 논리기호 방식
④ 래더 다이어그램 방식

해설
PLC 연산 회로도 방식
• 래더 다이어그램 방식
• 명령어 방식
• 논리기호 방식
• 불 대수 방식

18 스테핑 모터의 특성이 아닌 것은?

① 위치결정제어에 용이하다.
② 고속·고토크의 출력을 얻을 수 있다.
③ 마이컴 등의 디지털 기기와 조합이 용이하다.
④ 구동제어회로는 입력펄스 및 주파수에 의해 제어된다.

해설
스테핑 모터는 동력제어보다는 위치제어를 주목적으로 사용된다.

19 되먹임제어계에서 제어목표를 기준으로 분류한 것이 아닌 것은?

① 정치제어
② 추종제어
③ 비율제어
④ 자력제어

해설
자력제어는 에너지 기준 분류에 해당한다.
제어목표에 따른 분류
• 정치제어
• 프로그램 제어
• 추종제어
• 비율제어

20 다음 프로그램 플로차트(Flow Chart) 기호 중 입력 또는 출력을 나타내는 기호는?

① ○   ② ▢
③ ▱   ④ ▭

해설
① 전이점
② 시작 또는 끝
④ 서브루틴

제2과목 설비진단 및 관리

21 다음 중 장애물 뒤쪽으로 음이 전파되는 현상은?

① 음의 간섭 ② 음의 굴절
③ 음의 확산 ④ 음의 회절

해설
- 음의 간섭 : 서로 다른 파동 사이의 상호적으로 나타나는 현상
- 음의 굴절 : 음파가 한 매질에서 다른 매질로 통과할 때 구부러지는 현상
- 음의 반사 : 음이 어떤 물체에 부딪쳤다가 다시 되돌아오는 현상

22 회전기계에서 발생하는 이상현상 중 언밸러스 베어링 결함 등의 검출에 가장 널리 사용되는 설비진단 기법은?

① 진동법 ② 오일분석법
③ 응력해석법 ④ 페로그래피법

해설
② 오일분석법 : 윤활유 중에 포함된 마모 금속의 양, 형태, 재질(성분) 등을 판단하는 방법
③ 응력해석법 : 설비구조물에서 발생하는 균열의 원인을 찾아내는 방법
④ 페로그래피법 : 페로그램을 페로스코프라는 색 현미경으로 마모 입자의 크기, 형상, 열처리한 재질 등을 관찰하여 이상 부위, 원인에 대한 규명을 실시하는 방법

23 정현파 신호의 진동 파형에서 중심으로부터 제일 높은 부분의 최댓값의 진동 크기를 나타내는 것은?

① 편진폭 ② 양진폭
③ 실횻값 ④ 평균값

해설
진동의 크기를 표현하는 방법
- 피크값(편진폭) : 진동량의 최댓값이다.
- 피크 – 피크(양진폭, 전진폭) : 정측의 최댓값에서 부측의 최댓값까지의 값이다.
- 실횻값 : 진동의 에너지 표현에 적합한 값으로, 피크값의 $1/\sqrt{2}$이다.
- 평균값 : 진동량을 평균한 값으로, 피크값의 $2/\pi$이다.

24 새 펌프를 구입하여 설치한 후 시험 가동 중에 축봉부에 누설이 생겨 목표한 양정으로 올리지 못하여 메커니컬실(Mechanical Seal)을 교체하여 가동하였다. 다음 그림에서 어느 구역의 고장기에 해당하는가?

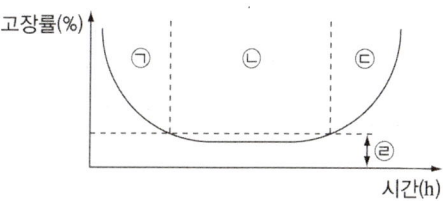

① ㉠ 구역
② ㉡ 구역
③ ㉢ 구역
④ ㉣ 구역

해설
초기 고장기 : 시간의 경과와 함께 고장 발생이 감소되는 고장률 감소형이다(부품의 수명이 짧은 것, 설계 불량, 제작 불량에 의한 약점). 초기 고장기에서 예방보전은 불필요하며, 보전원이 설비를 점검하고 불량 개소를 발견하면 개선·수리하여 불량 부품은 그때그때 대체한다.

25 진동현상의 특징 중 저주파에서 발생하는 주요 이상현상이 아닌 것은?

① 언밸런스(Unbalance)
② 캐비테이션(Cavitation)
③ 미스얼라인먼트(Misalignment)
④ 기계적 풀림(Looseness)

해설
캐비테이션, 유체음, 진동 등은 고주파에서 발생하는 현상이다.

정답 21 ④ 22 ① 23 ① 24 ① 25 ②

26 다음 가속도계 센서 부착방법 중 사용 주파수 영역이 가장 좁은 방법은?

① 손 고정 ② 밀랍 고정
③ 자석 고정 ④ 나사 고정

> **해설**
> 고정방법에 따른 주파수 응답 함수 비교
>
> | 고정방법 | 나 사 | 밀 랍 | 마그네틱 | 손 |
> |---|---|---|---|---|
> | 사용 주파수 | 31[kHz] | 28[kHz] | 7[kHz] | 2[kHz] |

27 일반적으로 사람이 들을 수 있는 가청 주파수의 범위는?

① 0.2~30,000[Hz]
② 0.1~10,000[Hz]
③ 10~30,000[Hz]
④ 20~20,000[Hz]

> **해설**
> • 가청음의 세기 : $10^{-12} \sim 10[W/m^2]$(음향 출력/표면적)
> • 최저 가청압력 : $2 \times 10^{-5}[N/m^2]$
> • 가청 주파수 : 20~20,000[Hz]

28 윤활유 급유법 중 순환 급유법에 해당되는 것은?

① 적하 급유법
② 유륜식 급유법
③ 사이펀 급유법
④ 가시 부상 유적 급유법

> **해설**
> **순환 급유법**
> 오일통 속의 오일을 펌프에 의해 마찰면에 보내어 윤활작용을 한 오일은 다시 오일통으로 돌아오며, 발생열은 오일에 의해서 제거된다. 종류에는 패드 급유법, 체인 급유법, 유륜식(링) 급유법, 칼라 급유법, 버킷 급유법, 비말 급유법, 롤러 급유법, 유욕 급유법, 원심 급유법, 나사 급유법, 중력 순환 급유법, 강제 순환(펌프) 급유법, 분무 급유법 등이 있다.

29 차음벽의 무게를 두 배 증가시키면 중간 이상 주파수 소음의 투과손실은?

① 이론상 투과손실은 6[dB] 감소하나 실제로는 4~5[dB] 감소한다.
② 이론상 투과손실은 6[dB] 감소하나 실제로는 4~5[dB] 증가한다.
③ 이론상 투과손실은 6[dB] 증가하나 실제로는 4~5[dB] 감소한다.
④ 이론상 투과손실은 6[dB] 증가하나 실제로는 4~5[dB] 증가한다.

> **해설**
> • 차음벽 재료의 강성 : 저주파 소음의 투과손실을 결정하는 요소로, 강성을 두 배 증가시키면 투과손실은 6[dB] 정도 증가한다.
> • 차음벽의 무게 : 중간 이상 주파수 소음의 투과손실을 결정하는 요소로, 무게를 두 배로 증가시키면 이론상 투과손실은 6[dB] 증가하나 실제로는 4~5[dB] 증가한다.

30 구입 또는 설치된 설비가 사용자의 환경 변화 또는 요구를 효율적 및 경제적 측면으로 만족시켜 주지 못할 때 설계 또는 부품의 일부를 공학적 또는 기술적인 방법으로 개조시키는 설비보전활동은?

① 개량보전 ② 사후보전
③ 예방보전 ④ 보전예방

> **해설**
> ② 사후보전(BM) : 고장, 정지 또는 유해한 성능 저하를 가져 온 후에 수리를 행하는 것
> ③ 예방보전(PM) : 고장, 정지 또는 유해한 성능 저하를 가져 오는 상태를 발견하기 위한 설비의 주기적인 검사로 초기 단계에서 이러한 상태를 제거 또는 복구시키기 위한 보전
> ④ 보전예방(MP) : 신설비의 PM설계(고장이 없고, 보전이 필요하지 않은 설비를 설계, 제작 또는 구입)

31 제품별 배치(Product Layout)의 장점이 아닌 것은?

① 정체시간이 짧기 때문에 재공품이 적다.
② 공정이나 설비가 집중되고, 소요 면적이 작아진다.
③ 작업자의 간접작업이 적어지므로 실질적 가동률이 향상된다.
④ 작업의 융통성이 작고, 공정계열이 다르면 배치를 바꾸어야 한다.

해설
제품별 배치는 작업의 융통성이 작고 공정계열이 다르면 배치를 바꾸어야 한다는 단점이 있다.

32 유용도는 부하시간에서 설비가 실제로 얼마나 가동되는가를 나타내는 것으로 설비의 고유유용도(Inherent Availability)라고 한다. 다음 중 유용도 함수(A)를 정확하게 나타낸 식은?(단, MTTR ; Mean Time To Repair, MTBF ; Mean Time Between Failure, MTBM ; Mean Time Between Maintenance, MTFF ; Mean Time to First Failure이다)

① $A = \dfrac{MTTR}{MTTR + MTBF}$

② $A = \dfrac{MTFF}{MTFF + MTTR}$

③ $A = \dfrac{MTBF}{MTBF + MTTR}$

④ $A = \dfrac{MTBM}{MTBM + MTTR}$

해설
유용성(Availability) : 신뢰도와 보전도를 종합한 평가척도로서 '어느 특정 순간에 기능을 유지하고 있는 확률'이다.

유용도 함수(A) = $\dfrac{MTBF}{MTBF + MTTR}$
$= \dfrac{U(up-time)}{U(up-time) + D(down-time)}$

33 설비가 운전 시에 발휘하는 성능의 표준이며 주요 치수, 용량 및 능력, 주요 부분의 구조, 재질, 작동에 필요한 전력 등을 표시하는 설비계열 표준은?

① 설비설계 규격
② 설비성능 표준
③ 보전작업 표준
④ 시운전 검수 표준

해설
① 설비설계 규격 : 설비설계에 관한 표준
③ 보전 작업 표준 : 검사, 정비, 수리 등의 보전작업방법과 보전작업시간의 표준
④ 시운전 검수 표준 : 설비의 신설, 개조, 수리 등의 공사 완성 후 정해진 성능을 발휘할 수 있는지에 대한 표준

34 지향계수(Q)가 8인 세 면이 접하는 구석에서의 지향지수는 얼마인가?

① 지향지수 = −0[dB]
② 지향지수 = +3[dB]
③ 지향지수 = +6[dB]
④ 지향지수 = +9[dB]

해설
음원의 위치별 지향성

구 분	점음원 (자유 공간)	반자유 공간	두 면이 접하는 구석	세 면이 접하는 구석
지향계수	1	2	4	8
지향지수	−0[dB]	+3[dB]	+6[dB]	+9[dB]

정답 31 ④ 32 ③ 33 ② 34 ④

35 부품의 최적대체법 중 일정 기간 최적교환주기가 되어도 파손되지 않는 부품만 신품과 대체하는 부품대체방식은?

① 각개대체방식
② 일제대체방식
③ 개별사전대체방식
④ 개별사후대체방식

[해설]
① 각개대체방식 : 부품이 파손되면 신품과 대체하는 방식이다.
② 일제대체방식 : 일정 기간이 되면 모든 부품을 신품과 대체하는 방식이다.
④ 개별사후대체방식 : 부품대체방식이 아니다.

36 측정변수가 속도이며, 진동에너지나 피로도가 문제가 되는 이상 진동은?

① 기어의 홈 진동
② 베어링의 홈 진동
③ 회전기계의 진동
④ 공작기계의 떨림현상

[해설]
이상 진동의 종류별 측정변수
• 변위 : 변위량 또는 움직임의 크기가 문제되는 이상(공작기계의 떨림현상, 회전축의 흔들림)
• 속도 : 진동에너지나 피로도가 문제가 되는 이상(회전기계의 진동)
• 가속도 : 충격력 등과 같이 힘의 크기가 문제되는 이상(베어링의 홈 진동, 기어의 홈 진동)

37 보전효과 측정방법에서 항목별 계산식이 틀린 것은?

① 설비 가동률 = $\dfrac{부하시간}{가동시간} \times 100$

② 고장 빈도율 = $\dfrac{고장 건수}{부하시간} \times 100$

③ 고장 강도율 = $\dfrac{고장 정지시간}{부하시간} \times 100$

④ 예방보전 수행률 = $\dfrac{예방보전 건수}{예방보전계획 건수} \times 100$

[해설]
설비 가동률 = $\dfrac{정미가동시간}{가동시간} \times 100$

38 열화손실이 직선으로 증가할 때 1회의 보전비가 100만원이고, 월간 보전비용이 50만원이라면 최적수리주기는?

① 1개월   ② 2개월
③ 4개월   ④ 10개월

[해설]
최적수리주기 $x_0 = \sqrt{\dfrac{2a}{m}}$ 에서
보전비 a = 100만원/회당
보전비용 m = 50만원/월
∴ $\sqrt{\dfrac{2 \times 100}{50}}$ = 2개월

정답 35 ③ 36 ③ 37 ① 38 ②

39 음의 제량 및 단위에 대한 설명으로 옳지 않은 것은?

① 고유 음향임피던스는 주어진 매질에서 입자속도(V)에 대한 음압(P)의 비이다.
② 음의 전파속도(음속)는 음파가 1초 동안에 전파되는 거리이다.
③ 음에너지에 의해 매질에 미소한 압력 변화가 생기는데 이 압력 변화의 부분을 음압이라고 한다.
④ 음원으로부터 단위시간당 방출되는 총음에너지를 음의 세기라고 한다.

해설
- 음원으로부터 단위시간당 방출되는 총음에너지를 음향출력이라고 한다.
- 음의 전파는 매질의 진동에너지가 전달되는 것이므로 음의 진행 방향에 수직하는 단위면적을 단위시간에 통과하는 음에너지를 음의 세기라고 한다.

40 어떤 투자활동 수입의 현재 등가가 지출의 현재 등가와 똑같게 되는 이자율로 경제성을 평가하는 방법은?

① 자금회수기간법
② 원가비교법
③ 투자이익률법
④ 수익률비교법

해설
① 자금회수기간법 : 투자에 의해서 얻어지는 이익에서 자금 회수 기간이 가장 짧은 설비를 선택하는 방법
② 원가비교법 : 신구 각 설비로 생산을 행할 경우 그 원가를 비교해서 원가가 적은 쪽이 유리하다고 선택하는 방법
③ 투자이익률법 : 신구 각 설비의 투자액에 대한 연간의 이익률을 구해 높은 쪽이 유리하다고 판정하는 방법

제3과목 공업계측 및 전기전자제어

41 증폭기에서 잡음의 크기는 어떤 값으로 환산하여 표시하는가?

① 저 항
② 온 도
③ 전 류
④ 전 압

해설
증폭기에서 잡음의 크기는 전압으로 환산하여 표시한다.

42 1차 지연요소에서 시정수의 응답을 옳게 설명한 것은?

① 시정수가 크면 응답시간이 길어진다.
② 시정수가 크면 응답시간이 짧아진다.
③ 시정수는 응답시간과 무관하다.
④ 시정수가 작으면 응답시간이 길어진다.

해설
1차 지연요소에서 시정수의 응답
- 1차 지연요소의 전달함수는 $\dfrac{K}{Ts+1}$ 이다(여기서, K : 이득 상수, T : 시상수).
- 전류가 정상값의 63.2[%]에 이르기까지의 시간 시상수(시정수)이다. 일반적으로 시상수가 클수록 정상값에 이르기까지의 시간이 길어진다.

43 다음 그림은 제어밸브 고유 유량특성에 대한 것이다. ㉠ 곡선에 해당되는 특성은?

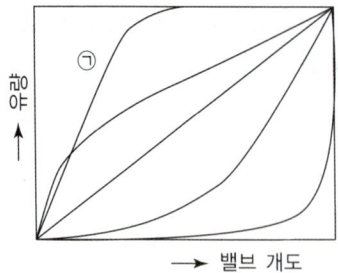

① 리니어
② 이퀄 퍼센트
③ 퀵 오픈
④ 하이퍼 볼릭

해설
고유 유량특성곡선의 종류

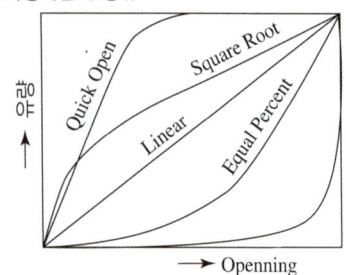

• Quick Open(접시형)
 낮은 개도에서 최대 유량의 변화를 제공하고, 최대 유량을 신속하게 얻어야 할 때 사용한다(예 On-off 제어).
• Linear
 – 느린 공정에 적용한다(예 레벨제어).
 – 밸브의 압력손실이 계통압력손실의 40[%]를 초과할 때 사용한다.
• Equal Percent
 – 거의 지수적으로 증가한다(예 압력제어).
 – 차압이 심하게 변화하는 곳에 사용한다.
 – 빠른 공정, 조절범위가 클 때, 생산속도의 증가보다 더 큰 가열, 냉각매체의 증가가 요구될 때 적용한다.

44 J–K 플립플롭에서 J = 1, K = 1일 때 동작 상태는?

① 반 전
② set 상태
③ reset 상태
④ 변하지 않음

해설
J–K 플립플롭은 출력을 AND 게이트로 궤환을 걸어 J = 1, K = 1일 때 반전되게 한 회로이다. 기억장치, 카운터 등 디지털회로의 기본적인 회로에 널리 사용된다.

J–K 플립플롭 진리표

J	K	Q_{n+1}	동 작
0	0	Q_n	불 변
0	1	0	reset
1	0	1	set
1	1	Q_n'	반 전

45 다이오드에 역방향 바이어스를 걸어 줄 때 어느 한도 이상의 역방향 바이어스를 넘어서면 전류가 급속히 증가하고 전압이 일정해진다. 이러한 특성으로 인해 정전압회로에 매우 중요한 다이오드는?

① 제너다이오드
② 쇼트키다이오드
③ 가변용량다이오드
④ 터널다이오드

해설
제너다이오드(Zener Diode) : 다이오드에 역방향 전압을 가했을 때 전류가 거의 흐르지 않다가 어느 정도 이상의 고전압을 가하면 접합면에서 제너항복이 일어나 갑자기 전류가 흐르게 되는 지점이 발생한다. 이 지점 이상에서는 다이오드에 걸리는 전압은 증가하지 않고, 전류만 증가하게 되는데 이러한 특성을 이용하여 정전압을 만들 수 있다. 따라서 정전압 다이오드라고도 한다.

46 교류의 최댓값이 100[A]인 경우 실횻값은 약 몇 [A]인가?

① 141
② 80
③ 70.7
④ 63.7

해설
실횻값 $I = \dfrac{I_m}{\sqrt{2}}$, $I \simeq 0.707 I_m = 0.707 \times 100 = 70.7[\text{A}]$

---

47 변위를 전압으로 변환하는 장치는?

① 서미스터
② 노즐 플래퍼
③ 차동변압기
④ 벨로스관

해설
③ 차동변압기 : 전자기유도를 이용해서 직선 변위를 전압으로 변환하는 검출기이다.
① 서미스터 : 금속산화물을 소결하여 만들며 온도에 따라 저항치가 변하는 특성을 이용한 것이다.
② 노즐 플래퍼 : 노즐과 플래퍼 극간의 변화를 출구압의 압력으로 변환할 수 있다.
④ 벨로스관 : 탄성압력계의 일종으로, 외주에 주름상자형의 금속 박판 원통의 내부 또는 외부에 압력을 받으면 중심축 방향으로 팽창 및 수축을 일으키는 저압측정용 압력계이다.

---

48 논리식 $X = \overline{A}\,\overline{B}\,\overline{C} + A\overline{B}\,\overline{C} + \overline{A}\,B\overline{C} + AB\overline{C}$ 를 간략화하면?

① $\overline{C}$
② A
③ $\overline{B}$
④ $\overline{AB}$

해설
$X = \overline{A}\,\overline{B}\,\overline{C} + A\overline{B}\,\overline{C} + \overline{A}\,B\overline{C} + AB\overline{C}$
$= \overline{B}\,\overline{C}(\overline{A}+A) + B\overline{C}(\overline{A}+A)$
$= \overline{B}\,\overline{C} + B\overline{C} = \overline{C}(\overline{B}+B)$
$= \overline{C}$

---

49 다음 중 1차 지연요소의 전달함수는?

① K
② T_S
③ $\dfrac{1}{T_S}$
④ $\dfrac{K}{1+T_S}$

해설
① K : 비례요소 전달함수
② T_S : 미분요소 전달함수
③ $\dfrac{1}{T_S}$: 적분요소 전달함수

---

50 10~15[kW] 정도의 3상 농형 유도전동기의 기동방식으로 사용하는 것은?

① 반발 기동
② Y-Δ 기동
③ 전전압 기동
④ 기동보상기를 사용한 기동

해설
3상 유도전동기의 기동방법
- Y-Δ 기동 : 결선으로 운전하는 전동기를 기동할 때만 Y결선으로 하여 기동전류, 토크와 함께 직입의 1/3로 감소하며, 10~15[kW] 중용량에 사용한다.
- 전전압 기동 : 6[kW] 이하 소용량에 쓰이며, 전동기에 최초로부터 전전압을 인가하여 기동하며, 전전압 기동은 정격전류의 4~6배의 기동전류가 흐르기 때문에 큰 전압 강하가 발생한다.
- 기동보상기법 : 15[kW] 이상의 전동기에 사용한다.
- 리액터 기동 : 동기의 1차 측에 리액터(일종의 교류저항)를 넣어서 기동 시에 전동기의 전압을 리액터 전압 강하분만큼 낮추어서 기동하며, 중·대용량에서 사용한다.

정답 46 ③ 47 ③ 48 ① 49 ④ 50 ②

51 잔류편차를 제거하기 위해 사용하는 제어기는?

① 비례제어
② ON-OFF 제어
③ 비례적분제어
④ 비례미분제어

해설
제어시스템에는 P제어(비례제어), I제어(적분제어) 및 D제어(미분제어)방식을 활용한 비례제어방식인 P제어기, 비례제어의 단점인 잔류편차(미세한 오차)를 없애기 위해 이용되는 PI제어기, 응답속도의 문제를 해결하기 위한 PID제어기 등이 있다.

52 10진수 25를 2진수로 변환하면?

① 10011
② 11010
③ 11001
④ 11100

해설
```
2 | 25
2 | 12  -1  ↑
2 |  6  -0
2 |  3  -0
     1  -1
```
이므로, $11001_{(2)}$이다.

53 다음의 열전대 조합에서 가장 높은 온도까지 측정할 수 있는 것은?

① 백금로듐 - 백금
② 크로멜 - 알루멜
③ 철 - 콘스탄탄
④ 구리 - 콘스탄탄

해설
- R 열전대(백금로듐 - 백금) : 1,600[℃]
- K 열전대(크로멜 - 알루멜) : 850[℃]
- J 열전대(철 - 콘스탄탄) : 500[℃]
- T 열전대(구리 - 콘스탄탄) : 250[℃]

54 다음 그림의 회로에서 출력전압(V_0)은?(단, $R_1 = R_2 = R_3 = R_F$)

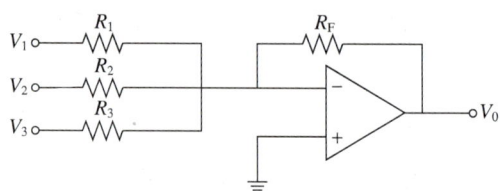

① $-(V_1 + V_2 + V_3)$
② $V_1 + V_2 + V_3$
③ $\dfrac{V_1 + V_2 + V_3}{R_1 + R_2 + R_3} \times V_1$
④ $\dfrac{R_1 + R_2 + R_3}{V_1 + V_2 + V_3} \times V_1$

해설
반전가산기는 반전 증폭회로를 사용하여 가산 연산을 수행하는 회로이다.
$R_1 = R_2 = R_3 = R_F$이므로,
$$V_{out} = -\left(V_1\dfrac{R_f}{R_1} + V_2\dfrac{R_f}{R_2} + V_3\dfrac{R_f}{R_3}\right) = -(V_1 + V_2 + V_3)$$

55 2개의 입력을 가지는 경우 두 입력이 서로 다를 때는 출력이 '1'이 되고, 같을 때는 출력이 '0'이 되는 배타적 OR 회로의 논리식은?

① $Y = A \cdot B$
② $Y = A + B$
③ $Y = A \oplus B$
④ $Y = A \odot B$

해설
EX-OR(EXclusive - OR 배타적 논리합) 회로 : 2개의 입력신호가 서로 다를 때(배타적일 때) 1이 되는 회로

논리기호	논리식	진리표		
		X	Y	S
X ─┐⟫─ S Y ─┘	$S = \overline{X}Y + X\overline{Y}$ $= X \oplus Y$	0	0	0
		0	1	1
		1	0	1
		1	1	0

56 60[Hz], 4극 유도전동기의 회전자 속도가 1,728[rpm]일 때, 슬립은 얼마인가?

① 0.04
② 0.05
③ 0.08
④ 0.10

해설
- 동기속도
$$N_s = \frac{120f}{P} = \frac{120 \times 60}{4} = 1,800[\text{rpm}]$$
- 슬립
$$S = \frac{\text{동기속도} - \text{회전자 속도}}{\text{동기속도}} \times 100$$
$$= \frac{N_s - N}{N_s} = 1 - \frac{N}{N_s} = 1 - \frac{1,728}{1,800} = 0.04$$

57 어떤 도체에 5[A]의 전류가 10분 동안 흐르면 이때 이동한 전기량은 몇 [C]인가?

① 500
② 1,000
③ 2,000
④ 3,000

해설
전류는 단위 [sec] 동안 도체의 단면을 이동한 전하량(전기량)으로 나타낸다. $t[\text{sec}]$ 동안에 $Q[\text{C}]$의 전하가 이동하였다면
$$I = \frac{Q}{t}[\text{A}], \quad Q = I \cdot t = 5 \times 10 \times 60 = 3,000[\text{C}]$$

58 표준압력계로서, 다른 압력계의 교정용 또는 검정용으로 많이 사용되는 압력계는?

① 단관식 압력계
② 분동식 압력계
③ 피스톤식 압력계
④ 부르동관식 압력계

해설
① 단관식 압력계 : 액주식을 변형한 압력계이다.
③ 피스톤식 압력계 : 모든 압력계의 기준기로서, 2차 압력의 교정 장치로 사용한다.
④ 부르동관식 압력계 : 압력에 따라 변위를 발생시키는 압력계이다.

59 4비트 D/A 변환기의 백분율 분해능은?

① 3.67[%]
② 6.67[%]
③ 9.67[%]
④ 12.67[%]

해설
- n비트의 분해능의 경우 : $\frac{1}{2^n - 1}$
- 4비트의 분해능의 경우 : $\frac{1}{2^4 - 1} = \frac{1}{15} = 0.0667$
∴ 백분율로 환산하면 6.67[%]이다.

60 1[μF], 2[μF], 2[μF]의 콘덴서 3개가 직렬로 접속했을 때 합성 정전용량은 몇 [μF]인가?

① $\frac{1}{2}$
② 1
③ 4
④ 5

해설
직렬일 경우 합성 정전용량
$$Q = \frac{1}{\frac{1}{C_1} + \frac{1}{C_2} + \frac{1}{C_3}} = \frac{1}{\frac{1}{1} + \frac{1}{2} + \frac{1}{2}} = \frac{1}{2}[\mu\text{F}]$$

정답 56 ① 57 ④ 58 ② 59 ② 60 ①

제4과목 기계정비일반

61 펌프의 축 추력을 제거할 수 있는 방식은?

① 양흡입펌프를 사용한다.
② 고유량펌프를 사용한다.
③ 다단펌프를 사용한다.
④ 고양정펌프를 사용한다.

해설
축 스러스트의 조정법
- 평형 구멍(Balance Hole) : 평형 구멍을 뚫어 평형실의 압력을 회전차의 물이 들어오는 부분의 압력과 거의 같게 하여 축 스러스트를 저감한다.
- 평형관(Balance Pipe) : 평형 구멍법과 같은 효과를 꾀하고 있으나 같은 결점이 있다. 대형 펌프에 많이 이용된다.
- 이면 날개(Pump Outvane) : 주판에 방사상의 리브(이면 날개)를 설치하는 방법으로, 이것에 의해 주판의 배면에 작용하는 압력을 낮게 하여 축 스러스트를 감소시킨다.
- 양흡입형 : 흡입조건이 비대칭인 경우나 순간적인 스러스트의 변동을 위해 스러스트 베어링을 사용한다.

62 페더키(Feather Key)라고도 하며, 키를 조립하였을 경우 보스가 가볍게 이동할 수 있는 키는?

① 묻힘키 ② 접선키
③ 반달키 ④ 미끄럼키

해설
① 묻힘키(Sunk Key) : 축과 보스에 모두 키홈을 파서 축을 고정하는 키로, 가장 많이 쓰인다.
② 접선키 : 1/45~1/40의 기울기를 가진 2개의 키를 한 쌍으로 하여 축의 중심각에 120° 위치에 두 쌍을 설치하여 사용하므로, 주로 전달토크가 큰 축에 사용한다.
③ 반달키 : 자동조심작용하여 자동차, 공작 기계 등의 $\phi 60$[mm] 이하의 작은 축과 테이퍼축에 사용한다.

63 높은 토출 양정을 위해 사용하는 펌프는?

① 단단펌프
② 다단펌프
③ 양흡입펌프
④ 추력펌프

해설
다단펌프 : 임펠러 단단펌프로 양정이 부족할 때 다음 단의 임펠러 입구로 이송하고 다시 한번 임펠러로 에너지를 주면 양정이 높아진다. 단수를 겹칠수록 높은 양정을 만드는 펌프이다.

64 베어링 외의 기계 부품을 가열끼움작업을 할 때 가열온도로 적합한 것은?

① 100~150[℃]
② 200~250[℃]
③ 400~450[℃]
④ 500~600[℃]

해설
가열끼워맞춤작업 : 가열 시 골고루 서서히 200~250[℃] 이하로 가열한다. 250[℃] 이상으로 가열하면 재질의 변화 및 변형이 발생한다.

65 다음 중 두 축이 평행하지도 않고 만나지도 않는 기어는?

① 래크
② 스퍼 기어
③ 웜 기어
④ 헬리컬 기어

해설
두 축이 평행하지도 만나지도 않는 기어 : 스큐기어, 하이포이드 기어, 웜 기어

정답 61 ① 62 ④ 63 ② 64 ② 65 ③

66 볼트, 너트의 풀림 방지에 주로 사용되는 핀은?

① 평행 핀
② 분할 핀
③ 스프링 핀
④ 테이퍼 핀

67 무동력펌프라고도 하며, 비교적 저낙차의 물을 긴 관으로 이끌어 그 관성작용을 이용하여 일부분의 물을 원래의 높이보다 높은 곳으로 수송하는 양수기는?

① 마찰펌프
② 분류펌프
③ 기포펌프
④ 수격펌프

해설
① 마찰펌프 : 원주면에 홈이 있는 원판상 회전체를 케이싱 속에서 회전시켜 이것에 접촉하는 액체를 유체마찰에 의한 압력에너지를 주어 송출하는 펌프
② 분류펌프 : 노즐에서 높은 압력의 유체를 혼합실 속으로 분출시켜 혼합실로 보내진 다른 물에 압력이 증가되어 목적하는 곳에 수송되는 것을 이용한 펌프
③ 기포펌프 : 공기관에 의하여 압축공기를 양수관 속에 송입하면 양수관 속은 물보다 가벼운 공기와 물의 혼합체가 되므로 관 외부의 물에 의한 압력을 받아 물이 높은 곳으로 수송되는 펌프

68 시로코 통풍기의 베인 방향으로 옳은 것은?

① 경향 베인
② 수직 베인
③ 전향 베인
④ 후향 베인

해설

종 류	베인 방향
시로코 통풍기(Siroco Fan)	전향 베인
플레이트 통풍기(Plate Fan)	경향 베인
터보 통풍기(Turbo Fan)	후향 베인

69 수격현상에서 압력 상승 방지책으로 사용되는 밸브는?

① 안전밸브
② 슬루스 밸브
③ 셔틀밸브
④ 언로딩 밸브

해설
수격현상에서 압력 상승 방지책으로 사용되는 밸브
• 밸브제어법
• 안전밸브 : 상승압을 직접 도피시키는 것으로 사용된다.
• 체크밸브

70 원심펌프가 기동은 하지만 진동하는 원인으로 옳지 않은 것은?

① 축의 굽음
② 회전수 저하
③ 캐비테이션 발생
④ 볼 베어링의 손상

해설
펌프의 진동 원인
• 수압 맥동에 따른 진동
• 와류에 따른 진동
• 회전부의 불균형에 따른 진동
• 펌프 구성요소의 진동
• 고체 마찰에 따른 축의 진동
• 유막에 따른 진동

71 플렉시블 커플링에 대한 설명으로 틀린 것은?

① 완충작용이 필요한 경우에 사용한다.
② 두 축이 일직선상에서 일치하는 경우에 사용한다.
③ 고무 커플링은 방진고무의 탄성을 이용한 커플링이다.
④ 그리드 플렉시블 커플링을 스틸 플렉시블 커플링이라고도 한다.

해설
플렉시블 커플링
두 축의 중심선을 일치시키기 어렵고, 충격과 진동을 완화시켜 줄 때 사용한다. 고속회전으로 진동을 일으키는 경우에는 플랜지, 그리드, 고무, 기어, 체인, 유체 커플링을 사용하여 충격과 진동을 완화시켜 준다.

72 펌프 운전 중 발생되는 캐비테이션의 방지법으로 적합하지 않은 것은?

① 흡입구를 작게 한다.
② 흡입양정을 작게 한다.
③ 양흡입 펌프를 사용한다.
④ 펌프의 회전수를 낮게 한다.

해설
캐비테이션(공동현상)의 방지법
• 펌프의 설치 위치를 되도록 낮게 하고, 흡입양정을 작게 할 것
• 흡입관은 짧게 하는 것이 좋으나 부득이 길게 할 경우에는 흡입관을 크게 하여 손실을 감소할 것
• 외적 조건으로 캐비테이션을 피할 수 없는 경우에는 임펠러 재질을 캐비테이션 침식에 강한 고급 재질로 택할 것
• 이미 캐비테이션이 생긴 펌프에 대해서는 소량의 공기를 흡입구에 넣어 소음과 진동을 줄일 것
• 펌프의 회전수를 낮게 할 것
• 단흡입이면 양흡입으로 고칠 것

73 V벨트 전동장치에서 V벨트를 선정하려 할 때 고려하지 않아도 되는 것은?

① V벨트의 장력
② 소요벨트의 가닥수
③ V벨트의 종류 및 형식
④ V벨트 풀리의 형상과 지름

74 용적형 회전펌프로서, 대유량의 기름을 수송하는 데 적당하고 비교적 고장이 적고 보수가 용이한 것은?

① 수격펌프
② 축류펌프
③ 베인펌프
④ 벌류트 펌프

해설
① 수격펌프(무동력펌프) : 저낙차의 물을 긴 관으로 이끌어 그 관성작용을 이용하여 일부분의 물을 원래의 높이보다 높은 곳으로 수송하는 양수기이다.
② 축류펌프 : 횡축펌프와 압축펌프가 있다.
④ 벌류트 펌프 : 날개차와 맴돌이형 케이싱으로 구성되어 있고 실양정 30[m] 정도까지 사용하며, 디퓨저 펌프라고도 한다.

75 축 정렬(Centering)에 관한 설명으로 옳지 않은 것은?

① 가능한 한 심(Shim)의 개수를 최소화한다.
② 라이너(Liner)는 높은 쪽의 축 기초볼트에 삽입한다.
③ 심을 넣어 조정할 부위의 페인트나 녹은 반드시 제거한다.
④ 측정 시 커플링(Coupling)을 회전 방향과 같은 방향으로 돌린다.

해설
라이너(Liner)는 낮은 축의 기초볼트에 삽입한다.

76 접착제의 구비조건으로 적합하지 않은 것은?

① 액체성일 것
② 고체 표면에 침투하여 모세관 작용을 할 것
③ 도포 후 일정시간 경과 후 누설을 방지할 것
④ 도포 후 고체화하여 일정한 강도를 유지할 것

해설
접착제의 구비조건
- 액체성일 것
- 모세관 작용을 할 것(고체 표면의 좁은 틈새에 잘 침투할 것)
- 고체화하여 일정한 강도를 가질 것

77 두 축이 평행하고, 두 축의 중심선이 어긋났을 때 각속도의 변화 없이 회전동력을 전달시키고자 할 때 사용하는 축이음은?

① 머프 커플링
② 올덤 커플링
③ 셀러 커플링
④ 플랜지 커플링

해설
① 머프 커플링 : 주철제 원통 속에서 두 축을 맞대어 맞추고 키로 고정시킨 커플링이다.
③ 셀러 커플링 : 머프 커플링을 개량한 것이다.
④ 플랜지 커플링 : 두 축 끝에 플랜지를 끼워 키로 고정하고, 리머볼트로 결합시킨 커플링이다.

78 벨트식 무단변속기의 정비사항으로 옳지 않은 것은?

① 벨트를 이동시킴에 있어서 무리가 발생할 수 있다.
② 가변피치풀리의 습동부는 윤활 불량이 되기 쉽다.
③ 광폭벨트는 특수하므로 예비품 관리를 잘해야 한다.
④ 벨트의 수명은 표준 사용방법으로 운전할 때의 1/2~2배 정도이다.

해설
벨트의 수명은 표준 사용방법으로 운전했을 때 1/2~1/3 정도이다.

79 액상 개스킷의 사용방법으로 옳지 않은 것은?

① 얇고 균일하게 칠한다.
② 바른 직후 접합해도 관계없다.
③ 40[℃] 이하의 저온에서만 사용 가능하다.
④ 접합면의 수분, 기름 등 이물질을 제거한다.

해설
액상 가스킷의 사용온도는 40~400[℃]이다.

80 유체가 흐르는 방향에 입구와 출구가 수직으로 되어 있어 밸브의 아래쪽에서 유체가 진입하여 직각 방향으로 흐르는 밸브는?

① 감압밸브
② 앵글밸브
③ 글로브 밸브
④ 슬로스 밸브

해설
① 감압밸브 : 유체의 압력을 감압하고, 감압 후에도 일정하게 유지되도록 한다.
③ 글로브 밸브 : 유체가 흐르는 방향에 입구와 출구가 일직선상에 있고, 전개하였을 때 흐름 방향에 대한 저항이 크다.
④ 슬루스 밸브 : 펌프 흡입쪽에 설치하며, 차단성이 좋고 전개 시 손실수두가 가장 작다.

정답 76 ③ 77 ② 78 ④ 79 ③ 80 ②

2023년 제3회 과년도 기출복원문제

제1과목 공유압 및 자동화 시스템

01 게이지압력에 대한 설명으로 옳은 것은?

① 게이지압력은 절대압력이다.
② 게이지압력은 대기압의 압력을 '0'으로 한다.
③ 게이지압력은 대기압에 절대압력을 더한 값이다.
④ 게이지압력은 완전 진공을 기준으로 하여 나타낸다.

해설
압력을 나타내는 데는 그 기준(압력 0의 상태)의 설정방법에 따라 절대압력과 게이지압력으로 나누며, 통상적으로 게이지압력으로 나타낸다.
• 절대압력 : 완전 진공을 기준으로 하여 나타낸다.
• 게이지압력 : 대기압을 기준으로 하여 나타낸다.

02 로터의 피치가 60°, 극수가 8, 회전자의 치수가 6인 4상 스테핑 모터의 스텝각은?

① 15°   ② 24°
③ 32°   ④ 48°

해설
모터의 스텝각 = 로터의 피치각(60°) - 스테이터 피치각(45°)
스테이터 피치각은 360°/스테이터 수(극수 8)에서 45°이다.

03 로킹회로는 액추에이터 작동 중에 임의의 위치에 정지 또는 최종 단계에 로크(Lock)시켜 놓은 회로이다. 다음 그림의 로킹을 위하여 사용한 밸브는?

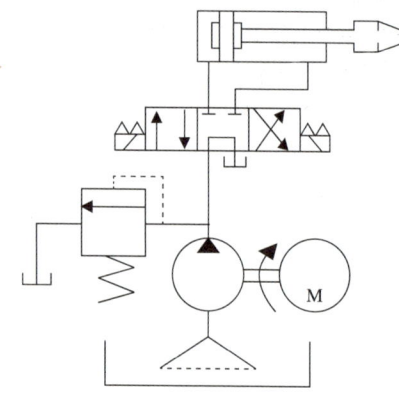

① 올 포트 블록형 변환밸브
② 탠덤 센터형 변환밸브
③ PB 포트 블록형 변환밸브
④ 파일럿 조작 체크밸브

해설
센터 바이패스형(Tandem Center Type)
• 액추에이터를 확실히 정지시킨다.
• 펌프 언로드가 가능하다.

04 다음 그림과 같은 구조의 밸브 명칭은?

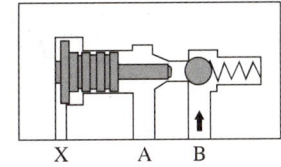

① 셔틀밸브
② 릴리프 밸브
③ 파일럿 조작 체크밸브
④ 압력보상형 유량조정밸브

해설
문제의 그림은 파일럿 조작 체크밸브로, A에서 B로는 통하지만 B에서 A로는 통하지 않는다. 그러나 X쪽에 신호가 들어와서 볼을 들어 주면 B에서 A로 통하게 된다.

05 실린더의 동작에 영향을 주는 요인이 아닌 것은?

① 실린더 흡기측에 압력을 공급하는 능력
② 실린더 배기측의 압력을 배기하는 능력
③ 실린더 피스톤에 가해지는 부하
④ 실린더 쿠션 피스톤의 유무

해설
실린더 쿠션 피스톤의 유무는 충격과 관계가 있다. 가동 부분의 질량이 동작에 영향을 준다.

06 유압 프레스를 설계하려고 한다. 사용압력은 24[MPa]이고, 필요한 힘은 500[kN]일 경우 유압 실린더의 직경[cm]으로 가장 적합한 것은?

① 17
② 27
③ 37
④ 47

해설
$P = \dfrac{F}{A}$ 에서 면적 $A = \dfrac{F}{P}$ 이다.
힘 500[kN]은 약 51,000[kgf]이고, 사용압력 24[MPa]은 약 240[kgf/cm²]이므로 면적 $A\left(=\dfrac{\pi d^2}{4}\right)$ 는 약 212.5[cm²]이다.
그러므로 지름 d는 보기에서 17이 적합하다.

07 다음 중 전진과 후진 운동에서 같은 속도와 출력을 얻을 수 있는 실린더는?

① 탠덤 실린더
② 다위치 실린더
③ 차동형 실린더
④ 양로드 실린더

해설
① 탠덤 실린더 : 같은 크기의 복동 실린더에 의해 두 배의 힘을 낼 수 있다.
② 다위치 제어 실린더 : 정확한 위치를 제어할 수 있다.
③ 차동 실린더 : 피스톤의 면적과 피스톤 로드의 면적이 일정한 면적비로 구성되어 출력을 일정 비율로 조절하여 사용할 수 있다.

08 무부하 밸브(Unloading Valve)에 대한 설명으로 틀린 것은?

① 동력을 절감시키는 역할을 한다.
② 유압의 상승을 방지하는 역할을 한다.
③ 실린더의 부하를 감소시키는 역할을 한다.
④ 펌프 송출량을 탱크로 되돌리는 역할을 한다.

해설
무부하(Unloading) 밸브의 역할
- 불필요한 오일을 탱크로 방출시켜 펌프에 부하가 걸리지 않도록 하는 밸브이다.
- 동력을 절감시키는 역할을 한다.
- 유압의 상승을 방지하는 역할(유압장치의 과열 방지)을 한다.

09 자석의 회전에 의해 도체에 유도전류가 흐르고, 이 유도전류와 자속의 상호작용에 의해 회전하는 현상을 이용한 전동기는?

① 복권전동기
② 분권전동기
③ 유도전동기
④ 직권전동기

해설
① 복권전동기 : 기중기, 원치, 분쇄기 등에 사용된다.
② 분권전동기 : 일정 속도 및 가변 속도를 다같이 필요로 하는 펌프, 송풍기, 선반 등에 적당하다.
④ 직권전동기 : 토크의 변화에 비하면 출력의 변화가 작다. 전차, 전기 기관차, 기중기 등에 적당하다.

10 다음 밸브기호의 명칭은?

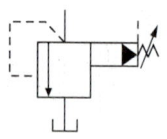

① 파일럿 작동형 감압밸브
② 파일럿 작동형 릴리프 밸브
③ 파일럿 작동형 시퀀스 밸브
④ 비례전자식 파일럿 작동형 릴리프 밸브

해설

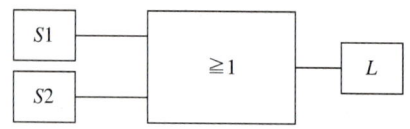

11 다음 기능 다이어그램(Function Diagram)과 동작이 같은 것은?

```
  S1 ─┐
      │ ≥1 ├─ L
  S2 ─┘
```

① OR   ② AND
③ NOT   ④ EX − OR

해설
기능 다이어그램을 수식으로 나타내면 $L = S1 + S2$로, OR 논리와 같다.

12 고정 결선에 의한 제어시스템 구성 순서로 옳은 것은?

> ㄱ. 시운전 ㄴ. 기술 선정
> ㄷ. 시스템 구성 ㄹ. 회로도 작성

① ㄴ → ㄷ → ㄹ → ㄱ
② ㄴ → ㄹ → ㄷ → ㄱ
③ ㄹ → ㄷ → ㄱ → ㄴ
④ ㄹ → ㄷ → ㄴ → ㄱ

해설
고정 결선에 의한 시스템 구성 순서
문제 설정 → 기술의 선정 → 회로도 작성 → 회로도(시스템) 구성 → 회로도 체크 → 시운전

13 스텝 전동기를 여자 상태로 하여 출력 축을 외부에서 회전시키려고 했을 때 이 힘에 대항하여 발생하는 최대토크는?

① 탈출토크(Pull Out Torque)
② 홀딩토크(Holding Torque)
③ 풀인토크(Pull In Torque)
④ 디턴트토크(Detent Torque)

해설
① 탈출토크(Pull Out Torque) : 슬루잉(Slewing) 특성이라고도 하며, 한계 펄스비와 부하토크값의 관계를 나타낸 특성이다.
③ 풀인토크(Pull In Torque) : 인입토크 특성으로 축에 부하토크를 가하여 임의의 구동펄스를 인가하거나 멈추게 하여 전동기를 기동 정지시켰을 때, 그 전동기를 오동작 없이 회전시킬 수 있는 한계의 부하토크이다.
④ 디턴트토크(Detent Torque) : 무여자 상태에서 외부에서 출력 측으로 토크를 가했을 때 발생하는 최대의 토크이다.

14 입력요소 S_1, S_2가 동시에 작동되거나 S_3이 작동되지 않는 상태에서 S_4가 작동되었을 때 출력이 발생되는 제어기의 논리식으로 옳은 것은?

① $Z = S_1 + S_2 + \overline{S_3} + S_4$
② $Z = S_1 \cdot S_2 \cdot \overline{S_3} + S_4$
③ $Z = S_1 \cdot S_2 + \overline{S_3} \cdot S_4$
④ $Z = (S_1 + S_2) \cdot (\overline{S_3} + S_4)$

15 PLC에 사용되는 CPU 내부 구성요소에서 ALU의 역할은?

① 스파크 방지
② 데이터의 저장
③ 아날로그의 영상화
④ 산술이나 논리연산

해설
ALU(Arithmetic Logic Unit) : 산술이나 논리연산을 한다.

16 계전기 시퀀스도를 직접 기입 또는 표시하며, 프로그램이 사다리 모양이 되는 PLC 프로그램 방식은?

① 명령어 방식
② 래더도 방식
③ 논리기호 방식
④ 플로차트 방식

해설
래더도 방식
시퀀스도에 직접 기입 또는 표시할 수 있는 장점 때문에 최근에 가장 많이 사용된다.

정답 12 ② 13 ② 14 ③ 15 ④ 16 ②

17 스테핑 모터의 동작에 대한 설명으로 옳지 않은 것은?

① 회전각도는 입력펄스의 수에 반비례한다.
② 회전속도는 입력펄스의 주파수에 비례한다.
③ 펄스를 부여하는 방식에 따라 급속하고, 빈번하게 기동과 정지가 가능하다.
④ 입력펄스 1개에 대해 소정의 각도만큼 회전시키고, 그 이상 입력이 없는 경우는 정지 위치를 유지한다.

해설
스테핑 모터의 동작 특성
- 회전속도는 입력펄스의 주파수에 비례한다.
- 펄스를 부여하는 방식에 따라 급속하고, 빈번하게 기동과 정지가 가능하다.
- 입력펄스 1개에 대해 소정의 각도만큼 회전시키고, 그 이상 입력이 없는 경우는 정지 위치를 유지한다.

18 측온저항체로 이용하기 위한 요구조건이 아닌 것은?

① 저항온도계수가 작을 것
② 소선의 가공이 용이할 것
③ 사용 온도범위가 넓을 것
④ 화학적・기계적으로 안정될 것

해설
측온저항체로 이용되기 위한 요구조건
- 저항온도계수가 클 것
- 온도 – 저항 특성이 직선적일 것
- 사용 온도범위가 넓고 제작이 용이하며 저렴할 것
- 소선의 가공이 용이할 것
- 열적・화학적・기계적으로 안정되고, 저항값의 경시 변화가 작을 것

19 제어기라고도 하며 제어장치에서 가장 중요한 부분으로, 동작신호를 받아 제어계가 정해진 작용을 하는 데 필요한 신호를 만드는 제어요소는?

① 조절부
② 조작부
③ 조작량
④ 제어 대상

해설
② 조작부 : 구동기라고도 하며, 조절부에서 받은 신호로 제어 대상을 직접 구동시키는 장치이다.
③ 조작량 : 제어 대상을 직접 구동할 수 있는 양으로, 제어요소에서 받는다.
④ 제어 대상 : 제어량을 발생시키는 장치로서 제어계에서 직접 제어를 받는 장치이다.

20 다음 플로차트(Flow Chart) 기호의 의미는?

① 분지(Branch)
② 전이점(Move Point)
③ 서브루틴(Subroutines)
④ 일반적인 작업(General Work)

해설

분지	전이점	일반적인 작업
◇	○	□

제2과목 설비진단 및 관리

21 고속으로 회전하는 기어 및 베어링 등에서 충격력 등과 같이 힘의 크기가 문제되는 이상 진단 시 일반적으로 사용되는 측정변수는?

① 변 위
② 속 도
③ 가속도
④ 위상각

해설
① 변위 : 그 계의 외력에 의해 휘는 양
② 속도 : 진동이 베어링 등 통하여 전달하는 빠르기
④ 위상각 : 일정한 정점(부품)에 대하여 다른 정점의 순각적인 위치 및 시간의 지연

22 정현파 진동에서 진동의 상한과 하한의 거리는?

① 변 위
② 속 도
③ 가속도
④ 진동수

23 주기(T), 주파수(f), 각진동수(ω)의 관계로 옳은 것은?

① $\omega = 2\pi f$
② $\omega = 2\pi T$
③ $T = \dfrac{\omega}{\pi}$
④ $f = \dfrac{2\pi}{\omega}$

해설
진동수
$f = \dfrac{1}{T} = \dfrac{\omega}{2\pi}$ [cycle/s, Hz]

24 회전기계에서 채취한 오일 샘플링에서 마모 입자를 자석으로 검출하여 크기, 형상 및 재질 등을 분석하여 이상의 원인을 규명하는 설비진단기법은?

① 원자흡광법
② 회전전극법
③ 페로그래피법
④ 응력법

해설
오일분석법에는 페로그래피법과 SOAP법이 있다.
- SOAP법 : 채취한 시료유를 연소하여 그때 생긴 금속성분 특유의 발광 또는 흡광현상을 분석하는 방법이다. 원자흡광법(금속성분의 흡수 스펙트럼을 측정), 회전전극법과 ICP법(금속성분의 발광 스펙트럼을 측정)이 있다.
- 응력법 : 설비구조물에서 발생하는 균열(과대한 응력, 반복 응력에 의한 피로 축적 등)의 원인을 찾아내는 방법이다. 각 부재의 실제 응력을 측정하고, 설비 내부의 실제 응력의 분포와 설비의 피로에 의한 수명을 해석한다.

25 가속도센서의 부착방법 중 마그네틱 고정방식의 특징이 아닌 것은?

① 습기에 문제가 없다.
② 먼지와 온도에 문제가 없다.
③ 가속도계의 고정 및 이동이 용이하다.
④ 작은 구조물에는 자석의 질량효과가 크다.

해설
마그네틱 고정방식의 특징
- 가속도계의 고정 및 이동이 용이하다.
- 사용 주파수 영역이 좁고, 정확도가 떨어진다.
- 작은 구조물에는 자석의 질량효과가 크다.
- 습기에는 문제가 없다.
- 먼지와 고온은 접착력을 약화시킨다.
- 측정구조물에 손상을 주지 않는다.

정답 21 ③ 22 ① 23 ① 24 ③ 25 ②

26 기름을 회전체에 떨어뜨려 미립자 또는 분무 상태로 만들어 급유하는 밀폐부의 급유법은?

① 링 급유법 ② 나사 급유법
③ 중력 급유법 ④ 비말 급유법

해설
① 링 급유법 : 오일링이 축의 회전에 의하여 마찰면에 기름을 운반하여 윤활작용을 하는 방법이다.
② 나사 급유법 : 측면에 나선상의 홈을 만들고 축을 회전시키면 축의 회전에 따라 기름이 홈을 따라 올라가 축면에 급유되는 방법이다. 저속에는 이용되지 않는다.
③ 중력 급유법 : 높은 곳에 있는 기름탱크에서 분배관을 통해 기름을 흘려보내는 방법으로, 점도가 낮은 기름을 사용한다. 동력 소비가 작은 것이 장점이다.

27 소리(음)가 서로 다른 매질을 통과할 때 구부러지는 현상은?

① 음의 반사
② 음의 간섭
③ 음의 굴절
④ 마스킹(Masking) 효과

해설
② 음의 간섭 : 서로 다른 파동 사이의 상호적으로 나타나는 현상이다.
④ 마스킹(Masking) 효과 : 크고 작은 두 소리를 동시에 들을 때 큰 소리만 듣고 작은 소리는 듣지 못하는 현상으로, 음파의 간섭에 의해 일어난다.

28 설비의 열화를 측정하고, 열화의 진행 방지 및 열화 회복을 위한 제 조건의 표준은?

① 설비성능 표준
② 설비자재구매 표준
③ 보전작업 표준
④ 설비보전 표준

해설
① 설비성능 표준 : 설비사양서, 설비가 운전 시에 발휘하는 성능의 표준
② 설비자재구매 표준 : 설비용 재료, 부품 등과 같은 것에 대한 품질의 표준
③ 보전작업 표준 : 검사, 정비, 수리 등의 보전작업방법과 보전작업시간의 표준 등을 결정하는 보전 표준

29 차음벽 재료의 강성을 두 배로 증가시킬 때 투과손실은?

① 3[dB] 증가한다.
② 3[dB] 감소한다.
③ 6[dB] 증가한다.
④ 6[dB] 감소한다.

해설
• 차음벽 재료의 강성 : 저주파 소음의 투과손실을 결정하는 요소로, 강성을 두 배 증가시키면 투과손실은 6[dB] 정도 증가한다.
• 차음벽의 무게 : 중간 이상 주파수 소음의 투과손실을 결정하는 요소로, 무게를 두 배 증가시키면 이론상 투과손실은 6[dB] 증가하나 실제로는 4~5[dB] 증가한다.

30 기계를 가동하여 직접 생산하는 시간은?

① 실제생산시간
② 실제조업시간
③ 정미가동시간
④ 직접조업시간

해설
- 정미가동시간 : 기계를 가동하여 직접 생산하는 시간
- 부하시간 : 정미가동시간에 정지시간을 부가한 시간(단위운전 시간)
- 무부하시간 : 기계가 정지하고 있는 시간
- 정지시간 : 준비시간, 대기시간, 설비수리시간, 불량 수정시간 등
- 조업시간 : 잔업을 포함한 실제가동시간
- 기타 시간 : 조업시간 내에 전기, 압축기 등이 정지하여 작업 불능시간이나 조회, 건강진단 등의 시간

31 기계진동의 가장 일반적인 원인으로서, 진동 특성이 $1f$ 성분이 탁월한 회전기계 열화원인은?(단, f = 회전 주파수)

① 공 진
② 언밸런스
③ 기계적 풀림
④ 미스 얼라인먼트

해설
회전기계의 열화 시 발생되는 주파수 특성에서 언밸런스의 특징
- 언밸런스는 회전 벡터이다.
- 회전 주파수의 $1f$ 성분의 탁월 주파수가 나타난다.
- 언밸런스에 의한 진동은 수평·수직 방향에서 최대의 진폭이 발생한다.
- 로터 축심 회전의 질량 분포의 부적정에 의한 것으로 통상 회전 주파수가 발생한다.

32 열화손실곡선에서 1회의 보전비가 a, 월간 수리비용이 m 이라면, 최적수리주기(x_0)는?

① $x_0 = 2a \times m$
② $x_0 = \sqrt{2a \times m}$
③ $x_0 = \dfrac{2a}{m}$
④ $x_0 = \sqrt{\dfrac{2a}{m}}$

해설
열화손실이 직선으로 증가하는 경우의 최적수리주기
$x_0 = \sqrt{\dfrac{2a}{m}}$

33 다음의 상황은 그림과 같은 그래프에서 어느 구역의 고장기에 해당하는가?

펌프를 사용하던 중 축봉부의 누설로 인해 목표 양정이 되지 않음을 발견하여 메커니컬실을 교체한 후 계속 정상 가동하였다.

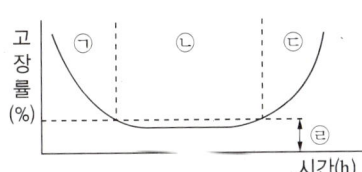

① ㉠ 구역
② ㉡ 구역
③ ㉢ 구역
④ ㉣ 구역

해설
우발 고장기
- 고장률이 거의 일정하나 예측할 수 없는 고장률 일정형이다.
- 이 기간을 유효수명이라 하고, 고장정지시간을 감소시키는 것이 가장 중요하다.
- 설비보전원의 고장 개소의 감지능력을 향상시키기 위한 교육훈련이 필요하다.
- 일정한 고장률을 저하시키기 위해서는 개선·개량이 절대적으로 필요하다.
- 예비품 관리가 중요하다.

34 지향계수(Q)가 2인 반자유 공간(점음원에 비해 에너지 밀도가 2배)에서의 지향지수는 얼마인가?

① 지향지수 = −0[dB]
② 지향지수 = +3[dB]
③ 지향지수 = +6[dB]
④ 지향지수 = +9[dB]

해설
음원의 위치별 지향성

구 분	점음원 (자유 공간)	반자유 공간	두 면이 접하는 구석	세 면이 접하는 구석
지향계수	1	2	4	8
지향지수	−0[dB]	+3[dB]	+6[dB]	+9[dB]

35 기초와 진동보호대상물체 사이에 스프링형 진동차단기를 설치하였더니 진동보호대상물체에 진동이 발생하여 다음 그림과 같이 진동보호대상물체와 스프링 사이에 블록을 설치하였다. 블록을 설치한 이유로 옳은 것은?

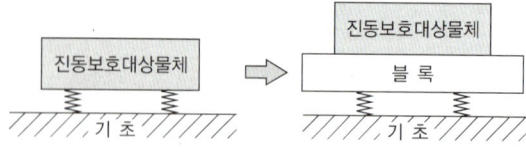

① 강성을 높이기 위해
② 진동을 차단하기 위해
③ 고유 진동수를 낮추기 위해
④ 고유 진동수를 높이기 위해

해설
고유 진동수 $w_n = \sqrt{\dfrac{k}{m}}$ 에서 강성(k)을 그대로 두고 질량(m)을 증가시키면, 고유 주파수는 감소한다.

36 다음 중 로스(Loss) 계산방법이 잘못된 것은?

① 속도가동률 = $\dfrac{\text{기준 사이클시간}}{\text{실제 사이클시간}}$

② 시간가동률 = $\dfrac{\text{부하시간 − 정지시간}}{\text{부하시간}}$

③ 실질가동률 = $\dfrac{\text{생산량} \times \text{실제 사이클시간}}{\text{부하시간 − 정지시간}}$

④ 성능가동률 = $\dfrac{\text{속도가동률} \times \text{실질가동률}}{\text{부하시간 − 정지시간}}$

해설
성능가동률 = 속도가동률 × 실질가동률

37 부품의 최적대체법 중 일정 기간이 되면 모든 부품을 신품과 대체하는 부품대체방식은?

① 각개대체방식
② 일제대체방식
③ 개별사전대체방식
④ 개별사후대체방식

해설
① 각개대체방식 : 부품이 파손되면 신품과 대체하는 방식이다.
③ 개별사전대체방식 : 일정 기간 최적교환주기가 되어도 파손되지 않는 부품만 신품과 대체하는 방식이다.
④ 개별사후대체방식 : 부품대체방식이 아니다.

38 사용 중인 설비의 고장 정지 또는 유해한 성능 저하를 가져오는 상태를 발견하기 위한 보전은?

① 개량보전　② 보전예방
③ 사후보전　④ 예방보전

해설
① 개량보전(CM) : 설비 자체의 체질 개선(예방보전으로 고장이 없고, 보전하기 쉬운 설비로 개량)
② 보전예방(MP) : 고장이 없고, 보전이 필요하지 않은 설비를 설계·제작하기 위한 설비보전
③ 사후보전(BM) : 고장·정지 또는 유해한 성능 저하를 가져온 후에 수리를 행하는 것

39 정현파에서 음압 진폭(피크값)이 P_m 일 때 음압 실 횻값 P는?

① $P = P_m / \sqrt{2} \, [\text{N/m}^2]$
② $P = 2P_m \, [\text{N/m}^2]$
③ $P = \dfrac{2}{\pi} P_m \, [\text{N/m}^2]$
④ $P = \pi P_m \, [\text{N/m}^2]$

해설
실횻값은 피크값의 $1/\sqrt{2}$ 이다.

40 회전기계에서 발생하는 이상현상 중 유체기계에서 국부적 압력 저하에 의하여 기포가 생기며 일반적으로 불규칙한 고주파 진동 음향이 발생하는 현상은?

① 공 동
② 풀 림
③ 언밸런스
④ 미스얼라인먼트

해설
② 풀림 : 기초 볼트 풀림이나 베어링 마모 등에 의하여 발생하는 것으로, 통상 회전 주파수의 고차 성분이 발생한다.
③ 언밸런스 : 로터 축심 회전의 질량 분포의 부적정에 의한 것으로 나타난다.
④ 미스얼라인먼트 : 커플링으로 연결되어 있는 2개 회전축의 중심선이 엇갈려 있을 경우로, 통상 회전 주파수 또는 고주파가 발생한다.

제3과목 공업계측 및 전기전자제어

41 논리식 $\overline{A+B}$ 와 의미가 같은 논리식은?

① $\overline{A \cdot B}$
② $A \cdot B$
③ $\overline{A} + \overline{B}$
④ $\overline{A} \cdot \overline{B}$

해설
드모르간의 법칙
$\overline{(A \cdot B)} = \overline{A} + \overline{B}$, $\overline{(A+B)} = \overline{A} + \overline{B}$에 의하여
$\overline{A+B} = \overline{A} \cdot \overline{B}$이다.

42 유도전동기의 Y-Δ 기동과 관계가 없는 것은?

① 전동기의 기동전류를 제한한다.
② 정격전압을 직접 전동기에 가해 기동한다.
③ 기동 시 전동기의 고정자 권선을 Y결선한다.
④ 기동전류가 감소하면 Δ로 전환한다.

해설
Y-Δ 기동 : 전동기의 기동전류를 제한하며, 기동 시 전동기의 고정자 권선을 Y결선하고 기동전류가 감소하면 Δ로 전환한다.

43 제어밸브 유량 특성의 종류가 아닌 것은?

① 페일 세이프(Fail Safe) 특성
② 퀵 오픈(Quick Open) 특성
③ 리니어(Linear) 특성
④ 이퀄 퍼센트(Equal %) 특성

해설
제어밸브 유량 특성의 종류
• 퀵 오픈(Quick Open) 특성
• 스퀘어 루트(Square Root) 특성
• 리니어(Linear) 특성
• 이퀄 퍼센트(Equal %) 특성
• 하이퍼볼릭(Hyperbolic) 특성
퀵 오픈(Quick Open) 특성, 리니어(Linear) 특성, 이퀄 퍼센트(Equal %) 특성이 널리 사용된다.

정답 39 ① 40 ① 41 ④ 42 ② 43 ①

44 정전용량 1[μF]의 콘덴서가 60[Hz]인 전원에 대한 용량 리액턴스[Ω]의 값은 약 얼마인가?

① 2,500
② 2,600
③ 2,653
④ 2,753

해설

$$Z_C = \frac{1}{wC}$$
$$= \frac{1}{2\pi fC}$$
$$= \frac{1}{2 \times 3.14 \times 60 \times 1 \times 10^{-6}}$$
$$= 2,653[\Omega]$$

45 플립플롭 회로는 어느 회로에 해당하는가?

① 역안정 멀티바이브레이터
② 단안정 멀티바이브레이터
③ 비안정 멀티바이브레이터
④ 쌍안정 멀티바이브레이터

해설
플립플롭 회로는 쌍안정 멀티바이브레이터로 만들어졌으며, 1비트의 기억작용을 갖는 2차 소자로서 레지스터 카운터의 구성요소로 이루어진다.

46 단위계단함수 $u(t)$의 라플라스 변환은?

① e
② $\frac{1}{s}e$
③ $\frac{1}{e}$
④ $\frac{1}{s}$

해설
$u(t)$는 단위계단함수로서, $u(t) = 1(t \geq 0)$, $0(t < 0)$으로 정의되며 함수 형태가 계단 모양이다. 따라서 라플라스 변환은 $\frac{1}{s}$이다.

47 피드백제어계에서 제어요소를 나타낸 것으로 가장 알맞은 것은?

① 검출부와 조작부
② 조절부와 조작부
③ 검출부와 조절부
④ 비교부와 검출부

해설
피드백제어계에서 제어요소는 조절부와 조작부이다. 조절부는 기준입력과 검출부 출력의 합이 되는 신호를 받아서 제어계가 정해진 작용을 하는 데 필요한 신호를 만들어 조작부에 보내는 부분으로 제어기의 중심 부분으로서 제어대상 플랜트가 원하는 동작을 할 수 있도록 증폭기, PID조절기, 레버 등으로 조절하는 부분이다. 조작부는 조절부로부터 받은 신호를 조작량으로 바꾸어 제어대상(플랜트)에 보내 주는 역할을 한다. 검출부는 제어대상 플랜트의 실제적인 움직임을 변환기를 이용하여 직접 검출하는 부분이다.

48 다음 그림과 같은 반전증폭기의 압력전압과 출력전압의 비, 즉 전압이득을 바르게 표현한 식은?

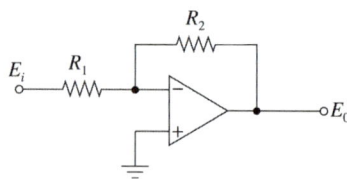

① $\frac{R_2}{R_1}$
② $-\frac{R_2}{R_1}$
③ $1 + \frac{R_2}{R_1}$
④ $1 - \frac{R_2}{R_1}$

해설
반전증폭기의 전압이득은 $-\frac{R_2}{R_1}$이다.

49 다이오드에 역방향 전류를 흘려 사용하고 그 양단에서 일정한 전압을 얻는 것은?

① 발광다이오드
② 제너다이오드
③ 터널다이오드
④ 가변용량다이오드

해설
제너다이오드(Zener Diode)는 일반적인 다이오드의 특성과는 달리 역방향으로 어느 일정값 이상의 항복전압이 가해졌을 때 역방향으로 전류가 흐르는 다이오드의 일종이다.

50 온도 검출에 적합한 소자는?

① 포토다이오드
② 서미스터
③ 바리스터
④ 제너다이오드

해설
온도에 따라 저항값이 변화하는 소자는 서미스터이다.

51 8개의 비트(bit)로 표현 가능한 정보의 최대 가지 수는?

① 211
② 256
③ 285
④ 512

해설
8개의 비트로 표현 가능한 정보는 최대 $2^8 = 256$가지이다.

52 다음의 진리표가 나타내는 논리게이트는?

입력		출력
A	B	Y
0	0	1
0	1	0
1	0	0
1	1	0

① AND
② OR
③ NAND
④ NOR

해설
NOR 회로

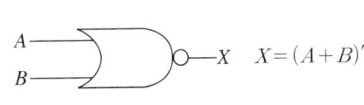

| | [기 호] | [논리함수] | [진리표] |

$X = (A+B)'$

A	B	X
0	0	1
0	1	0
1	0	0
1	1	0

53 모든 압력계의 기준기로서, 2차 압력의 교정장치로 사용되는 압력계는?

① 단관식 압력계
② 분동식 압력계
③ 피스톤식 압력계
④ 부르동관식 압력계

해설
① 단관식 압력계 : 액주식을 변형한 압력계이다.
② 분동식 압력계 : 다른 압력계의 교정용 또는 검정용으로 사용한다.
④ 부르동관식 압력계 : 압력에 따라 변위를 발생시키도록 한 압력계이다.

54 $E_1 = 80[V]$인 전압과 E_1보다 위상이 90° 앞선 $E_2 = 60[V]$인 전압의 합성 전압 $E_0[V]$는?

① 100
② 110
③ 120
④ 140

해설
두 전압의 위상차가 90°이므로,
합성 전압 $E_o = \sqrt{E_1^2 + E_2^2} = \sqrt{80^2 + 60^2} = 100[V]$이다.

55 전기자 도체에 전류는 전기자 도체가 브러시를 통과할 때마다 반대 방향으로 바뀐다. 이러한 전기자 권선의 교류 기전력을 직류 기전력으로 변환하는 것은?

① 정 류
② 교 번
③ 점 호
④ 섬 락

해설
정류는 교류에서 직류를 빼내는 일로 교류 기전력을 직류 기전력으로 변환하는 것이다.

56 3상 유도전동기의 Y-Δ 기동에 대한 설명 중 틀린 것은?

① 기동 시 선전류는 $\dfrac{1}{\sqrt{3}}$로 감소된다.
② 10~15[kW] 정도의 전동기에 적당하다.
③ 기동전류는 전부하 전류보다 매우 크다.
④ 기동 시는 고정자 권선은 Y결선하고 정상 운전 시 Δ결선하는 방법이다.

해설
3상 유도전동기의 Y-Δ 기동
Δ결선으로 운전하는 전동기를 기동할 때만 Y결선으로 하여 기동전류, 토크와 함께 직입의 1/3로 감소하며, 10~15[kW] 중용량에 사용한다.

57 다음 그림의 출력전압은?

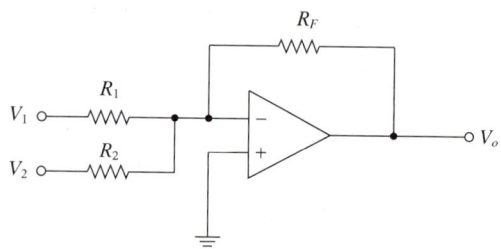

① $V_o = R_F \left(\dfrac{V_1}{R_1} + \dfrac{V_2}{R_2} \right)$

② $V_o = -R_F \left(\dfrac{V_1}{R_1} + \dfrac{V_2}{R_2} \right)$

③ $V_o = -R_F \left(\dfrac{V_1}{R_1} - \dfrac{V_2}{R_2} \right)$

④ $V_o = -R_F \left(\dfrac{V_2}{R_2} - \dfrac{V_1}{R_1} \right)$

해설
가산회로
- OP-amp의 반전 입력단에 여러 개의 입력저항이 동시에 연결된 회로이다.
- 출력전압은 각 입력전압의 합이다.
- $V_o = -R_F \left(\dfrac{V_1}{R_1} + \dfrac{V_2}{R_2} \right)$

58 2개의 합성 저항 R_1, R_2를 병렬로 접속하면 합성 저항 R은 어떻게 되는가?

① $R_1 + R_2$
② $\dfrac{R_1 + R_2}{2}$
③ $\dfrac{R_1 + R_2}{R_1 \cdot R_2}$
④ $\dfrac{R_1 \cdot R_2}{R_1 + R_2}$

해설
$\dfrac{1}{R} = \dfrac{1}{R_1} + \dfrac{1}{R_2}$에서 $\dfrac{1}{R} = \dfrac{R_1 + R_2}{R_1 \cdot R_2}$이므로, $R = \dfrac{R_1 \cdot R_2}{R_1 + R_2}$

59 도전성 유체의 유속 또는 유량 측정에 가장 적합한 것은?

① 전자유량계
② 차압식 유량계
③ 와류식 유량계
④ 초음파식 유량계

> [해설]
> 전자유량계의 유량 측정원리는 패러데이의 전자유도법칙을 응용한 것이다.

60 20[μF]과 40[μF]의 콘덴서를 병렬로 접속한 후 100[V] 전압을 가했을 때 전 전하량은 몇 [C]인가?

① 13×10^{-4}
② 20×10^{-4}
③ 40×10^{-4}
④ 60×10^{-4}

> [해설]
> - 콘덴서 병렬접속의 합성 정전용량 $C = C_1 + C_2 = 20 + 40 = 60[\mu F]$
> - 전 전하량 $Q = C \cdot V = 60 \times 10^{-6} \times 100 = 60 \times 10^{-4}$

제4과목 기계정비일반

61 기어 조립 후 운전 초기에 발생하는 트러블 현상이 아닌 것은?

① 피 칭
② 스코어링
③ 접촉 마모
④ 피로 파손

> [해설]
> - 피로 파손은 장시간 사용 시 발생한다.
> - 피칭은 기어 이 면이 조잡하거나 고하중 작용 시 발생한다.
> - 스코어링은 운전 초기에 자주 발생하는 현상으로 급유 부족, 윤활유 점도 부족, 내압 성능 부족 시 발생한다.

62 축이음 중 원활한 동력 전달이 되고, 축의 연결이 용이하여 진동과 충격이 잘 흡수되는 장점이 있어 최근 자동차 및 선박 등 산업 분야에 널리 사용되는 것은?

① 유체 커플링
② 스프링 축이음
③ 플랜지형 축이음
④ 분할 원통형 커플링

> [해설]
> ③ 플랜지형 커플링 : 확실한 동력 전달, 고속 정밀 회전축, 축 지름 200[mm] 이상에 사용
> ④ 분할 원통형 커플링(클램프 커플링) : 축지름 200[mm]까지 사용, 긴 전동축에 적당하다.

정답 59 ① 60 ④ 61 ③ 62 ①

63 펌프에 관한 설명 중 옳은 것은?

① 다단펌프는 유량을 증가시킨다.
② 양흡입펌프는 양정을 증가시킨다.
③ 양흡입펌프는 축추력이 발생되지 않는다.
④ 축 방향으로 유체를 흡입하고 반경 방향으로 토출시키는 펌프는 축류식 펌프이다.

해설
① 다단펌프는 양정을 증가시킨다.
② 양흡입펌프는 유량을 증가시킨다.
④ 축 방향으로 유체를 흡입하고 축 방향으로 토출시키는 펌프는 축류식 펌프이다.

64 열박음을 위해 베어링을 가열유조에 넣고 가열할 때 몇 [℃] 이상에서 베어링의 경도가 저하되는가?

① 130[℃]   ② 150[℃]
③ 180[℃]   ④ 200[℃]

해설
베어링 장착방법 중 열박음에 의한 방법은 가열유조에 베어링을 가열팽창시켜 축을 끼우는 방법으로, 거의 100[℃]로 가열한다. 130[℃] 이상 가열하면 베어링 자체 경도 저하가 염려된다.

65 전동기의 운전 중 점검항목이 아닌 것은?

① 전 압
② 회전수
③ 베어링 온도 상승
④ 브러시 습동 상태

해설
브러시 습동 상태는 전동기를 정지시키고 점검한다.

66 펌프의 공동현상(Cavitation) 방지책으로 적당하지 않은 것은?

① 비교회전도(NS)가 작은 펌프를 채택한다.
② 흡입 배관은 가능한 한 굵고 짧게 한다.
③ 펌프의 설치 위치를 가능한 한 높게 하여 흡입 양정을 길게 한다.
④ 손실수두를 작게 한다.

해설
펌프의 공동현상(Cavitation) 방지책
• 펌프의 설치 위치를 되도록 낮게 하고, 흡입양정을 작게 할 것
• 흡입관은 짧게 하는 것이 좋으나 부득이 길게 할 경우에는 흡입관을 크게 하여 손실을 감소할 것
• 외적 조건으로 캐비테이션을 피할 수 없는 경우에는 임펠러 재질을 캐비테이션 침식에 강한 고급 재질을 택할 것
• 이미 캐비테이션이 생긴 펌프에 대해서는 소량의 공기를 흡입구에 넣어 소음파 진동을 줄일 것
• 펌프의 회전수를 낮게 할 것
• 단흡입이면 양흡입으로 고칠 것

67 열 박음에서 끼워맞춤 가열온도를 구하는 식으로 옳은 것은?(단, T : 가열온도, Δd : 죔새(축지름 − 구멍지름), α : 열팽창계수, D : 구멍지름)

① $T = \dfrac{\Delta d}{D}$ ② $T = \dfrac{\alpha \times D}{\Delta d}$

③ $T = \dfrac{\Delta d}{\alpha \times D}$ ④ $T = \dfrac{D}{\Delta d}$

해설
죔새(변형량)
δ = 지름(D) × 열팽창계수(α) × 온도 변화량($T : t_2 - t_1$)

68 롤러 체인을 스프로킷 휠이 부착된 평행축에 평행 걸기를 할 때 거는 방법으로 적절한 것은?

① 긴장측에 긴장 풀리를 사용하여 건다.
② 이완측에 이완 풀리를 사용하여 건다.
③ 긴장측은 위로, 이완측은 아래로 건다.
④ 긴장측은 아래로, 이완측은 위로 건다.

해설

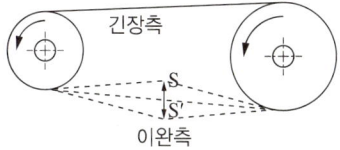

69 통풍기의 압력범위는?

① 0.1[kgf/cm²] 이하
② 0.1~10[kgf/cm²]
③ 10[kgf/cm²] 이상
④ 20[kgf/cm²] 이상

해설
- 통풍기(Fan) : 0.1[kgf/cm²] 이하
- 송풍기(Blower) : 0.1~1[kgf/cm²] 미만
- 압축기(Compressor) : 1.0[kgf/cm²] 이상

70 다음 변속기 중 유성운동을 하는 원추판을 반경 방향으로 이동시켜 접시형 스프링을 가진 한 쌍의 태양 플랜지와 접촉시켜 유성 원추판의 공전을 출력축으로 빼내는 구조로 된 것은?

① 가변변속기
② 컵 무단변속기
③ 디스크 무단변속기
④ 체인식 무단변속기

해설
① 가변변속기 : 몇 장의 원추판과 거기에 대등하는 플랜지 디스크가 있고 플랜지 디스크는 페이스 캠과 스프링으로 눌러져 원추판을 변속 핸들에 의해 그 속으로 밀어 넣어 접촉 부분의 반경을 무단계로 바꾸어 변속시키는 것이다.
② 컵 무단변속기 : 입력축과 출력축에 드라이브 콘을 비치하고 그 바깥 가장자리에 강구를 접촉시키며, 이 강구가 경사축에 의해 경사각을 변화시키면 입출력축의 드라이브 콘에 접촉하는 접촉 반경이 변화되어 무단계 변속을 하게 된다.
④ 체인식 무단변속기 : 얕은 홈이 있는 베벨기어에 특수한 체인의 연결로 동력을 전달하는 것이다.

71 V벨트나 풀리의 홈 크기에 대한 규격 중 단면의 면적이 가장 큰 것은?

① M형　　② A형
③ E형　　④ Y형

해설
V벨드의 종류에는 M, A, B, C, D, E의 6가지가 있으며, M에서 E쪽으로 갈수록 단면(허용장력)이 커진다.

72 관로에 유속의 급격한 변화 및 정전에 의한 펌프의 동력이 급히 차단될 때 관 내 압력이 상승 또는 하강하는 현상은?

① 서징(Surging)현상
② 수격(Water Hammer)현상
③ 베이퍼 로크(Vapor Lock) 현상
④ 캐비테이션(Cavitation) 현상

73 로크 너트는 무엇을 방지하기 위한 것인가?

① 부 식 ② 풀 림
③ 고 착 ④ 파 손

해설
볼트 너트 이완(풀림) 방지
- 홈 달림 너트 분할 핀 고정방법
- 절삭 너트에 의한 방법
- 로크 너트(더블 너트)에 의한 방법
- 특수 너트에 의한 방법(자동 죔 너트에 의한 방법)

74 원주면에 홈이 있는 원판상 회전체를 케이싱 속에서 회전시켜 이것에 접속하는 액체를 유체 마찰에 의한 압력에너지를 주어 송출하는 펌프는?

① 분류펌프
② 수격펌프
③ 마찰펌프
④ 횡축펌프

해설
① 분류펌프 : 노즐에서 높은 압력의 유체를 혼합실 속으로 분출시켜 혼합실로 보내진 다른 물에 압력이 증가되어 목적하는 곳에 수송되는 것을 이용한 펌프이다.
② 수격펌프(무동력펌프) : 저낙차의 물을 긴 관으로 이끌어 그 관성작용을 이용하여 일부분의 물을 원래의 높이보다 높은 곳으로 수송하는 양수기이다.
④ 횡축펌프 : 흡입 케이싱은 보통 90° 곡관으로 되어 있고 임펠러에 의해 흡입된 물은 곡관을 지나 안내깃에 들어가 압력을 높인다.

75 전동기의 고장현상과 원인의 연결이 옳지 않은 것은?

① 기동 불능 – 공진
② 과열 – 과부하 운전
③ 진동 – 베어링 손상
④ 절연 불량 – 코일 절연물의 열화

해설
전동기 기동 불능의 원인
- 퓨즈 용단, 서머 릴레이, 노 퓨즈 브레이크 등의 작동
- 단 선
- 기계적 과부하
- 전기기기류의 고장
- 운전 조작 잘못

76 축 정렬 준비사항 중 축이나 커플링이 진원에서 얼마나 편차되었는가를 확인하는 방법은?

① 봉의 변형량(Sag)의 측정
② 흔들림 공차(Run Out)의 측정
③ 커플링 면 갭(Face Gap)의 측정
④ 소프트 풋(Soft Foot) 상태의 측정

77 매우 높은 온도를 유지하는 장치의 실(Seal)로 사용되고 다른 실에 비해 유밀기능이 떨어져 와이퍼(Wiper)형 실로 많이 사용되는 것은?

① 금속 실(Metallic Seal)
② 스프링 실(Spring Seal)
③ 플랜지 실(Flange Seal)
④ 기계적 실(Mechanical Seal)

해설
② 스프링 부하 립 실 : U형, V형 패킹을 개조한 것이다. 고무 립 주위에 스프링을 넣어 실의 립이 상대편에 밀착하게 되어 있다.
③ 플랜지 패킹 : 실린더 피스톤과 로드에 사용한다. 립 또는 경사면의 팽창으로 접촉면 사이의 유밀을 유지하게 되어 있고, 재질은 가죽, 합성 고무, 플라스틱 등을 사용한다.
④ 기계적 실(메커니컬 실) : 갈매기 모양의 패킹을 사용할 때 발생되는 문제점의 해결을 위해 만든 것이다. 회전축의 동적 실로 사용하며, 보통 금속과 고무로 되어 있다.

78 축의 고장 중 설계 불량에 의한 고장원인이 아닌 것은?

① 재질 불량
② 형상구조 불량
③ 치수 강도 불량
④ 관련 부품 맞춤 불량

해설
관련 부품 맞춤 불량의 원인은 조립, 정비 불량이다.

79 두 축 끝에 플랜지를 끼워 키로 고정시키고, 리머볼트로 결합시킨 축이음은?

① 머프 커플링
② 올덤 커플링
③ 셀러 커플링
④ 플랜지 커플링

해설
① 머프 커플링 : 주철제 원통 속에서 두 축을 맞대어 맞추고 키로 고정시킨 커플링이다.
② 올덤 커플링 : 두 축이 평행하고, 두 축의 중심선이 어긋났을 때 각속도의 변화 없이 회전동력을 전달시키고자 할 때 사용하는 커플링이다.
③ 셀러 커플링 : 머프 커플링을 개량한 것이다.

80 유체가 흐르는 방향에 입구와 출구가 일직선상에 있고, 전개하였을 때 흐름 방향에 대한 저항이 큰 밸브는?

① 감압밸브
② 앵글밸브
③ 글로브 밸브
④ 슬로스 밸브

해설
① 감압밸브 : 유체의 압력을 감압하고, 감압 후에도 일정하게 유지하도록 한다.
② 앵글밸브 : 유체가 흐르는 방향에 입구와 출구가 수직으로 되어 있어 밸브의 아래쪽에서 유체가 진입하여 직각 방향으로 흐른다.
④ 슬루스 밸브 : 펌프 흡입쪽에 설치하며, 차단성이 좋고 전개 시 손실수두가 가장 작다.

정답 77 ① 78 ④ 79 ④ 80 ③

2024년 제1회 과년도 기출복원문제

제1과목 | 공유압 및 자동화 시스템

01 공압모터의 단점에 대한 설명으로 틀린 것은?

① 배기음이 크다.
② 에너지 변환효율이 낮다.
③ 과부하 시 위험성이 크다.
④ 공기의 압축성으로 인해 제어성이 나쁘다.

해설
공압모터의 단점
- 소음이 크다.
- 에너지 변환효율이 낮다.
- 압축성 때문에 제어성이 나쁘다.
- 회전속도의 변동이 커서 고정도를 유지하기 힘들다.

02 소용량 펌프와 대용량 펌프를 동일 축선상에 조합시킨 펌프는?

① 2연 베인펌프
② 3단 베인펌프
③ 단단 베인펌프
④ 복합 베인펌프

해설
이중(2연) 베인펌프는 2개의 카트리지를 1개의 본체 내에 병렬로 연결하여 1개의 원동기로 구동되는 펌프로, 1개의 펌프 유닛을 가지고 2개의 유압원을 얻고자 할 때 사용한다.

03 공압회로에서 얻어지는 압력보다 큰 압력이 필요할 때 사용하는 것은?

① 증압기
② 공기 배리어
③ 어큐뮬레이터
④ 하이드롤릭 체크 유닛

해설
② 공기 배리어 : 분사노즐과 수신노즐로 구성되어 있고, 계수나 어떤 물체의 유무에 대한 검사 등에 사용한다.
③ 어큐뮬레이터 : 용기 내에 오일을 고압으로 압입하여 저장하는 압유 저장용 용기이다.
④ 하이드롤릭 체크 유닛 : 스로틀 밸브를 조정하여 공압 실린더의 밸브를 조정하여 공압 실린더의 속도를 제어하는 데 사용한다.

04 자중에 의한 낙하 등을 방지하기 위한 배압을 생기게 하고, 역방향의 흐름이 자유롭도록 체크밸브의 기능이 내장되어 있는 밸브는?

① 방향제어밸브
② 유압서보밸브
③ 유량제어밸브
④ 카운터 밸런스 밸브

정답 1 ③ 2 ① 3 ① 4 ④

05 유압 프레스를 설계하려고 한다. 사용압력은 24 [MPa], 필요한 힘은 500[kN]이며, 행정거리는 0.8 [m]이다. 또한, 실린더의 속도는 0.01[m/s]라고 가정할 경우 실린더의 직경은 약 얼마인가?

① 113[mm]   ② 123[mm]
③ 153[mm]   ④ 163[mm]

해설
실린더의 출력 공식
$F = \frac{\pi}{4} \times D^2 \times \mu$에서 실린더 추력계수를 무시하고 실린더 지름을 구한다.

06 공기저장탱크의 기능으로 옳지 않은 것은?

① 저장기능이 있다.
② 냉각효과에 의한 수분을 공급한다.
③ 공기압력의 맥동을 없앤다.
④ 압력 변화를 최소화시킨다.

해설
공기저장탱크의 역할
- 공기 소모량이 많아도 압축공기의 공급을 안정화시킨다.
- 공기 소비 시 발생되는 압력 변화를 최소화시킨다.
- 정전 시 짧은 시간 동안 운전이 가능하다.
- 공기압력의 맥동현상을 없애는 역할을 한다.
- 압축공기를 냉각시켜 압축공기 중의 수분을 드레인으로 배출시킨다.

07 유압장치에서 유압유의 점성이 지나치게 큰 경우에 나타날 수 있는 현상은?

① 각 부품 사이에서 누출손실이 커진다.
② 부품 사이의 윤활작용을 하지 못하므로 마멸이 심해진다.
③ 유동의 저항이 급격히 감소한다.
④ 밸브나 파이프를 통과할 때 압력손실이 커진다.

해설
점성이 지나치게 큰 경우 나타나는 현상
- 마찰손실에 의한 동력손실이 크다(장치 전체의 효율 저하).
- 장치(밸브, 관 등)의 관 내 저항에 의한 압력손실이 크다(기계효율 저하).
- 마찰에 의한 열이 많이 발생한다(캐비테이션 발생).

08 노점온도에 대한 설명으로 옳은 것은?

① 기온을 측정할 때 온도계의 감온부를 건조 상태에서 측정한 온도이다.
② 감온부를 물에 적신 천으로 싸고 측정한 온도로, 증발의 냉각효과를 고려한 온도이다.
③ 이슬점이 생기는 온도로 어느 습공기의 수증기 분압에 대한 증기의 포화온도이다.
④ 1[m³]의 공기 중의 수증기량을 [g]으로 표시한 것으로 수증기가 응축되어 물방울이 되는 한계의 분압이다.

해설
① 기온을 측정할 때 온도계의 감온부를 건조 상태에서 측정한 온도는 건구온도이다.
② 감온부를 물에 적신 천으로 싸고 측정한 온도로, 증발의 냉각효과를 고려한 온도는 습구온도이다.
④ 1[m³]의 공기 중의 수증기량을 [g]으로 표시한 것으로 수증기가 응축되어 물방울이 되는 한계의 분압은 포화수증기이다.

09 유압모터를 급정지하고자 할 때, 관성으로 인한 과부하를 방지하는 회로는?

① 직렬회로
② 브레이크 회로
③ 일정출력회로
④ 일정토크회로

해설
① 직렬회로 : 유압모터를 직렬로 배치하고 두 대 또는 여러 대를 동시에 회전시키는 회로이다.
③ 일정출력회로 : 정용량형 유압모터를 일정 압력, 일정 유량하에서 운전하여 가변 용량형 유압모터를 구동시키는 회로이다.
④ 일정토크회로 : 정용량형 유압펌프를 사용해서 정용량형 유압모터를 구동시키는 회로로서, 모터의 속도를 제어한다.

10 다음 회로와 같은 동작을 하는 논리회로는?

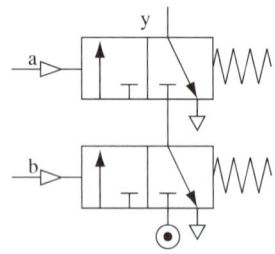

① OR
② AND
③ NOT
④ EX-OR

해설
AND 회로(논리곱 회로) : 2개 이상의 입력단과 1개의 출력단을 가지며, 모든 입력단에 입력이 가해졌을 경우에만 출력단에 출력이 나타나는 회로

11 자석의 회전에 의해 도체에 유도전류가 흐르고, 이 유도전류와 자속의 상호작용에 의해 회전하는 현상을 이용한 전동기는?

① 복권전동기
② 분권전동기
③ 유도전동기
④ 직권전동기

해설
① 복권전동기 : 기중기, 윈치, 분쇄기 등에 사용된다.
② 분권전동기 : 일정속도 및 가변속도를 모두 필요로 하는 펌프, 송풍기, 선반 등에 적당하다.
④ 직권전동기 : 토크의 변화에 비하면 출력의 변화가 작다. 전차, 전기 기관차, 기중기 등에 적당하다.

12 검출 물체가 센서의 작동영역(감지거리 이내)에 들어올 때부터 센서의 출력 상태가 변화하는 순간까지의 시간지연은?

① 동작주기
② 복귀시간
③ 응답시간
④ 초기지연

해설
③ 응답시간 : 검출체가 작동영역(감지거리 이내)에 진입하는 순간과 센서 출력이 상태 변화를 가져오는 순간과의 시간지연
② 복귀시간 : 검출체가 작동영역을 나가는 순간과 센서 출력이 상태 변화를 가져오는 순간과의 시간지연
④ 초기지연 : 전원 추입 후 완전히 작동 상태에 이르기까지 센서에서 요구되는 지연시간

13 다음 논리회로에서 출력이 1이 되기 위한 입력값으로 옳은 것은?

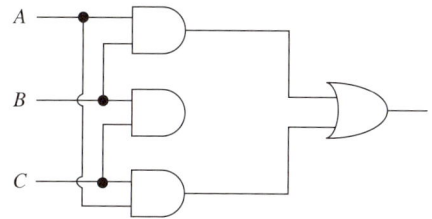

① $A = B = C = 0$
② $A = 1$, $B = C = 0$
③ $A = C = 0$, $B = 1$
④ $A = B = 1$, $C = 0$

> **해설**
> AND 논리회로의 출력이 1이 되는 것은 $A = 1$, $B = 1$뿐이다. 나머지 OR 논리회로는 한 곳에만 1이 들어오면 출력이 1이 된다.

14 열전대에 사용하는 열전쌍의 조합이 틀린 것은?

① 구리 – 백금
② 철 – 콘스탄탄
③ 크로멜 – 알루멜
④ 크로멜 – 콘스탄탄

> **해설**
> **열전대 재료** : 크로멜–알루멘, 구리–콘스탄탄, 크로멜–콘스탄탄, 철–콘스탄탄 등

15 선형 스텝모터의 구성요소가 아닌 것은?

① 스핀들
② 인덕터
③ 고정자 코일
④ 회전자(영구자석)

> **해설**
> **선형 스텝모터의 구성요소** : 스핀들, 고정자 코일, 나사, 회전자(영구자석) 등

16 스텝 전동기를 여자 상태로 하여 출력축을 외부에서 회전시키려고 했을 때 이 힘에 대항하여 발생하는 최대 토크는?

① 탈출토크(Pull Out Torque)
② 홀딩토크(Holding Torque)
③ 풀인토크(Pull In Torque)
④ 디턴트토크(Detent Torque)

> **해설**
> ① 탈출토크(Pull Out Torque) : 슬루잉(Slewing) 특성이라고도 하며 한계 펄스비와 부하토크값의 관계를 나타낸 특성
> ③ 풀인토크(Pull In Torque) : 인입토크 특성으로 축에 부하토크를 가하여 임의의 구동 펄스를 인가하거나 멈추게 하여 전동기를 기동 정지시켰을 때, 그 전동기를 오동작 없이 회전시킬 수 있는 한계의 부하토크
> ④ 디텐트토크(Detent Torque) : 무여자 상태에서 외부에서 출력측으로 토크를 가했을 때 발생하는 최대 토크

17 출력측의 한쪽을 부하와 연결하고, 다른 쪽 단자(공통 단자)를 0[V]에 접지시키는 센서는?(단, 센서 작동 시 (+)전압 출력됨)

① NP형　　② PN형
③ NPN형　　④ PNP형

해설
센서의 출력 형식
- PNP 출력(Positive Switching) : 양의 전원을 출력, COM은 0[V] 연결
- NPN 출력(Negative Switching) : 음의 전원을 출력, COM은 (+)[V] 연결

18 온도계나 컬러 TV의 색 차이 방지용 온도보상에 사용되는 것으로, 열팽창계수 차이가 있는 두 금속을 접합한 것은?

① 바이메탈　　② 세라믹
③ 도전성고무　　④ 자기저항 소자

해설
바이메탈은 열팽창계수가 다른 두 종류의 얇은 금속판을 포개어 붙여 한 장으로 만든 막대형태의 부품으로, 열을 가했을 때 휘는 성질을 이용하여 기기를 온도에 따라 제어하는 역할을 한다.

19 다음 그림과 같은 타이밍 차트(Timing Chart)에서 입력은 A와 B이며, 출력은 Y일 때 이 타이밍 차트는 어떤 회로인가?(단, 입출력 모두 양논리로 동작한다)

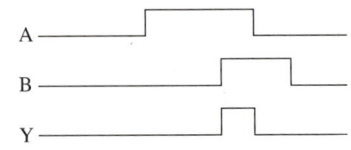

① AND 회로　　② OR 회로
③ NOT 회로　　④ NAND 회로

해설
AND 회로의 진리값과 동일

A	0	1	1	0	0
B	0	0	1	1	0
Y	0	0	1	0	0

20 압축기의 설치 장소에 관한 설명으로 옳지 않은 것은?

① 통풍이 양호한 장소에 설치한다.
② 옥외 설치 시 직사광선을 피한다.
③ 쿨링 타워 부근에 설치하여야 한다.
④ 건축물과는 벽면에 30[cm] 이상 떨어져 있어야 한다.

해설
압축기 설치조건
- 저온·저습 장소에 설치하여 드레인 발생을 억제시킨다.
- 유해물질이 적은 곳에 설치한다(빗물, 바람, 직사광선 등에 보호).
- 압축기 운전 시 소음, 진동을 고려한다(방음, 방진벽 설치).
- 수평 관로의 배관은 드레인 배출이 용이하게 1/100의 구배를 부과한다.
- 예방 정비가 가능하도록 충분한 공간을 확보한다.

제2과목 설비진단 및 관리

21 컴퓨터를 이용한 설비 배치기법이 아닌 것은?

① PERT/CPM
② CRAFT
③ CORELAP
④ ALDEP

해설
컴퓨터를 이용한 설비 배치기법은 구성형과 개선형의 두 가지 형태로 분류된다. 구성형은 완전히 빈 평면에서 시작하여 배치계획이 완성될 때까지 점진적으로 활동을 선택하여 배치를 구성해 가는 방법으로 CORELAP, ALDEP, PLANET 등이 있다. 개선형은 기존 배치계획을 점진적으로 개선해 가는 방법으로써 CRAFT, COFAD 등이 있다.

22 설비의 기술적 표준으로서 설비의 공통요소와 설비능력 계산방식의 기준 등을 표시하는 것은?

① 설비설계 규격
② 설비성능 표준
③ 설비보전 표준
④ 보전작업 표준

해설
② 설비성능 표준(설비사양서) : 설비가 운전 시에 발휘하는 성능의 표준
③ 설비보전 표준 : 설비의 열화를 측정, 열화의 진행 방지 및 열화회복을 위한 제 조건의 표준
④ 보전작업 표준 : 검사, 정비, 수리 등의 보전작업 방법과 보전작업 시간의 표준

23 설비는 사용기간이 길면 길수록 자본 회수비는 감소하지만, 열화에 의한 보전비와 운영비는 증가한다. 이 두 비용의 총비용이 최소가 되는 수명은?

① 경제수명
② 실질유효수명
③ 내용연수
④ 운전수명

해설
이 두 가지 비용 곡선의 합계곡선으로부터 최소비용점을 구할 수 있으며, 총비용이 최소가 되는 수명을 경제수명이라 한다.

24 설비투자의 경제성 평가에 있어서 각 대안의 미래의 모든 수입과 지출을 일정 동일 액으로 바꿔서 비교 평가하는 방법은?

① 연차등가액법 ② 수익률법
③ 현가비교법   ④ 자본회수기간법

해설
금액에 의한 방법(투자 대안이 있을 때 경제성 분석방법)
- 연간 등가법(연가법) : 초기 투자와 매년의 이익을 모두 매년 얼마만큼의 금액이 회수되는가 하는 것으로 평가하는 방법
- 현재 가치 환산법(현재 등가법) : 투자되는 모든 비용과 이로 인하여 회수되는 실현 가능 이익을 현재의 가치로 환산하여 비교하는 방법
- 미래 가치 환산법(미래 등가법) : 모든 비용과 이로 인하여 회수되는 실현 가능 이익을 미래의 가치로 환산하여 비교하는 방법

25 회전기계 이상진단 방법 중 간이진단법의 판정기준이 아닌 것은?

① 상대판정기준
② 상태판정기준
③ 상호판정기준
④ 절대판정기준

해설
간이진단법 판정기준에는 절대판정기준, 상호판정기준, 상대판정기준 등 세 가지가 있다.

26 진동의 크기를 표현하는 방법에 사용되는 용어의 설명으로 옳지 않은 것은?

① 평균값 : 진동량을 평균한 값이다.
② 피크값 : 진동량 절댓값의 최댓값이다.
③ 실횻값 : 진동에너지를 표현하는 것으로 정현파의 경우는 피크값의 2배이다.
④ 양진폭 : 전진폭이라고도 하며, 양의 최댓값에서 부측의 최댓값까지의 값이다.

해설
실횻값은 정현파의 경우는 피크값의 $\frac{1}{\sqrt{2}}$ 배이다.

27 외란이 가해진 후에 계가 스스로 진동하고 있을 때 이 진동은?

① 공진
② 고유진동
③ 강제진동
④ 자유진동

28 주파수에 관한 설명으로 옳지 않은 것은?

① 주파수의 단위는 [Hz]이다.
② 주파수는 60초 동안의 사이클 수이다.
③ 동일한 질량의 경우 강성이 클수록 주파수는 높다.
④ 한 주기 동안에 걸린 시간이 길수록 주파수는 낮다.

해설
주파수는 단위 초당 사이클 수를 나타낸다.

29 진폭을 표시하는 파라미터와 관련이 없는 것은?

① 변 위
② 속 도
③ 질 량
④ 가속도

해설
진폭은 변위, 속도, 가속도의 세 가지 파라미터로 표현한다.

정답 25 ② 26 ③ 27 ④ 28 ② 29 ③

30 비접촉형 변위 검출용 센서의 종류가 아닌 것은?

① 서보형
② 와전류형
③ 정전 용량형
④ 전자광학형

해설
비접촉형 변위센서에는 와전류형, 용량형, 전자광학형, 홀소자형이 있다.

31 가속도 센서의 부착방법 중 영구적으로 기계에 설치하고자 할 때 드릴이나 탭 작업을 할 수 없을 경우 사용하는 방법은?

① 밀랍 고정
② 나사 고정
③ 마그네틱 고정
④ 에폭시 시멘트 고정

해설
반영구적인 고정방법은 에폭시 시멘트 고정방법이다.

32 정현파의 한 파장이 10[m]이고, 음속이 340[m/s]이다. 이 정현파의 진동수는 몇 [Hz]인가?

① 0.3
② 34
③ 340
④ 3,400

해설
주파수
$$f = \frac{1}{T}[\text{Hz}] = \frac{c}{\lambda}[\text{Hz}] = \frac{340}{10}[\text{Hz}]$$
(여기서, λ : 파장, c : 음속)

33 윤활유 사용 중에 거품이 발생하지 않도록 해 주는 첨가제는?

① 청정제
② 분산제
③ 소포제
④ 유동점 강하제

해설
① 청정제 : 금속 표면에 붙어 있는 슬러지나 탄소 성분을 녹여 내부를 깨끗이 유지하는 역할을 한다.
② 분산제 : 금속 표면에 붙어 있는 슬러지나 탄소 성분을 분산시켜 내부를 깨끗이 유지하는 역할을 한다.
④ 유동점 강하제 : 저온일 때 왁스분의 성장을 저지시켜 유동성을 높여 주는 첨가제이다.

34 투과계수가 0.001일 때 투과손실량은?

① 20[dB]
② 30[dB]
③ 40[dB]
④ 50[dB]

해설
투과손실(TL) $= 10\log\frac{1}{\tau}$
$\therefore 10\log\left(\frac{1}{0.001}\right) = 30$

정답 30 ① 31 ④ 32 ② 33 ③ 34 ②

35 보전용 자재의 재고 문제에 관한 정량발주방식의 형태 중 주문량과 주문점을 균등하게 한 것으로서 용량이 같은 저장용기를 교대로 사용하는 방식은?

① Double-Bin 방식
② 추출 후 발주법
③ 사용고 발주방식
④ 정기 발주 방식

해설
복책법(Double-Bin 방식) : 주문량과 주문점을 균등하게 하는 방식으로, 용량이 균등한 두 개의 같은 용량, 용기를 상호적으로 사용하여 한쪽 용기 내의 물품을 모두 소모했을 경우(주문점)에 용량분의 주문(주문량)을 하는 기법이다.

36 프로세스형 설비의 로스는 9대 로스로 구분된다. 그중 이론 사이클 시간과 실제 사이클 시간의 차이를 나타내는 로스는?

① 계획정지로스
② Shut Down 로스
③ 순간정지로스
④ 속도저하로스

해설
- SD(Shut Down) 로스(설비조업도를 저해하는 손실) : 설비의 계획보전을 위해 설비를 정지시키는 시간적 손실과 그 본격 가동을 위해 발생하는 부적합품 손실
- 일시정체로스(순간정지로스) : 작업물이 슈트에 막혀서 공전하거나 품질 불량 때문에 센서가 작동하여 일시적으로 정지하는 경우

37 설비관리 조직 설계상 고려 요인이 아닌 것은?

① 공장 규모 또는 기업의 크기
② 설비의 특징(구조, 기능, 열화속도)
③ 제품의 특성(원료, 반제품, 완제품)
④ 설비의 취득부터 폐기까지의 관리

해설
설비관리 조직 설계상 고려할 사항
- 제품의 특성 : 원료, 반제품, 제품의 물리적·화학적·경제적 특성
- 생산형태 : 프로세스, 계속성
- 설비의 특징 : 구조, 기능, 열화의 속도, 열화의 정도
- 지리적 조건 : 입지, 분산의 비율, 환경
- 기업의 크기 또는 공장의 규모
- 인적 구성과 그의 역사적 배경 : 기술 수준, 관리 수준, 인간관계
- 외주 이용도 : 외주 이용의 가능성, 경제성

38 석유 제품의 산성 또는 알칼리성을 나타내는 것으로 산화조건하에서 사용되는 동안 기름 중에 일어난 변화를 알기 위한 척도로 사용되는 것은?

① 전산가
② 중화가
③ 산화 안정도
④ 혼화 안정도

해설
③ 산화 안정도(Oxidation Stability) : 내산화도를 평가하는 방법으로 윤활유를 일정조건(온도, 시간, 촉매)에서 산화시킨 후 신유와의 점도비, 전산가 증가, 락카 부착 여부를 비교 측정한다.
④ 혼화 안정도(Worked Stability) : 그리스의 전단 안정성, 즉 기계적 안정성을 평가하는 방법으로 주도의 변화를 비교 측정한다.

39 설비 열화의 원인 중 방치에 의한 녹 발생, 절연 저하 등 재질의 노후화에 의해 발생하는 열화는?

① 사용 열화
② 자연 열화
③ 재해 열화
④ 강제 열화

해설
설비 열화의 현상과 원인
- 사용 열화(운전조건, 조작방법 등) : 온도, 압력, 회전수, 설비 기능과 재질의 마모, 부식, 충격, 피로, 원료의 부착, 진애 등
- 자연 열화(녹, 노후화 등) : 방치에 의한 녹 발생과 절연 저하 등의 재질 노후화
- 재해 열화 : 폭풍, 침수, 지진, 우레, 폭발에 의한 파괴 및 노후화 촉진

40 공정별 배치(Process Layout)에 대한 설명으로 틀린 것은?

① 같은 종류의 기계들이 한 작업장에 같은 기능별로 배치되어 있다.
② 다품종, 소량 생산에 적합한 배치방법이다.
③ 생산효율을 높이기 위해서는 운반거리의 최소화가 주안점이다.
④ 제품이 규칙적인 비율로 생산되어 원자재 재고, 재고품 등이 발생하지 않는다.

해설
기능별 배치(공정별 배치)의 특징
- 제품의 종류가 많고 수량이 적을 때의 배치 형식
- 주문 생산과 표준화가 곤란한 다품종, 소량 생산일 경우에 알맞은 배치 형식
- 동일 공정 또는 기계가 한 장소에 모인 형식(Gang System, Block System)
- 생산효율을 극대화하기 위한 운반거리의 최소화

제3과목 공업계측 및 전기전자제어

41 다음 중 효율이 가장 높은 전력증폭기는?

① A급 전력증폭기
② AB급 전력증폭기
③ B급 전력증폭기
④ C급 전력증폭기

해설
④ C급 전력증폭기 : 입력주기에서 아주 작은 부분에서만 동작하는 증폭기의 형태로 가장 높은 효율을 얻을 수 있다.
① A급 전력증폭기 : 입력신호에 대해 증폭된 출력신호가 선형영역이 되도록 바이어스된 증폭기이다.
② AB급 전력증폭기 : 180°보다 더 많은 영역에서 동작되는 특징을 가지고 있다.
③ B급 전력증폭기 : 입력주기의 180°에 대해 직선영역에서 동작되고 나머지 180°에서 차단되도록 바이어스된 형태이다.

42 다음 그림과 같이 응답이 나타나는 전달요소는?

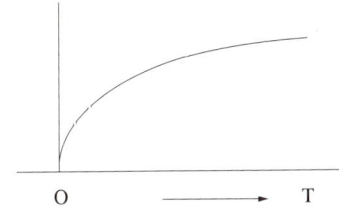

① 비례요소
② 1차 지연요소
③ 적분요소
④ 미분요소

해설
유입량이 일정량만큼 갑자기 증가하면 수위는 증가하기 시작하나 유출량도 증가하여 어느 일정한 수위에서 안정된다. 그 전달함수 $G(s) = \dfrac{K}{1+T_s}$ 으로 나타낸다.

43 시퀀스 제어회로에서 입력에 의해 작동된 후 입력을 제거해도 계속 작동되는 회로는?

① 자기유지회로 ② 인터로크회로
③ 수동복귀회로 ④ 타이머회로

해설
자기유지회로 : 입력신호가 제거되어도 동작이 계속 유지된다 (회로 보호).

44 다음 중 압력 스위치의 표시 문자기호는?

① PS   ② FS
③ PXS ④ PHS

해설
① PS : 압력 스위치
② FS : 계자 스위치
③ PXS : 근접 스위치
④ PHS : 광전 스위치

45 직류전동기에서 저항기동을 하는 목적으로 가장 옳은 것은?

① 전압을 제어한다.
② 저항을 제한한다.
③ 속도를 제어한다.
④ 기동전류를 제한한다.

해설
직류전동기의 전기자 저항(R_a)은 매우 작기 때문에 기동하는 순간에 전원 전압이 전기자 회로에 가해지면 매우 큰 기동전류가 흘러서 전기자 권선, 정류자, 브러시 등을 손상시키거나 전원의 전압강하 등을 발생시킬 수 있다. 이러한 피해를 예방하고 안전하게 기동할 수 있게 하기 위하여 일정한 크기의 저항을 삽입하여 전류의 크기를 제한하고 있다. 이러한 저항을 기동저항 또는 기동기라고 한다.

46 다음 중 트랜지스터의 접지방식이 아닌 것은?

① 게이트접지
② 이미터접지
③ 베이스접지
④ 컬렉터접지

해설
트랜지스터의 접지방식에는 이미터접지, 베이스접지, 컬렉터접지 방식이 있다.

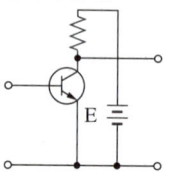
(a) 이미터접지 방식

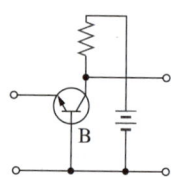
(b) 베이스접지 방식

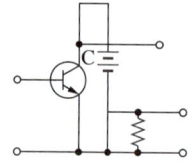
(c) 컬렉터접지 방식

47 2개의 입력을 가지는 경우 두 입력이 서로 다를 때 출력이 '1'이 되고, 같을 때는 출력이 '0'이 되는 배타적 OR 회로의 논리식은?

① $Y = A \cdot B$
② $Y = A + B$
③ $Y = A \oplus B$
④ $Y = A \odot B$

해설
EX-OR(EXclusive-OR, 배타적 논리합) 회로 : 두 개의 입력신호가 서로 다를 때(배타적일 때) 1이 되는 회로

논리기호	논리식	진리표		
		X	Y	S
X, Y → S	$S = \overline{X}Y + X\overline{Y}$ $= X \oplus Y$	0	0	0
		0	1	1
		1	0	1
		1	1	0

정답 43 ① 44 ① 45 ④ 46 ① 47 ③

48 전동기의 과부하 보호장치로 사용되는 계전기는?

① 지락계전기(GR)
② 열동계전기(THR)
③ 부족전압 계전기(UVR)
④ 래칭 릴레이(LR)

해설
열동계전기(THR)
- 주로 전동기의 과전류 보호용으로 사용된다.
- 전류가 흐르면서 발생하는 이상열을 감지하여 계전지를 동작시킨다.

49 NOR 회로를 나타내는 논리기호는?

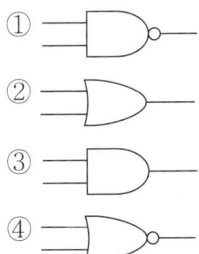

해설

게이트	논리기호	논리식
AND	A,B → F	$F = AB$
OR	A,B → F	$F = A+B$
NOT	A → F	$F = \overline{A}$
NAND (Not AND)	A,B → F	$F = \overline{AB}$
NOR (Not OR)	A,B → F	$F = \overline{A+B}$
XOR (Exclusive OR)	A,B → F	$F = A \oplus B = \overline{A}B + A\overline{B}$
XNOR (Exclusive XOR)	A,B → F	$F = A \odot B = \overline{A}\overline{B} + AB$

50 60[Hz] 4극 3상 유도전동기의 회전 자기장 회전수 [rpm]는?

① 3,600　② 1,800
③ 1,600　④ 1,200

해설
3상 유도전동기의 회전수

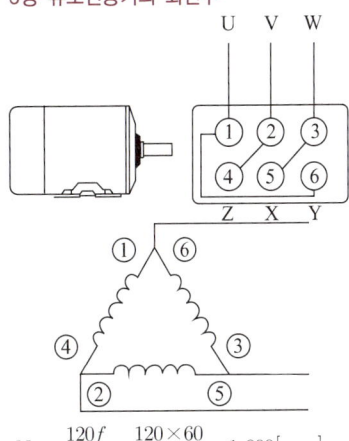

$$N_s = \frac{120f}{P} = \frac{120 \times 60}{4} = 1,800[\text{rpm}]$$

(여기서, P : 자극수, f : 주파수)

51 어떤 도체에 5[A]의 전류가 10분 동안 흐르면 이때 이동한 전기량은 몇 [C]인가?

① 500　② 1,000
③ 2,000　④ 3,000

해설
전류는 단위시간[s] 동안에 도체의 단면을 이동한 전하량(전기량)으로 나타내며 t[s] 동안에 Q[C]의 전하가 이동하였다면

$I = \dfrac{Q}{t}$[A], $Q = I \cdot t = 5 \times 10 \times 60 = 3,000$[C]

정답 48 ② 49 ④ 50 ② 51 ④

52 저항 $R_1 = 5[\Omega]$, $R_2 = 10[\Omega]$, $R_3 = 15[\Omega]$을 직렬로 접속하고 전압 120[V]인가하였을 때 저항 R_3에 분배되는 전압 [V]는?

① 20
② 40
③ 60
④ 80

해설

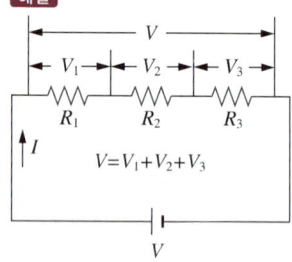

- 직렬의 합성저항
  $R_s = R_1 + R_2 + R_3 = 5 + 10 + 15 = 30[\Omega]$
- 옴의 법칙
  $I = \dfrac{V}{R} = \dfrac{120}{30} = 4[A]$
- 전원전압 V는 각각의 저항의 크기에 비례하여 분배된다.
  $V_1 = I \cdot R_1 = 4 \times 5 = 20$
  $V_2 = I \cdot R_2 = 4 \times 10 = 40$
  $V_3 = I \cdot R_3 = 4 \times 15 = 60$
  $V = V_1 + V_2 + V_3 = 20 + 40 + 60 = 120$

53 직류발전기의 구성요소 중 자속을 만들어 주는 부분은?

① 계 자
② 전기자
③ 정류자
④ 브러시

해설

직류발전기의 구성요소
- 계자 : 자속 발생
- 전기자 : 자속을 끊어 기전력 유기
- 정류자 : 교류를 직류로 변환
- 브러시 : 정류자면에 접촉하여 전기자 권선과 외부 회로를 연결

54 40[Ω]과 60[Ω]의 저항이 병렬로 연결된 경우 합성저항[Ω]은?

① 24
② 32
③ 50
④ 100

해설

병렬합성저항 $R = \dfrac{R_1 \times R_2}{R_1 + R_2} = \dfrac{40 \times 60}{40 + 60} = 24[\Omega]$

55 3상 유도전동기의 속도제어법이 아닌 것은?

① 계자제어
② 주파수제어
③ 2차 저항 조정
④ 극수 변환

해설

유도전동기의 속도제어법
- 주파수제어법(VVVF제어) : 공급 전원에 주파수를 변화시켜 동기 속도를 바꾸는 방법
- 1차 전압제어 : 전압의 2승에 비례하여 토크가 변하는 것을 이용해 속도를 제어하는 방법
- 극수 변환에 의한 속도 제어 : 고정자 권선의 접속을 바꾸어 극수를 바꿔 속도를 제어하는 방법
- 2차 저항제어 : 비례추이를 이용하여 외부저항을 삽입하여 속도를 제어하는 방법
- 2차 여자제어 : 반대의 전압을 가형 전압 강하가 일어나도록 하는 방법

56 A와 B가 입력되고 X가 출력일 때 다음 그림과 같이 타임 차트(Time Chart)가 그려졌다면 어느 회로인가?

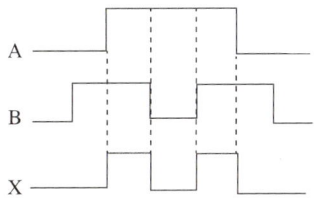

① AND 회로
② OR 회로
③ Flip-Flop 회로
④ Exclusive-OR 회로

해설
타임 차트에서 입력 A와 B가 모두 1일 경우에는 출력 X가 1이 되므로 AND 회로이다.

57 도체에 변형을 가하면 길이와 단면적의 변화에 의해 저항률이 바뀌는 원리를 이용하여 압력센서로 사용되는 것은?

① 홀센서
② 서미스터
③ 리드스위치
④ 스트레인 게이지

해설
스트레인 게이지는 도체에 변형을 가하면 길이와 단면적의 변화에 의해 저항률이 바뀌는 원리를 이용한 압력센서로 어떤 물체의 변형을 전기적 신호로 변환하는 소자이다.

58 다음과 같은 논리회로의 출력 Y를 구하면?

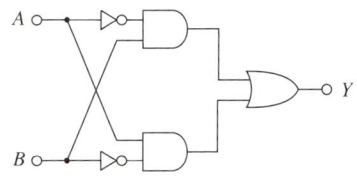

① $Y = \overline{A} + \overline{B}$
② $Y = A\overline{B} + \overline{A}B$
③ $Y = \overline{A}\,\overline{B} + \overline{A}B$
④ $Y = A\overline{B} + \overline{A}\,\overline{B}$

해설

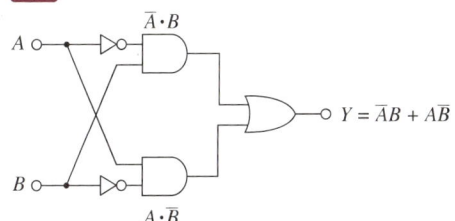

59 단위계단함수 $u(t)$의 라플라스 변환은?

① e
② $\dfrac{1}{s}e$
③ $\dfrac{1}{e}$
④ $\dfrac{1}{s}$

해설
단위계단함수 $u(t)$
• $u(t) = 1(t \geq 0)$, $u(t < 0)$으로 정의한다.
• 함수 형태가 계단 모양인 함수이다.
• 라플라스 변환은 $\dfrac{1}{s}$이다.

60 회로시험기로 전압을 측정하여 230[V]를 나타낼 때 참값이 220[V]이면, 오차는 몇 [V]인가?

① 20
② 10
③ -10
④ -20

해설
오차 = 측정값 - 참값 = 230 - 220 = 10[V]

제4과목 기계정비일반

61 다음 중 전동기 기동 불능의 원인이 아닌 것은?

① 전선의 단선
② 과부하계전기의 작동
③ 기계적 과부하
④ 정전류 및 정전압 발생

해설
전동기 기동 불능의 원인
- 퓨즈 용단, 서머릴레이, 과부하계전기, 노 퓨즈 브레이크 등의 작동
- 전선의 단선
- 기계적 과부하
- 전기기기류의 고장
- 운전 조작 잘못

62 다단 원심펌프에서 수평 분할형과 수직 분할형에 대한 설명 중 옳은 것은?

① 수평 분할형은 분해점검이 약간 불편하나 고압용기에 적당하다.
② 수직 분할형은 분해점검이 약간 불편하며 고압용기에 부적당하다.
③ 수직 분할형은 분해점검이 쉬우나 고압일 경우에는 위아래의 면이 누설되기 쉽다.
④ 수평 분할형은 분해점검이 쉬우나 고압일 경우에는 위아래의 면이 누설되기 쉽다.

해설
다단 원심펌프의 수평 분할형과 수직 분할형의 정비
- 수평 분할형 : 분해점검이 수월하지만 고압일 경우에는 위아래의 면이 누설되기 쉽다.
- 수직 분할형 : 축에 대해 수직인 평면으로 분할하는 것으로 분해점검이 약간 불편하나 고압용기에 적당하다.

63 기어 손상의 분류 중 피칭과 관련이 있는 것은?

① 마 모
② 소성항복
③ 용 착
④ 표면피로

해설
피칭 : 표면에 가는 균열이 생겨 그 균열 속에 윤활유가 들어가면 유체역학적인 고압이 발생되어 균열을 진행시켜 이의 면 일부가 떨어져 나가는 것으로 표면피로와 관련이 깊다.

64 펌프축에 설치된 베어링에 이상현상을 일으키는 원인이 아닌 것은?

① 윤활유의 부족
② 축 중심의 일치
③ 축 추력의 발생
④ 베어링 끼워맞춤 불량

해설
축 중심의 일치는 좋은 현상이다.

65 두 기어 사이에 있는 기어로 속도비에 관계없이 회전 방향만 변하는 기어는?

① 웜 기어
② 아이들 기어
③ 구동 기어
④ 헬리컬 기어

해설
① 웜 기어 : 웜과 웜 기어를 한 쌍으로 사용하며, 역회전을 방지한다.
④ 헬리컬 기어 : 이 끝이 나선형인 원통형 기어로 맞물림이 원활하고, 이의 변형과 진동 소음이 작고, 큰 동력 전달과 고속 운전에 적합하다.

66 송풍기의 분류 중 흡입방법에 의한 분류가 아닌 것은?

① 풍로 흡입형
② 양쪽 흐름 다단형
③ 흡입관 취부형
④ 실내 대기 흡입형

해설
송풍기 분류
- 임펠러 흡입구에 의한 분류 : 평흡입형, 양흡입형, 양쪽 흐름 다단형
- 흡입방법에 의한 분류 : 실내 대기 흡입형, 흡입관 취부형, 풍로 흡입형
- 단수에 의한 분류 : 단형, 다단형
- 냉각방법에 의한 분류 : 공기 냉각형, 재킷 냉각형, 중간 냉각 다단형
- 안내차의 의한 분류 : 안내차가 없는 형, 고정 안내차가 있는 형, 가동 안내차가 있는 형

67 배관이음 중 용접이음의 특징으로 옳지 않은 것은?

① 설비비와 유지비가 적게 든다.
② 나사식 이음보다 문제 발생이 적다.
③ 누설의 조기 발견과 처치가 중요하다.
④ 정비를 위하여 중간에 유니언 이음쇠를 부착한다.

해설
정비를 위하여 플랜지 이음을 병용하는 것이 좋다.

68 펌프 분해 검사에서 매일 점검항목이 아닌 것은?

① 베어링 온도
② 흡입 토출압력
③ 패킹상자에서의 누수
④ 펌프와 원동기의 연결 상태

해설
④는 분기 점검항목이다.
펌프 분해 검사 시 매일 점검항목
- 베어링 온도
- 흡입 토출압력
- 습기(누수량)
- 윤활유 온도압력
- 토출 유량계
- 패킹 상자에서의 누수
- 냉각수의 출입구 온도 압력
- 원동기의 압력
- 오일링의 움직임

69 원심형 통풍기의 정기 검사항목에 해당되지 않는 것은?

① 풍속과 흡기온도
② 흡기, 배기의 능력
③ 통풍기의 주유 상태
④ 덕트 접촉부의 풀림

해설
원심형 통풍기의 정기 검사항목
- 후드 덕트의 마모, 부식, 움푹 패임, 기타의 손상 유무 및 그 정도
- 덕트 배풍기의 먼지 퇴적 상태
- 통풍기의 주유 상태
- 덕트 접촉부의 풀림
- 통풍기 벨트의 작동
- 흡기, 배기의 능력
- 여포식 제진장치에서는 여포의 파손 또는 풀림

70 펌프의 보수관리에 있어서 베어링의 과열현상을 일으키는 원인으로 가장 거리가 먼 것은?

① 조립·설치 불량
② 흡입 유량의 부족
③ 윤활유 질의 부적합
④ 윤활유 및 그리스 양의 부족

해설
베어링의 과열 원인 현상
- 조립·설치 불량
- 윤활유 또는 그리스의 양 부족
- 윤활유 질의 부적합(不適合)
- 기타 원인 : 이상 추력의 발생, 베어링 내의 불순물 침입 등

71 펌프의 공동현상 방지책이 아닌 것은?

① 양흡입펌프를 사용한다.
② 펌프의 회전수를 낮게 한다.
③ 흡입축에서 펌프의 토출량을 감소시킨다.
④ 펌프의 설치 높이를 낮추고 흡입양정을 낮게 한다.

해설
펌프의 공동현상 방지책
- 펌프의 설치 위치를 되도록 낮게 하고 흡입양정을 작게 할 것
- 흡입관은 짧게 하는 것이 좋으나 부득이 길게 할 경우에는 흡입관을 크게 하여 손실을 감소할 것
- 외적 조건으로 캐비테이션을 피할 수 없는 경우에는 임펠러 재질을 캐비테이션 침식에 대하여 강한 고급 재질을 택할 것
- 이미 캐비테이션이 생긴 펌프에 대해서는 소량의 공기를 흡입구에 넣어 소음파 진동을 줄일 것
- 펌프의 회전수를 낮게 할 것
- 단흡입이면 양흡입으로 고칠 것

72 열박음 작업 중 가열 조립작업 시 주의사항이 아닌 것은?

① 천천히 정확하게 조립한다.
② 조립 후 냉각할 때는 급랭하지 않는다.
③ 둘레에서 중심으로 서서히 균일하게 가열한다.
④ 가열 도중 구멍 내경을 수시로 측정하여 팽창량을 점검한다.

해설
열박음 작업 중 가열 조립작업 시 주의사항
- 250[℃] 이상으로 가열하면 재질의 변화 및 변형이 발생한다.
- 가열 도중 구멍 내경을 수시로 측정하여 팽창량을 점검한다.
- 요구하는 팽창량을 얻었을 때 신속 정확히 조립해야 한다.
- 대형 부품을 열박음할 때는 기중기를 사용한다.
- 둘레에서 중심으로 서서히 균일하게 가열하고 조립 후 냉각할 때는 급랭해서는 안 된다.

73 전동기의 고장현상과 원인의 연결이 옳지 않은 것은?

① 기동 불능 - 공진
② 과열 - 과부하 운전
③ 진동 - 베어링 손상
④ 절연 불량 - 코일 절연물의 열화

해설
전동기의 기동 불능 현상
- 퓨즈 용단, 서머릴레이, 노 퓨즈 브레이크 등의 작동
- 단 선
- 기계적 과부하
- 전기기기류의 고장
- 운전 조작 잘못

정답 70 ② 71 ③ 72 ① 73 ①

74 편흡입형 벌류트 펌프(Volute Pump)의 임펠러(Impeller)에 작용하는 추력을 평형시키는 방법으로 가장 적절한 것은?

① 고양정의 펌프(Pump)로 만든다.
② 임펠러에 웨어링(Wearing)을 부착한다.
③ 임펠러에 밸런스 홀(Balance Hole)을 만든다.
④ 레이디얼 베어링(Radial Bearing)을 사용한다.

해설
밸런스 홀(Balance Hole) : 평형 구멍을 뚫어 평형실의 압력을 회전차의 물이 들어오는 부분의 압력과 거의 같게 함으로써 축 스러스트를 저감한다. 임펠러의 양쪽에 작용하는 수압이 안구부 좌우부분에서 균형이 잡히지 않아 좌측에서 향하는 두 축의 추력이 작용하기 때문에 이것을 지탱할 만큼의 추력 베어링을 만들지만, 이것을 줄이기 위해 흡입측 반대에 밸런스 실을 만들어 임펠러 밸런스 홀을 뚫고 흡입측과 압력을 같게 하여 축 추력을 줄인다.

75 밸브의 정비에 관한 설명으로 옳은 것은?

① 밸브시트 접촉면이 편마모되어 래핑하였다.
② 밸브 스프링의 탄성이 감소되어 손으로 수정하여 사용하였다.
③ 밸브 플레이트가 마모한계에 달하였으나 파손되지 않아 그대로 두었다.
④ 밸브 부품의 사용 수명기간이 초과하였으나 성능에는 이상이 없어 교환하지 않았다.

해설
② 손으로 간단히 수정하여 사용해서는 안 된다.
③ 마모한계에 달하였을 때는 파손되지 않아도 교환한다.
④ 교환시간이 되었으면 사용한계의 기준치 내에서도 교환한다.

76 교류 3상 유도전동기의 회전 방향을 바꾸려면 어떻게 하는가?

① 접지선을 단락시킨다.
② 전원 3선 중 1선을 단락시킨다.
③ 전원 3선 중 1선을 교체하여 결선한다.
④ 전원 3선 중 2선을 서로 교체하여 결선한다.

해설
회전 방향을 바꾸려면 2선을 서로 교체, 즉 극성을 바꾸어 주면 회전 방향이 바뀐다.

77 운전 중에 두 축을 결합시키거나 떼어 놓을 수 있도록 한 축이음은?

① 클러치(Clutch)
② 스플라인(Spline)
③ 커플링(Coupling)
④ 자재이음(Universal Joint)

78 송풍기 축의 설치와 조정방법으로 가장 적당한 것은?

① 베어링 케이스와 축 관통부 축과의 틈새의 차가 0.5[mm] 이하이어야 한다.
② 베어링 케이스와 축 관통부 축과의 틈새의 차가 0.5[mm] 이상이어야 한다.
③ 전동기 축과 반전동기 축의 수평부에 수준기를 놓고 수준기 좌우의 구배 차가 0.2[mm] 이하이어야 한다.
④ 전동기 축과 반 전동기 축의 수평부에 수준기를 놓고 수준기 좌우의 구배 차가 0.05[mm] 이하이어야 한다.

해설
축의 설치와 조정방법
- 전동기 축과 반전동기 축의 수평부에 수준기를 놓고 수준기 좌우의 구배 차가 0.05[mm] 이하이어야 한다.
- 베어링 케이스의 축 관통부의 축과의 틈새의 차가 0.2[mm] 이하로 되도록 베드 밑쪽에 라이너로 조정한다.

79 다음 측정방법 중 비교 측정의 장점으로 가장 적합한 것은?

① 측정범위가 넓다.
② 측정물의 치수를 직접 잴 수 있다.
③ 소량 다종의 제품 측정에 적합하다.
④ 길이뿐 아니라 면의 모양 측정 등 사용범위가 넓다.

해설
비교 측정의 장점
- 측정기를 적당한 위치에 고정시키면 측정에 적합하고 높은 정도의 측정을 비교적 쉽게 할 수 있다.
- 제품의 치수가 고르지 못한 것을 계산하지 않고 알 수 있다.
- 길이뿐 아니라 면의 각종 모양 측정이나 공작기계의 정도 검사 등 사용범위가 넓다.
- 치수의 편차를 기계에 관련시켜 먼 곳에서 조작할 수 있고 자동화에 도움을 줄 수 있다.

80 가열 끼워맞춤에서 가열온도를 250[℃] 이하로 하는 이유로 가장 적합한 것은?

① 에너지 절감을 위하여
② 끼워맞춤 후 급랭을 위하여
③ 가열 작업시간 단축을 위하여
④ 재질의 변화 및 변형을 방지하기 위하여

2024년 제3회 과년도 기출복원문제

제1과목 공유압 및 자동화 시스템

01 유압펌프의 소음 발생원인이 아닌 것은?

① 이물질의 침입
② 펌프 흡입 불량
③ 작동유 점성 증가
④ 펌프의 저속 회전

해설
펌프가 소음을 내는 경우
- 펌프의 회전이 너무 빠른 경우
- 작동유의 점도가 너무 큰 경우
- 여과기가 너무 작은 경우
- 흡입관이 막혀 있는 경우
- 기름 중에 기포가 있는 경우
- 흡입관의 접합부에서 공기를 빨아들이는 경우
- 펌프축과 원동기축의 중심이 맞지 않는 경우

02 유압모터의 장점으로 틀린 것은?

① 기계식 모터에 비해 효율이 높다.
② 소형, 경량으로 큰 출력을 낼 수 있다.
③ 무단으로 회전속도를 조절할 수 있다.
④ 회전체의 관성이 작아 응답성이 빠르다.

해설
유압모터의 장점
- 소형, 경량으로서 큰 출력을 낼 수 있고 고속 추종에 적당하다.
- 속도나 방향의 제어가 용이하여 릴리프 밸브를 달면 기구적 손상을 주지 않고 급속 정지를 시킬 수 있고 시정수(時定數)는 2~6[m·sec] 정도이다.
- 시동, 정지, 역전, 변속 등은 메터링 밸브 또는 가변토출펌프에 의해서 간단히 제어할 수 있다.
- 2개의 배관만 사용해도 되므로 내폭성이 우수하다.

03 외부의 압력부하가 변하더라도 회로에 흐르는 유량을 항상 일정하게 유지시켜 주면서 유압모터의 회전이나 유압 실린더의 이동속도를 제어하는 밸브는?

① 분류밸브
② 단순 교축밸브
③ 압력보상형 유량조절밸브
④ 온도보상형 유량조절밸브

해설
① 분류밸브 : 압유가 입구로 유입되면 각각의 출구로 균등하게 분배되는 밸브
② 단순 교축밸브 : 유로의 단면적을 교축하여 유량을 제어하는 밸브
④ 온도보상형 유량조절밸브 : 온도가 변화하면 오일의 점도도 변화하여 유량이 변하게 되는데, 변화를 막기 위하여 열팽창률이 다른 금속봉을 이용하여 오리피스 개구의 넓이를 줄임으로써 유량의 변화를 보정하는 밸브이다.

04 유압 작동유에 공기가 침입할 경우 발생하는 현상은?

① 작동유이 과열
② 토출 유량의 증대
③ 비금속 실(Seal)의 파손
④ 실린더의 불규칙적인 작동

해설
유압 작동유의 구비조건
- 비압축성이어야 한다(동력 전달의 확실성 요구 때문).
- 장시간 사용할 수 있어야 한다(노화현상).
- 열을 방출시킬 수 있어야 한다(방열성).
- 적절한 점도가 유지되어야 한다(동력손실 방지, 운동부의 마모 방지, 누유 방지).
- 녹이나 부식 발생 등이 방지되어야 한다(산화 안정성).
- 기름 중의 공기를 분리시킬 수 있어야 한다(공기 침입 시 실린더가 불규칙적으로 작동).

05 사축식과 사판식으로 분류되며 고압출력에 적합한 유압펌프는?

① 기어펌프
② 나사펌프
③ 베인형 펌프
④ 피스톤 펌프

해설
① 기어펌프 : 구동기어와 종동기어가 하우징(Housing) 내에서 서로 맞물려 회전하고 이 사이로 흡입한 오일이 기어의 둘레를 돌아 압송되는 펌프
② 나사펌프 : 정밀하게 제작된 2개의 나사가 하우징 내에서 밀폐되어 회전하며, 매우 조용하고 효율적으로 유체를 토출하는 펌프
③ 베인형 펌프 : 로터의 베인이 반지름 방향으로 홈 속에 끼여 있어서 캠링의 내면과 접하여 로터와 함께 회전하면서 오일을 토출하는 펌프

06 실린더에 적용된 사양이 다음과 같을 때 실린더의 전진추력[N]은 얼마인가?(단, 배압은 작용하지 않는다)

[사 양]
· 피스톤 직경 : 10[cm]
· 공급압력 : 1,000[kPa]
· 로드 직경 : 2[cm]

① 250π
② 500π
③ $2,500\pi$
④ $5,000\pi$

해설
복동 실린더 전진 시의 힘(추력)
$F = P \cdot A$ (여기서, A : 피스톤 사이드 단면적으로 $\frac{\pi D^2}{4}$)
※ $1[Pa] = 1[N/m^2]$로 단위 통일시킴

07 단단 베인펌프 2개를 1개의 본체 내에 직렬로 연결시킨 펌프로 고압의 대출력이 요구되는 액추에이터의 구동에 적합한 펌프는?

① 2단 베인펌프
② 단단 베인펌프
③ 2연 베인펌프
④ 복합 베인펌프

해설
2단 베인펌프(Two-stage Vane Pump) : 2개의 카트리지를 1개의 본체 안에 직렬로 연결하여 2배의 압력을 낼 수 있는 펌프로, 최고압력은 140~210[kg/cm^2]이다. 부하분배밸브(Load Dividing Valve)가 부착되어 있다.

08 튜브형의 실린더가 2개 이상 서로 맞물려 있고, 높이 제한이 있는 경우에 사용하는 실린더는?

① 탠덤 실린더
② 차동 실린더
③ 텔레스코프 실린더
④ 듀얼 스트로크 실린더

해설
① 탠덤 실린더 : 꼬치 모양으로 연결된 복수의 피스톤을 n개 연결시켜 n배의 출력을 얻을 수 있는 실린더이다.
② 차동 실린더 : 피스톤의 면적과 피스톤 로드의 면적이 일정한 면적비로 구성되어 출력을 일정 비율로 조절하여 사용할 수 있는 실린더이다.
④ 듀얼 스트로크 실린더 : 2개의 스트로크를 가진 실린더, 즉 다른 2개의 실린더를 직결로 조합한 것과 같은 기능을 갖고 있어 여러 방향의 위치를 결정한다.

09 릴리프 밸브를 이용한 유압 브레이크 회로에서 유압모터를 정지시키고자 오일 공급을 중단했을 때 유압모터의 현상은?(단, 모터축의 부하 관성이 크다)

① 바로 정지한다.
② 잠시 동안 고정된다.
③ 얼마간 회전을 지속하다가 정지한다.
④ 급정지했다가 관성에 의해 다시 회전한다.

해설
4개의 체크밸브와 1개의 릴리프 밸브로 구성된 브레이크 회로는 정회전 중 중립 위치로 변환하면 펌프에서의 유압은 끊기는데 유압모터는 회전을 계속하려 하고, 체크밸브를 지나 기름탱크에서 기름을 흡입한다. 유압모터로부터의 배출유는 체크밸브, 릴리프 밸브를 경유하여 기름탱크로 되돌아가는데, 이때 릴리프 밸브의 제동압에 의하여 브레이크 작동이 발생하고, 유압모터는 정지한다.

10 다음 회로의 명칭은?(단, A와 B는 입력이다)

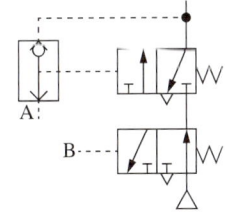

① NAND 회로
② FLIP-FLOP 회로
③ CHECK VALVE 회로
④ EXCLUSIVE OR 회로

해설
플립플롭 회로 : 2개의 안정된 출력 상태를 가지며, 입력의 유무에도 불구하고 직전에 가해진 입력 상태를 출력 상태로 유지하는 회로

11 스텝 전동기를 여자 상태로 하여 출력축을 외부에서 회전시키려고 했을 때 이 힘에 대항하여 발생하는 최대토크는?

① 탈출토크(Pull Out Torque)
② 홀딩토크(Holding Torque)
③ 풀인토크(Pull In Torque)
④ 디턴트토크(Detent Torque)

해설
① 탈출토크(Pull Out Torque) : 슬루잉(Slewing) 특성이라고도 하며, 한계펄스비와 부하토크값의 관계를 나타낸 특성이다.
③ 풀인토크(Pull In Torque) : 인입토크 특성으로 축에 부하토크를 가하여 임의의 구동펄스를 인가하거나 멈추게 하여 전동기를 기동 정지시켰을 때, 그 전동기를 오동작 없이 회전시킬 수 있는 한계의 부하토크이다.
④ 디턴트토크(Detent Torque) : 무여자 상태에서 외부에서 출력 측으로 토크를 가했을 때 발생하는 최대의 토크이다.

12 다음 기능선도 기본기호의 의미는?

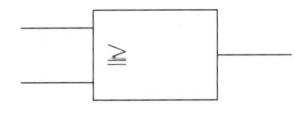

① OR
② AND
③ NOT
④ EX-OR

해설
기능 다이어그램

AND 요소	OR 요소
I1, I2 — & — O1	I1, I2 — ≥1 — O

NOT 요소	Turn-on 지연
I — 1 — O	I — 30ns 0 — O

13 두 종류의 금속을 접합하여 폐회로를 만들고, 두 접합점의 온도차를 다르게 유지했을 때 두 금속 사이에 기전력이 발생하여 전류가 흐르는 현상은?

① 제베크 효과
② 초전효과
③ 톰슨효과
④ 펠티어 효과

해설
② 초전효과 : 온도 변화에 따라 유전체 결정의 분극 크기가 변화하여 전압이 나타나는 현상
③ 톰슨효과 : 단일한 도체로 된 막대기의 양 끝에 전위차가 가해지면 이 도체의 양 끝에서 열의 흡수나 방출이 일어나는 현상
④ 펠티어 효과 : 어떤 물체의 양쪽에 전위차를 걸어 주면 전류와 함께 열이 흘러서 양쪽 끝에 온도차가 생기는 현상

14 측온저항체로 이용하기 위한 요구조건이 아닌 것은?

① 저항온도계수가 작을 것
② 소선의 가공이 용이할 것
③ 사용 온도범위가 넓을 것
④ 화학적·기계적으로 안정될 것

해설
측온저항체로 이용하기 위한 요구조건
• 저항온도계수가 클 것
• 온도-저항 특성이 직선적일 것
• 사용 온도범위가 넓고 제작이 용이하며 저렴할 것
• 소선의 가공이 용이할 것
• 열적·화학적·기계적으로 안정되고, 저항값의 경시 변화가 작을 것

15 회전형 에너지 변환기기의 표시법에 대한 설명으로 틀린 것은?

① 축의 회전 방향은 동력의 입력점으로부터 출력점을 향해서 주기호와 동심으로 그린 원호형 화살표로 표시한다.
② 펌프의 회전 방향은 입력축으로부터 송출 관로를 향해서 그린 동심 원호형 화살표로 표시한다.
③ 모터의 회전 방향은 유압유의 유입 관로부터 출력축을 향해서 그린 직선형 화살표로 표시한다.
④ 2방향 회전형 기기에 관해서는 어느 한 방향의 회전 방향만 표시한다.

해설
모터의 회전 방향은 유압유의 유입 관로부터 출력축을 향해서 그린 동심 원호형 화살표로 표시한다.

16 10[bar] 미만의 저압 공유압회로에 많이 사용되며 작동유가 가득한 용기에 압축공기를 직접 작동시켜 유면을 가압하여 동력을 전달하는 공유압 변환기는?

① 비가동형
② 블래더형
③ 피스톤형
④ 증압기형

해설
② 블래더형 : 다이어프램 등에 의해 작동유와 압축공기가 분리되어 있고 압축공기가 팽창하여 작동유를 가압하여 동력을 전달한다.
③ 피스톤형 : 고압인 공유압회로에 사용되며, 피스톤에 의해 압축공기와 작동유가 분리되어 있는 구조이다.
④ 증압기형 : 입구측 압력(공압)을 비례한 높은 출구측 압력(유압)으로 변환하는 기기이다.

17 공압 액추에이터 중 회전각도의 범위가 가장 큰 것은?

① 스크루형
② 크랭크형
③ 베인형
④ 랙과 피니언형

해설
④ 랙과 피니언형 : 회전범위는 45~720°
① 스크루형 : 회전범위는 100~370°
② 크랭크형 : 회전범위는 110° 이내
③ 베인형 : 싱글 베인형은 300° 이내, 더블 베인형은 90~120°

18 다음 그림과 같은 논리회로의 연산결과를 불식으로 나타낸 것은?

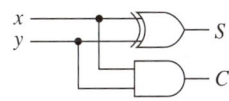

① $S = x + y,\ C = x \cdot y$
② $S = x + y,\ C = x - y$
③ $S = \overline{x} \cdot y + x,\ C = x + y$
④ $S = x \cdot \overline{y} + \overline{x} \cdot y,\ C = x \cdot y$

19 게이지압력에 대한 설명으로 옳은 것은?

① 게이지압력은 절대압력이다.
② 게이지압력은 대기압의 압력을 '0'으로 한다.
③ 게이지압력은 대기압에 절대압력을 더한 값이다.
④ 게이지압력은 완전 진공을 기준으로 하여 나타낸다.

해설
압력을 나타내는 데는 그 기준(압력 0의 상태)의 설정방법에 따라 절대압력과 게이지압력으로 나누며, 통상적으로 게이지압력으로 나타낸다.
• 절대압력 : 완전 진공을 기준으로 하여 나타낸다.
• 게이지압력 : 대기압을 기준으로 하여 나타낸다.

20 수랭식 냉각기 사용 시 주의사항으로 틀린 것은?

① 단수 시 경보를 낼 수 있는 장치가 있어야 한다.
② 청소 시 기계적인 방법이나 적당한 세정제를 사용하여야 한다.
③ 공기압축기와 가까운 곳에 설치하여 보수 점검이 쉽도록 하여야 한다.
④ 반드시 방진용 필터를 설치하여야 하며 정기적인 청소가 이루어져야 한다.

해설
수랭식 냉각기 사용 시 주의사항
• 공기압축기와 가까운 곳에 설치하여 보수 점검이 쉽도록 한다.
• 입구 관로에 100[μm] 정도의 여과도를 가진 필터를 설치하여 관 속에 물때가 생기는 것을 방지함으로써 냉각성능을 보장할 수 있다.
• 단수 시 경보를 낼 수 있는 장치가 있어야 한다.
• 청소 시 기계적인 방법이나 적당한 세정제를 사용하여야 한다.

정답 17 ④ 18 ④ 19 ② 20 ④

제2과목 설비진단 및 관리

21 보전작업 표준을 설정하고자 할 때 사용하지 않는 방법은?

① 작업연구법
② 경험법
③ 실적자료법
④ 공정실험법

해설
보전작업 표준 설정방법
- 작업연구법 : 작업 연구에 의해서 표준시간을 결정한다.
- 경험법 : 경험자의 견적에 의하여 작업 표준을 설정한다.
- 실적자료법 : 실적 기록에 입각해서 작업의 표준시간을 결정한다.

22 기계 진동이 공진으로 인하여 높은 경우 진동을 저감하는 방법으로 옳지 않은 것은?

① 구조물의 강성을 높여 고유 진동 주파수를 낮은 영역으로 변화시킨다.
② 구조물의 질량을 크게 하여 고유 진동 주파수를 낮은 영역으로 변화시킨다.
③ 구조물의 강성을 낮추어 고유 진동 주파수를 낮은 영역으로 변화시킨다.
④ 구조물의 강성과 질량을 적절히 조절하여 현재 가진되고 있는 공진 주파수 영역을 피하도록 한다.

해설
진동을 저감하는 방법으로 강성이 충분히 작아서 차단능력이 있어야 한다.

23 설비보전에서 효과 측정을 위한 척도로서 널리 사용되는 지수 중 고장 도수율의 공식은?

① $\dfrac{\text{정미 가동시간}}{\text{부하시간}} \times 100$

② $\dfrac{\text{고장 횟수}}{\text{부하시간}} \times 100$

③ $\dfrac{\text{고장 정지시간}}{\text{부하시간}} \times 100$

④ $\dfrac{\text{보전비 총액}}{\text{생산량}} \times 100$

해설
① 설비 가동률로 유용성을 나타낸다.
③ 고장 강도율로 보전성을 나타낸다.
④ 제품 단위당 보전비로 경제성을 나타낸다.

24 제품에 대한 전형적인 고장률 패턴은 욕조곡선으로 나타낼 수 있다. 우발고장기간에 발생될 수 있는 원인과 관계가 없는 것은?

① 안전계수가 낮은 경우
② 스트레스가 기대 이상인 경우
③ 사용자 과오가 발생한 경우
④ 폐기되었을 경우

해설
폐기되었을 경우는 우발고장기간에 발생되는 원인이 될 수 없다.
우발 고장기의 특징
- 고장률이 거의 일정하나 예측할 수 없는 고장률 일정형이다.
- 이 기간을 유효수명이라 하고, 고장 정지시간을 감소시키는 것이 가장 중요하다.
- 설비 보전원의 고장 개소의 감지능력을 향상시키기 위한 교육훈련이 필요하다.
- 일정한 고장률을 저하시키기 위해서는 개선·개량이 절대적으로 필요하다.
- 예비품 관리가 중요하다.

25 다음 중 동일 부위를 정기적으로 측정한 값을 시계열로 비교하여 정상인 경우의 값을 초깃값으로 하여 그 값의 몇 배가 되었는가에 따라 판정하는 방법은?

① 상대판정기준　② 상태판정기준
③ 상호판정기준　④ 절대판정기준

해설
판정기준의 결정
- 절대판정기준 : 동일한 부위(주로 베어링상)에서 측정한 값을 판정기준과 비교하여 양호/주의/위험을 판정한다.
- 상대판정기준 : 동일한 부위를 정기적으로 측정하여 시계열로 비교하여 정상적인 경우의 값을 초깃값으로 하여 그 몇 배가 되었는가에 따라 판정한다.
- 상호판정기준 : 동일한 기종의 기계가 여러 대 있을 경우 각각 동일한 조건하에서 측정하여 상호 비교함으로써 판정한다.

26 시스템을 외부 힘에 의해서 평형 위치로부터 움직였다가 그 외부 힘을 끊었을 때 시스템이 자유 진동을 하는 진동수는?

① 공진수　② 고유진동수
③ 강제진동수　④ 자유진동수

27 시간의 변화에 대한 진동 변위의 변화율을 나타내며, 기계시스템의 피로 및 노후화와 관련이 있는 것은?

① 변 위　② 속 도
③ 가속도　④ 진동수

28 압전형 가속도 센서에 대한 내용으로 옳지 않은 것은?

① 소형으로 가볍다.
② 사용 용도의 범위가 넓다.
③ 주파수 범위는 광대역이다.
④ 마운팅에 비해 저감도이므로 손으로 고정한다.

해설
압전형 가속도 센서는 고감도 센서이므로 손 고정방법을 사용할 수 없다.

29 소음의 물리적 성질에 대한 설명으로 옳지 않은 것은?

① 음의 진행 방향을 나타내는 음선은 파면에 수평이다.
② 파동의 위상이 같은 점들을 연결한 면을 파면이라 한다.
③ 음파는 매질 개개의 입자가 파동이 진행하는 방향의 앞뒤로 진동하는 종파이다.
④ 파동은 매질 자체가 이동하는 것이 아닌 매질의 변형운동으로 이루어지는 에너지 전달이다.

해설
음선은 음의 진행 방향을 나타내는 선으로, 파면에 수직이다.

정답　25 ①　26 ②　27 ②　28 ④　29 ①

30 진동의 완전한 1사이클에 걸린 총시간은?

① 진동수 ② 진동주기
③ 각진동수 ④ 진동위상

31 반사소음기의 특징에 대한 설명으로 옳지 않은 것은?

① 흔히 팽창식 체임버를 사용한다.
② 덕트 소음제어에서 효과적으로 사용이 가능하다.
③ 넓은 주파수 폭 소음에 대하여 높은 효과를 갖는다.
④ 체임버에 의해서 입사 소음에너지를 반사하여 소멸시킨다.

해설
반사소음기는 좁은 주파수 폭의 소음에 효과적이다.

32 윤활유를 선정할 때 가장 기본적으로 검토해야 할 사항은?

① 운전속도 ② 관리방법
③ 적정 점도 ④ 다양한 유종

해설
윤활유에서 가장 중요한 것은 점도이다.

33 자재 흐름 분석의 P-Q 분석에 의하여 분류가 결정되면 그 분류 내에 있는 제품들에 대하여 개별적인 분석을 행할 때 그 분류와 내용이 옳은 것은?

① D급 분류 : 제품의 종류도 적고 생산량도 적다. 소품종 공정표를 작성한다.
② C급 분류 : 제품의 종류는 적고 생산량이 많다. 단순 작업공정표 다음 조립공정표를 작성한다.
③ B급 분류 : 제품의 종류는 중간이고 생산량도 중간이다. 다품종 공정표를 작성한다.
④ A급 분류 : 제품의 종류는 많고 생산량은 적다. 유입유출표를 작성한다.

해설
자재 흐름 분석
P-Q 분석에 의하여 A급, B급, C급의 분류가 결정되면 그 분류 내에 있는 제품들에 대하여 개별적인 분석을 행한다.
- A급 분류 : 제품의 종류는 적고 생산량이 많다. 단순작업 및 조립공정표를 작성한다.
- B급 분류 : 제품의 종류는 중간이고 생산량도 중간이다. 다품종 공정표를 작성한다.
- C급 분류 : 제품의 종류는 많고 생산량은 적다. 유입유출표를 작성한다.

34 설비보전조직의 유형에서 전문 보전원에 대하여 보전 책임이 집중인지 분산인지에 대한 분류 중 조직상·배치상 모두 분산형태인 보전 조직은?

① 집중보전 ② 지역보전
③ 부분보전 ④ 절충보전

해설
부분보전 : 공장의 보전요원을 각 제조 부문의 감독자 밑에 배치하여 보전을 행하는 보전방식으로, 지역보전의 장점과 유사하지만 보전요원이 제조 부문의 감독자 밑에 배속되어 있으므로 작업의 계획은 생산 할당에 따라 책임을 져야 할 관리자에 의하여 수립된다.

35 공장 내의 회전기계 간이진단 대상 설비 중 주요 진단 대상으로 가장 거리가 먼 것은?

① 생산과 직접 관련된 설비
② 부대 설비인 경우라도 고장이 발생하면 큰 손해가 예측되는 설비
③ 고장 발생 시 2차 손실이 예측되는 설비
④ 정비비가 낮은 설비

해설
간이진단 : 간이진동계의 기기를 사용하여 측정한 후 이상으로 판별된 것은 수리현장 작업원이 사용하는 설비의 제1차 건강진단 기술

36 진동차단기의 변위가 걸리는 힘에 비례할 때 시스템의 고유진동수(ω)와 정적변위(δ)의 관계식으로 옳은 것은?

① $\omega = 5\pi/\delta$
② $\omega = 5\pi\delta$
③ $\omega = 10\pi/\delta$
④ $\omega = 10\pi/\sqrt{\delta}$

해설
구조물의 정적처짐(변위)에 따른 고유진동수와의 관계식은

$$\omega_n \simeq \frac{10\pi}{\sqrt{\text{정적처짐}[cm]}}$$

37 라인별 배치라고도 하며, 공정의 계열에 따라 각 공정에 필요한 기계가 배치되고 대량 생산에 적합한 설비배치는?

① 기능별 배치
② 제품별 배치
③ 혼합별 배치
④ 제품 고정형 배치

해설
① 기능별 배치(공정별 배치) : 제품의 종류가 많고 수량이 적으며, 주문 생산과 표준화가 곤란한 다품종, 소량 생산일 경우에 알맞은 배치형식
③ 혼합별 배치 : 기능별, 제품별, 제품 고정형 배치의 세 가지 기능을 혼합한 경우
④ 제품 고정형 배치 : 주재료와 부품이 고정된 장소에 있고 사람, 기계, 도구 및 기타 재료가 이동하여 작업을 진행하는 형식

38 진동현상의 특징 중 고주파에서 발생하는 이상현상은?

① 풀림(Looseness)
② 언밸런스(Unbalance)
③ 공동현상(Cavitation)
④ 미스얼라인먼트(Misalignment)

해설
• 고주파에서 발생하는 이상현상 : 공동현상(Cavitation)과 유체음, 진동현상이 발생한다.
• 저주파에서 발생하는 이상현상 : 언밸런스(Unbalance), 미스얼라인먼트(Misalignment), 풀림(Looseness), 오일 휩(Whip) 등의 현상이 발생한다.

정답 35 ④ 36 ④ 37 ② 38 ③

39 보전용 자재관리상 특징이 아닌 것은?

① 불용 자재 발생 가능성이 높다.
② 보전용 자재는 비순환성이 높다.
③ 연간 사용 빈도가 적고, 소비속도가 늦다.
④ 자재 구입의 품목, 수량, 시기 등의 계획 수립이 어렵다.

해설
보전용 자재의 관리상 특징
- 연간 사용 빈도(또는 창고로부터의 불출 횟수)와 소비속도가 낮다.
- 자재 구입 품목, 수량, 시기 계획을 수립하기 곤란하다.
- 보전의 기술 수준 및 관리 수준이 보전 자재의 재고량을 좌우한다.
- 불용 자재의 발생 가능성이 크다.
- 소모, 열화되어 폐기되는 것과 예비기기 및 부품과 같이 순환 사용되는 것이 있다.
- 수리공사에 있어서는 재고 유지비와 수리기간 중의 정지손실비의 합계를 최소화시키는 형과 소재, 부품 기기 또는 완성품 중 어떤 형의 재고로 두는 것이 가장 경제적인가에 따라 결정한다.

40 연간 불출 횟수가 4회 이상인 정량 발주방식의 주문점 계산식으로 옳은 것은?(단, P : 주문점, $\bar{x}$: 월 평균 사용량, D : 기준 조달기간, m : 예비 재고 이다)

① $P = \bar{x} \times D + m$
② $P = \bar{x} \times D - m$
③ $P = \bar{x} \times m + D$
④ $P = \bar{x} \times m - D$

해설
주문점의 계산식
$P = \bar{x} \times D + m = \bar{x} \times D + t \times \sigma_x \times \sqrt{2}$
여기서, P : 주문점
$\bar{x}$: 월 평균사용량
D : 기준 조달기간
m : 예비 재고(최저 재고)
t : 안전계수
σ_x : 월간 사용량의 분균형(분포)

제3과목 공업계측 및 전기전자제어

41 와류식 유량계는 유량에 비례한 주파수에 의해 체적 유량을 측정할 수 있다. 안정한 와류를 발생시키는 조건은?(단, 와류의 간격을 L, 와류 사이의 거리를 l이라 한다)

① $\dfrac{L}{l} = 0.5$
② $\dfrac{L}{l} = 0.357$
③ $\dfrac{L}{l} = 0.281$
④ $\dfrac{L}{l} = 0.194$

42 직류전동기의 속도제어법이 아닌 것은?

① 계자제어법
② 저항제어법
③ 극수제어법
④ 전압제어법

해설
직류전동기의 속도제어법에는 계자제어, 저항제어, 전압제어 등의 방법이 있다.

43 온도가 변화하면 저항값이 매우 많이 변화하는 반도체는?

① 배리스터(Varistor)
② 서미스터(Thermistor)
③ CdS(황화카드뮴)
④ 발광 다이오드

해설
② 서미스터 : 온도에 따라 저항값이 변화하는 소자이다.
① 배리스터 : 인가전압에 의하여 저항이 크게 변화하는 소자로, 회로 보호용으로 사용한다.
③ CdS(황화카드뮴) : 빛이 많이 들어오면 저항이 작아지고 적게 들어오면 저항이 커지는 성질을 이용하여 빛의 유무를 파악하는 광도전 소자이다.
④ 발광 다이오드 : 순방향으로 전압을 가했을 때 발광하는 반도체 소자이다.

44 다음 그림기호 중 한시동작형 a접점은?

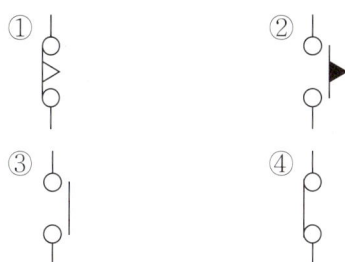

해설

한시동작	a접점	─○▲○─	▶	타이머 등 한시계전기의 접점으로 접점이 개로 또는 폐로하는 데 시간이 걸리는 접점
	b접점	─○▲○─	▶	

45 전계효과 트랜지스터의 특징에 해당되지 않는 것은?

① 유니폴라(Unipolar) 소자이다.
② 바이폴라(Bipolar) 소자이다.
③ 전압제어 소자이다.
④ 저전력증폭기의 입력단에 적합하다.

해설

전계효과 트랜지스터
- 전자 흐름을 다른 전극으로 제어하는 전압제어형이다.
- 극성이 1개만 존재하는 단극성 트랜지스터이다.
- 소스, 드레인, 게이트 3개의 전극이 있다.
- 유니폴라(Unipolar) 소자이다.
- 저전력증폭기의 입력단에 적합하다.

46 다음과 같은 블록선도에서 전달함수로 옳은 것은?

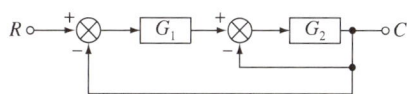

① $\dfrac{G_1 G_2}{1 + G_1 G_2}$ ② $\dfrac{G_1 G_2}{1 + G_1 + G_2}$

③ $\dfrac{G_1 G_2}{1 + G_1 + G_1 G_2}$ ④ $\dfrac{G_1 G_2}{1 + G_2 + G_1 G_2}$

해설

$$\dfrac{C}{R} = \dfrac{\dfrac{G_1 G_2}{1 + G_2}}{1 + \dfrac{G_1 G_2}{1 + G_2}} = \dfrac{\dfrac{G_1 G_2}{1 + G_2}}{\dfrac{1 + G_2 + G_1 G_2}{1 + G_2}} = \dfrac{G_1 G_2}{1 + G_2 + G_1 G_2}$$

47 제어 조작용 기기로서 큰 전류가 흘러도 안전한 큰 전류 용량의 접점을 가지고 있는 조작용 기기는?

① 전자타이머 ② 전자릴레이
③ 전자개폐기 ④ 전자밸브

해설

전자개폐기는 전자접촉기와 과부하 계전기가 일체화된 것으로, 전자접촉기에 의한 부하의 ON, OFF 조작과 열동계전기에 의한 과부하 보호기능을 함께 갖는 기구이다. 유접점 방식의 시퀀스제어에 사용된다.

48 다음 그림과 같이 입력이 A와 B인 회로도에서 출력 Y는?

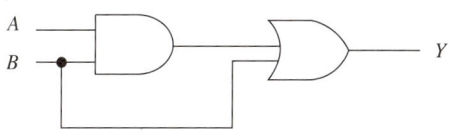

① $A \cdot B$ ② $(A \cdot B) \cdot B$
③ $(A + B) + B$ ④ $(A \cdot B) + B$

해설

회로도 출력 $Y = (A \cdot B) + B$이다.

49 다음 그림은 3상 유도전동기의 단자를 표시한 것이다. 이 전동기를 △결선하고자 한다면?

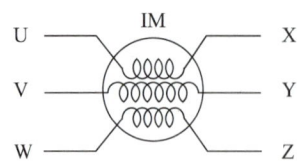

① U-W, Z-Y, V-X를 연결한다.
② U-Y, V-W, X-Z를 연결한다.
③ U-Y, V-Z, W-X를 연결한다.
④ X, Y, Z를 연결한다.

> **해설**
> U-Y(1, 6), V-Z(2, 4), W-X(3, 5)를 묶고 단자를 내면 △결선이 된다.

50 다음 그림과 같은 회로는?

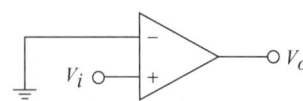

① 전압팔로어
② 비교기
③ 미분기
④ 전압-전류변환기

> **해설**
> 비교기
> • 두 개 입력 전압의 관계가 크거나 작을 때 두 상태 중 하나가 출력된다.
> • 입력 전압이 어느 일정 레벨을 넘는 것을 감지할 때 사용한다.
> • 영 전위검출기이다.

51 40[W]의 전구 4개를 5시간 동안 사용하였다면 전력량은 몇 [Wh]인가?

① 800 ② 300
③ 200 ④ 160

> **해설**
> $W = V \times A$
> 전력량 $= V \times A \times t = 40 \times 4 \times 5 = 800[Wh]$

52 다음 중 연산증폭기의 심벌은?

① 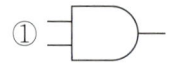   ②
③ 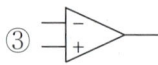   ④

> **해설**
>
> | AND 연산 | | NOT 연산 | |
> |---|---|---|---|
> | 연산증폭기 | | XOR 연산 | |

53 내부저항이 20[kΩ]인 전압계에 40[kΩ]의 배율기를 접속하여 어떤 전압을 측정하였더니 전압계의 지시가 50[V]였다면, 측정전압[V]은?

① 50   ② 100
③ 150 ④ 200

> **해설**
> $V = \dfrac{R_m + R_o}{R_o} V_o = \dfrac{40+20}{20} \times 50 = 150[V]$
> 여기서, R_m : 배율기저항
> R_o : 내부저항
> V_o : 전압계에 걸리는 전압
> V : 측정하고자 하는 전압

정답 49 ③ 50 ② 51 ① 52 ③ 53 ③

54 정전용량 1[μF]의 콘덴서가 60[Hz]인 전원에 대한 용량 리액턴스[Ω]의 값은 약 얼마인가?

① 2,500　　② 2,600
③ 2,653　　④ 2,753

해설

$$Z_C = \frac{1}{wC}$$
$$= \frac{1}{2\pi fC}$$
$$= \frac{1}{2 \times 3.14 \times 60 \times 1 \times 10^{-6}}$$
$$= 2,653[\Omega]$$

55 미분시간 3분 비례이득 10인 PD 동작의 전달함수는?

① $10(1+2s)$　　② $1+3s$
③ $10(1+3s)$　　④ $5+2s$

해설

- 비례제어동작 $u(t) = k_p e(t)$ (k_p : 비례이득)
- 비례제어기 전달함수 $\dfrac{U(s)}{E(s)} = K_p$
- 비례 : 미분제어기(PD) 전달함수 $\dfrac{U(s)}{E(s)} = K_p(1+T_d s)$
  (T_d : 미분시간(Derivative Time))
- ∴ 미분시간 3분 비례이득 10인 PD 동작의 전달함수 = $10(1+3s)$ 이다.

56 다음 그림에서 정전 용량 C_1, C_2를 병렬로 접속하였을 때의 합성 정전 용량 C_{AB}는?

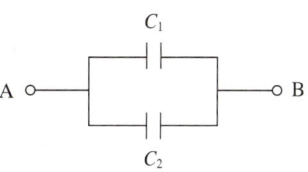

① $C_1 + C_2$　　② $\dfrac{1}{C_1 + C_2}$
③ $\dfrac{C_1 \cdot C_2}{C_1 + C_2}$　　④ $C_1 \cdot C_2$

해설

콘덴서의 병렬연결의 합성 용량 : $C_1 + C_2$

57 다음 그림과 같은 블록선도가 의미하는 요소는?

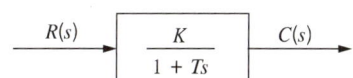

① 미분요소　　② 1차 빠른요소
③ 1차 지연요소　　④ 2차 지연요소

해설

전달함수 : 모든 초깃값을 0으로 하였을 경우에 출력신호 $c(t)$와 입력신호 $r(t)$의 라플라스 변환의 비

입력 $r(t)$ → 시스템 $G(s)$ → 출력 $c(t)$
$R(s)$　　　　　　　　　　$C(s)$

∴ $G(s) = \dfrac{\text{출력}}{\text{입력}} = \dfrac{C(s)}{R(s)}$

1차 지연요소

- 입력신호 $R(s)$와 출력신호 $C(s)$의 관계가 선형 1차 미분방정식으로 표현되는 요소이다.
- 유입량이 일정량만큼 갑자기 증가하면 수위는 증가하기 시작하나 유출량도 증가하여 어느 일정한 수위에서 안정된다.

∴ $G(s) = \dfrac{K}{1+Ts}$

정답 54 ③　55 ③　56 ①　57 ③

58 소용량 농형 유도전동기에 정격전압을 가하면 정격전류의 4~6배의 기동전류가 흐르지만 용량이 작기 때문에 정격전압을 가해서 기동하는 방식은?

① Y-Δ 기동
② 전전압 기동
③ 리액터 기동
④ 2차 저항기동

해설
3상 유도전동기의 기동방법
- Y-Δ 기동 : 결선으로 운전하는 전동기를 기동할 때만 Y결선으로 하여 기동전류, 토크와 함께 직입의 1/3로 감소하며 10~15[kW] 중용량에 사용한다.
- 전전압직입 기동 : 6[kW] 이하 소용량에 쓰이며, 전동기에 최초부터 전전압을 인가하여 기동한다.
- 리액터 기동 : 동기의 1차 측에 리액터(일종의 교류저항)를 넣어서 기동 시에 전동기의 전압을 리액터 전압 강하분만큼 낮추어서 기동한다. 중·대용량에서 사용한다.
- 기동보상기법 : 15[kW] 이상의 전동기에 사용한다.

59 3상 유도전동기의 정·역 운전회로에서 정·역 동시 투입에 의한 단락사고를 방지하기 위하여 사용하는 회로는?

① 역상회로
② 인터로크 회로
③ 자기유지회로
④ 시한동작회로

해설
3상 전동기에 입력되는 3상 중에서 두 개의 상을 바꾸어 주면 회전력이 반대 방향으로 되므로 역회전의 운전을 할 수 있다. 이 경우 정회전과 역회전 동작이 동시에 일어나게 되면 주회로가 단락되어 위험한 상태가 되므로 정·역회전 동작이 동시에 발생하지 않도록 반드시 인터로크 회로를 넣어 주어야 한다.

60 어떤 회로에서 저항 양단 전압의 참값이 40[V]이나 회로시험기로 전압을 측정한 결과 39[V]를 지시했다면 이 회로시험기의 백분율 오차[%]는?

① −1.0
② +1.0
③ −2.5
④ +2.5

해설
$$오차율 = \frac{오차}{참값} = \frac{측정값 - 참값}{참값} = \frac{39-40}{40} = -2.5$$

제4과목 기계정비일반

61 펌프 성능에 관한 몇 가지 일반원리를 나타낼 수 있는 성능곡선에 나타나지 않는 성능값은?

① 효율
② 축동력
③ 전양정
④ 비교회전도

해설
펌프의 성능곡선은 전양정, 축동력, 회전도 및 효율 등으로 나타낸다.

62 밸브시트부의 누설원인으로 가장 거리가 먼 것은?

① 본체의 변형
② 시트면의 손상
③ 시트면의 이물질 부착
④ 패킹 누르개의 과대 조임

63 전동기 베어링부에서 발열이 발생할 때 주요원인이 아닌 것은?

① 벨트의 장력 과대
② 커플링 중심내기 불량
③ 베어링의 조립 불량
④ 전동기 입력전압의 변동

해설
전동기 베어링부에서의 발열원인
- 윤활제의 부적, 과부족에 의해 윤활이 불량한 경우
- 베어링 조립이 불량한 경우
- 체인, 벨트 등이 지나치게 팽팽한 경우
- 커플링의 중심내기 불량이나 적정 틈새가 없어 스러스트를 받는 경우

64 펌프에서 발생하는 이상현상 중 수격현상에 관한 설명으로 옳은 것은?

① 관로의 유체가 비중이 낮아 흐름속도가 빨라지는 현상이다.
② 펌프 내부에서 흡입양정이 높아 유체가 증발하여 기포가 생기는 현상이다.
③ 배관을 흐르는 유체에 불순물이 섞여 관로에서 충격파를 발생시키는 현상이다.
④ 배관에 흐르는 유체의 속도가 급격한 변화에 의해 관 내 압력이 상승 또는 하강하는 현상이다.

해설
수격현상 : 일반적으로 액체는 기체에 비하면 압축성이 작고 밀도가 크기 때문에 흐름을 급격히 정지시키면 일시적으로 큰 압력 상승이 일어난다. 예를 들면 밸브를 급폐쇄하거나 펌프의 송수를 급정지하면 그 부분에 큰 압력 상승이 생기고, 파동이 되어 관로 내에 전파되므로 기기 및 관로의 파괴를 초래할 수 있다. 이와 같이 급격한 흐름의 변화에 수반하는 과도적인 압력 변화를 수격(Water Hammer)이라 한다.

65 두 축을 동시에 센터링할 때 측정 준비 작업이 아닌 것은?

① 커플링의 외면을 세척한다.
② 다이얼게이지의 오차 및 편차를 구한다.
③ 펌프측 베이스 하단에 라이너를 삽입한다.
④ 커플링의 외면에 0°, 90°, 180°, 270°의 방향을 표시한다.

해설
센터링 측정 준비 작업
- 커플링의 외면을 세척한다.
- 커플링의 외면을 0°, 90°, 180°, 270°의 방향을 표시한다.
- 다이얼게이지의 오차 및 편차를 구한다.
- 커플링 볼트 1개를 체결한다.
- 다이얼게이지와 마그네틱 베이스를 취부한다.
- 두 축을 회전시키면서 0°, 90°, 180°, 270° 각 지점의 1차 측정치(지침)를 보고 기록한다.
- 면간을 틈새게이지 혹은 테이퍼게이지로 측정 기록한다.

66 축 방향에 인장 또는 압축력이 작용하는 두 축의 결합에 사용하는 기계요소는?

① 핀
② 코터
③ 키
④ 스플라인

해설
코터(소켓, 로드) : 두께가 같고 폭이 구배 또는 테이퍼로 되어 있는 일종의 쐐기로 주로 인장 또는 압축력이 축 방향으로 작용할 때 사용된다.

67 벨트식 무단변속기의 정비에 관한 사항으로 옳지 않은 것은?

① 벨트를 이동시킴에 있어서 무리가 발생할 수 있다.
② 가변피치 풀리의 습동부는 윤활 불량이 되기 쉽다.
③ 광폭벨트는 특수하므로 예비품 관리를 잘 해두어야 한다.
④ 벨트의 수명은 표준벨트를 표준적인 사용방법으로 운전할 때의 1~2배 정도이다.

해설
벨트의 수명은 표준벨트를 표준적인 사용방법으로 운전할 때의 1/3~1/2 정도이다.

68 펌프의 부식을 촉진시키는 요인으로 옳지 않은 것은?

① 온도가 높을수록 부식되기 쉽다.
② 유속이 빠를수록 부식되기 쉽다.
③ 산소량이 적을수록 부식되기 쉽다.
④ 금속 표면이 거칠수록 부식되기 쉽다.

해설
펌프는 유체 내의 산소량이 많을수록 부식되기 쉽다.

69 축의 손상이나 파손되는 형태의 여러 가지 요소 중 가장 많이 발생하는 고장원인은?

① 불가항력
② 자연 열화
③ 설계 불량
④ 조립, 정비 불량

해설
축의 고장원인
- 조립, 정비 불량 : 60[%]
- 설계 불량 : 30[%]
- 기타 : 10[%](원인 불명, 자연 열화, 불가항력 등)

70 펌프의 수격현상 방지책으로 틀린 것은?

① 서지탱크를 설치한다.
② 관로의 부하 발생점에 공기밸브를 설치한다.
③ 관로의 지름을 크게 하여 관 내 유속을 감소시킨다.
④ 플라이 휠 장치를 사용하여 회전속도를 급감속시킨다.

해설
수주 분리(수격현상)의 방지책
- 플라이 휠 장치로 회전속도가 갑자기 감속되는 것을 방지하여 급격한 압력 강하를 완화시킨다.
- 관로에서 펌프 급정지 후에 압력이 강하하는 장소에 서지탱크를 설치하여 물을 관로에서 보급해 주는 방법이다.
- 단 방향 서지탱크(One Way Surge Tank) : 서지탱크와 관로의 연결부 배관에 체크밸브를 만들어 관로의 탱크 수면보다 낮아졌을 때 관로에 물을 보급할 수 있으나 반대로는 물이 흐를 수 없는 구조이다. 물이 넘칠 우려가 없으므로 탱크의 높이를 낮게 할 수 있어 서지탱크에 비해 경제적으로 제작할 수 있다.
- 관로의 지름을 크게 해서 관 내 유속을 감소하면 관로 내 수주의 관성력이 작아지므로 압력 강하가 작아진다.

71 기어의 손상 중 스코어링의 원인으로 거리가 먼 것은?

① 급유량 부족
② 내압성능 부족
③ 충격 및 하중
④ 윤활유 점도 부족

해설
스코어링의 원인
• 급유량 부족
• 윤활유 점도 부족
• 내압성능 부족
이의 절손의 원인
• 충격과 하중 또는 이물질 혼입
• 반복 피로

72 송풍기 기동 후 베어링 온도가 급상승하는 경우 점검사항이 아닌 것은?

① 윤활유의 적정 여부를 점검한다.
② 미끄럼 베어링은 오일링의 회전이 정상인가 점검한다.
③ 베어링 내의 영하 기상 조건의 경우에는 냉각수를 점검한다.
④ 베어링 케이스의 경우는 자유측의 커버가 베어링의 외륜을 누르고 있지 않은지 점검한다.

해설
베어링의 온도가 급상승하는 경우의 점검사항
• 축 관통부와 축 틈새가 균일한지 확인한다.
• 윤활유의 적정 여부를 점검한다.
• 자유측의 커버가 베어링의 외륜을 누르고 있지 않은지 점검한다.
• 베어링은 궤도량(외륜 및 내륜)이나 진동체(볼 또는 롤러)의 흠집 여부를 점검한다.
• 오일링의 회전이 정상인지 또는 베어링 메탈과 축과의 간섭이 정상인지 점검한다.

73 베어링의 그리스 윤활 상태를 측정하는 측정기구는?

① 회전계   ② 진동계
③ 소음계   ④ 베어링 체커

해설
① 회전계 : 회전속도의 측정기
② 진동계 : 진동측정기
③ 소음계 : 소리의 크기 측정기

74 펌프를 정격 유량 이하의 부분 유량으로 운전 시 발생되는 현상이 아닌 것은?

① 임펠러에 작용하는 추력의 증가
② 차단점 부근에서 펌프 과열현상 발생
③ 고양정 펌프는 차단점 부근에서 수온 저하 발생
④ 특성곡선의 변곡점 부근에서 소음 및 진동 발생

해설
펌프를 정격 유량 이하의 부분 유량으로 운전 시 발생되는 현상
• 차단점 부근의 과열현상 발생
• 임펠러에 작용하는 반경 방향 및 추력의 증가
• 특성곡선의 변곡점 부근에서 소음 및 진동 발생

75 펌프의 비속도(Specific Speed, Ns) 특성에 대한 설명으로 옳은 것은?

① 양정과 토출량은 비속도와 관계가 없다.
② 양정이 낮고 토출량이 큰 펌프는 비속도가 낮아진다.
③ 양정이 높고 토출량이 적은 펌프는 비속도가 낮아진다.
④ 토출량이 일정하고 회전수가 큰 펌프는 비속도가 낮아진다.

해설
비속도의 특성 : 양정이 높고 토출량이 적은 펌프는 비속도가 낮아지고, 토출량이 크고 양정이 낮은 펌프는 비속도가 높아진다.

정답 71 ③ 72 ③ 73 ④ 74 ③ 75 ③

76 플렉시블 커플링(Flexible Coupling)을 사용하는 이유로 적합하지 않은 것은?

① 고속회전으로 인한 진동을 완화시킬 때
② 전달토크의 변동으로 축에 충격이 가해질 때
③ 두 축의 중심을 완전히 일치시키기 어려울 때
④ 축 방향으로 인장력이 작용하는 긴 전동축에 사용할 때

해설
플렉시블 커플링 : 두 축의 중심선 일치가 어렵고, 충격과 진동을 완화시켜 줄 때 사용한다. 고속회전으로 진동을 일으키는 경우에는 플랜지, 그리드, 고무, 기어, 체인, 유체 커플링을 사용하여 충격과 진동을 완화시켜 주는 커플링이다.

77 다음 정비용 공구 중 체결용 공구가 아닌 것은?

① L-렌치
② 기어 풀러
③ 양구 스패너
④ 조합 스패너

해설
기어 풀러는 분해용 공구이다.

78 다음 V벨트 호칭법에서 80이 의미하는 것은?

일반용 V벨트 A80 또는 A2032

① 폭(mm)   ② 호칭번호
③ 호칭지름(mm)   ④ 인장강도(kg/cm²)

79 축 정렬작업 시 사용하는 심플레이트(Shimplate)의 용도는?

① 축의 진직도를 측정하는 게이지이다.
② 양 커플링 사이에 삽입하여 축의 간격 조정에 사용한다.
③ 커플링 면간을 측정하는 틈새게이지의 일종이다.
④ 기초볼트에 삽입하여 기계 등의 높낮이 조정에 사용한다.

해설
축 정렬작업 시 조정이 필요할 때에는 산출 근거에 의하여 심플레이트를 준비한다. 심을 조정하며 기초볼트에 삽입할 수 있도록 제작한다.

80 마이크로미터 나사의 피치가 p[mm], 나사의 회전 각이 α[rad]일 때, 스핀들의 이동거리 x[mm]는?

① $p\dfrac{\alpha}{2\pi}$ ② $\dfrac{\alpha}{2\pi p}$
③ $\dfrac{2\pi p}{\alpha}$ ④ $p\dfrac{\alpha}{\pi}$

해설
스핀들의 이동거리
$x = p \times \dfrac{\alpha}{2\pi}$ (여기서, p : 나사의 피치, α : 회전각)

2025년 제1회 최근 기출복원문제

제1과목 공유압 및 자동제어

01 다음 중 2차 측 압력을 일정하게 만들어 주는 밸브는?

① 릴리프 밸브
② 감압밸브
③ 시퀀스 밸브
④ 무부하밸브

해설
② 감압밸브 : 공급되는 압축공기의 압력(또는 유압)을 설정된 압력으로 낮추어 1차 측 압력보다 낮은 2차 측 압력을 시스템으로 공급하는 밸브이다.
① 릴리프 밸브 : 회로 내의 최고 압력을 설정하는 밸브이다.
③ 시퀀스 밸브 : 주회로의 압력을 일정하게 유지하면서 조작 순서를 제어할 때 사용하는 밸브이다.
④ 무부하밸브 : 작동압력이 규정압력 이상일 때 공기압에서는 배출하고, 유압에서는 탱크로 복귀시키는 밸브로 동력 절감과 압력 상승을 방지하는 역할을 한다.

02 제어량을 어떤 일정한 목표값으로 유지하는 것을 목적으로 하는 정치제어가 아닌 것은?

① 주파수 제어
② 프로세스 제어
③ 발전기의 조속기
④ 자동전압조정장치

해설
프로세스 제어는 원료에 물리적·화학적 처리를 가하여 제품을 만들어 내는 과정으로, 제어 대상이 되는 제어량의 종류에 의한 분류에 해당한다.
정치제어 : 제어량을 일정 목표값에 유지시키는 것이 목적인 제어로, 제어과정이 비교적 단순하다. 주파수 제어, 발전기의 조속기, 자동전압조정장치 등이 있다.

03 200[V] 전위차로 10[A]의 전류가 1분간 흘렀을 때 전력량은?

① 2,000[W]
② 2,000[J]
③ 120,000[W]
④ 120,000[J]

해설
전력량[W]은 1[J]의 일을 1초 동안 해내는 힘으로, $W = P \times t$ 이다.
$P = E \times I$에서 200[V] × 10[A] = 2,000[W]이므로,
전력량은 2,000[W] × 60[s] = 120,000[J]

04 관측된 프로세스 변동 중 게이지에 의한 변동이 아닌 것은?

① 편 의
② 선형성
③ 반복성
④ 재현성

해설
게이지에 의한 변동에는 편의, 반복성, 선형성, 안정성이 있다. 재현성은 작업자에 의한 변동에 해당한다.

정답 1 ② 2 ② 3 ④ 4 ④

05 다음 그림에서 근접센서의 배선방법은?

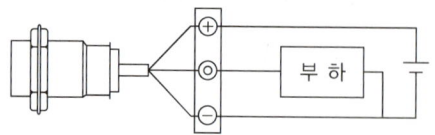

① NPN 입력형　② PNP 입력형
③ NPN 출력형　④ PNP 출력형

해설

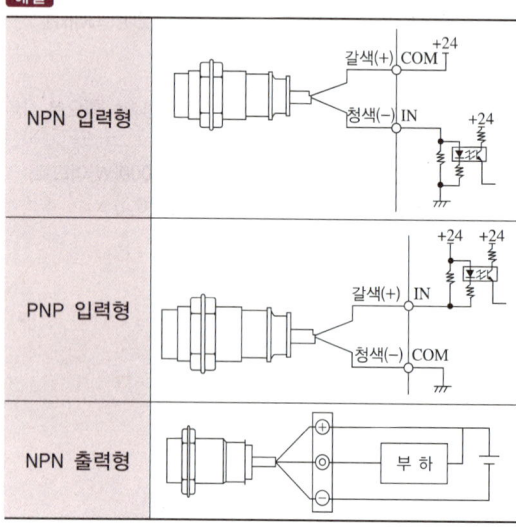

07 동기전동기에서 자극수가 4극이고, 60[Hz]의 주파수로 전원을 공급할 때, 회전수는 몇 [rpm]이 되는가?

① 1,200　② 1,800
③ 3,600　④ 7,200

해설
동기속도(회전수)
$$N_s = \frac{120f}{P} = \frac{120 \times 60}{4} = 1,800[\text{rpm}]$$

06 자장에 비례하여 기전력이 발생하는 물리적 현상을 응용한 것으로, 자계의 방향이나 강도를 측정할 수 있는 자기센서는?

① 리졸버(Resolver)
② 홀 센서(Hall Sensor)
③ 서모파일(Thermopile)
④ 태코 제너레이터(Tacho Generator)

해설
홀 센서 : 자기장 안에 닫힌 물체 안에서 전자 쏠림에 따른 기전력 발생현상을 이용한 것으로, 자기장이 걸릴 때 전류의 흐름에 수직하게 발생한 전압을 홀 전압이라고 한다.

08 다음 중 힘이나 하중과 같은 물리량을 감지할 수 있는 센서는?

① 열전쌍
② 금속측온체
③ 로드 셀(Load Cell)
④ 스트레인 게이지(Strain Gage)

해설
① 열전쌍 : 이종금속을 붙여 열전효과를 일으켜 온도를 감지하는 소자이다.
② 금속측온체 : 온도에 따라 금속저항이 달라지는 것을 이용한다.
④ 스트레인 게이지(Strain Gage) : 힘 또는 열을 가하면 전기저항이 변화하는 원리를 이용한다.

09 열역학의 변화는 외부와의 완전한 열교환이 일어나는 등온과정이나 완전히 차단되는 단열과정의 양 극단의 사이에서 진행되는 과정은?

① 등압 변화
② 등적 변화
③ 폴리트로픽 변화
④ 공기의 상태 변화

해설
① 등압 변화 : 등압 상태에서 온도가 T_1에서 T_2로 변하면 부피가 V_1에서 V_2로 되는 변화로, $\dfrac{V_1}{V_2} = \dfrac{T_1}{T_2}$가 된다. 부피는 절대온도에 비례한다.
② 등적 변화 : 등적 상태에서 온도가 T_1에서 T_2로 변하면 압력이 p_1에서 p_2로 되는 변화로, $\dfrac{p_1}{p_2} = \dfrac{T_1}{T_2}$가 된다. 압력은 절대온도에 비례한다.
④ 공기의 상태 변화 : 공기의 상태는 압력, 체적, 온도의 변화에 따라 달라진다. 이 3가지 요소들 사이에는 일정한 관계가 있다.

11 다음 진리표의 값을 활용한 것으로 옳지 않은 것은?

X	Y	A
0	0	0
0	1	1
1	0	1
1	1	1

①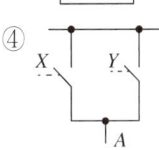
③ $A = X \cdot Y$
② (그림)
④ (그림)

해설
진리표의 값은 OR 논리에 대한 설명이다.
$A = X \cdot Y$는 AND 논리식이다.

10 다음 유압회로의 명칭은?

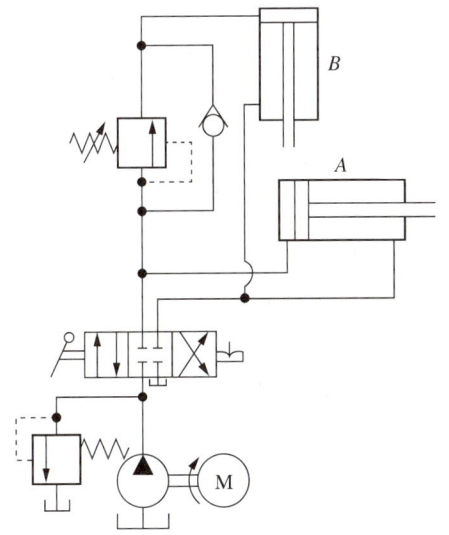

① 시퀀스 회로
② 미터 아웃 회로
③ 블리드 오프 회로
④ 카운터 밸런스 회로

해설
시퀀스 회로 : 유압으로 구동되는 기계의 조작을 순서에 따라 자동적으로 행하게 하는 회로이다.

12 다음 회로의 명칭은?

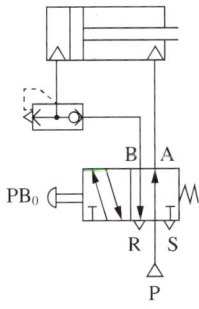

① 미터 인 속도 제어회로
② 미터 아웃 속도 제어회로
③ 급속배기회로
④ OR 회로

해설
급속배기회로 : PB_0를 누르면 실린더는 전진하고, PB_0를 놓으면 실린더가 후진하며, 배기저항이 감소하여 후진운동의 속도가 증가한다.

13 공압모터의 설치 및 유의사항에 대한 설명으로 틀린 것은?

① 반드시 윤활기를 설치하여야 한다.
② 저온에서 사용할 경우 빙결(氷結)에 주의한다.
③ 배관 및 밸브는 될 수 있는 한 유효 단면적이 큰 것을 사용한다.
④ 밸브는 될 수 있는 한 공압모터에서 멀리 떨어지도록 설치한다.

해설
공압모터의 설치 및 유의사항
- 반드시 윤활기를 설치한다.
- 고속회전이나 저온에서 사용할 경우 결빙에 주의한다.
- 배관 및 밸브는 될 수 있는 한 유효 단면적이 큰 것을 사용한다.
- 밸브는 공압모터 가까이에 설치한다.

14 셔틀밸브에 대한 설명으로 옳지 않은 것은?

① 두 개의 입구와 한 개의 출구가 있는 밸브이다.
② 고압 우선형 셔틀밸브와 저압 우선형 셔틀밸브가 있다.
③ 고압 우선형 셔틀밸브는 양쪽 입구에 압축공기가 유입될 때 저압쪽이 출구와 접속하고 고압쪽은 닫히는 밸브이다.
④ 저압 우선형 셔틀밸브는 양쪽 입구에 모두 압축공기가 유입될 때만 출구로 압축공기가 흐를 수 있어 2압 밸브 또는 AND 소자라고도 한다.

해설
고압 우선형 셔틀밸브는 고압쪽이 출구와 접속되고, 저압쪽은 닫힌다. 이 밸브는 양쪽 입구 중에서 어느 쪽이든 압축공기가 유입되면 유입되는 쪽이 고압이므로 출구로 통한다.

15 일반적인 압축공기의 생산과 준비 단계가 옳은 것은?

① 압축기 → 건조기 → 서비스 유닛 → 애프터 쿨러 → 저장탱크
② 압축기 → 애프터 쿨러 → 저장탱크 → 건조기 → 서비스 유닛
③ 압축기 → 건조기 → 서비스 유닛 → 저장탱크 → 애프터 쿨러
④ 압축기 → 서비스 유닛 → 애프터 쿨러 → 건조기 → 저장탱크

16 유압펌프의 소음 발생원인으로 적절하지 않은 것은?

① 이물질의 침입
② 펌프의 흡입 불량
③ 작동유 점성 증가
④ 펌프의 저속 회전

해설
펌프가 소음을 내는 경우
- 펌프의 회전이 너무 빠른 경우
- 작동유의 점도가 너무 큰 경우
- 여과기가 너무 작은 경우
- 흡입관이 막혀 있는 경우
- 기름 중에 기포가 있는 경우
- 흡입관의 접합부에서 공기를 빨아들이는 경우
- 펌프축과 원동기축의 중심이 맞지 않는 경우

17 실린더의 부하운동 방향이 고정형인 것은?

① 축 방향 풋형
② 분납식 아이형
③ 로드측 트러니언형
④ 분납식 클레비스형

해설
공압 실린더의 지지 형식
- 고정형 : 풋형, 플랜지형
- 요동형 : 피벗형(분납식 아이형, 분납식 클레비스형), 트러니언형(로드측, 중간, 헤드측)

18 유압모터의 장점으로 옳지 않은 것은?

① 최대 토크를 제한하려는 기계의 구동에 사용하면 편리하다.
② 소형·경량으로서 큰 출력을 낼 수 있고, 고속 차종에 적당하다.
③ 작동유의 점도가 변화해도 유압모터의 사용에 제한을 받지 않는다.
④ 속도나 방향의 제어가 용이하여 릴리프 밸브를 달면 기구적 손상을 주지 않고 급속 정지를 시킬 수 있다.

해설
유압모터의 장단점
- 장 점
  - 소형·경량으로서 큰 출력을 낼 수 있고, 고속 차종에 적당하다.
  - 속도나 방향의 제어가 용이하여 릴리프 밸브를 달면 기구적 손상을 주지 않고 급속 정지를 시킬 수 있다.
  - 두 개의 배관만 사용해도 되므로 내폭성이 우수하다.
  - 최대 토크를 제한하려는 기계의 구동에 사용하면 편리하다.
  - 시동, 정지, 역전, 변속 등은 미터링 밸브 또는 가변·토출펌프에 의해서 간단히 제어할 수 있다.
- 단 점
  - 작동유 내에 먼지나 공기가 침입하지 않도록 주의해야 한다.
  - 작동유가 인화하기 쉬우므로 화재의 염려가 있는 곳에서 사용하면 매우 위험하다.
  - 작동유의 점도 변화에 의해 유압모터의 사용에 제한을 받는다.
  - 동력 전달효율이 낮고 소음이 발생되며, 저속일 경우의 내부 누유로 인하여 정밀한 운전이 어렵다.

19 다음 중 구조가 간단하며 출력토크가 일정하고 정·역회전이 가능하지만 정밀한 서보기구에는 적합하지 않은 모터는?

① 기어모터
② 베인모터
③ 레이디얼 피스톤 모터
④ 액시얼 피스톤 모터

해설
② 베인모터 : 9~13개 정도의 베인으로 구성되어 있고, 출력토크의 맥동이 작다.
③ 레이디얼 피스톤 모터 : 몇 개 또는 10여 개의 피스톤이 축에 방사상으로 배열되어 반경 방향으로 왕복운동하면서 축을 회전시키는 모터이다.
④ 액시얼 피스톤 모터 : 사축형과 사판형이 있고, 1회전당 배출 유량이 고정된 것과 가변형이 있다.

20 다음 그림과 같은 밸브를 사용하는 목적으로 옳은 것은?

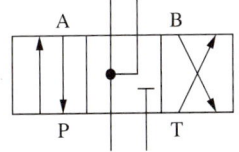

① 중립 위치에서 펌프의 부하를 줄이기 위해 사용한다.
② 중립 위치에서 실린더의 힘을 증대시키기 위해 사용한다.
③ 중립 위치에서 실린더의 후진속도를 제어하기 위해 사용한다.
④ 중립 위치에서 실린더의 전진속도를 빠르게 하기 위해 사용한다.

해설
문제의 밸브는 탱크 포트 블록형(PAB 접속형, Tank Closed Center)으로 중립 위치에서 전진행정은 차동회로에 의해 증속이 가능하다.

제2과목 설비진단 및 관리

21 회전기계에서 발생하는 이상현상 중 언밸런스나 베어링 결함 등의 검출에 널리 사용되는 설비진단 기법은?

① 진동분석법 ② 오일분석법
③ 응력해석법 ④ 페로그래피법

해설
② 오일분석법 : 윤활유 중에 포함된 금속의 양, 형태, 재질(성분) 등으로 판단하는 방법
③ 응력해석법 : 설비구조물에서 발생하는 균열의 원인을 찾아내는 방법
④ 페로그래피법 : 시료를 용재로 희석하여 슬라이드에 흘려 자석에 의해 마모분 입자를 현미경으로 분석하는 방법

22 보전표준의 종류 중 진단(Diagnosis)방법, 항목, 부위, 주기 등에 대한 것이 표준화 대상인 것은?

① 수리표준 ② 작업표준
③ 설비점검표준 ④ 일상점검표준

해설
설비보전표준의 분류는 설비점검(검사)표준, 정비(작업)표준, 수리표준의 세 가지로 대별할 수 있다.
- 설비점검(검사)표준 : 설비검사에는 수입검사, 운전 중의 예방보전검사, 수리 후의 검수가 있다.
- 수리표준 : 수리조건·방법에 대한 표준이다.
- 작업(정비)표준 : 작업(일상보전)의 조건이나 방법의 표준이다.

23 진동차단기의 재료로 합성고무를 사용했을 때 강철 코일스프링보다 유리한 점은?

① 정적변위가 크다.
② 주파수 폭이 넓다.
③ 고온강도에 강하다.
④ 측면으로 미끄러지는 하중에 강하다.

해설
천연고무 및 합성고무 절연재의 특징
- 천연고무 : 측면으로 미끄러지는 하중에 적합하다.
- 실리콘 합성고무 : -75~20[℃]까지 이용이 가능하며, 강성이 시간의 흐름에 따라 변한다.

24 효율적인 설비보전활동을 위하여 설비의 열화나 고장, 성능 및 강도 등을 정량적으로 계측하여 설비의 상태를 예측할 수 있는 기술은?

① 신뢰성 기술 ② 정량화 기술
③ 설비 진단 기술 ④ 트러블 슈팅 기술

25 진폭을 나타내는 파라미터 중 거리로 표현하는 것은?

① 속 도 ② 변 위
③ 가속도 ④ 중 력

해설
① 속도(Velocity) : 일정거리를 몇 초에 지나가는가를 의미한다.
③ 가속도(Acceleration) : 단위시간당 속도의 증가(감소)로, 시간의 변화에 대한 진동속도의 변화율을 나타낸다.

26 진동주파수에 대한 설명으로 옳지 않은 것은?

① 회전체 불평형 시 그 물체의 회전주파수의 정수배와 동일한 진동수를 유발시킨다.
② 기계 부품 이완 시 축 회전주파수의 정수배와 동일한 진동수를 형성한다.
③ 베어링에 손상이 있는 경우 베어링 회전에 해당하는 고주파의 진동을 일으킨다.
④ 진동주파수는 단위시간당 사이클의 횟수이다.

해설
회전체가 불평형하면 그 물체의 회전속도와 동일한 진동수(1[rpm])를 유발시킨다.

27 기계의 공진을 제거하는 방법으로 옳지 않은 것은?

① 우발력을 없앤다.
② 우발력의 주파수를 기계의 고유 진동수와 같게 한다.
③ 기계의 강성과 질량을 바꾸고 고유 진동수를 변화시킨다.
④ 회전수 변경을 통해서 주파수를 기계의 고유 진동수와 다르게 한다.

해설
우발력의 주파수와 기계의 고유 진동수를 같게 하면 공진이 더 발생한다.

28 진동하는 동안 마찰이나 다른 저항으로 에너지가 손실되지 않는 진동은?

① 자유진동   ② 선형진동
③ 규칙진동   ④ 비감쇠진동

해설
진동계에서 에너지가 손실되지 않는 진동은 비감쇠진동이고, 에너지가 손실되는 진동은 감쇠진동이다.

29 미스얼라인먼트(Misalignment)에 대한 설명으로 옳지 않은 것은?

① 보통 회전주파수의 $2f(3f)$의 특성으로 나타난다.
② 진동 파형이 항상 비주기성을 갖으며, 낮은 축 진동이 발생한다.
③ 축 방향에 센서를 설치하여 측정되므로 축 진동의 위상각은 $180°$가 된다.
④ 커플링 등으로 연결된 축의 회전 중심선이 어긋난 상태로 정비 후에 많이 발생한다.

해설
미스얼라인먼트(Misalignment)는 진동 파형이 항상 주기성을 갖으며, 높은 축 진동이 발생한다.

30 설비의 경제성 평가방법에서 평균 비교법 중 연간 비용을 구하는 식은?

① 연간 비용 = 가동비 + 평균 이자 − 상각비
② 연간 비용 = 상각비 + 평균 이자 + 가동비
③ 연간 비용 = 상각비 + 가동비 − 평균 이자
④ 연간 비용 = 가동비 − 상각비 − 평균 이자

해설
평균 이자법은 연간 비용으로서 정액제에 의한 상각비와 평균 이자 및 가동비를 합한 방법이다. 즉, 연간 비용 = 상각비 + 평균 이자 + 가동비이다.

31 정비계획을 수립할 때 주어진 조건을 조합하여 최적 보수비용, 최적 수리시기 등을 결정한다. 이때 주어진 조건이 아닌 것은?

① 계측관리
② 생산계획
③ 설비능력
④ 수리형태

해설
정비계획은 주어진 조건(생산계획, 설비능력, 수리형태, 수리요원 등)을 조합하여 1~2년간의 최적 보수비용, 최적 고장시기를 구한다.

32 제품에 대한 전형적인 고장률 패턴인 욕조곡선 중 우발고장기간에 발생할 수 있는 원인이 아닌 것은?

① 안전계수가 낮은 경우
② 사용자 과오가 발생한 경우
③ 스트레스가 기대 이상인 경우
④ 디버깅 중에 발견되었던 고장이 발생한 경우

해설
④는 초기 고장기간에 발생할 수 있는 원인이다.
디버깅 : 설비를 사용하는 초기에 일어나기 쉬운 고장으로 설계 실수, 공정의 결함 등에 의해서 발생한다.

33 설비보전에서 효과 측정을 위한 척도로 널리 사용되는 지수 중 고장도수율의 공식은?

① (정미가동시간/부하시간) $\times$ 100
② (고장 횟수/부하시간) $\times$ 100
③ (고장정지시간/부하시간) $\times$ 100
④ (보전비 총액/생산량) $\times$ 100

해설
설비보전에서 효과 측정을 위한 척도

- 설비가동률 = $\dfrac{\text{정미가동시간}}{\text{부하시간}} \times 100$
- 고장도수율(빈도율, 회수율) = $\dfrac{\text{고장 횟수}}{\text{부하시간}} \times 100$
- 고장강도율 = $\dfrac{\text{고장정지시간}}{\text{부하시간}} \times 100$
- 제품 단위당 보전비 = $\dfrac{\text{보전비 총액}}{\text{생산량}}$
- 예방보전수행률 = $\dfrac{\text{예방보전건수}}{\text{예방보전계획건수}} \times 100$

34 윤활유 사용 중에 거품이 발생하지 않도록 해 주는 첨가제는?

① 청정제
② 소포제
③ 분산제
④ 유동점 강하제

해설
① 청정제 : 금속 표면에 붙어 있는 슬러지나 탄소 성분을 녹여 내부를 깨끗하게 유지하는 역할을 한다.
③ 분산제 : 금속 표면에 붙어 있는 슬러지나 탄소 성분을 분산시켜 내부를 깨끗하게 유지하는 역할을 한다.
④ 유동점 강하제 : 저온일 때 왁스분의 성장을 저지시켜 유동성을 높여 주는 첨가제이다.

35 다음 중 설비 효율화를 저해하는 로스(Loss)에 해당하지 않는 것은?

① 고장 로스
② 속도 로스
③ 가동 로스
④ 작업 준비·조정 로스

해설
설비의 효율화 저해 로스
- 고장 로스
- 작업 준비·조정 로스
- 일시 정체 로스
- 속도 저하 로스
- 불량·수정 로스
- 초기·수율 로스

36 설비의 고장률에 관한 설명으로 옳은 것은?

① 설비의 도입 초기에는 고장이 없다.
② 마모고장기에서 예방정비의 효과가 크다.
③ 설계 불량으로 인한 고장은 주로 우발고장기에 발생한다.
④ 우발고장기의 고장률 곡선은 고장률 증가형이다.

해설
예방보전의 효과는 마모고장기에서 가장 높으며, 초기고장기나 우발고장기에는 큰 효과가 없다.

설비의 고장률 패턴
- 초기고장기 : 시간의 경과와 함께 고장 발생이 감소되는 고장률 감소형(예방보전 불필요, 부품의 수명이 짧은 것, 설계 불량, 제작 불량으로 나타남)
- 우발고장기 : 고장률이 거의 일정하나 예측할 수 없는 고장률 일정형
- 마모고장기 : 부품의 마모나 열화에 의하여 고장이 증가하는 고장률 증가형(예방보전을 잘하면 수명이 길어진다)

37 자주보전에 대한 설명으로 틀린 것은?

① 자주보전은 운전 부분에서 행하는 자발적인 보전활동이다.
② 자주보전은 보전요원들의 기술 개발을 위한 시간 단축과 제조현장의 생산성을 극대화한다.
③ 자주보전의 핵심은 자기운전설비는 운전자 스스로가 관리함으로써 현장 개선의 일익을 담당한다.
④ 자주보전활동은 고장 및 불량을 극소화하여 보전 효율 달성을 목적으로 하는 체계화된 활동이다.

해설
④는 계획보전활동에 대한 설명이다.

38 다음 중 윤활유의 작용으로 틀린 것은?

① 감마작용
② 방청작용
③ 냉각작용
④ 마찰작용

해설
윤활유의 사용목적
- 이물질 침입 방지작용
- 청정작용
- 냉각작용(열화 방지)
- 밀봉작용
- 방청작용
- 감마작용
- 응력분산작용

39 설비효율을 저하시키는 손실 계산에 대한 설명으로 옳은 것은?

① 실질가동률은 부하시간에 대한 가동시간의 비율이다.
② 성능가동률은 속도가동률에 시간가동률을 곱한 수치이다.
③ 시간가동률은 단위시간당 일정속도로 가동하고 있는 비율이다.
④ 속도가동률은 설비가 본래 갖고 있는 능력에 대한 실제속도의 비율이다.

해설
① 실질가동률이란 단위시간 내에서 일정속도로 가동하고 있는지를 나타내는 비율이다.

실질가동률 = $\dfrac{\text{생산량} \times \text{실제 사이클시간}}{\text{부하시간} - \text{정지시간}}$

② 성능가동률 = 속도가동률 × 실질가동률
③ 시간가동률 = $\dfrac{\text{부하시간} - \text{정지시간}}{\text{부하시간}} = \dfrac{\text{가동시간}}{\text{정지시간}}$

40 다음 중 그리스 급유법이 아닌 것은?

① 그리스 건
② 그리스 니플
③ 그리스 펌프
④ 집중 그리스 윤활장치

해설
그리스 급유법의 종류
- 그리스 건
- 그리스 컵
- 그리스 펌프
- 그리스 충진 베어링
- 집중 그리스 윤활장치

제3과목 기계보전, 용접 및 안전

41 아크전압이 40[V], 아크전류가 200[A]이고, 용접속도가 20[cm/min]으로 피복아크용접을 할 경우 발생하는 전기에너지는?

① 400[J/cm]
② 2,400[J/cm]
③ 24,000[J/cm]
④ 160,000[J/cm]

해설
전기에너지
$$H = \dfrac{60EI}{V} [\text{J/cm}]$$
$$= \dfrac{60 \times 40 \times 200}{20} = 24,000 [\text{J/cm}]$$
(여기서, E : 아크전압, I : 아크전류, V : 용접속도)

42 가스 실드계의 대표적인 용접봉으로 피복이 얇고 슬래그가 적어 좁은 홈의 용접이나 수직 상진, 하진 및 위보기 용접에서 우수한 작업성을 가진 용접봉은?

① E4301
② E4311
③ E4316
④ E4324

해설
가스 발생식을 대표하는 고셀룰로스계 용접봉(E4311)은 피복제에 가스 발생제인 유기물(고셀룰로스를 30[%] 정도를 포함한 용접봉이다.

43 아크용접기의 특성에서 부하전류(아크전류)가 증가하면 단자전압이 낮아지는 특성은?

① 수하 특성
② 상승 특성
③ 정전압 특성
④ 정전류 특성

해설
② 상승 특성 : 부하전류가 증가하면 단자전압이 조금 높아진다.
③ 정전압 특성 : 부하전류나 전압이 변해도 단자전압은 거의 변하지 않는다.
④ 정전류 특성 : 아크 길이에 따라 전압이 변동해도 아크전류는 변하지 않는다.

44 2차 무부하전압이 80[V], 아크전압 30[V], 아크전류 250[V], 내부 손실이 2.5[kW]라 할 때 역률은?

① 40[%] ② 50[%]
③ 60[%] ④ 80[%]

해설

$$역률 = \frac{소비전력}{전원\ 입력} \times 100[\%]$$

$$= \frac{아크전력 + 내부\ 손실}{2차\ 무부하전압 \times 정격\ 2차\ 전류} \times 100[\%]$$

$$= \frac{(30[V] \times 250[A]) + 2,500[W]}{80[V] \times 250[A]} \times 100[\%]$$

$$= \frac{10,000[W]}{20,000[W]} \times 100[\%] = 50[\%]$$

(여기서, 아크전력 = 아크전압[V] × 정격 2차 전류[A])

45 불활성 가스·금속아크용접에서 와이어 송급 방식이 아닌 것은?

① 위빙 방식 ② 푸시 방식
③ 풀 방식   ④ 푸시-풀 방식

해설

가스·금속 아크용접기의 와이어 송급 방식
- Push 방식 : 미는 방식
- Pull 방식 : 당기는 방식
- Push-Pull 방식 : 밀고 당기는 방식

46 용접에 관한 안전사항으로 옳지 않은 것은?

① 가스·텅스텐아크용접 시 차광렌즈는 12~13번을 사용한다.
② 전류가 인체에 미치는 영향에서 50[mA]는 위험을 수반하지 않는다.
③ 아크로 인한 염증을 일으켰을 경우 붕산수(2[%] 수용액)로 눈을 닦는다.
④ 가스·금속아크용접 시 피복아크용접보다 1[m]가 넘는 거리에서도 공기 중의 산소를 오존(O_3)으로 바꿀 수 있다.

해설

인체가 50[mA]의 전류에 노출된다면 심장마비가 발생하고, 사망의 위험이 있다.

47 다음 중 가스·금속아크용접에 사용하는 실드가스가 아닌 것은?

① 아르곤 + 헬륨
② 아르곤 + 수소
③ 아르곤 + 산소
④ 아르곤 + 탄산가스

해설

수소가스는 가연성 가스의 일종으로 보호가스로 사용하지 않는다. 실드가스로 사용되는 것에는 아르곤, 헬륨, 아르곤 + 헬륨 + 탄산가스, 아르곤 + 헬륨 + 탄산가스, 아르곤 + 산소 등이 있다.
※ 아르곤 + 수소는 플라스마 아크용접에서 열전도율을 높이고, 용접속도를 증진시키기 위해 사용하는 보호가스의 역할을 한다.

정답 44 ② 45 ① 46 ② 47 ②

48 언더컷 용접결함이 발생했을 때 보수방법은?

① 예열한다.
② 후열한다.
③ 언더컷 부분을 연삭한다.
④ 언더컷 부분을 가는 용접봉으로 용접 후 연삭한다.

해설
언더컷 불량은 용접 부위가 깊이 파인 불량이므로, 직경이 가는 용접봉으로 용접을 실시한 후 그라인더로 연삭한다.

49 용접 제품을 제작하기 위한 조립 및 가접에 대한 일반적인 설명으로 옳지 않은 것은?

① 조립 순서는 용접 순서 및 용접작업의 특성을 고려하여 계획한다.
② 불필요한 잔류응력이 남지 않도록 미리 검토하여 조립 순서를 정한다.
③ 강도상 중요한 곳과 용접의 시점과 종점이 되는 끝부분을 주로 가접한다.
④ 가접 시에는 본용접보다도 지름이 약간 가는 용접봉을 사용하는 것이 좋다.

해설
가접은 용접을 시작하기 전 재료의 형태를 고정시키는 역할을 하는 것이다. 강도가 중요하지 않은 부분에는 가볍게 실시해야 하므로, 강도상 중요한 곳과 용접의 시점과 종점이 되는 끝부분에는 가접을 하면 안된다.

50 수랭 동판으로 용접 모재의 양측면을 둘러싸고 그 안에 탄산가스를 불어넣어 보호가스에 복합 와이어를 공급하여 와이어 끝과 모재 간에 아크를 발생시켜 용접하는 방법은?

① 탄산가스 아크용접
② 플라스마 아크용접
③ 플럭스 코어드 아크용접
④ 일렉트로 가스아크용접

해설
① 탄산가스 아크용접 : 가스・금속아크용접(MIG) 용접의 불활성 가스 대신에 탄산가스를 사용하는 것으로, 용접장치의 기능과 취급은 가스・금속아크용접과 거의 동일하다.
② 플라스마 아크용접 : 고온 플라스마(10,000~30,000[℃])를 좁은 틈으로 고속 분출시킴으로써 생기는 고온의 불꽃을 이용해서 절단・용사・용접하는 방법이다.
③ 플럭스 코어드 아크용접 : 가스・금속아크용접(MIG)과 같으나 플럭스 코어드 용접봉(용접봉 중심부가 플럭스로 채워져 있다)을 사용한다.

51 스크레이퍼 작업의 목적으로 옳지 않은 것은?

① 기계가공 전 표면을 마무리하는 작업이다.
② 열처리 경화된 강철을 정밀하게 다듬질하는 작업이다.
③ 기계가공된 면을 더욱 정밀하게 다듬질하는 작업이다.
④ 기계가공이 어려운 불규칙한 형상을 다듬질하는 작업이다.

해설
스크레이퍼 작업은 기계가공된 면을 더욱 정밀하게 다듬질하는 것으로, 정반 위에 광명단을 바른 후 공작물을 문지르면 거칠기가 높은 면은 광명단이 묻는다. 이 광명단이 묻은 부분을 스크레이퍼 공구로 다듬어 주면 거칠기가 평활해진다.

52 다음 중 드릴링 머신의 기본작업이 아닌 것은?

① 태핑(Tapping)
② 슬로팅(Slotting)
③ 카운터 보링(Counter Boring)
④ 스폿 페이싱(Spot Facing)

해설
드릴링 머신의 기본작업에는 드릴링, 태핑, 리밍, 보링, 카운터 보링, 스폿 페이싱, 카운터 싱킹이 있다. 슬로팅은 슬로터로 작업하는 것이다.

53 다음 중 충격과 진동을 완화시켜 주는 플렉시블 커플링이 아닌 것은?

① 고무 커플링
② 체인 커플링
③ 기어 커플링
④ 플랜지 커플링

해설
플렉시블 커플링 : 두 축의 중심선 일치가 어렵고, 충격과 진동을 완화시켜 줄 때 사용한다. 고속회전으로 진동을 일으키는 경우에는 고무, 기어, 체인 커플링을 사용하여 충격과 진동을 완화시켜 준다.

54 베어링의 열박음 시 주의사항이 아닌 것은?

① 깨끗한 광유에 베어링을 넣고 90~120[℃]로 가열한다.
② 축과 베어링 사이에 틈새가 발생하면 널링작업 후 억지 끼워맞춤을 한다.
③ 베어링 가열온도는 경도 저하 방지를 위해 120[℃]를 초과해서는 안 된다.
④ 베어링 냉각 시 틈이 있을 경우 지그를 사용하여 축 방향에 베어링을 밀어 고정한다.

해설
베어링의 열박음 : 가열유조에 베어링을 가열팽창시켜 축을 끼우는 방법으로, 거의 100[℃](90~120[℃])로 가열하고 120[℃] 이상 가열하면 베어링 자체의 경도가 저하되는 염려가 있다.

55 전동기 베어링 부분에서 발열이 발생하는 주요 원인이 아닌 것은?

① 벨트의 장력 과대
② 베어링의 조립 불량
③ 커플링 중심내기 불량
④ 전동기 입력전압의 변동

해설
전동기 베어링부에서의 발열원인
- 윤활제의 부적, 과부족에 의해 윤활이 불량한 경우
- 베어링 조립이 불량한 경우
- 체인, 벨트 등이 지나치게 팽팽한 경우
- 커플링의 중심내기 불량이나 적정 틈새가 없어 스러스트(추력)를 받는 경우

56 원심형 통풍기 중 전향 베인으로 풍량 변화에 풍압 변화가 적고, 풍량이 증가하면 동력이 증가하는 통풍기는?

① 터보 통풍기
② 용적식 통풍기
③ 시로코 통풍기
④ 플레이트 통풍기

해설
① 터보 통풍기 : 후향 베인으로 효율이 가장 좋으며, 고속도로 터널 환풍기에 사용한다.
④ 플레이트 통풍기 : 경향 베인으로 베인의 형상이 간단하다.

57 다음 보기에서 설명하는 밸브는?

> ┤보기├
> - 밸브 박스가 구형으로 만들어져 있다.
> - 구조상 유로가 S형이고, 유체의 저항이 크고 압력강하가 큰 단점이 있다.
> - 전개까지의 밸브 리프트가 적어 개폐가 빠르고, 구조가 간단하다.

① 체크밸브
② 글로브 밸브
③ 플러그 밸브
④ 버터플라이 밸브

해설
① 체크밸브(Check Valve) : 유체를 한 방향으로만 흐르게 하고, 역류하지 않도록 하는 데 사용한다.
③ 플러그 밸브(Plug Valve) : 윤활구조나 밸브시트 사이의 마찰을 기계적으로 감소시킬 수 있는 구조를 가진 콕의 일종이다.
④ 버터플라이 밸브(Butterfly Valve) : 원형의 밸브판의 지름을 축소하여 밸브판을 회전시킴으로써 유량을 조정할 수 있다.

59 감압밸브에 관한 설명으로 옳은 것은?

① 밸브의 양면에 작용하는 온도차에 의해 자동으로 작동한다.
② 피스톤의 왕복운동에 의한 유체의 역류를 자동으로 방지한다.
③ 내약품, 내열 고무제의 격막판을 밸브시트에 밀어 붙인 밸브이다.
④ 유체압력이 높을 경우에는 자동적으로 압력을 감소시키며 감소된 압력을 일정하게 유지한다.

해설
감압밸브(Reducing Valve)는 유체의 압력이 사용목적에 따라 너무 높은 경우에 고압의 증기, 공기, 가스 등이 사용 중에 자동으로 압력이 감소되어 감압한 후에도 압력을 일정하게 유지하도록 하중, 스프링, 다이어프램 등에 의해 제어된다.

58 100[m] 높이에 유량 240[L/min]으로 물을 보내고자 할 때 사용되는 펌프의 필요한 동력은 약 몇 [kW]인가?(단, 물의 비중량은 1,000[kg/m³]이다)

① 1.8　　② 3.9
③ 4.8　　④ 7.6

해설
축 동력[kW] = $\dfrac{\gamma QH}{1,000 \times 60} = \dfrac{1,000 \times 2.4 \times 100}{1,000 \times 60} = 4$

60 펌프의 배관을 90°로 방향을 바꾸고자 할 때 사용하는 배관용 이음쇠는?

① 크로스(Cross)
② 유니언(Union)
③ 엘보(Elbow)
④ 리듀셔(Reducer)

해설
엘보의 종류 : 45° 엘보, 90° 엘보, 180° 엘보

제1과목 공유압 및 자동제어

01 피스톤형 공기압 모터에 대한 설명으로 틀린 것은?

① 요동형 액추에이터에 속한다.
② 시계 방향이나 반시계 방향의 회전이 가능하다.
③ 공기의 압력에너지를 회전운동으로 변환한다.
④ 공기압력이나 피스톤의 수에 의해 출력이 결정된다.

해설
피스톤형 공기압 모터
- 피스톤의 왕복운동을 기계적 회전운동으로 변환함으로써 회전력을 얻는다.
- 변환 방식에는 크랭크를 이용한 것, 사판을 이용한 것, 캠의 반력을 이용한 것 등이 있다.
- 특징으로 중저속회전 20~5,000[rpm], 고토크형이며, 출력은 1.5~20[kW]이다.

02 릴리프 밸브 등에서 밸브시트를 두들겨서 비교적 높은 음을 발생시키는 일종의 자력진동현상은?

① Reliefing
② Craking 압력
③ Chattering 현상
④ Cavitation 현상

해설
① Reliefing : 작동유가 배출구를 거쳐 탱크로 귀환하는데, 이때 압축에너지가 열에너지로 변환되는 현상이다.
② Craking 압력 : 배출구로부터 기름이 돌아올 때의 압력이다.
④ Cavitation 현상 : 압력 변화에 의해 저압부에서 증기(기포)가 발생되어 파괴되면서 심한 소음과 진동이 발생한다.

03 자기장 내에 있는 도체에 전류를 흐르게 하면 발생되는 전자력 $F = B \times i \times l \times \sin\theta$를 설명한 법칙은?

① 쿨롱의 법칙
② 페러데이 법칙
③ 플레밍의 왼손 법칙
④ 앙페르의 오른손 법칙

해설
플레밍의 왼손 법칙은 자계의 직각 방향으로 전류가 흐르면 수직 방향의 힘(전자력)이 생긴다는 법칙이다.
$F = B \times i \times l \times \sin\theta$
(여기서, F[N] : 전자력, B[Wb/m²] : 자속밀도, i[A] : 전류, l[m] : 자계 안에 존재하는 도선의 길이, θ : 자계와 도선의 각도)

04 다음 회로의 명칭은?

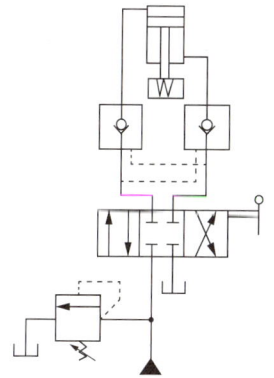

① 시퀀스 회로
② 블리드 오프 회로
③ 위치유지회로
④ 카운터 밸런스 회로

해설
파일럿 조작체크밸브를 이용한 실린더를 임의의 위치에 고정시키는 회로이다.

05 데이터 변동의 유형에서 계측기의 측정 가능한 범위의 모든 영역에서 편의값의 차는?

① 선형성 ② 안정성
③ 반복성 ④ 재현성

해설
② 안정성 : 장기간 측정할 때 얻어지는 측정값의 총변동이다.
③ 반복성 : 한 명의 평가자가 여러 번 측정하여 구한 측정값의 변동이다.
④ 재현성 : 다른 평가자에 의해 구해진 측정값 평균의 변동이다.

06 다음 중 제베크 효과를 이용한 센서는?

① 압력센서 ② 온도센서
③ 자기센서 ④ 광센서

해설
온도에 의한 열기전력 발생효과(제베크 효과)를 이용하는 것은 열전쌍으로, 온도센서이다.

07 전기자권선과 계자권선이 직렬로 연결되어 있고, 무부하 시 속도가 가장 높고 코일에 공급되는 전류의 극을 바꾸더라도 모터의 회전 방향이 변하지 않는 모터는?

① 분권 직류전동기 ② 직권 직류전동기
③ 타여자 직류전동기 ④ 가동 복권 직류전동기

해설
직권 직류전동기의 특징
- 기동토크가 가장 높아 주로 기동전동기로 사용한다.
- 전기자권선과 계자권선이 직렬로 연결되어 두 코일의 부하전류가 같다.
- 부하가 증가하면 속도가 감소하고, 부하가 감소하면 속도가 증가하여 무부하 시 속도가 매우 높다.
- 직류와 교류의 양용이 가능하며 진공청소기, 전기드릴, 믹서, 컷팅기, 그라인더, 크레인, 전동차 등에 사용한다.
- 전류의 극을 바꾸더라도 모터의 회전 방향은 변하지 않는다.

08 다음 표와 같이 스테핑 모터를 구동하는 방식은?

Step	1	2	3	4	5	....
A	1	0	0	0	1	....
B	0	1	0	0	0	....
$\overline{A}$	0	0	1	0	0	....
$\overline{B}$	0	0	0	1	0	....

① 1상 여자 방식 ② 2상 여자 방식
③ 1-2상 여자 방식 ④ 3상 여자 방식

해설
- 2상 여자 방식

Step	1	2	3	4	5	....
A	1	0	0	1	1	....
B	1	1	0	0	1	....
$\overline{A}$	0	1	1	0	0	....
$\overline{B}$	0	0	1	1	0	....

- 1-2상 여자 방식

Step	1	2	3	4	5	6	7	8	9	....
A	1	1	0	0	0	0	0	1	1	....
B	0	1	1	1	0	0	0	0	0	....
$\overline{A}$	0	0	0	1	1	1	0	0	0	....
$\overline{B}$	0	0	0	0	0	1	1	1	0	....

정답 5 ① 6 ② 7 ② 8 ①

09 4포트 3위치 밸브 중 중립 위치에서 펌프를 무부하시킬 수 있는 것은?

①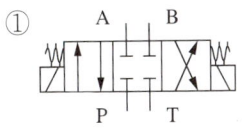
②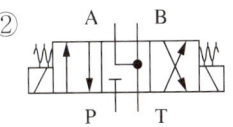
③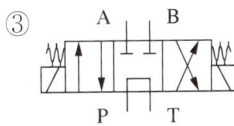
④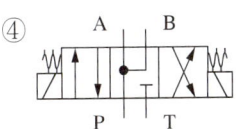

해설
센터 바이패스형(탠덤(Tandem) 센터형)
- 액추에이터를 확실히 정지시킨다.
- 펌프 언로드가 가능하다.

올 포트 블록		・액추에이터를 확실히 정지시킨다. ・펌프 압유를 다른 액추에이터에 사용한다.
프레셔 포트 블록		・경부하, 저속에서 관성에 의한 자주의 위험이 적을 때 사용한다. ・펌프 압유를 다른 액추에이터에 사용한다.
탱크 포트 블록		・중립 위치에서 전진행정은 차동회로에 의해 증속이 가능하다.

10 다음 중 PLC 프로그램 로더의 기능이 아닌 것은?

① 전원 안정화
② 프로그램 편집
③ 프로그램 입력
④ 프로그램 모니터링

해설
프로그램 로더(Loader)는 오프라인에 있는 특정프로그램을 주기억장치에 가져와 잘 실행될 수 있도록 프로그램을 입력·편집·모니터링하는 역할을 한다.

11 유압펌프가 기름을 토출하지 않는 경우, 검사방법으로 적합하지 않은 것은?

① 펌프의 온도를 측정한다.
② 펌프의 흡입쪽을 검사한다.
③ 전동기의 상태를 검사한다.
④ 펌프의 회전 방향을 확인한다.

해설
펌프에서 작동유가 나오지 않는 경우
- 펌프의 회전 방향과 원동기의 회전 방향이 다른 경우
- 작동유의 유면이 탱크 내에서 기준 이하로 내려가 있는 경우
- 흡입관이 막히거나 공기가 흡입되고 있는 경우
- 펌프의 회전수가 너무 작은 경우
- 작동유의 점도가 너무 큰 경우
- 여과기가 막혀 있는 경우

12 목표치가 캠축, 프로그램 벨트, 프로그래머 등에 의하여 주어지지만, 출력변수는 제어계의 작동요소에 의하여 영향을 받는 제어는?

① 파일럿 제어
② 메모리 제어
③ 조합제어
④ 시간에 따른 제어

해설
① 파일럿 제어 : 입력조건이 만족하면 출력신호가 발생하는 형태의 제어
② 메모리 제어 : 입력신호가 없어져도 그때의 출력 상태를 유지하는 제어
④ 시간에 따른 제어 : 제어가 시간의 변화에 따라서 이루어지는 형태의 제어

13 AND 밸브라고도 하며 연동제어, 안전제어에 사용되는 밸브는?

① 2압 밸브 ② 셔틀밸브
③ 차단밸브 ④ 체크밸브

해설
2압 밸브(Two Pressure Valve, AND 밸브, 고압밸브)
- 두 개의 입구와 한 개의 출구를 갖춘 밸브로서, 두 개의 입구에 압력이 작용할 때만 출구에 출력이 작용하며 AND 밸브라고도 한다.
- 주로 안전제어, 연동제어, 검사기능, 로직 작동 등에 사용된다.
- 압력신호가 늦게 들어온 신호가 출구로 나간다.
- 작은 압력쪽의 신호가 출구로 출력되므로 저압 우선형 셔틀밸브라 한다.

15 다음 회로의 명칭은?

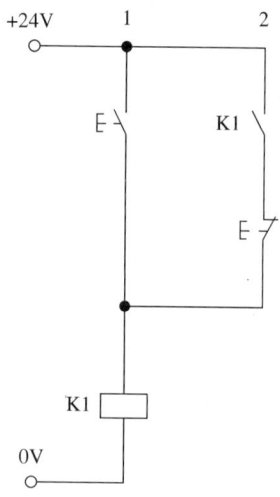

① ON 우선회로   ② ON 반복회로
③ OFF 우선회로 ④ OFF 반복회로

해설
ON 우선회로는 OFF 신호보다 ON 신호가 우선하는 회로이다. 즉, 두 개의 신호가 모두 존재하면 신호를 기억하는 회로가 유효하다.

14 미터 아웃 유량제어 방식의 특징으로 옳지 않은 것은?

① 실린더의 초기 운동에 약간의 동요가 생긴다.
② 초기 상태를 제외하고는 안정감이 있다.
③ 부하의 방향에 크게 영향을 받는다.
④ 복동 실린더의 속도 조절에는 대부분 이 방법이 이용된다.

해설
미터 아웃 유량제어 방식은 부하의 방향에 크게 영향을 받지 않아 복동 실린더의 속도 조절에 이용된다.

16 다음 중 압력의 크기가 다른 것은?

① 1[bar]   ② 14.5[psi]
③ 10[kgf/cm²] ④ 750[mmHg]

해설

Pa(파스칼)	1×10^5
bar(바)	1
kgf/cm²	1.01972
atm(표준대기압)	9.86923×10^{-1}
mmH₂O(수주)	1.01972×10^4
mmHg(수은주)	7.50062×10^2
psi	1.45038×10

17 다음 기호의 조작 방식은?

① 기계적 조작
② 파일럿 조작
③ 솔레노이드 조작
④ 솔레노이드 제어 파일럿 조작

> **해설**
>
> | 기계적 조작 | 파일럿 조작 | 솔레노이드 조작 |
> |---|---|---|

18 외부의 압력부하가 변하더라도 회로에 흐르는 유량을 항상 일정하게 유지시켜 주면서 유압모터의 회전이나 유압 실린더의 이동속도를 제어하는 밸브는?

① 분류밸브
② 단순 교축밸브
③ 압력보상형 유량조절밸브
④ 온도보상형 유량조절밸브

> **해설**
> ① 분류밸브 : 압유가 입구로 유입되면 각각의 출구로 균등하게 분배되는 밸브
> ② 단순 교축밸브 : 유로의 단면적을 교축하여 유량을 제어하는 밸브
> ④ 온도보상형 유량조절밸브 : 온도가 변화하면 오일의 점도도 변화하여 유량이 변하게 되는데, 변화를 막기 위하여 열팽창률이 다른 금속봉을 이용하여 오리피스 개구의 넓이를 줄임으로써 유량의 변화를 보정하는 밸브이다.

19 유압모터 중 가장 간단하며 출력토크가 일정하고 정·역 회전이 가능하며 토크효율이 약 75~85[%], 전효율은 약 80[%] 정도, 최저 회전수는 150[rpm]으로 정밀 서보기구에는 부적절한 모터는?

① 베인모터
② 기어모터
③ 액시얼 피스톤 모터
④ 레이디얼 피스톤 모터

> **해설**
> 기어모터는 이물질의 영향을 적게 받으며 운전조건이 양호하고, 누설량이 많으며 토크 변동이 크다. 또한 회전속도는 150~500[rpm] 정도이다.

20 공기압 요동형 액추에이터에 관한 설명으로 틀린 것은?

① 속도 조정은 속도제어밸브를 미터 인 방식으로 접속한다.
② 부하의 운동에너지가 기기의 허용 운동에너지보다 큰 경우에는 외부 완충기구를 설치한다.
③ 외부 완충기구는 부하쪽의 지름이 큰 곳에 설치하여 내구성의 향상과 정지 정밀도를 확보할 수 있게 한다.
④ 축과 베어링에 과부하가 사용되지 않도록 과대 부하를 직접 액추에이터 축에 부착하지 않고, 축에 부하가 작게 작용하도록 부착한다.

> **해설**
> **요동형 액추에이터 사용상의 주의**
> - 속도 조정은 속도제어밸브를 미터 아웃 회로에 접속하여야 한다.
> - 회전에너지가 기기의 허용에너지보다 크거나 요동 각도의 정밀도가 높아야 할 때에는 부하쪽 지름의 큰 곳에 외부 완충장치(외부 스토퍼)를 설치한다.
> - 외부 완충기구는 부하쪽 지름이 큰 곳에 설치하여 내구성의 향상과 정지 정밀도를 확보할 수 있도록 한다.
> - 축 방향의 하중인 경우 과대 부하를 직접 액추에이터쪽에 부착시키면 축과 베어링에 과부하가 작용하므로, 축에 부하가 작게 작용하는 방법으로 부하를 부착한다.

제2과목 설비진단 및 관리

21 오일분석법 중 채취한 오일 샘플링을 용제로 희석하고, 자석에 의해 검출된 마모입자의 크기, 형상 및 재질을 분석하여 이상원인을 규명하는 설비진단기법은?

① 응력해석법 ② 진동분석법
③ SOAP법 ④ 페로그래피법

해설
① 응력해석법 : 설비구조물에서 발생하는 균열의 원인을 찾아내는 방법이다.
② 진동분석법 : 진동에서 설비 상태에 관한 여러 가지 정보를 얻을 수 있어 현재 진단기술 중 폭넓게 이용된다.
③ SOAP법 : 시료유를 연소시켜 금속 성분 특유의 발광 또는 흡광현상을 분석하는 방법이다.

22 다음 중 변위센서로 사용되는 것은?

① 동전형 센서 ② 압전형 센서
③ 기전력 센서 ④ 와전류형 센서

해설
변위 센서 : 와전류식, 전자광학식, 정전 용량식 등이 있으며 축의 운동과 같이 직선관계 측정 시 고감도 오실레이터는 와전류형 변위센서가 사용된다.

23 시간의 변화에 대한 진동 변위의 변화율을 나타내며, 기계시스템의 피로 및 노후화와 관련이 있는 것은?

① 변 위 ② 속 도
③ 가속도 ④ 진동수

24 진동의 전달 경로 차단방법으로 옳지 않은 것은?

① 진동차단기를 설치한다.
② 기초(Base)의 진동을 제어한다.
③ 질량이 큰 경우 거더(Girder)를 이용한다.
④ 언밸런스(Unbalance)의 양을 크게 한다.

해설
진동 방지의 일반적인 방법
· 진동차단기를 설치한다.
· 질량이 큰 경우 거더(Girder)를 이용한다.
· 2단계 차단기를 사용한다.
· 기초(Base)의 진동을 제어한다.

25 시스템을 외부의 힘에 의해서 평형 위치로부터 움직였다가 그 외부 힘을 끊었을 때 시스템이 자유진동을 하는 진동수는?

① 댐 핑
② 고유 진동수
③ 단순 진동수
④ 비감쇠 진동수

해설
고유진동 : 진동체에 물리량이 주어졌을 때 그 진동체가 갖는 특정한 값을 가진 진동수와 파장만의 진동만이 허용될 때의 진동이다.

26 진동차단기에 사용되는 패드의 재질이 아닌 것은?

① 스펀지 ② 코르크
③ 강철 스프링 ④ 파이버 글라스

해설
진동차단기에 사용되는 패드의 재질
- 스펀지 : 많은 형태의 강성을 갖는 것이 상품화되어 있다.
- 코르크 : 수분이나 석유 제품에 비교적 잘 견딘다.
- 파이버 글라스(Fiber Glass) : 강성은 파이버의 밀도와 직경에 의해 결정된다.

27 회전기계의 질량 불평형 상태의 스펙트럼에서 가장 크게 나타나는 주파수 성분은?

① 수직 방향에서 1X 성분
② 수평 방향에서 1X 성분
③ 수직 방향에서 2X 성분
④ 수평 방향에서 2X 성분

28 진동센서를 설비에 설치하는 경우, 정확도와 장기적 안정성이 가장 좋은 설치방법은?

① 자석 고정 ② 밀랍 고정
③ 나사 고정 ④ 에폭시 고정

해설
① 자석 고정 : 측정지침이 평탄한 자성체일 때 쓰이는 간단한 부착방법이다.
② 밀랍 고정 : 온도가 높아지면 밀랍이 부드러워지므로 사용범위를 40[℃] 이하로 제한한다.
④ 에폭시 고정 : 영구적으로 기계에 설치하며 고정이 빠르다.

29 긴급도 비율이라는 비율을 도입하여 투자 순위를 결정하는 것은?

① 자본회수법
② 비용비교법
③ MAPI 방식
④ 신MAPI 방식

해설
① 자본회수법 : 설비비를 투자하고, 이를 몇 년간 일정한 금액만큼 균등하게 회수하는 방법이다.
② 비용비교법 : 기계설비의 1년간 자본비용과 가동비의 합으로, 연간 비용을 평가 척도로 하여 설비투자정책을 결정하는 방법이다.
③ MAPI 방식 : 자본 배분에 관련된 투자 순위 결정이 주체이고, 긴급률이라는 수익률을 구하여 이의 대소에 따라서 설비 투자안 상호 간의 우선순위를 평가한다.

30 윤활제 중 그리스의 상태를 평가하는 항목이 아닌 것은?

① 점 도 ② 주 도
③ 이유도 ④ 적하점

해설
② 주도 : 그리스의 굳은 정도
③ 이유도 : 그리스를 구성하고 있는 기름이 분리되는 현상
④ 적하점 : 그리스가 액체 상태로 되어 떨어지는 최초의 온도

31 고장이 없고, 보전이 필요하지 않은 설비를 설계·제작하기 위한 설비보전방법은?

① 사후보전(BM)
② 생산보전(PM)
③ 개량보전(CM)
④ 보전예방(MP)

해설
① 사후보전(BM) : 고장, 정지 또는 유해한 성능 저하를 가져온 후에 수리를 행하는 것
② 생산보전(PM) : 생산성을 높이기 위한 보전(경제성 강조)
③ 개량보전(CM) : 설비 자체의 체질 개선(예방보전으로 고장이 없고, 보전하기 쉬운 설비로 개량)

32 정비의 시기에 맞추어 필요한 예비품을 준비해 두어야 하는데, 이에 해당되는 예비품이 아닌 것은?

① 부품 예비품
② 연료 예비품
③ 라인 예비품
④ 부분적 세트 예비품

해설
예비품의 종류
- 부품 예비품
- 부분적 세트(Set) 예비품
- 단일 기계 예비품
- 라인 예비품

33 설비표준의 종류에 해당하지 않는 것은?

① 설비성능표준
② 시운전 검수표준
③ 설비보전원 표준
④ 설비자재 검사표준

해설
설비표준의 종류
- 설비설계규격
- 설비성능표준(설비사양서)
- 설비자재 구매규격
- 설비자재 검사표준
- 시운전 검수표준
- 설비보전표준
- 보전작업표준

34 연간 불출 횟수가 4회 이상인 정량발주방식의 주문점 계산식으로 옳은 것은?(단, P : 주문점, $\bar{x}$: 월평균사용량, D : 기준조달기간, m : 예비재고이다)

① $P = \bar{x} \times D + m$
② $P = \bar{x} \times D - m$
③ $P = \bar{x} \times m + D$
④ $P = \bar{x} \times m - D$

해설
정량발주방식의 주문점 계산식
$P = \bar{x} \times D + m = \bar{x} \times D + t \times \sigma_x \times \sqrt{2}$
여기서, t : 안전계수
σ_x : 월간 사용량의 분균형(분포)

35 패킹을 가볍게 저널에 접촉시켜 급유하는 방법으로, 일종의 모세관 현상에 의하여 기름을 마찰면에 보내게 되는데 이때 털실이 직접 마찰면에 접촉하게 되는 급유법은?

① 패드 급유법 ② 칼라 급유법
③ 버킷 급유법 ④ 비말 급유법

해설
② 칼라 급유법 : 칼라가 축에 고정되어 기름 운반이 적극적이고 점조성에 의하여 급유가 방해되는 일이 없다.
③ 버킷 급유법 : 저속 고하중의 베어링에 있어 축 끝이 베어링 일단에서 끝나는 부분에 사용된다.
④ 비말 급유법 : 기름의 미립자 또는 분무 상태로 기름단지에 떨어져 마찰면에 튕겨 급유하는 방법이다.

36 설비 배치의 형태 중 제품별 배치 형태의 특징으로 옳지 않은 것은?

① 기계 대수가 적어지고 공구의 가동률이 증가한다.
② 작업을 단순화할 수 있으므로 작업자의 훈련이 용이하다.
③ 공정이 확정되므로 검사 횟수가 적어도 되며 품질관리가 쉽다.
④ 작업의 융통성이 작고 공정계열이 다르면 배치를 바꾸어야 한다.

해설
제품별 배치의 단점
- 작업의 융통성이 작고 공정계열이 다르면 배치를 바꾸어야 한다(융통성 감소).
- 기계 대수가 많아지고 공구의 가동률이 저하된다(가동률 저하).
- 설비 고장이나 품종의 감산 시 가동률이 저하된다(일괄 정지).
- 건물에 설비 배치를 합리적으로 하기 부자유스럽다(설비 배치의 제한).
- 만능 숙련작업자나 직장이 되기 어렵다(만능 숙련자의 양성 곤란).

37 다음 중 TPM의 목표로 가장 적합한 것은?

① 고장 제로
② 불량 제로
③ 예방보전
④ 현장 체질 개선

해설
TPM의 목표는 현장의 체질을 개선하는 것이다. 설비가 변하고, 사람이 변하고, 현장이 변하는 것이 TPM의 목표이다.

38 윤활유를 선정할 때 가장 기본적으로 검토해야 할 사항은?

① 적정 점도
② 운전속도
③ 다양한 유종
④ 관리방법

39 다음 중 설비의 유효가동률을 나타낸 것은?

① 설비 유효가동률 = $\dfrac{\text{시간가동률}}{\text{속도가동률}}$

② 설비 유효가동률 = 시간가동률 × 속도가동률

③ 설비 유효가동률 = 시간가동률 + 속도가동률

④ 설비 유효가동률 = 시간가동률 − 속도가동률

40 베어링의 그리스 윤활에서 그리스 선정의 조건이 아닌 것은?

① 온 도 ② 하 중
③ 비 열 ④ 점 도

해설
베어링 그리스 윤활 선정 시 고려사항
- 적정 점도
- 운전 속도
- 하 중
- 운전온도
- 급유방법
- 주위 환경

제3과목 기계보전, 용접 및 안전

41 다음 중 내균열성이 가장 나쁜 용접봉은?

① 저수소계
② 고셀룰로스계
③ 일미나이트계
④ 고산화타이타늄계

해설
④ 고산화타이타늄계 : 비드 외관이 가장 우수하며, 용입이 적은 박판용접에 좋지만 내균열성은 가장 나쁘다.
① 저수소계 : 균열에 대한 감수성이 좋아 후판 구조물의 첫층 용접, 구속도가 큰 구조물, 고장력강 및 탄소나 황의 함유량이 많은 강의 용접에 사용한다.
② 고셀룰로스계 : 피복 두께가 얇고, 슬래그 양이 극히 적어 위보기 자세 또는 좁은 틈의 용접작업성이 좋다.
③ 일미나이트계 : 가장 많이 사용하는 용접봉으로, 슬래그 유동성이 좋아 용입 및 기계적 성질이 양호하다.

42 정격 2차 전류가 300[A]의 용접기에서 실제로 200[A]의 전류로서 용접한다고 가정하면 허용사용률은 얼마인가?(단, 정격사용률은 40[%]라고 한다)

① 80[%] ② 85[%]
③ 90[%] ④ 95[%]

해설
$$\text{허용사용률}[\%] = \dfrac{(\text{정격 2차 전류})^2}{(\text{실제 용접전류})^2} \times \text{정격사용률}[\%]$$
$$= \dfrac{300^2}{200^2} \times 40 = 90[\%]$$

정답 39 ② 40 ③ 41 ② 42 ③

43 교류아크용접기 중 전기적 전류 조정으로 소음이 없고, 기계적 수명이 길며 원격제어가 가능한 용접기는?

① 탭 전환형
② 가동 철심형
③ 가동 코일형
④ 가포화 리액터형

해설
① 탭 전환형 : 소형이 많고, 탭 전환부의 소손이 심하다. 넓은 범위의 전류 조정이 어렵다.
② 가동 철심형 : 가장 많이 사용하는 용접기이다. 미세한 전류 조정이 가능하고, 가동 철심으로 누설 자속을 가감하여 전류를 조정한다.
③ 가동 코일형 : 아크 안정성이 크고 소음이 없다. 가격이 비싸며, 현재 거의 사용하지 않는다.

44 피복아크용접 중 전격에 관련된 설명으로 옳지 않은 것은?

① 용접 홀더를 맨손으로 취급하지 않는다.
② 습기찬 작업복, 장갑 등을 착용하지 않는다.
③ 전격을 받은 사람을 발견하였을 때에는 즉시 손으로 잡아당긴다.
④ 오랜 시간 작업을 중단할 때에는 용접기의 스위치를 끈다.

해설
전격으로 감전된 사람을 발견했을 때는 그 즉시 용접기의 전원을 내린 후 작업자의 상태를 살피면서 119에 신고해야 한다.

45 아크용접기로 정격 2차 전류를 사용하여 4분간 아크를 발생시키고, 6분을 쉬었다면 용접기의 사용률은?

① 20[%]
② 30[%]
③ 40[%]
④ 60[%]

해설
아크용접기의 사용률[%] = $\dfrac{\text{아크 발생시간}}{\text{아크 발생시간 + 정지시간}} \times 100$
= $\dfrac{4분}{4분 + 6분} \times 100$
= 40[%]

46 1차 입력 전원의 전압이 220[V]인 용접기의 정격 용량이 25[kVA]라면, 가장 적합한 퓨즈의 용량은 몇 [A]인가?

① 50[A]
② 100[A]
③ 150[A]
④ 200[A]

해설
퓨즈 용량 = $\dfrac{\text{전력[kVA]}}{\text{전압[V]}}$ = $\dfrac{25,000[\text{kVA}]}{220[\text{V}]}$ = 113.6[A]

47 피복아크용접에서 피복제의 역할이 아닌 것은?

① 아크를 안정시킨다.
② 용융점이 낮은 슬래그를 만든다.
③ 용착금속의 냉각 및 응고속도를 빠르게 한다.
④ 유동성을 크게 하여 슬래그를 제거하기 쉽게 하고, 깨끗한 용접면을 만든다.

해설
피복제의 역할
- 아크를 안정시킨다.
- 스패터(Spatter)의 발생을 적게 한다.
- 용융점이 낮은 슬래그를 만든다.
- 탈산·정련작용을 한다.
- 중성 또는 환원성 분위기를 만들어 대기 중의 산소 및 질소의 침입을 방지함으로써 용융금속을 보호한다.
- 비중이 작고 유동성이 적당한 스패터를 만들어 용착금속을 충분히 덮어 용착금속의 산화·질화작용을 방지한다.
- 용착금속에 합금원소를 첨가한다.
- 유동성을 크게 하여 슬래그를 제거하기 쉽게 하고 깨끗한 용접면을 만든다.
- 용착금속의 냉각 및 응고속도를 늦추어 주고, 고착성을 증진시킨다.
- 모재 표면의 산화물을 용해 및 제거하고, 용접을 완전하게 한다.

정답 43 ④ 44 ③ 45 ③ 46 ② 47 ③

48 다음 중 용접이음의 기본 형식이 아닌 것은?

① 맞대기 이음
② 모서리 이음
③ 변두리 이음
④ 플레어 이음

해설
용접의 기본 형식으로 맞대기 이음, 모서리 이음, 변두리 이음, 겹치기 이음, T이음 등이 있다.

49 용융된 금속이 모재와 잘못 녹아 어울리지 못하고 모재에 덮인 상태의 결함은?

① 피트
② 용락
③ 언더컷
④ 오버랩

해설
① 피트 : 작은 구멍이 용접부 표면에 생기는 표면결함으로, 주로 탄소에 의해 발생한다.
② 용락 : 용융금속 홈 끝의 뒤쪽이 녹아서 떨어져 내리는 불량이다.
③ 언더컷 : 용접부의 끝부분에서 모재가 파이고, 용착금속이 채워지지 않은 결함이다.

50 CO_2 아크용접에 대한 설명으로 옳지 않은 것은?

① 비드 외관이 타 용접보다 약간 거칠다.
② 용제를 사용하지 않아 슬래그의 혼입이 없다.
③ 전류밀도가 높아 용입이 깊고, 용접속도가 빠르다.
④ 산화·질화가 없고, 수소 함유량이 많아 용착금속의 기계적 성질이 우수하다.

해설
탄산가스(CO_2) 아크용접의 특징
- 전자세용접이 가능하다.
- 가시아크이므로 시공이 편리하다.
- 용제를 사용하지 않아 슬래그의 혼입이 없다.
- 전류밀도가 높아 용입이 깊고, 용접속도가 빠르다.
- 산화·질화가 없고, 수소 함유량이 적어 용착금속의 기계적 성질이 우수하다.
- 솔리드 와이어 사용 시 용접 후의 처리가 간단하고, 단락이행에 의해 박판용접이 가능하다.
- 비드 외관이 타 용접보다 약간 거칠다.
- 적용되는 재질이 철 계통에 한정되어 있다.
- 2[m/s] 이상의 풍속에서는 방풍장치가 필요하다.

51 탭 및 다이스 가공에 대한 설명으로 옳지 않은 것은?

① 탭 작업은 구멍에 암나사를 가공하는 공작법이다.
② 환봉의 바깥쪽에 수나사를 가공할 때 사용하는 공구는 다이스이다.
③ 탭은 3개가 1조로 구성되어 있고, 작업은 3번부터 2번, 1번 순으로 사용한다.
④ 탭은 나사 길이부, 섕크부로 나누며, 나사 길이부는 물림부와 완전 나사부로 형성된다.

해설
탭가공 시 1번 탭(9산)을 제일 먼저 사용하고, 중간 절삭용인 2번 탭(5산)을 사용 후 3번 탭(1.5산)인 마무리 절삭용 순으로 사용한다.

52 치핑에 대한 공구 마멸을 감소시키는 대책으로 옳지 않은 것은?

① 치핑을 방지하기 위해서는 상면 경사각을 양의 값으로 하는 것이 유리하다.
② 초경합금은 경도와 내열성에서는 우수하지만, 인성이 낮아 고속가공 시 치핑이 발생하기 쉽다.
③ 상면 경사각은 공구인선을 예리하게 하면 절삭성이 좋아지고, 절삭저항이 낮아져 절삭열의 발생도 억제할 수 있다.
④ 초경 엔드밀을 고속도강 엔드밀의 형상과 같이 상면 경사각을 양의 값으로 제작해 사용하면 고속가공 시 치핑이 발생하기 쉽다.

해설
치핑은 기계적 충격으로 날 끝이 미세하게 이가 빠진 형태로 파손되는 경우로, 주로 취성이 있는 고경도 공구로 단속 절삭할 때 발생한다. 치핑을 방지하기 위해서는 상면 경사각을 음의 값으로 하는 것이 유리하다.

53 열박음 가열작업 시 주의사항으로 틀린 것은?

① 조립 후 냉각할 때는 급랭해서는 안 된다.
② 중심에서 둘레로 서서히 균일하게 가열한다.
③ 대형 부품을 열박음할 때는 기중기를 사용한다.
④ 250[℃] 이상으로 가열하면 재질의 변화와 변형이 발생한다.

해설
열박음 가열작업 시 주의사항
- 250[℃] 이상으로 가열하면 재질의 변화 및 변형이 발생한다.
- 가열 도중 구멍 내경을 수시로 측정하여 팽창량을 점검한다.
- 요구하는 팽창량을 얻었을 때 신속하고 정확하게 조립해야 한다.
- 대형 부품을 열박음할 때는 기중기를 사용한다.
- 둘레에서 중심으로 서서히 균일하게 가열한다.
- 조립 후 냉각할 때는 급랭해서는 안 된다.

54 다음 중 기어의 표면피로에 의한 손상으로 가장 적합한 것은?

① 습동 마모   ② 피닝 항복
③ 파괴적 피칭   ④ 심한 스코어링

해설
표면피로에 의한 손상원인
- 초기 피칭
- 파괴적 피칭
- 피칭(스포링) 등

55 글로브 밸브의 일종으로 L형 밸브라고도 하며 관의 접속구가 직각으로 되어 있는 밸브는?

① 체크밸브   ② 앵글밸브
③ 게이트 밸브 ④ 버터플라이 밸브

해설
① 체크밸브 : 유체를 한 방향으로만 흐르게 하고, 역류하지 않도록 하는 데 사용한다.
③ 게이트 밸브 : 밸브 봉을 회전시켜 밸브시트면과 직선적으로 미끄럼 운동하며, 흐름의 저항이 거의 없다.
④ 버터플라이 밸브 : 원형 밸브판의 지름을 축소하여 밸브판을 회전시킴으로서 유량을 조정할 수 있다.

56 송풍기축의 설치와 조정방법으로 가장 적합한 것은?

① 베어링 케이스와 축 관통부 축과의 틈새의 차가 0.5[mm] 이하이어야 한다.
② 베어링 케이스와 축 관통부 축과의 틈새의 차가 0.5[mm] 이상이어야 한다.
③ 전동기축과 반전동기축의 수평부에 수준기를 놓고 수준기의 좌우의 구배의 차가 0.2[mm] 이하이어야 한다.
④ 전동기축과 반전동기축의 수평부에 수준기를 놓고 수준기의 좌우의 구배의 차가 0.05[mm] 이하이어야 한다.

해설
축의 설치와 조정방법
- 전동기축과 반전동기축의 수평부에 수준기를 놓고 수준기의 좌우의 구배의 차가 0.05[mm] 이하이어야 한다.
- 베어링 케이스의 축 관통부의 축과의 틈새의 차가 0.2[mm] 이하로 되도록 베드 밑쪽에 라이너로 조정한다.

57 원심형 통풍기 중 고속도로 터널 환풍기에 사용되며 효율이 가장 좋은 통풍기는?

① 터보 통풍기
② 시로코 통풍기
③ 용적식 통풍기
④ 플레이트 통풍기

해설
② 시로코 통풍기 : 전향 베인, 풍량 변화에 대한 풍압 변화가 작고 풍량이 증가하면 동력은 증가한다.
④ 플레이트 통풍기 : 경향 베인, 베인의 형상이 간단하다.

정답 53 ② 54 ③ 55 ② 56 ④ 57 ①

58 생이음이라고도 하며, 파이프에 나사를 절삭하지 않고 이음하는 것으로 숙련이 필요하지 않으며 시간과 공정이 절약되는 관이음은?

① 신축이음
② 고무이음
③ 패킹이음
④ 턱걸이이음

해설
① 신축이음 : 온도 변화에 따라 신축작용을 할 때 이 신축량의 흡수를 조정할 목적으로 사용한다.
② 고무이음 : 진동 흡수용 이음으로 냉동기, 펌프의 배관에 사용한다.
④ 턱걸이이음 : 파이프의 한 끝을 크게 하여 다른 한 끝을 끼우고 그 사이에 대마, 목면 등의 패킹을 넣고 그 위에 납이나 시멘트를 유입한 다음 코킹하여 누설이 방지되도록 결합한다.

59 다음 중 유성운동을 하는 원추판을 반경 방향으로 이동시켜 접시형 스프링을 가진 한 쌍의 태양 플랜지와 접촉시켜 유성 원추판의 공전을 출력축으로 빼내는 구조로 된 변속기는?

① 가변변속기
② 컵 무단변속기
③ 디스크 무단변속기
④ 체인식 무단변속기

해설
① 가변변속기 : 몇 장의 원추판과 거기에 대등하는 플랜지 디스크가 있고 플랜지 디스크는 페이스 캠과 스프링으로 눌려 원추판을 변속 핸들에 의해 그 속으로 밀어 넣어 접촉 부분의 반경을 무단계로 바꾸어 변속시키는 것이다.
② 컵 무단변속기 : 입력축과 출력축에 드라이브 콘을 비치하고 그 바깥 가장자리에 강구를 접촉시키며, 이 강구가 경사축에 의해 경사각을 변화시키면 입출력축의 드라이브 콘에 접촉하는 접촉 반경이 변화되어 무단계 변속을 하게 된다.
④ 체인식 무단변속기 : 얕은 홈이 있는 베벨기어에 특수한 체인의 연결로 동력을 전달하는 것이다.

60 배관정비에서 누설에 관한 설명으로 옳지 않은 것은?

① 나사부의 정비 등으로 탈·부착을 반복함으로써 나타난 마모는 누설과 관계가 없다.
② 나사부에서 증기, 물 등의 누설은 관의 나사 부분을 부식시켜 강도 저하, 균열, 파단의 원인이 된다.
③ 배관 이음쇠 용접부의 일부에 균열이 생겨 누설이 진행되면 파단에 이르기도 하므로 조기 발견이 중요하다.
④ 비틀어 넣기부 배관의 나사부에서 누설 시 그 상태로 밸브나 관을 더 조이면 반드시 반대 측의 나사부에 풀림이 생겨 누설개소가 이동한다.

해설
나사이음부의 누설
- 증기, 물 등의 나사부에서 누설은 관의 나사 부분을 부식시켜 강도 저하, 균열, 파단의 원인이 된다.
- 나사부에서 탈착을 반복함으로써 나타난 마모는 생각지도 않은 사고를 유발한다.
- 나사부 누설이 생겼을 경우 그 상태로 밸브나 관을 더 조이면 반드시 반대 측의 나사부에 풀림이 생겨 단지 누설개소가 이동한다고 밖에 볼 수 없다.
- 배관 이음쇠 용접부의 일부에 균열이 생겨 누설이 진행되면 파단에 이르기도 하므로 조기 발견이 중요하다.
- 누설의 조기 발견과 그에 대한 적절한 처치는 비틀어 넣기식, 용접식을 불문하고 가장 중요한 것이다.

PART 03

부록
실기시험 예상문제

부록   실기시험 예상문제

제1절   공기압회로 구성

■ 제1과제 시험시간 : 50분

1. 요구사항
- 지급된 재료 및 시설을 사용하여 아래 작업을 완성하시오.
- 한 번 제출한 작품의 재작업은 허용되지 않습니다(기본 동작 검사 → 시스템 유지보수 검사).

2. 공기압회로도 구성
(1) 공기압회로도와 같이 기기를 선정하여 고정판에 배치하시오.
- 기기는 수평 또는 수직 방향으로 수험자가 임의로 배치한다.
- 리밋 스위치는 방향성을 고려하여 설치한다.

(2) 공기압 호스를 적절한 길이로 절단 및 사용하여 기기를 연결하시오.
- 공기압 호스가 시스템 동작에 영향을 주지 않도록 정리한다.
- 작업이 완료된 상태에서 압축공기를 공급했을 때 공기 누설이 발생하지 않도록 한다.

(3) 작업압력(서비스 유닛)을 0.5±0.05[MPa]로 설정하시오.

3. 기본동작
PB1을 1회 ON-OFF하면 변위단계선도(타이머 포함)와 같이 1사이클 단속 동작되도록 전기회로도를 설계하여 시스템을 구성하고 시험감독위원에게 확인받으시오.
- 전기 배선은 (+)는 적색, (-)는 청색(흑색)으로 연결한다.
- 전선이 시스템 동작에 영향을 주지 않도록 정리한다.
- 지정되지 않은 누름버튼 스위치는 자동복귀형 스위치를 사용한다.

4. 시스템 유지보수
동작 확인 후 유지보수계획과 같이 시스템을 변경하고, 시험감독위원에게 확인받으시오.

5. 정리·정돈
평가 종료 후 작업한 자리의 부품 정리, 공기압 호스 정리, 전선 정리 등 모든 상태를 초기 상태로 정리하시오.

[공기압회로 구성 작업요령]

① 공기압회로도에서 솔레노이드 밸브 종류(단솔, 양솔), 공압 호스 크로스(전·후진) 여부를 파악한다.

② 변위단계선도에서 A, B실린더 동작 순서(타이머 포함)를 확인한다.

③ 부품을 공기압회로도와 똑같이 배치하고, 공기압 호스를 연결한다.

④ (−) 배선작업(청색 또는 흑색)을 모두 해 놓는다(솔레노이드와 릴레이 수만큼).

⑤ 전원과 공기압을 공급(ON)한다.

⑥ (+)의 긴 선으로 솔레노이드에 (+)전원을 주어 실린더의 전·후진을 확인한다(리밋 스위치 포인트, 공기압 공급 여부, 솔레노이드 작동 여부 등을 확인한다).

⑦ (+)선으로 전기회로도를 보고 작업한다(라인 번호 순서대로 작업).

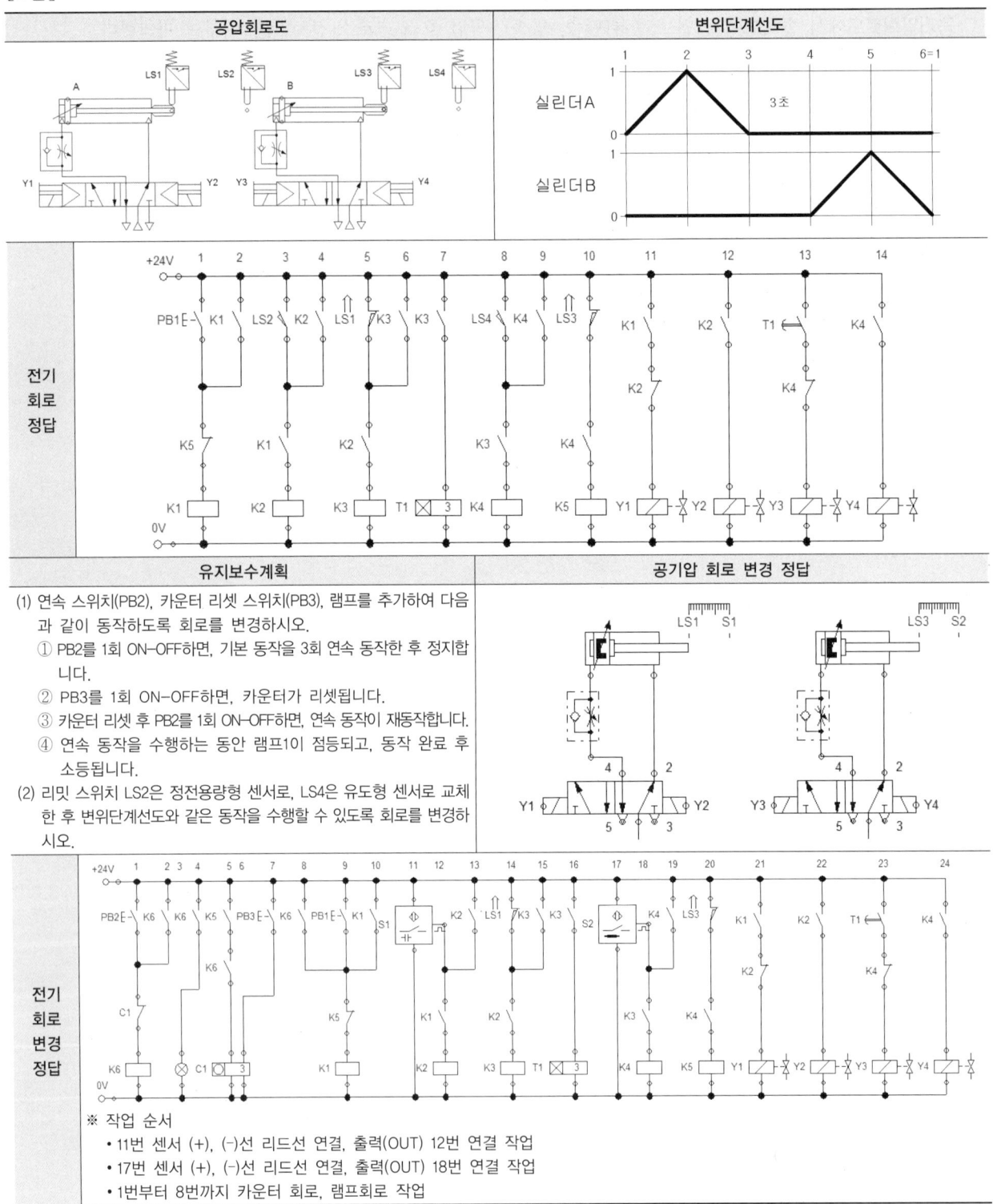

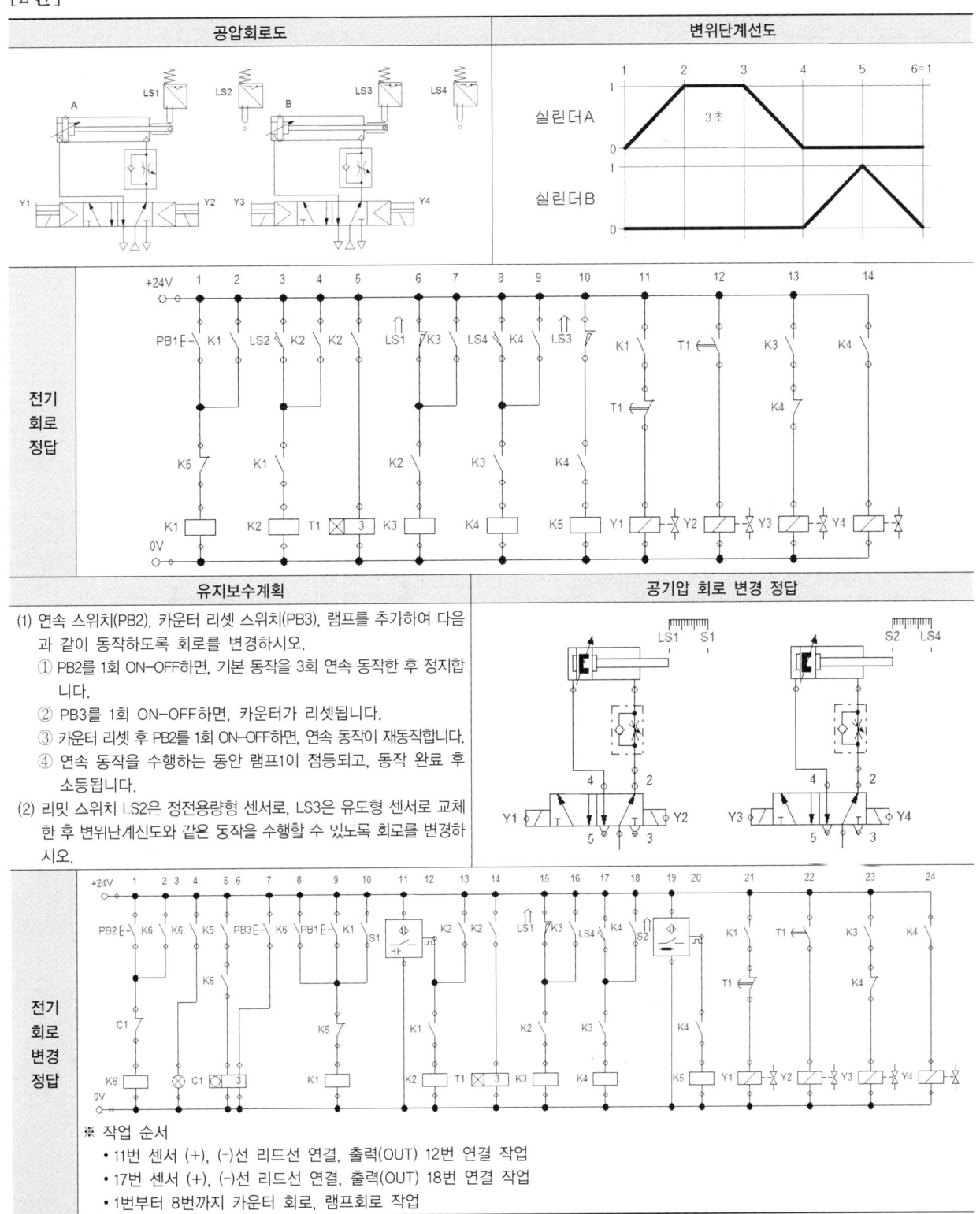

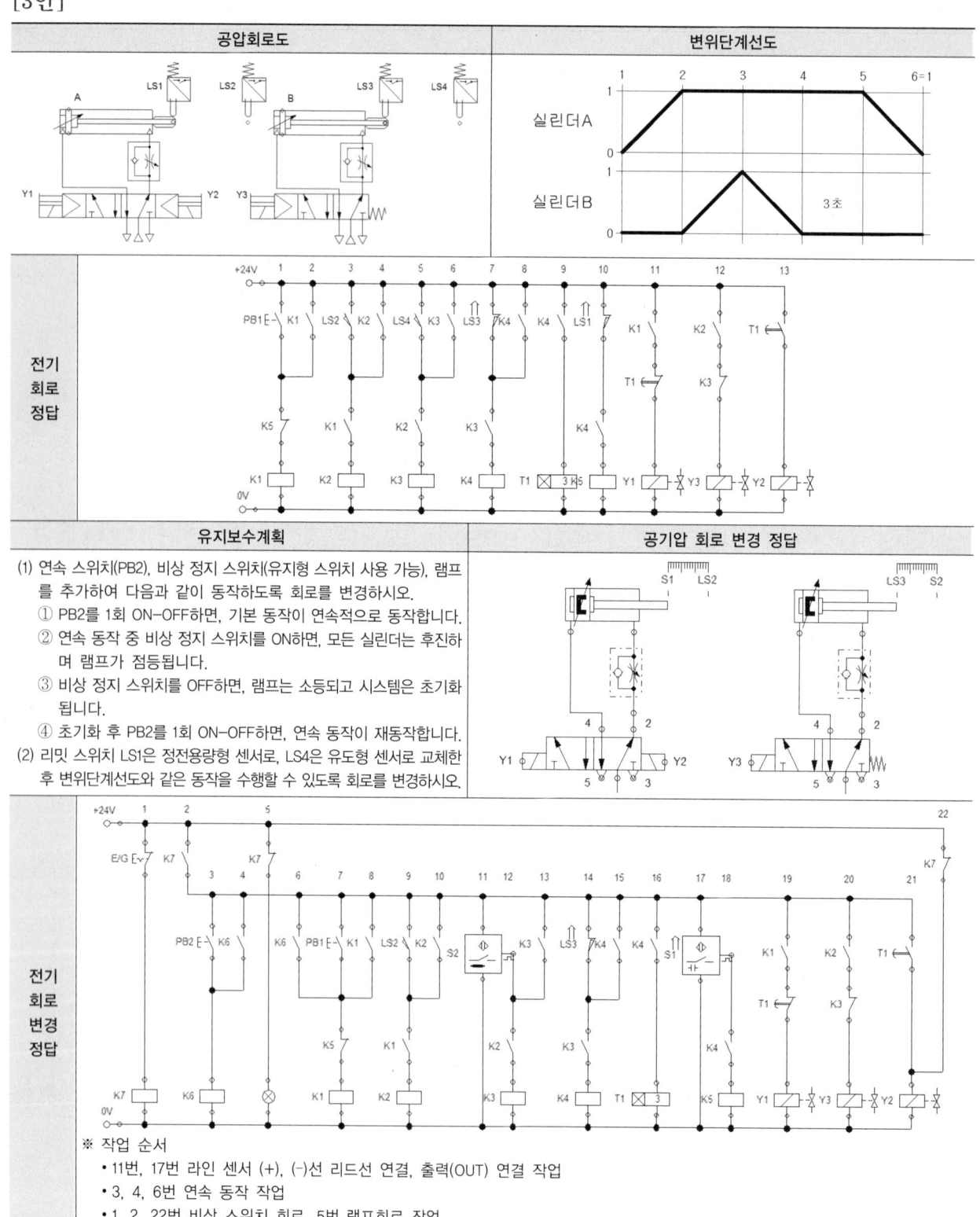

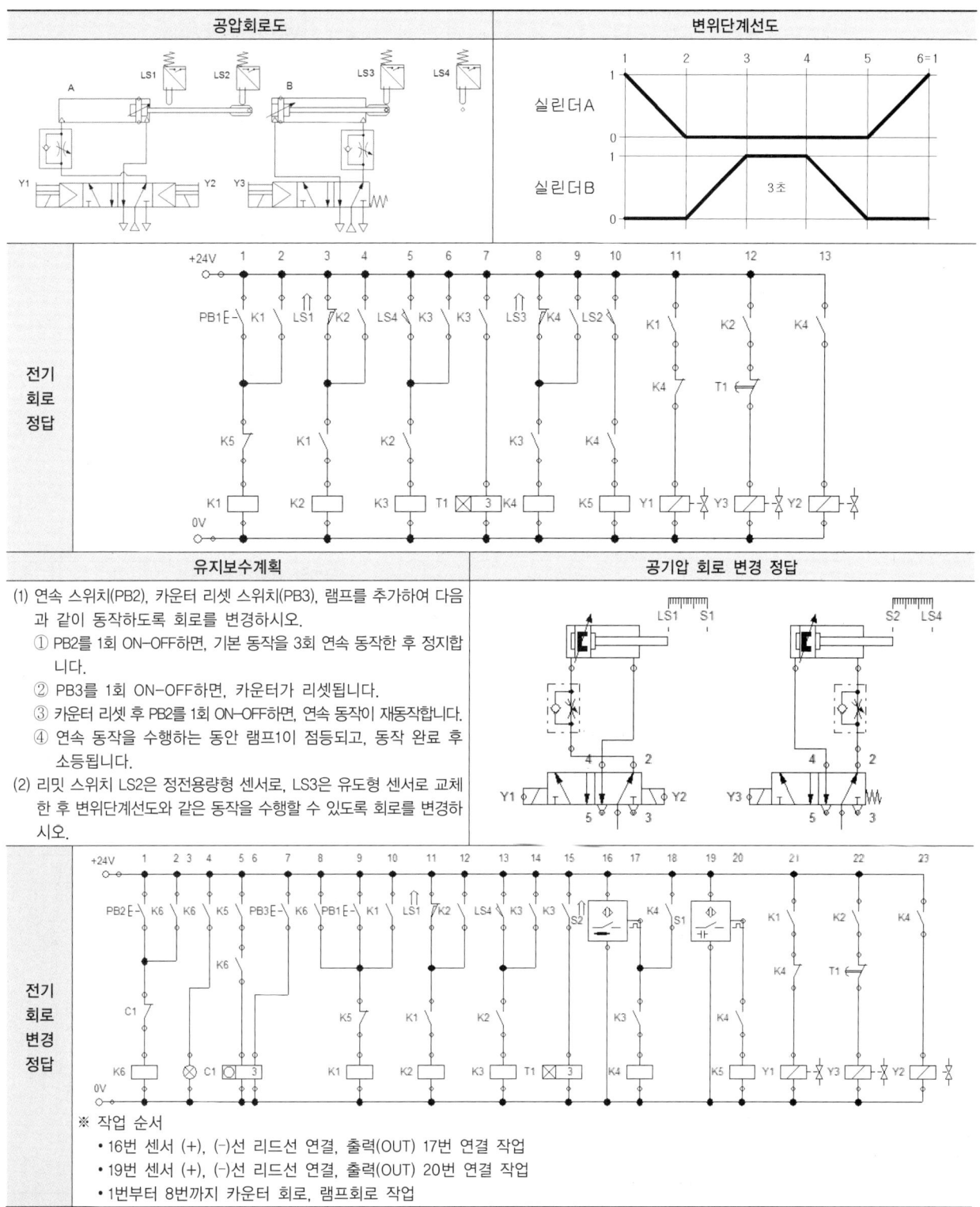

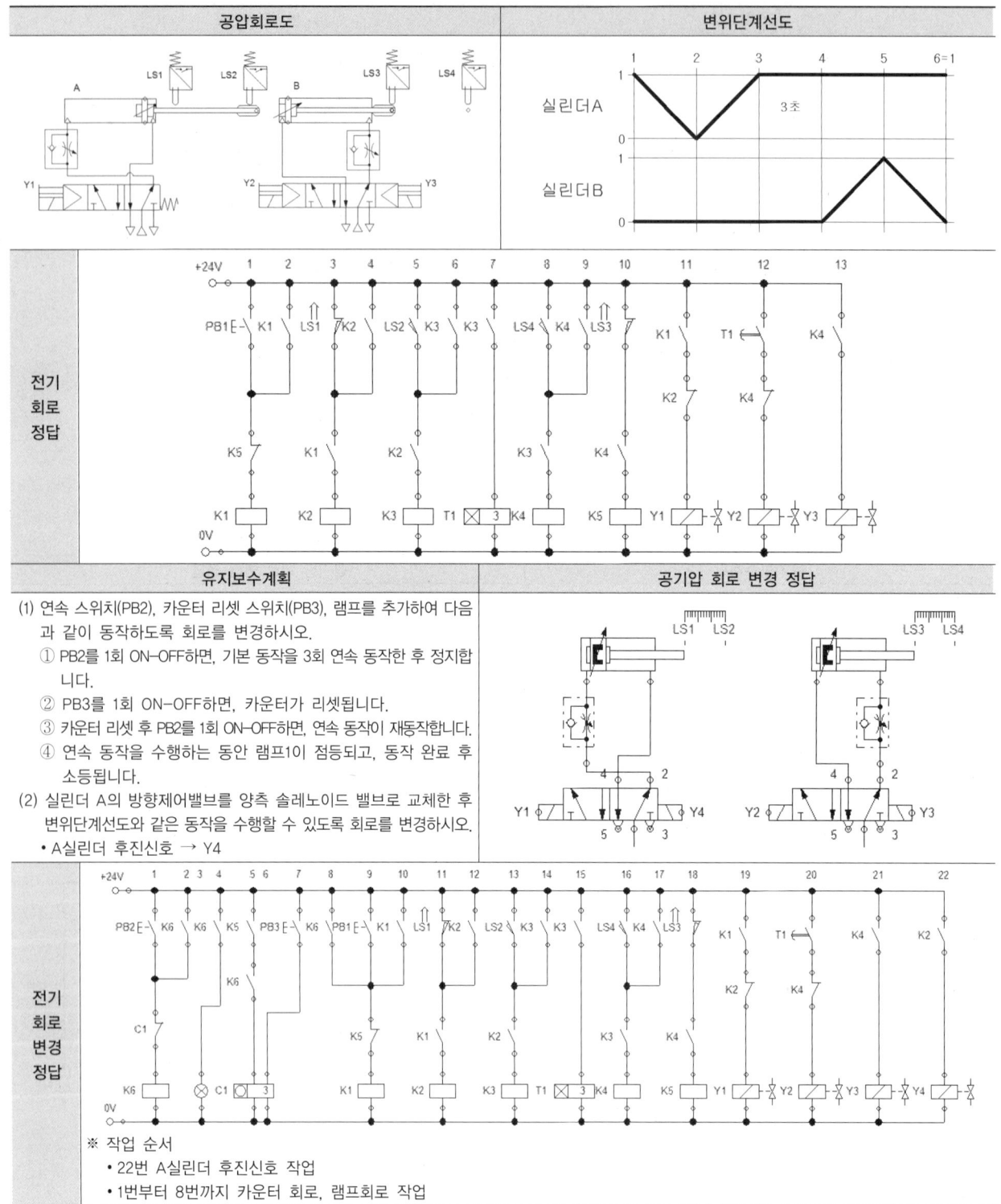

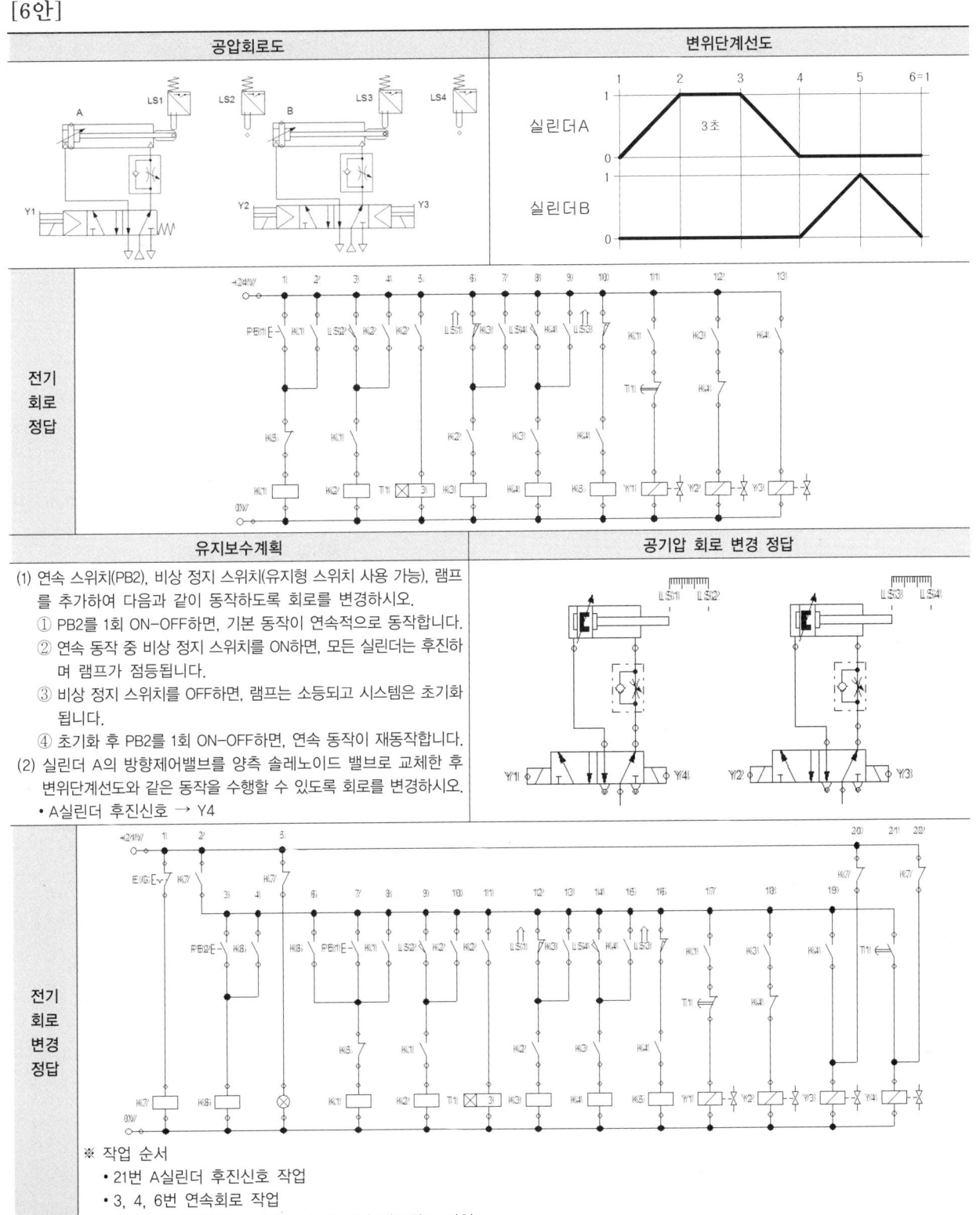

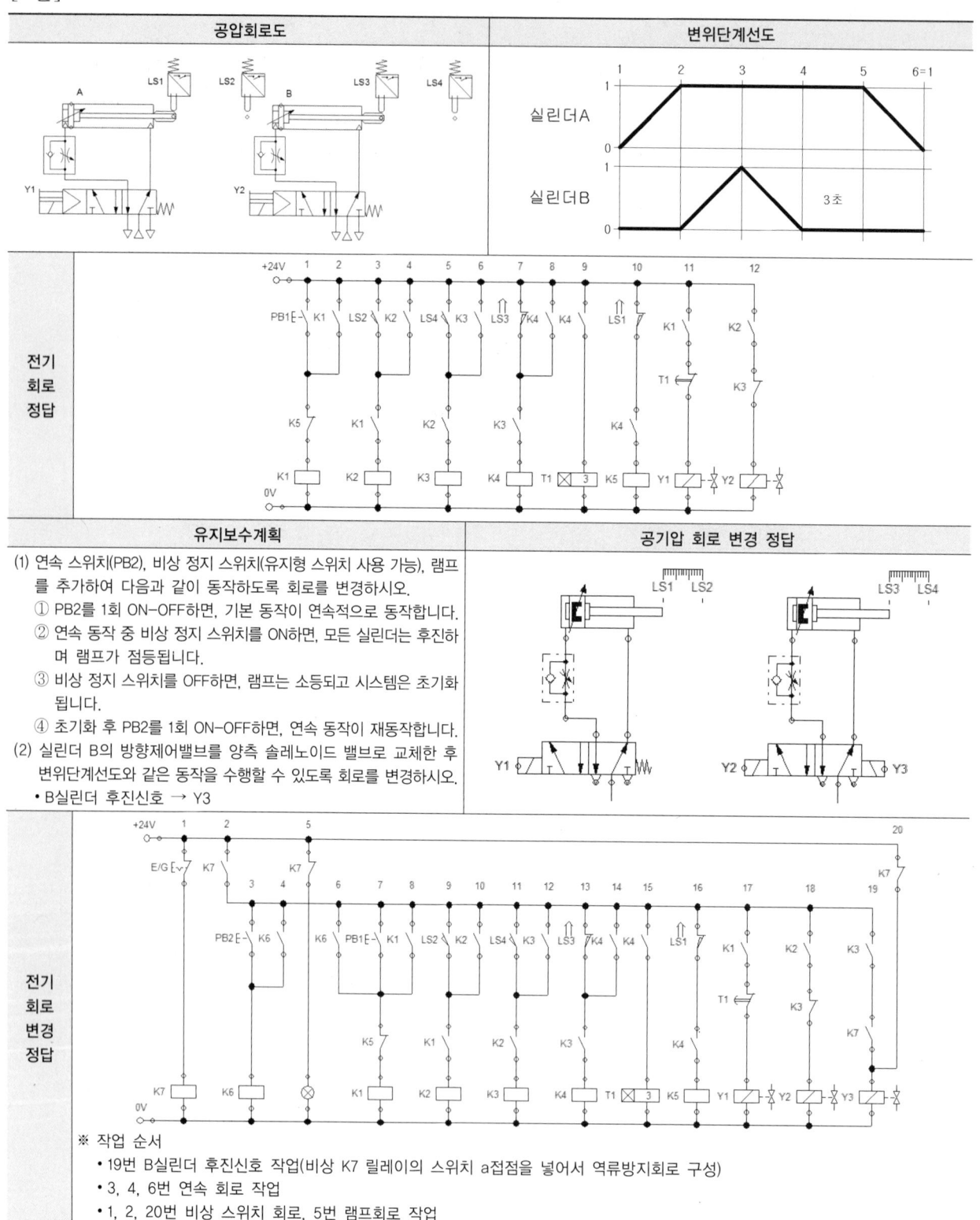

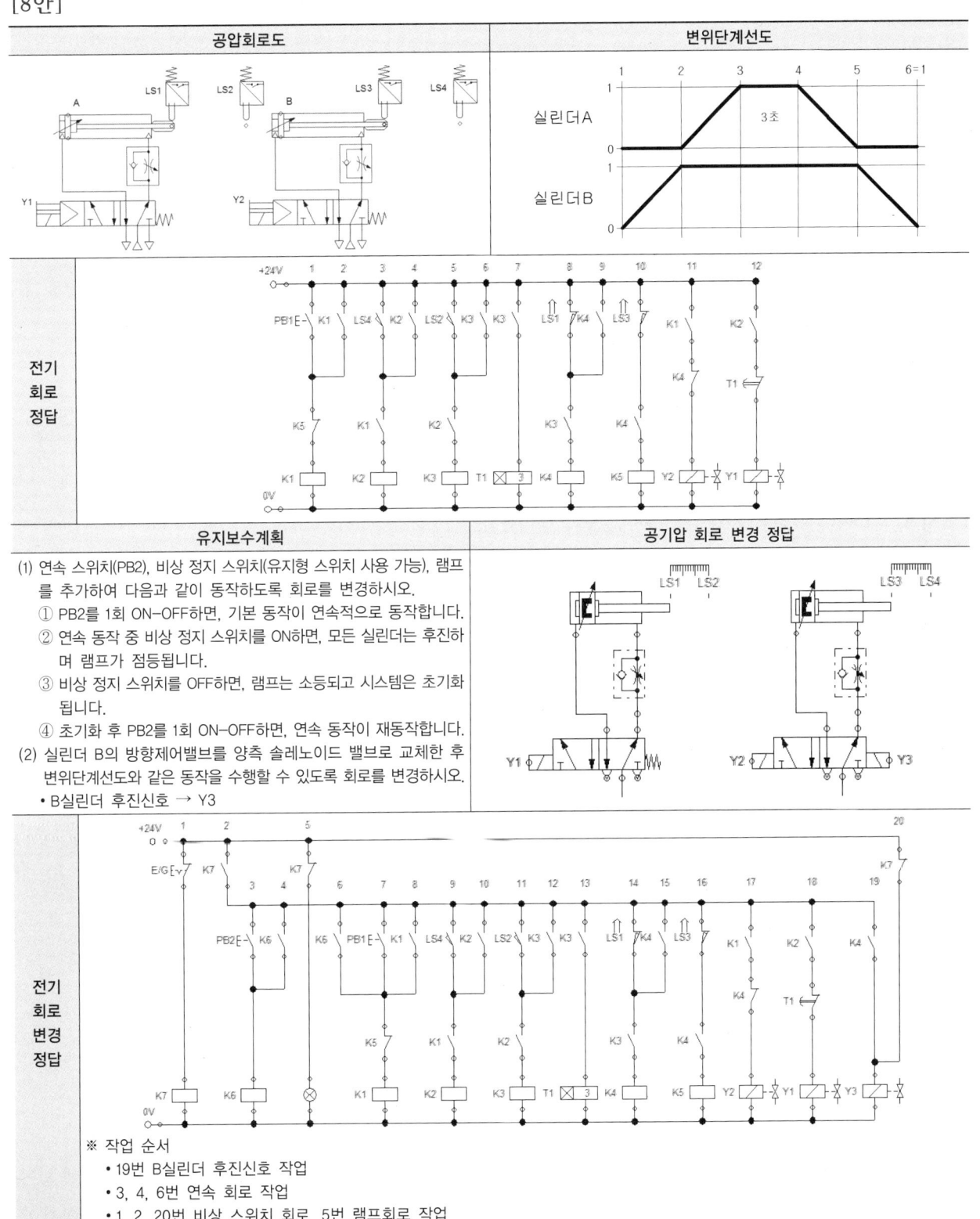

제2절 유압회로 구성

■ 제2과제 시험시간 : 50분

1. 요구사항
- 지급된 재료 및 시설을 사용하여 아래 작업을 완성하시오.
- 한 번 제출한 작품의 재작업은 허용되지 않습니다(기본동작 검사 → 시스템 유지보수 검사).

2. 유압회로도 구성
(1) 유압회로도와 같이 기기를 선정하여 고정판에 배치하시오.
- 기기는 수평 또는 수직 향으로 수험자가 임의로 배치한다.
- 리밋 스위치는 방향성을 고려하여 설치한다.

(2) 유압호스를 사용하여 기기를 연결하시오.
- 유압호스가 시스템 동작에 영향을 주지 않도록 정리한다.
- 작업이 완료된 상태에서 유압을 공급했을 때 유압유의 누설이 발생하지 않도록 한다.

(3) 유압회로 내 최고압력을 4±0.2[MPa]로 설정하시오.

3. 기본동작
PB1을 1회 ON-OFF하면 변위단계선도와 같이 1사이클 단속 동작되도록 전기회로도를 설계하여 시스템을 구성하고 시험감독위원에게 확인받으시오.
- 전기 배선은 (+)는 적색으로, (-)는 청색(흑색)으로 연결한다.
- 전선이 시스템 동작에 영향을 주지 않도록 정리한다.
- 지정되지 않은 누름버튼 스위치는 자동복귀형 스위치를 사용한다.

4. 시스템 유지보수
동작 확인 후 유지보수 계획과 같이 시스템을 변경하고 시험감독위원에게 확인받으시오.

5. 정리·정돈
평가 종료 후 작업한 자리의 부품 정리, 기름 제거, 유압 배관 정리, 전선 정리 등 모든 상태를 초기 상태로 정리하시오.

[유압회로 구성작업 요령]

① 유압회로도에서 솔레노이드밸브 종류(3위치, 단솔, 양솔)를 파악한다.

② 변위단계선도에서 A, B실린더 동작 순서를 숙지한다.

③ 부품을 유압회로도와 똑같이 배치하고, 호스 연결 전에 (−) 배선작업(청색 또는 흑색)을 모두 해 놓는다(솔레노이드와 릴레이 수만큼).

④ 압력제어회로를 먼저 구성하여 압력을 설정한 후 펌프를 OFF한다.

⑤ 호스를 연결한다(P > T > A > B 순으로, 3위치 밸브 작업 시 호스 체결이 어려우면 (+)전원을 좌우 적절히 공급해 주면서 작업).

⑥ (+)선으로 전기회로도를 보고 작업한다(라인 번호 순서대로 작업).

[1안]

유압회로도	변위단계선도
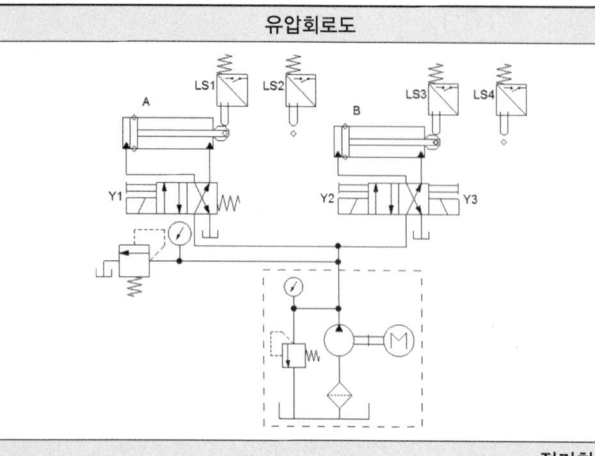	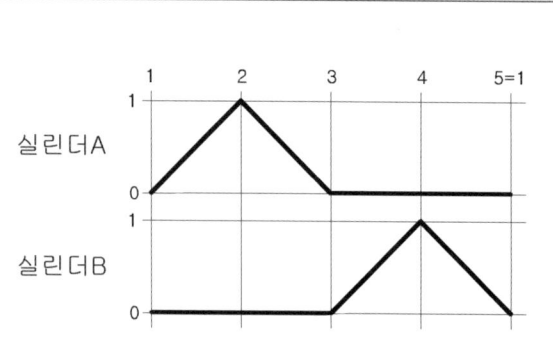

전기회로 정답

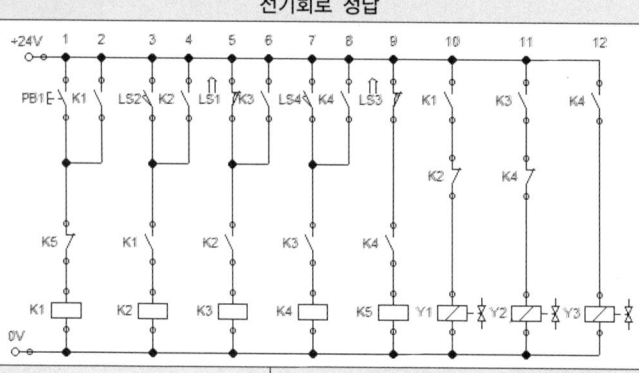

유지보수계획	유압회로 변경
① 실린더 A 전진 시 일방향 유량조절밸브를 사용하여 미터 인 회로를 구성하고, 실린더 로드 측에 카운터 밸런스 밸브와 압력계를 사용하여 자중낙하방지회로를 구성하시오(단, 속도는 약 50[%] 정도로, 압력은 3±0.5[MPa]이 되도록 설정하시오). ② 실린더 B의 압력 라인(P)에 감압밸브와 압력계를 설치하여 유압회로도를 변경하고, 2차 측의 압력이 2±0.5[MPa]이 되도록 조정하시오. ③ 유압유의 역류를 방지하기 위해 파워 유닛의 토출구에 체크밸브를 추가하여 구성하시오.	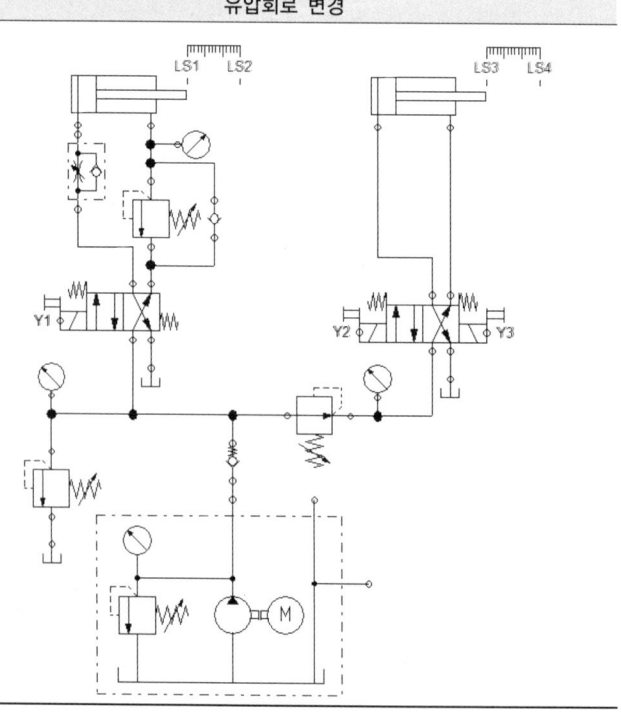

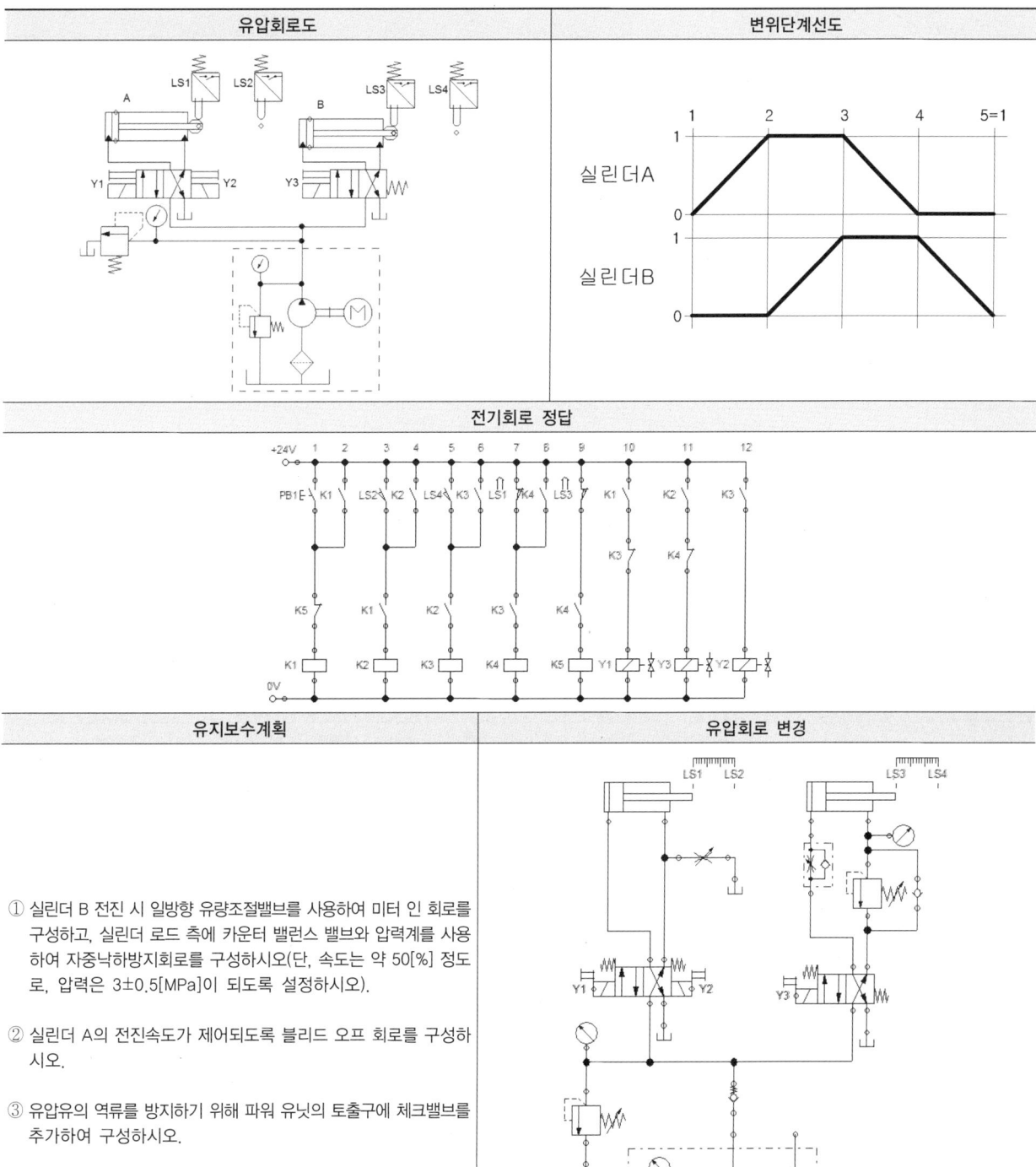

[3안]

유압회로도	변위단계선도

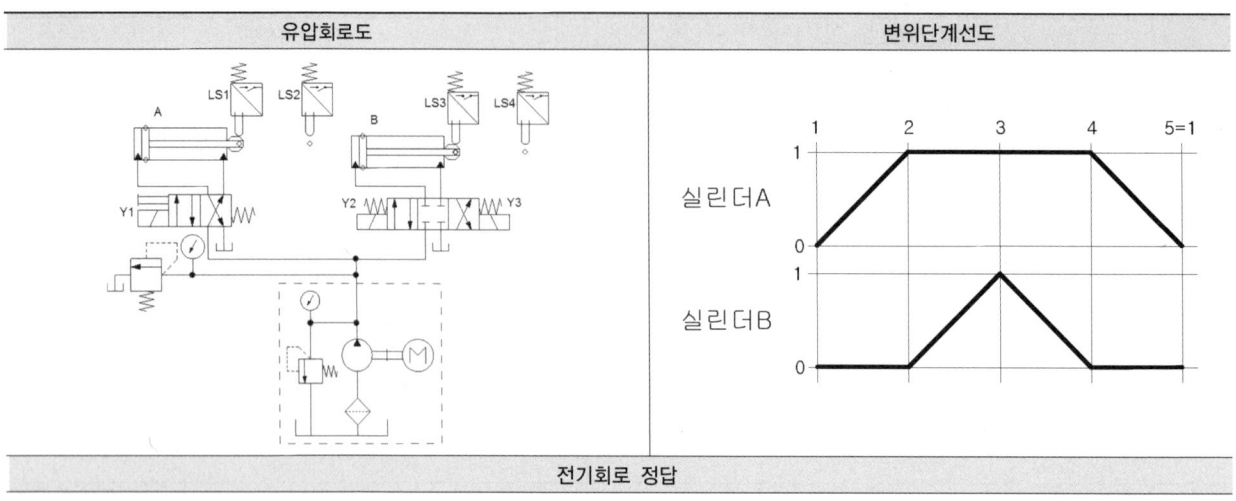

전기회로 정답

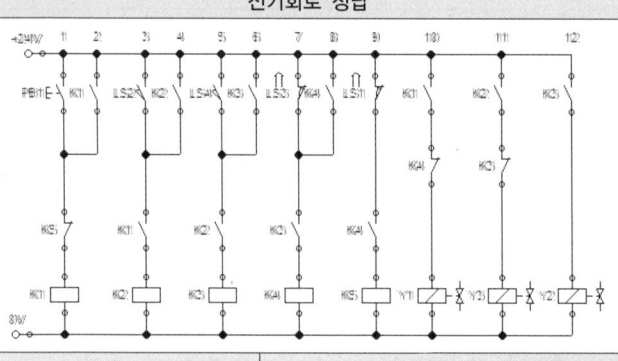

유지보수계획	유압회로 변경

① 실린더 A 전진 시 일방향 유량조절밸브를 사용하여 미터 인 회로를 구성하고, 실린더 로드 측에 카운터 밸런스 밸브와 압력계를 사용하여 자중낙하방지회로를 구성하시오(단, 속도는 약 50[%] 정도로, 압력은 3±0.5[MPa]이 되도록 설정하시오).

② 실린더 B의 방향제어밸브를 4포트 3위치 A-B-T 접속형 밸브로 교체하고, 로드 측에 파일럿 조작 체크밸브를 사용하여 로킹회로가 되도록 변경하시오.

③ 실린더 B의 전·후진속도가 제어되도록 공급 라인에 양방향 유량조절밸브를 사용하여 회로를 구성하시오(단, 속도는 약 50[%] 정도가 되도록 설정하시오).

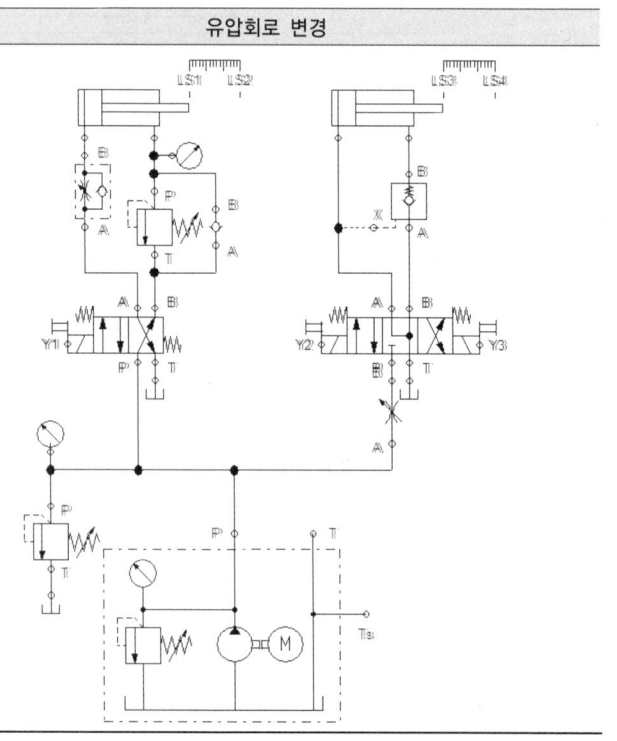

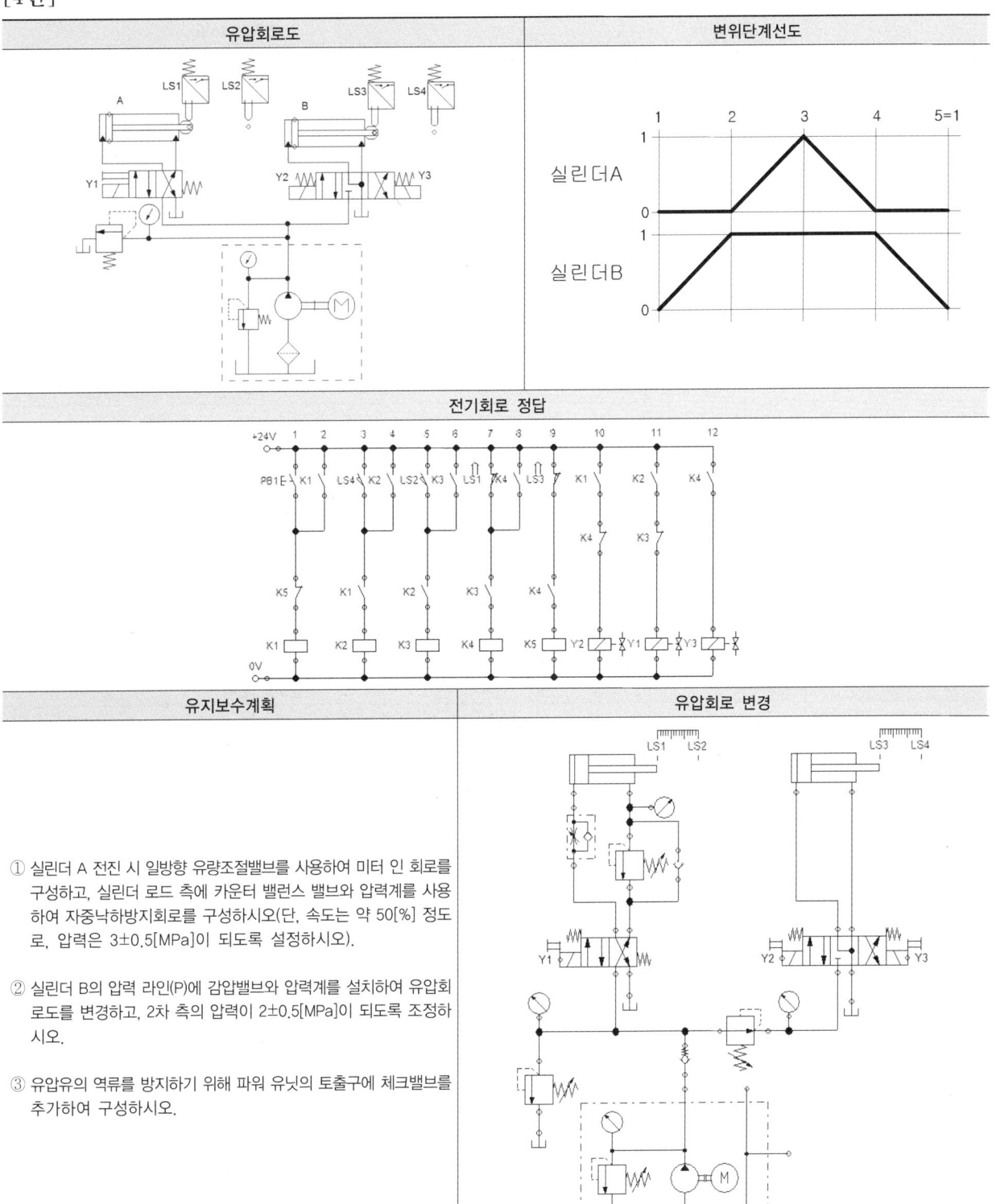

[5안]

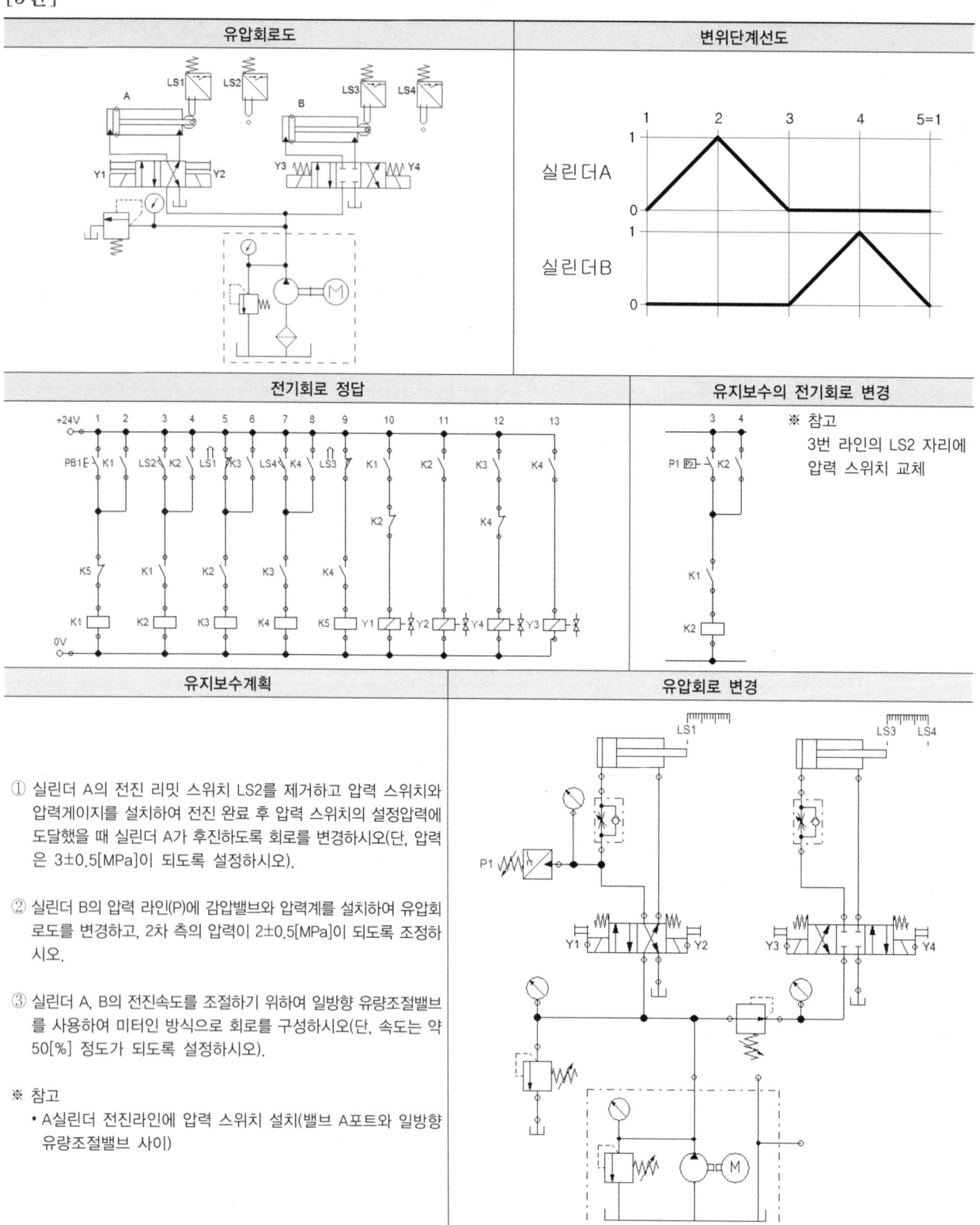

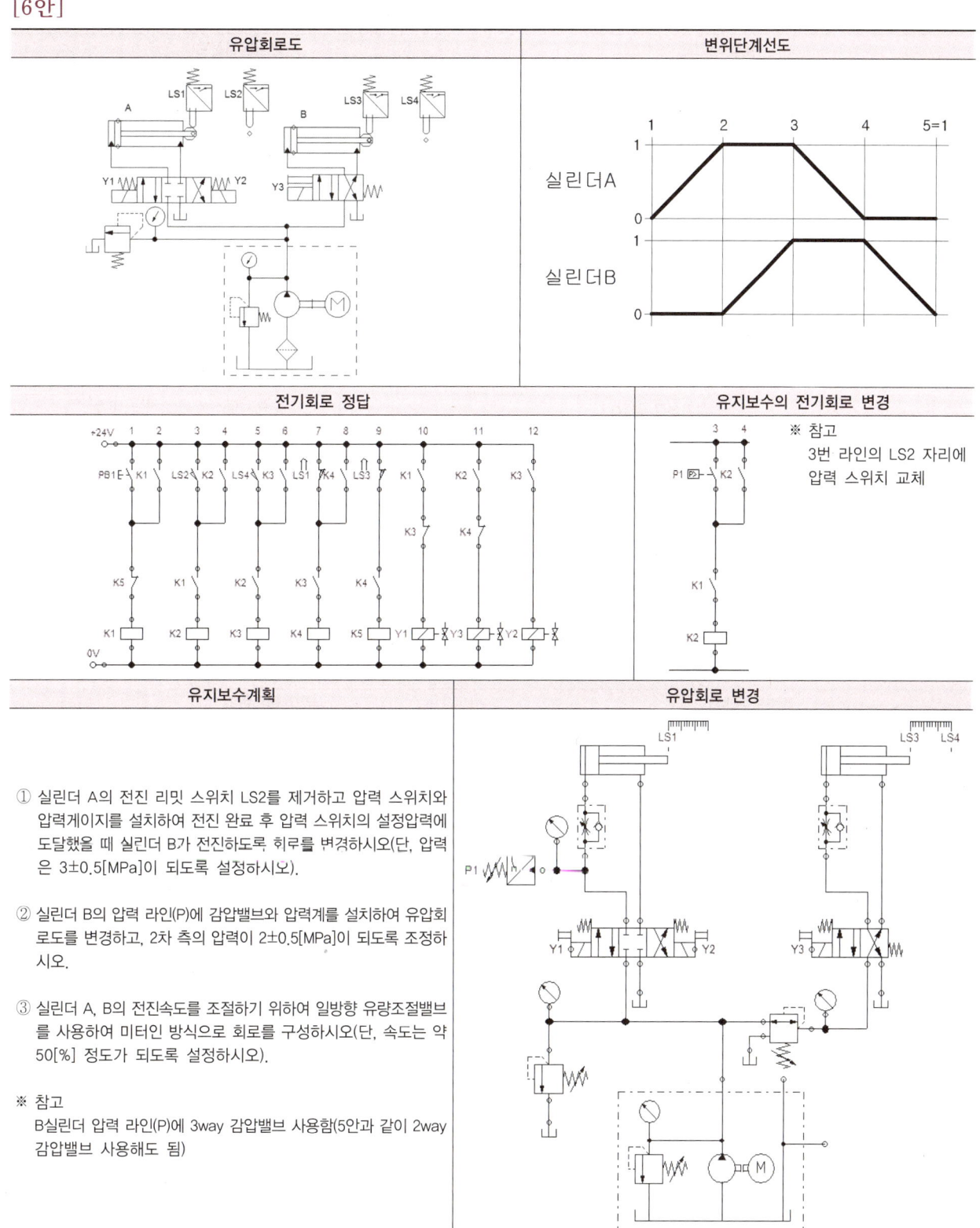

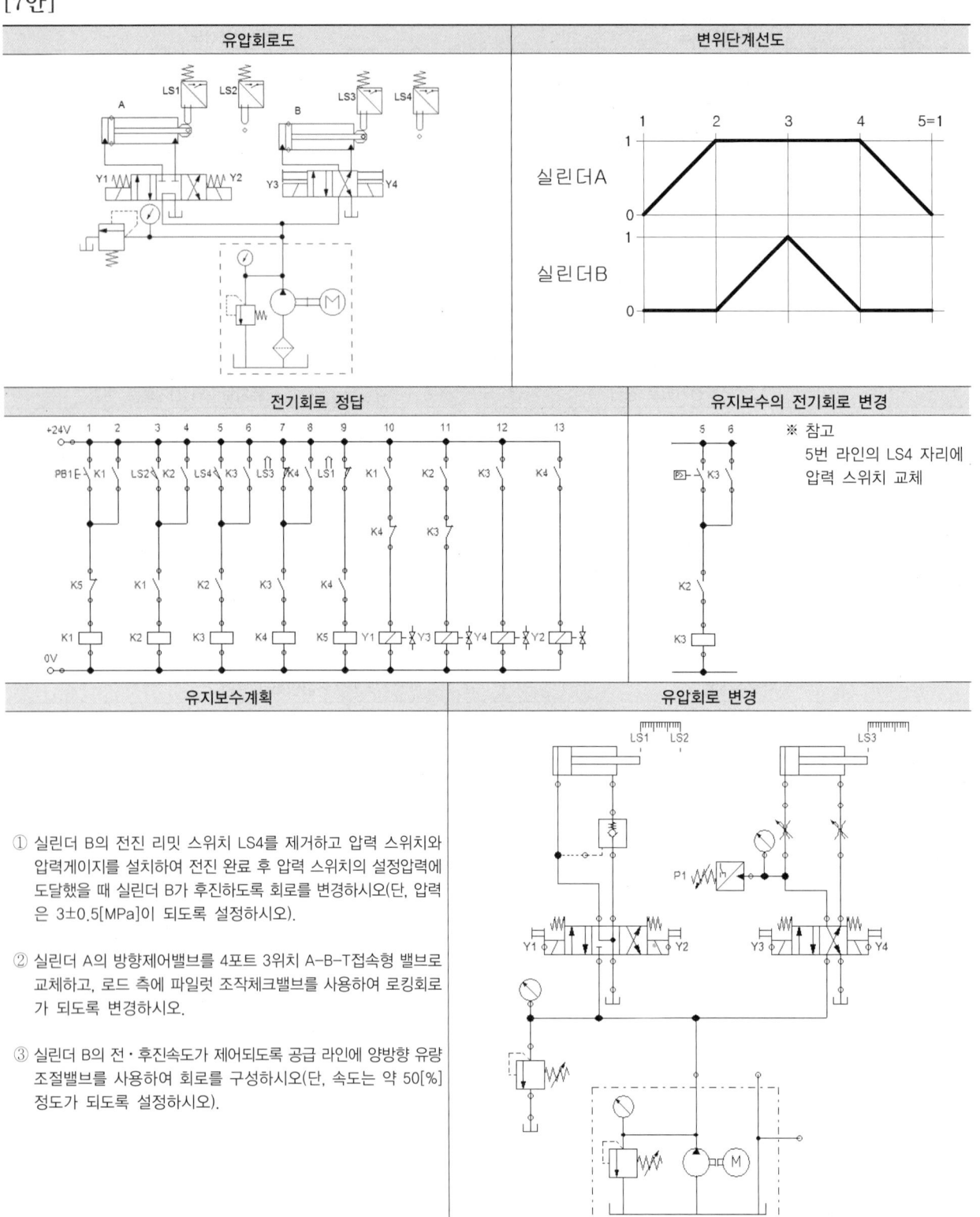

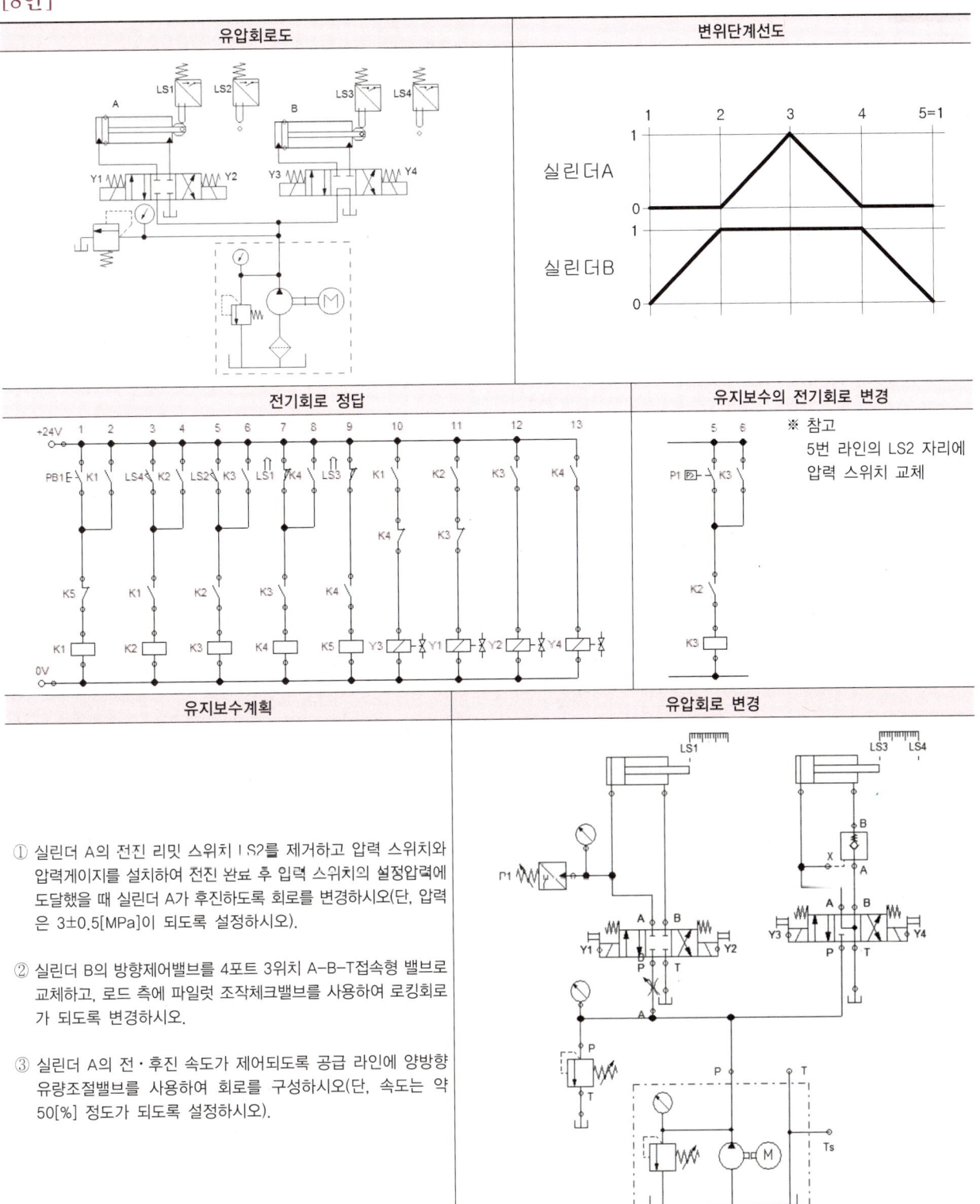

제3절 | 가스 절단 및 용접

■ **제3과제 시험시간 : 1시간**

1. 요구사항
- 지급된 재료 및 시설을 사용하여 아래 작업을 완성하시오.
- 한 번 제출한 작품의 재작업은 허용되지 않습니다.
- 작업 시작 전 지급된 연강판에 각인 여부를 반드시 확인하시오.
- 작업 순서 : 가스 절단 → 구멍가공 → 용접 → 보수용접 → 조립 → 정리·정돈

2. 가스 절단 및 구멍가공

가스 절단작업은 10분 이내에 완료하여야 합니다.

(1) 주어진 연강판을 절단 및 가공 도면과 같이 절단하시오(단, 작업 후 절단면 외관을 채점하므로 줄이나 그라인더 가공 금지).

① 가스절단장치 또는 가스집중장치의 가스 누설 여부를 확인한다.
② 각 압력조정기의 핸들을 조정하여 절단작업에 사용 가능한 적정 압력으로 조절한다.
③ 점화 후 가스 불꽃을 조정하여 도면과 같이 작업 수행 후 소화한다.
④ 각 호스의 내부 잔류가스를 배출시킨 후 작업 전의 상태로 정리한다.

(2) 절단된 연강판을 절단 및 가공 도면과 같이 Drilling 및 Tapping 하시오.

3. 용 접

(1) 절단 및 가공된 연강판을 용접 및 조립 도면과 같이 피복아크용접하시오.

① 용접전류 등 작업에 필요한 조건은 수험자가 직접 결정하여 설정한다.
② 가용접 후 도면에서 지시하는 본 용접 구간 모두 필릿용접한다(단, 비드 폭과 높이가 각각 요구된 목 길이(각장)의 −20~+50[%] 범위에서 용접한다)

4. 보수용접

(1) 도면에 지시된 보수용접 Hole(1개소)의 상단을 빈틈없이 메우기 위해 용접하시오(단, Hole에 보충물(잔봉 또는 철심 등)을 임의로 추가하여 용접하지 않습니다).

(2) 보수용접 판재 후면에 용락(처짐)이 없도록 용접하시오(단, 용락 방지를 위한 이면판(철판 등) 등 관련 장치를 사용하지 않습니다).

5. 조립
주어진 볼트(M10)를 이용하여 용접 및 조립 도면과 같이 조립하여 제출하시오.

6. 정리·정돈
평가 종료 후 작업한 자리의 장비, 부품, 공기구 등을 초기 상태로 정리하시오.

[작업 요령]
1. 가스 절단
① 절단재료에 금긋기(석필, 철자를 이용)를 한다.
② 용기밸브를 연다(아세틸렌 : 0.2~0.4[kgf/cm^2], 산소 : 2~4[kgf/cm^2]).
③ 절단 토치를 점화하여 중성불꽃으로 조절한다.
④ 절단할 부분을 예열한다(백심에서 모재까지 1.5~2[mm] 유지).
⑤ 재료가 적열(용융 직전) 상태가 되면 고압산소밸브를 열어 절단을 시작한다.
⑥ 적절한 속도로 절단선을 따라 토치를 이동하며 절단한다(재료와 팁의 거리 : 1.5~2.5[mm], 진행각 : 85~90°, 작업각 : 90°).

2. 구멍가공
① 하이트게이지로 용접 포인트 직선 긋기(가스 절단재료의 절단면 방향 확인)
② 하이트게이지로 5개소 + 선 긋기(가스 절단면 방향 확인)
③ 5개소 펀치작업 → ∅8.5 드릴 작업(5개소) → ∅12 드릴작업(절단재료 1개소와 2개소)
④ M10 탭핑작업(2개소) → 볼트 체결(2개소)

3. 용접작업

① 용접 포인트 선에 볼트 체결 재료 위치 → 가용접(반대편에 용접자석 부착)
② 필렛 본용접(반대편에 용접자석 부착)
③ 구멍 메꾸기 보수용접

4. 지급 및 비치 재료(공구)

구 분	재료명	규 격	수 량	비 고
1	연강판	200×80, 6t	1개	
2	연강판	100×80, 6t	1개	
3	절단가스	LPG 또는 아세틸렌	-	
4	드릴	⌀8.5, ⌀12	각 1개	
5	핸드 탭	M10×1.5	1세트	
6	육각머리 볼트	M10×20	2개	
7	전기용접봉	E4316, ⌀3.2	3개	
8	용접기	직류 또는 교류	-	개인 지참 불가

[1안]

절단도면	
가공도면	※ 재료별 작업요령 ① 바닥재료 용접 포인트 선긋기와 드릴작업 + 표시(절단면 확인) ② 드릴작업용 재료 2개 선긋기, 펀칭 ③ ⌀8.5(2개소), ⌀12드릴(3개소) 작업 ④ ⌀8.5 구멍에 M10 탭핑작업
용접 및 조립도면	주서 1. 보수용접은 화살표로 지시한 상단부만 작업합니다.
비고	

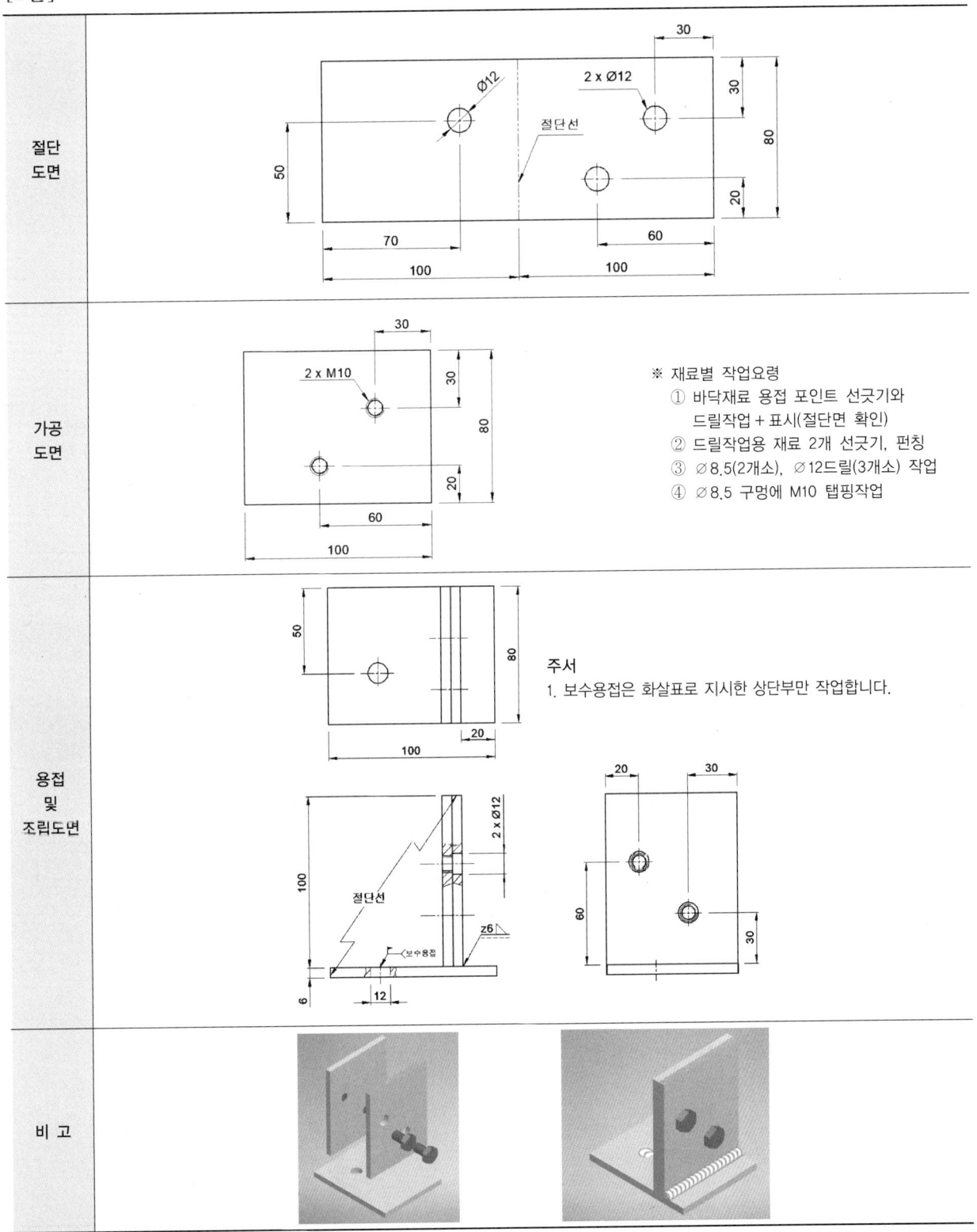

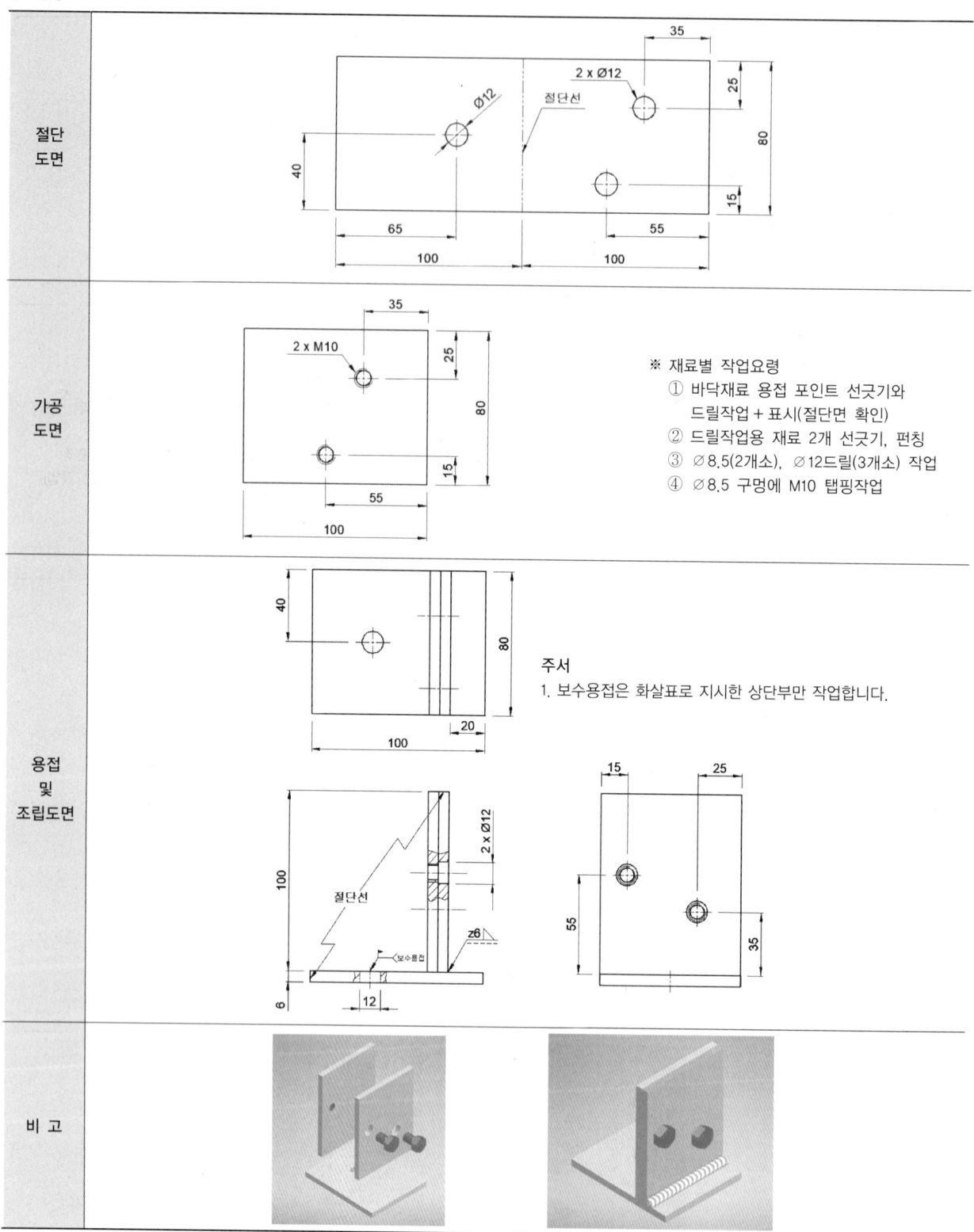

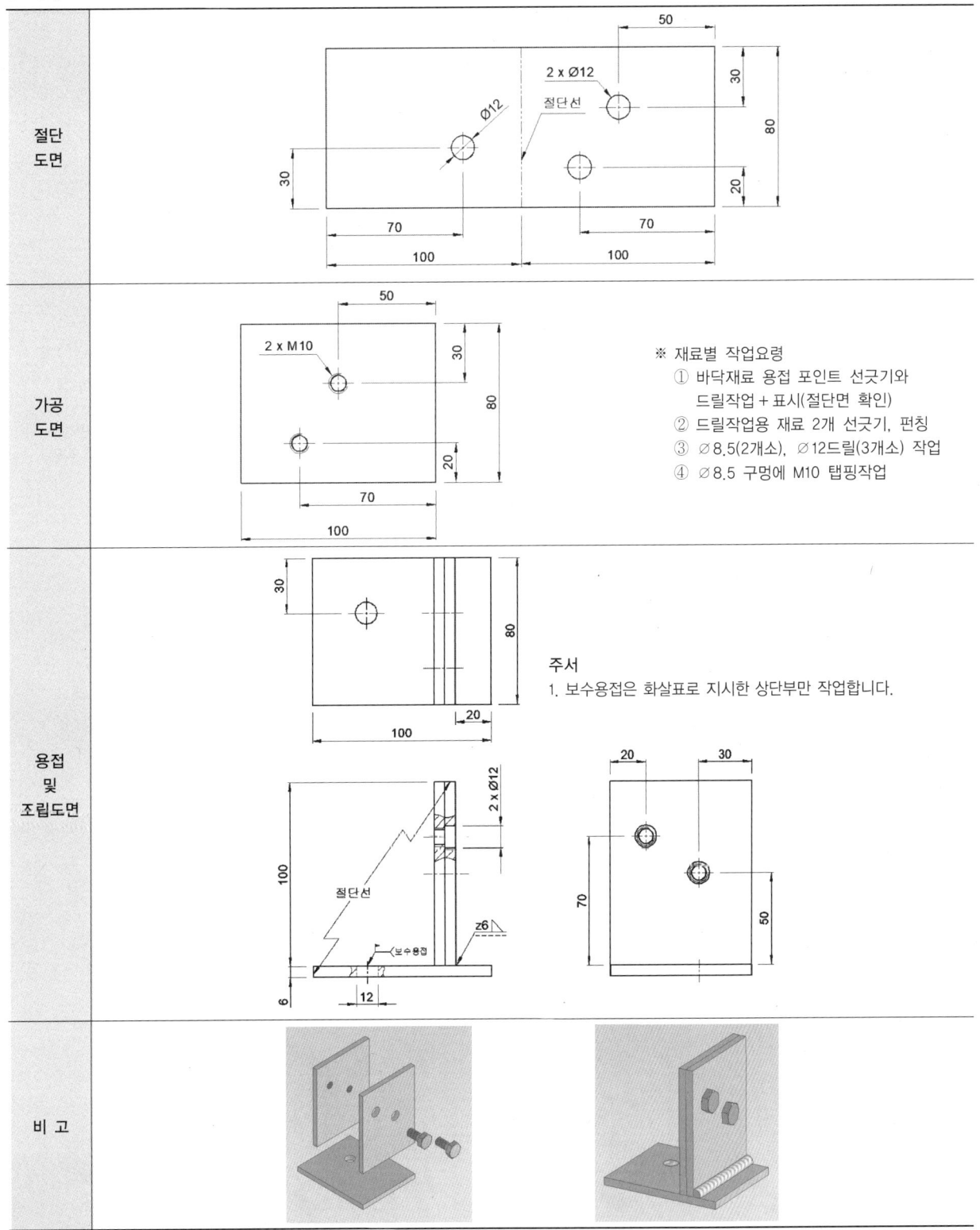

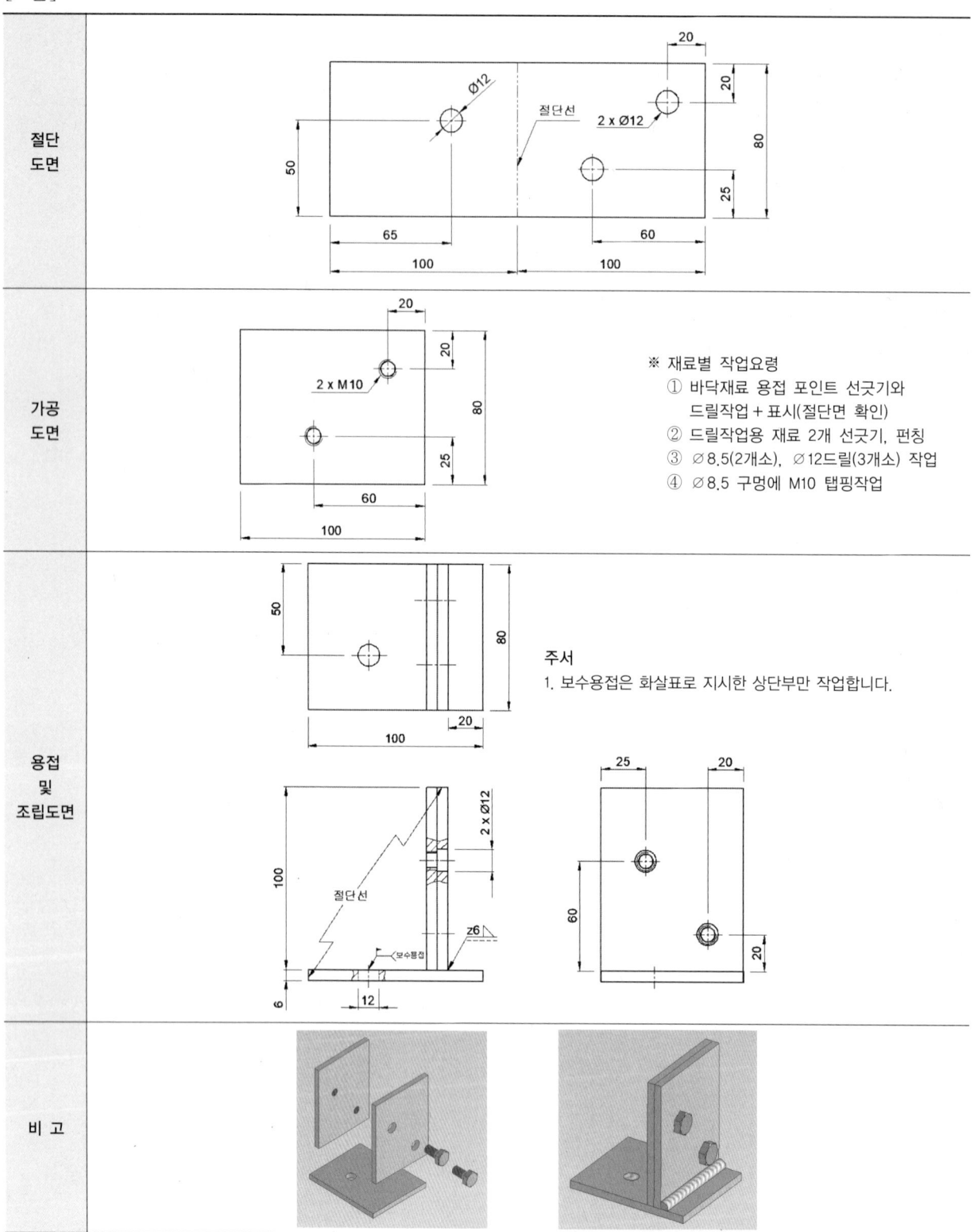

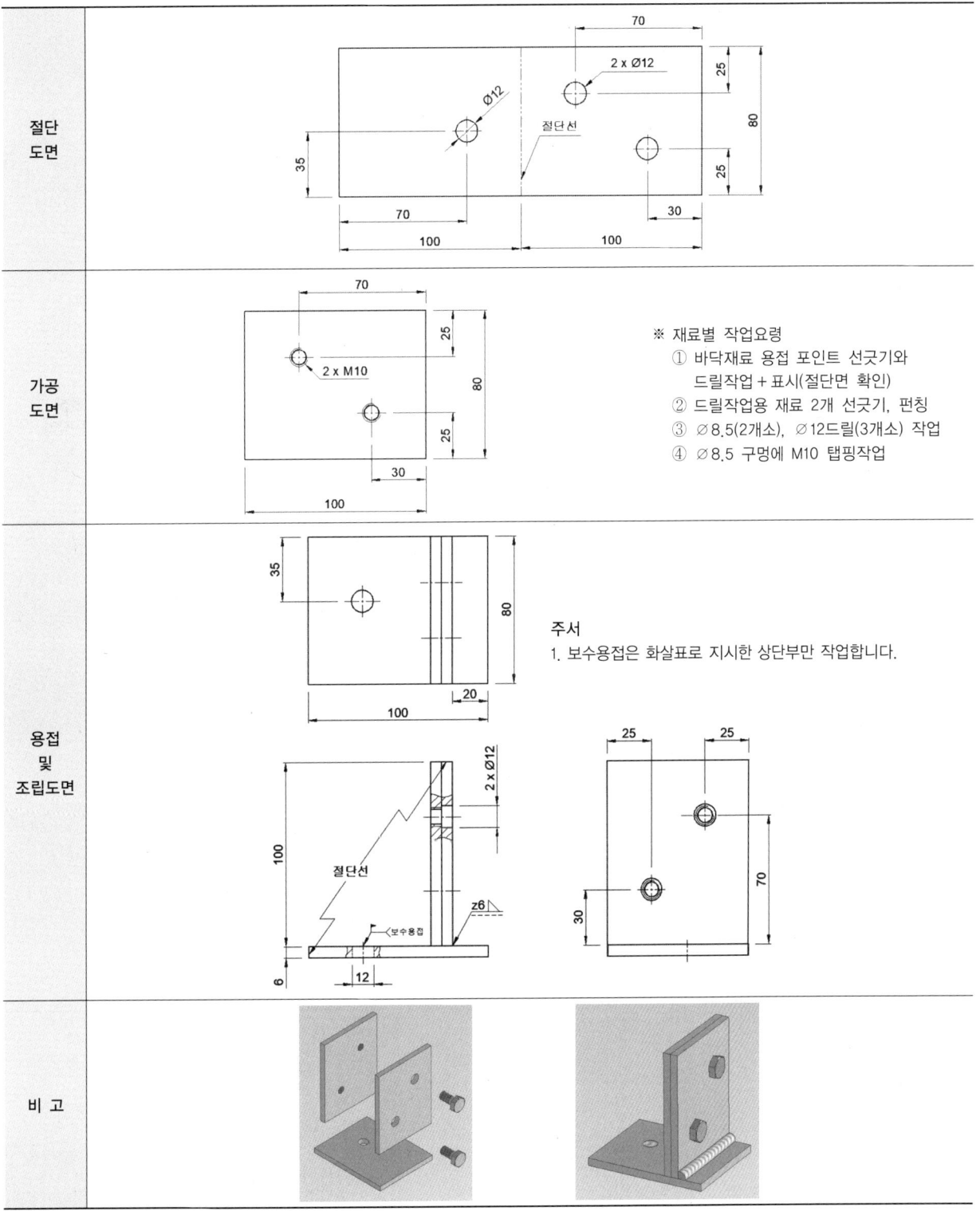

[6안]

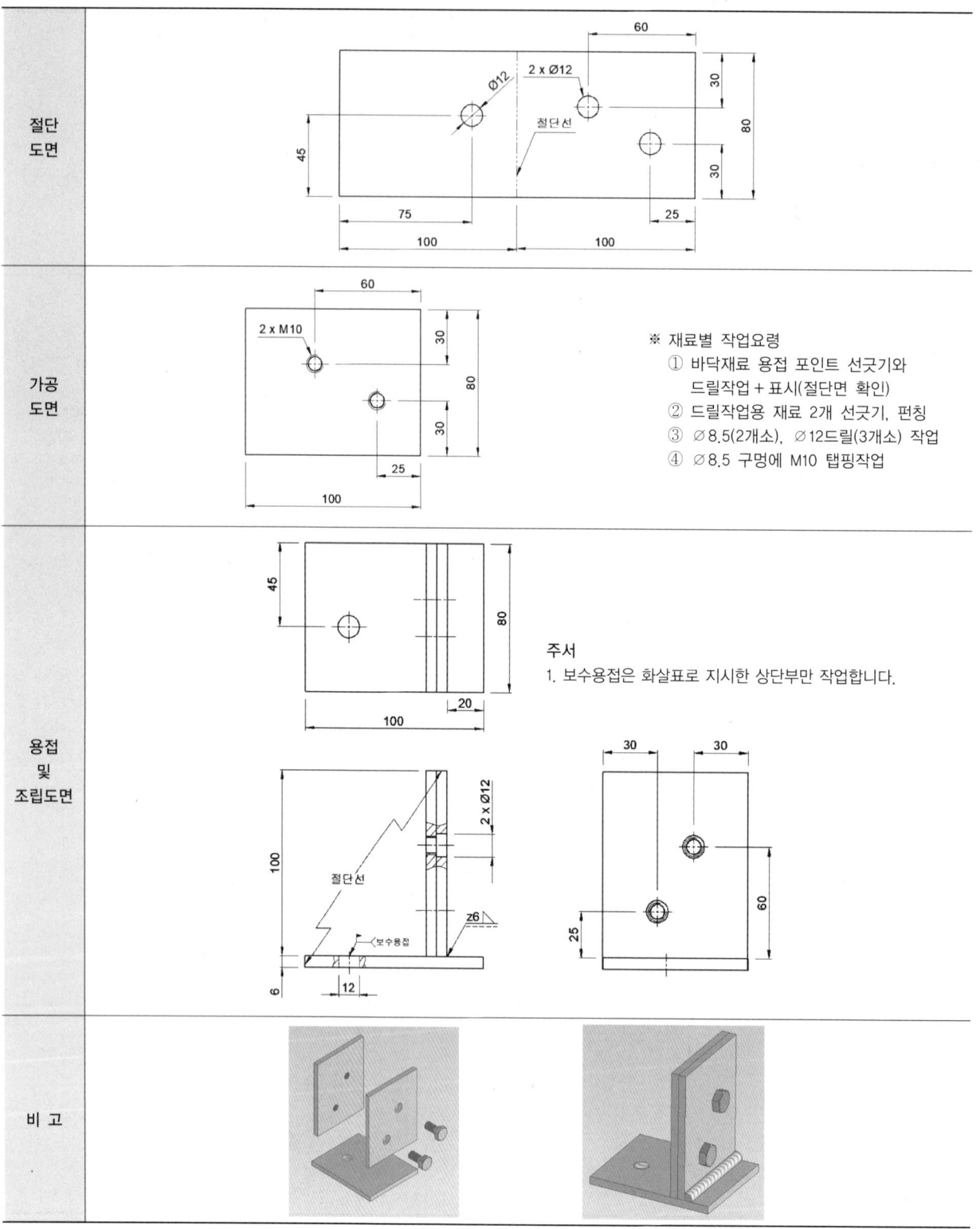

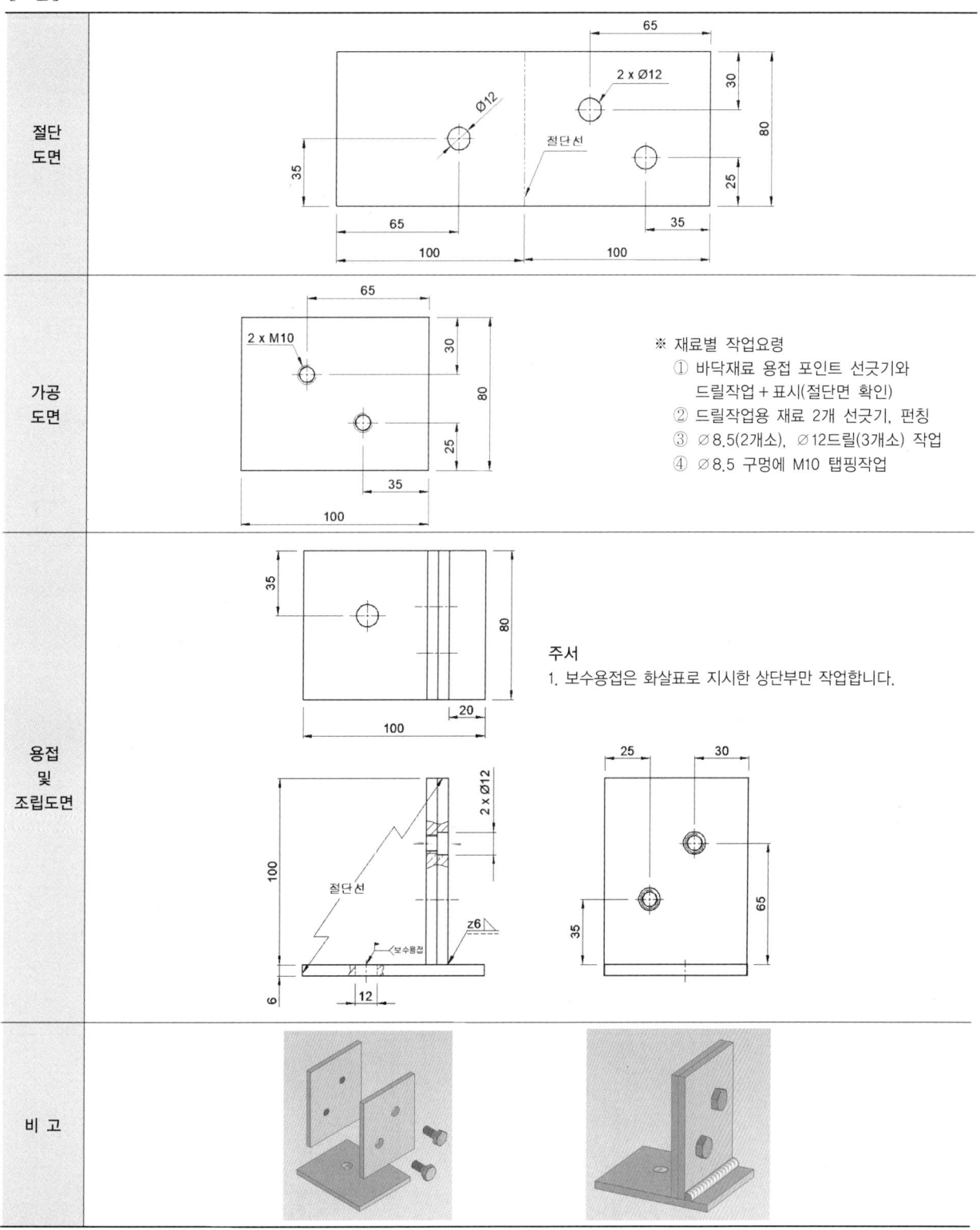

[8안]

절단 도면	
가공 도면	※ 재료별 작업요령 ① 바닥재료 용접 포인트 선긋기와 드릴작업 + 표시(절단면 확인) ② 드릴작업용 재료 2개 선긋기, 펀칭 ③ ∅8.5(2개소), ∅12드릴(3개소) 작업 ④ ∅8.5 구멍에 M10 탭핑작업
용접 및 조립도면	주서 1. 보수용접은 화살표로 지시한 상단부만 작업합니다.
비 고	

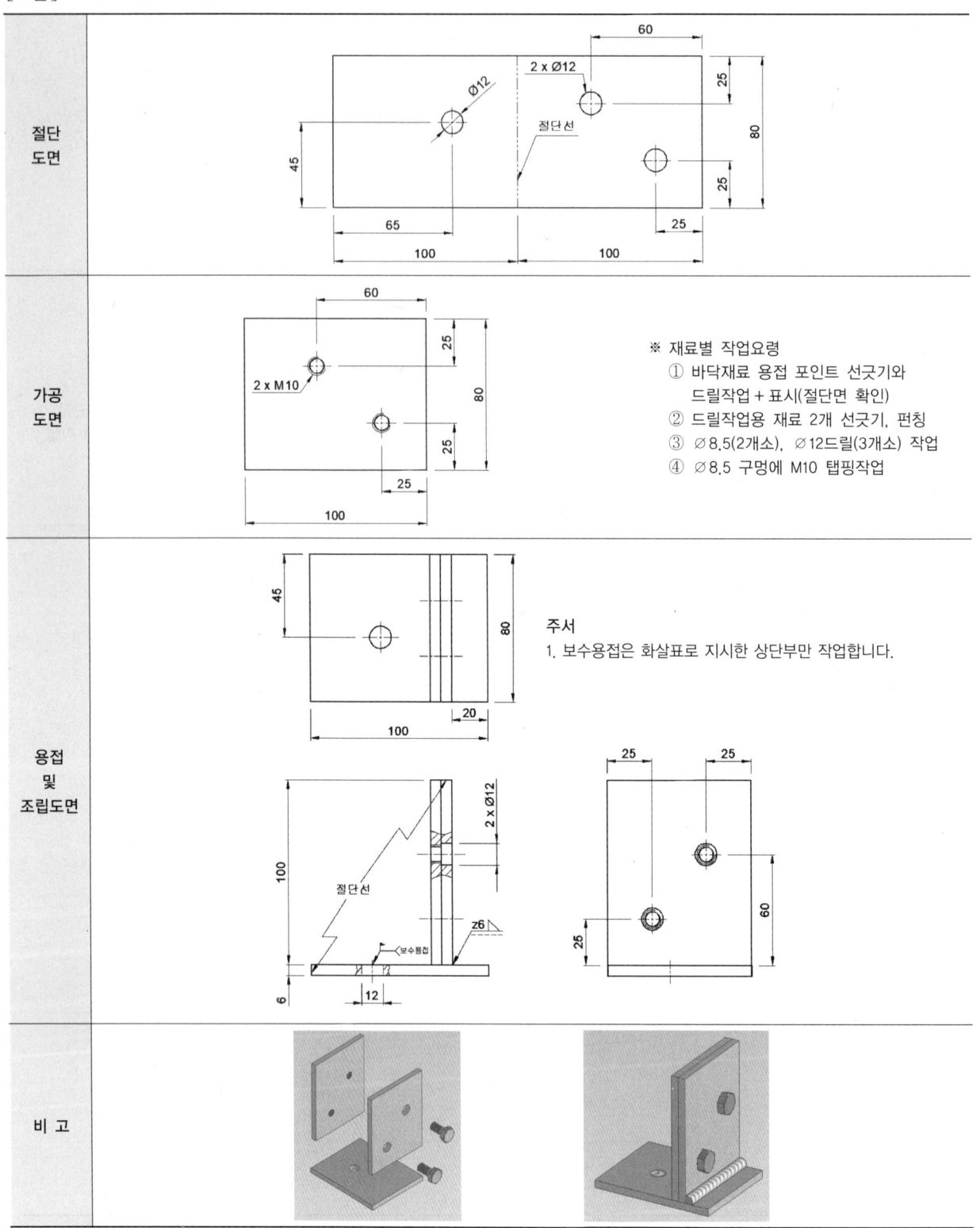

참 / 고 / 문 / 헌

- 공유압　　　　　　　　　　한국산업인력공단(2007)
- 자동화시스템 제어이론　　　한국산업인력공단(2006)
- 공유압일반　　　　　　　　한국산업인력공단(2005)
- 인간공학 기사/기술사　　　　(주)탑메디오피아국가시험연구회
- 자동제어이론　　　　　　　한국산업인력공단(1999)
- 자동화설비　　　　　　　　교육과학기술부(2010)
- 산업기계정비　　　　　　　한국산업인력공단(2006)
- 설비진단　　　　　　　　　한국산업인력공단(1995)
- 설비관리　　　　　　　　　한국산업인력공단(1993)
- 생산자동화기능사　　　　　생산자동화연구회
- 설비보전기사　　　　　　　KSAM한국표준협회미디어
- 기계정비산업기사　　　　　도서출판 건기원
- 인터넷 위키백과 ko.wikipedia.com

Win-Q 설비보전산업기사 필기+실기

개정15판1쇄 발행	2026년 01월 05일 (인쇄 2025년 10월 17일)
초 판 발 행	2011년 07월 15일 (인쇄 2011년 05월 26일)
발 행 인	박영일
책 임 편 집	이해욱
편 저	박창학
편 집 진 행	윤진영, 최 영
표지디자인	권은경, 길전홍선
편집디자인	성경일, 박동진
발 행 처	(주)시대고시기획
출 판 등 록	제10-1521호
주 소	서울시 마포구 큰우물로 75 [도화동 538 성지 B/D] 9F
전 화	1600-3600
팩 스	02-701-8823
홈 페 이 지	www.sdedu.co.kr

I S B N	979-11-434-0247-9(13550)
정 가	34,000원

※ 저자와의 협의에 의해 인지를 생략합니다.
※ 이 책은 저작권법의 보호를 받는 저작물이므로 동영상 제작 및 무단전재와 배포를 금합니다.
※ 잘못된 책은 구입하신 서점에서 바꾸어 드립니다.

기능사 / 기사·산업기사 / 기능장 / 기술사

단기합격을 위한 완전 학습서

Win-Q
윙크시리즈
WIN QUALIFICATION

Win-Q
승강기기능사
필기+실기

Win-Q
전기기능사
필기

Win-Q
피복아크용접기능사
필기

Win-Q
컴퓨터응용선반·밀링기능사
필기

Win-Q
설비보전기능사
필기+실기

Win-Q
자동화설비기능사
필기

Win-Q
전산응용기계제도기능사
필기

Win-Q
화학분석기능사
필기+실기

자격증 취득에 승리할 수 있도록 **Win-Q시리즈**가 완벽하게 준비하였습니다.

Win-Q
위험물기능사
필기

Win-Q
환경기능사
필기+실기

Win-Q
화훼장식기능사
필기

Win-Q
원예기능사
필기+실기

Win-Q
공조냉동기계산업기사
필기

Win-Q
화학분석기사
필기

Win-Q
위험물산업기사
필기

Win-Q
소방설비기사[전기편]
필기

Win-Q
설비보전산업기사
필기+실기

Win-Q
가스산업기사
필기

Win-Q
에너지관리기사
필기

Win-Q
실내건축산업기사
필기

※ 도서의 이미지 및 구성은 변경될 수 있습니다.

기출분석에 집중하여 합격을 현실로!

무조건 단기에 뽀개기

이런 분들에게 추천해요!

| 이론도, 문제 풀이도 막막해서 **책 한 권으로 해결**하고 싶은 분들 | 노베이스에 혼자 공부하기 어려워 **동영상 강의 도움**이 필요하신 분들 | CBT 시험이 처음이라 시험 전 실전처럼 **온라인 모의고사**를 경험해 보고 싶은 분들 |

무단뽀 한권으로 한번에! 초단기 합격전략!
무단뽀가 곧 합격이다!